Eberhard Ehlers
Chemie II

Chemie II

Kurzlehrbuch
Organische Chemie

von Eberhard Ehlers

6., völlig neu bearbeitete Auflage
mit 93 Abbildungen und 95 Tabellen

Wissen & Praxis

DAV

Deutscher Apotheker Verlag Stuttgart 1999

Anschrift des Autors:

PD Dr. phil. nat. Eberhard Ehlers
Lorsbacher Str. 54 B
65719 Hofheim

1. bis 5. Auflage erschienen 1984 bis 1992 im Jungjohann Verlag
Nachdruck der 5. Auflage erschienen 1997 im Gustav Fischer Verlag

Die Deutsche Bibliothek – CIP-Einheitsaufnahme

Ehlers, Eberhard:
Chemie / Eberhard Ehlers. – Stuttgart : Dt. Apothekerverl. (Wissen & Praxis)
2. Kurzlehrbuch Organische Chemie. - 6., völlig neu bearb. Aufl. – 1999
ISBN 3-7692-2492-2

Birkenwaldstr. 44, 70191 Stuttgart
Printed in Germany
Satz: primustype R. Hurler GmbH
Druck und Bindung: Kösel, Kempten
Umschlaggestaltung: Atelier Schäfer, Esslingen

Vorwort zur 6. Auflage

Das Fach Chemie des ersten Abschnittes der Pharmazeutischen Prüfung gliedert sich in die Themen

* allgemeine Chemie
* anorganische Chemie
* organische Chemie

Die allgemeine und die anorganische Chemie werden in Form von zwei Kapiteln im Band „Chemie I-Kurzlehrbuch“ behandelt.

Der komplett überarbeitete Band „Chemie II-Kurzlehrbuch“ beginnt daher mit Kapitel 3 und umfaßt alle Prüfungsinhalte der Prüfungsstoffliste des Ersten Abschnittes der Pharmazeutischen Prüfung für die organische Chemie (Anlage 13 der AAppO vom 19. Juli 1989). Die Gliederung des Buches lehnt sich an den aktuellen Gegenstandskatalog an. Aufgrund ihrer zentralen Bedeutung für die pharmazeutische Chemie wurde jedoch den *organischen Säuren und Basen* ein eigenständiges Kapitel gewidmet. Auch *Oxidations- und Reduktionsreaktionen* werden in einem gesonderten Abschnitt zusammenfassend dargestellt.

Neben der Aktualisierung einzelner Abschnitte wurde besonderer Wert auf die Kommentierung der bisher gestellten Multiple-choice-Fragen gelegt. Zu diesem Zweck wurden Querverweise auf die im Fragenband gestellten Aufgaben in den Kommentartext aufgenommen. Sie sollen auf die MC-Fragen hinweisen, auf die sich der betreffende Abschnitt beziehen kann. Einzelne MC-Fragen werden explizit und beispielhaft beantwortet, um die bisher schon hohe Prüfungsrelevanz des Buches noch weiter zu verbessern.

Wichtige Passagen des Kommentartextes wurden durch Fettdruck oder Kursivschrift hervorgehoben. Lernschwerpunkte – in Form eingesetzter und grau unterlegter Textstellen – sollen dazu dienen, wesentliche Themen des umfangreichen Lernstoffes komprimiert und kurzfristig wiederholen zu können.

Bei der Überarbeitung der Chemie II waren mir viele Anregungen, die von Kollegen und von studentischer Seite an mich herangetragen wurden, eine wertvolle Hilfe. Ich hoffe, daß das vorliegende Buch in seiner neuen Gestaltung den Studenten bei ihren Prüfungsvorbereitungen nützliche Dienst leisten kann und wünsche allen hierzu viel Erfolg,

Hofheim, im Frühjahr 1999 — Eberhard Ehlers

Inhaltsverzeichnis

Organische Chemie

Verzeichnis der Wortabkürzungen

Abb. = Abbildung
Abh. = Abhängigkeit
abh. = abhängig
Abk. = Abkürzung
abs(ol). = absolut
Add. = Addition
äquiv. = äquivalent
akt. = aktiv
aliph. = aliphatisch
alk(al). = alkalisch
alkohol. = alkoholisch
allg. = allgemein
ammon. ammoniakal. = ammoniakalisch
anal. = analytisch
Anm. = Anmerkung
anorg. = anorganisch
AO = Atomorbital
arith. = arithmetisch
arom. = aromatisch
asym(m). = asymmetrisch
Atm.(atm) = Atmosphäre
Ausb. = Ausbeute

bas. = basisch
ber. = berechnet
bes. = besonders
Best. = Bestimmung
bez. = bezeichnet
Bldg. = Bildung
bzgl. = bezüglich
bzw. = beziehungsweise
Bsp. = Beispiel

ca. = circa
chem. = chemisch
CIP = Cahn-Ingold-Prelog
conc. = konzentriert
const. = konstant

Darst. = Darstellung
DCC = Dicyclohexylcarbodiimid
DDT = 1,1,1-Trichlor-2,2-bis(p-chlorphenyl)-ethan
Dest. = Destillation
dest. = destilliert
d. h. = das heißt
DIBAH = Diisobutylaluminiumhydrid
Diss. = Dissoziation
diss. = dissoziiert
disubst. = disubstituiert
DMF = Dimethylformamid
DMSO = Dimethylsulfoxid
DNF = 2,4-Dinitrofluorbenzen
DNP = 2,4-Dinitrophenylhydrazin
DNS = Desoxyribonucleinsäure

eff. = effektiv
Eig. = Eigenschaft
Einfl. = Einfluß
Einw. = Einwirkung
elektr. = elektrisch

EN = Elektronegativität
ESR = Elektronenspinresonanz
ethanol. = ethanolisch
exp. = experimentell

FCKW = Fluorchlorkohlenwasserstoff
fl(üss). = flüssig
Flüss. = Flüssigkeit
frakt. = fraktioniert

gasf. = gasförmig
gef. = gefunden
gem. = geminal
Gew. = Gewicht
ggf. = gegebenenfalls
Ggs. = Gegensatz
Ggw. = Gegenwart
GK = Gegenstandskatalog
Gl. = Gleichung

Herst. = Herstellung
heteroarom. = heteroaromatisch
HMPT = Hexamethylphosphorsäuretriamid

IEP = Isoelektrischer Punkt

Kap. = Kapitel
Kat. = Katalysator
kat. = katalysiert
konj. = konjugiert
Konz. = Konzentration
konz. = konzentriert
korr. = korrespondierend
krist. = kristallisiert

lösl. = löslich
Lsg. = Lösung
Lsgm. = Lösungsmittel

magn. = magnetisch
max. = maximal
med. = medizinisch
metall. = metallisch
MO = Molekülorbital
monosubst. = monosubstituiert
MWG = Massenwirkungsgesetz

nasc. = nascierend(er)
neg. = negativ(e)
NMR = Kernmagnetische Resonanz

o. = oben, obig
o.a. = oben angeführt
od. = oder
org. = organisch
Ox. = Oxidation
ox. = oxidiert

pharm. = pharmazeutisch
photochem. = photochemisch
phys. = physikalisch
pos. = positiv
präp. = präparativ
prim. = primär
PSE = Periodensystem der Elemente
PVC = Polyvinylchlorid
PVP = Polyvinylpyrrolidon

qual. = qualitativ
quant. = quantitativ
quart. = quartär

rac. = racemisch
Reakt. = Reaktion
Red. = Reduktion
red. = reduziert
rel. = relativ

S. = Seite
s. = siehe
s.a. = siehe auch
Schmp. = Schmelzpunkt
Sdp. = Siedepunkt
sek. = sekundär
spez. = spezifisch
s.o. = siehe oben

sog.	= sogenannt
solv.	= solvatisiert
s.u.	= siehe unten
subst.	= substituiert
swl.	= schwerlöslich
sym(m).	= symmetrisch
Tab.	= Tabelle
techn.	= technisch
Temp.	= Temperatur
tempabh.	= temperaturabhängig
tert.	= tertiär
tetrasubst.	= tetrasubstituiert
THF	= Tetrahydrofuran
TNT	= Trinitrotoluen
u. a.	= unten angeführt unter anderem
u. a. m.	= und andere mehr
unabh.	= unabhängig
Uml.	= Umlagerung
ungesätt.	= ungesättigt
unsubst.	= unsubstituiert
usw.	= und so weiter
u.U.	= unter Umständen
VB	= Valenzbindung
Verd.	= Verdünnung
verd.	= verdünnt
Verf.	= Verfahren
Vers.	= Versuch
versch.	= verschieden
vgl.	= vergleiche
vic.	= vicinal
Vol.	= Volumen
wäßr.	= wäßrig
z. B.	= zum Beispiel
Zers.	= Zersetzung
z.T.	= zum Teil
z.Z.	= zur Zeit

Verzeichnis der Zeichen und Symbole

+	=	positive Ladung
−	=	negative Ladung, freies Elektronenpaar
(+)	=	rechtsdrehend
(−)	=	linksdrehend
%	=	Prozent
[ ]	=	Zeichen für Konzentration Zeichen für komplexes Ion Kennzeichnung der Dimension Instabiles Zwischenprodukt
Δ	=	Reaktions…., Differenz Zeichen für Erhitzen, Hitze
$\rightarrow$	=	Zeichen für eine einseitig verlaufende Reaktion
$\rightleftharpoons$	=	Zeichen für eine umkehrbare Reaktion
$\longleftrightarrow$	=	Mesomeriepfeil
(I), (II),..	=	Zeichen für die Wertigkeit einwertig, zweiwertig….
A	=	Addition
a	=	antarafacial
A_E	=	Elektrophile Addition
A_N	=	Nucleophile Addition
A_R	=	Radikalische Addition
Å	=	Ångstroem (10^{-8} cm)
ab	=	antibindend
Ac	=	Acetyl-Rest
Ac_2O	=	Acetanhydrid
Alk	=	Alkyl-Rest
Ar	=	Aryl-Rest, Elementsymbol Argon
at(atm)	=	Atmosphäre
b	=	bindend
B	=	allg. Symbol für Base, Elementsymbol Bor
BH^+	=	korr. Säure zur Base B
C	=	Elementsymbol Kohlenstoff
°C	=	Grad Celsius

C-2 = C-Atom, numeriert (z. B. Kohlenstoffatom 2 der Glucose)
5-C = Anzahl der C-Atome (fünf C-Atome)
Ch = Chinon
ChH_2 = Hydrochinon
cm = Zentimeter

D = Dexter (Konfigurationsbezeichnung)
Debye (Einheit des Dipolmomentes)

E = Eliminierung, Potential, Energie
Entgegen (E-Z-System), Elektrophil
E^+ = Elektrophil
E_A = Aktivierungsenergie (-enthalpie)
E1 = Monomolekulare Eliminierung
E2 = Bimolekulare Eliminierung
$E1_{CB}$ = Monomolekulare Eliminierung über konjugate Base
e^- = Elektron, negative Elementarladung
EA = Elektronenaffinität
EN = Elektronegativität
Et = Ethyl-Rest
Et_3N = Triethylamin
EtO^- = Ethylat (Ethanolat)
Et_2O = Diethylether
EtOH = Ethanol

f = partieller Geschwindigkeitsfaktor, Aktivitätskoeffizient
Fp = Schmelzpunkt

g = Gramm
ΔG = Freie Reaktionsenthalpie
ΔH = Reaktionsenthalpie, -wärme, Wärmetönung einer Reaktion
H = Elementsymbol Wasserstoff, Enthalpie
Hal^- = Halogenidion
HA = allg. Symbol für Säure
HAm = Ameisensäure
HHal = Halogenwasserstoffsäure
HOAc = Essigsäure
HX = Säure, bes. Halogenwasserstoffsäure

I = Inversion, Induktiver Effekt
IE = Ionisierungsenergie (potential)
IR = Infraroter Spektralbereich

k = Geschwindigkeitskonstante
K = Kelvin, Gleichgewichtskonstante
Elementsymbol Kalium

kbar	=	Kilobar
Kcal	=	Kilokalorie
kJ	=	Kilojoule
Kp	=	Siedepunkt
l	=	Länge, Abstand, Strecke
L	=	Laevis (Konfigurationsbezeichnung)
lg(log)	=	dekadischer Logarithmus
ln	=	natürlicher Logarithmus
m	=	meta
M	=	Mesomerer Effekt
Me	=	Metallatom, Methylgruppe
Me^+	=	einwertiges Metallion, bes. Alkaliion
MeO^-	=	Methylat (Methanolat)
MeOH	=	Alkalihydroxid, Methanol
mol^{-1}	=	pro Mol Substrat
n	=	normal
N	=	Elementsymbol Stickstoff, Nucleophil
NaOAc	=	Natriumacetat
NCB	=	N-Bromsuccinimid
NCS	=	N-Chlorsuccinimid
nm	=	Nanometer (10^{-7} cm)
Nu	=	Nucleophil
o	=	ortho
O	=	Elementsymbol Sauerstoff
p	=	para
P	=	Elementsymbol Phosphor
Ph	=	Phenyl-Rest
pH	=	Wasserstoffionenexponent
pI	=	isoelektrischer pH-Wert
$pK_{s(a)}$	=	Säureexponent
pK_b	=	Basenexponent
pm	=	Pikometer
R	=	Radikalisch…, Organischer Rest über C gebunden, Retention, Rectus (Konfigurationsbezeichnung)
RaNi	=	Raney-Nickel
RG	=	Reaktionsgeschwindigkeit
RO^-	=	Alkoholat (Alkanolat)
ROH	=	Alkohol (Alkanol)

S = Elementsymbol Schwefel, Substitution
Sinister (Konfigurationsbezeichnung)
s = suprafacial
S_N = Nucleophile Substitution
S_N1 = Monomolekulare nucleophile Substitution
S_N2 = Bimolekulare nucleophile Substitution
S_N2t = Bimolekulare nucleophile Substitution über ein tetragonales Zwischenprodukt
S_Ni = innere nucleophile Substitution
S_E = Elektrophile Substitution
S_E1 = Monomolekulare elektrophile Substitution
S_E2 = Bimolekulare elektrophile Substitution
S_R = Radikalische Substitution
sp^x = Hybridisierungsgrad

t = Temperatur in Grad Celsius, Zeit
T = Temperatur in Kelvin
Ts = Tosyl-Rest (Toluensulfonat-Rest)
TsOH = Toluensulfonsäure

UV = Ultravioletter Spektralbereich

VIS = Sichtbarer Spektralbereich

X^- = allg. Symbol für Nucleophil, bes. Halogenid
X^+, Y^+ = allg. Symbol für Elektrophil

Z = Zusammen (E/Z-System)

Organische Chemie

3.1 Chemische Bindung

(siehe auch Ehlers, Chemie I-Kurzlehrbuch, Kap. 1.4)

3.1.1 Orbitale, deren Hybridisierung und Überlappung

3.1.1.1 Atomorbitale

Als Folge der *Heisenbergschen Unschärferelation* lassen sich Ort und Impuls eines Elektrons *nicht gleichzeitig exakt* ermitteln. Man ist lediglich in der Lage, einen räumlichen Bereich in der Umgebung des Atomkerns anzugeben, in dem sich ein Elektron mit einer gewissen Wahrscheinlichkeit aufhält.

Die räumliche Wahrscheinlichkeitsverteilung des Elektrons kann quasi als eine über das Atom verteilte negative *„Ladungswolke"* angesehen werden, wobei die Wolke an den Stellen größter Aufenthaltswahrscheinlichkeit ihre größte Dichte besitzt.

Die *mathematische Darstellung* dieser *„Aufenthaltswahrscheinlichkeit"* hat die gleiche Form wie die einer Welle. Deshalb kann eine Wellenbewegung als Modell benutzt werden, um Elektronendichteverteilungen in einem Atom zu veranschaulichen.

Grundlage dieses *wellenmechanischen Atommodells,* d. h. der Beschreibung der Elektronenbewegung als Welle, ist die *Schrödinger-Gleichung.* Mit ihr werden die **Wellenfunktionen Ψ** für Elektronen berechnet.

Zu jeder Wellenfunktion gehört ein *Energiebetrag* und eine Aussage über den *Aufenthaltsbereich* (Ladungsdichteverteilung) des betreffenden Elektrons im Raum um den Atomkern.

Wellenfunktionen, die Lösungen der Schrödinger-Gleichung sind, heißen **Eigenfunktionen** oder **Atomorbitale** (AO). Ein Orbital ist somit das wellenmechanische Äquivalent der Bohr-Sommerfeldschen Elektronenbahn.

Die Wellenfunktion Ψ selbst besitzt keine anschauliche Bedeutung, jedoch ist das Betragsquadrat $|\psi|^2$ ein Maß für die Wahrscheinlichkeit *(Aufenthaltswahrscheinlichkeitsdichte)*, das Elektron in einem bestimmten Raumelement vorzufinden.

Die Wellenfunktion ist somit ein rein mathematischer Ausdruck für die modellhafte Interpretation der Elektronenbewegung als Welle. Mit ihr lassen sich statistische Aussagen über die momentane Position eines Elektrons machen.

Eine anschauliche Vorstellung von Atomorbitalen vermittelt folgendes Gedankenexperiment: Wäre man in der Lage, den momentanen Aufenthaltsort eines

Elektrons über einen längeren Zeitraum zu beobachten – dies ist aufgrund der Heisenbergschen Unschärferelation grundsätzlich nicht möglich – und könnte man dies graphisch festhalten, so würde sich für jedes Atomorbital eine negative *„Ladungswolke" (Elektronendichteverteilung)* ergeben, wie sie zum Beispiel in Abb. 1 für die Elektronen der L-Schale schematisch dargestellt sind.

Solche Ladungswolken besitzen nach außen hin keine scharfen Grenzen. Man kann jedoch eine Fläche konstanter Aufenthaltswahrscheinlichkeit, die sog. *Bindungssphäre,* einzeichnen, innerhalb derer das Elektron z. B. mit 90–99%iger Wahrscheinlichkeit anzutreffen ist. Meistens verzichtet man auf eine räumliche Darstellung der Orbitale und zeichnet wie in Abb. 1 die Bindungssphäre im Schnitt.

Wellenfunktionen Ψ, die Lösungen der Schrödinger-Gleichung sind, heißen Orbitale, wobei die Größe Ψ^2 proportional zur Ladungsdichte des Elektrons ist. Stark vereinfacht kann ein Atomorbital als „Aufenthaltsraum für Elektronen" aufgefaßt und durch Konturen festgelegt werden, innerhalb derer das Elektron eine endliche Aufenthaltswahrscheinlichkeit besitzt.

Man sagt, ein Elektron besetzt ein Orbital, und meint damit, daß es durch eine Wellenfunktion beschrieben werden kann. Ein Orbital ist durch die Quantenzahlen n, l und m charakterisiert und kann maximal zwei Elektronen aufnehmen, sofern sie antiparallelen Spin haben. Zu jedem Orbital gehört ein definierter Energiezustand.

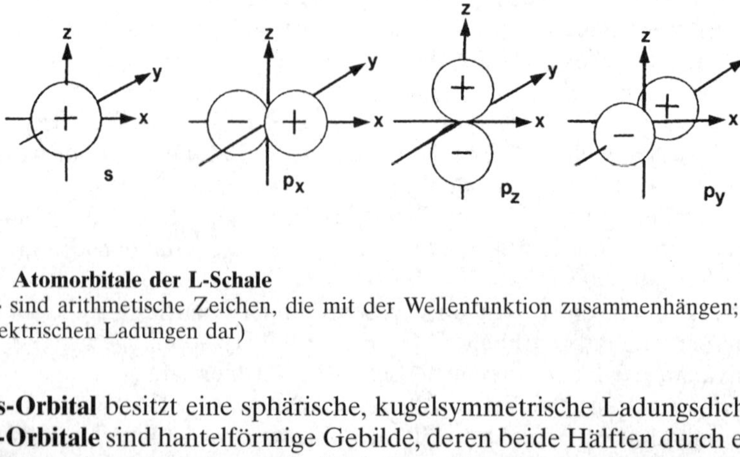

Abb. 1: Atomorbitale der L-Schale
(+ und - sind arithmetische Zeichen, die mit der Wellenfunktion zusammenhängen; sie stellen keine elektrischen Ladungen dar)

Ein **s-Orbital** besitzt eine sphärische, kugelsymmetrische Ladungsdichteverteilung; **p-Orbitale** sind hantelförmige Gebilde, deren beide Hälften durch eine *Knotenfläche* voneinander getrennt sind, wie dies Abb. 2 veranschaulicht. Die Wahrscheinlichkeit ein Elektron innerhalb dieser Knotenfläche anzutreffen ist gleich Null. Das positive und negative Zeichen bzw. die unterschiedliche Schattierung der beiden Orbitallappen soll die entgegengesetzten Phasen der Wellenfunktion symbolisieren. Die arithmetischen Zeichen bestimmen, wie sich zwei oder mehr Wellenfunktionen miteinander kombinieren lassen und wie sie bei der Bindungsbildung miteinander in Wechselwirkung treten.

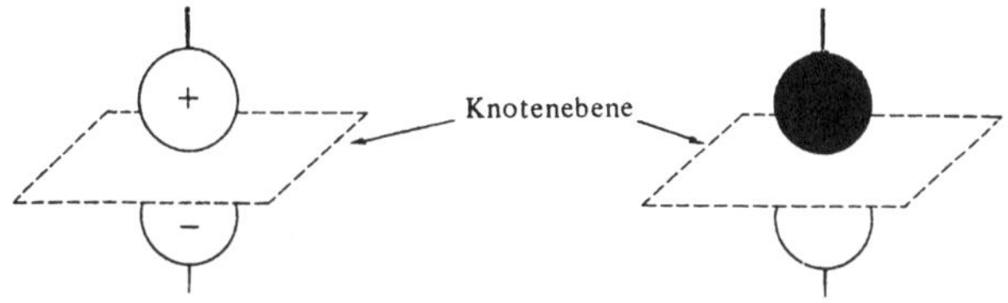

Abb. 2: Schematische Darstellung eines p-Orbitals

Aufgrund der Kugelsymmetrie existiert für jede Hauptquantenzahl nur *ein* s-Orbital. Demgegenüber gibt es jeweils *drei* p-Orbitale, die längs den Achsen eines rechtwinkligen Koordinatensystems orientiert sind und deshalb als **p_x-, p_y-** bzw. **p_z-Orbital** bezeichnet werden.

Bei den Elementen höherer Perioden wie z. B. Phosphor oder Schwefel können auch **d-Orbitale** an den Bindungen beteiligt sein (bzgl. der *Bindungsverhältnisse des Schwefels* siehe Kap. 3.11.1.2).

3.1.1.2 Molekülorbitale

Nach dem Konzept der Behandlung von **Atomorbitalen (AO)** als Wellenfunktionen kommt eine **Kovalenzbindung** dadurch zustande, daß sich zwei AO zu einem **Molekülorbital (MO)** durchdringen. Es entsteht durch *Überlappung* zweier einfach besetzter AO eine neue „Elektronenwolke", die beide Atomkerne umhüllt und die das bindende Elektronenpaar enthält. Abb. 3 zeigt diesen Vorgang für die Bildung des Wasserstoffmoleküls. Die resultierende Bindung ist umso stärker, je weitgehender sich die AO durchdringen und je stärker die bindenden Elektronen auf den Raum zwischen den beiden Kernen konzentriert sind. Für Molekülorbitale gelten die gleichen Gesetzmäßigkeiten wie für Atomorbitale.

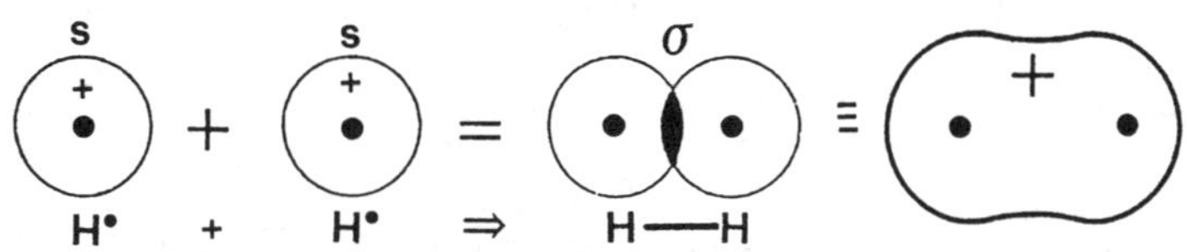

Abb. 3: Bildung des Wasserstoffmoleküls durch Überlappung der 1s-Orbitale zweier Wasserstoffatome

Nach einer Modellvorstellung lassen sich Molekülorbitale näherungsweise durch *lineare Kombination* (Addition oder Subtraktion) atomarer Ein-Elektronen-AO konstruieren **(LCAO-Näherung)**.

Die lineare Kombination zweier AO mit gleichem Vorzeichen *(Addition der Eigenfunktionen)* führt zu einer Verstärkung und liefert ein MO mit einer erhöhten Elektronendichte zwischen den Atomrümpfen. Ein solches MO wird aufgrund seiner höheren Stabilität (geringeren Energie) als **bindendes Molekülorbital** bezeichnet. Wie Abb. 4 illustriert, liegen die Elektronen in einem bindenden MO energetisch günstiger als Elektronen in den AO, von denen sie abgeleitet wurden.

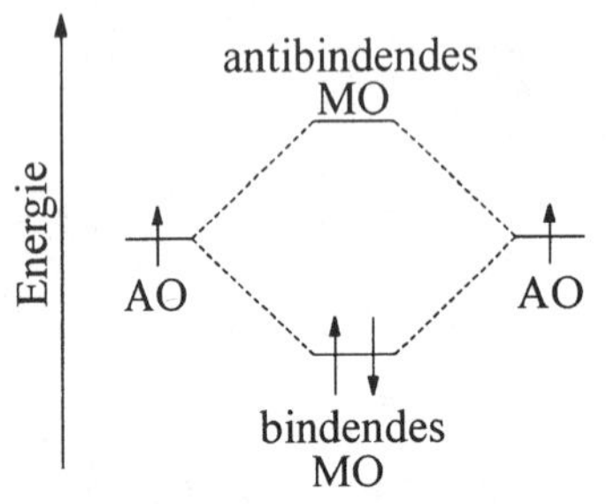

Abb. 4: Bildung von Molekülorbitalen durch lineare Kombination zweier Atomorbitale (die Pfeile symbolisieren Elektronen)

Treten zwei AO mit entgegengesetztem Vorzeichen miteinander in Wechselwirkung *(Subtraktion der Eigenfunktionen)*, so resultiert daraus ein MO mit einer Knotenfläche zwischen beiden Kernen. Das MO besitzt eine geringere Elektronendichte im Bereich zwischen den Atomrümpfen und wird **antibindendes Molekülorbital** genannt. Elektronen in antibindenden MO liegen energetisch höher als die Elektronen in AO, von denen sie abgeleitet wurden. Die Besetzung eines antibindenden MO mit Elektronen schwächt die Bindung zwischen den betreffenden Atomen. Antibindende Orbitale werden häufig mit einem Stern * gekennzeichnet.

Aufgrund der *Regel der Orbitalerhaltung* resultiert aus der linearen Kombination von Atomorbitalen stets die gleiche Anzahl von Molekülorbitalen. Mit anderen Worten, bei der Überlagerung von Atomorbitalen bleibt die Gesamtzahl der Orbitale unverändert.

Während die *kugelsymmetrischen s-Orbitale* kovalente Bindungen durch Orbitalüberlappung nach allen Richtungen hin erlauben, ist dies bei den *rotationssymmetrischen p-Orbitalen* nicht mehr der Fall. Solche axialsymmetrischen Orbitale überlappen sich am stärksten, wenn sie entlang der Kern-Kern-Bindungsachse miteinander in Wechselwirkung treten, wie dies schematisch in Abb. 5 für die Überlappung eines s- mit einem p-Orbital dargestellt ist.

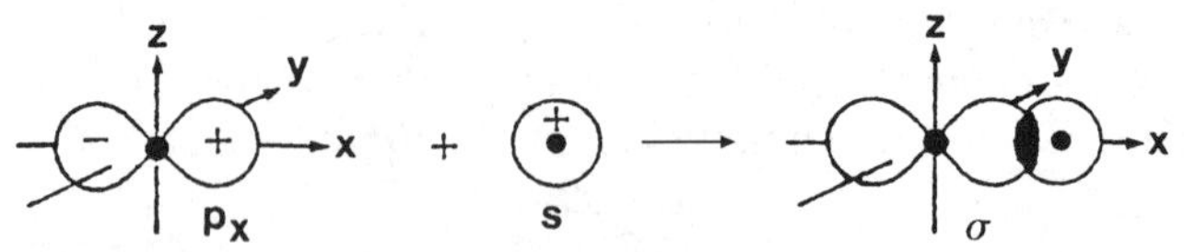

Abb. 5: Überlappung eines s-Orbitals mit einem p_x-Orbital

Eine Kovalenzbildung kann als eine lineare Kombination von AO zu MO betrachtet werden. Aus n Atomorbitalen werden n Molekülorbitale gebildet (Regel der Orbitalerhaltung).

Ist die Wechselwirkung zweier Orbitale positiv oder verstärkend, so resultiert ein bindendes Molekülorbital, ist sie negativ oder schwächend, so führt dies zu einem antibindenden MO.

Die bindende Kombination entspricht einer Energieabnahme (größere Stabilität), die antibindende einer Energiezunahme (geringere Stabilität).

Die Energiedifferenz zwischen bindendem und antibindendem MO hängt vom Überlappungsgrad der Orbitale ab. Ein geringes Durchdringen beider AO führt zu zwei MO, die sich kaum in ihrer Energie unterscheiden. Aus einem hohen Überlappungsgrad resultiert ein großer Energieunterschied zwischen bindendem und antibindendem MO.

3.1.1.3 Hybridisierung (Hybridorbitale des Kohlenstoffs)

Kohlenstoff besitzt die Elektronenkonfiguration $1s^22s^22p_x2p_y$, enthält also im Grundzustand zwei einfach besetzte 2p-AO.

Daraus wäre abzuleiten, daß Kohlenstoff nur zweibindig auftreten kann und Verbindungen vom Typ CR_2 bildet. Die beobachtete Vierbindigkeit des Kohlenstoffs würde sich erst mit der Annahme erklären lassen, daß eines der beiden 2s-Elektronen in das energetisch höher liegende leere $2p_z$-Orbital überwechselt. In diesem *„angeregten Zustand"* mit der Elektronenkonfiguration $1s^22s2p_x2p_y2p_z$ vermag ein C-Atom nun vier unpaarige Elektronen für die Ausbildung von kovalenten Bindungen zur Verfügung zu stellen.

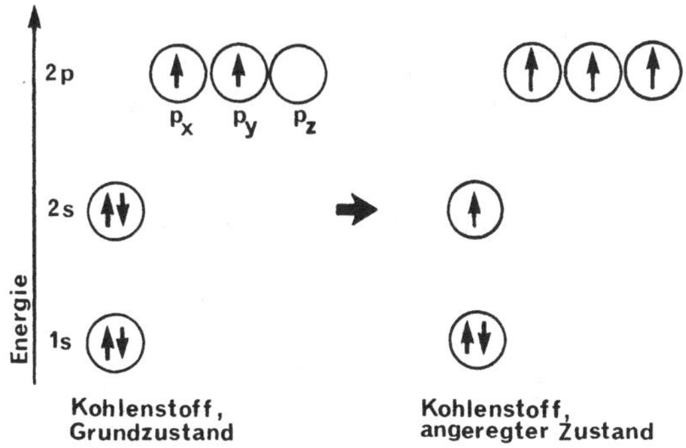

Abb. 6: Orbitalbesetzung des Kohlenstoffs im Grundzustand und im angeregten Zustand (Valenzzustand) (jeder Kreis symbolisiert ein Orbital, jeder Pfeil symbolisiert ein Elektron)

Ein solch hypothetischer Valenzzustand, wie er schematisch in Abb. 6 dargestellt ist, kann aber die tatsächlichen Bindungsverhältnisse des Kohlenstoffs nicht befriedigend erklären, denn danach müßte man zum Beispiel für das **Methanmolekül** (CH_4) zwei unterschiedliche Typen von Bindungen erwarten: Eine kürzere C-H-Bindung, die aus der Überlappung des C-2s-Orbitals mit dem 1s-Orbital des Wasserstoffatoms resultiert, sowie drei längere Bindungen, die durch Kombination von H-1s-AO mit den drei 2p-Orbitalen des Kohlenstoffs gebildet werden. Die drei letztgenannten Bindungen wären gleichwertig und senkrecht zueinander angeordnet, während die vierte Bindung eine beliebige Richtung zu den drei übrigen einnehmen kann.

Demgegenüber zeigen physikalische Messungen, daß die vier Kovalenzbindungen des CH_4-Moleküls absolut gleichwertig, gleichlang und nach den Ecken eines *Tetraeders* gerichtet sind.

sp^3-Hybridisierung

Dieser Widerspruch kann mit der Annahme von *„Hybridbindungen"* überwunden werden. Das Konzept der räumlichen Neuordnung von AO besagt, daß durch die Hybridisierung eines s-Orbitals und dreier p-Orbitale vier äquivalente **sp^3-Hybridorbitale** entstehen, die auf die Ecken eines Tetraeders gerichtet sind und einen *Winkel von 109,47°* einschließen. (Es muß ausdrücklich betont werden, daß der in den folgenden Abbildungen symbolisierte Vorgang der Hybridisierung ein mathematisches, für Berechnungen entwickeltes Modell ist und keinerlei physikalische

Realität besitzt. Die Hybridisierung ist lediglich ein Hilfsmittel zur Beschreibung der Elektronenstruktur eines Moleküls.)

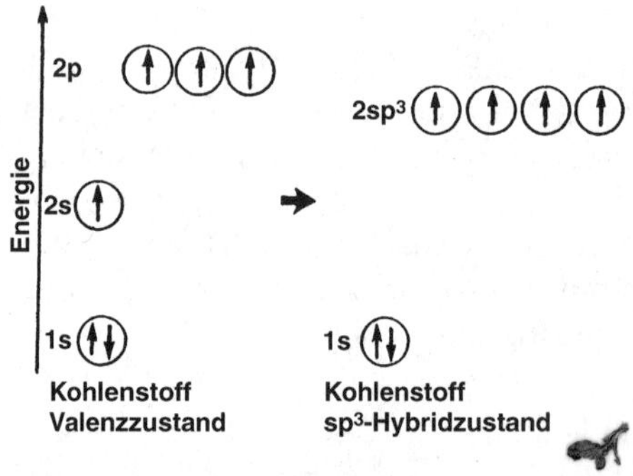

Abb. 7: Orbitalbesetzung des Kohlenstoffs im Valenzzustand und im sp^3-Hybridzustand

Abb. 8 zeigt nochmals in stark vereinfachter Form die Bildung von vier äquivalenten, tetraedrisch gerichteten sp^3-Hybridorbitalen aus den entsprechenden s- und p-Orbitalen.

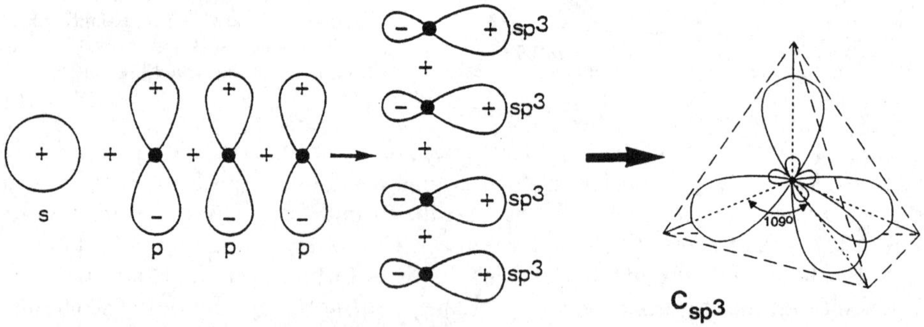

Abb. 8: Bildung tetraedrisch gerichteter sp^3-Hybrid-AO

Die lineare Kombination von vier sp^3-Hybrid-AO mit je einem 1s-Orbital eines H-Atoms zu vier C_{sp^3}-H_s-MO führt nun zu einer viel besseren Beschreibung der realen Bindungsverhältnisse im **Methan**.

Allerdings ist anzumerken, daß es *energetische Gründe* sind, und nicht die für ein isoliertes Atom postulierte Ladungsverteilung, die eine bestimmte **Struktur** ergeben. Beispielsweise führt die tetraedrische Anordnung der vier H-Atome um das C-Atom beim **Methan** zur energieärmsten Struktur, weil durch die tetraedrische Anordnung der H-Atome die abstoßenden Wechselwirkungen zwischen den bindenden Elektronenpaaren am geringsten sind. Abb. 9 zeigt einige graphische Darstellungsmöglichkeiten der Raumstruktur des Methanmoleküls.

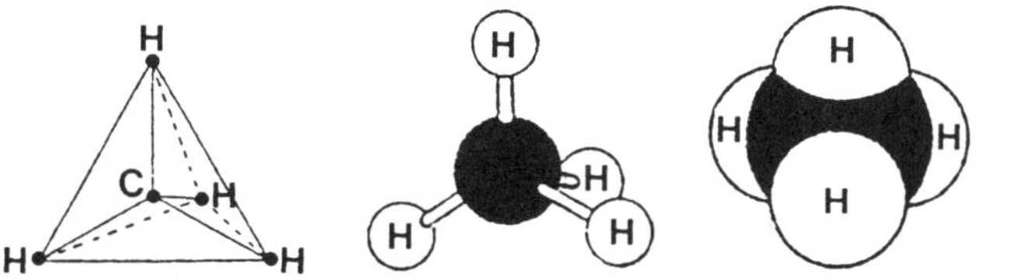

Abb. 9: Raummodelle des Methans

sp^2- und sp-Hybridisierung

An der Hybridisierung, d. h. der mathematischen Kombination der Wellenfunktionen, müssen aber nicht alle Orbitale der Valenzschale beteiligt sein.

Zum Beispiel ergibt, wie in Abb. 10 gezeigt, die lineare Kombination eines s-Orbitals mit zwei p-Orbitalen *drei trigonal* gerichtete **sp^2-Hybrid-AO**, die miteinander einen Winkel von **120°** bilden. Darüber hinaus besitzt das C-Atom im sp^2-Hybridzustand noch ein einfach besetztes 2p-Orbital [vgl. **MC-Frage Nr. 7**].

Die lineare Kombination eines s-Orbitals mit einem p-Orbital führt zu *zwei digonalen*, in entgegengesetzte Richtung weisenden **sp-Hybrid-AO** (Winkel **180°**). Wie Abb. 11 illustriert, besitzt ein C-Atom im sp-Hybridzustand zusätzlich noch zwei einfach besetzte und senkrecht zueinander angeordnete 2p-Orbitale.

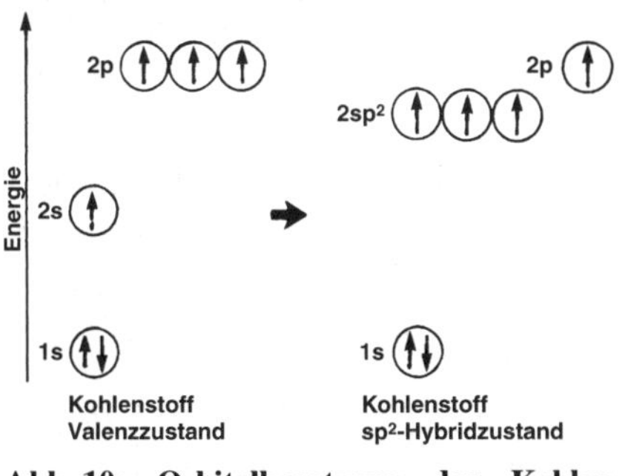

Abb. 10: Orbitalbesetzung des Kohlenstoffs im Valenzzustand und im sp^2-Hybridzustand

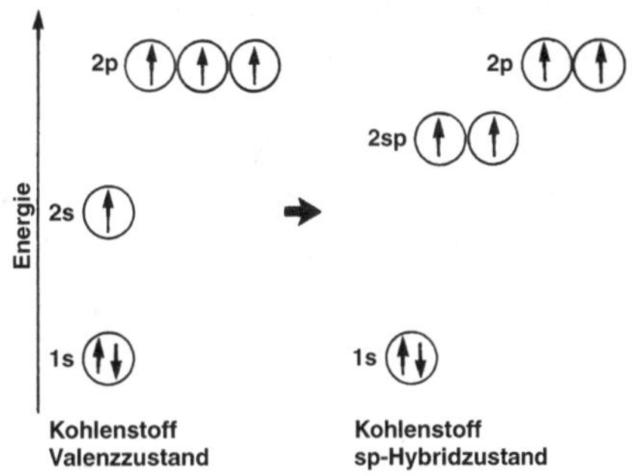

Abb. 11: Orbitalbesetzung des Kohlenstoffs im Valenzzustand und im sp-Hybridzustand

Hybridisierung ist ein mathematisches Verfahren, bei dem atomare Wellenfunktionen so miteinander kombiniert werden, daß ein neuer Satz von gleichwertigen Orbitalen entsteht. Kovalente Bindungen, die unter Beteiligung von Hybridorbitalen bzw. von p-Orbitalen zustandekommen, sind gerichtet. Einzig bei den kugelsymmetrischen s-Orbitalen ist die Richtung, in der sie Bindungen bilden, unbestimmt. Hybridorbitale werden so gewählt, daß sie der tatsächlichen Molekülgeometrie entsprechen.

sp^3-Hybridorbitale – tetraedrische Struktur
sp^2-Hybridorbitale – trigonal-planare Struktur
sp-Hybridorbitale – lineare Struktur

s- und p-Charakter von Bindungen

Den aus s- und p-AO gebildeten Hybridorbitalen kann man einen gewissen Anteil an s- und p-Charakter zuschreiben:

Hybrid-AO	sp^3	sp^2	sp
s-Anteil p-Anteil	25% 75%	33 1/3% 66 2/3%	50% 50%

Elektronen in s-Orbitalen befinden sich relativ nahe am Kern. Sie haben eine niedrigere Energie als Elektronen in p-Orbitalen. Daher werden sich in Hybrid-AO die Elektronen dann bevorzugt in der Nähe des Atomkerns aufhalten und stärker angezogen werden, je höher der s-Anteil des betreffenden Hybridorbitals ist.

Demzufolge nimmt die *Elektronegativität hybridisierter C-Atome* in der Reihenfolge $\mathbf{sp^3 < sp^2 < sp}$ zu. Darüber hinaus sind kovalente Bindungen mit zunehmendem s-Charakter der an der Bindung beteiligten Orbitale kürzer und stärker [vgl. **MC-Fragen Nr. 7, 16, 1162;** siehe auch Kap. 3.1.5].

3.1.1.4 Bindungsstärke und Überlappungsfähigkeit

Die Stärke einer Bindung hängt vom Typ der an ihrer Bildung beteiligten AO bzw. Hybrid-AO ab. Je größer die Ausdehnung eines Orbitals entlang der Bindungsachse ist, umso wirksamer kann es mit dem Orbital eines Bindungspartners überlappen. Aufgrund von Berechnungen kann man die *Überlappungsfähigkeit von Orbitalen* in einer Reihe ordnen, wobei, wie Abb. 12 dokumentiert, die Überlappungsfähigkeit des 2s-Orbitals willkürlich gleich 1 gesetzt wurde.

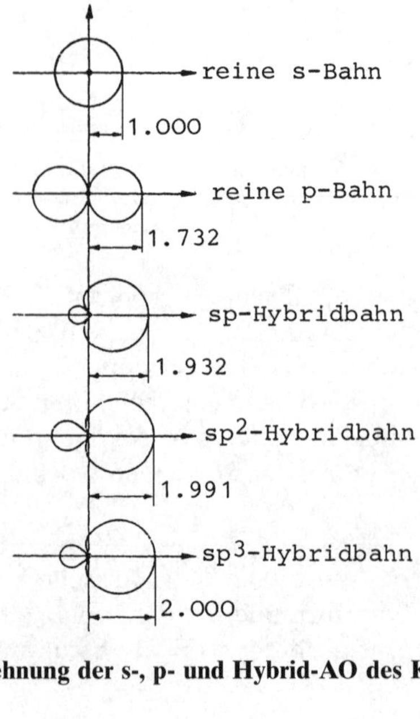

Abb. 12: Räumliche Ausdehnung der s-, p- und Hybrid-AO des Kohlenstoffs

Aus dieser Skala geht hervor, daß die Überlappungsfähigkeit in der Reihe

s-Orbital < p-Orbital < Hybrid-AO

zunimmt und somit Bindungen, an denen sich Hybridorbitale beteiligen, stärker sind als solche, die durch Überlappung reiner s- und p-Orbitale entstehen.

3.1.1.5 Sigma-Bindungen und Pi-Bindungen

Bei einer Kovalenzbindung durchdringen sich die AO der bindenden Partner unter Bildung von MO, wobei jedes MO maximal zwei Elektronen mit entgegengesetztem Spin aufnehmen kann.

In den Abbildungen 13 und 14 sind einige mögliche lineare Kombinationen von Atomorbitalen und Hybrid-AO zu Molekülorbitalen schematisch dargestellt.

Die linearen Kombinationen von zwei s-Orbitalen, einem s- und einem p-Orbital oder von zwei sp^3-Hybrid-AO sind *rotationssymmetrisch* bezüglich der Kern-Kern-Bindungsachse und werden **Sigma-Molekülorbitale (σ-MO) [σ-Bindungen]** genannt. Auch die Überlappung zweier sp^2- oder zweier sp-Hybrid-AO führt zu einer σ-Bindung.

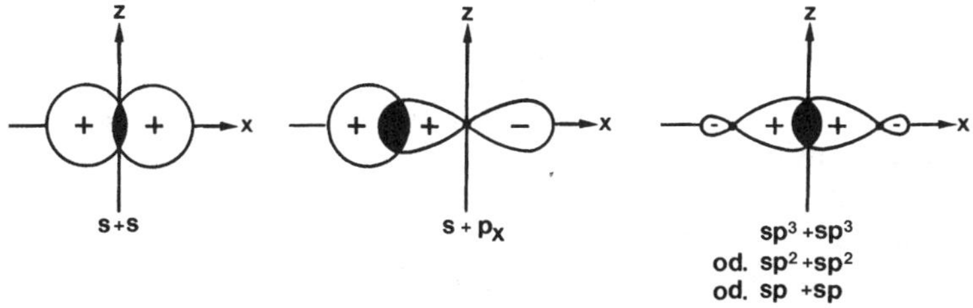

Abb. 13: Zustandekommen von σ-Bindungen durch Orbitalüberlappung

Aus je zwei p_y- oder zwei p_z-Orbitalen gebildete MO besitzen eine *Knotenfläche* und es existieren zwei Bindungsbereiche ober- und unterhalb dieser Knotenfläche. Man nennt solche MO **Pi-Molekülorbitale (π-MO) [π-Bindungen]**.

In der 2. Periode werden sie durch p-Orbitale **[p_π-p_π-Bindungen]** vermittelt. „Doppelbindungen" von Atomen der Elemente der 3. Periode resultieren aus der Überlagerung von einem p- mit einem d-Orbital **[p_π-d_π-Bindungen]** oder aus der Überlappung zweier d-Atomorbitale **[d_π-d_π-Bindungen]**.

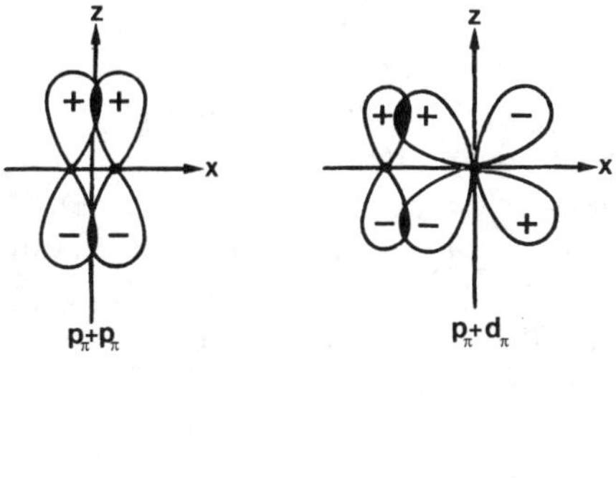

Abb. 14: Zustandekommen von π-Bindungen durch Orbitalüberlappung (Knotenfläche in der Ebene der x-Achse)

3.1.2 Einfachbindungen

Die Bindungsverhältnisse in **Alkanen** können mit der Annahme einer **sp^3-Hybridisierung** des Kohlenstoffs erklärt werden. Wie Abb. 15 am Beispiel des **Ethans** [H_3C-CH_3] zeigt, überlappen jeweils drei sp^3-Hybrid-AO des Kohlenstoffs mit den 1s-Orbitalen von sechs H-Atomen unter Bildung der C-H-σ-Bindungen. Die verbleibenden zwei sp^3-Orbitale der beiden C-Atome durchdringen sich gegenseitig unter Ausbildung der C-C-σ-Bindung [vgl. **MC-Fragen Nr. 1, 6, 942**].

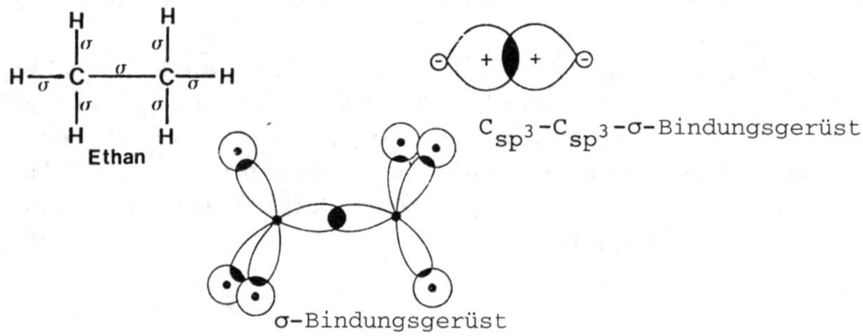

Abb. 15: Orbitalmodell des Ethanmoleküls

In analoger Weise kann auch eine C-Heteroatom-Einfachbindung, wie sie z. B. in **aliphatischen Aminen, Ethern** oder **Alkoholen** auftritt, durch die lineare Kombination eines C-sp^3-Hybrid-AO mit einem sp^3-AO eines N- oder O-Atoms beschrieben werden (vgl. Kap. 3.1.6).

Eine charakteristische Eigenschaft solcher Einfachbindungen ist die *freie Drehbarkeit* um die Kern-Kern-Bindungsachse, da sich der Überlappungsgrad und damit die Bindungsstärke nicht ändert, wenn man z. B. die beiden Molekülhälften des Ethans um die C-C-Achse gegeneinander verdreht. (Molekülstrukturen, die sich nur durch Rotation um eine oder mehrere Einfachbindungen voneinander unterscheiden, werden **Konformationen** genannt. Sie werden für Alkane und Cycloalkane noch explicit in den Kap. 3.3.5 und 3.3.6 vorgestellt.)

Theoretisch sollten – je nach der relativen Stellung der H-Atome des einen Kohlenstoffatoms zu denen des anderen – eine Vielzahl von *rotationsisomeren Formen* des Ethans möglich sein. Die völlige freie Drehbarkeit um die C-C-Achse des **Ethans** wird jedoch durch die gegenseitige Beeinflussung der Wasserstoffatome eingeschränkt und führt zu Konformationen mit unterschiedlichen Energieinhalten. Die Energie der *ekliptischen Struktur* im Ethan, in der sich, wie Abb. 16 ausweist, die H-Atome genau gegenüberstehen, ist um 12,6 kJ mol^{-1} höher als die Energie der stabileren *gestaffelten Konformation,* in der die Wasserstoffatome auf Lücke angeordnet sind. Bei einer Drehung um 60° geht die gestaffelte in die

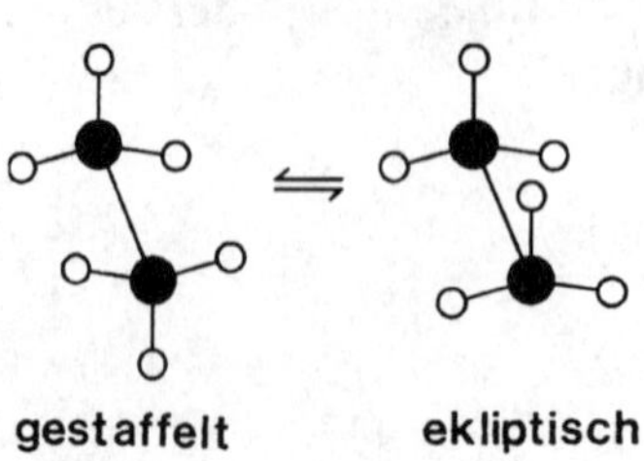

Abb. 16: Ausgewählte Konformationen des Ethans (• = C-Atom; o = H-Atom)

ekliptische Form über. Die Energiebarriere dieser Rotation ist jedoch so gering, daß sich beide Konformationen bei Raumtemperatur rasch ineinander umwandeln können und nicht als stoffliche Individuen isolierbar sind.

3.1.3 Doppelbindungen

3.1.3.1 Hybridorbitalmodell des Ethens

Eine C=C-Doppelbindung, wie sie im **Ethen** [$H_2C=CH_2$] oder einfachen **Alkenen** vorliegt, kann mit der Annahme einer **sp^2-Hybridisierung** der beiden C-Atome beschrieben werden. Wie Abb. 17 veranschaulicht, ergibt die Hybridisierung von zwei C-2p-AO (z. B. p_x und p_y) mit dem C-2s-AO drei sp^2-Hybrid-AO, die in einer Ebene angeordnet sind und einen Winkel von 120° einschließen *(trigonale Geometrie)*.

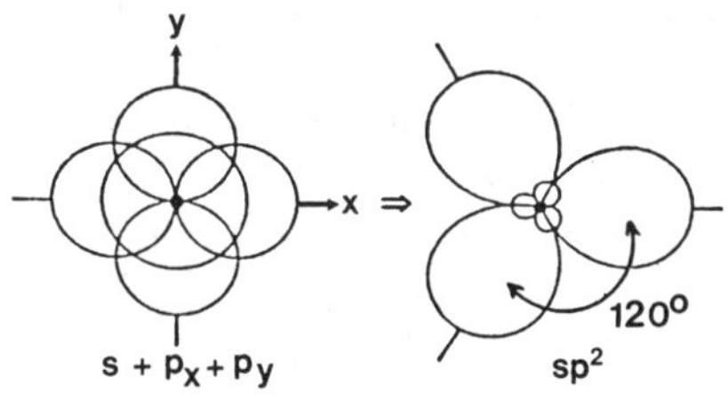

Abb. 17: sp^2-Hybridzustand des Kohlenstoffs (xy-Ebene)

Die Überlappung zweier sp^2-Hybrid-AO führt zur **C_{sp^2}-C_{sp^2}-σ-Bindung**, während die restlichen sp^2-Orbitale der beiden C-Atome mit je einem 1s-Orbital der H-Atome vier **C_{sp^2}-H_s-σ-Bindungen** bilden. Die beiden verbleibenden p_z-Orbitale des Kohlenstoffs, die an der Hybridisierung nicht teilgenommen haben, stehen senkrecht auf Ebene der sechs Atome und sind parallel zueinander angeordnet. Sie überlappen sich oberhalb und unterhalb der Molekülebene unter Ausbildung einer **π-Bindung** [vgl. **MC-Fragen Nr. 14, 941, 942**].

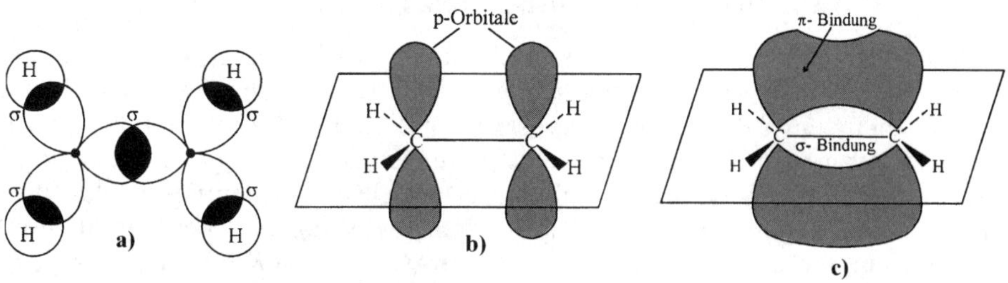

Abb. 18: Orbitalmodell des Ethens
a) σ-Bindungsgerüst aus sp^2-Hybrid-AO (xy-Ebene)
b) nicht-hybridisierte p-Orbitale
c) π-Bindung durch Verschmelzen der p-Orbitale

Die C=C-Doppelbindung setzt sich aus einer starken σ-Bindung und einer schwachen π-Bindung zusammen. Die Bindungsenergie der σ-Bindung im Ethen beträgt etwa 397,5 kJ mol^{-1}, die der π-Bindung ca. 284,5 kJ mol^{-1}. Die gesamte Bindungsenergie der C=C-Bindung (682 kJ mol^{-1}) des Ethens ist deutlich höher als die der C-C-Bindung (368 kJ mol^{-1}) im Ethan. Dies erklärt auch den geringeren C-C-Abstand von 134 pm im Ethen verglichen mit 154 pm für Ethan.

In analoger Weise lassen sich auch die Bindungsverhältnisse des Kohlenstoffs in **Carbonylverbindungen** [R_2C=O] und deren Derivaten wie **Azomethinen** [R_2C=N-R'] oder **Oximen** [R_2C=N-OH] mit der Annahme einer sp^2-Hybridisierung des C-Atoms erklären. Die unterschiedlichen *Arten von Doppelbindungen* werden im Kap. 3.1.9 vorgestellt.

Eine Konsequenz der *nicht* rotationssymmetrischen Elektronendichte entlang der C=C-Bindungsache in Alkenen ist die hohe Energiebarriere für Rotationen um diese Achse. Sie beträgt etwa 284,5 kJ mol^{-1}. Aufgrund der *Behinderung der freien Drehbarkeit um die C=C-Doppelbindung* existieren für **Alkene** bei Raumtemperatur zwei stabile, trennbare geometrische Anordnungen des Molekülskeletts, die als **cis-** und **trans-Konfiguration** bezeichnet werden (vgl. hierzu auch Kap. 3.3.10). Abb. 19 zeigt die beiden cis/trans-Stereoisomeren des **Butens** [H_3C-CH=CH-CH_3].

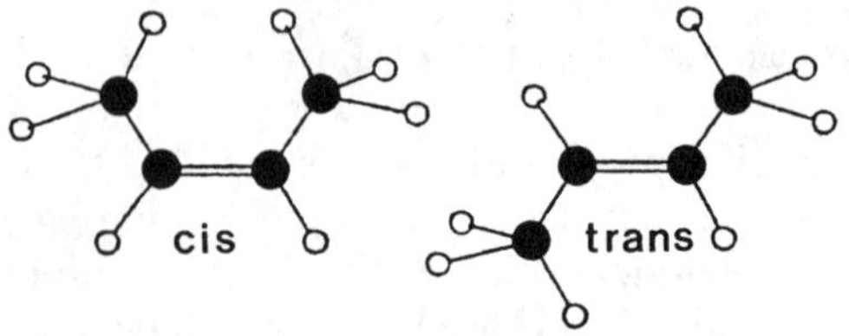

Abb. 19: cis/trans-Isomere des 2-Buten (• = C-Atom, ○ = H-Atom)

3.1.3.2 Molekülorbital-Modell des Ethens

Auch die MO-Theorie kann zur Beschreibung von π-Elektronensystemen herangezogen werden. Die MO, in denen sich die π-Elektronen aufhalten, sind nicht auf die Umgebung eines Atomkerns lokalisiert, sondern erstrecken sich über ein aus mehreren Atomen aufgebautes, durch σ-Bindungen zusammengehaltenes Gerüst.

Die *Addition* (symmetrische Kombination) gleichsinnig orientierter p-Orbitale ergibt das **bindende π-MO**, deren *Subtraktion* (antisymmetrische Kombination) führt zum energiereicheren, **antibindenden π^*-MO**, das eine *Knotenfläche* (K) enthält. Im Grundzustand befinden sich beide π-Elektronen der Doppelbindung im bindenden MO, das antibindende MO ist unbesetzt.

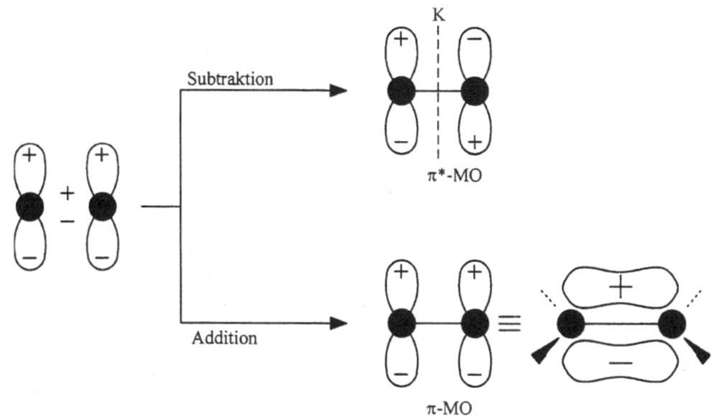

Abb. 20: MO-Modell des Ethens

3.1.4 Dreifachbindungen

C≡C-Dreifachbindungen in **Alkinen** lassen sich am besten mit der Annahme einer sp-Hybridisierung der betreffenden Kohlenstoffatome beschreiben [vgl. **MC-Fragen Nr. 2–5**]

Zum Beispiel überlappen sich im **Ethin** [H-C≡C-H] je ein sp-Hybrid-AO der beiden C-Atome zu einer **C_{sp}-C_{sp}-σ-Bindung** und die restlichen sp-Hybrid-AO bilden mit je einem 1s-AO des Wasserstoffs zwei **C_{sp}-H_s-σ-Bindungen**. Die an jedem C-Atom verbleibenden beiden p-Orbitale durchdringen sich paarweise in zwei senkrecht zueinander orientierten Ebenen. Auf diese Weise entstehen zwei **C-C-π-Bindungen**. Da sich die beiden π-Elektronenpaare prinzipiell nicht voneinander unterscheiden lassen, resultiert daraus eine um die C-C-Achse *zentrosymmetrische Ladungswolke*, wie dies schematisch Abb. 21 zeigt.

Die σ-Bindungen sind im Ethinmolekül *linear* (Bindungswinkel 180°) angeordnet, so daß geometrische Isomere *nicht* auftreten [vgl. **MC-Fragen Nr. 15, 16**].

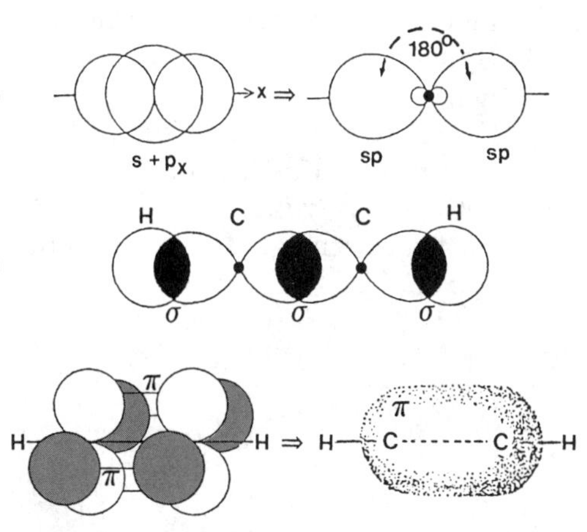

Abb. 21: Orbitalmodell des Ethins
a) Bildung digonal gerichteter sp-Hybrid-AO
b) lineares σ-Bindungsgerüst des Ethins
c) zentrosymmetrische Ladungsdichte der π-Bindungen

Auch die Bindungsverhältnisse in **Nitrilen** [R-C≡N] können mit einer sp-Hybridisierung des C-Atoms erklärt werden. Darüber hinaus besitzt das zentrale Atom *kumulierter Doppelbindungen* [X=**Y**=Z] sp-Hybridcharakter. Das Orbitalmodell solcher Bindungssysteme wird im Kap. 3.1.9.2 vorgestellt.

Die C≡C-Dreifachbindung ist eine starke Bindung mit einer „zylindersymmetrischen" Elektronendichteverteilung entlang der C≡C-Bindungsachse.

Die Dreifachbindung ist aus einer starken σ-Bindung und zwei schwächeren orthogonal zueinander stehenden π-Bindungen aufgebaut. Ihre Bindungsenergie liegt bei 828 kJ mol^{-1}, der C≡C-Abstand im Ethin beträgt 121 pm.

3.1.5 Kohlenstoff-Wasserstoff-Bindungen

Die Bindungen zwischen Kohlenstoff und Wasserstoff werden in der Reihe **Ethan** [H_3C-CH_3], **Ethen** [H_2C=CH_2] und **Ethin** [HC≡CH] zunehmend stärker und kürzer. Ein geringerer C-C-Abstand korreliert mit einer Zunahme der jeweiligen C-H-Bindungsenergie.

Über einige Eigenschaften von C-H-Bindungen in Abhängigkeit von der Hybridisierung des C-Atoms informiert Tabelle 1.

Tab. 1: Eigenschaften von C-H-Bindungen

Hybridisierung des C-Atoms	Molekül	C-H-Abstand (in pm)	C-H-Bindungsenergie (in kJ mol^{-1})
sp	Ethin	105,9	506
sp^2	Ethen	108,6	444
sp^3	Ethan	110,2	431

Man erkennt, daß sich mit zunehmendem s-Charakter des C-Hybrid-AO der C-H-Bindungsabstand verringert. Die C-H-Bindung im Ethin ist am stärksten und kann nur schwer *homolytisch* getrennt werden.

Demgegenüber werden die C-H-Bindungselektronen im **Ethin** vom elektronegativen, sp-hybridisierten Kohlenstoff stark angezogen. Bei dieser Substanz ist es daher am leichtesten, den Wasserstoff als Proton *heterolytisch* abzuspalten. Ethin ist eine sehr schwache C-H-Säure, die mit starken Basen Salze (**Acetylide**) bildet [vgl. **MC-Fragen Nr. 1162, 1220, 1246** und Kap 3.5.7].

$$HC{\equiv}CH + NaNH_2 \rightarrow HC{\equiv}C^-Na^+ + NH_3\uparrow$$

3.1.6 Kohlenstoff-Sauerstoff-Bindungen und Kohlenstoff-Stickstoff-Bindungen

Das *Sauerstoffatom* kann für Bindungen zu anderen Atomen ebenfalls Hybrid-Atomorbitale betätigen. In Verbindungen wie z. B. **Alkoholen** oder **Ethern** mit *einfach gebundenem* Sauerstoff benutzt das O-Atom vier sp^3-Hybrid-Orbitale: Zwei zur Bildung von σ-Bindungen durch Überlappen mit je einem sp^3-Hybridorbital von zwei C-Atomen (in Ethern) bzw. mit einem C_{sp^3}-AO und einem s-Orbital eines H-Atoms (in Alkoholen). Die beiden restlichen sp^3-Hybridorbitale dienen zur Unterbringung der nichtbindenden Elektronenpaare des Sauerstoffs.

Kohlenstoff-Sauerstoff-Doppelbindungen in **Aldehyden, Ketonen, Chinonen** oder **Carbonsäure-Derivaten** werden am besten mit einem sp^2-Hybrid-Modell beschrieben: Sauerstoff betätigt hierbei drei sp^2-Hybridorbitale, eines für die Bildung der C-O-σ-Bindung und die beiden anderen zur Aufnahme der freien Elektronenpaare des O-Atoms. Es verbleiben sowohl am Kohlenstoff als auch am Sauerstoff je ein nicht-hybridisiertes p-Orbital, die sich unter Bildung einer C-O-π-Bindung durchdringen können. Das Orbitalmodell einer Carbonylgruppe wie z. B. im **Formaldehyd** ist explicit im Kap. 3.2.15.2 beschrieben.

Auch beim *Stickstoff* kann man annehmen, daß zur Ausbildung von Bindungen mit Kohlenstoff Hybridorbitale verwendet werden. So lassen sich die Bindungsverhältnisse in **Aminen, Aminoxiden, Hydrazinen** und **Hydroxylamin-Derivaten** mit *einfach gebundenem* Stickstoff am besten mit der Annahme einer sp^3-Hybridisierung des jeweiligen N-Atoms beschreiben.

In Verbindungen wie **Pyridin, Pyridin-N-oxid, Azomethinen** oder **Oximen**, die eine *C=N-Doppelbindung* enthalten, liegen hingegen sp^2-Hybridorbitale vor. In **Nitrilen** oder **Nitril-oxiden** mit einer *C≡N-Dreifachbindung* betätigt der Stickstoff sp-Hybrid-AO [vgl. **MC-Fragen Nr. 3, 941, 942, 1129**].

In allen Fällen dient eines der Hybridorbitale zur Aufnahme des freien Elektronenpaares am N-Atom. Bei C-N-Mehrfachbindungen werden die π-Bindungen wiederum durch Überlappung nicht-hybridisierter p-Orbitale des Stickstoffs und Kohlenstoffs gebildet.

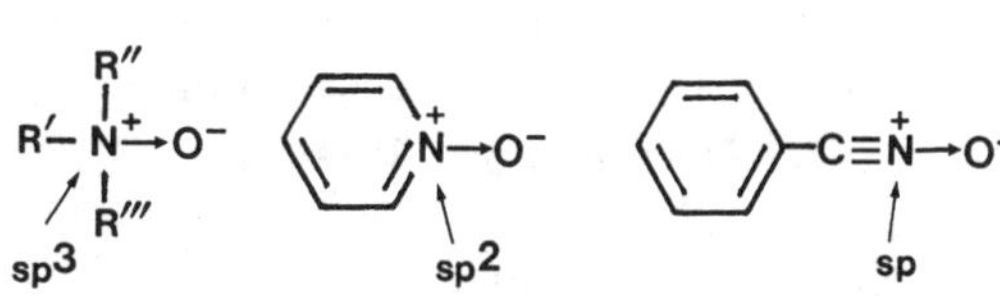

Aminoxid Pyridin-N-oxid Benzonitriloxid

3.1.7 Bindungsparameter

3.1.7.1 Bindungslängen

Die Bindungslängen in organischen Molekülen können mit Hilfe der Röntgenstrukturanalyse kristalliner Feststoffe oder mit spektroskopischen Methoden (IR, Raman) bestimmt werden.

Wie Tabelle 2 ausweist, hängen die Bindungslängen primär von der *Größe* (den *Radien*) der *Atome* ab. Auch die *Polarität* der Bindung sowie die *Bindungsordnung* spielen eine wichtige Rolle [vgl. **MC-Fragen Nr. 7–9, 12, 15–18**].

Stark polare Bindungen sind gewöhnlich kürzer als weniger polare Bindungen, weil die zwischen den entgegengesetzt polarisierten Atomrümpfen wirkende elektrostatische Anziehung die beiden Atome näher zusammenrücken läßt.

Der Einfluß der Bindungsordnung kann in gleicher Weise erklärt werden. Dreifachbindungen sind kürzer als Doppelbindungen, und diese wiederum kürzer als Einfachbindungen. Dies korreliert mit dem Hybridisierungsgrad der an der Bindung beteiligten Atome. Mit zunehmendem s-Anteil der Hybrid-AO werden die Bindungen kürzer.

Tab. 2: Bindungslängen von Kovalenzbindungen (in pm)

Bindung	Länge	Bindung	Länge	Bindung	Länge
C–C	154	C–O	143	O–H	96
C=C(Ar)	139	C=O	122	N–H	100
C=C	134	C–N	147	N–N	148
C≡C	120	C=N	137	N=N	124
C–Cl	176	C≡N	116	N≡N	110

(10^{-8} cm = 0,1 nm = 1 Å = 100 pm) (Ar = Aren)

Der Einfluß der Bindungsordnung und der Hybridisierung auf die Bindungslänge zeigt sich z. B. im abnehmenden C-C-Abstand im **Ethan, Ethen** und **Ethin**, für den folgende Werte (in pm) ermittelt wurden.

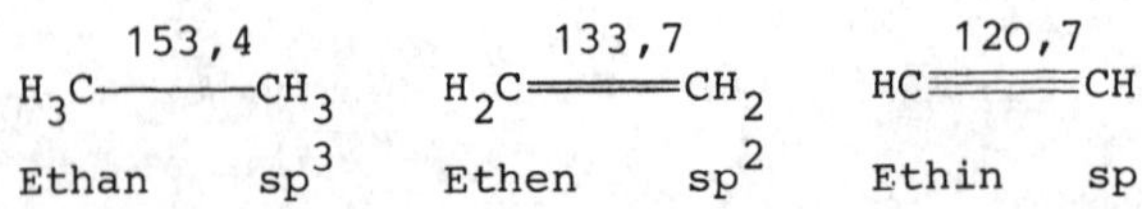

Parallel zum abnehmenden C-C-Bindungsabstand wird auch die C-H-Bindung in der Reihe Ethan, Ethen und Ethin kürzer.

Ebenso läßt sich die Verkürzung der C-C-Einfachbindungen in den Reihen **Propan, Propen** und **Propin (Methylacetylen)** bzw. **n-Butan, 1,3-Butadien** und **Diace-**

tylen auf die Änderung des Hybridisierungsgrades der beteiligten C-Atome zurückführen [vgl. **MC-Frage Nr. 10**].

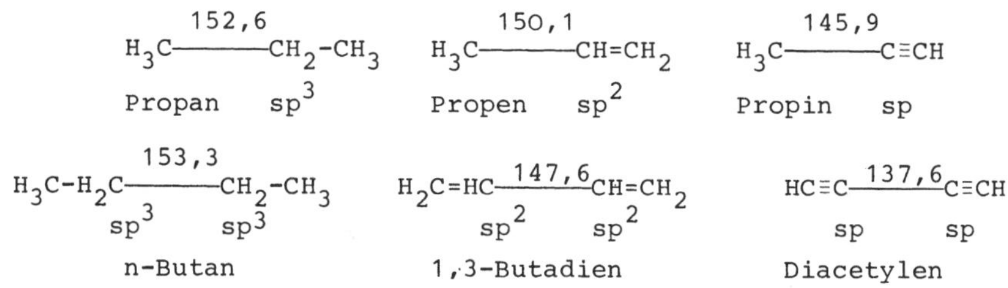

Im **1,3-Butadien** ist im Vergleich zum n-Butan der Kern-Kern-Abstand der mittleren C-C-Bindung von ca. 154 pm auf 148 pm verkürzt. Demgegenüber sind die beiden äußeren C=C-Doppelbindungen verglichen mit dem normalen C=C-Abstand von ca. 135 pm nur geringfügig verlängert, obwohl sie durch *Mesomerie an* Doppelbindungscharakter verlieren sollten [vgl. hierzu auch Kap. 3.1.9.2 und **MC-Frage Nr. 11**].

3.1.7.2 Bindungsenergien

Als **Bindungsenergie** bezeichnet man die zur Trennung einer Kovalenzbindung in einzelne Atome aufzuwendende Energie. Die Bindungsenergie kann mit spektroskopischen Methoden ermittelt werden. Werte, die aus thermodynamischen Messungen stammen, sollten besser als **Bindungsenthalpien** bezeichnet werden.

Der Betrag der Bindungsenergie hängt hauptsächlich von drei Faktoren ab:

- der *Länge der Bindung,*
- der *Polarität der Bindung* und schließlich
- der *Bindungsordnung.*

Tab. 3: Mittlere Bindungsenergien (in kJ mol^{-1})

Bindung	Bindungsenergie	Bindung	Bindungsenergie
S–H	339,3	C–F	441,0
N–H	390,8	C–Cl	328,4
C–H	413,4	C–Br	275,7
O–H	462,8	C–I	240,2
C–C	347,3	C–N	305,9
C=C	613,0	C=N	575,3
C≡C	838,9	C≡N	893,7
N–N	163,2	C–O	357,7
N=N	419,7	C=O	739,3[1)]
N≡N	943,4	C=O	750,2[2)]

1) in Aldehyden 2) in Ketonen

Aus den Daten in Tabelle 3 ist ersichtlich, daß mit der Verkürzung einer Bindung stets eine Vergrößerung der Bindungsenergie verbunden ist. Darüber hinaus ist der Wert der Bindungsenergie umso größer, je höher die Bindungsordnung ist [vgl. **MC-Fragen Nr. 13, 14**].

3.1.7.3 Dissoziationsenergien

Fragen zur chemischen Reaktivität können anhand dieser mittleren Bindungsenergien nicht befriedigend diskutiert werden. Ob eine bestimmte Bindung gespalten wird oder nicht, hängt allein von der *Dissoziationsenergie* der betreffenden Bindung ab.

Über einige zur *homolytischen Trennung* bestimmter Bindungen aufzuwendenden Dissoziationsenergien informiert Tabelle 4. Sie spielen vor allem eine Rolle bei radikalisch verlaufenden chemischen Reaktionen (vgl. hierzu Kap. 3.2.4 und 3.2.13).

Tab. 4: Dissoziationsenergien von Kohlenstoffbindungen (in kJ mol^{-1})

H_3C–H	426,8	H_3C–F	437,7	H_3C–OH	376,6
H_3C–CH_2–H	401,7	H_3C–Cl	338,9	H_3C–NH_2	334,7
$(H_3C)_2CH$–H	384,9	H_3C–Br	280,3	H_3C–NO_2	238,5
$(H_3C)_3C$–H	372,4	H_3C–I	225,9	H_3C–CH_3	368,2
C_6H_5–CH_2–H	322,2	C_6H_5–H	435,1	H_2C=CH–CH_2–H	355,6

Besonders niedrige Dissoziationsenergien von etwa 125–195 kJ mol^{-1} besitzen *Peroxide* und *Diazoalkane*, die bereits bei Temperaturen von 70–150 °C zerfallen und deshalb häufig bei radikalisch ablaufenden Reaktionen als *Initiatoren* eingesetzt werden (vgl. hierzu Kap. 3.2.4.3).

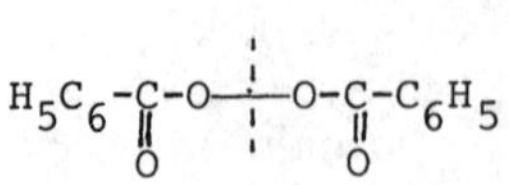

Dibenzoylperoxid [125,5 kJ mol^{-1}]

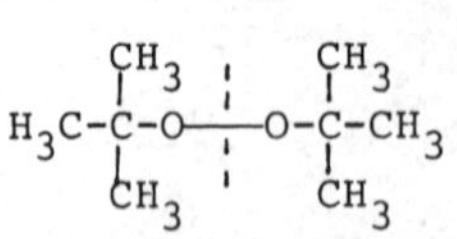

Di-tert.-butylperoxid [154,8 kJ mol^{-1}]

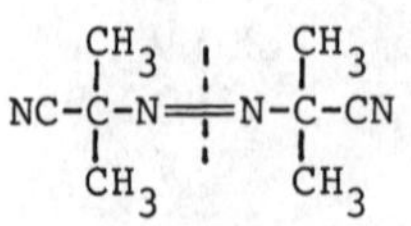

Azo-bis-isobutyronitril [129,7 kJ mol^{-1}]

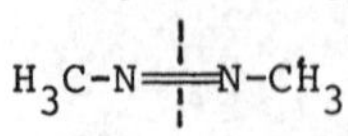

Azomethan [192,5 kJ mol^{-1}]

3.1.7.4 Verbrennungswärmen

Ein charakteristisches Merkmal organischer Substanzen ist ihre vollständige Verbrennung zu Kohlendioxid und Wasser.

$$[C, H] + O_2 \rightarrow CO_2 + H_2O + \text{Wärme}$$

Die Wärmemenge, die bei der Verbrennung von 1 Mol Substanz entsteht, wird als **Verbrennungswärme** bezeichnet. Sie hängt von der Struktur eines Moleküls ab und liefert daher wertvolle Informationen zur relativen Stabilität organischer Verbindungen. Je stabiler die ursprünglichen Bindungen sind, umso geringer muß die resultierende Verbrennungswärme ausfallen.

Zum Beispiel trägt jede Methylengruppe [$-CH_2-$] etwa 658,6 kJ mol^{-1} zur Verbrennung bei, so daß innerhalb der homologen Reihe der **Alkane** die Verbrennungswärme mit steigender C-Zahl stetig zunimmt. **Alkene** gleicher C-Zahl zeigen eine im Vergleich zu den Alkanen geringere Verbrennungswärme [vgl. **MC-Frage Nr. 13**]. Bei **Cycloalkanen** nimmt die Verbrennungswärme mit steigender Ringspannung ab (siehe hierzu auch Kap. 3.3.6.1).

3.1.7.5 Hydrierungswärmen

Die *katalytische Hydrierung* ungesättigter Verbindungen, die im Kap. 3.2.19.1, noch detailliert beschrieben wird, ist eine *exotherme Reaktion*, weil die entstehenden C-H-σ-Bindungen zusammen stärker sind als die H-H-σ- und die C-C-π-Bindungen, die gespalten werden.

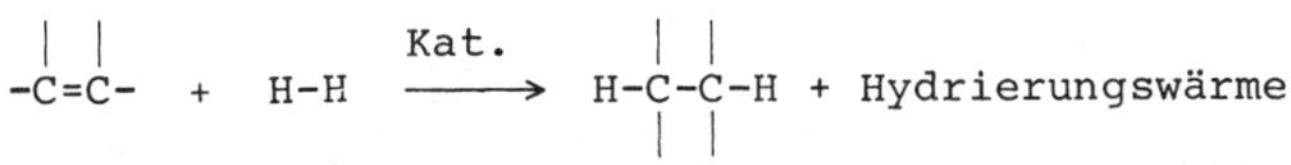

Die Wärmemenge, die bei der Hydrierung von 1 Mol einer ungesättigten Verbindung frei wird, bezeichnet man als **Hydrierungswärme**. Sie beträgt für fast alle **Alkene** ca. 125,9 kJ mol^{-1} pro Doppelbindung.

Auch Hydrierungswärmen geben Auskunft über die relative Stabilität ungesättigter Verbindungen. So bestätigt ein Vergleich der Hydrierungswärmen von **1-Buten** und **2-Buten** die Regel, daß **Alkene** umso stabiler sind, je höher ihr *Substitutionsgrad* ist. Die Hydrierungswärmen beweisen auch die größere Stabilität von trans-konfigurierten Alkenen im Vergleich zu dem jeweiligen cis-Isomer.

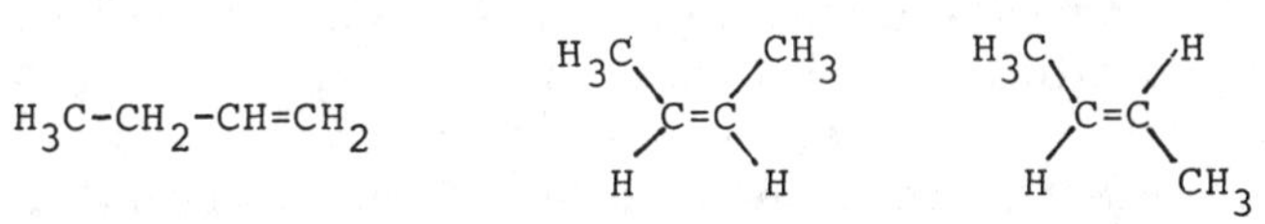

1-Buten [125,9 kJ mol^{-1}] cis-2-Buten [119,7 kJ mol^{-1}] trans-2-Buten [115,5 kJ mol^{-1}]

3.1.8 Bindungspolarität

Eine „ideale“ Kovalenzbindung mit symmetrischer Ladungsdichteverteilung kann nur zwischen gleichen Atomen bzw. gleichartigen Atomgruppen existieren. Bei Bindungspartnern unterschiedlicher **Elektronegativität** ist die Bindung stets mehr oder weniger *polar,* d. h., das bindende Elektronenpaar ist stärker zum elektronegativeren Atom hin verschoben.

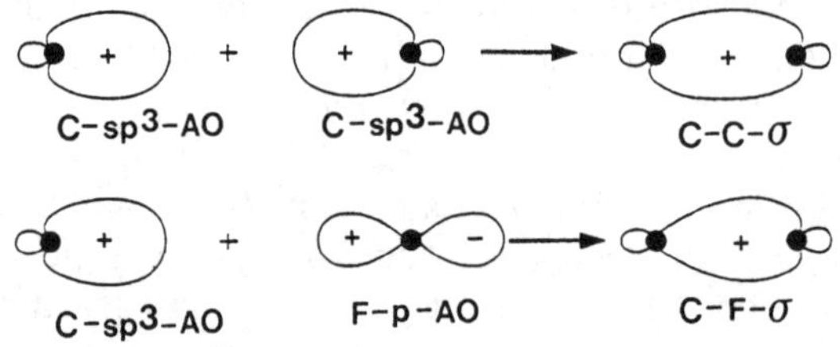

Abb. 22: Asymmetrische Elektronendichteverteilung in polaren Bindungen

Durch die asymmetrische Ladungsdichteverteilung polarer Bindungen, wie dies in Abb. 22 für die C-F-Bindung dargestellt ist, wird die Elektronendichte beim elektronegativeren Atom größer und führt dort zu einer partiell negativen Ladung (δ^-). Beim anderen Bindungspartner resultiert daraus infolge der verringerten Elektronendichte eine positive *Partialladung* (δ^+).

$$\overset{\delta^+}{H_3C}\text{—}\overset{\delta^-}{F}$$

Experimentell manifestiert sich die Bindungspolarität in – verglichen mit unpolaren Bindungen – *erhöhten Bindungsenergien* und in den *Dipolmomenten* der betreffenden Substanzen (siehe hierzu Ehlers, **Chemie I**, Kap. 1.4.5).

3.1.8.1 Induktiver Effekt

Das durch einen Bindungsdipol verursachte elektrische Feld polarisiert weitere im Molekül vorhandene kovalente Bindungen. *Polarisationseffekte,* die durch elektronenanziehende oder –abstoßende Atome bzw. Atomgruppen ausgelöst und über *σ-Bindungen* übertragen werden, heißen **induktive Effekte (I-Effekte).**

Da das elektrische Feld eines Dipols mit der dritten Potenz seiner Entfernung abnimmt, werden im wesentlichen nur die Nachbarbindungen beeinflußt. So positiviert das Chloratom im **n-Propylchlorid** in erster Linie den α-Kohlenstoff, weitaus schwächer das β- und nur noch in geringem Maße das γ-C-Atom.

$$\underset{\gamma}{\overset{\delta\delta\delta^+}{H_3C}}\text{—}\underset{\beta}{\overset{\delta\delta^+}{CH_2}}\text{—}\underset{\alpha}{\overset{\delta^+}{CH_2}}\text{—}\overset{\delta^-}{Cl}$$

Mit wachsender Zahl der Bindungen, d. h. mit zunehmendem Abstand vom Schlüsselatom, nimmt der Einfluß des induktiven Effektes stark ab. Als „Schlüsselatom" bezeichnet man das die Polarisierung einer Bindung verursachende Atom (bzw. Atomgruppe).

Zur Klassifizierung setzt man den induktiven Effekt einer gesättigten C-H-Bindung gleich Null und ordnet Substituenten einen **–I-Effekt** zu, wenn sie bei Bindung an ein C-Atom die Bindungselektronen stärker anziehen als Wasserstoff. Ein umgekehrtes Verhalten wird als **+I-Effekt** bezeichnet.

$$\overset{\delta^+}{Y} \longrightarrow \overset{\delta^-}{C} \quad (+I) \qquad \overset{\delta^+}{C} \text{———} \overset{\delta^-}{H} \quad (I=0) \qquad \overset{\delta^+}{C} \longrightarrow \overset{\delta^-}{X} \quad (-I)$$

Einige Relationen zwischen verschiedenen Substituenten sind nachfolgend aufgelistet:

[-I]	$-NR_2 < -OR < -F$	;	$-I < -Br < -Cl < -F$
	$-\overset{+}{N}R_3 < -\overset{+}{O}R_2$	;	$-NR_2 < =NR < \equiv N$
	$-CR{=}CR_2 < -C_6H_5 < -C{\equiv}CR$		
[+I]	$-CH_3 < -CH_2CH_3 < -CH(CH_3)_2 < -C(CH_3)_3 \ll -O^-$		

Alkylgruppen zeigen allerdings *nur in Lösung* einen Effekt, der als +I-Effekt interpretierbar ist. Die Unterschiede der induktiven Effekte verschiedener Alkylgruppen sind gering [vgl. **MC-Frage Nr. 37**].

3.1.8.2 Polarisierbarkeit

Im Gegensatz zu C=C-Doppelbindungen mit symmetrischer Ladungsdichteverteilung zieht bei C=O- und C=N-Doppelbindungen der elektronegativere Bindungspartner neben den Elektronen der σ-Bindung vor allem die leicht beweglichen *(polarisierbaren)* Elektronen der π-Bindung an.

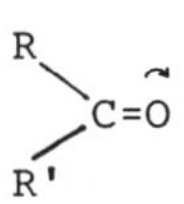
(Keton) ;

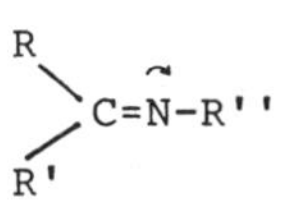
(Azomethin)

Unter **Elektronenpolarisierbarkeit** versteht man die „Leichtigkeit", mit der Elektronen unter dem Einfluß eines äußeren elektrischen Feldes, z. B. der Dipolkraft eines Lösungsmittels, verschoben werden können.

Die Begriffe **Polarisation** und **Polarisierbarkeit** dürfen nicht miteinander verwechselt werden. Die Polarisierbarkeit kennzeichnet eine Elektronenverschiebung unter dem Einfluß eines äußeren elektrischen Feldes, während eine polarisierte Bindung auch ohne äußere Beeinflussung Dipolcharakter besitzt. *Im allgemeinen sind π-Elektronen polarisierbarer als σ-Elektronen.*

3.1.9 Elektronendelokalisierung

3.1.9.1 Doppelbindungssysteme

Bei Verbindungen mit zwei und mehr C=C-Doppelbindungen unterscheidet man folgende Bindungssysteme:

- **isolierte Doppelbindung:** (Diolefintyp) 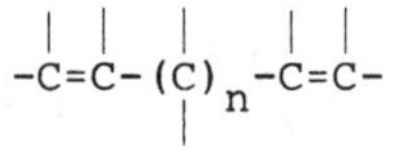
- **konjugierte Doppelbindung:** (Dientyp) 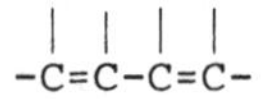
- **kumulierte Doppelbindung:** (Allen-, Kumulentyp) 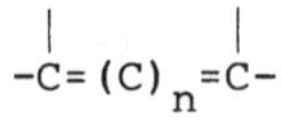

Konjugierte Doppelbindungen liegen dann vor, wenn sie alternierend mit Einfachbindungen auftreten. In einem Molekül mit *kumulierten* Doppelbindungen folgen zwei oder mehr Doppelbindungen unmittelbar aufeinander. Sind Doppelbindungen hingegen durch mindestens zwei Einfachbindungen voneinander getrennt, spricht man von *isolierten* Doppelbindungen [vgl. **MC-Frage Nr. 19**].

3.1.9.2 Konjugierte Doppelbindungen – Diene

Substanzen mit mehreren *isolierten* Doppelbindungen zeigen in ihrem chemischen Verhalten keine über die Reaktionsweise der Alkene hinausgehenden Besonderheiten. Unterschiede zu Alkenen treten jedoch bei Verbindungen mit *konjugierten* Doppelbindungen auf, in denen Einfachbindungen und Doppelbindungen alternieren.

Die Bindungslänge der C=C-Doppelbindung im **1,3-Butadien** entspricht etwa der des Ethens, während die C2-C3-Einfachbindung mit 147,6 pm deutlich kürzer ist als die im n-Butan mit 153,3 pm.

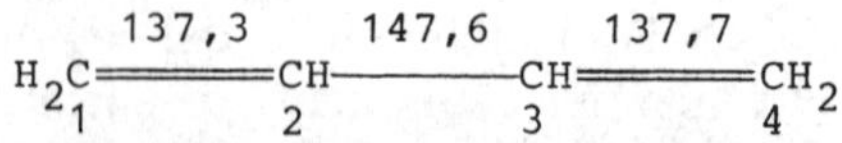

Diese verminderte Bindungslänge der C2-C3-σ-Bindung ist auf den erhöhten s-Anteil der beiden sp^2-hybridisierten C-Atome zurückzuführen. Zudem besitzt die Bindung partiellen Doppelbindungscharakter. Der Unterschied zwischen Einfach- und Doppelbindungen verringert sich bei höheren *Polyenen* in noch stärkerem Maße. D.h., in konjugierten Polyenen wie beispielsweise **1,3,5-Hexatrien** [H_2C=CH-CH=CH-CH=CH_2] sind die C-C-Einfachbindungen etwas kürzer als in einem Alkan und die C=C-Doppelbindungen etwas länger als in einem Alken.

Hybridorbitalmodell des 1,3-Butadiens

Die besonderen Bindungsverhältnisse im **1,3-Butadien** lassen sich nun anschaulich durch Verwendung von *sp^2-Hybrid-AO* darstellen. Danach verfügt jedes der vier C-Atome im Butadien über ein einfach besetztes p-Orbital, durch deren Überlappung die π-Bindungen aufgebaut werden. Wie Abb. 23 zeigt, können hierbei nicht

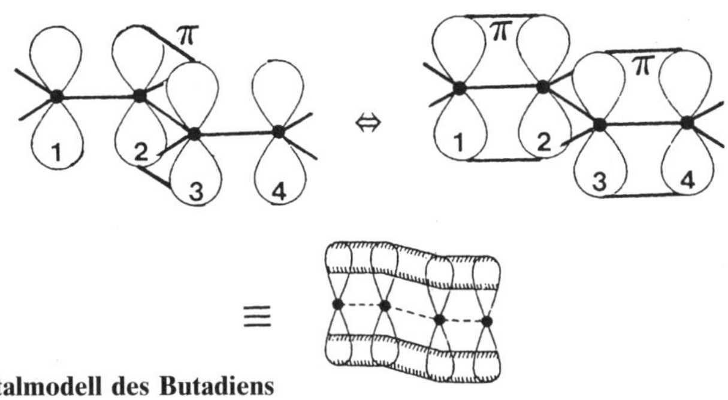

Abb. 23: Orbitalmodell des Butadiens

nur die Orbitale an C-1 und C-2 bzw. an C-3 und C-4 miteinander in Wechselwirkung treten, sondern auch die der beiden mittleren Kohlenstoffatome C-2 und C-3. Dadurch wachsen diese Orbitale zu einem das ganze Molekül umfassenden Orbital zusammen. Man sagt, die π-Elektronen sind *delokalisiert,* weil sie dem gesamten konjugierten System angehören, und nicht – wie die π-Bindung im Ethen – auf jeweils zwei C-Atome lokalisiert sind.

Die Orbitalüberlappung zwischen C-2 und C-3 ist allerdings infolge des größeren C-C-Abstandes geringer als die zwischen den Atomen C-1 und C-2 bzw. C-3 und C-4.

Verbindungen, die über delokalisierte π-Elektronen verfügen, sind *stabiler* als Substanzen mit isolierten (lokalisierten) Doppelbindungen, und zwar umso mehr, je ausgedehnter das konjugierte System ist. *Die Delokalisierung von Elektronen ist immer mit einem Energiegewinn verbunden.*

Die erhöhte Stabilität von Molekülen mit einem konjugierten Bindungssystem äußert sich u. a. in herabgesetzten *Verbrennungs-* und *Hydrierungswärmen.* Darüber hinaus lassen sich isolierte Doppelbindungen meistens leicht in eine konjugierte Position verschieben.

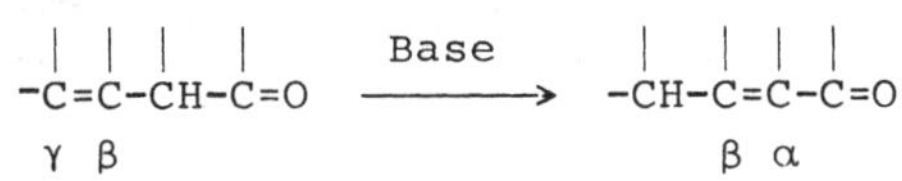

β.γ-ungesättigte ⟶ α.β-ungesättigte Carbonylverbindung

Vinylessigsäure isomerisiert [$H_2C{=}CH{-}CH_2{-}COOH$] beim Erhitzen mit Alkalihydroxiden oder Schwefelsäure weitgehend zu **Crotonsäure** [$H_3C{-}CH{=}CH{-}COOH$].

MO-Modell des 1,3-Butadiens

1,3-Butadien besteht aus einer Kette von vier sp^2-hybridisierten C-Atomen, die jeweils noch ein senkrecht zur Molekülebene stehendes p-AO aufweisen. Nach der **HMO-Methode**, bei der σ- und π-Elektronen getrennt voneinander behandelt werden, können durch lineare Kombination der p-AO insgesamt vier π-MO gebildet werden, von denen zwei bindend und zwei antibindend sind. Ihre relativen Energien verglichen mit denen des Ethens sind in Abb. 24 skizziert.

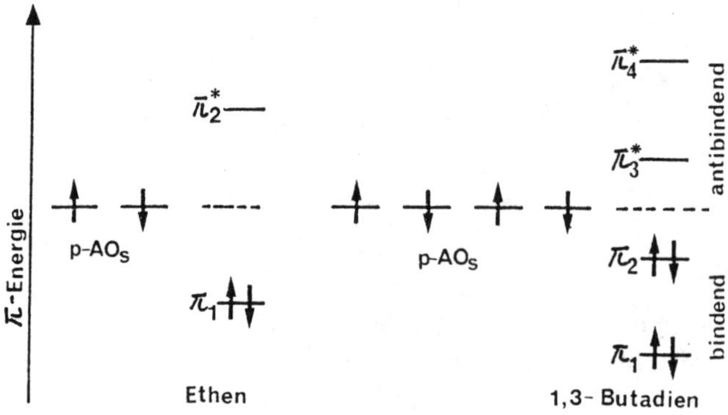

Abb. 24: **Energieniveauschema des Ethens und 1,3-Butadiens (die Pfeile symbolisieren Elektronen)**

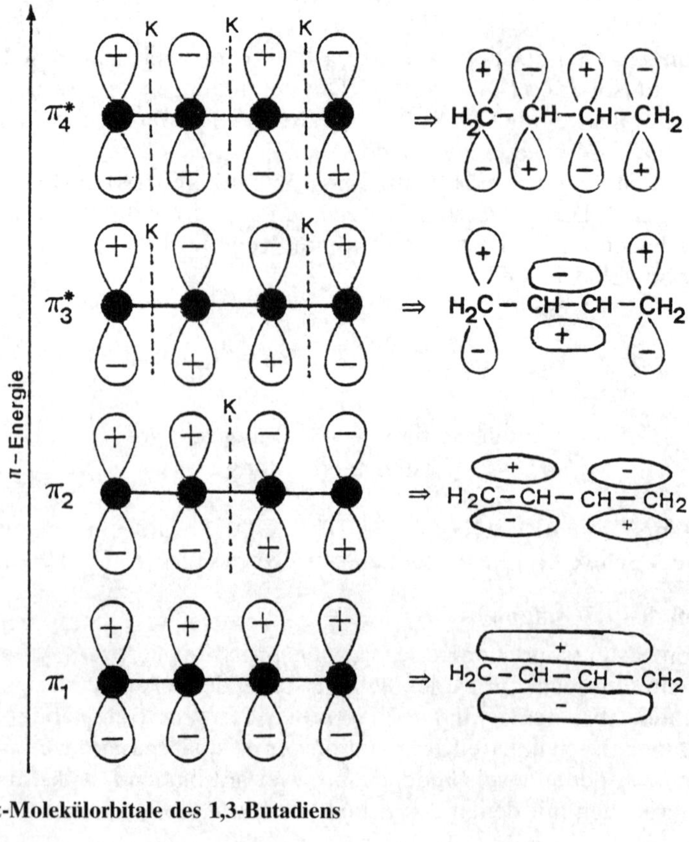

Abb. 25: **π-Molekülorbitale des 1,3-Butadiens**

Das energieärmste π_1-MO entsteht durch Addition aller vier p-AO und erstreckt sich über das gesamte Molekül. Es besitzt, wie Abb. 25 zeigt, keine Knotenebene und weist drei bindende Beziehungen zwischen den benachbarten p-Orbitalen auf.

Das nächsthöhere noch besetzte π_2-MO hat eine Knotenfläche (K) und es sind zwei bindende und eine antibindende Beziehung festzustellen.

Die antibindenden MO (π_3^*, π_4^*) besitzen zwei bzw. drei Knotenebenen und sind im Grundzustand nicht besetzt.

Aus Abb. 25 lassen sich einige Gesetzmäßigkeiten ableiten, die das *Formulieren der Molekülorbitale* auch für andere Moleküle mit einem π-Elektronensystem erlauben:

- Die Zahl der MO entspricht der Zahl der Atome, die das Grundgerüst aufbauen.
- Das energieärmste MO ist dasjenige, das am wenigsten Knotenflächen ausweist.
- Die Anordnung der MO nach steigender Energie erfolgt mit zunehmender Zahl an Knotenflächen.
- Die π-Elektronen besetzen im Grundzustand paarweise die energieärmsten Orbitale.

3.1.9.3 Kumulierte Bindungssystem

Ein System mit kumulierten Doppelbindungen, wie z. B. im **Allen** [$H_2C{=}C{=}CH_2$], ist derart aufgebaut, daß das *mittlere C-Atom* im *sp-Hybridzustand* und die beiden äußeren im *sp^2-Hybridzustand* miteinander verbunden sind.

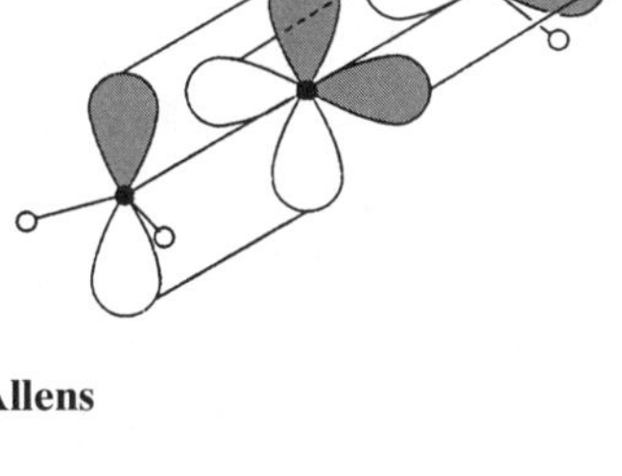

Abb. 26: Orbitalmodell des Allens

Wie Abb. 26 veranschaulicht, führt die Überlappung der p-Orbitale des mittleren C-Atoms mit den p-AO der beiden äußeren Kohlenstoffatome zu zwei π-Bindungen, deren Ebenen um 90° gegeneinander versetzt sind. Damit liegen auch die Wasserstoffatome auf zwei um diesen Winkel gegeneinander verdrehten Ebenen. Diese räumliche Anordnung der Bindungen hat zur Folge, daß Derivate des Allens [$R_2C{=}C{=}CR_2$] in zwei stereoisomeren Formen existieren können, die sich zueinander wie *Bild zu Spiegelbild* verhalten (Abb. 27). Eine Isomerie dieser Art wird auch als *optische Isomerie* bezeichnet (vgl. hierzu Kap. 3.3.1.3).

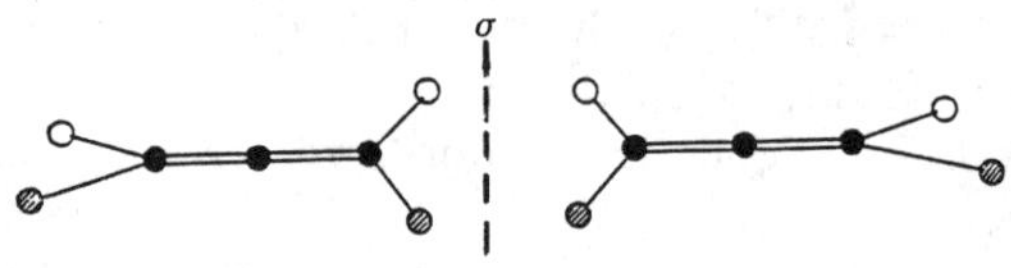

Abb. 27: Optische Isomerie von Allen-Derivaten

Kumulierte Bindungssysteme finden sich ferner in **Kumulenen, Ketenen, Isocyanaten, Senfölen (Isothiocyanaten)** und im **Kohlendioxid** [vgl. **MC-Fragen Nr. 3, 7, 31**].

```
  sp             sp                  sp            sp              sp
O=C=O  ;   R2C=(C)n=CR2  ;    R2C=C=O  ;    R-N=C=O ;      R-N=C=S
           Kumulen            Keten         Isocyanat      Senföl
```

3.1.9.4 Konjugationseffekte [Vinylogie- und Phenylogie-Prinzip]

Konjugierte Doppelbindungssysteme besitzen die Fähigkeit, Substituenteneinflüsse weiterzuleiten. So beeinflussen sich die beiden Gruppen X und Y in Verbindungen wie (II), in der sie durch eine oder mehrere Vinylgruppen (-CR=CR-) voneinander getrennt sind, in analoger Weise wie in (I):

```
          |                        | |     |
(I)     X-C-Y          (II)     X-(C=C)n-C-Y
          |                                |
```

Vinyloge oder *Vinylhomologe* zeigen vergleichbare chemische Eigenschaften. So ist z. B. **3-Penten-2-on** ein Vinylhomologes des Acetons und **Acrolein** ist vinylog zu Formaldehyd.

```
H3C-C-CH3  →  H3C-CH=CH-C-CH3   ;   H-CH=CH-C-H  ←  H-C-H
    ‖                   ‖                   ‖          ‖
    O                   O                   O          O
 Aceton        3-Penten-2-on          Acrolein      Formaldehyd
```

In ähnlicher Weise können auch aromatische Systeme elektronische Effekte übertragen. Man spricht dann von *Phenylogie* bzw. von *Phenylhomologen*. Zum Beispiel kann **Vanillin** als phenyloge Ameisensäure aufgefaßt werden, was seine im Vergleich zu Phenolen höhere Acidität erklärt.

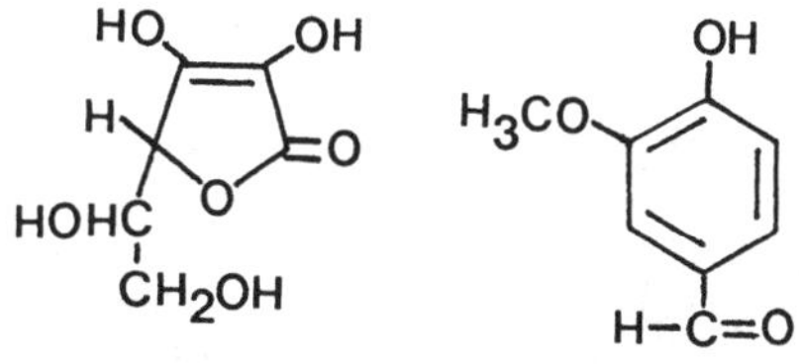

Ascorbinsäure Vanillin

Zwei Gruppen von Vinylogen sollen näher diskutiert werden. Bei *vinylogen Carbonsäuren* handelt es sich um Verbindungen, in denen die Carbonylfunktion durch ein System konjugierter Doppelbindungen von der Hydroxylgruppe getrennt ist.

```
   O              O
   ||             ||  |  |
 R-C-OH         R-C-(C=C) -OH
                         n
 Carbonsäure    vinyloge Carbonsäure
```

Beispiele hierfür sind **Ascorbinsäure, Tropolon-Derivate** sowie **Glutacondialdehyd** [vgl. **MC-Fragen Nr. 781 – 783, 891**].

Tropolone (pK_s ~ 7) besitzen saure Eigenschaften und ihre Acidität liegt zwischen der Säurestärke des Phenols (pK_s ~ 10) und der von Essigsäure (pK_s ~ 4,8). Darüber hinaus treten substituierte Tropolon-Derivate in prototropen Formen auf [vgl. **MC-Frage Nr. 378**].

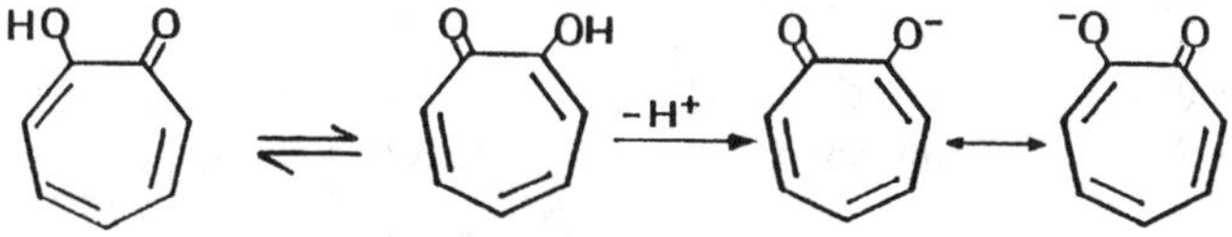

Tropolon

Desgleichen besitzt **Glutacondialdehyd**, ein Vinylhomologes der Ameisensäure, das überwiegend in der *Enolform* vorliegt, eine den Carbonsäuren ähnliche Acidität.

```
H-C-OH   --->   H-C-CH=CH-CH -C=O   <=>   H-C-CH=CH-CH=C-OH
  ||              ||         2  |           ||          |
  O               O             H           O           H

Ameisensäure                   Glutacondialdehyd
```

Die im Vergleich zu Pyridin deutlich erhöhte Basizität von 4-Aminopyridin kann damit erklärt werden, daß die Substanz ein *cyclisches vinyloges Amidin* darstellt.

```
                                                   C=C
                                                  /   \
  N-     --->      N-                     ;      N     C-NH
  ||               ||                             \\   //    2
 -C-NH           -C-(CH=CH) -NH                    C—C
      2                    n   2                   H  H

 Amidin          vinyloges Amidin                4-Aminopyridin
```

Bei *vinylogen Carbonylverbindungen* befinden sich C=C-Doppelbindungen in Konjugation (α, β-Position) zu einer Carbonylgruppe. Auch hier sind die π-Elektronen über das gesamte ungesättigte System delokalisiert.

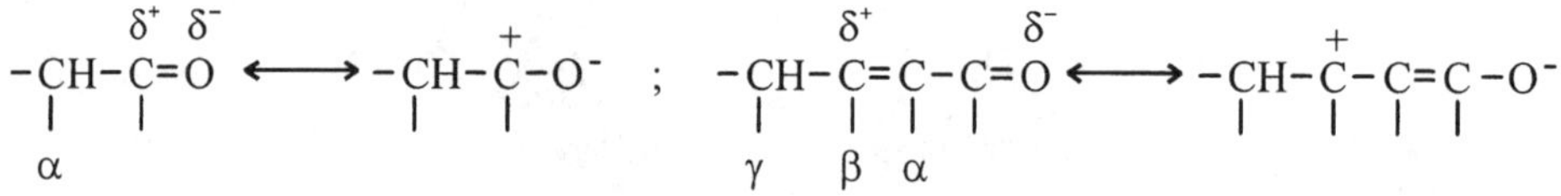

Carbonylverbindung **vinyloge Carbonylverbindung**

Die Eigenschaften des Carbonylkohlenstoffs werden dadurch praktisch ungeschwächt auf das β-C-Atom bzw. bei Anwesenheit mehrerer konjugierter Doppelbindungen auf das jeweils endständige Kohlenstoffatom des konjugierten Systems übertragen. Daher reagiert das endständige C-Atom des vinylogen Systems mit Nucleophilen in ähnlicher Weise wie der α-Kohlenstoff einer Carbonylverbindung.

Darüber hinaus ist die Acidität der H-Atome am vinylogen C-Atom einer Carbonylverbindung vergleichbar mit der Acidität der Wasserstoffatome am α-C-Atom. So kann beispielsweise **Crotonaldehyd (2-Butenal)** – ein Vinylhomologes des Acetaldehyds – aufgrund seiner CH-aciden Methylgruppe in *Aldolreaktionen* wie Acetaldehyd als *Methylenkomponente* eingesetzt werden [vgl. Kap. 3.12.6.1 und **MC-Fragen Nr. 749, 750**].

$$C_6H_5{-}CH{=}O + H_3C{-}CH{=}O \rightarrow C_6H_5{-}CH{=}CH{-}CH{=}O$$

Benzaldehyd **Acetaldehyd** **Zimtaldehyd**

$$C_6H_5{-}CH{=}O + H_3C{-}CH{=}CH{-}CH{=}O \rightarrow C_6H_5{-}CH{=}CH{-}CH{=}CH{-}CH{=}O$$

Benzaldehyd **Crotonaldehyd** **5-Phenyl-2,4-pentadienal**

3.1.10 Aromatischer Zustand

Benzen („Benzol") $[C_6H_6]$[1] ist der wichtigste Vertreter einer Gruppe von Substanzen, in denen Einfach- und Doppelbindungen alternierend in Ringen angeordnet sind, und zwar so, daß Systeme mit insgesamt **(4n+2)-π-Elektronen** (n=0,1,2,...) entstehen. Für Benzen wurden von **Kekulé** folgende Strukturformeln vorgeschlagen [vgl. **MC-Frage Nr. 380**]:

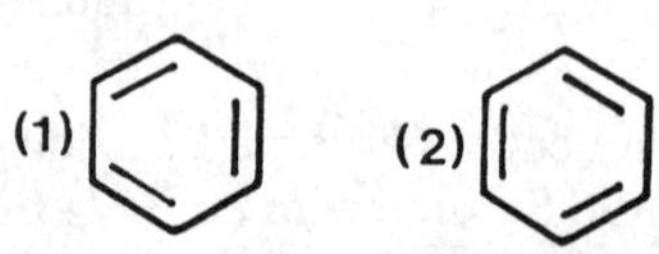

---

[1] Die Endung „ol" steht für die Bezeichnung einer Hydroxylgruppe, die im *„Benzol"* nicht vorhanden ist. Deshalb wird im Rahmen dieses Buches zur Benennung vieler Aromaten die international gebräuchliche *„Benzen-Nomenklatur"* benutzt. Da aber in der deutschsprachigen pharmazeutischen Literatur die älteren Namen noch üblich sind, wurde diese Bezeichnungsweise vorerst (in Klammer gesetzt) noch beibehalten.

Solche Strukturen würden jedoch dazu führen, daß z. B. für **1,2-Dimethylbenzen (o-Xylen)** zwei Konstitutionsisomere existieren müßten, was sich nicht nachweisen ließ. Es existiert nur ein einziges ortho-Disubstitutionsprodukt.

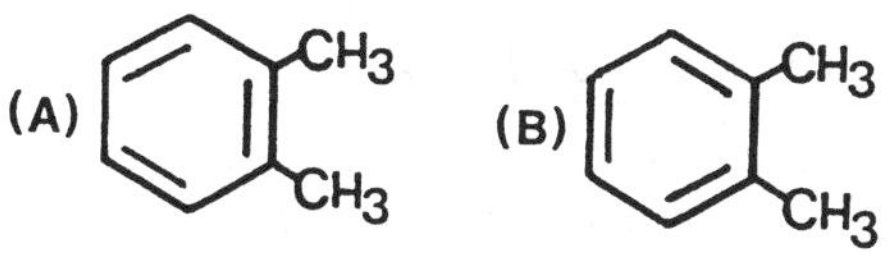

Darüber hinaus ergab die Messung der Bindungslängen, daß alle sechs *C-C-Bindungen im Benzen gleichwertig und gleich lang* **(139 pm)** sind, wohingegen die Länge einer normalen C-C-Einfachbindung 154 pm und die einer C=C-Doppelbindung 134 pm beträgt.

Desweiteren bestätigte die experimentell ermittelte *Hydrierungswärme* von Benzen, daß es wesentlich stabiler ist, als man es aufgrund der von Kekulé vorgeschlagenen imaginären „1,3,5-Cyclohexatrien-Struktur" erwarten würde.

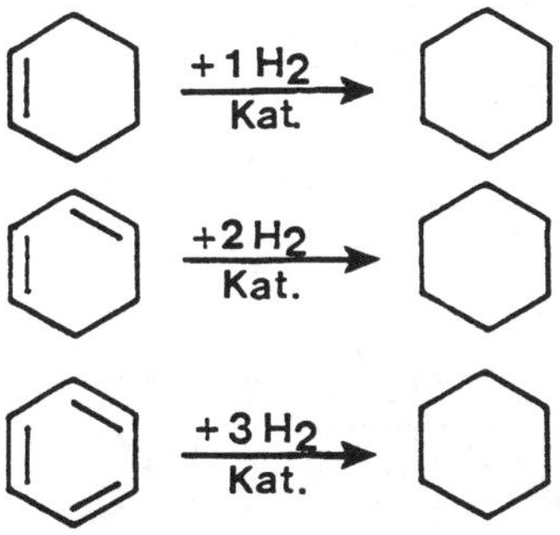

$\Delta H \approx - 120$ kJ mol^{-1}

$\Delta H \approx - 232$ kJ mol^{-1}

$\Delta H \approx - 208$ kJ mol^{-1}

erwartet: $3 \cdot 120 = 360$ kJ mol^{-1}
Differenz: 152 kJ mol^{-1}

Abb. 28: Hydrierungswärmen von Benzen, Cyclohexen und 1,3-Cyclohexadien

Wie die Werte in Abb. 28 belegen, ist die Hydrierungswärme des **1,3-Cyclohexadiens** etwa doppelt groß wie die des Cyclohexens. Aufgrund der Additivität der Hydrierungswärmen sollte man daher erwarten, daß bei der kat. Hydrierung aller drei Doppelbindungen von Benzen zu Cyclohexan etwa –360 kJ mol^{-1} freigesetzt würden. Experimentell gefunden wurde jedoch eine Hydrierungswärme von ca. –208 kJ mol^{-1}, so daß **Benzen** um ca. 152 kJ mol^{-1} thermodynamisch stabiler ist als ein hypothetisches „1,3,5-Cyclohexatrien".

Demgegenüber beträgt die Hydrierungswärme von **Cyclooctatetraen** zu Cyclooctan –410 kJ mol^{-1}. Dies entspricht etwa dem Vierfachen der Hydrierungswärme von Cycloocten, die zu –96 kJ mol^{-1} gefunden wurde.

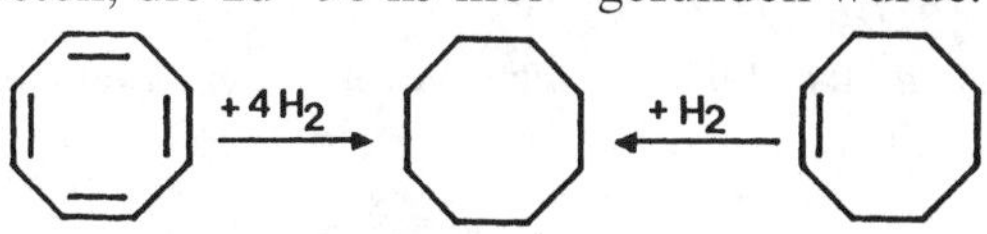

Cyclooctatetraen Cyclooctan Cycloocten

Cyclooctatetraen besitzt also nicht die für aromatische Ringsysteme charakteristische „Stabilisierung". Das in einer Wannenform vorliegende Molekül zeigt die für konjugierte, cyclische Polyene typischen Eigenschaften.

3.1.10.1 MO-Modell des Benzens

Das hexagonale σ-Bindungsgerüst des Benzens kann mit der Annahme von C-sp^2-Hybrid-AO zutreffend beschrieben werden. Die Wellenfunktionen der verbleibenden sechs p-Atomorbitale, die an der Hybridisierung nicht teilgenommen haben, ergeben durch lineare Kombination sechs delokalisierte **π-Molekülorbitale**, von denen wie in Abb. 29 skizziert, drei *bindend* und drei *antibindend* sind. Im Grundzustand sind die bindenden Orbitale mit jeweils zwei Elektronen antiparallelen Spins besetzt.

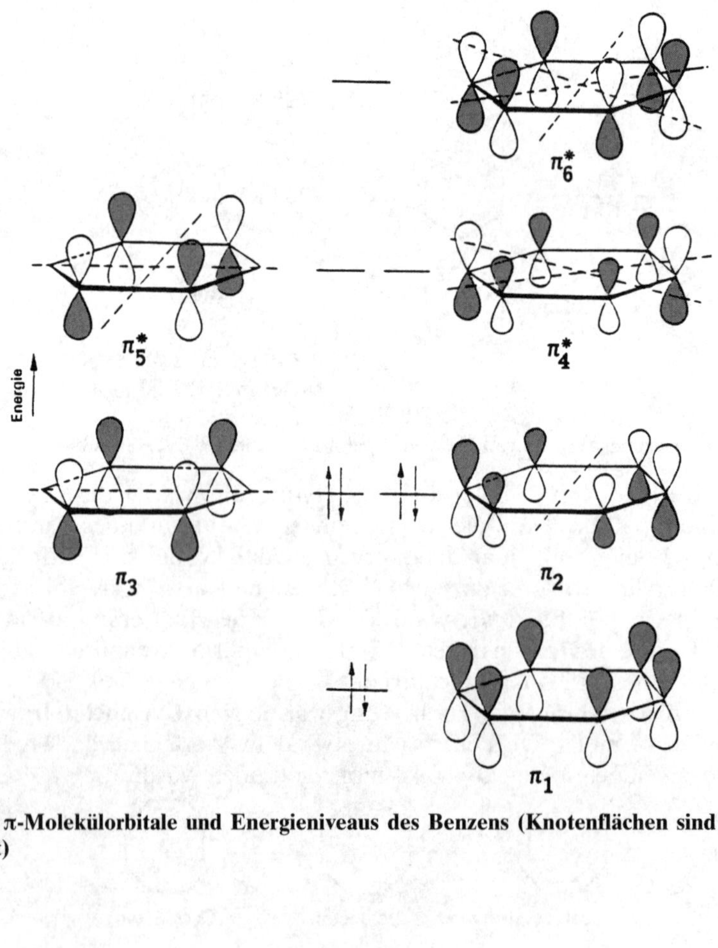

Abb. 29: π-Molekülorbitale und Energieniveaus des Benzens (Knotenflächen sind gestrichelt gezeichnet)

Zur Konstruktion der π-MO des Benzens sei nochmals daran erinnert, daß überlappende Wellenfunktionen desselben Zeichens (der gleichen Schattierung) bindend sind. Wellenfunktionen, die durch eine Knotenfläche voneinander getrennt sind, haben entgegengesetzte Zeichen und wirken antibindend.

Das niedrigste, stabilste **π_1-MO** bildet eine ringförmige, alle sechs C-Atome umfassende Ladungswolke. Es besitzt eine Knotenfläche in der Ringebene, so daß zwei kreisförmige „Bindungsbezirke" oberhalb und unterhalb der Ringebene entstehen. Es existieren insgesamt 6 bindende Beziehungen.

Die nächsthöheren, noch bindenden **π_2-MO** und **π_3-MO** sind *entartet (degeneriert)*, d. h. sie besitzen die gleiche Energie. Auch sie umfassen noch alle sechs C-Atome, aber jedes der beiden MO enthält eine weitere Knotenfläche [**π_2:** 2 Knotenebenen, 4 bindende Beziehungen, 2 antibindende Beziehungen; **π_3:** 2 Knotenebenen, 2 bindende Beziehungen, 4 nichtbindende Beziehungen].

Geht in einem π-Elektronensystem eine Knotenebene durch eines der Atome des Molekülgerüsts, wie z. B. im π_3-MO des Benzens, so „verschwindet" das dortige p-Orbital. Abb. 30 illustriert diesen Sachverhalt. Die Beziehungen zu den Nachbarorbitalen sind dann weder bindend noch antibindend; sie werden als *nichtbindend* bezeichnet. Nichtbindende MO liegen auf einer Energieskala zwischen den bindenden und antibindenden Orbitalen; sie haben keinen Einfluß auf die Bindungsstärke. Dies zeigt sich auch daran, daß das π_3-MO des Benzens mit zwei bindenden und vier nichtbindenden Beziehungen auf demselben Energieniveau liegt wie das π_2-MO mit vier bindenden und zwei antibindenden Wechselwirkungen.

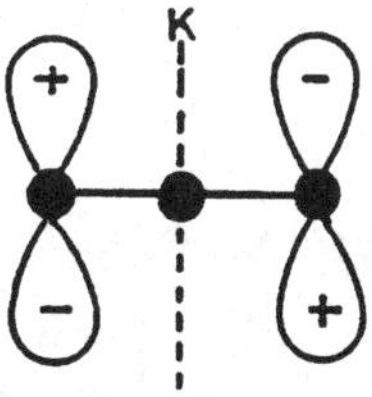

Abb. 30: Nichtbindende Wechselwirkung von Orbitalen

Zur vereinfachten graphischen Darstellung der π-MO des Benzens gibt man bei jedem C-Atom – entsprechend Abb. 31 – nur noch das Vorzeichen des über der Molekülebene liegenden Teils der betreffenden p-Wellenfunktion an. Die punktierten Linien in dieser Abb. markieren die zusätzlich zur Ringebene vorhandenen Knotenflächen.

Zusammenfassend ist auszuführen, daß im Grundzustand des Benzens die bindenden MO paarweise mit Elektronen *vollständig* besetzt und die sechs π-Elektronen im höchstmöglichen Maße *delokalisiert* sind. Diese *Elektronendelokalisierung* erklärt die im Vergleich zum „Cyclohexatrien" um 152 kJ mol^{-1} erhöhte Stabilität des Benzens und dokumentiert sich u. a. in der mangelnden Bereitschaft des Moleküls Additionsreaktionen einzugehen, weil hierdurch das delokalisierte Elektronensystem aufgehoben würde.

Allerdings muß ausdrücklich darauf hingewiesen werden, daß die **Delokalisierungsenergie** – die Energiedifferenz zwischen Benzen und einem hypothetischen Cyclohexatrien – keine reale Bedeutung besitzt, da ein System wie Cyclohexatrien mit lokalisierten π-Elektronen instabil wäre und nicht herstellbar ist.

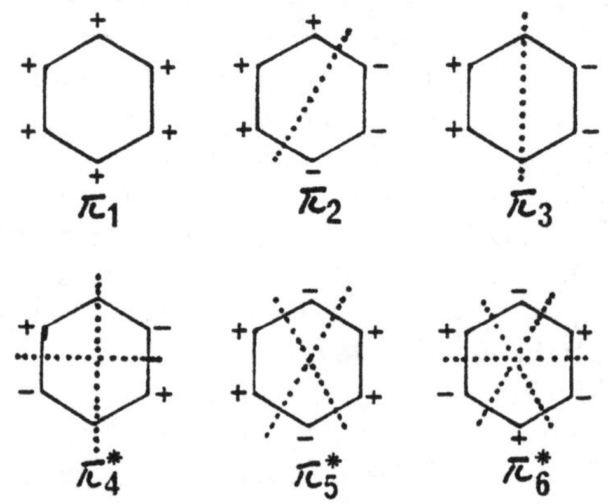

Abb. 31: Vereinfachte Darstellung der π-MO des Benzens

Alle C-Atome des Benzens sind sp^2-hybridisiert und bilden ein ebenes, reguläres Sechseck mit einem Bindungswinkel von 120°. Die C-C-Abstände (139 pm) und C-H-Abstände (110 pm) sind jeweils gleich lang. Die π-Bindungen sind konjugiert und cyclisch delokalisiert.

Für das Orbitalmuster des Benzens ist typisch, daß das niedrigste π-MO ein einzelnes MO ist, während die höheren Orbitale – soweit möglich – als degenerierte Paare auftreten. Dieses Muster der MO ist charakteristisch für alle monocyclischen π-Elektronensysteme (vgl. auch Kap. 3.1.10.5).

3.1.10.2 Valence Bond-Modell des Benzens

Die Valence Bond-Methode geht von der Überlegung aus, daß es in ungesättigten, konjugierten Systemen nicht möglich ist zu entscheiden, welches π-Elektron zu welchem C-Atom gehört, weil die π-Elektronen delokalisiert sind.

Die Ladungsdichteverteilung in solchen Molekülen kann jedoch durch eine lineare Kombination der Ψ-Funktionen verschiedener *„Grenzstrukturen“* erhalten werden, denen zwar keine Realität zukommt, die aber mit konventionellen **Lewis-Formeln** darstellbar sind. Der reale Zustand des Moleküls wird quasi durch die *Überlagerung* einer Reihe einfacher, fiktiver Grenzstrukturen beschrieben.

Beim Benzen verwendet man zur Beschreibung des tatsächlichen Molekülzustandes fünf Grenzstrukturen, nämlich die beiden **Kekulé-Strukturen** (K_1, K_2) und die drei **Dewar-Formeln** (D_1, D_2, D_3).

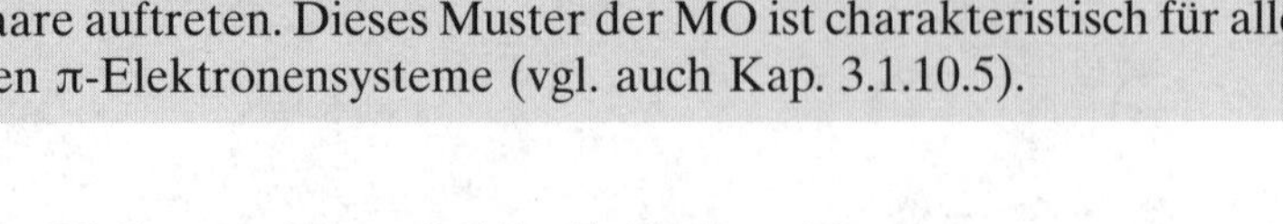

Das Phänomen, daß eine reale Struktur durch lineare Kombination von Ψ-Funktionen nicht existierender Grenzstrukturen beschrieben werden kann, wird als

Mesomerie oder **Resonanz** bezeichnet. Beide Ausdrücke meinen inhaltlich dasselbe wie der Begriff „Delokalisierung von π-Elektronen". Der *Mesomeriepfeil* (↔) bedeutet *nicht*, daß ein dynamisches Gleichgewicht zwischen verschiedenen Molekülarten existiert, sondern zeigt lediglich an, daß der tatsächliche Bindungszustand eines Moleküls zwischen verschiedenen, energiereicheren Grenzstrukturen liegt und von diesen umschrieben wird.

Die mathematische Behandlung der Mesomerie führt zu dem Ergebnis, daß der mesomere Zustand eines Moleküls eine geringere Energie besitzt als jede der verwendeten Grenzstrukturen [vgl. **MC-Fragen Nr. 394, 395**]. Diese Energiedifferenz – synonym mit der Delokalisierungsenergie des MO-Modells – wird als **Mesomerie-** oder **Resonanzenergie** bezeichnet. Sie entspricht, wie Abb. 32 ausweist, der Differenz zwischen der Energie des Grundzustandes des realen Moleküls und der Energie der energieärmsten Grenzstruktur, hier der Kekulé-Formeln.

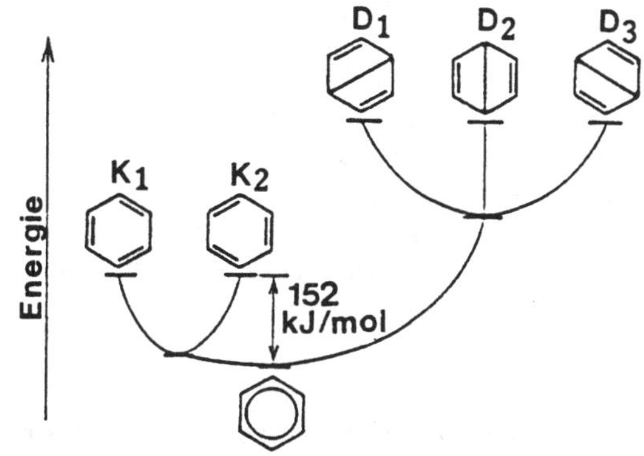

Abb. 32: Mesomerieenergie des Benzens

Tab. 5: Resonanzenergien einiger Kohlenwasserstoffe und Heteroaromaten (in kJ mol^{-1})

Verbindung	Resonanzenergie	Verbindung	Resonanzenergie
Benzen	150,2	Butadien	14,6
Naphthalen	255,2	Furan	68,8
Anthracen	359,0	Pyrrol	90,4
Phenanthren	415,1	Thiophen	121,8
Diphenyl	330,6	Pyridin	116,7

3.1.10.3 Valenzisomere des Benzens

Neben den Kekulé- und Dewar-Formeln wurden weitere Versuche unternommen, Benzen mit Hilfe von Lewis-Formeln zu beschreiben.

Das **„Ladenburg-Benzol"** gibt zwar nicht die Struktur von Benzen wieder, ist aber eine annehmbare Struktur für eine organische Verbindung. Sie wird **Prisman** genannt und wurde 1973 erstmals synthetisiert. Prisman isomerisiert bei 90 °C zu Benzen. Auch **„Dewar-Benzol“** (Bicyclo[2.2.0]hexa-2,5-dien), für das aufgrund seines dachförmigen Baus der Name **Tectadien** vorgeschlagen wurde, wandelt sich bei Raumtemperatur mit einer Halbwertszeit von 37 Stunden in Benzen um [vgl. **MC-Frage Nr. 376**].

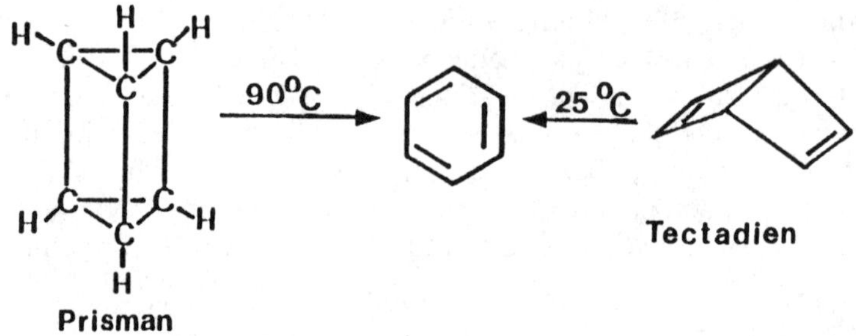

Derartige „Umlagerungen“ werden allgemein als *Valenzisomerisierungen* bezeichnet. Valenzisomere sind *Konstitutionsisomere,* die durch intramolekulare Umordnung von Bindungen entstehen. Durch thermische oder photochemische Induzierung können sowohl σ- als auch π-Bindungen gelöst und neu gebildet werden. *Valenzisomere* oder *Valenztautomere* lassen sich trennen, wenn die Energiebarriere für ihre gegenseitige Umwandlung hoch genug ist.

3.1.10.4 Kriterien des aromatischen Zustandes – Hückel-Regel

Kennzeichnend für aromatische Moleküle ist das Vorhandensein eines *cyclischen, planaren und delokalisierten π-Elektronensystems.* Alle Atome des Ringgerüsts sind sp^2-hybridisiert.

Die quantenmechanische Behandlung aromatischer Systeme liefert darüber hinaus das Ergebnis, daß zur Ausbildung eines solchen delokalisierten Bindungssystems insgesamt **(4n +2)-π-Elektronen (Hückel-Regel)** (n = 0, 1, 2, 3 usw.) erforderlich sind, das betreffende Ringsystem also 2, 6, 10, 14 usw. π-Elektronen enthält [vgl. **MC-Fragen Nr. 381–385, 941, 942, 1250**].

Beispiele hierfür sind neben **Benzen** mit 6 π-Elektronen (n=1), das **Naphthalen (Naphthalin)** mit 10 π-Elektronen (n=2) sowie das **Anthracen** und **Phenanthren** mit jeweils 14 π-Elektronen (n=3).

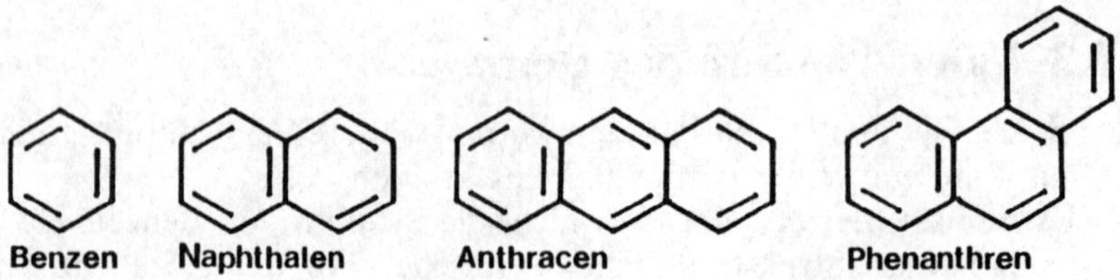

Die Eigenschaften von Molekülen mit cyclischer Konjugation (**4n-π-Systeme**), die *nicht* der Hückel-Regel gehorchen, bezeichnet man als *antiaromatisch.* Sie sind energiereicher als ihre offenkettigen Analoga. So ist **Cyclobutadien** mit 4 π-Elektronen antiaromatisch und weit weniger stabil als das acyclische Butadien. Beim Cyclobutadien muß Energie aufgewendet werden, um einen Zustand mit delokalisierten π-Elektronen zu erreichen. Dieser entspricht einem Übergangszustand, den die im Gleichgewicht stehenden Valenzisomeren des Cyclobutadiens bei ihrer gegenseitigen Umwandlung durchlaufen müssen [vgl. **MC-Frage Nr. 1179**].

Valenzisomere des Cyclobutadiens

Auch für ein hypothetisches, *planares* **Cyclooctetraen-Molekül** mit 8 π-Elektronen könnte man zwei valenzisomere Strukturen formulieren [vgl. **MC-Fragen Nr. 379, 390**]. Wie das Energieniveauschema in Abb. 33 ausweist, besäße ein solches Molekül – im Gegensatz zu Benzen (Abb. 29) – keine „komplette Orbitalschale" und hätte Diradikal-Eigenschaften. Cyclooctatetraen ist jedoch nicht planar gebaut, sondern hat eine *wannenförmige* Struktur mit alternierenden Einfach- und Doppelbindungen. Die Bindungsabstände und die Eigenschaften sind typisch für ein konjugiertes *Polyen* mit geringer Delokalisierungsenergie. Trotz seiner 8 π-Elektronen kann Cyclooctatetraen auch nicht als antiaromatisch angesehen werden, weil das Molekül *nicht eben* gebaut ist.

Hückel-Regel: Cyclische, planare konjugierte π-Systeme mit (4n+2) π-Elektronen sind stabiler als ihre offenkettigen Analoga gleicher C-Zahl. Sie besitzen aromatischen Charakter bzw. Aromatizität.

Ebene Ringsysteme mit (4n) konjugierten π-Elektronen sind weniger stabil als ihre acyclischen Analoga. Sie haben antiaromatischen Charakter.

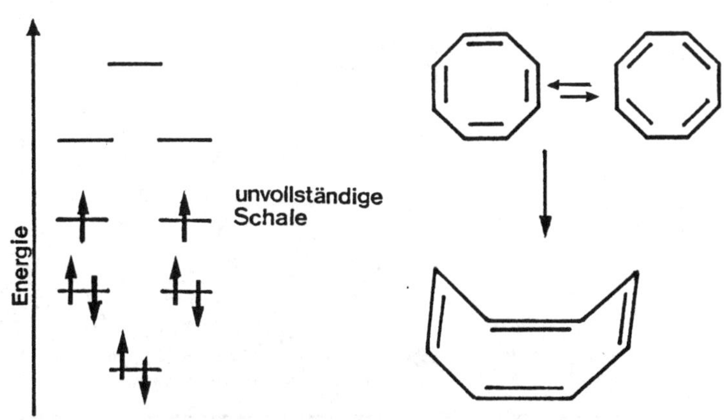

Abb. 33: Energieniveauschema der π-MO für ein „planares" Cyclooctatetraen

3.1.10.5 Monocyclische, nichtbenzoide Aromaten

Die (4n+2)-Regel gilt auch für Strukturen, in denen das stabilisierte cyclische Teilchen ein Anion oder Kation ist. Hierzu zählen u. a. das **Cycloheptatrienylium-Kation (Tropylium-Ion)** und das **Cyclopentadienyl-Anion**, die beide über ein π-Elektronensextett verfügen.

Das Cyclopentadienyl-Anion ist durch Deprotonierung von Cyclopentadien mit starken Basen leicht zugänglich (vgl. Kap. 3.19.4.3); Salze des Cycloheptatrienylium-Kations erhält man z. B. durch Addition von Brom an Cycloheptatrien und anschließende Dehydrobromierung [vgl. **MC-Fragen Nr. 392, 393**].

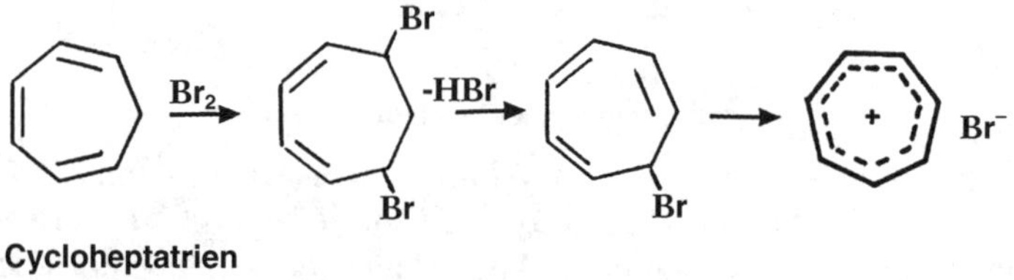

Abb. 34 zeigt das Termschema dieser nichtbenzoiden aromatischen Verbindungen und belegt, daß deren höchste bindenden Orbitale *vollständig* mit Elektronen besetzt sind, wie es die Hückel-Regel für aromatische Systeme verlangt.

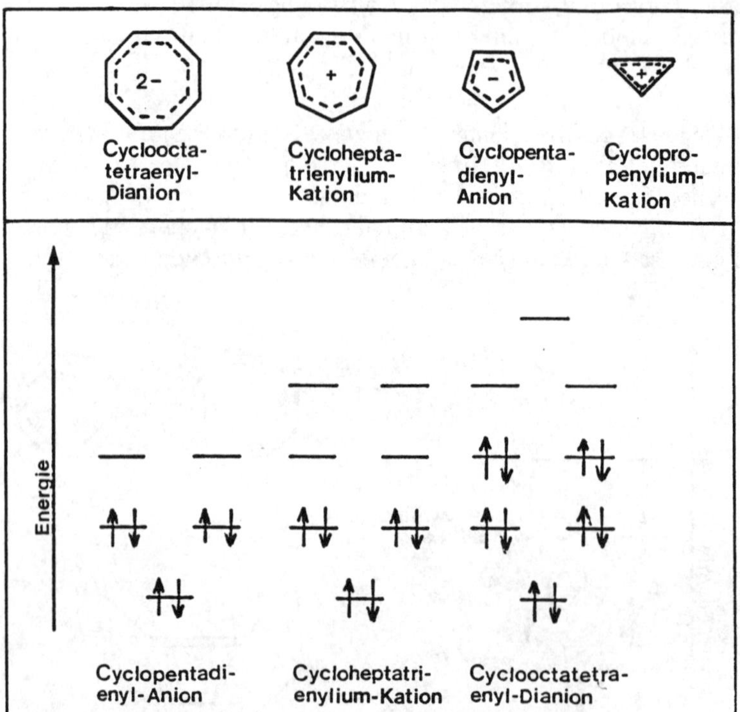

Abb. 34: Energieniveauschema nichtbenzoider Aromaten

Das kleinste aromatische Ringsystem ist das **Cyclopropenylium-Kation** mit 2 π-Elektronen, das beispielsweise bei der Protonierung von 2,3-Diphenylpropenon gebildet wird [vgl. **MC-Fragen Nr. 384, 391**].

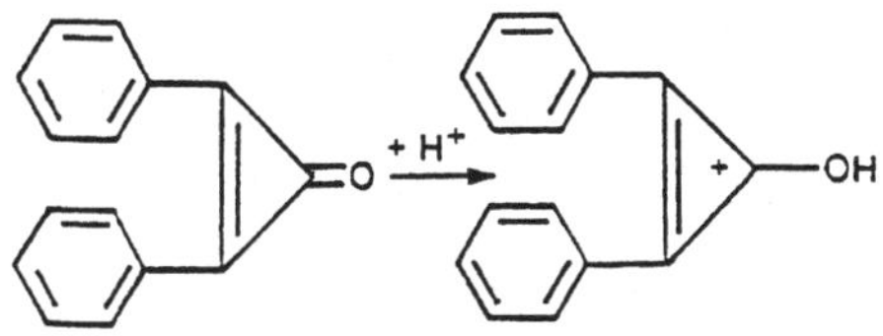

Zu den nichtbenzoiden Aromaten zählen ferner das **Cyclooctatetraenyl-Dianion** sowie das *dipolare* Azulen, die jeweils 10 π-Elektronen enthalten [vgl. **MC-Fragen Nr. 20, 377, 382, 386 – 390**].

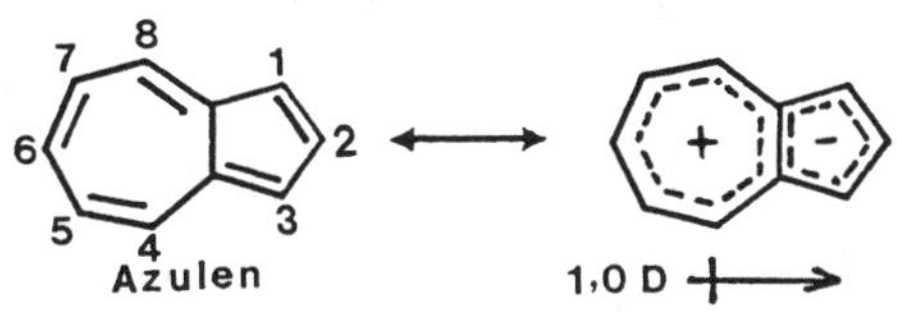

Ein bemerkenswertes Ringsystem liegt im blau-gefärbten **Azulen** (Bicyclo[5.3.0]deca-1,3,5,7,9-pentaen) vor. Das Molekül besitzt ein *Dipolmoment,* was darauf schließen läßt, daß vom Siebenring partiell π-Elektronen auf den Fünfring übertragen werden. Es kann als eine Kombination aus einem Cycloheptatrienylium-Kation und einem Cyclopentadienyl-Anion aufgefaßt werden [vgl. **MC-Fragen Nr. 389, 396 – 399**]. Elektrophile Reaktionen erfolgen sehr leicht an den Positionen 1 und 3; darüber hinaus ist es auch nucleophil am 7-gliedrigen Carbocyclus substituierbar.

Stabilisierte *Cyclopentadienide* liegen in vielen *Aromatenkomplexen* wie z. B. im orangeroten **Ferrocen** oder anderen *Metall-π-komplexen* vor. Wie Abb. 35 zeigt, befindet sich das Fe-Atom im Ferrocen im Knotenpunkt eines Antiprismas, dessen Basisflächen zwei **Cyclopentadienyl-Anionen** bilden. Die C-Atome der beiden Ringe stehen auf Lücke. Die *„Sandwich-Struktur"* kommt dadurch zustande, daß die MO der π-Elektronensextette mit d-Hybrid-AO des Metalls überlappen.

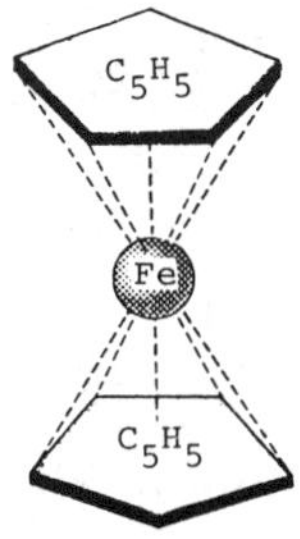

Abb. 35: Struktur des Ferrocens

3.1.10.6 Heteroaromaten

Das Ringgerüst eines Aromaten muß nicht rein carbocyclisch sein. Aromatische Verbindungen, deren Ringe neben Kohlenstoff noch andere Heteroatome [N, O, S] enthalten, werden als *aromatische Heterocyclen* bezeichnet. Sie lassen sich unterteilen in **π-elektronenarme** und **π-elektronenreiche Heterocyclen** (vgl. hierzu auch Kap. 3.15.2)

Im **Pyridin** und analogen Substanzen ersetzt ein sp^2-hybridisiertes N-Atom eine CH-Gruppe des Benzens. Das N-Atom bildet mit den beiden benachbarten C-Atomen eine σ-Bindung und das dritte N-sp^2-Hybrid-AO dient zur Aufnahme des freien Elektronenpaars. Die π-Bindung entsteht schließlich durch Überlappung von je einem p-AO des Kohlenstoffs und Stickstoffs [vgl. **MC-Frage Nr. 390**].

Als Beispiele von π-elektronenarmen Heteroaromaten seien genannt:

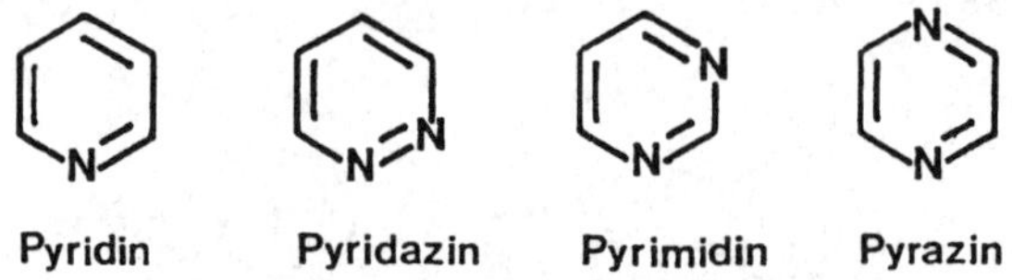

Ein Heteroatom, das zwei p-Elektronen zum aromatischen Sextett beisteuert, kann formal zwei CH-Gruppen des Benzens ersetzen. Dies erklärt den aromatischen Charakter von π-elektronenreichen Fünfringheterocyclen wie **Furan, Pyrrol** oder **Thiophen**.

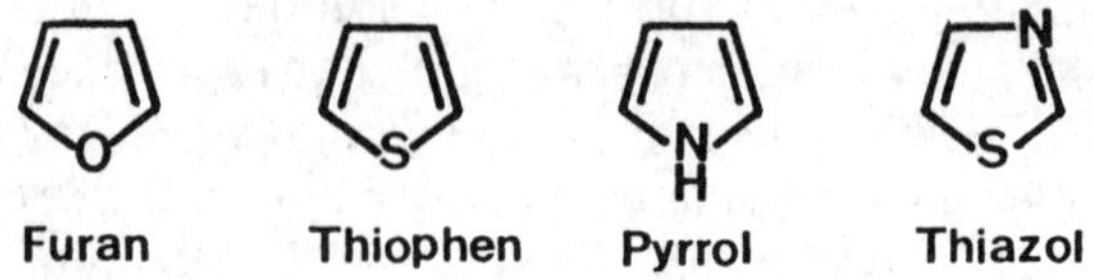

3.1.10.7 Ringstrom (Diamagnetische Anisotropie)

Die *Kernresonanzspektroskopie* hat ein weiteres Kriterium für den aromatischen Zustand geliefert.

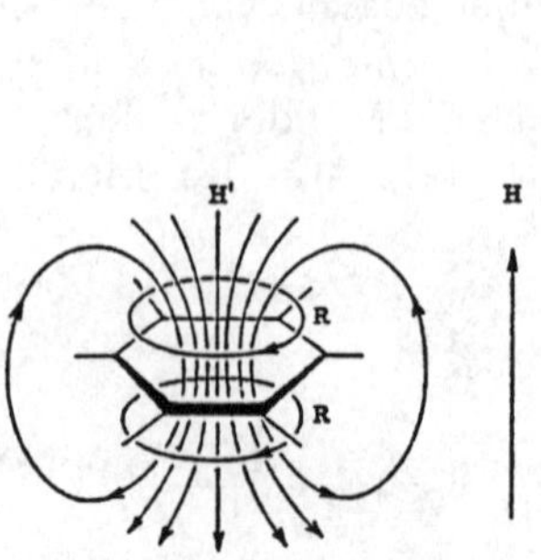

Abb. 36: Diamagnetische Anisotropie

Wie in Abb. 36 dargestellt, induziert ein äußeres Magnetfeld (H) in den kreisförmigen MO der π-Elektronen eines Aromaten einen *Ringstrom* (R), der zur Entstehung eines kleineren, dem äußeren entgegengesetzt gerichteten Magnetfeldes (H') führt. Das Resonanzsignal der aromatischen Protonen erscheint daher bereits bei einem kleineren äußeren Magnetfeld als das entsprechende Signal von Alkenen (siehe hierzu auch Ehlers, **Analytik II-Kurzlehrbuch**, Kap. 11.9). Zusammenfassend kann über aromatische Verbindung folgendes ausgeführt werden:

Aromatische Verbindungen sind cyclische, planare Systeme mit (4n+2) π-Elektronen, die einen diamagnetischen Ringstrom aufweisen, und in denen alle Ringatome in ein einziges konjugiertes System einbezogen sind.

3.1.10.8 Mesomerie (Resonanz)

Das Phänomen der *Mesomerie* tritt nicht nur bei neutralen Molekülen (**Benzen, Butadien, Acrolein**) auf, sondern zeigt sich z. B. auch bei Anionen (**Carboxylat-, Phenolat-, Cyclopentadienyl-Ion**) und Kationen (**Allyl-, Cyclopropenylium-Ion**), die konjugierte Mehrfachbindungen enthalten bzw. in Nachbarstellung zu Doppelbindungen Atome mit freien Elektronenpaaren oder eine Elektronenpaarlücke aufweisen. Beispiele hierfür sind [vgl. **MC-Frage Nr. 20**]:

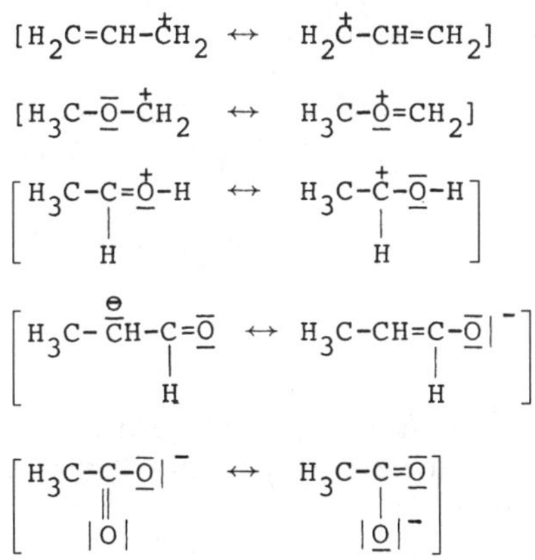

Charakteristisch für mesomeriefähige Systeme ist die Möglichkeit, Ladungen und Elektronen – insbesondere π-Elektronen – über mehrere Atome zu *delokalisieren*. Dies ist mit einem *Energiegewinn* verbunden.

Bei der *Verwendung des Mesomerie-Begriffs* sollten folgende Regeln beachtet werden:

- Die Atome müssen in allen Grenzstrukturen annähernd die gleiche Lage zueinander einnehmen. Bindungslängen und Bindungswinkel der einzelnen Grenzstrukturen dürfen nicht zu stark von einander abweichen.
- Alle an der Mesomerie beteiligten Atome müssen möglichst in einer Ebene liegen, weil nur so die zum σ-Gerüst senkrecht angeordneten p-Atomorbitale sich optimal überlappen können.
- Die Zahl der gepaarten und ungepaarten Elektronen muß in allen Grenzstrukturen gleich sein.
- Die *Mesomerieenergie* ist umso größer, je größer die Zahl ähnlicher Grenzstrukturen ist.

- Bei der Beschreibung mesomerer Bindungssysteme dürfen nur Grenzstrukturen vergleichbaren Energieinhaltes verwendet werden. Die Zahl formaler Ladungen sollte möglichst gering sein.
- Unterscheiden sich die Grenzstrukturen stark in ihrer Stabilität, so ist das „Gewicht“ einer *Grenzstruktur* umso größer, je stabiler (energieärmer) sie ist. (Beispielsweise tragen die Kekulé-Formeln stärker zum realen Bindungszustand von Benzen bei als die Dewar-Strukturen – vgl. Abb. 32, Kap. 3.1.10.2).

Mesomerie-Effekte

Unter *Mesomerie-Effekt (M-Effekt)* versteht man die Fähigkeit eines Substituenten mit einem benachbarten *ungesättigten* Bindungssystem in Resonanz zu treten.

Substituenten, die infolge von Mesomerie-Effekten eine gewisse Elektronendichte zum konjugierten System beisteuern, sind *Elektronendonatoren* und haben einen **+M-Effekt**. Substituenten, die die Elektronendichte derartiger Systeme erniedrigen, sind *Elektronenakzeptoren* und haben einen **-M-Effekt**.

In der nachfolgenden Übersicht sind die Mesomerie-Effekte einiger ausgewählter Substituenten zusammengestellt:

[+M]: $-\overset{+}{O}R_2 < -OR < -O^-$	[-M]: $=NR < =\overset{+}{N}R_2$
$-\underline{\overline{F}}| < -\underline{\overline{O}}R < -\overline{N}R_2$	$=CR_2 < =\overline{N}R < =\underline{\overline{O}}$
$-I < -Br < -Cl < -F$	$\equiv CR < \equiv \overline{N}$

Berücksichtigt man, daß diese Substituenten noch über induktive Effekte verfügen (vgl. Kap. 3.1.8.1), so ist folgende, in Tabelle 6 zusammengefaßte Klassifizierung von Substituenten möglich:

Tab. 6: Substituenteneinflüsse

+M/+I	+M/-I		-M/-I	
$-O^-$	-F	-O-CO-R	$-NO_2$	-COOR
$-S^-$	-Cl	-SH	-CN	$-CONH_2$
$-CH_3$	-Br	-SR	-CHO	$-SO_2R$
$-CR_3$	-I	$-NH_2$	-CO-R	$-SO_3H$
	-OH	$-NR_2$	-COOH	$-CF_3$
	-OR	-NH-CO-R		

+M-Effekt: Zur Ausübung eines +M-Effektes muß der Substituent an dem zu einem Doppelbindungssystem unmittelbar benachbarten Atom über ein *freies Elektronenpaar* verfügen, das durch Wechselwirkung mit der Doppelbindung deren π-Elektronendichte erhöht.

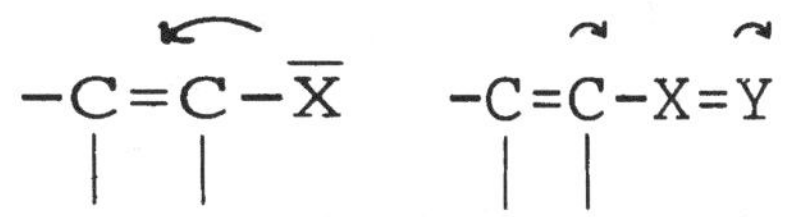

[+M-Effekt] **[−M-Effekt]**

-M-Effekt: -M-Substituenten sind dadurch gekennzeichnet, daß sie durch ihre Konjugation mit π-Elektronen zu einer Elektronenverschiebung aus dem Doppelbindungssystem heraus führen. Häufig handelt es sich um Gruppen der allgemeinen Form X=Y, wobei das doppelt gebundene Atom Y eine negative Ladung übernehmen kann. Der -M-Effekt ist umso ausgeprägter, je größer die Bereitschaft des Atoms Y zur Aufnahme negativer Ladung ist.

Da die optimale Wechselwirkung von Substituenten mit benachbarten π-Elektronen eine *koplanare Anordnung mehratomiger Substituenten zum Doppelbindungssystem* voraussetzt, können mesomere Effekte ganz oder teilweise aufgehoben sein, wenn eine ebene Atomanordnung aus sterischen Gründen nicht möglich ist.

Hyperkonjugation

Der *induktive Effekt* von *Alkylgruppen* kann wie folgt geordnet werden (vgl. auch Kap. 3.1.8.1):

Methyl	<	**Ethyl**	<	**Isopropyl**	<	**tert.Butyl**
[-CH_3]		[-CH_2CH_3]		[-$CH(CH_3)_2$]		[-$C(CH_3)_3$]

Stehen die Alkylgruppen jedoch in Konjugation zu einem Doppelbindungssystem wie z. B. im **Propen** oder **Toluen (Toluol)**, so findet man meistens eine umgekehrte Rangfolge der Elektronendonator-Eigenschaften solcher Substituenten:

Methyl > Ethyl > Isopropyl > tert.Butyl

Dieser Effekt wird Hyperkonjugation genannt. Man hat ihn mit einer Erweiterung des mesomeren Effektes zu erklären versucht, wobei die Elektronendelokalisierung in folgender Weise stattfinden soll:

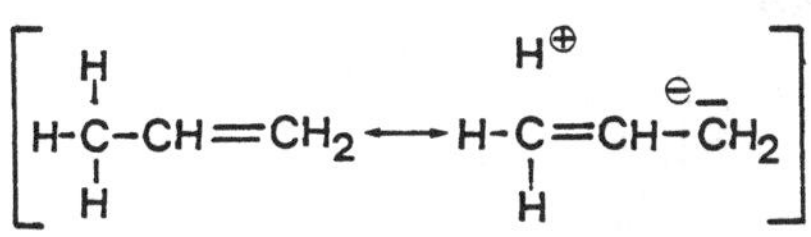

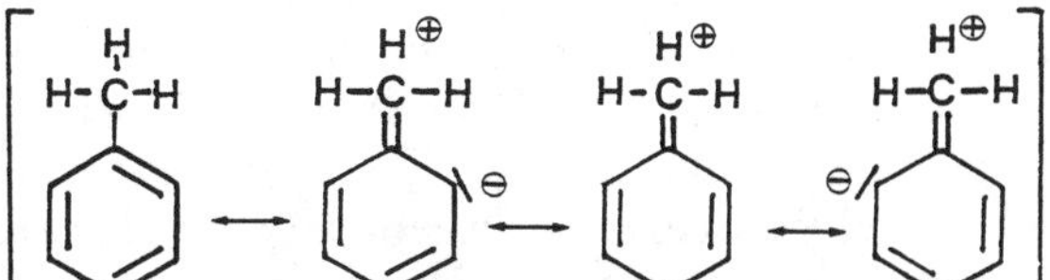

Nach neueren Befunden spielt die Hyperkonjugation für die Grundzustände organischer Moleküle nur eine untergeordnete Rolle. Sie ist hingegen von Bedeutung für die Eigenschaften der Moleküle in angeregten Zuständen oder als Elektronenliefernder Mechanismus in den *Übergangszuständen* chemischer Reaktionen.

Die Hyperkonjugation erklärt auch die erhöhte Stabilität von *Alkenen* mit zunehmendem *Substitutionsgrad.* So ist z. B. das dreifach substitutierte **2-Methyl-2-buten** thermodynamisch stabilder als das zweifach substituierte **2-Methyl-1-buten**.

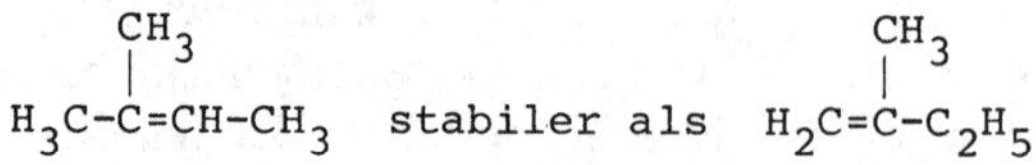

3.1.11 Reaktive Zwischenstufen

3.1.11.1 Trennung chemischer Bindungen

Bei jeder chemischen Reaktion werden Bindungen getrennt und neue gebildet. Die Trennung kovalenter Bindungen kann dabei auf folgende Weise erfolgen:

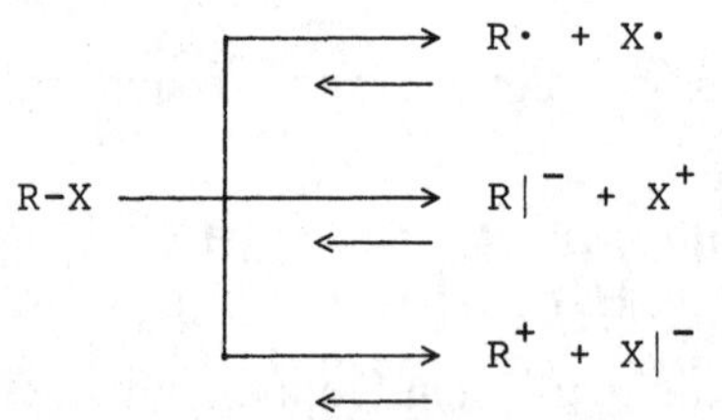

Homolyse (jedes Fragment erhält ein Elektron)

Heterolyse (ein Fragment behält beide Elektronen)

Bei der *homolytischen Bindungsspaltung* entstehen *Radikale* als reaktive Zwischenstufen, bei der *heterolytischen Spaltung* einer Bindung bilden sich *Ionen.* Wenn R und X nicht identisch sind, kann die Heterolyse in zweifacher Weise erfolgen, je nachdem, ob R oder X das bindende Elektronenpaar erhalten.

Trägt hierbei ein C-Atom eine positive Ladung, so spricht man von einem *Carbeniumion,* besitzt es eine negative Ladung, so liegt ein *Carbanion* vor. Als weitere reaktive Zwischenstufen werden in den nachfolgenden Abschnitten noch *Carbene* und *Nitrene* diskutiert.

3.1.11.2 Radikale

Radikale sind Atome, Moleküle oder Ionen, die ungepaarte Elektronen besitzen. Freie Radikale sind daher *paramagnetisch.* Sie entstehen fast immer durch *Homolyse* einer kovalenten Bindung und sind in der *Gasphase* nachweisbar. Darüber hinaus werden sie auch bei *Redoxvorgängen* gebildet, wenn dabei Ein-Elektronenübergänge stattfinden.

Für viele C-Radikale, wie z. B. das **Methyl-Radikal** ($CH_3^{\bullet}$), wird eine *planare Struktur* angenommen. Das einzelne Elektron besetzt das p-Orbital eines sp^2-hybridisierten Kohlenstoffs.

Die *Stabilität* von Kohlenstoff-Radikalen nimmt in folgender Reihe zu:

> primäres < sekundäres < tertiäres Alkyl- < Benzyl-
> < Diphenylmethyl- < Triphenylmethyl-Radikal

Parallel zur erhöhten Stabilität nimmt auch die Bildungstendenz zu. So wird z. B. ein tertiäres Alkyl-Radikal leichter gebildet als ein primäres [vgl. **MC-Fragen Nr. 32, 34–36**].

Radikale reagieren meistens unter Verlust des Radikalcharakters. Für Radikale typische *Reaktionen* sind:

```
Substitution:          R-H + X· → HX + R· → Folgereaktionen

                              | |       | |
Addition:              R· + -C=C- →   R-C-C· → Folgereaktionen
                                        | |

Rekombination:         R· + R· → R-R

                        | |     | |       | |       | |
Disproportionierung:  H-C-C· + H-C-C· → H-C-C-H + -C=C-
                        | |     | |       | |

                        R       R
                        | |     | |
Umlagerung:           R-C-C· → ·C-C-R →  Folgereaktionen
                        | |     | |

Fragmentierung:       R-COO· →  CO2 + R· → Folgereaktionen
```

Einen vertiefenden Einblick in radikalisch verlaufende Reaktionen geben die Abschnitte „Radikalische Substitution", Kap. 3.2.4, und „Radikalische Addition", Kap. 3.2.13. Als Beispiel einer Fragmentierung sei der thermische Zerfall von **Diacetylperoxid** zu Methyl-Radikalen und Kohlendioxid genannt.

```
H3C-C-O-O-C-CH3  --Δ-->  2 CO2 + 2 CH3·
    ‖       ‖
    O       O
```

3.1.11.3 Carbokationen

Carbokationen sind reaktive Zwischenstufen mit einem positiv geladenen Kohlenstoff [vgl. **MC-Frage Nr. 29**]. Sie lassen sich einteilen in:

- *Dreibindige* („klassische") **Carbeniumionen [R_3C^+]**, die ein zentrales *sp^2-hybridisiertes C-Atom* mit einem *Elektronensextett* enthalten. Carbeniumionen sind *eben* gebaut und spielen eine wichtige Rolle als Zwischenprodukte bei monomolekularen *Substitutions-* und *Eliminierungsreaktionen* (vgl. Kap. 3.2.5.1 und 3.2.10.1).
- Fünffach (oder vierfach) koordinierte („nichtklassische" oder „verbrückte") **Carboniumionen** [z. B. **R_5C^+**], deren zentrales C-Atom durch drei Einfachbindungen und eine Zwei-Elektronen-Dreizentrenbindung mit anderen Bindungspartnern verknüpft ist. Beispielsweise würde der *Übergangszustand einer S_N2-*

Reaktion dieser Vorstellung entsprechen (vgl. Kap. 3.2.5). Es ist darauf hinzuweisen, daß „nichtklassische Ionen“ wie das **2-Norbonyl-Kation** mittlerweile experimentell nachgewiesen wurden (vgl. Lehrbücher der org. Chemie).

Im folgenden Abschnitt sollen jedoch nur die Eigenschaften reaktiver Carbeniumionen detaillierter vorgestellt werden.

Carbeniumionen

Bildung: Carbeniumionen sind im allgemeinen sehr kurzlebig und können erzeugt werden

- durch heterolytische Bindungsspaltung neutraler Substanzen,

$$R_3C\text{-}X \rightarrow R_3C^+ + X^-$$

- durch Anlagerung von Kationen an neutrale Moleküle oder
- aus anderen Kationen, z. B. beim Zerfall von Diazoniumionen (vgl. Kap. 3.10.3.4).

$$R\text{-}N_2^+ \rightarrow R^+ + N_2\uparrow$$

Struktur: Wie Abb. 37 veranschaulicht, lassen sich Carbeniumionen am besten mit der Annahme einer sp^2-Hybridisierung des Kohlenstoffs beschreiben. Das zentrale C-Atom und die drei unmittelbar daran gebundenen Atome liegen in einer *Ebene.* Senkrecht dazu befindet sich ein *leeres* p-Orbital. Diese Anordnung ist energetisch begünstigt, weil hierdurch die drei Substituenten am C-Atom so weit wie möglich voneinander entfernt sind.

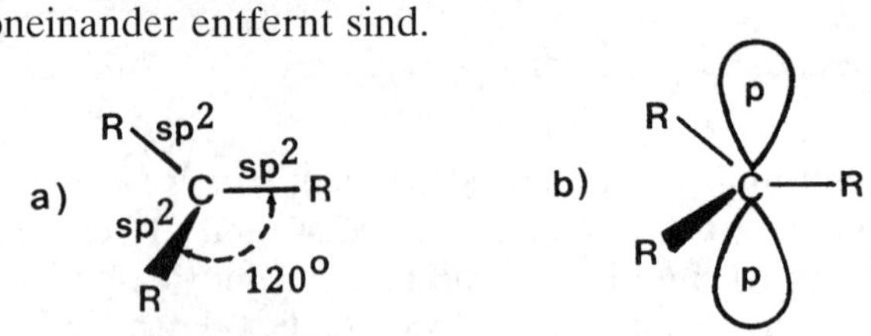

Abb. 37: Struktur von Carbeniumionen

Stabilität: In Lösung haben Carbeniumionen eine kurze, aber endliche Lebensdauer. Sie können durch Delokalisierung ihrer positiven Ladung stabilisiert werden. Dies kann durch +I- oder +M-Effekte von Substituenten geschehen. Deshalb nimmt die Stabilität von Carbeniumionen aufgrund des +I-Effektes der Alkylgruppen in der folgenden Reihe von links nach rechts zu:

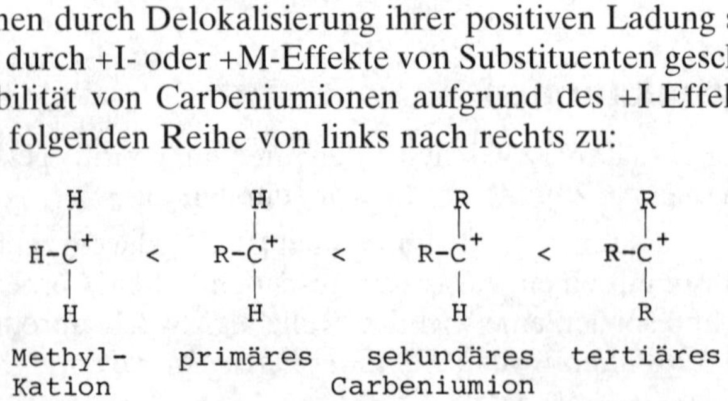

Die besondere Stabilität tertiärer Carbeniumionen zeigt sich u. a. daran, daß sich das **n-Butyl-Kation** [$CH_3CH_2CH_2CH_2^+$] leicht zum **tert. Butyl-Kation** [$(CH_3)_3C^+$] umlagert. Aliphatische *primäre Carbeniumionen* sind so instabil, daß sie als Reaktionszwischenprodukte *in Lösung* praktisch *nicht* vorkommen, während tertiäre

Carbeniumionen bei chemischen Reaktionen ziemlich häufig auftreten [vgl. **MC-Fragen Nr. 21, 22**].

Demgegenüber besitzen das **Benzyl-Kation** [C_6H_5-CH_2^+] bzw. das **Allyl-Kation** [CH_2=CH-CH_2^+] aufgrund von Resonanzeffekten eine erhöhte Stabilität, die in folgenden mesomeren Grenzstrukturen zum Ausdruck kommt:

$$H_2C=CH-\overset{+}{C}H_2 \longleftrightarrow H_2\overset{+}{C}-CH=CH_2$$

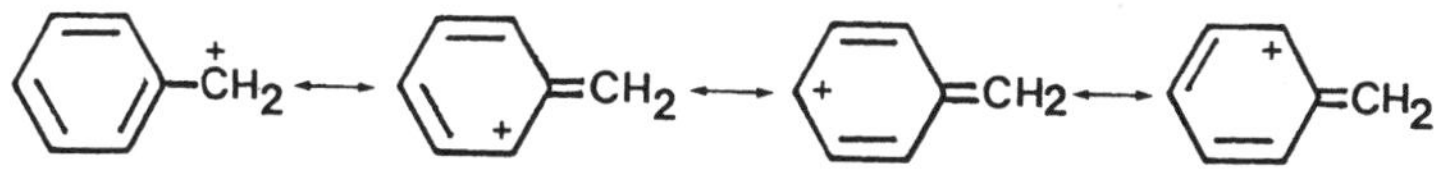

Die Stabilität eines elektrisch geladenen Teilchens kann durch Verteilung seiner Ladung erhöht werden. Daher destabilisieren Elektronenakzeptor-Gruppen Carbeniumionen, während Elektronendonatoren sie stabilisieren.

Aufgrund des +I-Effektes von Alkylresten steigt im allgemeinen die Stabilität in der Reihenfolge primäres < sekundäres < tertiäres Carbeniumion an. Auch die Delokalisierung der positiven Ladung führt zu einer beträchtlichen Erhöhung der Stabilität von Carbeniumionen, so daß sich folgende Reihe zunehmender Stabilität ergibt:

Methyl- < primäres < sekundäres < tertiäres Alkyl < Allyl- < Benzyl- < Diphenylmethyl- < Triphenylmethyl-Kation.

Reaktionen: Carbeniumionen gehen im wesentlichen vier Arten von Reaktionen ein:

- Kombination mit einem Nucleophil (vgl. *S_N1-Reaktionen,* Kap. 3.2.5.2),
- Abspaltung eines Protons (vgl. *E1-Reaktionen*, Kap. 3.2.10.1),
- Anlagerung an eine Mehrfachbindung bzw. an ein aromatisches Ringsystem (vgl. S_E-Reaktionen, Kap. 3.2.6.1),
- Umlagerung (vgl. *Sextettumlagerungen* am Kohlenstoff, Kap. 3.2.16.1).

Die ersten beiden Reaktionswege führen zu stabilen Endprodukten, während bei den letztgenannten neue Carbeniumionen gebildet werden, denen wiederum alle vier Reaktionsmöglichkeiten zur Verfügung stehen.

3.1.11.4 Carbanionen

Carbanionen enthalten einen *dreibindigen* Kohlenstoff mit einem *Elektronenoktett* [vgl. **MC-Fragen Nr. 25, 27, 28**].

Bildung: Die heterolytische Spaltung einer C-X-Bindung, wobei normalerweise Wasserstoff als Abgangsgruppe X fungiert, ist die allgemeinste Methode zur Darstellung von Carbanionen.

$$R_3C\text{-}X + B| \rightarrow R_3C|^- + B\text{-}X^+$$

Die aus **C-H-aciden Verbindungen** gebildeten Carbanionen sind an zahlreichen Additions-, Substitutions-, Eliminations- und Umlagerungs-Reaktionen als reaktive Zwischenstufen beteiligt (vgl. hierzu Kap. 3.2.15.10, Kap. 3.12.6, und Kap. 3.14.6). Präparativ werden diese Reaktionen vor allem zur *Knüpfung von C-C-Bindungen* genutzt.

Struktur und Stabilität: Carbanionen sind *isoelektronisch* zu tertiären Aminen [$R_3N|$] und dürften wie diese *pyramidal* gebaut sein, wobei das freie Elektronenpaar ein AO besetzt, das näherungsweise sp^3-Hybridcharakter hat.

Die *Stabilität* einfacher Carbanionen nimmt in der Reihe primär > sekundär > tertiär ab. So ist das **n-Butyl-Anion** [$CH_3CH_2CH_2CH_2|^-$] thermodynamisch stabiler als das **tert. Butyl-Anion** [$(CH_3)_3C|^-$]. Wesentlich stabiler sind Carbanionen, deren *negative Ladung delokalisiert* ist.

Carbanion Enolat-Anion

Solche Ionen dürften *eben* gebaut sein, da nur so das in einem p-Orbital eines sp^2-hybridisierten Kohlenstoffs untergebrachte freie Elektronenpaar mit den π-Orbitalen konjugierter Doppelbindungen optimal in Wechselwirkung treten kann.

3.1.11.5 Carbene

Carbene sind nicht geladen und enthalten einen *zweibindigen* Kohlenstoff mit einem *Elektronensextett* [vgl. **MC-Fragen Nr. 23, 24, 26, 30**]. Das einfachste Carben wird **Methylen** [CH_2] genannt.

Bildung: Carbene entstehen u. a. bei der Photolyse bzw. der thermischen Spaltung von **Diazoalkanen** (vgl. Kap. 3.10.5) und **Ketenen** (vgl. Kap. 3.13.5).

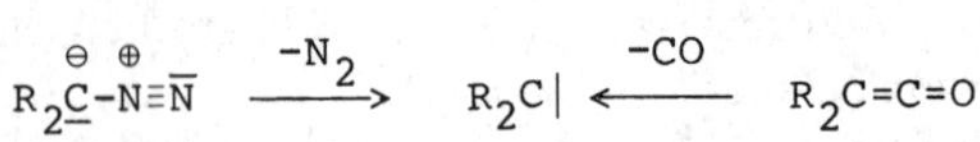

Diazoalkan Carben Keten

Aus **Diazoketonen** bilden sich **Acylcarbene** und **Chloroform** liefert bei der Einwirkung von Alkalihydroxiden **Dichlorcarben**.

(Diazoketon) 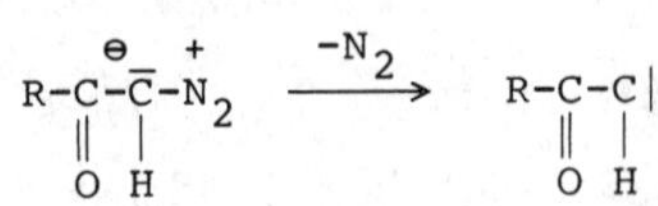 (Acylcarben)

$$CHCl_3 + HO^- \rightarrow Cl^- + H_2O + |CCl_2 \quad \text{(Dichlorcarben)}$$

Struktur: Für Carbene existieren zwei unterschiedliche Bindungszustände, je nachdem, ob die beiden freien Elektronen des Kohlenstoffs gepaart oder ungepaart sind (Abb. 38).

Im ersten Fall, wie z. B. im **Dichlorcarben** [CCl_2], verfügt das C-Atom über ein freies Elektronenpaar und eine Elektronenpaarlücke. In solchen **Singulett-Carbe-**

Abb. 38: Singulett- und Triplett-Carben (die Pfeile symbolisieren Elektronen)

nen befinden sich die beiden Elektronen mit antiparallelem Spin in einem sp^2-Hybrid-AO; ein p-Orbital bleibt unbesetzt.

Demgegenüber besitzt z. B. **Diphenylcarben** [$(C_6H_5)_2C$] aufgrund seiner beiden ungepaarten Elektronen *Diradikal-Charakter*. Reaktive Zwischenstufen dieser Art werden als **Triplett-Carbene** bezeichnet. Die beiden Elektronen besetzen jeweils ein p-Orbital.

Sofern die Nachbaratome des Carben-C-Atoms über freie Elektronenpaare verfügen, wie im **Dichlorcarben,** kann dies durch Kompensieren des Elektronenmangels am Carbenkohlenstoff zu einer gewissen Stabilisierung führen.

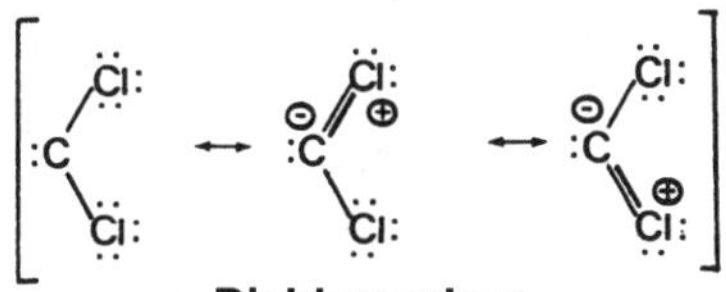

Dichlorcarben

Reaktionen: Carbene sind *Elektronenmangelverbindungen* hoher Reaktivität. Ihre Reaktionen mit *Nucleophilen* basieren auf dem Bestreben zur Auffüllung ihres Elektronensextetts zum Oktett. Die Reaktionen lassen sich einteilen in:

- Umlagerungen (bzw. Isomerisierungen),
- Einschiebereaktionen *(Insertionen)*, z. B. in C-H-Bindungen,
- Additionsreaktionen, z. B. an C=C-Doppelbindungen unter Bildung von Cyclopropan-Derivaten (vgl. Kap. 3.2.14.4).

Beispielsweise kann sich **Isopropylcarben** unter C-H-Insertion zu Methylcyclopropan stabilisieren. Darüber hinaus bildet sich unter Hydrid-Wanderung auch 1,1-Dimethylethylen [vgl. **MC-Frage Nr. 1251**].

$$(CH_3)_2CH\text{-}\overline{C}H \rightarrow (CH_3)_2C{=}CH_2$$

Dichlorcarben fungiert als elektrophiles Agens bei der *Isonitril-Reaktion* primärer Amine (vgl. Kap. 3.10.3.3) und der *Reimer-Tiemann-Synthese* (vgl. Kap. 3.6.4.2). **Acylcarbene** sind Intermediate der *Arndt-Eistert-Reaktion* und lagern sich dabei in **Ketene** *(Wolff-Umlagerung)* um (vgl. Kap. 3.2.16.2).

3.1.11.6 Nitrene

Nitrene enthalten einen *einbindigen* Stickstoff mit einem *Elektronensextett* in der Valenzschale. Sie sind wie Carbene Elektronenmangelverbindungen und können ebenfalls in einem Singulett- bzw. einem Triplett-Zustand existieren.

Sie entstehen bei der Photolyse von **Alkyl-** oder **Arylaziden**; bei der photochemischen Spaltung von **Carbonsäureaziden** bilden sich **Acylnitrene**.

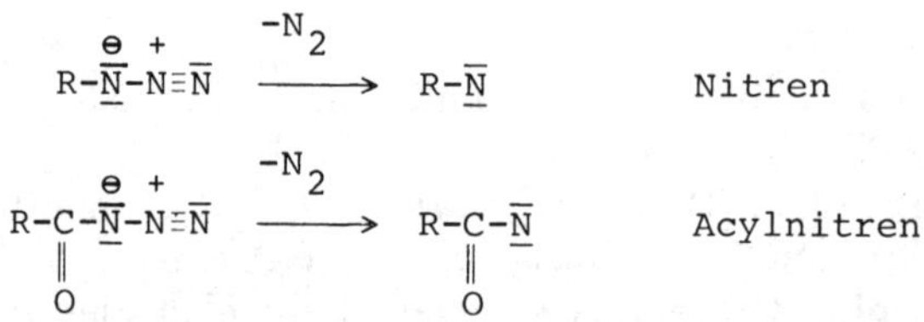

3.1.12 Elementaranalyse und Molekularformel

Die Methoden zur qualitativen und quantitativen Analyse chemischer Elemente in organischen Verbindungen werden in Ehlers, **Analytik I-Kurzlehrbuch**, Kap. 3.1.1 vorgestellt.

3.2 Chemische Reaktionstypen

3.2.1 Syntheseplanung organischer Stoffe

Die Synthese von Substanzen ist eine zentrale Aufgabe der Chemie. Sie erfordert vom Experimentator profunde Kenntnisse über die zur Verfügung stehenden Reaktionen, deren mechanistischen Ablauf und deren stereochemischen Verlauf. Jede Synthese bedarf der Planung. Ziel der Planung sollte sein, das zu synthetisierende Molekül in möglichst oekologischer und oekonomischer Weise herzustellen. Wichtige Aspekte bei der Auswahl eines Verfahrens sind auch die Verfügbarkeit entsprechender Startmaterialien sowie der zu erzielende Reinheitsgrad bzw. die zur Verfügung stehenden Reinigungsmethoden.

Im allgemeinen verlaufen Synthesen organischer Stoffe *mehrstufig*, wobei sich die einzelnen Schritte einer Reaktionsfolge grob klassifizieren lassen in:

- Reaktionen, die zum **Aufbau des Molekülskeletts** dienen, meistens dem Knüpfen von C,C-Bindungen, und
- Reaktionen, mit denen **funktionelle Gruppen** in das Molekülgerüst eingeführt oder umgewandelt werden. Gegebenenfalls müssen parallel dazu andere funktionelle Gruppen durch Einführung von **Schutzgruppen** reversibel blockiert werden.

Die *prozentuale Gesamtausbeute* mehrstufiger Reaktionen ist gleich dem Produkt der Stufenausbeuten multipliziert mit 100. Verläuft zum Beispiel jeder Schritt einer dreistufigen Synthese mit einer Ausbeute von 85%, so beträgt die Gesamtausbeute etwa 61% (0,85 · 0,85 · 0,85 · 100). Die Gesamtausbeute der mehrstufigen Reaktionsfolge kann deutlich gesteigert werden, wenn anstelle einer "*linearen Synthese*", bei der die einzelnen Reaktionsschritte aufeinanderfolgen, eine "*konvergente Synthese*" zur Herstellung des Zielmoleküls angewendet wird.

```
                             B       C        D
Lineare Synthese:        A  →  A-B  →  A-B-C  →  A-B-C-D

                         A + B  →  A-B  ─┐
Konvergente Synthese:                    ├→ A-B-C-D
                         C + D  →  C-D  ─┘
```

Verläuft jede Synthesestufe wiederum mit 85%iger Ausbeute, so beträgt die Gesamtausbeute des konvergenten Verfahrens ca. 72% (0,85 · 0,85 · 100).

Zur rationellen Syntheseplanung eines komplizierteren Zielmoleküls benutzt man oft das Konzept der sog. **Retrosynthese** [vgl. **MC-Frage Nr. 40**]. Dazu wird das zu synthetisierende Molekül durch geeignete *Bindungszerlegung* schrittweise und *rückwärts* in Zwischenprodukte gespalten, die ihrerseits aus einfachen und gegebenenfalls käuflichen Ausgangsverbindungen bequem darstellbar sind. Die einzelnen Schritte der Retrosynthese werden durch *offene Pfeile* (Doppelpfeil) [⇒] gekennzeichnet, die zu *trennenden Bindungen („strategische Bindungen")* sind "*fett*" markiert.

Der erste Schritt der Retrosynthese ist also die zuletzt durchzuführende Reaktion; am Ende des letzten Schrittes steht das Startmaterial. Durch rückwärts gerichtetes, gedankliches Entknüpfen der Bindungen, das in der Regel *heterolytisch* erfolgt, zerlegt man das Zielmolekül in sog. **Synthone** ("*reaktive Fragmente*"). Die Reagenzien, die dann im Sinne von Synthonen miteinander reagieren, werden als **Syntheseäquivalente** bezeichnet. Das Konzept der Retrosynthese soll am Beispiel der einstufigen Synthese von **1-Phenyl-2-propanol** näher erläutert werden.

$$\underset{\text{Zielmolekül}}{C_6H_5\text{-}CH_2\overset{\downarrow}{-}CH(OH)\text{-}CH_3} \rightarrow \underset{\text{Synthone}}{C_6H_5\text{-}\overset{\ominus}{C}H_2 + HO\text{-}\overset{+}{C}H\text{-}CH_3} \rightarrow \underset{\text{Syntheseäquivalente}}{C_6H_5\text{-}CH_2\text{-}MgBr + O{=}CH\text{-}CH_3}$$

Der sekundäre Alkohol ist somit durch eine Grignard-Reaktion von Acetaldehyd mit Benzylmagnesiumbromid leicht zugänglich. Als Beispiel einer zweistufigen Synthese sei die Darstellung von **Phthalimid** aus o-Xylen genannt, bei der neben dem Entknüpfen der C-N-Bindungen die Umwandlung einer funktionellen Gruppe, hier der Oxidation der Methylgruppe zur Carboxyl-Funktion, eine wichtige Rolle spielt.

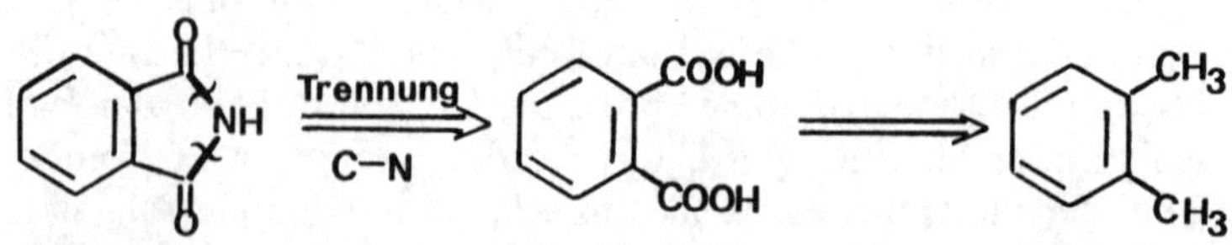

Phthalimid — Phthalsäure — o-Xylen

Bei der *Synthese chiraler Moleküle* (vgl. Kap. 3.3.2) kommt den sog. **Chirons** („chirale Synthone") besondere Bedeutung zu. Solche Chirons sind in der Regel abgeleitet von Verbindungen des *„chiral pool"*, zu denen einfache Hydroxycarbonsäuren [S-Milchsäure, S-Äpfelsäure, R,R-Weinsäure], native α-Aminosäuren und viele Monosaccharide [D-Ribose, D-Glucose, D-Mannose] zählen.

Abschließend sei darauf hingewiesen, daß bei der Retrosynthese in zunehmendem Maße auch Computer-gestützte Programme zur Anwendung kommen.

3.2.2 Methoden zur Untersuchung von Reaktionsabläufen

Chemische Reaktionen sind Vorgänge, bei denen Stoffe auf einem geeigneten Reaktionsweg mit einer definierten Geschwindigkeit in neue Substanzen umgewandelt werden. Diese *Stoffumwandlungen* sind in der Regel mit *Energieänderungen (Enthalpieänderungen)* verbunden und erreichen mit der Einstellung des chemischen Gleichgewichts ihren Endzustand.

Zum tieferen Verständnis des Ablaufs chemischer Vorgänge sind deshalb Kenntnisse über

- die thermodynamischen Voraussetzungen stofflicher Umwandlungsprozesse,
- das chemische Gleichgewicht und seine Beeinflussung sowie über die
- Kinetik chemischer Reaktionen

unerläßlich. Diese Themenbereiche werden in Ehlers, **Chemie I-Kurzlehrbuch**, Kap. 1.9, 1.10, 1.13, ausführlich vorgestellt. Neben thermodynamischen Messungen kommen aber vor allem spektroskopische Methoden bei der Untersuchung des *Ablaufs chemischer Reaktionen* in Betracht, wie z. B. die Kernresonanz oder Elektronenspinresonanz bzw. die Lichtabsorption organischer Moleküle im UV-VIS-IR-Bereich [vgl. **MC-Frage Nr. 39**]. Diese Methoden sind Gegenstand des Kap. 11 in Ehlers, **Analytik II-Kurzlehrbuch**. Im vorliegenden Abschnitt sollen deshalb nur die mechanistischen Aspekte organisch-chemischer Reaktionen detaillierter behandelt werden.

Unter einem **Reaktionsmechanismus** versteht man die Gesamtheit aller Elementarprozesse, die während der Umwandlung der Reaktanden in die Produkte stattfinden.

Ziel mechanistischer Untersuchungen ist, die Zwischenzustände zu beschreiben, die beim Übergang der Edukte in Produkte durchlaufen werden. Hierbei muß man sich darauf beschränken, nicht alle Zwischenzustände eines reagierenden Systems, sondern lediglich einige ausgezeichnete Punkte des Reaktionsablaufs (*Übergangszustände, Zwischenprodukte*) charakterisieren zu können. Untersuchungen zum Mechanismus chemischer Reaktionen laufen dann darauf hinaus, die elektronischen und räumlichen Strukturen der Reaktionspartner in diesen Zuständen zu bestimmen.

Der Reaktionsmechanismus ist eine aufeinanderfolgende Darstellung der Übergangszustände und Zwischenprodukte einer chemischen Reaktion.

Als *Zwischenprodukte* bezeichnet man alle Teilchen (Atome, Moleküle, Ionen, Radikale), die während der Reaktion aus den Reaktanden in nachweisbaren Mengen entstehen, und die sich unter den gewählten Reaktionsbedingungen in die Produkte umwandeln. Die meisten organisch-chemischen Reaktionen verlaufen über mehrere Zwischenstufen. Solche **Mehrstufenreaktionen** bestehen deshalb aus einer Folge von Elementarreaktionen. Die Zahl der an einem *Elementarprozeß* beteiligten Reaktionspartner bezeichnet man als seine **Molekularität**.

Einige Reaktionen (S_N2-Reaktionen, gewisse Additionen und Umlagerungen) laufen ohne Bildung von Zwischenprodukten ab und bestehen somit nur aus einem einzigen Elementarschritt.

Chemische Reaktionen besitzen im allgemeinen eine *Energiebarriere*, die auf dem Weg der Reaktanden zu den Produkten überwunden werden muß. Alle während des Umwandlungsprozesses durchlaufenen Atomanordnungen haben eine bestimmte Energie. Die Energiedifferenz zwischen den Reaktanden und der Anordnung mit dem maximalen Energieinhalt ist die *Aktivierungsenergie (-enthalpie)* der Reaktion. Die zu dieser maximalen Energie gehörende Struktur wird *Übergangszustand* genannt.

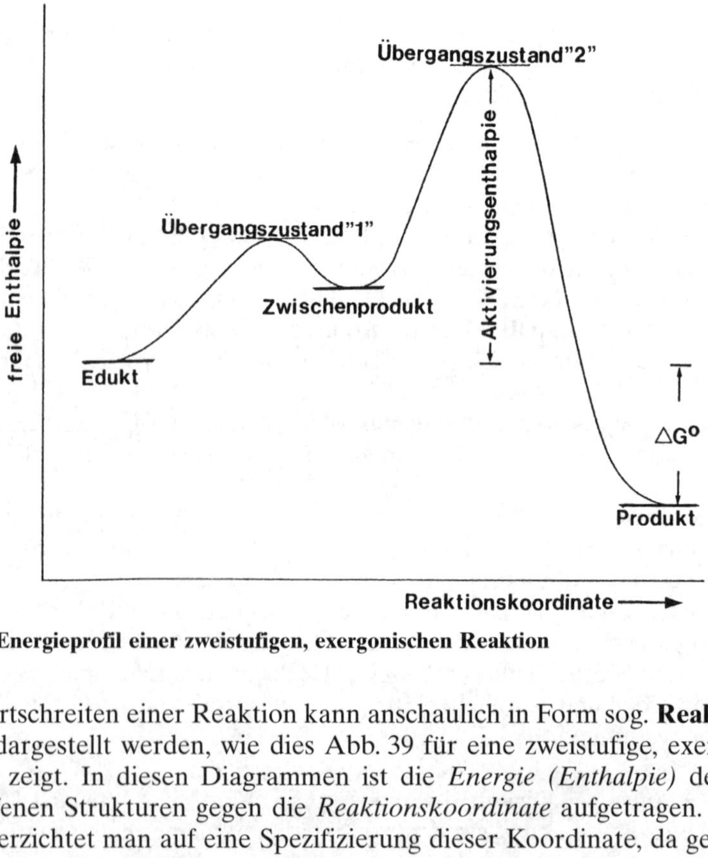

Abb. 39: Energieprofil einer zweistufigen, exergonischen Reaktion

Das Fortschreiten einer Reaktion kann anschaulich in Form sog. **Reaktionsdiagramme** dargestellt werden, wie dies Abb. 39 für eine zweistufige, exergonische Reaktion zeigt. In diesen Diagrammen ist die *Energie (Enthalpie)* der jeweils durchlaufenen Strukturen gegen die *Reaktionskoordinate* aufgetragen. Im allgemeinen verzichtet man auf eine Spezifizierung dieser Koordinate, da gewöhnlich die qualitative Betrachtung ausreicht.

Aus den Reaktionsdiagrammen lassen sich zwei wichtige Parameter entnehmen. Zum einen die Größe der *freien Standardenthalpie* ($\Delta G°$), die ein Maß für die *Triebkraft* einer Reaktion ist, und die die *Lage des Gleichgewichts* bestimmt. Zum anderen die *Aktivierungsenthalpie* (E_A), die die *Geschwindigkeit* bestimmt, mit der sich das Gleichgewicht einstellt. Der Schritt, der den Übergangszustand mit der höchsten Aktivierungsenergie umfaßt, wird als **geschwindigkeitsbestimmender Schritt** bezeichnet.

Zur *Aufklärung von Reaktionsmechanismen,* d. h. für die Untersuchung der Übergangszustände und Zwischenprodukte chemischer Reaktionen sind folgende Methoden und Verfahren geeignet [vgl. **MC-Frage Nr. 38**]:

- Identifizierung und quantitative Bestimmung der Produkte,
- Isolierung, Abfangen und Nachweis von Zwischenprodukten mit Hilfe chemischer und physikalischer Methoden,
- Isotopenmarkierungen,
- kinetische Messungen,
- Analyse der Produktstereochemie sowie
- Kreuzexperimente.

3.2.3 Klassifizierung organisch chemischer Reaktionen

Reaktionen der organischen Chemie lassen sich nach verschiedenen Kriterien unterteilen:

3.2.3.1 Klassifizierung nach dem Reaktionsweg

1) **Substitutionen (Symbol S)**

z.B. $R{-}X + Y^- \rightarrow R{-}Y + X^-$ oder $Ar{-}H + E^+ \rightarrow Ar{-}E + H^+$

2) **Eliminierungen (Symbol E)**

```
          | |        | |
z.B.    X-C-C-Y  →  -C=C-  +  X-Y
          | |
```

3) **Additionen (Symbol A)**

```
          | |            | |               |              |
z.B.     -C=C-  +  X-Y → X-C-C-Y   oder   -C=O  +  X-Y → Y-C-O-X
                           | |                            |
```

Auf allen drei genannten Reaktionswegen können **Umlagerungen** erfolgen. Einen weiteren Reaktionstyp bilden heterolytische **Fragmentierungen**.

3.2.3.2 Klassifizierung nach Art der Bindungsbildung

1) **Radikalische Reaktionen (Symbol R)**
Im Verlauf solcher Reaktionen werden Bindungen *homolytisch* gespalten. Es treten Radikale als Zwischenprodukte auf.
2) **Ionische Reaktionen**
Hierbei werden Bindungen *heterolytisch* gespalten. Man unterteilt die ionischen Reaktionen in:
a) **nucleophile (kernsuchende) Reaktionen (Symbol N)**
b) **elektrophile (elektronensuchende) Reaktionen (Symbol E).**

Die Feststellung, eine Reaktion sei nucleophil oder elektrophil, bezieht sich vereinbarungsgemäß auf das Reagenz. Als *Reagenz* bezeichnet man im allgemeinen den weniger kompliziert gebauten Reaktionspartner, als *Substrat* den strukturell komplizierteren Reaktanden. Man sollte sich aber stets bewußt sein, daß nucleophile und elektrophile Reaktionen – ähnlich wie Oxidationen und Reduktionen – stets miteinander verknüpft sind.

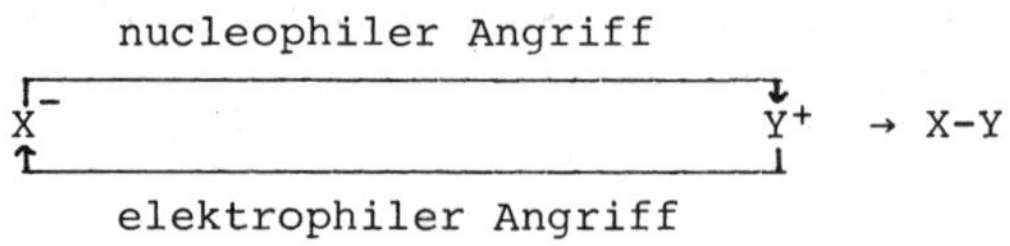

Zu den *nucleophilen Reagenzien* zählen:

- Anionen,
- Verbindungen mit freiem Elektronenpaar,
- Verbindungen mit C=C-Doppelbindungen,
- Aromaten.

Nucleophile Stoffe sind stets auch *Lewis-Basen.* Da sie einem Substrat Elektronen zuführen, stellen sie gleichzeitig auch *Reduktionsmittel* dar.
Zu den *elektrophilen Reagenzien* zählen:

- Kationen,
- Substanzen mit unvollständigen Elektronenschalen wie z. B. Carbene,
- Alkine,
- Halogene,
- Carbonylverbindungen.

Elektrophile Reagenzien sind somit *Lewis-Säuren.* Sie können auch als *Oxidationsmittel* aufgefaßt werden, da sie einem Substrat Elektronen entziehen.

3.2.3.3 Klassifizierung nach der Reaktionsmolekularität

Je nach der Zahl der Reaktanden, die am geschwindigkeitsbestimmenden Schritt einer Reaktion beteiligt sind, unterscheidet man zwischen:

- **monomolekularen (Symbol 1),**
- **bimolekularen (Symbol 2)** und
- **höhermolekularen Reaktionen.**

Die genannten Charakterisierungsmöglichkeiten chemischer Reaktionen werden oft miteinander verknüpft. Man spricht z. B. von einer bimolekularen nucleophilen Substitution und kennzeichnet diese Reaktion mit dem Symbol S_N2.

In Tabelle 7 sind nochmals die wichtigsten Reaktionstypen aufgelistet. Sie werden in den nachfolgenden Kapiteln detailliert beschrieben.

Tab. 7: Klassifizierung organisch-chemischer Reaktionen

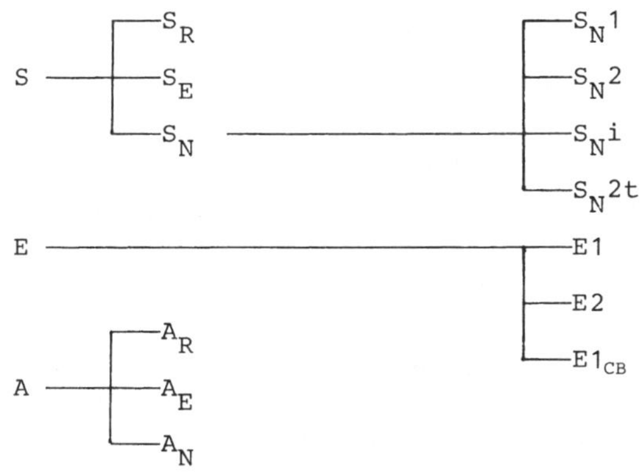

Substitutionen

3.2.4 Radikalische Substitution

3.2.4.1 Bildung und Nachweis von Radikalen

Die für die *Homolyse* einer Bindung unter Bildung von Radikalen erforderliche *Dissoziationsenergie* kann einem Molekül auf unterschiedliche Weise zugeführt werden. Es gilt die Regel, daß die zur Trennung einer Bindung notwendige Dissoziationsenergie umso niedriger ist, je stabiler die entstehenden Radikale sind. Neben elektrisch neutralen Radikalen kennt man auch *Radikal-Anionen* und *Radikal-Kationen.* Als wichtigste Methoden zur homolytischen Bindungsspaltung sind zu nennen [vgl. **MC-Frage Nr. 41**]:

- *Spaltung durch thermische Energie (Thermolyse)*
  Im allgemeinen liegen die Dissoziationsenergien von **Peroxiden** und aliphatischen **Azoverbindungen** unter 195 kJ mol^{-1}, so daß in inerten Lösungsmitteln oder in der Gasphase Temperaturen zwischen 70–150 °C ausreichen, aus diesen Verbindungen Radikale zu erzeugen. Diese Substanzen sind deshalb als *Initiatoren* für radikalisch verlaufende Prozesse geeignet (vgl. auch Kap. 3.1.7.3). Oberhalb 600 °C laufen die meisten organisch-chemischen Reaktionen (*Pyrolysen, Crackprozesse)* radikalisch ab.
- *Spaltung durch Belichtung (Photolyse)*
  Voraussetzung für die Anwendung dieses Verfahrens ist, daß das betreffende Molekül elektromagnetische Strahlung des UV-VIS-Bereichs absorbiert und die eingestrahlte Lichtenergie mindestens so groß ist wie die Dissoziationsenergie der zu spaltenden Bindung.

– Homolyse einer Kovalenzbindung durch energiereiche Strahlen *(Radiolyse)* bzw. durch Zufuhr mechanischer Energie sowie die Bindungsspaltung als Folge von *Redoxprozessen* sind weitere Methoden zur Erzeugung von Radikalen.

Die derzeit beste Methode zum *Nachweis von Radikalen* ist die *Elektronenspinresonanz-Spektroskopie.* Sie beruht darauf, daß vom *Spin* des ungepaarten Elektrons ein magnetisches Moment erzeugt wird, das sich parallel oder antiparallel zu einem äußeren Magnetfeld ausrichten kann. Beide Spinrichtungen besitzen eine unterschiedliche Energie, und Übergänge von der einen Spinrichtung in die andere haben eine charakteristische Absorption im Mikrowellenlängenbereich zur Folge.

Auch die Fähigkeit von Radikalen, bestimmte Reaktionen wie z. B. Polymerisationen auszulösen, dient zu ihrem Nachweis. Darüber hinaus sind Radikale durch Umsetzung mit „Radikalfängern“ nachweisbar, wenn dies kolorimetrisch verfolgt werden kann.

3.2.4.2 Stabilität von Radikalen

Die Beständigkeit von Radikalen hängt vor allem davon ab, inwieweit das ungepaarte Elektron durch die Struktur des Moleküls stabilisiert werden kann.

So wächst die Stabilität von **Alkylradikalen** in der Reihe primär < sekundär < tertiär,

$$CH_3\cdot < RCH_2\cdot < R_2CH\cdot < R_3C\cdot$$

weil das ungepaarte Elektron durch *Hyperkonjugation* umso stärker delokalisiert wird, je höher der Substitutionsgrad des Radikal-C-Atoms ist.

Die *Delokalisierung* des Elektrons ist auch Ursache für die im Vergleich zu Alkylradikalen leichte Bildung von **Allyl-** und **Benzyl-Radikalen.**

$$H_2\dot{C}-CH=CH_2 \longleftrightarrow H_2C=CH-\dot{C}H_2$$

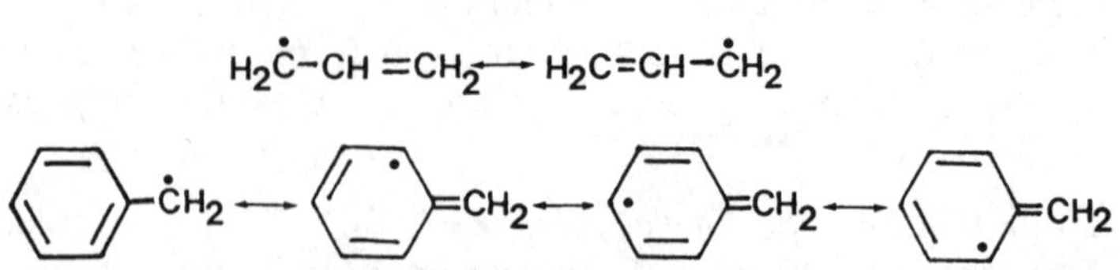

Für das **Triphenylmethyl-Radikal (Trityl-Radikal)** lassen sich sogar 10 verschiedene mesomere Grenzstrukturen formulieren. Das Molekül ist daher – trotz der nicht planaren Anordnung der Phenylreste – durch die Delokalisierung des einzelnen Elektrons so sehr stabilisiert, daß es in Lösung – im Gleichgewicht mit der dimeren Form – beständig ist [vgl. **MC-Frage Nr. 36**].

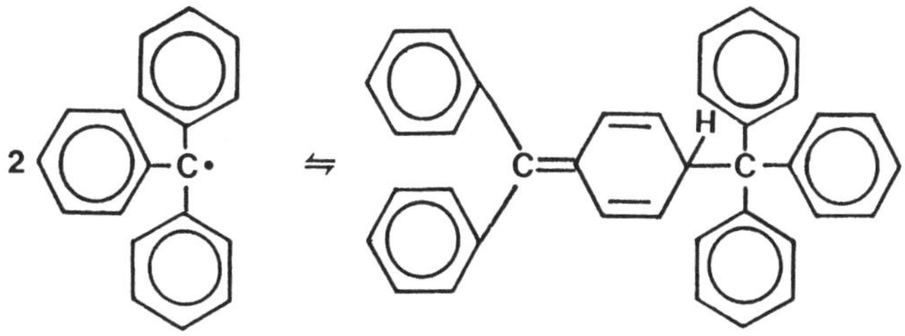

Trityl-Radikal

3.2.4.3 Reaktionen von Radikalen

Die Reaktionen von Radikalen wurden in Grundzügen bereits in Kap. 3.1.11.2 vorgestellt. Sie lassen sich einteilen in:

* *Reaktionen unter Verlust der Radikaleigenschaft*
  - Rekombination
  - Disproportionierung
* *Reaktionen unter Übertragung der Radikaleigenschaft*
  - Umlagerungen (Isomerisierungen)
  - Additionen an Mehrfachbindungen (vgl. Kap. 3.2.13)
  - Substitutionen, insbesondere solche, bei denen C-H-Bindungen gespalten werden.

Anzumerken ist, daß im allgemeinen Elektrolyte oder polare Lösungsmittel keinen Einfluß auf die Geschwindigkeit radikalisch verlaufender Reaktionen haben.

Radikal-Kettenreaktionen

Die Übertragung der Radikaleigenschaft auf andere Moleküle kann sich in bestimmten Zyklen wiederholen, so daß die Gesamtreaktion kettenartig bis zu einem Kettenabbruch verläuft. Die Zahl der Reaktionszyklen pro Startradikal bezeichnet man als *Kettenlänge.* Bei photochemischer Initiierung entspricht die Zahl der durch ein Lichtquant ausgelösten Zyklen der *Quantenausbeute.*

Die prinzipiellen Teilschritte einer Kettenreaktion sollen am Beispiel der radikalischen Chlorierung von *Alkanen* [RH] diskutiert werden [vgl. **MC-Frage Nr. 42**]:

Kettenstart	$Cl_2 \xrightarrow{h\nu} 2\ Cl\cdot$
Kettenfortpflanzung (Wachstum)	$Cl\cdot + R\text{-}H \rightarrow HCl + R\cdot$ $R\cdot + Cl_2 \rightarrow R\text{-}Cl + Cl\cdot$
Kettenabbruch	$(Cl\cdot + Cl\cdot \rightarrow Cl_2)$ $R\cdot + R\cdot \rightarrow R\text{-}R$ $R\cdot + Cl\cdot \rightarrow R\text{-}Cl$

In der *Startreaktion* werden die reaktionsfähigen Kettenträger gebildet. Im Prinzip braucht nur ein Chlormolekül homolysiert zu werden. Im allgemeinen startet man eine Kettenreaktion jedoch durch Zusatz eines Radikalbildners *(Initiator)*. Ist eine Kettenreaktion stark exotherm, so vermag die freiwerdende Energie u.U. weitere Radikale zu bilden, so daß die Gesamtreaktion rasch, z.T. *explosionsartig* verläuft.

Ein *Kettenabbruch* durch Rekombination erfolgt immer dann, wenn zufällig zwei Radikale zusammenstoßen und die dabei übertragene Schwingungsenergie niedriger ist als die Bindungsenergie der neu geknüpften Bindung. Aus diesem Grund führt der Zusammenstoß zweier Chloratome nicht zum Kettenabbruch. Der Kettenabbruch kann auch durch Reaktion mit Lösungsmittelmolekülen oder Radikalfängern *(Inhibitoren)* erfolgen.

Inhibitoren sind entweder selbst Radikale (NO, O_2), die mit Kettenträgern rekombinieren, oder Substanzen **(Iod, Hydrochinon, Chinone)**, die die Radikaleigenschaft übernehmen und dabei Radikale bilden, die zu energiearm sind, um Ketten fortzupflanzen.

$$R\cdot + HO{-}C_6H_4{-}OH \rightarrow R{-}H + \cdot O{-}C_6H_4{-}OH \not\rightarrow$$

Hydrochinon

$$R\cdot + I{-}I \rightarrow R{-}I + I\cdot \not\rightarrow$$

Iod

Inhibitoren werden häufig als *Stabilisatoren* von ungesättigten Verbindungen eingesetzt, die zur Polymerisation neigen.

Abb. 40 zeigt am Beispiel der Chlorierung von Methan das Reaktionsdiagramm einer Radikalkettenreaktion. Die Chlorierung höherer Alkane verläuft analog [vgl. **MC-Fragen Nr. 47, 48**].

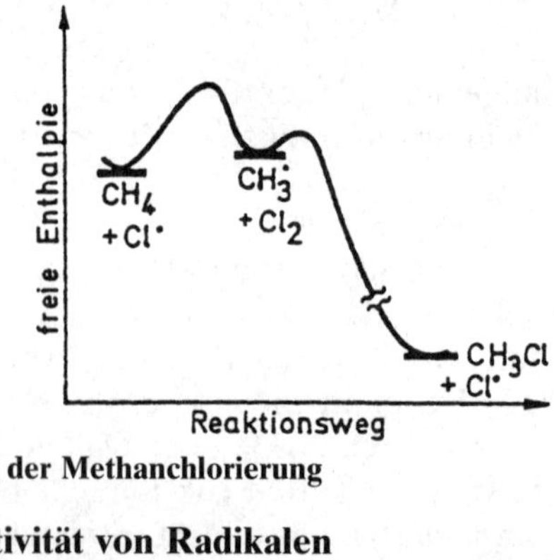

Abb. 40: Reaktionsprofil der Methanchlorierung

Reaktivität und Selektivität von Radikalen

Ein Radikal ist zu einer Substitutionsreaktion nur dann befähigt, wenn die Umsetzung unter Energiefreisetzung *(exotherm)* verläuft. Bei einer Kettenreaktion können jedoch einzelne Schritte des Zyklus durchaus endotherm sein, sofern nur die Summe aller *Reaktionswärmen* (ΔH) *negativ* (exotherm) ist.

Tab. 8: Reaktionsenthalpien radikalischer Halogenierungen (in kJ mol^{-1})

	F	Cl	Br	I
Start: $X_2 \rightarrow 2\,X\cdot$	+159,0	+239,4	+190,0	+148,6
Kette: $X\cdot + RH \rightarrow HX + R\cdot$ $R\cdot + X_2 \rightarrow RX + X\cdot$	-138,1 -251,0	-4,2 -96,2	+62,8 -87,9	+129,8 -71,1
Reaktionsenthalpie (ΔH)	-389,1	-100,4	-25,1	+58,7

Die *Reaktionsenthalpien* in Tabelle 8 belegen, daß Fluorierungen leicht und stark exotherm verlaufen; Bromierungen im allgemeinen langsamer sind als Chlorierungen, während sich direkte radikalische Iodierungen nicht durchführen lassen, weil der erste Schritt der Kette zu stark endotherm ist. Iod fungiert deshalb als Inhibitor, da es zwar die Radikaleigenschaft übernimmt, diese jedoch nicht auf ein Substrat übertragen kann [vgl. **MC-Fragen Nr. 43, 44**].

Die Reaktionsfähigkeit eines Radikals gegenüber einem Substrat ist umso größer, je höher der Energiegewinn bei der Bildung der neu zu knüpfenden Bindung (hier der Halogenwasserstoffsäure) ist.

Betrachtet man andererseits die Reaktionen eines gegebenen Radikals mit verschiedenen *C-H-Bindungen,* so zeigt sich, daß die Leichtigkeit, mit der solche Bindungen angegriffen werden, von der *Dissoziationsenergie* der betreffenden Bindung abhängt. Die Reaktion verläuft umso exothermer, je niedriger die Dissoziationsenergie einer C-H-Bindung ist.

Tertiäre C-H-Bindungen reagieren leichter als sekundäre und diese wiederum leichter als primäre. Besonders leicht werden Allyl- und Benzyl-C-H-Bindungen angegriffen.

Neben der Struktur des Substrats spielt auch die *Reaktivität* des Radikals eine wichtige Rolle. Als *relative Reaktivität* definiert man die Geschwindigkeit, mit der eine bestimmte Bindung einer Standardsubstanz angegriffen wird. Im allgemeinen findet man folgende Reihe abnehmender Reaktivität:

$$F\cdot > HO\cdot > Cl\cdot > CH_3\cdot > Br\cdot > RCOO\cdot$$

Je reaktiver das betreffende Radikal ist, desto weniger selektiv geschieht der Angriff an einem Substrat. Die Selektivität nimmt in der Regel mit steigender Temperatur ab. Im allgemeinen verlaufen jedoch alle radikalischen Reaktionen wenig selektiv und führen zu Produktgemischen.

Radikalische Halogenierung

Der Ersatz des Wasserstoffs in C-H-Bindungen durch Halogen ist die wichtigste radikalische Substitutionsreaktion.

Die direkte *Fluorierung* von Alkanen ist schwer durchführbar. Sie erfolgt häufig so stark exotherm, daß neben der Substitution auch eine Fragmentierung des Moleküls *(Crackung)* beobachtet wird. Zur Herstellung definierter *Fluoralkane* ist man daher auf andere Methoden angewiesen [vgl. **MC-Fragen Nr. 43, 1191** und Kap. 3.7.2.1].

Auch die direkte *Iodierung* gesättigter C-H-Bindungen gelingt nicht, da Iod-Radikale nicht in der Lage sind, C-H-Bindungen unter Substitution anzugreifen.

Vielmehr können *Alkyliodide* von Iodwasserstoff zu Alkanen reduziert werden [vgl. **MC-Frage Nr. 44**].

$$R{-}I + H{-}I \rightarrow R{-}H + I_2$$

Somit sind nur die **Chlorierung** und **Bromierung** von praktischer Bedeutung.

Chlorierung: Zur Initiierung radikalischer Chlorierungen mit elementarem *Chlor* verwendet man vorzugsweise energiereiches UV-Licht ($\lambda < 400$ nm). Die Selektivität der Reaktion ist gering, so daß die Alkanchlorierung keine allgemein anwendbare Reaktion zur gezielten Herstellung von *Alkylchloriden* ist. Präparative Bedeutung besitzt jedoch die *Seitenkettenchlorierung von Alkylaromaten.*

Bei der radikalischen Chlorierung von **Toluen (Toluol)** werden alle drei möglichen Produkte gebildet. Sie besitzen aufgrund ihrer leichten Hydrolysierbarkeit praktisches Interesse.

$C_6H_5{-}CH_3$	$\rightarrow$ $C_6H_5{-}CH_2Cl$	$\rightarrow$ $C_6H_5{-}CHCl_2$	$\rightarrow$ $C_6H_5{-}CCl_3$
Toluen	Benzylchlorid	Benzalchlorid	Benzotrichlorid
	$\downarrow + H_2O$	$\downarrow + H_2O$	$\downarrow + H_2O$
	$C_6H_5{-}CH_2OH$	$C_6H_5{-}CH{=}O$	$C_6H_5{-}COOH$
	Benzylalkohol	Benzaldehyd	Benzoesäure

Auch die großtechnisch durchgeführte *Methanchlorierung* liefert alle Substitutionsprodukte [CH_3Cl, CH_2Cl_2, $CHCl_3$, CCl_4], weil infolge der abnehmenden C-H-Bindungsstärke die partiell chlorierten Methane bevorzugt weiter substituiert werden. Bei hohem Methanüberschuß entsteht jedoch hauptsächlich **Chlormethan** [CH_3Cl] [vgl. **MC-Fragen Nr. 45, 46**].

Einheitlichere Chlorierungsprodukte erhält man dann, wenn alle H-Atome des Substrats äquivalent sind. So wird bei der Chlorierung von **Cyclohexan** vor allem das Monochlorierungsprodukt **Cyclohexylchlorid** gebildet.

Anstelle von Chlor kann unter Zusatz eines Initiators auch das selektiver wirksame *Sulfurylchlorid* [SO_2Cl_2] als Chlorierungsagens verwendet werden. Weitere Chlorierungsmittel sind Phosphorpentachlorid und Phosgen.

Bromierung: Radikalische Bromierungen besitzen eine größere Selektivität als Chlorierungen. Von Bedeutung ist auch hier die Bromierung von *Alkylaromaten,* wobei die Geschwindigkeit, mit der ein zweites H-Atom substituiert wird, deutlich herabgesetzt ist, so daß Benzotribromide nicht mehr gebildet werden. Bei der radikalischen Bromierung von **Toluen** entsteht deshalb **Benzylbromid** als Hauptprodukt.

Halogenierung in Allylstellung: Bei der Umsetzung von Alkenen mit elementarem Halogen kann neben der radikalischen Addition auch eine Substitution in Allylstellung erfolgen.

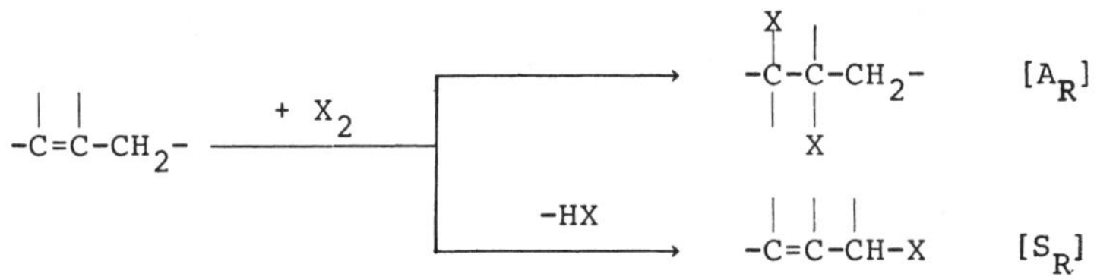

Verwendet man *N-Halogensuccinimide* oder andere N-Bromamide als Halogenierungsmittel, so findet ausschließlich eine Substitution in Allylstellung statt und die Doppelbindung bleibt erhalten (**Wohl-Ziegler-Reaktion**). Beispielsweise liefert die Umsetzung von Propen [$CH_3CH{=}CH_2$] mit N-Bromsuccinimid **3-Brompropen** (Allylbromid) [$BrCH_2CH{=}CH_2$] als Reaktionsprodukt [vgl. **MC-Frage Nr. 358**].

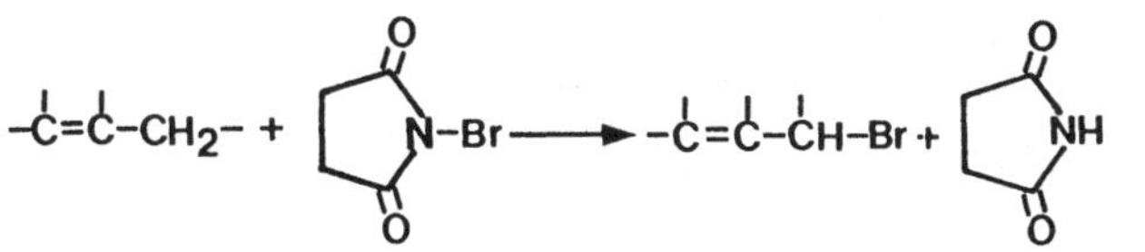

N-Bromsuccinimid(NBS) **Succinimid**

Auch H-Atome in α-Stellung zu Carbonylgruppen, Alkinylresten und Aromaten können hiermit substituiert werden. In der Regel intiiert man die Reaktionen mit Licht oder Peroxiden und führt sie in CCl_4 als Lösungsmittel durch, in dem z. B. **N-Bromsuccinimid** unlöslich ist.

Sulfochlorierung nach Reed

Zur Herstellung von *Alkansulfonsäurechloriden* verwendet man ein Gemisch aus Chlor und Schwefeldioxid als Reagenz. Die Sulfochlorierung kann auch in schwach basischem Milieu mit Sulfurylchlorid [SO_2Cl_2] durchgeführt werden und läuft wahrscheinlich nach folgendem Radikal-Kettenmechanismus ab [vgl. **MC-Fragen Nr. 49, 50**]:

$$Cl_2 \xrightarrow{h\nu} 2\,Cl\cdot$$

$$R\text{-}H + Cl\cdot \longrightarrow R\cdot + HCl$$

$$R\cdot + SO_2 \longrightarrow R\text{-}\dot{S}O_2$$

$$R\text{-}\dot{S}O_2 + Cl_2 \longrightarrow R\text{-}SO_2Cl + Cl\cdot$$

Die entstehenden *Sulfochloride* [RSO_2Cl] finden Anwendung als Gerbstoffe. Die nach ihrer Verseifung gebildeten *Alkalisulfonate* sind Waschrohstoffe.

$$R\text{-}SO_2Cl + 2\,NaOH \rightarrow R\text{-}SO_3Na + NaCl + H_2O$$

Alkylsulfochlorid **Alkylsulfonat**

Oxidationen mit Sauerstoff

Molekularer Sauerstoff ist ein *Diradikal* und reagiert unter milden Bedingungen (Raumtemperatur) mit zahlreichen C-H-Bindungen, wobei zunächst *Hydroper-*

oxide [R_3C-OOH] gebildet werden. Man bezeichnet solche Reaktionen auch als **Autoxidationen** [vgl. **MC-Frage Nr. 187**]; sie verlaufen nach einem zweistufigen Mechanismus.

$$X\cdot + H\text{-}R \xrightarrow{\text{(Start)}} X\text{-}H + R\cdot \xrightarrow[+\ O_2]{\text{(Kette)}} ROO\cdot \xrightarrow{+R\text{-}H} ROOH + R\cdot$$

Viele der lichtinduzierten Autoxidationen werden durch *Schwermetallionen* beschleunigt bzw. verlaufen *autokatalytisch.*

Das *Peroxidradikal* [ROO$^{\bullet}$] ist wenig reaktiv und somit recht selektiv. Es greift bevorzugt C-H-Bindungen hoher Reaktivität an, wie z. B.:

- in Benzylstellung zu Aromaten,
- in Allylstellung von Alkenen,
- tertiäre C-H-Bindungen [R_3C-H] sowie
- C-H-Bindungen in Nachbarstellung zu Sauerstoff wie z. B. in *Aldehyden* oder *Ethern.*

Von technischem Interesse ist die Oxidation des **Cumens** (Isopropylbenzen) zu **Cumenhydroperoxid**, dem Ausgangsprodukt der *Hockschen Phenolsynthese* (vgl. Kap. 3.2.16.4).

Autoxidation von Diethylether: Diethylether bildet beim Aufbewahren an der Luft unter Lichteinfluß schwerflüchtige *Peroxide,* die zu gefährlichen Explosionen führen können. Hierbei entsteht zunächst ein Hydroperoxid, das unter Abspaltung von Ethanol zum explosiven **Ethylidenperoxid** („Etherperoxid“) polymerisiert.

$$\underset{\text{Diethylether}}{n\ CH_3CH_2\text{-}O\text{-}CH_2CH_3} + n\ O_2 \rightarrow \underset{\text{"Etherhydroperoxid"}}{n\ CH_3CH_2\text{-}O\text{-}\overset{\overset{\displaystyle O\text{-}O\text{-}H}{|}}{C}H\text{-}CH_3} \xrightarrow{-\ n\ C_2H_5OH}$$

$$n\ CH_3\text{-}\dot{C}H\text{-}O\text{-}O\cdot \rightarrow \underset{\text{"Etherperoxid"}}{[CH_3\text{-}\underset{|}{C}H\text{-}O\text{-}O\text{-}]_n}$$

Autoxidation des Benzaldehyds: Benzaldehyd wird durch Luftsauerstoff autokatalytisch über Benzoyl- und Perbenzoyl-Radikale zu **Benzoesäure** oxidiert. Als Zwischenprodukt wurde **Perbenzoesäure** nachgewiesen [vgl. **MC-Frage Nr. 1230**].

$$\underset{\text{Benzaldehyd}}{C_6H_5\text{-}CH{=}O} \xrightarrow{+\ O_2} \underset{\text{Perbenzoesäure}}{C_6H_5\text{-}CO_3H} \xrightarrow{+\ C_6H_5\text{-}CH=O} \underset{\text{Benzoesäure}}{2\ C_6H_5\text{-}CO_2H}$$

3.2.5 Nucleophile Substitution am gesättigten Kohlenstoff

Nucleophile Substitutionen zählen zu den wichtigsten Reaktionen der organischen Chemie. Sie laufen nach folgender allgemeiner Gleichung ab:

R-X	+	$|Y^-$	→	R-Y	+	$|X^-$
Substrat		Nucleophil		Produkt		Abgangsgruppe

Dabei wird die polare Kohlenstoff-Liganden-Bindung derart *heterolytisch* gespalten, daß das bindende Elektronenpaar bei der **Abgangsgruppe** [X^-] (**nucleofuge Gruppe**) verbleibt und das **Nucleophil** [Y^-] die neue Bindung aufbaut. *Voraussetzung* für S_N-Reaktionen ist deshalb ein durch den *-I-Effekt* der Abgangsgruppe positiv polarisierter Kohlenstoff.

Die angreifende Gruppe muß immer eine *Lewis-Base* sein. Als *nucleophile Reagenzien* kommen daher Anionen und Neutralmoleküle mit freiem Elektronenpaar in Frage. In manchen Fällen fungiert das *Lösungsmittel* gleichzeitig auch als Reagenz. Man spricht dann von *Solvolysen* bzw. im speziellen Fall wäßriger Lösungen von *Hydrolysen.*

3.2.5.1 Reaktionsmechanismus und Reaktionsmolekularität

Für nucleophile Substitutionen sind im Prinzip zwei Reaktionswege denkbar:

* Im ersten Fall erfolgen die Abspaltung von X^- und die Anlagerung von Y^- *gleichzeitig (synchron).* Im Übergangszustand sind sowohl die Abgangsgruppe als auch das Nucleophil an das Substitutionszentrum koordiniert. Diese *direkte* Substitution verläuft somit in einem einzigen Reaktionsschritt und kann durch ein Reaktionskoordinatendiagramm dargestellt werden, wie es Abb. 41 zeigt [vgl. **MC-Frage Nr. 1207**].

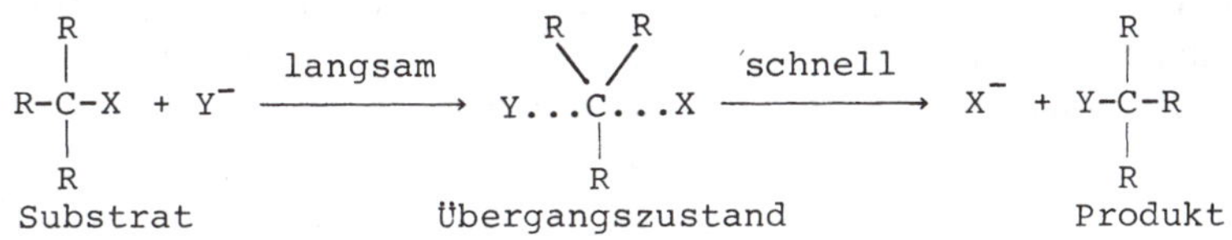

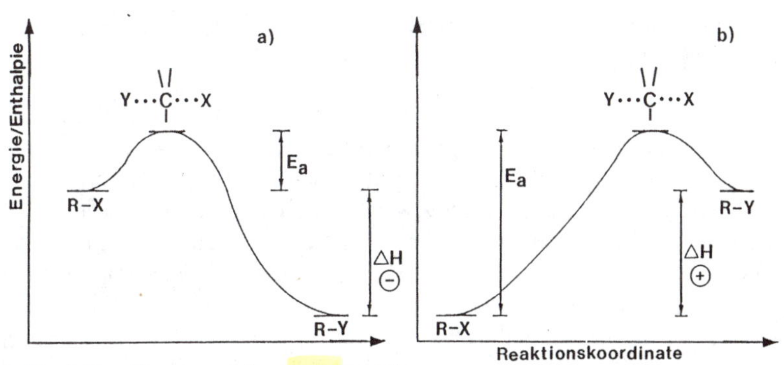

Abb. 41: Reaktionsdiagramm einer S_N2-Reaktion
a) exothermer b) endothermer Verlauf

* Im zweiten Fall erfolgen die Abspaltung von X^- und die Anlagerung von Y^- *nacheinander.* Bei diesem **Dissoziationsmechanismus** wird zunächst die alte Bindung gelöst und dann erst die neue gebildet. Die Reaktion verläuft über ein planares **Carbeniumion** als *Zwischenprodukt* und wird durch ein Energie-Reaktionskoordinaten-Diagramm beschrieben, wie es in Abb. 42 in stark vereinfachter Form dargestellt ist [vgl. **MC-Fragen Nr. 52, 53, 1148**].

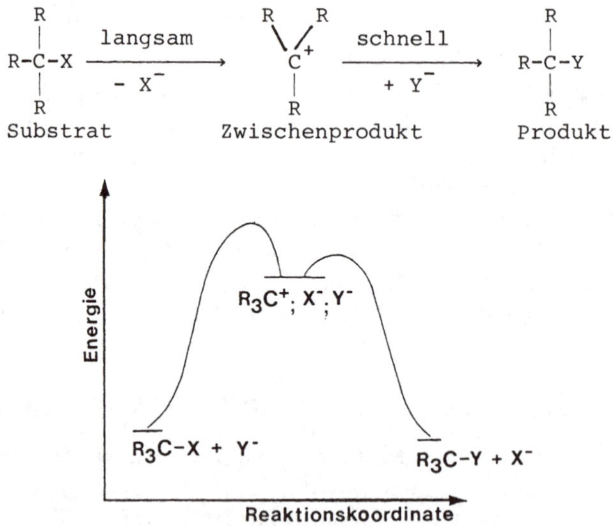

Abb. 42: Reaktionsdiagramm einer S_N1-Reaktion

Die **Reaktionsmolekularität** ist definiert durch die Anzahl der Teilchen, die während des *geschwindigkeitsbestimmenden* (langsamsten) *Reaktionsschrittes* an der Bildung der neuen oder der Spaltung der alten Bindung beteiligt sind. Deshalb verläuft der direkte Substitutionsweg *bimolekular* **[S_N2]** und Substitutionen nach dem Dissoziationsmechanismus sind *monomolekular* **[S_N1]**.

3.2.5.2 Monomolekulare nucleophile Substitution (S_N1-Reaktion)

Der Ablauf einer S_N1-Reaktion ist dadurch gekennzeichnet, daß im geschwindigkeitsbestimmenden Schritt – unterstützt vom Lösungsmittel oder Katalysatoren – die polare C-X-Bindung vollständig gespalten wird und über Ionenpaare schließlich solvatisierte *Carbeniumionen* als Zwischenverbindungen entstehen. Die nachfolgende Produktbildung verläuft – wie die meisten Ionenreaktionen – rasch, wobei neben der Substitution auch *Eliminierungen* und *Umlagerungen* als *Konkurrenzreaktionen* beobachtet werden.

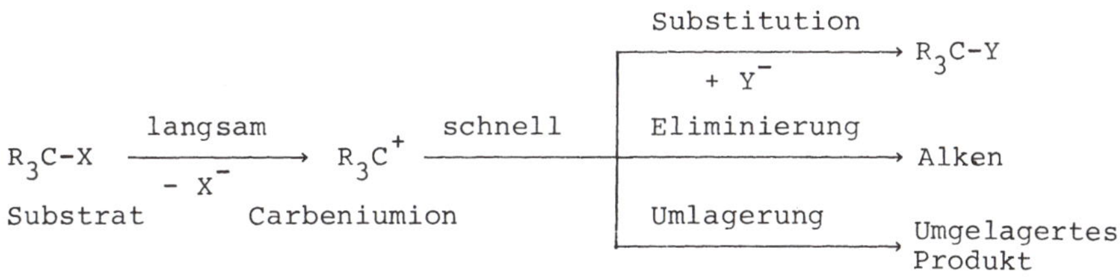

Allgemein sind für S_N1-Reaktionen folgende Merkmale charakteristisch [vgl. **MC-Fragen Nr. 51, 52, 55**]:

- Die S_N1-Reaktion gehorcht im Idealfall einem **Zeitgesetz 1. Ordnung**. D.h., die Reaktionsgeschwindigkeit (RG) hängt nur von der Konzentration des Substrats ab und ist unabhängig von der Konzentration des Nucleophils.

  $$\mathbf{RG = k \cdot [Substrat]}$$

  Trägt man den Logarithmus der Konzentration des Substrats gegen die Zeit auf, so ergibt sich bei einem Zeitgesetz 1. Ordnung eine Gerade.
- Da bei S_N1-Reaktionen Ionen solvatisiert werden müssen, hat die *Polarität des* Lösungsmittels einen großen Einfluß auf die Reaktionsgeschwindigkeit. S_N1-Reaktionen werden durch polare protische Lösungsmittel beschleunigt (vgl. Kap. 3.2.5.4).
- Bei S_N1-Reaktionen am *Chiralitätszentrum* eines *optisch aktiven Substrats* wäre eine weitgehende *Racemisierung* zu erwarten, da das Nucleophil an beiden Seiten des planaren Carbeniumions mit gleicher Wahrscheinlichkeit angreifen kann. Praktisch überwiegt – in Abhängigkeit vom Substrat und vom Lösungsmittel – die eine oder andere Form. Unter dem Einfluß von Nachbargruppen können S_N1-Reaktionen auch unter vollständiger *Retention der Konfiguration* verlaufen (vgl. Kap. 3.2.5.11).
- Bei S_N1-Reaktionen werden häufig Alkene oder umgelagerte Verbindungen als *Nebenprodukte* gebildet, da diese Reaktionen gleichfalls über Carbeniumionen als Zwischenprodukte verlaufen können.

Eliminationen sind als Konkurrenzreaktionen vor allem dann zu erwarten, wenn die Abgangsgruppe an ein *tertiäres C-Atom* gebunden ist oder wenn das Nucleophil zugleich auch *stark basische Eigenschaften* besitzt. Da die Substitution gegenüber der Eliminierung thermodynamisch (stärker exergonisch) und kinetisch (geringere Aktivierungsenergie) begünstigt ist, machen sich Eliminierungsprodukte besonders bei höheren *Temperaturen* bemerkbar (vgl. auch Kap. 3.2.5.10).

Umlagerungen treten vor allem dann auf, wenn sich primäre und sekundäre Carbeniumionen in tertiäre umwandeln können. Ein Beispiel hierfür ist die Hydrolyse von **Neopentylchlorid** zu **2-Methyl-2-butanol**. Im Verlaufe der Reaktion kommt es unter Bildung eines tertiären Carbeniumions zur 1.2-Verschiebung einer Methylgruppe [vgl. **MC-Fragen Nr. 58–60**]. Diese als **Neopentylumlagerung** bekannte Reaktion ist auch ein Beispiel für eine *Wagner-Meerwein-Umlagerung* (vgl. Kap. 3.2.16.2).

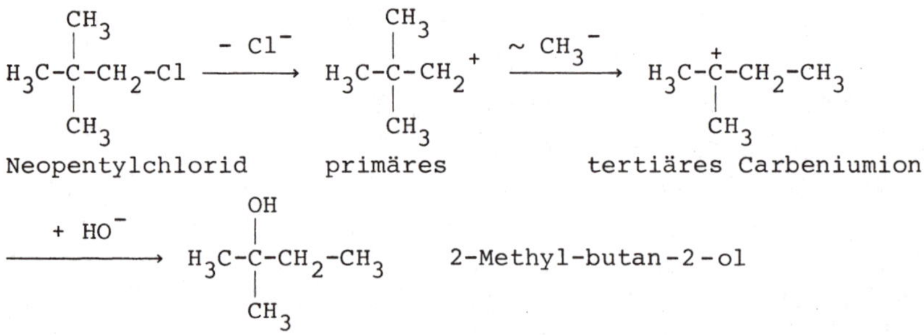

Voraussetzung solcher Umlagerungen ist, daß sich in Nachbarstellung zum Carbeniumion ein *quartäres C-Atom* befindet. Wie die Umsetzung von **Isobutanol** mit HBr zeigt, kann hierbei sowohl ein *Hydridion* als auch ein Alkylrest als *Carbanion* wandern, so daß neben Isobutylbromid auch etwas an sek. und tert. Butylbromid gebildet wird.

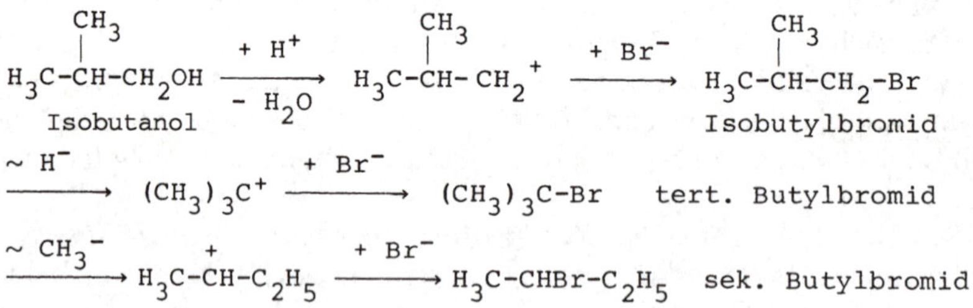

3.2.5.3 Bimolekulare nucleophile Substitution (S_N2-Reaktion)

Bei diesem *Einstufenprozeß* erfolgen Bindungsspaltung und Bindungsbildung gleichzeitig *(konzertiert)*. Das Nucleophil nähert sich dem Substrat von der *Rückseite* her. Es wird ein *Übergangszustand mit pentakoordiniertem C-Atom* durchlaufen. Während der Reaktion bildet das C-Atom eine immer stärkere Bindung zum Nucleophil. Synchron dazu wird die Bindung zur austretenden Gruppe schwächer.

S_N2-Reaktionen zeigen folgende Charakteristika [vgl. **MC-Fragen Nr. 56, 57, 62–64**]:

- Da sich Substrat und Nucleophil in einem Reaktionsschritt umsetzen, gehorcht die S_N2-Reaktion im Idealfall einem **Zeitgesetz 2. Ordnung**.

$$RG = k \cdot [\text{Substrat}] \cdot [\text{Nucleophil}]$$

Eine Erhöhung der *Konzentration des Nucleophils* bewirkt eine Steigerung der Reaktionsgeschwindigkeit (RG). Allerdings sind die Verhältnisse häufig komplexer. Ist z. B. Wasser oder bei *Solvolysen* ein anderes Lösungsmittel als Reaktand beteiligt, so würde sich als Zeitgesetz ergeben:

$$RG = k \cdot [\text{Substrat}] \cdot [\text{Solvens}]$$

Da sich aber die Konzentration des Lösungsmittels während der Reaktion praktisch nicht meßbar ändert, weil es in einem großen Überschuß vorliegt, wäre es von einem Zeitgesetz der Form

$$RG = k' \cdot [\text{Substrat}]$$

nicht zu unterscheiden. Kinetische Untersuchungen solcher Reaktionen führen dann zu einem Zeitgesetz 1. Ordnung, obwohl die Substitution bimolekular abläuft **(Reaktionen „pseudoerster“ Ordnung)**.

- S_N2-Reaktionen verlaufen bei Verwendung *chiraler Edukte stereospezifisch*, da das Substitutionszentrum seine Vierbindigkeit in keiner Reaktionsphase verliert. Infolge des Angriffs des Nucleophils von der Rückseite her reagieren chirale Reaktionszentren unter *Konfigurationsumkehr [Walden-Umkehr/Inversion]* (vgl. auch Kap. 3.2.5.11). Umgekehrt läßt eine beobachtete Inversion auf eine S_N2-Reaktion schließen.
- S_N2-Reaktionen werden im allgemeinen durch voluminöse Substituenten verlangsamt.
- Bei S_N2-Reaktionen läßt sich die Bildung von Alkenen und umgelagerten Produkten durch geeignete Wahl der Reaktionsbedingungen weitgehend vermeiden.

Abschließend ist festzuhalten daß *reine* S_N1- oder S_N2-Reaktionen in der Praxis nur selten zu realisieren sind und Idealfälle darstellen. Aus präparativer Sicht ist jedoch von Bedeutung, daß man durch geeignete Wahl der Reaktionsbedingungen eine Substitution in die eine oder andere Richtung lenken kann, weil S_N-Reaktionen durch eine Reihe von Faktoren spürbar beeinflußt werden. Hierzu zählen:

3.2.5.4 Lösungsmitteleinflüsse und Katalysatoreinflüsse

Nucleophile Substitutionen lassen sich als polare Reaktionen *nur in Lösung* durchführen, so daß sie durch Lösungsmittel und deren Solvatationseffekte stark beeinflußt werden.

- **Polar protische Lösungmittel** wie z. B. Wasser, Alkohole, niedere Carbonsäuren und Ammoniak besitzen nucleophile und elektrophile Eigenschaften. Sie können Wasserstoffbrücken ausbilden und vermögen, wie Abb. 43 veranschaulicht, sowohl Anionen als auch Kationen zu solvatisieren. Sie begünstigen daher **S_N1-Reaktionen**.

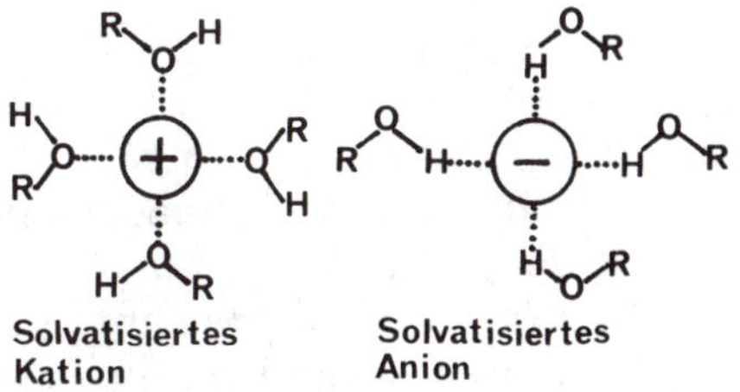

Abb. 43: Solvatisierung von Anionen und Kationen durch protische Lösungsmittel

- **Dipolar aprotische Lösungsmittel** wie z. B. Aceton, Acetonitril, Nitromethan, Dimethylsulfoxid (DMSO), Dimethylformamid (DMF) oder Hexamethylphosphorsäuretriamid (HMPT) besitzen nucleophile Eigenschaften, relativ hohe Dielektrizitätszahlen und Dipolmomente.
  Sie können keine H-Brücken ausbilden und solvatisieren daher Anionen nur unzureichend. Deshalb sind diese Anionen „freier" und besitzen eine größere effektive Nucleophilie, so daß S_N-Reaktionen in dipolar aprotischen Solventien häufig schneller ablaufen als in Hydroxylgruppen-haltigen Lösungsmitteln. Substitutionen in dipolar aprotischen Solventien verlaufen eher nach einem **S_N2-Mechanismus**.
- **Elektrophile Katalyse:** Starke Lewis-Säuren [BF_3, $AlCl_3$, $ZnCl_2$, $SbCl_5$, $TiCl_4$] sowie Silber-Ionen besitzen die Fähigkeit zur Stabilisierung von Anionen. Sie begünstigen **S_N1-Reaktionen,** da sie mit Anionen koordinieren und so die Dissoziation der C-X-Bindung erleichtern.

3.2.5.5 Phasentransfer-Katalyse

Als *Phasentransfer-Katalyse* bezeichnet man ein Syntheseverfahren, das *Reaktionen von lipophilen Molekülen mit Anionen* ermöglicht bzw. beschleunigt, die sich in verschiedenen Phasen – z. B. zwei nicht miteinander mischbaren Flüssigkeiten – befinden.

Hierzu zählen *S_N-Reaktionen* wie die Umsetzung eines Alkylhalogenids mit konzentrierten wäßrigen Alkalihydroxiden. Dabei liegt das Alkylhalogenid als reiner Stoff oder in einem unpolaren Lösungsmittel gelöst vor, während die hydratisierten HO^--Ionen Bestandteil der wäßrigen Phase sind. Die Substitution des Halogenatoms gegen das Hydroxid-Ion kann nur an der Grenzfläche beider Phasen eintreten und verläuft entsprechend langsam, weil die solvatisierten Anionen kaum in die unpolare organische Phase übergehen.

Die Geschwindigkeit solcher Reaktionen läßt sich merklich steigern, wenn man dem System eine katalytische Menge einer Substanz zusetzt, die einen Reaktanden (meistens das Anion) durch die Grenzfläche aus der einen in die andere Phase extrahiert. Im Prinzip stehen hierfür zwei Möglichkeiten zur Verfügung.

Im ersten Fall benutzt man **Kronenether** als Katalysatoren (vgl. Kap. 3.9.6.4). Solche Substanzen komplexieren Kationen, wodurch diese lipophil werden und sich zusammen mit dem Anion als *Ionenpaar* im organischen Solvens lösen. Die Anionen sind kaum solvatisiert und quasi als „nackte" Ionen entsprechend reaktiv (nucleophil).

Im zweiten Fall – *der eigentlichen Phasentransfer-Katalyse* - arbeitet man, wie in Abb. 44 skizziert, in einem Zweiphasensystem [org. Solvens/Wasser] und setzt geringe Mengen von *Salzen mit lipophilem Kation* zu. Besonders geeignet als Phasentransfer-Katalysatoren sind **quartiäre Ammoniumsalze** [$R_4N^+X^-$] oder Phosphoniumsalze [vgl. **MC-Frage Nr. 71**].

Die Kationen dieser Salze lösen sich in der organischen Phase und tauschen dabei ihre Anionen in mehr oder weniger starkem Ausmaß gegen das in der wäßrigen Phase vorliegende und für die betreffende Reaktion erforderliche Anion aus.

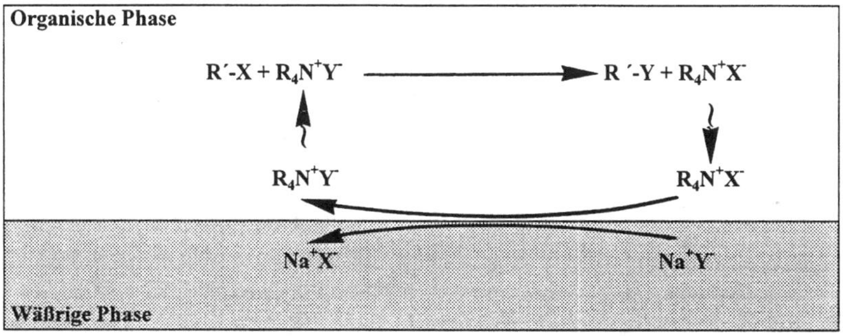

Abb. 44: Schematische Darstellung der Phasentransfer-Katalyse mit Tetraalkylammoniumsalzen bei S_N-Reaktionen

Dadurch wird dieses in die organische Phase übergeführt und die gewünschte Reaktion kann ablaufen.

Das Prinzip der Phasentransfer-Katalyse sei nochmals am Beispiel der *Kolbe-Nitrilsynthese* näher beschrieben. Die nucleophile Substitution

$$R\text{-}Cl + Na^+CN^- \rightarrow R\text{-}CN + Na^+Cl^-$$

kann als Zweiphasenreaktion zwischen wäßrigem NaCN und dem im organischen Solvens gelösten Alkylchlorid nicht oder nur sehr langsam stattfinden. Setzt man nun **Tetrabutylammoniumchlorid** $[(C_4H_9)_4N^+Cl^-]$ zu, so bildet sich in der wäßrigen Phase durch Anionenaustausch das reaktive und lipophile Ionenpaar $[(C_4H_9)_4N^+CN^-]$, das in die organische Phase übertritt und dort mit R-Cl zum Nitril reagiert.

Quartäre Ammoniumsalze können die Umsetzung zweier Reaktanden in getrennten Phasen in deren Grenzflächenbereich vermitteln und dadurch beschleunigen. Der wesentliche Vorteil der Phasentransfer-Katalyse besteht in der Erhöhung der Reaktivität (Nucleophilie) von Anionen. Darüber hinaus hat sich das Verfahren auch bei der Herstellung wasserempfindlicher Substanzen bewährt.

3.2.5.6 Einflüsse der Molekülstruktur des Substrats

Die Struktur des Substrats besitzt einen erheblichen Einfluß auf den mechanistischen Ablauf nucleophiler Substitutionen.

Bei einer **S_N2-Reaktion** erfolgt der Angriff des Nucleophils von der zur Abgangsgruppe entgegengesetzten Seite, so daß die Reaktion spürbar behindert ist, je stärker der rückwärtige Bereich abgeschirmt wird (*sterische Hinderung durch voluminöse Gruppen*). Zwar haben im Übergangszustand die Substituenten am Reaktionszentrum einen größeren Abstand voneinander als im Substrat (Bindungswinkel: 120° statt 109,5°), doch treten sie, wie Abb. 45 dokumentiert, in eine

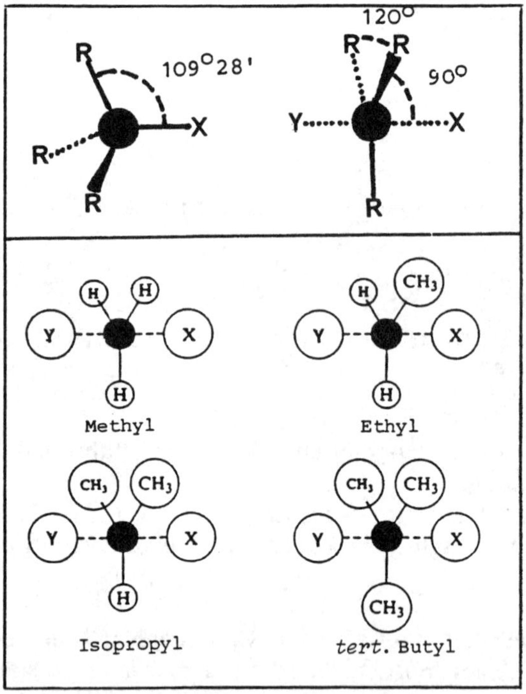

Abb. 45: Sterische Einflüsse bei S_N2-Reaktionen

engere Wechselwirkung mit dem angreifenden Nucleophil und der nucleofugen Gruppe (Bindungswinkel 90°).

Die sterische Hinderung ist umso größer, je raumerfüllender die Substituenten sind. Bei tertiären Alkylverbindungen ist die Rückseite des Moleküls so stark blockiert, daß ein S_N2-Mechanismus nicht mehr möglich ist.

Demgegenüber läßt sich für **S_N1-Reaktionen** ausführen, daß sie umso mehr bevorzugt sind, je besser das intermediär auftretende Carbeniumion stabilisiert werden kann. Die Beständigkeit von Carbeniumionen und damit die Geschwindigkeit von S_N1-Reaktionen nimmt deshalb aufgrund des +I-Effektes von primären über sekundäre zu tertiären Alkylverbindungen hin zu. Insgesamt kann man für den *Einfluß der Substratkonstitution* folgende allgemeine Regeln aufstellen [vgl. auch **MC-Fragen Nr. 55–57, 61, 65–68**]:

Eine Gruppenhäufung erhöht die Energie des Übergangszustandes und verzögert S_N2-Reaktionen. Daher nimmt die Reaktionsgeschwindigkeit in der Reihe primäre > sekundäre > tertiäre Alkylverbindungen ab.

Tertiäre Alkylverbindungen reagieren bei Substitutionsreaktionen normalerweise monomolekular [S_N1], primäre Alkylverbindungen hingegen bimolekular [S_N2]. Sekundäre Alkylverbindungen nehmen eine Zwischenstellung ein. Ihre Reaktionen lassen sich häufig durch stark solvatisierende, polar protische Solventien in das S_N1-Gebiet drängen.

Alkylverbindung	**S_N1**	**S_N2**
Methyl	niemals	üblich
primär	niemals	üblich
sekundär	manchmal	manchmal
tertiär	üblich	niemals

Bei **S_N1-Reaktionen** verursacht die Bildung des Carbeniumions im geschwindigkeitsbestimmenden Schritt keine zusätzlichen sterischen Anforderungen. Im Gegenteil, man kann eher einen Verlust an sterischer Spannung erwarten, weil aus dem Tetraeder des Substrats ein trigonal-planares Carbeniumion gebildet wird und sich der Bindungswinkel von 109,5° auf 120° vergrößert.

Allyl-Systeme: Analog **Benzyl-Verbindungen** wie z. B. **2-Brom-2-phenyl-propan** [vgl. **MC-Frage Nr. 55**]

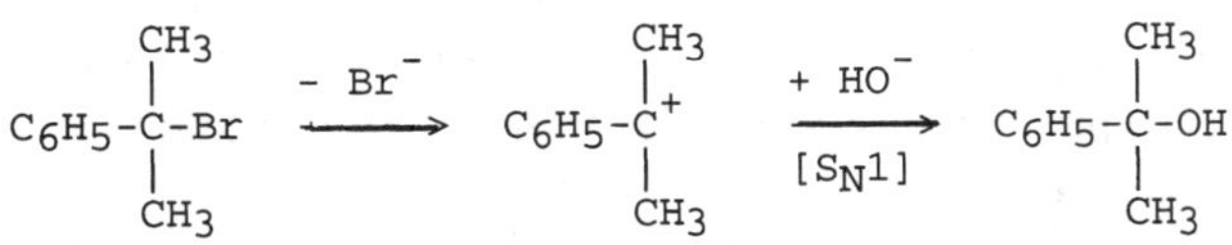

2-Brom-2-phenyl-propan **2-Phenyl-2-propanol**

können auch Allyl-Derivate ein intermediär gebildetes Carbeniumion durch Mesomerie stabilisieren und einen S_N1-Mechanismus begünstigen. Andererseits ist aber auch eine S_N2-Reaktion möglich, weil das Reaktionszentrum im Übergangszustand mit den π-Elektronen der C=C-Doppelbindung in Wechselwirkung treten kann. Zu welchen Anteilen die Gesamtreaktion nach einem der beiden Mechanismen abläuft, hängt von den Reaktionsbedingungen ab, wobei starke Nucleophile die S_N2-Reaktion, polar protische Lösungsmittel einen S_N1-Mechanismus begünstigen.

Beispielsweise ist die alkalische Hydrolyse eines *Allylhalogenids* zum primären **Allylalkohol** eine typische S_N1-Reaktion [vgl. **MC-Fragen Nr. 69, 1247**].

$$H_2C{=}CH{-}CH_2{-}X + HO^- \rightarrow H_2C{=}CH{-}CH_2{-}OH + X^-$$

Allylalkohol

Aufgrund der Mesomeriestabilisierung des *Allyl-Kations*

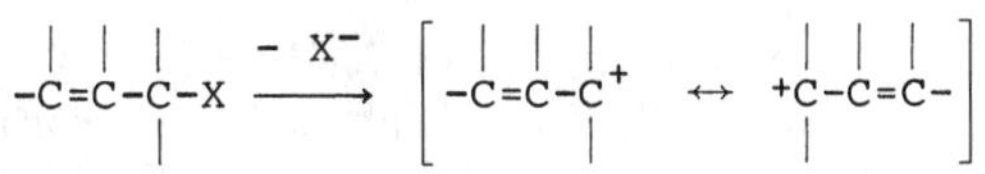

sind bei Reaktionen an Allyl-Verbindungen neben den normalen Substitutionsprodukten auch umgelagerte Produkte zu erwarten **(Allyl-Umlagerung)**. Zum Beispiel liefert die Solvolyse von **Crotylchlorid** in wäßrigem Aceton neben Crotonalkohol auch 3-Hydroxy-buten als Reaktionsprodukt.

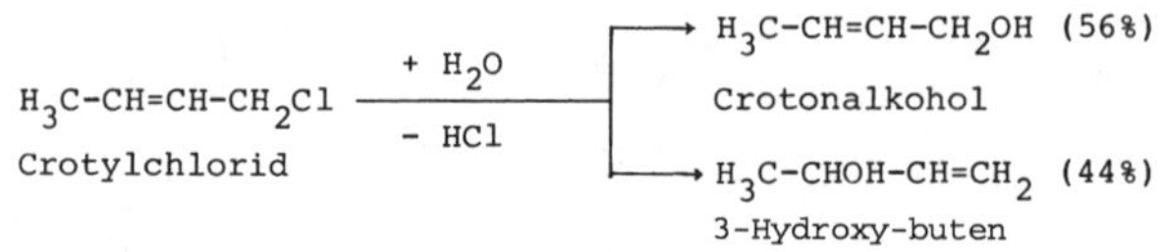

Vinyl-Systeme und Phenyl-Systeme: Ungesättigte oder aromatische Gruppen, die direkt an das Substitutionszentrum gebunden sind, setzen die Reaktivität solcher Verbindungen stark herab (vgl. **MC-Frage Nr. 1247**).

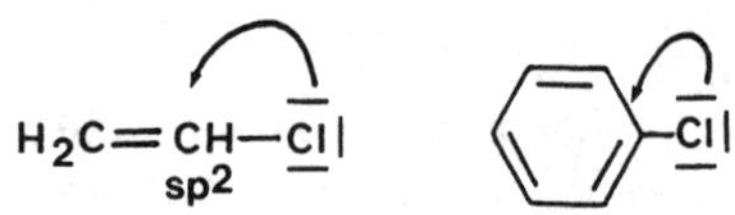

Vinylchlorid **Chlorbenzen**

sp^2-hybridisierte C-Atome besitzen eine größere Elektronegativität als sp^3-hybridisierte. Daher ist die Elektronegativitätsdifferenz zwischen dem Kohlenstoffatom und der Abgangsgruppe geringer als in Alkyl- oder Allyl-Verbindungen. Darüber hinaus ist bei nucleofugen Gruppen mit freiem Elektronenpaar als Folge der Konjugation mit dem π-Elektronensystem die Polarität der C-X-Bindung noch weiter herabgesetzt. Parallel zur verminderten Polarität der Bindung sinkt auch die Reaktivität dieser Substrate.

Vinyl- und *Arylhalogenide* reagieren mit Nucleophilen weder nach S_N1 noch nach S_N2. Ihr Halogenatom ist nur unter wesentlich drastischeren Bedingungen austauschbar. Die Substitutionen laufen zudem nach einem anderen Mechanismus ab (vgl. Kap. 3.2.7 und 3.6.4.3).

3.2.5.7 Einflüsse der Abgangsgruppe

Die Geschwindigkeiten von S_N1- und S_N2-Reaktionen sind in hohem Maße von der Natur der austretenden Gruppe abhängig, weil in beiden Fällen im geschwindigkeitsbestimmenden Schritt die C-X-Bindung gespalten wird. Somit beeinflußt die Abgangsgruppe beide Substitutionswege in gleicher Weise.

Prinzipiell kann jede Gruppe als Abgangsgruppe fungieren, die die *konjugierte Base einer starken Säure* ist. Die nucleofuge Gruppe wird dabei umso leichter abgetrennt, je stärker die zugrundeliegende Säure ist. Somit lassen sich einige ausgewählte Abgangsgruppen in folgende Reihe abnehmender **Austrittstendenz** ordnen:

$$C_6H_5\text{-}SO_3^- > I^- < Br^- > Cl^- > F^- > CH_3COO^- > (CH_3)_3N$$

Die Leichtigkeit, mit der eine Gruppe bei S_N-Reaktionen als Abgangsgruppe fungieren kann, hängt von ihrer Basizität ab. Ist eine Gruppe eine schwache Base, dann wird sie in der betreffenden Reaktion eine gute Abgangsgruppe darstellen.

Eine hervorragende Abgangsgruppe ist das Anion der p-Toluensulfonsäure [$CH_3\text{-}C_6H_4\text{-}SO_3^-$] *(Tosylat-Rest)*. Von den *Alkylhalogeniden* reagieren Alkyliodide am schnellsten, Alkylchloride am langsamsten. Alkylfluoride [$pK_s(HF) \sim 3$] sind als Substrate für S_N2-Reaktionen ungeeignet.

Das HO^--Ion [$pK_s(H_2O) = 15{,}7$] ist eine schlechte Abgangsgruppe. Dennoch können Substitutionsreaktionen an *Alkoholen* durchgeführt werden, wenn man in sauren Lösungen arbeitet. Die Hydroxylgruppe liegt dann protoniert als leichter abspaltbare H_2O^+-Gruppe [$pK_s(H_3O^+) = -1{,}7$] vor. Ist die Anwendung eines sauren Milieus ungünstig, so überführt man zweckmäßigerweise die Alkohole zunächst in ihre Sulfonsäureester.

$$\text{R-OH} + \text{Br}^- \not\longrightarrow \text{R-Br} + \text{HO}^-$$

$$\text{R-OH} + \text{H}^+ \rightleftharpoons \text{R-}\overset{+}{\text{O}}\text{H}_2 + \text{Br}^- \longrightarrow \text{R-Br} + \text{H}_2\text{O}$$

$$\text{R-OH} + \text{Ar-SO}_2\text{Cl} \xrightarrow[-\ \text{HCl}]{} \underset{\text{Sulfonsäureester}}{\text{R-O-SO}_2\text{-Ar}} \xrightarrow[+\ \text{Br}^-]{} \text{R-Br} + \text{Ar-SO}_3^-$$

Nucleophile Katalyse: Das *Iodid-Ion* vereint in sich infolge seiner hohen Polarisierbarkeit sowohl die Eigenschaften eines guten Nucleophils als auch die einer guten Abgangsgruppe. Es kann daher als Katalysator zur Beschleunigung nucleophiler Substitutionen eingesetzt werden, die normalerweise nur sehr langsam verlaufen.

$$\text{R-Cl} + \text{H}_2\text{O} \xrightarrow{\text{langsam}} \text{R-OH} + \text{HCl}$$

$$\text{R-Cl} + \text{I}^- \xrightarrow[-\ \text{Cl}^-]{\text{schnell}} \text{R-I} + \text{H}_2\text{O} \xrightarrow[-\ \text{HI}]{\text{schnell}} \text{R-OH}$$

3.2.5.8 Einfluß der Nucleophilie (Nucleophilizität)

Unter **Nucleophilie** versteht man die Fähigkeit eines Reagenzes, ein Elektronenpaar für die Bindung an Kohlenstoff zur Verfügung zu stellen. Ein Maß für die nucleophile Kraft verschiedener Reagenzien sind die Geschwindigkeiten ihrer Reaktionen mit einem Standardsubstrat.

Bei **S_N1-Reaktionen** ist die Nucleophilie *ohne Einfluß* auf die Reaktionsgeschwindigkeit, weil das Nucleophil am geschwindigkeitsbestimmenden Schritt – der Bildung des Carbeniumions – nicht beteiligt ist. Carbeniumionen besitzen eine hohe Reaktivität und somit nur eine geringe Selektivität. Bei mesomeriestabilisierten Carbeniumionen ist die Selektivität höher.

Bei **S_N2-Reaktionen** wird hingegen die Reaktion in dem Maße beschleunigt, in dem die nucleophile Kraft des angreifenden Reagenzes zunimmt.

Da Nucleophile gleichzeitig auch *Lewis-Basen* sind, sollte man erwarten, daß nucleophile Kraft und Basizität von Reagenzien miteinander korrelieren. Dies trifft jedoch nur bedingt zu, weil die *Basizität* durch das *thermodynamische Gleichgewicht* eines Elektronendonators mit einem *Proton* charakterisiert ist, während die *Nucleophilie* eine *kinetische Größe* darstellt, und die *Reaktionsgeschwindigkeit* einer Lewis-Base gegenüber einem positivierten Zentrum wiedergibt [vgl. **MC-Frage Nr. 70**]. Neben der Basizität bestimmt vor allem die *Polarisierbarkeit* die nucleophile Kraft eines Reagenzes.

Eine große Nucleophilie kann sowohl durch eine hohe Basizität als auch durch eine hohe Polarisierbarkeit zustandekommen.

$\longrightarrow$ **zunehmende Basizität** $\longrightarrow$

$$NO_3^- < H_2O < RCOO^- < ArO^- < HO^- < RO^-$$

$\longrightarrow$ **zunehmende Polarisierbarkeit** $\longrightarrow$

$$F^- \ll Cl^- < Br^- < I^- < HS^- < RS^-$$

$\longrightarrow$ **zunehmende Nucleophilie** $\longrightarrow$

Da die *Polarisierbarkeit* – zumindest innerhalb einer Gruppe des PSE – mit steigender *Atomgröße* zunimmt, wächst parallel dazu auch die Nucleophilie eines Reagenzes:

$$Cl^- > F^-;\ HS^- > HO^-;\ (CH_3)_2S > (CH_3)_2O;\ (C_2H_5)_3P > (C_2H_5)_3N.$$

Beispielsweise reagiert bei der Umsetzung von Methyliodid mit Thiosulfat-Ionen [$S_2O_3^{2-}$] ausschließlich der Schwefel,

$$CH_3I + S_2O_3^{2-} \rightarrow H_3C\text{-}S\text{-}SO_3^- + I^-$$

obwohl das Reagenz 3 O-Atome und nur 1 S-Atom für einen nucleophilen Angriff bereitstellen kann.

Darüber hinaus müssen auch *Solvatationseffekte* berücksichtigt werden. Bei S_N2-Reaktionen haben leicht polarisierbare Reagenzien (RS^-, HS^-, I^-, NCS^-) in protischen *und* aprotischen Lösungsmitteln eine hohe nucleophile Kraft. Bei wenig polarisierbaren Ionen (F^-, Cl^-, CH_3COO^-) steigt dagegen die Nucleophilie stark an, wenn man von polar protischen zu aprotischen Solventien übergeht.

Basizität ist die Affinität einer Base zu einem Proton. Sie wird durch den Gleichgewichts-pK-Wert der konjugierten Säure gemessen und ist eine thermodynamische Größe. Nucleophilie ist die Affinität einer Base gegenüber einem C-Atom im Übergangszustand einer Substitutionsreaktion. Hierbei handelt es sich um eine kinetische Größe. Elemente der 3. und 4. Periode sind bei vergleichbarer Basizität stets nucleophiler als Elemente der 2. Periode des PSE, weil die großen Elemente relativ diffuse freie Elektronenpaare besitzen, die leichter polarisierbar sind. Bei Substraten, die sowohl nach S_N1 wie nach S_N2 reagieren können, bewirken starke Nucleophile eher die bimolekulare, schwache Nucleophile eher die monomolekulare Substitution.

3.2.5.9 Substitutionsreaktionen mit ambidenten Ionen

Einige Nucleophile besitzen mehrere reaktive Zentren. Sie werden als *ambident* oder *ambifunktionell* bezeichnet. Ihr Einsatz in S_N-Reaktionen führt häufig zu Produktgemischen.

Wichtige ambidente Reagenzien mit *zwei* reaktiven Zentren sind *Cyanid-* [CN^-], *Nitrit-* [NO_2^-], *Enolat-* und *Phenolat-Ionen.*

Bei der Umsetzung von Alkylhalogeniden mit Alkalinitriten bildet sich nicht nur das *Nitroalkan,* sondern auch der *Salpetrigsäureester* (Alkylnitrit).

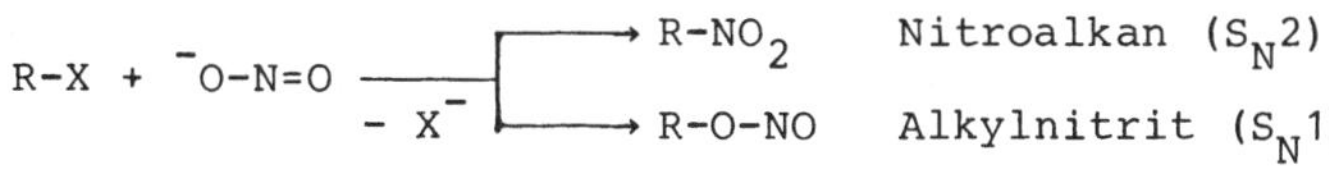

Bei der *Kolbe-Nitrilsynthese* entstehen neben Nitrilen auch *Isonitrile.*

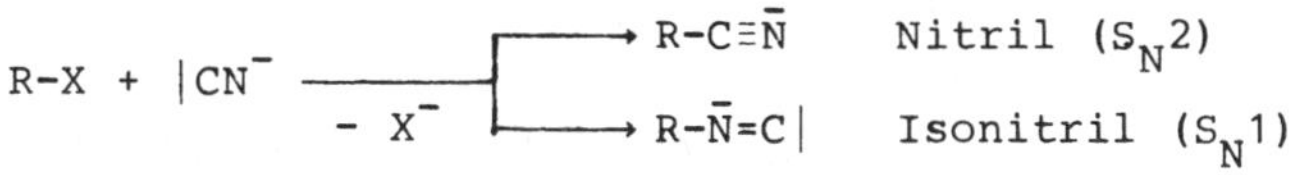

In analoger Weise werden aus Enolaten (Carbanionen) bzw. Phenolaten O- und C-Alkylierungsprodukte gebildet.

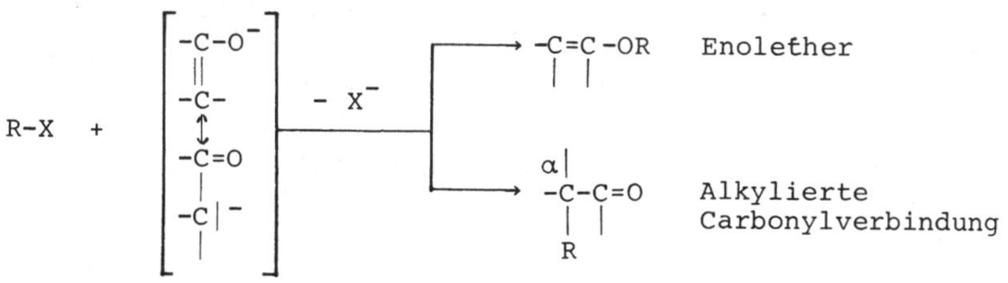

Die relative Nucleophilie beider Zentren und damit das Verhältnis der Reaktionsprodukte hängt von folgenden Parametern ab:

- Elektronendichteverteilung im ambidenten Agens (Basizität beider Reaktionszentren),
- Polarisierbarkeit der reagierenden Atome,
- Lösungsmittel,
- Struktur des Substrats,
- Natur der Abgangsgruppe.

Als allgemeine Regel kann gelten: *Primäre* Alkylhalogenide werden in einer **S_N2-Reaktion** bevorzugt vom Atom mit der höheren Polarisierbarkeit (geringere Elektronendichte, *geringere Elektronegativität*) angegriffen, während *tertiäre* Alkylhalogenide nach einem **S_N1-Mechanismus** vorzugsweise mit dem Atom mit der höheren Elektronendichte (geringere Polarisierbarkeit, *höhere Elektronegativität*) reagieren.

3.2.5.10 Konkurrenz zwischen Substitution und Eliminierung

Das Verhältnis Substitution/Eliminierung ist abhängig von [vgl. **MC-Frage Nr. 72**]:

- der Temperatur,
- der Basizität des Reagenzes,

– der Polarität des Lösungsmittels sowie
– den Eigenschaften von Substrat und Abgangsgruppe.

Als allgemeine Richtlinien zur Reaktionssteuerung können herangezogen werden:

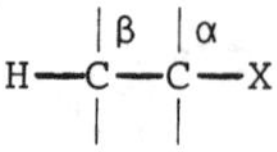

* *Primäre Alkylverbindungen,* die am β-*C-Atom nicht verzweigt* sind, reagieren ausschließlich nach einem *bimolekularen* Mechanismus. Mit Reagenzien hoher Nucleophilie überwiegt die S_N2-Reaktion. E2-Reaktionen lassen sich nur mit sperrigen Basen erreichen.
  Sind die *primären Alkylverbindungen* am β-*C-Atom verzweigt,* so bilden sich größere Mengen an Eliminierungsprodukten, da der S_N2-Prozeß nun deutlich langsamer verläuft. Bei starken Nucleophilen liefert die Substitution aber immer noch das Hauptprodukt. Erst bei Verwendung starker Basen dominiert die Eliminierung. Bei Substraten, die kein β-H-Atom enthalten, kann eine Eliminierung nicht stattfinden.
* In Abwesenheit starker Basen reagieren *tertiäre Alkylverbindungen* nach einem *monomolekularen* Mechanismus (S_N1, E1). Man erhält Produktgemische. In Gegenwart starker Basen, besonders in hoher Konzentration und bei erhöhten Temperaturen überwiegt die Elimination.
* *Sekundäre Alkylverbindungen* zeigen ein differenziertes Verhalten. Starke Nucleophile begünstigen die S_N2-Reaktion, mit starken Basen in hoher Konzentration ist eher mit einem E2-Mechanismus zu rechnen.
* Höhere *Temperaturen* begünstigen Eliminierungen.

3.2.5.11 Sterischer Verlauf nucleophiler Substitutionen

S_N2-Reaktionen am asymmetrischen C-Atom chiraler Substanzen verlaufen *stereospezifisch.* Sie sind stets mit einer **Konfigurationsumkehr** *(Walden-Umkehr; Inversion)* verbunden [vgl. Abb. 46 und **MC-Fragen Nr. 75, 76, 79, 1227**].

Zum Beispiel führt die Hydrolyse von **cis-2-Ethyl-cyclopentylbromid** unter S_N2-Bedingungen zu **trans-2-Ethylcyclopentanol** [vgl. **MC-Frage Nr. 74**].

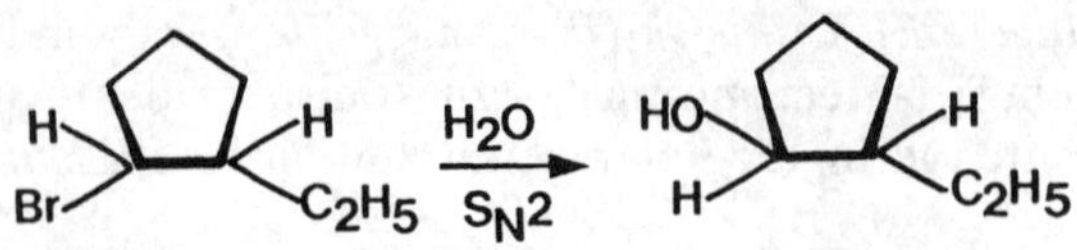

Die vollständige Inversion der Konfiguration eines Substrats ist stets ein sicherer Beweis für den S_N2-Mechanismus, da das Nucleophil immer von der Rückseite des Substrats her angreift und synchron dazu die Abgangsgruppe in der entgegengesetzten Richtung aus der Bindung an das Substrat herausgedrängt wird.

Substitutionen nach einem S_N1-Mechanismus verlaufen komplizierter. Wie in Abb. 47 skizziert, sollte man bei S_N1-Reaktionen ausgehend von einem chiralen Edukt eine *vollständige Racemisierung* erwarten, weil der Angriff des Nuleophils

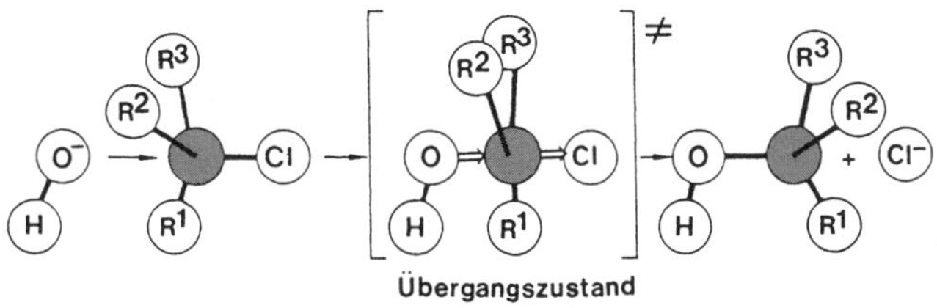

Abb. 46: Stereochemie der S_N2-Reaktion

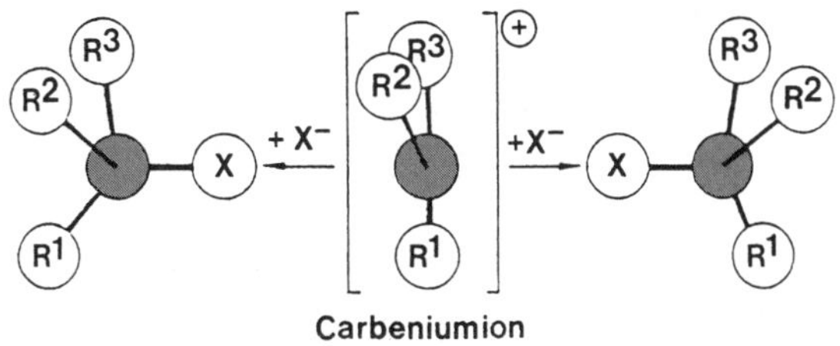

Abb. 47: Stereochemie der S_N1-Reaktion

an das *planare Carbeniumion* im Idealfall von beiden Seiten her mit gleicher Wahrscheinlichkeit erfolgen kann. Die eine Hälfte der Moleküle des ursprünglichen Enantiomers erfährt hierbei eine Inversion, während die andere Hälfte ihre Konfiguration beibehält [vgl. **MC-Fragen Nr. 77, 78**].

Bei vielen Experimenten beobachtet man aber nur eine *partielle Racemisierung,* die zwischen weiten Grenzen schwanken kann. Eine Erklärung für diesen Befund ist, daß die Substitution häufig schon stattfindet, wenn die Abgangsgruppe dem Carbeniumion noch eng benachbart ist, d. h. sich im Stadium des solvatisierten Ionenpaares befindet. Je enger beide Ionen benachbart sind, je nucleophiler also das solvatisierende Lösungsmittel ist, desto höher ist der Anteil an inversem Produkt. *Andererseits ist die Racemisierung umso vollständiger, je stabiler das betreffende Carbeniumion ist.*

R-X	→	R^+X^-	→	R^+ | X^-	→	R^+ + X^-
Substrat		Enges Ionenpaar		Solvensgetrenntes Ionenpaar		Solvatisierte, getrennte Ionen
		↑		↑		↑
		Inversion		Inversion und Racemisierung		Racemisierung

3.2.5.12 Innere nucleophile Substitution (S_Ni)

Man kennt auch nucleophile Substitutionen, die unter **Konfigurationserhaltung** *(Retention)* ablaufen. Ein Beispiel hierfür ist der Ersatz einer Hydroxylgruppe in *Alkoholen* durch ein Chloratom mit *Thionylchlorid* [$SOCl_2$] (in Abwesenheit von

Aminen!). Die Reaktion gehorcht einem Zeitgesetz 2. Ordnung und ist proportional zu [ROH] und [$SOCl_2$]. Das als Zwischenprodukt gebildete *Chloralkylsulfit* zerfällt beim Erwärmen in SO_2 und das betreffende Alkylchlorid.

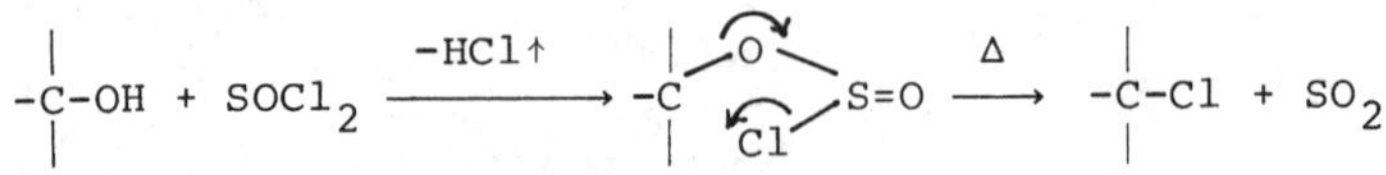

Chloralkylsulfit

Erfolgt die Umsetzung in Anwesenheit von *Aminen* wie z. B. *Pyridin,* so wird eine Inversion beobachtet, weil der entstehende Chlorwasserstoff als Ammoniumchlorid [$R_3NH^+Cl^-$] abgefangen wird und anschließend das nucleophile Chlorid-Ion von der Rückseite her an das intermediäre Chloralkylsulfit herantritt.

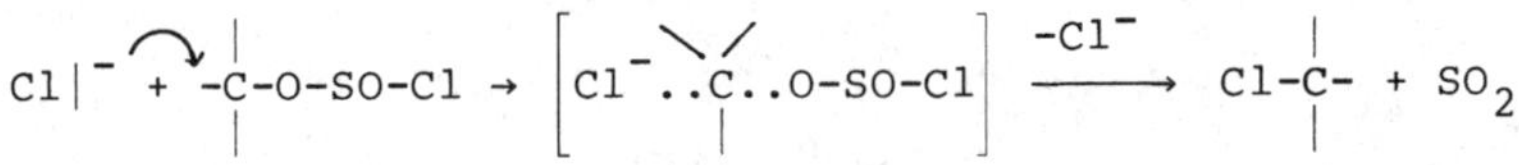

Auch die Umsetzung von Alkoholen mit Phosphorhalogeniden über Esterzwischenstufen folgt einem normalen S_N2-Mechanismus.

3.2.5.13 Nachbargruppeneffekte

Substitutionsreaktionen unter *vollständiger Retention der Konfiguration* können auch ablaufen, wenn sich in unmittelbarer Nähe des Substitutionszentrums ein Atom oder eine Atomgruppe mit freiem Elektronenpaar befindet [vgl. **MC-Frage Nr. 51**].

Diese *Nachbargruppe* beteiligt sich an der Reaktion in der Weise, daß sie zunächst als Nucleophil das Reaktonszentrum angreift und erst in einem nachfolgenden Schritt von einem Nucleophil aus dem Reaktionsmedium verdrängt wird.

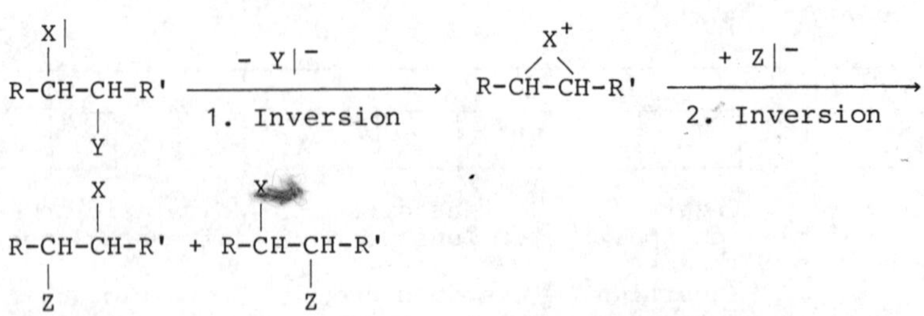

Die beobachtete Retention erweist sich somit als eine Folge zweier Inversionen. Diese heben sich gegenseitig auf, so daß die Konfiguration erhalten bleibt. Sind die Reste R und R' verschieden, so findet neben der Substitution noch eine Umlagerung statt. Ursache für den skizzierten Reaktionsverlauf ist, daß die Nachbargruppe dank ihrer günstigen Position leichter verfügbar ist.

Ein Beispiel für eine S_N-Reaktion unter Beteiligung einer Nachbargruppe ist die alkalische Hydrolyse optisch aktiver *α-Halogencarbonsäuren.*

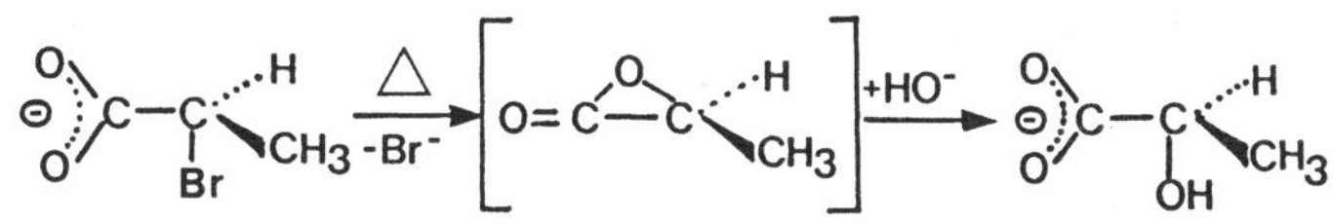

Hierbei greift zunächst das Carboxylat-Ion als Nucleophil das α-C-Atom von der Rückseite her an. Es bildet sich intermediär ein gespanntes α-*Lacton* inverser Konfiguration. Dieses wird anschließend – unter erneuter Konfigurationsumkehr – durch Wasser zur α-Hydroxycarbonsäure gespalten [vgl. **MC-Fragen Nr. 82, 83**].

3.2.5.14 Nucleophile Substitutionsreaktionen

Über die wichtigsten nucleophilen Substitutionsreaktionen am gesättigten Kohlenstoff – ausgehend von *Alkylhalogeniden* [RX], *Alkylsulfaten* [R-OSO_3H(R)] oder *Alkylsulfonaten* [R-OSO_2R'] – informiert Tabelle 9.

Zu den S_N-Reaktionen an aliphatischen C-Atomen zählen ferner die Veresterung von *Alkoholen* mit Halogenwasserstoffsäuren oder anderen anorganischen Säuren (vgl. Kap. 3.7.2) sowie die sauer katalysierte Bildung von *Ethern* und die Methoden zu ihrer Spaltung (vgl. Kap. 3.9.6.1 und 3.9.6.5). Weitere Beispiele für S_N-Reaktionen sind die Hydrolyse aliphatischer *Diazoniumsalze* (siehe Kap. 3.10.3.4) und die nucleophile Ringöffnung von *Epoxiden (Oxiranen)* [vgl. Kap. 3.9.6.6 und **MC-Frage Nr. 73**].

3.2.6 Elektrophile Substitution an Aromaten und Heteroaromaten

Bei der elektrophilen Substitution an aromatischen Systemen (Ar-H) erfolgt im allgemeinen der *Ersatz eines Wasserstoffatoms* durch ein elektrophiles Reagenz (E^+).

$$\text{Ar-H} + E^+ \rightarrow \text{Ar-E} + H^+$$

Obwohl das Elektrophil auf unterschiedliche Weise erzeugt werden kann, verlaufen die meisten elektrophilen Substitutionen an Aromaten [S_EAr] nach einem *einheitlichen Mechanismus.*

Die nachfolgende Tabelle 10 informiert über die wichtigsten elektrophilen Substitutionen an Aromaten und Heteroaromaten [vgl. **MC-Fragen Nr. 401–406, 463, 468, 473–475**]. Diese Reaktionen werden noch detailliert im Kap. 3.6.4.2 bzw. im Kap. 3.15.4 behandelt.

Tab. 9: Nucleophile Substitutionen an Alkylhalogeniden, Alkylsulfaten und Alkylsulfonaten

R'-X (Substrat) +

Nucleophil	Produkt		Namensreaktion	Kapitel
Hal^-	R'-Hal	Alkylhalogenid	Finkelstein	3.7.2.1
HO^-	R'-OH	Alkohol (Epoxid)		3.9.2.1
RO^-	R'-$\ominus$R	Ether	Williamson	3.9.6.1
HS^-	R'-SH	Mercaptan (Thiol)		3.11.2.1
RS^-	R-SR'	Sulfid (Thioether)		3.11.3.1
R_2S	$R_2\overset{+}{S}$-R' X^-	Sulfoniumsalz		3.11.3.2
CN^-	R-CN	Nitril	Kolbe	3.13.8.1
	R-$\overset{+}{N}C^-$	Isonitril		3.13.8.1
NO_2^-	R-NO_2	Nitroalkan		3.10.7.1
	R-O-N=O	Alkylnitrit		3.10.7.1
NH_3	R'-NH_2 R'$_2$NH, R'$_3$N	Amine (meist Gemische)		3.10.2.1
R_3N	$R_3\overset{+}{N}$—R']X^-	quart. Ammoniumsalz		3.10.2.1
R_3P	$R_3\overset{+}{P}$-R']X^-	Phosphoniumsalz	Wittig	3.5.3
Ar-H	Ar-R'	Alkylbenzen	Friedel-Crafts	3.6.4.2
$RCOO^-$	R-COOR'	Ester		3.13.6.1
-$\overset{\vert}{\underset{\vert}{C}}$$\vert^-$ Carbanion	Alkylierte Malonester bzw. Acetessigester			3.14.6
RMgX	R-R'	Alkan	Grignard	3.8.3.1

Tab. 10: Elektrophile Substitutionsreaktionen an Aromaten

Ar-H[1]

Reagenz / Reaktion	Katalysator	Produkt	
+ HNO_3 Nitrierung	H_2SO_4	$Ar\text{-}NO_2 + H_2O$	Nitroaren
+ H_2SO_4 Sulfonierung	SO_3	$Ar\text{-}SO_3H + H_2O$	Arylsulfonsäure
+ Cl_2, Br_2 Halogenierung	Fe, $FeBr_3$ / $AlCl_3$	$Ar\text{-}X + HCl$	Arylhalogenid
+ R-Cl Friedel-Crafts Alkylierung	$AlCl_3$	$Ar\text{-}R + HCl$	Alkylbenzen
+ $R\text{-}C(=O)Cl$ Friedel-Crafts-Acylierung	$AlCl_3$	$Ar\text{-}C(=O)\text{-}R + HCl$	Arylketon
+ HNO_2 Nitrosierung		$Ar\text{-}NO + H_2O$	Nitrosoverbindung[2]
+ $[Ar\text{-}N{\equiv}N]^+$ Azokupplung		$Ar\text{-}N{=}N\text{-}Ar + H^+$	Azoverbindung[2]
+ CO_2 Carboxylierung		Ar-COOH	Arylcarbonsäure[2]
+ CO Gattermann-Koch	$AlCl_3$, CuCl / HCl	Ar-CH=O	Arom. Aldehyd[2]
+ HCN/HCl Gattermann	$AlCl_3$	Ar-CH=O	Arom. Aldehyd[2]
+ RCN/HCl Houben-Hoesch	$AlCl_3$	Ar-CO-R	Arylketon
+ $R_2N\text{-}CH{=}O$ Vilsmeier	$POCl_3$	Ar-CH=O	Arom. Aldehyd[2]
+ $HCCl_3/HO^-$ Reimer-Tiemann		Ar-CH=O	Arom. Aldehyd[2]
+ $H_2C{=}O$ Hydroxymethylierung	(H^+)	$Ar\text{-}CH_2OH$	Benzylalkohol
+ $H_2C{=}O/HCl$ Chlormethylierung		$Ar\text{-}CH_2Cl$	Benzylchlorid
+ $H_2C{=}O/HNR_2$ Aminomethylierung		$Ar\text{-}CH_2\text{-}NR_2$	Benzylamin
$Cl\text{-}SO_3H$ Chlorsulfonierung		$Ar\text{-}SO_2Cl$	Arylsulfochlorid

1 Ar bedeutet „Aryl", d. h. irgendein aromatisches System, wobei das zu substituierende H-Atom direkt an den Ring gebunden ist.

2 Diese Reaktionen lassen sich nur mit sehr reaktionsfähigen Aromaten durchführen.

3.2.6.1 Reaktionsmechanismus [σ-Komplexe und π-Komplexe]

Nach neueren Vorstellungen laufen S_E-Reaktionen an Aromaten nach folgendem, *zweistufigen* Mechanismus ab:

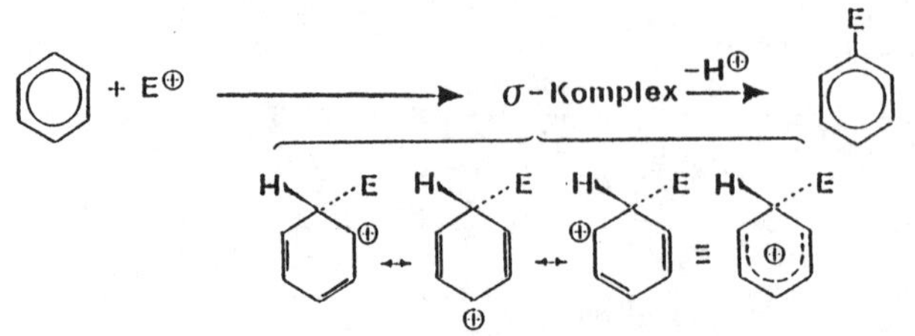

Zunächst bildet sich aus dem aromatischen Molekül und dem jeweiligen elektrophilen Reagenz durch Ladungstransfer vom Aromaten *(Donor)* zum Elektrophil *(Akzeptor)* ein mesomeriestabilisiertes **Carbeniumion** [**Areniumion/σ-Komplex**], in dem der Aromat zwei Elektronen seines Sextetts dem Elektrophil für die Kovalenzbindung zur Verfügung stellt. Im σ-Komplex sind vier π-Elektronen über fünf sp^2-hybridisierte Ring-C-Atome delokalisiert; das sechste Kohlenstoffatom, das den neu eintretenden Substituenten trägt, besitzt sp^3-Hybridcharakter. Die als reaktionsfähige, energiereiche Zwischenverbindungen entstehenden σ-Komplexe stabilisieren sich unter Rearomatisierung ihres π-Elektronensystems durch die Abspaltung eines Protons.

Ob der Bildung des σ-Komplexes ein **π-Komplex** (charge transfer-Komplex) vorausgeht, wird zur Zeit noch kontrovers diskutiert. Solche π-Komplexe, in denen das Elektrophil nur relativ locker an den Aromaten gebunden und senkrecht zur Ebene des Ringgerüstes angeordnet ist, lassen sich zum Beispiel in Gemischen von Benzen mit Halogenen oder Halogenwasserstoffen (in Abwesenheit von Lewis-Säuren) spektroskopisch nachweisen. Nach neueren Befunden muß man jedoch annehmen, daß bei elektrophilen aromatischen Substitutionen *direkt das Areniumion* (σ-Komplex) gebildet wird.

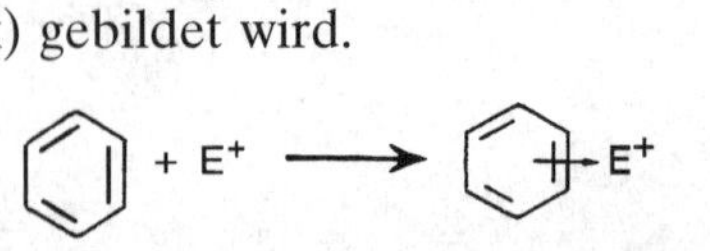

Abb. 48 zeigt in vereinfachter Form das Energiediagramm der elektrophilen Substitution (S_E) am Aromaten im Vergleich zur elektrophilen Addition (A_E) an eine C=C-Doppelbindung [vgl. auch **MC-Frage Nr. 400**]. In der ersten Reaktionsphase entsprechen sich beide Reaktionstypen. Während jedoch bei der Addition nach Anlagerung des Elektrophils das gebildete Carbeniumion durch ein Nucleophil abgesättigt wird, ist beim σ-Komplex der S_EAr die Abspaltung eines Protons energetisch günstiger, weil auf diese Weise der aromatische Zustand wiederhergestellt wird.

Die in zwei Schritten verlaufende elektrophile Substitution gehorcht einem **Zeitgesetz 2. Ordnung**, wobei *meistens die Bildung des σ-Komplexes geschwindigkeitsbestimmend* ist. Die nachfolgende Umwandlung des σ-Komplexes in das Re-

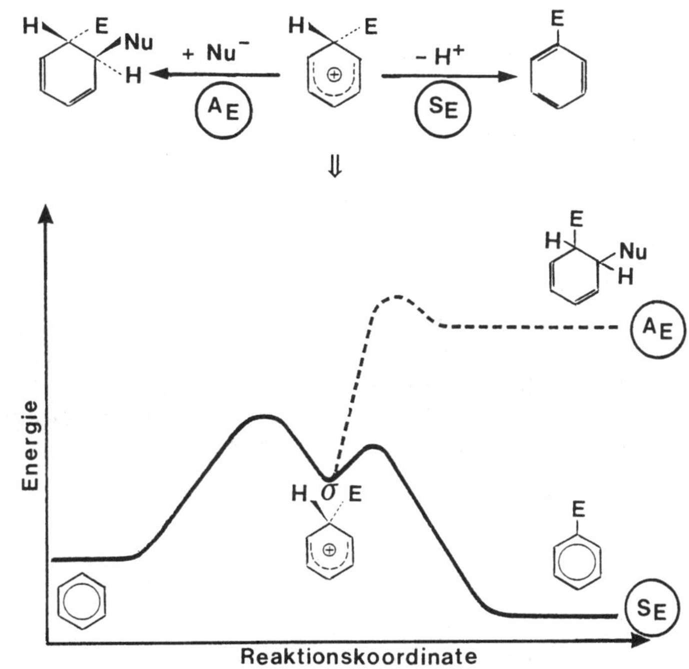

Abb. 48: Vereinfachtes Reaktionsprofil der elektrophilen Substitution und Addition an Benzen (E = Elektrophil; Nu = Nucleophil)

aktionsprodukt vollzieht sich hingegen rasch. Eine Ausnahme ist die *reversibel* verlaufende und *thermodynamisch gesteuerte Sulfonierung* von Aromaten (vgl. Ehlers, **Chemie I-Kurzlehrbuch**, Kap. 1.13 und Kap. 3.6.4.2).

Infolge des zwischenzeitlichen Verlustes an Mesomerieenergie ist die *Aktivierungsenthalpie* elektrophiler aromatischer Substitutionen relativ hoch. S_E-Reaktionen verlaufen im allgemeinen langsamer als elektrophile Additionen an die C=C-Doppelbindung. Trotzdem lassen sich einige elektrophile Substitutionen an Aromaten schon bei Raumtemperatur durchführen. Zwei Faktoren tragen dazu bei. Zum einen wird Energie frei, wenn die neue Bindung zum angreifenden Elektrophil geknüpft wird, zum anderen kann sich der positiv geladene σ-Komplex durch Elektronendelokalisierung in gewissem Umfang stabilisieren.

Für aromatische Ringsysteme sind elektrophile Substitutionsreaktionen charakteristisch, wobei der Aromat als Elektronendonator (Lewis-Base) fungiert.

Diese Reaktionen verlaufen zweistufig. Bis auf wenige Ausnahmen (Sulfonierung) ist die Anlagerung des Elektrophils an ein Ring-C-Atom unter Bildung des σ-Komplexes (Areniumion) geschwindigkeitsbestimmend. Die nachfolgende Abspaltung eines Protons unter Rearomatisierung verläuft rasch.

S_E-Reaktionen an Aromaten sind meistens irreversibel und zeigen bei Verwendung deuterierter Aromaten als Substrate keinen merklichen kinetischen

Isotopeneffekt. D.h., Wasserstoffisotope werden bei diesen Reaktionen mit gleicher Geschwindigkeit ausgetauscht. Eine Ausnahme bildet die elektrophile Sulfonierung und die Friedel-Crafts-Alkylierung; beide Reaktionen verlaufen zudem reversibel.

3.2.6.2 Substituenteneffekte (Elektrophile Zweitsubstitution)

Unterwirft man ein *monosubstituiertes Benzen-Derivat* einer elektrophilen Substitutionsreaktion, so kann der zusätzliche Substituent in Bezug auf den bereits vorhandenen in die **ortho-, meta-** oder **para-Position** eintreten. Darüber hinaus kann die *Reaktionsgeschwindigkeit* größer oder kleiner sein als die des unsubstituierten Benzens [vgl. **MC-Fragen Nr. 476–486, 723, 1176, 1228**].

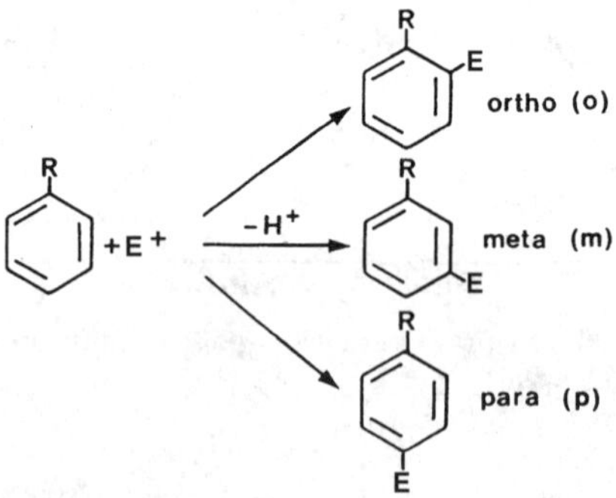

Tab. 11: Prozentuale Produktanteile der elektrophilen Nitrierung von Benzen-Derivaten

Aromat	%-*ortho*	%-*meta*	%-*para*
Toluen	56,5	3,5	40,0
Anisol	43,0	1,0	56,0
Benzylchlorid	32,0	15,5	52,5
Chlorbenzen	29,6	0,9	68,9
Nitrobenzen	6,4	93,2	0,3
Benzoesäureethylester	28,3	68,4	3,3
Trifluormethylbenzen	–	100,0	–

Wie Tabelle 11 ausweist, findet man im Prinzip *zwei Substitutionsmuster:* Entweder überwiegt das meta-Isomer oder man erhält ein Gemisch aus ortho- und para-Disubstitutionsprodukten. Im ersten Fall ist die Geschwindigkeit der Zweitsubstitution immer kleiner als die Reaktionsgeschwindigkeit des unsubstituierten Benzens. Bei der bevorzugten Bildung von o/p-Produkten verläuft die Reaktion häufig (nicht immer!) schneller als beim Benzen.

Der Einfluß des Erstsubstituenten läßt sich weitgehend mit *elektronischen Effekten* begründen. Darüber hinaus spielen auch *sterische Faktoren* eine Rolle; sie wirken sich allerdings nur auf die *ortho-Position* aus.

Man *klassifiziert* nun *Substituenten* am Aromaten hinsichtlich ihrer **Orientierung** als

- *meta-dirigierend* oder
- *ortho/para-dirigierend,*

und hinsichtlich der **Reaktivität** des aromatischen Substrats als

- *aktivierend* oder
- *desaktivierend,*

je nachdem, ob sie im Vergleich zu Benzen die Substitutionsgeschwindigkeit erhöhen oder erniedrigen. (Es muß ausdrücklich betont werden, daß ein Elektrophil prinzipiell alle verfügbaren Stellen eines aromatischen Ringes angreift, nur verläuft die Reaktion an bestimmten Positionen schneller als an anderen.)

Substitutionsgeschwindigkeit

Die S_E-Reaktion ist im allgemeinen eine **kinetisch gesteuerte Reaktion**. Daher wird das Mengenverhältnis der Substitutionsprodukte *nicht* durch deren relative Stabilitäten, sondern durch die unterschiedlichen *Aktivierungsenergien* (Energiedifferenz zwischen Grundzustand und Übergangszustand) bzw. durch die relativen *Reaktionsgeschwindigkeiten* bestimmt, mit denen ein Elektrophil an den verschiedenen Ringpositionen monosubstituierter Benzen-Derivate angreift.

Allerdings ist es schwierig, exakte Angaben über den Einfluß des Erstsubstituenten auf die Struktur und die Ladungsdichteverteilung der verschiedenen (o, m, p) *Übergangszustände* zu machen. Nach **Hammond** wählt man deshalb die jeweiligen *σ-Komplexe als Modell* für diese Übergangszustände.

Erst bei der Bildung des σ-Komplexes entscheidet es sich, welche Position im Aromaten der neue Substituent besetzt. Der bereits vorhandene Substituent beeinflußt jedoch die drei alternativen (o, m, p) Übergangszustände in unterschiedlichem Maße, wie dies in Abb. 49 die Reaktionsdiagramme der elektrophilen Zweitsubstitution an ausgewählten Aromaten belegen. Die verschiedenen *Aktivierungsenergien* haben nun nach der **Arrhenius-Gleichung** (vgl. Ehlers, **Chemie I-Kurzlehbuch**, Kap. 1.13) aber unterschiedliche Geschwindigkeiten der konkurrierenden Reaktionsschritte zur Folge. Da die Energien der Übergangszustände für die o-, m- und p-Substitution nicht bekannt sind, betrachtet man an deren Stelle die entsprechenden σ-Komplexe und nimmt an, daß die damit verbundenen Abweichungen nicht allzu groß sind.

Jeder Substituent am Aromaten beeinflußt die Reaktivität des aromatischen Systems und die Orientierung des neu eintretenden Substituenten.

Die Reaktivität hängt dabei von der Fähigkeit des Erstsubstituenten ab, Elektronen abzugeben oder anzuziehen. Elektronendonatoren aktivieren, Elektronenakzeptoren desaktivieren das aromatische Ringgerüst.

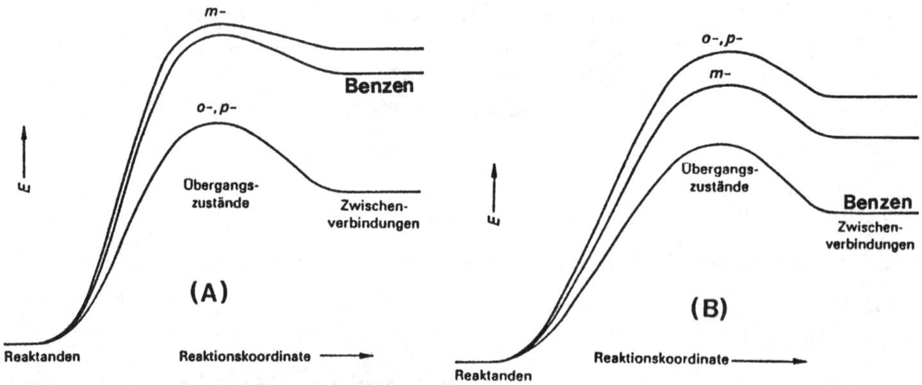

Abb. 49: Energiediagramm für die S_E -Reaktion an
(A) Anisol (aktivierend, o,p-dirigierend)
(B) Nitrobenzen (desaktivierend, m-dirigierend)

Die Orientierung des Zweitsubstituenten ist aufgrund der kinetischen Reaktionssteuerung eine Folge der unterschiedlichen Aktivierungsenergien für die jeweilige Ringposition und ist letztlich auf elektronische Einflüsse des bereits vorhandenen Substituenten zurückzuführen.

Substituenten mit +I-Effekt [σ-Donor]

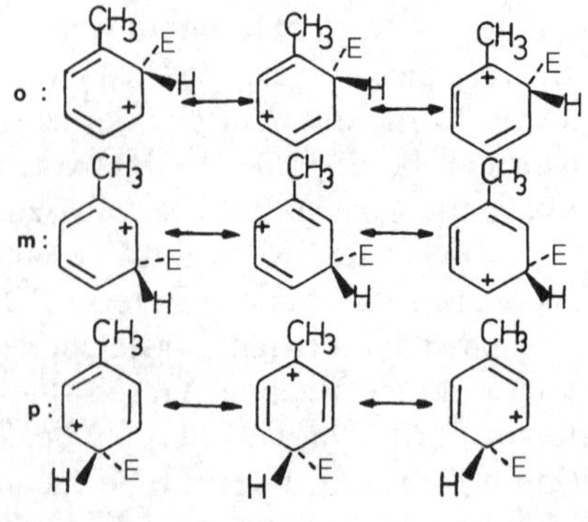

+I-Substituenten (z. B. Alkylgruppen) bewirken eine stabilisierende Delokalisierung der positiven Ladung in allen drei σ-Komplexen. Sie *aktivieren* den Aromaten für S_E -Reaktionen. Allerdings nimmt der induktive Effekt (vgl. Kap. 3.1.8.1) mit zunehmender Entfernung des „Schlüsselatoms" vom Reaktionszentrum deutlich ab, so daß vor allem das C-Atom „1" unter dem Einfluß des Erstsubstituenten steht. Die σ-Komplexe mit dem Zweitsubstituenten in o- und p-Stellung tragen an dieser Stelle eine positive Ladung, so daß sie durch den +I-Effekt stärker stabilisiert werden als der meta-σ-Komplex.

+I-Substituenten erhöhen die Reaktivität aller Positionen des Ringes, dirigieren aber nach ortho und para, weil sie diese Stellen stärker aktivieren.

Substituenten mit -I-Effekt [σ-Akzeptor]

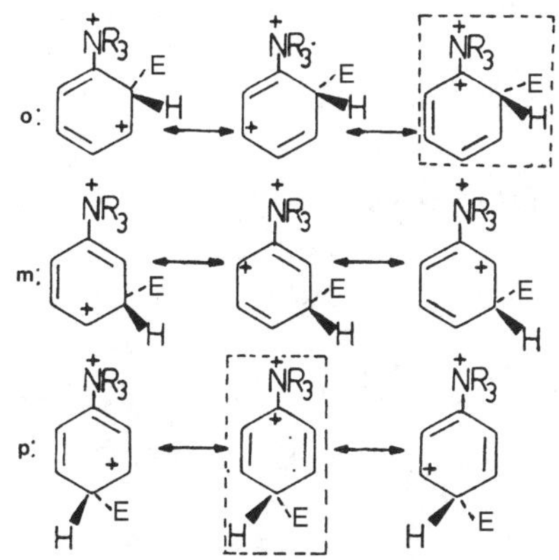

-I-Substituenten (z. B. Trialkylammonium- oder Trifluormethylgruppe) erhöhen die positive Ladung des Ringes und destabilisieren die drei σ-Komplexe. Sie wirken auf alle Positionen des Ringgerüstes *desaktivierend.* Im ortho- und para-σ-Komplex befindet sich die positive Ladung auch an dem C-Atom, das z. B. mit der quartären Ammoniumgruppe verbunden ist. Diese Struktur mit zwei positiven Ladungen in enger Nachbarschaft ist energetisch besonders ungünstig und kann nur durch einen Angriff in der meta-Stellung vermieden werden.

-I-Substituenten desaktivieren den Aromaten und dirigieren das angreifende Elektrophil in die meta-Position.

Substituenten mit +M-Effekt [π-Donor]

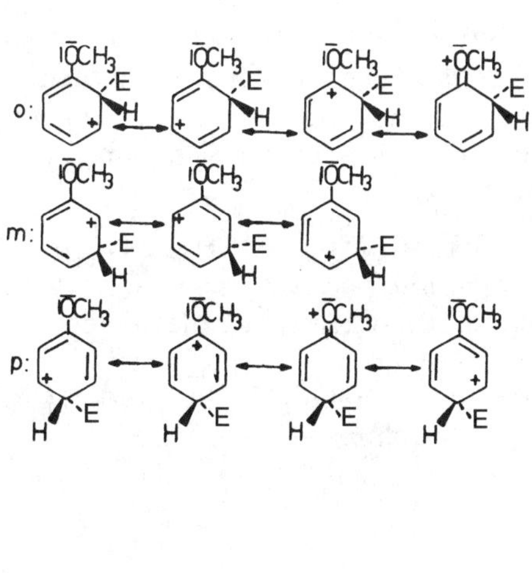

Bei **+M-Substituenten**, deren freies Elektronenpaar mit dem π-System des Aromaten in Wechselwirkung treten kann, läßt sich für die zur o/p-Substitution führenden σ-Komplexe eine zusätzliche mesomere Grenzstruktur formulieren. Deshalb ist die Stabilisierung dieser Komplexe durch den Erstsubstituenten wirkungsvoller als beim meta-σ-Komplex.

+M-Substituenten aktivieren zwar alle Positionen des Ringgerüstes, die o-/p-Stellung wird aber besonders stark aktiviert, so daß +M-Substituenten ausgesprochen ortho/para dirigierend wirken.

Substituenten mit -M-Effekt [π-Akzeptor]

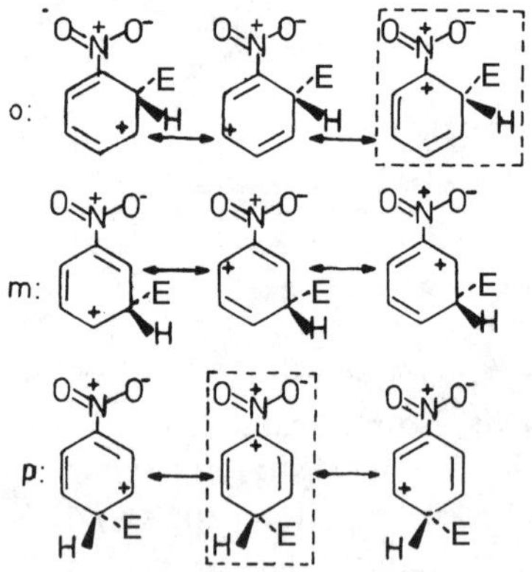

Aus den o. a. Grenzstrukturen der σ-Komplexe der elektrophilen Zweitsubstitution des Nitrobenzens ist zu erkennen, daß aufgrund unmittelbar benachbarter positiver Ladungen eine Substitution in der ortho- oder para-Stellung besonders ungünstig ist.

-M-Substituenten desaktivieren alle Positionen des Ringes, vor allem jedoch die o- und p-Stellung; sie dirigieren bevorzugt in die meta-Position.

Gesamteffekt von Erstsubstituenten

Wie Tabelle 12 ausweist, sind bei zahlreichen Substituenten *induktive* und *mesomere Effekte gleichzeitig* wirksam und addieren sich zu einem **Gesamteffekt**.

Aufgrund ihres Gesamteffektes lassen sich Substituenten an aromatischen Ringsystemen einteilen in:

(1) *Substituenten* [z. B. $-CH_3$, $-C(CH_3)_3$, $-OCH_3$, $-NH_2$], die alle Stellen im Ring *aktivieren* und nach *ortho und para dirigieren.*

(2) *Substituenten* [z. B. -Cl, -Br, $-CH_2Cl$], die alle Stellen im Ring *desaktivieren* und nach *ortho und para dirigieren.*

(3) *Substituenten* [z. B. $-NO_2$, $-COOC_2H_5$, $-\overset{+}{N}(CH_3)_3$, $-CF_3$], die alle Stellen im Ring *desaktivieren* und nach *meta dirigieren.*

Tab. 12: Einfluß von Substituenten auf die Orientierung und die Geschwindigkeit der elektrophilen Zweitsubstitution an Benzen-Derivaten

Substituent	Art	Effekt	dirigierend nach	Wirkung auf die Reaktivität
O^-	1	+I, +M	o, p	sehr stark aktivierend
NR_2, NHR, NH_2	1	–I, +M	o, p	stark aktivierend
OH, OR	1	–I, +M	o, p	
NHCOR, OCOR,	1	–I, +M	o, p	aktivierend
COO^-	1	+I	o, p	
C_6H_5	1	–I, +M	o, p	mäßig aktivierend
Alkylgruppen	1	+I	o, p	
[H]	–	–	–	–
F	2	–I, +M	o, p	(wie Benzen)
Cl, Br, I	2	–I, +M	o, p	schwach desaktivierend
CH=CH-COOH	2	–I, +M	o, p	
COOR, COOH, CN	3	–I, –M	m	stark desaktivierend
CHO, COR, NO_2,	3	–I, –M	m	
SO_3H, SO_3R	3	–I, –M	m	
$\overset{+}{N}H_3$, $\overset{+}{N}R_3$, CF_3	3	–I	m	

Zu einzelnen Substituentengruppen kann ergänzend ausgeführt werden:

[-M/-I] : Der desaktivierende Einfluß auf den Aromaten nimmt in der Reihe

$$\mathbf{R_3N^+ > NO_2 > CN > SO_3H > COR > COOH}$$

von links nach rechts ab, während umgekehrt die Reaktionsgeschwindigkeit zunimmt. Diese Reihe vermag aber nur eine ungefähre Orientierungshilfe zu geben, weil die Einordnung letztlich auch von der betreffenden Substitutionsreaktion, d. h. vom angreifenden Elektrophil abhängt.

[+M > -I] : Bei diesen Substituenten überwiegt der aktivierende Einfluß, der in nachfolgender Reihe von links nach rechts zunimmt.

$$\mathbf{OCOR < NHCOR < OR < OH < NH_2 < NHR < NR_2 < O^-}$$

Beim **Phenolat-Ion** (Ar-O^-) sind mesomerer und induktiver Effekt *gleichgerichtet* (+M/+I). Daher erfolgt ein elektrophiler Angriff an Phenolaten rascher als an Phenolen. Die meisten S_E -Reaktionen werden jedoch im sauren Milieu durchgeführt, so daß dieser Effekt nur selten zum Tragen kommt. Wichtige *Ausnahmen* sind die *Reimer-Tiemann-Reaktion* (vgl. Kap. 3.6.4.2) und die *Azokupplung von Phenolen* (vgl. Kap. 3.10.6.3), die basische Bedingungen erfordern.

Teriäre Aminogruppen (-NR_2) aktivieren aufgrund der Elektronendonatoreigenschaften der Alkylgruppen stärker als die NH_2-Funktion. Zu beachten ist, daß Aminogruppen in saurer Lösung protoniert vorliegen. *Ammoniumgruppen* (-NH_3^+, -NR_3^+) desaktivieren (-I-Effekt) den Aromaten und dirigieren den Zweitsubstituenten in die meta-Stellung.

Die im Vergleich zu Phenolen [Ar-OH] oder Anilin-Derivaten [Ar-NHR] nur mäßig aktivierende Wirkung der Substituenten in *Phenolestern* [Ar-O-COR] und *Aniliden* [Ar-NH-COR] ist auf die partielle Delokalisierung des freien Elektronenpaars zur benachbarten Carbonylfunktion zurückzuführen.

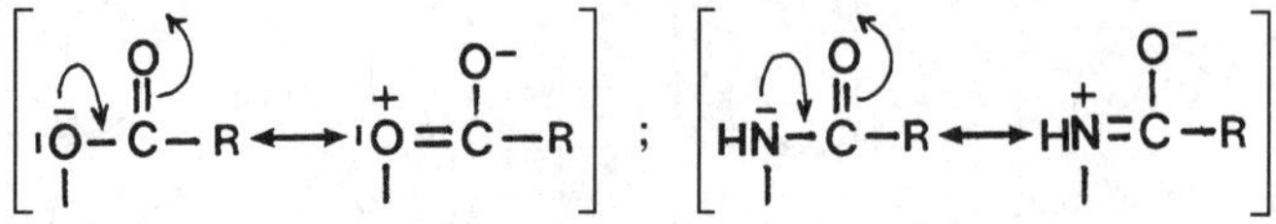

Da aber die *Acylaminogruppe* (-NH-COR) in saurer Lösung nicht protoniert wird, kann man z. B. **Anilin** in o/p-Stellung nitrieren, wenn man zuvor einen Acylrest, insbesondere Acetyl, als *Schutzgruppe* einführt.

[+M < -I] : Der starke -I-Effekt des Halogenatoms verursacht eine im Vergleich zu Benzen verminderte Reaktivität der *Arylhalogenide*. Allerdings wird **Fluorbenzen** fast so schnell angegriffen wie Benzen. Aufgrund ihres freien Elektronenpaars in Konjugation zum aromatischen System dirigieren Halogenatome einen neu eintretenden Substituenten in die ortho- und para-Position.

Ähnlich wie Halogenbenzene verhalten sich auch Verbindungen wie **Styren** [C_6H_5-CH=CH_2] oder **Zimtsäure** [C_6H_5-CH=CH-COOH], die zum Aromaten konjugierte Doppelbindungen enthalten. Im ortho- und para-σ-Komplex wird die positive Ladung in einem gewissen Umfang über die ungesättigte Seitenkette delokalisiert, was beim meta-σ-Komplex nicht möglich ist. Die Desaktivierung des Ringgerüstes ist deshalb für die o- und p-Stellung am geringsten.

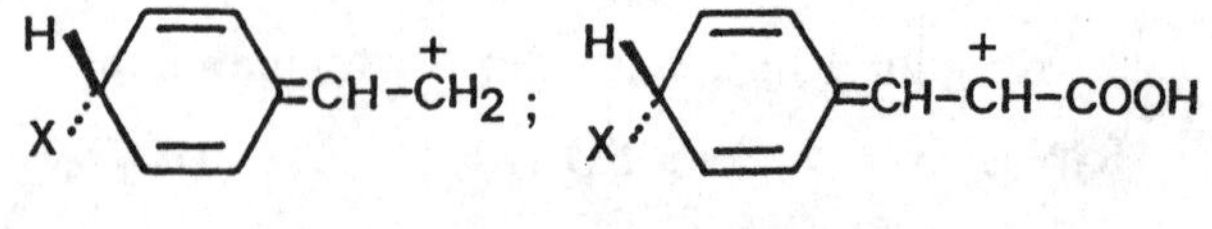

3.2.6.3 Partielle Geschwindigkeitsfaktoren und Selektivität

Die auf kinetischen Messungen basierenden *partiellen Geschwindigkeitsfaktoren* (f) sind ein quantitatives Maß für die *Reaktivitäten* der verschiedenen Ringpositionen relativ zu einer Position im Benzenmolekül. Sie geben Auskunft über die **Isomerenverteilung** einer bestimmten Reaktion; sie hängen von der Temperatur ab und lassen sich z. B. für die *ortho-Stellung* (f_o) des **Toluens** wie folgt berechnen:

$$f_o = (\text{o-Anteil}) \cdot \frac{\text{Anzahl der Benzen-Positionen [6]}}{\text{Anzahl der ortho-Positionen [2]}} \cdot \frac{\text{Reaktivität des Toluens}}{\text{Reaktivität des Benzens}}$$

Für einige S_E-Reaktionen an *Alkylbenzenen* wurden folgende partielle Geschwindigkeitsfaktoren gefunden:

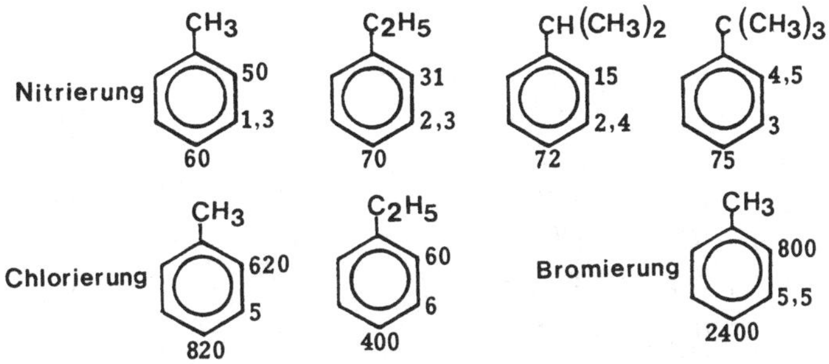

Ein f-Wert größer 1 bedeutet, daß diese Position stärker aktiviert ist als im Benzen. Beispielsweise sind alle f-Werte für Toluen > 1, so daß die Methylgruppe als aktivierender Substituent anzusehen ist. f-Werte kleiner 1 weisen auf desaktivierende Substituenten hin.

Darüber hinaus zeigen die f_o-Werte der Nitrierung, Chlorierung oder Bromierung des **Toluens**, daß die dirigierende Wirkung bei elektrophilen Zweitsubstitutionen nicht nur vom vorhandenen Substituenten sondern auch von der Reaktivität (Selektivität) des angreifenden Reagenzes abhängt. Bei den hier verglichenen Reaktionen steigen die Werte der partiellen Geschwindigkeitsfaktoren in der Reihe

Nitrierung < Chlorierung < Bromierung

in dem Maße an, wie die *Reaktivität des Elektrophils* abnimmt. Reaktive Spezies vermögen also zwischen den einzelnen Ringpositionen kaum zu differenzieren.

Die f_m-Werte der Nitrierung des Toluens und tert. Butylbenzens dokumentieren, daß der elektronenliefernde Effekt einer tert. Butylgruppe größer ist als der einer Methylgruppe. Die starke Abnahme der f_o-Werte vom Toluen zum tert. Butylbenzen hin ist eindeutig eine Folge der *sterischen Hinderung* durch die zunehmende Raumerfüllung der Alkylgruppe.

3.2.6.4 Sterische Effekte und ortho/para-Verhältnis

Da in monosubstituierten Benzen-Derivaten zwei ortho- aber nur eine para-Position für die elektrophile Zweitsubstitution zur Verfügung stehen, sollte man etwa 67% an ortho- und 33% an para-Produkt erwarten. In der Praxis beobachtet man aber selten ein statistisches o/p-Verhältnis von 2 : 1. In der Regel *überwiegt das para-Produkt* [o/p-Verhältnis < 1], was verschiedene Ursachen hat.

Zum einen ist die para-Position für den elektrophilen Angriff günstiger als die ortho-Position, weil diese durch den vorhandenen Substituenten teilweise *sterisch abgeschirmt* wird. Allgemein geht der Anteil an ortho-Disubstitutionsprodukten umso stärker zurück, je voluminöser der Erstsubstituent ist, wie dies die in Tabelle 13 aufgelisteten Befunde der elektrophilen Zweitnitrierung belegen.

Tab. 13: o/p-Verhältnis der Nitrierung von Alkylaromaten und Halogenbenzenen sowie bei elektrophilen Substitutionsreaktionen an Chlorbenzen (in %/%)

Substrat: C_6H_5-R/Nitrierung				Substrat: C_6H_5-Cl	
Substituent R	o/p	Substituent R	o/p	S_E-Reaktion	o/p
CH_3	1,57	Fluor	0,14	Chlorierung	0,77
C_2H_5	0,93	Chlor	0,44	Nitrierung	0,44
$CH(CH_3)_2$	0,48	Brom	0,60	Bromierung	0,14
$C(CH_3)_3$	0,22	Iod	0,63	Sulfonierung	0,01

Wie verschiedene S_E-Reaktionen an **Chlorbenzen** zeigen, ist ein kleines o/p-Verhältnis auch dann zu erwarten, wenn das angreifende Elektrophil größer wird [Chlorierung vs. Sulfonierung].

Neben sterischen Faktoren sind auch *induktive Effekte* zu berücksichtigen. Im Gegensatz zum Mesomerieeffekt, der sich in einem konjugierten System nahezu ungeschwächt fortpflanzt, nehmen induktive Effekte mit der Entfernung stark ab. I-Effekte wirken sich deshalb vor allem auf die *ortho-Position* aus. Beispielsweise nimmt der -I-Effekt vom Fluor zum Iod hin ab. Deshalb wird **Iodbenzen** bevorzugt in o-Stellung nitriert, obwohl die van der Waals-Radien vom Fluor zum Iod hin ansteigen. Abschließend sei noch darauf hingewiesen, daß das o/p-Verhältnis auch vom verwendeten Lösungsmittel abhängt.

Gelegentlich beobachtet man, daß der Zweitsubstituent *fast vollständig in die ortho-Stellung* dirigiert wird. In solchen Fällen, wie z. B. bei der *Kolbe-Schmitt-Synthese* (siehe Kap. 3.6.4.2) wird das angreifende Elektrophil in irgendeiner Weise an den bereits vorhandenen Substituenten gebunden, und von dort zwangsläufig in die nächstliegende (ortho) Stellung eingeschleust.

3.2.6.5 S_E-Reaktion an polysubstituierten Benzen-Derivaten

Trägt eine aromatische Verbindung bereits zwei oder mehrere Substituenten, dann summieren sich ihre Einflüsse auf den Ablauf weiterer Substitutionsreaktionen.

Im einfachsten Fall (**m-Xylen, p-Nitrotoluen, p-Chlorbenzoesäure, m-Nitrobenzensulfonsäure, m-Dichlorbenzen**) dirigieren alle schon vorhandenen Gruppen das Elektrophil in die *gleiche* Stellung.

Schwieriger werden Voraussagen über die Orientierung, wenn die Substituenteneffekte entgegengesetzt gerichtet sind. Folgende *Regeln* können *zur Voraussage des Substitutionsortes* herangezogen werden.

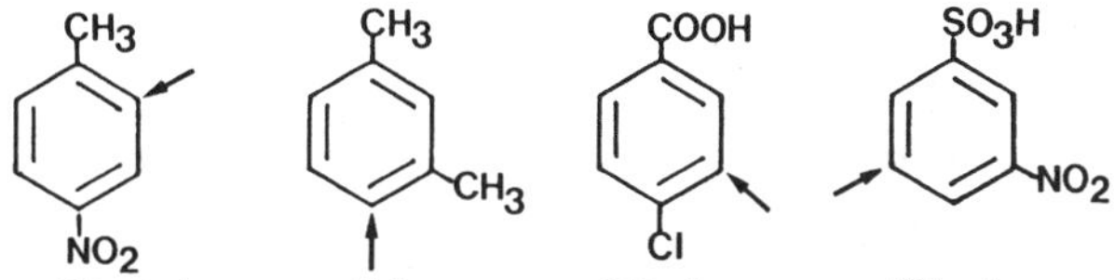

p-Nitrotoluen m-Xylen p-Chlorbenzoesäure m-Nitro-benzensulfonsäure

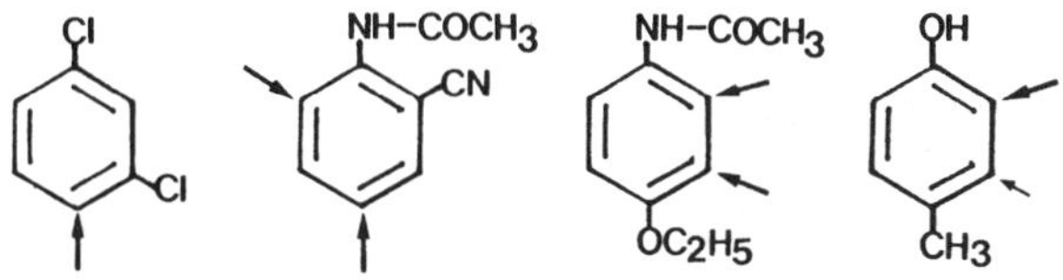

m-Dichlorbenzen o-Cyano-acetanilid p-Ethoxy-acetanilid p-Kresol

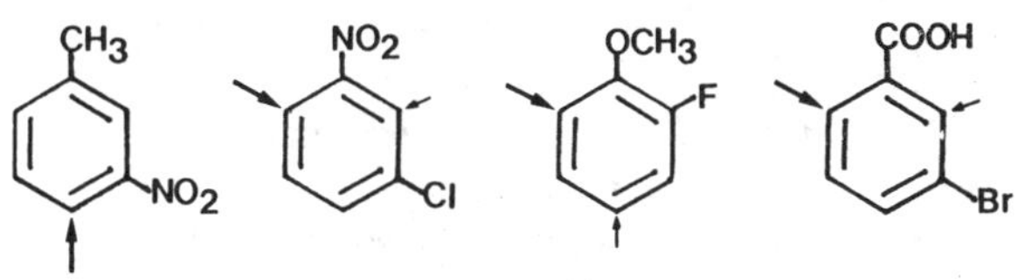

m-Nitrotoluen m-Nitro-chlorbenzen o-Fluoranisol m-Brom-benzoesäure

* Ist das aromatische System mit mehreren gleichstark aktivierenden Gruppen (**p-Ethoxyacetanilid**) substituiert, so entstehen alle denkbaren Reaktionsprodukte nebeneinander.
* Sind am Aromaten sowohl stark aktivierende als auch schwach aktivierende Gruppen (**p-Kresol**) bzw. ein desaktivierender Substituent vorhanden (**o-Cyanoacetanilid, o-Fluoranisol**), so steuert die *stark aktivierende Gruppe* die Substitutionsrichtung. Beispielsweise erfolgt sowohl beim **o-Kresol** als auch beim **m-Kresol** eine elektrophile Chlorierung in Position 4 [vgl. **MC-Frage Nr. 485**].
* Befindet sich eine meta-dirigierende Gruppe in m-Stellung zu einer o/p-dirigierenden (**m-Nitrotoluen, m-Nitrochlorbenzen**), so orientiert sich der neu eintretende Substituent in die o-Position zur meta-ständigen Gruppe.
* Die Einflüsse aller o/p-dirigierenden Substituenten übertreffen die der meta-dirigierenden (**o-Cyanoacetanilid, m-Nitrochlorbenzen, m-Brombenzoesäure**).
* Zwischen zwei meta-ständigen Substituenten tritt im allgemeinen keine Substitution ein.

3.2.6.6 S_E-Reaktionen an kondensierten Aromaten

Kondensierte aromatische Ringsysteme vermögen die positive Ladung des σ-Komplexes stärker zu delokalisieren, so daß mehrkernige Aromaten im Vergleich zu Benzen reaktiver sind.

Beispielsweise läßt sich **Naphthalen** unter relativ milden Bedingungen elektrophil substituieren. Hierbei wird das Atom C-1 (α-*Stellung*) leichter angegriffen als C-2 (β-*Stellung*), weil der σ-Komplex, der zur α-Substitution führt, energetisch begünstigt ist.

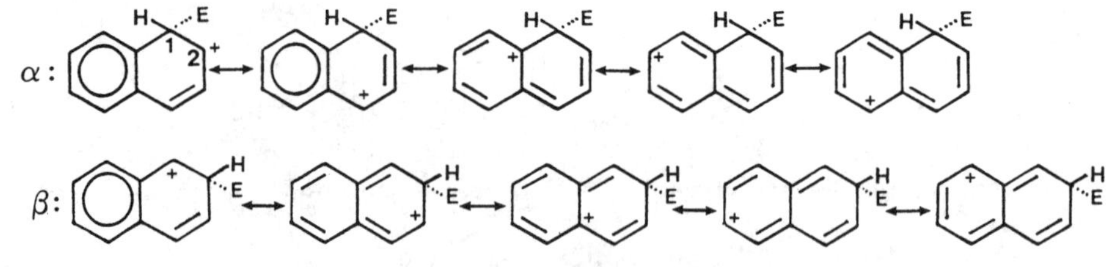

Für den σ-Komplex der α-Substitution können zwei Grenzstrukturen formuliert werden, in denen der eine Ring ein intaktes aromatisches π-Elektronensextett besitzt, während bei der β-Substitution nur eine dieser Grenzstrukturen möglich ist. Da solche Resonanzstrukturen zum tatsächlichen Zustand des mesomeriestabilisierten Carbeniumions einen wesentlich höheren Beitrag leisten, resultiert daraus zwangsläufig eine erhöhte Stabilität des σ-Komplexes der α-Substitution.

β-Substitution am Naphthalen-System tritt vor allem dann auf, wenn die betreffende Reaktion *thermodynamisch gesteuert* ist und man unter Bedingungen arbeitet, bei denen sich ein *Gleichgewicht* einstellen kann. So ergibt die Sulfonierung von Naphthalen bei 80 °C **Naphthalen-1-sulfonsäure**, während man oberhalb von 160 °C **Naphthalen-2-sulfonsäure** erhält (vgl. auch Kap. 3.6.4.2). Auch die *Friedel-Crafts-Acylierung* von Naphthalen führt in Abhängigkeit vom verwendeten Lösungsmittel häufig zu Produktgemischen (vgl. Kap. 3.6.4.2). Darüber hinaus kann auch bei kinetischer Reaktionssteuerung eine β-*Orientierung* eintreten, wenn sperrige Elektrophile (z. B. ein tert. Butyl-Kation) eingesetzt werden.

Die nachfolgende Abb. 50 gibt Auskunft über die reaktionsfähigen Positionen für elektrophile Substitutionsreaktionen an polycyclischen Aromaten.

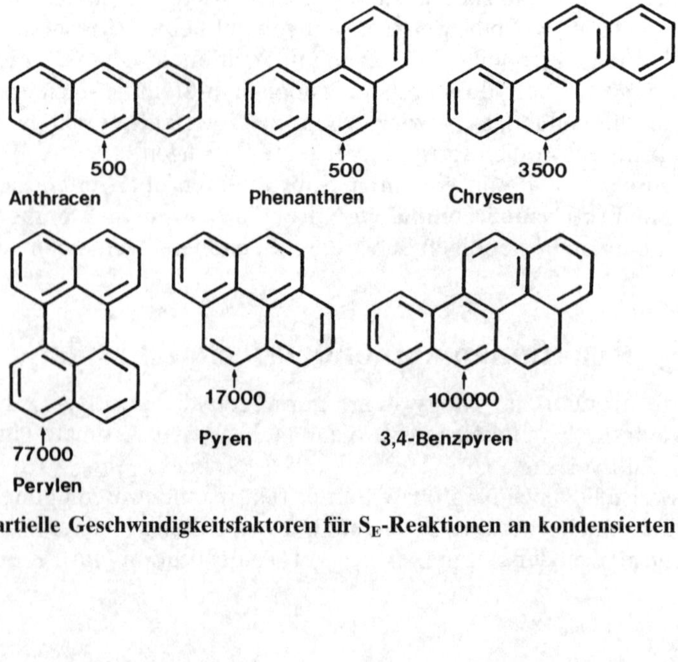

Abb. 50: Partielle Geschwindigkeitsfaktoren für S_E-Reaktionen an kondensierten Aromaten

3.2.6.7 Elektrophile Substitution an Heteroaromaten
(vgl. auch Kap. 3.15.4)

π-Elektronenreiche Fünfringheterocyclen verhalten sich wie reaktive Benzen-Derivate und reagieren schon unter milden Bedingungen mit vielen Elektrophilen (E). Fünfringheteroaromaten wie **Pyrrol** [X = NH], **Furan** [X = O] oder **Thiophen** [X = S] werden aufgrund der stärkeren Ladungsdelokalisierung des σ-Komplexes bevorzugt in *Stellung 2* substituiert. Der Unterschied in den Stabilitäten der σ-Komplexe ist allerdings gering. Ist die Position 2 besetzt, so erfolgt der elektrophile Angriff auch in Stellung 3.

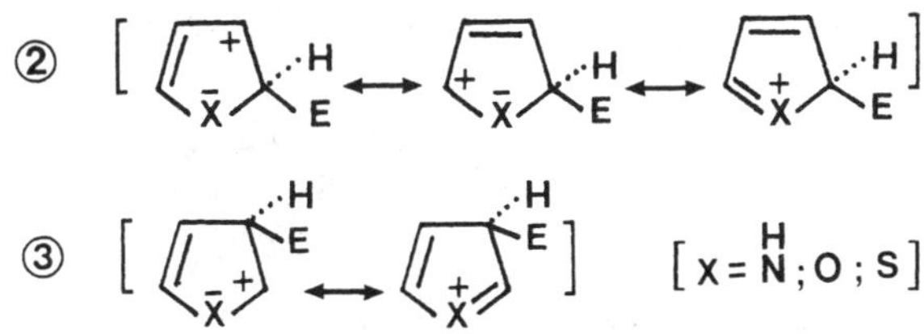

Pyrrol kann in seiner Reaktivität mit dem Phenolat-Ion verglichen werden. Infolge der höheren Elektronegativität des Sauerstoffatoms wird in den σ-Komplexen des **Furans** die positive Ladung in etwas geringerem Ausmaß über das Heteroatom delokalisiert. Furan ist deshalb gegenüber einem elektrophilen Angriff weniger reaktionsfähig als Pyrrol. Obwohl die p-AO des Schwefelatoms im **Thiophen** aufgrund ihres größeren van der Waals-Radius weniger stark mit den p-AO des Kohlenstoffs überlappen können, ist Thiophen infolge der geringeren Elektronegativität des S-Atoms reaktionsfähiger als Furan, da die positive Ladung des σ-Komplexes besser stabilisiert werden kann.

Beim **Indol** tritt bevorzugt eine elektrophile Substitution in *Stellung 3* ein, weil hierbei der aromatische Charakter des Benzenringes erhalten bleibt.

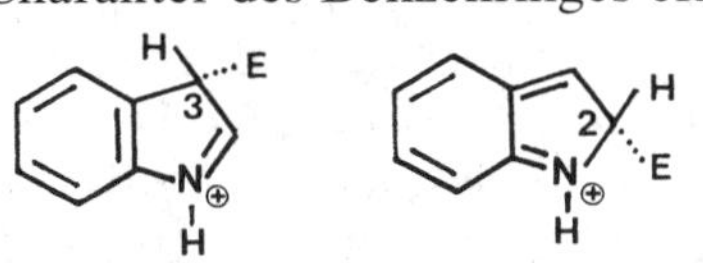

Für *π-elektronenarme Sechsringheterocyclen* wie z. B. **Pyridin** können folgende σ-Komplexe formuliert werden.

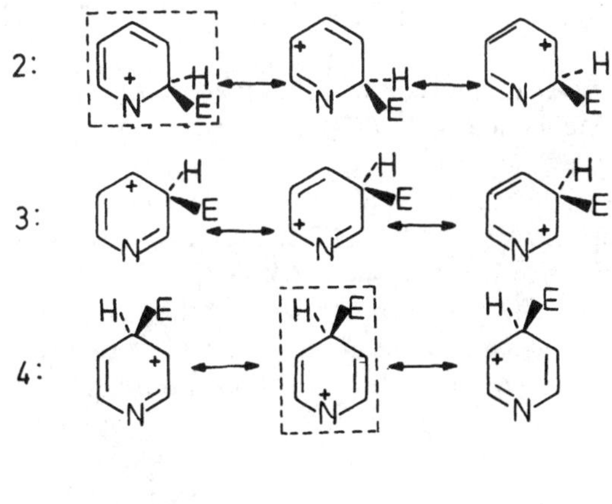

Aufgrund der höheren Elektronegativität des N-Atoms ist die positive Ladung des σ-Komplexes in allen Fällen weniger stark delokalisiert als beim Benzen. Daher sind alle Stellen des Pyridinringes – ähnlich wie im **Nitrobenzen** – für einen elektrophilen Angriff *desaktiviert.* Die elektrophile Substitution erfolgt in *Position 3,* da zur Beschreibung des ortho- und para-σ-Komplexes sehr instabile Grenzstrukturen verwendet werden, in denen die positive Ladung an einem zweibindigen Stickstoff lokalisiert ist. In *sauren Lösungen* liegen Pyridin-Derivate protoniert als **Pyridinium-Ionen** vor, die noch reaktionsträger sind [vgl. **MC-Frage Nr. 1235**].

Chinolin und **Isochinolin** sind gleichfalls weniger reaktionsfähig als Benzen. Die Desaktivierung ist jedoch geringer als beim Pyridin. In diesen Heteroaromaten tritt bevorzugt eine elektrophile Substitution am Benzenring ein.

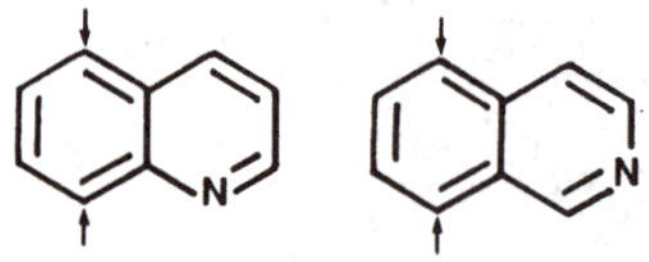

3.2.7 Nucleophile Substitution an Aromaten und Heteroaromaten

Ar-X	+	$Nu|^-$	→	Ar-Nu	+	$X|^-$
Substrat		Nucleophil		Produkt		Abgangsgruppe

Nucleophile reagieren langsam und oft nur unter drastischen Bedingungen mit Aromaten. Dies hat zwei Ursachen. Zum einen muß das Nucleophil die negative π-Elektronenwolke des aromatischen Systems durchdringen, zum anderen ist eine Stabilisierung der anionischen Zwischenstufe schwieriger als die Delokalisierung der positiven Ladung des σ-Komplexes bei S_E -Reaktionen.
Beide Hemmnisse lassen sich durch starke *Elektronenakzeptorgruppen* als Substituenten am Aromaten überwinden. Während -I- und -M-Substituenten die Basizität des Aromaten herabsetzen und einen elektrophilen Angriff erschweren, begünstigen solche Gruppen die nucleophile Substitution. Ihre Wirkung ist dann besonders ausgeprägt, wenn sie in ortho- oder para-Stellung zur Abgangsgruppe stehen.

Als *Abgangsgruppen* fungieren *Sulfogruppen, Halogen-* und *Wasserstoffatome* (als Hydridion!). Sie lassen sich u. a. austauschen gegen Hydroxyl-, Alkoxy-, Amino- und Mercaptogruppen.

Präparative Beispiele für S_N-Reaktionen an Aromaten und Heteroaromaten werden in den Kap. 3.6.4.3 und 3.15.4.2 noch ausführlich besprochen [vgl. auch **MC-Fragen Nr. 401, 402, 456, 461, 462, 464, 467**].

Im Gegensatz zur elektrophilen Arylsubstitution, die nahezu ausschließlich nach dem σ-Komplex-Mechanismus über ein Cyclohexadienyl-Kation abläuft, existieren für die nucleophile Aromatensubstitution unterschiedliche **Reaktionsmechanismen**:

- **Additions-Eliminations-Mechanismus** (*bimolekularer Verlauf*), bei dem zuerst die neue Bindung zum Nucleophil geknüpft und danach die alte Bildung zur Abgangsgruppe gelöst wird.
- **Eliminations-Additions-Mechanismus**, bei dem zunächst die nucleofuge Gruppe abgespalten und dann das Nucleophil angelagert wird. Hierfür bieten sich zwei Alternativen an:

  * *Dissoziationsmechanismus* über *Areniumionen* (Arylkationen) (*monomolekularer Verlauf*),
  * *Arin-Mechanismus.*

3.2.7.1 S_N-Reaktionen an Aromaten und Heteroaromaten nach einem Additions-Eliminations-Mechanismus

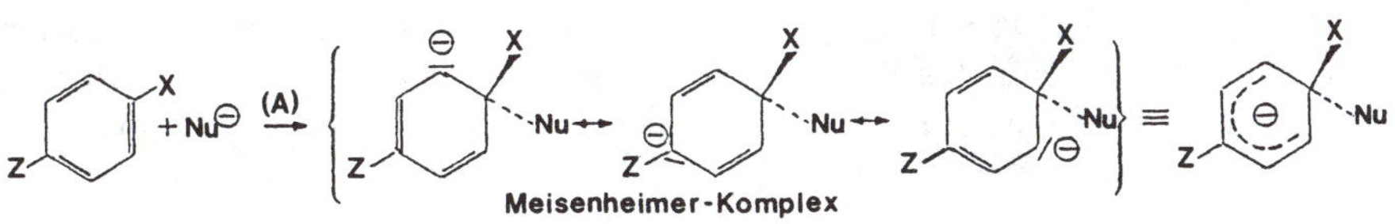

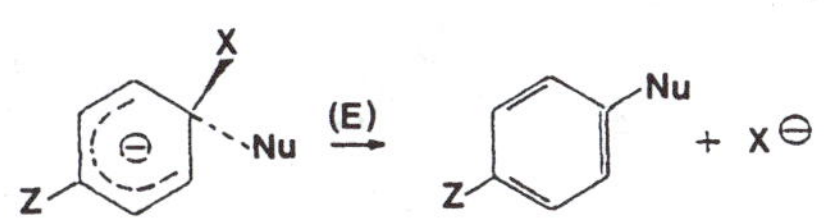

Bei der überwiegenden Zahl nucleophiler Aromatensubstitutionen wird das Nucleophil (Nu^-) in der ersten Reaktionsphase unter Bildung einer anionischen *Zwischenverbindung*, dem sog. **Meisenheimer-Komplex**, angelagert. Erst im zweiten Reaktionsschritt wird die Bindung zur Abgangsgruppe gelöst [vgl. **MC-Frage Nr. 460**]. Die Reaktion gehorcht zwar einem **Zeitgesetz 2. Ordnung**,

$$\mathbf{RG = k \cdot [Ar\text{-}X] \cdot [Nu^-]}$$

ähnelt aber nur *formal* einer S_N2-Reaktion am gesättigten Kohlenstoff.

Im Gegensatz zur S_N2-Reaktion handelt es sich beim Meisenheimer-Komplex nicht um einen Übergangszustand, sondern um ein echtes Zwischenprodukt. Weiterhin ist ein Synchronmechanismus wie bei S_N2-Reaktionen nicht möglich, da die Ringstruktur des Aromaten ein „Umklappen der Liganden" beim Angriff des Nucleophils von der Rückseite her verhindert. Im allgemeinen ist der erste Schritt, die *Anlagerung des Nucleophils, geschwindigkeitsbestimmend* für die Gesamtreaktion. Obwohl die *C-X-Bindung* am langsamsten Teilschritt der Reaktion *nicht* beteiligt ist, beschleunigen stark *elektronenanziehende Abgangsgruppen* (X) am Reaktionszentrum den Anlagerungsschritt, weil sie das Ring-C-Atom stärker positivieren und dadurch dem angreifenden Nucleophil leichter zugänglich machen. Darüber hinaus stabilisieren solche Abgangsgruppen auch besser die anionische Zwischenstufe.

Deshalb lassen sich *aktivierte Halogenatome* bei S_N-Reaktionen an Aromaten in der Reihe

$$I < Br < Cl << F$$

zunehmend leichter austauschen. Der Befund, daß das *Fluorid-Ion* die *beste Abgangsgruppe* bei nucleophilen aromatischen Substitutionen darstellt, ist ein weiterer Beweis dafür, daß die Reaktion anders ablaufen muß als eine S_N2-Reaktion am gesättigten C-Atom. Bei diesen Reaktionen ließ sich ein F-Atom am schwierigsten substituieren.

S_N-Reaktionen nach einem Additions-Eliminierungs-Mechanismus verlaufen dann besonders glatt, wenn an das aromatische Ringgerüst zusätzlich noch *Elektronenakzeptorgruppen* (Z) gebunden sind. Aufgrund ihres *-M-Effektes* können sie den **Meisenheimer-Komplex** durch Ladungsdelokalisierung stabilisieren. Solche Gruppen sind am wirkungsvollsten, wenn sie die *ortho-* oder *para-Position* zur Abgangsgruppe (X) einnehmen (in m-Stellung üben diese Substituenten nur einen -I-Effekt aus!).

Elektronenanziehende -M-Substituenten aktivieren den Aromaten für S_N-Reaktionen und dirigieren das angreifende Nucleophil in die ortho- oder para-Stellung. Sie verstärken die Resonanzstabilisierung des Meisenheimer-Komplexes.

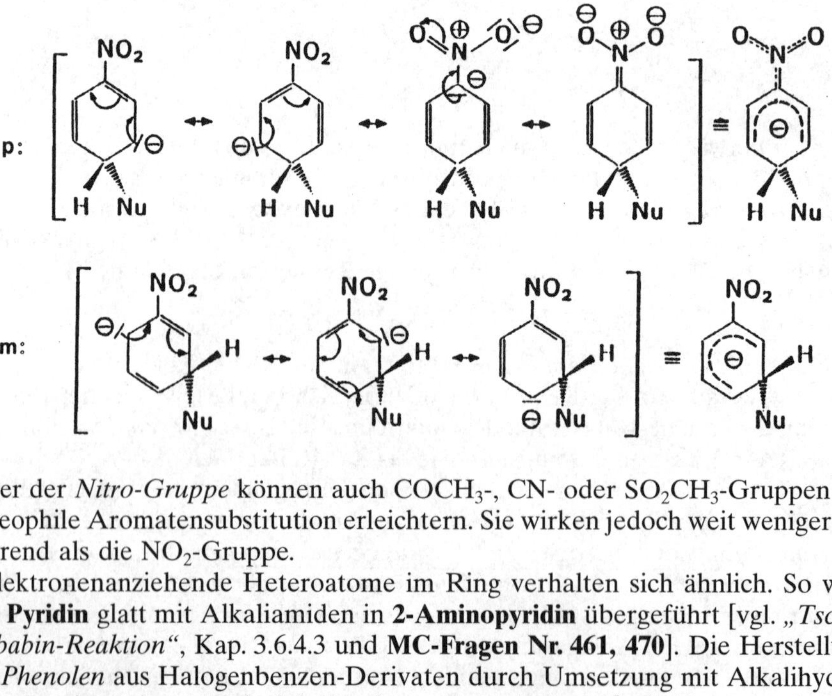

Außer der *Nitro-Gruppe* können auch $COCH_3$-, CN- oder SO_2CH_3-Gruppen die nucleophile Aromatensubstitution erleichtern. Sie wirken jedoch weit weniger aktivierend als die NO_2-Gruppe.

Elektronenanziehende Heteroatome im Ring verhalten sich ähnlich. So wird z. B. **Pyridin** glatt mit Alkaliamiden in **2-Aminopyridin** übergeführt [vgl. *„Tschitschibabin-Reaktion“*, Kap. 3.6.4.3 und **MC-Fragen Nr. 461, 470**]. Die Herstellung von *Phenolen* aus Halogenbenzen-Derivaten durch Umsetzung mit Alkalihydroxiden ist ein weiteres Beispiel für diesen Reaktionstyp [vgl. hierzu auch Kap. 3.4.6.3 und **MC-Fragen Nr. 401, 402, 461, 462, 464, 467**].

Die wichtigsten Merkmale der oben beschriebenen S_N-Reaktion an Aromaten lassen sich wie folgt zusammenfassen:

Die bimolekulare nucleophile Substitution an Aromaten verläuft schrittweise nach einem Additions-Eliminations-Mechanismus. Im geschwindigkeitsbestimmenden Primärschritt wird durch die Anlagerung eines Nucleophils ein mesomeriestabilisiertes Carbanion (Meisenheimer-Komplex) als Zwischenprodukt gebildet. Die nachfolgende Eliminierung der Abgangsgruppe erfolgt rasch.

Elektronenanziehende -M-Substituenten, besonders wenn sie in ortho- oder para-Stellung zum Substitutionszentrum angeordnet sind, fördern die Reaktion.

3.2.7.2 S_N-Reaktionen an Aromaten und Heteroaromaten nach einem monomolekularen Dissoziationsmechanismus

Aromatische Diazoniumionen **[Ar-N_2^+]** spalten beim Erhitzen leicht molekularen Stickstoff ab unter Bildung von *Areniumionen (Arylkationen)*. Diese reagieren bereitwillig mit im Reaktionsansatz vorhandenen Nucleophilen (z. B. HO^-, RO^-, HS^-, RS^-, BF_4^- u. a.).

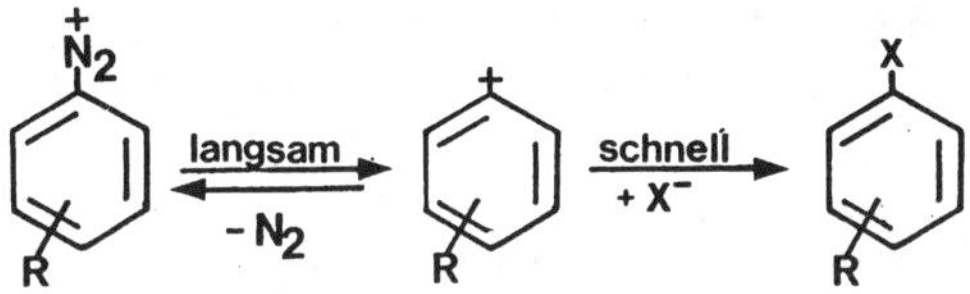

Der *geschwindigkeitsbestimmende Schritt* der Reaktion ist die reversible Bildung des Arylkations – im einfachsten Fall des *Phenylkations*, dem sich die rasche, irreversible Anlagerung des Nucleophils anschließt. Die Reaktionsgeschwindigkeit (RG) ist unabhängig von der Konzentration des Nucleophils und gehorcht einem **Zeitgesetz 1. Ordnung**.

$$RG = k \cdot [Ar\text{-}N_2^+]$$

Der exergonische Verlauf dieser Reaktion hat seine Ursache in der außerordentlich guten Eignung von molekularem Stickstoff als Abgangsgruppe. Die N≡N-Bindungsenergie beträgt etwa 946 kJ mol^{-1}. Dies erklärt vorrangig die intermediäre Bildung energiereicher Areniumionen, deren positive Ladung *nicht* durch das π-Orbitalsystem des Aromaten delokalisiert werden kann. Als hochreaktive Zwischenverbindungen sind Arylkationen gegenüber Nucleophilen nur wenig selektiv.

Spezielle Reaktionen von aromatischen Diazoniumsalzen werden im Kap. 3.10.6.3 noch explicit vorgestellt [vgl. auch **MC-Frage Nr. 461**].

3.2.7.3 S_N-Reaktionen an Aromaten und Heteroaromaten nach dem Arin-Mechanismus

Nicht-aktivierte Arylhalogenide reagieren unter normalen Bedingungen kaum mit Nucleophilen. Sie zeigen jedoch gegenüber manchen starken Basen eine außerordentlich hohe Reaktivität. Zum Beispiel kann man Halogenbenzene mit *Alkaliamiden* in fl. Ammoniak bei –33 °C in **Anilin** umwandeln, wobei die Reaktivität in der Reihe **Br > I > Cl >> F** abnimmt [vgl. **MC-Fragen Nr. 402, 457, 458**]. Dies steht nicht im Einklang mit einem Additions-Eliminations-Mechanismus, bei dem das F-Atom die beste Abgangsgruppe darstellte. Darüber hinaus zeigten Untersuchungen mit ^{14}C-markiertem **Chlorbenzen**, daß der neu eintretende Substituent nicht nur die Stelle der Abgangsgruppe einnimmt, sondern auch von einem zum ursprünglichen Substituenten benachbarten C-Atom des Aromaten gebunden wird.

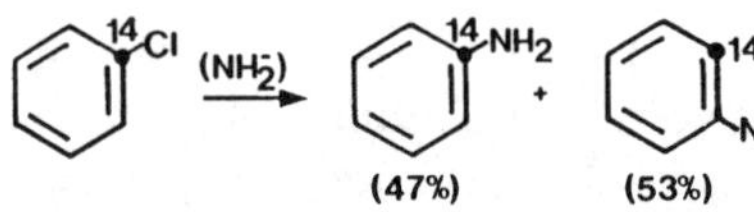

Bei der Reaktion von **o-Bromanisol** mit Natriumamid [$NaNH_2$] wird **m-Aminoanisol** gebildet. Das gleiche Produkt wird auch erhalten, wenn man **m-Bromanisol** als Substrat einsetzt.

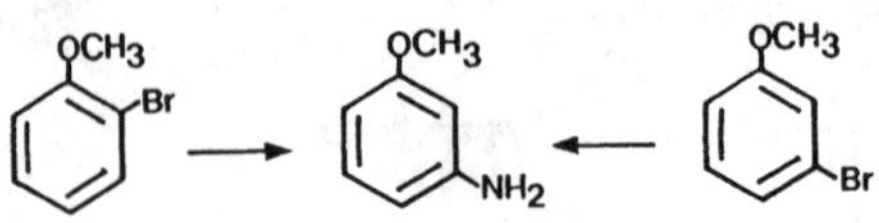

Die analoge Umsetzung des **p-Chlortoluens** liefert nicht nur das erwartete **p-Toluidin**, sondern vor allem das *m-Isomer,* während das o-Isomer nicht gebildet wird [vgl. **MC-Frage Nr. 456**].

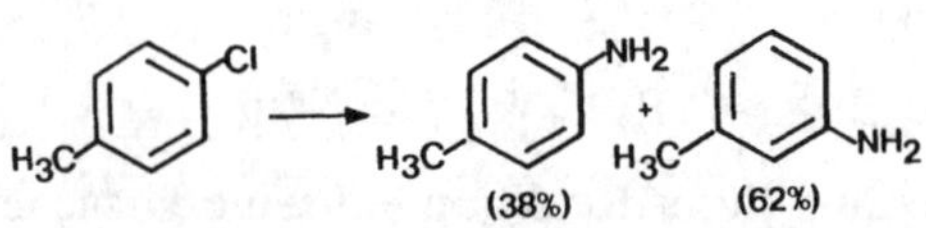

Diese Befunde lassen sich nur mit der Annahme eines *Arins* (**Dehydrobenzen**) als Zwischenstufe erklären, d. h. eines ringförmigen, eine „Dreifachbindung" enthaltenden aromatischen Systems [vgl. auch **MC-Frage Nr. 459**]. Im *geschwindigkeitsbestimmenden Schritt* wird unter dem Einfluß einer starken Base die *C-H-Bindung gelöst* und ein Proton abgespalten. Anschließend erfolgt die Elimination des Halogenid-Ions. [Benzen ist zwar eine schwache Säure (pK_s ~ 43), aber erheblich acider als Alkane (pK_s ~ 50)]. Im nachfolgenden Additionsschritt kann das Nucleophil an jedem der beiden C-Atome der „Dreifachindung" angreifen. Ein Beweis für diesen Eliminations-Additions-Mechanismus ist auch, daß Halogenbenzen-Derivate, denen ein Wasserstoffatom in ortho-Stellung fehlt, *nicht* mit $NaNH_2$ reagieren.

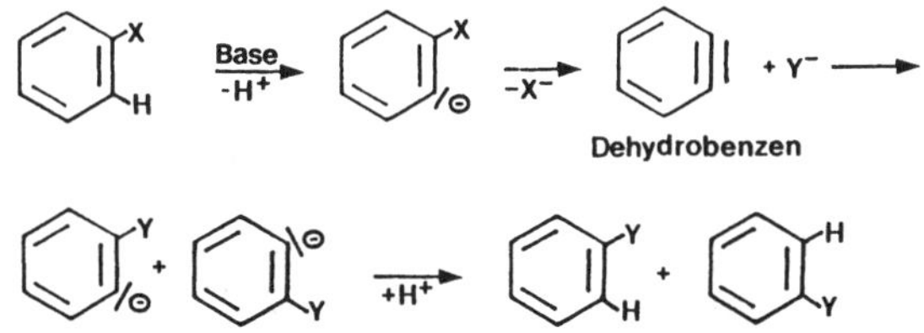

Bei S_N-Reaktionen an Aromaten über Arine wird zunächst ein Proton zusammen mit der Abgangsgruppe aus dem Substrat eliminiert. Danach erfolgt die Addition des Nucleophils. Reaktionen, die über Arine als Zwischenprodukte verlaufen, erfordern im allgemeinen starke Basen als Nucleophile.

Arine sind instabil und lassen nicht als Substanzen isolieren. Zu ihrem *Nachweis* nutzt man, daß sie in *Diels-Alder-Reaktionen* als sehr reaktive *Dienophile* fungieren können (vgl. Kap. 3.2.14.5).

Ausgangsverbindungen zur *Bildung von Dehydrobenzen* sind diazotierte **Anthranilsäure** (1), **Fluorbenzen** (2) oder **1-Aminobenzotriazol** (3). Desweiteren entsteht Dehydrobenzen bei der Photolyse von **Phthaloylperoxid** (4) und bei der Thermolyse von **Benzthiadiazol-S.S-dioxid** (5) [siehe auch **MC-Frage Nr. 458**].

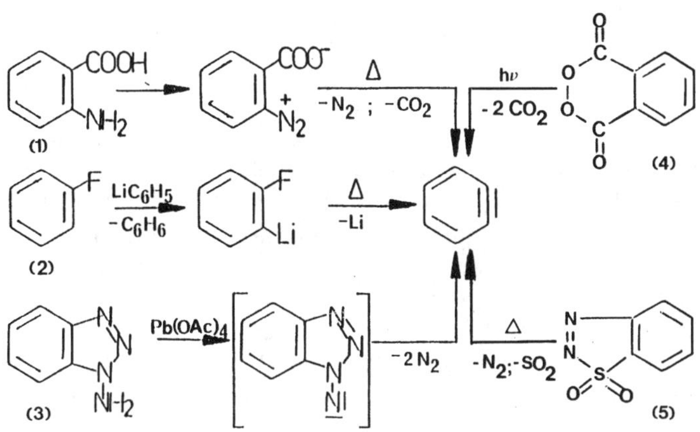

Darüber hinaus erhält man **Dehydrobenzen** auch bei der Umsetzung von **o-Bromfluorbenzen** mit metallischem Magnesium in Tetrahydrofuran (THF) als Lösungsmittel (siehe Kap. 3.8.2).

Bei Arinen kann es sich *nicht* um eine „acetylenische" Dreifachbindung handeln, denn dies hätte eine starke Verzerrung des Benzenringes zur Folge. Es müßte in einem sechsgliedrigen Ringsystem zweimal ein Bindungswinkel von 180°, der durch die lineare Anordnung sp-hybridisierter C-Atome vorgegeben ist, untergebracht werden, was nicht möglich ist.

Einige Befunde deuten darauf hin, daß das π-Orbitalsystem des Benzens weitgehend unverändert bleibt und die beiden zusätzlichen Elektronen ein π-MO besetzen, das nur zwei C-Atome umschließt. Dieses Orbital befindet sich zwar *in* der

Abb. 51: Orbitalstruktur von Dehydrobenzen

Ringebene, aber *außerhalb* des *C-σ-Bindungsgerüstes*. Es kann mit der π-Elektronenwolke nicht in Wechselwirkung treten (Abb. 51).

3.2.7.4 Nucleophile Zweitsubstitution an Aromaten nach dem Arin-Mechanismus

Die Position, an die das Nucleophil bindet, hängt beim Arin-Mechanismus von der Richtung der Elimination sowie der dirigierenden Wirkung des Erstsubstituenten (Z) ab.

Befindet sich die Abgangsgruppe (X) in ortho- oder para-Stellung zum Erstsubstituenten, so kann sich nur ein einziges Arin bilden; steht sie hingegen in m-Stellung, so können zwei unterschiedliche Arine entstehen.

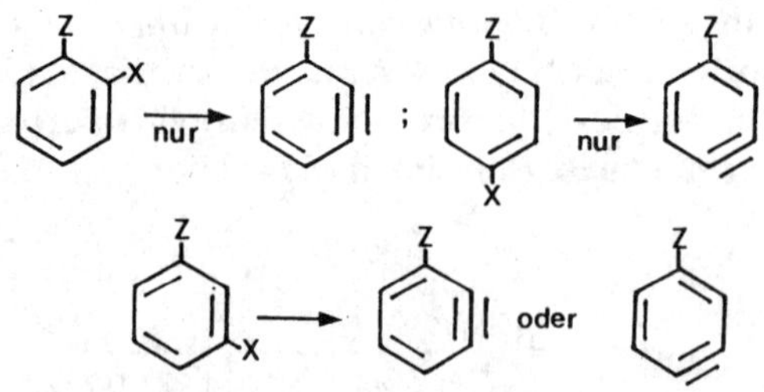

Im letztgenannten Fall wird die Elimination bevorzugt so verlaufen, daß das *acideste Wasserstoffatom* abgetrennt wird. Ist Z ein elektronenanziehender Substituent, so wird hauptsächlich das ortho-H-Atom als Proton eliminiert, während ein Elektronendonator die Elimination des para-Wasserstoffs begünstigt.

Die dirigierende Wirkung des Erstsubstituenten beruht darauf, daß das Arin vom Nucleophil an zwei unterschiedlichen Positionen angegriffen werden kann. Die Addition verläuft normalerweise so, daß sich das stabilere der beiden möglichen Carbanionen bildet. Bei -I-Substituenten trägt dieses die negative Ladung näher dem Substituenten (Z). Als Beispiel sei die Umsetzung der drei isomeren *Dichlorbenzene* mit Natriumamid genannt.

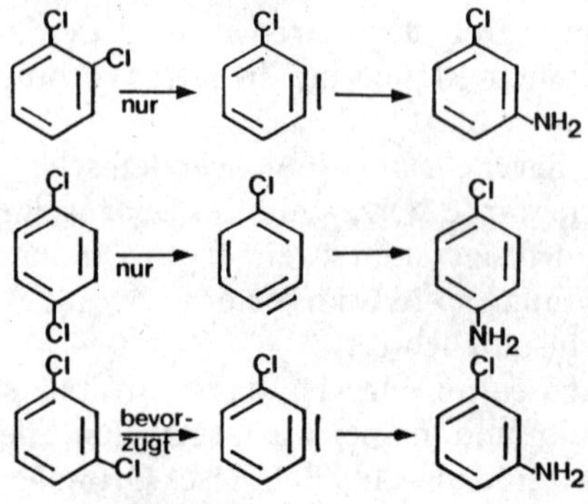

Neben der *Aminierung* von *Arylhalogeniden* mit *Alkaliamiden* in flüssigem Ammoniak, die zu **Anilin-Derivaten** führt, dürfte auch die bei hohen Temperaturen erfolgende Umwandlung von **Chlorbenzen** in **Phenol** *(Dow-Prozeß)* über Dehydrobenzen als Zwischenstufe verlaufen (vgl. Kap. 3.9.4.1).

3.2.8 Nucleophile Substitution an Acylverbindungen

S_N-Reaktionen nach einem *Additions-Eliminations-Mechanismus* sind auch am Carbonyl-C-Atom von Acylverbindungen, insbesondere **Carbonsäure-Derivaten** möglich. Beispiele für Reaktionen dieses Typs sind:

- *Hydrolyse oder Alkoholyse von Carbonsäurehalogeniden und Carbonsäureanhydriden* (vgl. Kap. 3.13.6.1),
- *Hydrolyse von Carbonsäureestern* (vgl. Kap. 3.13.6.3),
- *Acylierung von Aminen* (vgl. Kap. 3.13.7.1),
- *Veresterung von Carbonsäuren* (vgl. Kap. 3.13.6.1),
- *Umesterung von Carbonsäureestern* (vgl. Kap. 3.13.6.1),
- *Claisen-Kondensation (Esterkondensationen)* (vgl. Kap. 3.14.4.3).

3.2.8.1 Mechanismus von S_N-Reaktionen an Carbonylverbindungen

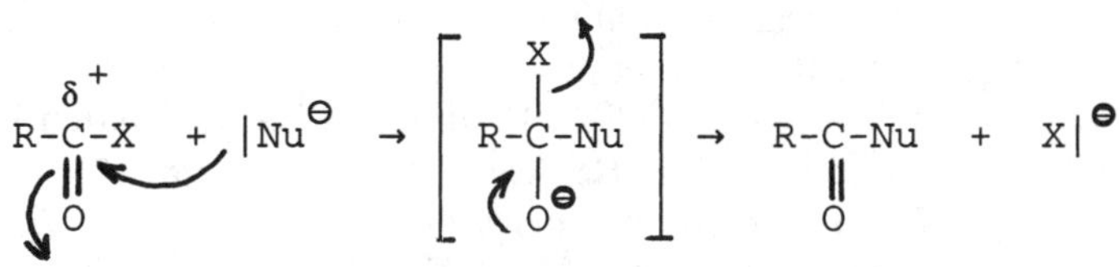

X = OH, Cl, OOCR', NH_2, OR' u.a.

Zunächst lagert sich das Nucleophil (Nu^-) mit seinem freien Elektronenpaar an das positiv polarisierte, trigonale C-Atom der Carbonylgruppe an, wodurch ein *tetraedrisches Zwischenprodukt* mit sp^3-hybridisiertem Kohlenstoff entsteht. Die nachfolgende Eliminierung der Abgangsgruppe (X^-) ergibt wieder ein sp^2-hybridisiertes C-Atom.

Werden solche Reaktionen im *sauren* Milieu durchgeführt, so ist der Substitution ein *Protolyse-Gleichgewicht* vorgelagert. In der protonierten Carbonylverbindung ist die Elektronendichte am Carbonyl-C-Atom deutlich erniedrigt. Dadurch wird die nachfolgende Anlagerung des Nucleophils erleichtert. Nach der Substitution wird das *Proton* wieder abgespalten, so daß es lediglich die Funktion eines *Katalysators* besitzt.

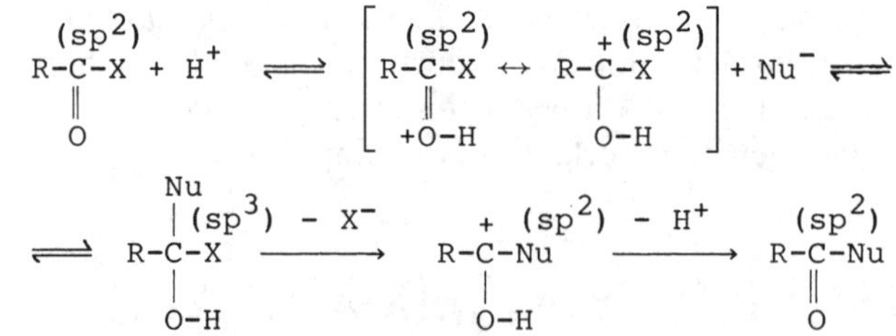

In einigen Fällen ist anstelle der *Säurekatalyse* auch eine *Katalyse durch Basen* möglich. Formal laufen dabei zwei Substitutionsreaktionen nacheinander ab.

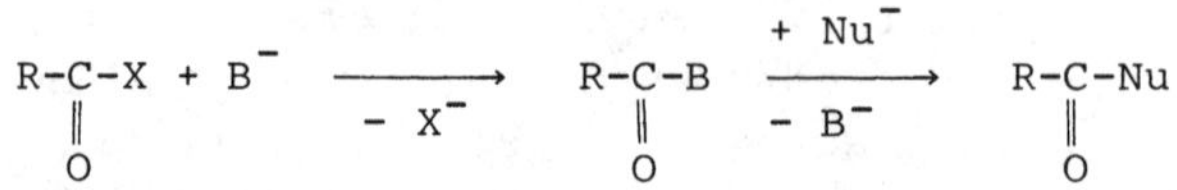

Die Substitution folgt im allgemeinen einem **Zeitgesetz 2. Ordnung**. Die Reaktionsgeschwindigkeit ist somit abhängig von den Konzentrationen des Substrats und des Nucleophils.

Die Abkürzung $\mathbf{S_N2_t}$ für den beschriebenen Additions-Eliminierungs-Mechanismus bedeutet, daß es sich hierbei um eine *nucleophile Substitutionsreaktion zweiter Ordnung mit tetraedrischem Zwischenprodukt* handelt.

3.2.8.2 Einflüsse auf den Ablauf von S_N2_t-Reaktionen

S_N2_t-Reaktionen verlaufen im allgemeinen leichter und rascher als S_N2-Reaktionen am gesättigten Kohlenstoff. Beispielsweise sind Säurechloride reaktiver als Alkylchloride, Amide sind reaktionsfähiger als Amine und Carbonsäureester reagieren bereitwilliger mit Nucleophilen als Ether.

Die *Reaktionsgeschwindigkeit* von S_N2_t-Reaktionen hängt von den Eigenschaften beider Reaktionspartner ab. Die Reaktionen verlaufen *umso schneller, je höher die Nucleophilie des angreifenden Reagenzes ist und je stärker die Carbonylgruppe polarisiert ist* (vgl. hierzu Kap. 3.2.5.8). Darüber hinaus verlaufen S_N2_t-Reaktionen umso rascher, je leichter die *Abgangsgruppe* (X) aus einem Substrat verdrängt werden kann, d. h. je schwächer basisch X^- ist.

Dies alles erklärt, warum S_N-Reaktionen am Carbonyl-C-Atom nur bei **Carbonsäure-Derivaten** möglich sind. *Ketone* oder *Aldehyde* sind als Substrate *vollkommen ungeeignet,* da die zu verdrängenden Abgangsgruppen [H^-, R^-] extrem starke Basen darstellen.

Auch *sterische Faktoren* beeinflussen die Reaktionsgeschwindigkeit. Bei sperrigen Nucleophilen oder bei Substraten, deren Carbonyl-C-Atom durch voluminöse Reste abgeschirmt wird, verläuft die Substitution langsamer *(sterische Hinderung durch Gruppenhäufung).*

Weiterhin spielen die Einflüsse der *Abgangsgruppe* eine wichtige Rolle hinsichtlich der *Reaktivität von Acylverbindungen.* +M-Substituenten stabilisieren das Substrat durch Delokalisierung der π-Elektronen der Carbonylgruppe, so daß die Reaktivität mit zunehmendem +M-Effekt der zu ersetzenden Gruppe abnimmt. Andererseits vermögen -I-Substituenten die Ladung des tetraedrischen Zwischenproduktes zu delokalisieren und damit die Reaktivität des Substrates zu erhöhen. In der Reihe N <O < Cl nimmt der +M-Effekt ab und der -I-Effekt zu, so daß Carbonäure-Derivate in folgende Reihe *zunehmender Reaktivität* geordnet werden können (vgl. auch „**Carbonylaktivität**", Kap. 3.2.15.3).

```
R-C-NH2 < R-C-OH < R-C-OR' < R-C-O-C-R' < R-C-Cl
  ‖         ‖        ‖         ‖   ‖         ‖
  O         O        O         O   O         O
```

Da sich all diese Effekte und Einflüsse in komplizierter Weise summieren, ist es im allgemeinen nicht möglich, Absolutwerte für die Reaktivität von Acylverbindungen [R-CO-X] anzugeben.

Nahezu alle nucleophilen Substitutionsreaktionen an Carbonsäure-Derivaten laufen nach einem Additions-Eliminations-Mechanismus über eine tetraedrische Zwischenverbindung ab. Elektronenanziehende Substituenten am Reaktionszentrum begünstigen den Additionsschritt, während er durch sperrige Gruppen am Substrat verzögert wird. Der Eliminationsschritt wird bestimmt durch die austretende Gruppe, wobei insbesondere schwache Basen leicht abgespalten werden.

S_N2_t-Reaktionen an Acylverbindungen können durch Säuren und Basen katalysiert werden.

3.2.9 Elektrophile Substitution am gesättigten Kohlenstoff

Elektrophile Substitutionsreaktionen am aliphatischen, sp^3-hybridisierten C-Atom sind selten, prinzipiell aber möglich. Sie laufen nach folgendem Schema ab:

```
    |               |
   -C-X + E+  →    -C-E + X+
    |  Elektrophil  |  Abgangsgruppe
 Substrat        Produkt
```

Als präparativ wichtige Beispiele solcher Reaktionen seien genannt:
- *α-Halogenierung von Aldehyden und Ketonen* (vgl. Kap. 3.7.2.2)

```
 | |            [H+ oder OH−]       | |
-C-C=O + X2  ──────────────→  -C-C=O + HX
 |                                  |
 H   Aldehyd/Keton                  X   α-Halogenaldehyd/-keton
```

  Ein Spezialfall dieser Reaktion ist die *Haloform-Reaktion.*
- *α-Halogenierung von Carbonsäuren (Hell-Volhard-Zelinsky-Reaktion)* (vgl. Kap. 3.7.2.2)

```
 |              [PX3]          |
-C-COOH + X2 ─────────→  -C-COOH + HX (HCl, HBr)
 |                             |
 H   Carbonsäure               X   α-Halogencarbonsäure
```

- *Nitrosierung CH-acider Verbindungen* (vgl. Kap. 3.2.18.1)

```
            [HNO2]
-CH-Z  ──────────────→  -CH-Z  ⇌  -C-Z      [Z = -CHO, -COR, -NO2,
 |         - H2O          |         ||            - COOR u.a.]
 H                       N=O       N-O-H
                    C-Nitroso-     Oxim (Isonitroso-
                    verbindung     verbindung)
```

- *Umsetzung von Aryldiazoniumionen mit CH-aciden Verbindungen* (vgl. Kap. 3.10.6.3)

```
       |                    - H+            |                   |
-CH2-C=O  +  Ar-N2+   ──────────→    -CH-C=O    ⇌    -C-C=O
                                      |                ||
                                    N=N-Ar           N-NH-Ar    Hydrazon
```

- *Reaktionen von metallorganischen Verbindungen* (vgl. Kap. 3.8.3)

3.2.9.1 Ablauf von S_E-Reaktionen an aliphatischen C-Atomen

Elektrophile Substitutionen am gesättigen Kohlenstoff erfolgen nur dann, wenn die zu spaltende *C-X-Bindung* so *polarisiert* ist, daß das *C-Atom* eine *negative* und die *Abgangsgruppe* eine *positive Partialladung* tragen. Diese Voraussetzung erfüllen vor allem **CH-acide Substrate**, bei denen ein Proton abgespalten wird, und **metallorganische Verbindungen**, bei denen Metallatome als Abgangsgruppe fungieren.

Die Abspaltung eines Protons aus einer C-H-aciden Verbindung erfordert im allgemeinen eine hohe Aktivierungsenergie. Daher sind S_E-Reaktionen am gesättigten Kohlenstoff normalerweise *nicht* durchzuführen. Die *Heterolyse der C-H-Bindung* ist allerdings relativ leicht möglich, wenn das Substitutionszentrum *Carbanion-Charakter* besitzt, wie dies für die α-C-H-Gruppe vieler Carbonylverbindungen und heteroanaloger Carbonylverbindungen zutrifft (vgl. auch Kap. 3.2.15.3).

```
 | |                     | |
-C-C=O  +  E+   →     -C-C=O  +  H+
 |                       |
 H                       E
```

Bei der **bimolekularen elektrophilen Substitution (S_E2-Reaktion)** erfolgen Bindungsspaltung und -neubildung nahezu *synchron.* Im Gegensatz zu S_N2-Reaktionen verlaufen jedoch S_E2-Prozesse an chiralen C-Atomen unter *Konfigurationserhaltung (Retention),* weil das elektronensuchende Agens das Reaktionszentrum von der Vorderseite her angreift.

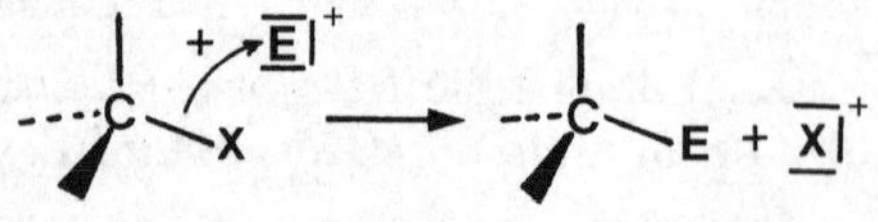

Monomolekulare elektrophile Substitutionen, bei denen zunächst die C-X-Bindung getrennt wird und die einem **Zeitgesetz 1.Ordnung** gehorchen, können wie folgt formuliert werden:

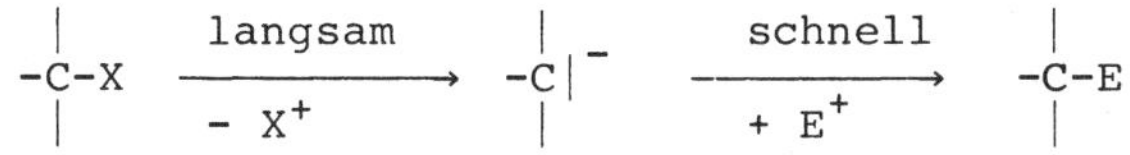

Der *sterische Verlauf* solcher S_E1-Reaktionen ist nicht einheitlich und wird vom verwendeten Lösungsmittel beeinflußt:

- in unpolaren Solventien bleibt die Konfiguration häufig erhalten,
- in polaren Lösungsmitteln wird meistens eine Inversion beobachtet, und
- in mäßig polaren, aprotischen Solventien findet oft eine weitgehende Racemisierung statt.

Eliminierungen

3.2.10 Eliminierungen unter Bildung von C,C-Mehrfachbindungen

Unter *Elimination (Eliminierung)* versteht man die Abspaltung zweier Atome (Atomgruppen) aus einem Molekül, ohne daß andere Substituenten an deren Stelle treten. Der Austritt der Gruppen erfolgt meistens aus einer *vicinalen (***1.2***) Position* unter *Bildung ungesättigter Produkte* mit Doppel- und Dreifachbindungen.

Die bei **1.2-** oder **β-Eliminierungen** abgespaltenen Gruppen können sowohl an C-Atomen als auch an Heteroatomen gebunden sein.

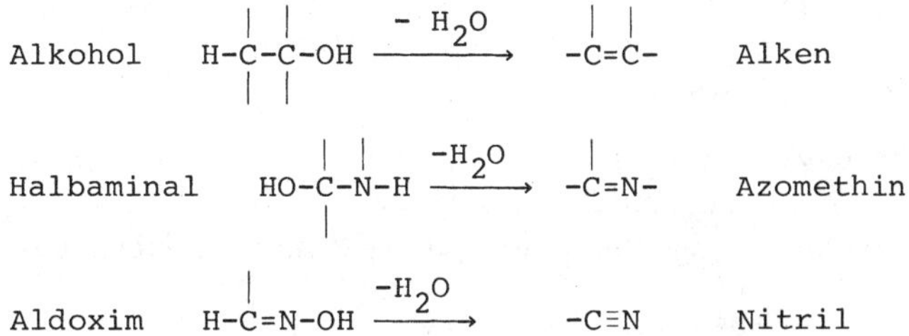

In den nachfolgenden Abschnitten sollen nur β-*Eliminierungen* beschrieben werden, die zu C,C-Mehrfachbindungen führen. Die wichtigsten Reaktionen dieser Art sind in Tabelle 14 aufgelistet [vgl. **MC-Frage Nr. 84**]. Einige präparative Aspekte dieser Reaktionen werden im Kap. 3.5.3 vorgestellt.

Bei β-*Eliminierungen* wird das Atom, das die Abgangsgruppe trägt, als C-1 oder α-C-Atom, und das Atom, von dem (normalerweise) ein Proton abgespalten wird, als C-2 oder β-Atom bezeichnet.

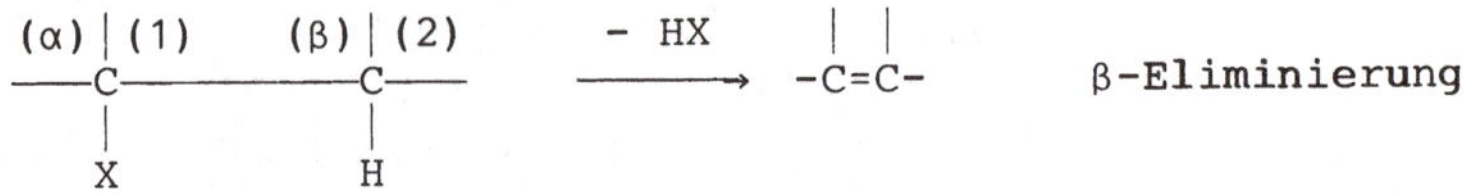

Neben 1.2-Eliminierungen sind auch **1.1-**, **1.3-** sowie **1.4-** und höhere **Eliminationen** möglich. Bei *1.1-* oder *α-Eliminierungen* stammen die beiden austretenden Atome oder Atomgruppen vom selben C-Atom. Ein Beispiel hierfür ist die Bildung von *Dichlorcarben* aus Chloroform ($CHCl_3$) (vgl. Kap. 3.1.11.5).

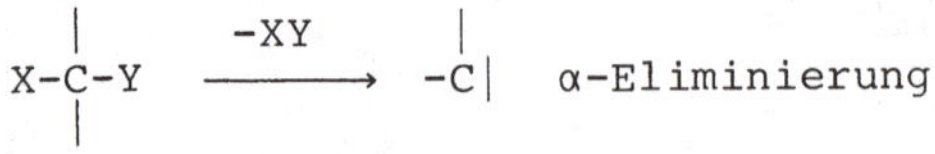

1.3- oder *γ-Eliminierungen* sowie Eliminationen höherer Ordnung liefern häufig unter Ringschluß *cyclische Produkte.* Beispielsweise führt die Umsetzung von 1.3-Dihalogeniden (X,Y = Hal) mit unedlen Metallen zu Cyclopropan-Derivaten.

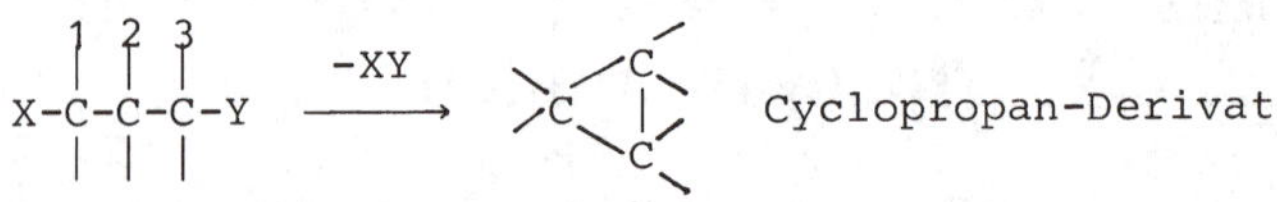

Als weiteres Beispiel sei die Thermolyse (bei 200 °C) von **γ-Chlorbuttersäure** angeführt, die unter Ringschluß **γ-Butyrolacton** ergibt. Das Lacton wird auch beim Erhitzen der Substanz in Natriumethanolat-Lösung erhalten [vgl. **MC-Fragen Nr. 85, 1208**].

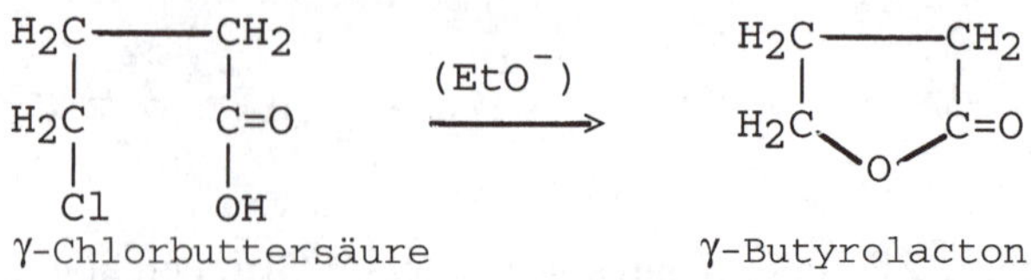

Solche höheren Eliminierungen sind generell umso schwieriger durchzuführen, je weiter die betreffenden Reaktionszentren voneinander entfernt sind.

Hinsichtlich des molekularen Ablaufs von β-Eliminierungen sind im Prinzip drei **Reaktionsmechanismen** denkbar:

(1) Die Reaktion verläuft nach einem *synchronen* Einstufen-Prozeß, bei dem ein einziger Übergangszustand durchlaufen wird. Hierbei werden Abgangsgruppe und Proton gleichzeitig abgespalten [**bimolekulare Eliminierung (E2)**].

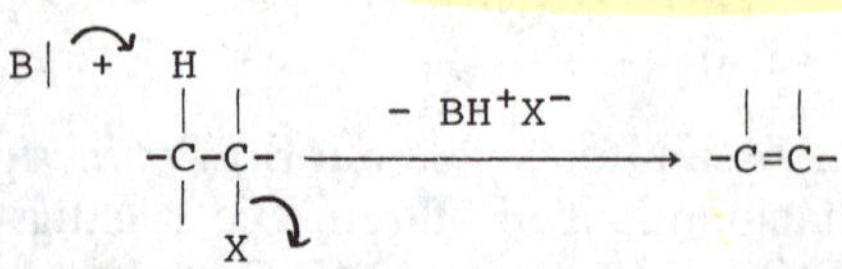

(2) Die Reaktion erfolgt *stufenweise*. Im ersten Reaktionsschritt löst sich die Abgangsgruppe unter Bildung eines *Carbeniumions*, im zweiten Schritt wird unter Verlust eines Protons die ungesättigte Verbindung gebildet [**monomolekulare Eliminierung (E1)**].

Tab. 14: Bildung von Alkenen durch β-Eliminierung

Substrat	Reaktion
H-C-C-OH	Saure Dehydratisierung von Alkoholen [tertiär > sekundär > primär]
H-C-C-X (1)	Basenkatalysierte Dehydrohalogenierung von Halogenalkanen [tertiär > sekundär > primär]
X-C-C-X	Dehalogenierung vicinaler Dihalogenide mit unedlen Metallen (z. B. Zink)
$H-C-C-\overset{+}{N}R_3$ HO^-	Hofmann-Eliminierung von quartären Ammoniumbasen (vgl. Kap. 3.2.10.5)
H-C-C-O-C(=O)-R	Thermische Spaltung von Carbonsäureestern (Esterpyrolyse) (vgl. Kap. 3.2.10.7)
H-C-C-O-C(=S)-SR	Tschugaeff-Reaktion (Xanthogenat-Pyrolyse) (vgl. Kap. 3.2.10.7)
$H-C-C-\overset{+}{N}R_2-O^-$	Cope-Eliminierung von Aminoxiden (vgl. Kap. 3.2.10.7)

(1) X = Halogen, Sulfat oder Tosylat

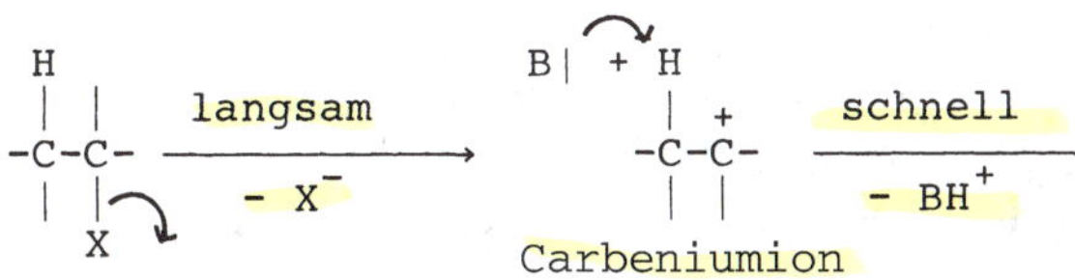

(3) Die Reaktion verläuft *stufenweise,* wobei zunächst die C-H-Bindung unter Bildung eines *Carbanions* heterolytisch gespalten wird. Danach erst tritt die Abgangsgruppe aus [**monomolekulare Eliminierung über die konjugierte Base des Reaktanden ($E1_{CB}$)**].

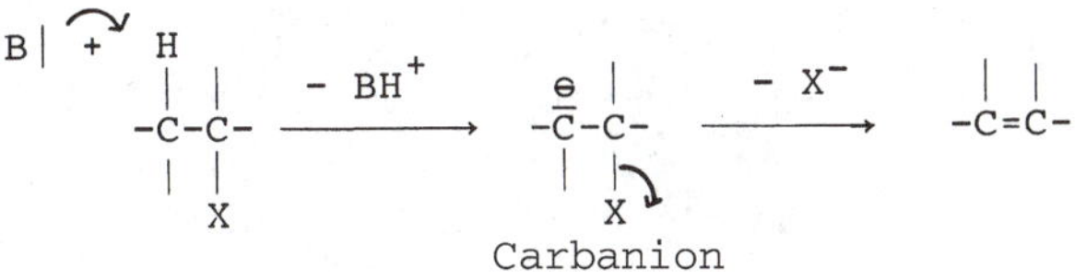

3.2.10.1 Monomolekulare β-Eliminierungen [E1-Reaktion]

Geschwindigkeitsbestimmender Schritt der E1-Reaktion ist die Ionisierung der Ausgangsverbindung unter *Bildung eines Carbeniumions.* Die Reaktionsgeschwindigkeit hängt somit nur von der Substratkonzentration ab [vgl. **MC-Frage Nr. 86**]. Das gebildete Carbeniumion kann sich anschließend durch Abspaltung eines Protons vom Nachbar-C-Atom [E1] oder durch Anlagerung eines Nucleophils [S_N1] absättigen. In vielen Fällen wirkt das eingesetzte Lösungsmittel als Base und bindet das Proton. Auf beiden Reaktionswegen können *Umlagerungen* in stabilere Carbeniumionen erfolgen.

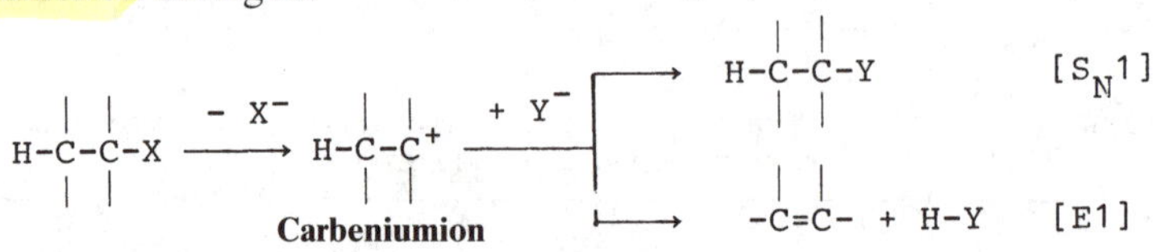

Das *Verhältnis* **E1/S_N1** hängt vor allem von der *Reaktionstemperatur* und der *Struktur des Substrats* ab. Es ist weitgehend *unabhängig* von der Art der *Abgangsgruppe* (siehe auch Kap. 3.2.5.10).

> Je stabiler das intermediär gebildete Carbeniumion ist, desto leichter erfolgt die Elimination. Daher nimmt die Eliminierung beim Übergang von primären über sekundäre zu tertiären Alkylverbindungen hin zu. Primäre Alkylhalogenide reagieren niemals nach E1.

Darüber hinaus sind Eliminierungen gegenüber Substitutionen umso stärker begünstigt, je verzweigter die Alkylreste am Carbeniumion sind. So entsteht z. B. das entsprechende Alken bei der *Solvolyse* von **tert. Amylchlorid** (a) zu 34,5%, aus 4-Chlor-2,2,4-trimethylpentan (b) zu 65% und aus **4-Chlor-2,2,4,6,6-pentamethylheptan** (c) sogar zu 100 %.

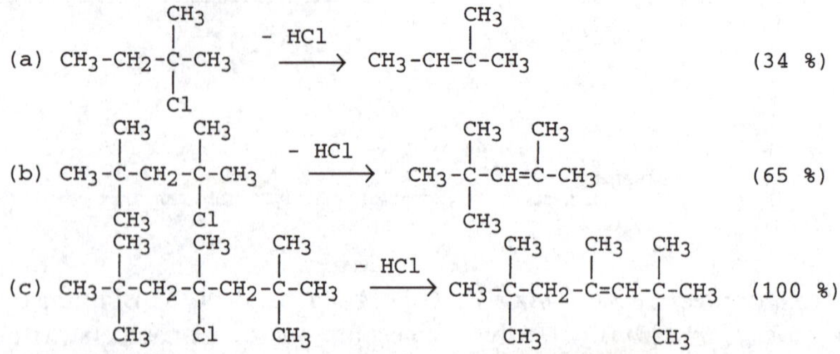

Den *Einfluß der Temperatur* auf das Verhältnis von Substitution zu Eliminierung zeigen folgende Reaktionsbeispiele:

$$2\ C_2H_5OH \xrightarrow{[H_2SO_4\ -\ 130°C]} H_5C_2\text{-}O\text{-}C_2H_5 + H_2O \quad \text{(Substitution)}$$

Ethanol → Diethylether

$$C_2H_5OH \xrightarrow{[H_2SO_4\ -\ 180°C]} H_2C{=}CH_2 + H_2O \quad \text{(Eliminierung)}$$

Ethanol → Ethen

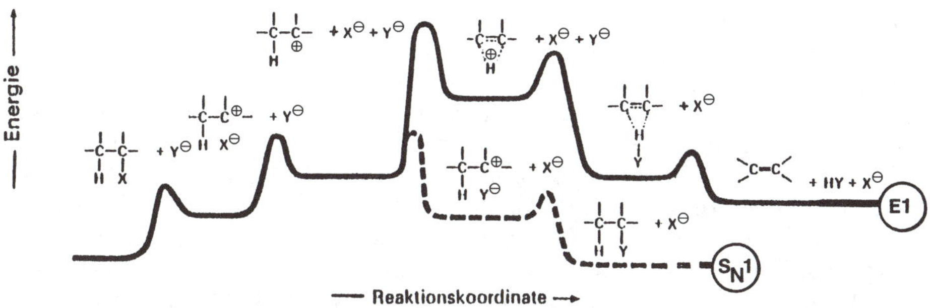

Abb. 52: Reaktionsprofil von E1- und S_N1-Reaktionen

Erhöhte Temperaturen begünstigen generell die *Elimination*, weil die Eliminierung, wie das Energiediagramm in Abb. 52 ausweist, gegenüber der Substitution sowohl kinetisch als auch thermodynamisch benachteiligt ist. *Eliminationen benötigen im allgemeinen höhere Aktivierungsenergien als Substitutionen.*

Der *geschwindigkeitsbestimmende Schritt* von E1-Reaktionen ist identisch mit dem von S_N1-Prozessen, so daß monomolekulare Eliminierungen durch dieselben Faktoren beeinflußt werden wie S_N1-Reaktionen. Neben elektronischen und sterischen Einflüssen sind dies vor allem die angewandten *Solvolysebedingungen.* Danach verlaufen Eliminierungen in *schwach basischen,* jedoch gut solvatisierenden *Lösungsmitteln* [Wasser, Alkohole, niedere Carbonsäuren] vorzugsweise nach einem E1-Mechanismus.

3.2.10.2 Bimolekulare Eliminierungen [E2-Reaktion]

Bei Eliminierungen nach einem bimolekularen **Synchronmechanismus** greift die am Übergangszustand beteiligte *Base* (Y^-) an einem H-Atom des β-Kohlenstoffs an. Simultan dazu wird am α-C-Atom der Substituent (X) aus dem Molekül verdrängt.

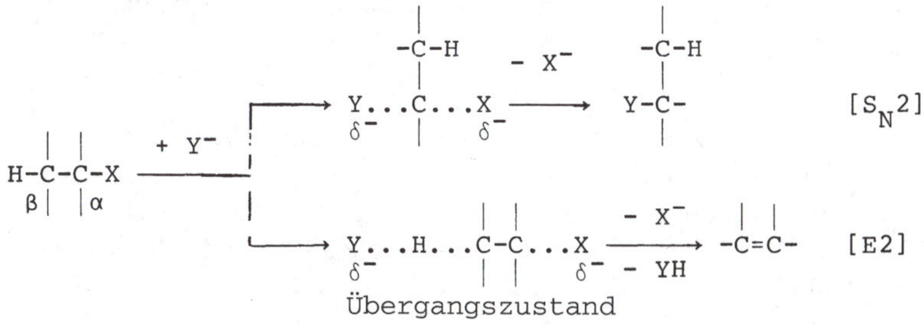

Während für die S_N2-Reaktion die Nucleophilie des Reagenzes (Reaktivität gegenüber einem positivierten C-Atom) entscheidend ist, wird die bimolekulare Eliminierung durch die *Basizität des Nucleophils* (Reaktivität gegenüber einem Proton) bestimmt. Deshalb ist die E2-Reaktion gegenüber dem S_N2-Prozeß begünstigt, wenn möglichst *hochkonzentrierte starke Basen* [R_3N, HO^-, RO^-, NH_2^- u. a.] als Nucleophile verwendet werden. Durch den Einsatz *voluminöser Basen* [z. B. tert. Butanolat], die nur das H-Atom in der Peripherie eines Moleküls und nicht den räumlich schwerer zugänglichen Wasserstoff am positivierten zentralen Kohlenstoff erreichen können, läßt sich die Reaktion noch weiter zu Gunsten der Eliminierung verschieben.

Während die Art der *Abgangsgruppe* bei E1-Reaktionen ohne Einfluß auf das Verhältnis Elimination/Substitution ist, trifft dies für bimolekulare Eliminierungen nicht mehr zu. Als beste Abgangsgruppen haben sich die Anionen starker Säuren erwiesen. Deshalb reagieren z. B. Alkylbromide schneller als Alkylchloride. Darüber hinaus begünstigen *sperrige,* stark elektronenanziehende *Abgangsgruppen* [$-NR_3^+$, $-\ddot{S}R_2^+$] den **E2-Prozeß**, da sie die Abspaltung des β-H-Atoms erleichtern.

Die Eliminierung wird auch gefördert, wenn das Substrat in β-*Stellung zum Reaktionszentrum -I- oder -M-Substituenten* [Carbonyl-, Phenylgruppen] enthält. Solche Reste erhöhen die Acidität des β-ständigen Wasserstoffs und stabilisieren aufgrund ihres konjugativen Effektes das gebildete Alken.

Die E2-Reaktion liefert in der Regel Gemische aller möglichen Alkene, deren Zusammensetzung die thermodynamischen Stabilitäten der isomeren Alkene widerspiegelt. Das stabilste Alken wird überwiegend gebildet. Als Beispiel sei die *Dehydrobromierung von* **2-Brompentan** mit Kaliumethanolat in Ethanol angeführt, bei der **trans-2-Penten** als Hauptprodukt entsteht.

$$\underset{\displaystyle\text{Br}}{CH_3CH_2CH_2\text{-}CH\text{-}CH_3} \xrightarrow[\substack{(EtOK)\\ -\,HBr}]{\Delta} \underset{\substack{(trans:\ 51\%)\\(cis:\ 18\%)}}{CH_3CH_2\text{-}CH{=}CH\text{-}CH_3} + \underset{(31\%)}{CH_3CH_2CH_2\text{-}CH{=}CH_2}$$

Die bimolekulare Eliminierung wird – auf Kosten der Substitution – begünstigt durch:

- Verzweigung am α- oder β-C-Atom des Substrats,
- -I- und -M-Substituenten am β-C-Atom des Substrats,
- sperrige, positiv geladene Abgangsgruppen,
- Verwendung hochkonzentrierter, starker Basen als Reagenzien,
- schwächer polare Lösungsmittel und
- erhöhte Temperaturen.

Im allgemeinen ist die Ausbeute an Alkenen bei einer E2-Reaktion höher als bei einem E1-Prozeß. Die Alkenausbeute wächst z. B. bei Bromalkanen in der Reihe primär < sekundär < tertiär. Parallel dazu erhöht sich auch die Geschwindigkeit der E2-Reaktion mit steigender Zahl der Substituenten am Reaktionszentrum.

3.2.10.3 Eliminierungen nach einem E1$_{CB}$-Mechanismus

Bei Eliminationen aus der konjugierten Base des Substrats erfolgt die Bildung des intermediären *Carbanions* rasch und reversibel. Der nachfolgende Schritt – die Abspaltung der Abgangsgruppe – verläuft langsam und ist geschwindigkeitsbestimmend.

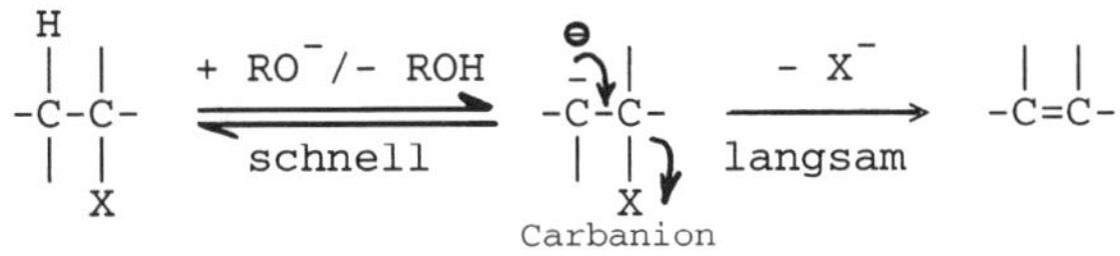

$E1_{CB}$-Reaktionen sind selten, da die Aktivierungsenthalpien solcher Prozesse um etwa 30–60 kJ mol^{-1} höher sind als die von E2-Reaktionen. Wahrscheinlich laufen aber Eliminierungen von β-*substituierten Carbonylverbindungen* [X = HO, Halogen] über *Carbanionen* ab, weil sich die zur Carbonylgruppe α-ständigen H-Atome relativ leicht als Protonen abspalten lassen und die gebildete anionische Zwischenstufe durch Ladungsdelokalisierung stabilisiert ist.

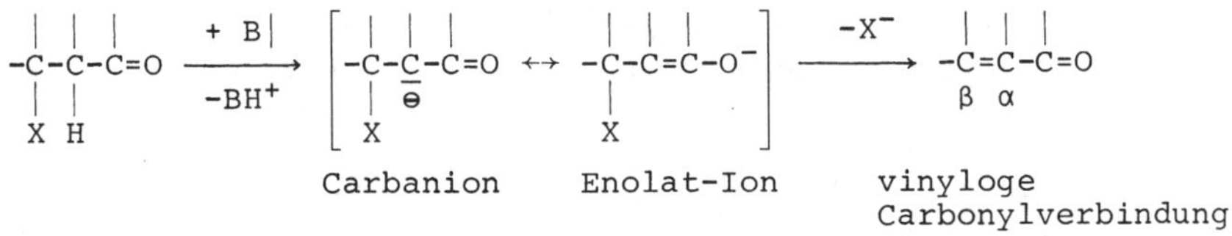

3.2.10.4 Regioselektivität bei β-Eliminierungen

In sekundären und tertiären Substraten können verschiedenartige β-Wasserstoffatome vorliegen und die Eliminierung kann unter Bildung *isomerer Alkene* in *zwei Richtungen* erfolgen.

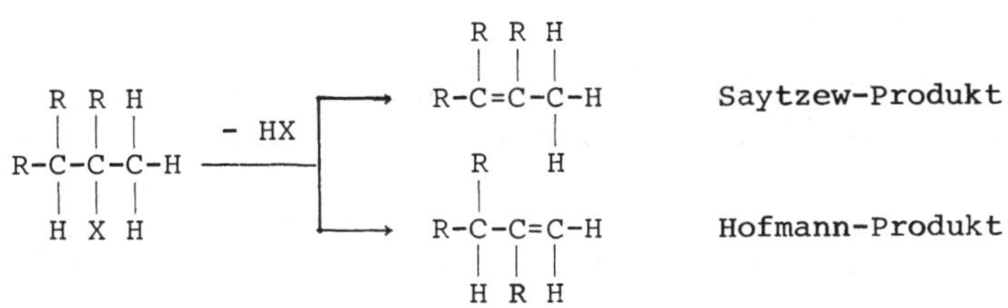

In der Regel entstehen Produktgemische, häufig überwiegt jedoch das eine der beiden Isomeren.

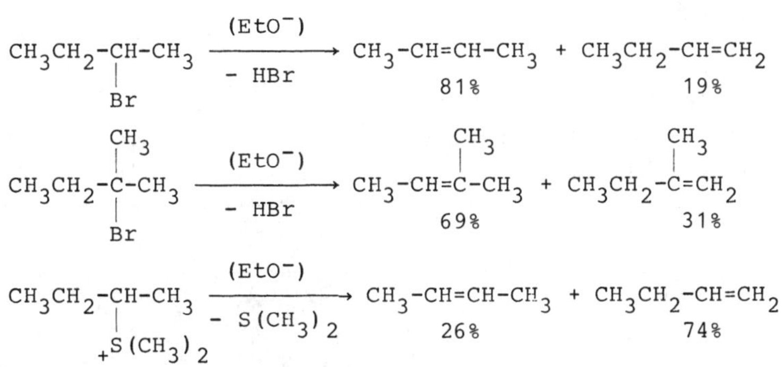

Bei Eliminationen wird ein Alken umso leichter gebildet, je stabiler es ist. Daher steigt die Bildungstendenz der Alkene mit zunehmendem Substitutionsgrad in folgender Reihe an:

$$H_2C{=}CH_2 < RCH{=}CH_2 < RCH{=}CHR < R_2C{=}CH_2 < R_2C{=}CHR < R_2C{=}CR_2$$

Von *Saytzew-Orientierung* spricht man, wenn das höher substituierte (stärker verzweigte), thermodynamisch stabilere Alken entsteht. *Hofmann-Orientierung* liegt vor, wenn das Alken mit der geringeren Anzahl an Substituenten (weniger verzweigte) gebildet wird.

Zur *Voraussage der Eliminierungsrichtung* in Abhängigkeit von elektronischen und sterischen Einflüssen können folgende *empirische Regeln* herangezogen werden:

(1) Besteht die Möglichkeit zur *Konjugation* mit einer im Molekül schon vorhandenen ungesättigten Gruppierung, so erfolgt die Elimination bevorzugt in diese Richtung.

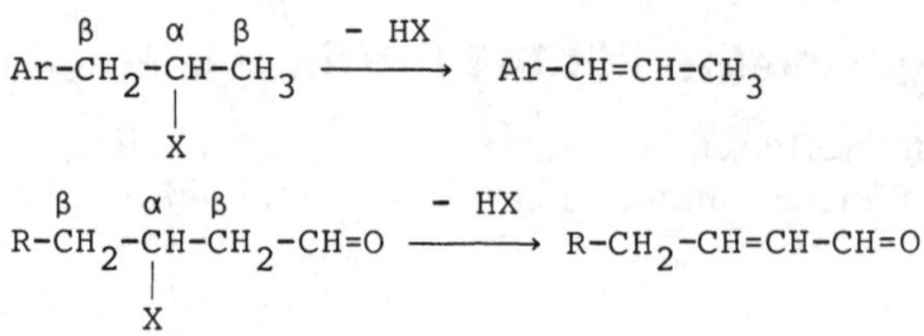

(2) Wie die *Dehydrohalogenierung von 2-Halogenpentanen* in Tabelle 15 dokumentiert, ist die Bildung des **Saytzew-Produktes** umso stärker begünstigt, je höher die **Austrittstendenz** des zu eliminierenden Substituenten ist. Schwer austretende Gruppen, wie z. B. das Fluorid-Ion, erhöhen im allgemeinen den Anteil an Hofmann-Produkt (Bildung des weniger verzweigten Alkens) [vgl. **MC-Frage Nr. 87**].

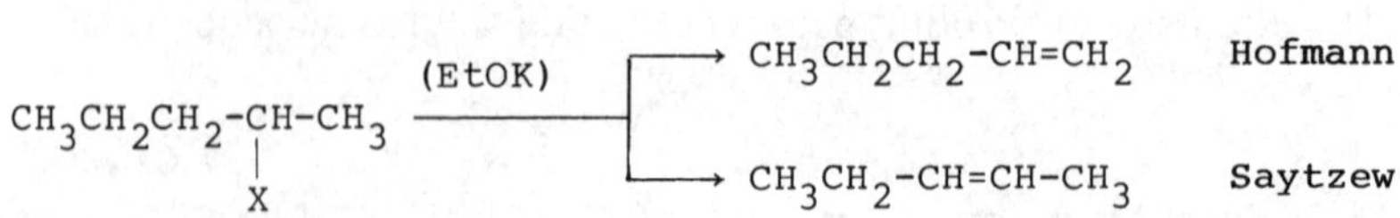

Tab. 15: Abhängigkeit der Eliminierungsrichtung von der Austrittstendenz des abzuspaltenden Substituenten

Substituent (X)	F	Cl	Br	I
Hofmann (in %)	83	36	25	20
Saytzew (in %)	17	64	75	80

(3) Bei **E1-Reaktionen** überwiegt häufig die **Saytzew-Orientierung**. Aufgrund der *kinetischen Reaktionssteuerung* des E1-Prozesses spiegelt deshalb das Mengenverhältnis [Hofmann/Saytzew] die relativen Reaktionsgeschwindigkeiten wider, sofern Isomerisierungen während der Reaktion auszuschließen sind.

(4) Bei **E2-Reaktionen** wird die Richtung der Eliminierung *(Regioselektivität)* durch die *Art der Substituenten* in β-*Stellung,* die *Natur der Abgangsgruppe,* die *Hilfsbase* und das *Lösungsmittel* beeinflußt. Zum Beispiel ergeben, wie Tabelle 16 belegt, *große, positiv geladene Gruppen* bei bimolekularen Eliminierungen einen hohen Anteil an **Hofmann-Produkt**.

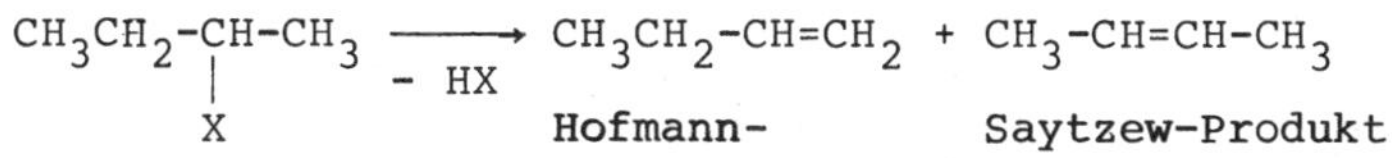

Tab. 16: Abhängigkeit der Eliminationsrichtung von der Natur der Abgangsgruppe

Substituent (X)	–Br	$-\overset{+}{S}(CH_3)_2$	$-\overset{+}{N}(CH_3)_3$
Hofmann (in %)	19	74	95
Saytzew (in %)	81	26	5

(5) **Sterische Einflüsse**, die sowohl vom *Reagenz* als auch vom *Substrat* ausgehen können, spielen eine wesentliche Rolle bei der Orientierung von β-Eliminierungen.

Wie die monomolekulare *Dehydratisierung* von **2,4,4-Trimethyl-2-pentanol** beweist, wird umso mehr an Hofmann-Produkt gebildet, je schwerer die deprotonierende Base an das für die Saytzew-Orientierung zu lösende „innere" H-Atom gelangen kann.

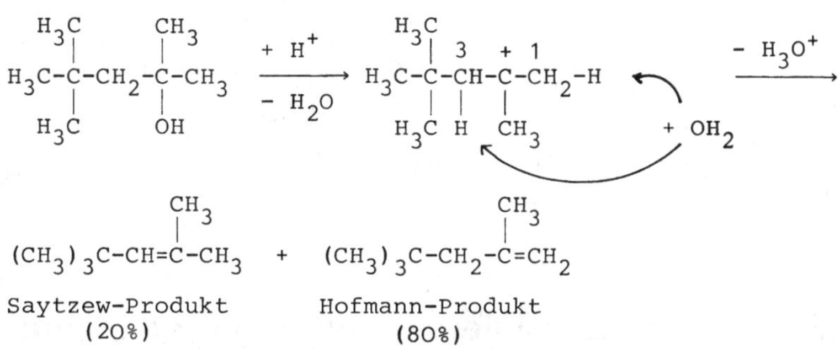

Im o.a. Beispiel kann das Lösungsmittel Wasser nur schwer ein Proton von C-3 ablösen, da diese Position durch die sperrigen Methylgruppen stark abgeschirmt wird. Es greift deshalb bevorzugt am Rande des Moleküls an C-1 unter Bildung des Hofmann-Produktes an.

Die basenkatalysierte *Dehydrobromierung* von **2-Brom-2-methylbutan** ist ein Beispiel für den ausgeprägten Einfluß der *Hilfsbase* [ROK] auf die Regioselektivität bei **E2-Prozessen**.

$$CH_3\text{-}CH_2\text{-}\underset{Br}{\overset{CH_3}{C}}\text{-}CH_3 \xrightarrow[-ROH,\ -KBr]{+\ ROK} \underset{\text{Saytzew-}}{CH_3\text{-}CH{=}\overset{CH_3}{C}\text{-}CH_3} + \underset{\text{Hofmann-Produkt}}{CH_3CH_2\text{-}\overset{CH_3}{C}{=}CH_2}$$

Tab. 17: Abhängigkeit der E2-Orientierung vom Raumbedarf der eingesetzten Hilfsbase

Base (ROK)	CH_3CH_2OK	$(CH_3)_3COK$	$(C_2H_5)_3COK$
Hofmann (in %)	29	72	89
Saytzew (in %)	71	28	11

Die Werte in Tabelle 17 lassen erkennen, daß mit dem wenig voluminösen Kaliumethanolat [CH_3CH_2OK] noch vorwiegend das Saytzew-Produkt gebildet wird. Dagegen ergeben sperrige, raumbeanspruchende Hilfsbasen überwiegend das Hofmann-Produkt [vgl. **MC-Frage Nr. 87**].

Im allgemeinen ist die Hofmann-Orientierung gegenüber der Saytzew-Orientierung bevorzugt, wenn man die sterische Gruppenhäufung am Reaktionszentrum erhöht.

Abschließend sei noch erwähnt, daß von einem *Brückenkopf-C-Atom* keine Doppelbindung ausgehen kann *(Regel von Bredt)*, so daß der Bicyclus (a) ausschließlich zum Produkt (b) reagiert, während die Verbindung (c) nicht gebildet wird. Aus einem Substrat wie (d) ist überhaupt keine Eliminierung möglich. Ausnahmen der Bredtschen Regel sind allerdings bekannt.

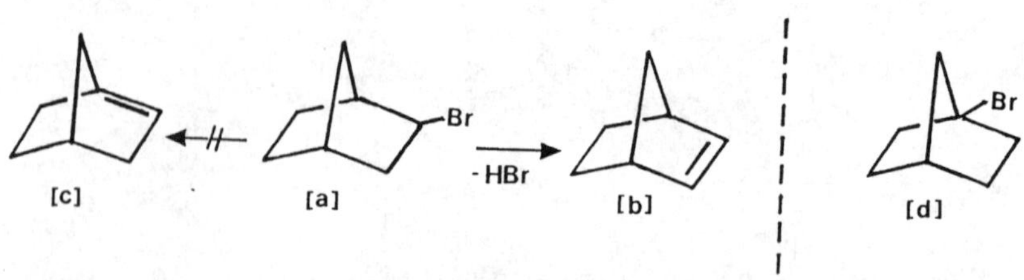

3.2.10.5 Hofmann-Eliminierung quartärer Ammoniumverbindungen

Durch *Alkylierung von Aminen* – meistens durch *erschöpfende Methylierung* mit Methyliodid oder Dimethylsulfat – erhält man *quartäre Ammoniumsalze,* die beim Behandeln mit feuchtem Silberoxid in **quartäre Ammoniumhydroxide** umgewandelt werden. Diese zerfallen beim Erhitzen auf 100–200 °C in ein **Alken**, ein **tertiäres Amin** und **Wasser** [vgl. **MC-Frage Nr. 354**].

$$\text{H-C-C-NH}_2 + 3\ \text{CH}_3\text{I} \rightarrow \text{H-C-C-}\overset{+}{\text{N}}(\text{CH}_3)_3\ \text{I}^- \xrightarrow[-\ \text{AgI}]{+\ \text{Ag}_2\text{O}}$$

prim. Amin quart. Ammoniumsalz

$$\text{H-C-C-}\overset{+}{\text{N}}(\text{CH}_3)_3\ \text{HO}^- \xrightarrow{\Delta} \text{-C=C-} + \text{N}(\text{CH}_3)_3 + \text{H}_2\text{O}$$

quart. Ammoniumhydroxid tert. Amin

Die Reaktion verläuft *bimolekular* und liefert überwiegend **Hofmann-Produkte** [vgl. **MC-Fragen Nr. 91–93**].

$$\underset{\overset{|}{^{+}\text{N}(\text{CH}_3)_3\ \text{HO}^-}}{\overset{\beta\quad\alpha\quad\beta}{\text{H}_3\text{C-CH-CH}_2\text{-CH}_3}} \xrightarrow[-\text{H}_2\text{O},\ -\text{N}(\text{CH}_3)_3]{\Delta} \underset{(95\%)}{\text{H}_2\text{C=CH-C}_2\text{H}_5} + \underset{(5\%)}{\text{H}_3\text{C-CH=CH-CH}_3}$$

Ist infolge des Fehlens eines β-ständigen H-Atoms keine Elimination möglich, beobachtet man Substitution.

$$\text{CH}_3\text{-}\overset{+}{\text{N}}(\text{CH}_3)_3 + \text{HO}^- \rightarrow \text{CH}_3\text{OH} + \text{N}(\text{CH}_3)_3$$

Die Reaktion besitzt Bedeutung für die *Konstitutionsermittlung heterocyclischer N-haltiger Ringsysteme.* Solche Verbindungen lassen sich durch stufenweisen Abbau in offenkettige, Stickstoff-freie Verbindungen überführen. Zunächst entsteht aus dem cyclischen Amin ein Aminoalken. Wiederholt man die Reaktion, so bildet sich schließlich ein *Dien*. Zum Beispiel läßt sich auf diese Weise **Piperidin** in **Piperylen** umwandeln.

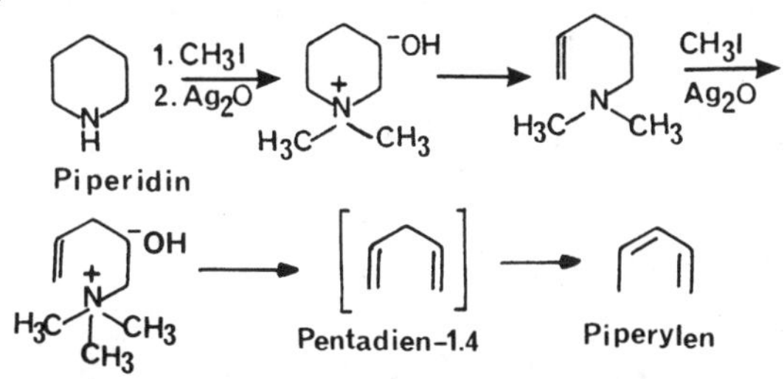

In analoger Weise kann aus **Pyrrolidin** bzw. **N-Methyl-pyrrolidin** nach erschöpfender Methylierung **1,3-Butadien** hergestellt werden [vgl. **MC-Frage Nr. 90**]. **3-Methylpyrrolidin** läßt sich zu **Isopren** (**2-Methyl-1,3-butadien**) abbauen.

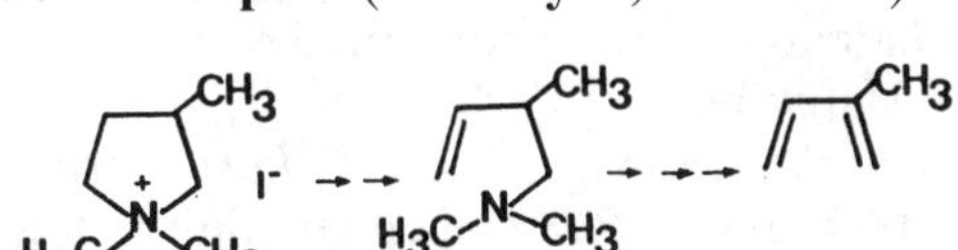

Abbau-Regeln: Bei der Thermolyse von quartären Ammoniumhydroxiden, die am Stickstoff *unterschiedliche Alkylreste* tragen, wird vorzugsweise das Alken mit der geringsten Anzahl von Alkylsubstituenten gebildet. Zum Beispiel entsteht nach erschöpfender Methylierung von **Ethylpropylamin** beim anschließenden Hofmann-Abbau Ethen, Wasser und **Dimethylpropylamin** [vgl. **MC-Frage Nr. 89**].

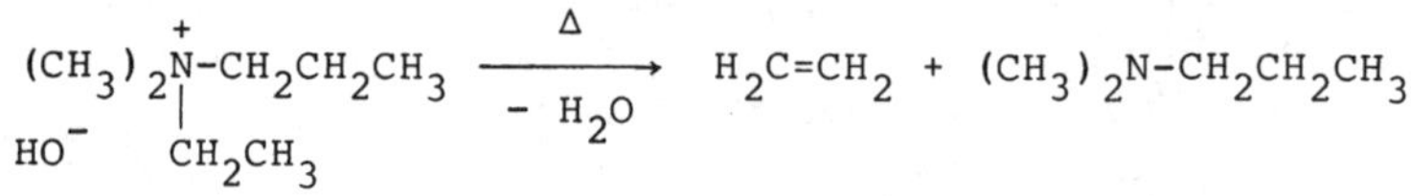

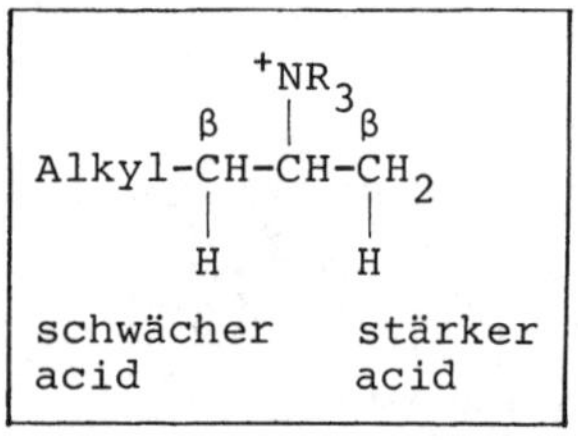

Das *Proton* wird dabei von dem β-ständigen C-Atom abgelöst, das den geringsten Substitutionsgrad besitzt, also am *acidesten* ist. (Abschwächung der Acidität der β-C-H-Bindung durch den +I-Effekt von Alkylgruppen. – Dies erklärt auch, warum die E2-Reaktion von tert. Butylchlorid mit Alkoholaten rascher verläuft als die von n-Butylchlorid.) [vgl. **MC-Frage Nr. 87**].

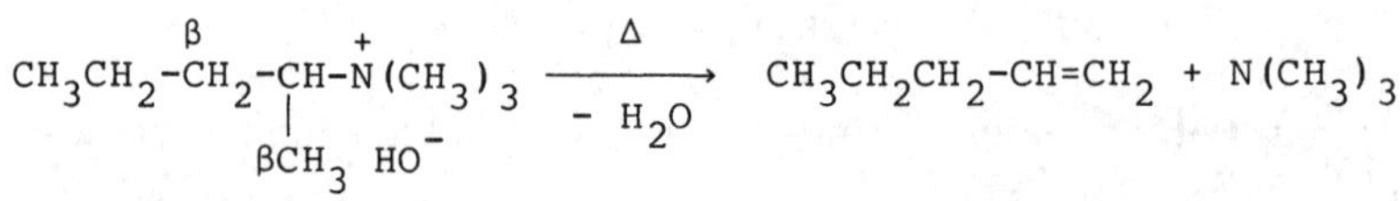

Die Abbau-Regel wird *nicht* befolgt, wenn das β-ständige C-Atom mit einer ungesättigten Gruppe oder einem Phenylrest verbunden ist.

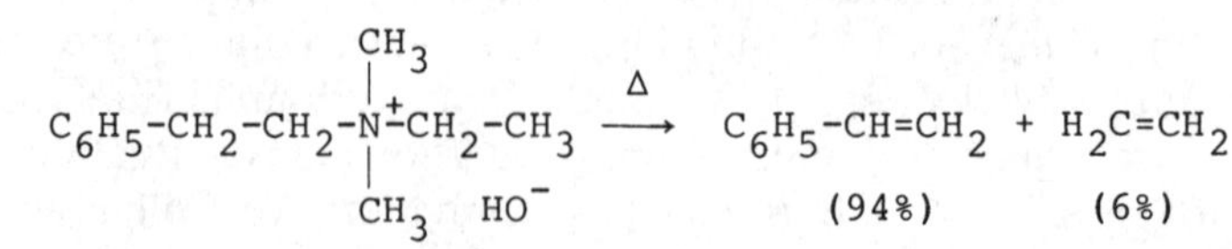

Quartäre Ammoniumhydroxide unterliegen beim Erhitzen einer β-Eliminierung unter Bildung eines tertiären Amins und eines Alkens. Die Reaktion, bei der das Hydroxid-Ion die angreifende Base darstellt, verläuft nach einem E2-Mechanismus. Die Abspaltung des β-H-Atoms erfolgt in der Reihe $R_2CH- < RCH_2- < CH_3-$ zunehmend leichter. Man beobachtet in hohem Maße die typische Hofmann-Orientierung.

3.2.10.6 Dynamische Stereochemie der β-Eliminierung

Für die Untersuchung des sterischen Verlaufs einer Elimination müssen *chirale alicyclische* oder *cyclische Verbindungen* als Substrate gewählt werden, deren Stereoisomere unterscheidbar sind. Experimentelle Studien an solchen Edukten führten zu folgenden Befunden.

E1-Reaktionen: Sie verlaufen in der Regel *nicht stereospezifisch,* weil im intermediär gebildeten Carbeniumion Rotationen um die Bindungen des positiv geladenen Kohlenstoffs möglich sind [vgl. auch **MC-Frage Nr. 86**].

Bindet jedoch die Abgangsgruppe anstelle des Lösungsmittels das Proton und erfolgt dessen Ablösung bereits im Stadium des „engen Ionenpaares", so beobachtet man in einigen Fällen eine *syn-Elimination.* Syn-Eliminierung tritt auch auf, wenn – wie z. B. in cyclischen Systemen – Rotationen um C-C-Bindungen behindert sind.

E2-Reaktionen: Bei *alicyclischen Verbindungen* kann die Eliminierung prinzipiell aus zwei Grenzkonformationen heraus erfolgen.

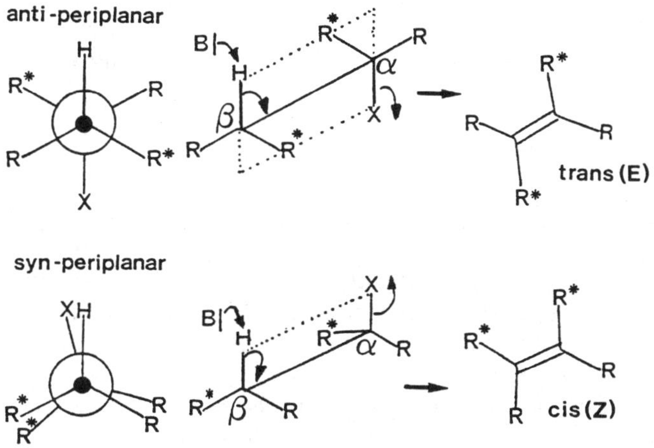

Unter der Voraussetzung, daß in diesen Substraten sowohl das C_β als auch das C_α chiral sind, würden Eliminationen aus beiden Konformationen zu unterschiedlichen Produkten führen. Aus der *anti-periplanaren (anti-koplanaren)* Anordnung entstünde ein *trans-Alken,* aus der *syn-periplanaren* ein *cis-Alken.*

Bei den meisten offenkettigen Verbindungen dominiert die **Trans-Eliminierung**, wofür offenbar zwei Gründe ausschlaggebend sind:

- In der anti-periplanaren Konformation sind die ein- und austretenden Elektronenpaare möglichst weit voneinander entfernt.
- Die gestaffelte Konformation ist energetisch günstiger als eine ekliptische Konformation.

(Anm.: Der Ausdruck „Trans-Eliminierung" bezieht sich auf die trans-Lage der abzuspaltenden Substituenten und nicht auf die Geometrie des Produktes.)

Ingold-Regel: Die E2-Reaktion verläuft stereospezifisch, in manchen Fällen sogar stereoselektiv (anti-Eliminierung) (vgl. hierzu auch Kap. 3.3.2). Die an der Reaktion beteiligten vier Reaktionszentren müssen in einer Ebene angeordnet sein. Die abzuspaltenden Gruppen müssen in einer anti-periplanaren Stellung zueinander stehen.

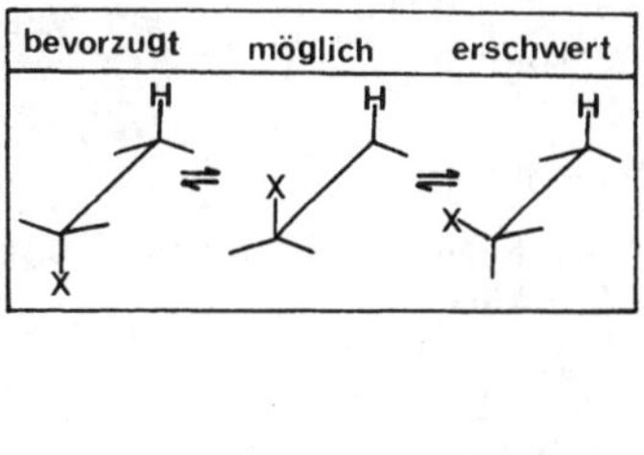

Bei *einfachen offenkettigen Verbindungen* haben allerdings die Konformationsverhältnisse keinen bestimmenden Einfluß auf die Stereochemie der Eliminierung, weil sich infolge der niedrigen Energiebarrieren zwischen den einzelnen Konformeren die für die Eliminierung notwendige trans-Lage im allgemeinen leicht einstellt.

Anders liegen die Verhältnisse bei *ungesättigten Substraten,* in denen die Substituenten fixiert sind. So reagiert beispielsweise **Chlorfumarsäure** 50mal schneller zu **Acetylendicarbonsäure** als **Chlormaleinsäure**, die zunächst in das trans-Isomer umgelagert werden muß.

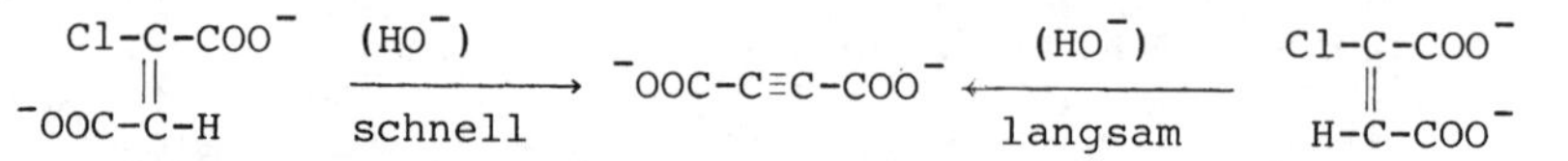

Chlorfumarsäure Acetylendicarbonsäure Chlormaleinsäure

Als weiteres Beispiel sei die E2-Reaktion diastereomerer **1,2-Diphenyl-propyltrimethylammonium-Ionen** in Gegenwart eines Alkoholats genannt. Dieses Molekül besitzt zwei Chiralitätszentren und kann in zwei *threo-* und zwei *erythro-Formen* existieren (vgl. Kap. 3.3.7.4). Man fand nun, wie in Abb. 53 graphisch dargestellt, daß bei solchen Substraten die **erythro-Form cis-Alkene** und die **threo-Form trans-Alkene** liefert.

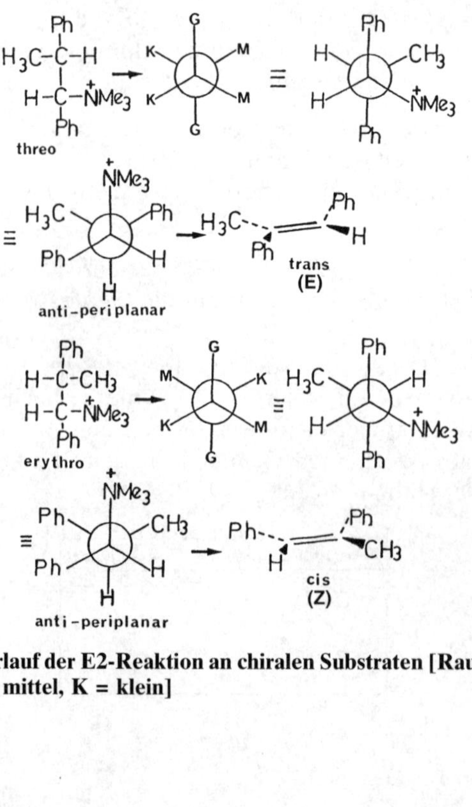

Abb. 53: Sterischer Verlauf der E2-Reaktion an chiralen Substraten [Raumerfüllung der Substituenten: G = groß, M = mittel, K = klein]

Bimolekulare Eliminierungen verlaufen dann besonders glatt, wenn die an der Elimination beteiligten Reaktionszentren in einer Ebene liegen, d. h. koplanar angeordnet sind. Bei Alkylhalogeniden beobachtet man nahezu ausschließlich Trans-Elimination. Eine syn-Elimination findet man häufig bei quartären Ammoniumverbindungen und gelegentlich bei Alkylsulfonaten. Enthält das Substrat zwei Chiralitätszentren, so ergeben die erythro-Formen das cis- (Z-Form) und die threo-Formen das trans-Alken (E-Form).

Auch an *cyclischen Verbindungen* zeigt sich der stereospezifische Charakter der E2-Reaktion. Die Konformation, aus der die Eliminierung erfolgt, wird weitgehend durch die Starrheit des Ringgerüstes bestimmt.

Experimentelle Untersuchungen ergaben, daß das Ausmaß an Trans-Eliminierung von Cyclobutan- zu Cyclohexan-Derivaten hin zunimmt, und bei Cycloheptan-Verbindungen wieder zurückgeht. Die ausgeprägte *Trans-Selektivität von Cyclohexan-Derivaten* hat ihre Ursache in der leichten Bildung sog. *trans-diaxialer Konformationen,* aus denen heraus die Eliminierung bevorzugt abläuft.

Barton-Regel: Bimolekulare Eliminierungen an Cyclohexan-Derivaten sind leicht möglich, wenn beide abzuspaltenden Substituenten die bis-axiale (trans) Lage einnehmen. Eliminationen aus bis-äquatorialer Position laufen im allgemeinen nicht ab. Cis-Verbindungen reagieren langsam oder überhaupt nicht.

Die folgenden Beispiele sollen diese Regel belegen:

* **E-2-Methylcyclohexyltosylat** liefert bei der Eliminierung von Toluensulfonat unter E2-Bedingungen in Gegenwart von Alkoholaten ausschließlich **3-Methylcyclohexen**. Im stabileren Konformer nehmen die beiden trans-ständigen Substituenten eine bisäquatoriale (e) Lage ein. Sie ist für die Elimination ungünstig. Daraus kann jedoch das Konformer mit bisaxialer (a) Anordnung entstehen. Hier liegen das H-Atom an C-6 und der Tosylat-Rest [-OTs] in einer trans-Stellung vor, so daß die E2-Reaktion zum 3-Methylcyclohexen ablaufen kann.

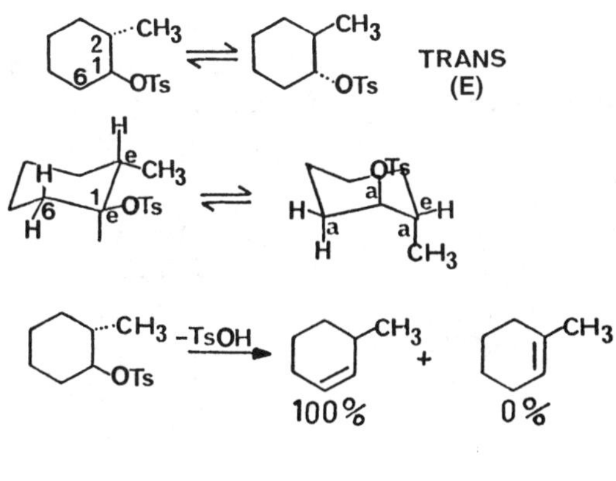

* Beim **Z-2-Methylcyclohexyltosylat** nimmt die voluminöse Tosylgruppe im energiereicheren Konformer die axiale Position ein (vgl. auch Kap. 3.3.6.3). Sowohl an C-2 als auch C-6 befindet sich ein koplanares, trans-ständiges H-Atom, so daß Hofmann- und Saytzew-Produkt gebildet werden. Im Reaktionsgemisch überwiegt erwartungsgemäß mit 64% das Saytzew-Produkt.

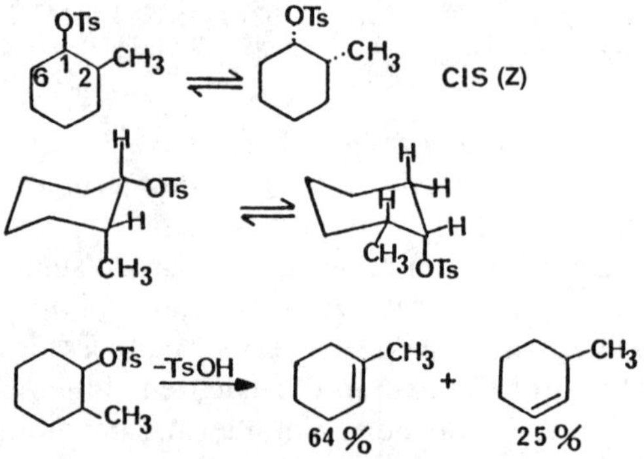

* Bei der bimolekularen Eliminierung aus **Menthylchlorid** oder **Menthyltosylat**, in dem die Isopropyl-Gruppe und der Tosylat-Rest bzw. das Chloratom trans-ständig angeordnet sind, entsteht ausschließlich **2-Menthen**.

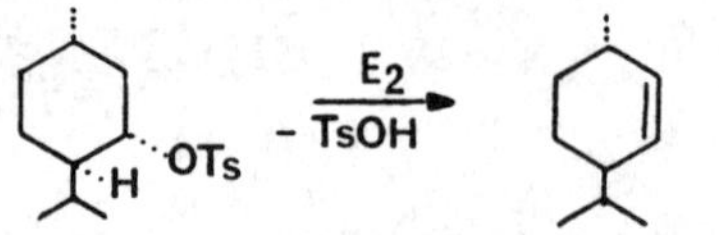

2-Menthen

Dagegen bildet sich unter E2-Bedingungen bei dem in diesen Positionen cis-konfigurierten **Neomenthylchlorid** in Gegenwart von Alkoholaten **2-Menthen** und **3-Menthen**. Als Saytzew-Produkt entsteht hauptsächlich 3-Menthen.

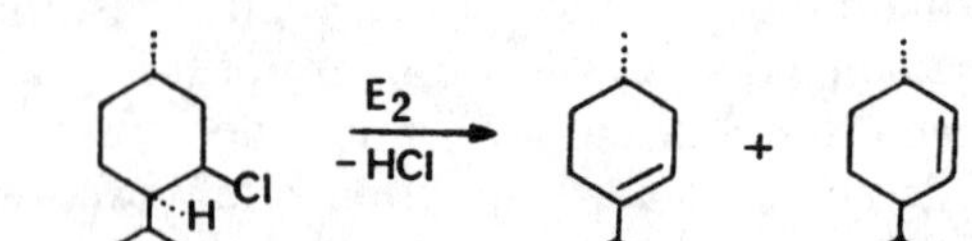

Neomenthylchlorid 75 % Saytzew 25 % Hofmann

Abschließend sei noch darauf hingewiesen, daß *Ausnahmen* für die *Barton-Regel* existieren und die Eliminierung aus cyclischen Ringsystemen auch als *syn-Elimination* ablaufen kann, insbesondere dann, wenn dabei konjugierte Systeme gebildet werden.

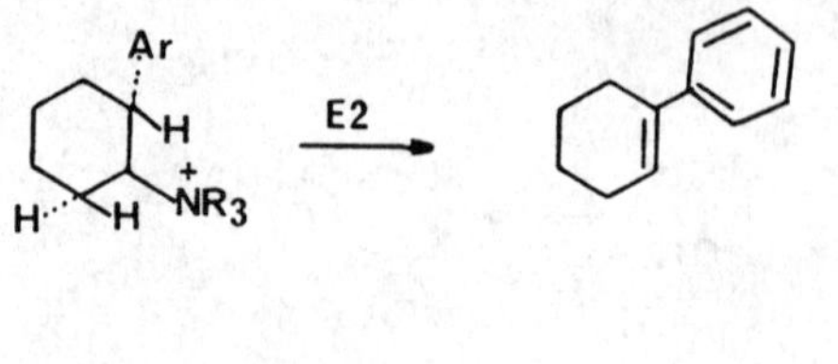

3.2.10.7 Thermische (pyrolytische) Cis-Eliminierungen

Von zahlreichen Verbindungen, bei deren Pyrolyse ein Eliminierung eintritt, reagieren zumindest drei Substanzklassen nach einem *monomolekularen* und *synchronen Mechanismus* über einen *cyclischen Übergangszustand:*

– *Carbonsäureester (Esterpyrolyse)*

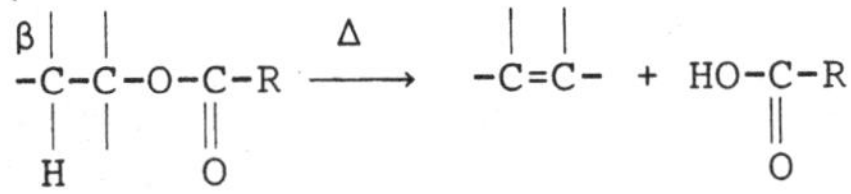

– *Xanthogenate (Tschugaew-Reaktion)*

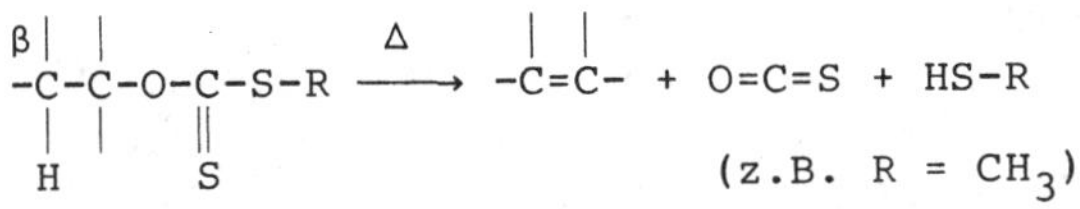

– *Trialkylaminoxide (Cope-Reaktion)*

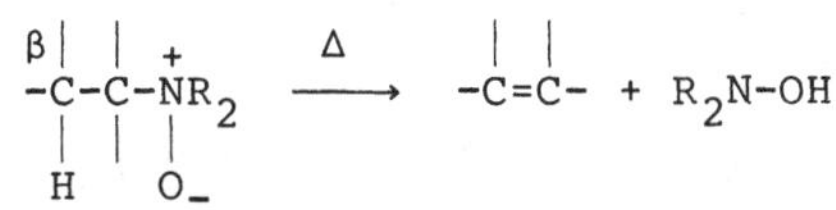

Die *Tendenz zur Thermolyse* nimmt in folgender Reihe ab:

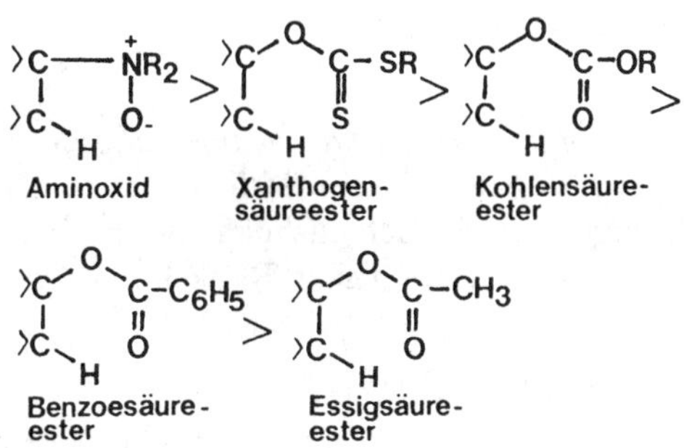

Die auch als *intramolekulare Eliminierungen* (**E**$_i$) bezeichneten Reaktionen verlaufen *stereospezifisch* als *syn-Elimination*, weil im cyclischen Übergangszustand der Wasserstoff am β-C-Atom sowie die Abgangsgruppe an C_α eine syn-periplanare Position einnehmen. Im cyclischen Übergangszustand erfolgen Bindungsbruch und Bindungsbildung nahezu gleichzeitig *(konzertiert)*.

Cope-Eliminierung von tertiären Aminoxiden

Sie läuft unter relativ milden Bedingungen ab. Als Produkte entstehen ein Alken und ein N.N-Dialkylhydroxylamin-Derivat.

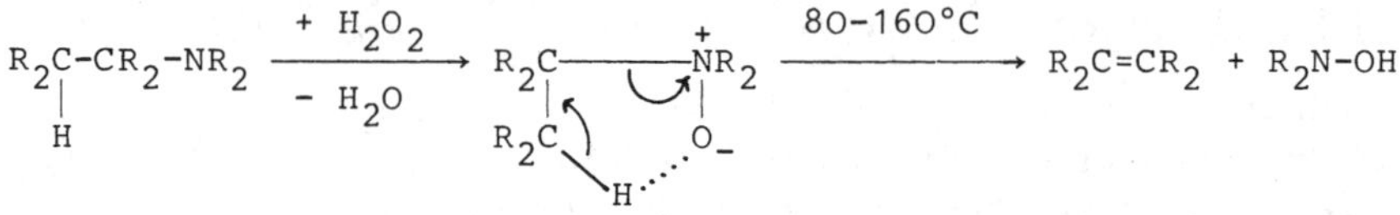

tert. Amin — Aminoxid — Alken — N.N-Dialkylhydroxylamin

Die Cope-Elimination zeigt von allen E_i-Reaktionen die höchste Cis-Selektivität, eine Folge des nahezu planaren fünfgliedrigen Übergangszustandes. Aufgrund des stereospezifischen Ablaufs erhält man je nach der Konfiguration des Eduktes das E- bzw. das Z-Alken.

Tschugaew-Reaktion von Xanthogenaten

Hierbei wird aus einem Alkoholat und Schwefelkohlenstoff [CS_2] zunächst das Alkalisalz eines sauren Xanthogenats hergestellt. Dieses wird in situ mit Alkylhalogeniden in einen *Xanthogensäureester* (Xanthogensäure-O-alkyl-S-alkylester) umgewandelt, der anschließend pyrolytisch gespalten wird.

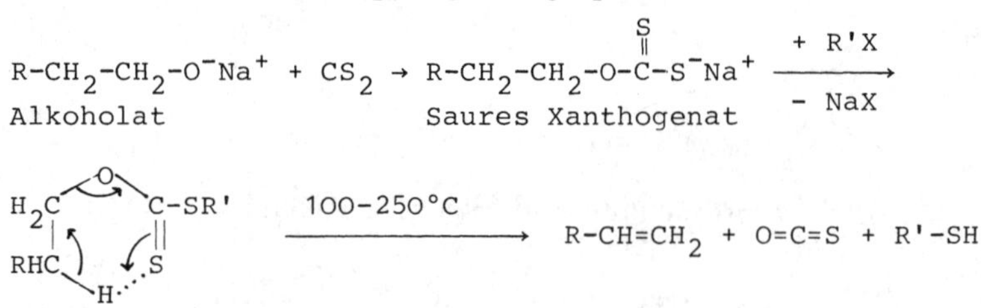

Alkoholat — Saures Xanthogenat — Xanthogensäureester

Die *Thermolyse von Xanthogenaten und Carbonsäureestern* durchlaufen einen sechsgliedrigen Übergangszustand. Dieser ist flexibler als ein fünfgliedriger. Die Eliminierung kann deshalb partiell auch aus nicht syn-periplanaren Anordnungen erfolgen, so daß die *Cis-Selektivität* dieser Reaktionen *geringer* ist als die der Cope-Eliminierung.

Thermolyse von Carbonsäureestern (Esterpyrolyse)

Erhitzt man Carbonsäureester, deren Alkoholkomponente ein β-H-Atom enthält, auf Temperaturen von 300–550 °C, so tritt eine Spaltung in ein *Alken* und die betreffende *Carbonsäure* ein.

Die Reaktion besitzt präparatives Interesse zur Herstellung von **1-Alkenen** aus *primären Alkoholen* über die leicht zugänglichen *Alkylacetate (Essigsäureester).* Ester von sekundären und tertiären Alkoholen führen meistens zu Produktgemischen, deren Zusammensetzung statistisch bestimmt ist. So erhält man z. B. bei der Pyrolyse von **2-Butylacetat** als Reaktionsprodukte 51% **1-Buten** und 49% **2-Buten**.

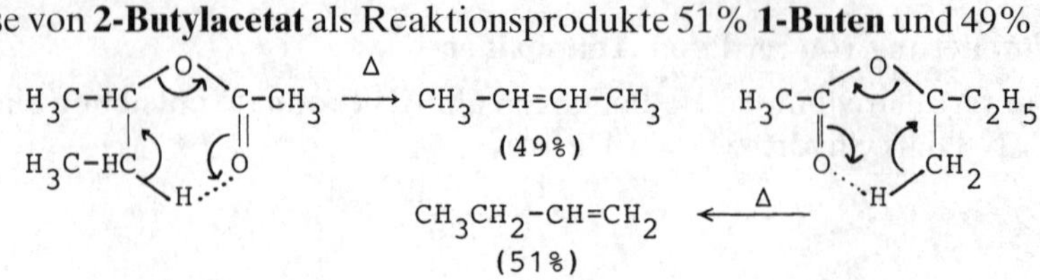

Nach demselben cyclischen Mechanismus verläuft auch die *Decarboxylierung* von substituierten **Malonsäuren** und **β-Ketosäuren** (vgl. Kap. 3.13.3). In beiden Fällen entsteht zunächst ein *Enol*, das sofort zum energieärmeren Keton tautomerisiert. Kann das entstehende Keton nicht enolisieren, ist die Ausgangsketosäure stabil.

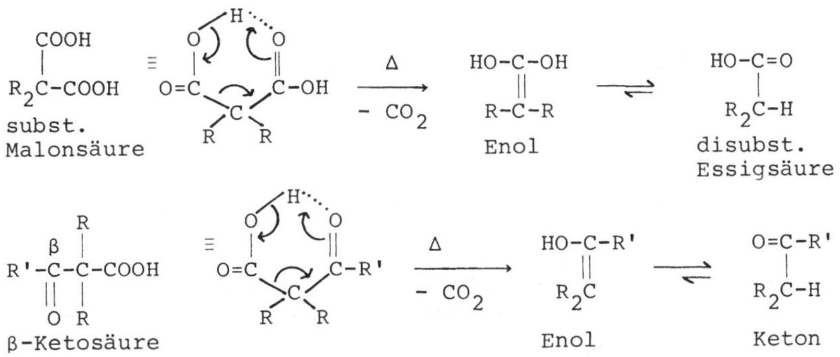

Additionen

3.2.11 Elektrophile Addition an C,C-Mehrfachbindungen

C,C-Mehrfachbindungen in *Alkenen* und *Alkinen* sind leicht polarisierbar und zeichnen sich je nach den gewählten Bedingungen durch ihre Bereitschaft für *elektrophile, nucleophile* oder *radikalische Additionsreaktionen* aus [vgl. **MC-Frage Nr. 94**].

Durch die Anhäufung von π-Elektronen ober- und unterhalb der C=C-Bindungsachse besitzen Alkene eine hohe negative Ladungsdichte und lagern als *Lewis-Basen* vorzugsweise elektrophile Reagenzien (Lewis-Säuren) an. Die **A_E-Reaktion**, der wichtigste Reaktionstyp von Alkenen, kann somit als eine Lewis-Säure /Base-Reaktion aufgefaßt werden [vgl. **MC-Frage Nr. 96**].

Die *Addition von Elektrophilen* gelingt umso leichter, je basischer (nucleophiler) das Alken ist. Deshalb steigern *+M/+I-Substituenten* die *Reaktivität* von Alkenen gegenüber Elektrophilen, weil sie die negative Ladungsdichte des Substrats erhöhen. *-M/-I-Substituenten* setzen hingegen die Basizität eines Alkens und somit seine Reaktionsfähigkeit gegenüber elektrophilen Reagenzien herab. Solche Substanzen sind auch nucleophil angreifbar (vgl. Kap. 3.2.12).

Aufgrund der erwähnten Effekte steigt die *Basizität von Doppelbindungssystemen* und somit die Leichtigkeit zur elektrophilen Addition in folgender Reihe an:

$$Cl\text{-}CH{=}CH_2 < HOOC\text{-}CH{=}CH_2 < CH_2{=}CH_2 < Alk\text{-}CH{=}CH_2$$
$$< (Alk)_2C{=}CH_2 < Alk\text{-}CH{=}CH\text{-}Alk < (Alk)_2C{=}C(Alk)_2$$

(Alk= Alkylrest)

Darüber hinaus nimmt die Reaktivität für einen elektrophilen Angriff mit steigender Acidität des Reagenzes zu, so daß Alkene z. B. mit *Halogenwasserstoffsäuren* in der Reihe **HF < HCl < HBr < HI** zunehmend leichter reagieren. Zusätzlich erhöhen *elektrophile Katalysatoren* (Lewis-Säuren wie $AlCl_3$, $ZnCl_2$, BF_3) die Bereitschaft zur Anlagerung.

Im allgemeinen verlaufen Additionsreaktionen *exotherm* und zugleich auch *exergonisch,* weil diese Prozesse mit einer Zunahme an Bindungsenergie verbunden sind (aus einer „schwachen“ Doppelbindung entstehen zwei neue Einfachbindungen).

```
 | |            | |
-C=C- + H-X → H-C-C-X     [ΔH = negativ]
                | |
```

Tabelle 18 enthält in zusammengefaßter Form die wichtigsten elektrophilen Additionsreaktionen an Alkenen [vgl. **MC-Fragen Nr. 98, 99**]. Die präparativen Aspekte einiger Reaktionen werden im Kap. 3.5.4 behandelt.

3.2.11.1 Elektrophile Addition von Protonsäuren

Die *Addition starker Protonsäuren* [Halogenwasserstoffe, Wasser/Schwefelsäure] an Alkene verläuft nach einem gleichartigen Mechanismus. Im geschwindigkeitsbestimmenden Primärschritt erfolgt durch Protonenübertragung die *direkte* Bildung eines Carbeniumions, das sich anschließend rasch mit einem nucleophilen Reaktionspartner absättigt.

```
 | |         langsam     + |     schnell     | |
-C=C- + H+  <=======>   -C-C-H  <=======>  X-C-C-H
                         | |      + X-       | |

Edukt                Carbeniumion          Produkt
```

Beweisend für das Auftreten eines intermediären, ebenen Carbeniumions ist:

- die in bestimmten Fällen beobachtete Bildung *cis- und trans-konfigurierter Addukte* nebeneinander. Die Addition von Protonsäuren an Alkene verläuft *nicht stereospezifisch.*
- die Bildung von *umgelagerten Produkten.*

Beispielsweise liefert die Anlagerung von HCl an **3,3-Dimethyl-1-buten** neben dem erwarteten **2-Chlor-3,3-dimethylbutan** hauptsächlich **2-Chlor-2,3-dimethylbutan**. Dessen Bildung kann durch eine *Wagner-Meerwein-Umlagerung* des zunächst gebildeten sekundären Carbeniumions in ein tertiäres erklärt werden.

Tab. 18: Additionsreaktionen an C=C-Doppelbindungen [Substrat: $RCH{=}CR_2$]

Reagenz	Produkt		Reaktion	Kapitel
H-X (X = Halogen)	$-CH_2-\overset{\vert}{\underset{\vert}{C}}-X$	Alkylhalogenid	Anlagerung von Halogenwasserstoff-säuren	3.7.2.1
H_2SO_4	$-CH_2-\overset{\vert}{\underset{\vert}{C}}-OSO_3H$	Alkylsulfat	Anlagerung von Schwefelsäure	3.9.3.1
H_2O/H_2SO_4	$-CH_2-\overset{\vert}{\underset{\vert}{C}}-OH$	Alkohol	Saure Hydratisierung	3.5.4
ROH/H_2SO_4	$-CH_2-\overset{\vert}{\underset{\vert}{C}}-OR$	Ether	Addition von Alkoholen	3.9.6.1
$RX/AlCl_3$	$-CHR-\overset{\vert}{\underset{\vert}{C}}-X$	Alkylhalogenid	Anlagerung von Alkylhalogeniden	3.7.2.1
X_2	$-CHX-\overset{\vert}{\underset{\vert}{C}}-X$	vicinales Dihalogenid	Addition von Halogenen oder Interhalogenen	3.2.11.3
XOH	$-CHX-\overset{\vert}{\underset{\vert}{C}}-OH$	Halogenhydrin	Add. von Unterhalogenigen Säuren	3.2.11.4
RCO_3H	$-\underset{\diagdown O \diagup}{CH-\overset{\vert}{C}}-$	Epoxid (Oxiran)	Epoxidation, Prileschajew-Reaktion	3.2.18.3
RCO_3H/H^+ od. H_2O_2/HO^-	$-CH-OH$ $HO-\overset{\vert}{\underset{\vert}{C}}-$	trans-Glycol	Hydroxylierung von Alkenen	3.2.18.3
MnO_4^- od. OsO_4	$-CH-OH$ $-\overset{\vert}{\underset{\vert}{C}}-OH$	cis-Glycol		
1) B_2H_6 2) H_2O_2/HO^-	$-\underset{\vert \atop OH}{CH}-\overset{\vert}{CH}-$	Alkohol	Hydroborierung	3.5.4
H_2/Kat.	$-CH_2-\overset{\vert}{CH}-$	Alkan	kat. Hydrierung	3.2.19.1

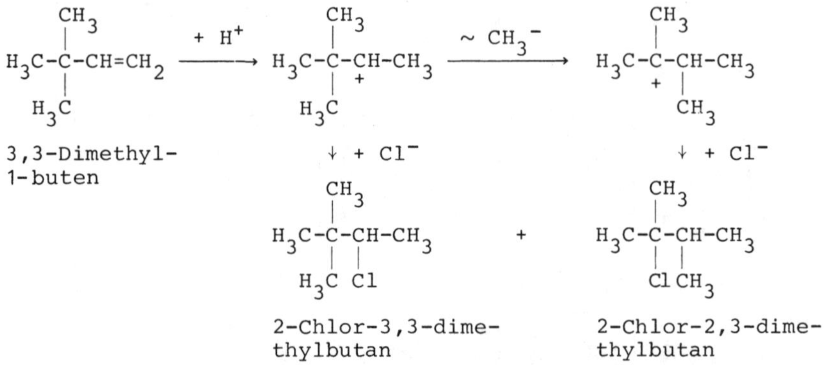

Die frühere Annahme, daß dem Carbeniumion eine lockere Wechselwirkung des Protons mit den π-Elektronen der Doppelbindung unter Bildung eines *π-Komplexes* vorgelagert ist, kann nach jüngsten Befunden nicht länger aufrechterhalten werden. Allerdings deuten einige experimentelle Ergebnisse darauf hin, daß bei unverzweigten, sterisch wenig gehinderten Alkenen die Addition von Halogenwasserstoffen auch über einen „trimolekularen" Übergangszustand ablaufen kann, an dem ein Alkenmolekül sowie zwei HX-Moleküle beteiligt sind. Dieser „trimolekulare" Mechanismus führt bevorzugt zu *anti-Produkten.*

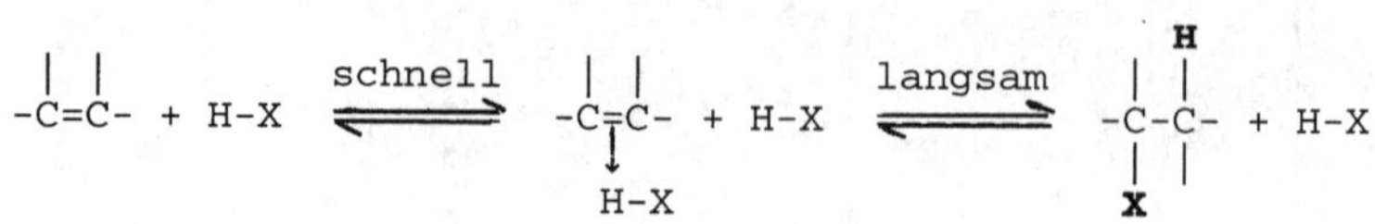

Ist hingegen die olefinische Doppelbindung wie bei **Styren-Derivaten** zu einem Phenylrest konjugiert, der das intermediäre Carbeniumion stabilisieren kann, so beobachtet man vorwiegend *syn-Additionsprodukte.*

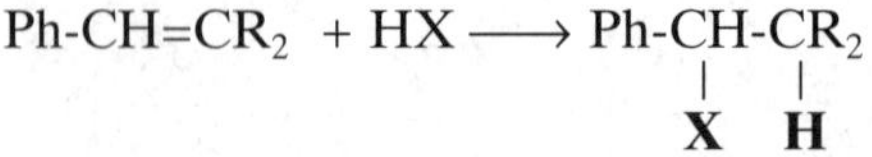

C≡C-Dreifachbindungen werden ebenfalls von Halogenwasserstoffsäuren angegriffen. Es bilden sich *überwiegend trans-Addukte.*

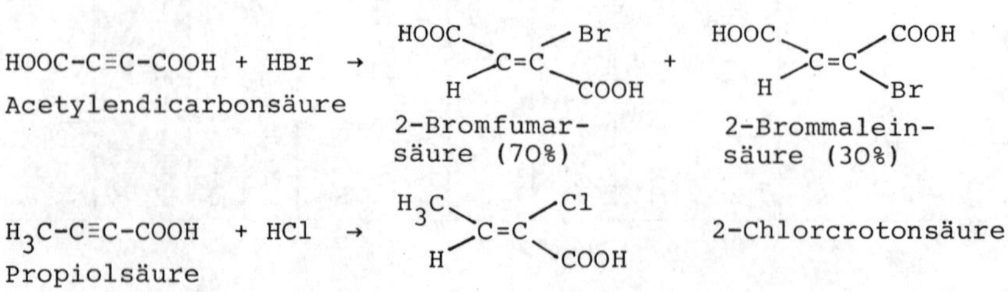

Obwohl die Elektronendichte einer C≡C-Dreifachbindung größer ist als die einer C=C-Doppelbindung und darüber hinaus elektrophile Additionen an *Alkine* stärker exotherm verlaufen als an Alkene, sind Acetylen-Derivate in der Regel gegenüber Elektrophilen *reaktionsträger* als Alkene [vgl. **MC-Frage Nr. 100**]. Diese Anomalie hat ihre Ursache in der unterschiedlichen Stabilität der intermediär entstehenden Carbeniumionen.

$$R\text{-}C{\equiv}CH + H^+ \rightarrow R\text{-}\overset{+}{C}{=}CH_2 \qquad \text{Vinyl-Kation}$$

$$R\text{-}CH{=}CH_2 + H^+ \rightarrow R\text{-}\overset{+}{C}H\text{-}CH_3 \qquad \text{Alkyl-Kation}$$

Vinyl-Kationen sind im allgemeinen wesentlich instabiler als Alkyl-Kationen, so daß sie nur schwer gebildet werden.

3.2.11.2 Regioselektivität der Addition [Markownikow-Regel]

Bei *unsymmetrischen Alkenen* kann die Addition im Prinzip in zwei Richtungen erfolgen.

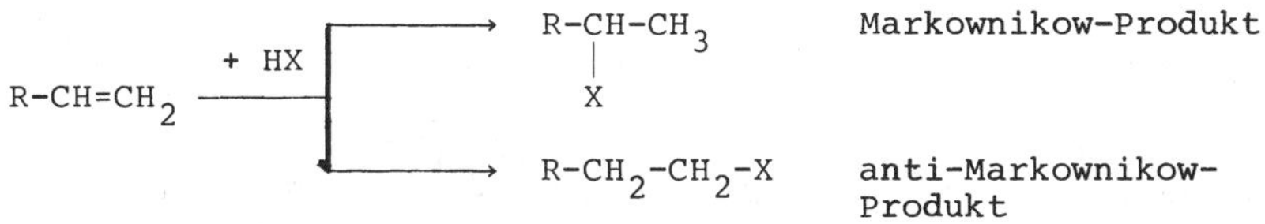

Zum Beispiel sind bei der HCl-Anlagerung an **Propen** die beiden folgenden *Additionsrichtungen* denkbar [vgl. **MC-Fragen Nr. 104, 106, 107, 108, 366**].

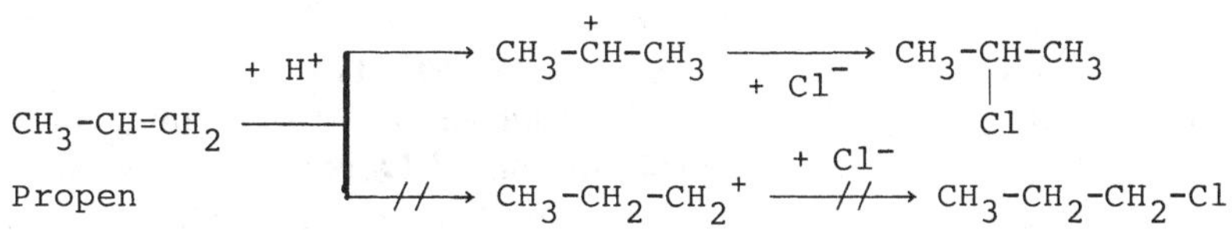

Bei der einleitenden Anlagerung des Protons, die die Orientierung der elektrophilen Addition bestimmt, wird bevorzugt das *stabilere Carbeniumion* gebildet, während das Nucleophil (X) vom stärker substituierten C-Atom gebunden wird [vgl. **MC-Frage Nr. 97**]. Dies erklärt auch die bevorzugte Bildung von **tert. Butylbromid** bei der HBr-Anlagerung an **Isobuten** [vgl. **MC-Frage Nr. 105**].

$$(CH_3)_2C{=}CH_2 + HBr \longrightarrow (CH_3)_3C\text{-}Br$$

Markownikow-Regel: Bei A_E-Reaktionen von Protonsäuren an unsymmetrisch substituierte Alkene tritt das H-Atom an das wasserstoffreichste C-Atom der Doppelbindung. Die Addition verläuft somit regiospezifisch. Die Markownikow-Regel gilt nicht für nucleophile und radikalische Additionen an Alkene.

Die Regel läßt sich sinngemäß auch auf Wasser, Hypohalogenige Säuren und Interhalogene erweitern. Jedoch treten bisweilen Abweichungen auf, die z.Z. noch nicht voll befriedigend zu erklären sind [vgl. **MC-Frage Nr. 124**].

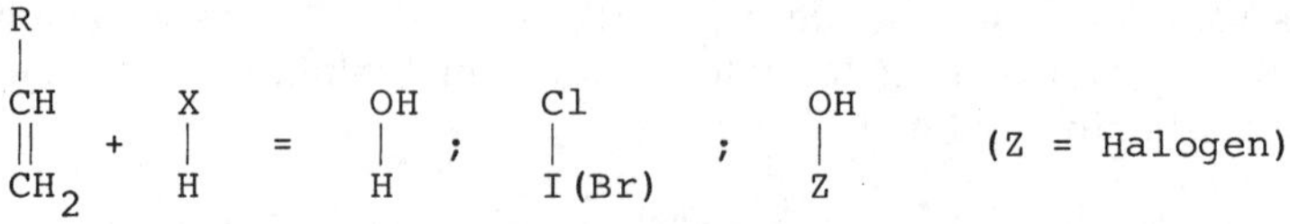

Können bei einem Substrat zwei Carbeniumionen vergleichbarer Stabilität gebildet werden, dann erhält man bei elektrophilen Additionen an unsymmetrischen Alkenen stets Produktgemische. Wird die relative Stabilität des Carbeniumions aber nicht ausschließlich durch den +I-Effekt von Alkylgruppen bestimmt, so ist auch eine *anti-Markownikow-Orientierung* möglich.

Zum Beispiel erhält man bei der Anlagerung von HCl an **Acrylsäure** bzw. an **1,1,1-Trifluor-2-propen** als alleinige Reaktionsprodukte **β-Chlorpropionsäure** bzw. **1,1,1-Trifluor-3-chlorpropan**. In beiden Fällen sind die zum anti-Markownikow-Produkt führenden Carbeniumionen als Folge des starken -I-Effektes der COOH- bzw. CF_3-Gruppe thermodynamisch stabiler.

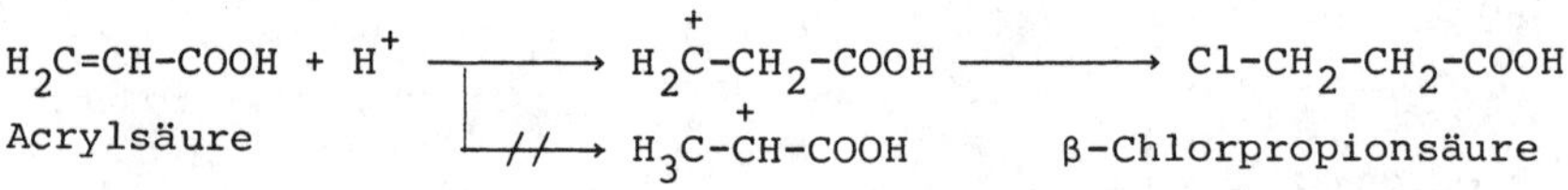

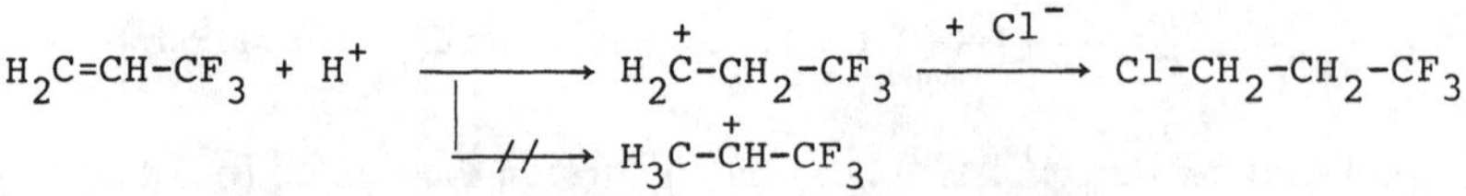

Eine anti-Markownikow-Orientierung wird gleichfalls beobachtet bei der Anlagerung von Protonsäuren an **Acrolein** [H_2C=CH-CH=O] oder **Crotonsäure** [H_3C-CH=CH-COOH] [vgl. **MC-Fragen Nr. 106, 107, 114**].

An *Vinylsystemen,* wie z. B. beim **Vinylchlorid**, verläuft die Addition von HCl gemäß der Markownikow-Regel unter Bildung von **1,1-Dichlorethan**, weil das Chloratom durch seinen +M-Effekt das intermediäre Carbeniumion stabilisieren kann. Der gleichzeitig wirksame -I-Effekt des Cl-Atoms äußert sich in der im Vergleich zu Ethen herabgesetzten Additionsgeschwindigkeit [vgl. **MC-Frage Nr. 107**].

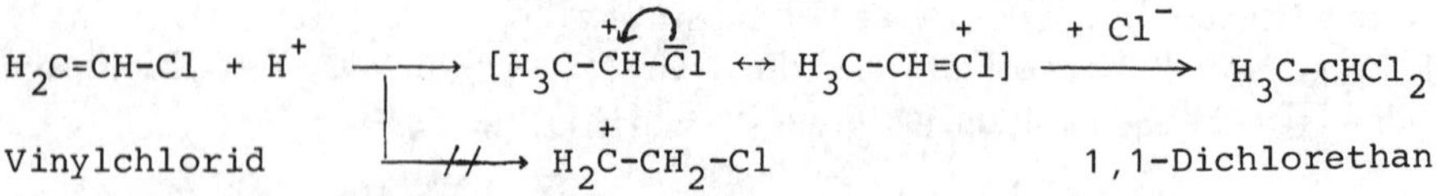

3.2.11.3 Elektrophile Addition von Halogenen

Die Halogenaddition ist eine der wichtigsten Reaktionen von Alkenen. Sie läuft auch ohne Zusatz von Katalysatoren rasch ab und dient als einfache *Nachweisreaktion* von C=C-Doppelbindungen *[Entfärben von Bromwasser]*. Nur einige sterisch gehinderte Alkene wie z. B. **Tetraphenylethen** [$(C_6H_5)_2C=C(C_6H_5)_2$] und manche vinyloge Carbonylverbindungen [R-CH=CH-CH=O] reagieren langsam oder überhaupt nicht. Die Reaktion gehorcht im allgemeinen einem **Zeitgesetz 2. Ordnung**.

RG = k · [Alken] · [Halogen]

Fluor reagiert aufgrund der hohen Bindungsenergie der resultierenden C-F-Bindung am heftigsten. Dies führt oft zu einem Abbau des C-Gerüstes. Die Anlagerung von *Iod* ist aus sterischen Gründen erschwert (voluminöse Atome) und verläuft zudem reversibel, so daß vor allem die *Chlorierung* und *Bromierung von Alkenen* präparatives Interesse besitzen.

Über den exakten Reaktionsmechanismus der polaren Halogenaddition besteht noch keine völlige Klarheit. Man vermutet, daß die Reaktion *zweistufig* und wahrscheinlich über ein **Halogenoniumion** als *Zwischenprodukt* abläuft.

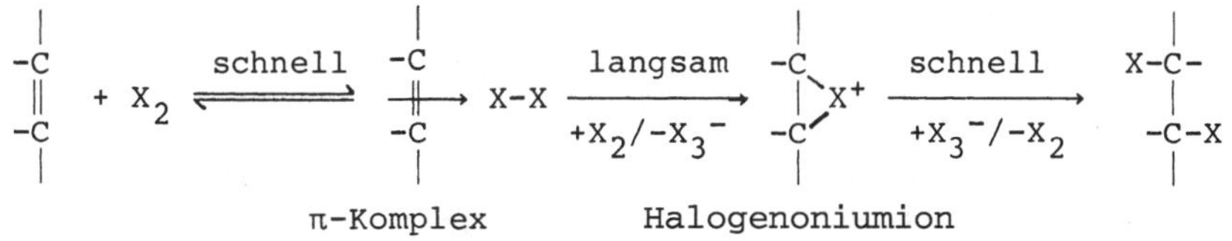

Für einen Zweistufenmechanismus sprechen folgende Befunde:

- Führt man die *Halogenaddition in Gegenwart nucleophiler Reagenzien* (Y^-) [NO_3^-, Cl^-, H_2O u. a.] durch, so findet man neben dem erwarteten vicinalen 1,2-Dihalogenid auch Reaktionsprodukte, die ein anderes Nucleophil enthalten.

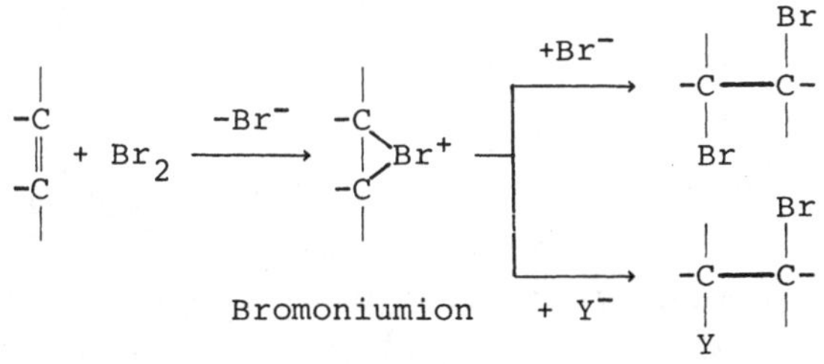

Addiert man beispielsweise Halogene in *wäßriger Lösung* an Alkene, so treten auch *Halogenhydrine* als Nebenprodukte auf.

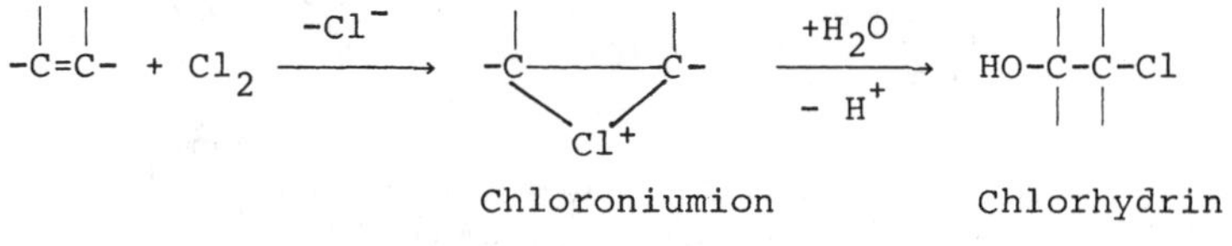

Die erreichbaren Ausbeuten an Halogenhydrinen sind allerdings gering, so daß man zu ihrer Darstellung zweckmäßigerweise die direkte Addition Hypohalogeniger Säuren vorzieht.

- Das cyclische *Halogenoniumion* hat einen wesentlichen Einfluß auf die *Stereochemie der Halogenaddition*. Untersuchungen an *Cycloalkenen* oder *prochiralen Alkenen* zeigen, daß die Anlagerung von Halogenen *stereospezifisch* als **trans-Addition** *(anti-Addition)* abläuft.

Zum Beispiel liefert die **Bromierung von Cyclohexen trans-1,2-Dibromcyclohexan**, wobei von den beiden möglichen trans-Formen primär das diaxiale Produkt gebildet wird, das allerdings sofort in das stabilere diäquatoriale Konformer übergeht.

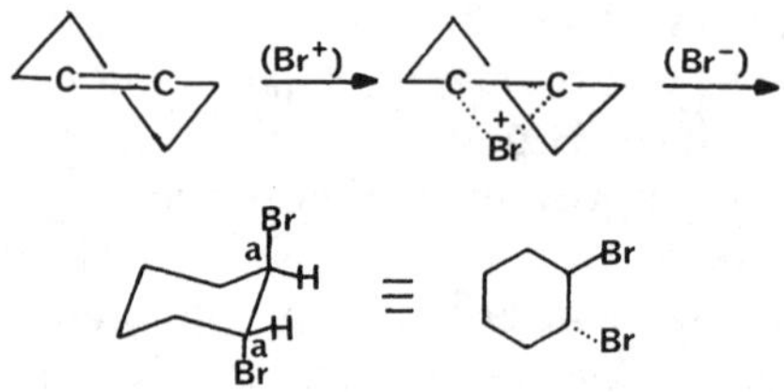

Die Addition von Brom an **Maleinsäure** führt zu (racemischer) **D,L-2,3-Dibrombernsteinsäure**.

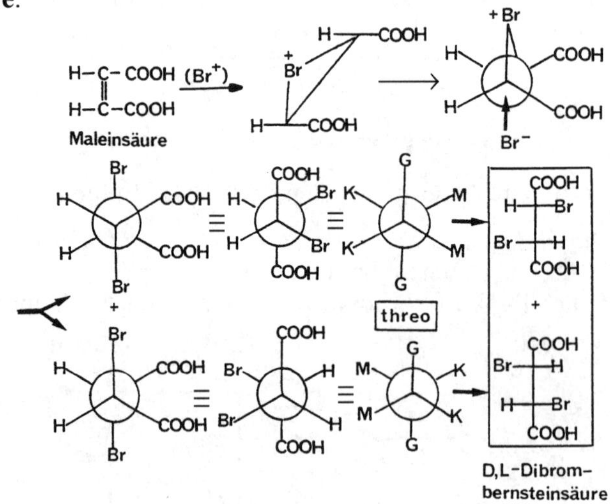

Fumarsäure und ihre Ester reagieren dagegen mit Brom zu **meso-2,3-Dibrombernsteinsäure** [vgl. **MC-Fragen Nr. 109–113**].

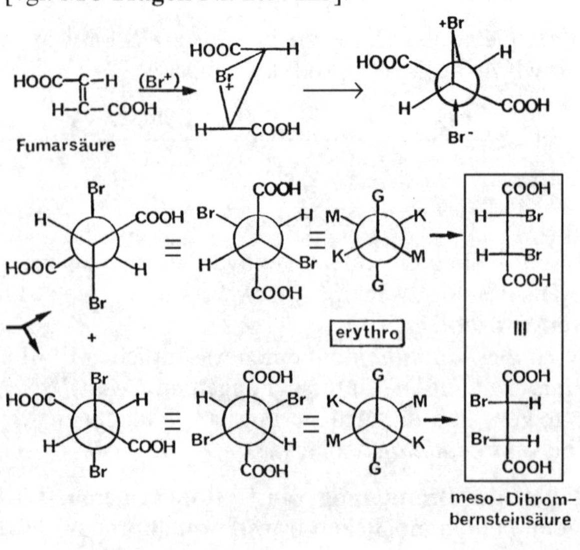

In analoger Weise erhält man bei der Bromaddition an **cis-2-Buten** ausschließlich **racemisches 2,3-Dibrombutan**, während **trans-2-Buten** zu **meso-2,3-Dibrombutan** reagiert.

Die stereospezifische *anti-Addition* beweist ebenfalls den Zweistufenmechanismus und spricht für das Auftreten eines cyclischen Halogenoniumions, weil dieses im nachfolgenden Schritt vom nucleophilen Halogenid-Ion *nur* von der *Rückseite* her angegriffen werden kann, wobei zwangsläufig das trans-Produkt gebildet wird.

Auch die Addition von *Unterchloriger Säure* an Alkene, die zu *Chlorhydrinen* führt, verläuft als trans-Addition. Die Anlagerung von *Chlor* an Alkene ist jedoch *weniger selektiv* als die von Brom. Darüber hinaus ist die trans-Stereoselektivität immer dann verringert, wenn Strukturelemente des Moleküls ein Carbeniumion stabilisieren können. Ein Beispiel hierfür ist die Addition von Brom an **trans-1-Phenylpropen**.

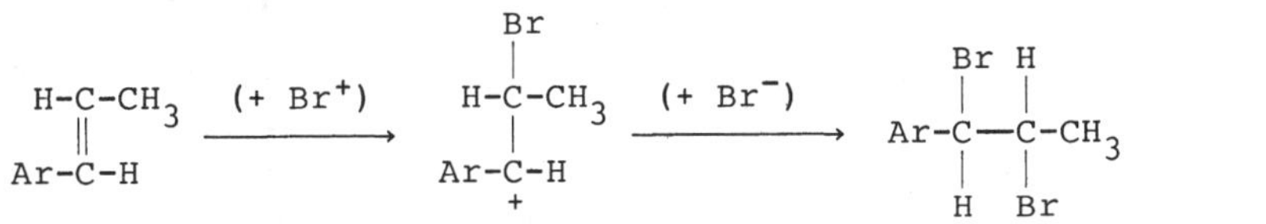

E-1-Phenylpropen "Benzyl-Kation" 70% trans-Addition 30% cis-Addition

Hier ist die Bildung eines mesomeriestabilisierten **Benzyl-Kations** für die geringere Trans-Selektivität verantwortlich. Auch bestimmte Lösungsmitteleinflüsse können zur Stabilisierung der Carbeniumion-artigen Struktur und dadurch zu einer verringerten Trans-Selektivität beitragen.

Die elektophile Addition von Chlor und Brom an Alkene verläuft *stereoselektiv* und *stereospezifisch.* Sie ist völlig stereoselektiv, weil aus einem gegebenen Alken nur ein Diastereomer (bzw. ein Enantiomerenpaar) gebildet wird. Sie ist stereospezifisch, weil die Stereochemie des Additionsproduktes von der Geometrie des Eduktes abhängt. Die Bromaddition an Alkene verläuft als anti-Addition.

Abschließend ist noch darauf hinzuweisen, daß sich bestimmte Additionsreaktionen wie z. B. die *Bis-Hydroxylierung* von Alkenen mit $KMnO_4$ oder OsO_4 Kap. 3.2.18.3, die *katalytische Hydrierung* Kap. 3.2.19.1 sowie die *Epoxidierung* Kap. 3.2.18.3 durch eine hohe *Cis-Selektivität* auszeichnen. Auch die *Hydroborierung* von Alkenen erfolgt stereospezifisch als *syn-Addition* (vgl. Kap. 3.5.4).

3.2.11.4 Addition von Unterhalogenigen Säuren an Alkene

Der Mechanismus dieser Reaktion ist noch nicht in allen Einzelheiten geklärt. Aufgrund der Analogie zur Trans-Selektivität der Bromaddition deutet manches auf die Beteiligung von *Halogenoniumionen* hin. Allerdings häufen sich die Befunde, daß in manchen Fällen auch halogenierte, „klassische" Carbeniumionen auftreten.

Bei der Anlagerung von Unterhalogenigen Säuren an unsymmetrische Alkene greift das Halogen an dem Kohlenstoffatom der C=C-Doppelbindung an, das die größere Anzahl von Wasserstoffatomen besitzt [vgl. **MC-Frage Nr. 124**].

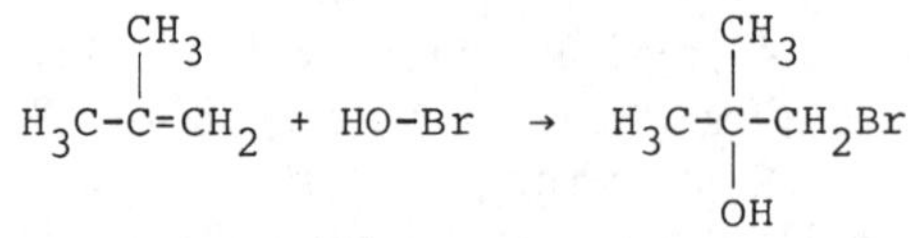

Isobuten 1-Brom-2-methyl-propan-2-ol

3.2.11.5 Elektrophile Addition an konjugierte Diene

A_E-Reaktionen an Dienen laufen unter den gleichen Bedingungen und nach dem gleichen Mechanismus ab wie an Alkenen. *1,3-Diene* sind jedoch infolge der Resonanzstabilisierung ihres konjugierten π-Elektronensystems weniger reaktionsfähig als Alkene (vgl. auch Kap. 3.1.9.2). Zudem erhält man bei der elektrophilen Addition an Diene häufig Gemische zweier unterschiedlicher Produkte, dem sog. *1,2-* und *1,4-Addukt.* Ist das Dien unsymmetrisch gebaut, so können darüber hinaus zwei verschiedene 1,2-Additionsprodukte gebildet werden.

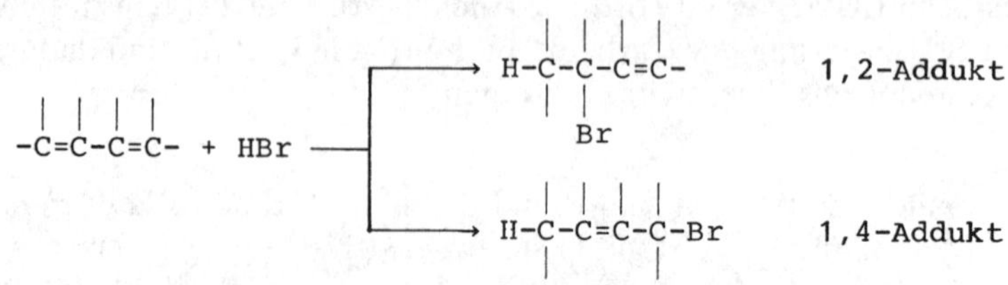

Der Primärschritt der Reaktion führt auch hier zur Bildung eines Carbeniumions. Dabei erfolgt der Angriff des Elektrophils immer an einem endständigen C-Atom des konjugierten Systems, weil sich dadurch ein mesomeriestabilisiertes **Allyl-Kation** bilden kann. Die A_E -Reaktion an Diene folgt somit der *Markownikow-Regel.* Das Allyl-Kation reagiert anschließend mit Nucleophilen zu einem Produktgemisch, das typisch für Allyl-Systeme ist.

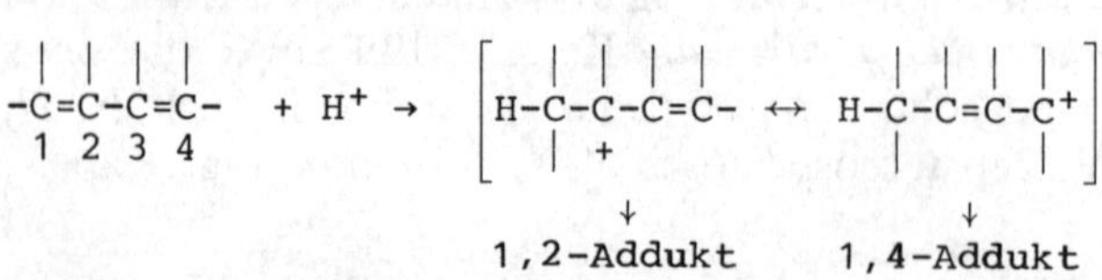

Das *Mengenverhältnis,* in dem beide Produkte entstehen, hängt von den gewählten Reaktionsbedingungen ab. Bei niedrigen Temperaturen in unpolaren Lösungsmitteln überwiegt das 1,2-Addukt. Bei höheren Temperaturen in polaren Medien sowie bei längeren Reaktionszeiten dominiert die 1,4-Verbindung. Zum Beispiel bildet sich bei der Anlagerung von Chlor an **1,3-Butadien** in einem polaren Lösungs-

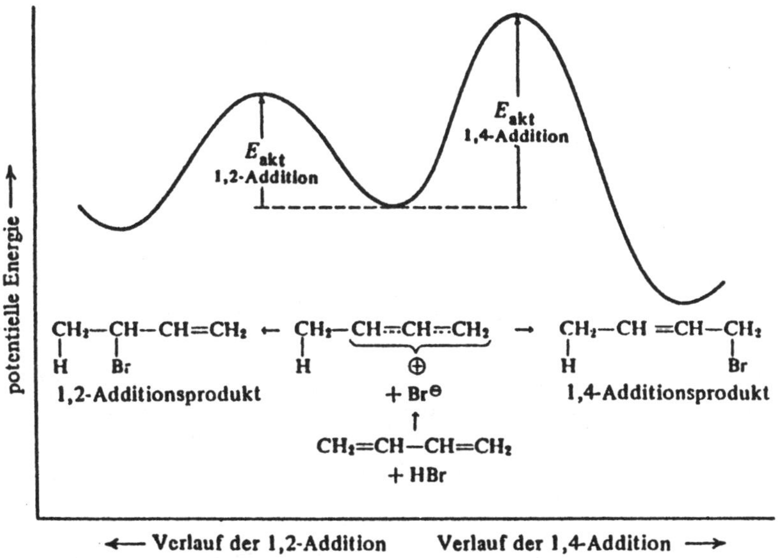

Abb. 54: Energiediagramm der elektrophilen Addition an konjugierte Diene

mittel vor allem **trans-1,4-Dichlor-2-buten** und nur etwas an vicinalem Dihalogenid.

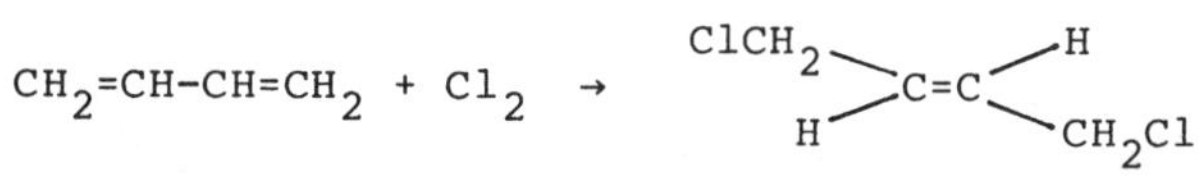

1,4-Dichlor-2-buten

Wie das Reaktionsdiagramm in Abb. 54 ausweist, ist die *Aktivierungsenergie* für die 1,2-Addition geringer als für den 1,4-Prozeß, so daß sich das 1,2-Addukt rascher bildet. Die *1,2-Addition* an Diene ist *kinetisch kontrolliert.* Demgegenüber ist die 1,4-Verbindung aufgrund der höher substituierten C=C-Doppelbindung thermodynamisch stabiler. Der *1,4-Prozeß* verläuft somit *thermodynamisch gesteuert* [vgl. **MC-Fragen Nr. 101–103** und Ehlers, **Chemie I-Kurzlehrbuch**, Kap. 1.14].

Bei kinetisch kontrollierten Additionen wird die Produktzusammensetzung durch die relativen Geschwindigkeiten der Anlagerung des nucleophilen Teilchens an die beiden positivierten Reaktionszentren des Diens bestimmt. Bei thermodynamischer Reaktionskontrolle hängt das Mengenverhältnis der Addukte von der Gleichgewichtslage der beiden Isomeren ab.

Wie bereits ausgeführt, erfolgt bei A_E -Reaktionen an unsymmetrisch substituierten Dienen bzw. mit unsymmetrischen Reagenzien die Anlagerung des Elektrophils (z. B. eines Protons) stets an einem endständigen C-Atom des konjugierten Systems, wobei vorzugsweise das terminale C-Atom angegriffen wird, das zum stabileren Carbeniumion führt.

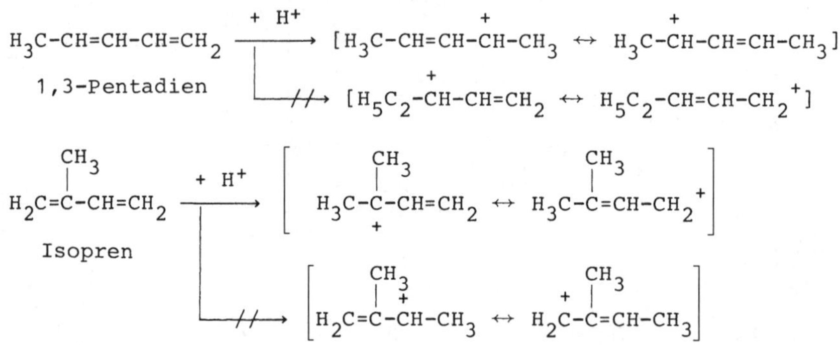

Auch bei der *katalytischen Hydrierung* (vgl. Kap. 3.2.19.1) von Dienen konkurrieren 1,2- und 1,4-Addition miteinander, während die *Epoxidation* (vgl. Kap. 3.2.18.3) ausschließlich zum 1,2-Epoxid (Oxiran) führt. Die säurekatalysierte Hydratisierung von Dienen spielt präparativ keine Rolle.

3.2.12 Nucleophile Addition an C,C-Mehrfachbindungen

Prinzipiell ist auch ein nucleophiler Angriff an eine C,C-Mehrfachbindung denkbar, wobei anstelle eines Carbeniumions ein *Carbanion* als Intermediat gebildet wird.

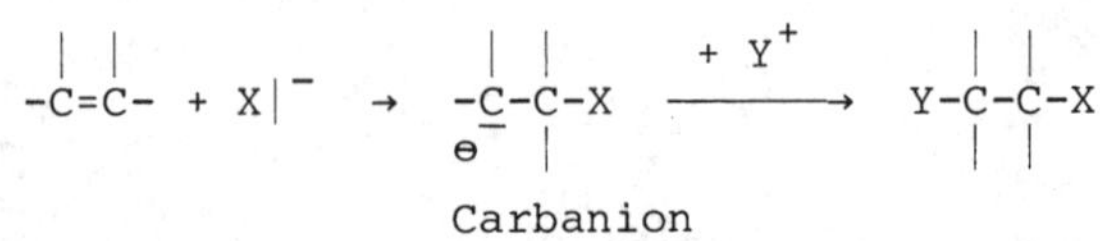

Bei reinen *Alkenen* ist die nucleophile Addition nicht möglich, weil die hohe negative Ladungsdichte der C=C-Doppelbindung die Anlagerung eines Nucleophils erschwert. Befinden sich jedoch elektronenanziehende *-I-* oder *-M-Substituenten* an der Doppelbindung, so ist deren π-Elektronendichte vermindert und der Angriff des nucleophilen Reaktanden erleichtert [vgl. **MC-Frage Nr. 117**]. Darüber hinaus können solche Substituenten auch das entstehende *Carbanion* durch Ladungsdelokalisierung stabilisieren. Die Wirksamkeit dieser Substituenten nimmt in der Reihe **CHO > COR > COOR > CN > NO_2** deutlich ab. Die leichter durchzuführenden nucleophilen Additionsreaktionen an *Alkinen* werden im Kap. 3.5 vorgestellt.

3.2.12.1 Nucleophile Addition an vinyloge Carbonylverbindungen

Bei α,β-*ungesättigten Carbonylverbindungen* ist neben der nucleophilen *1,2-Addition an die Carbonylgruppe* (vgl. Kap. 3.2.9) auch eine *1,4-Addition an das gesamte konjugierte System* möglich. Hierbei bildet sich zunächst ein *Enol,* das rasch zu einer Carbonylverbindung tautomerisieren kann, so daß der *1,4-Prozeß* letztlich auf eine *1,2-Addition an die C=C-Doppelbindung* hinausläuft.

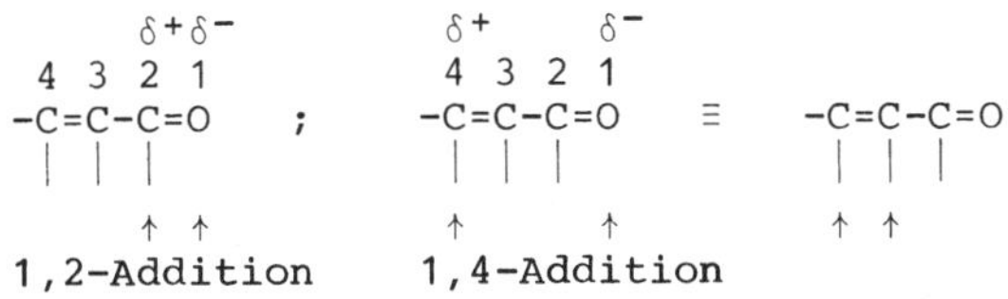

Welche der beiden Additionsrichtungen überwiegt, hängt vor allem vom *Substrat* ab. Beispielsweise verläuft die Anlagerung von Cyanwasserstoff an Aldehyde rascher als an Ketone. Beim **Crotonaldehyd** findet deshalb bevorzugt die kinetisch kontrollierte 1,2-Addition zum *Cyanhydrin* statt, während **1-Buten-3-on** (**Methylvinylketon**) mit HCN unter 1,4-Addition reagiert. Das enolische Primärprodukt tautomerisiert anschließend zum **4-Cyano-2-butanon**.

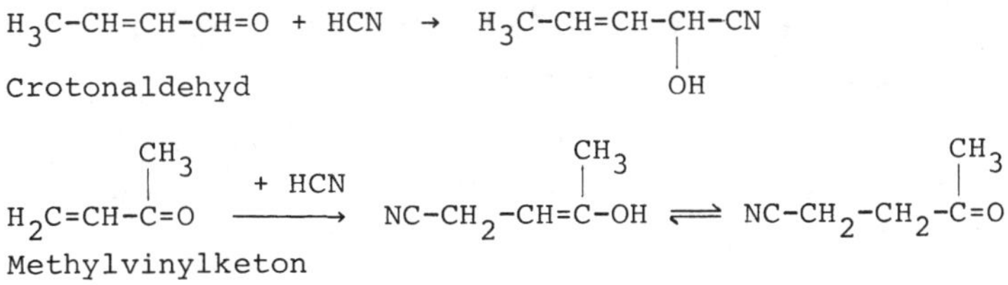

Auch die *Reversibilität* der Reaktion spielt eine Rolle. Bei reversiblem Verlauf unterliegt die Reaktion der thermodynamischen Kontrolle und die Bildung des stabileren 1,4-Produktes ist bevorzugt. Darüber hinaus beeinflussen *sterische Faktoren* die Orientierung der Addition.

Man kann erwarten, daß kleine Substituenten Y und sperrige Gruppen X die 1,2-Addition begünstigen, hingegen Verbindungen mit kleinen Substituenten X und einem voluminösen Rest Y vor allem das 1,4-Addukt ergeben.

Zum Beispiel addiert sich Phenylmagnesiumbromid quantitativ an die Carbonylgruppe des **Zimtaldehyds**,

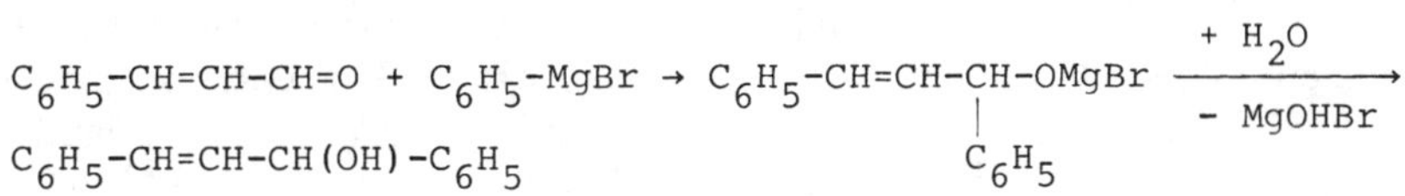

während beim C_6H_5-CH=CH-CO-C(CH_3)$_3$ unter den gleichen Bedingungen formal die C=C-Doppelbindung angegriffen wird.

$$C_6H_5-CH=CH-\underset{}{C}(C(CH_3)_3)=O + C_6H_5-MgBr \rightarrow (C_6H_5)_2CH-CH=C(C(CH_3)_3)-OMgBr \xrightarrow[- MgOHBr]{+ H_2O}$$

$$(C_6H_5)_2CH-CH=C(C(CH_3)_3)-OH \rightleftharpoons (C_6H_5)_2CH-CH_2-C(C(CH_3)_3)=O$$

Bei der o.a. *Grignard-Reaktion* ist allerdings auch zu berücksichtigen, daß die *Carbonylaktivität* von Aldehyden größer ist als die von Ketonen (vgl. Kap. 3.2.15.3). Je stärker aber die C=O-Doppelbindung polarisiert ist, desto leichter wird ein Nucleophil am Carbonyl-C-Atom angreifen. Es kommt also letztendlich darauf an, an welchem der beiden – eine Partialladung tragenden – C-Atome der vinylogen Carbonylverbindung sich ein Nucleophil besser anlagern kann.

3.2.12.2 Ablauf von A_N-Reaktionen an vinylogen Carbonylverbindungen

Die Addition erfolgt in der Weise, daß das Nucleophil am endständigen C-Atom des konjugierten Systems angreift. Daraus resultiert für die Addition an die C=C-Doppelbindung eine *anti-Markownikow-Orientierung.*

$$-CH=\overset{|}{C}-\overset{|}{C}=O + HX \rightarrow X-\overset{|}{C}H-\overset{|}{C}H-\overset{|}{C}=O$$

Die folgenden Beispiele sollen dies belegen [vgl. **MC-Fragen Nr. 114, 115, 122**]:

$$\underset{\text{Acrolein}}{H_2C=CH-CH=O} + HCl \rightarrow \underset{\beta\text{-Chlorpropionaldehyd}}{ClCH_2-CH_2-CH=O}$$

$$\underset{\text{Acrylsäure}}{H_2C=CH-COOH} + HCl \rightarrow \underset{\beta\text{-Chlorpropionsäure}}{ClCH_2-CH_2-COOH}$$

$$\underset{\text{Crotonsäure}}{H_3C-CH=CH-COOH} + H_2O \xrightarrow{(H_2SO_4)} \underset{\beta\text{-Hydroxybuttersäure}}{H_3C-CH(OH)-CH_2-COOH}$$

Die Anwesenheit der Carbonylgruppe in α,β-ungesättigten Carbonylverbindungen beeinträchtigt die Reaktivität der C=C-Doppelbindung und beeinflußt die nucleophile Addition. Die Addition erfolgt regioselektiv entgegen der Markownikow-Regel, d. h., das Nucleophil greift am β-C-Atom der vinylogen Carbonylverbindung an.

Wichtige Vertreter vinyloger Carbonylverbindungen sind: **Acrolein – Crotonaldehyd – Zimtaldehyd – Methylvinylketon – Acrylsäureester – Methacrylsäureester und Acrylnitril**. Sie lassen sich in folgende Reihe abnehmender *Reaktivität* einordnen:

α,β-ungesättigte Aldehyde > α,β-ungesättigte Ketone > α,β-ungesättigte Nitrile > α,β-ungesättigte Carbonsäureester > α,β-ungesättigte Carbonsäureamide

Die in Gegenwart basischer Katalysatoren meist stark exotherm und oft reversibel verlaufenden *Additionen an Acrylnitril* bezeichnet man als *Cyanethylierungen.* Ihre präparative Bedeutung liegt in der Einführung eines Restes aus drei C-Atomen, dessen endständige Cyanogruppe weiter funktionalisiert werden kann (vgl. Kap. 3.13).

$$HX + H_2C{=}CH{-}C{\equiv}N \longrightarrow X{-}CH_2{-}CH_2{-}C{\equiv}N$$

Acrylnitril

Als additionsfähige Reagenzien können Verbindungen mit freiem Elektronenpaar [NH_3, prim. und sek. Amine, H_2O, Alkohole, Phenole, H_2S, Mercaptane, Thiophenole, Halogenwasserstoffe] und CH-acide Verbindungen [HCN, Aldehyde, Ketone, β-Dicarbonylverbindungen] eingesetzt werden.

Die Reaktion wird durch saure oder basische Katalysatoren beschleunigt. Starke Nucleophile reagieren auch ohne Katalysator. Die *Basenkatalyse* durch Alkalihydroxide, Alkalialkoholate, tertiäre Amine dient der *Aktivierung des Nucleophils.*

$$HX + HO^- \rightarrow H_2O + X^-$$

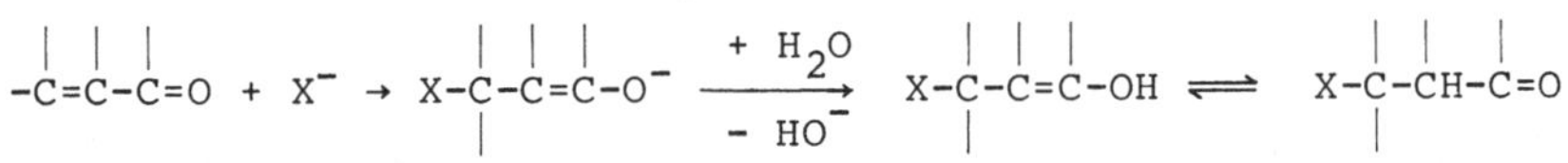

Demgegenüber wird bei der *Säurekatalyse* [H_2SO_4, HOAc, BF_3] durch die Protonierung des Sauerstoffs die elektronenanziehende Wirkung der Carbonylgruppe verstärkt.

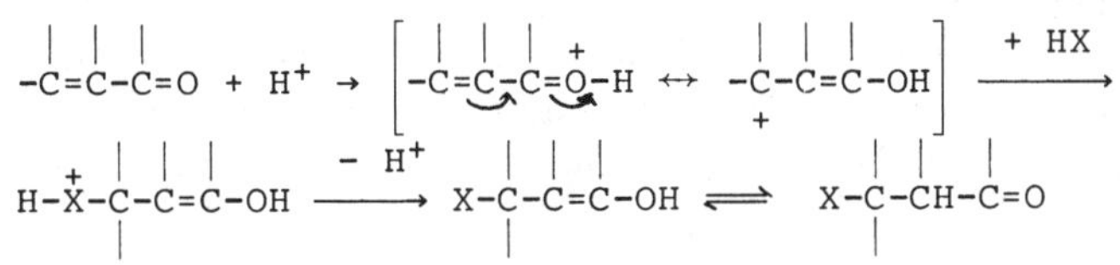

In Tabelle 19 sind die wichtigsten nucleophilen Additionsreaktionen an vinylogen Carbonylverbindungen zusammengefaßt.

CH-acide Verbindungen müssen in einer vorgelagerten Deprotonierung in anlagerungsfähige *Carbanionen* übergeführt werden. Ihre Reaktionen sind daher häufig basenkatalysiert.

Amine können unter milden Bedingungen leicht an vinyloge Carbonylverbindungen addiert werden. Zum Beispiel kann man auf diese Weise aus *Ammoniak* und einem **Acrylsäureester** mit anschließender Verseifung des intermediären Adduktes bequem **β-Alanin** herstellen [vgl. **MC-Frage Nr. 115**].

$$NH_3 + H_2C{=}CH{-}COOR \longrightarrow H_2N{-}CH_2{-}CH_2{-}COOR \longrightarrow H_2N{-}CH_2{-}CH_2{-}COOH$$

Acrylsäureester **β-Alanin**

Tab. 19: Nucleophile Additionen an vinyloge Carbonylverbindungen [Substrat: -C=C-C=O]

Reagenz	Produkt	Reaktion
R_2NH	$R_2N-C-CH-C=O$	Addition von Ammoniak, prim. und sek. Aminen
ROH	RO-C-CH-C=O	Addition von H_2O, Alkoholen, Phenolen
RSH	RS-C-CH-C=O	Addition von H_2S, Mercaptanen, Thiophenolen
HHal	Hal-C-CH-C=O	Addition von Halogenwasserstoffen
R_3C-H (CH-acid)	$R_3C-C-CH-C=O$	Michael-Addition
R-Mg-Hal	R-C-CH-C=O	Grignard-Reaktion (Kap. 3.8)
HCN	N≡C-C-CH-C=O	Addition von Cyanwasserstoff

(R=Alkyl, Aryl)

Ammoniak und aliphatische Amine lassen sich ohne Katalysator anlagern, während aromatische Amine höhere Temperaturen und einen sauren Katalysator erfordern. Bei primären aliphatischen Aminen werden je nach Temperatur und Mengenverhältnis der Reaktanden Mono- und Bis-Addukte gebildet.

$$R{-}NH_2 + H_2C{=}CH{-}CN \rightarrow RNH{-}CH_2CH_2{-}CN \xrightarrow{+\ H_2C=CH-CN} RN(CH_2CH_2CN)_2$$

Die Anlagerung von *Wasser* oder *Alkoholen* wird entweder säure- oder basenkatalysiert durchgeführt. Die Addition von *Schwefelwasserstoff* bzw. *Mercaptanen* verläuft rascher als die von Wasser oder Alkoholen, weil Schwefelverbindungen stärkere Nucleophile darstellen. Die Anlagerung von *Halogenwasserstoffen* ermöglicht eine einfache Synthese β-*halogenierter Carbonylverbindungen.*

$$HHal + -C{=}C{-}C{=}O \rightarrow Hal{-}\overset{\beta}{C}{-}\overset{\alpha}{CH}{-}C{=}O$$

3.2.12.3 Michael-Addition

Unter *Michael-Addition* versteht man die reversible *Anlagerung einer CH-aciden Verbindung an eine vinyloge Carbonylverbindung* in Gegenwart basischer Katalysatoren [Alkalihydroxide, Alkalialkoholate, tert. Amine].

```
                     | |            | |
Z'-CH2-Z'' + -C=C-Z → Z''-CH-C-C-Z   [Z,Z',Z'' = elektronenanzie-
                              | | |        hende Gruppe]
CH-acide     vinyloge       Z'  H
Komponente   Carbonylverbindung
```

Als repräsentative Beispiele für die Reaktion seien genannt [vgl. **MC-Fragen Nr. 116 – 118**]:

```
NC-CH2-COOEt + H2C=CH-CN → NC-CH-CH2-CH2-CN
Cyanessigester Acrylnitril    |
                              COOEt

CH2(COOEt)2 + H2C=CH-COOEt → (EtOOC)2CH-CH2-CH2-COOEt
Malonester    Acrylsäureester
```

Die Reaktion ist eine allgemein anwendbare Methode zur *Knüpfung von C-C-Einfachbindungen.* Beide Komponenten sind im hohen Maße variierbar.

Als *CH-acide Komponente (Methylenkomponente)* werden vor allem Verbindungen der allgemeinen Formel [Z'-CH_2-Z"] mit Z', Z" = -COOR, -$CONH_2$, -COR, -CHO, -CN, -NO_2 und -SO_2R (Elektronenakzeptorgruppen) eingesetzt. Wichtige Substrate sind **Malonester**, **Acetessigester**, **Cyanessigester** und aliphatische Nitroverbindungen wie z. B. **Nitromethan**. Neben diesen Verbindungen mit relativ hoher CH-Acidität können auch einfache Ketone sowie Indene und Fluorene als Edukte verwendet werden.

Wichtige ungesättigte Verbindungen der allgemeinen Formel [C=C-Z] mit Z = -COOR, -COR, -CN, -$CONH_2$, -NO_2 oder -SO_2R sind *α,β-ungesättigte Aldehyde, Ketone, Ester* und *Nitrile.* Auch Acetylen-Derivate und Chinone sind einsetzbar. Die Reaktivität der Alken-Komponente steigt mit der *Polarisierbarkeit* der C=C-Doppelbindung.

Der *Reaktionsmechanismus* kann als eine basenkatalysierte *nucleophile Addition* an eine *vinyloge Carbonylverbindung* formuliert werden, wobei im ersten Schritt aus der CH-aciden Verbindung unter der Einwirkung der Katalysatorbase ein *Carbanion* als Nucleophil gebildet wird. Dieses lagert sich anschließend im geschwindigkeitsbestimmenden Teilschritt an die C=C-Doppelbindung des vinylogen Systems an (*anti-Markownikow-Orientierung*).

Besitzt die CH-acide Verbindung mehrere reaktionsfähige Wasserstoffatome, so können außer dem Monoaddukt auch höhere Addukte gebildet werden. Ein Beispiel hierfür ist die *Cyanethylierung* von **Cyclohexanon** mit überschüssigem **Acrylnitril**.

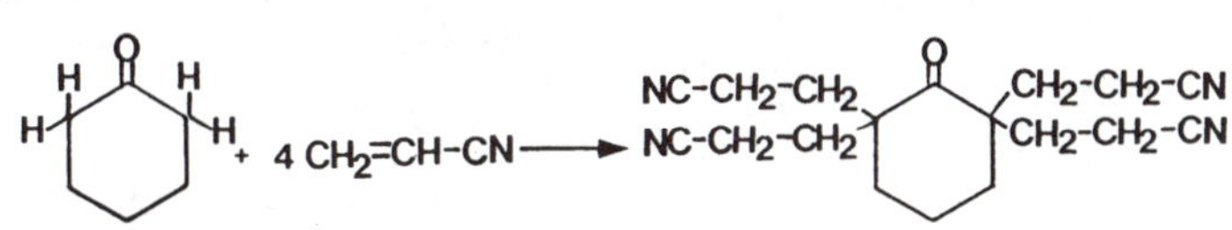

Cyclohexanon

Die nucleophile Addition eines Carbanions an eine α,β-ungesättigte Carbonylverbindung wird Michael-Addition genannt. Die Reaktion verläuft dann besonders glatt, wenn die CH-acide-Komponente relativ sauer ist. Die treibende Kraft der Michael-Addition ist die Knüpfung einer C-C-Einfachbindung auf Kosten der π-Bindung des ungesättigten Systems.

Ähnlich wie bei anderen Reaktionen von Carbonylverbindungen sind die entstehenden Michael-Addukte zu weiteren Umwandlungen befähigt. Zum Beispiel kann sich an die Michael-Addition von **Methylvinylketon (1-Buten-3-on)** an **2-Methylcyclohexanon** zum 1,5-Diketon in Gegenwart einer starken Base eine *intramolekulare Aldolreaktion* zu einem Cyclohexen-Derivat anschließen *(Robinson-Anellierung)* [vgl. **MC-Frage Nr. 118**].

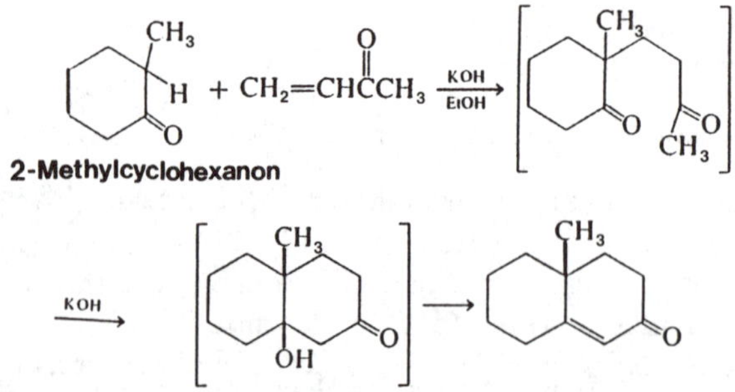

3.2.13 Radikalische Addition an C,C-Mehrfachbindungen

Die Addition von Radikalen an C=C-Doppelbindungen zählt zu den wichtigsten radikalisch verlaufenden Reaktionen. Von großer Bedeutung sind die:

- *radikalische Polymerisation* (vgl. Kap. 3.18),
- *radikalische Halogenaddition,*
- *radikalische Addition von Halogenwasserstoffen*

an *Alkene.* Darüber hinaus können Radikale auch an *C≡C-Dreifachbindungen* und an *Diene* angelagert werden. Aufgrund des intermediär gebildeten, mesomeriestabilisierten *Allyl-Radikals* sind Diene in A_R-Reaktionen wesentlich reaktiver als einfache Alkene.

Addition von Bromwasserstoff: Die Addition von HBr an Alkene erfolgt bei völligem Ausschluß von Initiatoren wie Sauerstoff und Peroxiden stets nach einem ionischen Mechanismus und liefert das *Markownikow-Produkt.*

$$\underset{\text{Propen}}{H_2C{=}CH{-}CH_3} + HBr \longrightarrow CH_3{-}\underset{\displaystyle Br}{\underset{|}{CH}}{-}CH_3 \qquad [A_E]$$

$$\underset{\text{Propen}}{H_2C{=}CH{-}CH_3} + HBr \longrightarrow Br{-}CH_2{-}CH_2{-}CH_3 \qquad [A_R]$$

Bei Verwendung unreiner Substrate und Lösungsmittel sowie in Gegenwart von *Sauerstoff* oder *Peroxiden* ("**Peroxid-Effekt**") erhält man jedoch *anti-Markownikow-Produkte,* weil die Reaktion jetzt über *freie Radikale* in Form einer **Kettenreaktion** abläuft (X = Radikalbildner oder O_2) [vgl. auch **MC-Fragen Nr. 119–123**].

```
X· + HBr → H-X + Br·                                  (Kettenstart)

 | |              |  .   + HBr        | |
H-C=C- + Br· → H-C-C-  ---------->  H-C-C-H           (Kettenfort-
 | |              | |    - Br·        | |             pflanzung)
                 Br                  Br
```

Die anti-Markownikow-Orientierung bei A_R-Reaktionen ist damit zu erklären, daß die *Stabilität von Alkylradikalen* in der Reihe tertiär > sekundär > primär abnimmt (verminderte Delokalisierung des ungepaarten Elektrons durch den +I-Effekt von Alkylresten). Die Umkehrung der Orientierung ist also eine Folge der Tatsache, daß bei der radikalischen Addition von HBr im ersten Reaktionsschritt kein Proton sondern ein Bromradikal angelagert wird. Unabhängig vom Mechanismus bildet sich daher bei der Addition von Bromwasserstoff an Alkene stets das stabilere Zwischenprodukt.

Beispielsweise erhält man bei der radikalischen HBr-Addition an **Allylbromid** **1,3-Dibrompropan** als Reaktionsprodukt, während bei ionischem Verlauf 1,2-Dibrompropan gebildet wird [vgl. **MC-Frage Nr. 95**].

```
H2C=CH-CH2Br + HBr → BrCH2-CH-CH2Br  stabiler  CH2-CHBr-CH2Br
Allylbromid                 ·           als     ·
                            ↓                   ↓
                    BrCH2-CH2-CH2Br        CH3-CHBr-CH2Br
                    1,3-Dibrompropan       1,2-Dibrompropan
```

Bromwasserstoff ist allerdings die *einzige* Halogenwasserstoffsäure, die glatt nach einem Radikalmechanismus mit Alkenen reagieren kann, weil, wie die Enthalpiewerte in Tabelle 20 belegen, *beide* kettenfortpflanzenden Schritte *exotherm* sind.

$$X\cdot + CH_2{=}CH_2 \rightarrow X{-}CH_2{-}CH_2\cdot \qquad [\Delta H^1]$$

$$X{-}CH_2{-}CH_2\cdot + H{-}X \rightarrow X{-}CH_2{-}CH_3 + X\cdot \qquad [\Delta H^2]$$

Im allgemeinen laufen radikalische Additionen dann rasch ab, wenn beide Kettenfortpflanzungsschritte exotherm [ΔH = negativ] verlaufen. Ist einer der Schritte endotherm [ΔH = positiv], so wird eine langsame, reversible Reaktion begünstigt und die Kette bricht ab.

Tab. 20: Reaktionsenthalpien der radikalischen Addition von Halogenwasserstoffen an Alkene (in kJ mol^{-1})

H-X	ΔH^1	ΔH^2	H-X	ΔH^1	ΔH^2
H-F	–188	+155	H-Br	–21	– 46
H-Cl	–109	+ 21	H-I	+29	–113

In bestimmten Fällen ist aber eine radikalische Anlagerung von *Chlorwasserstoff* an Alkene möglich. Da jedoch der zweite Teilschritt endotherm verläuft, tritt hier die *Polymerisation* mit der einfachen Addition in Konkurrenz. HF und HI können an einfache Alkene unter radikalischen Bedingungen nicht addiert werden.

Addition von Halogenen: Die radikalische Addition von Chlor oder Brom wird vor allem in der Gasphase, in unpolaren Lösungsmitteln, in Gegenwart von UV- oder Sonnenlicht sowie bei Zusatz von Radikalstartern beobachtet.

$$X_2 \xrightarrow{(h\nu)} 2\,X\cdot$$

$$R\text{-}CH\text{=}CH_2 + X\cdot \rightarrow R\text{-}\dot{C}H\text{-}CH_2X \xrightarrow[-\,X\cdot]{+\,X_2} R\text{-}CHX\text{-}CH_2X$$

Das intermediär gebildete Alkylradikal reagiert so rasch mit einem weiteren Halogenmolekül, daß es nicht zu einer Polymerisation kommt. Im Gegensatz zur irreversiblen Chloraddition ist die radikalische Brom-Anlagerung an Alkene umkehrbar.

3.2.14 Pericyclische Reaktionen

Pericyclisch nennt man Reaktionen, bei denen Kovalenzbindungen *konzertiert (synchron)* gebildet bzw. gelöst werden und bei denen ein *cyclischer Übergangszustand* durchlaufen wird. Die Reaktionen zeichnen sich durch folgende gemeinsame Charakteristika aus:

* Es treten weder ionische noch radikalische Zwischenstufen auf.
* Sie werden durch Katalysatoren oder Lösungsmittel *nicht* beeinflußt und benötigen keine „Startersubstanzen".
* Sie werden ausschließlich durch Wärme *(thermisch)* oder Licht *(photochemisch)* in Gang gesetzt.
* Sie verlaufen *stereospezifisch*, wobei die Stereochemie durch die *Symmetrie der an der Reaktion beteiligten Atomorbitale* bestimmt wird.

Als wichtige Beispiele pericyclischer Reaktionen sind zu nennen:

- *elektrocyclische Reaktionen,*
- *cheletrope Reaktionen,*
- *sigmatrope Verschiebungen,*
- *Cycloadditionen* und *Cycloreversionen.*

Einige weitere Reaktionen, die gleichfalls über einen cyclischen Übergangszustand verlaufen, wie z. B. **E_i-Prozesse**, wurden bereits in voranstehenden Abschnitten vorgestellt (siehe Kap. 3.2.10.7).

3.2.14.1 Ablauf pericyclischer Reaktionen

Eine *bindende Wechselwirkung* zweier Orbitale, die zu einer Kovalenzbindung führt, kommt dadurch zustande, daß sich Atomorbitale *gleichen Vorzeichens* durchdringen (vgl. Kap. 3.1). Dies bedeutet aber auch, daß der Ablauf einer Reaktion aus den Vorzeichen der daran beteiligten Orbitale, d. h. aus ihrer Symmetrie abgeleitet werden kann.

Die hierfür postulierten **Woodward-Hofmann-Regeln** ermöglichen eine Einteilung konzertierter Reaktionen in

* *symmetrieerlaubte* (Erhaltung der Orbitalsymmetrie) und
* *symmetrieverbotene Reaktionen* (Nichterhaltung der Orbitalsymmetrie).

Die Regeln gestatten auch Aussagen darüber, ob die betreffende Reaktion *thermisch* (Δ) oder *photochemisch* (hν) initiiert werden muß und wie sie stereochemisch abläuft.

Um abzuklären, ob bei einer Reaktion die **Orbitalsymmetrie** erhalten bleibt oder nicht, müssen vor allem die Symmetrieeigenschaften der Orbitale von Edukt und Produkt ermittelt werden, die unmittelbar an der Reaktion teilnehmen.

Zum Beispiel bildet sich bei einer Reaktion unter *Ringschluß* eine neue C-C-σ-Bindung zwischen den beiden endständigen Atomen der Kette, so daß deren Orbitale den Verlauf der Reaktion bestimmen.

Für das Zustandekommen einer bindenden Wechselwirkung zweier Orbitale gleichen Vorzeichens existieren dabei die folgenden beiden Möglichkeiten:

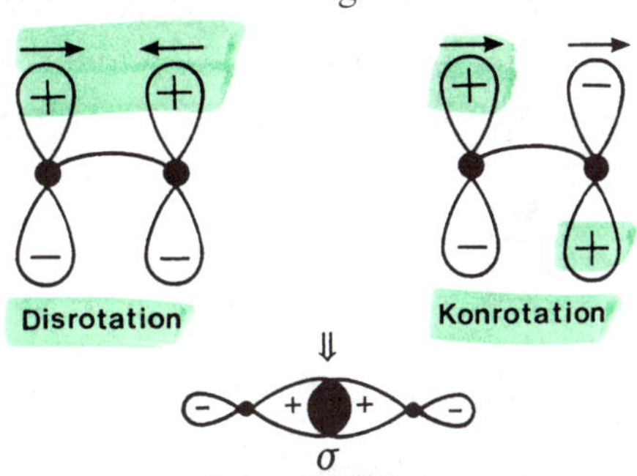

- Die Rotationen zweier Orbitale verlaufen während der Bindungsbildung *gegensinnig*, wenn die Orbitale spiegelsymmetrisch zueinander sind (**disrotatorische Bewegung**).
- Die Rotationen erfolgen *gleichsinnig*, wenn sie rotationssymmetrisch zueinander sind (**konrotatorische Bewegung**).

Nach einem von **Fukui** propagierten Konzept sind für die Betrachtung der Orbitalwechselwirkung besonders wichtig das:

- höchste besetzte Molekülorbital [**HOMO**],
- niedrigste unbesetzte Molekülorbital [**LUMO**].

Diese Grenzorbitale bestimmen im wesentlichen die Reaktivität der Reaktanden und die Stereoselektivität der Reaktion (**HOMO-LUMO-Modell**).

Während einer pericyclischen Reaktion wandeln sich die Molekülorbitale (MO) der Edukte *kontinuierlich* in die MO der Produkte um (**konzertierte Reaktion**). Damit dies möglich ist, muß die Symmetrie der betreffenden MO während der *gesamten* Reaktion erhalten bleiben. Der dabei durchlaufene *cyclische Übergangszustand,* in dem die Orbitale miteinander in Wechselwirkung treten, und in dem eine ringförmige Elektronenanordnung vorliegt, besitzt je nach der Anzahl der involvierten Elektronen einen *aromatischen* [4n+2] oder *antiaromatischen* [4n] *Charakter* (vgl. Kap. 3.1.10.4).

Daraus lassen sich für pericyclische Reaktionen folgende Regeln ableiten [vgl. **MC-Fragen Nr. 126, 127**]:

* *Thermische pericyclische Reaktionen laufen im Grundzustand über aromatische Übergangszustände ab und werden durch die Orbitalsymmetrie des HOMO bestimmt.*
* *Photochemisch ausgelöste pericyclische Reaktionen verlaufen über antiaromatische Übergangszustände (angeregte Zustände) und werden durch die Orbitalsymmetrie des LUMO bestimmt.*

3.2.14.2 Elektrocyclische Reaktionen

Als *elektrocyclische Reaktionen* bezeichnet man Prozesse, bei denen *konjugierte Polyene* unter dem Einfluß von Licht oder Wärme *cyclisieren.* Hierbei entsteht zwischen den beiden Enden des konjugierten Systems eine neue Einfachbindung, während eine Doppelbindung verschwindet und die übrigen Doppelbindungen ihre Lage verändern. Auch *Ringöffnungen* sind durchführbar, wobei cyclische ungesättigte Verbindungen in offenkettige, konjugierte Polyene umgewandelt werden.

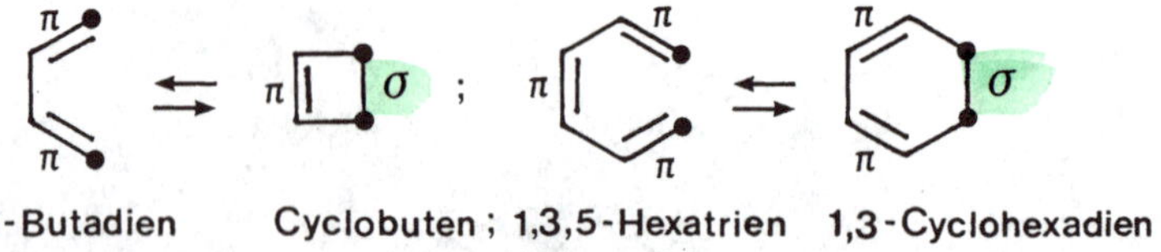

Elektrocyclische Reaktionen verlaufen streng *stereospezifisch.* Zum Beispiel wird bei der *thermischen Cyclisierung* von **E.Z.E-2,4,6-Octatrien** ausschließlich **Z-5,6-Dimethyl-1,3-cyclohexadien** gebildet [vgl. **MC-Fragen Nr. 125, 129**] (zur „E/Z-Nomenklatur" siehe Kap. 3.3.4.4).

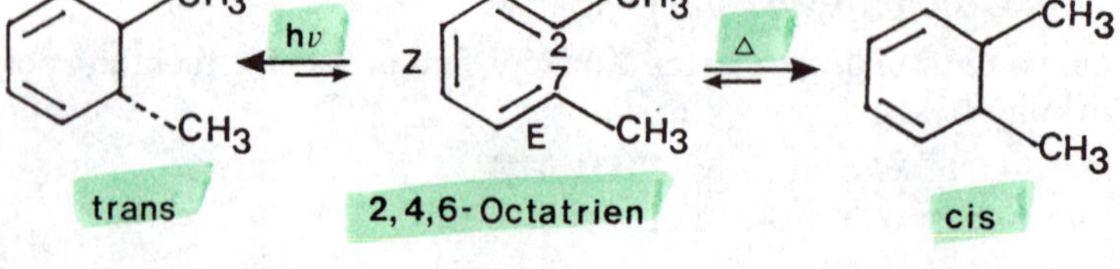

Zur vereinfachten Erklärung des Reaktionsablaufs betrachtet man die sechs [**4n+2**] π-MO des Hexatrien-Systems, die in Abb. 55 schematisch dargestellt sind.

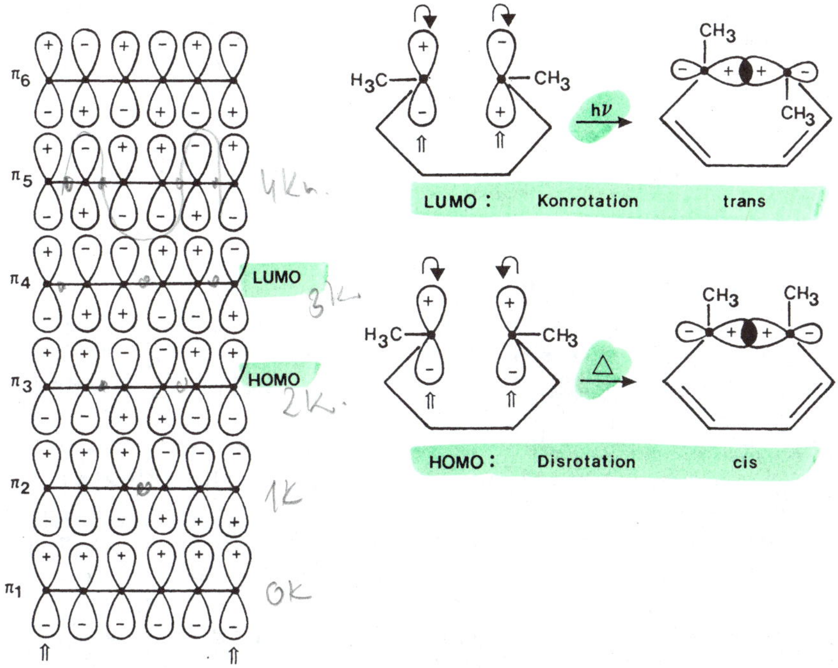

Abb. 55: MO-Schema von 1,3,5-Hexatrien-Systemen und Cyclisierung von 2,4,6-Octatrien
[Die Regeln zur Formulierung der Molekülorbitale von π-Elektronensystemen wurden bereits im Kap. 3.1.9.3 beschrieben.]

Diese MO können auch zur Beschreibung der Bindungsverhältnisse im 2,4,6-Octatrien verwendet werden, wobei für die *thermische Cyclisierung* die Orbitalsymmetrie des **HOMO**, für die *photochemische Reaktion* die Orbitalsymmetrie des **LUMO** zu beachten ist.

Zum *Ringschluß* des **2,4,6-Octatriens** müssen die beiden p-Orbitale an den Atomen C-2 und C-7, die die Methylsubstituenten tragen, miteinander in Wechselwirkung treten. Damit eine Überlappung zustandekommen kann, müssen die Orbitale rehybridisieren, d. h. aus der sp^2- in die sp^3-Konfiguration übergehen, und sich außerdem um 90° drehen.

Bei der *thermischen Cyclisierung,* für die die Orbitalsymmetrie des **HOMO** maßgebend ist, führt nur die *disrotatorische Bewegung* zu einer bindenden Wechselwirkung und liefert das *cis-Isomer.* Die Konrotation würde zwei Orbitallappen mit entgegengesetztem Vorzeichen in enge Nachbarschaft bringen. Sie überlappen nicht und führen zu einer antibindenden Beziehung. Demgegenüber wird die *Photoreaktion* des Moleküls durch das **LUMO** bestimmt. Hier ergibt nur die *konrotatorische Bewegung* eine bindende Wechselwirkung, aus der das *trans-Isomer* des **5,6-Dimethyl-1,3-cyclohexadiens** resultiert.

Beim **E.E-2,4-Hexadien**, dessen Elektronensystem mit vier **[4n]** π-Elektronen dem des 1,3-Butadiens entspricht, findet man, daß der *thermische Prozeß konrota-*

torisch abläuft. Als Reaktionsprodukt entsteht nahezu ausschließlich **trans-2,3-Dimethylcyclobuten**. Die *photochemische Cyclisierung* ergibt in einer *disrotatorischen Bewegung* das *cis-Isomer* [vgl. **MC-Frage Nr. 128**] (zum MO-Schema von Butadien-Systemen siehe Kap. 3.1.9.2).

Daraus lassen sich folgende allgemeine Regeln ableiten:

- Thermische Ringschlüsse [Ringöffnungen] offenkettiger konjugierter Systeme [ungesättigter cyclischer Verbindungen] mit [4n]-π-Elektronen verlaufen konrotatorisch.
- Photochemische Ringschlüsse [Ringöffnungen] offenkettiger konjugierter Systeme [ungesättigter cyclischer Verbindungen] mit [4n]-π-Elektronen verlaufen disrotatorisch.
- Thermische Ringschlüsse [Ringöffnungen] offenkettiger konjugierter Systeme [ungesättigter cyclischer Verbindungen] mit [4n+2]-π-Elektronen verlaufen disrotatorisch.
- Photochemische Ringschlüsse [Ringöffnungen] offenkettiger konjugierter Systeme [ungesättigter cyclischer Verbindungen] mit [4n+2]-π-Elektronen verlaufen konrotatorisch.

Anzahl der π-Elektronen	Thermische Reaktion	Photochemische Reaktion
[4n]	konrotatorisch	disrotatorisch
[4n+2]	disrotatorisch	konrotatorisch

3.2.14.3 Sigmatrope Verschiebungen

Unter einer *sigmatropen Verschiebung* versteht man eine konzertierte, intramolekulare Wanderung einer σ-Bindung entlang eines Gerüstes aus π-Elektronen unter gleichzeitiger Reorganisation des π-Systems.

Zum Beispiel läßt sich eine *sigmatrope [i,j]-Wasserstoffverschiebung in offenkettigen Polyenen* durch folgende allgemeine Formelgleichung beschreiben:

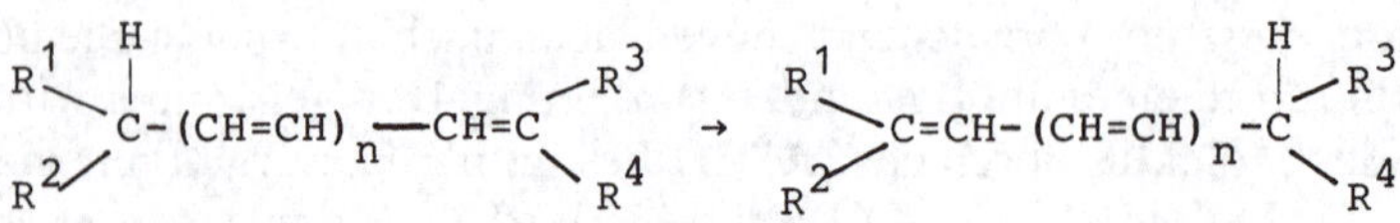

Sigmatrope Umlagerungen verlaufen ebenso wie elektrocyclische Reaktionen über einen *cyclischen Übergangszustand.* Sie sind *thermisch erlaubt,* wenn die *Zahl der beteiligten Elektronenpaarbindungen ungerade* ist und sich die wandernde

Gruppe auf derselben Seite des π-Systems bewegt (**suprafaciale Verschiebung**). **Antarafaciale Umlagerungen**, bei denen eine Phasenumkehr auftritt, sind thermisch nur dann erlaubt, wenn eine *gerade Anzahl von Elektronenpaarbindungen* an der Verschiebung beteiligt ist.

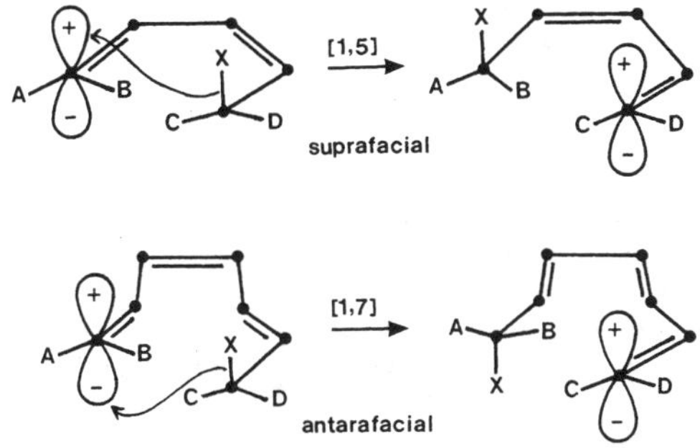

Für sigmatrope Verschiebungen sind topologisch zwei unterschiedliche Wege denkbar. Wird die neue σ-Bindung auf derselben Seite des π-Gerüstes gebildet oder gelöst, so nennt man den Vorgang „suprafacial" (s). Wird die σ-Bindung auf der entgegengesetzten Seite gebildet oder gelöst, so bezeichnet man den Ablauf als „antarafacial" (a).

Als Beispiel einer [1,5]-Wasserstoffverschiebung sei die *Isomerisierung* von β,γ-*ungesättigten* zu α,β-*ungesättigten Carbonylverbindungen* genannt, die thermisch (oder durch Säurekatalyse) ausgelöst werden kann.

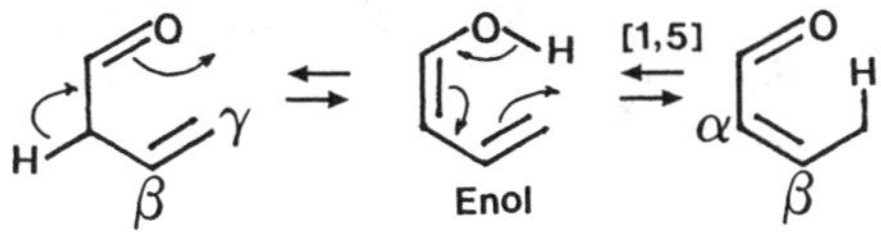

Weitere sigmatrope Verschiebungen, die unter der *Wanderung von Kohlenstoffatomen* zustandekommen, sind:

- die **thermische Isomerisierung von 1,5-Dienen (Cope-Umlagerung)**. Die Reaktion ist reversibel und führt im allgemeinen zu einem Gleichgewicht, in dem das thermodynamisch stabilere Isomer überwiegt [vgl. **MC-Frage Nr. 129**].

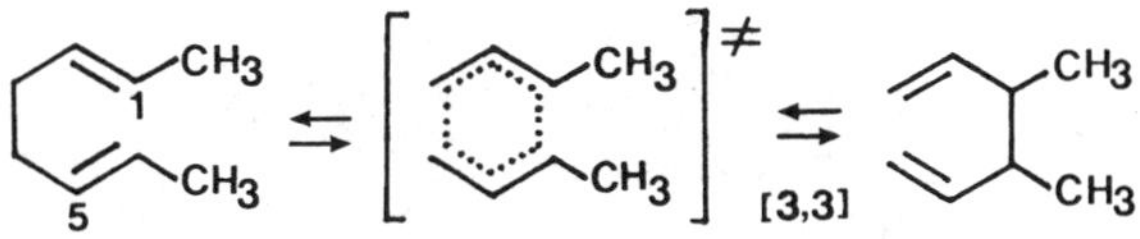

Die Cope-Umlagerung ist eine typische *sigmatrope [3,3]-Verschiebung* und zeigt alle Charakteristika einer pericyclischen Reaktion.

– **Claisen-Umlagerung von Allylvinyl- oder Allylphenylethern**

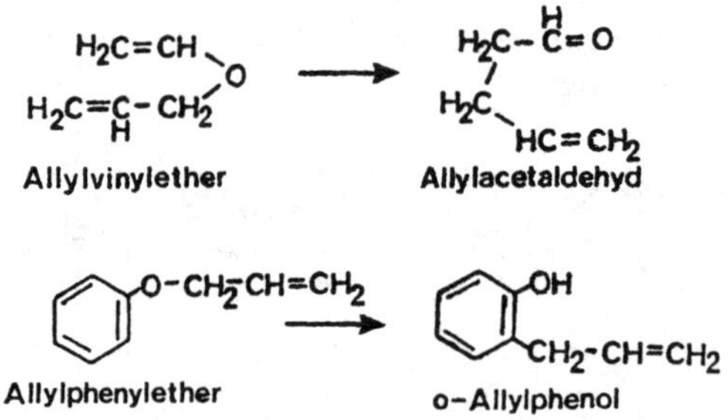

Erhitzt man *Arylallylether* auf ca. 200 °C, so lagern sie sich nahezu quantitativ in *o-Allylphenole* um [vgl. **MC-Fragen Nr. 125, 1221**]. Die Reaktion bedarf keiner Katalyse.

Im mechanistischen Sinne kann man die Reaktion als [3,3]-sigmatropen Prozeß auffassen. Darüber hinaus konnte mit Hilfe ^{14}C-markierter Verbindungen bewiesen werden, daß diese intramolekulare Umlagerung quasi unter vollständiger Inversion der Allylkette über ein Cyclohexadienon-Derivat als Zwischenstufe abläuft.

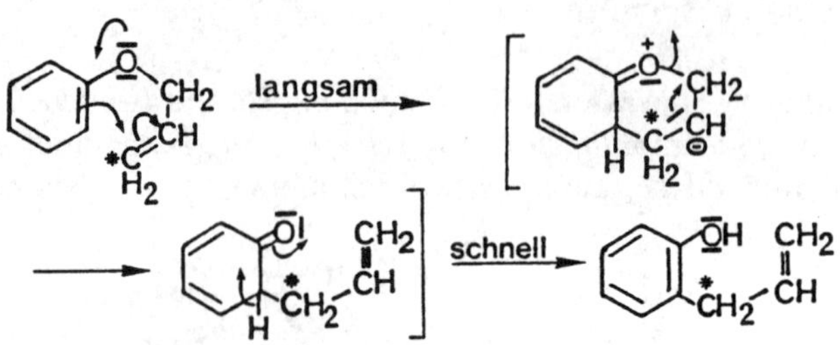

Wenn beide ortho-Positionen blockiert sind, schließt sich eine Cope-Umlagerung an und man erhält *p-Allylphenole.*

3.2.14.4 Cycloadditionen und Cycloreversionen

Bei *Cycloadditionen* reagieren meistens zwei ungesättigte Moleküle in der Weise miteinander, daß aus zwei π-Bindungen unter *Ringschluß* zwei neue σ-Bindungen gebildet werden. Den umgekehrten Vorgang bezeichnet man als *Cycloreversion.*

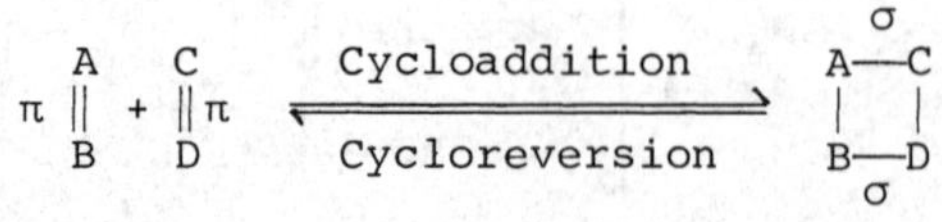

Nicht alle Cycloadditionen verlaufen konzertiert über einen cyclischen Übergangszustand. Manche Cycloadditionen können unter bestimmten Reaktionsbedingungen konzertiert, unter anderen auch stufenweise ablaufen. Ob ein *Synchronmechanismus* möglich ist, hängt wiederum von der *Orbitalsymmetrie* ab.

Damit eine *symmetrieerlaubte Reaktion* erfolgen kann, müssen das **HOMO** der einen Komponente und das **LUMO** des anderen Reaktanden in eine bindende Wechselwirkung miteinander treten, wobei es gleichgültig ist, welcher der beiden Reaktionspartner das HOMO bzw. LUMO für die Bindungsbildung zur Verfügung stellt.

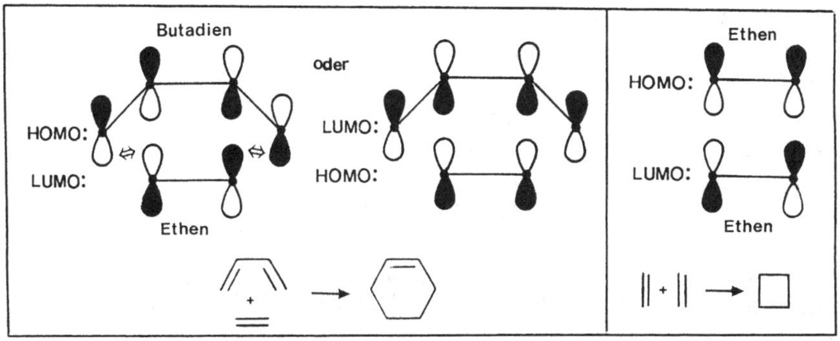

Beispielsweise ist die *Diels-Alder-Reaktion*, eine **[4+2]Cycloaddition**, zwischen **Butadien** und **Ethen** *symmetrieerlaubt* und kann thermisch ablaufen. Anders liegen die Verhältnisse bei der *Cyclodimerisierung von Alkenen* zu *Cyclobutan-Derivaten,* einer **[2+2]Cycloaddition**. Hier ist der *thermische Reaktionsweg symmetrieverboten.* Allerdings kann der Prozeß als Photoreaktion durchgeführt werden bzw. auch nicht-konzertiert über ein Diradikal als Zwischenstufe ablaufen.

Dies führt zu folgender Verallgemeinerung:

Thermische, konzertierte [s+s]Cycloadditionen, an denen eine gerade Anzahl von π-Elektronenpaaren beteiligt ist, sind symmetrieverboten. Sie können nur photochemisch initiiert werden. Thermische, konzertierte [s+s]Cycloadditionen, an denen eine ungerade Zahl von π-Elektronenpaaren beteiligt ist, sind symmetrieerlaubt, wie z. B. die Diels-Alder-Reaktion mit insgesamt drei π-Elektronenpaaren [s = suprafacial].

Nachfolgend sollen noch einige Aspekte präparativ wichtiger Cycloadditionen zusammenfassend dargestellt werden.

* Als **cheletrope Reaktionen** bezeichnet man **[2+1]Cycloadditionen**, bei denen von einem Atom ausgehend zwei σ-Bindungen zu zwei Atomen einer C=C-Doppelbindung geknüpft werden.

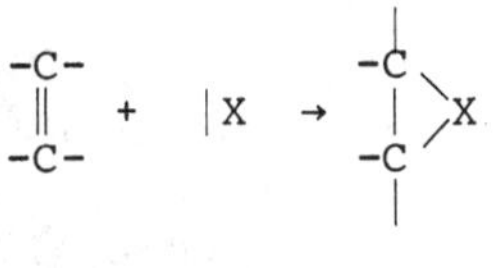

Als Reagenzien (X|) sind *Carbene* **[R_2C|]** und *Nitrene* **[RN|]** geeignet, wobei *Cyclopropan-* bzw. *Aziridin-Derivate* entstehen (vgl. Kap. 3.1.11.5). Auch die

Bildung des *Halogenoniumions* bei A_E-Halogenierungen (vgl. Kap. 3.2.11.3) oder die *Epoxidierung* von Alkenen (vgl. Kap. 3.2.18.3) können als Beispiele für diesen Reaktionstyp herangezogen werden.
Die *Addition* von *Singulettcarbenen* verläuft *stereospezifisch.* Aus cis-Alkenen entstehen cis-, aus trans-Alkenen trans-konfigurierte Cyclopropan-Derivate. *Triplettcarbene* führen hingegen zu cis/trans-Gemischen.

* Die **Dimerisierung von Alkenen** führt zu *Cyclobutan-Derivaten.* Als Substrate werden u. a. Acrylnitril, fluorierte Alkene, Ketene oder Allen-Derivate verwendet. Sofern diese Reaktionen thermisch durchgeführt werden, verlaufen sie nicht konzertiert und nicht stereospezifisch.

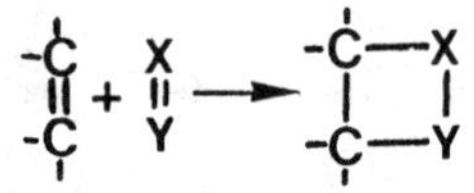

Die Umsetzung von Ketenen mit Alkenen liefert *Cyclobutanone.* **Keten** selbst dimerisiert zu **Diketen** [vgl. **MC-Frage Nr. 344**].

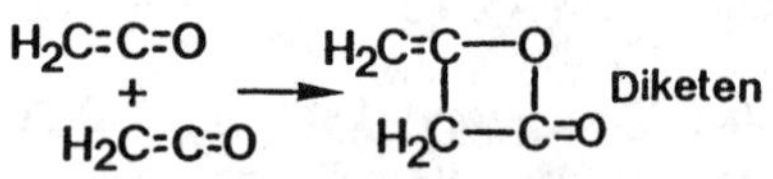

* Fünfgliedrige, insbesondere heterocyclische Ringsysteme lassen sich mittels einer **1.3-dipolaren Cycloaddition** (**[2+3]Cycloaddition**) aufbauen. Der erste Schritt der *Bis-Hydroxylierung* von Alkenen mit OsO_4 oder $KMnO_4$ oder die *Ozonolyse* von Alkenen (vgl. Kap. 3.2.18.3) sind Beispiele solcher Reaktionen. Die meisten 1,3-dipolaren Cycloadditionen verlaufen *stereospezifisch* als *syn-Addition.*

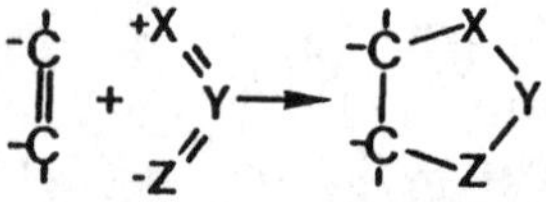

Als dipolare Addenden können u. a. *Diazoalkane* [$RCHN_2$], *Azide* [RN_3] und *Ozon* [O_3] fungieren [vgl. **MC-Frage Nr. 1252**]. Sie werden häufig erst in situ erzeugt. Präparative Bedeutung besitzt die Umsetzung von *Aziden* mit *Alkinen* zu *1,2,3-Triazol-Derivaten.* Die 1,3-dipolare Cycloaddition mit *Nitrilen* führt zu *Tetrazolen.*

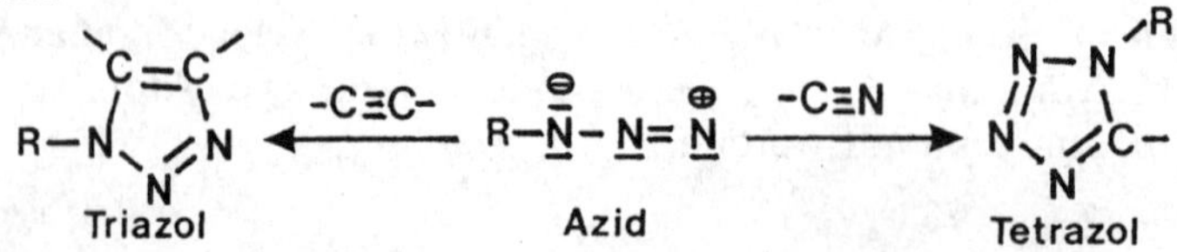

* Durch eine **[4+2]Cycloaddition**, bei der ein konjugiertes *Dien vier π-Elektronen* und ein *Monoen zwei π-Elektronen* zu einem cyclischen aromatischen Übergangszustand beisteuern, bilden sich sechsgliedrige Ringsysteme. Die präparativ wichtigste Methode ist die nachfolgend vorgestellte **Diels-Alder-Reaktion** [vgl. **MC-Frage Nr. 472**].

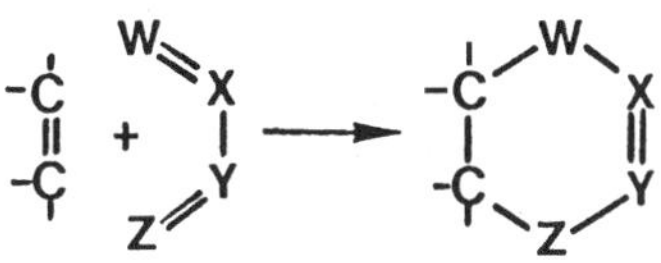

3.2.14.5 Diels-Alder-Reaktion

Unter einer „*Diensynthese*“ versteht man die Anlagerung eines Alkens [**Dienophil, Philodien**] an die Enden eines konjugierten Doppelbindungssystems [**Dienkomponente**]. Meistens entsteht ein *Cyclohexen-Derivat.* Bei dieser *konzertierten Reaktion* werden formal zwei neue σ-Bindungen auf Kosten zweier π-Bindungen geknüpft.

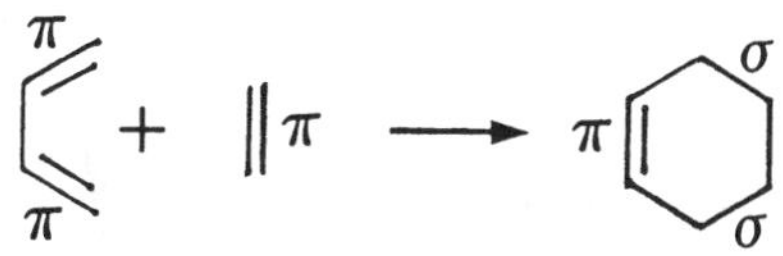

Dien **Dienophil** **Addukt**

Die Diels-Alder-Reaktion verläuft dann besonders glatt, wenn sich Dien und Dienophil in ihrem elektronischen Charakter unterscheiden. *Die Dienkomponente sollte durch +I/+M-Substituenten besonders elektronenreich, das Dienophil durch Konjugation mit -M-Substituenten besonders elektronenarm sein.* Die meisten Dienophile besitzen daher die Struktur **[C=C-Z]** oder **[Z'-C=C-Z]** mit Z,Z' = CHO, COR, COOH, COOR, CN, NO_2. Alkene mit -I-Substituenten sind als Dienophile weniger gut geeignet.

Die *Notwendigkeit der Aktivierung des Dienophils* erkennt man z. B. daran, daß **Butadien** mit **Ethen** selbst bei Temperaturen um 200 °C und unter Druck nur zu 18% **Cyclohexen** ergibt, während es mit **Maleinsäureanhydrid** bereits bei 15 °C quantitativ zu **Tetrahydrophthalsäureanhydrid** reagiert (vgl. Tab. 22).

Im allgemeinen werden beide Komponenten als reines Gemisch oder in einem inerten Lösungsmittel gelöst erhitzt. Die Höhe der Reaktionstemperatur richtet sich nach der Struktur der Reaktanden.

Charakteristisch für viele Diensynthesen ist ihre *Reversibilität.* Der Umkehrvorgang wird als **Retro-Diels-Alder-Reaktion** bezeichnet. Zum Beispiel liefert die **Cycloreversion** von **7-Aza-norbornadien** als Reaktionsprodukte **Pyrrol** und **Ethin** [vgl. **MC-Frage Nr. 142**].

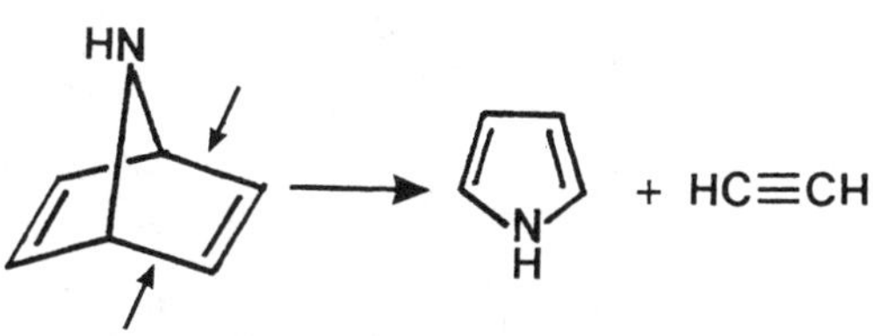

Dienkomponenten: Als konjugierte 4π-Elektronensysteme verwendet man *offenkettige* [Butadien, Isopren u. a.] oder *cyclische 1,3-Diene* [Cyclopentadien, 1,3-Cyclohexadien u. a.], gewisse *aromatische Verbindungen* mit aufgelockertem π-Elektronensystem [Anthracen, höhere Acene, Cumarine u. a.] sowie bestimmte *„heterocyclische Diene"* [z. B. Furan]. **Benzen** selbst ist jedoch äußerst unreaktiv gegenüber Dienophilen [vgl. **MC-Frage Nr. 140**]. Darüber hinaus können auch Substanzen eingesetzt werden, die anstelle *einer* C=C-Doppelbindung eine C≡C- oder C≡N-Dreifachbindung [z. B. Acrylnitril] bzw. eine C=O-Doppelbindung [z. B. Acrolein] enthalten.

Von den Fünfringheteroaromaten besitzt nur **Furan** einen hinreichenden „Diencharakter" und reagiert z. B. mit Maleinsäureanhydrid zu einem Diels-Alder-Addukt [vgl. Tab. 23 und **MC-Fragen Nr. 136, 971, 972, 975**]. **Pyrrol** geht im allgemeinen keine [4+2]Cycloaddition ein. Auch **Thiophen** reagiert unter den *üblichen Bedingungen nicht* mit Dienophilen, liefert aber bei 100 °C unter *hohem Druck* (15–20 kbar) mit Maleinsäureanhydrid ein Diels-Alder-Addukt in der exo-Form [vgl. **MC-Frage Nr. 977**].

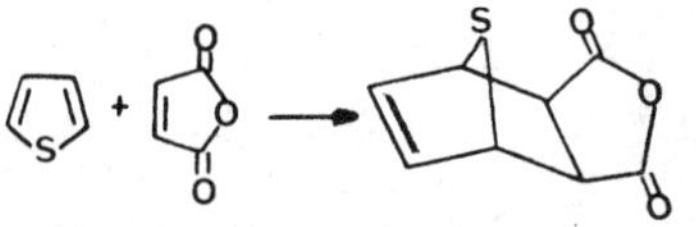

Zur Diensynthese sind nur *cis-konfigurierte Diene* befähigt, während *trans-fixierte* Diene *nicht* reagieren [vgl. **MC-Fragen Nr. 132–135**].

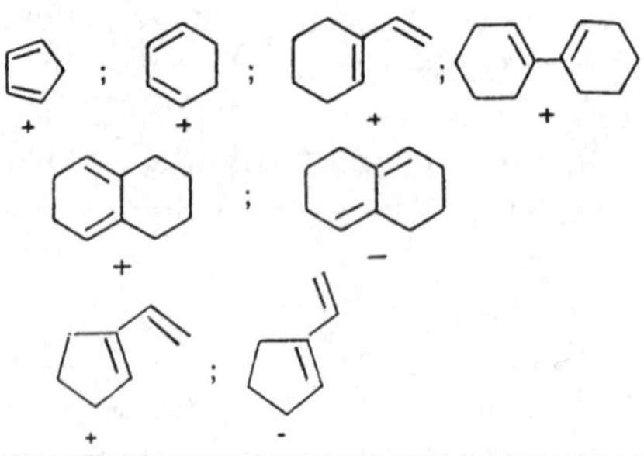

\+ = als Dienkomponente geeignet
\- = als Dienkomponente nicht geeignet

Acyclische Diene müssen für die Reaktion erst eine *cisoide (s-cis) Konformation* einnehmen [vgl. **MC-Frage Nr. 132** und Kap. 3.3.5.2]. Daher reagieren cyclische Diene wie **Cyclopentadien** mit fixierter cisoider Geometrie rascher als offenkettige Diene, bei denen normalerweise das thermodynamisch stabilere *transoide* Konformer überwiegt.

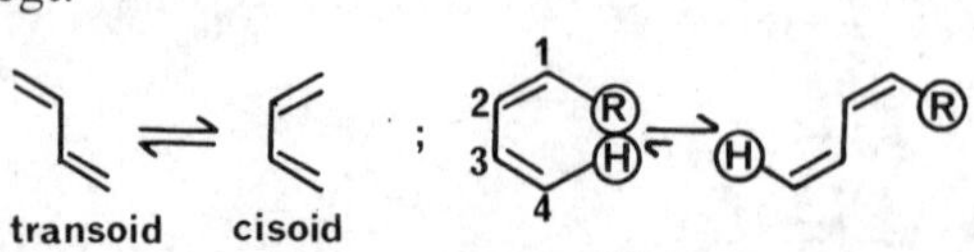

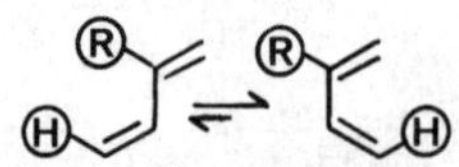

Cisoide und transoide Konformationen stehen miteinander im Gleichgewicht. Das Gleichgewicht wird durch cis-ständige Substituenten an C-1 zu Gunsten der transoiden-Form verschoben, so daß die Additionsgeschwindigkeit noch weiter verlangsamt ist. Umgekehrt rufen große Substituenten an C-2, die die cisoide Konformation begünstigen, eine Reaktionsbeschleunigung hervor.

Dienophile: Die wichtigsten Philodiene leiten sich von den in Tabelle 21 genannten Stoffklassen ab. Ethylen und andere einfache Alkene sind schlechte Dienophile; glatt reagieren dagegen Alkene mit Elektronenakzeptor-Substituenten. Besonders oft werden Maleinsäureanhydrid, Maleinsäureimid oder Chinone eingesetzt. Alkine können ebenfalls als Dienophile reagieren, wobei auch hier Elektronenakzeptor-Gruppen die Reaktion begünstigen.

Die beiden Tabellen 22 und 23 mit Butadien als Dienkomponente und Maleinsäureanhydrid als Dienophil verdeutlichen nochmals das Synthesepotential der Diels-Alder-Reaktion [vgl. **MC-Fragen Nr. 136, 137, 141**].

Manche Diene können zugleich als Dienkomponente und als Dienophil im Sinne einer Diels-Alder-Reaktion miteinander reagieren. Ein Beispiel hierfür ist **Cyclopentadien**.

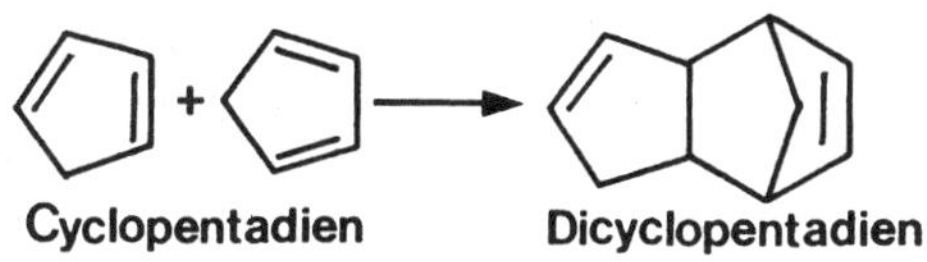

Tab. 21: Wichtige Dienophile

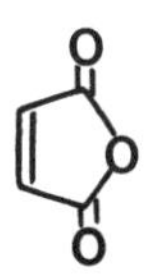

Maleinsäure-anhydrid (-ester)

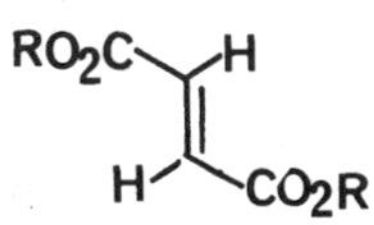

Fumarsäure (-ester)

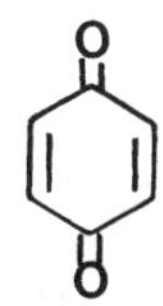

p-Benzochinon

Arine (Dehydrobenzen)

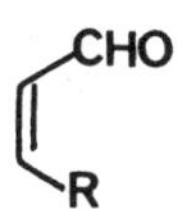

α,β-ungesätt. Aldehyde
- Acrolein
- Crotonaldehyd
- Zimtaldehyd

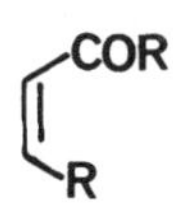

α,β-ungesätt. Ketone
- Methylvinylketon

Acrylsäure
- ester (X = COOR)
- nitril (X = CN)

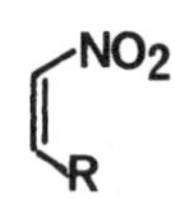

α,β-ungesätt. Nitroderivate, z. B.
- Nitrostyren

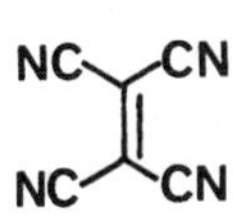

Tetracyanoethen

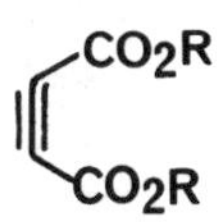

Acetylendicarbonsäure (-ester)

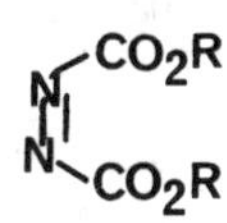

Azodicarbonsäureester

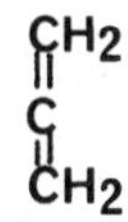

Allen

Tab. 22: Diels-Alder-Addukte mit Butadien

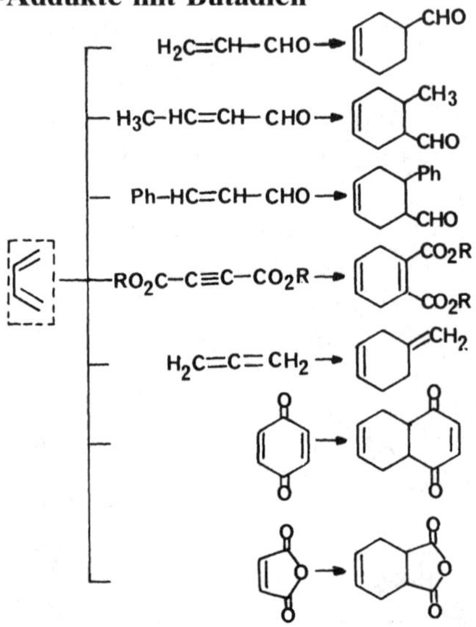

Tab. 23: Diels-Alder-Addukte mit Maleinsäureanhydrid als Dienophil

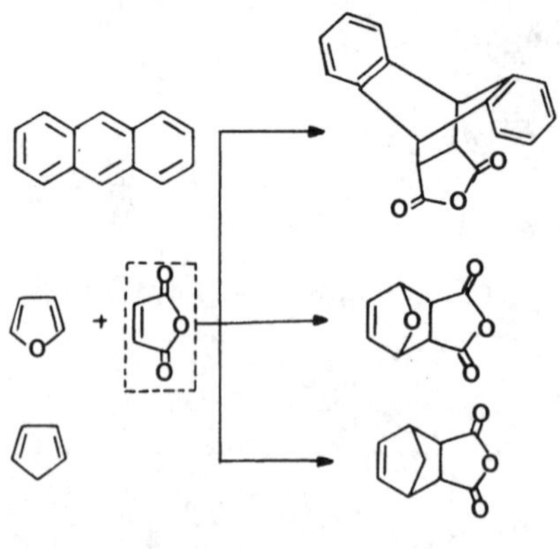

Entsprechendes gilt auch für Philodiene, insbesondere α.β-*ungesättigte Carbonylverbindungen,* die sauerstoffanaloge Diene darstellen. Dabei erfolgt die Reaktion, wie am Beispiel des **Acroleins** gezeigt, stets nach dem sog. *„Prinzip der größten Sauerstoffdichte"*.

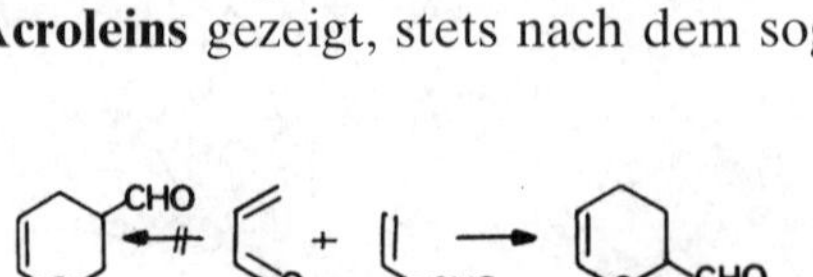

In Abhängigkeit von der Orientierung des Diens und des Dienophils führen Diels-Alder-Reaktionen häufig zu einem Isomerengemisch, wie das nachfolgende Beispiel der Umsetzung von **Isopren** mit **Methylvinylketon** dokumentiert. Die beiden möglichen Orientierungen werden als Kopf-an-Schwanz- bzw. Kopf-an-Kopf-Orientierung bezeichnet.

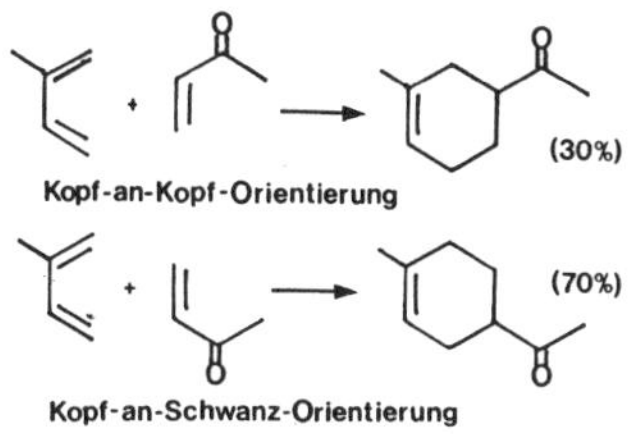

Nachweis von Arinen (vgl. Kap. 3.2.7.3): **Dehydrobenzen** ist ein reaktionsfreudiges Dienophil und ergibt mit **Furan** oder **Anthracen** ein Diels-Alder-Addukt.

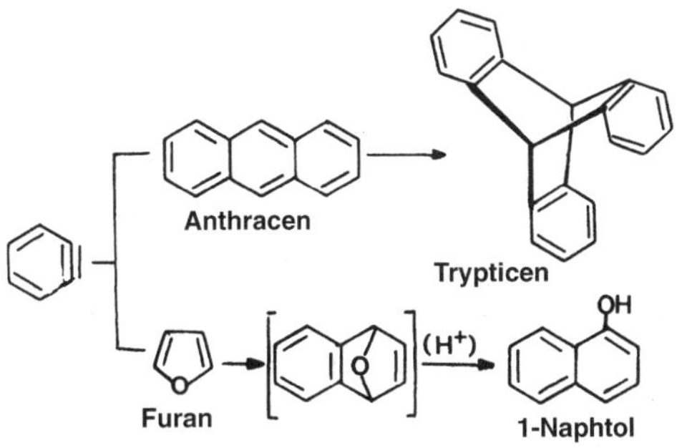

Mechanismus und Stereochemie: Die *Stereoselektivität* der Reaktion *(syn-Addition)* spricht für eine konzertierte simultane Bildung beider σ-Bindungen. Die *Aktivierungsentropie* ist stark negativ, was auf einen geordneten, cyclischen Übergangszustand schließen läßt. Man nimmt an, daß bei der Diels-Alder-Reaktion eine Hückelsche cyclische Elektronenanordnung mit 6 π-Elektronen durchlaufen wird, der Übergangszustand also aromatischen Charakter besitzt [vgl. **MC-Fragen Nr. 130–132, 1265**].

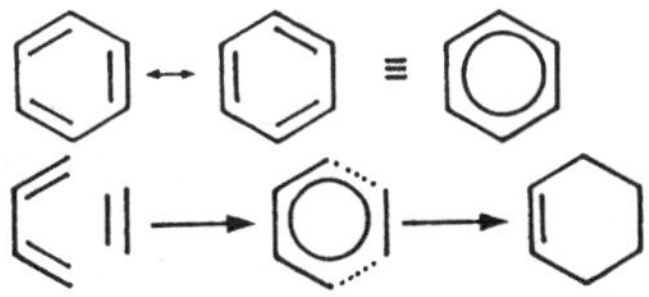

Dies hat stereochemische Konsequenzen, weil bei pericyclischen Reaktionen über aromatische Übergangszustände das cis-Isomer viel schneller gebildet wird als das trans-Isomer. Diels-Alder-Reaktionen sind deshalb *stereospezifische syn-Additionen. Sie verlaufen sowohl am Dien als auch am Philodien unter Beibehaltung der ursprünglichen Stereochemie* [vgl. **MC-Fragen Nr. 130, 1265**].

Zum Beispiel liefern **Maleinsäuredimethylester** und **Fumarsäuredimethylester** mit **Butadien cis-** bzw. **trans-1,2-Cyclohexendicarbonsäureester** [vgl. **MC-Frage Nr. 139**].

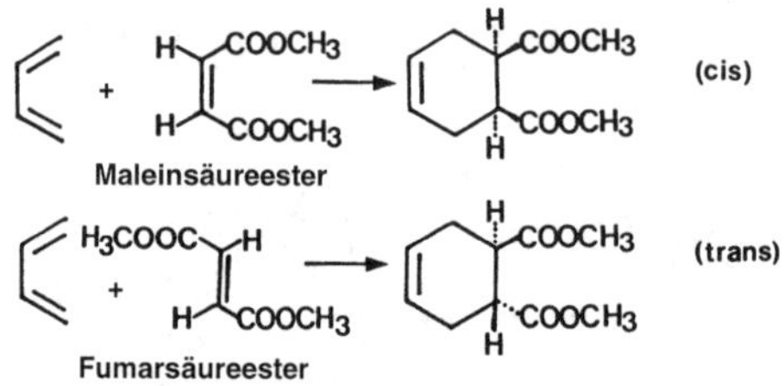

Verwendet man als *Dienkomponente eine cyclische Verbindung* [z. B. Anthracen, Cyclopentadien, Furan], so können zwei unterschiedliche Addukte gebildet werden, die als *endo-Addukt* (größerer Teil des Dienophils unterhalb des Ringes) und als *exo-Addukt* (kleinerer Teil des Dienophils unterhalb des Ringes) bezeichnet werden. Der Ausdruck **„endo"** besagt, daß in bi- oder höhercyclischen Verbindungen funktionelle Gruppen oder Molekülteile einander zugewandt oder in das Innere eines Ringsystems gerichtet sind. **„Exo"** steht für „nach außen" oder „außerhalb".

Bei möglicher endo-exo-Konkurrenz entsteht unter den üblichen Bedingungen (bei niederer Temperatur) in einer *kinetisch gesteuerten Reaktion* meistens das *thermodynamisch instabilere endo-Produkt.* D.h., der Übergangszustand, der zum endo-Addukt führt, ist aufgrund verminderter sterischer Wechselwirkung energetisch günstiger. Bei höheren Temperaturen kann das endo-Cycloaddukt zum thermodynamisch stabileren exo-Produkt isomerisieren. Darüber hinaus hängt das endo-exo-Verhältnis auch von der Lösungsmittelpolarität ab [vgl. **MC-Fragen Nr. 138, 1198**]. Die aus der Diels-Alder-Reaktion von **Cyclopentadien** und **Maleinsäureanhydrid** gebildeten endo-exo-Addukte sind diastereomer zueinander.

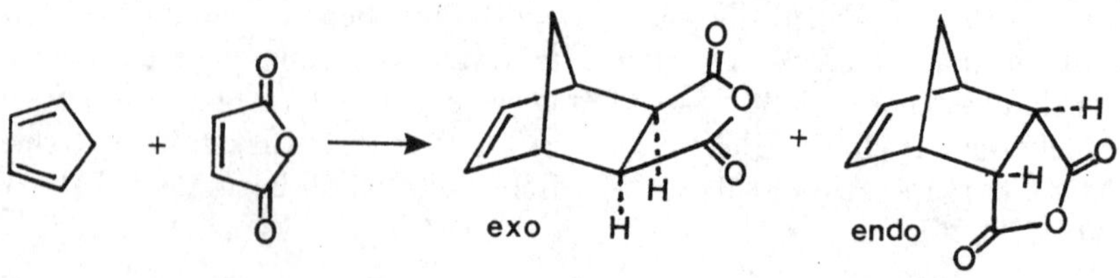

Die Diels-Alder-Reaktion ist eine konzertierte, reversible [4+2] Cycloaddition, bei der ein Dien und ein Monoen zu einem sechsgliedrigen Ringsystem miteinander reagieren. Elektronendonatorgruppen am Dien und Elektronenakzeptorgruppen am Dienophil erleichtern die Reaktion.

Die Diels-Alder-Reaktion verläuft – über einen aromatischen Übergangszustand – stereospezifisch als syn-Addition. Aufgrund der kinetischen Reaktionskontrolle wird bei möglicher endo-exo-Konkurrenz bei tiefen Temperaturen vorzugsweise das endo-Addukt gebildet.

3.2.14.6 En-Reaktion

Hierunter versteht man die Addition eines Alkens, das in Alkylstellung ein Wasserstoffatom besitzt *(En-Komponente)* an ein aktiviertes Doppelbindungssystem *(Enophil)*. Ein konzertierter Reaktionsablauf wird als wahrscheinlich erachtet. Zum Beispiel würde die En-Reaktion von **Ethen** mit **Propen** zu **1-Penten** führen [vgl. **MC-Frage Nr. 899**].

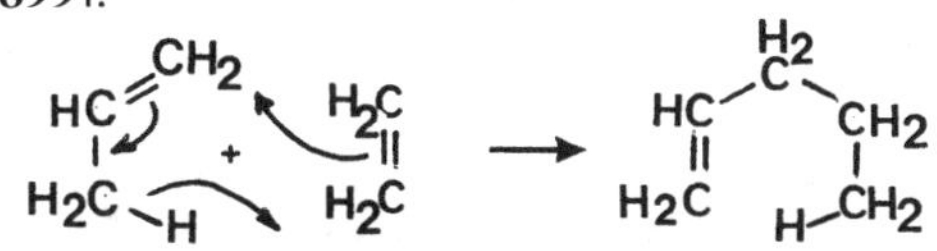

Bei dieser Reaktion spielt die En-Komponente eine analoge Rolle wie das Dien bei der Diels-Alder-Reaktion. Auch hinsichtlich des Elektronenbedarfs der beiden Komponenten besteht die gleiche Beziehung. Die En-Synthese verläuft deshalb gut mit elektronenarmen Enophilen wie Maleinsäureanhydrid.

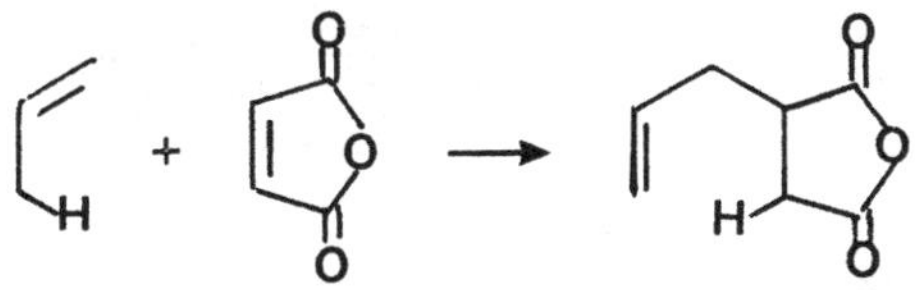

3.2.15 Nucleophile Addition an Carbonylverbindungen

3.2.15.1 Klassifizierung von Carbonylverbindungen

Sauerstoff und Kohlenstoff können auch über Doppelbindungen miteinander verbunden sein. In Tabelle 24 sind die wichtigsten Substanzklassen mit einer C=O-Gruppe aufgelistet. Im engeren Sinne gehören zu den *Carbonylverbindungen* aber nur die Stoffklassen der *Aldehyde* [R-CH=O] und *Ketone* [R_2C=O]. Die übrigen genannten Substanzen werden als Derivate von Carbonsäuren angesehen und dementsprechend als *Carboxylverbindungen* bezeichnet.

Tab. 24: Substanzklassen mit C=O-Doppelbindungen

```
R-C-H     R-C-R'    R-C-OH       R-C-OR'    R-C-O-C-R'
  ||        ||        ||           ||         ||   ||
  O         O         O            O          O    O
Aldehyd   Keton     Carbonsäure  Ester      Anhydrid

                                   H
R-C-X               R-C-NR'2     R-C-N-C-R
  ||                  ||           ||   ||
  O                   O            O    O
Säurehalogenid      Säureamid    Säureimid
```

3.2.15.2 Struktur der Carbonylgruppe

Die Bindungsverhältnisse der Carbonylgruppe lassen sich am besten mit der Annahme einer *sp^2-Hybridisierung* von *Sauerstoff* und *Kohlenstoff* beschreiben [vgl. **MC-Fragen Nr. 143, 147**]. Ein sp^2-Hybrid-AO des O-Atoms dient zur Bildung der **C_{sp^2}-O_{sp^2}-σ-Bindung**, die beiden übrigen zur Unterbringung der nichtbindenden Elektronenpaare des Sauerstoffs. Allerdings existieren Hinweise, daß sich die beiden *freien Elektronenpaare* am Sauerstoff auch in unterschiedlichen Orbitalen – im Extremfall sp- und p-AO – aufhalten können. Sowohl der Sauerstoff als auch der Kohlenstoff besitzen noch ein p-Orbital, das nicht an der Hybridisierung teilgenommen hat. Die Überlappung der beiden p-Orbitale führt zur **C-O-π-Bindung**, wie dies schematisch in Abb. 56 dargestellt ist.

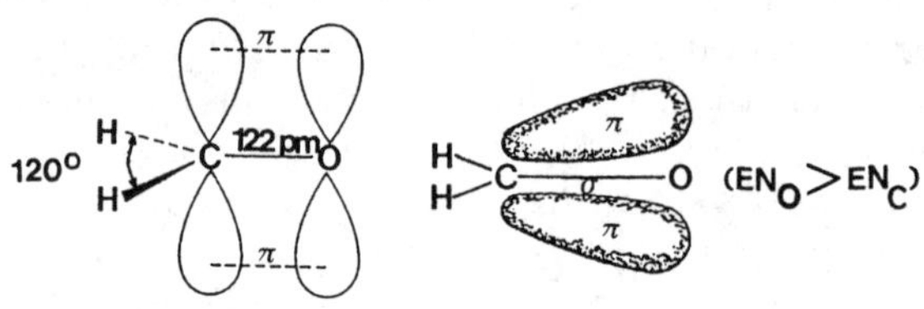

Abb. 56: Orbitalmodell des Formaldehyds

Aufgrund der sp^2-Hybridisierung beider Bindungspartner ist die C=O-Gruppe *planar* gebaut mit einem nahezu idealen Bindungswinkel von 120°. Die Länge der C=O-Bindung beträgt etwa 122 pm, ihre Bindungsenergie ca. 750 kJ mol^{-1}.

Das Sauerstoffatom ist *elektronegativer* als der Kohlenstoff. Dies führt zu einer starken *Polarisierung* der C=O-Bindung. Zusätzlich zur induktiven Beeinflussung der σ-Bindung bestimmt die Polarisierbarkeit der *π-Elektronen* das reaktive Verhalten von Carbonylverbindungen, was sich am besten mit folgenden Grenzstrukturen beschreiben läßt [vgl. **MC-Frage Nr. 144**].

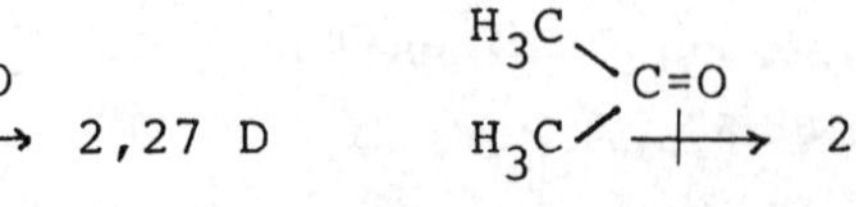

Diese *Bindungspolarität* äußert sich z. B. in den relativ hohen *Dipolmomenten* von Carbonylverbindungen. Experimentell wurden für **Formaldehyd** und **Aceton** folgende Werte gefunden:

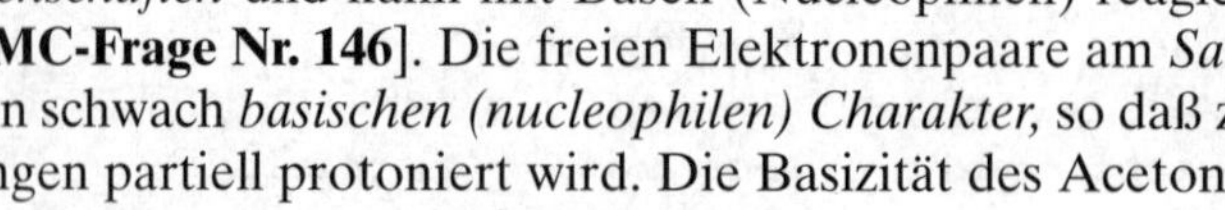

Als Folge der C=O-Bindungspolarität besitzt das *Carbonyl-C-Atom saure (elektrophile) Eigenschaften* und kann mit Basen (Nucleophilen) reagieren [vgl. Kap. 3.2.15.6 und **MC-Frage Nr. 146**]. Die freien Elektronenpaare am *Sauerstoff* haben dagegen einen schwach *basischen (nucleophilen) Charakter,* so daß z. B. **Aceton** in sauren Lösungen partiell protoniert wird. Die Basizität des Acetons ist allerdings deutlich geringer als die von Wasser. Erst in 82%iger H_2SO_4 liegt das Aceton-Molekül zur Hälfte in protonierter Form vor.

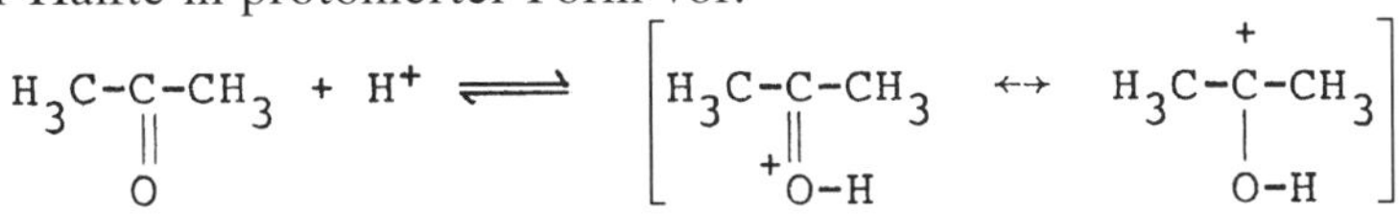

3.2.15.3 Reaktivität der Carbonylgruppe (Carbonylaktivität)

Die Reaktivität einer Carbonylgruppe beruht auf der durch den -I-Effekt des O-Atoms verursachten *Polarität und auf der Polarisierbarkeit* der π-Elektronen. Je stärker polarisiert die C=O-Doppelbindung ist, desto höher ist ihre *Carbonylaktivität.* Parallel dazu steigt die Bereitschaft der betreffenden Carbonylverbindung mit einem Nucleophil zu reagieren. Die verschiedenen Carbonylverbindungen lassen sich in folgende Reihe *steigender Reaktivität (Carbonylaktivität)* einordnen [vgl. **MC-Frage Nr. 148**].

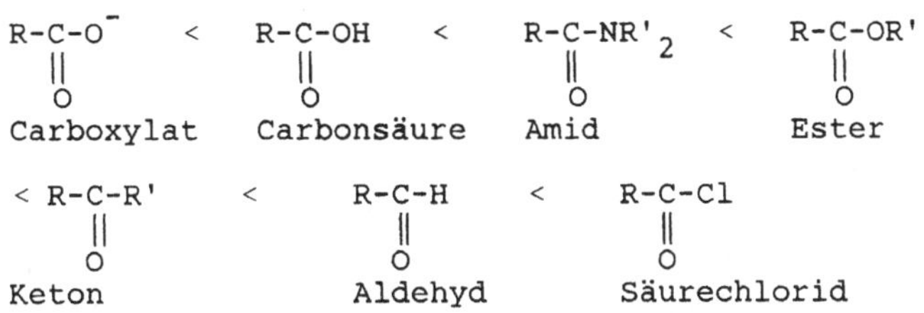

Auch der mit der Carbonylgruppe verbundene Rest (R) beeinflußt die Carbonylaktivität. -I/-M-Substituenten steigern die Reaktionsfähigkeit der C=O-Gruppe gegenüber nucleophilen Reagenzien. +I/+M-Substituenten senken dagegen die C-Reaktivität und erhöhen die O-Basizität. Aufgrund des -I-Effektes der α-ständigen Cl-Atome hat beispielsweise **Chloral** [Cl_3C-CHO] eine deutlich höhere Carbonylreaktivität als **Acetaldehyd** [H_3C-CHO] [vgl. **MC-Frage Nr. 146**].

Die Carbonylaktivität *(Elektrophilie des Carbonylkohlenstoffs)* kann durch Zusatz von Säuren erhöht werden [vgl. Kap. 3.2.15.6 und **MC-Frage Nr. 146**].

3.2.15.4 CH-Acidität von Carbonylverbindungen

Die acidifizierende Wirkung einer Carbonylgruppe auf die benachbarte (α-ständige) Alkylgruppe hat ihre Ursachen

- in der durch den -I-Effekt der C=O-Gruppe erhöhten Polarität der C-H-Bindung und
- in der Mesomeriestabilisierung des durch Deprotonierung gebildeten *Carbanions.*

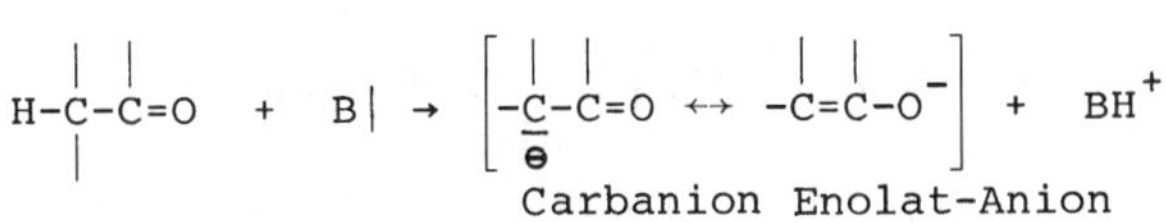

Dies belegen auch die sehr unterschiedlichen Säureexponenten (pK_s-Werte) des **Acetons** und **Ethans**.

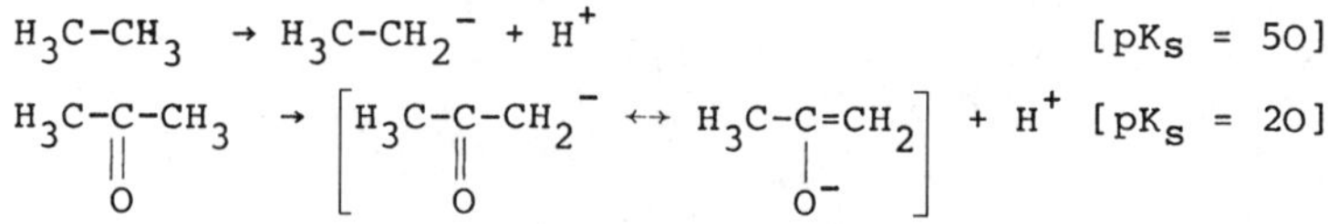

Die negative Ladung des bei der Deprotonierung von Ethan entstehenden Anions ist am C-Atom lokalisiert. Ein solches Teilchen ist energiereich und die dahin führende Reaktion verläuft stark endotherm.

Dies macht aber auch verständlich, warum bei Carbonylverbindungen *nur die H-Atome in α-Position acidifiziert* werden. Aus der Abspaltung eines β-ständigen Wasserstoffatoms würde ebenfalls kein Anion resultieren, das durch Ladungsdelokalisierung stabilisiert werden kann [vgl. **MC-Fragen Nr. 153, 157, 723**]. Aus dem gleichen Grund gelingt es auch *nicht*, die C-H-Bindung der Aldehydgruppe auf direktem Wege heterolytisch zu spalten, weil auch hierdurch kein mesomeriefähiges System gebildet würde.

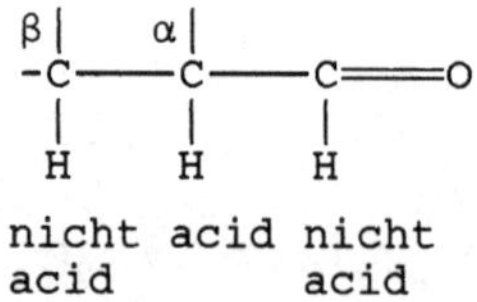

In *β-Dicarbonylverbindungen* [Malonester, Acetessigester, Dimedon, Acetylaceton] sind sowohl der induktive Effekt als auch die Delokalisierungsmöglichkeiten des Carbanions noch stärker ausgeprägt [vgl. **MC-Fragen Nr. 150, 151, 152, 154, 156, 1162**]. Daher besitzen sie eine den Phenolen und Carbonsäuren vergleichbare Säurestärke. Die pK_s-Werte einiger ausgewählter CH-acider Verbindungen sind in Tabelle 25 aufgelistet.

Tab. 25: pK_s-Werte CH-acider Verbindungen

Säure	pK_s	Säure	pK_s
Methan	ca. 57	Cyanessigester	10,5
Triphenylmethan	ca. 33	Nitromethan	10,2
Acetylen (Ethin)	ca. 26	Benzoylaceton	9,4
Acetonitril	ca. 25	Cyanwasserstoff	9,3
Methylacetat	ca. 24	Acetylaceton	9,0
Malonsäurediethylester	12,9	Dimedon	6,0
Malondinitril	11,1	Dinitromethan	3,6
Acetessigester	10,8	Trinitromethan	< 1

Auch *Nitroso-* [-NO], *Nitro-* [$-NO_2$] und *Sulfonsäuregruppen* [$-SO_3H$] wirken stark acidifizierend auf benachbarte C-H-Bindungen. Dabei lassen sich die einzelnen Stoffklassen in folgende Reihe *abnehmender CH-Acidität* einordnen.

$R-CH_2-N=O > R-CH_2-NO_2 > R-CH_2-CH=O > R-CH_2-CO-R' >$

$R-CH_2-SO_3R' > R-CH_2-COOR' > R-CH_2-COOH$

3.2.15.5 Tautomerie-Gleichgewichte

Bei *prototropen Tautomerie-Gleichgewichten* stehen zwei *Isomere* miteinander in einem dynamischen Gleichgewicht, die sich in der Stellung eines Wasserstoffatoms voneinander unterscheiden [siehe auch Kap. 3.3.1 und **MC-Fragen Nr. 229, 1254**]. Simultan mit der Wanderung des Protons *(Prototropie)* erfolgt stets auch eine Verschiebung der Lage einer Doppelbindung. Tautomerievorgänge können durch folgende allgemeine Formelgleichung beschrieben werden,

$$H-X-CH=Y \rightleftharpoons X=CH-Y-H \quad [X,\ Y = \text{meistens } C,\ N,\ O,\ S]$$

wobei die Isomeriesierung über das mesomere Anion abläuft.

$$H-X-CH=Y \xrightarrow{-\ H^+} [^-X-CH=Y \leftrightarrow X=CH-Y^-] \xrightarrow{+\ H^+} X=CH-Y-H$$

Entsprechende Gleichgewichte kann man auch für *vinyloge Verbindungen* formulieren (siehe Kap. 3.1.9.4).

$$H-X(CH=CH)_n-CH=Y \rightleftharpoons X=CH-(CH=CH)_n-Y-H$$

Wenn X und Y Atome mit hoher *Elektronegativität* sind, vollzieht sich die Tautomerie so rasch, daß eine Trennung beider Formen *nicht* möglich ist. Im Gegensatz dazu ist bei Tautomeren, in denen X oder Y ein C-Atom bedeuten, die Gleichgewichtseinstellung so stark verlangsamt, daß u.U. eine Isolierung der einzelnen Tautomeren gelingt.

Verbindungen, die sich voneinander in der Stellung eines Protons und in der Lage einer oder mehrerer Doppelbindungen unterscheiden und miteinander im Gleichgewicht stehen, werden Tautomere genannt.

Lactim-Lactam-Tautomerie (Amino-Imid-Tautomerie): Bei normalen *Carbonsäureamiden* liegt das Gleichgewicht ganz auf der Seite der Amid-Form.

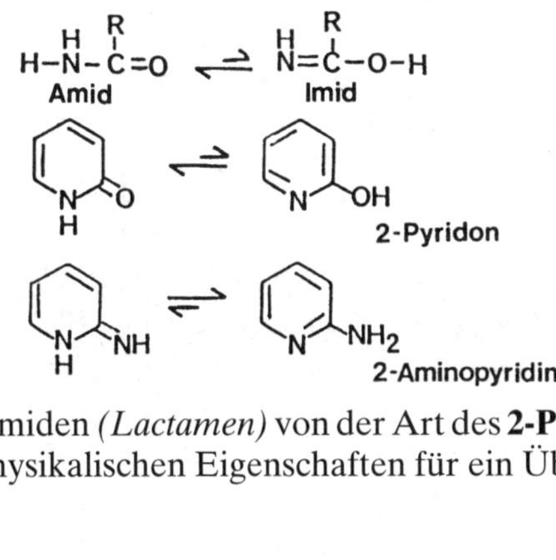

Bei cyclischen Säureamiden *(Lactamen)* von der Art des **2-Pyridons (2-Hydroxypyridin)** sprechen die physikalischen Eigenschaften für ein Überwiegen der Lactam-

Form, obwohl die Lactim-Form durch die Aromatisierung des Ringes begünstigt wäre. Beim **2-Aminopyridin** ist dagegen die Amino-Form bevorzugt. Ähnliche Stabilitätsverhältnisse finden sich auch bei zahlreichen Hydroxy-, Mercapto- und Amino-substituierten Purin- und Pyrimidin-Derivaten [vgl. **MC-Frage Nr. 184**].

```
                         | |          | |
Keto-Enol-Tautomerie:  H-C-C=O  ⇌  -C=C-O-H
                         |
                       Keto-Form    Enol-Form
```

Wie die Werte in Tabelle 26 ausweisen, ist bei *einfachen gesättigten Ketonen* der *Enolgehalt* äußerst *gering,* weil die Keto-Form um 45–65 kJ mol^{-1} stabiler ist als die Enol-Form. Die gegenseitige Umwandlung von Enol- und Keto-Formen wird durch Säuren oder Basen katalysiert [vgl. **MC-Fragen Nr. 154 – 159**].

Die Stabilitätsverhältnisse können sich jedoch total umkehren, wenn die Bindungsverhältnisse die Enol-Form begünstigen, wie dies z. B. beim **Phenol** der Fall ist [vgl. **MC-Frage Nr. 332**].

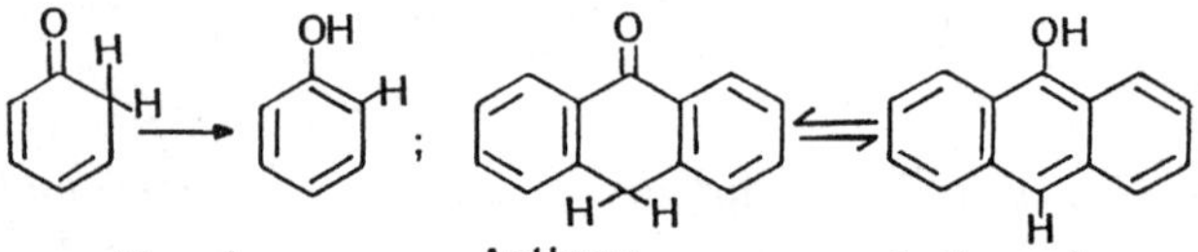

Phenol   Anthron   Anthranol

Da mit zunehmender linearer Anellierung aromatischer Ringsysteme der Energieaufwand zur „Entaromatisierung" des zentralen Ringes geringer wird, ist schon das **9-Hydroxyanthracen (Anthranol)** weniger stabil als die entsprechende Keto-Form, das **Anthron**. Weil das Proton hierbei über das Ringgerüst hinwegwandert, spricht man auch von einer sog. **Transanular-Tautomerie**.

Sind mehrere Sauerstoff-Funktionen vorhanden, so kann bereits bei Monocyclen die aromatische Resonanz der Enol-Form durch die größere innere Stabilität der C=O-Gruppe zunehmend besser kompensiert werden [vgl. **MC-Frage Nr. 155**]. **Resorcin** (**Diketo-Dienol-Tautomerie**) und **Phloroglucin** (**Triketo-Trienol-Tautomerie**) zeigen sowohl die Eigenschaften eines Ketons als auch die eines Phenols. Zum Beispiel bildet Resorcin mit Acetanhydrid einen Bis-Ester und mit Hydroxylamin ein Dioxim. Phloroglucin zeigt die für Phenole charakteristische $FeCl_3$-Reaktion, läßt sich mit Diazomethan verethern und mit Acetanhydrid verestern; andererseits reagiert Phloroglucin mit Hydroxylamin zu einem Trioxim.

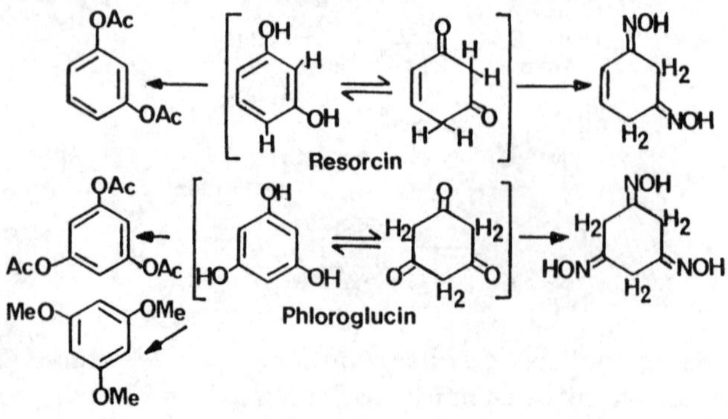

Besonders eingehend untersucht wurden die Tautomerie-Gleichgewichte von β-*Dicarbonylverbindungen* wie z. B. β-*Diketonen* (**Acetylaceton, Benzoylaceton**) oder β-*Ketoestern* (**Acetessigsäureester**).

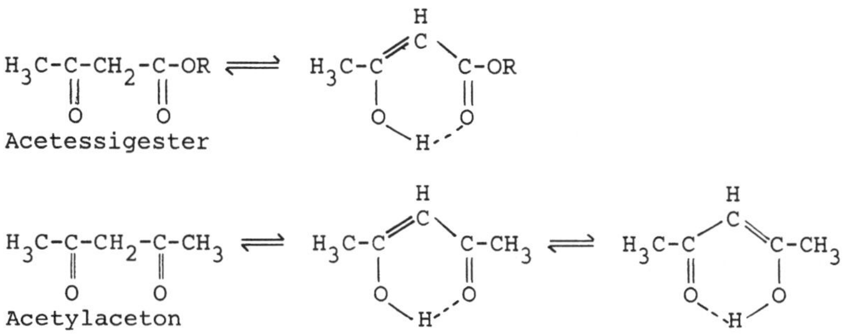

Bei diesen Verbindungen ist durch die Konjugation der C=C-Doppelbindung im Enol zur zweiten C=O-Gruppe der Übergang in die Enol-Form erleichtert. Zusätzlich wird das *Enol* durch *intramolekulare Wasserstoffbrückenbindungen* stabilisiert, was folgende Verallgemeinerung zuläßt:

Die Enolisierungstendenz einer Carbonylverbindung ist umso größer, je acider die α-Methylenwasserstoffe sind und je stärker das Enol durch Konjugation des Bindungssystems stabilisiert wird.

Der unterschiedliche Enolgehalt von **Acetessigester** und **Acetylaceton** ist darauf zurückzuführen, daß die COOR-Gruppe als Konjugationspartner für eine C=C-Doppelbindung weniger gut geeignet ist als eine C=O-Funktion. Analoges trifft für Sulfonyl-Gruppen [RSO_2-] zu, die aufgrund ihres starken -I-Effektes die CH-

Tab. 26: Enolgehalte ausgewählter Carbonylverbindungen

Substanz	%-Enol	Substanz	%-Enol
Aceton	$2{,}5\cdot10^{-4}$	Acetessigester	
Butanon	$1{,}2\cdot10^{-1}$	flüss.	7,6
Cyclopentanon	$4{,}8\cdot10^{-3}$	gasf.	52,0
Cyclohexanon	$2{,}0\cdot10^{-2}$	in Wasser	0,4
Benzoylaceton	89,2	in Eisessig	5,7
Diacetyl	$5{,}6\cdot10^{-3}$	in Ethanol	10,5
1,2-Cyclopentandion	99,0	in Benzen	16,2
1,2-Cyclohexandion	40,0	in Hexan	46,4
1,3-Cyclohexandion	95,0	Acetylaceton	
Dimedon	95,0	flüss.	76,0
Malonsäureester	0,01	gasf.	93,7
		in Wasser	15,5
		in Hexan	92,0

Acidität beträchtlich erhöhen, sich aber schlecht als Konjugationspartner eignen, so daß solche Substanzen kaum enolisiert vorliegen.

Darüber hinaus wird die Enolisierungstendenz durch die Möglichkeit zur Bildung *intramolekularer Wasserstoffbrücken* stark beeinflußt. Wie Tabelle 26 belegt, wirkt sich dies vor allem in der Gasphase und in unpolaren, aprotischen *Lösungsmitteln* aus. In polaren Lösungsmitteln können die β-Dicarbonyl-Form und die Enol-Form H-Brücken mit Lösungsmittelmolekülen eingehen, so daß eine intramolekulare Wasserstoffbrückenbindung zu keiner zusätzlichen Stabilisierung des Moleküls führt [vgl. **MC-Fragen Nr. 159, 736, 737, 904, 908**].

Auch *cyclische Diketone* [**Resorcin, 5,5-Dimethyldihydroresorcin ≡ Dimedon**] sind stärker enolisiert als offenkettige Verbindungen, obwohl sich bei diesen Substanzen keine intramolekularen H-Brücken ausbilden können.

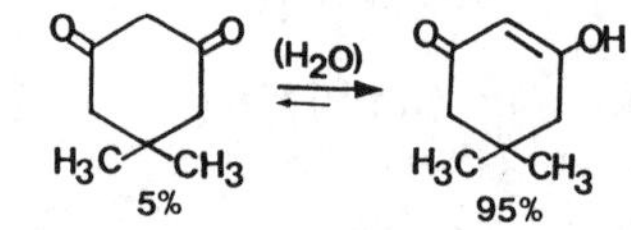

Dimedon

Malondialdehyd

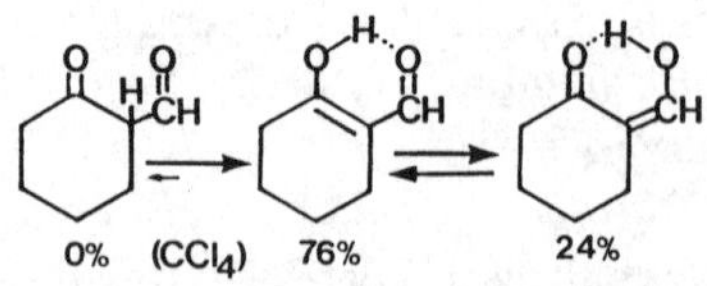

2-Formyl-cyclohexanon

β-*Ketoaldehyde* und β-*Dialdehyde* wie z. B. **Malondialdehyd** [$O{=}CH\text{-}CH_2\text{-}CH{=}O$] oder **2-Formyl-cyclohexanon** existieren fast ausschließlich in der Enol-Form. Demgegenüber ist der Enolgehalt von *Malonsäureestern* vernachlässigbar gering, so daß Malonester-Derivate keine positive $FeCl_3$-Reaktion ergeben [vgl. **MC-Frage Nr. 161**].

α-*Hydroxycarbonylverbindungen* gehen unter bestimmten Bedingungen in die *Endiol-Form* über (**Ketol-Endiol-Tautomerie**) und besitzen stark reduzierende Eigenschaften [vgl. **MC-Frage Nr. 892**].

```
    OH                OH                O H
    |                 |                 || |
R-C-C-R'   ⇌    R-C=C-R'   ⇌    R-C-C-R'
  | ||                |                    |
  H O                 OH                   OH
Ketol             Endiol            Ketol
```

Die Enolisierung offenkettiger *1,2-Diketone* wie z. B. **Diacetyl** [$H_3C\text{-}CO\text{-}CO\text{-}CH_3$] ist gering und kaum größer als bei einfachen aliphatischen Ketonen. Auch hier wird die Enolisierung durch die Cyclisierung beeinflußt. **1,2-Cyclopentandion** ist fast vollständig enolisiert.

Enole weisen deutlich sauren Charakter auf und reagieren mit Eisen(III)-chlorid zu gefärbten Chelatkomplexen bzw. entfärben eine wäßrige Bromlösung. Die

Bromaddition ist eine der Methoden zur quantativen Bestimmung des Enolgehaltes [vgl. **MC-Fragen Nr. 159, 160, 736, 737, 908**].

Bestimmung des Enolgehaltes nach Meyer: Die Umwandlung eines Ketons in ein Enol oder Enolat-Ion verläuft wesentlich langsamer als die Halogenierung des Enols. Dies bedeutet, daß man bei raschem Titrieren bei etwa – 10 °C eines Keto-Enol-Gleichgewichtgemischs z. B. von **Acetessigester** mit Brom *einen Endpunkt* beobachtet, wenn die gesamte Menge an Enol aber praktisch noch kein Keton in α-**Bromacetessigester** übergeführt wurde. Die bromometrische Bestimmung des Enolanteils ist allerdings ungenau. Einfacher läßt sich der Enolgehalt aus dem *NMR-Spektrum* einer Substanz ermitteln [vgl. **MC-Fragen Nr. 160, 904, 905**].

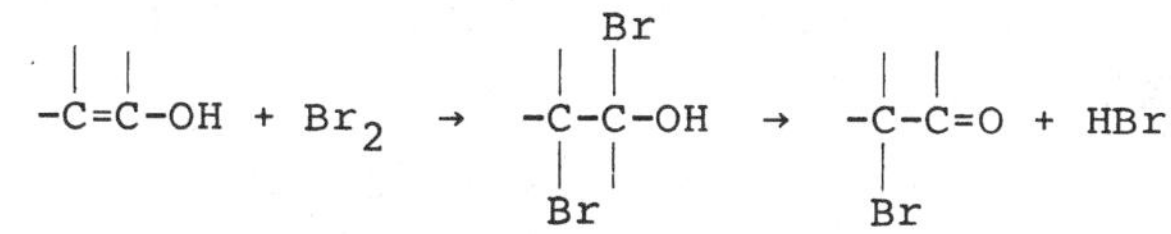

Nitro-aci-Nitro-Tautomerie (vgl. auch Kap. 3.10.7.1): Die Tautomerie primärer und sekundärer *Nitroalkane* ist mit der Keto-Enol-Tautomerie eng verwandt.

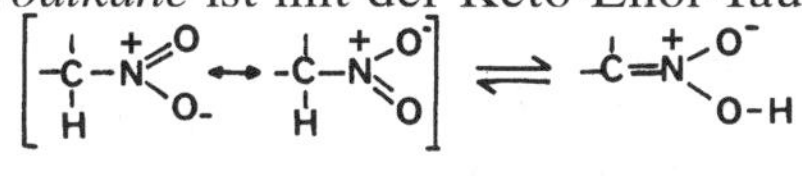

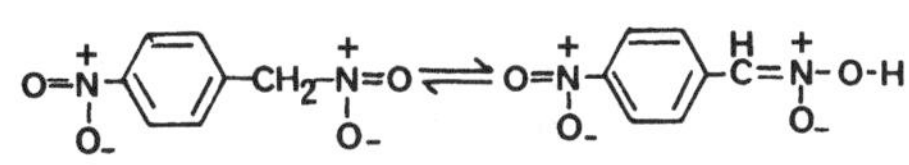

Nitro-Form aci-Nitro-Form

Durch die Mesomeriestabilisierung der Nitrogruppe überwiegt bei einfachen Nitroalkanen die Nitro-Form. Diese Resonanzstabilisierung geht beim Übergang in die aci-Nitro-Form verloren. Nur wenn das Bindungssystem der aci-Form durch Konjugationseffekte begünstigt wird, wie in *Arylnitromethanen* [Ar-CH_2-NO_2], sind im Gleichgewichtsgemisch die aci-Formen in meßbarer Konzentration vorhanden. So liegt beispielsweise **p-Nitrophenyl-nitromethan** in Methanol zu 0,8% und in Pyridin zu 16% in der aci-Nitro-Form vor.

Die nachfolgenden Beispiele sollen den Tautomerie-Begriff weiter vertiefen.

Primäre und sekundäre C-Nitroso-Derivate *(Isonitrosoverbindungen)* sind instabil und isomerisieren quantitativ zu *Oximen* (**Isonitroso-Oxim-Tautomerie**) [vgl. **MC-Frage Nr. 329**].

```
                         H
Isonitrosoverbindung  R2C-N=O  ⇌  R2C=N-O-H  Oxim
```

In analoger Weise stehen *N-Nitrosamine* mit *Diazohydroxiden* in einem tautomeren Gleichgewicht (**Nitroso-Diazo-Tautomerie**).

```
                 H
N-Nitrosamin  R-N-N=O  ⇌  R-N=N-O-H  Diazohydroxid
```

Tautomerie wird auch bei bestimmten *Triazenen* (Diazoaminoverbindungen) und *Azomethinen* beobachtet.

```
                     H                    H
Triazen      Ar-N=N-N-Ar'  ⇌  Ar-N-N=N-Ar'

Azomethin    R-CH2-N=CH-R'  ⇌  R-CH=N-CH2-R'
```

Ebenso können *Hydroxamsäuren* in tautomeren Formen existieren.

```
Hydroxamsäure   HO-N-C=O  ⇌  HO-N=C-O-H
                   | |              |
                   H R              R
```

3.2.15.6 Ablauf nucleophiler Additionen an Carbonylverbindungen

Durch die *Polarisation der Carbonylgruppe* sind bei Additionsreaktionen an *Aldehyden* und *Ketonen* Art und Richtung des Angriffs von Reagenzien weitgehend festgelegt. Entweder greift das *Nucleophil* am positivierten *Carbonyl-C-Atom* an oder es erfolgt die Anlagerung eines *Elektrophils* am *Carbonylsauerstoff* [vgl. **MC-Fragen Nr. 145, 146**].

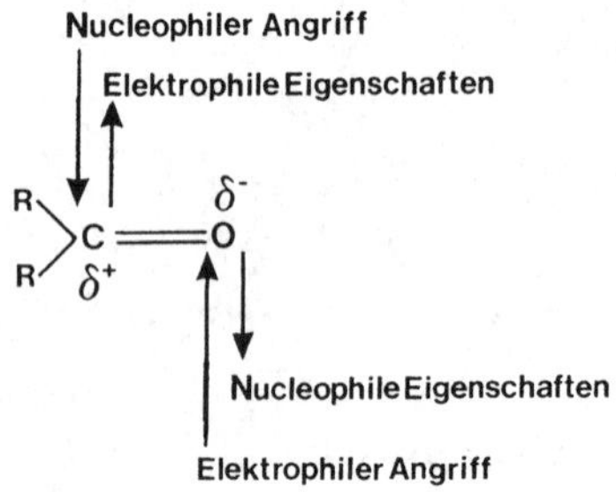

Aus praktischer Sicht hat der elektrophile Angriff am Sauerstoff nur geringe Bedeutung, außer im Falle eines *Protons,* dessen rasche und reversible Anlagerung dem *geschwindigkeitsbestimmenden Angriff des Nucleophils* am Carbonylkohlenstoff vorausgeht. Die Protonierung erhöht die Polarität der Carbonylgruppe und damit deren Bereitschaft mit einem Nucleophil zu reagieren. Manche *Lewis-Säuren* erzeugen denselben Effekt.

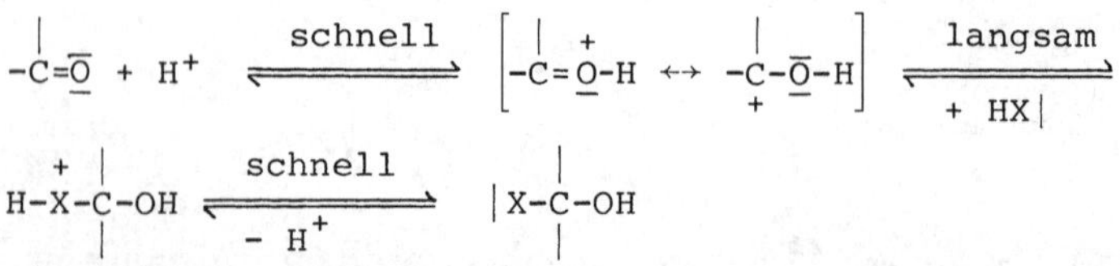

Im langsamen **Additionsschritt** entsteht aus der ebenen, trigonalen Carbonylverbindung ein tetraedrisches Addukt, in dem die Substituenten näher zusammenrükken. Der R-C-R'-Bindungswinkel nimmt von 120° auf 109,5° ab. Aus diesem Grund erfolgt die Anlagerung eines Nucleophils umso schwerer, je sperriger die Reste am Carbonyl-C-Atom sind.

Die meisten Additionsreaktionen an Carbonylverbindungen verlaufen *reversibel.* Nur bei starken Nucleophilen wie komplexen Hydriden und Grignard-Reagenzien liegt das Gleichgewicht auf der Seite der Produkte.

Die primären Additionsprodukte sind relativ instabil und lassen sich nur in Einzelfällen isolieren. Sie gehen leicht in einem nachgeschalteten **Kondensationsschritt** – meistens unter *Abspaltung von Wasser* - in ungesättigte Verbindungen über.

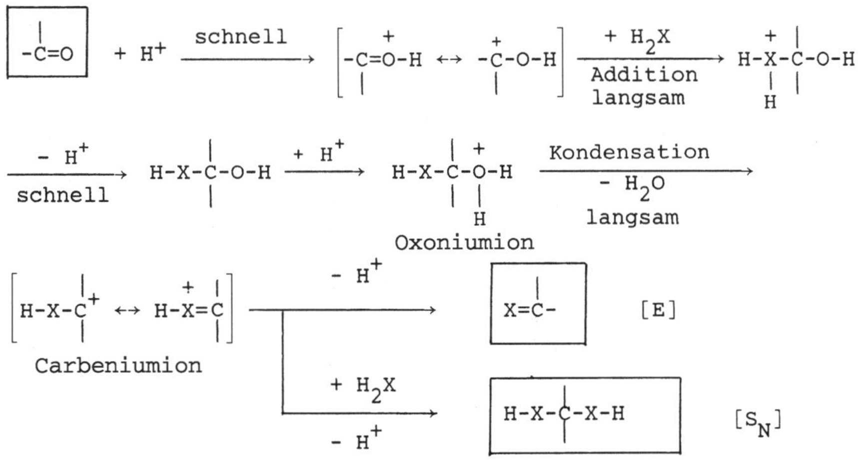

Im Kondensationsschritt wird das Additionsprodukt durch eine im Reaktionsansatz anwesende Säure unter Bildung eines *Oxoniumions* protoniert. Daraus entsteht unter (reversibler) *Dehydratisierung* ein *mesomeriestabilisiertes Carbeniumion,*das durch Deprotonierung bzw. durch den Angriff eines weiteren Nucleophils zu neutralen Produkten weiterreagieren kann.

Verfügt das angreifende Nucleophil (Base) über kein zweites H-Atom und besitzt die Carbonylverbindung einen α-ständigen Wasserstoff, so reagieren beide in folgender Weise miteinander.

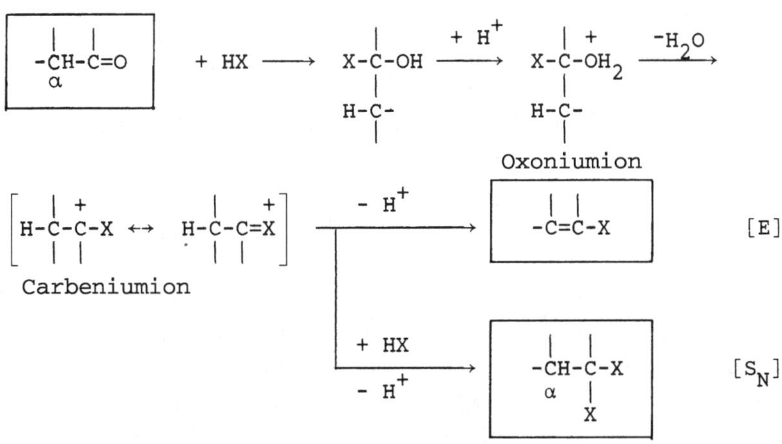

Besitzt weder das angreifende Reagenz ein zweites H-Atom noch die Carbonylverbindung einen α-ständigen Wasserstoff, so steht nur noch der „Substitutionsweg" offen.

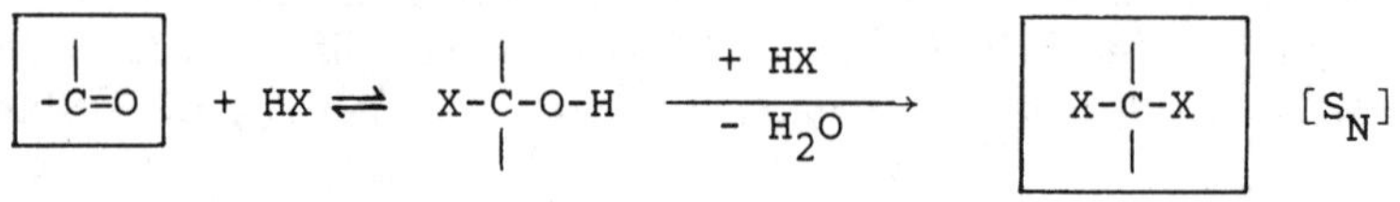

Die *Geschwindigkeit der Gesamtreaktion* kann sowohl durch den Additionsschritt als auch durch den Kondensationsschritt bestimmt werden. Bei der Umsetzung von Carbonylverbindungen mit *starken Nucleophilen* erfolgt im neutralen oder basischen Milieu die Addition meistens rasch und die *Kondensation* ist *geschwindigkeitsbestimmend.* Da dieser Schritt immer säurekatalysiert abläuft, wird er durch den Zusatz einer Säure beschleunigt.

Über die wichtigsten Additionsreaktionen von Nucleophilen an Aldehyde und Ketone informiert Tabelle 27. Einzelne präparative Aspekte dieser Reaktionen werden im Kap. 3.12 noch detailliert beschrieben.

Tab. 27: Reaktionen von Carbonylverbindungen mit Basen [Substrat –C=O]

Base [Nucleophil]	Produkt
prim. Amin [$R-NH_2$]	Azomethin (Imin) [-C=N-R]
sek. Amin [R_2NH]	Enamin [$-C=C-NR_2$]
	Aminal [$-C(NR_2)_2$]
Hydroxylamin [$HO-NH_2$]	Oxim [-C=N-OH]
Hydrazin [H_2N-NH_2]	Hydrazon [$-C=N-NH_2$]
	Azin [-C=N-N=C-]
subst. Hydrazin [$R-NH-NH_2$]	Hydrazon [-C=N-NH-R]
Semicarbazid [$H_2N-CO-NH-NH_2$]	Semicarbazon [$-C=N-NH-CO-NH_2$]
Alkohol [ROH]	Acetal, Ketal [$-C(OR)_2$]
Mercaptan [RSH]	Mercaptal [$-C(SR)_2$]
Wasser [HOH]	Hydrat (1,1-Diol) [$-C(OH)_2$]

Typische Reaktionen von Aldehyden und Ketonen sind nucleophile Additionen an die Carbonylgruppe, wobei Aldehyde leichter reagieren als Ketone. Aus der planaren C=O-Gruppe entsteht durch die Anlagerung des Nucleophils ein tetraedrisches Addukt, so daß bei diesen Reaktionen mit einer gewissen sterischen Hinderung durch Gruppenhäufung zu rechnen ist. Elektronenakzeptoren an der Carbonylgruppe erleichtern die Addition. Auch die Säurekatalyse beschleunigt den nucleophilen Angriff. Im allgemeinen ist dem Additionsschritt ein Kondensationsschritt nachgeschaltet, wobei unter Abspaltung von Wasser z. B. Azomethine, Enamine, Oxime oder Hydrazone gebildet werden. Daneben besteht die Möglichkeit, die HO-Gruppe des Additionsproduktes nucleophil zu substituieren, wodurch Aminale, Acetale, Ketale und Mercaptale zugänglich werden.

3.2.15.7 Reaktivität von Carbonylverbindungen

Die Reaktionsfähigkeit von Aldehyden und Ketonen wird durch *sterische* und *elektronische Faktoren* beeinflußt.

Erwartungsgemäß erhöhen elektronenanziehende Substituenten an der C=O-Gruppe die Additionsgeschwindigkeit von Nucleophilen, während sie durch elektronenliefernde Gruppen wie z. B. Alkylreste verringert wird. Daher sind *Ketone* im allgemeinen *reaktionsträger als Aldehyde.*

Voluminöse Substituenten, insbesondere dann, wenn das α-C-Atom sperrige Reste trägt, vermindern gleichfalls die Geschwindigkeit des Additionsschrittes, so daß man für einfache Carbonylverbindungen folgende *Reihe abnehmender Reaktivität* findet.

$$H_2C{=}O > CH_3CH{=}O > CH_3COCH_3 > CH_3COC(CH_3)_3 > (CH_3)_3CCOC(CH_3)_3$$

Auch bei unveränderter Carbonylkomponente aber wachsendem Raumbedarf des Nucleophils verlangsamt sich die Additionsgeschwindigkeit.

Aufgrund der Konjugation des π-Elektronensystems zur C=O-Gruppe sind *aromatische Aldehyde und Ketone in der Regel weniger reaktionsfähig als aliphatische Carbonylverbindungen.* Trägt der aromatische Rest in ortho- oder para-Stellung +M-Substituenten [OH, NH_2 u. a.], so ist die Reaktivität noch weiter herabgesetzt, während -M-Substituenten [NO_2 u. a.] die Reaktionsfähigkeit dieser Verbindungen steigern.

3.2.15.8 Katalyse von A_N-Reaktionen an Carbonylverbindungen

Viele A_N-Reaktionen an Aldehyden und Ketonen werden durch den Zusatz von *Säuren* oder *Basen* beschleunigt. Die katalytische Wirkung einer *Base* beruht auf der Umwandlung eines schwachen (HX) in ein stärkeres Nucleophil (X^-) [Bsp.: HCN zu CN^-].

Die *Säurekatalyse erhöht die Carbonylaktivität.* Sie senkt die Aktivierungsenergie für den nucleophilen Angriff und erleichtert dadurch die Anlagerung des Nucleophils. Die katalytische Wirkung einer Säure ist umso notwendiger, je schwächer nucleophil das Reagenz und je geringer die Carbonylreaktivität des Substrats ist. Allerdings ist bei sauer katalysierten Reaktionen zu beachten, daß die Zugabe einer Säure (HA) die effektive Konzentration des Nucleophils im Reaktionsgemisch zurückdrängen kann.

$$CN^- + HA \rightleftharpoons HCN + A^-$$
$$R\text{-}NH_2 + HA \rightleftharpoons R\text{-}NH_3^+ + A^-$$

Daher ist für viele A_N-Reaktionen an Carbonylverbindungen die *Einstellung eines optimalen pH-Wertes* essentiell. Dieser liegt im allgemeinen im Bereich des *pK_s-Wertes des nucleophilen Reagenzes.*

So besitzt z. B. die Reaktion von **Phenol** [pK_s = 9,9] mit Formaldehyd ihre maximale Geschwindigkeit bei pH = 10 und sinkt bei höheren und tieferen pH-Werten rasch ab. Ebenso ist die Geschwindigkeit der Umsetzung von **Semicarbazid** [pK_s = 3,6] mit Aldehyden oder Ketonen in acetatgepufferter Lösung (pH = 4) am größten. Beim schwächer basischen **2,4-Dinitrophenylhydrazin** katalysiert die Essigsäure nur schwach, während eine Mineralsäure die 2,4-Dinitrophenylhydrazon-Bildung stark beschleunigt.

Spezifische Säurekatalyse: Hier wird die *Reaktionsgeschwindigkeit nur* durch den Zusatz der *konjugierten Säure* des *Lösungsmittels* erhöht.

Im Falle *wäßriger Lösungen* ist die Reaktionsgeschwindigkeit somit eine Funktion der *H_3O^+-Konzentration,* d. h., sie hängt vom *pH-Wert* ab. Deshalb ändert sich die Reaktionsgeschwindigkeit nicht bei Zugabe anderer Protonendonatoren (z. B. NH_4^+-Ionen), es sei denn, die H_3O^+-Konzentration (bzw. der pH-Wert) würde dadurch verändert werden.

Häufig beobachtet man bei spezifisch säurekatalysierten Reaktionen ein *Maximum der Reaktionsgeschwindigkeit in einem bestimmten pH-Bereich.* Die spezifische Säurekatalyse ist charakteristisch für Reaktionen mit einem schnellen, reversiblen Protonierungsschritt vor dem geschwindigkeitsbestimmenden Teilschritt. Beispiele hierfür sind die:

- *Bildung und Spaltung von Acetalen,*
- *Veresterung von Carbonsäuren,*
- *saure Verseifung von Carbonsäureestern.*

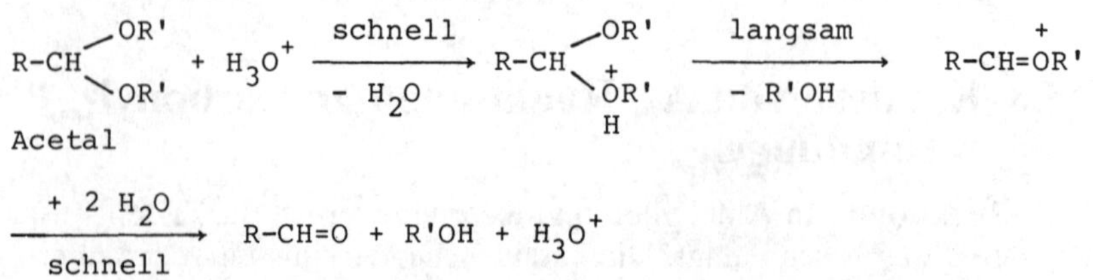

Allgemeine Säurekatalyse: Hier wird die Reaktion von allen Protonendonatoren katalysiert. Selbst schwache Säuren wie Carbonsäuren oder Phenole steigern die Reaktionsgeschwindigkeit.

Eine *allgemeine Säurekatalyse* ist charakteristisch für Reaktionen, in denen die Protonierung des Substrats geschwindigkeitsbestimmend ist, gefolgt von einer raschen Umwandlung der gebildeten Zwischenprodukte. Als Beispiel sei die *Verseifung von Orthoestern* genannt.

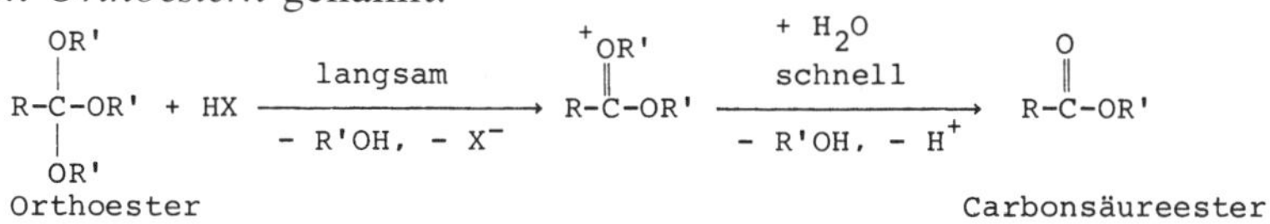

Darüber hinaus sind Reaktionen bekannt, die sowohl spezifisch als auch allgemein säurekatalysiert ablaufen können. Ein Beispiel dafür ist die *Hydratbildung von Aldehyden* in wäßriger Lösung.

Spezifische Basenkatalyse: In diesem Falle ist die Reaktionsgeschwindigkeit in wäßriger Lösung proportional zur Konzentration an HO^--Ionen. Charakteristisch für solche Reaktionen ist eine rasche, reversible Deprotonierung des Substrats *vor* dem geschwindigkeitsbestimmenden Teilschritt.

Allgemeine Basenkatalyse: Sie können in wäßriger Lösung auch durch andere Basen als HO^--Ionen beschleunigt werden. Ein Beispiel hierfür ist die basenkatalysierte *α-Halogenierung von Ketonen* (vgl. Kap. 3.7.2.2). Typisch für allgemein basenkatalysierte Reaktionen ist die langsame, geschwindigkeitsbestimmende Deprotonierung des Substrats gefolgt von der raschen Umwandlung der gebildeten Zwischenprodukte.

3.2.15.9 Dynamische Stereochemie nucleophiler Additionen

Die Carbonylgruppe ist wie die C=C-Doppelbindung *eben* gebaut. Nucleophile Reagenzien können daher mit gleicher Wahrscheinlichkeit von zwei Seiten an das positivierte Carbonyl-C-Atom herantreten. Ob die Anlagerung als syn- oder anti-Addition abläuft, läßt sich nicht entscheiden, weil sich die beiden möglichen Addukte durch Rotation um die C-O-Einfachbindung ineinander umwandeln können [vgl. **MC-Frage Nr. 145**].

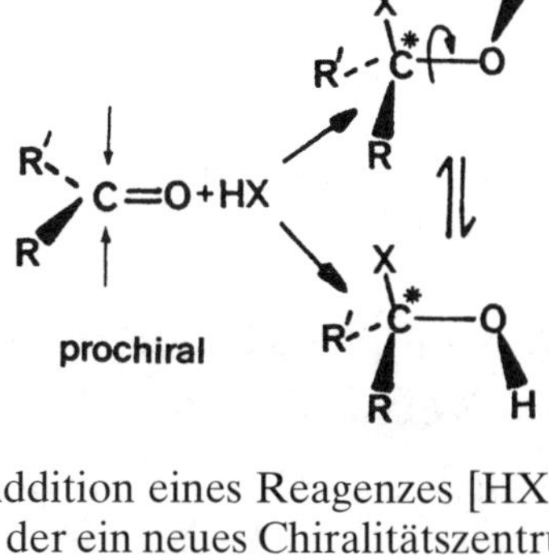

Deshalb führt auch die Addition eines Reagenzes [HX] an ein *prochirales Keton* [R'RC=O mit R ≠ R'], bei der ein neues Chiralitätszentrum erzeugt wird, zu einem *Racemat.* Die Reaktion verläuft *nicht stereoselektiv.*

Ist jedoch die *Carbonylverbindung chiral,* dann sind die beiden Seiten der planaren C=O-Gruppe nicht mehr äquivalent. Insbesondere, wenn das α-C-Atom ein Chiralitätszentrum darstellt, erfolgt die Addition des Nucleophils von „oben" und „unten" mit unterschiedlicher Wahrscheinlichkeit. Das gebildete Produkt besitzt nun zwei Chiralitätszentren, so daß ein Gemisch zweier Diastereomerer entsteht, wenn man von einem reinen Enantiomer ausgeht.

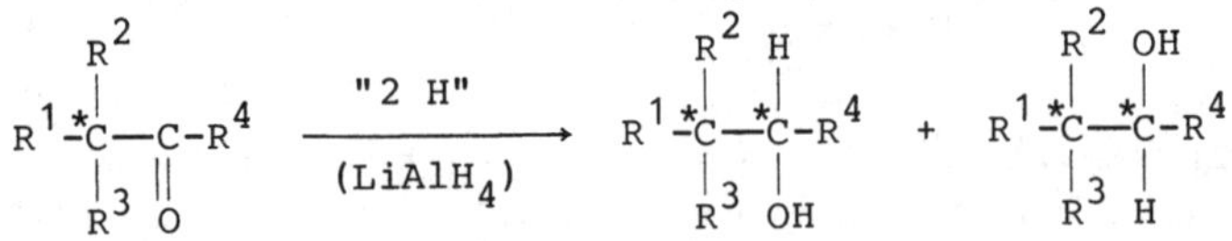

Häufig findet man in diesen Fällen, daß die *Addition infolge asymmetrischer Induktion stereoselektiv* abläuft, d. h., die beiden möglichen Produkte liegen *nicht* mehr im Verhältnis 1:1 vor (siehe Kap. 3.3.2). Bei reversiblen Reaktionen überwiegt das thermodynamisch stabilere Produkt. Bei irreversiblem Verlauf entsteht bevorzugt das Produkt, das sich rascher bildet *(kinetische Reaktionskontrolle).* Welche Verbindung dies ist, kann mit Hilfe der **Cramschen Regel** vorausgesagt werden.

Hierzu nimmt man an, daß eine Carbonylverbindung aus der Konformation heraus reagiert, bei der sich der Carbonylsauerstoff und der Größte der drei Substituenten am α-C-Atom in einer anti-Stellung zueinander befinden. Kennzeichnet man diese Substituenten mit G (groß), M (mittel) und K (klein), so besagt die Cramsche Regel:

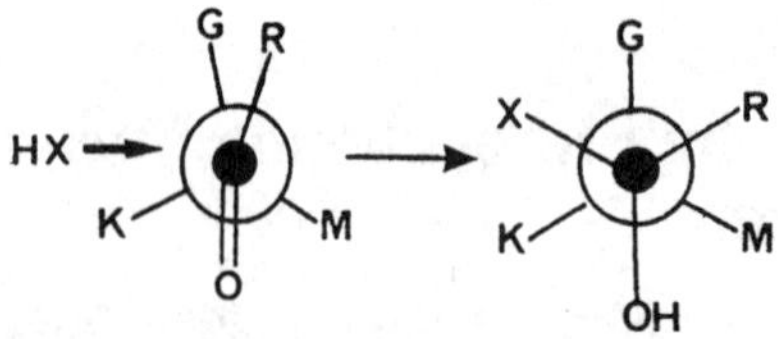

Bildet sich bei der Addition an eine Carbonylverbindung ein neues Chiralitätszentrum unmittelbar neben einem bereits vorhandenen, so wird im stabilsten Übergangszustand die C=O-Doppelbindung von dem am wenigsten voluminösen Substituenten flankiert, und das Nucleophil lagert sich an die C=O-Gruppe von der am wenigsten behinderten Seite an.

Die *Cramsche Regel* kann mit gutem Erfolg zur Voraussage des bevorzugten Reaktionsproduktes bei der *Addition von Grignard-Reagenzien* (vgl. Kap. 3.8.3.1) oder der *Hydridanlagerung* an Carbonylverbindungen (vgl. Kap. 3.2.19.4) herangezogen werden. Allerdings sind Ausnahmen von dieser Regel bekannt.

3.2.15.10 Reaktionen von Carbonylverbindungen mit CH-aciden Verbindungen

Eine Reihe *CH-acider Verbindungen* (**Methylenkomponente**) wie z. B. Aldehyde, Ketone, Ester, Säureanhydride, Nitrile oder Nitroalkane mit einem *H-Atom in α-Stellung* zur funktionellen Gruppe sowie Acetylen-Derivate und Cyanwasserstoff sind zur Bildung von *Carbanionen* befähigt und können nucleophil an *Carbonylverbindungen* (**Carbonylkomponente**) angelagert werden. Dem einleitenden **Additionsschritt** schließt sich häufig ein **Kondensationsschritt** unter *Dehydratisierung* an.

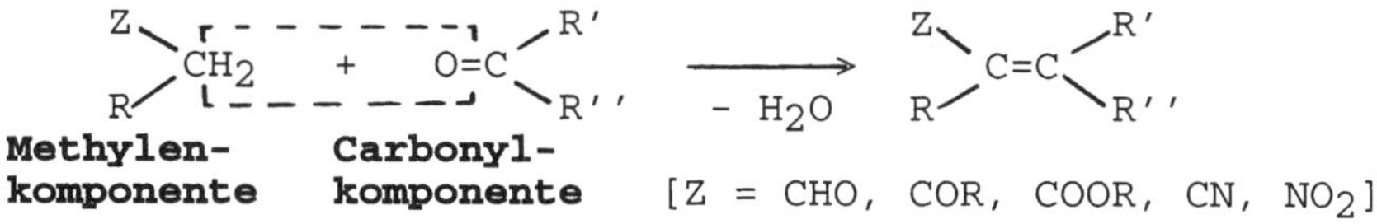

Solche Reaktionen besitzen ein großes präparatives Interesse und dienen zur *Knüpfung von C,C-Bindungen und somit zum Aufbau von Kohlenstoffgerüsten.*

In der Regel erfolgen die Umsetzungen in Gegenwart einer *Base.* Die Katalysatorbase deprotoniert die CH-acide Verbindung unter Bildung eines Carbanions. Als Basen – geordnet nach zunehmender Basizität – können eingesetzt werden:

$$R_3N < HO^- < RO^- < NH_2^- < (C_6H_5)_3C^-$$

Im anschließenden *geschwindigkeitsbestimmenden Schritt* addiert sich das Carbanion an die Carbonylkomponente. Nach der Protonierung des gebildeten Alkoholat-Ions, wobei das Proton auch aus dem verwendeten Lösungsmittel stammen kann, erfolgt die Dehydratisierung des Moleküls. Die Abspaltung von Wasser muß bei basenkatalysierten Reaktionen nicht immer eintreten. Für diesen Teilschritt wird ein $E1_{CB}$ – oder ein E2-Mechanismus diskutiert (siehe Kap. 3.2.10.3).

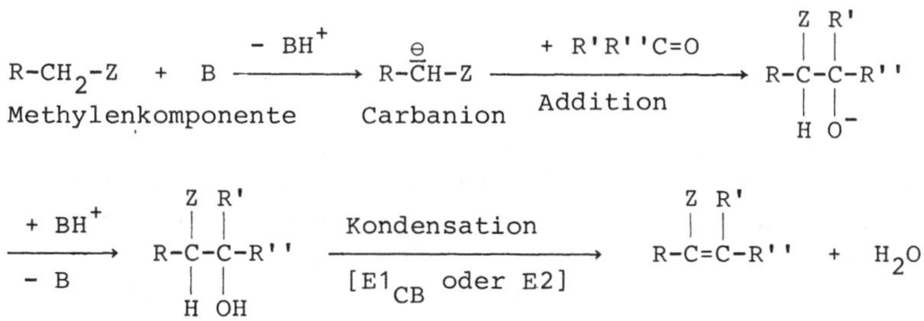

Die zugesetzte Base (B) besitzt lediglich die Funktion eines Katalysators. Sie überführt in einer vorgelagerten Reaktion die CH-acide Verbindung in das Carbanion. Zwar liegt das Säure-Base-Gleichgewicht weitgehend auf der Seite der Edukte, so daß im *Reaktionsgemisch freie Carbanionen nur in geringer Konzentration* vorhanden sind, jedoch ist das Gleichgewicht des nachfolgenden Additionsschrittes zur Adduktseite hin verschoben. Dadurch werden die gebildeten Carbanionen dem Säure-Base-Gleichgewicht laufend entzogen, und die Umsetzungen sind mit befriedigenden Ausbeuten durchführbar.

Die Reaktionen von CH-aciden Verbindungen mit Aldehyden oder Ketonen können auch durch *Säuren* beschleunigt werden. Die Säure erhöht die Carbonylaktivität und katalysiert die Enolisierung der Methylenkomponente.

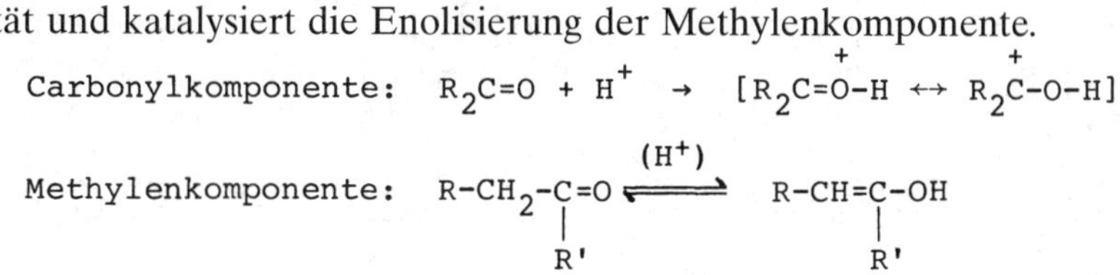

Das *Enol* kann anschließend aufgrund der basischen Eigenschaften der C=C-Doppelbindung als Nucleophil an die protonierte Carbonylkomponente addiert werden.

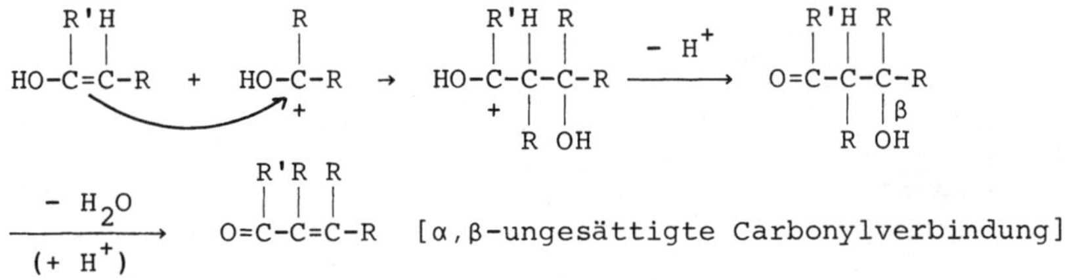

Unter *sauren Reaktionsbedingungen* wird die primär gebildete β-*Hydroxycarbonylverbindung stets dehydratisiert.* Von wenigen Ausnahmen abgesehen spielen sauer katalysierte Reaktionen von Aldehyden und Ketonen mit CH-aciden Verbindungen nur eine untergeordnete Rolle. Tabelle 28 faßt die wichtigsten Beispiele dieses Reaktionstyps zusammen.

3.2.15.11 Heteroanaloge Carbonylverbindungen

Mit der Carbonylgruppe eng verwandt sind eine Reihe *heteroanaloger Carbonylgruppen*, bei denen formal das O-Atom der C=O-Gruppe durch ein anderes Heteroatom ersetzt wurde.

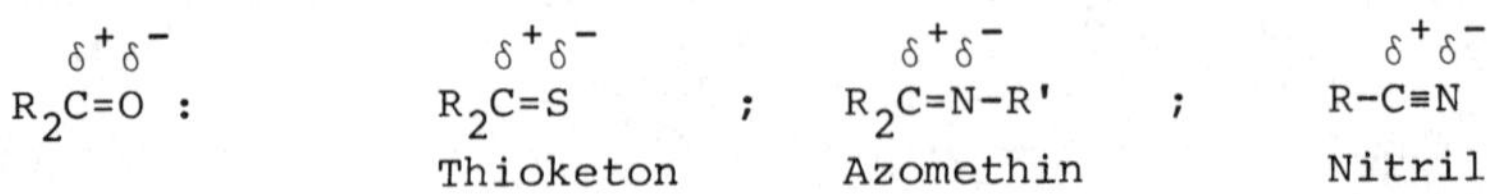

Die Analogie zu den Reaktionen von Carbonylverbindungen ist bei den *Azomethinen* am größten. Jedoch ist die *Elektronegativität* des Stickstoffs geringer als die des Sauerstoffs, so daß Azomethine im neutralen und alkalischen Milieu reaktionsträger sind als Carbonylverbindungen. Im sauren pH-Bereich steigt die Reaktivität durch den -I-Effekt des nun protonierten N-Atoms stark an.

Daher lassen sich Azomethine – wie andere Substanzen mit C=N-Doppelbindungen (Hydrazone, Semicarbazone, Oxime) – durch verdünnte Säuren wieder zu Carbonylverbindungen hydrolysieren.

Nitrile [R-C≡N] ähneln in ihrem Verhalten den Azomethinen. Allerdings ist die Reaktionsfähigkeit einer C≡N-Dreifachbindung deutlich geringer als die einer C=N-Doppelbindung, so daß „Carbonylreaktionen" an Nitrilen drastischere Reaktionsbedingungen und starke Katalysatoren erfordern.

Zu den heteroanalogen Carbonylverbindungen zählen aber auch Stoffklassen, in denen formal das Carbonyl-C-Atom durch ein Heteroatom ersetzt wurde. Wichtige Substanzklassen dieser Art sind:

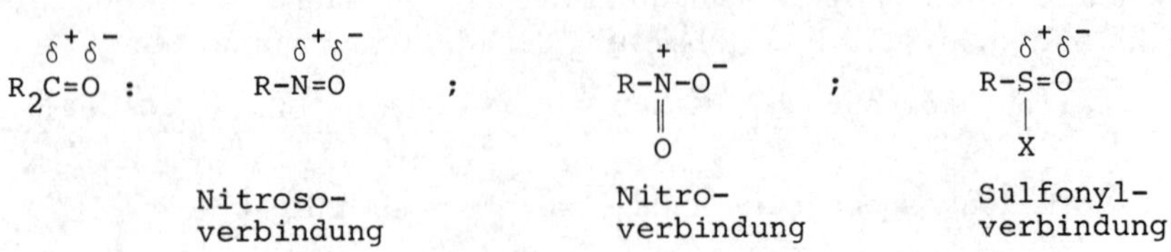

Tab. 28: Nucleophile Additionen von CH-aciden Verbindungen an Carbonylverbindungen [Substrat: $R_2C{=}O$]

Reaktion	Methylenkomponente	Produkt	Kapitel
Cyanhydrin-Synthese	Cyanwasserstoff (HCN)	$R_2C(OH){-}CN$	3.12.6.4
Ethinylierung	Alkin ($HC{\equiv}CH$, $RC{\equiv}CH$)	$R_2C(OH){-}C{\equiv}C{-}R(H)$	3.5.7.3
Aldolreaktion	Aldehyd, Keton, Ester, Nitroalkan ($R'{-}CH_2{-}X$) [X = CHO, COR, COOR, NO_2]	$R_2C(OH){-}CHR'{-}X$ $\xrightarrow{-\,H_2O}$ $R_2C{=}CR'{-}X$	3.12.6.1
Knoevenagel-Reaktion	$X{-}CH_2{-}Y$ (stark CH-acid) [X = Y; X ≠ Y]	$R_2C{=}C(Y){-}X$	3.12.6.2
Perkin-Reaktion	Anhydrid (z.B. Ac_2O)	$ArCH{=}CH{-}COOH$	3.12.6.3
Darzens-Reaktion	Chloressigester	$R_2C{-}CH{-}COOR$ (Epoxid, über O verbrückt)	3.12.2.1
Esterkondensation	Ester, Keton Nitril ($R'CH_2X$) [X = COOR, COR, CN]	$R{-}C({=}O){-}CHR'{-}X$ u.a.	3.14.4.3
Mannich-Reaktion	Keton ($R''CH_2COR'$) + sek. Amin (R_2NH)	$R'{-}C({=}O){-}CHR''{-}C_{\beta}R_2{-}NR_2$	3.12.6.6

Die Carbonylaktivität einer *Nitroso-Gruppe* ist mit der einer Aldehydfunktion vergleichbar. Die *Nitro-Gruppe* besitzt im Vergleich zur N=O-Gruppierung eine geringere Carbonylreaktivität. Aufgrund der stark ausgeprägten Mesomerie der *Sulfonyl-Gruppe* ist die S=O-Reaktivität noch weiter herabgesetzt. Daher findet man im allgemeinen folgende *Reihe abnehmender Carbonylaktivität.*

$$R{-}N{=}O \sim R{-}CH{=}O > R_2C{=}O > R{-}\overset{+}{N}({=}O){-}O^- > R{-}C({=}O){-}OH > R{-}S({=}O)({=}O){-}O^-$$

Umlagerungen

3.2.16 Anionotrope, kationotrope und radikalische Umlagerungen

Umlagerungen sind Reaktionen, bei denen das Molekülgerüst *stufenweise* verändert wird. Besonders häufig treten *1.2-Verschiebungen* auf. Hierbei wird ein Substituent – meistens von einem C-Atom – auf ein unmittelbar benachbartes C-, N- oder O-Atom übertragen. Die Wanderung der Gruppe wird durch das Zeichen ~ kenntlich gemacht.

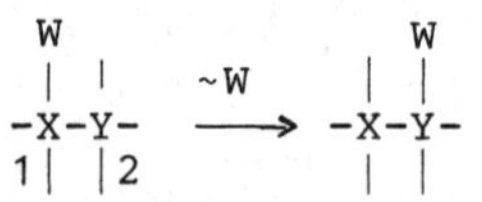

[X = meistens C
Y = meistens C, N, O]

1.3- und *1.4-Umlagerungen* erfolgen demgegenüber verhältnismäßig selten. Aus präparativer Sicht spielen auch *radikalisch* verlaufende Umlagerungen nur eine untergeordnete Rolle.

Ionisch ablaufende **1.2-Umlagerungen** lassen sich unterteilen in:

- **Anionotrope Umlagerungen oder „Sextett"-Umlagerungen**

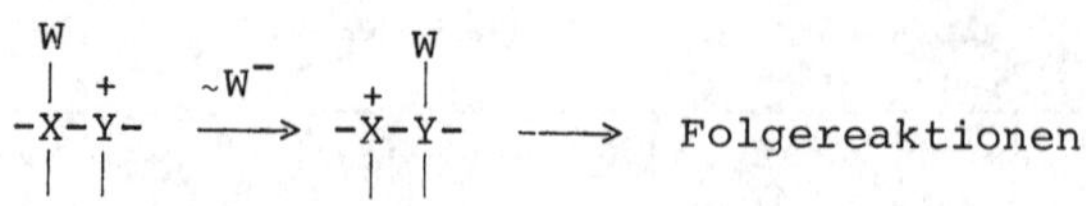

Bei der Mehrzahl aller Umlagerungsreaktionen wandert ein Rest (W) als *Anion* unter Mitnahme des bindenden Elektronenpaars. Das Nachbaratom muß über ein *Elektronensextett* verfügen. Treibende Kraft aller anionotropen Umlagerungen ist der Elektronenbedarf des „Endpunktes der Wanderung".

- **Kationotrope Umlagerungen oder „Oktett"-Umlagerungen**

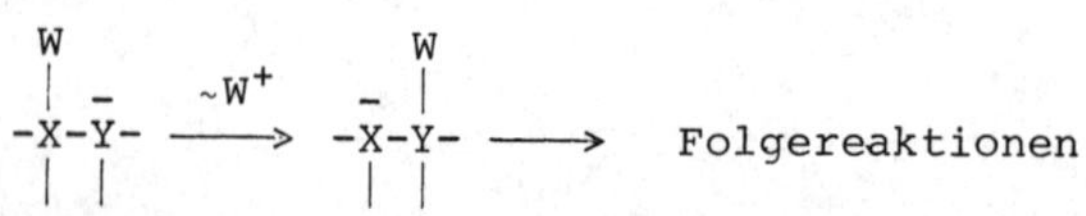

Die umgelagerte Gruppe (W) wandert unter Zurücklassen des bindenden Elektronenpaars als *Kation* und wird von einem Atom mit einem *freien Elektronenpaar* („Elektronenoktett") übernommen. Bezüglich des wandernden Restes existiert ein weiteres Unterscheidungsmerkmal. Die umgelagerte Gruppe kann erneut mit dem Molekül eine Bindung eingehen, von dem sie abgespalten wurde. Solche Umlagerungen verlaufen *intramolekular*. Andererseits kann die wandernde Gruppe auch von einem anderen Molekül gebunden werden. Diese Reaktionen bezeichnet man als *intermolekular*. Zwischen intra- und intermolekularen Umlagerungen kann mit Hilfe von *Kreuzexperimenten* unterschieden werden (vgl. Kap. 3.2.17.1).

3.2.16.1 Ablauf anionotroper Umlagerungen

Anionotrope (nucleophile) 1.2-Verschiebungen sind immer dann zu erwarten, wenn im Verlaufe einer Reaktion an einem C-Atom oder einem Heteroatom ein *Elektronensextett* auftritt.

Solche Sextett-Zwischenstufen wie z. B. *Carbeniumionen* können sich durch Abspaltung eines Protons von einem Nachbaratom (E1) oder durch Anlagerung eines Nucleophils (S_N1) absättigen. Eine Stabilisierung des Carbeniumions kann aber auch dadurch erfolgen, daß ein in α-Stellung befindlicher Substituent mit seinem Bindungselektronenpaar zum Sextettatom wandert und dort ein stabiles Oktett aufbaut.

An dem Atom, von dem sich die umgelagerte Gruppe gelöst hat, wird ein neues Elektronensextett erzeugt, das sich in gewohnter Weise (nach E1 oder S_N1) stabilisieren kann.

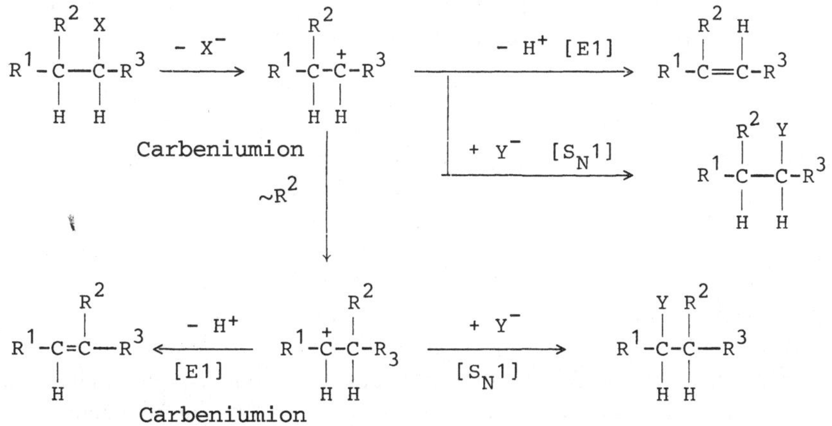

Bei vielen Sextettumlagerungen *löst sich der wandernde Rest in keiner Phase vollständig vom Molekül, sondern verbleibt in dessen Wirkungssphäre.* In diesem Fall tritt er wieder an dasselbe Einzelmolekül *(intramolekularer Verlauf),* meistens unter Beibehaltung seiner ursprünglichen Konfiguration.

Häufig erfolgen der Austritt der Abgangsgruppe und die Umlagerung *synchron* und man beobachtet kein „klassisches" Carbeniumion als Zwischenstufe (**S_N2-artiger Mechanismus**).

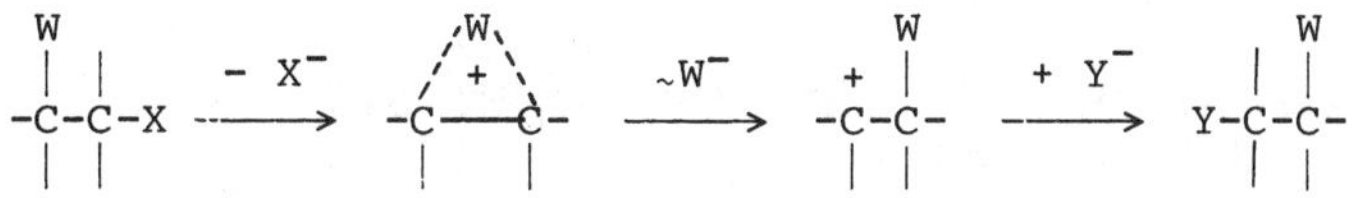

In Einzelfällen wird aber auch ein **S_N1-artiger Mechanismus** diskutiert, vor allem dann, wenn sich beim Ausschleusen der Abgangsgruppe ein relativ stabiles Carbeniumion bilden kann.

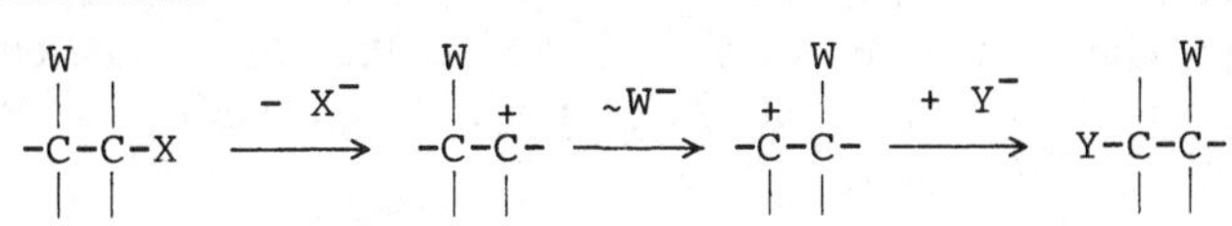

Sind die Substituenten am Carbeniumion verschieden, so existieren prinzipiell drei Umlagerungsmöglichkeiten, die zu unterschiedlichen Reaktionsprodukten führen.

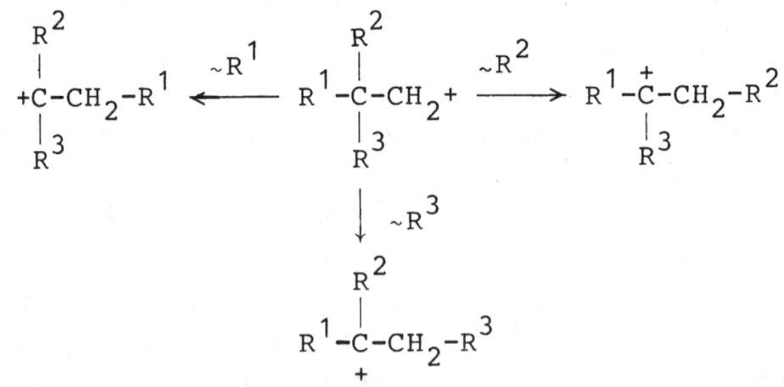

Im allgemeinen ist jedoch *eine Umlagerungsrichtung begünstigt.* Es wandert bevorzugt der Substituent, dessen nucleophile Kraft am größten ist. In der Regel nimmt die relative **Wanderungsgeschwindigkeit** in folgender Reihe zu:

-H < $-CH_3$ < $-C_2H_5$ < $-iC_3H_7$ < -tert.C_4H_9 < $-C_6H_5$

Für *substituierte Phenylgruppen* [**R**-C_6H_4-] findet man folgende Abstufung:

p-NO_2- < p-Cl- < H- < p-C_6H_5- < p-CH_3- < p-CH_3O-

Diese Reihenfolgen gelten für die meisten Sextettumlagerungen, allerdings gehorchen *Schmidt-* oder *Beckmann-Umlagerung* anderen Kriterien (vgl. Kap. 3.2.16.3).

Bei anionotropen Verschiebungen muß das Elektronensextett nicht immer – wie beim Carbeniumion – mit einer positiven Ladung verbunden sein. Auch an *Carbenen* oder *Nitrenen* werden Umlagerungen dieser Art beobachtet (vgl. Kap. 3.2.16.2).

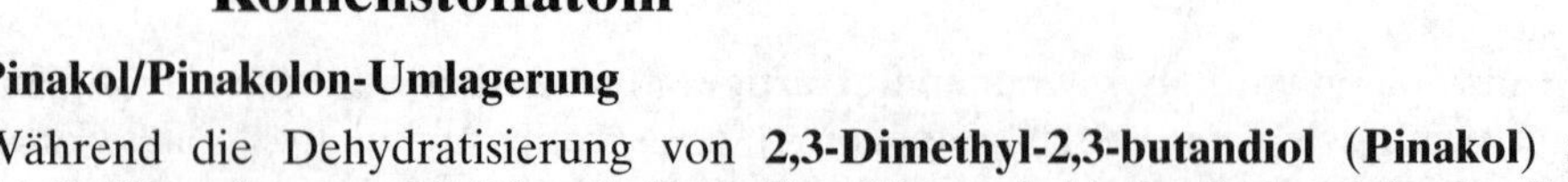

3.2.16.2 Anionotrope Umlagerungen am Kohlenstoffatom

Pinakol/Pinakolon-Umlagerung

Während die Dehydratisierung von **2,3-Dimethyl-2,3-butandiol** (**Pinakol**) an Al_2O_3-Kontakten zu **2,3-Dimethylbutadien** führt, wird beim Behandeln der Substanz mit konz. Mineralsäuren nur ein Wassermolekül eliminiert. Unter *intramolekularer* Verschiebung einer Methylgruppe als Carbanion entsteht **3,3-Dimethyl-2-butanon** (**Pinakolon**).

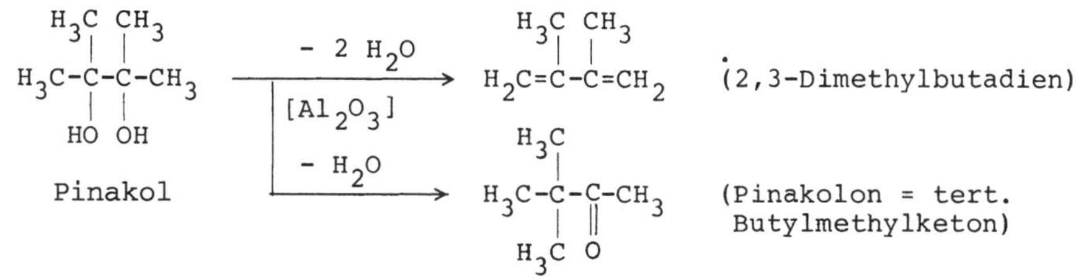

Diese Reaktionsweise trifft generell für die *sauer katalysierte Dehydratisierung von 1,2-Diolen (Glycolen)* zu [vgl. **MC-Fragen Nr. 162, 163**]. In der Regel werden *Carbonylverbindungen* gebildet und nur in seltenen Fällen entstehen konjugierte Diene.

Die Protonierung des Glycols führt zu einem *Oxoniumion,* das sich unter Wasserabspaltung in ein *Carbeniumion* umwandelt. In die entstandene Oktettlücke wandert ein Rest vom Nachbaratom als Carbanion, wobei ein neues, nun durch Mesomerie stabilisiertes Carbeniumion gebildet wird. Daraus entsteht durch Deprotonierung das stabile Reaktionsprodukt.

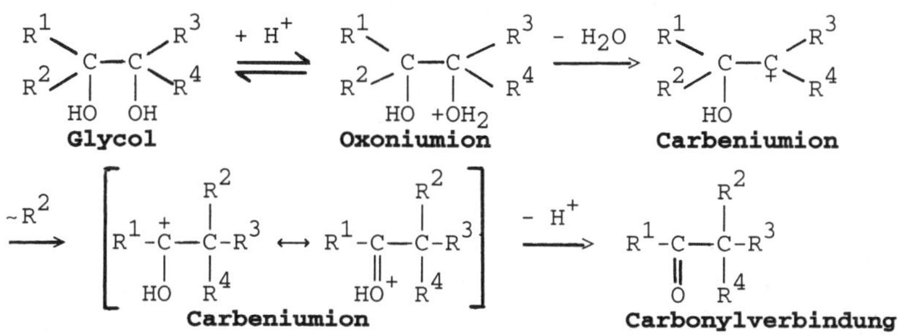

Sind die Reste (R^1-R^4) verschieden, so wird die *Richtung der Umlagerung* durch die Stabilität des intermediär auftretenden Carbeniumions bestimmt. D. h., es wird die Hydroxylgruppe als Wasser eliminiert, deren Abspaltung zum *stabileren Carbeniumion* führt. Die *Abspaltungstendenz von Hydroxylgruppen* nimmt deshalb in folgender Reihe zu.

$$-CH_2OH < R\text{-}\overset{|}{C}HOH < Ar\text{-}\overset{|}{C}HOH < R_2\overset{|}{C}OH < Ar_2\overset{|}{C}OH$$

Erst in zweiter Linie wird die Produktbildung durch die Fähigkeit eines Substituenten zur 1.2-Verschiebung beeinflußt. Für die Wanderung des Restes gelten die üblichen Abstufungen.

Beispielsweise erhält man bei der Umlagerung von **Isobutylenglycol** nur **Isobutyraldehyd**, weil sich ein tertiäres Carbeniumion viel leichter bildet als ein primäres. **Phenylglycol** wird in analoger Weise beim Behandeln mit starken Säuren in **Phenylacetaldehyd** umgewandelt.

$$(CH_3)_2C(OH){-}CH_2OH \xrightarrow[-\,H_2O]{+\,H^+} (CH_3)_2\overset{+}{C}{-}CH_2OH \xrightarrow{\sim H^-} (CH_3)_2CH{-}\overset{+}{C}HOH$$

Isobutylenglycol ↛ $(CH_3)_2C(OH){-}CH_2^+$ primär; tertiär

$$(CH_3)_2CH{-}\overset{+}{C}HOH \xrightarrow{-\,H^+} (CH_3)_2CH{-}CH{=}O$$

Isobutyraldehyd

$$C_6H_5{-}CH(OH){-}CH_2OH \xrightarrow[-\,H_2O]{+\,H^+} C_6H_5{-}\overset{+}{C}H{-}CH_2OH \xrightarrow{\sim H^-} C_6H_5{-}CH_2{-}\overset{+}{C}HOH$$

Phenylglycol ↛ $C_6H_5{-}CHOH{-}CH_2^+$

$$C_6H_5{-}CH_2{-}\overset{+}{C}HOH \xrightarrow{-\,H^+} C_6H_5{-}CH_2{-}CH{=}O$$

Phenylacetaldehyd

Bei *alicyclischen 1.2-Diolen* ist die Umlagerung oft mit einer *Ringverengung* oder *Ringerweiterung* verbunden. Zum Beispiel liefert die Pinakol-Umlagerung von **trans-Cyclohexan-1,2-diol Cyclopentancarbaldehyd** als Reaktionsprodukt.

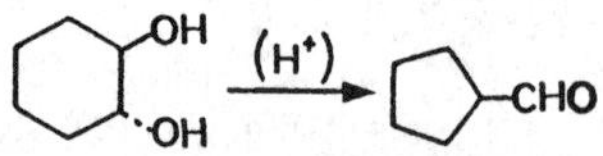

Bei solchen Ringsystemen wandert vorzugsweise der zur austretenden Hydroxylgruppe *trans-ständige* Substituent. Daher führt die Dehydratisierung von **cis-1,2-Dimethylcyclohexan-1,2-diol** unter anionotroper Verschiebung einer Methylgruppe zu **2,2-Dimethylcyclohexanon** [a], während das trans-Isomer unter Ringverengung zu einem Cyclopentan-Derivat [b] reagiert.

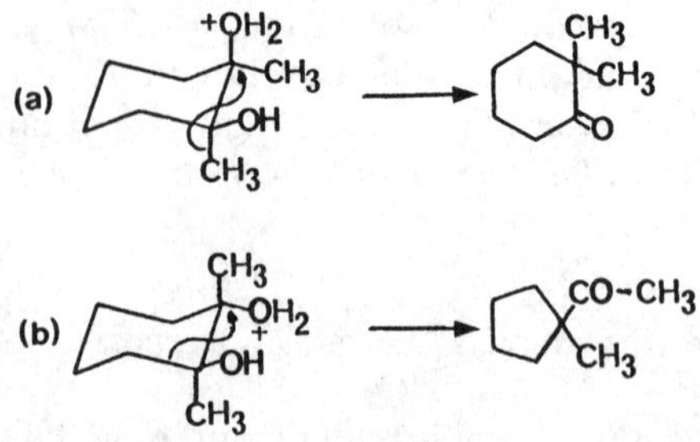

Tiffeneau-Demjanow-Umlagerung

Die *Desaminierung von α-Aminoalkoholen* mit Salpetriger Säure ähnelt in ihrem Ablauf der Pinakol-Umlagerung. Als Reaktionsprodukte aus dem zunächst gebildeten Diazoniumion entstehen Aldehyde und Ketone.

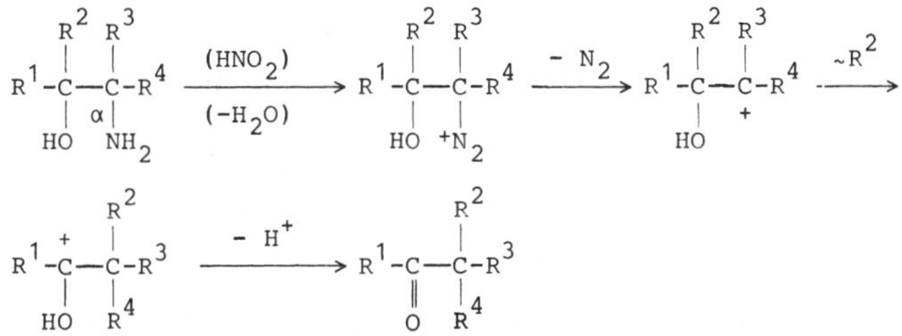

Die Reaktion eignet sich insbesondere zu *Ringerweiterungen,* wie das Beispiel der Umwandlung von **1-Aminomethyl-cyclohexanol** in **Cycloheptanon** belegt *(Demjanow-Umlagerung).*

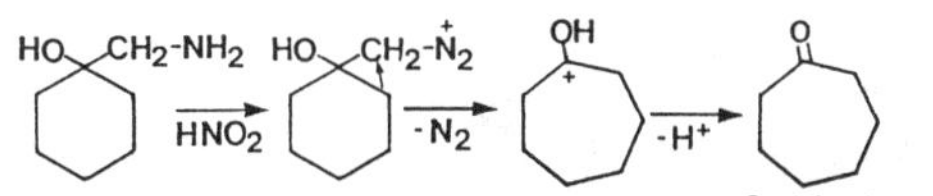

Cycloheptanon

Ein weiteres Beispiel ist die Umsetzung von **Cyclopropylmethylamin** mit HNO_2, bei der neben Cyclopropylmethanol unter Ringerweiterung **Cyclobutanol** entsteht [vgl. **MC-Frage Nr. 344**].

Wagner-Meerwein-Umlagerung

Solche Umlagerungen an *Alkoholen* oder *Alkylhalogeniden* wurden schon bei der Besprechung nucleophiler Substitutionsreaktionen vorgestellt. Sie erfolgen häufig dann, wenn sich der *abzuspaltende Substituent in α-Stellung zu einem quartären C-Atom* befindet. Der Mechanismus entspricht dem einer anionotropen 1,2-Verschiebung.

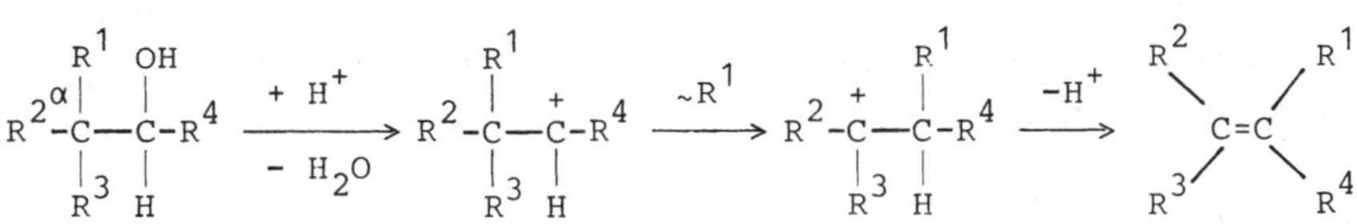

Ein Beispiel hierfür ist die sauer katalysierte Dehydratisierung von **3,3-Dimethyl-2-butanol** zu **2,3-Dimethyl-2-buten**.

$$(CH_3)_3C\text{-}CHOH\text{-}CH_3 \xrightarrow[-H_2O]{(+\ H^+)} (CH_3)_2C{=}C(CH_3)_2$$

3,3-Dimethyl-butan-2-ol   2,3-Dimethyl-2-buten

Wagner-Meerwein-Umlagerungen verlaufen stets *stereospezifisch,* d.h., der wandernde Rest nähert sich dem Carbeniumion aus der zur Abgangsgruppe entgegengesetzten Richtung. Deshalb tritt am Sextettkohlenstoff eine *Konfigurationsumkehr* ein.

Bei Wagner-Meerwein-Reaktionen an alicyclischen Systemen können Ringverengungen bzw. Ringerweiterungen eintreten. Ein Beispiel hierfür ist die Dehydratisierung von **Tetrahydrofurfurylalkohol** zu **Dihydropyran**.

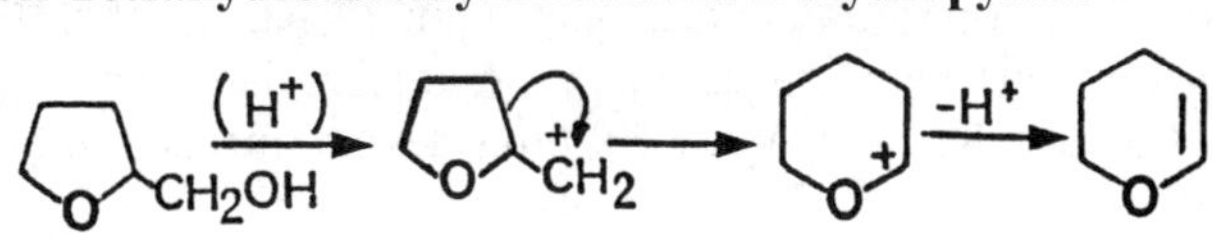

Dihydropyran

Anionotrope 1.2-Umlagerungen an Kohlenstoffatomen, bei denen ein Hydridion oder ein Carbanion zu einem elektronendefizienten Nachbaratom wandert, sind immer dann zu erwarten, wenn sich durch die 1.2-Verschiebung ein stabileres Carbeniumion bilden kann. Daher werden solche Umlagerungen bei allen Reaktionen beobachtet, in denen intermediär primäre oder sekundäre Carbeniumionen auftreten. Dies ist der Fall bei

- nucleophilen Substitutionen nach dem S_N1-Mechanismus,
- Eliminierungen, insbesondere Dehydratisierungen nach einem E1-Mechanismus,
- elektrophilen Additionen von Protonsäuren an Alkene.

Benzilsäure-Umlagerung

Beim Erhitzen von *1,2-Diketonen (α-Diketone)* in wäßrig-alkoholischen Alkalihydroxid-Lösungen entstehen unter *intramolekularer Disproportionierung α-Hydroxycarbonsäuren* [vgl. **MC-Fragen Nr. 164, 405, 738, 739, 774, 1253**]. Die Reaktion ist fast nur mit (nicht-enolisierbaren) aromatischen 1,2-Diketonen möglich, da aliphatische Diketone häufig eine α-CH-Gruppierung enthalten, so daß in Gegenwart starker Basen vorzugsweise Aldolreaktionen ablaufen (vgl. Kap. 3.12.6.1).

$$\underset{\text{Diketon}}{R{-}\underset{\displaystyle O}{\overset{\|}{C}}{-}\underset{\displaystyle O}{\overset{\|}{C}}{-}R} + HO^- \rightarrow \underset{\alpha\text{-Hydroxysäure}}{R_2\underset{OH}{C}{-}COO^-}$$

Bekannte Beispiele sind die Umlagerungen von **Benzil** in **Benzilsäure** und von **Furil** in **Furilsäure**. Aus **Phenanthrenchinon** bildet sich unter Ringverengung **9-Hydroxy-fluoren-9-carbonsäure**.

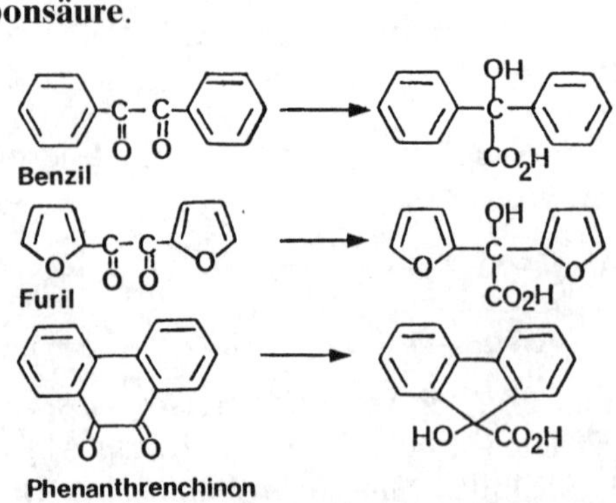

Bei dieser 1,2-Verschiebung wird zunächst ein Hydroxid-Ion an eine der beiden Carbonylgruppen des Diketons addiert. Das Addukt wird anschließend zu einem Dianion deprotoniert. Der durch den *+I-Effekt* der negativ geladenen Sauerstoffatome verursachte „Elektronenüberschuß" an diesem C-Atom ermöglicht die Ablösung einer Arylgruppe als Carbanion. Diese wandert an das positivierte C-Atom der benachbarten Carbonylgruppe unter Bildung des Dianions einer α-Hydroxycarbonsäure.

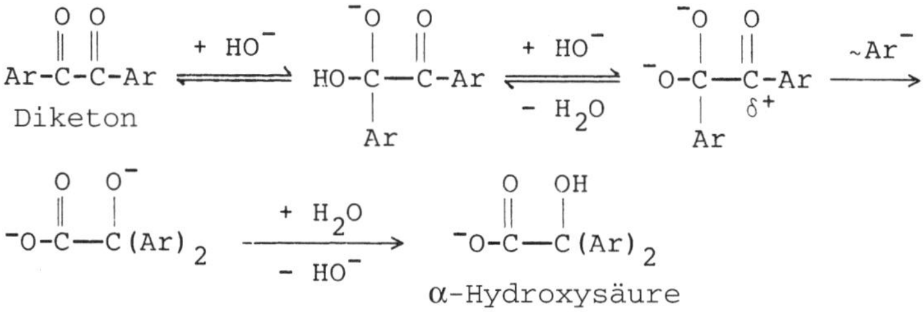

Wolff-Umlagerung (Arndt-Eistert-Synthese)

Diazoketone spalten thermisch, photolytisch oder beim Behandeln mit festem Silberoxid elementaren Stickstoff ab unter Bildung von *Acylcarbenen.* Diese stabilisieren sich unter anionotroper Wanderung eines Restes (R), wodurch *Ketene* entstehen [vgl. **MC-Fragen Nr. 162, 165, 474**]. Die alternative 1,2-Verschiebung eines Hydridions führt zu einer vinylogen Carbonylverbindung. Das Verhältnis beider möglichen Reaktionsprodukte hängt vorrangig von der Temperatur ab.

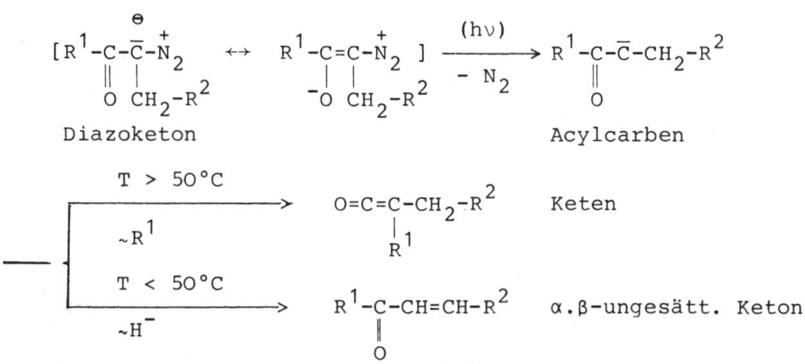

Das entstandene *Keten* kann anschließend mit Hydroxyl- oder Aminogruppenhaltigen Substanzen zu *Carbonsäure-Derivaten* weiterreagieren, wobei die freie Säure, deren Ester oder Amide gebildet werden [vgl. **MC-Fragen Nr. 824, 825**].

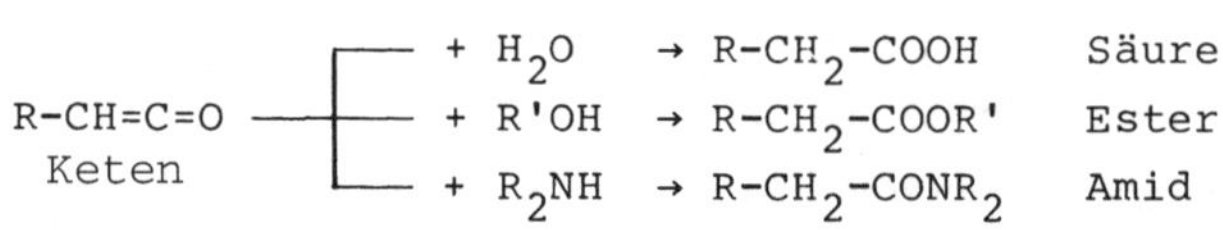

Arndt und **Eistert** nutzen die Wolff-Umlagerung zur *Kettenverlängerung von Carbonsäuren* um eine CH_2-Gruppe zur nächsthöheren *(homologen) Carbonsäure.*

Hierzu wird ein *Säurechlorid* mit *Diazomethan* umgesetzt. Das entstandene *Diazoniumbetain* geht spontan unter Eliminierung von HCl in ein mesomeriestabilisiertes *Diazoketon* über (vgl. auch Kap. 3.10.5.1). Diazoketone verlieren beim Erhitzen, besonders in Gegenwart von Cu, Ag oder Ag_2O, Stickstoff unter Bildung eines *Acylcarbens,* das sich zum *Keten* umlagert. Letzteres reagiert mit Wasser zur *homologen Carbonsäure.*

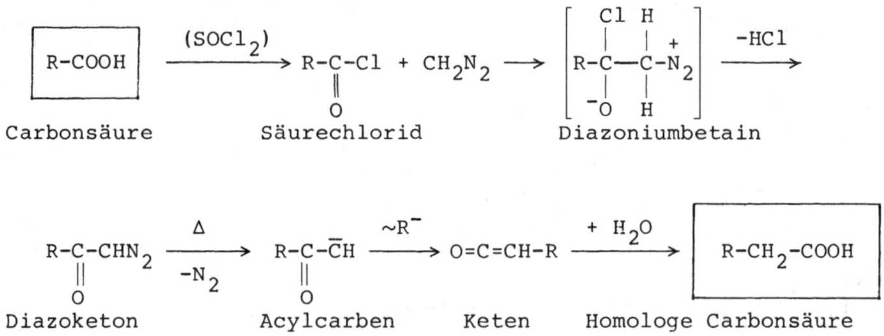

Zum Beispiel läßt sich auf diese Weise **3,3-Dimethylbuttersäure** aus **2,2-Dimethylpropionsäure** (**Trimethylessigsäure**) herstellen [vgl. **MC-Fragen Nr. 166, 167**].

$$(CH_3)_3C\text{-}COOH \xrightarrow[\text{2. Ag oder Ag}^+]{\text{1. }(CH_2N_2)} (CH_3)_3C\text{-}CH_2\text{-}COOH$$

Die Arndt-Eistert-Reaktion ist eine Synthesemethode zur Kettenverlängerung einer Carbonsäure (bzw. eines Carbonsäure-Derivates) um eine CH_2-Gruppe. Hierbei dienen Diazomethan und ein Säurechlorid als Reaktanden. Aus dem zunächst entstehenden Diazoketon wird Stickstoff unter Bildung eines Acylcarbens eliminiert. Die nachfolgende Wolff-Umlagerung führt zu einem Keten, aus dem durch Anlagerung von Wasser die nächsthöhere homologe Carbonsäure gebildet wird.

3.2.16.3 Anionotrope Umlagerungen am Stickstoffatom

Bei den *Säureabbaureaktionen* nach **Hofmann**, **Lossen** oder **Curtius** sowie bei der **Schmidt-** und **Beckmann-Reaktion** werden die Umlagerungen durch ein Elektronensextett an einem N-Atom ausgelöst. Diese 1,2-Verschiebungen lassen sich *formal* mit folgenden Gleichungen beschreiben [vgl. **MC-Fragen Nr. 823, 1154**]:

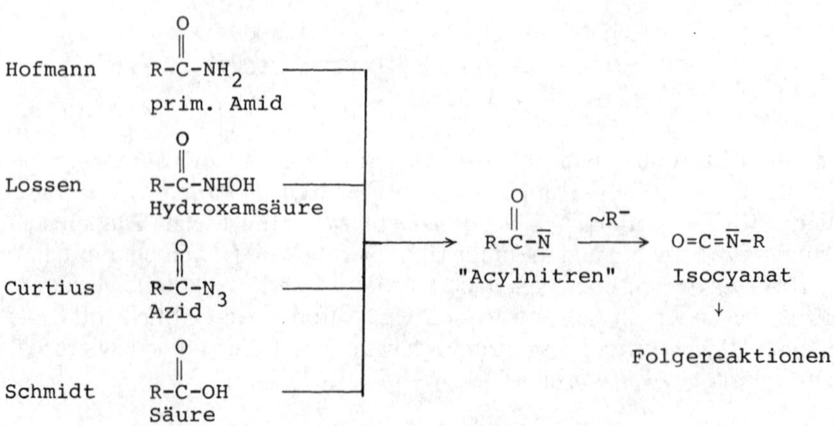

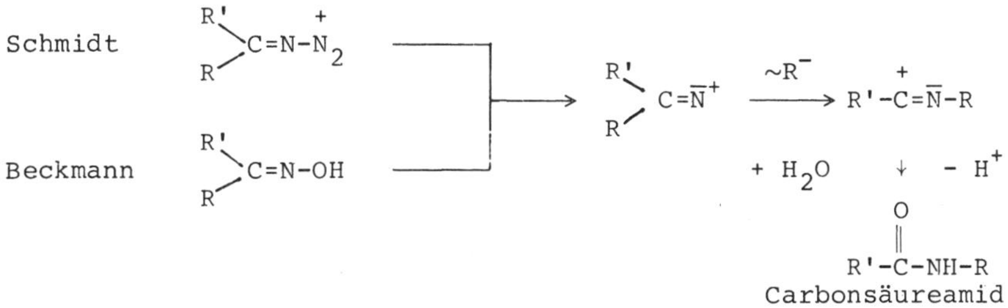

Carbonsäureamid-Abbau nach Hofmann

Behandelt man *primäre Carbonsäureamide* mit alkalischen Hypohalogenit-Lösungen [Cl_2/NaOH – Br_2/NaOH], so entstehen *primäre Amine,* die ein C-Atom weniger enthalten als das Startmaterial.

$$R\text{-}CO\text{-}NH_2 + NaOBr \longrightarrow R\text{-}NH_2 + CO_2 + NaBr$$

Zunächst bildet sich aus dem NH-aciden Amid ein *N-Halogenamid* [X = Cl, Br], das acider ist als das Ausgangsamid und leicht deprotoniert wird. Die nachfolgende Abspaltung des Halogenid-Ions (*α-Eliminierung*) und die anionotrope Verschiebung des Restes (R) erfolgen nahezu *synchron.* Die wandernde Gruppe kann ein Alkyl-, Aryl- oder Heteroaryl-Rest sein. An das gebildete *Isocyanat* lagert sich Wasser an. Die entstehende *Carbaminsäure* ist thermisch instabil und zerfällt spontan in Kohlendioxid und ein *primäres Amin* [vgl. **MC-Fragen Nr. 173, 174, 700**].

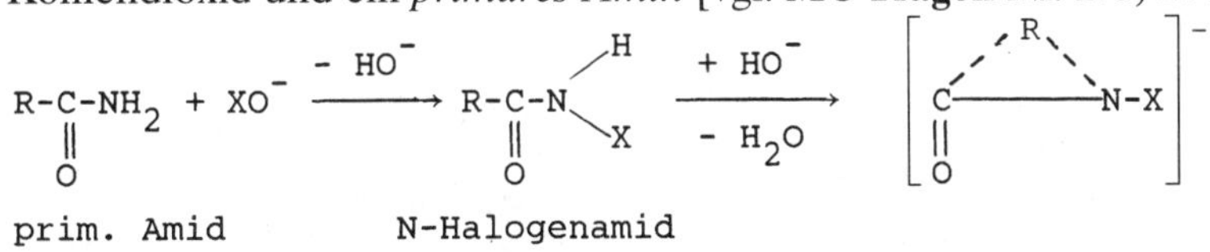

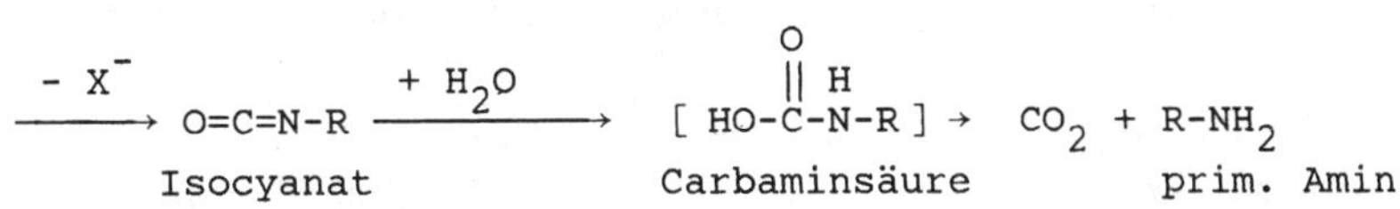

Arbeitet man beim Hofmann-Abbau in alkoholischer Lösung, so bildet sich ein stabiler *Carbaminsäureester (Urethan).*

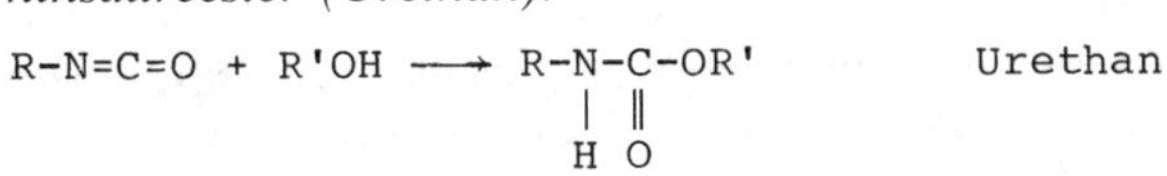

In Abwesenheit von protischen Lösungsmitteln sind *Isocyanate* stabil und isolierbar. Nach heutigen Vorstellungen verläuft die Reaktion wahrscheinlich konzertiert und *nicht* über ein *Acylnitren.* Dieses müßte mit Wasser auch zu einer Hydroxamsäure weiterreagieren, was bisher nicht nachweisbar war.

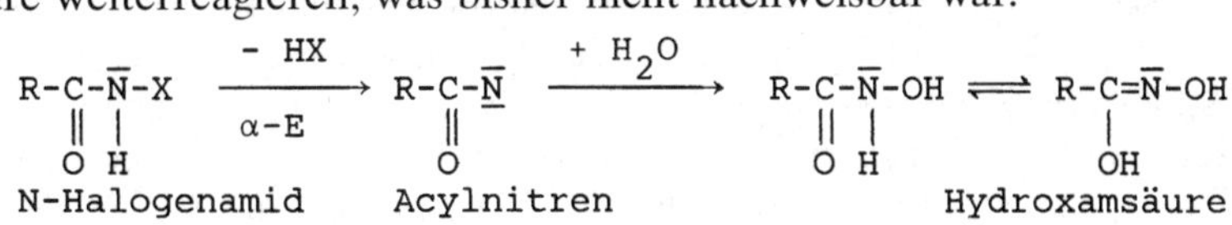

Wie die meisten 1.2-Verschiebungen verläuft die *Umlagerung intramolekular unter vollständiger Retention der Konfiguration der wandernden Gruppe.*

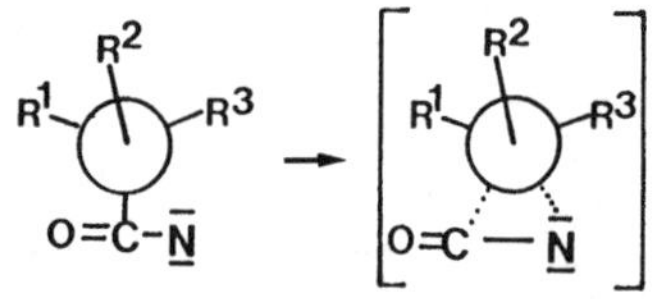

In der Technik nutzt man den Hofmann-Abbau zur Darstellung von **Anthranilsäure** aus **Phthalimid**, wobei zunächst durch Partialhydrolyse **Phthalsäurehalbamid** gebildet wird [vgl. **MC-Fragen Nr. 179–182, 611**].

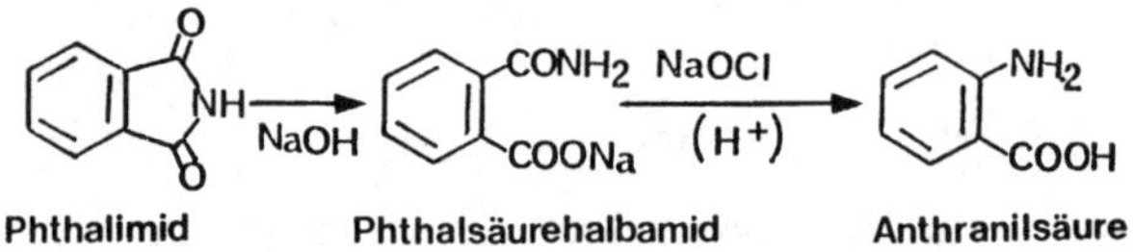

In analoger Weise erhält man **β-Alanin** aus **Succinimid** oder **Bernsteinsäurehalbamid** [vgl. **MC-Fragen Nr. 176, 177**].

$$HOOC\text{-}CH_2\text{-}CH_2\text{-}CONH_2 \longrightarrow HOOC\text{-}CH_2\text{-}CH_2\text{-}NH_2$$

Bernsteinsäurehalbamid **β-Alanin**

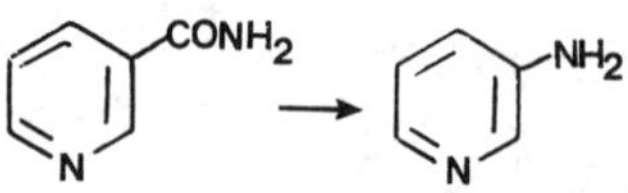

Das sonst nur schwer zugängliche **3-Aminopyridin** kann leicht durch den Abbau von **Nicotinsäureamid** (**Pyridin-3-carbonsäureamid**) hergestellt werden.

Behandelt man ein primäres Carbonsäureamid in Gegenwart einer wäßrigen Base mit Chlor oder Brom, so entsteht unter Verlust eines C-Atoms ein primäres Amin. Als Zwischenstufen treten ein N-Halogenamid und – nach Umlagerung eines Restes von einem C-Atom an ein N-Atom mit einem Elektronensextett – ein Isocyanat auf. Letzteres addiert Wasser unter Bildung einer Carbaminsäure, die leicht zum primären Amin decarboxyliert. Die Umlagerung verläuft intramolekular unter Erhalt der Konfiguration der wandernden Gruppe.

Curtius-Abbau

Carbonsäureazide spalten thermisch oder photolytisch Stickstoff ab. Nur bei der photochemischen Zersetzung sind Reaktionsprodukte nachweisbar, die auf die Bildung eines *Acylnitrens* hinweisen. Bei der Thermolyse der Azide wird eine mit der Stickstoff-Abspaltung simultane 1,2-Wanderung des Restes (R) angenommen.

Arbeitet man in einem inerten, wasserfreien Lösungsmittel, so können die gebildeten *Isocyanate* als Substanzen isoliert werden. Enthält das Reaktionsmedium

Spuren von Wasser, so entstehen aus der nachfolgenden Umsetzung des in geringen Mengen gebildeten Amins mit überschüssigem Isocyanat N,N-disubstituierte *Harnstoff-Derivate.* In Wasser oder Alkoholen als Solventien erhält man *primäre Amine* bzw. *Urethane* als Reaktionsprodukte.

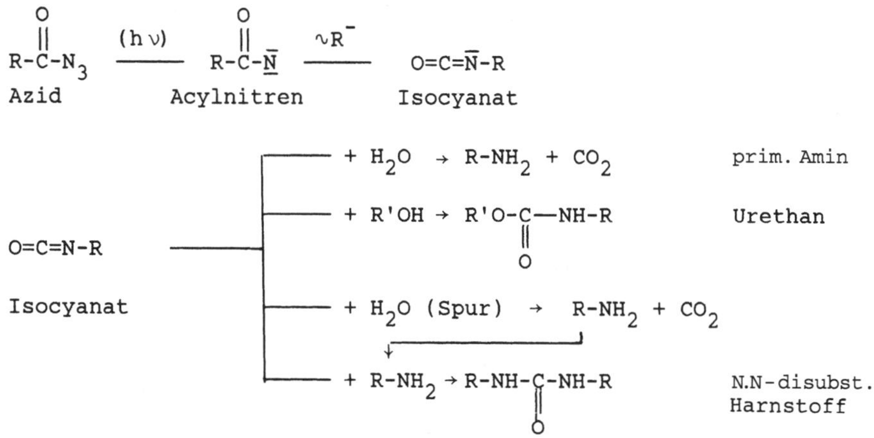

Die als Edukte eingesetzten *Azide* werden aus Säurechloriden [R-COCl] und NaN_3 bzw. aus Carbonsäurehydraziden [R-CONH-NH_2] und HNO_2 hergestellt. Die Curtius-Reaktion ist eine wichtige Methode zur *Synthese von Isocyanaten.* Desweiteren ist die Umsetzung von primären Aminen mit Phosgen eine gängige Synthesevariante von Isocyanaten [vgl. **MC-Frage Nr. 817**].

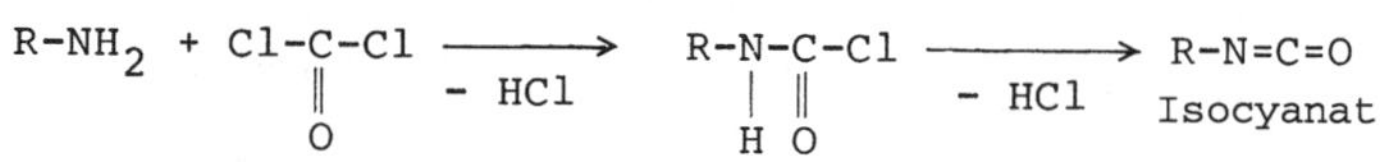

Schmidt-Reaktion

Hierunter faßt man eine Reihe von Reaktionen an Carbonylverbindungen zusammen, denen die Verwendung von Stickstoffwasserstoffsäure [HN_3] in Gegenwart von Schwefelsäure gemeinsam ist.

Aus *Carbonsäuren* entstehen *primäre Amine,* wobei die Reaktion über folgende Zwischenstufen abläuft.

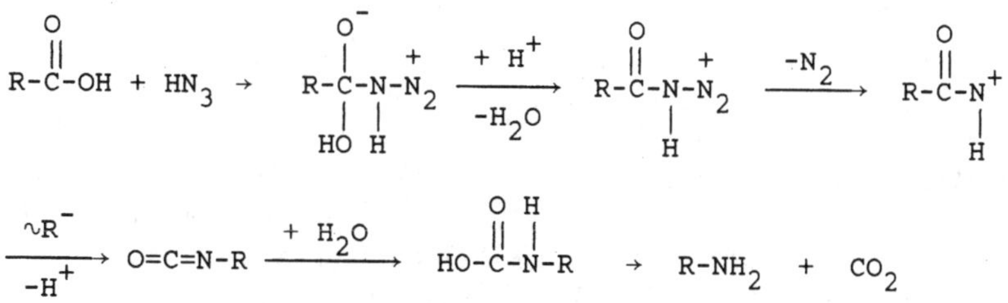

Dicarbonsäuren mit mehr als einer CH_2-Gruppe zwischen beiden Carbonylen ergeben *Diamine.*

$$\underset{\text{Adipinsäure}}{HOOC{-}CH_2CH_2CH_2CH_2{-}COOH} \xrightarrow[(H_2SO_4)]{(HN_3)} \underset{\text{1,4-Diaminobutan}}{H_2N{-}CH_2CH_2CH_2CH_2{-}NH_2}$$

Aus *Ketonen* entstehen *Carbonsäureamide.* Darüber hinaus werden bei der Umsetzung von Ketonen mit einem Überschuß an HN_3 auch substituierte *Tetrazol-Derivate* gebildet.

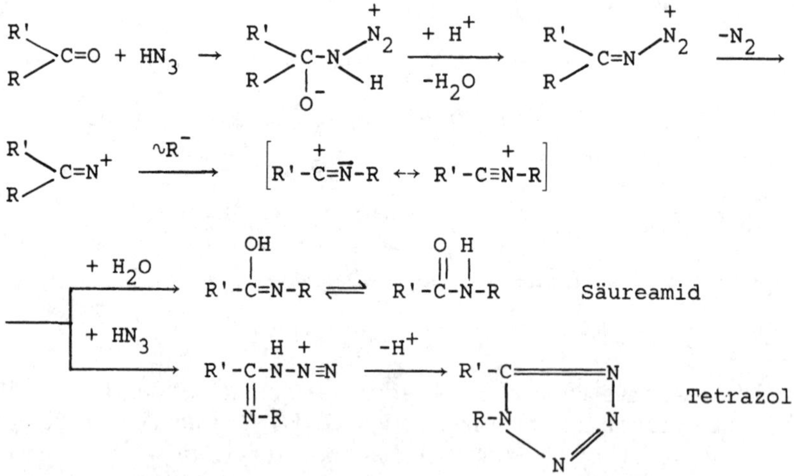

Wahrscheinlich erfolgen die N_2-Eliminierung und die Wanderung des *trans-ständigen* Restes nahezu synchron.

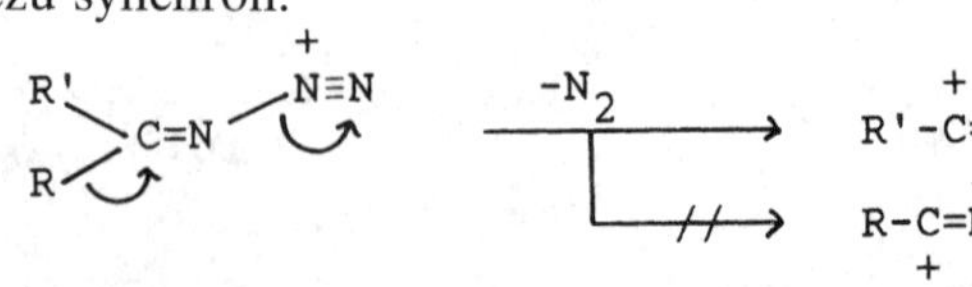

Da die C=N-Doppelbindung die räumliche Lage der Substituenten (R, R') festlegt, kann man einen sterisch einheitlichen Verlauf der Reaktion erwarten, zumal sich nach der Abspaltung von Wasser der voluminösere Rest in *anti-Stellung* zur Diazonium-Gruppe befindet. Daraus resultiert folgende relative **Wanderungstendenz** für die jeweiligen Substituenten am Carbonyl-C-Atom.

$$\text{tert.}C_4H_9 > C_6H_5 > iC_3H_7 > C_2H_5 > CH_3$$

Beckmann-Umlagerung

Behandelt man *Ketoxime* mit anorg. Säurehalogeniden [BF_3, PCl_5, $SOCl_2$ u. a.] bzw. konz. Mineralsäuren [H_2SO_4, HCl_g], so erfolgt eine anionotrope Umlagerung zu isomeren, *N-substituierten Carbonsäureamiden.*

Zum Beispiel kann auf diese Weise **Benzanilid** aus **Benzophenonoxim** hergestellt werden, und **Cyclohexanonoxim** lagert sich in **ε-Caprolactam** um, einem technisch wichtigen Ausgangsmaterial zur Darstellung von *Perlon* [vgl. Kap. 3.18 und **MC-Fragen Nr. 171, 172, 175, 1104–1106**].

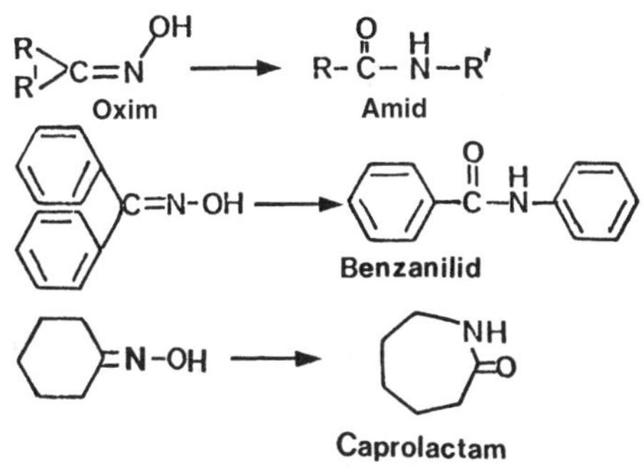

Aldoxime lagern sich unter den beschriebenen Bedingungen selten um. Sie werden vielmehr in Anwesenheit dehydratisierender Agenzien in *Nitrile* übergeführt (vgl. Kap. 3.13.8.1).

Der mechanistische Ablauf der Beckmann-Reaktion kann wie folgt formuliert werden. Im einleitenden Reaktionsschritt addiert sich ein Proton an das freie Elektronenpaar des O-Atoms im Ketoxim. Daraus entsteht durch Eliminierung von Wasser ein *Nitreniumion*, dessen Elektronenlücke am Stickstoff durch anionotrope Verschiebung eines Substituenten aufgefüllt wird. An das resultierende *Carbeniumion* lagert sich Wasser an unter Bildung eines *N-subst. Carbonsäureamids* [vgl. **MC-Frage Nr. 170**]. Wahrscheinlich tritt das Carbeniumion nicht frei auf, sondern die Wasserabspaltung und die Verschiebung des Restes erfolgen nahezu gleichzeitig. Ist der wandernde Rest *chiral,* so bleibt seine *Konfiguration erhalten.*

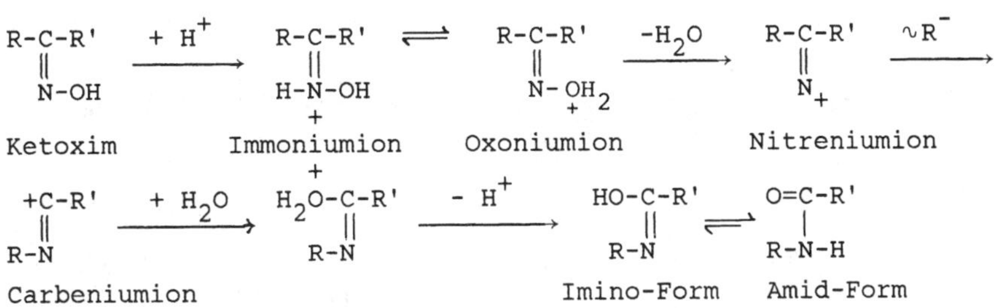

Die Beckmann-Umlagerung verläuft *stereospezifisch.* D.h., es *wandert* stets der zur austretenden Hydroxylgruppe *trans-ständige Rest.* So entsteht z. B. **N-Methylbenzamid** aus **Z-Acetophenonoxim** und aus **E-Acetophenonoxim** bildet sich **Acetanilid**.

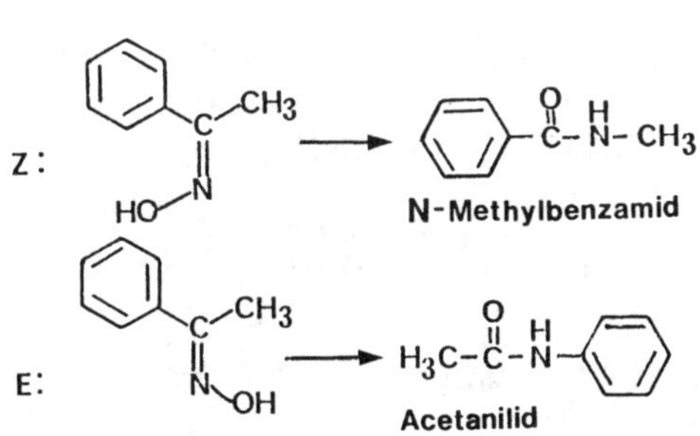

Die Beckmann-Umlagerung von Ketoximen [$R_2C{=}N{-}OH$] in Gegenwart starker Säuren führt zu isomeren N-subst. Carbonsäureamiden [R-NH-CO-R]. Die Reaktion verläuft stereospezifisch. Es wandert der zur Hydroxylgruppe trans-ständige Substituent.

3.2.16.4 Anionotrope Umlagerungen am Sauerstoffatom

Phenol-Synthese nach Hock

Behandelt man **Cumenhydroperoxid** mit verd. Säuren, so wird das Molekül unter Umlagerung des C-Gerüstes in **Phenol** und **Aceton** gespalten.

Dabei wird zunächst die HO-Gruppe des Hydroperoxids protoniert und anschließend Wasser eliminiert. In die Elektronenlücke des entstehenden *Oxeniumions* wandert der Phenylrest als Carbanion unter Bildung eines Carbeniumions. Die nucleophile Addition von Wasser ergibt ein protoniertes *Halbketal*, das unter den Reaktionsbedingungen spontan in Phenol und Aceton zerfällt [vgl. **MC-Fragen Nr. 168, 169**].

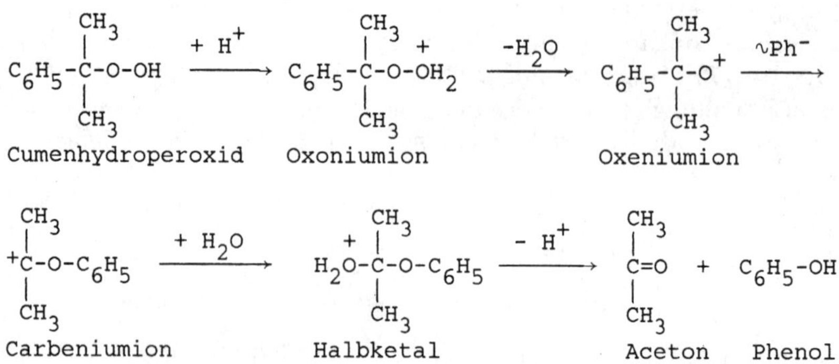

Die Abspaltung von Wasser und die Verschiebung des Phenylrestes erfolgen wahrscheinlich synchron. Das als Edukt verwendete Cumenhydroperoxid ist durch Luftoxidation von Cumen zugänglich. **Cumen** (**Isopropylbenzen**) wird durch Friedel-Crafts-Alkylierung von Benzen mit Propen hergestellt [vgl. Kap. 3.6.4.2 und **MC-Frage Nr. 436**].

Baeyer-Villiger-Oxidation

Beim Behandeln von *Ketonen* mit *Peroxycarbonsäuren*, insbesondere Trifluorperoxyessigsäure [CF_3CO_3H], bilden sich *Carbonsäureester*. Aus *cyclischen Ketonen* entstehen *Lactone* [vgl. **MC-Frage Nr. 1154**].

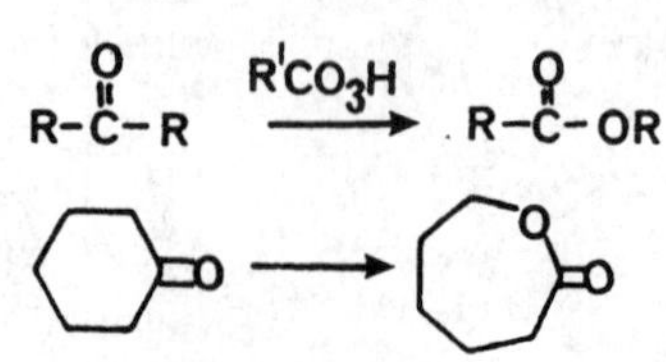

Man nimmt an, daß sich zunächst die Peroxysäure an die Carbonylverbindung addiert. Anschließend wird die O-O-Bindung heterolytisch gespalten und gleichzeitig wird ein Substituent anionotrop an das Sauerstoffatom verschoben.

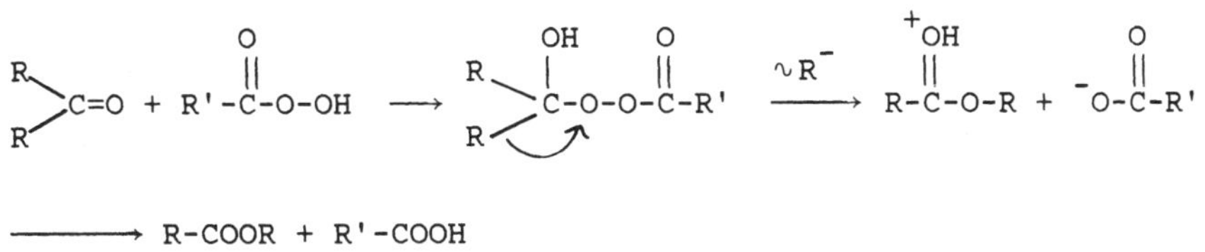

Symmetrische Ketone ergeben nur ein Reaktionsprodukt. Bei unsymmetrischen Ketonen treten manchmal zwei Oxidationsprodukte auf. Die **Wanderungstendenz** nimmt in folgender Reihe ab:

$$-H > -C_6H_5 > -CR_3 > -CHR_2 > -CH_2R > -CH_3$$

Die nachstehenden Beispiele belegen nochmals die Wanderungsfähigkeit bestimmter Gruppen:

$(CH_3)_3C\text{-}CO\text{-}CH_3 + R'CO_3H \longrightarrow R'CO_2H + CH_3\text{-}CO\text{-}O\text{-}C(CH_3)_3$

tert. Butylmethylketon — Essigsäure-tert.butylester

$C_6H_5\text{-}CO\text{-}CH_3 + R'CO_3H \longrightarrow R'CO_2H + CH_3\text{-}CO\text{-}O\text{-}C_6H_5$

Acetophenon — Essigsäurephenylester

3.2.16.5 Kationotrope Umlagerungen

Bei diesen Reaktionen wird in der Regel eine CH-Bindung heterolytisch unter Bildung eines mesomeriestabilisierten *Carbanions* gespalten.

Stevens-Umlagerung

Quartäre Ammoniumsalze, die am α-C-Atom zum quartären N-Atom einen -M-Substituenten (Z) tragen, lagern sich beim Behandeln mit starken Basen [$NaNH_2$] intramolekular in *tertiäre Amine* um. Der tatsächliche Ablauf der Reaktion ist komplexer als es die nachfolgende Formulierung vermuten läßt.

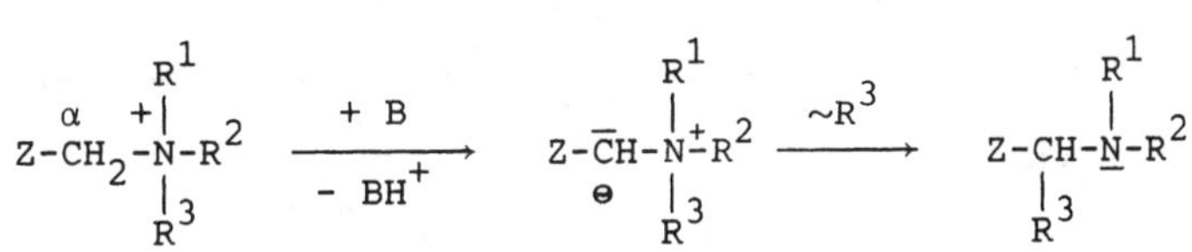

Wie das folgende Beispiel illustriert, werden Allyl- und Benzylgruppen besonders leicht umgelagert.

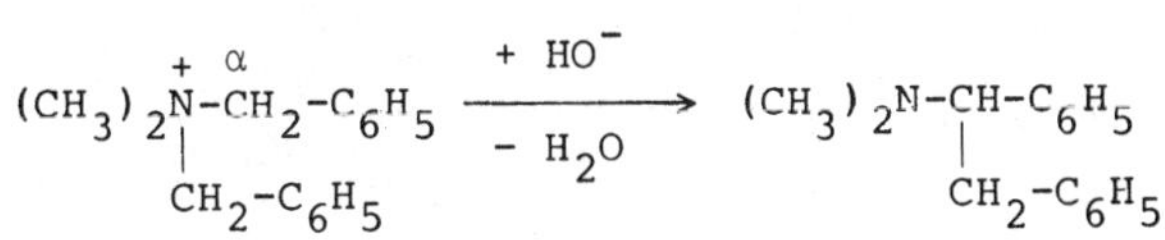

Wittig-Umlagerung

Unter dem Einfluß sehr starker Basen [$NaNH_2$, C_6H_5Li] verändern auch *Allyl-* und *Benzylether* ihre Molekülgestalt unter Bildung von *Alkoholen.*

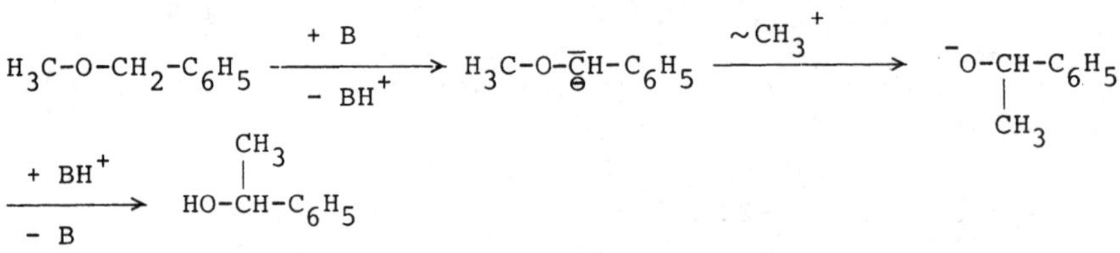

Favorski-Umlagerung

α-Halogenketone lassen sich durch Reaktion mit Alkoholaten in *Carbonsäureester* mit verändertem Kohlenstoffgerüst überführen, wobei durch 1.3-Eliminierung vermutlich ein *Cyclopropanon-Derivat* als Intermediat auftritt [vgl. **MC-Frage Nr. 1253**].

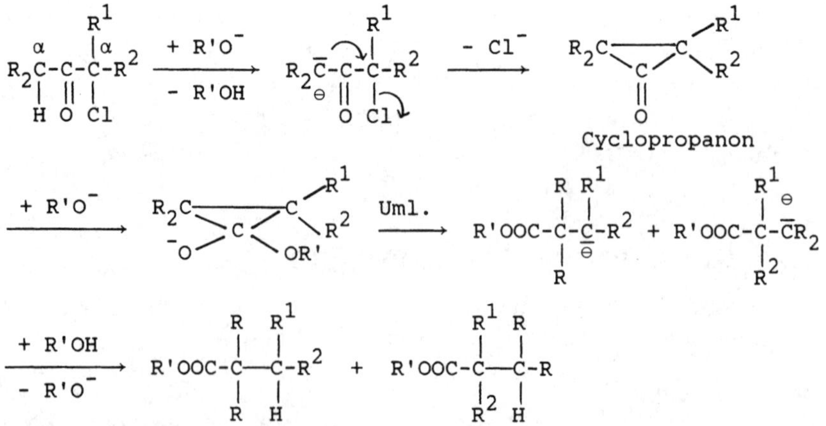

Als Beispiele sollen die verschiedenen Möglichkeiten zur Synthese von β-*Phenylpropionsäureestern* vorgestellt werden.

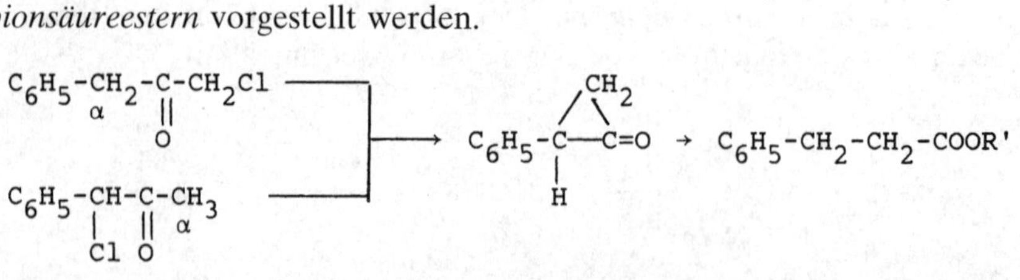

Cyclische α-Halogenketone reagieren unter Ringverengung. Beispielsweise läßt sich α-**Chlorcyclohexanon** unter dem Einfluß eines Alkoholats in einen *Cyclopentancarbonsäureester* umwandeln.

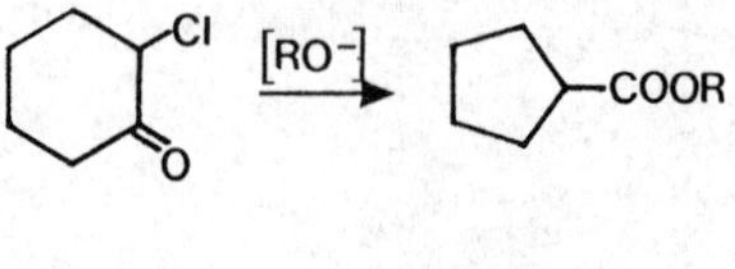

3.2.17 Umlagerungen an Aromaten

Es sind eine Reihe von Reaktionen bekannt, bei denen sich *N-substituierte Anilin-Derivate* und *O-substituierte Phenol-Derivate* in Gegenwart von Säuren in die entsprechenden ortho- und para-kernsubstituierten Verbindungen umlagern. Die Reaktionen verlaufen in der Regel *intermolekular.* D.h., ein Rest löst sich als Kation vollständig vom Substrat und reagiert danach mit dem aromatischen Ringgerüst im Sinne einer S_E-*Reaktion*.

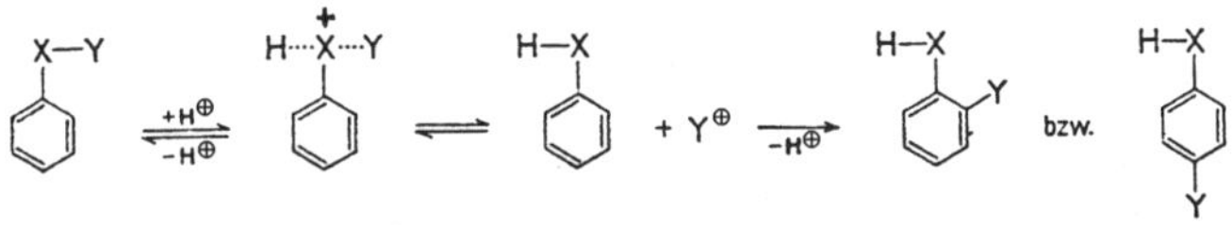

Beispiele für Umlagerungen an aromatischen Ringsystemen sind:

- Umlagerung von *Diazoaminoverbindungen (Triazenen)* in p-Aminoazoverbindungen (vgl. auch Kap. 3.10.6.3).

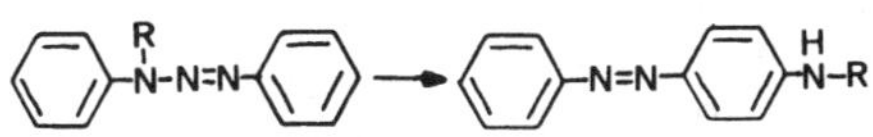

- Umlagerung von *Phenylhydroxylamin-Derivaten* zu p-Aminophenolen.

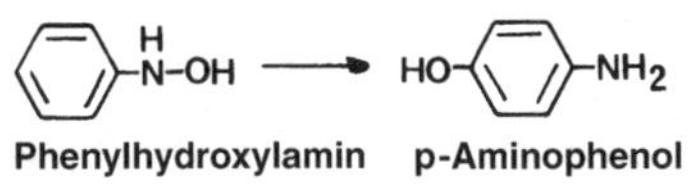

- Umlagerung von *N-Chloracetaniliden* zu o/p-Chloracetaniliden (**Orton-Umlagerung**).

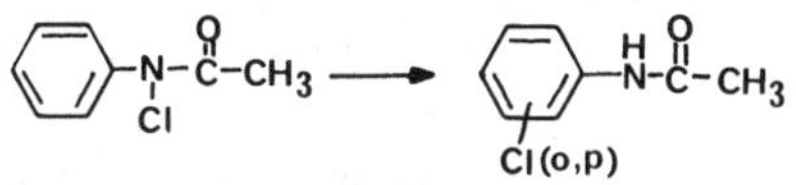

- Umlagerung von N-Nitrosoverbindungen sekundärer Anilin-Derivate zu kernnitrosierten Produkten (**Fischer-Hepp-Umlagerung**).

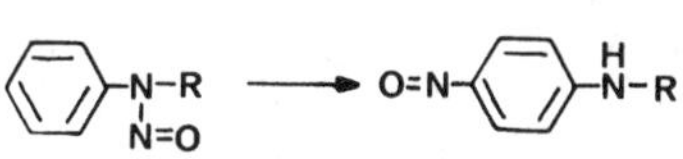

3.2.17.1 Fries-Reaktion

Phenolester lagern sich in Gegenwart äquimolarer Mengen einer *Lewis-Säure* [$AlCl_3$, $TiCl_4$, $FeCl_3$, BF_3, $ZnCl_2$] zu *Acylphenolen* um.

Je nach Wahl der Lewis-Säure und den jeweiligen Reaktionsbedingungen führt die Umlagerung zu ortho- oder para-acylierten Phenolen. Bei niedrigen Temperaturen wird vorwiegend para-Substitution beobachtet, bei höheren Temperaturen treten überwiegend o-Acylphenole auf. In Einzelfällen lassen sich auch m-Substitutionsprodukte isolieren.

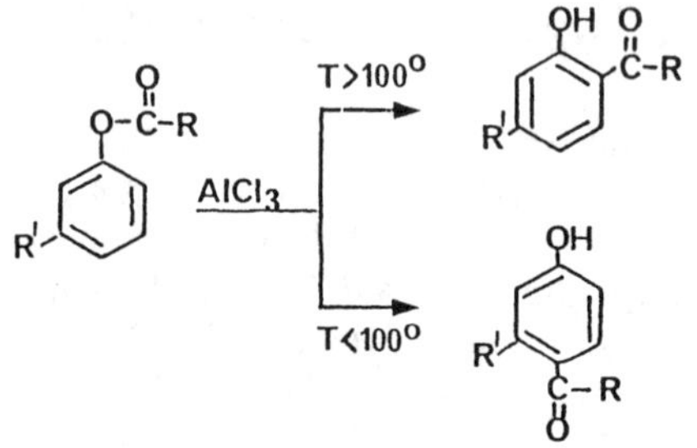

Die Tendenz zur Bildung des ortho-Produktes nimmt mit steigender Kettenlänge des Acylrestes zu. Die Friessche Verschiebung verläuft, wie das nachfolgende *Kreuzexperiment* beweist, zumindest teilweise *intermolekular.* Die Tatsache, daß der Acetyl-Rest (Ac) und die Benzoyl-Gruppe (Bz) auch im jeweils anderen Produkt wiederzufinden sind, zeigt, daß sie sich zuvor weitgehend aus der Sphäre des Moleküls gelöst haben, an das sie ursprünglich gebunden waren.

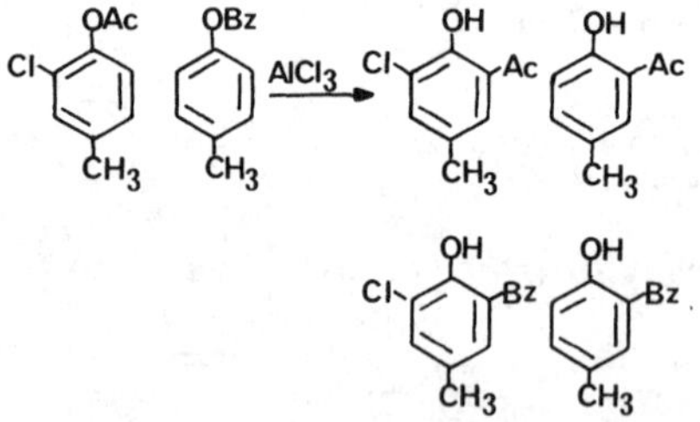

Der Primärschritt der Fries-Umlagerung besteht in einer koordinativen Anlagerung der Lewis-Säure an den Acylsauerstoff. Dadurch wird die Heterolyse der C-O-Bindung unter Bildung eines *Acylkations* erleichtert. Letzteres greift anschließend als Elektrophil den Aromaten an, wobei für die ortho-Wanderung ein *Chelatmechanismus* diskutiert wird [vgl. **MC-Frage Nr. 1262**].

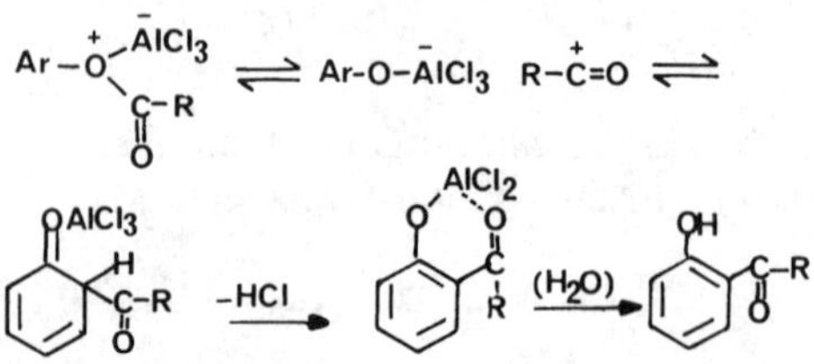

3.2.17.2 Benzidin-Umlagerung

Behandelt man **Hydrazobenzen** mit *starken Säuren*, so entsteht **Benzidin (4,4'-Diaminobiphenyl)**. Als Nebenprodukt tritt stets auch etwas **Diphenylin** auf. Während bei der Umlagerung des Hydrazobenzens kaum **o-Benzidin** gebildet wird, kommt es in der Naphthalen-Reihe verstärkt zur ortho-Umlagerung. Ist eine der para-Positionen des Hydrazobenzens besetzt, so erhält man in Abhängigkeit von der Natur des Substituenten *Diphenylin, para-* und *ortho-Semidine.* Sind beide para-Positionen blockiert, so bildet sich nur ein *o-Semidin-Derivat.*

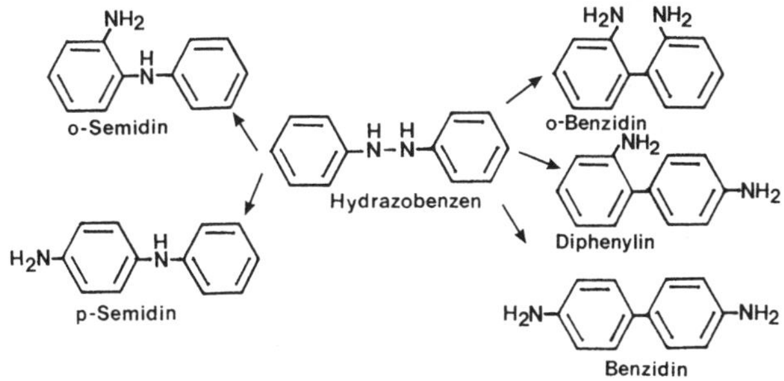

Im Gegensatz zu den bisher vorgestellten Umlagerungen an Aromaten verläuft die Benzidin-Umlagerung intramolekular.

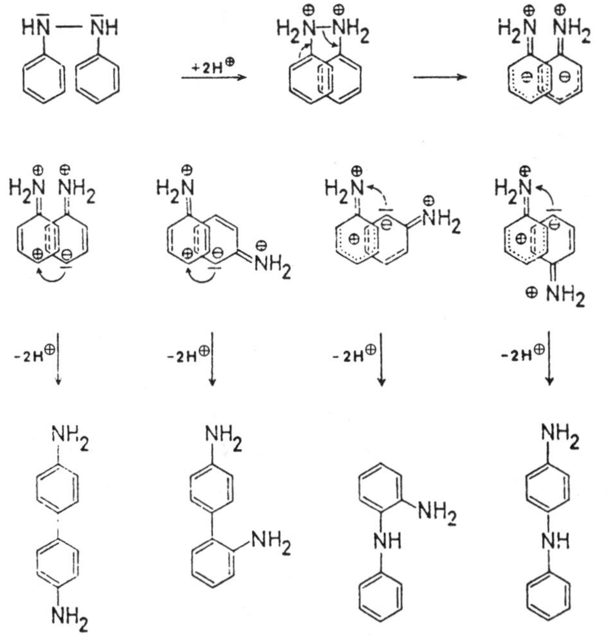

Benzidin Diphenylin o-Semidin p-Semidin

Man nimmt an, daß die beiden unmittelbar benachbarten positiven Ladungen in dem durch Protonierung des Hydrazobenzens gebildeten *„Dikation“* eine starke elektrostatische Abstoßung bewirken und die Heterolyse der N-N-Bindung erleichtern. Die zur Bindungsspaltung notwendige Energie wird durch die Resonanzstabilisierung des entstehenden Anilins bzw. Immoniumions sowie durch die günstige, *sandwichartige Lage der beiden Arenringe* des sich bildenden *π-Komplexes* erbracht. Der π-Komplex kann sich anschließend auf verschiedenen Wegen stabilisieren. Knüpfen beide para-C-Atome eine Bindung, so entsteht Benzidin. Ist dies nicht möglich, so können sich die beiden Ringsysteme des π-Komplexes gegeneinander verschieben, und man gelangt zu Diphenylin, o- oder p-Semidin.

Eine Benzidin-ähnliche Umlagerung ist auch ein Teilschritt der *Fischer-Indolsynthese* (vgl. Kap. 3.15.3.1). Desweiteren ist die Benzidin-Umlagerung ein Beispiel für eine **[5,5] sigmatrope Verschiebung** (vgl. Kap. 3.2.14.3). Der Übergangszustand besitzt als *10π-Elektronensystem* aromatischen Charakter.

Oxidationen und Reduktionen

Die allgemeinen Grundlagen von Redoxreaktionen wurden bereits in Ehlers, **Chemie I-Kurzlehrbuch**, Kap. 1.12 detailliert beschrieben. Daher sollen in den folgenden Abschnitten lediglich die speziellen Aspekte von Redoxreaktionen der organischen Chemie näher vorgestellt werden.

3.2.18 Oxidationsreaktionen

3.2.18.1 Oxidation von Methylgruppen und Methylengruppen

Oxidation von Alkanen

Alkane sind gegenüber den gängigen Oxidationsmitteln ziemlich resistent. Sie werden erst von sehr starken Oxidantien, wie z. B. heiße Chromschwefelsäure angegriffen. Die Oxidation setzt vorrangig an tertiären und sekundären C-H-Bindungen ein. In komplexen, radikalisch und ionisch ablaufenden Prozessen entstehen Alkohole [ROH], Ketone [$R_2C{=}O$], Carbonsäuren [RCOOH] sowie Kohlendioxid und Wasser.

$RCH_3 \longrightarrow RCH_2OH \longrightarrow RCH{=}O \longrightarrow RCOOH$
Alkan **Alkohol** **Aldehyd** **Carbonsäure**

$R_2CH_2 \longrightarrow R_2CHOH \longrightarrow R_2C{=}O \longrightarrow$ (RCOOH unter C-C-Spaltung)
Alkan **Alkohol** **Keton**

Beispielsweise erhält man bei 165 °C in Gegenwart von Co(II)-acetat durch Luftoxidation von **Butan** [$CH_3CH_2CH_2CH_3$] ein Gemisch aus Butanon [$CH_3COCH_2CH_3$], Essigsäure [CH_3COOH], Methylacetat [CH_3COOCH_3] und Ethylacetat [$CH_3COOC_2H_5$].

Die Oxidation von *Cycloalkanen* verläuft einheitlicher. So bildet sich bei der Oxidation von **Cyclohexan** mit O_2 hauptsächlich **Adipinsäure**; in Gegenwart von Co(II)-acetat bleibt das Ringgerüst intakt und man isoliert **Cyclohexanol** und **Cyclohexanon** als Reaktionsprodukte. Adipinsäure wird auch erhalten bei der Oxidation von Cyclohexanon mit HNO_3 [vgl. **MC-Frage Nr. 1199**].

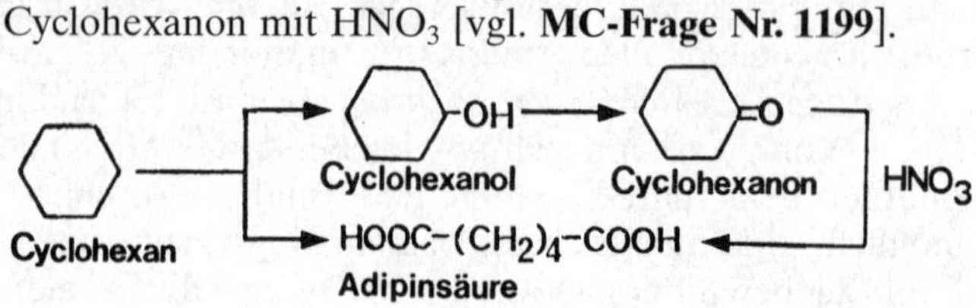

In bestimmten Fällen sind Alkane [R_3C-H], die tertiäre C-H-Bindungen enthalten, mit alkalischen $KMnO_4$-Lösungen selektiv unter Erhalt ihrer Konfiguration zu Alkoholen [R_3C-OH] oxidierbar.

Oxidation von aktivierten Methylgruppen und Methylengruppen

Die Oxidierbarkeit einer *Alkylgruppe* wird wesentlich erleichtert, wenn sich der Alkylrest in *Konjugation zu einer Carbonylgruppe* oder zu einem *aromatischen Ringsystem* befindet. Auch hier bilden *Carbonsäuren* die Endstufe der Oxidation, jedoch lassen sich bei geeigneter Wahl der Reaktionsbedingungen *Aldehyde* und im Einzelfall sogar *Alkohole* als Produkte isolieren.

- Methyl- oder Methylengruppen in α-Stellung zu einer Carbonylgruppe können mit *Salpetriger Säure* oder durch Oxidation mit *Selendioxid* in *1,2-Dicarbonylverbindungen* umgewandelt werden [vgl. **MC-Fragen Nr. 192, 738, 739**]

Versetzt man das Carbonyl-Derivat mit einer salzsauren Alkalinitrit-Lösung, so wird die Verbindung zunächst unter elektrophiler Substitution nitrosiert. Die gebildete C-Nitrosoverbindung tautomerisiert zum Oxim, das anschließend zur α-Dicarbonylverbindung hydrolysiert werden kann. Wie die Überführung von **Butanon (Ethylmethylketon)** in **Diacetyl (2,3-Butandion)** zeigt, werden im allgemeinen Methylengruppen leichter nitrosiert als Methylgruppen.

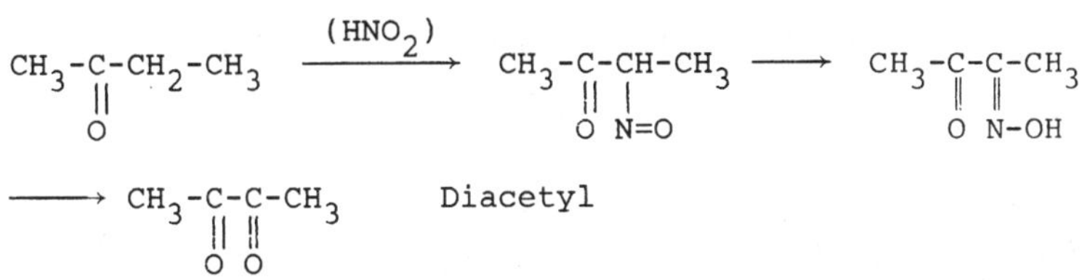

Selendioxid [SeO_2] überführt Carbonylverbindungen ebenfalls in *α-Diketone* bzw. *α-Ketoaldehyde* und wird dabei zu elementarem Selen reduziert. Die Umsetzung von **Butanon** zu **Ethylglyoxal** dokumentiert, daß Methylgruppen leichter oxidiert werden als Methylengruppen.

CH_3-CH_2-CO-CH_3 ⟶ CH_3-CH_2-CO-CH=O (17%) + CH_3-CO-CO-CH_3 (1%)
Butanon **Ethylglyoxal** **Diacetyl**

Die nachfolgenden Beispiele sollen das Synthesepotential der SeO_2-Oxidation nochmals verdeutlichen.

Acetaldehyd	CH_3CH=O	⟶	O=CH-CH=O	**Glyoxal**
Acetophenon	C_6H_5-CO-CH_3	⟶	C_6H_5-CO-CH=O	**Phenylglyoxal**
Malonester	CH_2 $(COOR)_2$	⟶	O=C$(COOR)_2$	**Mesoxalsäureester**

Auch durch benachbarte Arylreste aktivierte Methylengruppen lassen sich selektiv mit SeO_2 zu C=O-Gruppen oxidieren.

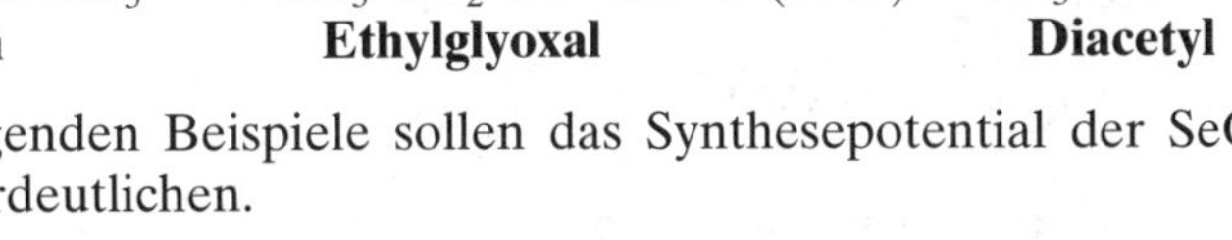

- *Alkyl-substituierte Aromaten* können mit starken Oxidationsmitteln [CrO_3 in HOAc oder H_2SO_4 – alkalische $KMnO_4$-Lösung – HNO_3] in *aromatische Carbonsäuren* umgewandelt werden [vgl. **MC-Frage Nr. 191**]. Industriell wichtig ist die Oxidation von **Toluen** [C_6H_5-CH_3] zu **Benzoesäure** [C_6H_5-COOH] und von **p-Xylen** [CH_3-C_6H_4-CH_3] zu **Terephthalsäure** [HOOC-C_6H_4-COOH]. *Alkyl-substituierte Heteroaromaten* sind ebenfalls als Substrate einsetzbar.

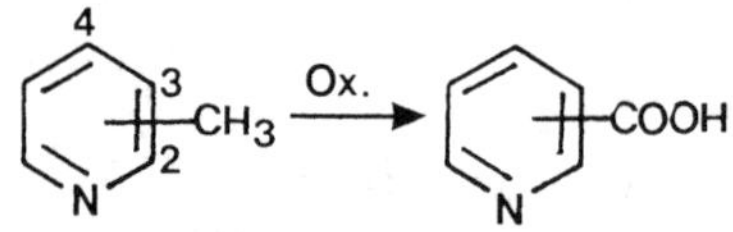

2 : Picolinsäure
3 : Nicotinsäure
4 : Isonicotinsäure

2-/3-/4-Methylpyridin

Bei der Oxidation aromatischer Alkylgruppen tritt wahrscheinlich ein *Benzyl-Kation* als Intermediat auf.

$$\text{Ar-CH}_3 \longrightarrow \text{Ar-CH}_2^+ \longrightarrow \text{Ar-CH}_2\text{OH} \longrightarrow \text{Ar-CH=O} \longrightarrow \text{Ar-COOH}$$

Längere Seitenketten werden z.T. vollständig oxidiert. Diese Reaktionen verlaufen vermutlich über Alkene als Zwischenstufen.

$$\text{Ar-CH}_2\text{CH}_2\text{CH}_3 \longrightarrow \text{Ar-}\overset{+}{\text{C}}\text{HCH}_2\text{CH}_3 \longrightarrow \text{Ar-CH=CHCH}_3 \longrightarrow \text{Ar-COOH}$$

$$\text{Ar-CH(CH}_3)_2 \longrightarrow \text{Ar-}\underset{+}{\text{C}}(\text{CH}_3)_2 \longrightarrow \text{Ar-C(CH}_3)\text{=CH}_2 \longrightarrow \text{Ar-COOH}$$

Alkylaromaten *ohne* benzylischen Wasserstoff sind weitgehend oxidationsresistent. Unter drastischen Reaktionsbedingungen wird das aromatische Ringgerüst gespalten.

In *mehrfach methylierten Aromaten* kann mit verd. HNO_3 selektiv nur eine Methylgruppe oxidiert werden. Zum Beispiel wird **o-Xylen** mit verd. HNO_3 in **o-Toluylsäure** übergeführt, während die Oxidation mit CrO_3 **Phthalsäure** liefert.

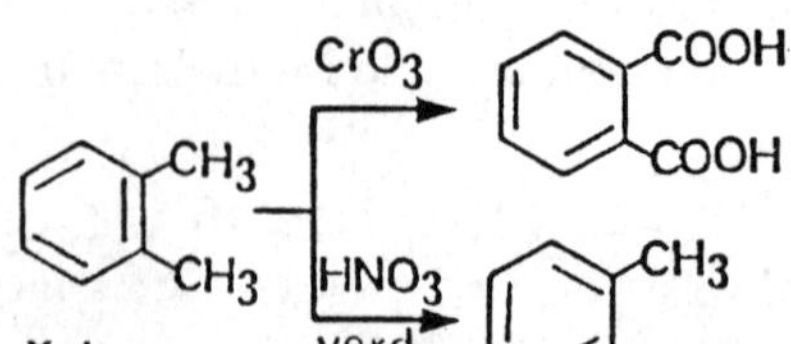

Phthalsäure

o-Toluylsäure

o-Xylen

Methyl-substituierte Aromaten lassen sich auch in *aromatische Aldehyde* umwandeln. Da die Aldehyd-Funktion aber leichter als eine Methylgruppe oxidiert wird, muß der gebildete Aldehyd in Form beständiger Derivate laufend aus dem Reaktionsgemisch entfernt werden. Beispielsweise wird bei der Oxidation mit Chromsäure [CrO_3] in Essigsäureanhydrid [$(CH_3CO)_2O$] der aromatische Aldehyd als geminales Diacetat abgefangen und danach der Diester hydrolytisch zur Carbonylverbindung gespalten.

$$\text{Ar-CH}_3 \xrightarrow[\text{Ac}_2\text{O}]{\text{CrO}_3} \text{Ar-CH(OOCCH}_3)_2 \longrightarrow \text{Ar-CH(OH)}_2 \longrightarrow \text{Ar-CH=O}$$

Alternativ dazu kann die Methylgruppe auch mit Chromylchlorid [CrO_2Cl_2] (**Etard-Reagenz**) zur Aldehyd-Funktion oxidiert werden.

3.2.18.2 Oxidation von Aromaten

Unsubstituierte Aromaten sind infolge ihrer hohen Resonanzstabilisierung nur unter drastischen Bedingungen oxidierbar. Häufig wird dabei das aromatische Ringgerüst zerstört. Mit *Ozon* tritt stets eine Ringöffnung ein (vgl. Kap. 3.2.18.3). In Einzelfällen gelingt es aber, die Oxidation auf der Stufe eines *Chinons* anzuhalten.

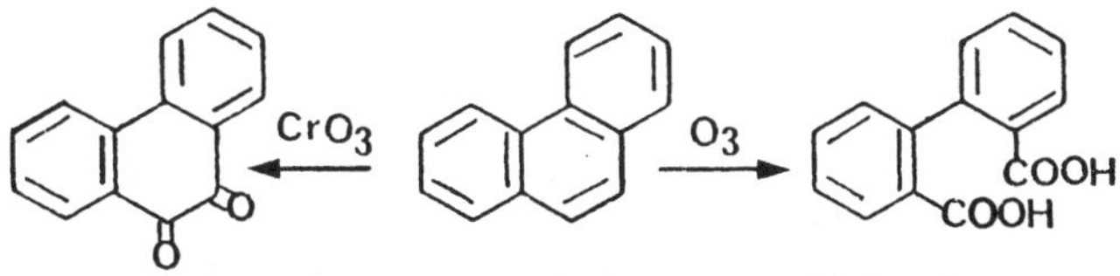

Phenanthrenchinon Phenanthren Diphensäure

Auch *Heteroaromaten* werden von Oxidationsmitteln angegriffen. Zum Beispiel wird **Chinolin** von CrO_3 oder $KMnO_4$ zu **Chinolinsäure** (**Pyridin-2,3-dicarbonsäure**) oxidiert, die beim Erhitzen zu **Nicotinsäure** decarboxyliert [vgl. **MC-Frage Nr. 1232**]. Es überrascht, daß hierbei das aromatische Ringsystem bevorzugt angegriffen wird.

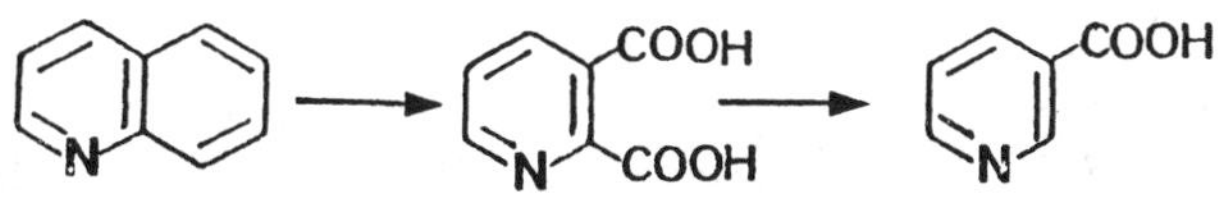

Chinolin Chinolinsäure Nicotinsäure

Naphthalen und **Anthracen** sind leichter zu oxidieren als Benzen. Die Oxidation von **Naphthalen** in CrO_3/H_2SO_4 ergibt **1,4-Naphthochinon**, während mit V_2O_5/O_2 **Phthalsäureanhydrid** gebildet wird. **Anthracen** wird von Chromschwefelsäure in **9,10-Anthrachinon** übergeführt. Im Gegensatz zu Toluen, das in Benzoesäure umgewandelt wird, liefert **2-Methylnaphthalen** durch Chromsäure-Oxidation **2-Methyl-1,4-naphthochinon**, so daß Naphthalencarbonsäuren auf diese Weise nicht darstellbar sind.

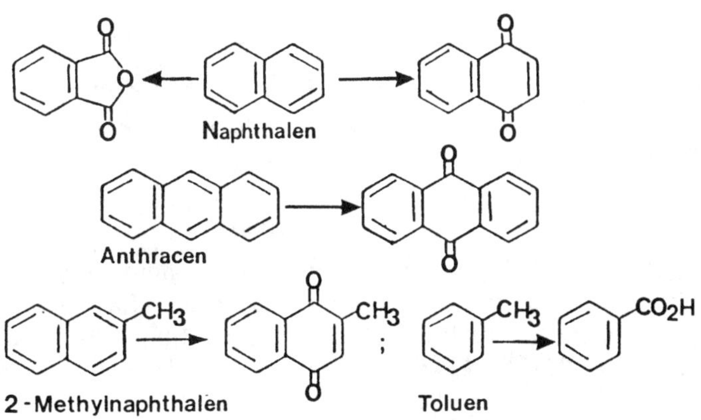

3.2.18.3 Oxidation von C=C-Doppelbindungen

Epoxidation von Alkenen (Prileschajew-Reaktion)

Bei der Einwirkung von *Peroxycarbonsäuren* [RCO_3H] (Trifluorperoxyessigsäure, m-Chlorperoxybenzoesäure u. a.) auf *Alkene* in einem indifferenten Lösungsmittel (Ether, $CHCl_3$) entstehen in fast quantitativer Ausbeute *Epoxide (Oxirane)* [vgl. **MC-Frage Nr. 596**].

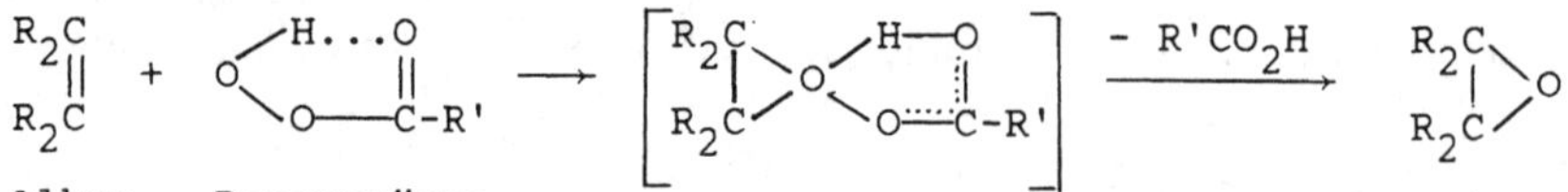

Alken Peroxysäure Oxiran

Mit Ausnahme von Amino- und Thioethergruppen werden anderen funktionelle Gruppierungen kaum angegriffen. So liefern vinyloge Carbonsäureester *Glycidester* und *Allylchlorid* wird in *Epichlorhydrin* umgewandelt.

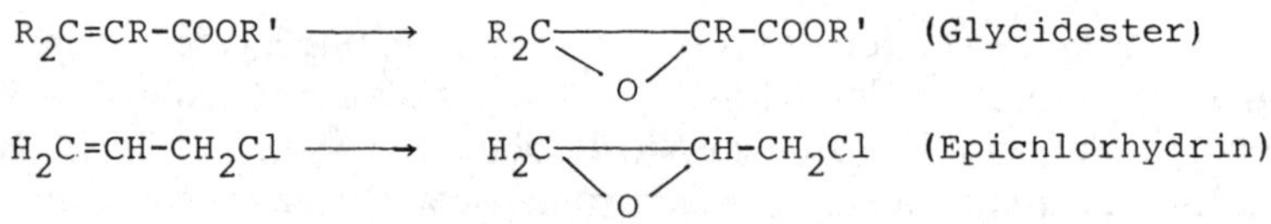

Verwendet man H_2O_2 in HOAc oder wäßriger NaOH-Lösung als Oxidans, so kommt es anschließend zur *hydrolytischen Ringöffnung* des gebildeten Epoxids. Da die Ringöffnung nach einem *S_N2-Mechanismus* abläuft, entstehen bei sterisch fixierten Systemen **trans-Glycole** (1,2-Diole) [vgl. **MC-Fragen Nr. 193, 197**].

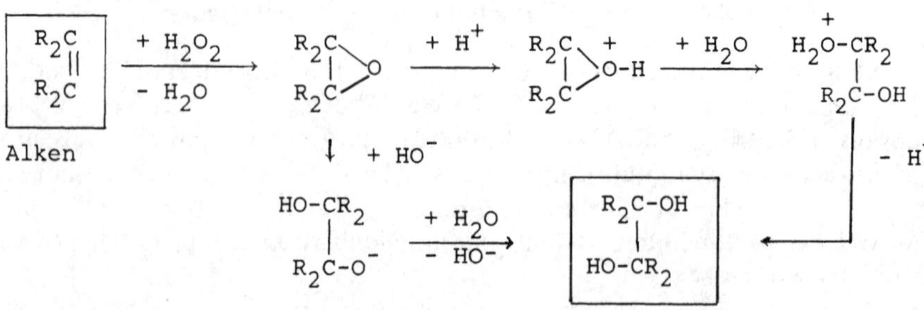

Alken trans-Glycol

Beispielsweise führt die Oxidation von **Cyclohexen** mit m-Chlorper(oxy)benzoesäure und die anschließende saure Hydrolyse zu **trans-1,2-Cyclohexandiol** [vgl. **MC-Frage Nr. 194**].

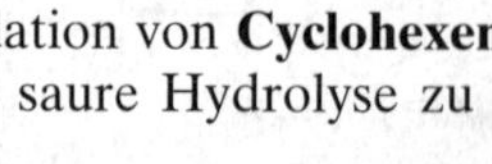

Epoxide wie **Ethylenoxid** sind reaktive Verbindungen, an die man in Gegenwart saurer oder basischer Katalysatoren Wasser und andere Nucleophile (Alkohole, Mercaptane, Amine, Grignard-Verbindungen) unter Ringöffnung anlagern kann [vgl. **MC-Fragen Nr. 592–595, 1202**].

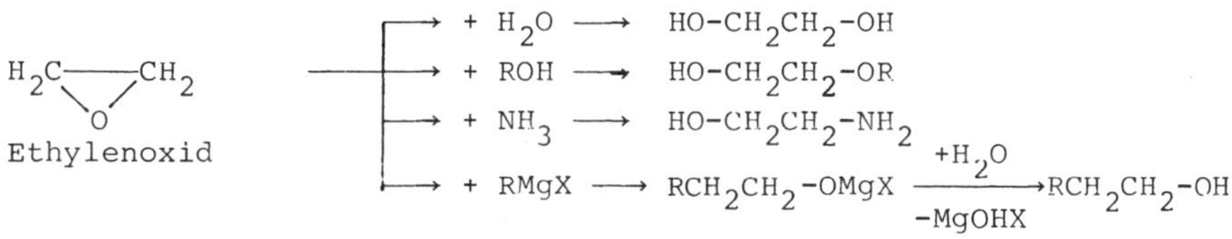

Bis-Hydroxylierung von Alkenen (syn-Hydroxylierung)

Bei der Hydroxylierung von *Alkenen* mit *Osmiumtetroxid* oder schwach alkalischen *$KMnO_4$-Lösungen* bilden sich durch *cis-Addition* cyclische Ester. Ihre Hydrolyse führt zu **cis-Glycolen**, weil bei der Spaltung der Ester der Angriff des Reagenzes am Metallatom erfolgt, so daß die cis-Glycolstruktur erhalten bleibt [vgl. **MC-Fragen Nr. 193, 365, 366**].

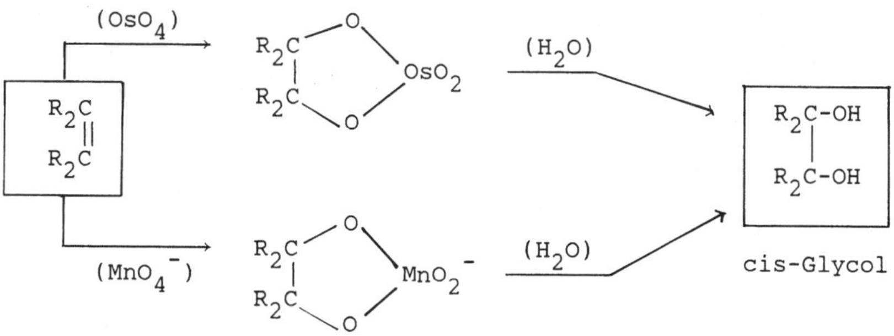

Zum Beispiel ergibt die *stereospezifische syn-Hydroxylierung* von **cis-2-Buten** [$CH_3CH=CHCH_3$] mit $KMnO_4$ in Aceton **meso-2,3-Butandiol**; aus **Cyclopenten** entsteht **cis-1,2-Cyclopentandiol** [vgl. **MC-Fragen Nr. 195, 196, 197**].

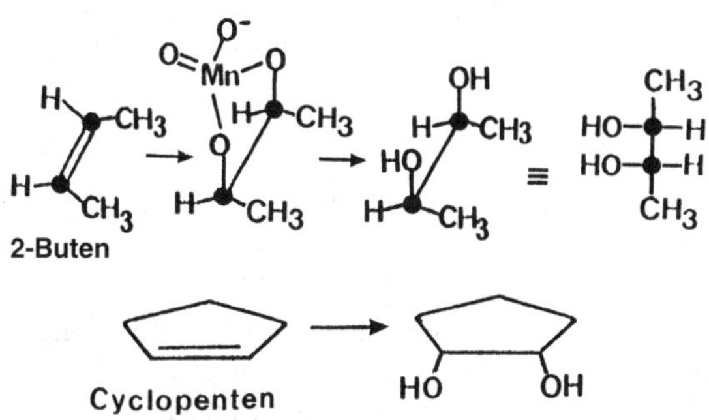

Die *Stereochemie der syn-Hydroxylierung von Cycloalkenen* kann wie folgt verallgemeinert werden. Bei Raumtemperatur ist bis zum **Cyclohepten** nur das cis-Isomer stabil. Die Hydroxylierung dieser Verbindungen liefert ein cis-Diol. Höhergliedrige Cycloalkene können sowohl in einer cis- als auch in einer trans-Konfiguration existieren. Hier ergibt die syn-Addition an das trans-Isomer ein trans-1,2-Diol, an das cis-Isomer hingegen ein cis-1,2-Diol [vgl. **MC-Frage Nr. 1226**].

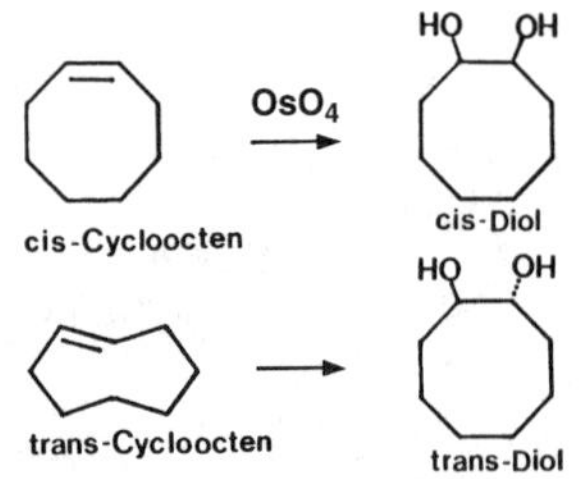

Auch bei *alicyclischen Alkenen* führt die Bis-Hydroxylierung der cis- und trans-Isomeren zu unterschiedlichen Glycolen. Bei einem *symmetrischen Alken* wie **2-Buten** [$CH_3CH{=}CHCH_3$] entsteht aus dem cis-Isomer ein *meso-Diol*, während bei der Hydroxylierung des trans-Isomers ein racemisches Gemisch der beiden *threo-Formen* gebildet wird (vgl. auch Kap. 3.3.7.4).

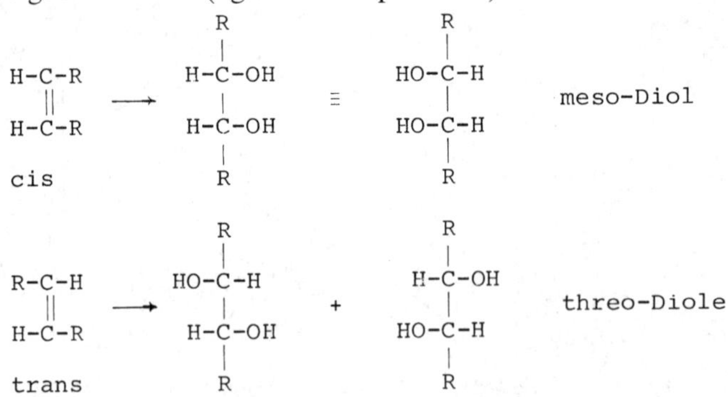

Bei einem *unsymmetrischen Alken* wie **2-Penten** [$CH_3CH{=}CHC_2H_5$] führt die syn-Hydroxylierung mit OsO_4 oder $KMnO_4$ bei beiden Isomeren zu einem racemischen Gemisch. Aus dem trans-Isomer bilden sich wiederum die beiden threo-Formen und das *cis-Isomer* ergibt die *erythro-Formen.*

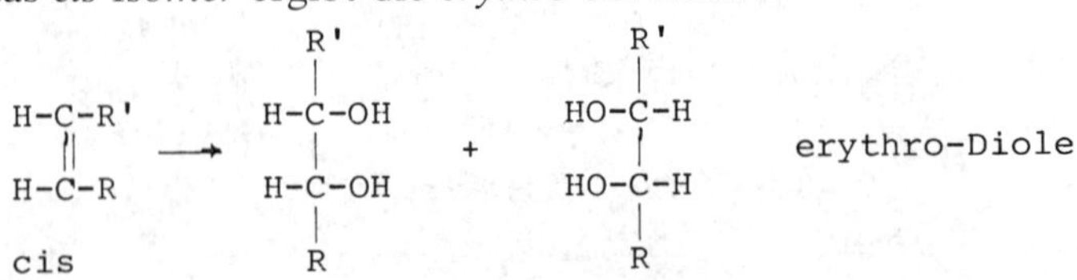

Oxidationen mit OsO_4 verlaufen einheitlich und mit guten Ausbeuten. Bewährt hat sich auch die Verwendung von H_2O_2 als Oxidationsmittel in Gegenwart katalytischer Mengen an OsO_4. Hierbei bildet sich zunächst ein Osmiumester, der anschließend unter Regenerierung von OsO_4 durch H_2O_2 in das cis-Diol umgewandelt wird.

$$R_2C{=}CR_2 + H_2O_2 \xrightarrow{(OsO_4)} R_2\underset{HO}{C}-\underset{OH}{C}R_2$$

Bei den Hydroxylierungen mit $KMnO_4$ – vor allem bei höheren Temperaturen und in konz. Lösungen – kann es zur C-C-Bindungsspaltung des Diols kommen, wobei in Abhängigkeit von der Substitution des Alkens unterschiedliche Produkte gebildet werden (vgl. auch „Glycolspaltung" Kap. 3.2.18.5).

$$R_2C{=}CHR \rightarrow R_2C{=}O + HOOC\text{-}R$$
$$RCH{=}CH_2 \rightarrow R\text{-}COOH + CO_2$$

Zum Beispiel führt die Oxidation von **Cyclohexen** mit $KMnO_4$ zu **Adipinsäure** als Reaktionsprodukt [vgl. **MC-Frage Nr. 1199**].

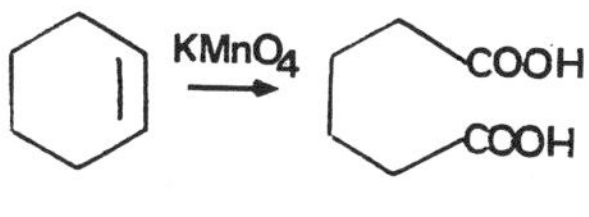

Die Entfärbung einer alkalischen Permanganat-Lösung unter Abscheidung von MnO_2-Hydrat wird zum *unspezifischen Nachweis von C=C-Doppelbindungen* herangezogen *(Baeyer-Probe)*.

Ozonolyse

Die Spaltung einer C=C-Doppelbindung bei tiefen Temperaturen (-78 °C) mit *Ozon*, wobei *Aldehyde* oder *Ketone* gebildet werden, hat eine große Bedeutung zur *Strukturaufklärung von Alkenen*, weil die bei der Ozonisierung entstehenden Spaltprodukte Rückschlüsse auf die Lage der C=C-Doppelbindung im betreffenden Alken zulassen [vgl. **MC-Fragen Nr. 205–207**].

$$R^1R^2C{=}CR^3R^4 \xrightarrow{(O_3)} R^1R^2C{=}O + O{=}CR^3R^4$$

Die folgenden Beispiele sollen dies nochmals verdeutlichen [vgl. **MC-Fragen Nr. 198, 201–204, 1256**]:

$$CH_3CH_2CH_2CH{=}CH_2 \rightarrow CH_3CH_2CH_2CH{=}O + O{=}CH_2$$

$$CH_3CH_2CH_2CH{=}CHCH_3 \rightarrow CH_3CH_2CH_2CH{=}O + O{=}CHCH_3$$

$$CH_3CH{=}C(CH_3)_2 \rightarrow CH_3CH{=}O + O{=}C(CH_3)_2$$

$$CH_3CH{=}C(CH_3)\text{-}CH{=}C(CH_3)\text{-}CH_3 \rightarrow CH_3CH{=}O + O{=}C(CH_3)\text{-}CH{=}O + O{=}C(CH_3)\text{-}CH_3$$

$$\left.\begin{matrix}(CH_3)_2CHCH{=}CH\text{-}C(CH_3){=}CHCH_3\\(CH_3)_2CHCH{=}C(CH_3)\text{-}CH{=}CHCH_3\end{matrix}\right] \rightarrow (CH_3)_2CHCH{=}O + O{=}CHCH_3 + O{=}CH\text{-}C(CH_3){=}O$$

Zur Ozonolyse leitet man O_3 in die wasserfreie Lösung der ungesättigten Verbindung ein. Als Lösungsmittel können Alkane, halogenierte Alkane, Eisessig oder Essigester verwendet werden.

Aus dem Alken und Ozon entsteht zunächst durch **1,3-dipolare Cycloaddition** das instabile *Primärozonid (1,2,3-Trioxolan)*, das spontan in ein *Carbonyloxid* und eine Carbonylverbindung zerfällt (vgl. Kap. 3.2.14.4). Beide Komponenten vereinigen sich in einer erneuten 1,3-dipolaren Cycloaddition zum eigentlichen *Ozonid (1,2,4-Trioxolan)*, in dem beide C-Atome der ursprünglichen Doppelbindung über eine *Peroxid-Funktion* und eine *Sauerstoff-Brücke* miteinander verbunden sind [vgl. **MC-Frage Nr. 205**].

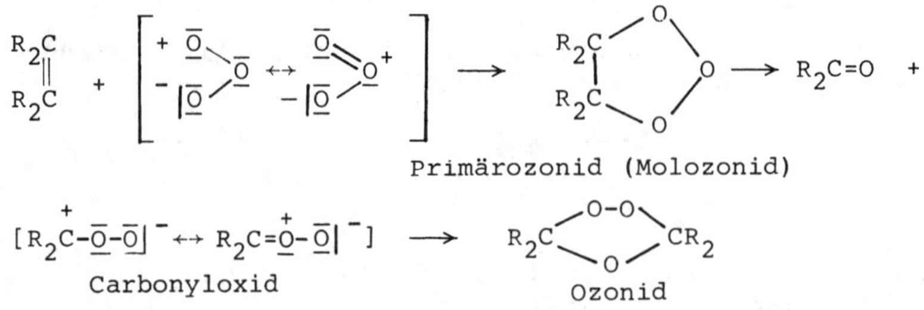

Bei der nachfolgenden Hydrolyse des Ozonids werden die Sauerstoffbrücken unter Bildung von Carbonylverbindungen gespalten. Da das gleichzeitig entstehende *Wasserstoffperoxid* auf Aldehyde oxidierend wirkt, arbeitet man zweckmäßigerweise den Reaktionsansatz *unter reduzierenden Bedingungen* auf (Zn/Eisessig oder kat. Hydrierung).

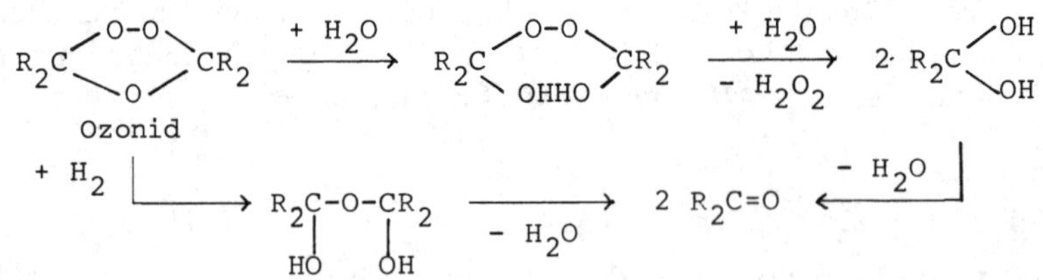

Einfache Alkene reagieren meistens schon bei tiefen Temperaturen quantitativ mit Ozon, während *Aromaten* erst bei Raumtemperatur und hohen O_3-Konzentrationen angegriffen werden. So reagiert z. B. **Benzen** mit Ozon zu einem Triozonid, das sich bei reduktiver Aufarbeitung in drei Moleküle **Glyoxal** spalten läßt. Aufgrund der unterschiedlichen Reaktivität aromatischer und olefinischer C=C-Doppelbindungen kann man *Aromaten mit ungesättigter Seitenkette* selektiv ozonisieren. Zum Beispiel führt die Ozonolyse von **Isoeugonol** zu **Vanillin** [vgl. **MC-Fragen Nr. 199, 200, 205**].

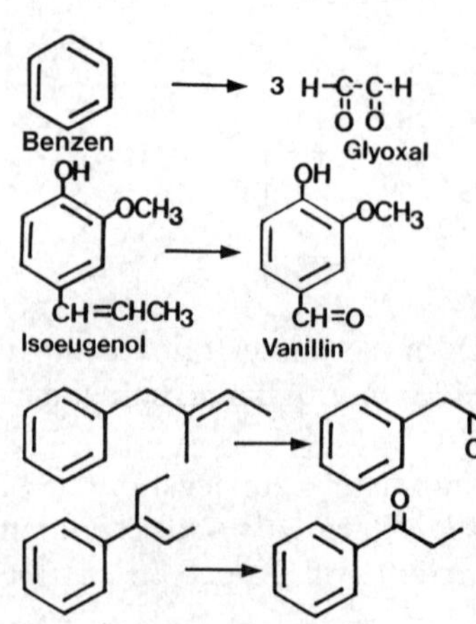

Die Ozonisierung von C≡C-Dreifachbindungen liefert in der Regel uneinheitliche Produktgemische. Von präparativer Bedeutung ist die Ozonolyse vor allem zur Darstellung der sonst nur sehr schwer zugänglichen *Dialdehyde* aus *Cycloalkenen* bzw. *Dienen.* Beispielsweise kann **Succindialdehyd** aus **1,5-Hexadien** oder **Adipindialdehyd** aus **Cyclohexen** durch Behandeln mit Ozon hergestellt werden.

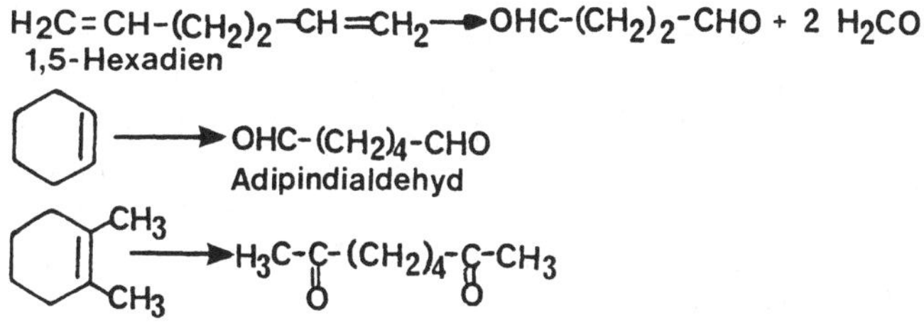

3.2.18.4 Dehydrierungsreaktionen

Bei *Dehydrierungen* handelt es sich um Oxidationsprozesse, bei denen formal einem Substrat Wasserstoff (bzw. zwei Elektronen und zwei Protonen) entzogen wird.

Erhitzt man z. B. *Alkane* unter Luftausschluß auf Temperaturen um 500 °C, so zersetzen sie sich unter Dehydrierung und Spaltung *(Crackung).*

$$CH_3CH_2CH_3 \rightarrow CH_2{=}CH_2 + CH_4 \quad \text{(Crackung)}$$
$$CH_3CH_2CH_3 \rightleftharpoons CH_2{=}CHCH_3 + H_2 \quad \text{(Dehydrierung)}$$

Im Gegensatz zur *irreversiblen Crackreaktion* stellt die *Dehydrierung* eine *reversible Reaktion* dar, die mit der Hydrierung im Gleichgewicht steht und durch dieselben Katalysatoren beschleunigt wird (siehe Kap. 3.2.19.1).

$$R{-}CH_2{-}CH_2{-}R \underset{\text{Hydrierung}}{\overset{\text{Dehydrierung}}{\rightleftharpoons}} R{-}CH{=}CH{-}R + H_2$$

Während die Hydrierung bei niedrigen Temperaturen überwiegt, dominiert bei höheren Temperaturen die Dehydrierung. In beiden Fällen handelt es sich um eine *Oberflächenreaktion* am Katalysator. Darüber hinaus wird gemäß dem Le Chatelier-Prinzip die Hydrierung durch einen Wasserstoff-Überschuß begünstigt, während durch Entfernen des gebildeten H_2 mit einem Inertgas der Dehydrierungsprozeß bevorzugt ist.

$$RCH_2{-}CH_2R \underset{\text{Pd, Druck}}{\overset{\text{Pd, Wärme, Durchleiten von } CO_2}{\rightleftharpoons}} RCH{=}CHR + H_2$$

Die *Leichtigkeit der Dehydrierung* steigt im allgemeinen mit der Zahl der schon vorhandenen Doppelbindungen und nimmt in folgender Reihe zu:

Alkan < Alken < Cycloalkan < Cycloalken

Dehydrierungsreaktionen spielen eine große Rolle bei der Synthese *polycyclischer aromatischer Kohlenwasserstoffe* aus (partiell) hydrierten Vorstufen wie z. B. bei der Darstellung von **Naphthalen** aus **Tetralin** oder **Decalin**. Man bezeichnet dieses Verfahren auch als *Aromatisierung.*

Einem organischen Molekül kann Wasserstoff auch mit *Dehydrierungsmitteln* entzogen werden, die in die Reaktionsbilanz eingehen. Beispiele hierfür sind Schwefel (Reduktion zu H_2S), Selen (Reduktion zu H_2Se), Chinone (Reduktion zu Hydrochinonen) und andere mild wirkende Oxidationsmittel wie $FeCl_3$ oder Nitrobenzen. Die Dehydrierung mit Nitrobenzen ist der abschließende Reaktionsschritt der *Skraupschen Chinolinsynthese* (vgl. Kap. 3.15.3.3). Darüber hinaus ist die Dehydrierung mit **Chloranil** (2,3,5,6-Tetrachlor-p-benzochinon) eine unter milden Bedingungen ablaufende Reaktion zur Darstellung von Heterocyclen aus ihren partiell hydrierten Vorstufen.

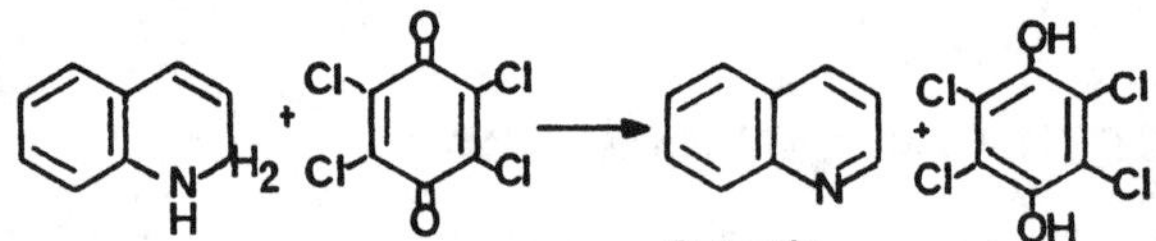

Chinolin

Chloranil

3.2.18.5 Oxidation von Alkoholen

Primäre und *sekundäre Alkohole* reagieren mit zahlreichen Oxidationsmitteln unter Bildung von *Carbonylverbindungen. Tertiäre Alkohole* lassen sich nur schwer und unter C-C-Spaltung oxidieren [vgl. **MC-Fragen Nr. 186, 188, 189, 555, 556, 958**].

RCH_2OH → $RCH{=}O$ → $RCOOH$ | R_2CHOH → $R_2C{=}O$
prim.Alkohol **Aldehyd** **Carbonsäure** | **sek.Alkohol** **Keton**

z.B.: CH_3CH_2OH → $CH_3CH{=}O$ → CH_3COOH
Ethanol **Acetaldehyd** **Essigsäure**

$(CH_3)_2CHOH$ → $(CH_3)_2C{=}O$
Isopropanol **Aceton**

Oxidation primärer Alkohole

Sie führt in Gegenwart starker Oxidantien bis zur Stufe der *Carbonsäuren.* Häufig bereitet es Schwierigkeiten, die Oxidation auf der Aldehydstufe anzuhalten, weil *Aldehyde* in wäßriger Lösung im allgemeinen leichter oxidierbar sind als Alkohole. Niedere Aldehyde lassen sich jedoch durch Destillation kontinuierlich aus dem Reaktionsansatz entfernen, weil der Siedepunkt der Aldehyde tiefer liegt als der Siedepunkt des betreffenden Ausgangsalkohols.

Als Oxidationsmittel sind Chromsäure, HNO_3, $KMnO_4$, MnO_2 und Halogene (Cl_2, Br_2) geeignet. Säureempfindliche Alkohole können mit einer Lösung von CrO_3 in Pyridin oxidiert werden.

Besonders eingehend wurde die Oxidation von Alkoholen mit $K_2Cr_2O_7/H_2SO_4$ *(Jones-Reagenz)* untersucht. Man nimmt an, daß *Chromsäureester* als Zwischenstufen durchlaufen werden.

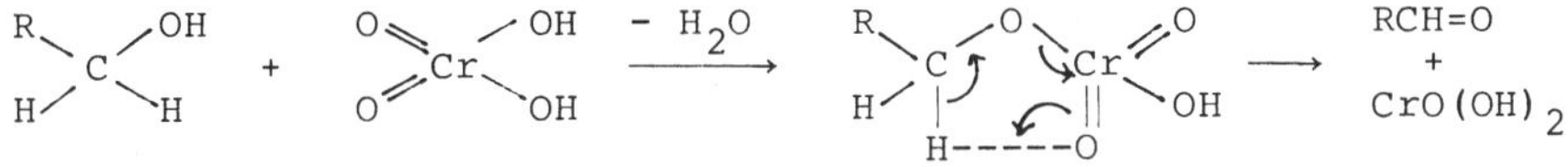

Chromsäureester

Da CrO_3 C=C-Doppelbindungen nur langsam angreift, können *ungesättigte Alkohole* selektiv mit $K_2Cr_2O_7/H_2SO_4$ oxidiert werden. $KMnO_4$ in neutraler oder alkalischer Lösung oxidiert demgegenüber C=C-Doppelbindungen rasch zu vicinalen Diolen.

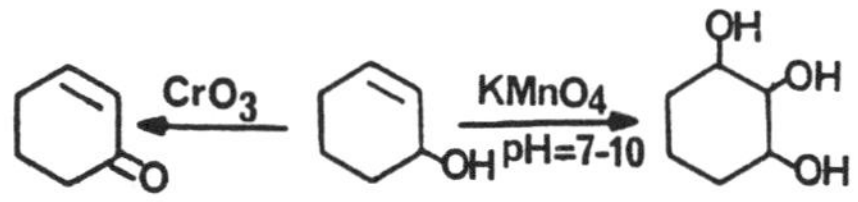

3-Cyclohexenon 3-Cyclohexenol 1,2,3-Cyclohexantriol

Oxidation sekundärer Alkohole

Sekundäre Alkohole sind leichter und in höheren Ausbeuten oxidierbar als primäre. Die entstehenden *Ketone* sind relativ stabil gegenüber einer Weiteroxidation. Im allgemeinen wird Dichromat/H_2SO_4 als Oxidationsmittel eingesetzt.

Eine schonende Methode zur Dehydrierung sekundärer Alkohole ist die sog. *Oppenauer-Oxidation* [vgl. **MC-Fragen Nr. 188, 189, 190, 1263**]. Hierbei wird der sekundäre Alkohol mit **Aceton** oder **Cyclohexanon** als Dehydrierungsmittel in Gegenwart von Aluminium-tert.butylat oder -isopropylat umgesetzt. Durch einen hohen Aceton-Überschuß wird das Gleichgewicht zur Produktseite hin verschoben.

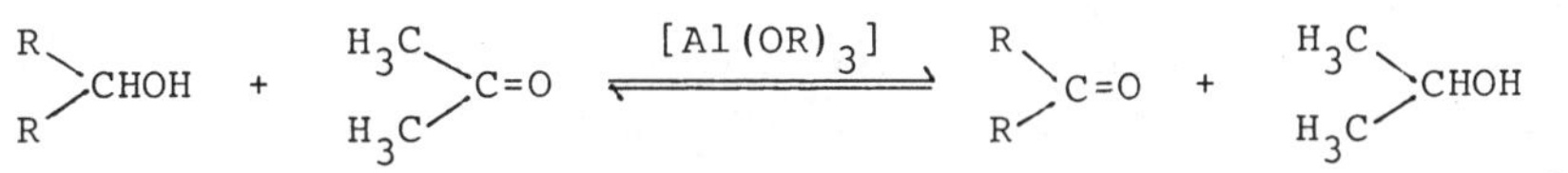

sek.Alkohol Aceton Keton Isopropanol

z. B.: **Trichlorethanol** $Cl_3C\text{-}CH_2OH \longrightarrow Cl_3C\text{-}CH{=}O$ **Chloral**

Bei dieser für sekundäre Hydroxylgruppen sehr spezifischen Reaktion werden C=C-Doppelbindungen, phenolische HO-Gruppen und Amino-Funktionen nicht angegriffen.

Die Oppenauer-Oxidation stellt formal die Umkehrung der *Meerwein-Ponndorf-Verley-Reduktion* dar und verläuft unter *Hydridübertragung* über einen *cyclischen Übergangszustand* (vgl. Kap. 3.2.19.5).

Primäre Alkohole [RCH_2OH] können zu Carbonsäuren [RCOOH] oxidiert werden. Aldehyde [RCHO] werden als Reaktionsprodukte nur erhalten, wenn man sie mit Hilfe spezieller Methoden kontinuierlich aus dem Reaktionsgemisch entfernt, ehe sie weiterreagieren.

Sekundäre Alkohole [R_2CHOH] werden zu Ketonen [R_2CO] oxidiert.

Tertiäre Alkohole [R_3COH] werden unter alkalischen Reaktionsbedingungen nicht angegriffen. In Anwesenheit von Säuren erfolgt jedoch eine rasche Dehydratisierung zu Alkenen, die anschließend oxidiert werden.

Glycolspaltung

1,2-Diole lassen sich mit Bleitetraacetat [$Pb(OOCCH_3)_4$] *(Criegee-Reaktion)* oder Periodsäure [HIO_4] *(Malaprade-Reaktion)* selektiv zu *Carbonylverbindungen* spalten, wobei cis-Glycole wesentlich rascher reagieren als trans-konfigurierte 1,2-Diole.

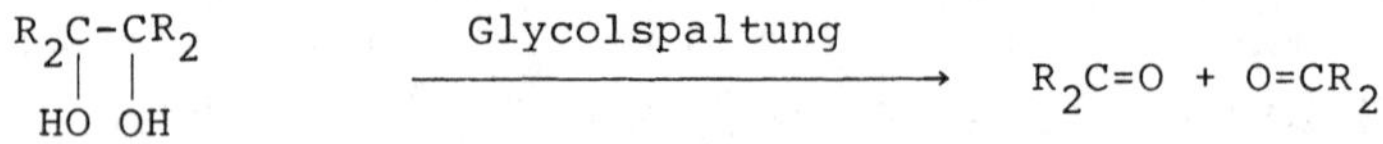

Auf der Glycolspaltung beruht eine elegante präparative Reaktionsfolge zur Überführung eines Alkens mit $NaIO_4$ und katalytischen Mengen OsO_4 in Aldehyde oder Ketone *(Lemieux-Johnson-Reaktion)*.

$$\text{Alken} \xrightarrow[(OsO_4)]{\text{Hydroxylierung}} \text{1.2-Diol} \xrightarrow[(NaIO_4)]{\text{Glycolspaltung}} \text{Aldehyd, Keton}$$

Die Glycolspaltung mit $Pb(OAc)_4$ in Eisessig als Lösungsmittel läuft ionisch ab, wobei ein Blei(IV)-glycolat als Intermediat diskutiert wird.

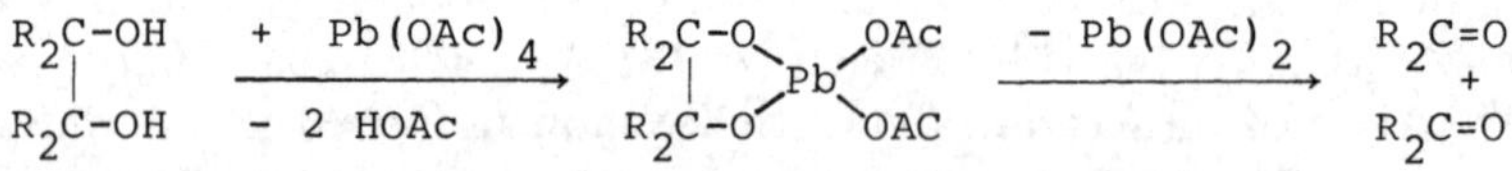

Die Malaprade-Reaktion mit $NaIO_4$ eignet sich zur quantitativen Bestimmung von Glycolen (vgl. Ehlers, **Analytik II-Kurzlehrbuch**, Kap. 7.2.4 *„Periodatometrie“)*. Sie verläuft über einen cyclischen Diester der Periodsäure, dessen Zersetzung zwei Carbonylfragmente und Iodsäure ergibt.

$$HOCR_2\text{-}CR_2OH + HIO_4 \rightarrow 2\ R_2C{=}O + HIO_3 + H_2O$$

In analoger Weise wie Glycole reagieren *α-Aminoalkohole, α-Ketole* und *α-Dicarbonylverbindungen* wie z. B. **Diacetyl**, das von $NaIO_4$ zu Essigsäure gespalten wird [vgl. **MC-Frage Nr. 739**].

$$CH_3\text{-}CO\text{-}CO\text{-}CH_3 \xrightarrow{(NaIO_4)} 2\ CH_3\text{-}COOH$$

3.2.18.6 Oxidation von Aldehyden und Ketonen

Aldehyde werden leicht zu *Carbonsäuren* oxidiert; sie neigen zur *Autoxidation* und müssen daher zum Aufbewahren mit Radikalfängern stabilisiert werden.

Als Oxidationsmittel haben sich Ag_2O, H_2O_2, CH_3CO_3H, $KMnO_4$ und CrO_3 bewährt. Ein sehr mildes und selektiv wirkendes Reagenz für die Oxidation von Aldehyden ist Silberoxid, das C=C-Doppelbindungen nicht angreift.

$$R\text{-}CH{=}CH\text{-}CH{=}O \xrightarrow[(-\ Ag)]{(+\ Ag_2O)} R\text{-}CH{=}CH\text{-}COOH$$

Auch die beiden zum unspezifischen Nachweis der Aldehyd-Funktion häufig genutzten Reaktionen mit *Fehlingscher Lösung* [alkalische Cu(II)-tartrat-Lösung] und *Tollens-Reagenz* [ammoniakal. $AgNO_3$-Lösung] beruhen auf der leichten Oxidierbarkeit der CHO-Gruppe. Die Umsetzung von *Ketolen (α-Ketoalkoholen)* [R-CO-CH_2OH] mit diesen Reagenzien führt zu Dicarbonylverbindungen [vgl. Ehlers, **Analytik I-Kurzlehrbuch**, Kap. 3.2.4 und **MC-Fragen Nr. 183, 208, 209**].

Demgegenüber sind *Ketone* nur unter relativ drastischen Reaktionsbedingungen zu oxidieren, wobei in der Regel die Bindung zwischen dem Carbonylkohlenstoff und dem α-C-Atom gespalten wird. Zum Beispiel wird bei der Oxidation von *Methylketonen* die CH_3CO-Gruppe als Essigsäure abgetrennt.

$$\text{R-}\overset{\alpha}{\text{CH}_2}\text{-CO-CH}_3 \rightarrow \text{R-COOH} + \text{HOOC-CH}_3$$

Zur Oxidation von Ketonen mittels Peroxycarbonsäuren *(Baeyer-Villiger-Oxidation)* siehe Kap. 3.2.16.4.

3.2.18.7 Haloform-Reaktion (Einhorn-Reaktion)

Methylketone bzw. *Methylcarbinole* lassen sich unter Verlust des Methyl-C-Atoms auch mit Hypohalogenit-Lösungen zu Carbonsäuren oxidieren, wobei C=C-Doppelbindungen nicht angegriffen werden [vgl. **MC-Fragen Nr. 192, 507 – 509, 793, 794, 1120**]. Als Zwischenstufe wird ein α-*Trihalogenmethylketon* gebildet, dessen alkalische Hydrolyse ein Haloform-Derivat und das um ein C-Atom ärmere Carboxylat liefert.

$$\underset{\text{Methylcarbinol}}{\text{H}_3\text{C-CH(OH)-R}} \xrightarrow[\text{Oxidation}]{(\text{X}_2/\text{HO}^-)} \underset{\text{Methylketon}}{\text{H}_3\text{C-C(=O)-R}} \xrightarrow[\text{Halogenierung}]{(\text{X}_2/\text{HO}^-)} \underset{\text{Trihalogenmethylketon}}{\text{X}_3\text{C-C(=O)-R}}$$

$$\xrightarrow[\text{Hydrolyse}]{(\text{H}_2\text{O}/\text{HO}^-)} \underset{\text{Haloform}}{\text{X}_3\text{C-H}} + \underset{\text{Carboxylat}}{\text{R-COO}^-} \qquad [\text{X}_2 = \text{Cl}_2,\ \text{Br}_2,\ \text{I}_2]$$

Die *Haloform-Reaktion* ist eine präparativ nützliche Synthesemethode zur Darstellung *aromatischer Carbonsäuren*, weil die als Ausgangssubstanzen eingesetzten *Arylmethylketone* leicht durch *Friedel-Crafts-Acylierung* zugänglich sind (vgl. Kap. 3.6.4.2).

$$\text{Ar-H} \longrightarrow \text{Ar-CO-CH}_3 \longrightarrow \text{Ar-COOH} + \text{CHX}_3$$

In der analytischen Chemie dient das Verfahren zum qualitativen Nachweis von CH_3CH(OH)- und CH_3CO-Gruppen, indem man mit Iod und Alkali arbeitet. Das gebildete *gelbe Iodoform* [CHI_3] besitzt einen charakteristischen Geruch und Schmelzpunkt (vgl. Ehlers, **Analytik I-Kurzlehrbuch**, Kap. 3.2.4 *„Iodoform-Reaktion“*).

3.2.19 Reduktionsreaktionen

3.2.19.1 Katalytische Hydrierung

Die *Addition von Wasserstoff* an Moleküle mit Mehrfachbindungen verläuft *stark exotherm* (siehe Kap. 3.1.7.5). Aufgrund der *hohen Aktivierungsenergie* ist jedoch die Reaktionsgeschwindigkeit von Hydrierungen ohne *Zusatz eines Katalysators* sehr gering [vgl. **MC-Frage Nr. 220**].

Als *Katalysatoren,* die die Aktivierungsenergie herabsetzen, sind *Edelmetalle* [Pd, Pt] und *Raney-Nickel* (RaNi) gebräuchlich. Die Hydrierung erfolgt normalerweise als *heterogene Reaktion.* D.h., es liegt ein im Reaktionsmedium unlöslicher Katalysator vor. Der Hydrierungskatalysator wird dabei direkt als fein verteiltes Metall eingesetzt oder er wird auf einen inerten Träger [Aktivkohle, $CaCO_3$, $BaSO_4$] aufgebracht. Die Praxis zeigt, daß lediglich ein kleiner Teil der gesamten Metalloberfläche (sog. *„aktive Zentren“*) katalytisch wirksam ist. Diese Zentren können durch zahlreiche Verbindungen, insbesondere Schwefel-haltige Substanzen *vergiftet* werden. Zur Hydrierung in *homogener Phase* werden seit geraumer Zeit lösliche Rhodium- oder Ruthenium-Phosphin-Komplexe verwendet. Im allgemeinen führt man Hydrierungen bei Raumtemperatur und geringem Wasserstoffüberdruck durch. Manchmal sind höhere Drücke (bis 150 bar) und höhere Temperaturen (bis 200 °C) erforderlich [vgl. **MC-Frage Nr. 222**]. Die Ausbeuten sind meistens hoch.

Der mechanistische Ablauf der katalytischen Hydrierung ist komplex. Wichtig ist der Befund, daß sowohl das Substrat als auch der Wasserstoff exotherm und reversibel mit der Oberfläche des Katalysators reagieren (**Chemiesorption**).

```
 H2          H  H              H  H  X=Y        H-X-Y-H
  +    →     |  |  + X=Y  →    |  |   |    →       +
----        ----               ---------        -------
////        ////               /////////        ///////
```

Man vermutet, daß bei der Hydrierung eines Alkens an einer Metalloberfläche eine fast gleichzeitige Addition zweier Wasserstoffatome an das parallel zur Metalloberfläche orientierte Alkenmolekül erfolgt. Der Wasserstoff tritt dabei von der Seite an die Doppelbindung heran, die mit der Katalysatoroberfläche koordiniert ist, wobei üblicherweise das Alkenmolekül bei der Adsorption von der sterisch weniger behinderten Seite an die Metalloberfläche gebunden wird.

Ein wichtiges Merkmal von Hydrierungskatalysatoren stellt ihre Neigung zur stereoselektiven syn-Addition dar. Sie läßt sich beweisen, wenn man *Cycloalkene* oder *Aromaten* als Reaktanden einsetzt. Beispielsweise entsteht aus **1,2-Dimethylcyclohexen** zu 73% **cis-1,2-Dimethylcyclohexan** und nur zu 27% das entsprechende trans-Isomer. Aus *Salicylsäureestern* bilden sich überwiegend cis-Hexahydrosalicylsäureester.

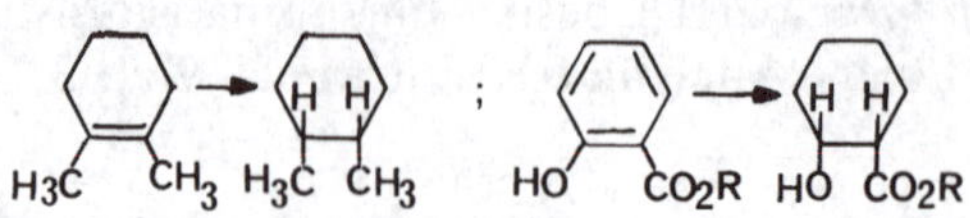

Allerdings läuft die Hydrierung nicht immer nach einem syn-Mechanismus ab.

Tab. 29: Katalytische Hydrierung ungesättigter Stoffklassen

Substrat	Produkt	Reaktion
$R_2C=CR_2$	$R_2CH\text{-}CHR_2$	Alken → Alkan
R-C≡C-R	$R\text{-}CH_2\text{-}CH_2\text{-}R$ R-CH=CH-R	Alkin → Alkan Alkin → Z-Alken (Lindlar-Katalysator)
R-CH=O	$R\text{-}CH_2OH$	Aldehyd → primärer Alkohol
$R_2C=O$	R_2CHOH	Keton → sekundärer Alkohol
R-CO-Cl	$R\text{-}CH_2OH$ R-CH=O	Säurechlorid → primärer Alkohol Säurechlorid → Aldehyd (Rosenmund-Reduktion)
$R\text{-}CO\text{-}NR_2$	$R\text{-}CH_2\text{-}NR_2$	Carbonsäureamid → Amin
R-COOR′	$R\text{-}CH_2OH$	Carbonsäureester → primärer Alkohol
$R_2C(SR')_2$	R_2CH_2	Mercaptal (Dithiolan) → Kohlenwasserstoff
$R_2C=N\text{-}R'$	$R_2CH\text{-}NHR'$	Azomethin → sekundäres Amin
$R_2C=N\text{-}OH$	$R_2CH\text{-}NH_2$	Oxim → primäres Amin
R-C≡N	$R\text{-}CH_2\text{-}NH_2$	Nitril → primäres Amin
R-N=N-R	R-NH-NH-R	Azoverbindung → disubst. Hydrazin
R-N=O	$R\text{-}NH_2$	Nitrosoverbindung → primäres Amin
$R\text{-}NO_2$	$R\text{-}NH_2$	Nitroverbindung → primäres Amin
Benzen	Cyclohexan	Aromat → Cycloaliphat
Naphthalen	Z/E-Decalin Tetralin	
Kresol	Methylcyclohexanol	
Naphthol	Z-Decalol	
Pyridin	Piperidin	Heteroaromat → Heteroaliphat
Pyrrol	Pyrrolidin	
Furan	Tetrahydrofuran	

Manchmal wird auch eine anti-Addition beobachtet. Eine verminderte Stereoselektivität ist auf eine nicht-gleichzeitige Übertragung beider H-Atome zurückzuführen. Tabelle 29 zeigt eine Übersicht der wichtigsten Hydrierungsreaktionen.

Obwohl die Addition von Wasserstoff an Mehrfachbindungen stark exotherm abläuft, reagieren ungesättigte Substrate infolge der hohen Aktivierungsenergie kaum mit Wasserstoff. Edelmetalle und andere Nebengruppenelemente senken die Aktivierungsenergie für Hydrierungen beträchtlich. Ein wichtiges Merkmal dieser Katalysatoren ist ihre Fähigkeit zur syn-Addition.

Hydrierung von Alkenen und Alkinen

Die katalytische Hydrierung von Alkinen und Alkenen führt normalerweise zu *Alkanen.* Im allgemeinen verlaufen die Hydrierungen im sauren Medium rascher als im alkalischen und in polaren Lösungsmitteln wie Ethanol rascher als in unpolaren. Darüber hinaus nimmt die Geschwindigkeit der Hydrierung von *Alkenen* mit steigendem Substitutionsgrad ab, weil die Annäherung des Alkenmoleküls an die Metalloberfläche durch Substituenten erschwert wird. cis-Alkene werden in der Regel schneller hydriert als die jeweiligen trans-Isomeren. Enthält das Alkenmolekül noch andere ungesättigte Gruppen, so lassen sich fast immer Reaktionsbedingungen finden, die eine selektive Hydrierung der C=C-Doppelbindung erlauben [vgl. **MC-Fragen Nr. 220, 221**].

$$\underset{\text{Alkin}}{R\text{-}C{\equiv}C\text{-}R} \xrightarrow{+\ H_2} \underset{\text{Alken}}{R\text{-}CH{=}CH\text{-}R} \xrightarrow{+\ H_2} \underset{\text{Alkan}}{R\text{-}CH_2\text{-}CH_2\text{-}R}$$

Alkine können aber mit Hilfe des sog. *Lindlar-Katalysators* [Pd auf $CaCO_3$ als Träger und mit Bleiacetat desaktiviert] selektiv nur bis zur Stufe eines *Alkens* hydriert werden. Dabei entstehen *cis-Alkene*, während sich bei der Reduktion von Alkinen mit elektronenübertragenden Reagenzien [z. B. Na oder Li in flüss. NH_3] *trans-Alkene* bilden.

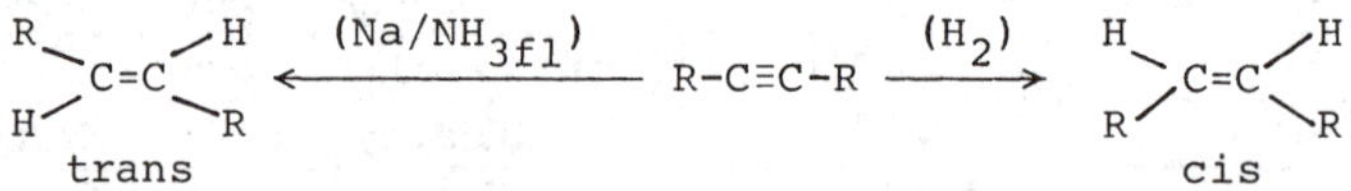

Hydrierung von Aromaten

Aromatische Ringsysteme sind in Gegenwart von *Platin* zu *Cycloaliphaten* hydrierbar. Aufgrund der erhöhten Stabilität aromatischer Ringe sind oft drastische Reaktionsbedingungen erforderlich. *Raney-Nickel* und *Palladium* erreichen nicht die Aktivität des Platins, so daß mit diesen Katalysatoren selektive Hydierungen möglich sind, weil z. B. olefinische Doppelbindungen unter gleichen Bedingungen leichter hydriert werden als aromatische [vgl. **MC-Frage Nr. 220**].

$$\underset{\text{Styren (Vinylbenzen)}}{C_6H_5\text{-}CH{=}CH_2} \xrightarrow{(RaNi/H_2)} \underset{\text{Ethylbenzen}}{C_6H_5\text{-}CH_2\text{-}CH_3} \xrightarrow{(Pt/H_2)} \underset{\text{Ethylcyclohexan}}{C_6H_{11}\text{-}CH_2\text{-}CH_3}$$

Ein weiteres Beispiel einer selektiven Hydrierung ist die Umwandlung von **Benzalaceton** [**1-Phenyl-buten-3-on**] in **4-Phenylbutan-2-on**.

$$\underset{\text{Benzalaceton}}{C_6H_5\text{-}CH{=}CH\text{-}\overset{\overset{\displaystyle O}{\|}}{C}\text{-}CH_3} \xrightarrow{(RaNi/H_2)} C_6H_5\text{-}CH_2\text{-}CH_2\text{-}\overset{\overset{\displaystyle O}{\|}}{C}\text{-}CH_3$$

Mehrkernige, kondensierte Aromaten wie **Naphthalen** oder **Anthracen** sind leichter hydrierbar als Benzen. Die kat. Hydrierung von **Naphthalen** liefert entweder **Tetralin** [RaNi/H_2/Druck] oder **cis-** und **trans-Decalin** [Pt/H_2/Druck], wobei häufig das cis-Isomer überwiegt.

Hydrierung von Carbonylverbindungen

Aldehyde und *Ketone* sind leicht zu *Alkoholen* hydrierbar. Die Verwendung unterschiedlicher Edelmetalle sowie Variationen des Trägermaterials erlauben wiederum – z. B. bei α,β-ungesättigten Ketonen – selektive Hydrierungen [vgl. **MC-Frage Nr. 186**].

$$\underset{\text{Butan-2-ol}}{H_3C\text{-}CH_2\text{-}CH(OH)\text{-}CH_3} \xleftarrow{(Pt)} \underset{\text{Buten-3-on}}{H_2C\text{=}CH\text{-}C(\text{=}O)\text{-}CH_3} \xrightarrow{(Pt/Kohle)} \underset{\text{Butanon}}{H_3C\text{-}CH_2\text{-}C(\text{=}O)\text{-}CH_3}$$

Führt man die Hydrierung von Aldehyden oder Ketonen in Gegenwart von NH_3, primären oder sekundären Aminen durch, so erhält man *Amine* als Reaktionsprodukte (*reduktive Aminierung*). Die Reaktion verläuft wahrscheinlich über Imine, Azomethine oder Enamine als Zwischenstufen. Von den aliphatischen Aldehyden sind nur die mit einer Kettenlänge bis C-5 mit guten Ausbeuten reduktiv zu aminieren. Ketone und aromatische Aldehyde reagieren dagegen glatt.

$$R_2C\text{=}O + NH_3 + H_2 \xrightarrow{(-\ H_2O)} R_2CH\text{-}NH_2 \qquad \text{prim. Amin}$$
$$R_2C\text{=}O + H_2N\text{-}R' + H_2 \longrightarrow R_2CH\text{-}NH\text{-}R' \qquad \text{sek. Amin}$$
$$R_2C\text{=}O + HNR_2 + H_2 \longrightarrow R_2CH\text{-}NR_2 \qquad \text{tert. Amin}$$

Hydrierung heteroanaloger Carbonylverbindungen

Nitrile, Azomethine oder *Oxime* werden in Anwesenheit von Edelmetallkatalysatoren leicht zu *Aminen* hydriert. RaNi erfordert im allgemeinen Temperaturen um 100 °C. Bei der Hydrierung von Nitrilen zu primären Aminen können sekundäre und tertiäre Amine als Nebenprodukte entstehen.

$$\text{(Nitril)}\quad R\text{-}C{\equiv}N + 2\ H_2 \longrightarrow R\text{-}CH_2\text{-}NH_2 \qquad \text{prim. Amin}$$
$$\text{(Azomethin)}\quad R\text{-}CH\text{=}N\text{-}R' + H_2 \longrightarrow R\text{-}CH_2\text{-}NH\text{-}R' \qquad \text{sek. Amin}$$
$$\text{(Oxim)}\quad R_2C\text{=}N\text{-}OH + 2\ H_2 \longrightarrow R_2CH\text{-}NH_2 + H_2O \qquad \text{prim. Amin}$$

Hydrierung von Carbonsäure-Derivaten

Carbonsäure-Derivate werden unter den Bedingungen nicht hydriert, unter denen Aldehyde, Ketone und heteroanaloge Carbonylverbindungen reduzierbar sind. Zur katalytischen Hydrierung von *Carbonsäuren* und ihren Derivaten zu *Alkoholen* eignen sich am besten Cu-chromit-Katalysatoren bei hohen Temperaturen und hohen Drucken.

Bei der *Rosenmund-Reduktion* von *Carbonsäurechloriden* in Gegenwart eines *Lindlar-Katalysators* entstehen *Aldehyde,* während in Anwesenheit normaler Edelmetallkatalysatoren Säurechloride zu *primären Alkoholen* reduziert werden. Die selektive Reduktion zu Aldehyden ist möglich, weil Acylhalogenide normalerweise reaktiver sind als Aldehyde [vgl. **MC-Frage Nr. 148**].

$$R\text{-}CH_2OH \xleftarrow[(H_2)]{(Pt)} R\text{-}CO\text{-}Cl \xrightarrow[(H_2)]{\text{Rosenmund}} R\text{-}CH\text{=}O$$

3.2.19.2 Hydrogenolyse

Als *Hydrogenolyse* bezeichnet man eine Reaktion, bei der *Wasserstoff* durch katalytische Hydrierung, durch Reduktion mit komplexen Hydriden [$LiAlH_4$] oder anderen Reagenzien [Na/NH_3] unter *gleichzeitiger Trennung einer Bindung* übertragen wird.

$$\text{R-X} + \text{„}H_2\text{“} \longrightarrow \text{R-H} + \text{H-X}$$

Besonders leicht werden durch kat. Hydrierung unter milden Bedingungen *Benzylreste* als **Toluen** abgespalten. Sie eignen sich daher gut als *Schutzgruppen* für HO-, HS-, NH-gruppenhaltige Substrate.

$$\underset{\text{Benzylester}}{\text{R-COO-CH}_2\text{-C}_6\text{H}_5} + H_2 \rightarrow \underset{\text{Säure}}{\text{R-COOH}} + \underset{\text{Toluen}}{\text{C}_6\text{H}_5\text{-CH}_3}$$

Allylverbindungen reagieren analog. Da jedoch die C=C-Doppelbindung unter Hydrierungsbedingungen angegriffen wird, reduziert man zweckmäßigerweise mit Na/NH_{3fl} oder $LiAlH_4$.

Abgesehen von einigen Benzylalkoholen lassen sich *Alkohole* nicht direkt hydrogenolysieren. Man überführt sie deshalb zunächst mit Tosylchlorid in die entsprechenden *Tosylate (Toluensulfonsäureester),* die anschließend mit $LiAlH_4$ reduzierbar sind. *Alkylhalogenide* reagieren ähnlich.

$$\underset{\text{Alkohol}}{\text{R-CH}_2\text{OH}} \longrightarrow \underset{\text{Tosylat}}{\text{R-CH}_2\text{-O-SO}_2\text{-R'}} \xrightarrow{(H^-)} \text{R-CH}_3 + \text{R'-SO}_3^-$$

Abschließend sei noch an die *hydrogenolytische Abspaltung organisch gebundenen Halogens* mit einer Ni-Al-Legierung in Ethanol erinnert (vgl. hierzu Ehlers, **Analytik I**, Kap. 3.1).

3.2.19.3 Birch-Reduktion

Bei dieser Reaktion dient Natrium in flüssigem Ammoniak als Elektronenüberträger und Ethanol oder ein anderer Alkohol als Protonendonator.

Lösungen von Alkalimetallen in wasserfreiem, flüssigem NH_3 enthalten *„solvatisierte Elektronen“*, die aromatische Verbindungen in Anwesenheit eines Protonendonators zu *Dihydroaromaten* reduzieren können.

$$\text{Na} + 2\,n\,\text{NH}_{3fl} \longrightarrow [\text{Na(NH}_3)_n]^+ + [\text{e(NH}_3)_n]^-$$

Zunächst entsteht aus dem Aromaten durch Ein-Elektronentransfer ein Radikalanion, das anschließend unter Protonenaufnahme in ein neutrales *Cyclohexadienyl-Radikal* umgewandelt wird. Die erneute Ein-Elektronenübertragung und nachfolgende Protonierung führt schließlich zum nicht-konjugierten *1,4-Dihydroaromaten.* Isolierte Doppelbindungen werden nicht angegriffen, so daß keine weitere Reduktion des Dihydroaromaten stattfindet.

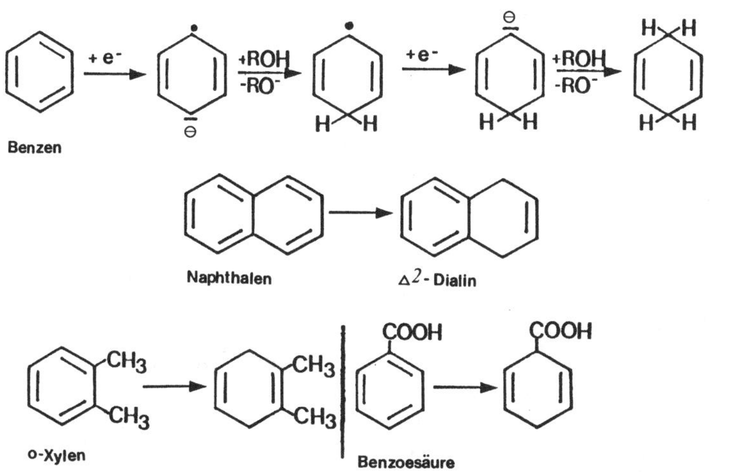

Auch funktionalisierte Aromaten werden reduziert. Hierbei vermindern elektronenliefernde Substituenten [Alkyl-, Alkoxygruppen] die Ausbeute und erscheinen in der nicht-reduzierten Position wie das Beispiel des **o-Xylens** zeigt. Demgegenüber wirken elektronenanziehende Substituenten wie in der **Benzoesäure** Ausbeute-steigernd und finden sich in den reduzierten Positionen wieder.

3.2.19.4 Reduktion mit komplexen Hydriden

Komplexe Hydride [$NaBH_4$, $LiAlH_4$] übertragen *Hydridionen irreversibel* auf Carbonylgruppen und heteroanaloge Carbonylverbindungen. Sie reduzieren die *C=O-Gruppe* von Aldehyden, Ketonen, Carbonsäuren und deren Ester zur *Alkohol-Funktion* bzw. die von Amiden zur Methylengruppe, *ohne* gleichzeitig im Molekül vorhandene C,C-Mehrfachbindungen anzugreifen [vgl. **MC-Fragen Nr. 213, 214, 706, 844, 852**]. Nur in α.β-ungesättigten Carbonylverbindungen wird gelegentlich auch die C=C-Doppelbindung reduziert.

$$4\ R_2C{=}O + LiAlH_4 \longrightarrow Li^+[Al(OCHR_2)_4]^- \xrightarrow[-\ LiAlO_2]{+\ 2\ H_2O} 4\ R_2CHOH$$

Der Hydridionen-Transfer erfolgt stufenweise, wobei ein Lithium-aluminium-alkoholat entsteht, das anschließend mit einem protischen Lösungsmittel (Wasser, Alkohol) hydrolytisch gespalten wird. [Ein H-Atom des Produktalkohols stammt demnach aus dem AlH_4^--Ion, das zweite, am O-Atom gebundene aus dem zur Aufarbeitung verwendeten Lösungsmittel.] Tabelle 30 informiert über die wichtigsten Einsatzmöglichkeiten von Lithiumaluminiumhydrid ($LiAlH_4$).

Sind acide H-Atome im Substrat vorhanden, reagieren diese bevorzugt mit Lithiumalanat ($LiAlH_4$),

$$4\ HX + LiAlH_4 \longrightarrow LiAlX_4 + 4\ H_2\uparrow$$

so daß die Umsetzungen im wasserfreien, aprotischen Medium durchgeführt werden müssen. Als Lösungsmittel für die stark exothermen Reaktionen dienen mei-

Tab. 30: Reduktionen mit Lithiumaluminiumhydrid

Edukt (1 Mol)	Reaktionsprodukt	Mol $LiAlH_4$
Aldehyd, Keton	Alkohol	0,25
Ester, Säurechlorid	Alkohol	0,50
Carbonsäure	Alkohol	0,75
Amid ($RCONH_2$)	primäres Amin	1,00
Amid (RCONHR)	sekundäres Amin	
Amid ($RCONR_2$)	tertiäres Amin	
Säurechlorid, Amid	Aldehyd*)	
Nitril (Dinitril)	primäres Amin (Diamin)	0,50
Nitril	Aldehyd*)	
Oxim	primäres Amin	
Nitroalkan	primäres Amin	1,50
Lacton	Diol	
Epoxid	Alkohol	

*) unter speziellen Bedingungen

stens Ether, THF oder Dioxan, in Einzelfällen auch Pyridin oder N-Ethylmorpholin [vgl. **MC-Frage Nr. 219**].

Lithiumalanat ist auch nicht einsetzbar zur Reduktion von Substraten wie z. B. *Zucker,* die in diesen Solventien unlöslich sind. Man verwendet dann Natriumboranat ($NaBH_4$) als Reduktionsmittel. Es wird von Wasser oder einem wäßrigen Alkohol nur sehr langsam zersetzt. $NaBH_4$ hat jedoch den Nachteil, daß es nur Aldehyde, Ketone und Säurechloride mit hinreichender Geschwindigkeit zu reduzieren vermag. Neben den bisher genannten Hydriden sind in den letzten Jahren weitere Reagenzien der allgemeinen Formel $[MeH_n(OR)_{4-n}]$ entwickelt worden, die z.T. selektive Hydridübertragungen gestatten.

Die Reduktion mit komplexen Hydriden besitzen einige Vorteile. Sie laufen im allgemeinen unter milden Bedingungen (z.T. schon bei Temperaturen von – 78 °C) schnell und in hohen Ausbeuten ab. Sie gestatten die Reduktion selbst reaktionsträger Carbonsäure-Derivate. C=C-Doppelbindungen und C-Halogen-Bindungen werden normalerweise nicht angegriffen. Bei cyclischen Verbindungen erfolgt die Hydridübertragung *stereoselektiv* von der sterisch weniger behinderten Seite. Zum Beispiel werden *Cyclohexanon-Derivate* bevorzugt zu *Cyclohexanolen mit äquatorialer HO-Gruppe* reduziert (vgl. auch Kap. 3.3.6.3).

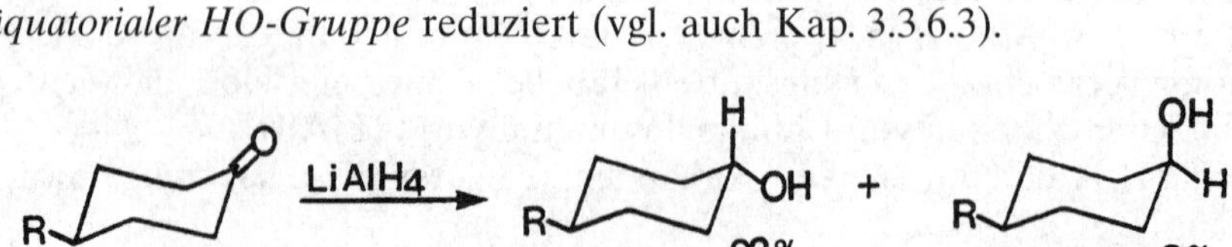

4-tert.Butyl-cyclohexanon — **trans-4-tert. Butylcyclohexanol** — **cis-4-tert. Butylcyclohexanol**

Daraus folgt, daß der Angriff des Reagenzes vorzugsweise aus axialer Richtung stattfindet. Wenn aus sterischen Gründen die Annäherung aus dieser Richtung behindert ist, steigt der Anteil des Isomers mit axialer Hydroxylgruppe. Hinsichtlich der Reduktion einzelner Stoffklassen mit komplexen Hydriden läßt sich folgendes ausführen.

Bei der Umsetzung von *Carbonsäuren* mit $LiAlH_4$ bildet sich zunächst ein Lithiumcarboxylat.

$$\text{R-COOH} + LiAlH_4 \rightarrow \text{R-COOLi} + H_2 + AlH_3$$
$$\downarrow$$
$$\text{R-}CH_2OH$$

Das Aluminat-Ion ist jedoch so reaktiv, daß es anschließend das Carboxylat-Ion zum *primären Alkohol* reduzieren kann.

Obwohl *Carbonsäurehalogenide* schneller als Aldehyde reduziert werden, kann die Reduktion mit $LiAlH_4$ nicht auf der Aldehydstufe angehalten werden und liefert ebenfalls primäre Alkohole als Reaktionsprodukte. Zur selektiven Reduktion von Acylhalogeniden zu Aldehyden eignet sich jedoch Lithium-tert.butoxyhydridoaluminat [LiAlH(tert. $OC_4H_9)_3$].

Auch *Carbonsäureester* werden von $LiAlH_4$ oder $LiBH_4$ zu primären Alkoholen reduziert. *Lactone* ergeben unter gleichzeitiger hydrogenolytischer Ringöffnung Diole. Ein Beispiel hierfür ist die Reduktion von **Butyrolacton** mit Lithiumalanat zu **1,4-Butandiol** [vgl. **MC-Frage Nr. 218**].

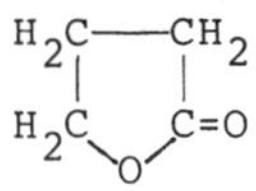
$$\longrightarrow \text{HO-}CH_2\text{-}CH_2\text{-}CH_2\text{-}CH_2\text{-OH}$$

1,4-Butandiol

Carbonsäureamide werden in der Regel zu Aminen reduziert. Mit Lithiumtriethoxyhydridoaluminat [LiAlH(OEt)$_3$] erhält man Aldehyde.

$$\text{R-CO-}NR_2 \longrightarrow \text{R-C(H)=}NR_2 \longrightarrow \text{R-}CH_2\text{-}NR_2$$
$$+ H_2O \;\Big\lfloor\!\longrightarrow \text{R-CH=O}$$

Die Reduktionen von Carbonsäure-Derivaten mit komplexen Hydriden laufen nach einem S_N2t-Mechanismus ab, wobei das Hydridion als Nucleophil fungiert.

Die Reduktion von *Nitrilen* mit $LiAlH_4$ führt zu primären Aminen. Beispielsweise wird **Adipinsäuredinitril** in **1,6-Hexamethylendiamin** umgewandelt. Wie bei der Reduktion von Amiden gelingt es, die Reaktion auf der Stufe des Imins anzuhalten. Die nachfolgende Hydrolyse des Imins liefert Aldehyde. Ein hierfür besonders geeignetes Reagenz ist Diisobutylaluminiumhydrid (**DIBAH**) [$(CH_3CH(CH_3)CH_2)_2AlH$].

$$\text{R-C}\equiv\text{N} \longrightarrow \text{R-CH=NH} \longrightarrow \text{R-}CH_2\text{-}NH_2$$
$$+ H_2O \;\Big\lfloor\!\longrightarrow \text{R-CH=O}$$

3.2.19.5 Reduktion von Carbonylverbindungen

Aldehyde und *Ketone* können zu *Kohlenwasserstoffen* oder zu *Alkoholen* reduziert werden [vgl. **MC-Fragen Nr. 210, 213, 214**]. Darüber hinaus ist auch eine Reduktion zu Aminen möglich. Diese als *Eschweiler-Clarke-* oder *Leuckart-Wallach-Reaktion* bekannte Synthese wird im Kap. 3.10.2.1 vorgestellt.

Reduktion zu Kohlenwasserstoffen $R_2C{=}O \longrightarrow R_2CH_2$

Clemmensen-Reduktion: Durch Einwirken von amalgamiertem Zink in konz. Salzsäure auf Aldehyde und Ketone werden Kohlenwasserstoffe gebildet.

$$R_2C{=}O + 2\,Zn + 4\,H^+ \longrightarrow R_2CH_2 + H_2O + 2\,Zn^{2+}$$

Die Amalgamierung des Zinks erzeugt eine hohe Wasserstoffüberspannung und erhöht beträchtlich das Abscheidungspotential für Wasserstoff. Erst dadurch wird eine Reduktion der Carbonyl-Funktion zur Methylengruppe in saurer Lösung mit einem unedlen Metall wie Zink ermöglicht.

Die Clemmensen-Reduktion ist naturgemäß mit säurelabilen Carbonylverbindungen nicht durchführbar. Auch wasserunlösliche Aldehyde reagieren nicht. Bei vinylogen Ketonen wird auch eine Reduktion der C=C-Doppelbindung beobachtet.

Der mechanistische Ablauf der Carbonyl-Methylen-Reduktion ist im Detail noch ungeklärt. Vermutlich läuft die Reaktion aber *nicht* über den entsprechenden Alkohol als Zwischenstufe ab, weil Alkohole nach Clemmensen nicht zu Methylenverbindungen reduzierbar sind [vgl. **MC-Frage Nr. 212**].

Wolff-Kishner-Reduktion: Hierzu werden die *Hydrazone* von Aldehyden und Ketonen in Gegenwart einer starken Base (Alkoholat) auf Temperaturen um 200 °C erhitzt.

$$\underset{\text{Keton}}{R_2C{=}O} + \underset{\text{Hydrazin}}{H_2N\text{-}NH_2} \xrightarrow{-\,H_2O} \underset{\text{Hydrazon}}{R_2C{=}N\text{-}NH_2} \xrightarrow[-\,R'OH]{+\,R'O^-} [R_2C{=}\overline{N}\text{-}\overset{\ominus}{\underline{\overline{N}}}H \longleftrightarrow R_2\overset{\ominus}{\overline{C}}\text{-}\overline{N}{=}NH]$$

$$\xrightarrow[-\,R'O^-]{+\,R'OH} R_2CH\text{-}N{=}NH \xrightarrow[-\,R'OH]{+\,R'O^-} R_2CH\text{-}\overline{N}{=}\overset{\ominus}{\underline{N}} \xrightarrow{-N_2} R_2\overset{\ominus}{\overline{C}}H$$

$$\xrightarrow[-\,R'O^-]{+\,R'OH} \underset{\text{Methylenverbindung}}{R_2CH_2}$$

Nach der Methode von *Huang-Minlon* wird das Hydrazon nicht isoliert, sondern man erhitzt die Carbonylverbindung zusammen mit Hydrazin-Hydrat und NaOH in einem hochsiedenden Lösungsmittel (Ethylenglycol) auf etwa 150 °C. Bei Verwendung von Dimethylsulfoxid als Lösungsmittel in Gegenwart von tert. Butanolat als Base läßt sich die Reaktion bei Raumtemperatur ausführen.

Ketone und Ketosäuren reagieren glatt. Für β-*Ketoester* ist die Wolff-Kishner-Reaktion *kein* geeignetes Verfahren zur Reduktion der C=O-Gruppe zur Methylengruppe, weil aus β-Ketocarbonsäureestern und Hydrazin durch cyclisierende Kondensation *Pyrazolinon-Derivate* entstehen [vgl. Kap. 3.15.3.2 und **MC-Frage Nr. 211**]. Bei Verwendung von Aldehyden werden leicht *Azine* [R-CH=N-N=CH-R] gebildet. Bei α,β-ungesättigten Carbonylverbindungen wird auch die C=C-Doppelbindung reduziert.

Reduktion von Mercaptalen: Hierzu überführt man Ketone mit *Thioglycol* (1,2-Ethandithiol) in *1,3-Dithiolane* (Thioethylenacetale, -ketale), die anschließend mit RaNi/H_2 hydrogenolytisch gespalten werden (vgl. auch Kap. 3.12).

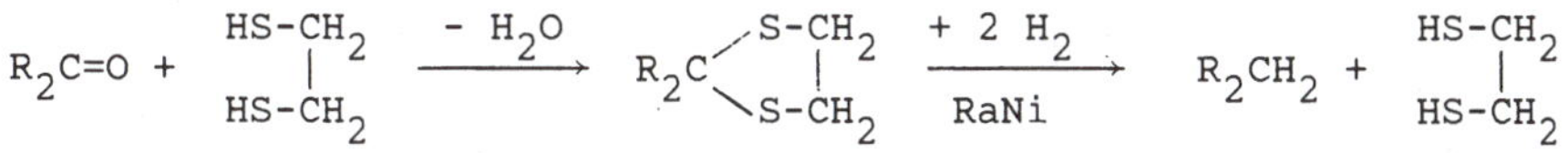

Reduktion zu Alkoholen $R_2C{=}O \longrightarrow R_2CH\text{-}OH$

Wie in den voranstehenden Abschnitten bereits ausgeführt wurde, können Aldehyde und Ketone von Wasserstoff oder komplexen Hydriden leicht zu den entsprechenden primären bzw. sekundären Alkoholen reduziert werden. Die Reduktion von Aldehyden zu Alkoholen durch Hydridübertragung in Form der *gekreuzten Cannizzaro-Reaktion* ist Gegenstand des Kap. 3.12.7.1.

Meerwein-Ponndorf-Verley-Reduktion: *Aldehyde* und *Ketone* lassen sich mit *Mg-* oder *Al-alkoholaten* zu *Alkoholen* reduzieren [vgl. **MC-Fragen Nr. 214–216**]. Die Alkoholate sekundärer Alkohole sind dabei stärkere Reduktionsmittel als die primärer. Sie neigen weniger zu Nebenreaktionen (vgl. „Aldolreaktion", Kap. 3.12.6.1). Tertiäre Alkoholate können nicht als Hydrid-Donatoren eingesetzt werden.

Die Reaktion verläuft über einen *cyclischen Übergangszustand* unter *Hydrid-Übertragung.* Das Metallion erhöht als Lewis-Säure die Reaktivität der C=O-Doppelbindung und gleichzeitig übt das im aktivierten Komplex negativierte Aluminium einen Elektronenschub auf die von ihm ausgehenden Bindungen aus.

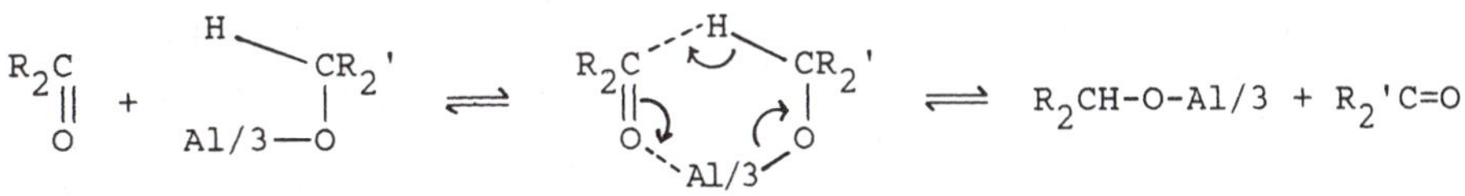

Die Reaktion ist eine typische *Gleichgewichtsreaktion* und ergibt nur dann gute Ausbeuten, wenn man die aus dem Al-alkoholat gebildete Carbonylverbindung laufend aus dem Gleichgewicht entfernt. Deshalb verwendet man vor allem *Al-isopropanolat* in Isopropanol als Reduktionsmittel, weil das entstehende *Aceton* die flüchtigste Komponente des Reaktionsgemischs darstellt und leicht abdestilliert werden kann [vgl. **MC-Frage Nr. 215, 216**].

Vorteil dieser Reduktionsmethode ist, daß C=C-Doppelbindungen – auch zur Carbonylgruppe konjugierte – erhalten bleiben und Nitrogruppen, Esterfunktionen sowie C-Halogenbindungen im allgemeinen nicht angegriffen werden. Die folgenden Beispiele sollen das Synthesepotential der Reaktion nochmals verdeutlichen [vgl. **MC-Frage Nr. 217**].

$H_2C{=}CH\text{-}CH{=}O$ **Acrolein**	$\longrightarrow$	$H_2C{=}CH\text{-}CH_2OH$ **Allylalkohol**
$Cl_3C\text{-}CH{=}O$ **Chloral**	$\longrightarrow$	$Cl_3C\text{-}CH_2OH$ **Trichlorethanol**
$C_6H_5\text{-}CH{=}CH\text{-}CH{=}O$ **Zimtaldehyd**	$\longrightarrow$	$C_6H_5\text{-}CH{=}CH\text{-}CH_2OH$ **Zimtalkohol**
$C_6H_5\text{-}CO\text{-}C_2H_5$ **Propiophenon**	$\longrightarrow$	$C_6H_5\text{-}CH(OH)\text{-}C_2H_5$ **1-Phenyl-propanol**

Die *Reversibilität* der Reaktion gestattet es, auch einen Alkohol mit Hilfe eines Ketons oder Aldehyds zur entsprechenden Carbonylverbindung zu oxidieren (*Oppenauer-Oxidation*, vgl. Kap. 3.2.18.5).

Eine Gleichgewichtsverschiebung zu Gunsten der Produkte durch Abdestillieren des aus dem Oxidationsmittel gebildeten Alkohols ist jedoch bei der Oppenauer-Oxidation nicht möglich, da der Alkohol stets höher siedet als die Carbonylverbindung, aus der er entstanden ist. Aus diesem Grund destilliert man die gebildete Carbonylverbindung laufend aus dem Reaktionsgemisch ab.

Als Oxidationsmittel verwendet man Aceton, Cyclohexanon oder einen aromatischen Aldehyd. Das benötigte Al-alkoholat wird nicht direkt eingesetzt, sondern in einem vorgelagerten Gleichgewicht aus dem Alkoholat (Al-tert.butanolat, -phenolat) eines an der Reaktion nicht beteiligten Alkohols gebildet.

$$(CH_3)_3C\text{-}O\text{-}Al/3 + R_2CH\text{-}OH \rightleftharpoons (CH_3)_3C\text{-}OH + R_2CH\text{-}O\text{-}Al/3$$

3.2.19.6 Reduktion von Carbonsäure-Derivaten

Carbonsäuren und ihre Derivate können mit **$LiAlH_4$** zu Alkoholen bzw. Aminen reduziert werden. Die selektive Reduktion zu Aldehyden erfordert die Anwendung spezieller Methoden. Zum Beispiel lassen sich *Carbonsäurehalogenide* nach *Rosenmund* in Gegenwart eines Lindlar-Katalysators durch kat. Hydrierung in Aldehyde überführen.

Durch die *Stephen-Reduktion* von *Nitrilen* werden gleichfalls Aldehyde erhalten. Hierzu leitet man gasförmigen Chlorwasserstoff in die etherische Lösung eines Nitrils, die wasserfreies Zinn(II)-chlorid [$SnCl_2$] enthält. Aromatische Nitrile ergeben nur geringe Ausbeuten [vgl. **MC-Frage Nr. 859**].

$$R\text{-}C{\equiv}N + SnCl_2 + HCl \rightarrow [R\text{-}C{\equiv}NH]^+ + [SnCl_3]^- \xrightarrow{(+\ HCl)}$$

$$[R\text{-}CH{=}\overset{+}{N}H_2]_2 + [SnCl_6]^{2-} \xrightarrow{(+\ H_2O)} R\text{-}CH{=}O$$

Bouveault-Blanc-Reduktion

Carbonsäureester können durch Natrium in Ethanol zu *primären Alkoholen* reduziert werden, wobei pro 1 Mol Ester 4 Mol Natrium und 2 Mol Ethanol benötigt werden [vgl. **MC-Fragen Nr. 823, 844**].

$$\text{R-CO-OR'} \xrightarrow[\Delta]{\text{Na/EtOH}} \text{R-CH}_2\text{OH} + \text{R'OH}$$

Der Mechanismus ist noch nicht in allen Einzelheiten geklärt. Wahrscheinlich besteht der Primärschritt in einer Elektronenübertragung vom Natrium auf die C=O-Gruppe.

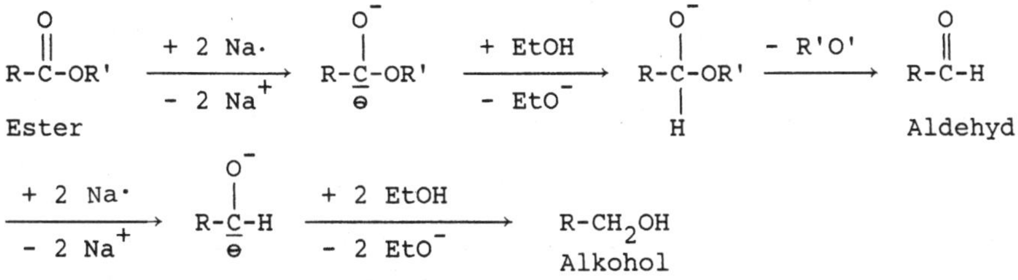

Die Bouveault-Blanc-Reduktion liefert auch bei *Nitrilen* und *Oximen* gute Ausbeuten; es entstehen *primäre Amine.*

$$\underset{\text{Nitril}}{\text{R-C}\equiv\text{N}} \xrightarrow[\Delta]{\text{Na/EtOH}} \text{R-CH}_2\text{-NH}_2 \quad ; \quad \underset{\text{Oxim}}{\text{R}_2\text{C=N-OH}} \xrightarrow[\Delta]{\text{Na/EtOH}} \text{R}_2\text{CH-NH}_2$$

In Abwesenheit eines Alkohols erfolgt eine Acyloin-Kondensation.

Acyloin-Kondensation

Erhitzt man *Carbonsäureester* (oder Säurechloride) mit metallischem Natrium in einem inerten Lösungsmittel (Benzen, Chloroform), so werden *Acyloine (α-Hydroxyketone)* gebildet.

Im einleitenden Reaktionsschritt entsteht durch Elektronentransfer ein Radikalanion *(Ketyl)*, das zum Diketon dimerisiert. Letzteres wird anschließend zum *Acyloin* reduziert.

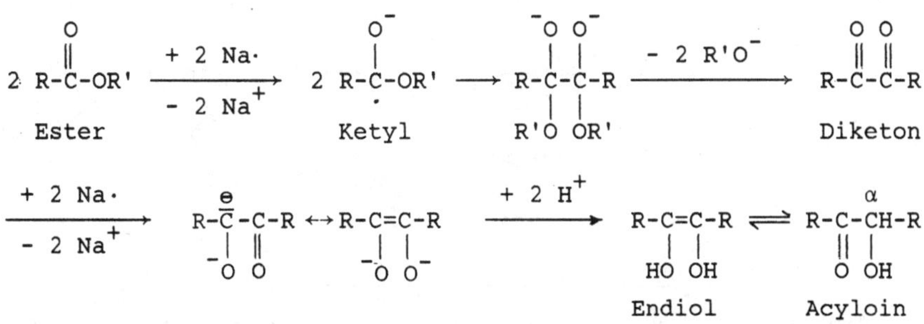

Sauerstoff stört die Reaktion aufgrund seines Diradikalcharakters. Wichtigste Nebenreaktion ist die Claisen-Kondensation, die durch das gebildete Alkoholat ($R'O^-$) ausgelöst wird (vgl. Kap. 3.14.4.3).

3.2.19.7 Reduktion aromatischer Nitrogruppen

Die Reduktion aromatischer Nitroverbindungen ist die wichtigste Methode zur *Darstellung primärer aromatischer Amine.* Sie gelingt mit unedlen Metallen, durch kat. Hydrierung sowie mit einer Reihe weiterer chemischer Reduktionsmittel. Die Reduktion verläuft über mehrere Zwischenstufen, die sich unter geeigneten Bedingungen z.T. isolieren lassen [vgl. **MC-Fragen Nr. 223 – 225, 1203**]. Die unter den jeweiligen Bedingungen bei der *Reduktion von Nitrobenzen* erhaltenen Produkte sind in Tabelle 31 aufgelistet.

Reduktion in saurer Lösung: Die Reduktion von *Nitroarenen* in saurer Lösung führt zu *primären aromatischen Aminen,* wobei beim **Nitrobenzen** folgende Zwischenstufen durchlaufen werden.

C_6H_5-NO_2	⟶	C_6H_5-N=O	⟶	C_6H_5-NHOH	⟶	C_6H_5-NH_2
Nitrobenzen		**Nitrosobenzen**		**Phenylhydroxylamin**		**Anilin**

Reduziert man mit Zink in Eisessig/Acetanhydrid, so werden direkt die acylierten Anilin-Derivate erhalten.

$$\text{Ar-NO}_2 \xrightarrow{\text{Zn/HOAc/Ac}_2\text{O}} \text{Ar-HN-CO-CH}_3$$

Auch Natrium- und Ammoniumsulfid bzw. die betreffenden Hydrogensulfide sowie Natriumdithionit sind zur Reduktion aromatischer Nitrogruppen geeignet. Vorteil dieser Methode ist die partielle Reduktion von Polynitroaromaten wie z. B. die Darstellung von *Nitroanilinen* aus *Dinitrobenzen-Derivaten.*

Tab. 31: Reduktionsprodukte von Nitrobenzen

Edukt	Reagenz	Produkt
C_6H_5-NO_2 Nitrobenzen	Zn + NH_4Cl/H_2O (50 - 55°C)	C_6H_5-NHOH Phenylhydroxylamin
	Glucose/NaOH (100°C) oder Na_3AsO_3	C_6H_5-N(O)=N-C_6H_5 (O an N, +) Azoxybenzen
	$SnCl_2$ + NaOH/CH_3OH oder $LiAlH_4$	C_6H_5-N=N-C_6H_5 Azobenzen
	Zn/NaOH	C_6H_5-NH-NH-C_6H_5 Hydrazobenzen
	Sn od. Fe + HCl oder Kat./H_2/H^+	C_6H_5-NH_2 Anilin

Nitroarene lassen sich auch elektrolytisch reduzieren. Ebenso kann Hydrazin als Reduktionsmittel verwendet werden. Technische Bedeutung besitzt die Reduktion der Nitrogruppe mit Eisen in Salzsäure *(Béchamp-Verfahren)* [vgl. **MC-Frage Nr. 226**].

$$4\ C_6H_5\text{-}NO_2 + 9\ Fe + 4\ H_2O \xrightarrow{(HCl)} 4\ C_6H_5\text{-}NH_2 + 3\ Fe_3O_4$$

Reduktion in neutraler oder schwach saurer Lösung: Neutrale bis schwach saure Lösungen [Zinkstaub in gesätt. NH_4Cl-Lösung] erfordern ein höheres Redoxpotential. Daher läuft die Reduktion der Nitrogruppe bei diesen pH-Werten so langsam ab, daß Hydroxylamin-Derivate isolierbar werden. **Phenylhydroxylamin** kann anschließend in schwefelsaurer Lösung mit Dichromat zu **Nitrosobenzen** oxidiert werden.

$$C_6H_5\text{-}NO_2 \xrightarrow[(H_2O)]{Zn/NH_4Cl} C_6H_5\text{-}NHOH \xrightarrow[(H_2SO_4)]{K_2Cr_2O_7} C_6H_5\text{-}N{=}O$$

Reduktion in alkalischer Lösung: Mit Zn/NaOH ist sowohl die Reduktion der Nitrosoverbindung als auch die des Hydroxylamins so stark verzögert, daß das freie Hydroxylamin sich nucleophil an das Arylnitrosoderivat unter Bildung des zweikernigen *Azoxybenzens* addieren kann. Dieses wird über die nicht isolierbare Stufe des *Azobenzens zu Hydrazobenzen* weiterreduziert.

$$\underset{\text{Phenylhydroxylamin}}{C_6H_5\text{-}NHOH} + \underset{\text{Nitrosobenzen}}{C_6H_5\text{-}N{=}O} \longrightarrow [C_6H_5\text{-}\overset{+H}{N}(OH)\text{-}N(O^-)\text{-}C_6H_5] \xrightarrow{-\,H_2O}$$

$$\underset{\text{Azoxybenzen}}{C_6H_5\text{-}N{=}\overset{+}{N}(O^-)\text{-}C_6H_5} \longrightarrow \underset{\text{Azobenzen}}{C_6H_5\text{-}N{=}N\text{-}C_6H_5} \longrightarrow \underset{\text{Hydrazobenzen}}{C_6H_5\text{-}NH\text{-}NH\text{-}C_6H_5}$$

Durch die folgenden Reaktionen können diese Produkte selektiv ineinander umgewandet werden.

$$\text{Azoxybenzen} \underset{H_2O_2/HOAc}{\overset{P(OEt)_3}{\rightleftarrows}} \text{Azobenzen} \underset{O_2 \text{ oder } NaOBr}{\overset{Pd/C\ +\ H_2H\text{-}NH_2}{\rightleftarrows}} \text{Hydrazobenzen}$$

Hydrazobenzen kann schließlich hydrogenolytisch mit Zink in Salzsäure zu **Anilin** gespalten werden [vgl. **MC-Frage Nr. 227**].

Umlagerungen in Gegenwart von Säuren: Mit Ausnahme des Nitrosobenzens und des stabilen Azobenzens lassen sich alle Zwischenprodukte der Reduktion aromatischer Nitroverbindungen in Gegenwart starker Säuren umlagern (vgl. hierzu Kap. 3.2.17). Phenylhydroxylamin liefert p-Aminophenol, Azoxybenzen wird in p-Hydroxyazobenzen umgewandelt und Hydrazobenzen geht in Benzidin über.

In Abb. 57 sind nochmals die Reaktionsprodukte der Reduktion aromatischer Nitroverbindungen und der sich anschließenden Folgereaktionen zusammengestellt.

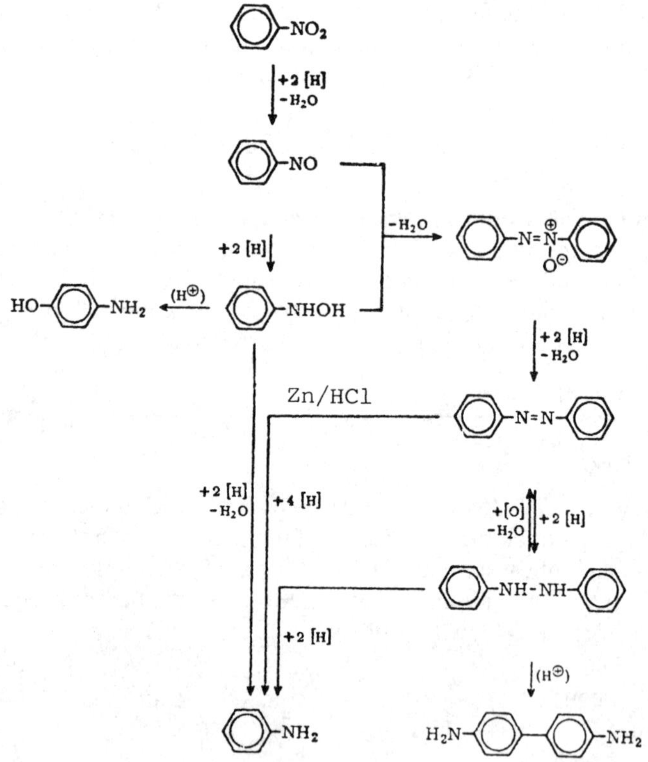

Abb. 57: Reduktion von Nitroarenen und Folgereaktionen

Aufgrund der leichten Einführung von Nitrogruppen in aromatische Ringsysteme spielt die Reduktion von Nitroverbindungen zu primären Aminen in der vermutlich wichtigsten Reaktionsfolge der Chemie aromatischer Verbindungen eine zentrale Rolle.

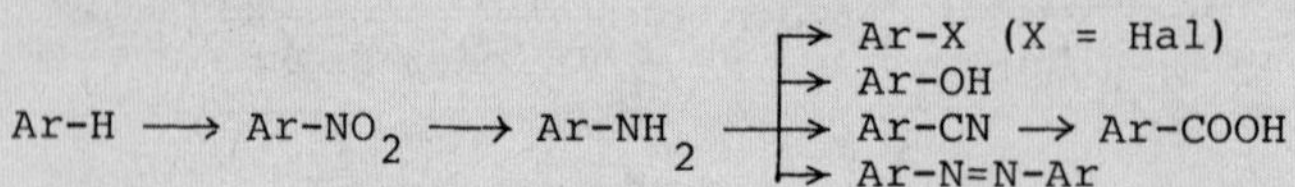

hemie

Ausgewählte Begriffe der Stereochemie

… das Verständnis der Stereochemie organischer Moleküle sind folgende Begriffe von grundlegender Bedeutung:

Konstitution: Die Konstitution gibt die Art und Reihenfolge der Bindungen *(Bindungssequenz)* und die gegenseitige Verknüpfung der Atome in einem Molekül an. Das Molekül kann im allgemeinen durch eine *Lewis-Formel* dargestellt werden [vgl. **MC-Frage Nr. 228**].

Konfiguration: Die Konfiguration gibt die *räumliche, dreidimensionale Anordnung der Atome* wieder, *ohne* Berücksichtigung der verschiedenen Strukturen, die man nur durch Rotationen um Einfachbindungen (σ-Bindungen) erhält. Man unterscheidet zwischen der *absoluten* und der *relativen Konfiguration* eines Moleküls.

Konformation: Die Konformation beinhaltet die genaue *räumliche Struktur eines Moleküls.* Als Konformationen bezeichnet man Atomanordnungen, die ausschließlich durch *Drehung (Rotation)* um Einfachbindungen ineinander übergehen können [vgl. **MC-Fragen Nr. 264, 265**]. Ein Molekül von definierter Konfiguration kann in unendlich vielen Konformationen auftreten.

Isomerie: Substanzen, die trotz gleicher Molekularformel (Summenformel) unterschiedliche Eigenschaften besitzen, nennt man *isomer.* Man unterteilt isomere Substanzen in:

* *Strukturisomere,*
* *Stereoisomere.*

3.3.1.1 Strukturisomerie (Konstitutionsisomerie)

Beruht die Isomerie auf der unterschiedlichen Verknüpfung der Atome im Molekül, so spricht man von *Strukturisomerie.* Bei diesem einfachen Isomerietyp lassen sich weitere Unterteilungen vornehmen.

– **Gerüstisomerie:** Hier unterscheiden sich die einzelnen Isomeren im Aufbau des Kohlenstoff-Gerüstes. Zum Beispiel kann ein Alkan der Summenformel C_4H_{10} folgende Konstitution besitzen:

CH_3-CH_2-CH_2-CH_3 n-Butan oder CH_3-CH(CH_3)-CH_3 Isobutan

- **Stellungsisomerie**, bei der funktionelle Gruppen unterschiedliche Positionen einnehmen [vgl. **MC-Frage Nr. 334**].

  H_3C-CH_2-CH_2OH **n-Propanol** und H_3C-CH(OH)-CH_3 **Isopropanol**

  Hierzu zählen auch die verschiedenen Substitutionsmuster (*ortho, meta, para)* aromatischer Verbindungen.

- **Funktionelle Isomerie:** Bei Substanzen, die außer Kohlenstoff und Wasserstoff noch andere Elemente enthalten, können Strukturisomere auch dadurch formuliert werden, daß sie verschiedene *funktionelle Gruppen* besitzen und somit unterschiedlichen Stoffklassen angehören.

  H_3C-CH_2OH **Ethanol** und H_3C-O-CH_3 **Dimethylether**

  Konstitutionsisomere, die miteinander in einem dynamischen Gleichgewicht stehen, bezeichnet man als *Tautomere* [vgl. Kap. 3.2 und **MC-Frage Nr. 229**].

3.3.1.2 Stereoisomerie

Stereoisomere Moleküle besitzen die gleiche Konstitution, d. h. die gleiche Sequenz kovalenter Bindungen. Sie unterscheiden sich aber in der räumlichen Lage ihrer Atome. Man unterteilt sie in:

* *Konformationsisomere (Konformere),*
* *Konfigurationsisomere.*

Generell muß zur *gegenseitigen Umwandlung von Stereoisomeren* eine bestimmte *Energiebarriere* überwunden werden. Ist diese Energie gering, so ist die gegenseitige Umwandlungsgeschwindigkeit von Stereoisomeren groß. Die verschiedenen Isomeren lassen sich dann *nicht* als Reinsubstanzen (stoffliche Individuen) isolieren. Man erhält Isomerengemische.

Konformationsisomerie: Sind Isomere durch *Rotation um eine Einfachbindung* ineinander umwandelbar, so ist die *Energiebarriere* zwischen den isomeren Strukturen meistens *gering.* Die gegenseitige Umwandlung erfolgt leicht und spontan. Eine Ausnahme bilden die sog. **Atropisomeren** (vgl. Kap. 3.3.8.3).

Konformationen, die einem Energieminimum entsprechen, werden auch **Konformere** genannt. Hierzu zählen u. a. die gestaffelten *Konformationen des Ethans und Butans,* die gauche-Konformationen des Butans sowie die Sessel- und Twist-Formen des *Cyclohexans* (vgl. Kap. 3.3.5.1 und 3.3.6.3).

Konfigurationsisomerie: Unterscheiden sich die stereoisomeren Moleküle in ihrer Konfiguration, so sind die räumlichen Atomanordnungen so stark voneinander verschieden, daß sie nicht durch Rotation um Einfachbindungen ineinander überführbar sind.

Die zwischen Konfigurationsisomeren vorhandene *Energiebarriere* ist relativ *groß*, weil zu ihrer gegenseitigen Umwandlung Bindungen getrennt und neu geknüpft werden müssen. Als Beispiel von Konfigurationsisomerie sei die *cis-trans-Isomerie von Alkenen oder disubstituierten Cyclohexan-Derivaten* genannt (vgl. Kap. 3.3.11.1 und 3.3.12).

3.3.1.3 Spiegelbildisomerie (Enantiomerie)

Stereoisomere Moleküle – sowohl Konformere wie Konfigurationsisomere – können auch aufgrund ihrer *Symmetrieeigenschaften* klassifiziert werden. Diese Unterteilung beruht auf einem sehr einfachen Kriterium:

Entweder besteht zwischen den Isomeren die Beziehung von Bild zu Spiegelbild, wobei Bild und Spiegelbild auf keine Art und Weise miteinander zur Deckung zu bringen sind, oder diese Beziehung besteht nicht.

Verhalten sich zwei Stereoisomere wie Bild zu Spiegelbild, so bezeichnet man sie als **Enantiomere**. Ist diese Beziehung nicht gegeben, so nennt man sie **Diastereomere**.

Zwei Stereoisomere sind entweder enantiomer oder diastereomer, je nachdem ob sie sich wie Bild zu Spiegelbild verhalten oder nicht. Zwei Stereoisomere können nicht gleichzeitig enantiomer oder diastereomer zueinander sein. Ein Molekül kann stets nur ein Enantiomer haben, aber – sofern die strukturellen Voraussetzungen gegeben sind – kann es zu einem Molekül viele Diastereomere geben.

Enantiomere reagieren gleich schnell mit achiralen Partnern und besitzen identische physikalische Eigenschaften (Schmelzpunkt, Siedepunkt, Brechungsindex, Dichte, Löslichkeit in den gängigen Solventien u. a.). *Enantiomere unterscheiden sich aber in ihrer Wechselwirkung gegenüber polarisiertem Licht.* D.h., Enantiomere sind in der Lage polarisiertes Licht in unterschiedlichem Maße zu absorbieren und zu brechen *(optische Aktivität).*

Weil nun das eine Enantiomer die Schwingungsebene von polarisiertem Licht nach links, das andere – gleiche Bedingungen vorausgesetzt – die Polarisationsebene um den gleichen Betrag nach rechts dreht, bezeichnet man Enantiomere auch als **optische Antipoden** [siehe Ehlers, **Analytik II-Kurzlehrbuch**, Kap. 11.3 *„Polarimetrie“* und **MC-Fragen Nr. 233–235**]. Um als Antipoden existieren zu können, muß ein Molekül *chiral* sein.

Enantiomere stimmen in allen physikalischen Eigenschaften überein, außer in ihrer Wechselwirkung gegenüber polarisiertem Licht.

Enantiomere stimmen in ihren chemischen Eigenschaften überein (gleiche Reaktivität gegenüber achiralen Reagenzien), außer in ihrer Reaktivität gegenüber chiralen Reagenzien.

Diastereomere sind Stereoisomere, die keine Enantiomeren sind. Sie haben verschiedene Energieinhalte und unterscheiden sich in allen physikalischen Eigenschaften, also auch in ihrem chromatographischen Verhalten.

Diastereomere haben ähnliche chemische Eigenschaften, da sie zur gleichen Stoffklasse gehören. Die chemischen Eigenschaften sind jedoch nicht identisch.

Darüber hinaus unterscheiden sich **Diastereomere** häufig auch in ihren biologischen (pharmakologischen) Aktivitäten [vgl. **MC-Fragen Nr. 238 – 240**]. Diastereomere können chirale Strukturelemente enthalten. Mit anderen Worten, mehrere *(mindestens zwei)* im Molekül vorhandene asymmetrisch substituierte C-Atome können *Diastereomerie* verursachen [vgl. Kap. 3.3.7.3 und **MC-Frage Nr. 244**].

Chiralität (Disymmetrie): Ein Molekül, das mit seinem Spiegelbild nicht zur Deckung gebracht werden kann, nennt man *chiral.* Ein solches Molekül existiert in enantiomeren Formen. *Chiralität ist somit die notwendige und ausreichende Voraussetzung für das Auftreten von Enantiomerie* [vgl. **MC-Frage Nr. 232**].

Chiralität wird beobachtet, wenn das betreffende *Molekül weder eine Symmetrieebene, noch ein Symmetriezentrum, noch eine Drehspiegelachse* besitzt.

Moleküle, die sich nicht mit ihrem Spiegelbild decken, bezeichnet man als chiral. Chirale Verbindungen kommen in Enantiomeren vor. Substanzen, die achiral sind, besitzen keine Enantiomeren.

Besitzt eine Verbindung *ein* asymmetrisch substituiertes Kohlenstoffatom *(Chiralitätszentrum)*, dann ist das Molekül immer chiral. Eine Substanz kann aber auch chiral sein, ohne ein asymmetrisch substituiertes Atom zu enthalten (vgl. Kap. 3.3.8). Ein chiraler (disymmetrischer) Gegenstand braucht jedoch nicht asymmetrisch zu sein; er kann durchaus eine Reihe von Drehachsen besitzen.

Symmetrieelemente: Ganz allgemein wird ein Gegenstand als spiegelsymmetrisch bezeichnet, wenn er sich mit seinem Spiegelbild zur Deckung bringen läßt. Die zur Beurteilung von Spiegelbild-isomeren Gegenständen wichtigen Symmetrieelemente sind: *Symmetrieebene – Symmetriezentrum – Drehspiegelachse.*

Eine *Symmetrieebene* (Symbol: σ) ist eine Spiegelebene, die eine geometrische Figur so in zwei Hälften teilt, daß die eine Hälfte der Figur auf der einen Seite dieser Ebene das genaue Spiegelbild der zweiten Hälfte auf der anderen Seite der Ebene darstellt.

Eine *Drehachse* (n-zählige Symmetrieachse) (Symbol: C_n) ist eine gedachte Linie, die ein Molekül so durchläuft, daß man bei der Drehung des Moleküls um einen Winkel von 360°/n um diese Achse eine dreidimensionale Anordnung erhält, die von der ursprünglichen Struktur nicht zu unterscheiden ist.

Ein Molekül, das eine *Drehspiegelachse* (Symbol: S_n) besitzt, geht durch Spiegelung an einer zu dieser Achse senkrechten Ebene und durch anschließende Drehung um einen Winkel von 360°/n um diese Achse in sich selbst über. Ein *Symmetriezentrum* kann als einzählige Drehspiegelachse aufgefaßt werden.

3.3.1.4 Meso-Formen

Die meso-Form ist eine Substanz, deren Moleküle mit ihrem Spiegelbild dekkungsgleich sind. Meso-Formen können daran erkannt werden, daß sie eine Symmetrieebene oder ein Symmetriezentrum innerhalb eines Moleküls mit asymmetrischen Atomen besitzen. Meso-Formen können dann auftreten, wenn eine Substanz mindestens zwei Chiralitätszentren enthält. *Meso-Formen sind optisch inaktiv* [vgl. Kap. 3.3.7.4 und **MC-Frage Nr. 1190**]. Als Beispiele für meso-Formen seien die folgenden Verbindungen genannt [vgl. **MC-Fragen Nr. 254, 256**].

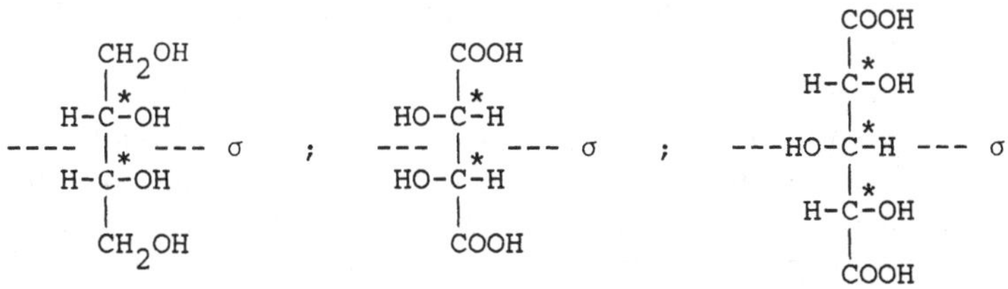

3.3.1.5 Racemate

Als *Racemat* (veraltet: *racemisches Gemisch)* bezeichnet man das äquimolare (1:1) Gemisch zweier Enantiomerer. Racemate zeigen *in verdünnter Lösung* mit Ausnahme ihres optischen Verhaltens die gleichen physikalischen Eigenschaften wie die reinen Enantiomeren. Racemate entstehen durch [vgl. **MC-Frage Nr. 241**]:

- *Mischen äquimolarer Anteile des (+)- und (-)-Enantiomers,*
- *Synthese chiraler Verbindungen in Abwesenheit chiraler Einflüsse,*
- *Racemisierung.*

Als **Racemisierung** bezeichnet man einen Prozeß, bei dem ein Enantiomer irreversibel in ein Racemat umgewandelt wird. Racemisierungen machen sich durch den Verlust der optischen Aktivität bemerkbar. Häufig verlaufen Racemisierungen über *Carbanionen* oder *Carbeniumionen* als Zwischenstufen.

Zum Beispiel racemisieren Substanzen, die am Chiralitätszentrum neben einem H-Atom noch eine Carbonylgruppe tragen, leicht unter dem Einfluß von Basen. Dies beruht auf den intermediär durch Deprotonierung gebildeten mesomeriestabilisierten Carbanionen. Diese sind *achiral,* so daß die Wiederanlagerung eines Protons, die mit gleicher Wahrscheinlichkeit an beide Seiten des *planaren Carbanions* erfolgt, ein äquimolares Gemisch beider Enantiomerer liefert.

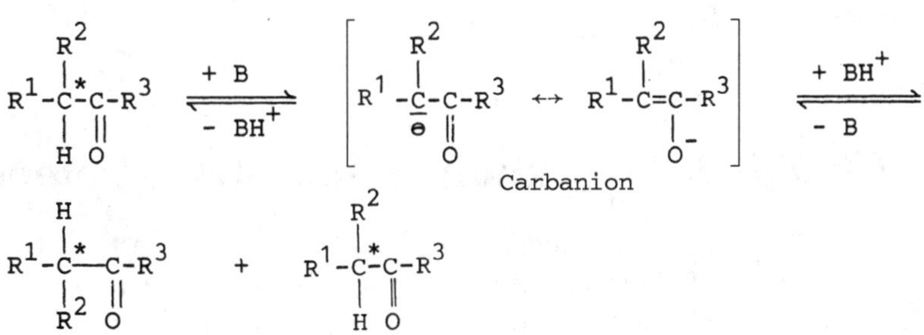

Racemat

Racemate sind optisch inaktiv. Im *gasförmigen, flüssigen* oder *gelösten Zustand* bilden sie ein ideales Gemisch beider Enantiomerer. Im *festen (kristallinen) Zustand* ist jedoch zu berücksichtigen, daß die Anziehungskräfte zwischen (+)- und (-)-Molekülen meistens nicht exakt gleich sind mit jenen Kräften, die zwischen (+)- und (+)- bzw. zwischen (-)- und (-)-Molekülen auftreten. [(+) steht dabei für rechtsdrehend, (-) für linksdrehend.]

Sind die Kräfte zwischen gleichsinnig drehenden Molekülen (also den jeweiligen Enantiomeren unter sich) größer als zwischen (+)- und (-)-Molekülen, kristallisiert aus der Schmelze oder Lösung ein Gemisch von Kristallen beider Enantiomerer aus, das man als **Konglomerat** (*eutektisches Gemisch*) bezeichnet [vgl. **MC-Frage Nr. 242**].

Der *Schmelzpunkt* eines Konglomerats ist stets scharf und *niedriger* als der Schmelzpunkt des reinen Enantiomers. Die Löslichkeit des Konglomerats ist dagegen größer als die der reinen Enantiomeren. In bestimmten Fällen läßt sich ein Konglomerat durch Auslesen der Kristalle in die Enantiomeren trennen.

In der Regel sind aber die Anziehungskräfte zwischen den (+)- und (-)-Molekülen größer als zwischen den Molekülen eines Enantiomers untereinander. Sie vereinigen sich deshalb im Kristallgitter *paarweise* und bilden im *festen Zustand eine echte Molekülverbindung* im Verhältnis (1:1), die als **Racemat** bezeichnet wird. Racemate besitzen andere physikalische Eigenschaften als die Enantiomeren. Racemate können z. B. höher, niedriger oder bei der gleichen Temperatur schmelzen wie das reine Enantiomer.

Die Unterscheidung zwischen Konglomerat und Racemat bezieht sich nur auf den festen Aggregatzustand. In verdünnten Lösungen verschwinden die Unterschiede.

Stereoisomere sind Substanzen mit gleicher Bindungssequenz, die sich in der räumlichen Lage ihrer Atome unterscheiden. Entweder teilt man sie ein in:

- Enantiomere, die sich wie Bild zu Spiegelbild verhalten,
- Diastereomere, die sich nicht wie Bild zu Spiegelbild verhalten,
  oder man klassifiziert sie danach, wie sie ineinander umgewandelt werden können, in:
  - Konfigurationsisomere, die durch Bindungsspaltung und Inversion ineinander übergehen,
  - geometrische Isomere, die sich formal durch die „Rotation" um eine Doppelbindung ineinander umwandeln,
  - Konformationsisomere, die durch Rotationen um Einfachbindungen ineinander übergehen.

3.3.2 Chemische Reaktionen und Stereoisomerie

Von achiralen Reaktanden ausgehend führt – in Abwesenheit chiraler Hilfsstoffe und Katalysatoren – jede *Synthese eines chiralen Moleküls* zu einem *Racemat,* weil die Wahrscheinlichkeit für die Bildung des einen oder anderen Enantiomers gleich groß ist. Dies ist nur ein Aspekt einer viel allgemeineren Regel: *Optisch inaktive Edukte bilden optisch inaktive Produkte.*

Ein weiteres Axiom der Stereochemie ist, daß die Reaktion eines chiralen Substrats unter Beibehaltung der Konfiguration *(Retention)* abläuft, wenn keine Bindung zum Chiralitätszentrum gelöst wird. Die Beziehung zwischen den Konfigurationen zweier chiraler Moleküle kann deshalb ermittelt werden, wenn man eine der Substanzen durch eine Reaktionsfolge in die andere umwandelt, bei der keine Bindung zum Asymmetriezentrum gespalten wird.

Für Reaktionen, bei denen eine Bindung zu einem Chiralitätszentrum geöffnet wird, gibt es keine allgemeine Regel hinsichtlich ihres sterischen Ablaufs, außer daß sich die Konfiguration ändern kann (**Inversion**) und dies wahrscheinlicher ist als ein Konfigurationserhalt (**Retention**).

Hinsichtlich des stereochemischen Verlaufs kann man Reaktionen einteilen in:

* *stereoselektive Reaktionen,*
* *stereospezifische Reaktionen,*
* *stereounspezifische Reaktionen.*

Stereoselektivität: Eine Reaktionsweise bezeichnet man als *stereoselektiv,* wenn von zwei oder mehreren möglichen stereoisomeren Produkten überwiegend nur ein Stereoisomer gebildet wird oder reagiert. Beispielsweise ist die HCl-Abspaltung aus **1,2-Diphenylchlorethan** stereoselektiv, da sie bevorzugt zu **trans-Stilben** neben wenig **cis-Stilben** führt.

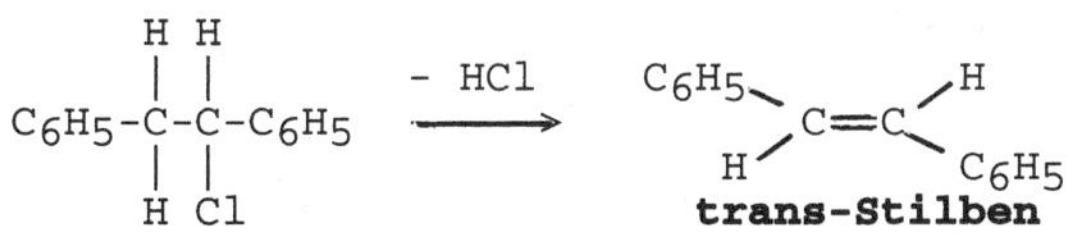

Das *Ausmaß der Stereoselektivität* chemischer Reaktionen kann stark variieren. Manchmal entsteht das eine Produkt in einem sehr großen, manchmal aber auch nur in geringem Überschuß. Bei speziellen Reaktionen läßt sich die Stereoselektivität mit Hilfe der Cramschen Regel vorhersagen (vgl. Kap. 3.2.15.9).

Stereospezifität: Eine Reaktion wird *stereospezifisch* genannt, bei der aus stereochemisch unterschiedlichen Ausgangsstoffen wiederum stereochemisch unterschiedliche Produkte entstehen. Zum Beispiel liefert die stereospezifische trans-Addition von Brom an **trans-2-Buten meso-2,3-Dibrombutan**, während aus **cis-2-Buten** racemisches **2,3-Dibrombutan** gebildet wird.

Alle stereospezifischen Reaktionen verlaufen auch stereoselektiv. Die umgekehrte Schlußfolgerung trifft nicht immer zu. Es sind Reaktionen bekannt, bei denen unabhängig von der Stereochemie des Eduktes stets ein stereoisomeres Produkt überwiegt. Demgegenüber existieren auch Reaktionen, bei denen die Edukte nicht als Stereoisomere auftreten können, die aber dennoch ein bestimmtes Stereoisomer als Hauptreaktionsprodukt liefern. *Derartige Reaktionen sind stereoselektiv, aber nicht stereospezifisch.*

Asymmetrische Synthesen: Hierunter faßt man Reaktionen zusammen, bei denen aus einer prochiralen eine chirale Gruppe so erzeugt wird, daß die Stereoisomeren

(Enantiomere/Diastereomere) in ungleichen Mengen entstehen. Ziel der asymmetrischen Synthese ist die Herstellung möglichst enantiomerenreiner Verbindungen. D.h., ein neues Stereozentrum wird so aufgebaut, daß von den beiden möglichen Konfigurationen möglichst nur eine – die gewünschte – entsteht.

Ein wichtiges Werkzeug zur Darstellung von Isomeren mit hoher optischer Reinheit sind *asymmetrisch induzierte Reaktionen.* Als asymmetrische Induktion bezeichnet man ganz allgemein das Phänomen, daß bei der *Umwandlung chiraler Substrate mit chiralen Reagenzien* bzw. in einem *chiralen Solvens* oder in Gegenwart *chiraler Katalysatoren,* wie z. B. Enzymen, *ein Konfigurationsisomer bevorzugt gebildet wird.*

Reagieren nämlich zwei Enantiomere eines chiralen Substrats mit einer anderen chiralen Substanz oder in einer chiralen Umgebung, so sind die Reaktionsgeschwindigkeiten der Enantiomeren im allgemeinen nicht gleich, weil die beiden *Übergangszustände zueinander diastereomer* und nicht enantiomer sind. „Diastereomere Übergangszustände" besitzen aber unterschiedliche Energien und eines der Enantiomeren wird mit dem chiralen Reagenz schneller reagieren als das andere. *Gegenüber achiralen Reagenzien besitzen beide Enantiomere jedoch die gleiche Reaktivität.*

Beispielsweise führt bei einer kinetisch kontrollierten Umsetzung von racemischem **O-Methylmandelsäurechlorid** die Reaktion mit dem **chiralen S-1-Phenylethanol** zu einer Anreicherung eines Enantiomers der veresterten O-Methylmandelsäure, während die Umsetzung mit dem achiralen 2-Phenylethanol ein Racemat liefert [vgl. **MC-Frage Nr. 263**].

3.3.3 Graphische Darstellung von Stereoisomeren

3.3.3.1 Darstellung von Konformationsisomeren

Zur Veranschaulichung von Konformationen verwendet man häufig die in Abb. 58 gezeigten graphischen Darstellungen.

Die Darstellungen (I) in Abb. 58 sind identisch und werden als *gestaffelte (staggered) Konformation* bezeichnet. Die Graphiken (II) sind ebenfalls identisch und werden als *ekliptische (eclipsed) Konformation* bezeichnet (vgl. auch Kap. 3.3.5.1). Die Newman-Projektionen (c) zeigen, daß bei einer Drehung um 60° die ekliptische in die gestaffelte Konformation übergeht und umgekehrt.

Über weitere Konformationen und ihre Bezeichnungsweise nach dem **Klyne-Prelog-System** informiert Abb. 59 am Beispiel des **1,2-Dichlorethans**.

3.3.3.2 Darstellung von Konfigurationsisomeren

Die graphische Darstellung optisch aktiver Verbindungen durch perspektivische Strukturformeln ist unpraktisch. Um die *relative Konfiguration* eines Moleküls mit chiralem C-Atom wiederzugeben, benutzt man häufig die von *Emil Fischer* vorgeschlagenen *Projektionsformeln.*

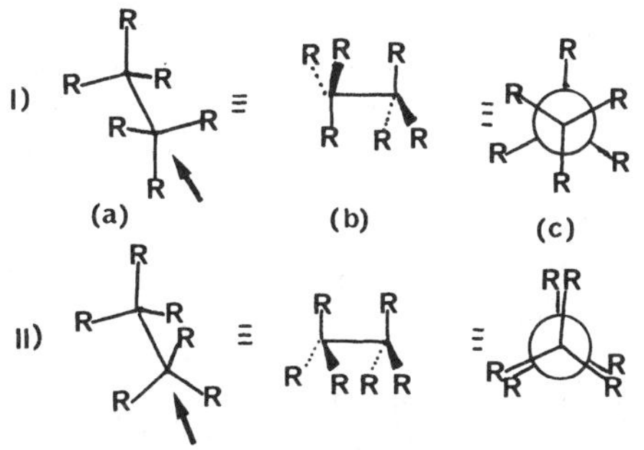

Abb. 58: Graphische Darstellung von Konformationsisomeren

(a) Sägebock-Projektion (perspektivische Darstellung)

(b) Keil-Strich-Projektion, bei der das Molekül von der Seite her betrachtet wird. In dieser Darstellung ragt eine punktierte (gestrichelte) Bindung vom Beobachter weg *(nach hinten)*, eine dicke keilförmige Bindung weist *(nach vorn)* auf ihn zu. Die durchgezogenen Bindungslinien liegen in der Papierebene.

(c) Newman-Projektion, bei der man ein Molekül von vorne entlang der C-C-Bindungsachse betrachtet. Die am vorderen C-Atom sitzenden Substituenten sind dadurch gekennzeichnet, daß ihre Bindungen bis zum Zentrum eines Hilfskreises eingezeichnet sind. Die bis zum Kreis reichenden Bindungen kennzeichnen die Substituenten am hinteren Kohlenstoffatom. (Man hat sich ein C-Atom als feststehend zu denken und kann dann das andere um einen beliebigen Winkel drehen.)

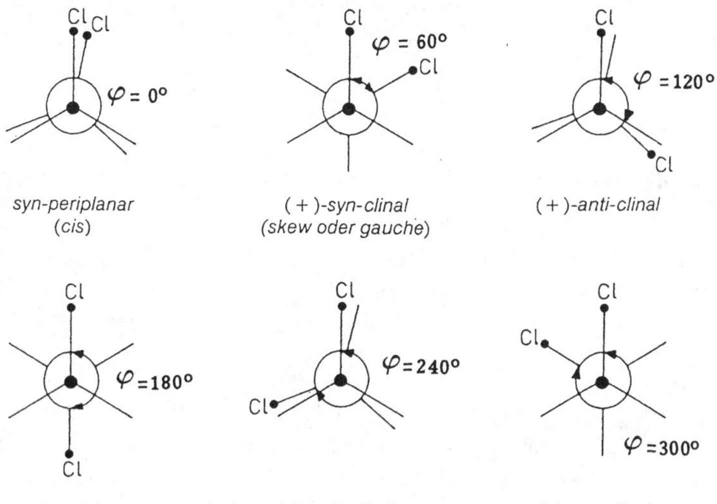

Abb. 59: Bezeichnung von Konformationen nach Klyne-Prelog (Newman-Projektion)

Bei der **Fischer-Projektion** denkt man sich das Chiralitätszentrum in der Papierebene liegend. Die beiden Bindungen, die nach vorne aus der Papierebene herausragen, werden durch horizontale Linien, die beiden nach hinten gerichteten Bindungen durch vertikale Striche dargestellt [vgl. **MC-Frage Nr. 267**].

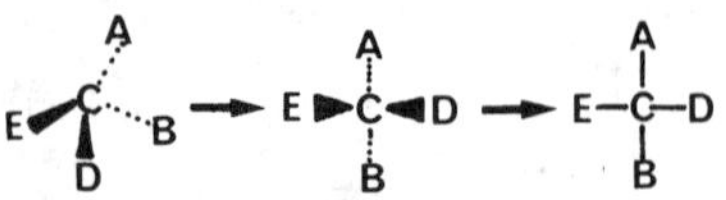

Zur Erstellung solcher Projektionsformeln sind folgende **Regeln** zu beachten:

- Die *Hauptkette* eines acyclischen Stereoisomers schreibt man vertikal und betrachtet sie als in oder unterhalb der Papierebene liegend.
- Diese Kette wird so orientiert, daß am oberen Kettenende das Kohlenstoffatom mit der höheren Oxidationsstufe liegt.
- Die *Seitenketten* werden horizontal geschrieben und man betrachtet sie als oberhalb der Papierebene liegend.
- Die Fischer-Projektion läßt *Konformationsunterschiede* außer acht.
- In der Papierebene darf die Formel um *180° gedreht* werden, ohne daß dadurch eine andere Konfiguration dargestellt wird.

```
  A                          B
  |                          |
E-C-D   ist identisch mit  D-C-E
  |                          |
  B                          A
```

- Eine *Drehung* der Formel um *90°* in der Projektionsebene (oder einem ungeradzahligen Vielfachen davon) *ist nicht erlaubt;* sie ergäbe die Konfiguration des anderen Enantiomers.
- Der *Austausch von 2 mal 2 Substituenten* ergibt das identische Molekül.

```
  A       E       D       B
  |       |       |       |
E-C-D ≡ A-C-B ≡ B-C-A ≡ D-C-E
  |       |       |       |
  B       D       E       A
```

- Der *Austausch von 1 mal 2 Substituenten* ergibt die Konfiguration des anderen Enantiomers.

Ein Nachteil der Fischerschen Projektionsformeln ist, daß sie Konformationen nicht berücksichtigen und *Moleküle in der ekliptischen Konformation* wiedergeben. Bei der Mehrzahl aller Moleküle überwiegt jedoch die gestaffelte Konformation.

Abb. 60 veranschaulicht nun, wie sich die Fischerschen Projektionsformeln in die **Newman-Projektion** überführen lassen. Hierzu zeichnet man zunächst die perspektivische Formel der ekliptischen Konformation. Daraus erhält man die perspektivische Formel der gestaffelten Konformation durch Drehung des einen C-Atoms samt seiner Substituenten um die zentrale C-C-Bindungsachse. Die Newman-Projektion ergibt sich dann – wie in Abb. 60 gezeigt – aus den perspektivischen Darstellungen.

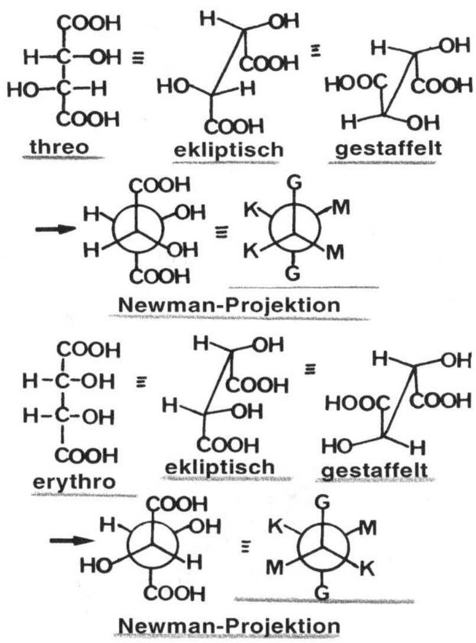

Abb. 60: Umwandlung der Fischer-Projektion in eine Newman-Projektion am Beispiel der Weinsäure [Die einzelnen Substituenten sind entsprechend ihrer Größe gekennzeichnet mit: G (groß), M (mittel) und K (klein)]

3.3.4 Nomenklatur von Konfigurationsisomeren

Hat man die beiden Enantiomeren einer chiralen Substanz getrennt, so stellt sich die Frage der Konfigurationszuordnung. Hierbei ist generell zu beachten, daß zwischen dem *Drehsinn einer Verbindung, der mit (+) für rechtsdrehend und (-) für linksdrehend* gekennzeichnet wird, und der Konfiguration dieser Substanz *kein* Zusammenhang besteht. Beispielsweise erhält man aus der rechtsdrehenden *Milchsäure* bei ihrer Veresterung mit Methanol unter *Retention* der Konfiguration einen linksdrehenden Methylester.

Es existiert keine einfache Beziehung zwischen dem Vorzeichen der optischen Drehung und der absoluten Raumstruktur eines Moleküls.

3.3.4.1 Fischer-Nomenklatur (D,L-System)

Zur *Kennzeichnung der relativen Konfiguration* einer optisch aktiven Substanz wählte man zunächst **Glycerinaldehyd** als *Bezugssubstanz*. Dem rechtsdrehenden (+)-Glycerinaldehyd wurde *willkürlich* die als **D-Form (D = dexter)** bezeichnete räumliche Struktur zugeschrieben. Das linksdrehende (-)-Enantiomer wurde L-Glycerinaldehyd **(L = laevis)** genannt.

Die Strukturen anderer chiraler Moleküle wurden mit der des Glycerinaldehyds korreliert, indem man sie entweder durch chemische Reaktionen in Glycerinaldehyd überführte (z. B. Glucose → Glycerinaldehyd) oder von diesem ausgehend synthetisierte (z. B. Glycerinaldehyd → Milchsäure), wobei keine Racemisierungen eintreten dürfen.

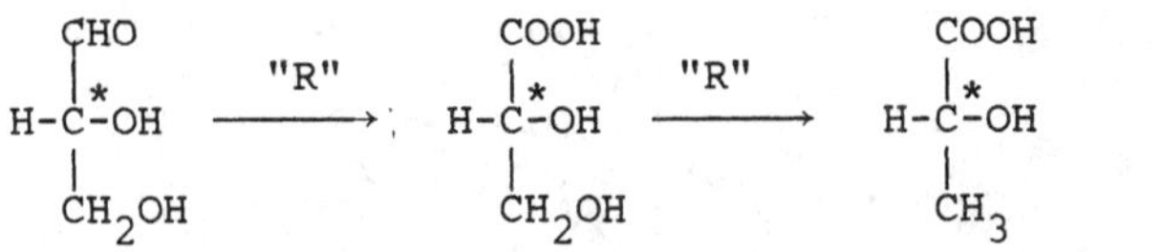

D(+)-Glycerinaldehyd — D(-)-Glycerinsäure — D(-)-Milchsäure

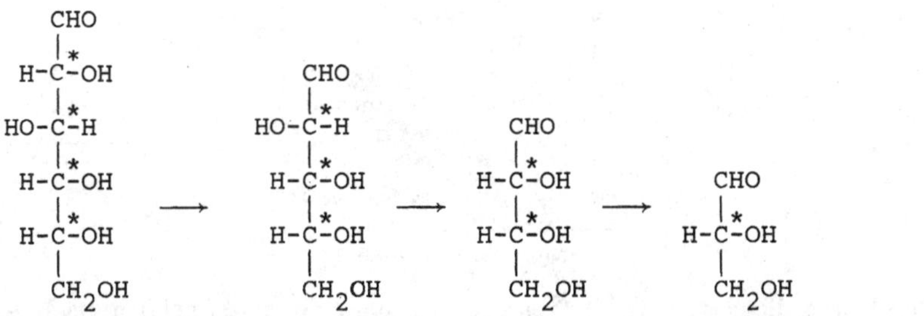

D-Glucose — D-Arabinose — D-Erythrose — D-Glycerinaldehyd

Die Festlegung der relativen Konfiguration einer Substanz erfolgt dadurch, daß sie durch sterisch eindeutig verlaufende Reaktionen in D- (bzw. L-) Glycerinaldehyd übergeführt oder in eine andere Substanz umgewandelt wird, deren relative Konfiguration bekannt ist.

Sterische eindeutige Reaktionen sind solche, die unter Konfigurationserhalt [*Retention* (**R**)] oder unter Konfigurationsumkehr [*Inversion* (**I**)] ablaufen (vgl. Kap. 3.2.5.11).

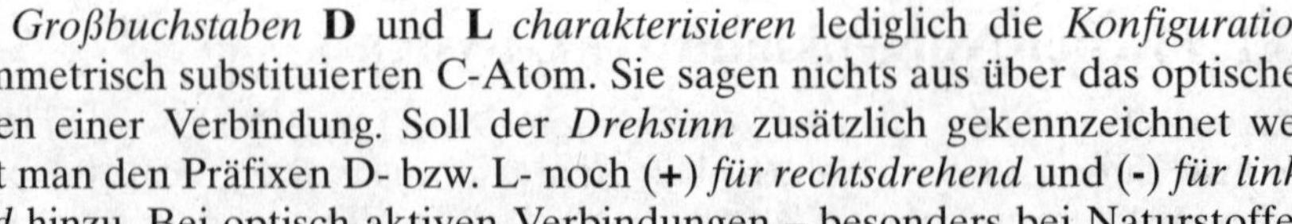

L-Milchsäure — D-α-Brompropionsäure — L-α-Azidopropionsäure — L-Alanin

Die *Großbuchstaben* **D** und **L** *charakterisieren* lediglich die *Konfiguration* am asymmetrisch substituierten C-Atom. Sie sagen nichts aus über das optische Verhalten einer Verbindung. Soll der *Drehsinn* zusätzlich gekennzeichnet werden, setzt man den Präfixen D- bzw. L- noch (**+**) *für rechtsdrehend* und (**-**) *für linksdrehend* hinzu. Bei optisch aktiven Verbindungen – besonders bei Naturstoffen mit mehreren Chiralitätszentren – wird nur der jeweilige Drehsinn mit (+) und (-) angegeben.

D(+)-Glycerinaldehyd ist auch die *Bezugssubstanz* für die Bezeichnung von **Hydroxycarbonsäuren** und **Kohlenhydraten**. *Die Zugehörigkeit zur D-Reihe wird hier*

durch die Rechtsstellung der Hydroxylgruppe am höchsten bezifferten asymmetrischen C-Atom bestimmt. Das „D“ in **D-Ribose** bedeutet somit, daß das C-Atom 4 der D(-)-Ribose die gleiche Konfiguration hat wie D-Glycerinaldehyd [vgl. **MC-Frage Nr. 268**].

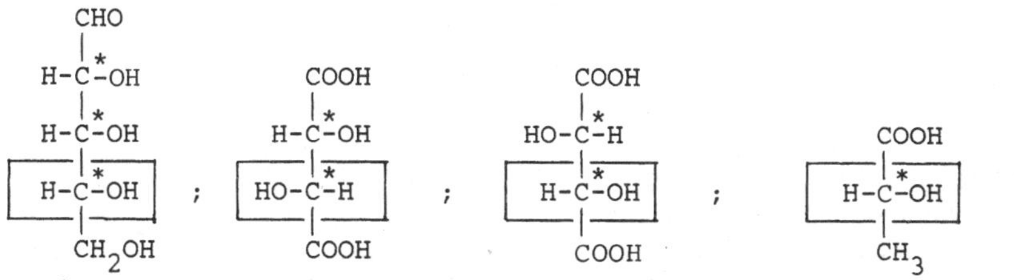

D-Ribose; L-Weinsäure; D-Weinsäure; D-Milchsäure

Bei **Aminosäuren** *entscheidet die Stellung der α-ständigen Aminogruppe über die Zugehörigkeit zur D- oder L-Reihe.* Dies gilt auch für Aminosäuren mit mehreren Asymmetriezentren wie z. B. Threonin.

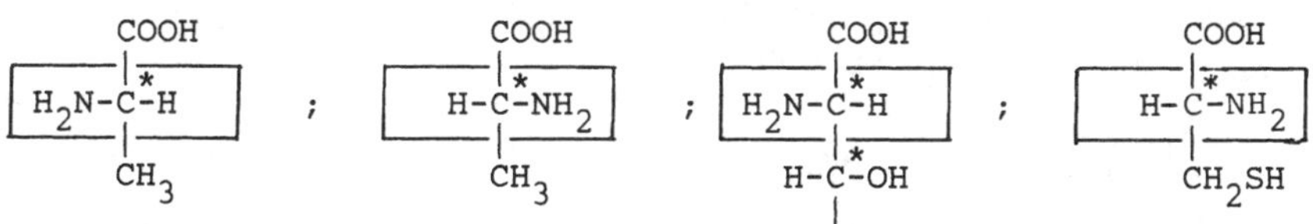

L-Alanin; D-Alanin; L-Threonin; D-Cystein

3.3.4.2 Cahn-Ingold-Prelog-Nomenklatur (R,S-System/CIP-System)

Die Bezeichnung der Konfiguration mit D bzw. L anhand der Fischer-Projektion bereitet Schwierigkeiten, wenn nicht klar ist, aufgrund welcher Konvention an einem chiralen C-Atom die Unterscheidung getroffen werden soll. So würde z. B. **L-Threonin** nach der Konvention für Kohlenhydrate der D-Reihe angehören.

Deshalb wurde von Cahn, Ingold und Prelog ein *Nomenklaturprinzip* entwickelt, das die *eindeutige Wiedergabe der Konfiguration eines asymmetrisch substituierten C-Atoms* erlaubt. Das System hängt von keiner Bezugssubstanz ab und läßt sich auch auf kompliziertere Verbindungen übertragen [vgl. **MC-Frage Nr. 232**].

In Substanzen mit *mehreren asymmetrischen C-Atomen* kann man die *Konfiguration an jedem Chiralitätszentrum* angeben. Darüber hinaus ist das System auch auf Stoffe mit chiralen *Heteroatomen* sowie unter Zuhilfenahme einiger zusätzlicher Regeln auf alle übrigen Klassen chiraler Verbindungen [Allene, Spirane, Atropisomere u. a. m.] anwendbar.

Bei der Zuordnung der Konfiguration nach dem CIP-System ist wie folgt vorzugehen.

* Man ordnet die *direkt* an ein chirales C-Atom gebundenen Atome in einer *Prioritätsreihe nach abnehmender Ordnungszahl* und bei gleicher Ordnungs-

zahl (z. B. bei Isotopen) nach *abnehmender Massenzahl. Freie Elektronenpaare* werden als Substituenten betrachtet und besitzen die *niedrigste Priorität* (**Sequenzregel**).

* Haben die unmittelbar mit dem Chiralitätszentrum verbundenen Atome die gleiche Ordnungszahl, so wird die Reihenfolge der Prioritäten anhand des *Substitutionsgrades,* d. h. anhand von Atomen ermittelt, die im gleichen Liganden vom Asymmetriezentrum weiter entfernt liegen.

Sind die „ersten Atome" in ihrer Priorität gleichwertig, so werden die Ordnungszahlen der mit ihnen verbundenen „zweiten" Atome für die Zuordnung herangezogen. Gegebenenfalls muß man noch die in „dritter" oder „vierter" (usw.) Position befindlichen Atome zur *Ermittlung des ersten Differenzpunktes* berücksichtigen.

Diese Vorgehensweise sei am Beispiel des **Butan-2-ol** erläutert. In dem sekundären Alkohol sind zwei C-Atome mit dem Asymmetriezentrum verknüpft. Die *„Zweitatome"* in der *Methylgruppe* sind **H, H, H** und in der *Ethylgruppe* **C, H, H**. Da der Kohlenstoff eine höhere Ordnungszahl als Wasserstoff besitzt, kommt der Ethylgruppe eine höhere Priorität zu. Die vollständige Rangfolge der Substituenten im Butanol-2 lautet somit: **OH**, $\mathbf{C_2H_5}$, $\mathbf{CH_3}$, **H**. (Die hochgestellten Zahlen in der nachfolgenden Zeichnung geben die jeweilige Ordnungszahl an.)

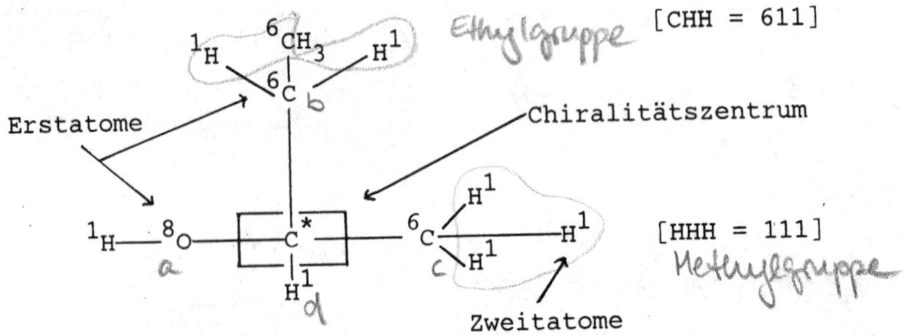

* *Mehrfachbindungen* werden formal als mehrfache Einfachbindungen behandelt, indem man eine Verdopplung bzw. Verdreifachung jedes Atoms der Mehrfachbindung vornimmt. Zum Beispiel entspricht:

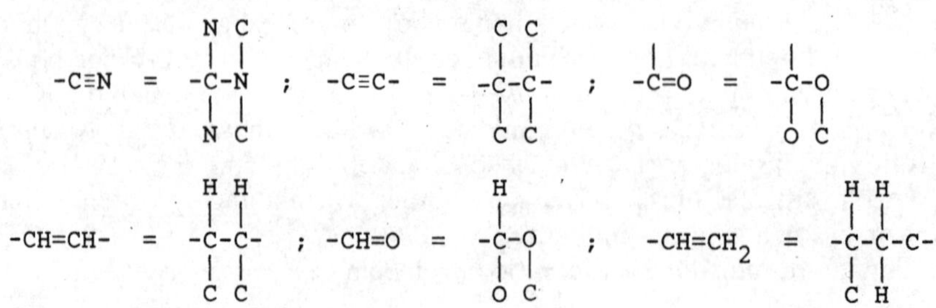

In Tabelle 32 sind einige Atome, Isotope und funktionelle Gruppen in der *Reihenfolge abnehmender Priorität* aufgelistet.

Tab. 32: Reihenfolge der Prioritäten ausgewählter Substituenten

Atome:		I, Br, Cl, S, F, O, N, C, H, freies Elektronenpaar
Isotope:		T, D, H
Gruppen:	(a)	$-C(CH_3)_3$, $-CH(CH_3)_2$, $-CH_2CH_3$, $-CH_3$
	(b)	$-C(CH_3)_3$, $-CH(CH_3)C_2H_5$, $-CH_2CH(CH_3)_2$, $-(CH_2)_3CH_3$
	(c)	$-COOCH_3$, $-COOH$, $-CONH_2$, $-COCH_3$, $-CHO$
	(d)	$-C{\equiv}N$, $-C_6H_5$, $-C{\equiv}CH$, $-CH{=}CH_2$

Danach ergibt sich z. B. für **2-Cyano-2-acetyl-phenylacetamid** folgende Substituentenrangfolge fallender Priorität [vgl. **MC-Frage Nr. 272**].

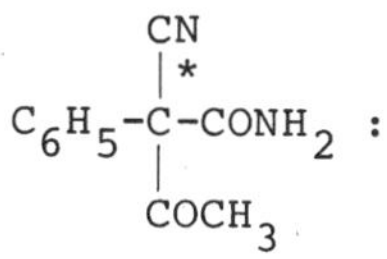

	$-CONH_2$ >	$-COCH_3$ >	$-CN$ >	$-C_6H_5$
	O^8	O^8	N^7	C^6
	$-{}^6C-O^8$	$-{}^6C-O^8$	$-{}^6C-N^7$	$-{}^6C-C^6$
	N^7	C^6	N^7	C^6
OZ:	[887]	[886]	[777]	[666]

Die folgenden Beispiele sollen das Prinzip der Festlegung von Prioritäten nochmals belegen, wobei C* das Chiralitätszentrum markiert [vgl. **MC-Frage Nr. 273**].

$$\overset{6}{C^*}\text{-}CH_2SH > \overset{6}{C^*}\text{-}CF_3 > \overset{6}{C^*}\text{-}C(OCH_3)_3 > \overset{6}{C^*}\text{-}CH_2N(CH_3)_2$$

[SHH = 1611] [FFF = 999] [OOO = 888] [NHH = 711]

* Zur Konfigurationszuordnung wird nun das Molekül im Tetraedermodell in der Weise betrachtet, daß der *Substituent mit der niedrigsten Priorität* (meistens ein H-Atom) nach hinten ragt, und die drei übrigen Gruppen oder Atome ein Dreieck bilden. Das Dreieck befindet sich also zwischen dem Betrachter und der Gruppe (bzw. dem Atom) niedrigster Priorität. Nimmt die Priorität der drei restlichen Gruppen (Atome) *im Uhrzeigersinn ab*, so kennzeichnet man die *Konfiguration mit* **R** (**R = rectus**). Nimmt die Priorität *entgegen dem Uhrzeigersinn ab*, so erhält die *Konfiguration* die Bezeichnung **S** (**S = sinister**).

* Bei Verbindungen mit *mehreren Chiralitätszentren* wird jedes Asymmetriezentrum gekennzeichnet, und man gibt durch Numerierung an, welche Bezeichnung (R, S) zu welchem Atom gehört.

Abb. 61 zeigt nochmals am Beispiel des sek. Butylalkohols die Anwendung der CIP-Methode zur Konfigurationsfestlegung. Nach der **R, S-Regel** kommt den optischen Antipoden folgende Konfiguration zu.

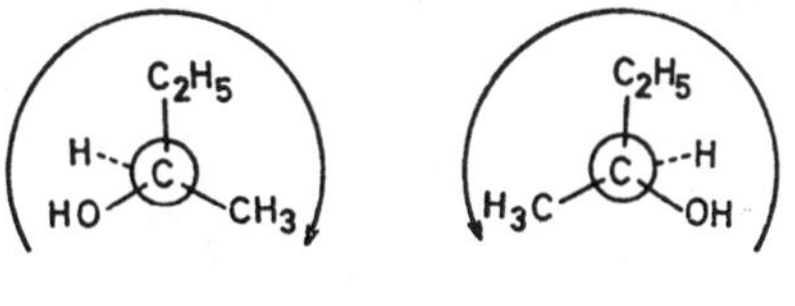

R-Form S-Form

Abb. 61: R,S-Konfiguration von Butan-2-ol

Wie das Beispiel **D-Cystein ≡ S-Cystein** zeigt, muß eine D(L)-Konfiguration in der Fischer-Nomenklatur *nicht* der R(S)-Konfiguration nach dem Cahn-Ingold-Prelog-System entsprechen [vgl. **MC-Fragen Nr. 271, 277**]. (Bei der Ermittlung der Konfiguration wurde die Regel angewandt, daß beim Tausch von 2 mal 2 Substituenten in der Fischer Projektion einer chiralen Substanz ein identisches Molekül erhalten wird. Zweckmäßigerweise wird dabei der Substituent niedrigster Priorität (4) mit der in der Projektionsformel unten stehenden Atomgruppe vertauscht.)

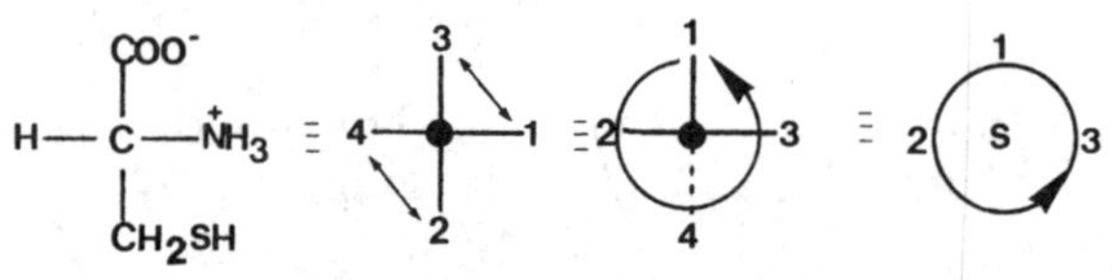

D-Cystein

Bei Vorliegen tetraedrischer Molekülformeln bietet sich zur Festlegung der Konfiguration folgende Vorgehensweise an [vgl. **MC-Fragen Nr. 274, 275**].

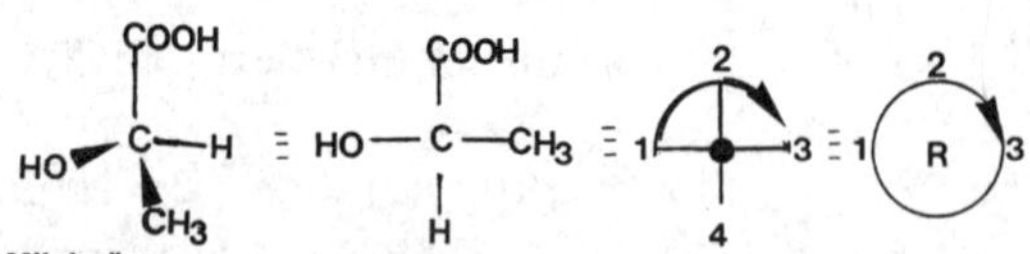

Milchsäure

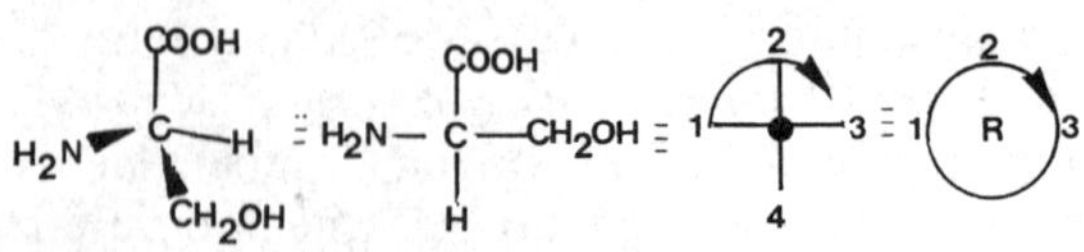

Serin

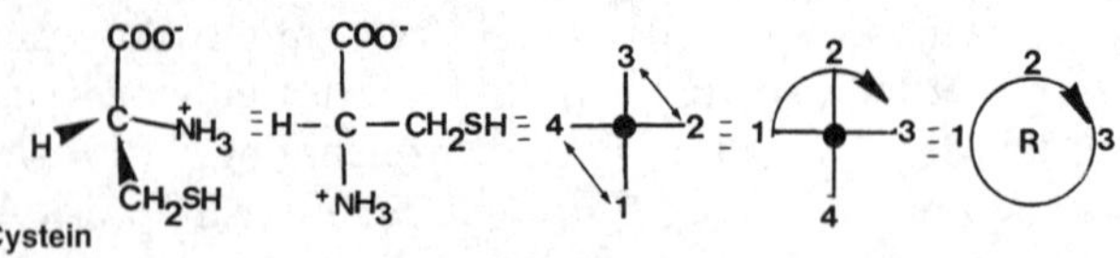

Cystein

Die Ermittlung der Konfiguration von Substanzen mit *mehreren Chiralitätszentren* soll am Beispiel des **2S,3S-Dichlorpentans** erläutert werden [vgl. **MC-Frage Nr. 276**].

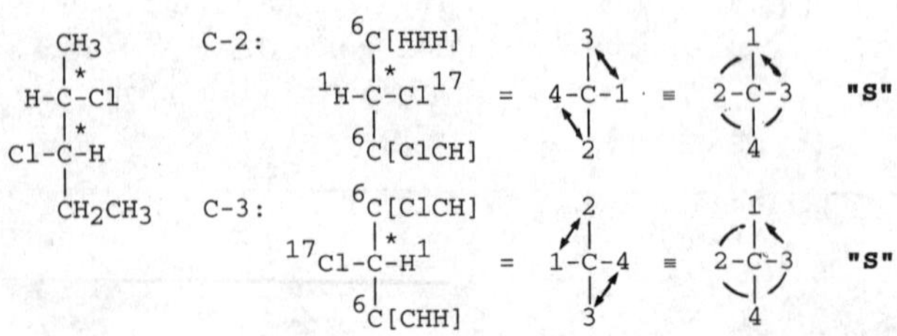

In ähnlicher Weise läßt sich auch die Konfiguration bei *chiralen Ringverbindungen* angeben. Zum Beispiel lautet für **Menthol** die Konfiguration der chiralen C-Atome nach dem Cahn-Ingold-Prelog-System: **1R, 3R, 4S** [vgl. **MC-Frage Nr. 278**].

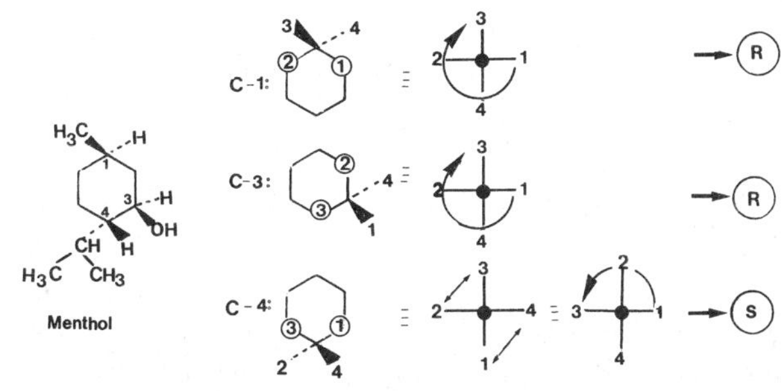

3.3.4.3 Absolute Konfiguration

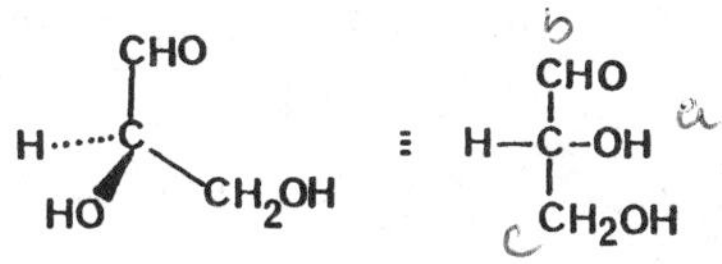

Die Zuordnung der hier nochmals in perspektivischer Darstellung und in der Fischer-Projektion gezeigten *D-Form* [R-Form] *des Glycerinaldehyds* [Prioritätsreihe: OH, CHO, CH_2OH, H] zum *rechtsdrehenden Isomer* dieser Verbindung geschah zunächst willkürlich.

Es konnte jedoch anhand der *Röntgenstrukturanalyse* für ein Enantiomer eines Salzes der L-Weinsäure [deren Beziehung zum D-Glycerinaldehyd bekannt war] bewiesen werden, daß diese Konfigurationszuordnung richtig war.

Damit ist für D-Glycerinaldehyd die *absolute Konfiguration* bekannt. Man kann nun für alle anderen Enantiomeren, deren relative, auf D-Glycerinaldehyd bezogene Konfiguration ermittelt wurde, die absolute Konfiguration angeben.

3.3.4.4 Nomenklatur von cis/trans-Isomeren [E/Z-System]

Die Kennzeichnung von geometrischen Isomeren mit *cis* und *trans* bzw. mit *syn* und *anti* erweist sich bei Vorliegen stark unterschiedlicher Substituenten als nicht ausreichend, zumal die cis/trans-Isomerie nicht auf C=C-Doppelbindungen beschränkt ist.

Es wurde deshalb zur Festlegung der Konfiguration vorgeschlagen, die Substituenten (a) bis (d) an einer Doppelbindung gemäß dem *Cahn-Ingold-Prelog-System* nach ihrer Priorität, d. h. nach abnehmender Ordnungszahl zu bewerten.

Wie Abb. 62 veranschaulicht, können bei cis/trans-Isomeren die beiden Substituenten mit der jeweils höheren Priorität auf der gleichen Seite bzw. auf verschie-

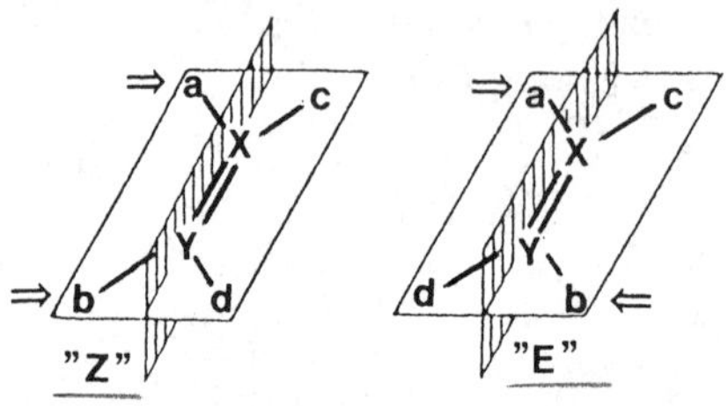

Abb. 62: Konfigurationszuordnung nach dem E/Z-System

denen Seiten der X=Y-Doppelbindung liegen. Die Konfiguration, in der die *Substituenten mit den höheren Prioritäten* auf derselben Seite liegen, bezeichnet man als **Z-Form** *(Z = zusammen)*, und die Konfiguration, in der sie sich diametral gegenüberstehen, wird **E-Form** *(E = entgegen)* genannt [vgl. **MC-Frage Nr. 324**].

Die Anwendung der *E/Z-Nomenklatur* zur Konfigurationsfestlegung von *Alkenen* sei am Beispiel des **1-Brom-1,2-dichlorethens** und des **1-Fluor-1,2-diiodethens** näher erläutert [vgl. **MC-Frage Nr. 308**]. Die vier Substituenten weisen gemäß ihren Ordnungszahlen folgende Rangfolge abnehmender Priorität auf: I, Br, Cl, F, H. (Die in [] gesetzten Zahlen geben die jeweiligen Prioritäten am betreffenden C-Atom an.)

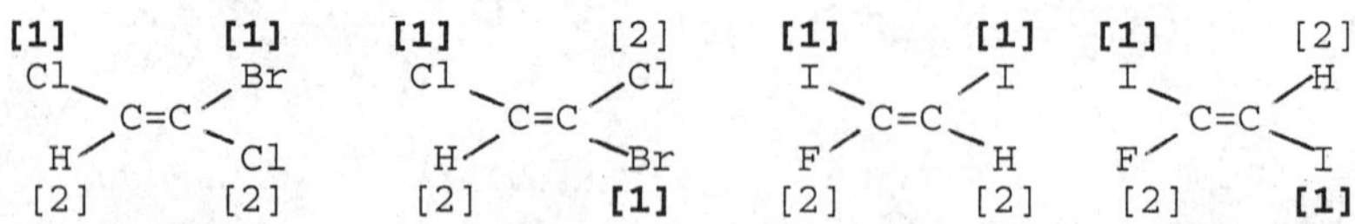

Z-Form **E-Form** **Z-Form** **E-Form**

1-Brom-1,2-dichlorethen **1-Fluor-1,2-diiodethen**

Das E/Z-System für Alkene wird durch die nachfolgenden Beispiele nochmals verdeutlicht [vgl. **MC-Fragen Nr. 309 – 311**].

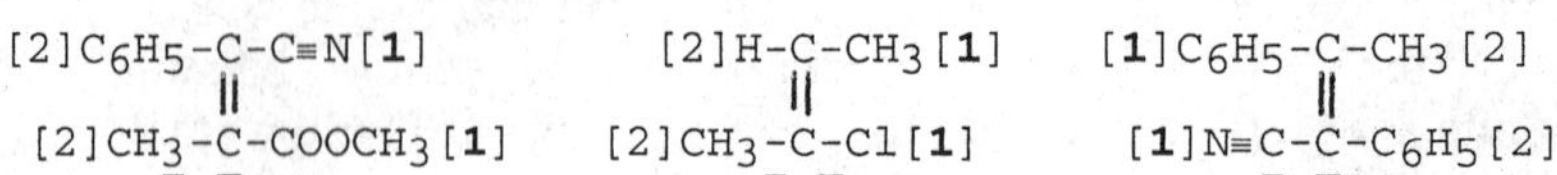

Z-Form **Z-Form** **Z-Form**

Auch Verbindungen mit C=N-Doppelbindungen können in E/Z-Formen existieren, wie dies z. B. die *Oxime* von Benzaldehyd und Acetophenon belegen [vgl. **MC-Fragen Nr. 312, 330, 333, 723, 1169**].

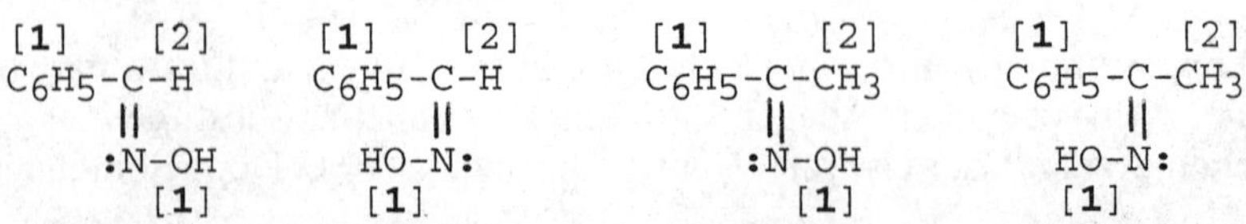

E-Form **Z-Form** **E-Form** **Z-Form**

Benzaldehydoxim **Acetophenonoxim**

3.3.5 Konformationsisomerie von Alkanen und Dienen

3.3.5.1 Konformere von Alkanen

Die Energiebarrieren für Rotationen um C-C-Einfachbindungen sind gering, so daß Alkane bei Raumtemperatur normalerweise als Gemische konformationsisomerer Strukturen vorliegen.

Betrachtet man zum Beispiel das **Ethan-Molekül**, so sollten im Prinzip die beiden Methylgruppen um die rotationssymmetrische σ-C-C-Bindung vollkommen frei beweglich sein. Bei einer solchen Drehung durchlaufen die Atome – wie Abb. 63 veranschaulicht – zwei ausgezeichnete Positionen, die als *ekliptische* [Diederwinkel: 0°] und *gestaffelte Konformation* [Diederwinkel: 60°] bezeichnet werden.

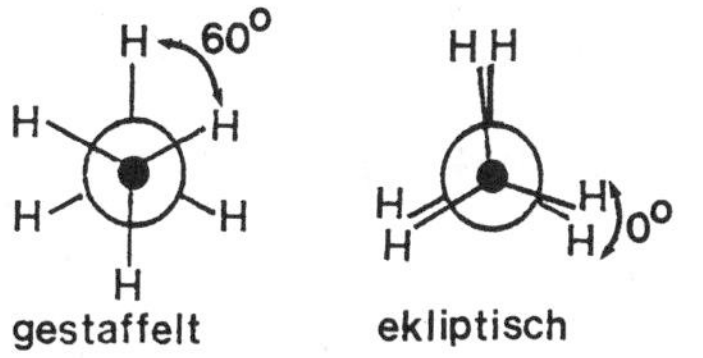

Abb. 63: Newman-Projektion der ekliptischen und gestaffelten Konformation des Ethans

Genauere Untersuchungen zeigten aber, daß die völlige freie Drehbarkeit um C-C-Einfachbindungen gewissen Einschränkungen unterliegt, und die einzelnen Konformationen des Ethans energetisch nicht gleichwertig sind. Wie Abb. 64 belegt, macht sich dies im Anstieg der potentiellen Energie bemerkbar, wenn man vom Diederwinkel der gestaffelten Konformation abweicht. *Die gestaffelte Konformation des Ethans ist um* ***12,6 kJ mol⁻¹*** *energieärmer als die ekliptische.* Nach neueren Befunden hat die Energiebarriere zwischen diesen beiden Extremkonformationen vor allem quantenchemische Ursachen. Partiell trägt auch die abstoßende räumliche Wechselwirkung der H-Atome zur Rotationsbarriere bei. [In der gestaffelten Konformation beträgt der H-H-Abstand 255 pm, in der ekliptischen nur 229 pm.]

Die Energiebarriere zwischen der gestaffelten und ekliptischen Konformation des Ethans, die bei der Rotation überwunden werden muß, ist aber so gering, daß die Energie der thermischen Bewegung ausreicht, die beiden Konformationen wechselseitig ineinander zu überführen. Allerdings nimmt selbst im Gaszustand ein Großteil der Ethan-Moleküle die gestaffelte Konformation ein. Im Kristallgitter des festen Ethans liegt ausschließlich die gestaffelte Konformation vor.

Im **Propan** bezieht sich die *Energiebarriere* auf die σ-C-C_2H_5-Bindung. Sie ist mit **14,6 kJ mol^{-1}** geringfügig größer als im Ethan. Wie Abb. 65 illustriert, ist die Konformation des Propans am stabilsten, bei der die Bindungen völlig gestaffelt angeordnet sind.

Im **n-Butan** unterscheiden sich die verschiedenen Konformationen um die zentrale σ-C^2-C^3-Bindung aufgrund der sterischen Wechselwirkungen der größeren Methylgruppen energetisch stärker voneinander als im Ethan.

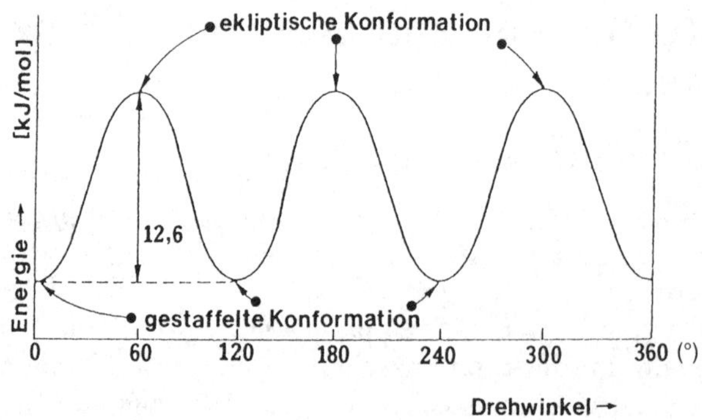

Abb. 64: Potentielle Energie des Ethans als Funktion des Drehwinkels um die σ-C-C-Bindung

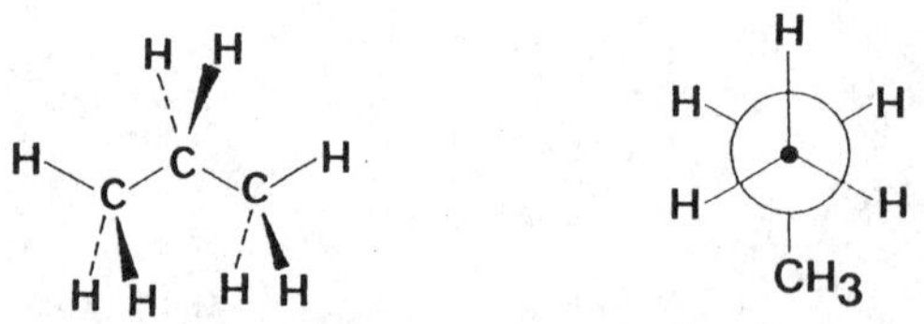

Abb. 65: Gestaffelte Konformation des Propans

Bezüglich der beiden mittleren C-Atome des Butans sind *drei gestaffelte Konformationen* möglich. Man bezeichnet sie als *anti-periplanare* (anti)- bzw. als *gauche-* oder *skew-Konformation.* Wie in Abb. 66 skizziert, ist die *anti-Konformation* (Diederwinkel: 180°), in der die beiden Methylgruppen am weitesten voneinander entfernt sind, um **3,8 kJ mol^{-1}** stabiler als die *zwei gauche-Konformationen* (Diederwinkel: 60°), in denen die Methylgruppen benachbart sind. [Statt der Bezeichnungen gauche/skew wird auch der Ausdruck syn-clinal verwendet (siehe Kap. 3.3.3.2).] Die genannten Konformationen besitzen keine Torsionsspannung. Bei Raumtemperatur besteht n-Butan aus einem Gemisch von **72%** an *anti-* und **28%** an *gauche-Konformeren.* Die Rotationsbarriere zwischen der anti- und den gauche-Konformationen beträgt **15,9 kJ mol^{-1}** [vgl. **MC-Fragen Nr. 331, 1149**].

Zu beachten ist, daß für Butan *zwei ekliptische (syn-periplanare) Konformationen* existieren. Eine – mit einer CH_3-H-Wechselwirkung – wird beim Übergang von der anti- in die gauche-Konformation durchlaufen; sie ist um 15,9 kJ mol^{-1} weniger stabil als die anti-Konformation. Die zweite – mit einer CH_3-CH_3-Wechselwirkung – zeigt sich als Rotationsbarriere bei der gegenseitigen Umwandlung der beiden gauche-Konformationen. Die höchste Energieschwelle von 18,8 kJ mol^{-1} ist dann zu überwinden, wenn die beiden Methylgruppen quasi aneinander „vorbeischwingen".

An Faktoren, die die *Stabilität einer Konformation* beeinflussen, sind zu nennen:

- Jede Abweichung vom „normalen" *Bindungswinkel* erzeugt eine *Winkelspannung.*
- Jede Abweichung aus der *gestaffelten Anordnung* führt zum Auftreten einer *Torsionsspannung.*

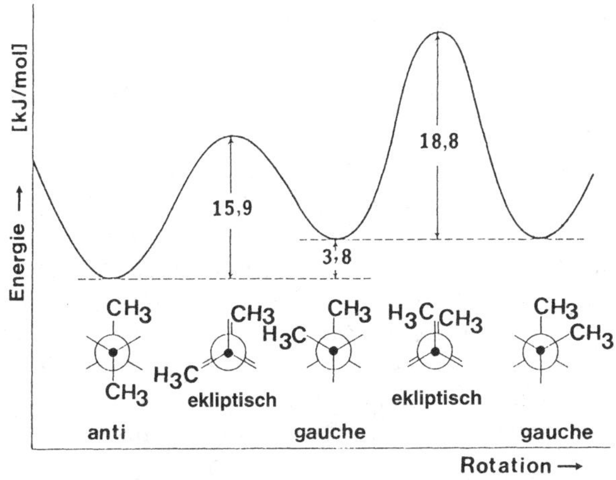

Abb. 66: Änderung der potentiellen Energie des Butans als Funktion des Drehwinkels um die C^2-C^3-Bindung

- Eine *Gruppenhäufung* ist von einer *van der Waals-Spannung* (Spannung durch sterische Abstoßung) begleitet.

Moleküle, die in Konformationen vorliegen, welche Energieminima entsprechen, bezeichnet man auch als Konformere. Vom Butan existieren somit drei Konformere, die anti- und die zwei gauche-Konformationen. Die beiden gauche-Konformationen sind enantiomer zueinander, d. h., sie verhalten sich wie Bild zu Spiegelbild. Zusammen bilden sie ein Racemat, dessen Komponenten sich rasch ineinander umwandeln. Die anti-Konformation ist ein achirales Diastereomer der beiden gauche-Formen.

Bei *höheren Alkanen* sind noch mehr ausgezeichnete Konformationen möglich als beim n-Butan. Wie Röntgenstrukturanalysen beweisen, treten im festen Zustand nur gestreckte, *zickzackförmige Ketten* auf, wobei die H-Atome durchwegs in *anti-Stellung* zueinander stehen.

3.3.5.2 Konformationen des Butadiens

Bezüglich der Rotation um die zentrale C-C-Einfachbindung sind beim Butadien *zwei ebene Konformationen* bevorzugt, die man als *transoide* und *cisoide Form* bezeichnet. Die Rotationsbarriere beträgt ca. **20,5 kJ mol^{-1}**. Bei Raumtemperatur liegt der überwiegende Teil der Moleküle in der um **9,6 kJ mol^{-1}** energieärmeren transoiden Konformation vor [vgl. **MC-Frage Nr. 266**].

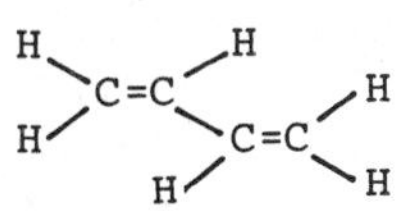

transoid

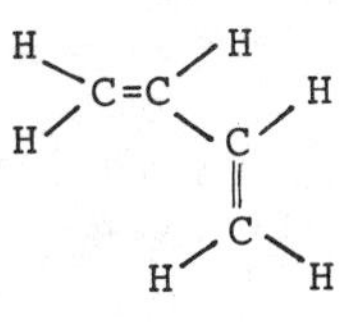

cisoid

3.3.6 Stereochemie von Cycloalkanen

3.3.6.1 Ringstabilität und Baeyersche Spannungstheorie

Aufgrund ihrer unterschiedlichen Bildungstendenz und anderer struktureller und chemischer Besonderheiten ist es zweckmäßig, *Cycloalkane* in *„kleine"* Ringe mit 3 und 4 Gliedern, in *„normale"* mit 5–7, in *„mittlere"* mit 8–12 und in *„große"* Ringe mit 13 und mehr Gliedern (C-Atomen) zu unterteilen.

Baeyer hat nun als Erster versucht, eine Erklärung für die unterschiedliche Bildungstendenz und Stabilität von Cycloalkanen in Abhängigkeit von ihrer Ringgröße zu finden. Er nahm *irrtümlicherweise* an, alle Ringe seien eben gebaut und machte dann die auftretende *Ringspannung* – infolge beträchtlich vom Tetraederwinkel (109,5°) abweichender Bindungswinkel *(Deformation der Bindungswinkel)* – *allein* für die mangelhafte Stabilität eines Ringsystems verantwortlich.

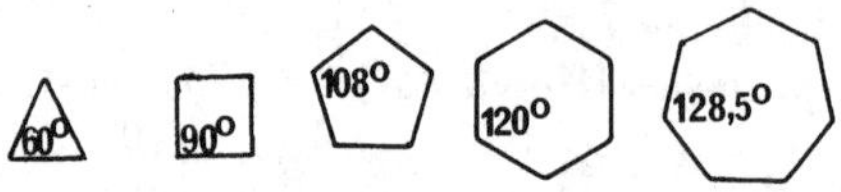

Besonders klein sind die Bindungswinkel beim **Cyclopropan** und **Cyclobutan**. Deshalb sind diese Ringsysteme gespannt und weniger stabil als **Cyclopentan**, für das Baeyer eine maximale Stabilität postulierte. Für größere Ringe – wie **Cyclohexan** oder **Cycloheptan** - müßte man wiederum eine Abnahme der Stabilität aufgrund gespreizter Bindungswinkel erwarten. Dies ist nicht korrekt, da Cyclohexan und Cycloheptan in etwa die gleiche Stabilität besitzen wie Cyclopentan. Die *Theorie der Ringspannung* hat daher *nur bei kleinen Ringen* eine gewisse Berechtigung [vgl. **MC-Frage Nr. 290**].

Brauchbare Hinweise über die *Stabilität von Cycloalkanen* erhält man aus ihren in Tabelle 33 aufgelisteten *Verbrennungswärmen* (vgl. auch Kap. 3.1.7.4). Diese sind umso höher, je energiereicher die betreffenden Bindungen sind [vgl. **MC-Frage Nr. 342**].

Bei offenkettigen, unverzweigten *Alkanen* findet man eine Verbrennungswärme von 658,6 kJ mol^{-1} pro CH_2-Gruppe. Für **Cyclohexan** und Ringsysteme mit mehr als zwölf C-Atomen ergibt sich annähernd der gleiche Wert. Sie sind im Hinblick auf ihre Stabilität mit geradkettigen Alkanen vergleichbar. Der Cyclohexanring in der Sesselkonformation ist frei von jeglicher Ringspannung, und Cycloalkane mit mehr als zwölf Ringgliedern stellen im Grunde genommen Paraffinketten dar, deren Enden spannungsfrei zu einem Ring geschlossen sind.

Tab. 33: Verbrennungswärmen von Cycloalkanen pro CH_2-Gruppe [in kJ mol^{-1}]

Cyclopropan	697,1	Cyclohexan	658,6
Cyclobutan	686,2	Cycloheptan	662.3
Cyclopentan	664,0	Cyclooctan	663,6

3.3.6.2 Pitzer-Spannung in Cycloalkanen

Neben der Ringspannung tragen auch *abstoßende Wechselwirkungen zwischen ekliptischen H-Atomen* (bzw. anderen Substituenten) zur *Destabilisierung kleiner Ringe* bei. Diese *konformative Spannung* wird als **Pitzer-Spannung** bezeichnet [vgl. **MC-Fragen Nr. 288–290**].

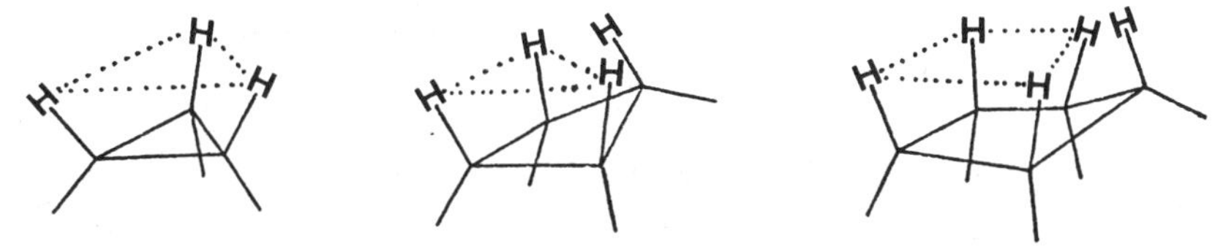

Cyclopropan Cyclobutan Cyclopentan

Das Ringgerüst des **Cyclopentans** ist *nicht eben* gebaut. Zwar wäre die Ringspannung in einer ebenen pentagonalen Ringstruktur (Bindungswinkel: 108°] gering, jedoch wären dann alle Wasserstoffatome ekliptisch angeordnet, was eine erhöhte Pitzer-Spannung zur Folge hätte. Der Cyclopentanring ist leicht gebogen, d. h. vier C-Atome liegen nahezu in einer Ebene und ein C-Atom ragt etwas aus dieser Ringebene heraus (Gestalt eines „Briefumschlags"). In diesem dynamisch veränderlichen *Envelop-Konformer* ist die Pitzer-Spannung erheblich reduziert und die Ringspannung nur geringfügig vergrößert. Das Envelop-Konformer steht mit einer Halbsessel-Form im Gleichgewicht [vgl. **MC-Frage Nr. 287**].

Aus dem gleichen Grund liegt auch **Cyclobutan** unter Normalbedingungen in einer *nicht-ebenen Konformation* vor. Eine CH_2-Gruppe ist mit einem Winkel von etwa 25° aus der Ebene der drei restlichen CH_2-Gruppen herausgehoben. Die durch den gewellten Bau erhöhte Winkelspannung wird durch die verminderte Pitzer-Spannung mehr als kompensiert [vgl. **MC-Frage Nr. 286**]. Der C-C-Abstand im Cyclobutan beträgt 157 pm und ist etwas größer als in einem Alkan (154 pm).

Die Pitzer-Spannung tritt besonders stark beim **Cyclopropan** in Erscheinung, weil die Abstoßung zwischen den ekliptischen Wasserstoffen durch Deformation von Bindungswinkeln nur in geringem Maße gemindert werden kann. Aus rein geometrischen Gründen wäre für Cyclopropan ein CCC-Bindungswinkel von 60° zu erwarten. Bei linear überlappenden sp^3-Hybrid-AO müßte sich ein Winkel von 109,5° ergeben. Elektronenbeugungsaufnahmen von Cyclopropan zeigen aber, daß die drei C-Atome einen Winkel von 104° einschließen und die H-C-H-Bindungen einen Winkel von etwa 116° bilden.

Aufgrund dieser Befunde besitzen die C-Atome des Cyclopropans keinen reinen sp^3-Hybridcharakter. Man nimmt an, wie Abb. 67 illustriert, daß die Überlappung der sp^3-AO nicht linear, sondern in gebogener Weise erfolgt. Man spricht von *bananenartig gebogenen τ-Bindungen.* Die daraus resultierende verminderte Bindungsstärke und erhöhte Ringspannung im Cyclopropan zeigt sich auch an dessen relativ hoher Reaktivität (vgl. Kap. 3.4.5.2). Der C-C-Abstand im Cyclopropan ist mit 152 pm etwas kürzer als der von σ-C-C-Bindungen (154 pm) und weist auf einen erhöhten p-Charakter der C-Hybridatomorbitale hin.

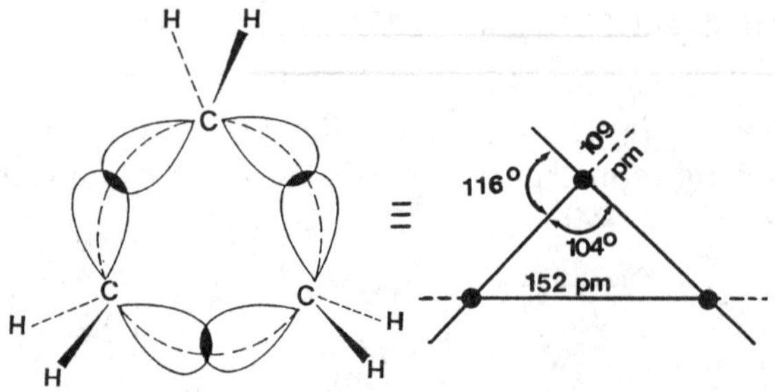

Abb. 67: Orbitalmodell des Cyclopropans mit gebogenen Bindungen

3.3.6.3 Konformationen des Cyclohexans

Konformationsisomerie wird auch beim **Cyclohexan**, der wichtigsten carbocyclischen Verbindung beobachtet. Die *stabilste Konformation* des nicht eben gebauten Cyclohexanringes ist die Sesselform, in der weder Baeyer- noch Pitzer-Spannung auftreten. Dieses *Konformer* besitzt eine dreizählige Symmetrieachse und die sechs, sp^3-hybridisierten C-Atome des Ringes sind alternierend in zwei parallelen Ebenen mit jeweils drei C-Atomen angeordnet. Wie Abb. 68 zeigt, nehmen alle Wasserstoffatome eine gestaffelte Konformation ein und die Bindungswinkel entsprechen in etwa dem Tetraederwinkel.

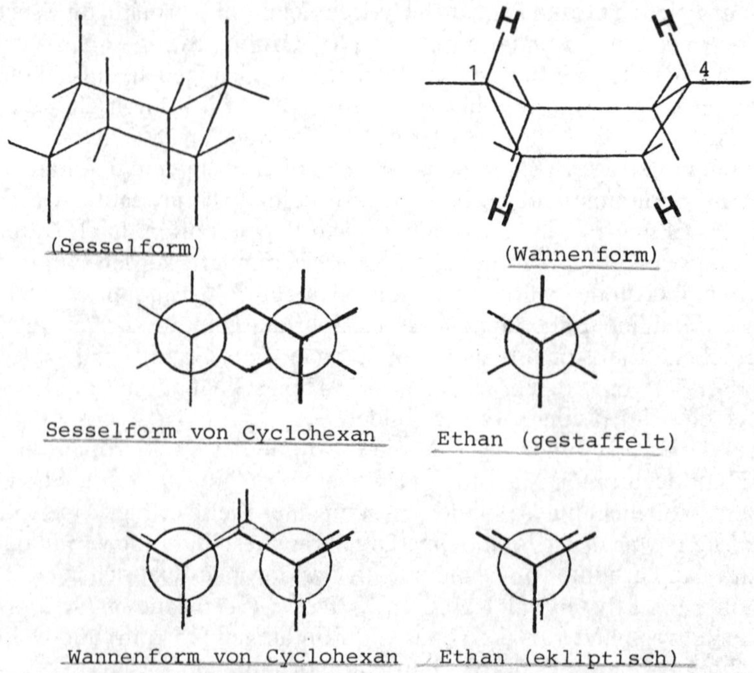

Abb. 68: Perspektivische Darstellung und Newman-Projektion von Konformationen des Cyclohexans und Ethans

Die Sesselform des Cyclohexans kann in die **Wannenform** umgewandelt werden, wobei eine **Halbsesselform** durchlaufen wird und, wie in Abb. 69 dargestellt, eine Energiebarriere von **46 kJ mol^{-1}** zu überwinden ist.

Die *Wannenform* ist frei von klassischer Ringspannung durch Winkeldeformation. Allerdings tritt *Pitzer-Spannung* als Folge der ekliptisch angeordneten, seitlichen H-Atome auf [vgl. **MC-Frage Nr. 288**]. Darüber hinaus kommen die beiden nach innen gerichteten Wasserstoffe an C-1 und C-4 einander relativ nahe, so daß sich ihre van der Waals-Radien überschneiden und eine gewisse Abstoßung eintritt. [Der Abstand der beiden H-Atome beträgt etwa 180 pm, die Summe der van der Waals-Radien zweier H-Atome ca. 240 pm.]

Pitzer-Spannung und *van der Waals-Abstoßung* führen dazu, daß die Wannenform um rund **29 kJ mol^{-1}** energiereicher ist als die Sesselkonformation.

In der Wannenform können sowohl Pitzer-Spannung als auch van der Waals-Abstoßung durch eine leichte Verzerrung der Moleküle gemindert werden, wobei die Wannenform in die **Twist-Form** übergeht. Diese ist um etwa **6 kJ mol^{-1}** energieärmer als die Wannenform, stellt also ein *Konformer* dar. Die Twist-Form ist

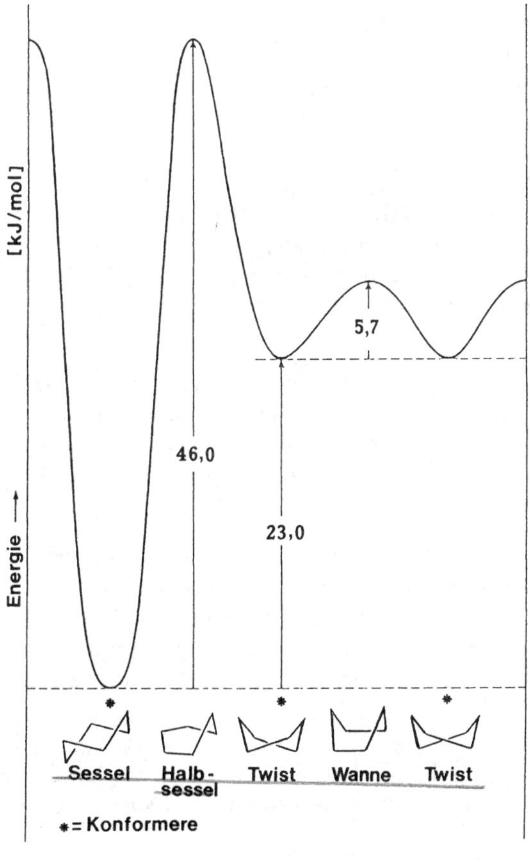

Abb. 69: Potentielle Energie des Cyclohexans in Abhängigkeit von seinen Konformationen

aber um ca. **23 kJ mol^{-1}** weniger stabil als die Sesselform, so daß normalerweise der *Cyclohexanring ausschließlich in der Sesselkonformation vorliegt* [vgl. **MC-Fragen Nr. 290, 291, 342**].

In der Sesselform hat man nach ihrer Orientierung zwei verschiedene Arten von C-H-Bindungen zu unterscheiden. Zum einen können die *Bindungen* weitgehend parallel zur dreizähligen Symmetrieachse angeordnet sein und zwar drei C-H-Bindungen oberhalb und drei unterhalb der Ringebene. Diese Bindungen nennt man *axial* (abgekürzt „**a**"). Die restlichen sechs C-H-Bindungen liegen unter einem Winkel von rund 70° mehr oder weniger in der Ringebene. Sie werden als *äquatorial* (abgekürzt „**e**") bezeichnet.

Wird nun eines der H-Atome im Cyclohexan durch ein anderes Atom oder eine andere Atomgruppe ersetzt, so kann der Substituent (R) axial oder äquatorial angeordnet sein.

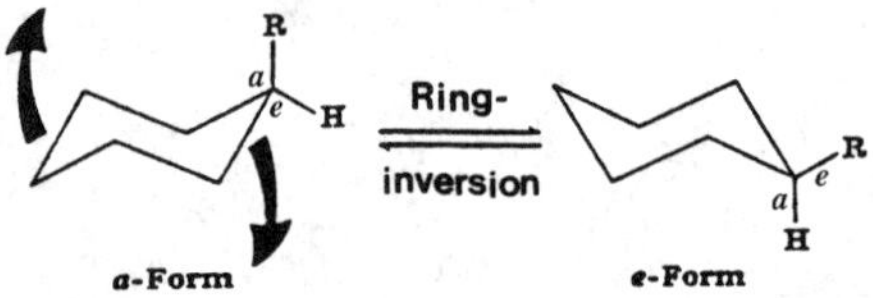

Cyclohexan besitzt aber eine dynamisch veränderbare Struktur. Die gemeinsame Rotation um die C-C-Bindungen überführt die eine Sesselkonformation in eine zweite. Beim „Umklappen" des Ringes in die zweite Sesselform, bei der eine flexible Wannenform durchlaufen wird, findet gleichzeitig auch ein Wechsel in der Stellung der Substituenten statt. *Aus allen axialen Substituenten werden äquatoriale, und alle äquatoriale Gruppen nehmen danach eine axiale Position ein* [vgl. **MC-Fragen Nr. 266, 281, 334**]. Die Energiebarriere von ca. 46 kJ mol^{-1} für die Inversion beider Sesselformen kann durch die Energie der thermischen Bewegung überwunden werden, so daß beide Konformere miteinander im *Gleichgewicht* stehen und bei Raumtemperatur *nicht* als Reinsubstanzen isolierbar sind.

Monosubstituierte Cyclohexan-Derivate treten in zwei diastereomeren Sesselformen auf, in denen der Substituent axial bzw. äquatorial angeordnet ist. Man bezeichnet sie als a-Form bzw. e-Form. Über eine gemeinsame flexible Wannenform können beide Isomere ineinander umgewandelt werden.

Die relative *Stabilität* beider Isomeren hängt u. a. von der Art des Substituenten ab. Bei Alkyl-substituierten Cyclohexan-Derivaten ist das *e-Isomer* um etwa 7 – 19 kJ mol^{-1} *stabiler* als das a-Isomer, wobei die Energiedifferenz mit der Größe der Alkylgruppe zunimmt. Zum Beispiel existiert **Methylcyclohexan** bei Raumtemperatur als ein Gleichgewichtsgemisch zweier Konformerer mit 95% in der e-Form und nur 5% in der a-Form.

Ursache für diese Stabilitätsunterschiede ist die abstoßende Wechselwirkung zwischen einer axialen Alkylgruppe an C-1 und den H-Atomen an C-3 und C-5 *(1.3-diaxiale Wechselwirkung),* die sich vor allem bei voluminösen Substituenten bemerkbar macht.

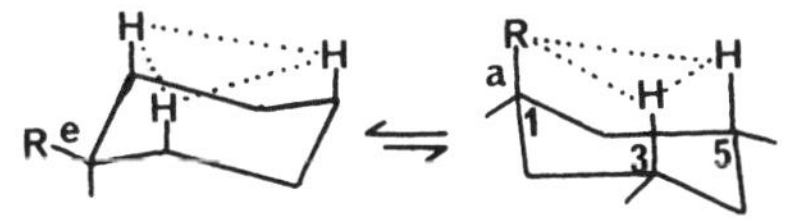

Bei *mehrfach-substituierten Cyclohexan-Derivaten* ist die Sesselkonformation am stabilsten, bei der möglichst viele, und zwar vor allem große Substituenten eine äquatoriale Lage einnehmen.

Die geringere sterische Behinderung der äquatorialen Position zeigt sich auch in der Reaktivität dieser Verbindungen. So lassen sich z. B. äquatoriale Hydroxylgruppen leichter verestern als axiale und umgekehrt sind Ester des Typs II wesentlich rascher zu verseifen als solche des Typs I [vgl. **MC-Fragen Nr. 80, 81**].

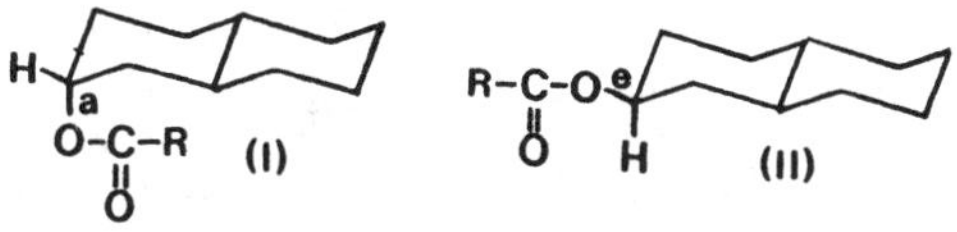

Zusammenfassend läßt sich über die Stereochemie des Cyclohexans und seiner Derivate ausführen, daß
- die Sesselkonformationen stabiler sind als die Twist-Formen,
- die stabilsten Konformationen jene sind, in denen die größten Substituenten äquatorial stehen. Die äquatoriale Lage ist umso mehr bevorzugt, je voluminöser ein Substituent ist.

3.3.7 Spiegelbildisomerie mit zentraler Chiralität

3.3.7.1 Moleküle mit asymmetrischem Kohlenstoff

Die organische Chemie kennt eine Reihe von Verbindungen, wie z. B. **Benzil** [C_6H_5-CO-CO-C_6H_5], deren optische Aktivität an die Kristallstruktur gebunden ist. In der Regel ist jedoch das optische Drehvermögen eine Eigenschaft, die von der Struktur und nicht vom Aggregatzustand der betreffenden Substanz abhängt.

Die Voraussetzungen für das Auftreten enantiomerer Molekülstrukturen wurden bereits in Kap. 3.3.1.3 vorgestellt. Bei den weitaus meisten Enantiomeren ist die Ursache der Chiralität ein Kohlenstoffatom, das mit *vier unterschiedlichen Liganden* substituiert ist *(asymmetrisches C-Atom, Asymmetriezentrum, Chiralitätszentrum)* [vgl. **MC-Fragen Nr. 249, 251, 253, 254, 256–258**]. Im Prinzip reichen bereits isotope Substitutionsunterschiede aus, um Chiralität zu erzeugen. So ist beispielsweise **(1-D)-Ethanol** [H_3C-CHD-OH] eine optisch aktive Substanz. [Es ist üblich, ein asymmetrisch substituiertes C-Atom in Strukturformeln durch einen * zu kennzeichnen.]

Darüber hinaus existieren jedoch eine ganze Reihe optisch aktiver Verbindungen *ohne* asymmetrisches C-Atom und es gibt viele Substanzen, die zwar chirale C-Atome enthalten, aber trotzdem nicht optisch aktiv sind (siehe Kap. 3.3.1.4 und 3.3.7.4).

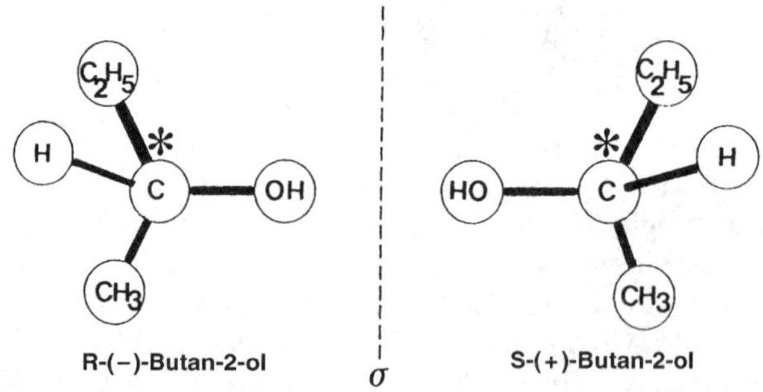

Abb. 70: Konfigurationen des Butan-2-ol

Das Vorhandensein von asymmetrisch substituierten C-Atomen ist weder eine notwendige noch ausreichende Bedingung für das Auftreten von Chiralität [vgl. **MC-Frage Nr. 232**].

Die in Abb. 70 dargestellten Raumstrukturen des **Butan-2-ol** zeigen deutlich, wie das Vorhandensein eines Chiralitätszentrums zwei spiegelbildliche Isomere zur Folge hat, die eine nicht miteinander zur Deckung zu bringende Konfiguration besitzen. [Zur *Nomenklatur* chiraler Substanzen siehe Kap. 3.3.4; zur *graphischen Darstellung* von Spiegelbildisomeren siehe Kap. 3.3.3.]

3.3.7.2 Prochiralität (Enantiotopie, Diastereotopie)

Viele Substanzen enthalten identische Atome, die zwar an dasselbe C-Atom gebunden sind, sich aber in ihrer *Topologie* unterscheiden. Führt man z. B. die Substitution eines H-Atoms am C-1 (bzw. am C-3) des **1,3-Dichlorpropans** durch, so entsteht ein chirales Molekül und man erhält ein Racemat.

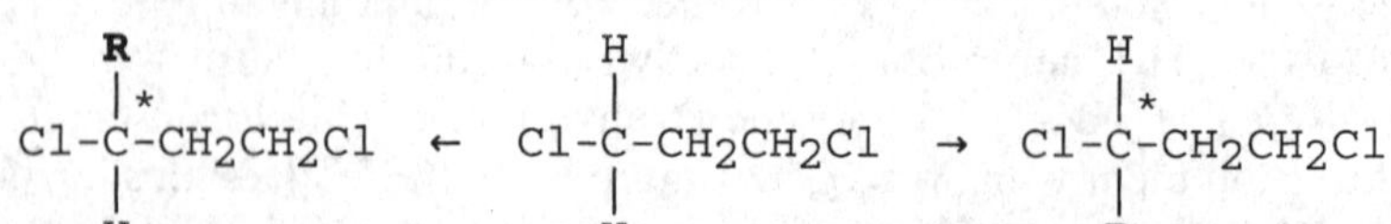

Die Wasserstoffe an C-1 oder C-3 sind zwar chemisch, nicht aber topologisch äquivalent. Man bezeichnet sie als *heterotop* oder *enantiotop*, weil Enantiomere als Substitutionsprodukte gebildet werden.

Würde man die gleiche Reaktion am C-2 des 1,3-Dichlorpropans durchführen, resultierten daraus identische Moleküle. Die Wasserstoffatome an C-2 sind also chemisch und topologisch äquivalent *(homotop)*.

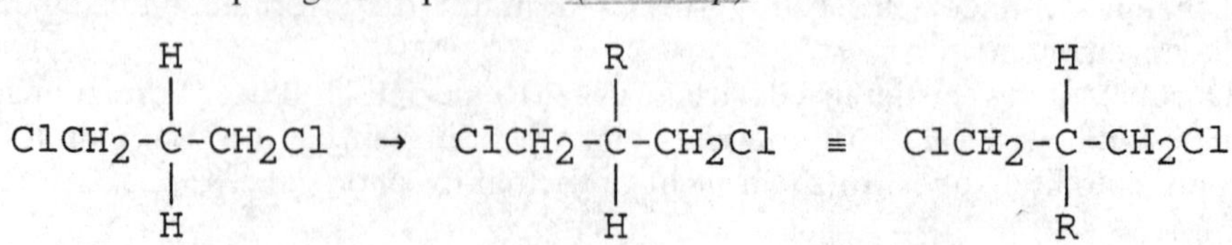

1,3-Dichlorpropan ist also bezüglich C-1 und C-3 *prochiral* und beide Kohlenstoffatome werden als ein *Prochiralitätszentrum* bezeichnet. Ganz allgemein ist jedes Molekül oder jede Struktur prochiral, die eine, und zwar nur *eine Symmetrieebene* besitzt. Die Symmetrieebene teilt dabei das Molekül in zwei Hälften, die nicht miteinander zur Deckung gebracht werden können [vgl. **MC-Fragen Nr. 246–248**].

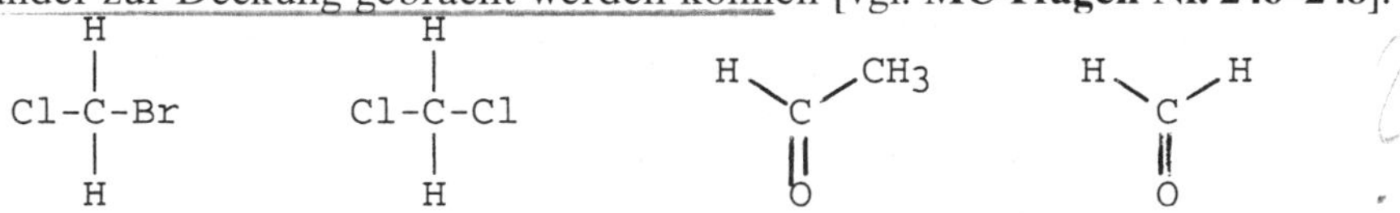

prochiral nicht prochiral prochiral nicht prochiral

Die nachfolgenden Reaktionen an *Alkenen* und unsymmetrischen *Carbonylverbindungen* sollen den Begriff der Prochiralität nochmals verdeutlichen.

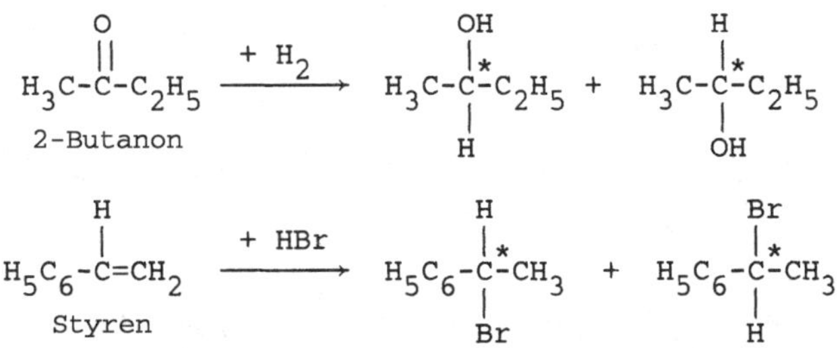

Diastereotope Gruppen liegen vor, wenn sich bei Reaktionen an chemisch äquivalenten Atomen oder Atomgruppen Diastereomere ergeben. Beispielsweise sind die beiden H-Atome am C-3 der **S-2-Aminobuttersäure** diastereotop, weil bei ihrer Substitution diastereomere Produkte entstehen können.

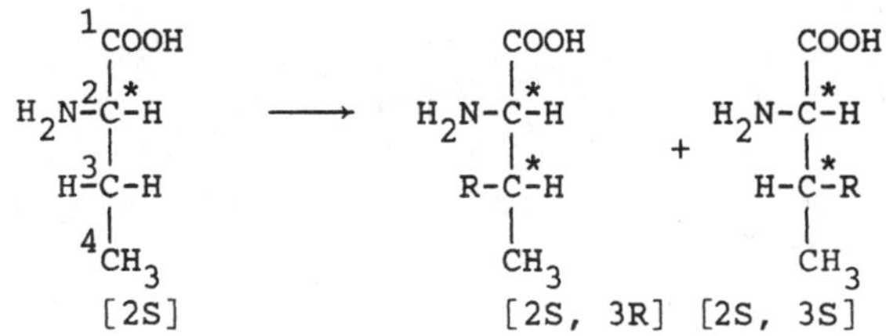

3.3.7.3 Moleküle mit mehreren Chiralitätszentren, Diastereomerie

Bei Substanzen mit *einem* asymmetrischen C-Atom existiert *nur ein Enantiomerenpaar.* Enthält ein Molekül mehrere Chiralitätszentren, so wächst die Zahl der möglichen Stereoisomeren. *Bei n Asymmetriezentren sind 2^n optische Isomere zu erwarten,* sofern darunter keine Verbindungen sind, die eine Symmetrieebene enthalten und *meso-Formen* darstellen. Die **2^n-Regel** setzt voraus, daß die n Chiralitätszentren *nicht gleichartig* substituiert sind.

Für eine Verbindung mit n Chiralitätszentren wird die Anzahl der maximal möglichen Stereoisomeren durch den Ausdruck 2^n wiedergegeben. Die Zahl der Stereoisomeren reduziert sich, wenn meso-Formen auftreten.

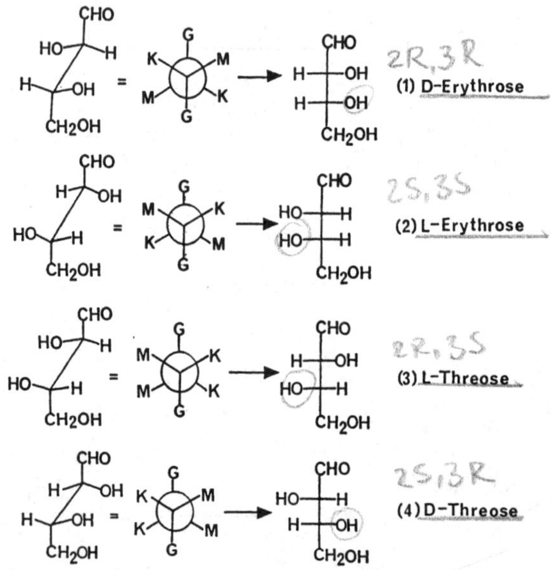

Abb. 71: Sägebock, Newman- und Fischer-Projektion von Tetrosen [In der Newman-Projektion sind die Substituenten mit G (groß), M (mittel) und K (klein) gekennzeichnet. Nach dem CIP-System entspricht (1) dem 2R,3R-, (2) dem 2S,3S-, (3) dem 2R,3S- und (4) dem 2S,3R-Isomer.]

Als einfaches Beispiel für stereoisomere Substanzen mit *zwei Chiralitätszentren* seien die in Abb. 71 gezeigten **Tetrosen** genannt [vgl. Kap. 3.16.1 und **MC-Fragen Nr. 262, 269, 1183**].

Von den vier stereoisomeren Tetrosen bilden jeweils zwei ein *Enantiomerenpaar,* nämlich (1) und (2) sowie (3) und (4). Alle anderen Beziehungen sind *diastereomer* [(1) und (3), (1) und (4), (2) und (3) sowie (2) und (4)]. Die möglichen stereoisomeren Beziehungen für Substanzen mit zwei ungleichen chiralen Atomen sind nochmals in Abb. 72 zusammengefaßt.

Die nachfolgend vorgestellten Strukturformeln sollen nochmals die Anwendung der 2^n-Regel an ausgewählten Beispielen verdeutlichen [vgl. **MC-Fragen Nr. 245, 251, 257, 943, 945**].

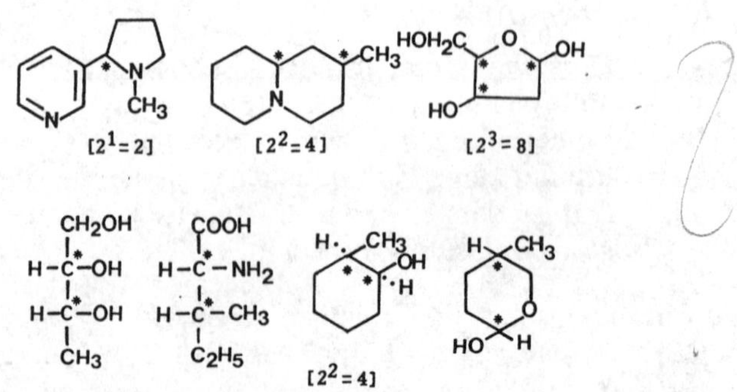

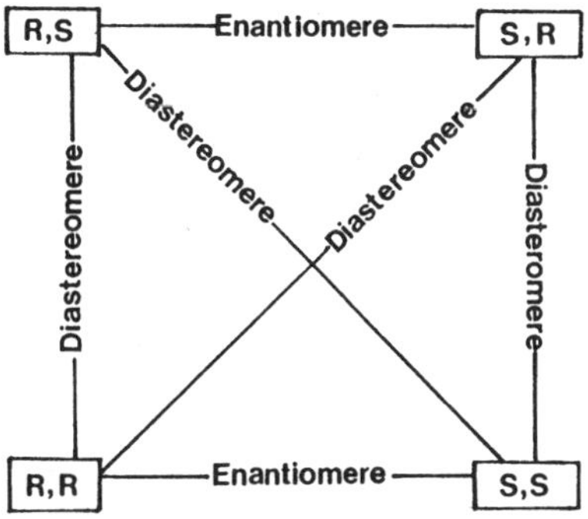

Abb. 72: Stereoisomere Beziehungen für eine Substanz mit zwei ungleichen Chiralitätszentren

3.3.7.4 Erythro-, threo- und meso-Formen, Epimere

Die Vorsilben *„erythro"* und *„threo"* werden häufig zur Kennzeichnung von Diastereomeren mit *zwei benachbarten asymmetrischen C-Atomen* benutzt, an denen zwei gleiche oder zumindest ähnliche Substituenten vorhanden sind. Liegen diese in der Fischer-Projektion auf der gleichen Seite, handelt es sich um die **erythro-Form**, befinden sie sich auf verschiedenen Seiten der Hauptkette, spricht man von der **threo-Form** [vgl. **MC-Fragen Nr. 269, 270, 1164**].

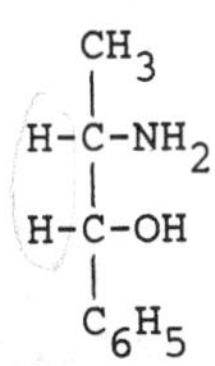

(erythro-Form) ;

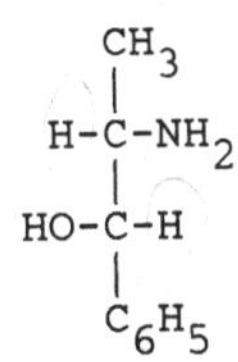

(threo-Form)

Norephedrin **Norpseudoephedrin**

Die Zahl der möglichen Stereoisomeren reduziert sich, wenn die Substanz *gleichartig substituierte Chiralitätszentren* enthält. Das bekannteste Beispiel hierfür ist die **Weinsäure** (**2,3-Dihydroxybernsteinsäure**), die in der rechtsdrehenden und linksdrehenden Form, als inaktives Racemat (**Traubensäure**) sowie in der gleichfalls inaktiven *meso-Form* auftreten kann [vgl. **MC-Fragen Nr. 243, 254, 1190**]. Ei-

Tab. 34: Eigenschaften der 2,3-Dihydroxybernsteinsäuren

Isomer	Spez.Drehung (in Wasser)	Schmp. (°C)	Löslichkeit in Wasser (g/100g)
(+)-Form	+ 11,98°	170	147 (bei 25 °C)
(−)-Form	− 11,98°	170	147 (bei 25 °C)
(±)-Racemat	inaktiv	205	25 (bei 25 °C)
meso-Form	inaktiv	140	120 (bei 15 °C)

nige Eigenschaften dieser Substanzen sind in Tabelle 34 zusammengestellt.

Die drei stereoisomeren Weinsäuren lassen sich durch folgende Fischer-Projektionsformeln beschreiben:

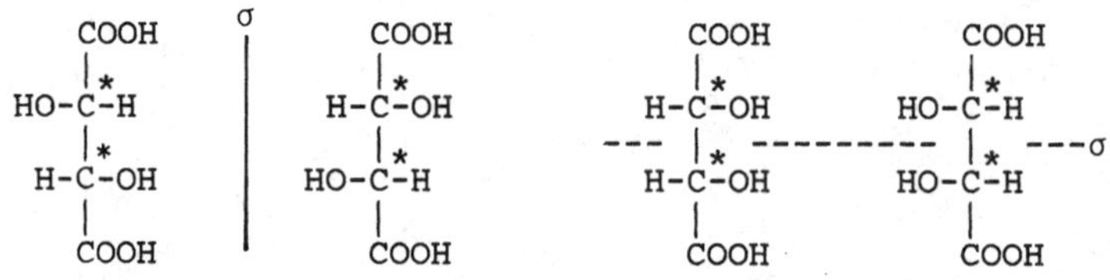

D(−)-Weinsäure [2S, 3S] | L(+)-Weinsäure [2R, 3R] | meso-Weinsäure (optisch inaktiv)

D(−)- und **L(+)-Weinsäure** sind chiral (enantiomer). Die zu beiden Isomeren diastereomeren Strukturen sind identisch, da die Konfiguration des Moleküls durch eine Drehung der Formel um 180° in der Projektionsebene *nicht* verändert wird. Das Molekül besitzt eine *Symmetrieebene* und wird **meso-Weinsäure** genannt [vgl. **MC-Fragen Nr. 232, 243, 254, 261, 326–328, 1182, 1190**].

Allgemein benutzt man das Präfix *„meso"* zur Kennzeichnung des optisch inaktiven Isomers einer Verbindung, die noch in optisch aktiven Strukturen auftreten kann. Die folgenden Beispiele sollen den Begriff der meso-Form nochmals verdeutlichen [vgl. **MC-Fragen Nr. 255, 257**].

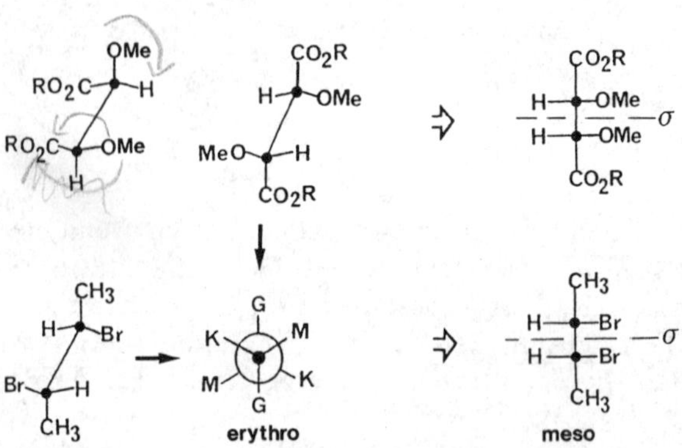

Moleküle mit mehreren chiralen C-Atomen, die sich nur in der Konfiguration an *einem* C-Atom unterscheiden werden *Epimere* genannt. Epimere sind somit Diastereomere. Unter *Epimerisierung* versteht man dann die Konfigurationsumkehr an nur *einem* asymmetrisch substituierten C-Atom in einem Molekül mit mehreren Chiralitätszentren. Ein Beispiel hierfür ist die Umwandlung von **D-Glucose** in **D-Mannose** (vgl. auch Kap. 3.16.3.2).

D-Glucose 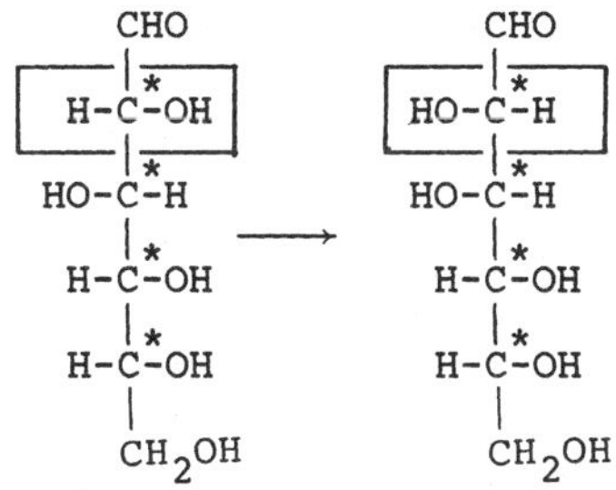 D-Mannose

Weitere Beispiele für Epimere sind D-Erythrose/L-Threose und L-Erythrose/D-Threose.

3.3.7.5 Chiralität alicyclischer Ringsysteme

Monosubstituierte Cycloalkane, auch solche mit einer exocyclischen Doppelbindung, besitzen *stets* eine Spiegelebene und sind *achiral.* Dies gilt allerdings nicht für monosubstituierte *Cycloalken-Derivate.* Auch (geminal) *1.1-disubstituierte Cycloalkane* sind *achiral* [vgl. **MC-Fragen Nr. 252, 253, 255, 258, 1150**].

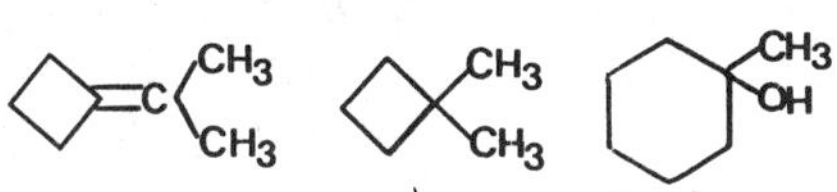

achiral

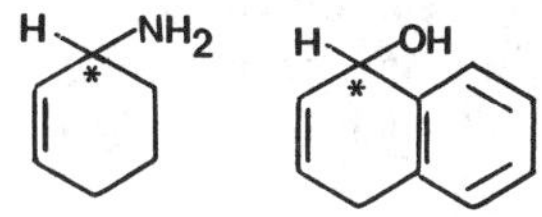

chiral

Ein (nicht geminal) *disubstituiertes Cycloalkan* mit einer *ungeraden Anzahl von Ring-C-Atomen,* wie z. B. Cyclopropan- oder Cyclopentan-Derivate, mit *zwei unterschiedlichen Substituenten* besitzt zwei chirale Atome und existiert in vier optisch isomeren Formen (zwei zueinander diastereomere Enantiomerenpaare).

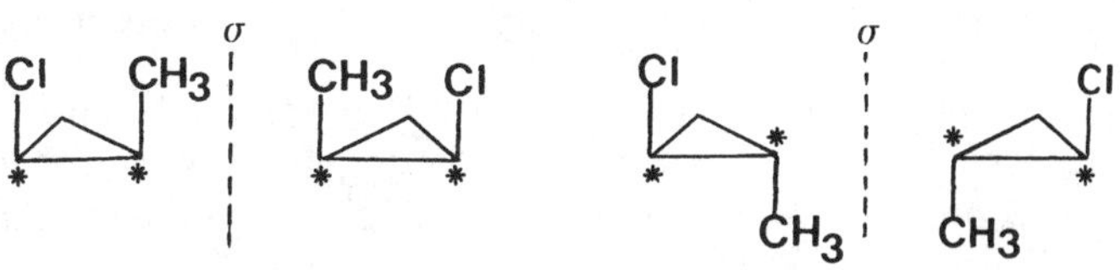

cis (chiral) trans (chiral)

Bei *zwei gleichen Substituenten* wie im **1,2-Dichlorcyclopropan** [R = Cl] ist das jeweilige trans-Isomer chiral, während die diastereomere cis-Konfiguration eine Symmetrieebene enthält und achiral ist [vgl. **MC-Fragen Nr. 252, 285**].

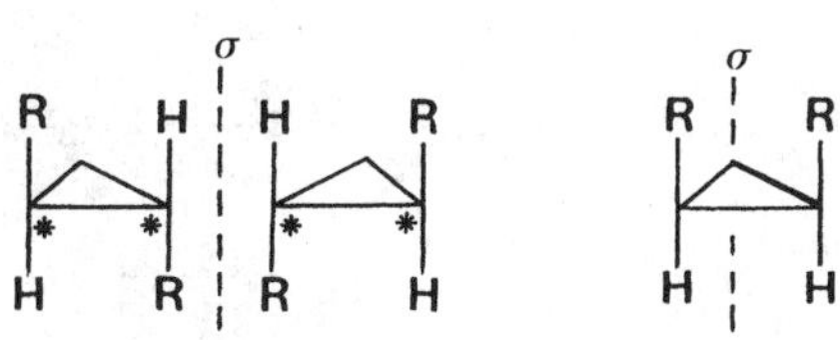

trans (chiral) cis (achiral)

Somit sind für **1,2-Dimethylcyclopropan** [R = CH_3] oder **Cyclopropan-1,2-dicarbonsäure** [R = COOH] drei Stereoisomere denkbar, weil für das trans-Isomer ein Enantiomerenpaar existiert [vgl. **MC-Fragen Nr. 282 – 284**]. Analoge Betrachtungen lassen sich auch für *1,2-* und *1,3-disubstituierte Cyclopentan-Derivate mit unterschiedlicher Substitution* anstellen.

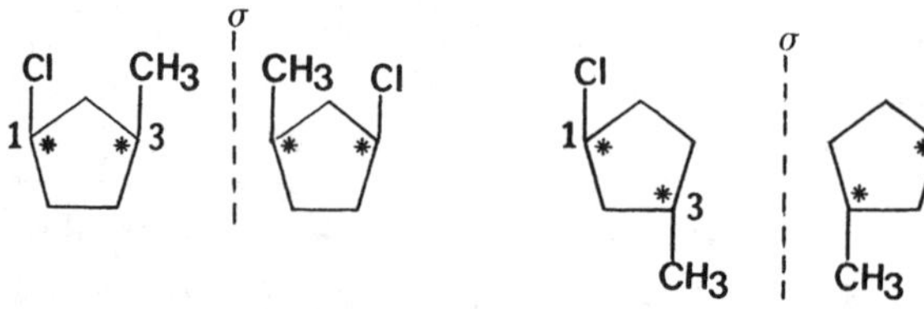

cis (chiral) trans (chiral)

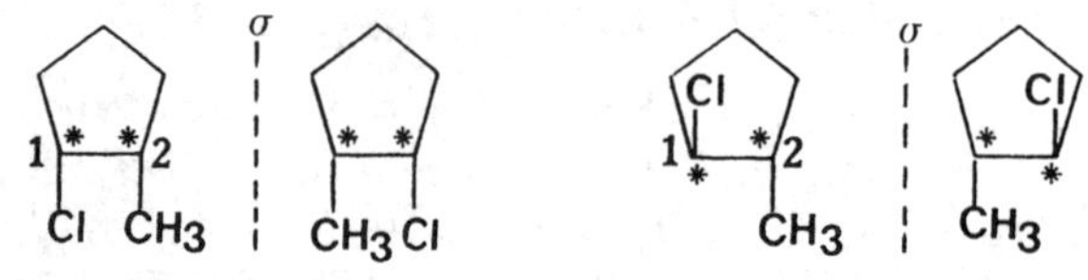

cis (chiral) trans (chiral)

Bei *disubstituierten Cyclopentan-Derivaten mit gleichen Substituenten* ist bei 1.3-Substitution das trans-Isomer chiral, das cis-Isomer hingegen achiral. Entsprechendes gilt auch für 1.2-disubstituierte Cyclopentane mit zwei gleichen Resten.

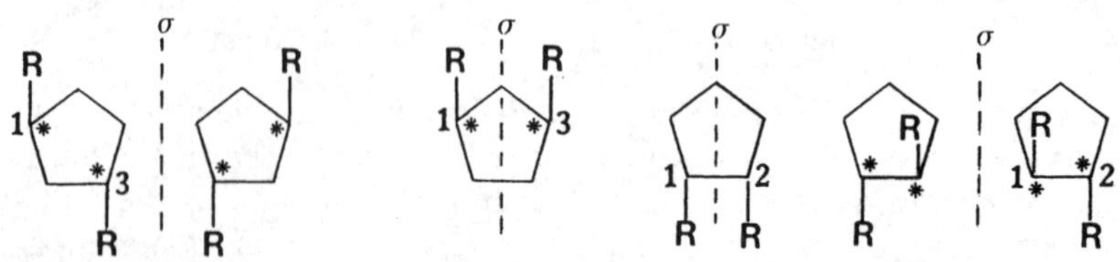

trans (chiral) cis (achiral) trans (chiral)

Bei *Cycloalkanen* mit einer *geraden Anzahl von Ringgliedern* besitzen die *disubstituierten Derivate,* deren Substituenten sich am Ring genau gegenüberstehen eine Spiegelebene und sind achiral. Die folgenden Beispiele von *Cyclobutan-Derivaten* sollen dies verdeutlichen [vgl. **MC-Fragen Nr. 257, 258, 1150**].

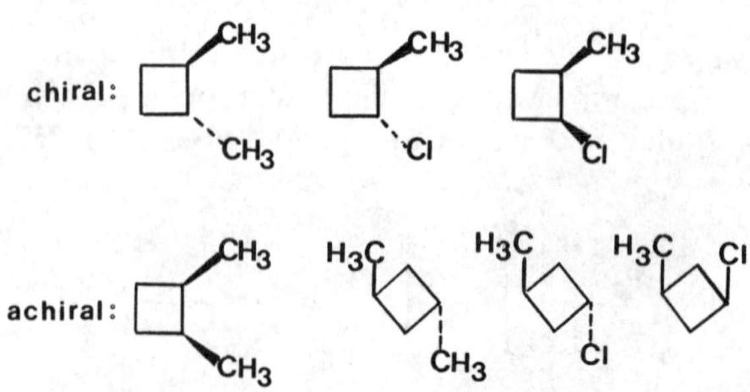

Während Cyclopropan, Cyclobutan und Cyclopentan eben oder nahezu eben gebaut sind, müssen bei *Cyclohexan-Derivaten die unterschiedlichen Ringkonformationen* berücksichtigt werden.

Trans-1,2-Dichlorcyclohexan existiert sowohl in der diaxialen als auch in der diäquatorialen Konformation in zwei *enantiomeren Formen.* Bei der Ringinversion geht das diaxiale Konformer in das diäquatoriale über und nicht in das Isomer mit der spiegelbildlichen Konfiguration [vgl. **MC-Frage Nr. 280** – zur E/Z-Isomerie von Cycloalkanen siehe Kap. 3.3.12].

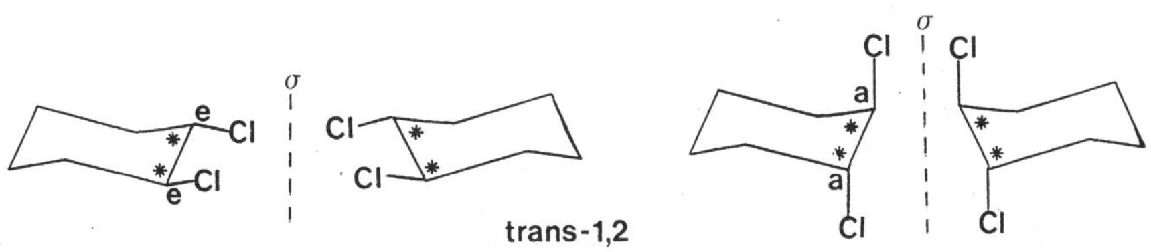

Im *cis-Isomer* steht ein Chloratom axial, das andere äquatorial. Dieses Konformer ist zwar chiral, es wandelt sich aber durch Ringinversion rasch in sein Spiegelbild um. Da beide Konformere gleich stabil sind und die Energiebarriere ihrer gegenseitigen Umwandlung niedrig ist, kann **cis-1,2-Dichlorcyclohexan** bei Raumtemperatur *nicht* in Enantiomere gespalten werden.

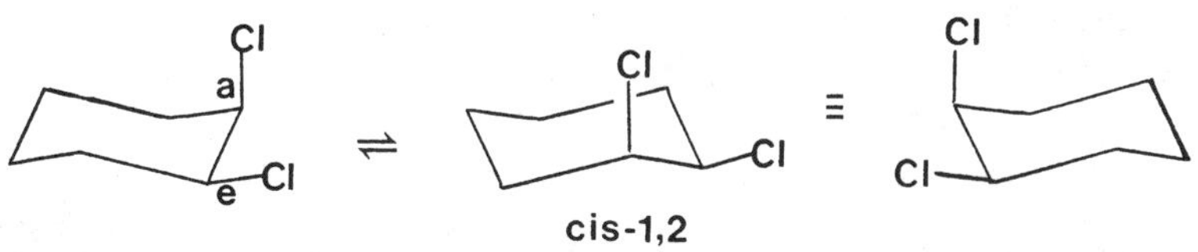

cis-1,3-Dichlorcyclohexan ist *nicht chiral.* Durch die Kohlenstoffatome C-2 und C-5 geht eine Spiegelebene. Hingegen läßt sich das *trans-Isomer* in Enantiomere spalten [vgl. **MC-Frage Nr. 325**].

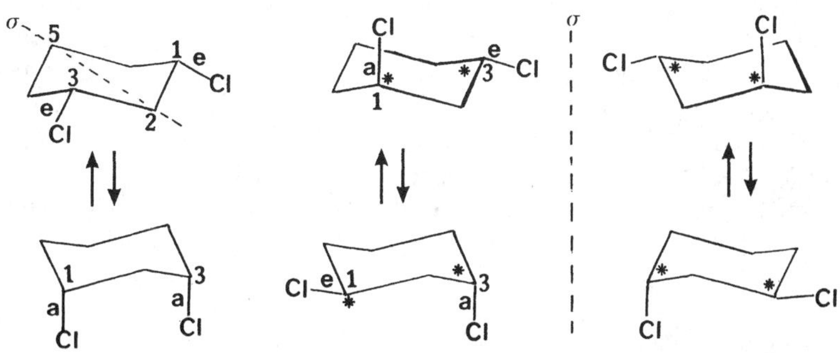

cis (achiral) trans (chiral)

Beide Stereoisomere des **1,4-Dichlorcyclohexans** sind *achiral.* Nimmt der Substitutionsgrad des Cyclohexan-Ringes zu, so steigt die Zahl der möglichen Stereoisomeren. Sind gleiche Substituenten vorhanden, können *meso-Formen* auftreten.

Beispielsweise existieren vom **Hexachlorcyclohexan** 9 Stereoisomere (7 meso-Formen und 2 Enantiomere) [vgl. **MC-Fragen Nr. 253, 255, 325**].

achiral :

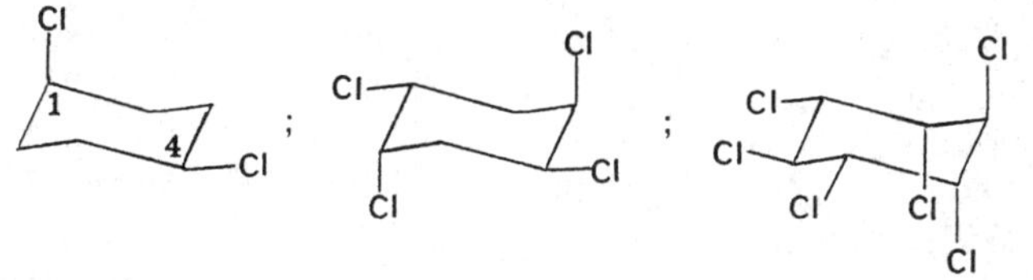

3.3.8 Spiegelbildisomerie ohne asymmetrisches C-Atom

Neben Substanzen mit zentraler Chiralität kennt man auch eine Reihe optisch aktiver Verbindungen, die kein asymmetrisch substituiertes C-Atom enthalten. Besonders häufig sind *axialchirale Moleküle* und *Moleküle mit planarer Chiralität.* Zu chiralen Molekülen zählen auch solche mit Schraubenwindungen *(Helicität)*.

3.3.8.1 Allen-Isomerie

Stereochemische Untersuchungen an *kumulierten Bindungssystemen mit einer geraden Anzahl von Doppelbindungen* zeigten, daß bestimmte *substituierte Allen-Derivate* weder eine Symmetrieebene noch ein Symmetriezentrum besitzen und in enantiomeren Strukturen auftreten.

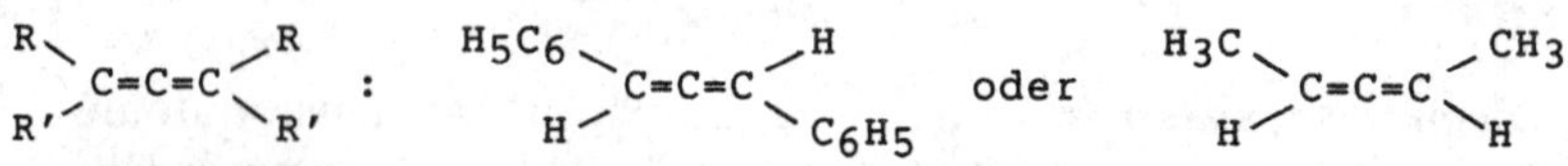

Die *notwendige und ausreichende Bedingung* für die *Chiralität* dieser Moleküle ist **R ≠ R'** [vgl. **MC-Fragen Nr. 253, 254, 256, 259, 307**].

Wie Abb. 73 illustriert, sind in substituierten *Allenen* die beiden äußeren C-Atome sp^2- und das mittlere sp-hybridisiert. Vom zentralen Kohlenstoff gehen daher zwei π-Bindungen aus, deren Ebenen senkrecht aufeinanderstehen. Hieraus resultiert für die Moleküle eine von drei C-Atomen gebildete *Chiralitätsachse* und damit die Möglichkeit in enantiomeren Konfigurationen zu existieren [vgl. **MC-Fragen Nr. 314, 315, 1165, 1201** – zur E/Z-Isomerie von *Kumulenen* siehe Kap. 3.3.11.3].

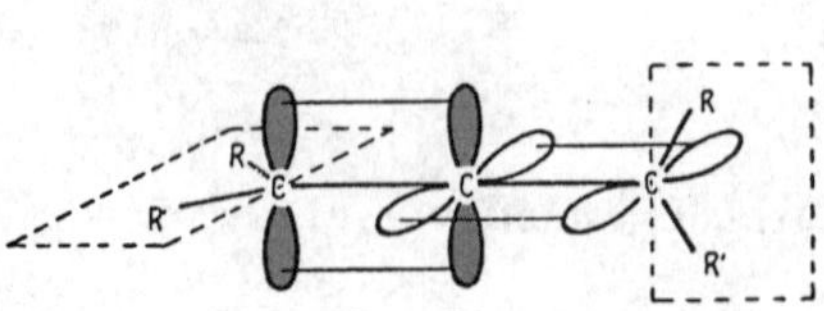

Abb. 73: Orbitalmodell substituierter Allen-Derivate

3.3.8.2 Spirane und verwandte Verbindungen

Auch bei bestimmten *Cyclohexyliden-Derivaten* und *Spiranen* beruht die optische Aktivität auf einer *axialen Chiralität*.

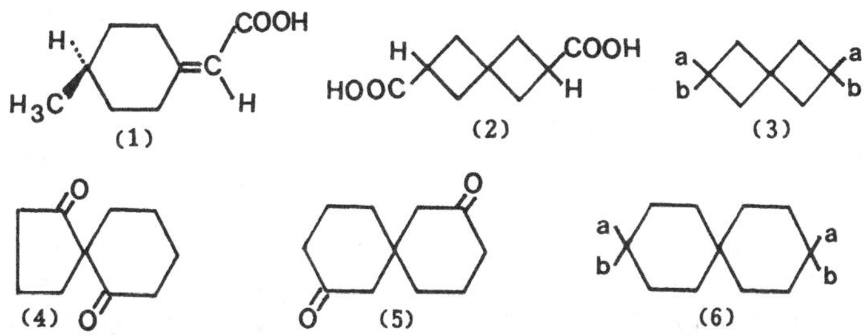

(1) (2) (3) (4) (5) (6)

4-Methylcyclohexylidenessigsäure (1) war die erste Verbindung ohne asymmetrisch substituiertes C-Atom, die in Enantiomere gespalten werden konnte [siehe auch **MC-Frage Nr. 1166**].

In den *Spiroverbindungen* (2)–(6) ist das Spiro-C-Atom sp^3-hybridisiert. Dies hat zur Folge, daß jeweils zwei Bindungen in einer Ebene liegen und beide Ebenen senkrecht zueinander angeordnet sind. Sofern in Molekülen wie (3) und (6) die Substituenten **a** und **b** unterschiedlich sind, tritt Enantiomerie auf [vgl. **MC-Fragen Nr. 250, 252–254, 259, 260**].

3.3.8.3 Atropisomerie

Im **Biphenyl** [H_5C_6-C_6H_5] sind die beiden Benzenringe um die sie verbindende C-C-Achse relativ frei drehbar. In der Gasphase und in Lösung sind die Ringe um etwa 45° gegeneinander verdreht, während festes Biphenyl völlig eben gebaut ist. Tragen jedoch beide Phenylreste in den *ortho-Positionen voluminöse Substituenten,* die eine Rotation verhindern, so bleiben die Ringe in einer *schiefen Lage fixiert* und das Molekül wird *axial chiral.*

Diese spezielle Form der Enantiomerie von Substanzen, wie z. B. der in Abb. 74 vorgestellten **6,6'-Dinitrodiphensäure**, bei denen es sich letztlich um stabile *Kon-*

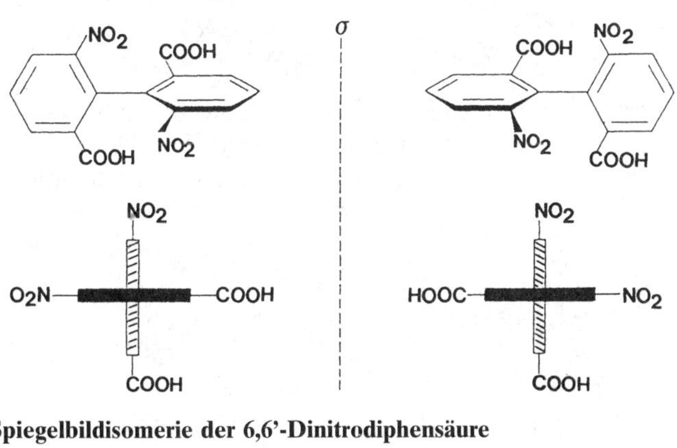

Abb. 74: Spiegelbildisomerie der 6,6'-Dinitrodiphensäure

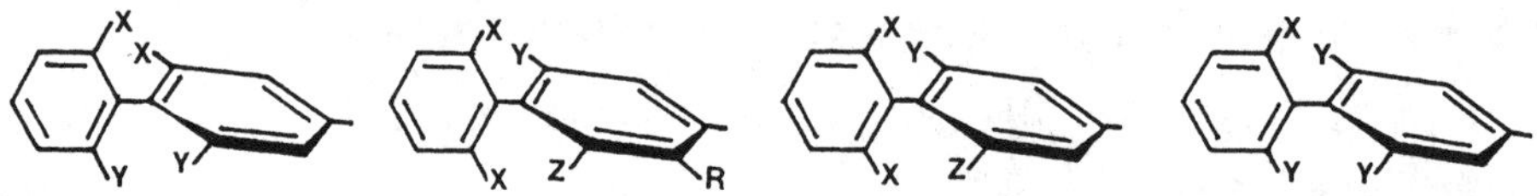

(1) chiral (2) (3) achiral (4)

Abb. 75: Raummodelle von Biphenyl-Derivaten

formationsisomere handelt, wird als *Atropisomerie* bezeichnet [vgl. **MC-Fragen Nr. 248, 252, 256**].

Wie Abb. 75 veranschaulicht, ist das Auftreten von *Atropisomerie* an zwei *Voraussetzungen* gebunden. Im Molekül darf keiner der beiden Ringe, wie in den Substanzen (3) und (4), eine zur Ringebene senkrecht stehende Spiegelebene besitzen. Darüber hinaus müssen die ortho-ständigen Substituenten so sperrig sein, daß sie der gegenseitigen Umwandlung der Enantiomeren eine hohe Rotationsbarriere entgegensetzen.

Tragen die Phenylringe kleine Reste in ortho-Stellung (z. B. F-Atome), so wandeln sich die spiegelbildlichen Konformationen rasch ineinander um. Besitzt jeder Ring in der ortho-Position einen kleinen und einen mittelgroßen Substituenten (z. B. ein F-Atom und eine NH_2-Gruppe), so sind die Enantiomeren bei Raumtemperatur zwar faßbar, racemisieren aber leicht bei höheren Temperaturen.

3.3.8.4 Planare Chiralität und Helicität

Weitere Beispiele chiraler Verbindungen sind substituierte *Paracyclophane* und *Ansa-Verbindungen* sowie das *Hexahelicen.* Bei Einführung großer Substituenten in Ansa-Verbindungen bzw. bei engen Zwischenketten in Paracyclophanen ist die freie Drehbarkeit des Phenylrestes um die para-Achse behindert, was zur Molekülasymmetrie und damit zu optischer Aktivität führt [vgl. **MC-Fragen Nr. 250, 254, 260**].

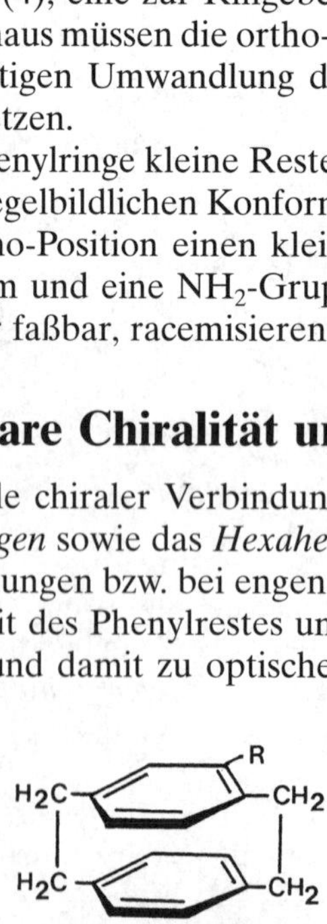

[2,2]-Paracyclophan

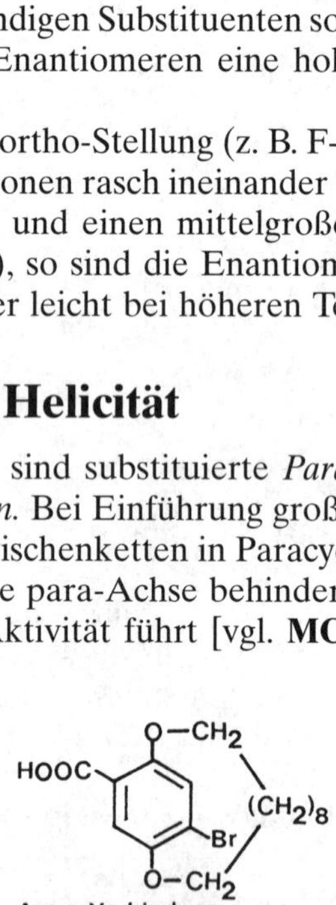

Ansa-Verbindung

Beim in Abb. 76 dargestellten **Hexahelicen** werden die Phenylreste durch die gegenseitige Behinderung der „endständigen" Wasserstoffe etwas aus der Koplanarität herausgedrängt und das Molekül besitzt einen spiralenförmigen, chiralen Bau.

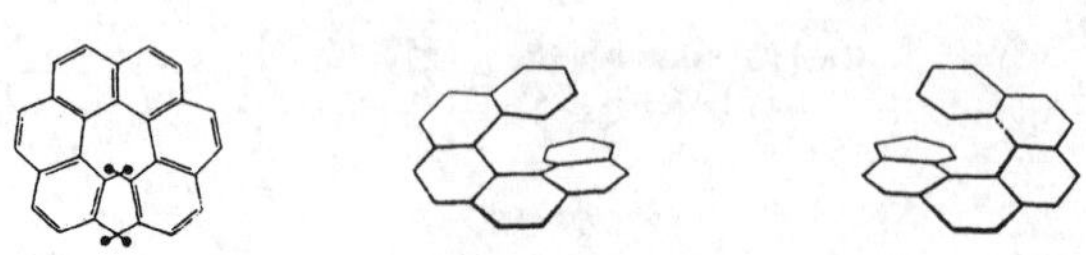

Abb. 76: Räumliche Struktur des Hexahelicens

3.3.9 Spiegelbildisomerie an Heteroatomen

Die optische Aktivität ist keineswegs auf chirale Kohlenstoffatome beschränkt, sondern findet sich auch bei *anderen Elementen* [Si, Ge, N, P, As, Sb, S] *mit tetraedrischer Anordnung von vier unterschiedlichen Liganden*, wobei ein *freies Elektronenpaar* als vierter Ligand fungieren kann. Nachfolgend sind einige Stoffklassen mit chiralem Heteroatom aufgelistet [vgl. **MC-Fragen Nr. 257, 260, 321–323, 1193, 1259**].

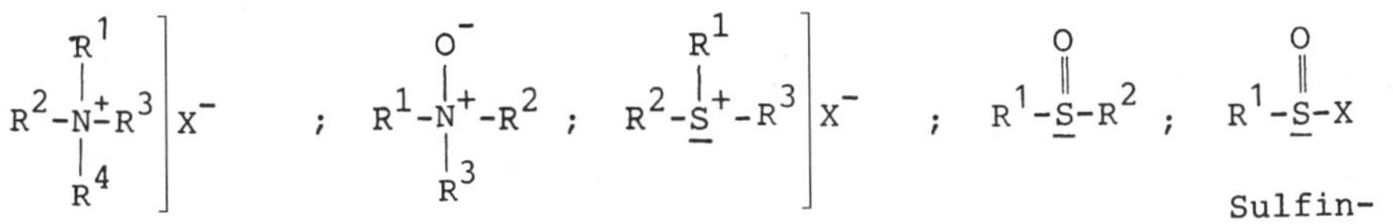

quartäres Ammoniumsalz ; Aminoxid ; Sulfoniumsalz ; Sulfoxid ; Sulfinsäure-Derivate

Stickstoffatome als Chiralitätszentren: Aufgrund ihrer pyramidalen Struktur sind *Amine mit drei unterschiedlichen Resten chiral.* Die Moleküle besitzen annähernd eine tetraedrische Geometrie, wobei das nichtbindende Elektronenpaar als vierter Ligand anzusehen ist [vgl. **MC-Frage Nr. 316**].

Allerdings gelang es bisher nicht Substanzen wie z. B. **N-Methylanilin**, **N-Ethyl-N-methylanilin** oder **N-Ethyl-N-methyl-benzylamin** in optische Antipoden zu spalten [vgl. **MC-Fragen Nr. 317–320**].

Wie Abb. 77 schematisch veranschaulicht, erklärt man das Ausbleiben der optischen Aktivität von chiralen Aminen mit der Annahme, daß das zentrale N-Atom durch die Ebene der drei Liganden „hindurchschwingen" kann und somit eine rasche Racemisierung eintritt. Die Aktivierungsenergie der *Stickstoff-Inversion* beträgt etwa 25 kJ mol^{-1}.

Wird allerdings das chirale N-Atom in ein Ringgerüst eingebaut, das ein „Hindurchschwingen" verhindert, so können solche Verbindungen in Enantiomere getrennt werden [vgl. **MC-Fragen Nr. 321, 943**]. Auch bei *quartären Ammoniumsalzen* oder *Aminoxiden* ist eine Inversion nicht möglich, so daß sie sich in optische Antipoden spalten lassen.

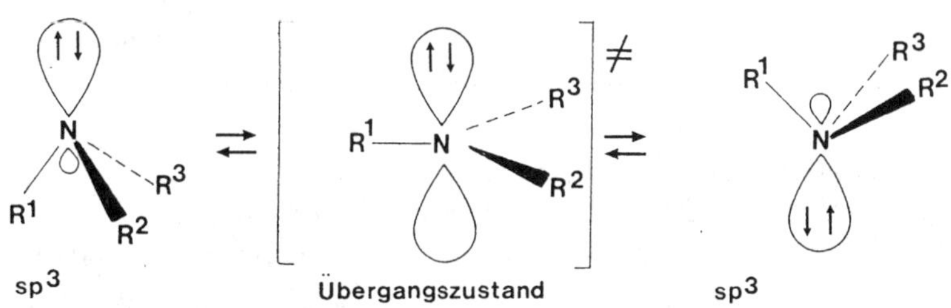

Abb. 77: Stickstoff-Inversion bei Aminen

3.3.10 Trennmethoden von Konfigurationsisomeren

Enantiomere können dadurch erkannt und unterschieden werden, daß *diastereomere Beziehungen* auftreten, wenn man beide optischen Antipoden mit dem gleichen chiralen Stoff oder dem gleichen chiralen Medium in irgendeine Wechselwirkung bringt. Dieser Sachverhalt wird auch zur Zerlegung von Racematen in die optisch aktiven Komponenten genutzt, wobei folgende Methoden herangezogen werden [vgl. **MC-Frage Nr. 236**].

Racematspaltung über diastereomere Salze: Nach diesem am häufigsten durchgeführten Verfahren lassen sich die *Racemate chiraler Säuren* durch *Salzbildung mit einer optisch aktiven Base* [z. B. 1-Phenylethylamin, Brucin, Strychnin, Chinin, Cinchonin] in Diastereomere überführen, die anschließend z. B. aufgrund ihres unterschiedlichen Löslichkeitsverhaltens durch *fraktionierte Kristallisation* getrennt werden können.

Wie in Abb. 78 skizziert, löst man nach der Isolierung der diastereomeren Salze die Hilfsbase durch Behandeln mit einer starken Säure und gewinnt so die undissoziierte, optisch reine (+)- und (-)-Säure (HA).

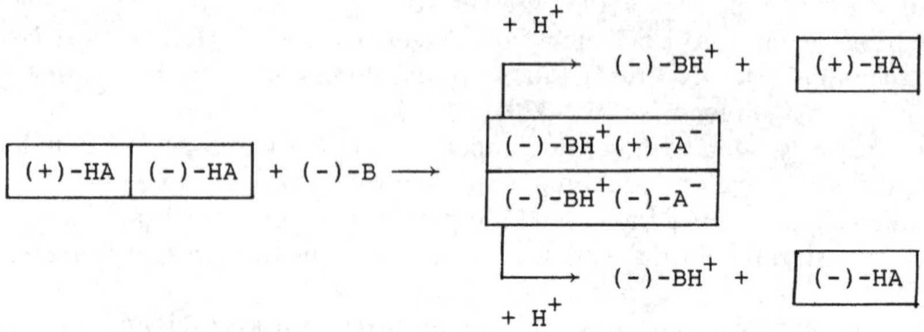

Abb. 78: Racematspaltung chiraler Säuren

In analoger Weise lassen sich auch die *Racemate chiraler Basen* mit Hilfe einer optisch aktiven Säure [z. B. Weinsäure, Dibenzoylweinsäure, Äpfelsäure, Camphersulfonsäure] in ihre Enantiomeren zerlegen.

Wenn sich diastereomere Salze nicht auf direktem Wege herstellen lassen, versucht man ein Derivat des Racemats zu synthetisieren, das die Möglichkeit zur Salzbildung bietet. Wie in Abb. 79 beschrieben, verestert man z. B. *chirale Alkohole* zunächst mit **Phthalsäureanhydrid** zu sauren **Phthalsäurehalbestern**, deren Verseifung nach erfolgter Trennung ihrer diastereomeren Salze die optisch reinen Alkohole liefert.

Chromatographische Racematspaltung: Sie gelingt, wenn man *chirale stationäre Phasen* (Cyclodextrine, Stärke usw.) einsetzt. Die beiden Enantiomeren werden unterschiedlich stark zurückgehalten und können somit fraktioniert eluiert werden.

Kinetische Racematspaltung: Enantiomere reagieren mit einem chiralen Reagenz über *diastereomere Übergangszustände* (vgl. Kap. 3.3.2). Diese besitzen verschie-

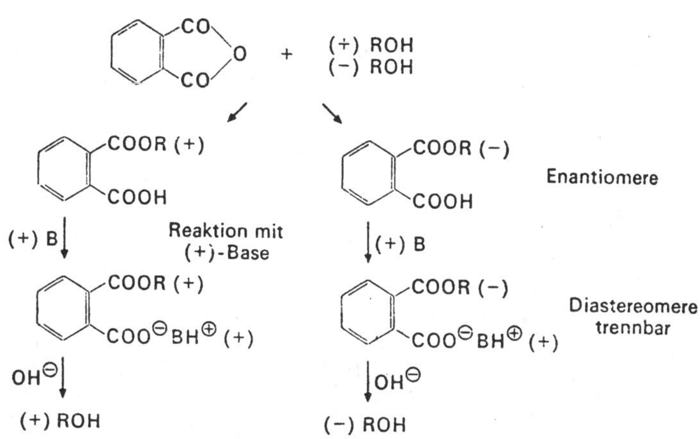

Abb. 79: Racematspaltung chiraler Alkohole

dene Aktivierungsenergien und führen zu unterschiedlichen Reaktionsgeschwindigkeiten der beiden Enantiomeren. Ist dieser Unterschied hinreichend groß, so bildet sich das eine Produkt wesentlich rascher als das andere und man kann eine Racematspaltung dadurch erreichen, daß man die Reaktion rechtzeitig abbricht.

Ein klassisches Beispiel ist die Veresterung von rac. **Mandelsäure** mit **(-)-Menthol**, wobei die (-)-Mandelsäure nach Abbruch der Reaktion weitgehend unverestert vorliegt. Die (+)-Mandelsäure erhält man durch Verseifung ihres zuvor abgetrennten Menthylesters.

Biochemische Racematspaltung: Hierbei nutzt man aus, daß *Enzyme* selbst chiral sind, streng *stereospezifisch wirken* und von beiden Enantiomeren oft nur die eine Form chemisch modifizieren oder abbauen, während das zweite Enantiomer unverändert bleibt. Nachteil des Verfahrens ist der gelegentliche Verlust eines Antipoden [vgl. **MC-Frage Nr. 237**].

Als weitere Methoden der Racematspaltung sind die Bildung von *Harnstoff-Einschlußverbindungen (Clathrate)* sowie die *Kristallauslese* bei bestimmten *Konglomeraten* zu nennen.

3.3.11 Geometrische Isomerie an Doppelbindungssystemen

3.3.11.1 Stereochemie von Alkenen und Cycloalkenen

Die Elektronenstruktur einer C=C-Doppelbindung kann am besten mit der Annahme einer sp^2-Hybridisierung der beiden C-Atome beschrieben werden. Jedes Kohlenstoffatom verfügt über drei sp^2-Hybrid-AO, die in einer gemeinsamen Ebene liegen. Die *π-Bindung* zwischen beiden p-Orbitalen, die nicht an der Hybridisierung teilgenommen haben, ist senkrecht dazu angeordnet. Dies hat zur Folge, daß die *freie Drehbarkeit um die C=C-Doppelbindung aufgehoben* ist. Mit anderen Worten, für die „Rotation“ um eine Doppelbindung müßte eine ziemlich hohe Energiebarriere überwunden werden, nämlich die Dissoziationsenergie der π-Bindung von etwa 274,5 kJ mol^{-1}.

Bei *Alkenen* sind daher bei Raumtemperatur zwei stabile Anordnungen des Molekülskeletts möglich, die man als **cis-** oder **trans-Form** bzw. als **Z-** oder **E-Isomer** bezeichnet (siehe hierzu Kap. 3.3.4.4).

trans (E) cis (Z)

Cis/trans-Isomere haben *unterschiedliche chemische, spektroskopische und physikalische Eigenschaften* (Siedepunkt, Schmelzpunkt, Brechungsindex, Dipolmoment, Dichte) und besitzen unterschiedliche thermodynamische Stabilitäten (Energieinhalte) [vgl. **MC-Fragen Nr. 302–304, 324, 333**].

Cis/trans-Isomere, wie sie an Doppelbindungen oder alicyclischen Ringsystemen auftreten können, sind Diastereomere. Sie unterscheiden sich in ihren chemischen und physikalischen Eigenschaften, wobei im allgemeinen das trans-Isomer einen tieferen Siedepunkt und höheren Schmelzpunkt besitzt, und in der Regel thermodynamisch stabiler ist als das cis-Isomer.

Die folgenden Beispiele sollen dies belegen, wobei es von einem konstitutionell unsymmetrischen, offenkettigen Alken mit n Doppelbindungen 2^n Diastereomere gibt [vgl. **MC-Fragen Nr. 305–307**].

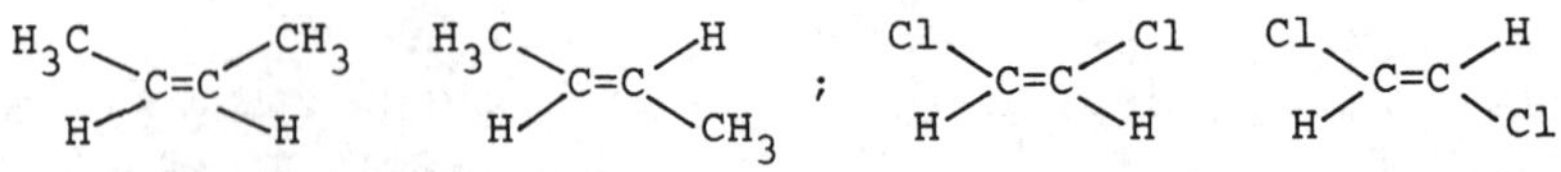

	Z	E	Z	E
	2-Buten		1,2-Dichlorethen	
Sdp.	3,8°C	1,0°C	60,3°C	48,4°C
μ			1,85 D	0 D

	Z	E	Z	E
	Maleinsäure	Fumarsäure	Isocrotonsäure	Crotonsäure
Schmp.	130,5°C	286-287°C	15,5°C	72°C
pK_{s1}	1,92	3,02		4,69

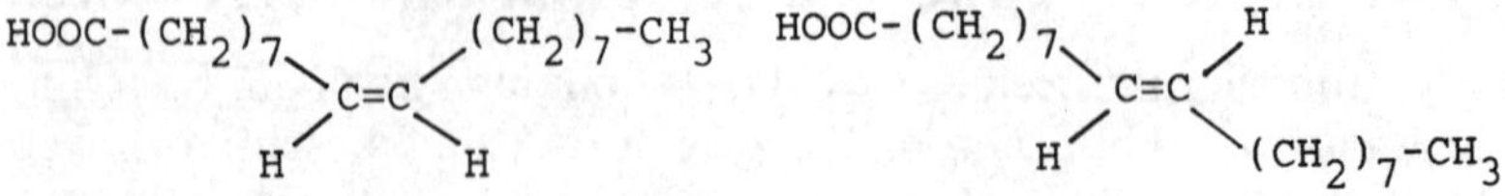

Z E

Ölsäure [Schmp. 16°C] Elaidinsäure [Schmp. 51°C]

Eine aufschlußreiche Methode zur *Konfigurationsermittlung von Alkenen* ist die *Messung des Dipolmomentes* (μ). Bei zwei gleichen Substituenten besitzt die trans-Form eine Symmetrieebene und somit kompensieren sich die Teilmomente. Das Dipolmoment der trans-Form ist gleich Null, während das der cis-Form einen endlichen Wert hat (vgl. Ehlers, **Chemie I-Kurzlehrbuch**). Auch mit Hilfe der IR- und NMR-Spektroskopie lassen sich E/Z-Isomere unterscheiden.

Im allgemeinen ist das Isomer am stabilsten, bei dem die Substituenten mit der höchsten Polarität und der größten Raumerfüllung die *trans-Lage* einnehmen. Zum Beispiel ist **E-2-Buten** um 5,4 kJ/mol energieärmer als das cis-Isomer. Eine Ausnahme bilden *1,2-Dichlorethene.* Hier ist das cis-Isomer um 4,8 kJ/mol stabiler als die E-Form. Es überrascht, daß alle wichtigen, in der Natur vorkommenden ungesättigten Fettsäuren wie **Ölsäure**, **Linolsäure**, **Linolensäure** oder **Arachidonsäure** *cis-konfiguriert* sind.

Für die Umlagerung des in der Regel stabileren trans-Isomers in die cis-Form ist eine bestimmte *Isomerisierungsenergie* erforderlich. Sie wird meistens photolytisch durch UV-Licht oder Wärme zugeführt. Hierbei stellt sich in Abhängigkeit von den Versuchsbedingungen zwischen den E/Z-Isomeren ein Gleichgewicht ein. Man kann die cis/trans-Isomerisierung so deuten, daß im angeregten Zustand zunächst eine *Homolyse* des π-Elektronenpaares der C=C-Doppelbindung in zwei Einzelelektronen erfolgt, wodurch eine Rotation der Molekülhälften um 180° ermöglicht wird. Anschließend bildet sich die C=C-Doppelbindung der isomeren Form zurück.

In *Cycloalkenen* mit weniger als 8 C-Atomen wie z. B. **Cyclohexen** tritt keine geometrische Isomerie auf, weil sich eine trans-Konfiguration in kleinen Ringen infolge der damit verbundenen extremen Spannung nicht realisieren läßt. Der kleinste Ring, der eine trans-konfigurierte Doppelbindung erlaubt, ist achtgliedrig. **E-Cycloocten** ist um etwa 37,7 kJ mol^{-1} weniger stabil als das cis-Isomer. Erst vom **Cycloundecen** an aufwärts wird die trans-Form beständiger als das cis-Isomer.

Beim **Cyclohexen** und seinen Derivaten sind wiederum unterschiedliche, durch Energiezufuhr ineinander umwandelbare Konformationen zu berücksichtigen. Dabei stellt die Wannenform (II) die energiereichste und die beiden Halbsesselformen (I, III) die thermodynamisch stabilere Konformation dar [vgl. **MC-Fragen Nr. 299, 300**].

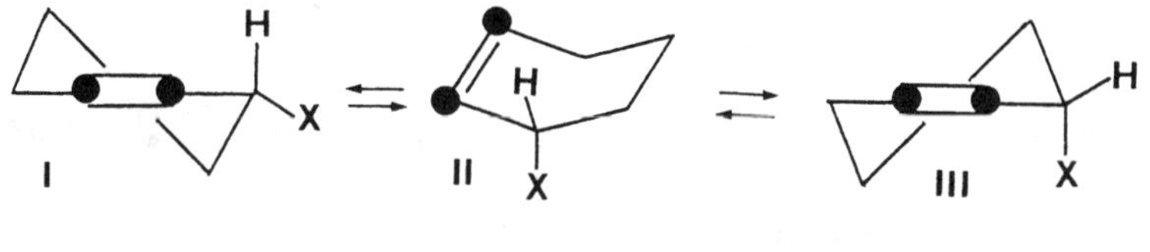

3.3.11.2 E/Z-Isomerie an Stickstoff-Doppelbindungen

Die E/Z-Isomerie ist bei ungesättigten Systemen nicht auf C=C-Doppelbindungen beschränkt, sondern kann bei geeigneter Substitution auch bei C=N-Doppelbindungen [*Azomethine, Oxime, Hydrazone*] und N=N-Doppelbindungen [*Azo-*

verbindungen] auftreten. In diesen Fällen werden die geometrischen Isomeren manchmal noch als **syn-** oder **anti-Form** bezeichnet, jedoch sollte man auch hier vorrangig die E/Z-Nomenklatur verwenden [vgl. **MC-Fragen Nr. 307, 312, 313, 330, 723, 1164, 1169**].

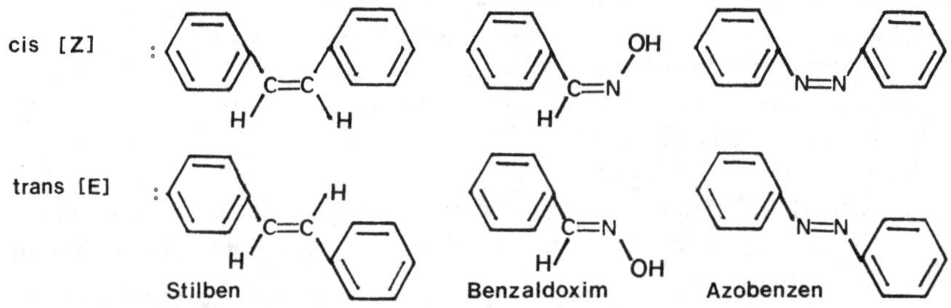

3.3.11.3 Stereochemie von Kumulenen

Modellstudien an Kumulenen belegen, daß in Verbindungen mit einer *ungeraden Anzahl von kumulierten C=C-Doppelbindungen* cis/trans-Isomerie auftreten kann.

Wie Abb. 80 zeigt, sind die mittleren C-Atome in Kumulenen sp-, die beiden endständigen sp^2-hybridisiert. Dies führt dazu, daß in diesen Molekülen die jeweiligen Substituentenpaare in einer Ebene liegen und das Auftreten von E/Z-Isomeren ermöglichen [vgl. **MC-Fragen Nr. 259, 307, 314, 315, 1201**].

Unsymmetrisch substituierte Kumulene zeigen in Abhängigkeit von der Anzahl kumulierter C=C-Doppelbindungen abwechselnd optische (gerade Anzahl) Isomerie und cis/trans-Isomerie (ungerade Anzahl) [vgl. auch Kap. 3.3.8.1].

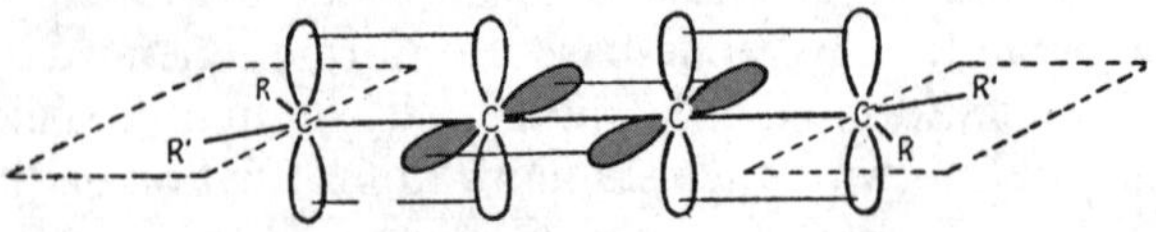

Abb. 80: cis/trans-Isomerie von Kumulenen

3.3.12 Geometrische Isomerie an Cycloalkanen

Durch den Ringschluß wird bei Cycloalkanen die freie Drehbarkeit um die jeweiligen C-C-Bindungsachsen aufgehoben, so daß bei *disubstituierten Cycloalkanen E/Z-isomere Strukturen* auftreten. Die beiden Substituenten können im **Cyclopropan**, **Cyclobutan** oder **Cyclopentan** auf derselben Seite (cis-Konfiguration) oder auf entgegengesetzten Seiten (trans-Konfiguration) des nahezu planaren Ringgerüstes liegen. Zusätzlich zur geometrischen Isomerie können solche Moleküle noch chiral gebaut sein [vgl. **MC-Frage Nr. 343**].

cis

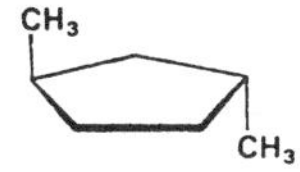

trans

Bei *disubstituierten Cyclohexan-Derivaten* sind darüber hinaus auch die unterschiedlichen Ringkonformationen zu berücksichtigen. Gleichfalls treten spiegelbildisomere Konfigurationen auf, wenn sich die Substituenten in einer 1,2-trans- oder 1,3-trans-Lage befinden. 1,4-disubstituierte Cyclohexan-Derivate sind in jedem Fall achiral.

Bei **cis-1,2-disubstituierten Cyclohexanen** ist ein Substituent *äquatorial*, der andere *axial* angeordnet, wobei die Sesselform überwiegt, bei der der größere der beiden Substituenten eine äquatoriale Lage einnimmt. Für das entsprechende *trans-Isomer* ist eine *diäquatoriale* oder *diaxiale Stellung* der Substituenten möglich. Das Konformerengleichgewicht liegt weitgehend auf der Seite des Stereoisomers mit *diäquatorialer* Anordnung [vgl. **MC-Fragen Nr. 285, 293–295, 307, 334**].

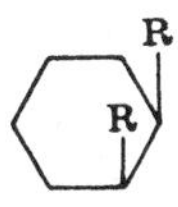

cis-1.2

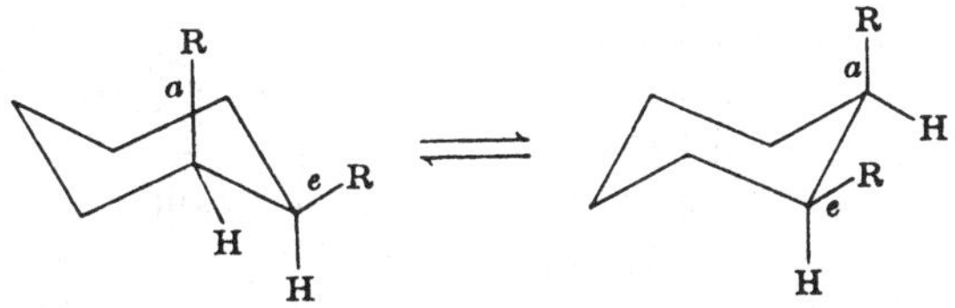

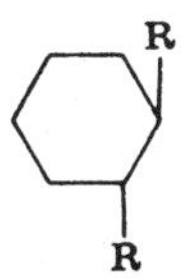

trans-1.2

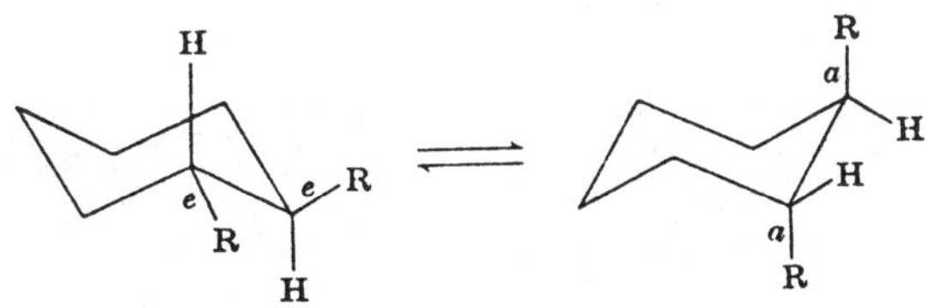

Für **1,3-disubstituierte Cyclohexan-Derivate** existieren folgende Stereoisomere, wobei die cis-Form aufgrund der diäquatorialen Lage der Substituenten stabiler ist als das trans-Isomer [vgl. **MC-Fragen Nr. 293–295**].

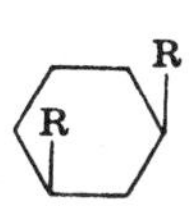

cis-1.3

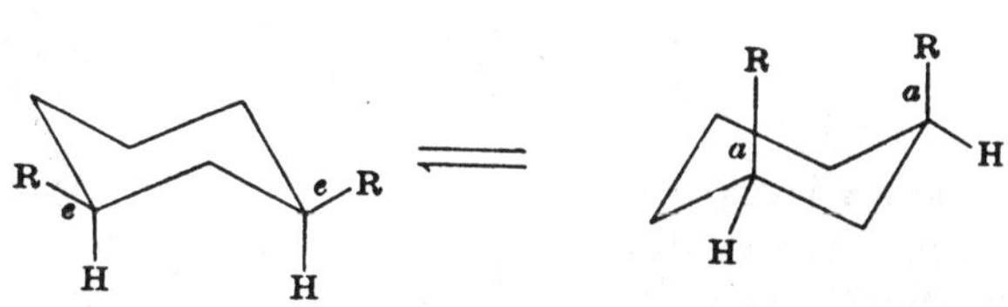

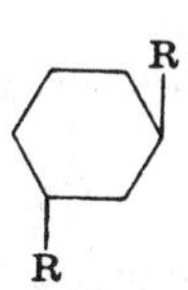

trans-1.3

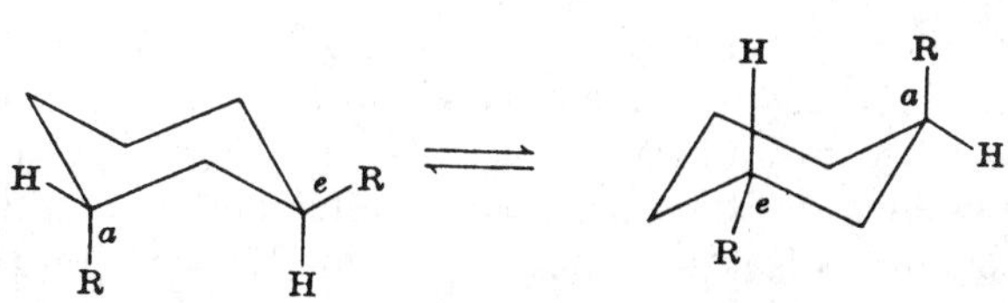

Bei **1,4-disubstituierten Cyclohexanen** ist die trans-Konfiguration energetisch günstiger als die cis-Anordnung der Substituenten [vgl. **MC-Fragen Nr. 293–295, 307**].

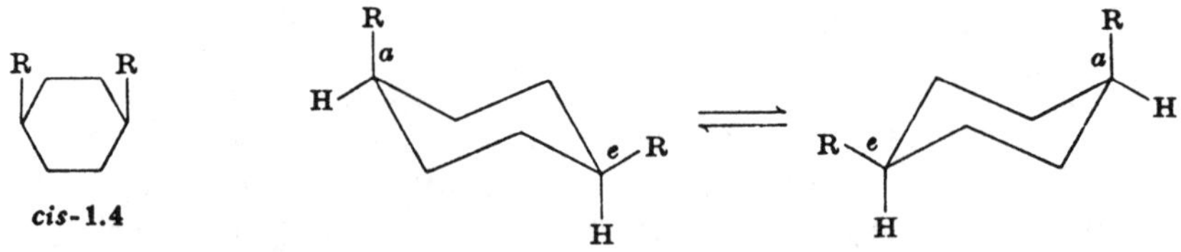

cis-1.4

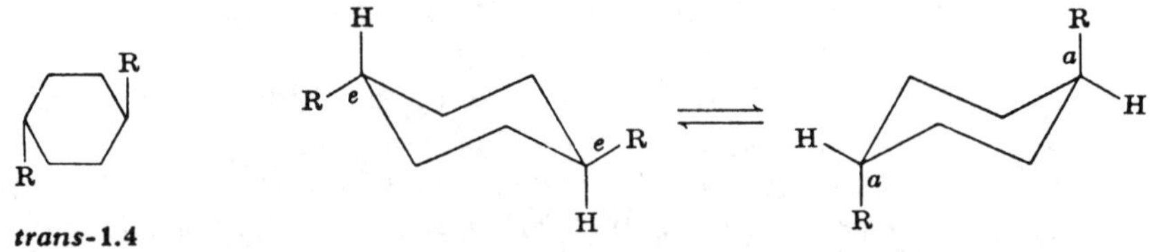

trans-1.4

Zeichnerische Darstellung: In einer ebenen Projektion derartiger Ringverbindungen zeichnet man die Substituenten, die oberhalb der Ringebene angeordnet sind, mit durchgezogenen Linien. Substituenten, die sich unterhalb der Ringebene befinden, sind durch gestrichelte (punktierte) Linien dargestellt. Häufig werden die Wasserstoffatome nicht eingezeichnet. Die verschiedenen Möglichkeiten zur graphischen Darstellung von substituierten Cycloalkanen seien nochmals am Beispiel des **trans-1,2-Dimethylcyclohexans** erläutert [vgl. **MC-Frage Nr. 292**].

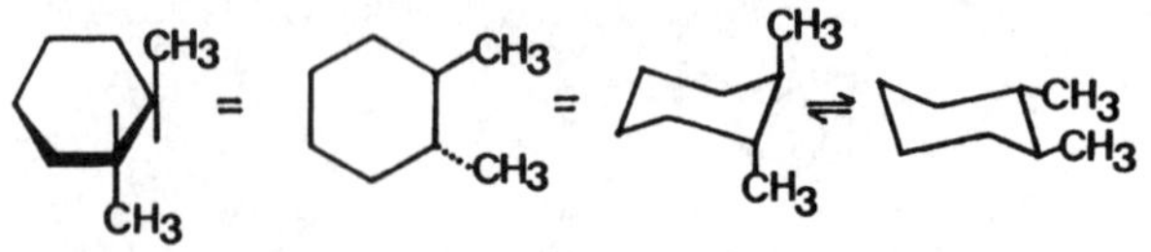

Bicyclische Ringsysteme: Alicyclische Systeme können auf unterschiedliche Art und Weise miteinander verbunden sein, wobei die Ringe kein, ein oder zwei gemeinsame C-Atome besitzen.

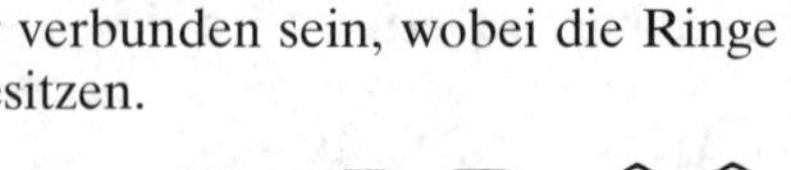

a b c

Im **Cyclohexylcyclohexan** (a) sind die beiden Ringe frei um die sie verbindende C-C-Achse drehbar. Im **Spiro[5.5]undecan** (b) sind beide Ringe senkrecht zueinander angeordnet, so daß bei entsprechender Substitution optische Isomerie auftreten kann (vgl. Kap. 3.3.8.2). Beim **Decalin** (c) sind schließlich unterschiedliche geometrische Isomere zu berücksichtigen [vgl. **MC-Fragen Nr. 346, 350**].

Decalin ist durch katalytische Hydrierung von **Naphthalen** darstellbar. Die beiden in einer spannungsfreien *Zweisessel-Konformation* vorliegenden Cyclohexanringe können *cis*-oder *trans-ständig* miteinander verknüpft sein. Die Isomeren lassen sich durch fraktionierte Destillation trennen. Im **trans-Decalin** stehen beide H-Atome an den Verknüpfungspunkten in *axialer Lage,* während im *cis-Isomer* ein H-Atom *axial* und das andere *äquatorial* angeordnet ist. Das trans-Isomer ist um etwa 10 kJ mol^{-1} stabiler als die cis-Konfiguration [vgl. **MC-Fragen Nr. 296–298**].

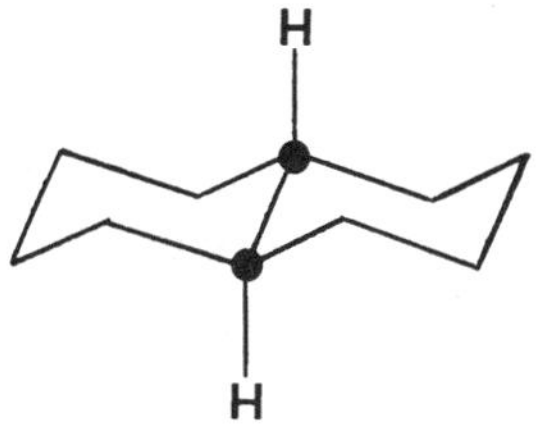

trans-Decalin

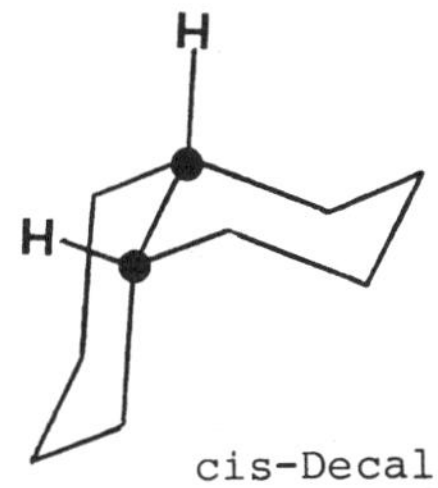

cis-Decalin

Meistens bevorzugt man zur graphischen Darstellung anstelle der Konformationsformeln die vereinfachte Projektionsschreibweise, in der die trans- bzw. cis-Verknüpfungsstellen durch Punkte oder durch ausgezogene bzw. unterbrochene Linien wiedergegeben werden. Eine punktierte Linie deutet an, daß sich ein Substituent unterhalb *(α-ständig)* der Projektionsebene befindet, durchgezogene Linien kennzeichnen oberhalb *(β-ständig)* der Projektionsebene angeordnete Substituenten.

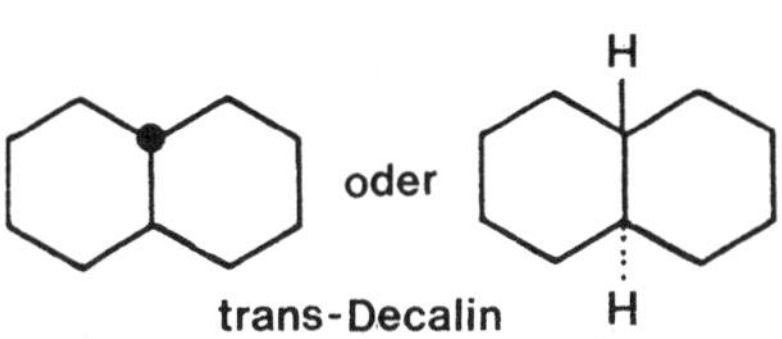

trans-Decalin

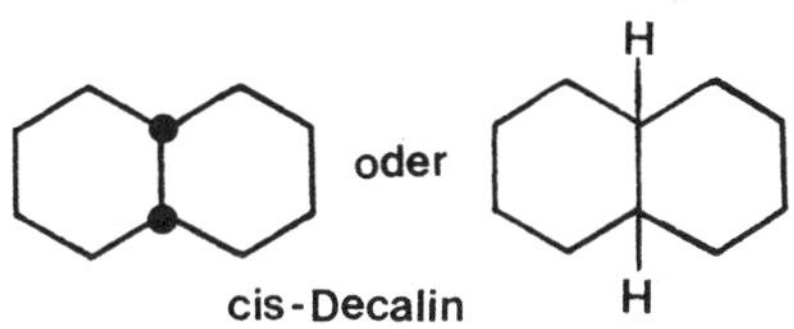

cis-Decalin

Analoge stereochemische Betrachtungen wie für Decalin lassen sich auch für **Hydrindan** anstellen. Wie die Verbrennungswärmen zeigen, ist trans-Hydrindan um 7,5 kJ mol^{-1} stabiler als das cis-Isomer.

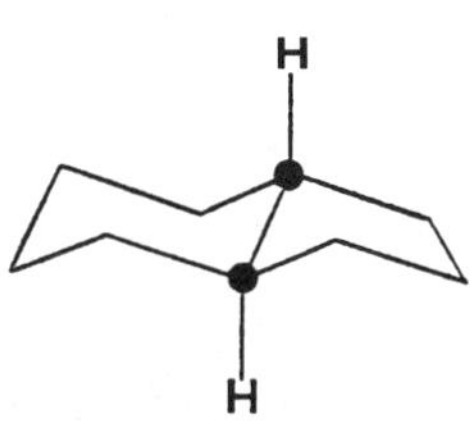

trans-Hydrindan

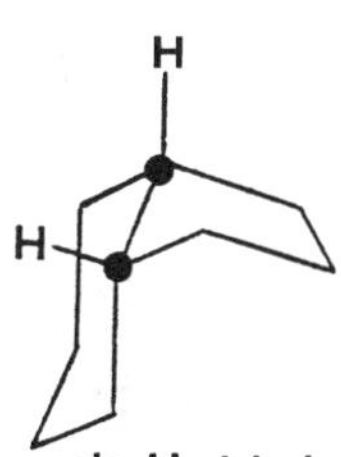

cis-Hydrindan

Brückenringsysteme: Eine weitere Art *bicyclischer Ringsysteme* kommt dadurch zustande, daß z. B. im Cyclohexanmolekül zwischen den Atomen C-1 und C-4 eine „Brücke" geschlagen wird, die aus einer oder mehreren Methylengruppen bestehen kann. Der einfachste Vertreter dieser Substanzklasse ist **Bicyclo[2.2.1]heptan (Norbornan)**. [Zur Nomenklatur dieser Verbindungen siehe Kap. 3.4.1.5].

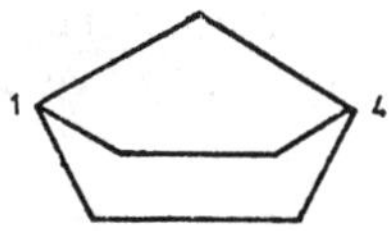

Bicyclo[2.2.1]heptan

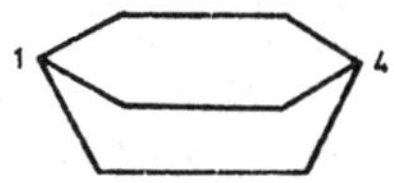

Bicyclo[2.2.2]octan

Die Stabilität von Brückensystemen wird entscheidend von der *Ringspannung* beeinflußt, wobei die Wannenform des Cyclohexanringes gegenüber einer Sesselkonformation begünstigt ist. Nur in der Wannenkonformation lassen sich die beiden Atome C-1 und C-4 soweit einander annähern, daß ihre cis-ständigen Bindungen durch eine Methylen- oder Ethylenbrücke miteinander verknüpft werden können. Während sich die Ethylenbrücke im **Bicyclo[2.2.2]octan** völlig spannungsfrei anordnen läßt, besitzt das **Bicyclo[2.2.1]heptan** eine Spannungsenergie von etwa 347,7 kJ mol^{-1}.

Darüber hinaus ist anzumerken, daß die *Bredtsche Regel,* wonach von einem Brückenkopfatom keine Doppelbindung ausgeht, für bicyclische Ringsysteme mit höhergliedrigen Ringen nicht gilt, weil in solchen Bicyclen die der Ausbildung einer Brückendoppelbindung entgegenwirkende Ringspannung abgenommen hat [vgl. **MC-Frage Nr. 301** und Kap. 3.2.10.4].

3.4 Alkane, Cycloalkane

3.4.1 Struktur und Nomenklatur

Kohlenwasserstoffe enthalten nur die Elemente Kohlenstoff und Wasserstoff. Sie lassen sich unterteilen in:

- *gesättigte Kohlenwasserstoffe* (Alkane oder veraltet „Paraffine", Cycloalkane),
- *ungesättigte Kohlenwasserstoffe* (Alkene oder veraltet „Olefine", Cycloalkene, Alkine) (vgl. Kap. 3.5),
- *aromatische Kohlenwasserstoffe* (vgl. Kap. 3.6).

3.4.1.1 Homologe Reihe der Alkane

Eine Reihe von Verbindungen, deren benachbarte Glieder sich jeweils nur um eine CH_2-Gruppe unterscheiden, nennt man eine *homologe Reihe.* Ihre einzelnen Glieder werden als *Homologe* bezeichnet [z. B. Benzen-Toluen (C_6H_5-H – $C_6H_5CH_2$-H), Oxalsäure-Malonsäure (HOOC-COOH – HOOC-CH_2-COOH), Phenylessigsäure – 3-Phenylpropionsäure (C_6H_5-CH_2-COOH – C_6H_5-CH_2-CH_2-COOH)] [vgl. **MC-Fragen Nr. 230, 231**].

Die *homologe Reihe der Alkane* leitet sich vom **Methan** [CH_4] ab. Die Molekularformeln der Alkane entsprechen der allgemeinen Zusammensetzung $\mathbf{C_nH_{2n+2}}$. Während die ersten vier Glieder der Reihe Trivialnamen tragen, erfolgt die Benennung der Alkane mit fünf und mehr C-Atomen mit dem griechischen Zahlenwert für die Anzahl der C-Atome und der Endung **-an**.

Die Namen der Alkane gelten sowohl für *lineare* als auch für *verzweigte* Moleküle. Bereits für eine Verbindung der Summenformel (C_4H_{10}) existieren zwei

Tab. 35: Homologe Reihe der Alkane [$\mathbf{C_nH_{2n+2}}$]

Name	Zahl der C-Atome	Zahl der Isomeren	Name	Zahl der C-Atome	Zahl der Isomeren
Methan	1	1	Heptan	7	9
Ethan	2	1	Octan	8	18
Propan	3	1	Nonan	9	35
Butan	4	2	Decan	10	75
Pentan	5	3	Undecan	11	159
Hexan	6	5	Dodecan	12	355

Strukturisomere. Man kennzeichnet den unverzweigten, *„normalen"* Kohlenwasserstoff durch das Präfix **n-**, und unterscheidet davon die andere Struktur durch die Vorsilbe **Iso-**.

$CH_3CH_2CH_2CH_3$ n-Butan ; 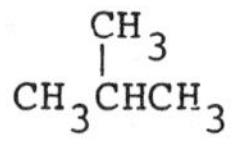 Isobutan

Wie Tabelle 35 ausweist, wächst die Isomerenzahl mit steigender C-Zahl. Bei höheren Kohlenwasserstoffen ist die Vorsilbe **Iso-** der Endgruppierung (1) vorbehalten, während die Endgruppierung (2) mit dem Präfix **Neo-** gekennzeichnet wird.

(1) 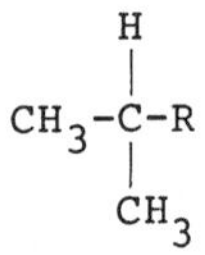 Iso- (2) 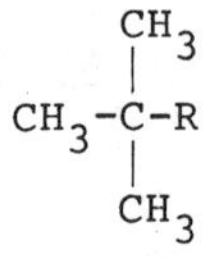 Neo-

3.4.1.2 IUPAC-Nomenklatur der Alkane

Das IUPAC-System basiert auf dem Prinzip, eine Substanz *als Derivat der längsten im Molekül vorkommenden Kohlenstoffkette* aufzufassen. Daraus lassen sich für die Benennung von Alkanen folgende Regeln ableiten:

1) Als *Hauptkette* wählt man das längste, fortlaufende Kohlenstoffgerüst und leitet davon die Struktur der jeweiligen Verbindung ab.
2) Die Kohlenstoffkette wird so numeriert, daß die Alkyl-substituierten C-Atome *(Verzweigungspunkte)* die niedrigsten Ziffern enthalten.
3) Wenn gleiche Alkylreste mehrfach als *Seitenketten* auftreten, wird dies durch die Vorsilbe **Di-**, **Tri-**, **Tetra-** usw. angezeigt, wobei jede Gruppe ihre eigene Numerierung bekommt.
4) Sind mehrere unterschiedliche Alkylgruppen vorhanden, so werden sie in *alphabetischer Reihenfolge* genannt. Präfixe wie prim., sek. oder tert. werden ignoriert. Vorsilben wie Cyclo-, Iso- oder Neo- zählen aber bei der alphabetischen Anordnung der Gruppennamen.
5) Die Beschreibung einer Seitenkette wird von der Hauptkette dadurch abgegrenzt, daß man sie in Klammern setzt. Eine Seitenkette komplizierterer Struktur wird wiederum als Derivat der längsten C-Kette in dieser Seitenkette aufgefaßt, beginnend mit dem C-Atom, das direkt mit der Hauptkette verbunden ist.
6) Befinden sich mehrere Seitenketten in äquivalenten Positionen, dann erhält die in der alphabetischen Reihenfolge zuerst genannte Gruppe die niedrigere Ziffer.

Das folgende Anwendungsbeispiel faßt diese Regeln nochmals zusammen [vgl. **MC-Frage Nr. 337**]:

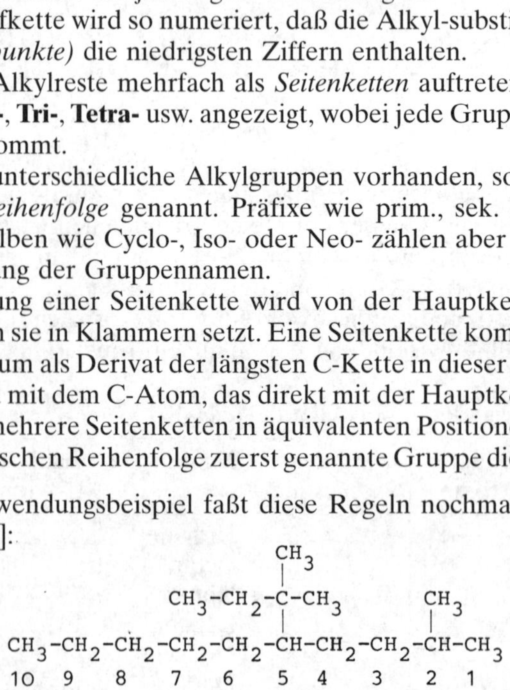

5-(1,1-Dimethylpropyl)-2-methyldecan

3.4.1.3 Bezeichnung von Alkylresten

Eine *Gruppe* oder ein *Rest* ist ein Molekülteil, bei dem eine Ansammlung von Atomen als Einheit betrachtet wird. Als **funktionelle Gruppen** bezeichnet man Strukturen, die die Stoffklasse kennzeichnen und zugleich deren Eigenschaften bestimmen.

Bei Alkylgruppen entsteht der Gruppenname durch Ersatz der Endung -an im betreffenden Alkan durch die Endung **-yl**. In Tabelle 36 sind einige häufig vorkommende Alkylreste aufgelistet.

Die Benennung zweiwertiger Alkylreste erfolgt – ausgehend vom Stammkohlenwasserstoff – entweder durch die Endung **-ylen** (zwei freie Valenzen an den beiden endständigen C-Atomen) oder durch die Endung **-ylidin** (zwei freie Valenzen am selben C-Atom). Tabelle 37 zeigt die Strukturen ausgewählter zweiwertiger Alkylreste.

Tab. 36: Struktur ausgewählter einwertiger Alkylreste

Primärer Alkylrest R-CH_2-	CH_3- Methyl CH_3-CH_2- Ethyl CH_3-$(CH_2)_2$- n-Propyl CH_3-$(CH_2)_3$- n-Butyl CH_3-$(CH_2)_4$- n-Pentyl (n-Amyl)	CH_3 | CH_3-CH-CH_2- Isobutyl CH_3-CH-$(CH_2)_2$- Isopentyl (Isoamyl) | CH_3	CH_3 | CH_3-C-CH_2- Neopentyl | CH_3
Sekundärer Alkylrest R-CH- | R	CH_3-CH- Isopropyl | CH_3 CH_3-CH_2-CH- sek.-Butyl | CH_3	Tertiärer Alkylrest R | R-C- | R	CH_3 | CH_3-C- tert.-Butyl | CH_3 CH_3 | CH_3-CH_2-C- tert.-Pentyl (tert.-Amyl) | CH_3

Tab. 37: Struktur einiger zweiwertiger Alkylreste

| CH_3-CH- Ethylidin | CH_3-C- Isopropylidin | CH_3	-CH_2- Methylen -CH_2CH_2- Ethylen -$CH_2CH_2CH_2$- Trimethylen -$(CH_2)_4$- Tetramethylen -$CH_2CH(CH_3)$- Propylen

3.4.1.4 Arten von Kohlenstoff- und Wasserstoffatomen

Ein *primäres Kohlenstoffatom* ist nur mit einem weiteren, ein *sekundäres* mit zwei, ein *tertiäres* mit drei und ein *quartäres* mit vier anderen C-Atomen verknüpft. Ein *Wasserstoffatom* wird mit *primär, sekundär* oder *tertiär* gekennzeichnet, je nachdem mit welchem C-Atom es verbunden ist [vgl. **MC-Frage Nr. 336**].

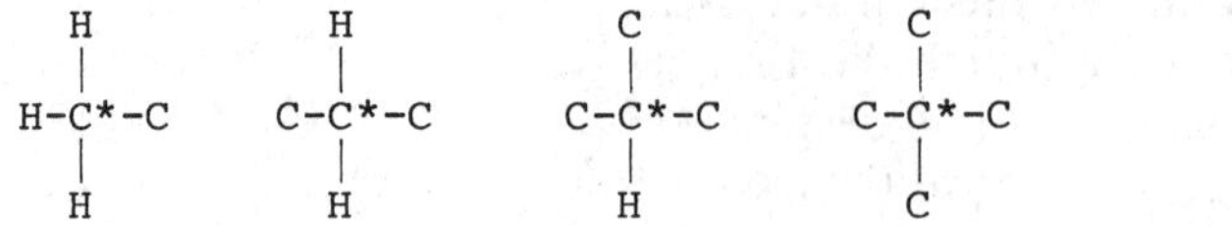

primäres sekundäres tertiäres quartäres C-Atom

3.4.1.5 Cycloalkane und kondensierte Ringsysteme

Cycloalkane sind gesättigte Kohlenwasserstoffe mit *ringförmig* geschlossenem *Kohlenstoffgerüst,* deren elementare Zusammensetzung der Summenformel $\mathbf{C_nH_{2n}}$ entspricht [vgl. **MC-Fragen Nr. 341, 342**].

Die Namen der gesättigten monocyclischen Kohlenwasserstoffe werden aus der Bezeichnung der unverzweigten, offenkettigen Alkane gleicher C-Zahl und der Vorsilbe „**Cyclo-**" gebildet.

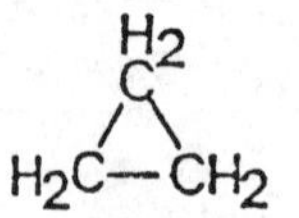

Cyclopropan (C_3H_6)

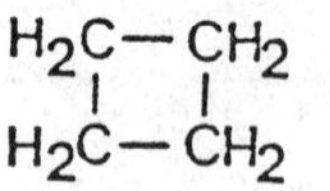

Cyclobutan (C_4H_8)

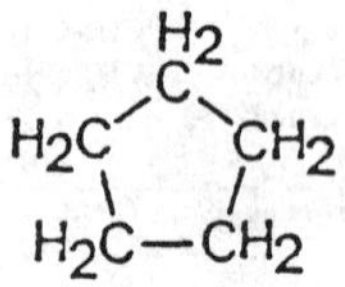

Cyclopentan (C_5H_{10})

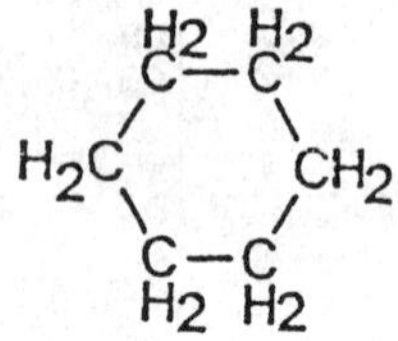

Cyclohexan (C_6H_{12})

Einwertige Reste dieser Substanzen werden durch den Ersatz der Endung -an durch **-yl** charakterisiert, z. B.:

Cyclohexyl-Rest

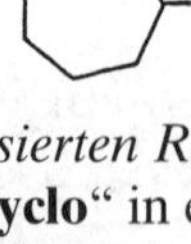

Cycloheptyl-Rest

Zur rationellen Bezeichnung eines *kondensierten Ringsystems* mit zwei gemeinsamen C-Atomen folgt nach dem Präfix „**Bicyclo**" in eckigen Klammern die Anzahl der C-Atome in den Brückengliedern, wobei man mit der längsten Brücke beginnt und Brückenatome nicht mitzählt. (Als *Brückenatome* bezeichnet man die C-Atome, über die die Verknüpfung der einzelnen Ringe stattfindet. Sie sind in den nachfolgenden Formeln durch einen Punkt gekennzeichnet.) Danach wird der Name des Alkans genannt, der sich aus der Zahl aller Ringglieder ergibt. Die Numerierung beginnt an einem Brückenatom, folgt der längsten Brücke und geht auf der nächstkürzeren zurück; schließlich numeriert man die letzte Brücke. Cyclische Verbindungen, die aus drei oder mehr miteinander kondensierten Ringen bestehen, werden in analoger Weise unter Verwendung der Präfixe „**Tricyclo**", „**Tetracyclo**" usw. benannt [vgl. **MC-Fragen Nr. 346, 348, 349**].

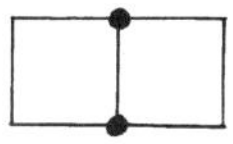
Bicyclo[2.2.0]hexan

Bicyclo[2.2.1]heptan

Bicyclo[2.2.2]octan

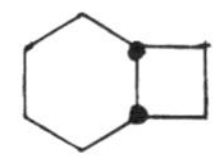
Bicyclo[4.2.0]octan

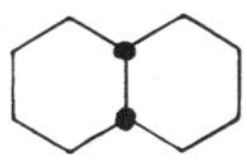
Bicyclo[4.4.0]decan (Decalin)

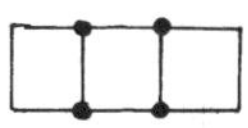
Tricyclo[4.2.0.0] octan

Bicyclische Verbindungen, die nur ein gemeinsames C-Atom enthalten, bezeichnet man als *Spiroverbindungen* [vgl. **MC-Frage Nr. 350**]. Ihre Nomenklatur basiert auf folgendem Schema, wobei die Zahlen in den eckigen Klammern nach abnehmender Größe angeordnet werden:

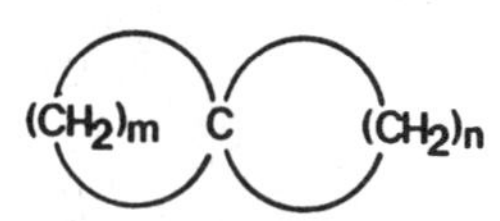

= Spiro[n.m]alkan

Spiro[5.5]undecan

Spiro[3.3]heptan

Einige andere bicyclische Ringsysteme wurden bereits im Kap. 3.3.12 vorgestellt. Als weitere polycyclische Kohlenwasserstoffe sind **Adamantan** (**Tricyclo[3.3.1.1]decan**) und das isomere **Twistan** zu nennen. **Perhydrocyclopenta-[a]phenanthren** stellt das Grundgerüst der *Steroidhormone* dar; es wird auch als **Steran** (oder **Gonan**) bezeichnet.

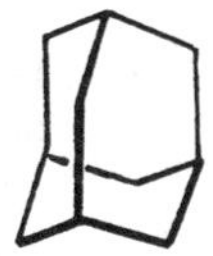
Adamantan

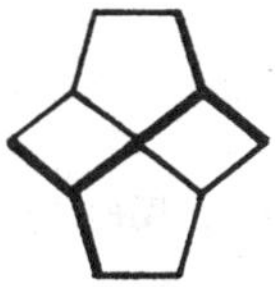
Twistan

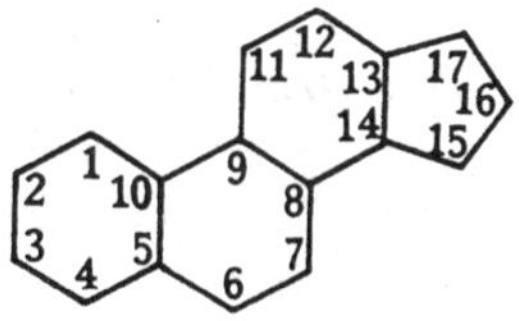

Steran (Gonan)

3.4.2 Stereochemie der Alkane und Cycloalkane

Die Bindungsverhältnisse von C-C-Einfachbindungen waren Gegenstand des Kap. 3.1.2. Die isomeren *Konformationen* von Alkanen und Cycloalkanen wurden im Kap. 3.3.5.1 und 3.3.6.2 beschrieben. Zur *geometrischen Isomerie* von Cycloalkanen siehe Kap. 3.3.12. Zur *Chiralität* alicyclischer Ringsysteme wird auf Kap. 3.3.7.5 verwiesen.

3.4.3 Physikalische Eigenschaften von Alkanen und Cycloalkanen

Die ersten vier Glieder der homologen Reihe der Alkane sind bei Raumtemperatur *gasförmig,* n-Pentan und die höheren Homologen bis C_{16} sind *flüssig,* die danach folgenden Glieder sind *fest.*

Während die gasförmigen und festen Alkane geruchlos sind, besitzen die flüssigen Paraffine den typischen „Benzingeruch". Alle Alkane haben eine geringere Dichte als Wasser und sind sämtlich in Wasser unlöslich. Sie haben *lipophile* („fettliebende") bzw. *hydrophobe* („wasserfeindliche") Eigenschaften.

Innerhalb der homologen Reihe der *n-Alkane* beobachtet man ein *stetiges Ansteigen der Siedepunkte.* Dies ist auf die mit zunehmender Molmasse stärker werdenden *van der Waals-Kräfte (Dispersionskräfte)* zurückzuführen [vgl. hierzu Ehlers, **Chemie I-Kurzlehrbuch**, Kap. 1.7]. Dabei nimmt die *Siedepunktsdifferenz* zweier benachbarter Alkane mit steigender Molmasse ab. Folglich lassen sich die niederen Glieder der homologen Reihe leichter als die höheren durch *fraktionierte Destillation* trennen. Die Siedepunkte der n-Alkane liegen ausnahmslos höher als die der isomeren, verzweigten Kohlenwasserstoffe gleicher C-Zahl.

Dieser *Einfluß der Verzweigung* auf den Siedepunkt wird bei allen organischen Stoffklassen beobachtet. Durch die Kettenverzweigung nimmt die Molekülform immer mehr eine Kugelgestalt an. Damit verringert sich die Oberfläche, die zwischenmolekularen Bindungskräfte werden schwächer und können schon bei einer tieferen Temperatur überwunden werden.

Wie die Zahlenwerte in Tabelle 38 belegen, zeigen auch die *Schmelzpunkte der n-Alkane* bis C_{24} ein – allerdings *alternierendes* – gesetzmäßiges Verhalten. Abgesehen von Methan schmelzen die Kohlenwasserstoffe mit gerader C-Zahl aufgrund unterschiedlicher Kristallstrukturen relativ höher als die mit einer ungeraden Anzahl von C-Atomen.

Tab. 38: Schmelzpunkte und Siedepunkte von Alkanen und Cycloalkanen [in °C]

Kohlenwasserstoff	Sdp.	Schmp.	Kohlenwasserstoff	Sdp.	Schmp.
Methan	– 164	– 184	n-Heptan	98,3	– 90,5
Ethan	– 88,5	– 172,1	n-Octan	125,8	– 57
Propan	– 44,5	– 189,9	n-Nonan	150,6	– 51
n-Butan	– 0,5	– 135	n-Decan	173,8	– 30,1
Isobutan	– 10,5	– 145	Cyclopropan	– 34,5	– 127
n-Pentan	36,2	– 130,8	Cyclobutan	11	– 80
Isopentan	28,0	– 158,6	Cyclopentan	49,5	– 93,3
Neopentan	9,5	– 19,8	Cyclohexan	81	6,4
n-Hexan	68,8	– 93,5	Cycloheptan	118	– 12

Cycloalkane ähneln in ihren physikalischen Eigenschaften den offenkettigen Analogen, sieden aber in der Regel bei etwas höheren Temperaturen als die offenkettigen Alkane gleicher Kohlenstoff-Zahl.

3.4.4 Darstellung und Reaktionen von Alkanen

3.4.4.1 Darstellung von Alkanen

Im technischen Maßstab gewinnt man die gesättigten Kohlenwasserstoffe durch fraktionierte Destillation aus *Erdgas* oder *Erdöl.* Da aber – wie Tabelle 35 belegt – die Zahl der Isomeren ab C_5 stark ansteigt und deren Siedepunktsbereiche sich z.T. überschneiden, ist eine destillative Trennung schwierig. Daher müssen zur *Reindarstellung höherer Alkane spezielle Synthesemethoden* herangezogen werden. Als Startmaterialien für die Alkansynthese dienen vorrangig *Alkene, Halogenalkane (Alkylhalogenide)* und *Carbonsäuren.*

(1) Die *katalytische Hydrierung von Alkenen* läuft nahezu quantitativ unter Erhalt des C-Gerüstes ab (siehe Kap. 3.2.19.1). Die als Edukte verwendeten Alkene gewinnt man in der Regel durch *Dehydratisierung von Alkoholen* (vgl. Kap. 3.5.3).

$$C_nH_{2n} + H_2 \xrightarrow{\text{Katalysator}} C_nH_{2n+2}$$

(2) Bei der Herstellung von Alkanen aus *Halogenalkanen (Alkylhalogeniden)* besteht im allgemeinen der erste Reaktionsschritt in der Umwandlung eines Alkohols in ein Halogenalkan. Meistens dienen HBr oder HI als Reagenzien. Das gebildete Alkylhalogenid wird anschließend katalytisch hydrogenolysiert. Der Kontakt ist zur Bindung des Halogenwasserstoffs auf einem basischen Träger niedergeschlagen. *Iodalkane* lassen sich auch mit überschüssiger Iodwasserstoffsäure reduzieren.

$$R\text{-}OH + HX \xrightarrow{-H_2O} R\text{-}X \xrightarrow[Pd/BaCO_3]{+ H_2} R\text{-}H + HX$$

$$R\text{-}OH + HI \xrightarrow{-H_2O} R\text{-}I \xrightarrow{+ HI} R\text{-}H + I_2$$

(3) Darüber hinaus können *Alkylhalogenide* in *Organometallverbindungen* übergeführt werden, die anschließend mit weiterem Alkylhalogenid unter Metallhalogenid-Abspaltung reagieren oder mit Wasser zersetzt werden.

(a) Die **Wurtz-Synthese** beruht auf dem erstgenannten Prinzip. Hierzu werden vorzugsweise Alkylbromide oder Alkyliodide mit metallischem Natrium umgesetzt, wobei durch Halogen-Metall-Austausch *Natriumorganyle* als Zwischenstufe auftreten. Da bei dieser Reaktion zwei Alkylreste miteinander verknüpft werden, ist sie besonders zur Synthese höherer, symmetrischer Alkane geeignet [vgl. **MC-Fragen Nr. 515, 516**].

$$R\text{-}Hal + 2\ Na \xrightarrow{-NaHal} R\text{-}Na \xrightarrow[-\ NaHal]{+\ R\text{-}Hal} R\text{-}R$$

Durch Verwendung von *Halogenbenzenen* lassen sich auch *Alkylaromaten* herstellen (**Wurtz-Fittig-Reaktion**).

$$\text{Ar-Hal} + 2\ \text{Na} \xrightarrow{-\text{NaHal}} \text{Ar-Na} \xrightarrow[-\text{NaHal}]{+\text{R-Hal}} \text{Ar-R}$$

Bei der Umsetzung von *1,3-Dihalogenalkanen* mit Natrium oder Zink erhält man in einer *intramolekularen* Variante der Wurtz-Reaktion *Cyclopropan-Derivate.*

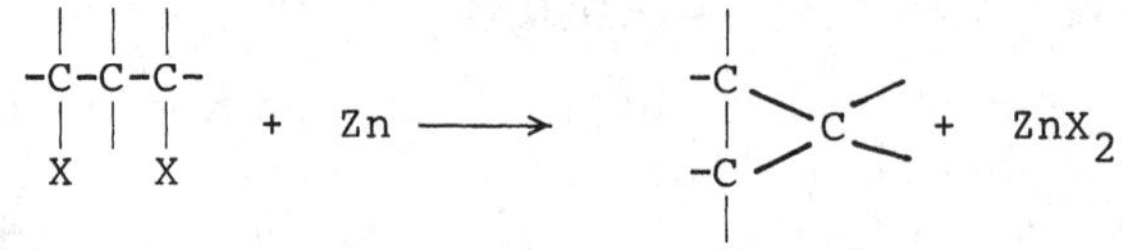

(b) Im zweiten Fall arbeitet man vor allem mit Zink oder **Grignard-Verbindungen**. Letztere werden bei der Reaktion von Alkylhalogeniden mit Magnesium gebildet (siehe Kap. 3.8.3.1).

$$2\ \text{R-X} + 2\ \text{Zn} \xrightarrow{-\text{ZnX}_2} \text{R-Zn-R} \xrightarrow{+\ 2\ \text{H}_2\text{O}} 2\ \text{R-H} + \text{Zn(OH)}_2$$

$$\text{R-X} + \text{Mg} \longrightarrow \text{R-Mg-X} \xrightarrow[+\ \text{H}_2\text{O}]{} \text{R-H} + \text{Mg(OH)X}$$

Anstelle von Wasser können auch Alkohole oder andere Reagenzien mit aciden H-Atomen zur Spaltung der intermediär entstandenen Metallorganyle eingesetzt werden (siehe **Zerewitinow-Reaktion**, Kap. 3.8.3.1).
(c) Die Synthese höherer Alkane gelingt durch Umsetzung von Grignard-Reagenzien oder Lithiumkupferorganylen mit Alkylhalogeniden [vgl. **MC-Frage Nr. 1180**].

$$\text{R-MgX} + \text{R'-X} \longrightarrow \text{R-R'} + \text{MgX}_2$$
$$\text{R-X} + \text{R}_2\text{'CuLi} \longrightarrow \text{R-R'} + \text{R'Cu} + \text{LiX}$$

$$\text{z. B.: } C_2H_5Cl + (C_2H_5)_2CuLi \longrightarrow CH_3CH_2CH_2CH_3 + CH_3CH_2Cu + LiCl$$

(4) *Carbonsäuren* oder deren Na-Salze können durch *Thermolyse* zu dem um ein C-Atom ärmeren Alkan decarboxyliert werden (vgl. auch Kap. 3.13.3).

$$\text{R-COONa} + \text{NaOH} \xrightarrow{\Delta} \text{R-H} + \text{Na}_2\text{CO}_3$$

(5) Bei der **Alkansynthese nach Kolbe** elektrolysiert man konzentrierte Lösungen der *Alkalisalze von Carbonsäuren.* An der Kathode bildet sich Wasserstoff und an der Anode entsteht ein Gemisch aus CO_2 und dem Alkan.

$$2\ \text{R-COONa} + 2\ \text{H}_2\text{O} \xrightarrow{\text{Elektrolyse}} \underset{\text{Anode}}{[\text{R-R} + \text{CO}_2]} + \underset{\text{Kathode}}{[2\ \text{NaOH} + \text{H}_2]}$$

Die *Elektrolyse* gelingt am besten mit Carbonsäuren mittlerer Kettenlänge. Die Reaktion verläuft *radikalisch.* Da im Verlauf der Reaktion *zwei gleiche Alkylradikale* miteinander rekombinieren, liefert die Kolbe-Reaktion nur geradzahlige Kohlenwasserstoffe [vgl. **MC-Fragen Nr. 338, 339**].

$$2\ R\text{-}COO^- \xrightarrow{-2\,e^-} \underset{\text{Carboxylat-Radikal}}{2\ R\text{-}COO\cdot} \xrightarrow{-2\,CO_2} \underset{\text{Alkylradikal}}{2\ R\cdot} \xrightarrow{\text{Dimerisierung}} R\text{-}R$$

Beispielsweise erhält man bei der Elektrolyse des Natriumsalzes der **Valeriansäure** reines **n-Octan** [vgl. **MC-Frage Nr. 340**].

$$2\ CH_3CH_2CH_2CH_2\text{-}COONa \longrightarrow CH_3\text{-}(CH_2)_6\text{-}CH_3$$

3.4.4.2 Reaktionen von Alkanen

Die wichtigsten *Reaktionen* von Alkanen wie Halogenierungen oder die Sulfochlorierung wurden bereits im Kap. 3.2.4.3 vorgestellt. Die Oxidation von Alkanen wurde im Kap. 3.2.18.1 beschrieben. Pyrolyse-Reaktionen waren Gegenstand des Kap. 3.2.18.4.

3.4.5 Darstellung und Reaktionen von Cycloalkanen

3.4.5.1 Darstellung von Cycloalkanen

Mit Ausnahme der durch katalytische Hydrierung von Benzen-Derivaten leicht zugänglichen Cyclohexan-Abkömmlinge werden alle alicyclischen Verbindungen durch *Ringschlußreaktionen* hergestellt.

Einige dieser Reaktionen wurden bereits im Abschnitt *„Cycloadditionen"*, Kap. 3.2.14.4 besprochen. Dabei lassen sich Vierringe durch Dimerisierung von Alkenen gewinnen, während zur Herstellung von Sechsringen die Diels-Alder-Reaktion besonders geeignet ist. Darüber hinaus sei auch auf einige *„Umlagerungen"* hingewiesen, die unter *Ringverengung* bzw. *Ringerweiterung* verlaufen (siehe Kap. 3.2.16.2). Die Herstellung von Cyclopropan-Derivaten durch *intramolekulare Wurtz-Reaktion* wurde im voranstehenden Abschnitt diskutiert [vgl. **MC-Fragen Nr. 343, 344**]. Die unter Cyclisierung ablaufende *Dieckmann-Reaktion* wird im Kap. 3.14.4.3 vorgestellt. Als weitere Synthesemethoden, vor allem zur Darstellung von *Cycloalkanonen,* seien genannt:

- Pyrolyse von *Dicarbonsäuren* in Gegenwart von $Ba(OH)_2$,

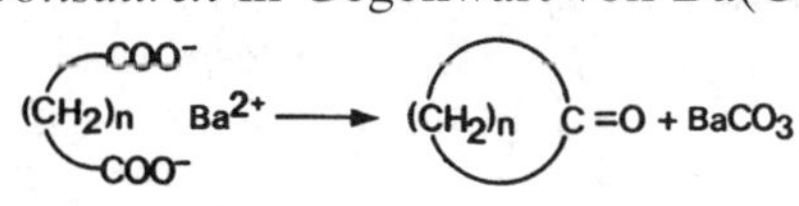

- intramolekulare **Thorpe-Reaktion** von *Dinitrilen* in Anwesenheit basischer Kondensationsmittel (z. B. Natriumethanolat).

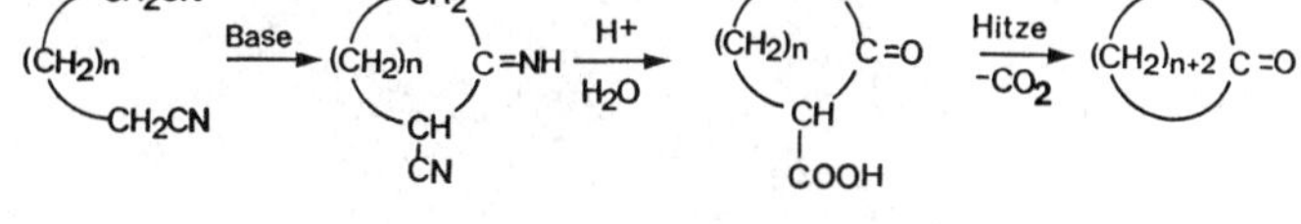

Ruggli-Ziegler-Verdünnungsprinzip: Es wird bei intramolekularen Cyclisierungen zur Synthese höhergliedriger Ringsysteme angewendet.

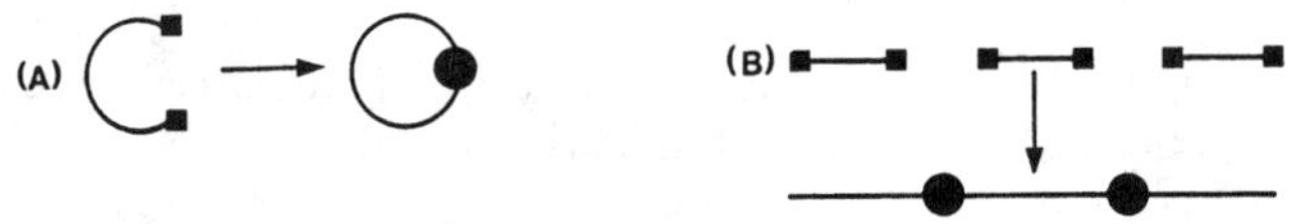

Während bei fünf- und sechsgliedrigen Ringen die *intramolekulare* Reaktion (A) stets schneller verläuft, ist im allgemeinen – ausgehend von längerkettigen Edukten – bei der Synthese höhergliedriger Ringsysteme unter gleichen Reaktionsbedingungen die *intermolekulare* Reaktion (B) bevorzugt.

Beide Reaktionen unterscheiden sich aber in ihrer *Reaktionsordnung* (vgl. Ehlers, **Chemie I-Kurzlehrbuch**, Kap. 1.13). *Die Ringschlußreaktion ist monomolekular.* Somit ändert sich die Wahrscheinlichkeit des Zusammentreffens beider Molekülenden selbst bei großer Verdünnung nicht. Die Zahl der Zusammenstöße zweier verschiedener Moleküle bei der bimolekularen, intermolekularen Reaktion nimmt hingegen mit wachsender Verdünnung ab. Experimentell erreicht man eine sehr hohe Verdünnung dadurch, daß man die zu cyclisierende Komponente dem Reaktionsansatz in speziell konstruierten Apparaturen nur sehr langsam (über Stunden/Tage) zudosiert [vgl. **MC-Frage Nr. 345**].

3.4.5.2 Reaktionen von Cycloalkanen

Die alicyclischen Kohlenwasserstoffe gehen die gleichen Reaktionen ein wie ihre offenkettigen Analoga. Cycloalkane lassen sich vor allem radikalisch substituieren. Beispielsweise reagieren sie mit Chlor unter der Einwirkung von UV-Licht zu *Cycloalkylchloriden* [vgl. Kap. 3.2.4.3 und **MC-Fragen Nr. 342, 343**].

Das narkotisch wirksame **Cyclopropan** sowie **Cyclobutan** unterscheiden sich jedoch in ihrem Reaktionsverhalten grundlegend von den übrigen Verbindungen dieser Stoffklasse. Ihr Ringsystem kann leicht, unter Bildung offenkettiger Produkte aufgespalten werden [vgl. **MC-Frage Nr. 343**].

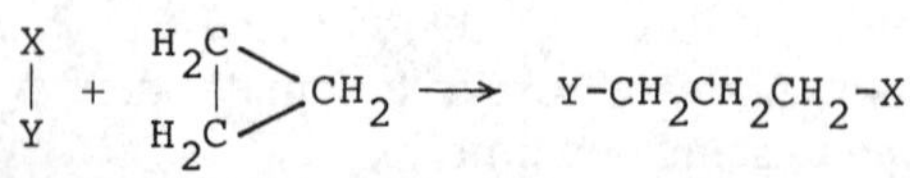

So entsteht z. B. **Propan** bei der Hydrogenolyse von Cyclopropan. Die Umsetzung von Cyclopropan mit Brom ergibt **1,3-Dibrompropan** und mit HI bildet sich **n-Propyliodid**. Ebenso kann Cyclobutan mit Wasserstoff bei 200 °C in **n-Butan** umgewandelt werden.

3.5 Alkene, Alkine, Diene und Polyene

3.5.1 Struktur und Nomenklatur

3.5.1.1 Alkene, Diene und Polyene

Alkene (oder *Olefine*) unterscheiden sich von den entsprechenden gesättigten Kohlenwasserstoffen durch das Vorhandensein einer *C=C-Doppelbindung.* Sie besitzen somit bei gleicher Kohlenstoffzahl zwei Wasserstoffatome weniger als das analoge offenkettige Alkan. Die Molekularformel von *Monoenen* entspricht der allgemeinen Zusammensetzung $\mathbf{C_nH_{2n}}$ [vgl. **MC-Fragen Nr. 341, 351**].

Die *homologe Reihe der Alkene* beginnt mit folgenden Gliedern:

CH_2=CH_2	**Ethen**	**(Ethylen)**
CH_2=CH-CH_3	**Propen**	**(Propylen)**
CH_2=CH-CH_2CH_3	**Buten**	**(Butylen)**
CH_2=CH-$CH_2CH_2CH_3$	**Penten**	**(Amylen)**

Bei der älteren *Trivialnomenklatur* wird die Endung -an des entsprechenden Alkans durch die Endung **-ylen** ersetzt, und einfache Verbindungen werden als Derivate des **Ethylens** aufgefaßt.

$(CH_3)_2C$=$C(CH_3)_2$; Cl_2C=CHCl

Tetramethylethylen **Trichlorethylen**

Daneben sind noch Trivialnamen gebräuchlich:

C_6H_5-CH=CH_2 ; C_6H_5-CH=CH-C_6H_5

Styren (Vinylbenzen) **Stilben (1,2-Diphenylethen)**

Für die systematische Bezeichnung der Alkene nach dem *IUPAC-System* gelten folgende Regeln:

1) Man wählt als Grundstruktur die längste C-Kette, die die C=C-Doppelbindung enthält. Der Name dieser Grundstruktur leitet sich vom entsprechenden Alkan gleicher C-Zahl durch Ersatz der Endung -an gegen die Silbe **-en** ab.
2) Die Lage der C=C-Doppelbindung ist zu kennzeichnen, wobei die C-Kette von dem der Doppelbindung näheren Kettenende aus numeriert wird. Da eine Doppelbindung immer ein C-Atom mit dem zahlenmäßig nächst höheren verbindet, ist lediglich die *erste Ziffer* anzugeben.

3) Substituenten werden dem Namen der Grundstruktur – unter Bezifferung ihrer Position – als Vorsilben vorangestellt.
4) Bei Bedarf werden *Konfigurationsisomere* durch die Vorsilbe *cis* oder *trans* bzw. **Z** oder **E** charakterisiert (vgl. Kap. 3.3.4.4).
5) Sind in einem Molekül mehrere Doppelbindungen vorhanden, so wird dies durch Einfügen von **di-, tri-, tetra-** (usw.) vor der Endsilbe **-en** angezeigt. Vorangestellte Ziffern geben die Stellenbezeichnungen der Doppelbindungen an.

Als Beispiele für die Anwendung dieser Regeln seien genannt:

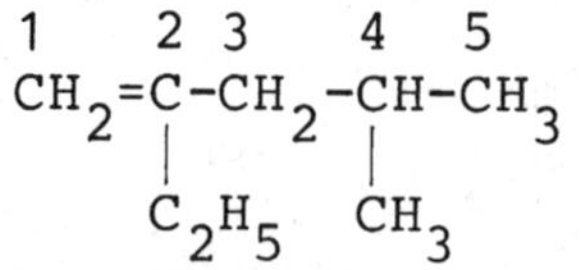

2-Ethyl-4-methyl-penten

;

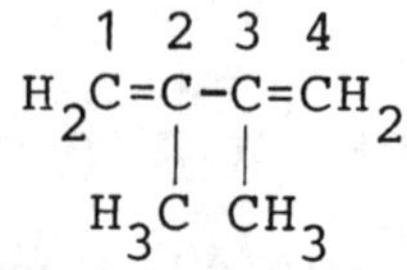

2,3-Dimethyl-1,3-butadien

Darüber hinaus hat man bei *Dienen* noch verschiedene *Arten von Doppelbindungen* zu unterscheiden. Wie die nachfolgend vorgestellten Pentadiene zeigen, spricht man von *isolierten, konjugierten* oder *kumulierten* Bindungen.

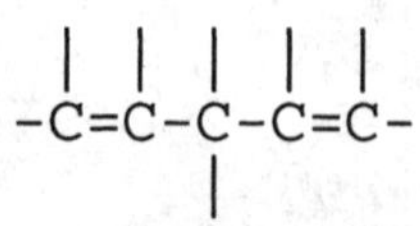

1,4-Pentadien
(isoliert)

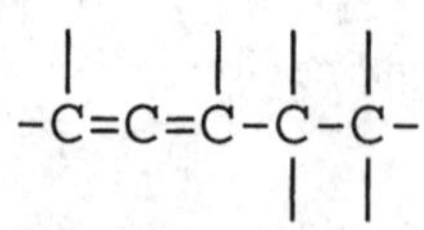

1,2-Pentadien
(kumuliert)

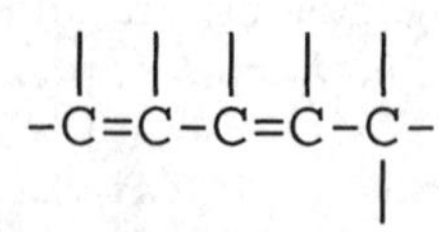

1,3-Pentadien
(konjugiert)

Für manche Diene existieren wiederum Spezialnamen.

$CH_2=C=CH_2$	**Allen**
$CH_2=C(CH_3)-CH=CH_2$	**Isopren (2-Methyl-1,3-butadien)**

Die Bezeichnung von *Alkenylgruppen* folgt den Regeln wie sie für Alkylreste vorgestellt wurden; ihre Namen enden jedoch auf **-enyl**. Die Stellung der Doppelbindung wird durch eine vorangestellte Ziffer angegeben, wobei man vom C-Atom mit der freien Valenz ausgeht.

4 3 2 1	4 3 2 1	4 3 2 1
$CH_3CH_2-CH=CH-$;	$CH_3-CH=CH-CH_2-$;	$CH_2=CH-CH_2CH_2-$
1-Butenyl-	**2-Butenyl-**	**3-Butenyl-**

Ausnahmen bilden Alkenylgruppen, für die Trivialbegriffe gebräuchlich sind:

$CH_2=CH-$	**Vinyl-Rest**	**(Ethenyl-)**
$-CH=CH-$	**Vinylen-Rest**	
$CH_2=CH-CH_2-$	**Allyl-Rest**	**(2-Propenyl-)**
$CH_3-CH=CH-CH_2-$	**Crotyl-Rest**	**(2-Butenyl-)**

3.5.1.2 Alkine

Sie enthalten eine *C≡C-Dreifachbindung* und ihre Summenformel entspricht der allgemeinen Zusammensetzung $\mathbf{C_nH_{2n-2}}$. Ihre systematische Bezeichnung erfolgt durch Ersatz der Endung -an im Namen des entsprechenden Alkans durch die Silbe **-in**. Die *homologe Reihe der Alkine* beginnt mit den Gliedern:

$HC\equiv CH$	**Ethin**	**(Acetylen)**
$HC\equiv C\text{-}CH_3$	**Propin**	**(Methylacetylen)**
$HC\equiv C\text{-}CH_2CH_3$	**Butin**	**(Ethylacetylen)**
$HC\equiv C\text{-}CH_2CH_2CH_3$	**Pentin**	**(Propylacetylen)**

In der Trivialnomenklatur können Alkine auch als Derivate des **Acetylens** angesehen werden. Die Lage der Dreifachbindung wird – falls notwendig – durch eine Ziffer angegeben.

```
1   2   3 4 5   6
CH3-CH-C≡C-CH-CH3
    |       |
    CH3     CH3
```

2,5-Dimethyl-3-hexin
(Diisopropylacetylen)

In komplizierteren Strukturen wird die Alkinylgruppe als Vorsilbe verwendet.

$C_6H_{11}\text{-}C\equiv CH$ **Ethinyl-cyclohexan**

Ein Kohlenwasserstoff, der eine Doppelbindung *und* eine Dreifachbindung enthält, wird als *Alkenin* bezeichnet, wobei die Doppelbindung bei der Numerierung die niedrigere Ziffer bekommt. Dies ist eine Ausnahme von der Regel, daß die am Ende stehende Gruppe die Zählweise bestimmt.

```
1   2  3  4  5 6
CH2=CH-CH=CH-C≡CH
```

1,3-Hexadien-5-in

Substanzen, die eine HO-Gruppe *und* eine C≡C-Dreifachbindung besitzen, heißen *Alkinole.* Hier ist die Endsilbe **-ol** für die Numerierung entscheidend.

```
4 3 2   1
HC≡C-CH2-CH2OH
```

3-Butin-1-ol

Die Bezeichnung von *Alkinylgruppen* erfolgt entsprechend der von Alkylgruppen durch Anhängen der Endung **-inyl**.

$HC\equiv C\text{-}$	Ethinyl-	
$HC\equiv C\text{-}CH_2\text{-}$	Propin-1-yl-	**(Propargyl-)**
$CH_3\text{-}C\equiv C\text{-}$	Propin-2-yl-	

3.5.2 Molekülbau von Alkenen, Dienen und Alkinen

Die Bindungsverhältnisse von Alkenen und Dienen wurden bereits im Kap. 3.1.3.1 und 3.1.9 vorgestellt. Die *E/Z-Isomerie* von Doppelbindungssystemen war Gegenstand der Kap. 3.3.4.4 und 3.3.11.1. Die Bindungsverhältnisse von Alkinen wurden im Kap. 3.1.4 beschrieben.

3.5.3 Darstellung von Alkenen

Für die Synthese von Alkenen stehen folgende Methoden zur Verfügung:

(1) Zur industriellen Gewinnung *niederer Alkene* (C_2-C_5) dienen verschiedene *Crackverfahren (steam-cracking)* höherer, gesättigter Kohlenwasserstoffe. Als Hauptprodukte werden vor allem **Ethylen** und **Propylen** erhalten [vgl. Kap. 3.2.18.4 und **MC-Frage Nr. 366**].

(2) In manchen Fällen ist die *partielle Hydrierung von Alkinen* an Lindlar-Katalysatoren ein nützliches Syntheseverfahren zur Darstellung von *cis-Alkenen.* Reduziert man Alkine in fl. Ammoniak mit Li oder Na, so entstehen *trans-Alkene* (siehe Kap. 3.2.19.1).

(3) Die wichtigsten Methoden zur Einführung einer C=C-Doppelbindung sind die *Dehydratisierung von Alkoholen* (a), die *Dehydrohalogenierung von Halogenalkanen* (b), die *Thermolyse von Carbonsäurealkylestern* (c) und der *Hofmann-Abbau von quartären Ammoniumbasen* (d). In Sonderfällen gelingt auch die *Enthalogenierung vicinaler Dihalogenide* mit elementarem Zink (e) [vgl. **MC-Fragen Nr. 352, 354, 358**].

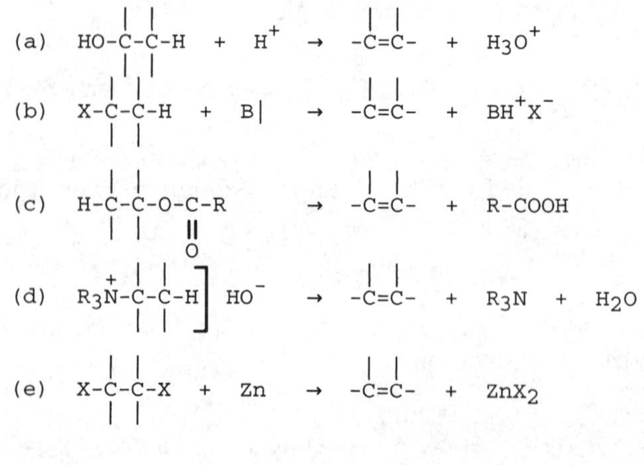

Diese *Eliminierungsreaktionen,* die in der Regel zu Isomerengemischen führen, wurden bereits im Kap. 3.2.10 beschrieben, so daß an dieser Stelle nur einige präparative Aspekte diskutiert werden sollen.

(a) Dehydratisierung von Alkoholen: Sie wird meistens durch Erhitzen des Alkohols mit H_2SO_4, H_3PO_4, $ZnCl_2$ oder an Al_2O_3-Kontakten durchgeführt. Die Leichtigkeit der Dehydratisierung steigt vom primären zum tertiären Alkohol hin an. Im wesentlichen wird bei der Säurekatalyse ein E1-Mechanismus durchlaufen, so daß mit umgelagerten Produkten zu rechnen ist. Als Nebenprodukte entstehen Ether und in Gegenwart von H_2SO_4 auch Mono- und Dialkylsulfate.

Die sauer katalysierte Dehydratisierung primärer Alkohole ist zudem kein allgemein anwendbares Verfahren zur Darstellung von **1-Alkenen**, da diese unter den Reaktionsbedingungen leicht zu **2-Alkenen** isomerisieren können. Alkohole, die sich nur schwer dehydratisieren lassen, überführt man zuvor in *Alkyltosylate,* die anschließend thermolysiert werden. Besonders leicht dehydratisieren β-*Hydroxycarbonylverbindungen* unter Bildung vinyloger Strukturen.

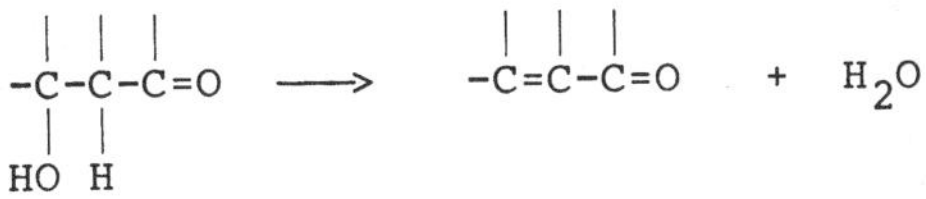

(b) Die **Dehydrohalogenierung von Halogenalkanen** läuft in Gegenwart hochkonzentrierter, starker Basen nach einem bimolekularen Mechanismus (E2) ab. Als Basen werden vor allem Alkalihydroxide, Alkalialkoholate, Alkaliamide und tert. Amine (Pyridin, Triethylamin) eingesetzt. Als Lösungsmittel verwendet man Alkohole oder dipolar-aprotische Solventien. Auch hier steigt die Leichtigkeit der Halogenwasserstoff-Abspaltung vom primären zum tertiären Halogenalkan hin an. Von präparativem Interesse ist die Bildung von *Ketenen* durch Behandeln von *Säurechloriden* mit Basen.

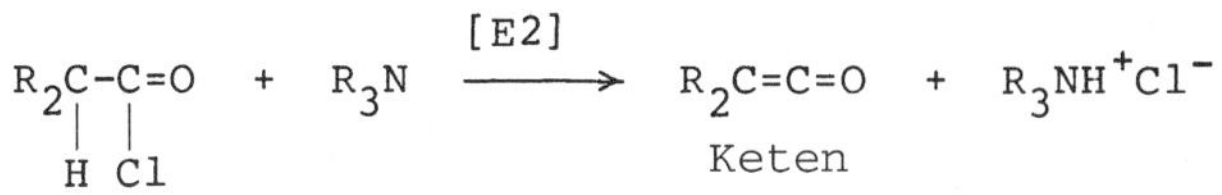

(4) Wittig-Reaktion: Diese aufbauende *Carbonylolefinierung* ist ein außerordentlich wertvolles Verfahren zur Synthese von Alkenen und Dienen [vgl. **MC-Fragen Nr. 353, 355, 357, 769**].

Hierbei werden *Phosphinalkylene (Phosphor-Ylide)* an Aldehyde oder Ketone addiert. Über betainartige Zwischenstufen entstehen schließlich *Alkene* und *Phosphinoxide.* Meistens werden Triphenylphosphinalkylene als Edukte eingesetzt.

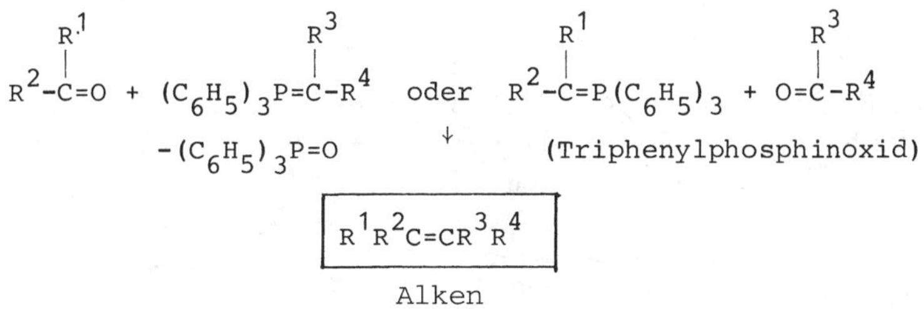

Die C=C-Doppelbindung wird ausschließlich am Ort der ursprünglichen Carbonylgruppe gebildet; Isomerisierungen werden nicht beobachtet.

Der Reaktionsmechanismus ist so zu deuten, daß das negativierte C-Atom des Phosphinalkylens nucleophil den positivierten Carbonylkohlenstoff angreift. Das primär gebildete *Betain* cyclisiert zum neutralen *Oxaphosphetan.* Letzteres zerfällt bei 0 °C meistens spontan in ein Phosphinoxid (z. B. Triphenylphosphinoxid) und ein *Alken.* (Neuere Befunde deuten darauf hin, daß bei salzfreien, reaktiven Yliden wahrscheinlich ein viergliedriger Übergangszustand durchlaufen wird, der direkt zum Oxaphosphetan führt. In diesem Falle ist der Oxaphosphetan-Bildung kein Betain als Zwischenstufe vorgeschaltet. Darüber hinaus wird in protischen Lösungsmitteln unter Protonierung des Betains noch ein weiterer, andersartiger Ablauf diskutiert.)

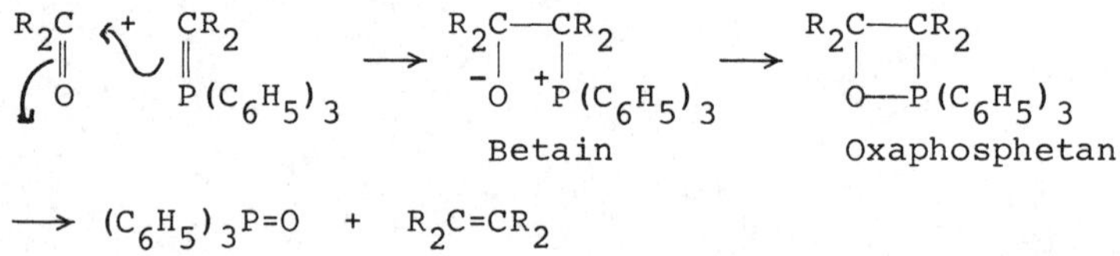

Das intermediär auftretende Betain (Oxaphosphetan) kann in der *threo-* oder *erythro-Form* vorliegen (vgl. Kap. 3.3.7.4). Dabei würde durch die Eliminierung des Phosphinoxids aus der *threo-Form* ein **trans-Alken** entstehen, während die *erythro-Form* das **cis-Alken** liefert. Normalerweise bilden sich beide Betaine im gleichen Maße, so daß Isomerengemische anfallen. Bei geschickter Wahl der Reaktionsbedingungen bzw. der Edukte kann das E- oder Z-Isomer jedoch bevorzugt erhalten werden.

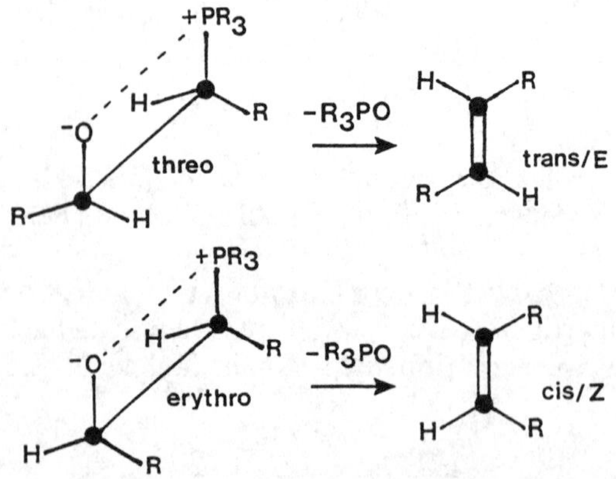

Die Wittig-Reaktion eignet sich auch zur technischen Darstellung von *Polyenen* wie z. B. die **Vitamine A** und **D** und **β-Carotin**. Darüber hinaus lassen sich mit dieser Reaktion C=C-Doppelbindungen in Positionen einbauen, die durch andere Methoden nur sehr schwer zugänglich sind. Als Beispiele seien die Darstellung von *β.γ-ungesättigten Carbonsäuren s*owie von Substanzen mit einer *Exomethylen-Gruppierung* genannt.

Die Wittig-Reaktion ist eine wichtige Synthesemethode zur Darstellung von Alkenen aus Carbonylverbindungen, wobei formal der Carbonylsauerstoff (=O) durch die Gruppierung (=CR_2) ersetzt wird. Die Lage der C=C-Doppelbindung in den gebildeten Alkenen ist eindeutig. Nahezu jede Carbonylverbindung und jedes P-Ylid können eingesetzt werden.

Darstellung der Phosphinalkylene: Alkylhalogenide reagieren mit Triphenylphosphin nach einem S_N2-Mechanismus zu kristallinen *Phosphoniumsalzen.* Aus den quartären Salzen läßt sich mit starken Basen [Lithiumalkylen, Phenyllithium, Alkalialkoholaten] ein α-ständiges H-Atom als Proton ablösen unter Bildung von *Phosphinalkylenen (Phosphor-Yliden).*

$$(C_6H_5)_3P + X{-}CH_2{-}R \longrightarrow (C_6H_5)_3\overset{+}{P}{-}\overset{\alpha}{C}H_2{-}R]\ X^-$$

$$\xrightarrow[-\ LiX,\ -\ C_6H_6]{+\ LiC_6H_5} \left[\underset{\text{Ylid}}{(C_6H_5)_3\overset{+}{P}{-}\underset{\ominus}{\underline{C}}H{-}R} \leftrightarrow \underset{\text{Ylen}}{(C_6H_5)_3P{=}CH{-}R}\right]$$

Unter einem **Ylid** versteht man ganz allgemein eine Verbindung, in der ein C-Atom mit negativer Ladung direkt an ein Heteroatom mit positiver Ladung gebunden ist [vgl. **MC-Frage Nr. 356**]. Die wesentlich instabileren *Stickstoff-Ylide* lassen sich nur in der Ylid-Form wiedergeben, während beim Phosphor unter Beteiligung von d-Orbitalen eine Oktettaufweitung zum Ylen möglich ist.

$$\left[R_3\overset{+}{N}{-}\underset{\ominus}{\underline{C}}H{-}R\right]\ \textbf{Stickstoff-Ylid} \qquad \left[R_2\overset{+}{S}{-}\underset{\ominus}{\underline{C}}H{-}R\right]\ \textbf{Schwefel-Ylid}$$

In der Praxis wird die Wittig-Reaktion häufig einstufig durchgeführt, indem man zum gebildeten quartären Phosphoniumsalz zunächst die zur Bildung des Ylids erforderliche Base und danach die betreffende Carbonylverbindung hinzufügt.

3.5.4 Reaktionen von Alkenen

Alkene besitzen eine hohe Neigung durch *Addition* von Reagenzien in gesättigte Verbindungen überzugehen [vgl. **MC-Fragen Nr. 358, 359**]. Viele Reagenzien [H_2SO_4, MnO_4, IBr, ICl, HOCl] lagern sich *ohne* Zuhilfenahme eines Katalysators an, während einige [H_2O, H_2] die Anwesenheit eines Katalysators erfordern.

$$\overset{|\ \ |}{-C{=}C-} + X{-}Y \longrightarrow X{-}\underset{|\ \ |}{\overset{|\ \ |}{C{-}C}}{-}Y$$

Der sterische Ablauf und die Regioselektivität dieser *elektrophilen Additionsreaktionen* wurden ausführlich im Kap. 3.2.11 beschrieben. Die unter anti-Markownikow-Orientierung verlaufenden *radikalischen Additionen* waren Gegenstand des Kap. 3.2.13. *Cycloadditionen* wurden im Kap. 3.2.14.4 vorgestellt, die *katalytische Hydrierung* von Alkenen wurde im Kap. 3.2.19.1 behandelt und *Oxidationsreaktionen* an Alkenen mit Peroxysäuren, Permanganat und Ozon wurden im Kap. 3.2.18.3 diskutiert. Daher sollen in den folgenden Abschnitten lediglich einige präparative Aspekte der Addition von Halogenen, Halogenwasserstoffen, Wasser und Diboran an Alkene detaillierter angesprochen werden.

(1) Addition von Halogenen und Unterhalogenigen Säuren: Die *stereospezifische trans-Addition* von Chlor oder Brom an eine C=C-Doppelbindung verläuft glatt und oft quantitativ. Allerdings reagieren sterisch gehinderte Alkene oder solche mit einer geringen Elektronendichte nur langsam oder überhaupt nicht. Die Anlagerung des reaktionsträgen Iods gelingt nur in Ausnahmefällen. Hingegen erfolgt die Umsetzung von Alkenen mit elementarem Fluor so heftig, daß Fragmentierungen eintreten. Die C≡C-Dreifachbindung ist weniger reaktiv, so daß ein *Alkenin* selektiv halogeniert werden kann.

$$H_2C{=}CH{-}CH_2{-}C{\equiv}CH \;+\; Br_2 \longrightarrow BrCH_2{-}CHBr{-}CH_2{-}C{\equiv}CH$$

Gelegentlich werden auch Substitutionsreaktionen unter Erhalt der C=C-Doppelbindung beobachtet. Diese Halogenierungen in *Allylstellung* lassen sich jedoch gezielter mit *N-Halogensuccinimiden* durchführen (vgl. hierzu Kap. 3.2.4.3).

$$H_3C{-}\underset{\displaystyle CH_3}{\underset{|}{C}}{=}CH_2 \;+\; Cl_2 \longrightarrow ClCH_2{-}\underset{\displaystyle CH_3}{\underset{|}{C}}{=}CH_2 \;+\; HCl$$

Dient *Wasser* als Solvens für die Halogenaddition, so treten *Halogenhydrine* als Nebenprodukte auf. Will man sie als Hauptprodukte isolieren, empfiehlt sich die direkte Anlagerung von Unterhalogenigen Säuren an Alkene.

(2) Addition von Protonsäuren und Wasser: Bei der zweistufig, nicht stereospezifisch ablaufenden A_E-Reaktion von *Halogenwasserstoffen* an Alkene entstehen *Alkylhalogenide.* Je reaktionsträger das eingesetzte Alken ist, desto stärker muß die reagierende Säure sein. So setzt sich **Ethen** zwar mit HBr und HI, nicht aber mit HCl um. Die Addition von HCl erfolgt jedoch in Gegenwart von Lewis-Säuren wie $ZnCl_2$ oder $AlCl_3$.

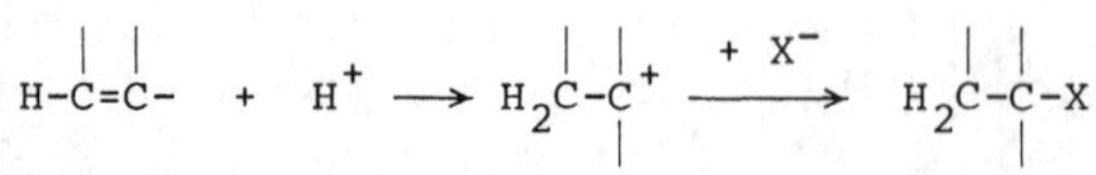

Auch *Wasser* läßt sich aufgrund seiner geringen Acidität *nicht* direkt an die C=C-Doppelbindung anlagern. Die entsprechend der Markownikow-Orientierung verlaufende *Hydratisierung von Alkenen* gelingt erst in Gegenwart starker Säuren (H_2SO_4, HNO_3).

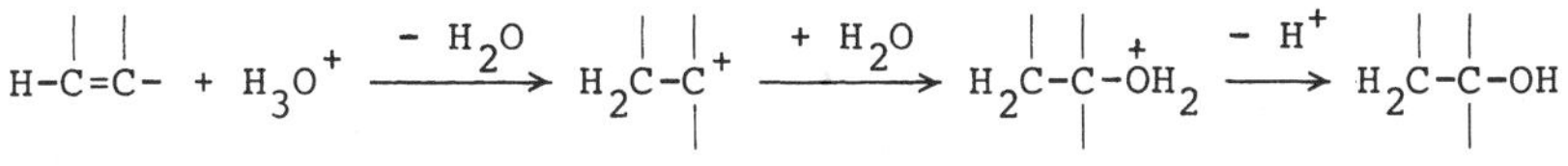

Als Nebenprodukte können Ester sowie bei Einsatz von Schwefelsäure als Katalysator auch Mono- und Dialkylsulfate auftreten (vgl. Kap. 3.9.3.1).

Bei allen Reaktionen ist mit *umgelagerten Produkten* zu rechnen, vor allem dann, wenn das intermediär gebildete Carbeniumion zu einem stabileren Kation isomerisieren kann.

(3) Hydroborierung: Hierunter versteht man die Addition von Boranen, meistens **Diboran** [B_2H_6], an C=C-, C=O- und C=N-Doppelbindungen oder Dreifachbindungen. Diboran wird aus BF_3 und $NaBH_4$ hergestellt und ist in den zur Hydroborierung verwendeten etherischen Lösungen als Ether-Monomerkomplex [$R_2O \cdot BH_3$] gut löslich. Am besten untersucht ist die *Addition von Diboran an Alkene.* Die Reaktion verläuft als **anti-Markownikow-syn-Addition** unter Bildung von isolierbaren Trialkylboranen [vgl. **MC-Frage Nr. 360**].

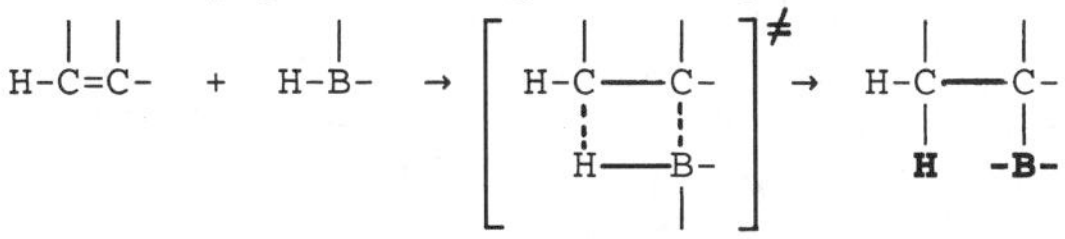

Die *syn-Addition* ist eine Folge des *Vierzentren-Übergangszustandes,* wobei die Anlagerung des Diborans an die Doppelbindung von der sterisch weniger behinderten Seite aus erfolgt. Die *anti-Markownikow-Orientierung* ergibt sich aus der Polarisationsrichtung der B-H-Bindung, in der das Boratom der positivierte Bindungspartner ist und das H-Atom Hydridcharakter besitzt.

Die intermediär gebildeten, *monomer* vorliegenden *Trialkylborane* sind wichtige Zwischenprodukte zur Herstellung von:

- *Kohlenwasserstoffen* durch Protolyse mit wasserfreien Carbonsäuren,
- *Alkoholen* durch Oxidation mit alkalischem H_2O_2,
- *Ketonen* durch Oxidation mit CrO_3,
- *Aminen* durch Behandeln mit Amidosulfonsäure,
- *Alkylhalogeniden* durch Umsetzung mit N-Halogenverbindungen.

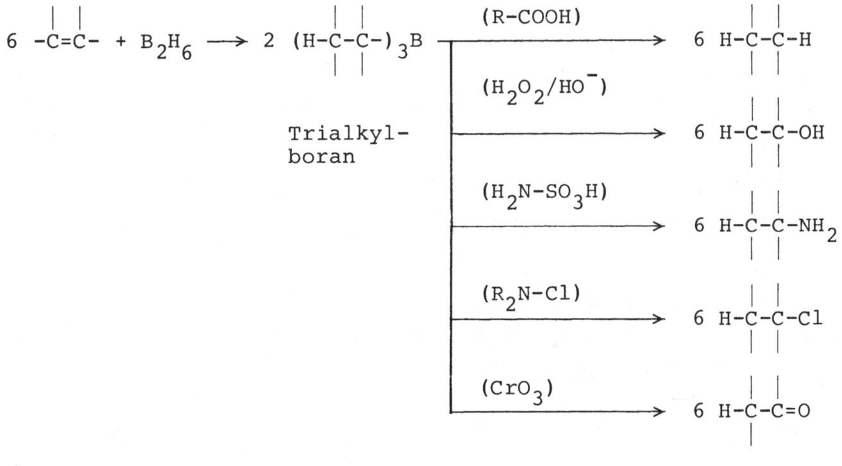

Im allgemeinen werden die an der Luft wenig beständigen Trialkylborane nicht isoliert, sondern *in situ* in die gewünschten Produkte übergeführt.

Präparatives Interesse besitzt vor allem die Oxidation der Bororganyle mit alkalischem H_2O_2 zu *Alkoholen,* die formal einer *anti-Markownikow-Hydratisierung* eines Alkens entspricht [vgl. **MC-Frage Nr. 358**].

$CH_3-CH=CH_2$ (Propen) $\xrightarrow{+\ H_2O/H_2SO_4}$ $CH_3-CH(OH)-CH_3$ Isopropanol (Markownikow)

$CH_3-CH=CH_2$ (Propen) $\xrightarrow[2)\ H_2O_2/HO^-]{1)\ +\ B_2H_6}$ $CH_3-CH_2-CH_2OH$ n-Propanol (anti-Markownikow)

Beispielsweise erhält man bei der Hydroborierung des **1,2-Dimethylcyclopentens** mit nachfolgender Oxidation ausschließlich **cis-1,2-Dimethylcyclopentanol** und **Methylcyclopenten** liefert **trans-2-Methylcyclopentanol** [vgl. **MC-Frage Nr. 361**].

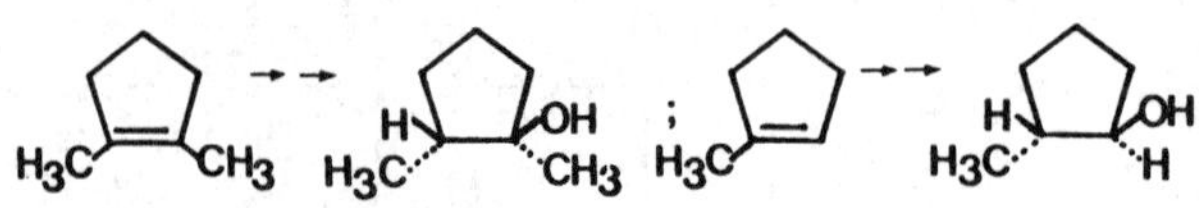

> Die cis-Addition von Diboran an Alkene führt zu Trialkylboranen, wobei das Boratom regioselektiv an das wasserstoffreichere C-Atom der C=C-Doppelbindung tritt. Durch Oxidation der Trialkylborane mit alkalischer H_2O_2-Lösung erhält man Alkohole. Der Vorteil der Methode ist neben der anti-Markownikow-Orientierung das Fehlen jeglicher Umlagerungen.

(4) Oxosynthese (Hydroformylierung): Hierunter versteht man die bei hohen Drucken in Gegenwart eines Cobalt-Katalysators ablaufende gleichzeitige Anlagerung von *Kohlenmonoxid* und *Wasserstoff* an ein Alken unter Bildung von *Aldehyden.*

$$R-CH=CH_2 \ + \ CO \ + \ H_2 \longrightarrow R-CH_2-CH_2-CH=O$$
$$ \longrightarrow R-CH(CH_3)-CH=O$$

Welches Produkt letztlich überwiegt, hängt in hohem Maße von der Art des Substituenten (R) ab. Beispiele für die Oxosynthese sind die technische Herstellung von **Propanal** aus **Ethen** (R = H) und von **Butanal** aus **Propen** (R = CH_3).

(5) Nachweis von Alkenen: Zum qualitativen Nachweis von C=C-Doppelbindungen dient vor allem die Entfärbung einer Brom-Lösung in CCl_4 oder einer kalten, verdünnten wäßrigen Permanganat-Lösung [**Baeyer-Probe**] (vgl. auch Kap. 3.2.18.3). Alkine reagieren ähnlich.

Die Addition von Ozon an die C=C-Doppelbindung liefert Hinweise auf deren Lage und ist somit eine wichtige Methode zur *Konstitutionsermittlung* [vgl. Kap. 3.2.18.3 und **MC-Frage Nr. 359**].

3.5.5 Darstellung und Reaktionen von Dienen

Diene sind Substanzen mit zwei C=C-Doppelbindungen. *Isolierte* Doppelbindungen beeinflussen einander wenig. Deshalb reagiert jede Doppelbindung, als sei sie die einzige im Molekül. *1,3-Diene* mit *konjugierten* Doppelbindungen unterscheiden sich jedoch von einfachen Alkenen in mehrfacher Hinsicht:

* Sie sind stabiler.
* Sie gehen elektrophile 1.4- und 1.2-Additionen ein.
* Sie verhalten sich bei radikalisch ablaufenden Additionen reaktionsfähiger.

Die hohe Stabilität konjugierter Bindungssysteme macht sich auch dadurch bemerkbar, daß solche Systeme – falls möglich – bei Eliminierungsreaktionen bevorzugt gebildet werden.

Darstellung: Viele Diene können auf ähnlichen Synthesewegen hergestellt werden wie Monoene. Vorrangig zu nennen sind die *Wittig-Reaktion* (vgl. Kap. 3.5.3) sowie der *Hofmann-Abbau* von *cyclischen Aminen* (vgl. Kap. 3.2.10.5). **1,3-Butadien** und **Isopren** werden technisch durch *Ethinylierung* von **Formaldehyd** bzw. **Aceton** gewonnen (siehe Kap. 3.5.7.3).

Reaktionen: Elektrophile Additionsreaktionen an Dienen waren Gegenstand des Kap. 3.2.11. Die *Diels-Alder-Reaktion* wurde im Kap. 3.2.14.5 vorgestellt.

Zur **Allen-Isomerie** von *1,2-Dienen* mit einem *kumulierten* Bindungssystem vgl. Kap. 3.3.8.1 und 3.3.11.3.

3.5.6 Darstellung von Alkinen

Alkine werden überwiegend durch basenkatalysierte *Dehydrohalogenierung* von *1,1-* und *1,2-Dihalogeniden* hergestellt. Die Reaktion verläuft schrittweise, wobei *Vinylhalogenide* als Zwischenstufen durchlaufen werden.

$$\left.\begin{array}{l}\text{R-CHX-CHX-R}\\ \text{R-CH}_2\text{-CX}_2\text{-R}\end{array}\right] \xrightarrow[\text{- HX}]{\text{schnell}} \underset{\text{Vinylhalogenid}}{\text{R-CH=CX-R}} \xrightarrow[\text{- HX}]{\text{langsam}} \underset{\text{Alkin}}{\text{R-C}\equiv\text{C-R}}$$

Als Basen werden Alkaliamide in flüss. NH_3 oder unpolaren Lösungsmitteln bzw. alkoholische Lösungen von Alkalihydroxiden oder Alkalialkoholaten eingesetzt. Bei Verwendung von Alkalihydroxiden ist mit einer Isomerisierung der C≡C-Dreifachbindung in das „Innere des Moleküls“ zu rechnen, da disubstituierte Alkine thermodynamisch stabiler sind als solche mit einer endständigen C≡CH-Gruppierung (**Acetylen-Allen-Umlagerung**).

$$\underset{\text{1-Alkin}}{\text{R-CH}_2\text{-C}\equiv\text{CH}} \xrightarrow[\text{170 °C}]{\text{+ KOH/EtOH}} \text{R-CH=C=CH}_2 \longrightarrow \underset{\text{2-Alkin}}{\text{R-C}\equiv\text{C-CH}_3}$$

Darüber hinaus gelingt die Darstellung von Alkinen durch:

- Dehalogenierung vicinaler Tetrahalogenide,
  $R\text{-}CX_2\text{-}CX_2\text{-}R + 2\ Zn \longrightarrow R\text{-}C{\equiv}C\text{-}R + 2\ ZnX_2$
- Umsetzung von Acetyliden mit primären Alkylhalogeniden.
  $R\text{-}C{\equiv}C|^-Na^+\ + X\text{-}R' \longrightarrow R\text{-}C{\equiv}C\text{-}R' + NaX$

Aufgrund der hohen Basizität des **Acetylid-Ions** [$RC{\equiv}C|^-$] ist die Reaktion auf primäre Alkylhalogenide beschränkt. Sekundäre und tertiäre Halogenalkane werden in einer E2-Reaktion zu Alkenen dehydrohalogeniert.

Für die **Synthese des Acetylens (Ethin)** sind folgende Methoden geeignet:

- aus den *Elementen* bei 2500 °C an Kohleelektroden
  $2\ C + H_2 \longrightarrow 2\ HC{\equiv}CH$
- aus *Calciumcarbid* durch Hydrolyse mit Wasser
  $CaC_2\ + 2\ H_2O \longrightarrow HC{\equiv}CH + Ca(OH)_2$
- aus *Methan* durch kurzzeitige (0,1 sec) Pyrolyse bei 1400 °C.
  $2\ CH_4 \longrightarrow HC{\equiv}CH + 3\ H_2$

3.5.7 Reaktionen von Alkinen

3.5.7.1 Acidität der Alkine

Der endständige Wasserstoff in monosubstituierten Alkinen ist relativ acid. **Acetylen** [$pK_a = 25$] ist zwar weniger stark sauer als Wasser [$pK_a = 15{,}7$], aber deutlich acider als Ammoniak, Ethen oder Methan [vgl. **MC-Frage Nr. 365**]. Daher werden Acetylen und seine Derivate durch Amid-Ionen zu den entsprechenden korr. *Carbanionen* deprotoniert.

$$R\text{-}C{\equiv}C\text{-}H \ + \ NH_2^- \rightleftharpoons R\text{-}C{\equiv}C^- \ + \ NH_3$$

Die relativ hohe Acidität des Acetylens ist eine Folge der sp-Hybridisierung des acetylenischen Kohlenstoffs. Je höher nämlich der s-Anteil des freien Elektronenpaars eines Carbanions ist, desto geringer ist seine Basizität. Einer geringeren Basizität entspricht aber eine höhere Acidität der korrespondierenden Säure.

Basenstärke ↑					Säurestärke ↓
	H_3C^-	[sp^3]	CH_4	(pK_a = 49)	
	$H_2C{=}CH^-$	[sp^2]	$H_2C{=}CH_2$	(pK_a = 44)	
	$HC{\equiv}C^-$	[sp]	$HC{\equiv}CH$	(pK_a = 25)	

Acetylen und monosubstituierte Alkine ergeben mit einer Reihe von Schwermetallionen [Ag^+, Cu^{2+}] unlösliche Salze, sog. *Acetylide.* Die Bildung dieser Salze kann zum qual. *Nachweis* der $RC{\equiv}CH$-Funktion herangezogen werden.

3.5.7.2 Additionsreaktionen von Alkinen

Die sp-Hybridisierung mit ihrer zentrosymmetrischen Ladungsverteilung der π-Elektronen führt zu einer herabgesetzten Reaktivität der $C{\equiv}C$-Dreifachbindung gegenüber elektrophilen Reagenzien. Dafür tritt die Reaktionsfähigkeit des Acetylens gegenüber nucleophilen Reagenzien [Aminen, Alkoholaten] stärker in den Vordergrund.

Die *katalytische Hydrierung* der *Alkine* liefert normalerweise *Alkane* als Reaktionsprodukte, in Gegenwart eines Lindlar-Katalysators bleibt die Hydrierung aber auf der Stufe des *cis-Alkens* stehen (vgl. Kap. 3.2.19.1).

Die Dreifachbindung reagiert in gleicher Weise mit *Halogenen* oder *Halogenwasserstoffen* wie eine Doppelbindung.

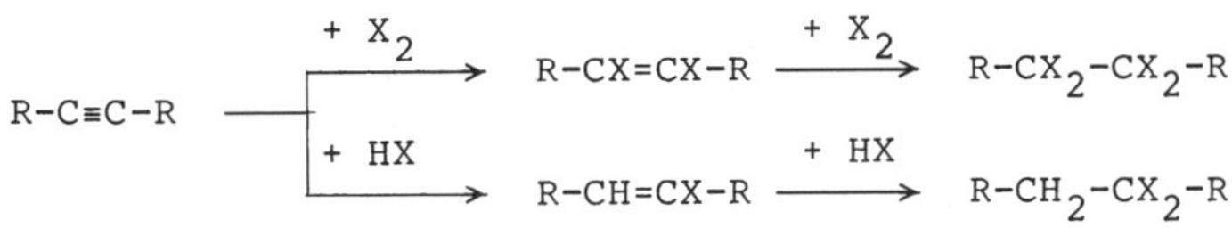

Die bei der *Addition von Wasser* in Anwesenheit von H_2SO_4 und $HgSO_4$ gebildeten *Enole* tautomerisieren zu *Carbonylverbindungen.*

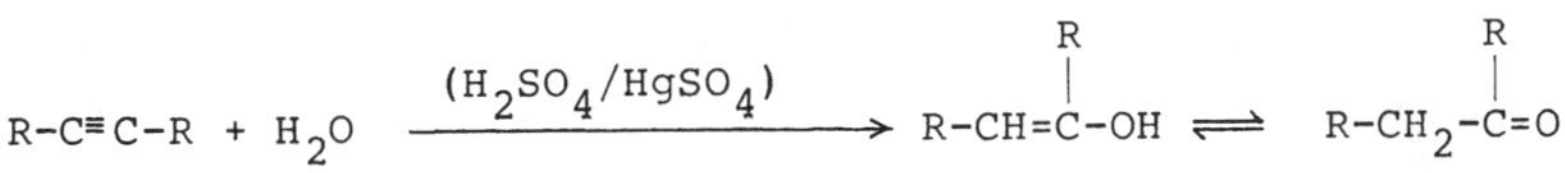

Aus **Acetylen** [R = H] entsteht **Acetaldehyd (Ethanal)**, während aus substituierten Alkinen *Ketone* gebildet werden [vgl. **MC-Fragen Nr. 365, 366**]. C=C-Doppelbindungen reagieren im allgemeinen *nicht* unter den Hydratisierungsbedingungen von Alkinen.

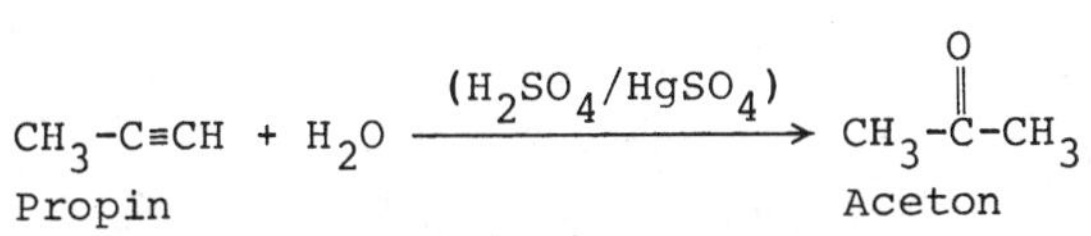

Die *Hydroborierung von Alkinen* führt zu *Trivinylboranen.* Diese ergeben bei der Protolyse mit Essigsäure *cis-Alkene* bzw. liefern bei der Oxidation mit alkalischer H_2O_2-Lösung *Aldehyde* oder *Ketone.*

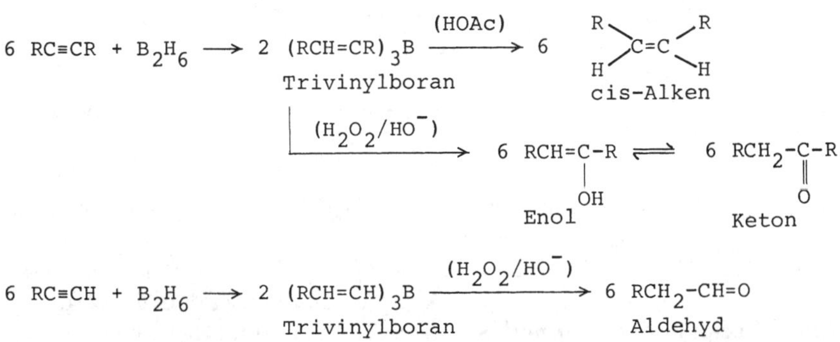

Bemerkenswert ist, daß mit dieser Reaktionsfolge aus monosubstituierten Alkinen [RC≡CH] *Aldehyde* gebildet werden, während bei der direkten Hydratisierung mit $H_2O/H_2SO_4/HgSO_4$ *Methylketone* entstehen.

$$R\text{-}CO\text{-}CH_3 \xleftarrow{\text{Hydratisierung}} R\text{-}C{\equiv}C\text{-}H \xrightarrow{\text{Hydroborierung}} R\text{-}CH_2\text{-}CH{=}O$$

3.5.7.3 Reppe-Synthesen

Unter dem Begriff Reppe-Synthesen faßt man folgende Reaktionen zusammen:

(1) Vinylierung: Hierunter versteht man die Umsetzung von **Acetylen** oder seinen Monosubstitutionsprodukten mit Verbindungen, die einen *aciden Wasserstoff* enthalten [Alkohole, Mercaptane, Amine, Imine, Amide, Imide, Carbonsäuren]. Dabei handelt es sich um nucleophile Additionsreaktionen an die C≡C-Dreifachbindung unter Bildung von *Vinyl-Derivaten*. Bei der Umsetzung mit Alkoholen in Gegenwart von Alkoholaten entstehen *Vinylether,* während die Reaktion mit Carbonsäuren zu *Vinylestern* führt. Zum Beispiel bildet sich **Vinylpropionat** bei der Anlagerung von **Propionsäure** an **Ethin** [vgl. **MC-Fragen Nr. 362, 363**].

$$HC{\equiv}CH + ROH \rightarrow RO\text{-}CH{=}CH_2 \qquad \textbf{Vinylether}$$
$$HC{\equiv}CH + C_2H_5\text{-}COOH \rightarrow C_2H_5\text{-}COO\text{-}CH{=}CH_2 \qquad \textbf{Vinylpropionat}$$

(2) Ethinylierung: Als Ethinylierung bezeichnet man die Addition von Acetylen oder monosubstituierten Alkinen an *Carbonylverbindungen* in Gegenwart von Cu-acetylid als Katalysator. Dabei bleibt die C≡C-Dreifachbindung erhalten. Die Ethinylierung von Ketonen wird meistens in flüss. NH_3 in Anwesenheit von molaren Mengen an $NaNH_2$ durchgeführt.

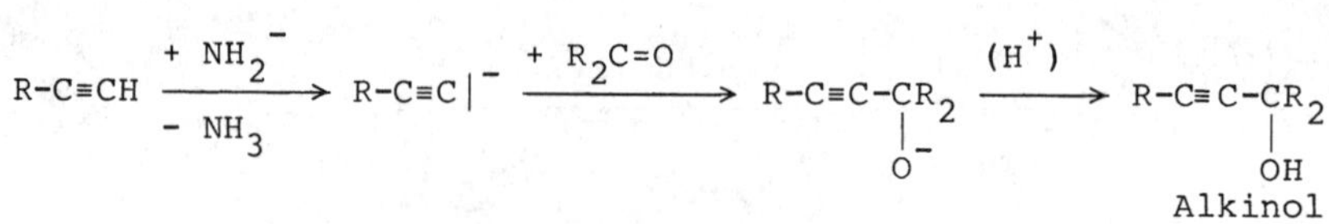

Mit **Acetylen** können *Alkinole* und *Alkindiole* hergestellt werden.

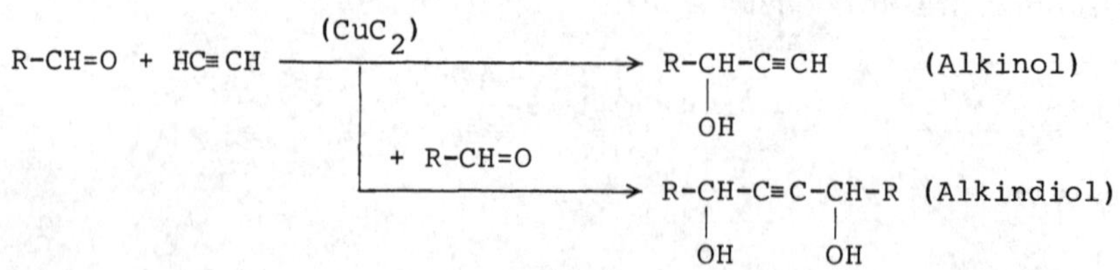

Bei höheren Aldehyden nimmt die Tendenz zur Bildung von Alkindiolen ab. Ketone reagieren in analoger Weise.

Die technische Bedeutung der Ethinylierung liegt in der Synthese des **2-Butin-1,4-diol** und des **Propargylalkohols** aus **Acetylen** und **Formaldehyd** bzw. des **3-Methyl-butin-3-ols** aus **Acetylen** und **Aceton**. 2-Butin-1,4-diol dient nach seiner Hydrierung zu **1,4-Butandiol** als Ausgangsmaterial zur Herstellung von **Butadien** und **Tetrahydrofuran** [vgl. **MC-Frage Nr. 364**].

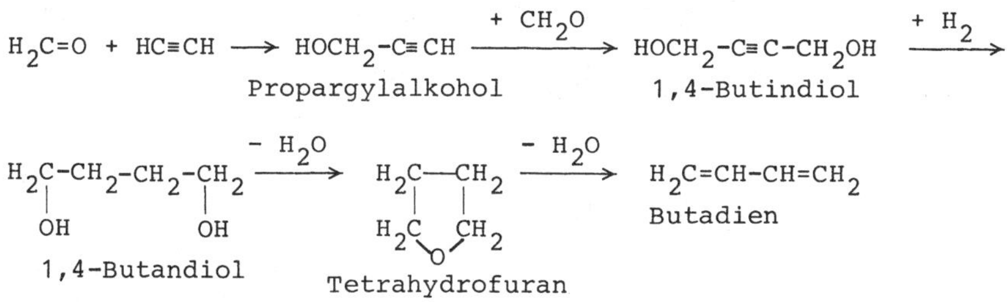

Aus 3-Methyl-butin-3-ol kann **2-Methyl-butadien (Isopren)** dargestellt werden.

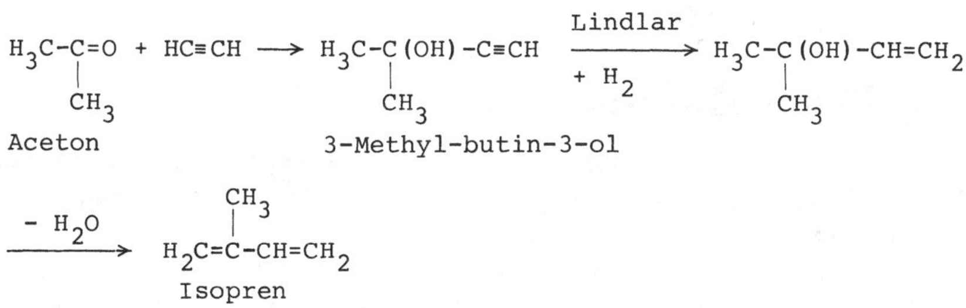

(3) Cyclisierung (Cyclooligomerisation): Die cyclisierende *Polymerisation von Acetylen* erfolgt bei erhöhten Temperaturen und hohen Drucken unter dem Einfluß spezifischer Katalysatoren und führt zu Cyclopolyalkenen. So trimerisiert Acetylen zu **Benzen** und die Tetramerisierung führt zu **Cyclooctatetraen**.

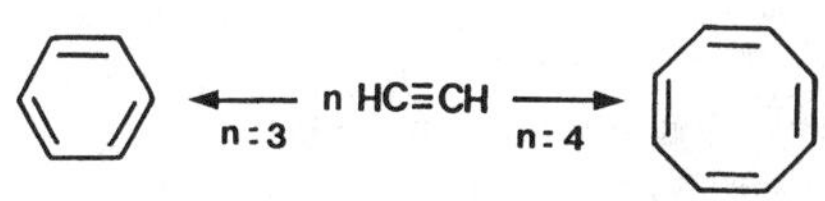

(4) Carbonylierung: Hierunter versteht man Druckreaktionen zwischen Acetylen und *Kohlenmonoxid* in Gegenwart von Verbindungen mit *aciden H-Atomen* [Wasser, Alkohole, Thiole, Ammoniak, Amine, Carbonsäuren] und Metallcarbonylen, insbesondere $Ni(CO)_4$, als Katalysator.

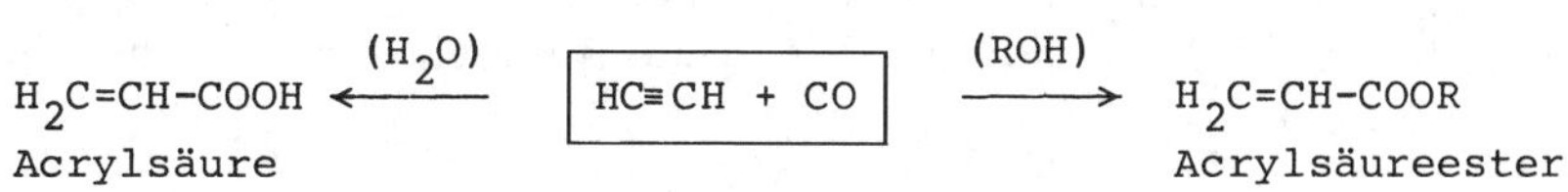

Der Mechanismus ist so zu deuten, daß im Primärschritt Acetylen und CO zu **Cyclopropenon** reagieren, das anschließend durch den Reaktionspartner mit acidem Wasserstoff zu einem Acrylsäure-Derivat gespalten wird.

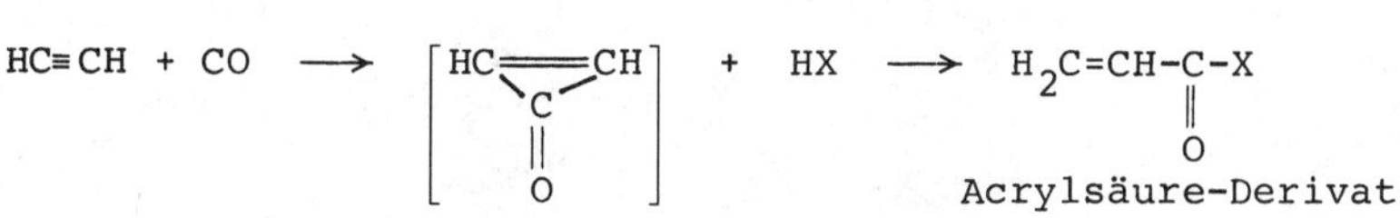

3.6 Aromatische Kohlenwasserstoffe

3.6.1 Nomenklatur

3.6.1.1 Benzen-Derivate

Aromatische Kohlenwasserstoffe werden ganz allgemein als *Arene* bezeichnet. Zur Kennzeichnung einer Arylgruppe in Strukturformeln benutzt man deshalb die Abkürzung „**Ar**".

Grundkörper vieler aromatischer Verbindungen ist das „**Benzol**". Da jedoch nach der IUPAC-Nomenklatur die Endung „-ol" für eine Hydroxylgruppe steht und diese im Benzol nicht vorhanden ist, haben wir uns im Rahmen dieses Buches der angelsächsischen bzw. französischen Bezeichnungsweise angepaßt und benennen Benzol und seine Derivate als *Benzen-Verbindungen.* Diese Vorgehensweise wird auch dadurch gestützt, daß alle neueren IMPP-Fragen die Benzen-Nomenklatur verwenden.

Danach erfolgt die Benennung von Benzen-Derivaten in der Weise, daß dem Wort **-benzen** der Name des jeweiligen Substituenten vorangestellt wird, z. B. Chlorbenzen, Nitrobenzen.

Darüber hinaus tragen viele Benzen-Derivate *Trivialnamen.* Beispielsweise wird Methylbenzen als **Toluen**, Aminobenzen als **Anilin** und Hydroxybenzen als **Phenol** bezeichnet.

Bei mehrfach substituierten Benzen-Derivaten ist die Möglichkeit zur Bildung von *Stellungsisomeren* gegeben. Bei *disubstituierten Benzen-Derivaten* sind drei Isomere möglich, die durch die Vorsilben **ortho- (o)**, **meta- (m)** und **para- (p)** charakterisiert werden.

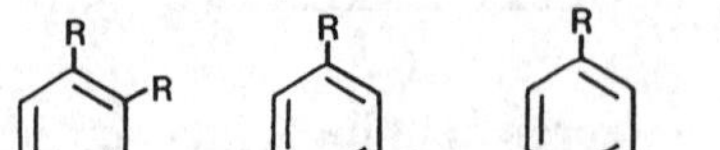

1,2-; ortho [o] 1,3-; meta [m] 1,4-; para [p]

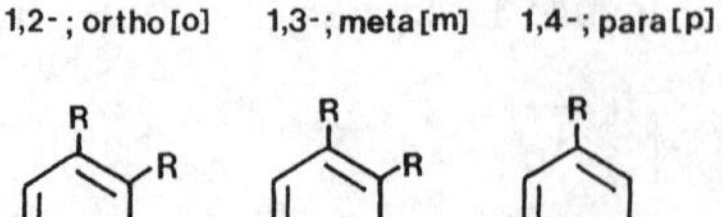

1,2,3- vicinal [vic] 1,2,4- asymmetrisch [asym] 1,3,5- symmetrisch [sym]

Für ein trisubstituiertes Benzen-Derivat mit drei verschiedenen Resten existieren bereits 10 Konstitutionsisomere, für ein identisch trisubstituiertes Naphthalen-Derivat sind 14 Stellungsisomere möglich [vgl. **MC-Fragen Nr. 374, 375**]. Zur eindeutigen Kennzeichnung solcher Substanzen numeriert man die C-Atome im Benzen von 1 bis 6, wobei den Substituenten die jeweils niedrigsten Ziffern (niedrigste Zahlenkombination) zugeteilt werden.

Wenn keiner der Substituenten dem Molekül einen Trivialnamen verleiht, werden die Namen der Substituenten in *alphabetischer Reihenfolge* genannt, wie z. B. m-Chlornitrobenzen, p-Bromiodbenzen, und man kennzeichnet ihre Positionen ggf. durch Zahlenwerte.

Führt eine der Gruppen zu einem *Trivialnamen,* so wird die Verbindung als Derivat dieser speziellen Stoffklasse angesehen, wie beispielsweise o-Nitrotoluen, m-Bromphenol. Hierbei wird der Gruppe, die der Substanz den Trivialnamen verleiht, die Position 1 zugeordnet. Für die Benennung *polysubstituierter Benzene* sollten generell Zahlenwerte benutzt werden.

3.6.1.2 Aliphatisch-aromatische Kohlenwasserstoffe

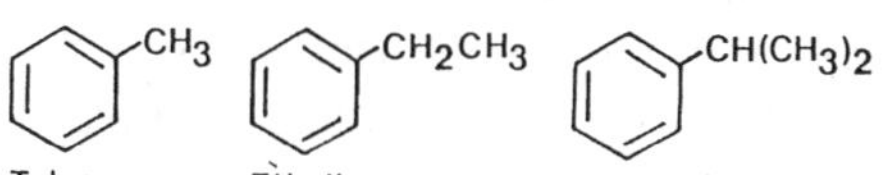

Toluen (Methylbenzen) Ethylbenzen Isopropylbenzen (Cumen)

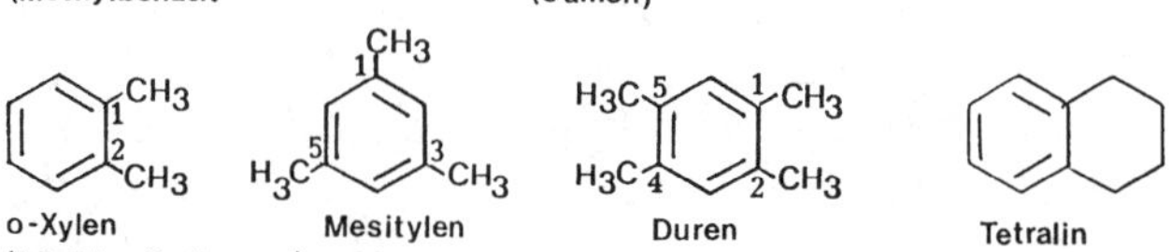

o-Xylen (1,2-Dimethylbenzen) Mesitylen Duren Tetralin

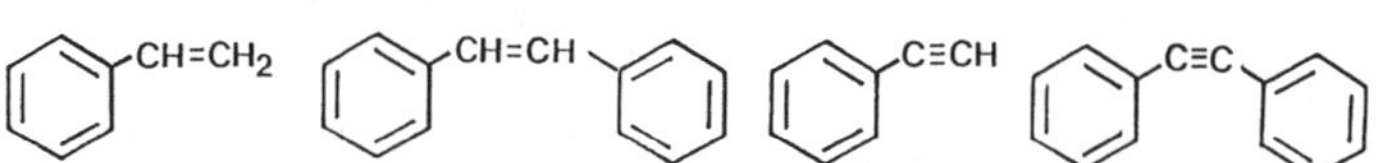

Styren (Vinylbenzen) Stilben Phenylacetylen Tolan

Alkylbenzene (Abk.: **Ar-R**) werden in der Weise benannt, daß man an den Namen des Alkylsubstituenten das Wort **-benzen** anhängt, z. B. Ethylbenzen, Isopropylbenzen (**Cumen**). Das einfachste Alkylbenzen, Methylbenzen, trägt den Trivialnamen **Toluen**.

Bei *Dialkylbenzenen* werden die beiden Substituenten unter Kennzeichnung ihrer Position in alphabetischer Reihenfolge genannt, beispielsweise m-Ethylisopropylbenzen. Dimethylbenzene tragen den Trivialnamen **o-**, **p-** oder **m-Xylen**. Dialkylbenzene mit einer Methylgruppe werden als Derivate des Toluens betrachtet, z. B. p-Isopropyltoluen (**p-Cymen**). Bei Dialkyl-substituierten Benzenen kann der Alkylrest auch zu einem Ring geschlossen sein, wie z. B. beim **Tetralin** [vgl. **MC-Frage Nr. 347**]. Solche Verbindungen können auch als partiell hydrierte Aromaten aufgefaßt werden. Alkylbenzene mit komplizierterer Seitenkette werden als *Phenyl-substituierte Alkane* benannt, z. B. 2-Phenylbutan.

Alkenylbenzene werden als substituierte Alkene betrachtet. Das einfachste Alkenylbenzen besitzt den Trivialnamen **Styren** (Vinylbenzen oder Phenylethylen) und 1,2-Diphenylethen wird **Stilben** genannt. *Alkinylbenzene* können als substituierte Alkine angesehen werden, oder sie führen gleichfalls Spezialnamen.

Arylreste: Wird ein H-Atom aus dem Kern des aromatischen Kohlenwasserstoffs entfernt, so verbleiben Arylgruppen wie z. B. die *Phenyl-Gruppe* oder der *Toluyl-Rest.* Die Wegnahme eines H-Atoms aus der Seitenkette des Toluens führt zum *Benzyl-Rest.*

C_6H_5-	H_3C-C_6H_4-	C_6H_5-CH_2-	C_6H_5-CH=
Phenyl-	**o-, m-,p-Toluyl-**	**Benzyl-**	**Benzal-Rest**
(Abk.: **Ph**)	**(Methylphenyl-)**	**(Phenylmethyl-)**	**(Phenylmethyliden-)**

3.6.1.3 Kondensierte und polycyclische aromatische Ringsysteme

Unter *kondensierten Aromaten* versteht man hochgliedrige Ringsysteme, deren einzelne Kohlenstoffringe gemeinsame C-Atome aufweisen.

Eine Verknüpfungsmöglichkeit stellt die **Anellierung** dar, bei der zwei oder mehrere Ringe über jeweils *zwei* gemeinsame Kohlenstoffatome miteinander verbunden sind (*ortho-kondensierte Ringsysteme*). Man nennt diejenigen Kohlenwasserstoffe, deren Benzenringe *linear anelliert* sind *Acene* (Anthracen, Tetracen), während *angular anellierte* Systeme als *Phene* (Phenanthren) bezeichnet werden [vgl. **MC-Fragen Nr. 367, 370–372**]. Der *aromatische Charakter* der *Acene* nimmt vom Benzen zum Tetracen (Naphthacen) hin ab [vgl. **MC-Frage Nr. 395**].

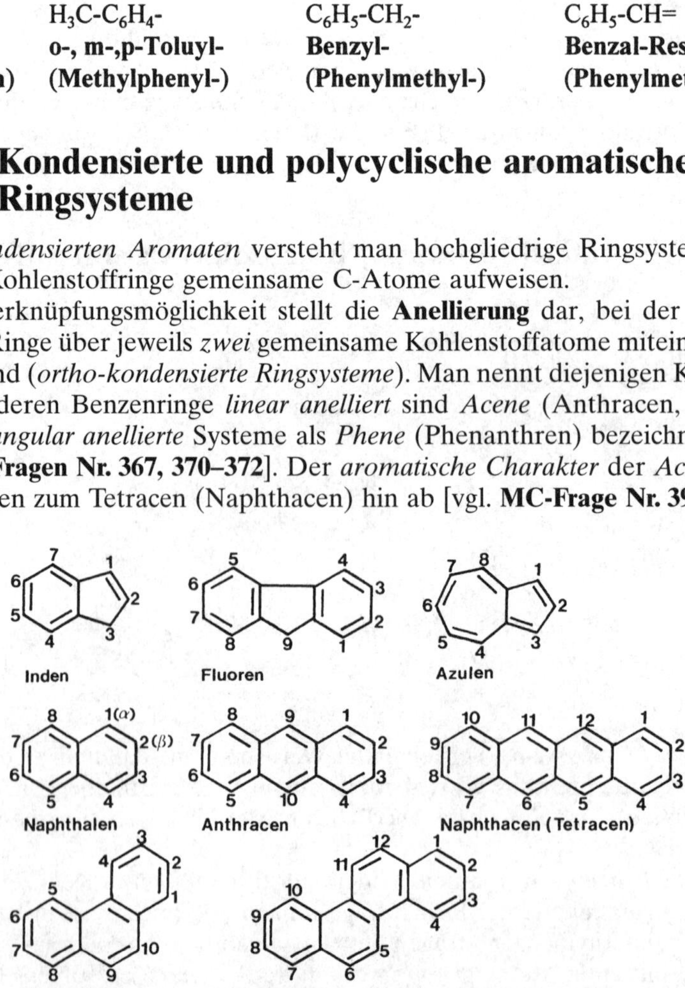

Die aromatischen Ringe können auch über *drei* gemeinsame C-Atome miteinander verknüpft sein [vgl. **MC-Fragen Nr. 368, 369, 373**].

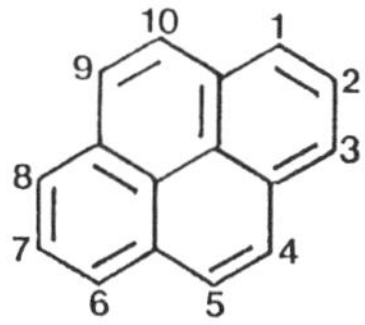

Pyren

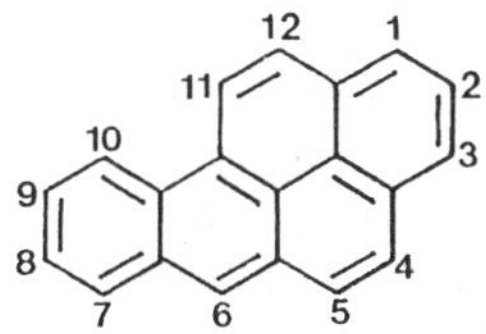

3,4-Benzpyren
(Benzo[a]pyren)

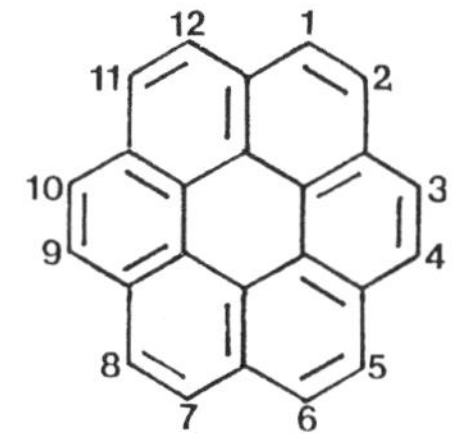

Coronen

Eine weitere Gruppe mehrkerniger Aromaten enthält Ringe, die über Einfachbindungen miteinander verbunden sind, wie z. B. **Biphenyl (Diphenyl)**.

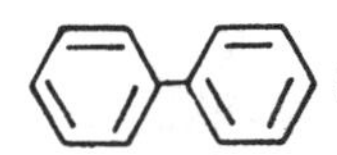
Diphenyl

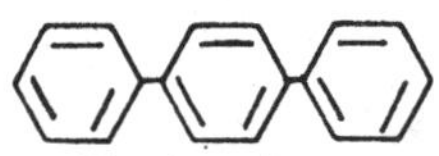
p-Terphenyl

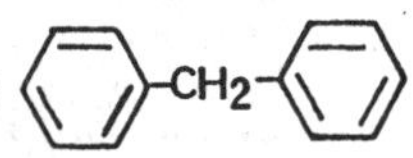

Diphenylmethan

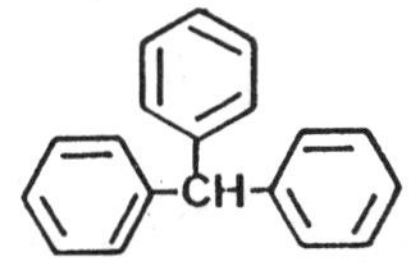

Triphenylmethan

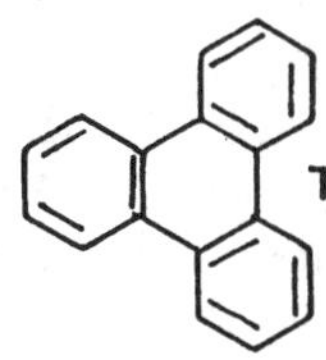
Triphenylen

Polycyclische Aromaten wie *Cyclophane* oder *Helicene,* die vor allem aus stereochemischer Sicht interessant sind, wurden im Kap. 3.3.8.4 beschrieben.

3.6.2 Struktur und chemische Eigenschaften

Die Klassifizierung von aromatischen Kohlenwasserstoffen in *benzoide* und *nichtbenzoide Aromaten,* die *Valenzisomere des Benzens* sowie die allgemeinen *Kriterien des aromatischen Zustandes* wurden ausführlich im Kap. 3.1.10 vorgestellt. *Heteroaromaten* sind Gegenstand des Kap. 3.15.2.

Die mechanistischen Grundlagen der *elektrophilen* und *nucleophilen Substitution* an Aromaten wurden im Kap. 3.2.6 und 3.2.7 behandelt. Die präparativen Aspekte dieser Reaktionen werden im nachfolgenden Abschnitt beschrieben. Die *katalytische Hydrierung* und die *Birch-Reduktion* von Aromaten wurden im Kap. 3.2.19.1 und 3.2.19.3 vorgestellt. Die *Ozonolyse des Benzens* und weitere *Oxidationsreaktionen* an Aromaten waren Gegenstand des Kap. 3.2.18.2 und 3.2.18.3.

3.6.3 Gewinnung und Synthese

Aromatische Kohlenwasserstoffe und deren Abkömmlinge sind Bestandteile des *Steinkohlenteers,* eine Flüssigkeit, die bei der Verkokung von Steinkohle anfällt. Darüber hinaus enthält Steinkohlenteer auch saure und basische Substanzen sowie Heteroaromaten. Der Rohteer wird durch *fraktionierte Destillation* aufgearbeitet. In steigendem Maße werden jedoch Benzen und seine Homologen (Toluen, Xylen) aus *Erdöl* gewonnen.

Benzen ist eine farblose, toxische und charakteristisch riechende Flüssigkeit [Kp = 80,1 °C, Fp = 5,5 °C], die mit stark rußender Flamme brennt und mit den gängigen organischen Lösungsmitteln in jedem Verhältnis mischbar ist; auch Wasser wird bis zu 1% in Benzen gelöst. Zu seiner Herstellung können neben der technischen Gewinnung aus Erdöl und Kohle folgende Verfahren dienen:

- Cyclisierung von Acetylen (vgl. Kap. 3.5.7.3),
- Decarboxylierung von Benzoesäure,
- Dehydrierende Cyclisierung und Aromatisierung von n-Hexan,
- Dehydrierung eines Methylpentan-Cyclohexan-Gemischs,
- Desalkylierung von Alkylbenzenen.

Alkylbenzene können aus Erdöl, Kokereigas oder Steinkohlenteer gewonnen werden. Darüber hinaus lassen sich Alkylbenzene auch synthetisch auf folgenden Wegen herstellen:

- *Wurtz-Fittig-Reaktion* (vgl. Kap. 3.4.4.1),
- *Friedel-Crafts-Alkylierung* (vgl. Kap. 3.6.4.2),
- *Reduktion* von Acylaromaten nach *Clemmensen* oder *Wolff-Kishner* (vgl. Kap. 3.2.19.5).

3.6.4 Chemische Eigenschaften und Reaktionen

3.6.4.1 Additionsreaktionen

Die Addition von Chlor oder Brom gelingt nur bei gleichzeitiger Bestrahlung mit UV-Licht (Photohalogenierung). Die Reaktion läuft nach einem *Radikalkettenmechanismus* ab und liefert **Hexachlorcyclohexan** bzw. **Hexabromcyclohexan** als Endprodukte [vgl. **MC-Frage Nr. 1175**].

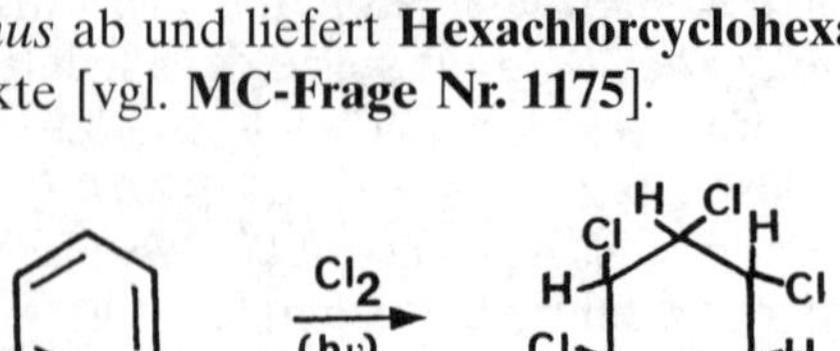

3.6.4.2 Elektrophile Substitutionen an Aromaten

Halogenierung

Als Halogenierungsmittel dienen die molekularen Halogene, wobei die Reaktivität von Chlor zum Iod hin abnimmt. Da Fluor C,C-Bindungen spaltet, müssen fluorierte Aromaten auf anderen Synthesewegen hergestellt werden (vgl. *„Schiemann-Reaktion"*, Kap. 3.10.6.3).

Die direkte Halogenierung eines Aromaten gelingt nur in Anwesenheit von katalytischen Mengen an *Lewis-Säuren* (AlX_3, FeX_3) als *Halogenüberträger.* Die Lewis-Säure verursacht eine stärkere Polarisierung der X-X-Bindung und erhöht dadurch die Reaktionsfähigkeit des Halogenmoleküls. Formal fungiert ein *Halonium-Ion* (X^+) als elektrophiles Agens. Allerdings ist es eher unwahrscheinlich, daß eine vollständige heterolytische Trennung des Halogenmoleküls in X^+ und X^- schon vor dem elektrophilen Angriff eintritt. Auch *Eisen-Pulver* ist als Katalysator geeignet, weil es zunächst mit dem elementaren Halogen zu FeX_3 reagiert, das dann als Lewis-Säure wirkt. Aktivierte Aromaten (Anilin, Phenol) lassen sich auch ohne Katalysator halogenieren [vgl. **MC-Fragen Nr. 120, 402, 407, 409, 410, 463**].

$$\text{Ar-H} + X_2 \xrightarrow{\text{(Lewis-Säure)}} \text{Ar-X} + \text{HX}$$

Im Gegensatz zur Chlorierung oder Bromierung verläuft die *Iodierung reversibel.* Daher gelingt die direkte Iodierung von Benzen zu **Iodbenzen** nur, wenn man die gebildete HI durch Oxidationsmittel [HNO_3, H_3AsO_4, H_2O_2] oder mit HgO (als HgI_2) kontinuierlich aus dem Gleichgewicht entfernt.

$$4\ C_6H_6 + 2\ I_2 + 2\ HNO_3 \longrightarrow 4\ C_6H_5\text{-I} + N_2O_3 + 3\ H_2O$$

Darüber hinaus ist die Reaktivität des Iods so gering, daß sich im allgemeinen nur aktivierte Aromaten (Phenole, Anilin-Derivate) direkt iodieren lassen. Zur Darstellung von *Aryliodiden* ist deshalb die *Sandmeyer-Reaktion* oder die Herstellung aus *Arylthallium-Verbindungen* vorzuziehen.

Halogenatome als Substituenten des aromatischen Ringes verringern zwar dessen Reaktivität, die Desaktivierung ist aber nicht so stark, um eine Weiterhalogenierung zu verhindern. Bei einem Halogen-Überschuß entstehen hauptsächlich *para-* und *ortho-Disubstitutionsprodukte,* die allerdings oft schwierig zu trennen sind.

Aktivierte Aromaten werden an allen verfügbaren Positionen polyhalogeniert. Beispielsweise liefert die Bromierung von **4-Methylanilin** (p-Toluidin) **2,6-Dibrom-4-methylanilin** und **o-Kresol** ergibt **4,6-Dibrom-o-kresol** [vgl. **MC-Frage Nr. 412**].

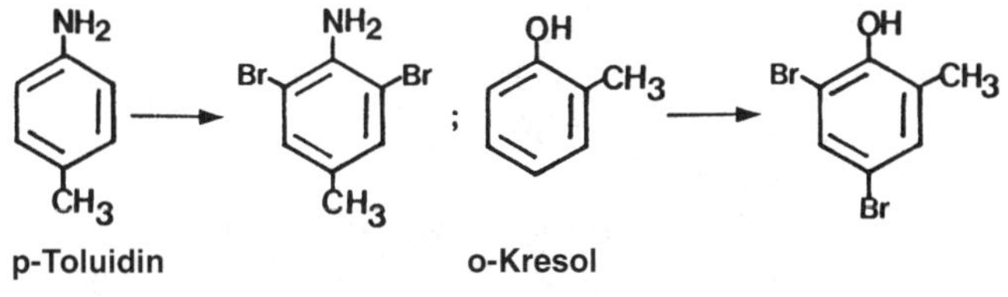

Phenol wird von Bromwasser in **2,4,6-Tribromphenol** umgewandelt, jedoch kann die Bromierung auf der Stufe des **2,4-Dibromphenols** angehalten werden. Darüber hinaus wird 2,4,6-Tribromphenol durch überschüssiges Brom zu **2,4,4,6-Tetrabrom-2,5-cyclohexadienon** oxidiert, das sich mit HI oder $NaHSO_3$ wieder zu 2,4,6-Tribromphenol reduzieren läßt. **Salicylsäure** und **4-Hydroxybenzoesäure** werden unter gleichzeitiger Decarboxylierung ebenfalls in 2,4,6-Tribromphenol übergeführt, während die entsprechenden Ester unter Erhalt der Esterfunktion nur Dibromierungsprodukte ergeben [vgl. auch Ehlers, **Analytik II-Kurzlehrbuch**, Kap. 7.2.5 *„Bromometrie"* und **MC-Fragen Nr. 413, 414, 1200**].

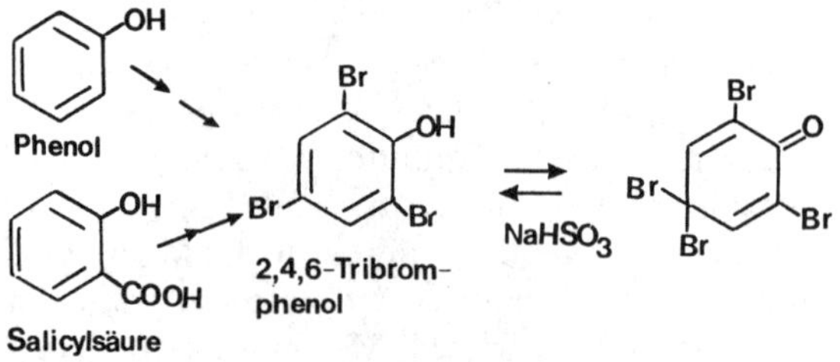

Halogenierung von Alkylbenzenen: Hier ist mit einer radikalischen Substitution in der Seitenkette als *Konkurrenzreaktion* zu rechnen. Dabei kann für den bevorzugten Ablauf der Kernsubstitution bzw. der Seitenketten-Halogenierung folgende Regel herangezogen werden:

„KKK"	=	**Kälte –**	**Katalysator**	=	**Kern (S_E)**
„SSS"	=	**Sonne –**	**Siedehitze**	=	**Seitenkette (S_R)**

Zum Beispiel läßt sich die *Seitenkette des Toluens* in Anwesenheit von UV-Licht oder Radikalstartern (Azo-bis-isobutyronitril, Dibenzoylperoxid) nach einem Radikalkettenmechanismus stufenweise zur Trichlormethyl-Gruppe chlorieren [vgl. auch Kap. 3.2.4.3 und **MC-Fragen Nr. 121, 408, 411, 465, 466**].

$$\underset{\text{Toluen}}{C_6H_5\text{-}CH_3} \xrightarrow[-\ HCl]{+\ Cl_2} \underset{\text{Benzylchlorid}}{C_6H_5\text{-}CH_2Cl} \xrightarrow[-\ HCl]{+\ Cl_2} \underset{\text{Benzalchlorid}}{C_6H_5\text{-}CHCl_2} \xrightarrow[-\ HCl]{+\ Cl_2} \underset{\text{Benzotrichlorid}}{C_6H_5\text{-}CCl_3}$$

Thalliumorganische Verbindungen: Behandelt man aromatische Verbindungen mit einer Lösung von Thalliumtrifluoracetat in Trifluoressigsäure, so entstehen Arylthallium-di-trifluoracetate.

$$Ar\text{-}H \ + \ Tl(OOC\text{-}CF_3)_3 \longrightarrow Ar\text{-}Tl(OOC\text{-}CF_3)_2 \ + \ CF_3\text{-}COOH$$

Die Substitution erfolgt fast ausschließlich in der p-Position zu Cl, OCH_3 und in der ortho-Stellung von COOH, $COOCH_3$. Die Reaktion verläuft aber *reversibel.* Daher werden bei höheren Temperaturen bevorzugt die thermodynamisch stabileren meta-Isomeren gebildet.

Der Organothallium-Rest kann anschließend durch andere Atome oder Gruppen ersetzt werden, so daß sich auf diese Weise z. B. *Phenole* oder *Aryliodide* herstellen lassen.

$$Ar\text{-}Tl(OOC\text{-}CF_3)_2 \xrightarrow{Ox.} Ar\text{-}OH \quad \text{Phenole}$$

$$Ar\text{-}Tl(OOC\text{-}CF_3)_2 \xrightarrow[+\ KI]{} Ar\text{-}I \quad \text{Aryliodide}$$

Nitrierung

Die *irreversible* Nitrierung ist die am gründlichsten untersuchte elektrophile Substitutionsreaktion an Aromaten. Als elektrophiles Agens fungiert das *Nitryl-Kation (Nitronium-Ion)* **[NO_2^+]**,

$$\text{Ar-H} + \text{O=}\overset{+}{\text{N}}\text{=O} \longrightarrow \text{Ar-NO}_2 + H^+$$

das in einer Reihe von Substanzen der allgemeinen Formel X-NO_2 potentiell vorgebildet ist [vgl. **MC-Fragen 415 – 417, 420**].

HO-NO_2 (HNO_3)	O_2NO-NO_2 (N_2O_5)	R-C(=O)-O-NO_2	C_2H_5O-NO_2
Salpetersäure	**Distickstoffpentoxid**	**Acylnitrat**	**Ethylnitrat**

Darüber hinaus ist auch Nitroniumtetrafluoroborat [$NO_2^+BF_4^-$] als Nitrierungsmittel gebräuchlich. Aus *Salpetersäure* bildet sich das Nitryl-Kation durch *Autoprotolyse.*

$$HNO_3 \underset{\text{schnell}}{\overset{-\,NO_3^-}{\rightleftharpoons}} \left[H_2\overset{+}{O}\text{-}NO_2 \right] \underset{\text{langsam}}{\overset{-\,H_2O}{\rightleftharpoons}} NO_2^+$$

Nitratacidium-Ion **Nitronium-Ion**

Allerdings liegt das Gleichgewicht der Autoprotolyse weitgehend auf der linken Seite, so daß HNO_3 nur schwach nitrierend wirkt. Durch Zusatz von konz. Schwefelsäure kann die Konzentration an Nitryl-Kationen merklich erhöht werden. Die nitrierende Wirkung eines HNO_3/H_2SO_4-Gemischs *(Nitriersäure)* ist deshalb wesentlich stärker als die von konz. Salpetersäure allein.

$$HNO_3 + H_2SO_4 \rightleftharpoons [H_2NO_3^+HSO_4^-] \rightleftharpoons NO_2^+ + H_3O^+ + SO_4^{2-}$$

In der Praxis muß man die *Aktivität des Nitrierungsmittels* der *Reaktivität des Aromaten* anpassen. Phenole und Phenolether werden bereits von verd. Salpetersäure nitriert, während für die zum jeweiligen *m-Substitutionsprodukt* führende Nitrierung von **Benzaldehyd, Acetophenon, Benzoesäure** oder **Nitrobenzen** Nitriersäure erforderlich ist [vgl. **MC-Fragen Nr. 401, 421, 422, 796**]. Trotz des stark desaktivierenden Charakters läßt sich auch **p-Chlornitrobenzen** in guten Ausbeuten in **4-Chlor-1,3-dinitrobenzen** umwandeln. Da die Nitrogruppe die Reaktivität des Aromaten gegenüber einem weiteren elektrophilen Angriff herabsetzt, besteht die Gefahr einer Zweitnitrierung im allgemeinen nur bei aktivierten Aromaten.

Benzen selbst wird bei 30–40 °C von Nitriersäure in **Nitrobenzen** umgewandelt. Um **1,3-Dinitrobenzen** zu erhalten, muß die Temperatur auf 90–110 °C angehoben werden. Die Einführung einer dritten Nitrogruppe zu **1,3,5-Trinitrobenzen** gelingt dann nur noch unter sehr energiereichen Bedingungen (tagelanges Erhitzen mit rauchender Nitriersäure). Dagegen führt die stufenweise Nitrierung von **Toluen** - über **p-Nitrotoluen** – glatt zu **2,4,6-Trinitrotoluen (TNT)**. **Naphthalen** wird von HNO_3 in Eisessig in **1-Nitronaphthalen** umgewandelt [vgl. **MC-Fragen Nr. 406, 430**].

Bei der Nitrierung des im Vergleich zu Benzen reaktiveren **Phenols** mit verd. HNO_3 entsteht zu 40% **ortho-** und zu 15% **para-Nitrophenol** [vgl. **MC-Frage Nr.**

573]. Die Reaktion läuft als sog. *nitrosierende Nitrierung* ab. Verd. HNO_3 enthält häufig etwas *Salpetrige Säure,* deren Dehydratisierung zum elektrophilen *Nitrosyl-Kation* **[NO^+]** führt. Dieses greift den aromatischen Ring unter Bildung von **Nitrosophenol** an, das anschließend von Salpetersäure zu Nitrophenol oxidiert wird. Da hierbei HNO_2 zurückgebildet wird, verläuft die Reaktion *autokatalytisch.*

$$HNO_3 + HNO_2 \xrightarrow[- NO_3^-]{} H_2\overset{+}{O}\text{-N=O} \xrightarrow[- H_2O]{} NO^+$$

$$C_6H_5\text{-OH} + NO^+ \xrightarrow[(S_E)]{- H^+} \underset{\text{Nitrosophenol}}{O\text{=N-}C_6H_4\text{-OH}} \xrightarrow[(Ox.)]{+ HNO_3/ - HNO_2} \underset{\text{Nitrophenol}}{O_2N\text{-}C_6H_4\text{-OH}}$$

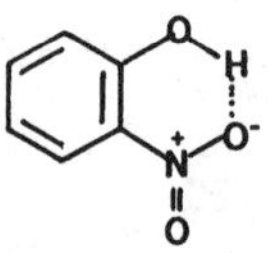

Beide isomeren Nitrophenole können durch Wasserdampfdestillation getrennt werden. Das **ortho-Nitrophenol** ist im Gegensatz zu seinem para-Isomeren *wasserdampfflüchtig,* weil das H-Atom der HO-Gruppe aufgrund der intramolekularen H-Brücke zur orthoständigen Nitrogruppe keine Wasserstoffbrücke mehr zu Lösungsmittelmolekülen ausbilden kann. Daraus resultiert eine im Vergleich zum p-Isomeren niedrigere Löslichkeit und höhere Flüchtigkeit des o-Nitrophenols.

Polynitrophenole wie z. B. **Pikrinsäure (2,4,6-Trinitrophenol)** können nicht durch direkte Nitrierung hergestellt werden [vgl. **MC-Fragen Nr. 406, 418, 419, 572**]. Zu ihrer Darstellung wählt man einen Umweg, indem man **Phenol** zunächst mit konz. H_2SO_4 sulfoniert und danach mit konz. HNO_3 nitriert. Dabei werden gleichzeitig auch die beiden Sulfonsäuregruppen elektrophil gegen Nitrogruppen ausgetauscht.

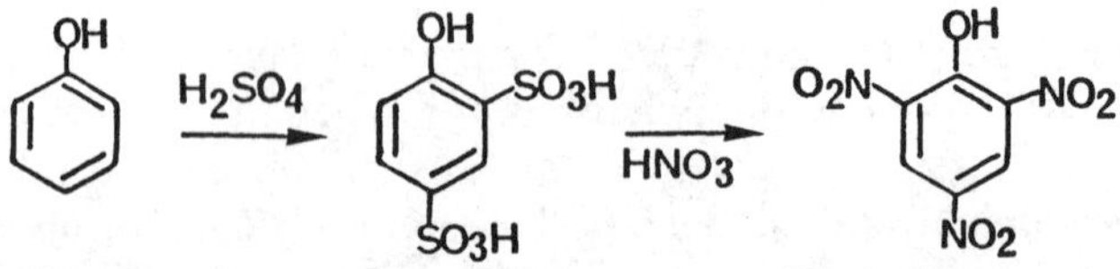

Phenol **Phenol-2.4-disulfonsäure** **Pikrinsäure**

Die häufigsten *Nebenreaktionen* bei der Nitrierung sind *Oxidationen.* Daher können **Anilin** und seine Derivate nur in Form ihrer N-Acylverbindungen wie z. B. **Acetanilid** oder in stark schwefelsaurer Lösung nitriert werden. Im letzteren Fall erhält man überwiegend **m-Nitranilin**, weil in stark saurem Milieu die konjugierte Säure, das **Anilinium-Ion** [C_6H_5-NH_3^+], vorliegt. Nitriert man dagegen Anilin mit *verd.* Salpetersäure, so erhält man neben Oxidationsprodukten ein Gemisch aus **ortho-** und **para-Nitranilin** [vgl. **MC-Fragen Nr. 423, 424, 487**]. Aus präparativer Sicht ist auch von Bedeutung, daß **Acetanilid** [C_6H_5-NH-$COCH_3$] in konz. H_2SO_4 überwiegend das para- Nitroprodukt liefert, während in Eisessig mit HNO_3 bevorzugt das ortho-Isomer gebildet wird. Auch Phenole und aromatische Aldehyde können durch HNO_3 leicht oxidiert werden, so daß es günstiger ist, sie erst nach vorheriger Einführung von *Schutzgruppen* zu nitrieren.

Die synthetisierten *Nitroarene* sind wertvolle Ausgangsstoffe zur *Herstellung aromatischer Amine* und anderer Reduktionsprodukte (vgl. hierzu Kap. 3.2.19.7).

Nitrosierung

Unter Nitrosierung versteht man die Einführung der Nitrosogruppe in den Aromaten mit *Salpetriger Säure* [HNO_2] in schwach saurer Lösung [vgl. **MC-Fragen Nr. 401, 404**].

$$HNO_2 + H^+ \rightleftharpoons \left[H_2O\text{-}\overset{+}{N}\text{=}O\right] \xrightarrow{-\ H_2O} [NO^+] \xrightarrow[-\ H^+]{+\ Ar\text{-}H} Ar\text{-}N\text{=}O$$

Da das *Nitrosyl-Kation* **[NO^+]** in situ nur in geringen Mengen erzeugt werden kann, bleibt die Reaktion auf aktivierte Aromaten (Phenole, tertiäre arom. Amine) beschränkt. Zum Beispiel wird **N.N-Dimethylanilin** durch $NaNO_2$/HCl in **p-Nitroso-N.N-dimethylanilin** umgewandelt [vgl. **MC-Frage Nr. 425**]. Die erhaltenen Nitrosoverbindungen können leicht zu Nitro-Derivaten oxidiert oder zu Aminen reduziert werden.

Sulfonierung

Die Sulfonierung von Aromaten ist im Gegensatz zu den meisten anderen elektrophilen Substitutionen eine *reversible Reaktion,* wobei die Rückreaktion vor allem bei erhöhten Temperaturen einsetzt [vgl. **MC-Fragen Nr. 426, 427**]. Darüber hinaus zeigt die Sulfonierung einen deutlichen *kinetischen Isotopeneffekt,* d. h. Wasserstoff wird etwa doppelt so schnell aus dem Aromaten abgespalten wie Deuterium.

$$Ar\text{-}H + H_2SO_4 \rightleftharpoons Ar\text{-}SO_3H + H_2O$$

Bei höheren Temperaturen ist trotz des desaktivierenden Charakters der SO_3H-Gruppe mit Mehrfachsulfonierungen zu rechnen. So liefert **Benzen** bei Raumtemperatur **Benzensulfonsäure**; bei hohen Temperaturen läuft die Reaktion über die **m-Benzendisulfonsäure** weiter zur **1,3,5-Benzentrisulfonsäure** [vgl. **MC-Fragen Nr. 406, 427**]

Als *Sulfonierungsmittel* sind 70–100%ige H_2SO_4 oder *Oleum* mit unterschiedlichen SO_3-Gehalten gebräuchlich. Als eigentliches *Elektrophil* wird *Schwefeltrioxid* **[SO_3]** angesehen [vgl. **MC-Frage Nr. 428**].

$$2\ H_2SO_4 \xrightleftharpoons{\text{Autoprotolyse}} SO_3 + H_3O^+ + HSO_4^-$$

Die *Bariumsalze* der gebildeten *Arylsulfonsäuren* sind im Gegensatz zu $BaSO_4$ wasserlöslich, so daß ein Überschuß an H_2SO_4 durch Ausfällen mit $BaCl_2$ beseitigt werden kann [vgl. **MC-Frage Nr. 427**].

Die Reversibilität der Reaktion ist aus präparativer Sicht bedeutsam, weil man dadurch die desaktivierende, *meta-dirigierende* Wirkung einer Sulfonsäuregruppe für den gezielten Angriff von anderen Elektrophilen nutzen und anschließend die SO_3H-Gruppe durch Behandeln mit Wasserdampf oder durch Erhitzen in verd. wäßriger H_2SO_4 durch ein H-Atom wieder ersetzen kann.

Infolge der Reversibilität der Sulfonierung kann auch der Ort des elektrophilen Angriffs von den Reaktionsbedingungen abhängen. Zum Beispiel bildet sich bei der *Sulfonierung von Naphthalen* bei Temperaturen unterhalb 80 °C *(kinetische Reaktionskontrolle/geringere Aktivierungsenthalpie)* vorwiegend **1-Naphthalensulfonsäure**. Bei Temperaturen oberhalb 120 °C *(thermodynamische Reaktionskontrolle)* zerfällt diese jedoch wieder in die Ausgangskomponenten, und es entsteht schließlich die thermodynamisch stabilere **2-Naphthalensulfonsäure** [vgl. **MC-Fragen Nr. 429, 430, 1173**].

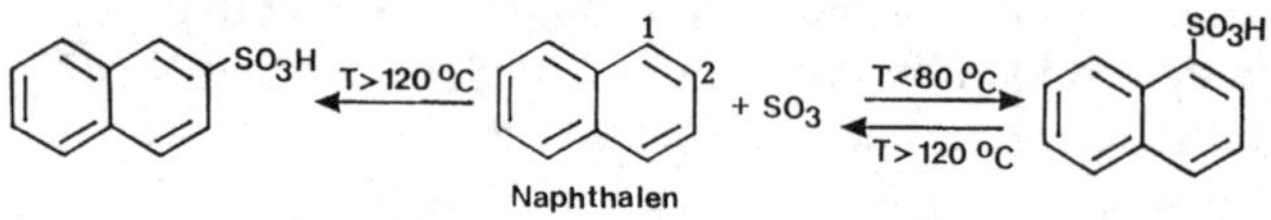

Auch bei der Sulfonierung muß die *Reaktivität des Sulfonierungsmittels* auf die Aktivität des Aromaten abgestimmt werden. H_2SO_4 – als schwächstes Sulfonierungsagens – läßt sich nur bei aktivierten aromatischen Systemen verwenden. Zur Sulfonierung desaktivierter Aromaten setzt man *rauchende Schwefelsäure* (SO_3/H_2SO_4) ein [vgl. **MC-Frage Nr. 431**].

Die häufigste und durch höhere Temperaturen begünstigte *Nebenreaktion* ist die *Sulfonbildung*, bei der die entstandene Arensulfonsäure als sulfonierendes Agens wirkt.

$$\text{Ar-SO}_3\text{H} \xrightarrow[-\,\text{H}_2\text{O}]{+\,\text{H}^+} [\text{Ar-SO}_2^{\,+}] \xrightarrow[-\,\text{H}^+]{+\,\text{Ar-H}} \underset{\text{Sulfon}}{\text{Ar-SO}_2\text{-Ar}}$$

Die Sulfonbildung kann durch einen Überschuß an Sulfonierungsmittel zurückgedrängt werden. Darüber hinaus wirken H_2SO_4 und Oleum bei höheren Temperaturen auch *oxidierend.* Die gebildeten Arylsulfonsäuren besitzen jedoch keine oxidierenden Eigenschaften [vgl. **MC-Frage Nr. 427**].

Sulfonsäuren sind gut wasserlöslich, so daß ihre Isolierung oft Schwierigkeiten bereitet. In vielen Fällen gelingt es aber, das Natriumsulfonat aus der wäßrigen Lösung durch Zusatz von NaCl oder Na_2SO_4 auszusalzen.

$$\text{Ar-SO}_3\text{H} + \text{NaCl} \longrightarrow \text{Ar-SO}_3\text{Na}\downarrow + \text{HCl}$$

Sulfochlorierung: Als Reagenz setzt man überschüssige *Chlorsulfonsäure* ein. Es entstehen *Sulfonsäurechloride*, die in Wasser schwer löslich sind und sich darin wesentlich langsamer zersetzen als die meisten Carbonsäurechloride. Viele Sulfonsäurechloride sind – im Gegensatz zu den Sulfonsäuren – destillierbar.

$$\text{Ar-H} + \text{Cl-SO}_3\text{H} \xrightarrow{-\,\text{HCl}} \text{Ar-SO}_3\text{H} \xrightarrow[-\,\text{H}_2\text{SO}_4]{+\,\text{ClSO}_3\text{H}} \text{Ar-SO}_2\text{Cl}$$

Sulfochloride sind wichtige Ausgangsstoffe zur Herstellung von *Sulfonamiden* und *Sulfonsäureestern* (vgl. Kap. 3.11).

Friedel-Crafts-Alkylierung

Alkylhalogenide (R-X) sind in Gegenwart von Lewis-Säuren zur elektrophilen Substitution an Aromaten befähigt.

$$\text{Ar-H} + \text{R-X} \xrightarrow{(AlCl_3)} \text{Ar-R} + \text{HX}$$

Die Elektrophilie steigt vom primären zum tertiären Halogenalkan hin an, wobei primäre Alkylhalogenide weitgehend in der Form (1) vorliegen, während die Polarisierung der C-X-Bindung sekundärer und tertiärer Halogenalkane zur Bildung von Ionenpaaren (2) führen dürfte.

$$\text{R-Cl} + AlCl_3 \rightleftharpoons \left[\overset{\delta^+}{\text{R}}\text{...Cl...}\overset{\delta^-}{AlCl_3}\right]_{(1)} \rightleftharpoons [R^+ \cdot AlCl_4^-]_{(2)}$$

Die Reaktivität der Alkylhalogenide nimmt vom Fluorid zum Iodid hin ab. *Polyhalogenide,* die nur gleichartige Halogenatome enthalten, reagieren gewöhnlich intermolekular mit mehreren Molekülen des Aromaten. So ergibt die Umsetzung von **Benzen** mit Dichlormethan **Diphenylmethan** und mit Chloroform bildet sich **Triphenylmethan**, während die Reaktion mit Tetrachlorkohlenstoff aus sterischen Gründen nur zum **Triphenylmethylchlorid (Tritylchlorid)** führt. Triphenylmethan wird auch erhalten bei der Alkylierung von Benzen mit Benzalchlorid [vgl. **MC-Frage Nr. 475**]. Aus 1,2-Dichlorethan kann **1,2-Diphenylethan** hergestellt werden.

$$C_6H_6 + CH_2Cl_2 \longrightarrow (C_6H_5)_2CH_2$$
$$C_6H_6 + CHCl_3 \longrightarrow (C_6H_5)_3CH$$
$$C_6H_6 + CCl_4 \longrightarrow (C_6H_5)_3C\text{-}Cl$$
$$C_6H_6 + ClCH_2CH_2Cl \longrightarrow C_6H_5\text{-}CH_2CH_2\text{-}C_6H_5$$

Die FC-Alkylierung mit Alkylhalogeniden erfordert stets einen *Katalysator,* wobei folgende Abstufung in dessen Wirksamkeit beobachtet wurde:

$$AlCl_3 > FeCl_3 > BF_3 > TiCl_4 > ZnCl_2 > SnCl_4$$

Bei reaktiven Halogeniden genügen geringe Mengen eines weniger stark wirksamen Katalysators, während bei den reaktionsträgeren primären Alkylhalogeniden größere Mengen an $AlCl_3$ erforderlich sind [vgl. **MC-Fragen Nr. 433 – 435, 1155**].

Außer *Alkylhalogeniden* sind auch *Alkyltosylate, Alkene* und *Alkohole* als *Alkylierungsmittel* geeignet. Für die Alkylierung mit Alkoholen und Alkenen werden meistens *Protonsäuren* [H_3PO_4, H_2SO_4, H_2F_2] oder BF_3 als Katalysatoren verwendet. Die Umsetzung mit Alkenen verläuft entsprechend der Regel von Markownikow. Alkohole benötigen molare Mengen an Katalysator, weil das bei der Reaktion gebildete *Wasser* den Katalysator unwirksam macht.

Die Herstellung von **tert. Butylbenzen** veranschaulicht nochmals die unterschiedlichen Synthesevarianten der FC-Alkylierung:

$$C_6H_6 + (CH_3)_3COH \text{ (tert. Butanol)} \xrightarrow{(H_2SO_4/-H_2O)} C_6H_5\text{-}C(CH_3)_3 \text{ (tert. Butylbenzen)}$$

$$C_6H_6 + (CH_3)_2C{=}CH_2 \text{ (Isobuten)} \xrightarrow{(H_2SO_4)} C_6H_5\text{-}C(CH_3)_3$$

$$C_6H_6 + (CH_3)_2CH\text{-}CH_2Cl \text{ (Isobutylchlorid)} \xrightarrow{(AlCl_3)} C_6H_5\text{-}C(CH_3)_3$$

Die Friedel-Crafts-Alkylierung hat nur eine begrenzte praktische Bedeutung, weil oft keine einheitlichen Produkte gebildet werden.

* Der entstehende Alkylaromat ist infolge des +I-Effektes der Alkylgruppe basischer (reaktiver) als der Ausgangsaromat und wird dementsprechend bevorzugt weiteralkyliert *(Mehrfachalkylierung)* [vgl. **MC-Frage Nr. 434**]. Die Polysubstitution zu höher alkylierten Produkten kann in gewissem Umfang unterdrückt werden, wenn man die Ausgangssubstanz als Lösungsmittel, d. h. im großen Überschuß einsetzt.

Manchmal hat die Mehrfachalkylierung aber einen praktischen Nutzen, wie z. B. bei der Darstellung von **Duren (1,2,4,5-Tetramethylbenzen)** durch Umsetzung einer Mischung der isomeren *Xylene* mit Methylchlorid.

$$\text{o,m,p-Xylen} + 2\ CH_3Cl \xrightarrow{(AlCl_3)} \text{Duren}$$

* Die FC-Alkylierung verläuft *reversibel* und führt im allgemeinen zum thermodynamisch stabilsten Produkt. So erhält man bei der Zweitsubstitution eines Alkylbenzens neben der erwarteten o/p-Orientierung in merklichen Mengen auch das *meta-Produkt.*

Die Reversibilität der Reaktion ist aber für präparative Zwecke nutzbar, indem bestimmte Positionen des aromatischen Ringgerüstes durch *tertiäre Butylgruppen* blockiert werden, die durch FC-Alkylierung in das Ringsystem einzuführen sind. Auf späteren Synthesestufen lassen sich diese Schutzgruppen leicht wieder abspalten.

* Selbst unter milden Reaktionsbedingungen liefern primäre bzw. sekundäre Alkylhalogenide meistens sekundär oder tertiär Alkyl-substituierte Aromaten *(Isomerisierungen im Alkylteil).* Es handelt sich dabei um eine für die elektrophil angreifenden Carbeniumionen charakteristische Wagner-Meerwein-artige Umlagerung zum stabileren Kation. So liefert z. B. 1-Brompropan mit Benzen neben **n-Propylbenzen** auch **Isopropylbenzen (Cumen)**.

$$\underset{\text{n-Propylhalogenid}}{CH_3CH_2CH_2X} \xrightarrow{-X^-} CH_3CH_2CH_2^+ \longrightarrow CH_3\overset{+}{C}HCH_3 \xrightarrow[-H^+]{+C_6H_6} \underset{\text{Isopropylbenzen}}{C_6H_5\text{-}CH(CH_3)_2}$$

Darüber hinaus kann **Isopropylbenzen** durch Umsetzung von **Propen** mit Benzen in Gegenwart von H_3PO_4 hergestellt werden [vgl. **MC-Fragen Nr. 358, 436**].

Als *Substrate* bei Friedel-Crafts-Alkylierungen dienen Benzen und im Vergleich zu Benzen reaktionsfähigere Aromaten, während die Alkylierung desaktivierter Aromaten geringer Basizität (Nucleophilie) im allgemeinen nicht gelingt [vgl. **MC-Fragen Nr. 432, 437**]. Auch *Phenole* und *aromatische Amine* lassen sich schlecht alkylieren, weil die Lewis-Säure mit diesen Gruppen unter Bildung schwerlöslicher Komplexe koordiniert, die nur langsam weiterreagieren. Ethergruppen können durch Lewis-Katalysatoren gespalten werden [vgl. **MC-Frage Nr. 442**].

Die FC-Alkylierung wird auch zum Aufbau von kondensierten *Ringsystemen* herangezogen. So cyclisiert z. B. **1-Chlor-4-phenylbutan** in Anwesenheit von $AlCl_3$ leicht zu **Tetralin**.

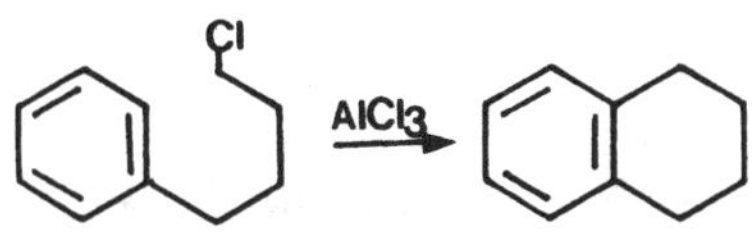

Tetralin

Die Friedel-Crafts-Alkylierung ist die wichtigste Methode zur Einführung von Alkylresten in aromatische Ringsysteme. Als Substrate können Benzen, Alkylbenzene, Halogenbenzene sowie Naphthalen und Anthracen alkyliert werden. Als Alkylierungsmittel eignen sich Substanzen, die in Gegenwart von Lewis-Säuren oder Protonsäuren Carbeniumionen bilden: Alkylhalogenide – Alkohole – Alkene.

Die Reaktion verläuft reversibel, so daß bei kinetischer oder thermodynamischer Reaktionskontrolle unterschiedliche Produktzusammensetzungen resultieren. Weitere Nachteile der Reaktion sind die Mehrfachalkylierung und Wagner-Meerwein-artige Umlagerungen in der Alkyl-Seitenkette.

Friedel-Crafts-Acylierung

Die FC-Acylierung ist die wichtigste Synthesemethode zur Darstellung von *Arylalkylketonen* oder *Diarylketonen.* Als *Acylierungsmittel* werden Carbonsäurehalogenide, Carbonsäureanhydride und Carbonsäuren verwendet.

$$\text{Ar-H} + \text{R-}\underset{\underset{\text{O}}{\|}}{\text{C}}\text{-Cl} \xrightarrow[(\text{AlCl}_3)]{} \text{Ar-}\underset{\underset{\text{O}}{\|}}{\text{C}}\text{-R} + \text{HCl}$$

Der Carbonylsauerstoff dieser Reagenzien ist genügend basisch und bildet mit Lewis-Säuren ($AlCl_3$, $ZnCl_2$ u. a.) Komplexe. In vielen Fällen ist dieser Komplex hinreichend elektrophil, um mit Aromaten zu reagieren. In anderen Fällen steht der Komplex im Gleichgewicht mit geringen Mengen an stark elektrophilen *Acyliumionen.*

$$\text{R-}\underset{\underset{\text{Cl}}{|}}{\text{C}}\text{=O} + \text{AlCl}_3 \rightleftharpoons \left[\text{R-}\underset{\underset{\text{Cl}}{|}}{\text{C}}\overset{\delta+}{\text{=O}}\ldots\overset{\delta-}{\text{AlCl}_3}\right] \rightleftharpoons \underset{\text{Acyliumion (Acylkation)}}{[\text{R-}\overset{+}{\text{C}}\text{=O}\ (\text{AlCl}_4^-)]}$$

Ein wesentlicher *Unterschied* zwischen der *FC-Alkylierung* und der *Acylierung* besteht darin, daß bei der Alkylierung nur katalytische Mengen an Lewis-Säure, bei der Acylierung dagegen *überstöchiometrische Mengen an Katalysator* erforderlich sind. In analoger Weise wie mit dem Acylierungsmittel bildet $AlCl_3$ auch mit dem entstehenden *Keton einen Komplex,* der unter den Reaktionsbedingungen stabil ist und anschließend mit Wasser oder verd. HCl zersetzt werden muß. Acylierungen mit Säurehalogeniden benötigen daher *mindestens molare Mengen* an Katalysator. Bei den Umsetzungen mit Carbonsäureanhydriden bindet die gebildete Carbonsäure noch ein weiteres Mol der Lewis-Säure, so daß insgesamt 2 Mol $AlCl_3$ benötigt werden.

```
                          (2 AlCl3)
Ar-H + R-C-O-C-R ────────────────> Ar-C=O...AlCl3 + R-C=O...AlCl3
         ‖   ‖                        |                 |
         O   O                        R                 OH
```

Der *Anwendungsbereich* der Friedel-Crafts-Acylierung erstreckt sich auf aromatische Kohlenwasserstoffe wie Benzen oder Naphthalen, Alkyl-substituierte Aromaten, Arylhalogenide (oberhalb 50 °C) und reaktive Heteroaromaten wie Furan, Pyrrol oder Thiophen [vgl. **MC-Fragen Nr. 402, 438–440, 452**]. Aus sterischen Gründen erhält man bei der Acylierung vor allem das para-Substitutionsprodukt.

Naphthalen wird mit Acetylchlorid in Gegenwart von $AlCl_3$ glatt acetyliert. Die Orientierung der Substitution richtet sich aber nach dem verwendeten Lösungsmittel [vgl. **MC-Frage Nr. 441**]. In Tetrachlorethan oder Schwefelkohlenstoff entsteht hauptsächlich **1-Acetylnaphthalen**, während man in Nitrobenzen vorzugsweise **2-Acetylnaphthalen** erhält.

Aromatische Amine liefern schlechte Ausbeuten; hier tritt hauptsächlich *N-Acylierung* ein. Hingegen lassen sich N.N-dialkylierte Aniline unter milden Bedingungen acylieren. Ein reaktiver Heteroaromat wie **Pyrrol** kann sogar *ohne Zusatz eines Katalysators* mit Acetanhydrid acetyliert werden [vgl. **MC-Frage Nr. 438**].

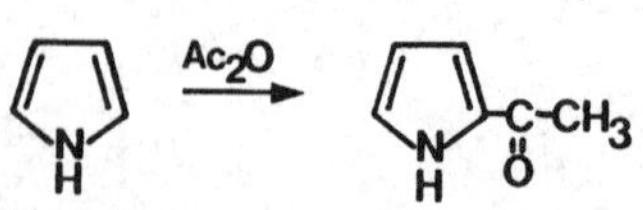

Pyrrol

Aromaten mit desaktivierenden, meta-dirigierenden Gruppen [NO_2, CN, COR] sind *nicht acylierbar,* so daß – im Gegensatz zur FC-Alkylierung – eine Zweitsubstitution nicht eintreten kann. **Nitrobenzen** wird sogar häufig als Lösungsmittel für die FC-Acylierung verwendet [vgl. **MC-Frage Nr. 437**].

Während sich *Phenolether* wie **Anisol** unter milden Bedingungen substituieren lassen, verlaufen viele *Phenol-Acylierungen* mit mäßigen Ausbeuten. Problematisch ist hierbei die Veresterung des phenolischen Hydroxyls. **Phenol** selbst bildet mit $AlCl_3$ zunächst Phenoxyaluminiumchlorid.

$$C_6H_5\text{-}OH + AlCl_3 \longrightarrow HCl + C_6H_5\text{-}O\text{-}AlCl_2$$

Erhitzt man dieses Salz in Anwesenheit eines Säurechlorids auf Temperaturen von 120–140 °C, so erfolgt in niedrigen Ausbeuten Acylierung in ortho- und para-Stellung.

Zur direkten Darstellung von acylierten Phenolen verwendet man daher Carbonsäuren in Gegenwart von BF_3 oder synthetisiert sie aus *Nitrilen* mittels der *Houben-Hoesch-Reaktion*. Eine weitere Herstellungsmethode ist die *Fries-Verschiebung von Phenolestern* (vgl. Kap. 3.2.17.1).

Die Friedel-Crafts-Acylierung läßt sich auch zum Aufbau kondensierter Ringsysteme nutzen. Als Beispiel sei die Synthese des **Anthrachinons** aus **Benzen** und **Phthalsäureanhydrid** genannt.

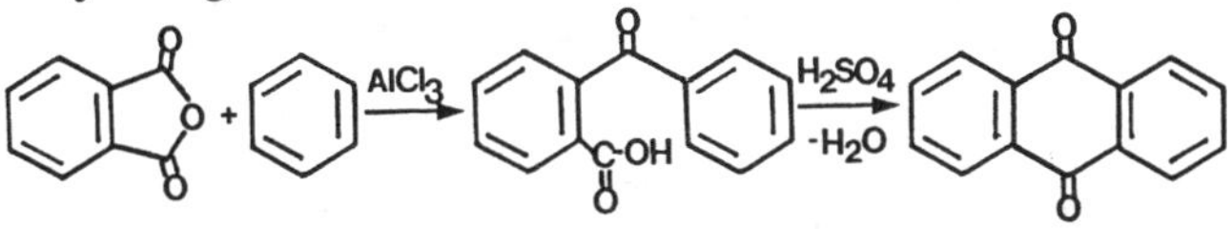

Anthrachinon

Setzt man 2 Mol **Phenol** mit **Phthalsäureanhydrid** in Gegenwart von H_2SO_4 um, entsteht **Phenolphthalein**, während die Reaktion mit 2 Mol **Resorcin** zu **Fluorescein** führt. Aus **Diphenylamin-2-carbonsäure** bildet sich in schwefelsaurem Milieu Acridon [vgl. **MC-Frage Nr. 1224**].

Als *Lösungsmittel* für die FC-Acylierung kann ein Überschuß des Aromaten dienen. Oft verwendet man Schwefelkohlenstoff, Dichlormethan, 1,2-Dichlorethan oder Nitrobenzen als Solventien. Chlorbenzen ist nur unterhalb von 50 °C als Lösungsmittel einsetzbar. Bei höheren Temperaturen wird es acyliert.

Die Friedel-Crafts-Acylierung ist eine wichtige Synthesemethode für Ketone, in denen die Carbonylgruppe direkt mit einem aromatischen Ringsystem verknüpft ist. Als Substrate werden Aromaten eingesetzt, die mindestens so reaktiv wie ein Halogenbenzen sind. Acylierungsmittel sind in Anwesenheit von Lewis-Säuren vorzugsweise Acylhalogenide und Carbonsäureanhydride. Als Elektrophil diskutiert man ein Acyliumion.

Formylierungen am Aromaten

Unter Formylierung im engeren Sinne versteht man die Einführung der CH=O-Gruppierung in aromatische Ringsysteme. Präparativ bedeutsam sind:

- *Reimer-Tiemann-Synthese,*
- *Vilsmeier-Reaktion,*
- *Gattermann-Reaktion* und ihre Varianten nach *Adams* und *Koch,*
- *Sommelet-Reaktion* (vgl. Kap. 3.12.2.2).

Reimer-Tiemann-Reaktion: Sie dient durch Behandeln von *Phenolen* mit *Chloroform* in alkalischer Lösung zur Synthese von aromatischen *ortho-Hydroxyaldehyden*. Nur wenn beide ortho-Positionen besetzt sind, erhält man das p-Substitutionsprodukt. Auch reaktive Heteroaromaten wie **Pyrrol** oder **Indol** reagieren zu den entsprechenden Aldehyden, während Phenole mit desaktivierenden Substituenten keine Reaktion eingehen.

Primär bildet sich unter α-Eliminierung aus Chloroform und Alkalihydroxiden *Dichlorcarben* als Zwischenprodukt [vgl. **MC-Fragen Nr. 403, 443, 474**].

$$Cl_3CH + HO^- \longrightarrow CCl_2 + Cl^- + H_2O$$

Dieses lagert sich elektrophil an das mesomere Phenolat-Ion an. Die nachfolgende Rearomatisierung führt zu einem Benzalderivat, das anschließend zum Aldehyd verseift wird. Nach dem Ansäuern kann der gebildete **Salicylaldehyd** durch Wasserdampfdestillation aus dem Reaktionsgemisch abgetrennt werden [vgl. **MC-Frage Nr. 444**].

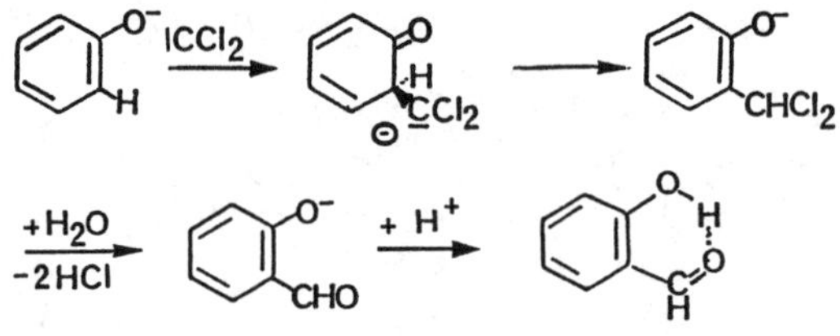

Salicylaldehyd

Vilsmeier-Reaktion: Die Formylierung nach Vilsmeier kann nur mit reaktionsfähigen Aromaten wie *Phenolen, Phenolethern* [Methylphenylether], *sekundären* [N-Methylanilin] und *tertiären aromatischen Aminen* [N.N-Dimethylanilin] sowie einigen *reaktiven Heteroaromaten* [Thiophen, Pyrrol, Indol] durchgeführt werden [vgl. **MC-Fragen Nr. 445, 449–451, 473**].

$$\text{Ar-H} + \text{R}_2\text{N-CH=O} \xrightarrow{(\text{POCl}_3)} \text{Ar-CH=O} + \text{R}_2\text{NH}$$

N.N-disubstituierte Formamide [N.N-Dimethylformamid, N-Methylformanilid] in Gegenwart von äquivalenten Mengen *Phosphoroxichlorid* [$POCl_3$] werden als Formylierungsreagenzien verwendet [vgl. **MC-Fragen Nr. 446 – 448**]. Als Lösungsmittel dienen Benzen, Chlorbenzen oder überschüssiges Dimethylformamid.

Elektrophiles Agens ist vermutlich ein *Chlorimmonium-Ion*, das sich auf folgende Weise bildet:

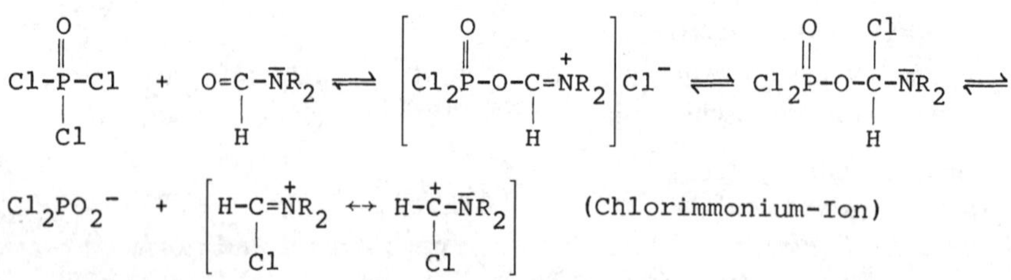

Das Chlorimmonium-Ion reagiert mit aktivierten Aromaten zu einem α-Chloramin, das leicht zum Aldehyd hydrolysiert.

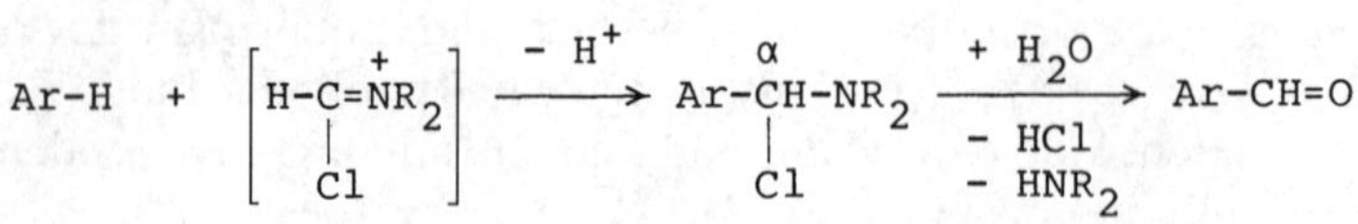

Formylierung nach Gattermann: Die Acylierung von Aromaten mit *Formylhalogeniden* sollte aromatische Aldehyde ergeben. Mit Ausnahme von Formylfluorid sind aber die übrigen Halogenide der Ameisensäure sowie ihr Anhydrid instabil.

An ihrer Stelle läßt sich nach *Gattermann-Koch* ein Gemisch aus *Kohlenmonoxid* und *Chlorwasserstoff* in Gegenwart von $AlCl_3$ und CuCl zur Formylierung einsetzen. Als elektrophiles Agens wird das HCO^+-Ion diskutiert, das sich allerdings *nur* mit Benzen und Alkyl-substituierten Aromaten in befriedigender Ausbeute umsetzt.

Die nach Gattermann-Koch nicht darstellbaren Aldehyde von *Phenolen* oder *Phenolethern* können jedoch in Anwesenheit von Lewis-Säuren bei der Umsetzung mit *Cyanwasserstoff* [HCN] und HCl erhalten werden. Die Formylgruppe orientiert sich bevorzugt in die para-Position zum aktivierenden Rest. Als Elektrophil ist der aus $AlCl_3$ und *Formimidchlorid* gebildete Komplex anzusehen.

$$\text{H-C}\equiv\text{N} \;+\; \text{HCl} \longrightarrow \underset{\text{Formimidchlorid}}{\text{H-}\overset{\text{Cl}}{\overset{|}{\text{C}}}\text{=NH}} \xrightarrow{(\text{AlCl}_3)} \left[\text{H-}\overset{\text{Cl}}{\overset{|}{\underset{\delta+}{\text{C}}}}\text{=NH}\ldots\underset{\delta-}{\text{Al}}\text{Cl}_3\right]$$

Bei der Reaktion entsteht zunächst das Hydrochlorid eines *Aldimins,* das anschließend zum Aldehyd hydrolysiert.

$$\text{Ar-H} \;+\; \text{HCN} \;+\; \text{HCl} \xrightarrow{(\text{AlCl}_3)} [\text{Ar-CH=}\overset{+}{\text{N}}\text{H}_2]\text{Cl}^- \xrightarrow{\text{Hydrolyse}} \text{Ar-CH=O}$$

Völlig analog verläuft die *Houben-Hoesch-Ketonsynthese* unter Verwendung von *Nitrilen* und HCl in Anwesenheit von wasserfreiem $ZnCl_2$ als Katalysator.

$$\text{Ar-H} + \text{R-CN} + \text{HCl} \xrightarrow{(\text{ZnCl}_2)} \left[\text{Ar-}\overset{\text{R}}{\overset{|}{\text{C}}}\text{=}\overset{+}{\text{N}}\text{H}_2\right]\text{Cl}^- \xrightarrow{\text{Hydrolyse}} \text{Ar-}\overset{\text{O}}{\overset{\|}{\text{C}}}\text{-R}$$

Die Formylierung nach *Adams* vermeidet das Arbeiten mit Blausäure. Diese wird erst während der Reaktion aus *Zinkcyanid* mit HCl-Gas in Freiheit gesetzt. Nach Gattermann können auch aktivierte Heteroaromaten [Furan-, Pyrrol-, Indol-Derivate] formyliert werden. Mit aromatischen Aminen und desaktivierten Aromaten tritt keine Umsetzung ein.

Carboxylierungen am Aromaten (Kolbe-Schmitt-Reaktion)

Phenolate lassen sich bei erhöhten Temperaturen (120–200 °C) und erhöhten Drucken (4–7 at) durch das schwach elektrophile *Kohlendioxid* zu *Phenolcarbonsäuren* carboxylieren. Die Reaktion sei am Beispiel der technischen *Salicylsäure-Synthese* erläutert [vgl. **MC-Fragen Nr. 403, 405, 571, 1216**].

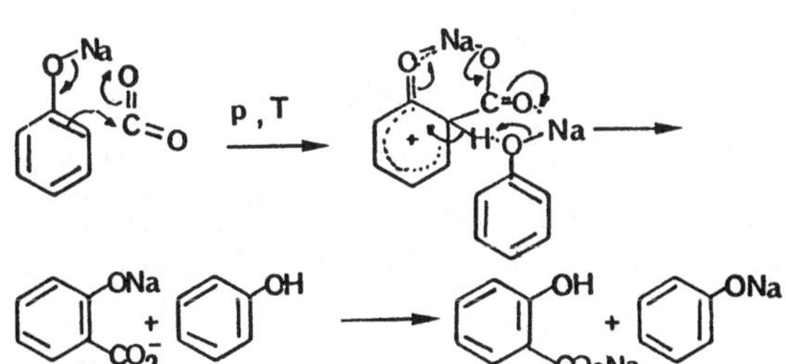

Beim skizzierten *Chelatmechanismus* übernimmt ein Natriumion die Rolle des elektrophilen, die Polarität der C=O-Bindung erhöhenden Koordinationspartners. Ein zweites Phenolat-Ion löst das zu substituierende Proton ab. Beim Arbeiten unter Druck wird das primär gebildete Dinatriumsalz der Salicylsäure in **Natriumsalicylat** umgewandelt.

Die *Orientierung* der Carboxyl-Gruppe ist von der Temperatur und dem *Ionenradius* des zur Phenolat-Bildung verwendeten Metallions abhängig. Während **Natriumphenolat** fast ausschließlich zum **Natriumsalicylat** carboxyliert wird, bildet sich mit **Kaliumphenolat** überwiegend das Kaliumsalz der **4-Hydroxybenzoesäure** [vgl. **MC-Frage Nr. 796**]. Der Einfluß der Reaktionstemperatur auf die Produktbildung zeigt sich am Beispiel der Carboxylierung des Natriumsalzes des **2-Naphthols**.

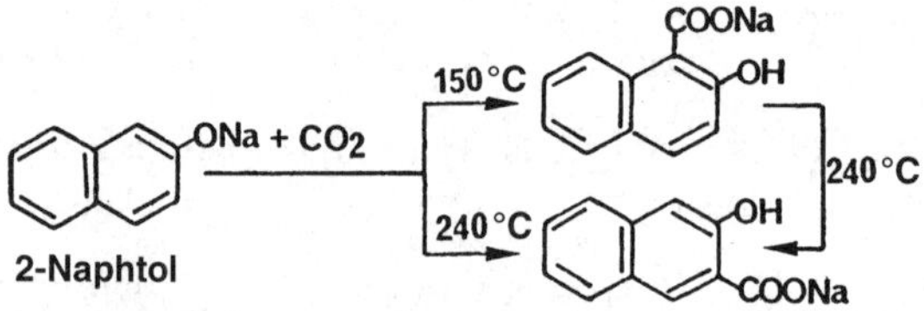

Auch *mehrwertige Phenole* lassen sich carboxylieren. Aus **m-Aminophenol** wird **p-Aminosalicylsäure** gebildet. **Benzoesäure** reagiert mit CO_2 zu **Terephthalsäure**.

Chlormethylierung (Blanc-Reaktion)

Die Einführung der *Chlormethyl-Gruppe* [-CH_2Cl] in Benzen und aktivierte Aromaten gelingt in einer S_E-Reaktion mit *Formaldehyd* und *Chlorwasserstoff* in Gegenwart von Säuren [$AlCl_3$, $ZnCl_2$, H_3PO_4, H_2SO_4].

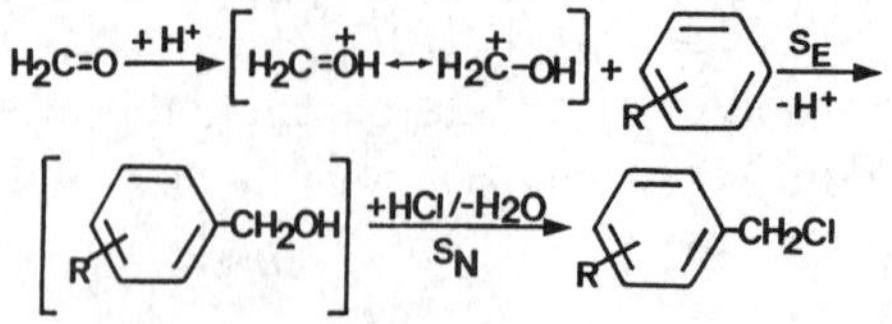

Aus den zunächst durch *Hydroxymethylierung* gebildeten *Benzylalkoholen* erhält man die gewünschten *Benzylchloride* durch die nachfolgende S_N-Reaktion mit dem anwesenden Chlorwasserstoff [vgl. **MC-Fragen Nr. 404, 453, 454, 468**].

$$\text{Ar-CH}_2\text{OH} + \text{H}^+ \rightleftharpoons \text{Ar-CH}_2\text{-}\overset{+}{\text{O}}\text{H}_2 \xrightarrow{-\,\text{H}_2\text{O}} [\text{Ar-CH}_2^{\;+}]$$

$$\underset{\text{Diarylmethan}}{\text{Ar-CH}_2\text{-Ar}} \xleftarrow[-\,\text{H}^+]{+\,\text{Ar-H}} [\text{Ar-CH}_2^{\;+}] \xrightarrow[-\,\text{H}^+]{+\,\text{HCl}} \underset{\text{Benzylchlorid}}{\text{Ar-CH}_2\text{-Cl}}$$

Die parallele Bildung von *Diarylmethanen* läßt sich nicht immer unterdrücken, besonders bei Verwendung von reaktiven aromatischen Substraten.

Hydroxyalkylierung

Analog zur Chlormethylierung können auch Aldehyde und Ketone mit Aromaten kondensieren. Die zunächst gebildeten Alkohole reagieren anschließend mit einem Überschuß des Aromaten zu *Diarylmethan-Derivaten.*

$$\text{Ar-H} + R_2C{=}O \xrightarrow{(H^+)} \text{Ar-}\underset{}{\overset{OH}{\overset{|}{C}}}R_2 \xrightarrow[-\,H_2O]{+\,H^+} [\text{Ar-}\overset{+}{C}R_2] \xrightarrow[-\,H^+]{+\,\text{Ar-H}} \text{Ar-}CR_2\text{-Ar}$$

In der Technik wird die Reaktion zur Herstellung des Insektizids **DDT** [**Di(4-chlorphenyl)trichlorethan**] aus **Chloral** und 2 Mol **Chlorbenzen** genutzt.

Azokupplung

Beispiele für diese S_E-Reaktion sind Gegenstand des Kap. 3.10.6.3 [vgl. auch **MC-Fragen Nr. 403, 404**].

3.6.4.3 Nucleophile Substitutionen an Aromaten

Die unterschiedlichen Mechanismen von S_NAr-Reaktionen wurden im Kap. 3.2.7 vorgestellt, so daß im nachfolgenden Abschnitt vor allem die präparativen Aspekte dieser Reaktionen detaillierter beschrieben werden.

Halogenbenzen-Derivate als Substrate

Während sich **Chlorbenzen** nur unter drastischen Bedingungen [10%ige NaOH bei 350 °C] zu **Phenol** hydrolysieren läßt, gelingt der Ersatz des Halogens im **o-** oder **p-Chlornitrobenzen** schon mit Natriumcarbonat-Lösung bei 130 °C. **2,4-Dinitrochlorbenzen** ist noch reaktiver und **2,4,6-Trinitrochlorbenzen** (**Pikrylchlorid**) besitzt schließlich die Reaktivität eines Säurechlorids und wird schon von verdünnter Natronlauge hydrolysiert [vgl. **MC-Fragen Nr. 129, 401, 402, 406, 461, 462, 464, 467, 487**].

Chlorbenzen	10% NaOH, 350 °C, 300 at → **(Raschig-Verfahren)** **(Dow-Verfahren)**	Phenol
p-Chlornitrobenzen	15% NaOH, 160 °C →	p-Nitrophenol
2,4-Dinitrochlorbenzen	wäßr. Na_2CO_3, 130 °C →	2,4-Dinitrophenol
2,4,6-Trinitrochlorbenzen	H_2O, Hitze →	2,4,6-Trinitrophenol (Pikrinsäure)
p-Chlornitrobenzen	CH_3O^-/CH_3OH →	p-Nitroanisol
2,4-Dinitrochlorbenzen	$H_2N\text{-}NH_2$, EtOH, Hitze →	2,4-Dinitrophenylhydrazin

Aufgrund der leichten Reaktion von *Nitroarenen* mit HO^--Ionen sollten nitrierte Aromaten nicht über Ätzkali getrocknet werden. Selbst **Nitrobenzen** bildet beim Stehenlassen über KOH **p-Nitrophenol**.

Der *Mechanismus* dieser nucleophilen Substitutionen entspricht dem einer *Additions-Eliminierungs-Reaktion,* wobei sich die Halogene in der Reihe I < Br < Cl << F zunehmend leichter austauschen lassen [vgl. **MC-Frage Nr. 460**].

Die Umsetzung von **2,4-Dinitrochlorbenzen** mit Hydrazin zu **2,4-Dinitrophenylhydrazin** besitzt technische Bedeutung. Darüber hinaus kann die Reaktion von 2,4-Dinitrochlorbenzen oder 2,4-Dinitrofluorbenzen mit Aminen, Alkoholen, Phenolen, Mercaptanen und Thiophenolen zum *Nachweis* dieser Substanzen herangezogen werden.

Von besonderem Interesse ist die *Bestimmung N-terminaler Aminosäuren* in *Peptiden* (Proteinen) nach *Sanger.* Das Peptid wird hierzu mit **2,4-Dinitrofluorbenzen** umgesetzt und anschließend hydrolysiert. Die endständige Aminosäure liegt danach als 2,4-Dinitrophenyl-Derivat vor und kann leicht von den übrigen Aminosäuren abgetrennt und identifiziert werden [vgl. **MC-Frage Nr. 401**].

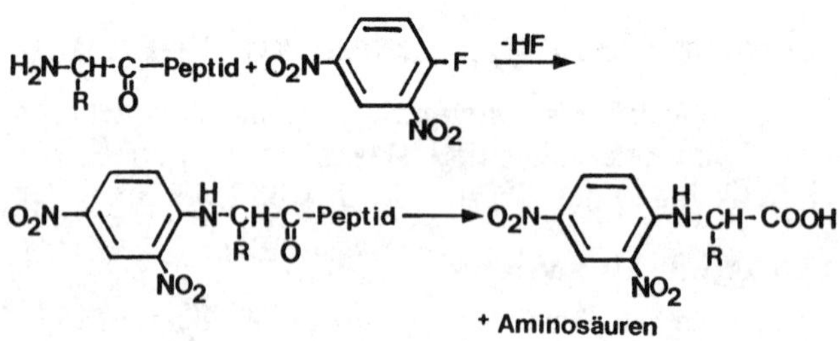

Abschließend ist anzumerken, daß sich aromatisch gebundene Halogenatome nur dann nucleophil substituieren lassen, wenn sie durch ortho- oder para-ständige -I/-M-Substituenten hinreichend aktiviert sind.

Die *Hydrolyse des Chlorbenzens zu Phenol* mit NaOH erfordert drastische Reaktionsbedingungen. Hierbei tritt die HO-Gruppe nicht nur an das C-Atom [52%], an dem sich das Chloratom befand, sondern sie findet sich auch am benachbarten C-Atom [48%] wieder. In analoger Weise erhält man bei der *Aminierung* von **p-Chlortoluen** mit $NaNH_2$ [KNH_2] in *flüssigem Ammoniak* ein Gemisch aus **4-** und **3-Aminotoluen** (p-/m-Toluidin) [vgl. **MC-Fragen Nr. 402, 455–457**].

Diese Befunde sind nur vereinbar mit einer S_NAr-Reaktion nach einem *Eliminierungs-Additions-Mechanismus* über *Arine* als Zwischenstufe [vgl. **MC-Fragen Nr. 459, 469**].

Arylsulfonsäuren und Arylsulfonate als Substrate

Auch die *Sulfonsäure-Gruppe* ist relativ leicht gegen *Hydroxid-Ionen* oder *Cyanid-Ionen* nucleophil substituierbar, wobei in der Technik besonders häufig die *Alkalischmelze* von *Arensulfonsäuren* zu *Phenolen* genutzt wird [vgl. **MC-Frage Nr. 404**].

$$Ar\text{-}SO_3H + X^- \longrightarrow Ar\text{-}X + HSO_3^- \quad [X^- = CN^-,\ HO^-]$$

Aus **Benzensulfonsäure** entsteht **Phenol** und aus **m-Benzendisulfonsäure** bildet sich **Resorcin**. Die Umsetzung von **m-Aminobenzensulfonsäure** liefert bei der Alkalischmelze **m-Aminophenol**. Durch Umsetzung der Pyridin-3-sulfonsäure mit NaCN ist **3-Cyanopyridin** (**Nicotinsäurenitril**) darstellbar.

Aromatische Amine als Substrate

Hier ist vor allem die Darstellung *sekundärer aliphatischer Amine* durch alkalische Hydrolyse der *p-Nitroso-N.N-dialkylaniline* zu nennen.

$$C_6H_5\text{-}NR_2 \xrightarrow{(HNO_2)} O{=}N\text{-}C_6H_4\text{-}NR_2 \xrightarrow{(HO^-)} O{=}N\text{-}C_6H_4\text{-}O^- + HNR_2$$

Die *Diazotierung primärer aromatischer Amine* zu *Aryldiazoniumsalzen* und deren nachfolgende *Verkochung zu Phenolen* wird noch ausführlich im Kap. 3.10.6.3 besprochen [vgl. auch **MC-Fragen Nr. 457, 461, 471**].

$$Ar\text{-}NH_2 \xrightarrow{(HNO_2)} Ar\text{-}N_2^+ \xrightarrow{+\ H_2O} Ar\text{-}OH + H^+ + N_2$$

Heteroaromaten als Substrate

Von den nucleophilen Substitutionsreaktionen an Heteroaromaten ist vor allem die *Tschitschibabin-Reaktion* zur Herstellung von **4-** bzw. **2-Aminopyridin** oder **2-/4-Aminochinolin-Derivaten** von Bedeutung.

Dabei reagiert zunächst das aus $NaNH_2$ und Pyridin durch Hydridtransfer gebildete *Natriumhydrid* mit dem aciden Wasserstoff des 2-Aminopyridins zu H_2. Die anschließende Hydrolyse des entstandenen Natriumsalzes führt zu **2-Aminopyridin** [vgl. **MC-Fragen Nr. 461, 470, 1249**].

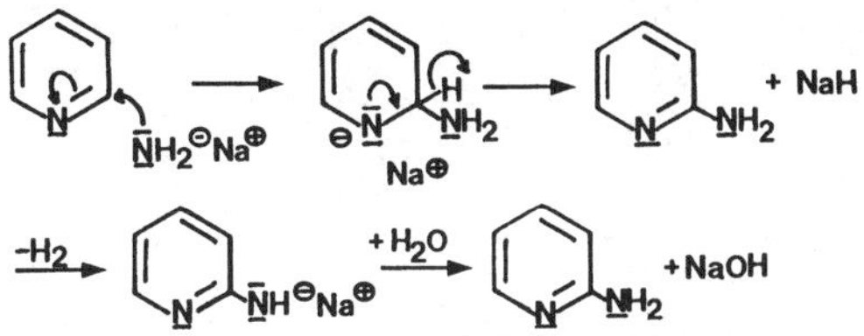

2-Aminopyridin

Einen analogen Verlauf nimmt die *Alkylierung* oder *Arylierung* von Pyridin- und Chinolin-Derivaten mit Lithiumalkylen oder Lithiumarylen *(Ziegler-Reaktion)*.

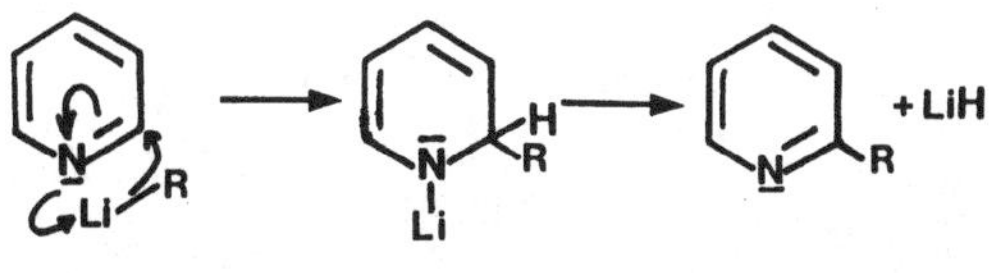

3.6.5 Substituenteneffekte und Syntheseplanung

Die dirigierende Wirkung von Substituenten auf die elektrophile und nucleophile Zweitsubstitution an Aromaten wurde ausführlich im Kap. 3.2.6.2 behandelt [vgl. auch **MC-Fragen Nr. 476–487**]. Sie ist bei der Syntheseplanung zu beachten. Zum Beispiel läßt sich **p-Bromacetophenon** in der Weise synthetisieren, daß man Benzen zunächst mit [Br_2/Fe] bromiert und anschließend das erhaltene **Brombenzen** nach Friedel-Crafts mit [$CH_3COCl/AlCl_3$] acetyliert. Die umgekehrte Reaktionsfolge führt nicht zum gewünschten Syntheseziel, da die Acetylgruppe des Acetophenons einen Zweitsubstituenten in die meta-Position dirigiert [vgl. **MC-Frage Nr. 723**].

Abschließend sei noch auf die für Synthesezwecke nutzbare, reversibel blockierende Wirkung der *Sulfonsäuregruppierung* und der *tert. Butyl-Schutzgruppe* hingewiesen.

3.7 Halogenkohlenwasserstoffe

3.7.1 Nomenklatur

Alkylhalogenide (Halogenalkane) sind Verbindungen der allgemeinen Formel **R-X**, in denen R eine Alkylgruppe darstellt und X für ein Halogenatom steht. **Ar-X** ist dementsprechend das Formelsymbol für ein *Arylhalogenid (Halogenaren).*

Alkylhalogenide betrachtete man früher als „Salze von Alkylgruppen". Dies führte zu Bezeichnungen wie Methyliodid, Isopropylbromid usw. Für die *systematische Nomenklatur* von Halogenalkanen nach IUPAC werden sie als Halogen-Derivate von Alkanen angesehen. Für ihre Bezeichnung gelten dann folgende Regeln:

- In der zu benennenden Verbindung sucht man die *längste Kohlenstoffkette,* die das *Halogenatom* enthält. Die C-Kette wird so numeriert, daß das Halogen-substituierte C-Atom die niedrigste Ziffer erhält.
- Die Substituenten werden unter Kennzeichnung ihrer Position in *alphabetischer Reihenfolge* genannt. Der zuerst genannte Substituent trägt die niedrigste Ziffer. Die Vorsilben di-, tri-, tetra- usw. geben die Anzahl identischer Halogenatome an.

Die folgende Beispiele sollen beide Nomenklatursysteme nochmals verdeutlichen.

CH_3I	CH_3CH_2Br	$CH_3\text{-}CHCl\text{-}CH_3$
Methyliodid (Iodmethan)	Ethylbromid (Bromethan)	2-Chlorpropan (Isopropylchlorid)
$C_6H_5\text{-}I$	$C_6H_5\text{-}CH_2Cl$	$F_2ClC\text{-}CClF_2$
Iodbenzen	Benzylchlorid	1,2-Dichlor-1,1,2,2-tetrafluorethan

- Die Stellung weiterer Substituenten kann durch einen griechischen Buchstaben markiert werden, wobei ω für das letzte Glied einer Kette verwendet wird.

```
                    X
ω       γ  β  α  |  α
C......C-C-C-C-C
```

Darüber hinaus sind bei *Dihalogeniden* auch Bezeichnungen wie *geminal* (gem.) oder *vicinal* (vic.) gebräuchlich.

$CH_3\text{-}CBr_2\text{-}CH_3$	$CH_3\text{-}CHBr\text{-}CH_2Br$
2,2-Dibrompropan	**1,2-Dibrompropan**
= *gem. Dihalogenid*	= *vic. Dihalogenid*

Für einige Substanzen existieren *Trivialnamen.*

$ClHC{=}CCl_2$ **Trichlorethylen**	$CH_2{=}CHCl$ **Vinylchlorid**	$CH_2{=}CH\text{-}CH_2Cl$ **Allylchlorid**
$HC{\equiv}C\text{-}CH_2Cl$ **Propargylchlorid**	$C_6H_5\text{-}CHCl_2$ **Benzalchlorid**	$C_6H_5\text{-}CCl_3$ **Benzotrichlorid**

Alkylhalogenide, die in α-Position eine Hydroxylgruppe tragen, werden als *Halogenhydrine* bezeichnet.

Auch bei mehrfach *halogenierten Methan-Derivaten* benutzt man häufig Trivialnamen.

CH_2X_2 Methylen-halogenid	CH_2Cl_2 **Dichlormethan** (Methylenchlorid)	CH_2Br_2 **Dibrommethan** (Methylenbromid)	
CHX_3 Haloform-Derivat	$CHCl_3$ **Chloroform** (Trichlormethan)	$CHBr_3$ **Bromoform** (Tribrommethan)	CHI_3 **Iodoform** (Triiodmethan)
CX_4 Kohlenstoff-tetrahalogenid	CCl_4 **Tetrachlor-kohlenstoff**		

Zur Nomenklatur von *Arylhalogeniden* siehe Kap. 3.6.1.

3.7.2 Darstellung von Alkylhalogeniden

3.7.2.1 Halogenierung von Alkanen, Alkenen und Alkoholen

Als allgemein anwendbare Darstellungsverfahren von Halogenalkanen sind zu nennen [vgl. **MC-Fragen Nr. 490–492**]:

(1) Umsetzung von Alkoholen mit Halogenwasserstoffen: Die nucleophile Substitution der Hydroxylgruppe von Alkoholen durch Halogenwasserstoffe wird bei höheren Temperaturen – oft in Gegenwart eines Katalysators [H_2SO_4, $ZnCl_2$] – durchgeführt.

$$R\text{-}OH + HX \rightleftharpoons R\text{-}X + H_2O$$

Die Reaktivität von HX nimmt in der Reihe HI > HBr > HCl >> HF ab. Chlorwasserstoff ist bereits so wenig reaktionsfähig, daß nur noch tertiäre Alkohole und Benzylalkohole reagieren. Die Reaktivität von HCl kann gesteigert werden, wenn man $ZnCl_2$ als Katalysator hinzufügt.

Als *Nebenreaktion* werden Eliminierungen und Umlagerungen beobachtet. Darüber hinaus kann *Iodwasserstoff* - besonders bei Verwendung von tertiären Alkoholen – unter Bildung von Alkanen auch reduzierend wirken [vgl. **MC-Frage Nr. 491**].

$$R_3C\text{-}OH + HI \xrightarrow{-H_2O} R_3C\text{-}I \xrightarrow{-HI} R_3C\text{-}H + I_2$$

(2) Umsetzung von Alkoholen mit anorganischen Säurehalogeniden [PCl_5, PCl_3, PBr_3, PI_3, $SOCl_2$]: Diese Verfahrensvariante ist vorzuziehen, wenn sekundäre, tertiäre oder hochverzweigte Alkohole als Substrate verwendet werden. Die Anwesenheit säurebindender Reagenzien (Pyridin) verhindert weitgehend Eliminierungen unter Bildung von Alkenen. PBr_3 und PI_3 werden *in situ* aus rotem Phosphor und den entsprechenden elementaren Halogenen erzeugt [vgl. **MC-Frage Nr. 1233**].

$$3\ R\text{-}OH + PX_3 \longrightarrow 3\ R\text{-}X + H_3PO_3$$
$$2\ R\text{-}OH + PX_5 \longrightarrow 2\ R\text{-}X + POX_3 + H_2O$$
$$R\text{-}OH + SOCl_2 \longrightarrow R\text{-}Cl + HCl + SO_2$$

Die Reaktionen verlaufen im allgemeinen nach einem S_N2-Mechanismus. In Abwesenheit von Pyridin reagiert Thionylchlorid nach einem S_Ni-Mechanismus (vgl. Kap. 3.2.5.11). Bei der Umsetzung von Carbonylverbindungen mit PCl_5 entstehen *geminale Dichloride.*

$$R_2C{=}O + PCl_5 \longrightarrow R_2CCl_2 + POCl_3$$

(3) Radikalische Halogenierung von Kohlenwasserstoffen: Die Chlorierung oder Bromierung von *Alkanen* war Gegenstand des Kap. 3.2.4.3.

$$R_3C\text{-}H + X_2 \xrightarrow{(S_R)} R_3C\text{-}X + HX$$

Zur radikalisch verlaufenden *Allylhalogenierung* mit *N-Halogensuccinimiden* siehe gleichfalls Kap. 3.2.4.

(4) Halogenwasserstoff-Addition an Alkene: Die mechanistischen Grundlagen dieser elektrophilen Additionsreaktion wurden im Kap. 3.2.11 vorgestellt. Präparative Aspekte der Reaktion wurden im Kap. 3.5.4 besprochen.

$$HC{=}C\text{-} + HX \xrightarrow{(A_E)} \text{-}CH_2\text{-}C\text{-}X$$

Die *Addition von Halogenen* an Alkene führt zu *1.2-Dihalogeniden,* die Anlagerung von *Hypohalogenigen Säuren* ergibt *Halogenhydrine.*

$$\text{-}C{=}C\text{-} + X\text{-}Y \rightarrow X\text{-}C\text{-}C\text{-}Y \qquad [X = Hal;\ Y = Hal,\ HO]$$

(5) Hunsdiecker-Reaktion: Die *Silbersalze von Carbonsäuren* decarboxylieren beim Behandeln mit Brom oder Iod in CCl_4 unter Bildung von *Alkylbromiden* bzw. *Alkyliodiden* [vgl. **MC-Fragen Nr. 338, 491**].

$$R\text{-}COO^-Ag^+ + Br_2 \longrightarrow R\text{-}Br + AgBr + CO_2$$

$$\underset{\text{Silberacetat}}{CH_3\text{-}COO^-Ag^+} + I_2 \rightarrow \underset{\text{Methyliodid}}{CH_3I} + AgI + CO_2$$

Die Reaktion verläuft radikalisch. (Reaktionen, in denen ein C-Atom aus dem Molekül eliminiert wird, bezeichnet man auch als „**Abbaureaktionen**".)

(6) Finkelstein-Reaktion: Halogenatome in Alkylchloriden oder Alkylbromiden lassen sich in einer **S_N2-Reaktion** durch Iodid substituieren. Die Reaktion profitiert von der Schwerlöslichkeit von NaCl bzw. NaBr in Aceton.

$$R\text{-}Br + NaI \xrightarrow{\text{(Aceton)}} R\text{-}I + NaBr\downarrow$$

Die Reaktion dient im allgemeinen zur Darstellung *primärer Alkyliodide.* Sekundäre und tertiäre Alkyliodide sind auf diese Weise nicht zugänglich [vgl. **MC-Frage Nr. 492**]. Allerdings gelingt die Synthese von *Alkylfluoriden*, wenn man in dipolar-aprotischen Lösungsmitteln (Ethylenglycol) arbeitet und Alkyliodide oder Alkyltosylate als Substrate einsetzt.

(7) Synthese von Fluoralkanen: Die direkte Fluorierung von Alkanen mit F_2 oder CoF_3 führt zu Polyfluoriden bzw. zu Verbindungen, in denen alle H-Atome durch F-Atome ersetzt sind [vgl. **MC-Frage Nr. 1191**].

$$\text{-}(CH_2)_n\text{-} + 2\,n\,F_2 \longrightarrow \text{-}(CF_2)_n\text{-} + 2\,n\,HF$$

$$\text{-}(CH_2)_n\text{-} + 4\,n\,CoF_3 \longrightarrow \text{-}(CF_2)_n\text{-} + 2\,n\,HF + 4\,n\,CoF_2$$

Einige technisch wichtige Fluorverbindungen werden durch Substitution von Chlorid gegen Fluor mit SbF_3 oder HF in Gegenwart von $SbCl_5$ als Katalysator gewonnen. Der Zusatz der Lewis-Säure begünstigt einen S_N1-Mechanismus. Als Beispiel sei die Synthese des **Dichlordifluormethans** aus Tetrachlorkohlenstoff genannt [vgl. **MC-Frage Nr. 493**].

$$3\,R\text{-}Cl + SbF_3 \longrightarrow 3\,R\text{-}F + SbCl_3$$

$$3\,CCl_4 + 2\,SbF_3 \xrightarrow{(SbCl_5)} 3\,CCl_2F_2 + 2\,SbCl_3$$

$$CCl_4 + 2\,HF \xrightarrow{(SbCl_5)} CCl_2F_2 + 2\,HCl$$

Ein weiterer Fluorüberträger ist *Schwefeltetrafluorid* [SF_4]. Es ist für den Austausch eines Carbonylsauerstoffatoms gegen Fluor geeignet. Gleichzeitig im Molekül vorhandene C,C-Mehrfachbindungen werden nicht angegriffen.

$$R_2C{=}O + SF_4 \longrightarrow R_2CF_2 + SOF_2$$

$$R\text{-}COOH + SF_4 \xrightarrow[-\,HF]{-\,SOF_2} R\text{-}COF \xrightarrow[-\,SOF_2]{+\,SF_4} R\text{-}CF_3$$

3.7.2.2 Halogenierung von Carbonylverbindungen

Die *α-Halogenierung* von Aldehyden und Ketonen kann *basen-* oder *säurekatalysiert* durchgeführt werden. Formal handelt es sich um eine *elektrophile Substitution am gesättigten Kohlenstoff* [vgl. **MC-Fragen Nr. 501, 502**].

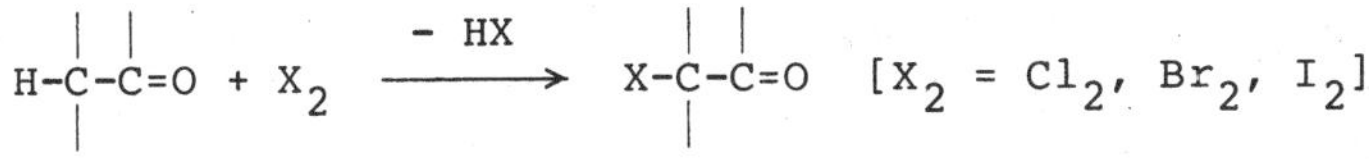

Präparativ wird die Reaktion vor allem zur Darstellung von *Phenacylhalogeniden* aus *Acetophenon-Derivaten* genutzt.

$$C_6H_5\text{-CO-}CH_3 + Br_2 \longrightarrow C_6H_5\text{-CO-}CH_2Br + HBr$$

Acetophenon → Phenacylbromid

Die Halogenierung kann auch ohne Katalysatorzusatz erfolgen. Die Reaktion verläuft dann *autokatalytisch,* weil während der Reaktion ein Äquivalent Säure [HX] freigesetzt wird [vgl. **MC-Fragen Nr. 406, 503–506, 723**].

Für die *Basenkatalyse* benötigt man zur Bindung des gebildeten Halogenwasserstoffs stöchiometrische Mengen an Base. Als reaktive Zwischenstufen treten mesomeriestabilisierte Enolat-Ionen auf.

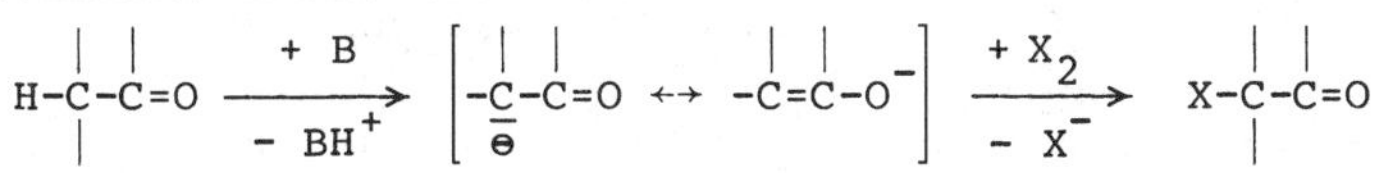

Die Zugabe einer *Säure* katalysiert die *Enolisierung* der Carbonylverbindung; die Halogenierung kann dann als normale elektrophile Halogen-Reaktion mit einer Doppelbindung angesehen werden. Die *Reaktionsgeschwindigkeit* hängt nur von den Konzentrationen der Carbonylverbindung und der Säure ab. Sie ist *unabhängig* von der Konzentration des Halogens [vgl. **MC-Frage Nr. 505**].

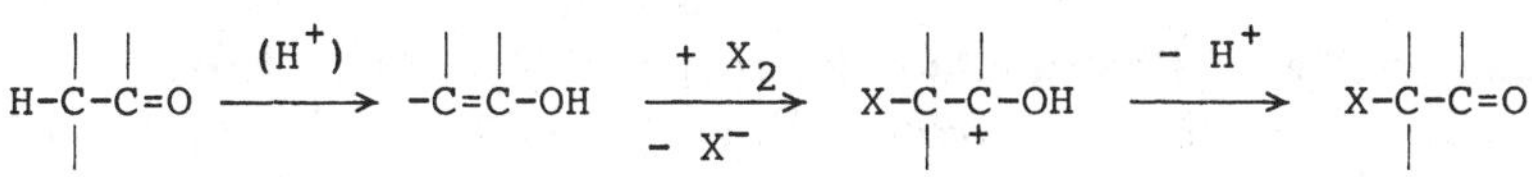

Bei der säurekatalysierten Reaktion verlaufen die nachfolgenden Halogenierungen langsamer als die Ersthalogenierung, so daß man in α-Stellung *monohalogenierte Carbonylverbindungen* als Reaktionsprodukte erhalten kann. Bei der Basenkatalyse laufen hingegen die nachfolgenden Halogenierungen schneller ab, weil die bereits halogenierte Carbonylverbindung eine höhere CH-Acidität als das Ausgangsprodukt besitzt. Deshalb werden im Alkalischen häufig alle verfügbaren α-H-Atome durch Halogen substituiert [vgl. hierzu „**Haloform-Reaktion**" Kap. 3.2.18.7 und **MC-Fragen Nr. 507–509**]. Das aus *Methylketonen* intermediär gebildete *Trihalogenmethylketon* wird in situ unter Abspaltung des betreffenden Haloform-Derivates hydrolytisch gespalten. Man erhält um ein C-Atom verkürzte *Carbonsäuren* als Reaktionsprodukte.

$$R\text{-CO-}CH_3 \longrightarrow R\text{-CO-}CX_3 \longrightarrow R\text{-COOH} + HCX_3$$

Methylketon → **Trihalogenmethylketon** → **Carbonsäure** + **Haloform**

Während sich *Aldehyde, Ketone* oder β-*Dicarbonylverbindungen* leicht in α-Stellung halogenieren lassen, ist die Carbonylgruppe in *Carbonsäuren* zu wenig reaktiv, um eine direkte α-Halogenierung zu ermöglichen.

Die α-Halogenierung gelingt erst auf Zusatz katalytischer Mengen eines *Phosphortrihalogenids* (**Hell-Volhard-Zelinsky-Reaktion**). Da Phosphor und elementare Halogene rasch miteinander zu PX_3 reagieren, erhitzt man einfach die Carbonsäuren mit Halogenen in Gegenwart von *rotem Phosphor.* Intermediär bildet sich ein in der α-Position aktiviertes *Carbonsäurehalogenid*, dessen Enolform anschließend zum α-*Halogenacylhalogenid* reagiert. Die nachfolgende Umhalogenierung liefert die freie α-*Halogencarbonsäure* und neues Säurehalogenid. Die Reaktion verläuft *regioselektiv,* d. h. nur der Wasserstoff am α-C-Atom wird substituiert [vgl. **MC-Frage Nr. 510**].

$$3\ X_2 + 2\ P \longrightarrow 2\ PX_3$$

$$3\ R\text{-}CH_2\text{-}COOH + PX_3 \longrightarrow 3\ R\text{-}CH_2\text{-}COX$$

$$R\text{-}CH_2\text{-}C(=O)\text{-}X \rightleftharpoons R\text{-}CH{=}C(OH)\text{-}X \xrightarrow[-\ HX]{+\ X_2} R\text{-}CHX\text{-}C(=O)\text{-}X \xrightarrow{+\ R\text{-}CH_2\text{-}COOH}$$

$$R\text{-}CH_2\text{-}COX + R\text{-}CHX\text{-}COOH \quad \alpha\text{-Halogencarbonsäure}$$

Bei Einsatz *stöchiometrischer* Mengen an PX_3 isoliert man das α-*halogenierte Acylhalogenid* als Reaktionsprodukt.

3.7.3 Eigenschaften und Verwendung von Alkylhalogeniden

Monohalogenalkane: **Chlormethan** (Methylchlorid, CH_3Cl), **Brommethan** (Methylbromid, CH_3Br) und **Chlorethan** (Ethylchlorid, CH_3CH_2Cl) sind bei Raumtemperatur gasförmig. Die höheren Glieder dieser homologen Reihen sind meistens flüssig, einige sind fest.

Die *Siedepunkte* der Alkylhalogenide liegen höher als die der entsprechenden Alkane gleicher C-Zahl; sie nehmen mit Verlängerung der Alkylkette stetig zu. Verzweigte Halogenalkane besitzen niedrigere Siedepunkte als die jeweiligen n-Isomeren. Bei einer bestimmten Alkylgruppe steigt der Siedepunkt mit zunehmender Atommasse des Halogens.

Alkylhalogenide sind in Wasser nahezu unlöslich, sie lösen sich aber in Alkoholen und Ethern. Halogenalkane sind wichtige Ausgangsstoffe zur Herstellung einer Vielzahl organischer Stoffklassen. **Chlormethan** und insbesondere das reaktionsfähige **Iodmethan** (Methyliodid, CH_3I) sind häufig benutzte *Methylierungsmittel.*

Höherhalogenierte Alkane: Hierzu zählen u. a. Methylenhalogenide [CH_2X_2], Haloforme [Trihalogenmethane, CHX_3] sowie Kohlenstofftetrahalogenide [CX_4], die vor allem als Lösungsmittel verwendet werden, zumal sie *nicht* oder nur *schwer entflammbar* sind. **Tetrachlorkohlenstoff** [CCl_4] verursacht Leberschäden.

Chloroform (Trichlormethan), das formal als Trichlorid der Orthoameisensäure aufgefaßt werden kann, besitzt narkotische Eigenschaften. Es reagiert unter Lichteinwirkung mit O_2 zu Phosgen [$COCl_2$] und HCl. Es wird deshalb mit 0,5% Ethanol stabilisiert. Chloroform bildet mit Na-Alkoholaten *Orthoameisensäureester* und reagiert mit Alkalihydroxid-Lösungen zu *Dichlorcarben*.

$$HC(OR)_3 \xleftarrow{+\ RO^-} HCCl_3 \xrightarrow{+\ HO^-} |CCl_2$$

Zur Synthese des Chloroforms können herangezogen werden:

- *Methanchlorierung* (vgl. Kap. 3.2.4.3)
- *Haloform-Reaktion* von **Ethanol** oder **Aceton**.

In der Technik wird Ethanol mit wäßrigem Chlorkalk [CaClOCl] umgesetzt. Das gebildete Hypochlorit dehydriert Ethanol zu **Acetaldehyd**, der anschließend zu **Chloralhydrat** (Trichloracetaldehyd) chloriert wird. Letzteres wird durch das anwesende Calciumhydroxid unter C-C-Spaltung zu $CHCl_3$ und Calciumformiat hydrolysiert.

$$\underset{\text{Ethanol}}{CH_3CH_2OH} \xrightarrow[-\ HCl]{+\ Cl_2} \underset{\text{Acetaldehyd}}{CH_3CHO} \xrightarrow[-\ HCl]{+\ Cl_2} \underset{\text{Chloralhydrat}}{CCl_3CH(OH)_2} \xrightarrow[-\ H_2O]{+\ HO^-} \underset{\text{Chloroform}}{CHCl_3} + HCOO^-$$

Ausgehend von Aceton findet zunächst eine Chlorierung zu Trichloraceton statt, das hydrolytisch zu Chloroform und Calciumacetat gespalten wird.

$$\underset{\text{Aceton}}{CH_3COCH_3} \xrightarrow[-\ HCl]{+\ Cl_2} \underset{\text{Trichloraceton}}{CH_3COCCl_3} \xrightarrow{+\ HO^-} CH_3COO^- + CHCl_3$$

Fluorkohlenwasserstoffe: Die C-F-Bindung besitzt eine hohe thermodynamische Stabilität und ist sehr viel reaktionsträger als die anderen C-Halogen-Bindungen [vgl. **MC-Fragen Nr. 488, 489**]. Einige *Fluorchlorkohlenwasserstoffe* (FCKW) werden wegen ihres niedrigen Siedepunktes, der geringen Toxizität und ihrer hohen Widerstandsfähigkeit als Kältemittel (Freon, Frigen) oder als Treibmittel für Aerosole eingesetzt. Aufgrund des Einflußes auf die Ozonschicht ist ihre Verwendung problematisch und wird in zunehmendem Maße eingeschränkt.

Polytetrafluorethylen oder *Polytrifluorchlorethylen* sind wichtige Kunststoffe (Teflon, Hostaflon), die sich durch eine hohe Hitzebeständigkeit und außerordentliche chemische Widerstandsfähigkeit auszeichnen.

$$n\ \underset{\text{Tetrafluorethylen}}{F_2C{=}CF_2} \longrightarrow —(CF_2{-}CF_2{-}CF_2{-}CF_2)_{n/2}—$$

1-Brom-1-chlor-2,2,2-trifluorethan (Halothan) [CF_3-CHBrCl] ist ein häufig eingesetztes Inhalationsnarkotikum.

3.7.4 Reaktionen von Alkylhalogeniden

Alkylhalogenide sind Substrate zahlreicher Reaktionen der organischen Chemie; sie werden vorzugsweise als *Alkylantien* verwendet. Die mechanistischen Grundlagen dieser *nucleophilen Substitutionsreaktionen* am gesättigten C-Atom wurden im Kap. 3.2.5 vorgestellt. Tabelle 39 faßt nochmals die wichtigsten Reaktionen dieses Typs zusammen [vgl. **MC-Fragen Nr. 495, 496, 1234**].

Die *Dehydrohalogenierung* von Alkylhalogeniden zu *Alkenen* ist eine typische *β-Eliminierungsreaktion*. Sie wurde im Kap. 3.2.10 und Kap. 3.5.3 detailliert beschrieben.

Die *α-Eliminierung* von Halogenalkanen ergibt *Carbene* (vgl. Kap. 3.1.11.5). Darüber hinaus lassen sich Alkylhalogenide in *metallorganische Verbindungen,* insbesondere *Grignard-Reagenzien* überführen (vgl. Kap. 3.8.2).

Reaktionen von Polyhalogeniden: Die *Dehalogenierung* von geminalen oder vicinalen *Dihalogeniden* führt zu Vinylhalogeniden und Alkinen (vgl. Kap. 3.5.6). Durch Dehalogenierung von 1.3-Dihalogeniden können Cyclopropan-Derivate hergestellt werden (vgl. Kap. 3.4.4).

Tab. 39: S_N-Reaktion an Halogenalkanen [Substrat: R-X]

Reagenz	Produkt
Halogenid (Y^-)	Alkylhalogenid (R-Y) *(Finkelstein)*
Hydroxid (HO^-)	Alkohol (R-OH) [Epoxid]
Alkoholat (RO^-)	Ether (RO-R)
Phenolat (ArO^-)	Phenolether (ArO-R)
Hydrogensulfid (HS^-)	Mercaptan (R-SH)
Mercaptid (RS^-)	Disulfid (RS-R)
Dialkylsulfid (R_2S)	Sulfoniumsalz ($R_3S^+X^-$)
Hydrogensulfit (HSO_3^-)	Alkansulfonsäure ($R\text{-}SO_3H$)
Thioharnstoff [$S{=}C(NH_2)_2$]	S-Alkylisothiouroniumsalz [$R\text{-}S\text{-}C(NH_2)_2^+X^-$]
Ammoniak (NH_3)	prim. Amin ($R\text{-}NH_2$)
prim. Amin (RNH_2)	sek. Amin (R_2NH)
sek. Amin (R_2NH)	tert. Amin (R_3N)
tert. Amin (R_3N)	quart. Ammoniumsalz ($R_4N^+X^-$)
Phosphin (R_3P)	quart. Phosphoniumsalz ($R_4P^+X^-$)
Silbercarboxylat (RCOOAg)	Ester (RCOO-R)
Cyanid (CN^-)	Nitril (R-CN), Isonitril (R-NC)
Nitrit (NO_2^-)	Nitroalkan ($R\text{-}NO_2$), Nitrit (R-ONO)
Malonester [$CH_2(COOR)_2$]	Alkylmalonester [$R\text{-}CH(COOR)_2$] Dialkylmalonester [$R_2C(COOR)_2$]
Acetessigester ($CH_3CO\text{-}CH_2\text{-}COOR$)	Alkylacetessigester ($CH_3CO\text{-}CHR\text{-}COOR$)
Aromat (Ar-H)	Alkylaromat (Ar-R) *(Friedel-Crafts)*

Geminale Di- und Trihalogenide lassen sich im sauren oder alkalischen Milieu verseifen. Aus *Dihalogeniden* entstehen *Carbonylverbindungen,* aus *Trihalogeniden* werden *Carbonsäuren* gebildet, wobei die Reaktion auf der Stufe des Säurehalogenids [RCOCl] angehalten werden kann.

$$R_2CCl_2 + H_2O \longrightarrow R_2C{=}O + 2\ HCl$$

$$RCCl_3 + H_2O \xrightarrow[-\ 2\ HCl]{} [RCOCl] \xrightarrow[+\ H_2O]{} RCOOH + HCl$$

Für die Verseifung der Dihalogenide dürfen keine starken Basen verwendet werden, weil die gebildeten Carbonylverbindungen in Gegenwart von Alkali aldolartig miteinander reagieren oder eine Cannizzaro-Reaktion eingehen (vgl. Kap. 3.12.6.1 und 3.12.7.1). Daher werden z. B. Benzalhalogenide [$ArCHCl_2$] am besten mit konz. H_2SO_4 hydrolysiert.

Identifizierung von Alkylhalogeniden: Da die freien Elektronenpaare der NH_2-Gruppen die Elektronendichte am S-Atom des Thioharnstoffs erhöhen, besitzt der Schwefel nucleophile Eigenschaften und reagiert bereitwillig mit den positivierten Kohlenstoffatomen in Halogenalkanen zu *S-Alkylisothiouronium-Salzen* [vgl. **MC-Frage Nr. 500**]. Diese Salze können zur Identifizierung von Halogenalkanen herangezogen werden. Meistens werden hierzu die gut kristallisierenden *Pikrate* [X^- = Anion der Pikrinsäure] hergestellt.

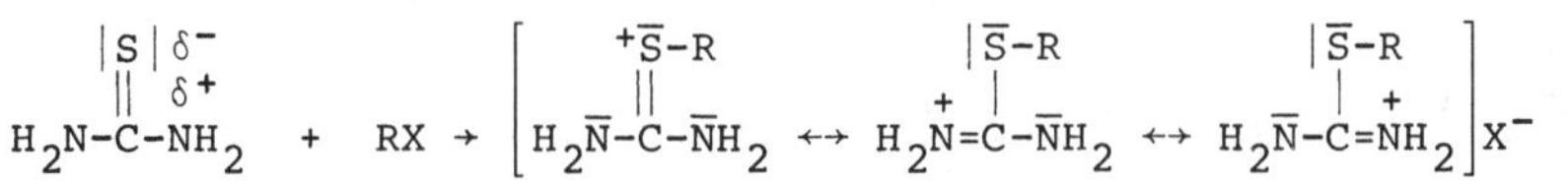

3.7.5 Darstellung und Reaktionen von Arylhalogeniden

3.7.5.1 Darstellung und Eigenschaften von Halogenarenen

Arylhalogenide (Ar-X) sind Substanzen, in denen das Halogenatom direkt mit einem aromatischen Ringsystem verknüpft ist. Tabelle 40 informiert über die wichtigsten Methoden ihrer Darstellung [vgl. **MC-Fragen Nr. 407–410, 457, 471, 490, 494**].

Halogenarene sind in Wasser unlöslich, sie lösen sich aber in den gängigen organischen Solventien. Die *Monohalogenbenzene* sind farblose Flüssigkeiten, deren Siedepunkte mit steigender Atommasse des Halogens zunehmen. Die isomeren *(o,p,m)-Dihalogenbenzene* haben praktisch den gleichen Siedepunkt, ihre Schmelzpunkte differieren jedoch stark. Der Schmelzpunkt des jeweiligen para-Isomers ist stets um 70–100 °C höher als derjenige der ortho- oder meta-Verbindung.

Tab. 40: Methoden zur Synthese von Arylhalogeniden

Substrat	Reagenz	Anmerkung	Kap.
Ar-H	Cl_2, Br_2 in Ggw. einer Lewis-Säure	Kernhalogenierung	
	I_2 + HgO oder I_2 + HNO_3	Direkte Iodierung	3.6.4
	1. $Tl(OOCCF_3)_3$ 2. KI	Iodierung über Arylthalliumverbindungen	
Ar-N_2^+	$Na^+BF_4^-$	Schiemann-Reaktion	
	I_2	Iodierung (ohne Kat.)	3.10.6
	Cl^-/Cu^+ oder Cu Br^-/Cu^+ oder Cu	Sandmeyer-Reaktion	
Chinone	Halogenwasserstoff	Halogenhydrochinone	3.9.5

3.7.5.2 Reaktionen von Halogenarenen

Arylhalogenide zeigen eine gewisse Reaktionsträgheit gegenüber nucleophilen Reagenzien. Das Halogenatom wird jedoch für S_N-Reaktionen stark aktiviert, wenn das aromatische Ringsystem in ortho- oder para-Stellung elektronenziehende Substituenten (z. B. NO_2) enthält. Die nucleophilen Substitutionen an aktivierten Halogenarenen verlaufen entweder nach einem *Additions-Eliminierungs-Mechanismus* über ein *Meisenheimer-Salz* oder nach einem *Eliminierungs-Additions-Mechanismus* über *Arine* als Zwischenprodukte.

Hinsichtlich *elektrophiler Substitutionsreaktionen* an Arylhalogeniden ist auszuführen, daß **Fluorbenzen** die Reaktivität des Benzens besitzt, die anderen *Halogenbenzene* aber im Vergleich zu Benzen für S_E-Reaktionen desaktiviert sind. Alle Halogenbenzene dirigieren einen Zweitsubstituenten in die ortho- und para-Position.

Darüber hinaus sind **Brombenzen** und **Iodbenzen** geeignete Edukte für die Herstellung von *Grignard-Verbindungen.* Chlorierte Aromaten bilden normalerweise keine Grignard-Reagenzien, sie lassen sich jedoch in *Aryllithium-Verbindungen* überführen [vgl. Kap. 3.8.2 und **MC-Frage Nr. 497**].

3.8 Metallorganische Verbindungen

3.8.1 Bindungstypen und Nomenklatur

3.8.1.1 Metall-Kohlenstoff-Bindung

Von den meisten Metallen und Halbmetallen sind Verbindungen bekannt, in denen Alkyl- oder Aryl-Reste *direkt* an ein Metallatom gebunden sind. Da Metalle elektropositive Elemente sind, besitzen die **kovalenten Metall-Kohlenstoff-Bindungen** einen hohen ionogenen Anteil, der vom Metall und dessen Elektronegativität abhängt. Das *Kohlenstoffatom* ist der *negativ polarisierte, carbanionoide Bindungspartner,* so daß metallorganische Verbindungen *nucleophile Reagenzien* darstellen. Wie Tabelle 41 ausweist, wächst der **Ionencharakter** der C-Me-Bindung mit zunehmender Elektronegativitätsdifferenz zwischen Kohlenstoff und Metallatom.

$$[R\text{-}Me \leftrightarrow R|^{-}Me^{+}] \equiv \overset{\delta^-}{R}\text{—}\overset{\delta^+}{Me}$$

Die Polarität der C-Metall-Bindung bewirkt auch, daß nahezu alle metallorganischen Verbindungen *hydrolyseempfindlich* sind. Sie müssen unter *Feuchtigkeitsausschluß* hergestellt werden [vgl. **MC-Fragen Nr. 511, 517**]. Darüber hinaus sind viele Metallorganyle auch *sauerstoffempfindlich,* bis hin zur *Selbstentzündung.*

$$R\text{-}Me + H_2O \longrightarrow R\text{-}H + Me^{+}HO^{-}$$
$$R\text{-}Me + 1/2\ O_2 \longrightarrow RO^{-}Me^{+}$$

Im allgemeinen wächst die chemische Reaktionsfähigkeit der Metallorganyle mit zunehmendem Ionencharakter der C-Me-Bindung. *Kalium-* und *Natriumorganyle* gehören zu den reaktionsfähigsten Stoffen; sie sind reaktiver als die entsprechenden Lithium-organischen Verbindungen. Es sind salzähnliche, schwerflüchtige und in wenig polaren Solventien schlecht lösliche Substanzen. Im Gegensatz dazu sind die mehr kovalenten *Dialkylquecksilberverbindungen* weniger reaktionsfähig,

Tab. 41: Prozentualer Ionencharakter einiger Metall-Kohlenstoff-Bindungen

C-K	51	C-Li	43	C-Al	22	C-Cd	15
C-Na	47	C-Mg	35	C-Zn	18	C-Hg	9

beständiger gegenüber Luft und Wasser und lösen sich gut in verschiedenen aprotischen Lösungsmitteln [Ether, Alkane u. a.]. Einfache *Alkyllithium-Verbindungen* sind im Kristallzustand *oligomer* [vgl. **MC-Frage Nr. 513**].

Aufgrund ihrer hohen Reaktivität werden Metallorganyle im allgemeinen bei Synthesen nicht in Reinform eingesetzt bzw. isoliert, sondern *in situ* erzeugt und direkt umgesetzt.

3.8.1.2 Nomenklatur von Metallorganylen

Die Namen der metallorganischen Verbindungen werden durch Voranstellen der Substituentenbezeichnung vor den Namen des Metalls gebildet und in einem Wort geschrieben.

C_6H_5-Li	$CH_3CH_2CH_2CH_2$-Li	$(CH_3)_2Cd$	$(CH_3CH_2)_4Pb$
Phenyllithium	n-Butyllithium	Dimethylcadmium	Tetraethylblei

Einige Metallorganyle nutzen nicht alle verfügbaren Valenzen des Metalls für Bindungen zu Kohlenstoffatomen, sondern sind gleichzeitig noch mit anorganischen Resten verknüpft. Diese Substanzen werden als organische Derivate der entsprechenden anorganischen Salze benannt.

CH_3-MgI	C_6H_5-MgBr	CH_3CH_2-HgCl
Methylmagnesium-iodid	Phenylmagnesium-bromid	Ethylquecksilber-chlorid

Verbindungen des Typs [**R-MgX**] werden ganz allgemein als *Grignard-Reagenzien* bezeichnet.

3.8.2 Herstellung metallorganischer Verbindungen

Bei der Synthese von Metallorganylen geht man meistens von den entsprechenden *Metallen* und *Alkyl-* bzw. *Arylhalogeniden* aus. Die Reaktivität nimmt hierbei vom Iodid zum Chlorid hin ab. Die Bildung von metallorganischen Verbindungen aus einem Metall und einem Halogenalkan ist eine typische bimolekulare **S_E-Reaktion** [vgl. **MC-Fragen Nr. 512, 516**].

$$\text{R-X} + 2\,\text{Me} \longrightarrow \text{R-Me} + \text{MeX}$$

$$C_6H_5\text{-Cl} + 2\,\text{Li} \longrightarrow C_6H_5\text{-Li} + \text{LiCl}$$

$$CH_2\text{=CH-}CH_2X + \text{Mg} \longrightarrow CH_2\text{=CH-}CH_2\text{-MgX}$$

Organonatrium- und *Organokalium-Verbindungen* können auf diese Weise nicht hergestellt werden; es entstehen vielmehr *Alkane* als Reaktionsprodukte [vgl. „**Wurtz-Reaktion**“, Kap. 3.4.4.1 und **MC-Fragen Nr. 515, 516, 518, 1180**].

Eine Reihe metallorganischer Verbindungen werden derart hergestellt, daß man ihr Metallatom mittels eines Metallhalogenids ersetzt. Die Reaktion läuft aber nur ab, wenn das Metall mit dem höher negativen Normalpotential das anorganische Salz [Me*X] bildet. Beispielsweise sind auf diese Weise *Cadmium-organische Verbindungen* [E°(Cd) = -0,40 V] aus *Grignard-Reagenzien* [E°(Mg) = -2,37 V] darstellbar und *Lithiumorganyle* [E°(Li) = -3,04 V] lassen sich in *Organoquecksilber-Verbindungen* [E°(Hg) = +0,85 V] umwandeln [vgl. **MC-Fragen Nr. 514, 515, 517**].

R-Me	**+**	**Me*X**	⟶	**R-Me***	**+**	**MeX**
2 R-MgI	+	$CdCl_2$	⟶	R_2Cd	+	$MgI_2 + MgCl_2$
R-MgCl	+	$HgCl_2$	⟶	R-HgCl	+	$MgCl_2$
C_6H_5-Li	+	$HgBr_2$	⟶	C_6H_5-HgBr	+	LiBr
CH_3-Li	+	$Ti(OR)_3Cl$	⟶	$CH_3Ti(OR)_3$	+	LiCl

Darüber hinaus besteht die Möglichkeit das Metallatom einer Organometall-Verbindung direkt durch ein anderes Metall zu substituieren. Solche **Ummetallierungen** verlaufen dann glatt, wenn das zu ersetzende Metall (Me) ein positiveres Normalpotential besitzt. Aus diesem Grund werden *Dialkylquecksilber-Verbindungen* besonders häufig als Substrate verwendet [vgl. **MC-Fragen Nr. 514, 516, 518**].

R-Me	**+**	**Me***	⟶	**R-Me***	**+**	**Me**
$(CH_3)_2Hg$	+	2 Na	⟶	2 CH_3Na	+	Hg

Herstellung und Struktur von Grignard-Reagenzien: Üblicherweise wird die Herstellung von Grignard-Reagenzien so durchgeführt, daß man Magnesiumspäne mit der wasserfreien Lösung des Halogenids – ggf. unter Zusatz von Iod als Katalysator – umsetzt. Als inerte Lösungsmittel, die keine aciden H-Atome enthalten dürfen, dienen Ether oder Trialkylamine [vgl. **MC-Fragen Nr. 515, 518, 519**]. Die Bildung der Grignard-Verbindungen verläuft möglicherweise über *freie Radikale* als Zwischenstufe.

Als *Halogenide* [R-X] können primäre, sekundäre und tertiäre Alkylhalogenide, Allyl- und Benzylhalogenide verwendet werden. Die Reaktionsgeschwindigkeit der *Alkylhalogenide* nimmt vom Iodid zum Chlorid hin ab. Chlorierte Alkane ergeben jedoch häufig bessere Ausbeuten als die entsprechenden Bromide oder Iodide. *Alkylfluoride* sind als Substrate ungeeignet [vgl. **MC-Fragen Nr. 512, 531**].

Von den *Halogenarenen* bilden die *Arylbromide* mit Magnesium in Diethylether normaler Weise Grignard-Verbindungen, während *Arylchloride* unter diesen Bedingungen nicht reagieren. Demzufolge liefert **p-Bromchlorbenzen** ein chloriertes Grignard-Reagenz [vgl. **MC-Fragen Nr. 497, 518, 522**].

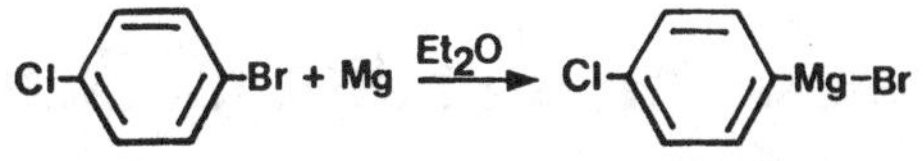

Aus Arylchloriden sind Grignard-Verbindungen jedoch herstellbar, wenn man Tetrahydrofuran als Lösungsmittel einsetzt. Aryliodide ergeben mäßige Ausbeuten und Arylfluoride reagieren überhaupt nicht. In diesem Zusammenhang sei auch auf die Bildung von **Dehydrobenzen** durch Umsetzung von **o-Bromfluorbenzen** mit metallischem Magnesium hingewiesen.

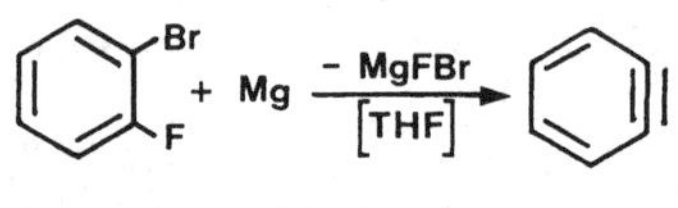

Naturgemäß kann man Grignard-Verbindungen nur aus solchen Substanzen herstellen, die keine weiteren funktionellen Gruppen enthalten, die mit derartigen Verbindungen reagieren können.

Man nimmt an, daß in Grignard-Verbindungen die *Kohlenstoff-Magnesium-Bindung* zwar kovalent, jedoch stark polarisiert ist, wobei der *Kohlenstoff carbanionoiden Charakter* besitzt. Die *Magnesium-Halogen-Bindung* ist überwiegend ionischer Natur.

$$R\text{-}X \;+\; Mg \;\rightarrow\; \left[\overset{\delta^-}{R}\text{—}\overset{\delta^+}{Mg}\text{-}X \;\longleftrightarrow\; R\text{-}Mg^+X^-\right]$$

Wie die Lewis-Strukturen von Grignard-Verbindungen zeigen, verfügt das Mg-Atom über ein unvollständiges Oktett, das durch Koordinierung mit nucleophilen Partnern, z. B. Lösungsmittelmolekülen, aufgefüllt werden kann. Aufgrund dieser *Solvatation* des Magnesiums ist ein Lösungsmittel mit Lewis-Base-Charakter für die Bildung der Grignard-Reagenzien essentiell.

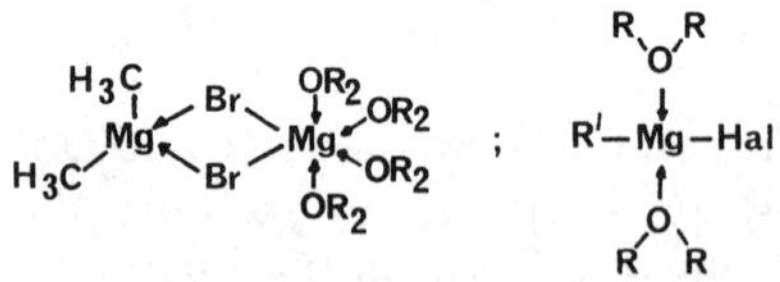

Die *Struktur der Grignard-Verbindungen* ist noch nicht in allen Einzelheiten geklärt. Sie hängt u. a. von der Konzentration der Lösung, dem Lösungsmittel sowie der Struktur des Halogenids ab. Nach **Schlenk** soll in Lösungen folgendes *Gleichgewicht* existieren.

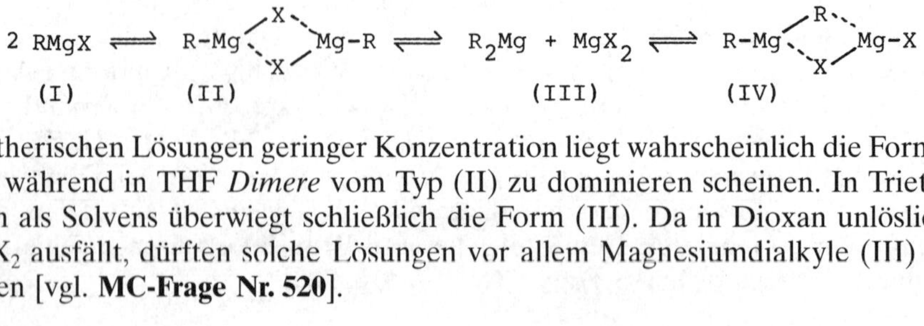

(I) (II) (III) (IV)

In etherischen Lösungen geringer Konzentration liegt wahrscheinlich die Form (I) vor, während in THF *Dimere* vom Typ (II) zu dominieren scheinen. In Triethylamin als Solvens überwiegt schließlich die Form (III). Da in Dioxan unlösliches MgX_2 ausfällt, dürften solche Lösungen vor allem Magnesiumdialkyle (III) enthalten [vgl. **MC-Frage Nr. 520**].

3.8.3 Reaktionen von metallorganischen Verbindungen

3.8.3.1 Grignard-Reaktion

Aufgrund der hohen Polarität der Kohlenstoff-Magnesium-Bindung, wobei das C-Atom die negative Partialladung trägt, sind *Grignard-Verbindungen* [R-MgX] *nucleophile Reagenzien,* die sich bereitwillig mit Elektrophilen umsetzen, wie z. B.:

[A] *Substanzen mit acidem Wasserstoff,*
[B] *Alkylhalogeniden,*
[C] *Metallhalogeniden,*
[D] *Verbindungen mit polaren Mehrfachbindungen* [C=O, C=S, C=N, C≡N, N=O, S=O].

Die hohe nucleophile Kraft der Grignard-Reagenzien führt dazu, daß solche Reaktionen meistens *irreversibel* verlaufen.

[A] Reaktionen mit Substanzen, die acide H-Atome enthalten: Grignard-Verbindungen reagieren spontan mit *Wasser* unter Bildung eines *Kohlenwasserstoffs* und des betreffenden Metallhydroxids (vgl. auch Kap. 3.4.4). In analoger Weise reagieren sie auch mit anderen *Substanzen, die aktiven Wasserstoff* enthalten. Hierzu zählen Alkohole, Enole, Carbonsäuren, Phenole, Mercaptane, Thiophenole, primäre und sekundäre Amine, primäre und sekundäre Amide, Imide, Pyrrol, Acetylen und monosubstituierte Alkine sowie andere stark CH-acide Verbindungen [Acetessigester, Acetylaceton, Benzoylacetophenon].

Hierbei wird einfach die schwächere Säure [R-H] durch die stärkere Säure [z. B. **Wasser, Methanol, Essigsäure, Anilin, Acetamid, Thiophenol, Acetessigester**] aus ihren Salzen in Freiheit gesetzt [vgl. **MC-Fragen Nr. 519, 520, 526–528, 533, 541, 1192, 1236**].

$$R\text{-}MgX + H_2O \rightarrow R\text{-}H + Mg(OH)X$$
$$R\text{-}MgX + CH_3OH \rightarrow R\text{-}H + Mg(OCH_3)X$$
$$R\text{-}MgX + CH_3\text{-}COOH \rightarrow R\text{-}H + Mg(OOC\text{-}CH_3)X$$
$$R\text{-}MgX + C_6H_5\text{-}NH_2 \rightarrow R\text{-}H + Mg(NH\text{-}C_6H_5)X$$
$$R\text{-}MgX + CH_3\text{-}CONH_2 \rightarrow R\text{-}H + Mg(NHCO\text{-}CH_3)X$$
$$R\text{-}MgX + C_6H_5\text{-}SH \rightarrow R\text{-}H + Mg(S\text{-}C_6H_5)X$$
$$R\text{-}MgX + CH_3\text{-}C(=O)\text{-}CH_2\text{-}COOEt \rightarrow R\text{-}H + CH_3\text{-}C(OMgX)\text{=}CH\text{-}COOEt$$

↑ Stärkere Säure ↑ Schwächere Säure

Verwendet man *Methylmagnesiumhalogenide* wie z. B. **Methylmagnesiumiodid**, so erhält man für *jedes* acide H-Atom des Substrats ein Mol **Methan**, das sich gasvolumetrisch bestimmen läßt *(Zerewitinow-Verfahren)* [vgl. **MC-Fragen Nr. 524 – 530, 532, 1192, 1236**].

$$CH_3\text{-}MgI + H\text{-}Y \longrightarrow CH_4\uparrow + Y\text{-}MgI$$

Die Methode kann deshalb bei der Konstitutionsermittlung organischer Verbindungen zum *Nachweis von aktivem Wasserstoff* sowie zur Bestimmung der Anzahl „aktiver“ H-Atome eines Moleküls herangezogen werden. Sie bietet ferner die Möglichkeit Grignard-Verbindungen herzustellen, die auf dem üblichen Wege nicht oder nur schwer zugänglich sind [z. B. Grignard-Reagenzien von Pyrrol, monosubstituierten Alkinen u. a.].

$$R\text{-}C\equiv C\text{-}H + CH_3\text{-}MgBr \longrightarrow CH_4\uparrow + R\text{-}C\equiv C\text{-}MgBr$$

[B] Reaktionen mit Alkylhalogeniden: Hierbei entstehen in einer der *Wurtz-Synthese* ähnelnden Reaktion *Alkane* als Reaktionsprodukte [vgl. **MC-Frage Nr. 532**].

$$R\text{-}MgX + X\text{-}R' \longrightarrow R\text{-}R' + MgX_2$$

Besonders leicht reagieren tertiäre Alkyl-, Allyl- und Benzylhalogenide. Die Bildung von Alkanen macht sich bei der Herstellung von Grignard-Verbindungen als *Nebenreaktion* störend bemerkbar.

$$C_6H_5\text{-}CH_2MgCl + \underset{\text{Benzylchlorid}}{C_6H_5\text{-}CH_2Cl} \longrightarrow \underset{\text{1,2-Diphenylethan}}{C_6H_5\text{-}CH_2CH_2\text{-}C_6H_5} + MgCl_2$$

[C] Reaktionen mit Metallhalogeniden: Mit Halogeniden von Metallen und Halbmetallen [B, Si, Pb, Sn, Hg, Cd, u. a.], die „edler“ als Magnesium sind, reagieren Grignard-Verbindungen unter Austausch des Halogens gegen Aryl- oder Alkylgruppen [vgl. **MC-Frage Nr. 517**]. Präparative Bedeutung besitzt die Reaktion vor allem zur Darstellung von *Cadmium-organischen Verbindungen.*

$$BF_3 + 3\,R\text{-}MgCl \longrightarrow R_3B + 3\,MgFCl$$
$$CdCl_2 + 2\,R\text{-}MgCl \longrightarrow R_2Cd + 2\,MgCl_2$$
$$PbCl_4 + 4\,R\text{-}MgCl \longrightarrow R_4Pb + 4\,MgCl_2$$
$$HgCl_2 + 2\,R\text{-}MgI \longrightarrow R_2Hg + MgI_2 + MgCl_2$$

Mit Ag- und Cu(II)-Halogeniden verläuft die Reaktion jedoch abweichend vom üblichen Schema. Unter Abscheidung des elementaren Metalls entstehen *Kohlenwasserstoffe* doppelter C-Zahl.

$$2\,R\text{-}MgBr + 2\,AgBr \longrightarrow R\text{-}R + 2\,MgBr_2 + 2\,Ag\downarrow$$

[D] Addition von Grignard-Reagenzien an Substanzen mit polaren Mehrfachbindungen: Bei diesen für die Herstellung einer Vielzahl organischer Verbindungen wertvollen Reaktionen lagert sich der Magnesiumhalogen-Rest als „Kation“ stets an das elektronegativere Element der Mehrfachbindung an; der *Organylrest* tritt als „Carbanion“ an das *Atom mit der geringeren Elektronegativität.* Tabelle 42 gibt Auskunft über Produkte und Substrate dieses Reaktionstyps.

Die meisten dieser Reaktionen können auch mit *Organolithium-Verbindungen* durchgeführt werden. Im allgemeinen sind Lithiumorganyle jedoch reaktiver als Grignard-Reagenzien und addieren sich z. B. auch an polare C=C-Doppelbindungen.

$$R_2C{=}CH_2 + R'\text{-}Li \longrightarrow R_2C(Li)\text{-}CH_2\text{-}R'$$

Zu den einzelnen Reaktionen von Grignard-Verbindungen läßt sich ausführen:

– Die Addition von Grignard-Reagenzien an *Oxirane* liefert *primäre Alkohole* [vgl. **MC-Fragen Nr. 525, 1202**].

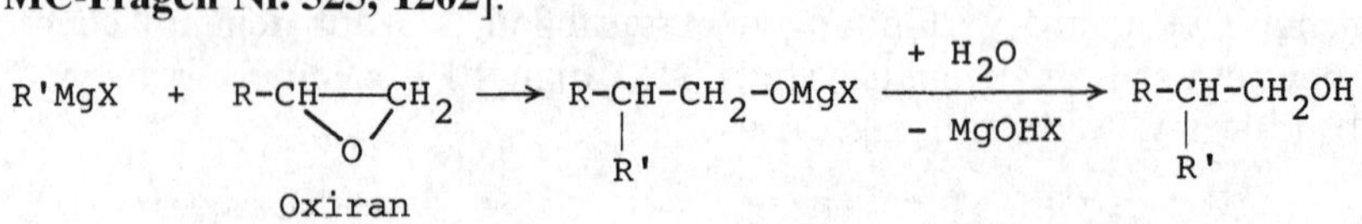

Oxiran

Tab. 42: Grignard-Reaktion mit Mehrfachbindungssystemen

Substrat	Produkt	Substrat	Produkt
Oxiran	prim. Alkohol	Keten	Keton
Formaldehyd	prim. Alkohol	Ameisensäureester	sek. Alkohol
Aldehyd	sek. Alkohol	Orthoameisensäureester	Aldehyd
Keton	tert. Alkohol	Kohlensäureester	tert. Alkohol
Carbonsäureester	tert. Alkohol	Nitril	Keton
Säurechlorid	tert. Alkohol	Kohlendioxid	Carbonsäure
Säureanhydrid	tert. Alkohol	Schwefeldioxid	Sulfinsäure
Azomethin	sek. Amin	Thioketon	Mercaptan
Chinon	Chinol	Nitrosoverbindung	Hydroxylamin

Praktische Bedeutung hat vor allem die Umsetzung mit **Ethylenoxid** [R = H], bei der primäre Alkohole entstehen, die zwei C-Atome mehr enthalten als die Grignard-Verbindung *(Einführung einer Hydroxyethylgruppe).*

– Die Reaktion von Grignard-Reagenzien mit *Carbonylverbindungen* besitzt eine große Anwendungsbreite zur *Darstellung von Alkoholen.* Bei der Umsetzung mit aliphatischen und aromatischen *Aldehyden* erhält man *sekundäre Alkohole* [vgl. **MC-Fragen Nr. 525, 537, 542, 554–556, 708, 714, 1237**].

$$\text{R-CH=O} + \text{R'MgX} \longrightarrow \underset{\text{R'}}{\text{R-CH-OMgX}} \xrightarrow[-\ \text{MgOHX}]{+\ H_2O} \underset{\text{R'}}{\text{R-CH-OH}}$$

Mit **Formaldehyd** [R = H] entstehen hingegen *primäre Alkohole* [vgl. **MC-Fragen Nr. 520, 524, 532, 540, 544, 553**].

$$H_2C{=}O + C_6H_5\text{-MgBr} \rightarrow \rightarrow C_6H_5\text{-}CH_2OH \quad \text{Benzylalkohol}$$

Demgegenüber führt die Addition von Grignard-Verbindungen an *Ketone* zu *tertiären Alkoholen* [vgl. **MC-Fragen Nr. 520, 525, 536, 538, 543, 545**].

$$R_2C{=}O + \text{R'MgX} \longrightarrow \underset{\text{R'}}{R_2C\text{-OMgX}} \xrightarrow[-\ \text{MgOHX}]{+\ H_2O} \underset{\text{R'}}{R_2C\text{-OH}}$$

Mit *α,β-ungesättigten Carbonylverbindungen* reagieren Grignard-Reagenzien sowohl im Sinne einer **1,2-** als auch einer **1,4-Addition**. Die meisten α,β-ungesättigten Aldehyde ergeben eine normale 1,2-Addition an die C=O-Gruppe, während α,β-ungesättigte Ketone erhebliche Mengen des 1,4-Adduktes liefern, was letztlich auf eine Anlagerung des Grignard-Reagenzes an die C=C-Doppelbindung hinausläuft [vgl. **MC-Fragen Nr. 531, 532**].

$$\text{R-CH=CH-}\underset{\text{R''}}{\text{C}}\text{=O} + \text{R'MgBr} \rightarrow \text{R-}\underset{\text{R'}}{\text{CH}}\text{-CH=}\underset{\text{R''}}{\text{C}}\text{-OMgBr} \xrightarrow[-\ \text{HOMgBr}]{+\ H_2O} \text{R-}\underset{\text{R'}}{\text{CH}}\text{-}CH_2\text{-}\underset{\text{R''}}{\text{C}}\text{=O}$$

– Bei der Reaktion von Grignard-Verbindungen mit *Kohlendioxid* erhält man *Carbonsäuren* [vgl. **MC-Fragen Nr. 520, 531 – 533, 535**].

$$R'MgX + CO_2 \longrightarrow R'COO\text{-}MgX \xrightarrow{+ (H_2O/H^+)} R'COOH$$

CO_2 reagiert mit *Lithium-organischen Verbindungen* in analoger Weise zu Lithiumsalzen von Carbonsäuren. Diese können sich jedoch mit überschüssigem Reagenz zu *Ketonen* umsetzen [vgl. **MC-Frage Nr. 531**].

$$CO_2 + R\text{-}Li \longrightarrow R\text{-}COOLi \xrightarrow{+ R\text{-}Li} R_2C(OLi)_2 \xrightarrow{+ H_2O} R_2C{=}O$$

– Beim Behandeln von *Chinonen* mit Grignard-Reagenzien reagiert nur eine C=O-Gruppe unter Bildung von *Chinolen.*

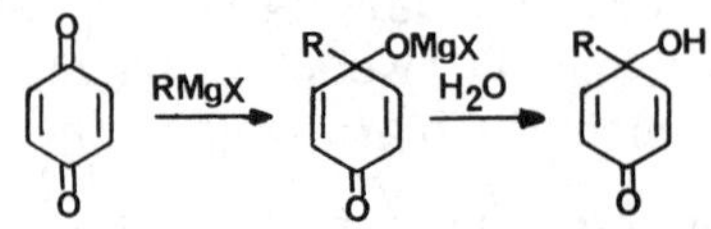

– Die Anlagerung von Grignard-Verbindungen an *Carbonsäure-Derivate* [Ester, Anhydride und Halogenide] folgt dem üblichen Mechanismus. Zunächst bildet sich durch Anlagerung des Grignard-Reagenzes ein tetraedrisches Zwischenprodukt, aus dem sich z. B. bei *Carbonsäureestern* anschließend ein Alkoholat-Molekül abspaltet. Das dabei entstehende *Keton* reagiert aufgrund seiner höheren Carbonylaktivität bevorzugt mit einem weiteren Molekül des Grignard-Reagenzes unter Bildung eines *tertiären Alkohols,* der *zwei* identische Reste enthält, die aus dem Reagenz stammen [vgl. **MC-Fragen Nr. 536, 538, 852**]. Nur in Einzelfällen (bei sterischer Hinderung) läßt sich das Keton als Reaktionsprodukt isolieren.

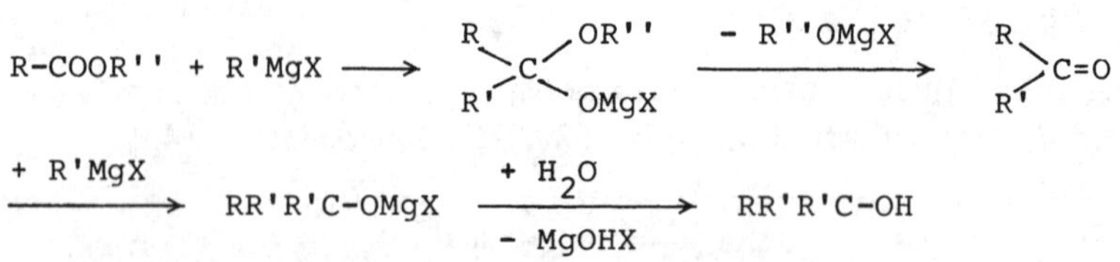

Unter analogen Reaktionsbedingungen ergeben *Ameisensäureester* [HCOOR] *sekundäre Alkohole. Kohlensäureester* [$OC(OR)_2$] liefern *tertiäre Alkohole,* bei denen alle *drei* Reste vom Grignard-Reagenz übertragen werden.

$$H\text{-}COOR + 2\,R'MgX \longrightarrow R'_2CHOH + (ROH)$$
$$O{=}C(OR)_2 + 3\,R'MgX \longrightarrow R'_3C\text{-}OH + (2\,ROH)$$

Bei Verwendung von *Orthoameisensäureestern* wie z. B. **Ethylorthoformiat** können *Aldehyde* als Reaktionsprodukte erhalten werden; die Reaktion verläuft über das betreffende Acetal als Zwischenstufe [vgl. **MC-Frage Nr. 539**].

$$R'MgX + HC(OEt)_3 \xrightarrow{-\,Mg(OEt)X} \underset{\text{Acetal}}{R'CH(OEt)_2} \xrightarrow[(-\,EtOH)]{(H_2O/H^+)} \underset{\text{Aldehyd}}{R'CH{=}O}$$

Die Reaktion eines *Acylhalogenids* mit einem Überschuß an Grignard-Verbindung führt ebenfalls zu einem *tertiären Alkohol.* Allerdings ist es – zumindest bei tiefen Temperaturen und bei Einsatz äquivalenter Mengen – möglich, die intermediär gebildeten *Ketone* zu isolieren, da Carbonsäurehalogenide reaktiver sind als Ketone bzw. weil die Anlagerung der Grignard-Reagenzien an Ketone viel langsamer abläuft.

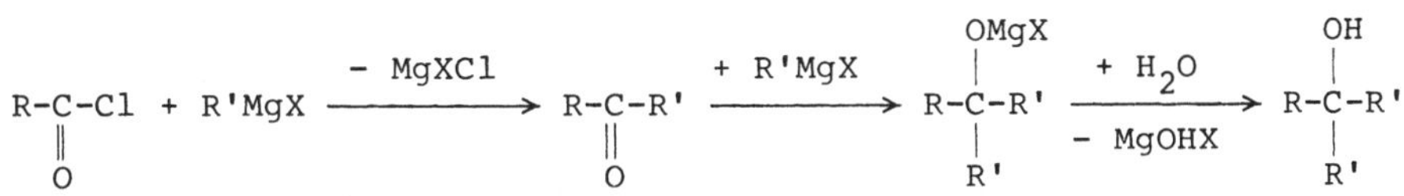

Setzt man jedoch *Carbonsäurechloride* mit bestimmten *Cadmium-organischen Verbindungen* um, so reicht deren Reaktivität nur noch aus, sich an Acylchloride anzulagern, während *Ketone* unverändert bleiben und als Reaktionsprodukte anfallen [vgl. **MC-Frage Nr. 531**].

$$R'_2Cd + 2\ R{-}COCl \xrightarrow[-\,CdCl_2]{} 2\ R{-}CO{-}R' \quad [R' = \text{prim. Alkyl, Vinyl, Aryl}]$$

Vorteil des Organocadmium-Prozesses ist, daß andere funktionelle Gruppen [NO_2, C≡N, C=O, COOR], die normalerweise mit Grignard-Verbindungen reagieren, nicht angegriffen werden. Nachteil der Methode ist die thermische Instabilität zahlreicher Organocadmium-Verbindungen.

Die Grignard-Reaktion ist eine wichtige Methode zur Darstellung von Alkoholen unter gleichzeitiger Knüpfung von C-C-Bindungen.

Hierbei entstehen aus Epoxiden und Formaldehyd primäre Alkohole, während die Umsetzung von Aldehyden oder Ameisensäureestern zu sekundären Alkoholen führt. Tertiäre Alkohole sind die Produkte der Umsetzung von Grignard-Reagenzien mit Ketonen, Carbonsäureestern, Carbonsäurehalogeniden und Kohlensäureestern.

Carbonsäureester und Acylhalogenide ergeben tertiäre Alkohole, bei denen zwei Reste äquivalent sind, während Kohlensäureester tertiäre Alkohole liefern, bei denen die drei Gruppen des Carbinols aus dem Reagenz stammen. Tertiäre Alkohole mit drei unterschiedlichen Resten können nur aus unsymmetrischen Ketonen hergestellt werden.

Bei der Darstellung von Alkoholen mittels einer Grignard-Reaktion ist also zu beachten, daß für die Synthese sekundärer und tertiärer Alkohole mehrere Möglichkeiten für die Wahl der Reaktanden existieren. Zum Beispiel bieten sich für die Herstellung von **2-Phenyl-2-propanol** folgende Kombinationen an [vgl. **MC-Frage Nr. 536**]:

* **Brombenzen, Aceton**
* **Acetophenon, Methyliodid**
* **Benzoesäureethylester, Methyliodid**.

– Durch Addition von Grignard-Verbindungen an *Nitrile* und anschließende Hydrolyse des intermediär gebildeten *Ketimins* werden *Ketone* erhalten. Obwohl das primär entstehende Salz des Ketimins eine C=N-Doppelbindung enthält, reagiert es nicht mit dem Metallorganyl, da dadurch ein Teilchen resultieren würde, bei dem zwei negative Ladungen am selben Atom lokalisiert wären [vgl. **MC-Fragen Nr. 525, 532–534**].

$$\mathrm{R{-}C{\equiv}N + R'MgX \longrightarrow \underset{\displaystyle R'}{R{-}C}{=}N^{-}MgX^{+} \xrightarrow[-\,MgOHX]{+\,H_2O} \underset{\displaystyle R'}{R{-}C}{=}NH \xrightarrow[-\,NH_3]{+\,H_2O} \underset{\displaystyle R'}{R{-}C}{=}O}$$

Beispielsweise kann **Pentan-3-on** durch Umsetzung von **Propionitril** mit **Ethylmagnesiumbromid** gewonnen werden [vgl. **MC-Frage Nr. 534**].

$$\mathrm{CH_3CH_2{-}C{\equiv}N + CH_3CH_2{-}MgBr \longrightarrow \longrightarrow CH_3CH_2{-}CO{-}CH_2CH_3}$$

– Die Anlagerung von Grignard-Reagenzien an *Azomethine* führt zu *sekundären Aminen.* Im allgemeinen reagieren nur die Schiffschen Basen aromatischer Aldehyde mit befriedigenden Ausbeuten.

$$\mathrm{R{-}CH{=}N{-}R + R'MgX \longrightarrow \underset{\displaystyle R'}{R{-}CH}{-}\underset{\displaystyle MgX}{N}{-}R \xrightarrow[-\,MgOHX]{+\,H_2O} \underset{\displaystyle R'}{R{-}CH}{-}\underset{\displaystyle H}{N}{-}R}$$

– Die bei tiefen Temperaturen durchgeführte Reaktion von *Ketenen* mit Grignard-Reagenzien ergibt *Ketone* als Reaktionsprodukte.

$$\mathrm{R_2C{=}C{=}O \xrightarrow{+\,R'MgX} R_2C{=}\underset{\displaystyle R'}{C}{-}OMgX \xrightarrow[-\,MgOHX]{+\,H_2O} R_2C{=}\underset{\displaystyle R'}{C}{-}OH \rightleftharpoons R_2\underset{\displaystyle H}{C}{-}\underset{\displaystyle R'}{C}{=}O}$$

– Aus *Thioketonen* und Grignard-Verbindungen werden Mercaptane erhalten [vgl. **MC-Frage Nr. 533**].

$$\mathrm{R_2C{=}S + R'MgX \longrightarrow R_2\underset{\displaystyle R'}{C}{-}S{-}MgX \xrightarrow[-\,MgOHX]{+\,H_2O} R_2\underset{\displaystyle R'}{C}{-}SH}$$

Grenzen der Reaktion: Die hohe Reaktivität der Grignard-Verbindungen beeinträchtigt zugleich auch ihre Anwendungsmöglichkeiten. Grignard-Verbindungen reagieren nicht nur mit Wasser und anderen protischen Stoffen, sondern auch mit CO_2 und O_2, so daß die Reaktion stets unter Luft- und Feuchtigkeitsausschluß durchzuführen ist. Die *Oxidation* von Grignard-Reagenzien mit Sauerstoff führt über die Salze von Hydroperoxiden schließlich zu *Alkoholen.*

$$\mathrm{RMgX + O_2 \longrightarrow R{-}OOMgX \xrightarrow{+\,RMgX} 2\ R{-}OMgX \xrightarrow[-\,MgXCl]{+\,HCl} 2\ R{-}OH}$$

Reaktionsmechanismus: Der Mechanismus der Grignard-Reaktion ist noch nicht in allen Einzelheiten geklärt. Die Bildung eines viergliedrigen cyclischen Übergangszustandes wird als plausibel erachtet.

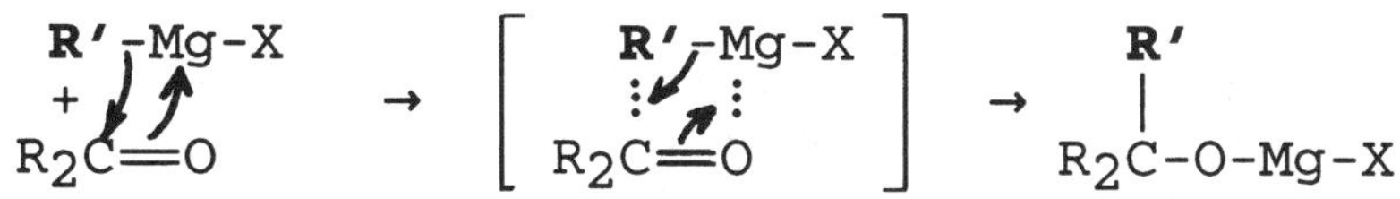

Parallel dazu wird auch ein sechsgliedriger *cyclischer Übergangszustand* diskutiert, an dem zwei Moleküle der Grignard-Verbindung beteiligt sind. Ein Molekül kann als Lewis-Säure aufgefaßt werden, das die Elektrophilie z. B. eines Carbonylkohlenstoffs durch Komplexierung des Carbonylsauerstoffs verstärkt und damit den Angriff des nucleophilen Grignard-Reagenzes erleichtert.

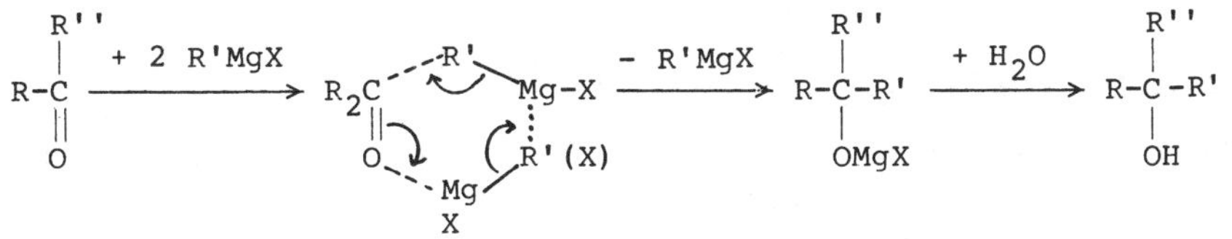

Anstelle des zweiten Moleküls [R'MgX] kann auch eine Lewis-Säure wie MgX_2 in den cyclischen Übergangszustand eingebaut werden.

Von einigen Autoren wird – vor allem bei aromatischen oder ungesättigten Carbonylverbindungen als Substraten – durch Einelektronenübertragung auch die Bildung von *Ketylen* postuliert.

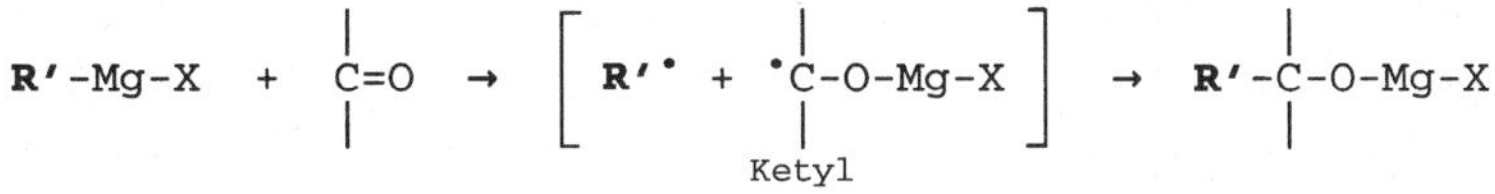

Nebenreaktionen: Sie treten vorzugsweise dann auf, wenn sich aus *sterischen Gründen* der skizzierte cyclische Übergangszustand nicht ausbilden kann.

Bei Substraten oder Grignard-Reagenzien mit *voluminösen Gruppen* hat nur ein Molekül der Mg-organischen Verbindung Platz im cyclischen Komplex. In solchen Fällen wird oft ein (kleineres) *Hydridion* anstelle des Organylrestes auf das Substrat übertragen (**Grignard-Reduktion**).

Dabei entsteht aus einem *Keton* ein *sekundärer Alkohol* und aus dem *Alkylmagnesiumhalogenid* bildet sich ein *Alken.* Mit dieser Reduktion ist immer dann zu rechnen, wenn die Grignard-Verbindung über ein β-ständiges H-Atom verfügt.

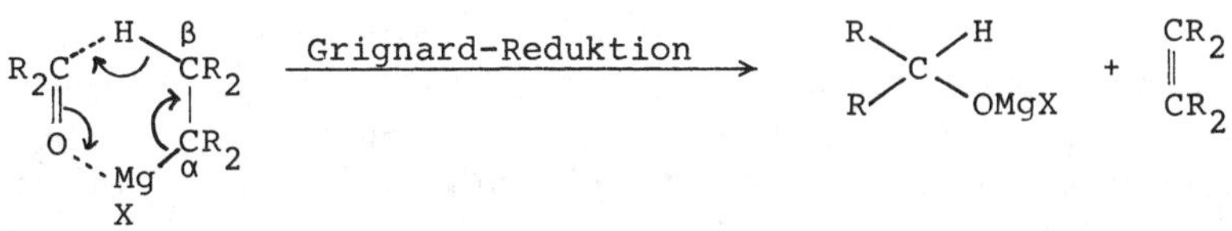

Bei einer zweiten *Nebenreaktion* gehen sterisch behinderte Ketone, die über einen α-ständigen Wasserstoff verfügen, beim Angriff von Grignard-Reagenzien in *Enole* über.

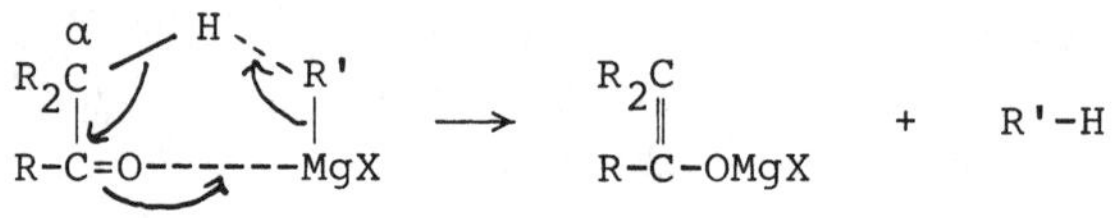

Endolat

Bei der *Enolisierung* fungiert der α-ständige Carbanion-Kohlenstoff als Base und bildet das Magnesiumsalz des Enolat-Ions.

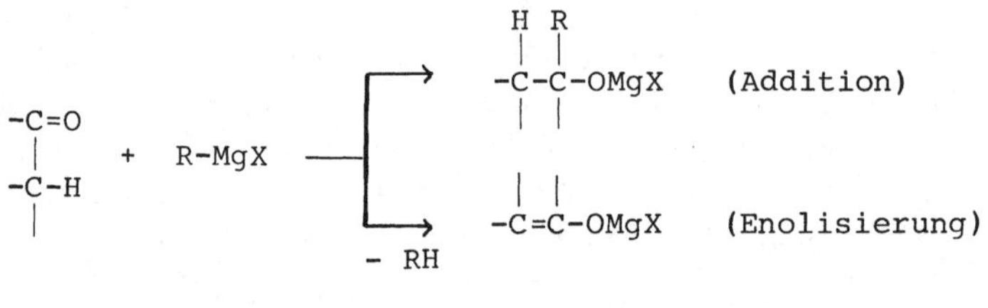

3.8.3.2 Reformatzky-Reaktion

β-Hydroxycarbonsäureester werden erhalten, wenn man *Aldehyde* oder *Ketone* mit einem *α-Halogencarbonsäureester* in Gegenwart von *Zink* in einem inerten Lösungsmittel reagieren läßt. Ziel der Reformatzky-Reaktion ist die Synthese von *α,β-ungesättigten Carbonsäureestern,* die leicht durch Dehydratisierung – mitunter schon während der Reaktion – aus den β-Hydroxyestern entstehen. Darüber hinaus gestattet die Reaktion durch Verseifung der gebildeten Ester auch die Darstellung von *β-Hydroxycarbonsäuren* bzw. von *α,β-ungesättigten Carbonsäuren.*

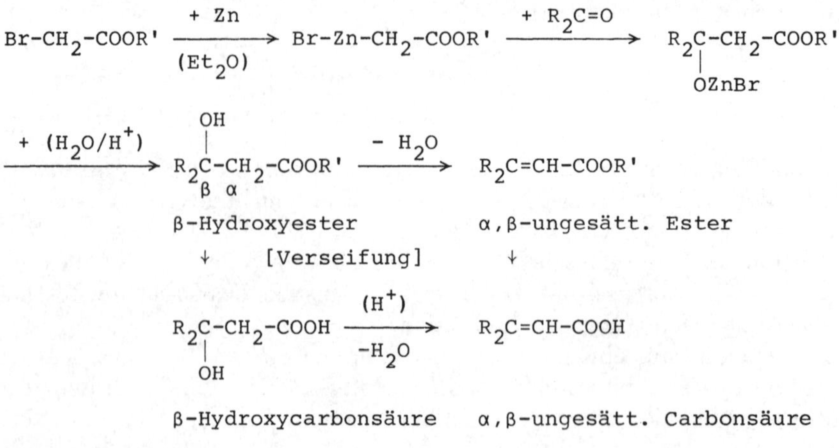

Als Zwischenprodukt entsteht eine *Organozink-Verbindung,* die viel weniger reaktionsfähig ist als die entsprechende Mg-organische Verbindung. Sie reagiert nicht mehr mit der reaktionsträgeren Estergruppe, sondern nur noch mit der Carbonylgruppe von Aldehyden und Ketonen. Aldehyde reagieren im allgemeinen leichter als Ketone.

Als α-Halogenester werden vor allem *α-Bromcarbonsäureester* eingesetzt, weil die entsprechenden Chlorverbindungen zu langsam reagieren und die reaktiveren Iodester nur schwer zugänglich sind.

Da die gebildeten ungesättigten Verbindungen sich leicht katalytisch hydrieren lassen, ist die Reformatzky-Reaktion auch ein Syntheseverfahren mit breitem Anwendungsbereich zur *Darstellung von Carbonsäuren,* wobei die Reaktanden wie folgt zu wählen sind [R^1, R^2, R^3 = H, Alkyl, Aryl].

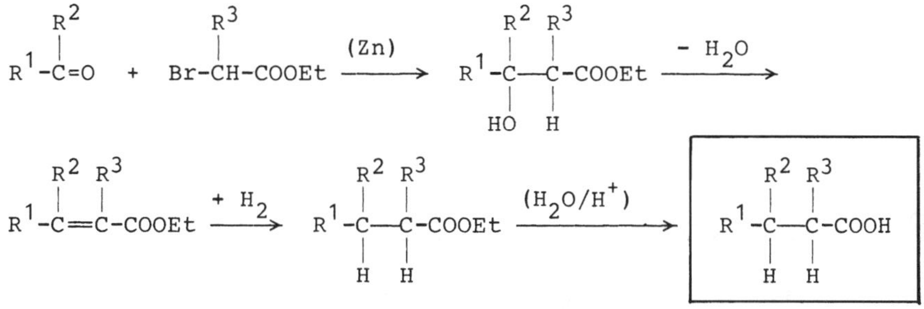

3.9 Alkohole, Phenole, Ether, Chinone

3.9.1 Strukturen und Nomenklatur

Alkohole, Phenole und *Ether* können formal als Derivate des Wassers [HOH] angesehen werden. Alkohole und Phenole enthalten *Hydroxylgruppen* (HO) als funktionelles Strukturelement und sind Monosubstitutionsprodukte des Wassers, während Ether disubstituierte Derivate des Wassers darstellen.

```
R-O-H  =  Alkohol              Ar-O-H  =  Phenol
R-O-R  =  Ether                Ar-O-R  =  Phenolether
```

3.9.1.1 Alkohole

Man charakterisiert ein Kohlenstoffatom je nach der Anzahl der weiteren C-Atome, mit denen es verknüpft ist, als *primar, sekundär* oder *tertiär.* In analoger Weise werden Alkohole aufgrund des Substitutionsgrades des Kohlenstoffatoms, das die HO-Gruppe trägt, unterteilt in [vgl. **MC-Frage Nr. 602**]:

```
   H                   H                   R
   |                   |                   |
 R-C-OH              R-C-OH              R-C-OH
   |                   |                   |
   H                   R                   R
primärer            sekundärer          tertiärer Alkohol
```

Darüber hinaus ist aufgrund der *Anzahl* der in einem Molekül vorhandenen *Hydroxylgruppen* folgende Klassifizierung vorzunehmen.

```
C-C-C-C             C-C-C-C             C-C-C—C
|                   |   |               |   |   |
OH                  OH  OH              OH  OH  OH
einwertiger         zweiwertiger        dreiwertiger Alkohol
```

Nomenklatur: Alkohole können auf unterschiedliche Weise benannt werden. Gebräuchlich sind folgende Bezeichnungsweisen [vgl. **MC-Fragen Nr. 546–550, 892**]:

(1) Alkyl-Alkohol-System: An den Namen des Alkylrestes wird das Wort *„alkohol"* angehängt. Zur Angabe eines weiteren Substituenten dienen die Buchstaben des griechischen Alphabets. Dabei benutzt man den Buchstaben *„omega"*, wenn der zweite Substituent am Ende der Kohlenstoffkette steht. Das die HO-Gruppe tragende C-Atom wird mit *„alpha"* gekennzeichnet.

$CH_3CH_2CH_2OH$	$CH_3CH(OH)CH_3$	$BrCH_2(CH_2)_nCH_2OH$
n-Propylalkohol (1-Propanol)	Isopropylalkohol (2-Propanol)	ω-Bromalkohol
$\overset{\gamma}{C}H_3\overset{\beta}{C}H(Cl)\overset{\alpha}{C}H_2CH_2OH$	$C_6H_5\overset{\beta}{C}H_2\overset{\alpha}{C}H_2OH$	$C_6H_5\overset{\alpha}{C}H(OH)\overset{\beta}{C}H_3$
γ-Chlorbutylalkohol	β-Phenylethylalkohol	α-Phenylethylalkohol

(2) Carbinol-System: Der einfachste Alkohol [CH_3OH] wird *Carbinol* genannt und andere Alkohole werden als Substitutionsprodukte des Carbinols betrachtet. Die Namen werden in einem Wort geschrieben. Weitere Substituenten werden in alphabetischer Reihenfolge genannt.

```
          CH3                        H
          |                          |
CH3CH2-C-CH2CH3              CH3CH2-C-C6H5
          |                          |
          OH                         OH
```

Diethylmethylcarbinol (3-Methyl-3-pentanol)

Ethylphenylcarbinol (1-Phenylpropanol)

(3) IUPAC-System: Danach wird der Name des Alkohols aus der Bezeichnung des zugrundeliegenden *Alkans* und der Endung **-ol** gebildet. Deshalb nennt man diese Substanzen auch *Alkanole.* Die *homologe Reihe einwertiger aliphatischer Alkohole* gehorcht demzufolge der allgemeinen *Summenformel* [$C_nH_{2n+2}O$].

Alkohole mit ungesättigten Gruppen erhalten die Endung **-enol** bzw. **-inol**. Als Grundstruktur wird die längste fortlaufende Kohlenstoffkette gewählt, die die HO-Gruppe enthält. Die Kette wird so numeriert, daß die HO-Gruppe die niedrigste Ziffer erhält. Bei einigen Alkoholen sind *Trivialnamen* gebräuchlich.

CH_3OH	CH_3CH_2OH	$CH_3CH_2CH_2CH_2OH$	$CH_3CH_2CH(OH)CH_3$
Methanol	Ethanol	1-Butanol	2-Butanol

$H_2C{=}CH{-}CH_2OH$	$HC{\equiv}C{-}CH_2OH$
1-Propen-3-ol	1-Propin-3-ol
Allylalkohol	Propargylalkohol

Weitere Substituenten werden als Präfixe vorangestellt, wobei die Position der HO-Gruppe deren Bezifferung bestimmt.

```
CH3-CH-CH2OH              CH3-CH-CH2-CH-CH3
    |                         |      |
    Cl                        CH3    OH
```

2-Chlorpropanol

4-Methyl-2-pentanol

Bei Substanzen komplizierterer Struktur ist es sinnvoll, die *Hydroxylgruppe als Substituent* zu betrachten und sie durch das Präfix „**Hydroxy**" zu kennzeichnen.

Mehrwertige Alkohole erhalten die Endung **-diol**, **-triol** usw.

$HOCH_2CH_2OH$	1,2-Ethandiol	(Ethylenglycol)
$HOCH_2CH(OH)CH_3$	1,2-Propandiol	(Propylenglycol)
$HOCH_2CH_2CH_2OH$	1,3-Propandiol	(Trimethylenglycol)
$HOCH_2CH(OH)CH_2CH_2OH$	1,2,4-Butantriol	

1,2-Diole (vicinale Diole) werden auch als *Glycole* bezeichnet. Darüber hinaus existieren für eine Reihe mehrwertiger Alkohole wiederum Spezialnamen.

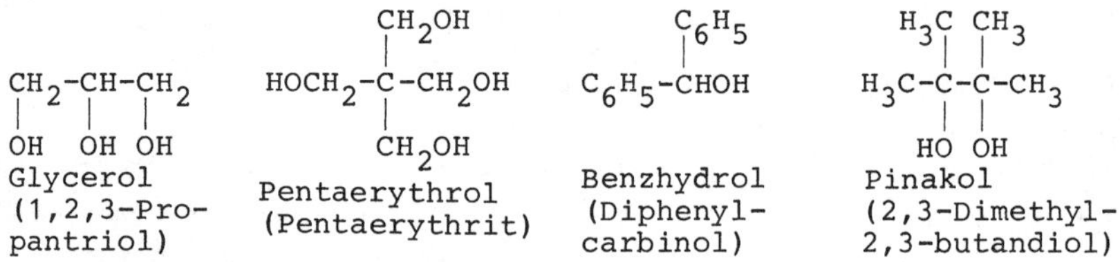

3.9.1.2 Phenole

Der Ausdruck **Phenol** wird sowohl für die Stammverbindung „Hydroxybenzen" als auch zur Kennzeichnung von Verbindungen genutzt, in denen eine Hydroxylgruppe direkt an ein aromatisches Ringsystem gebunden ist *(Hydroxyarene).*

Je nach der Anzahl der HO-Gruppen untergliedert man diese Substanzklasse in *einwertige, zweiwertige, dreiwertige Phenole* usw. [vgl. **MC-Fragen Nr. 561–566, 575**]. Die Strukturen einiger ausgewählter Phenole sind in den folgenden Abbildungen wiedergegeben.

Einwertige Phenole:

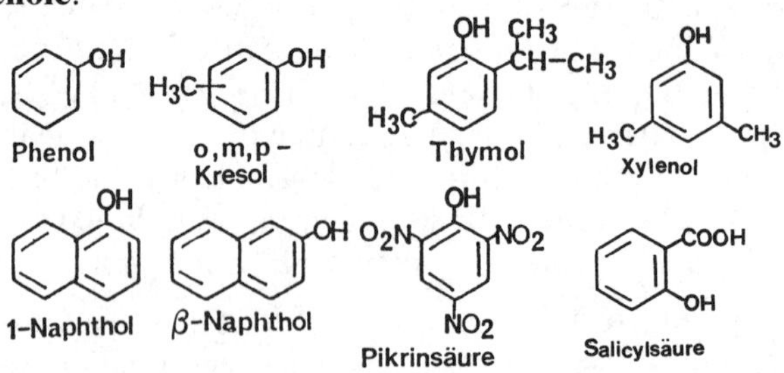

Zweiwertige Phenole:

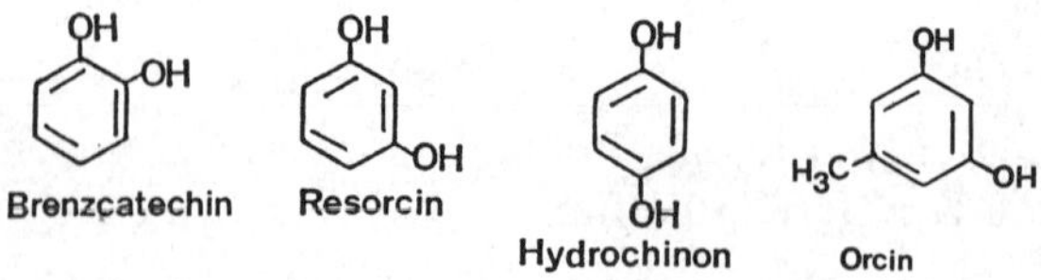

Dreiwertige Phenole:

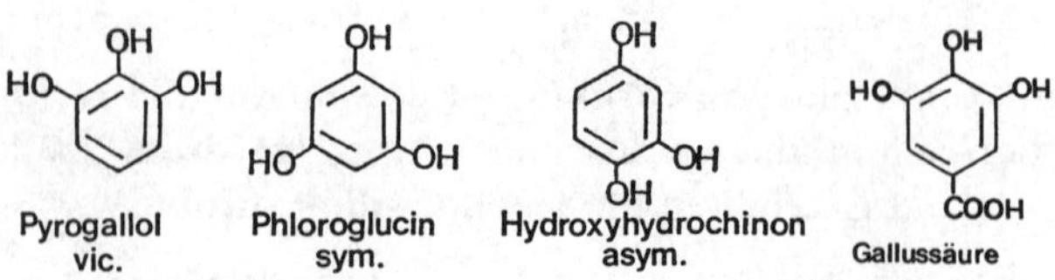

Nomenklatur: Substituierte Phenole werden als Derivate der Stammverbindung **Phenol** angesehen und entsprechend bezeichnet, z. B. p-Chlorphenol, 2,4-Dinitrophenol. *Methylphenole* tragen den Trivialnamen **Kresol**, *Dimethylphenole* werden als **Xylenole** bezeichnet.

Suffixe wie Sulfonsäure, Carbonsäure u. a. besitzen eine höhere Priorität. Falls diese Gruppen vorhanden sind, wird die *Vorsilbe „Hydroxy"* verwendet, wie z. B. 4-Hydroxybenzoesäure, o-Hydroxybenzaldehyd oder 2,4-Dihydroxybenzensulfonsäure.

Für eine Reihe dieser Verbindungen existieren Spezialnamen. So nennt man die o-Hydroxybenzoesäure auch **Salicylsäure** und die Bezeichnung **Gallussäure** ist synonym mit 3,4,5-Trihydroxybenzoesäure, und 5-Methylresorcin wird als **Orcin** bezeichnet.

3.9.1.3 Chinone

Chinone sind Oxidationsprodukte zweiwertiger Phenole. Formal können sie auch als Diketo-Derivate des Cyclohexadiens aufgefaßt werden. Je nach der Stellung der beiden Carbonylgruppen zueinander unterscheidet man zwischen *ortho-* und *para-chinoiden Systemen.*

In der nachfolgenden Abbildung sind einige wichtige chinoide Verbindungen aufgelistet. Sie führen teilweise Trivialnamen, wie z. B. **Chloranil** [2,3,5,6-Tetrachlor-p-benzochinon] oder **Menadion** [2-Methylnaphthochinon].

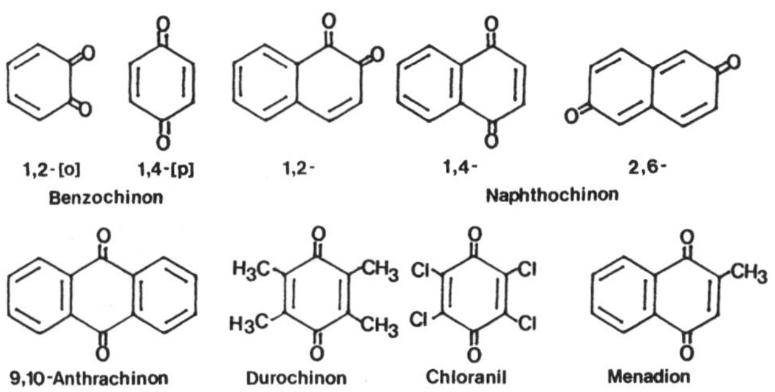

3.9.1.4 Ether

Wird das H-Atom der Hydroxylgruppe eines Alkohols oder Phenols durch einen Alkyl- bzw. Aryl-Rest ersetzt, so gelangt man zur Stoffklasse der *Ether.* Aufgrund ihrer Struktur unterteilt man sie in *einfache, symmetrische* (zwei gleiche Alkylgruppen) oder *gemischte Ether* (zwei unterschiedliche Alkylgruppen), *Aralkylether (Phenolether)* und *Diarylether.*

R-O-R	=	**symmetrischer Dialkylether**
R-O-R'	=	**unsymmetrischer (gemischter) Dialkylether**
Ar-O-R	=	**Aralkylether (Phenolether, Phenylether)**
Ar-O-Ar	=	**Diarylether**

Die Namen dieser Substanzen werden in der Weise gebildet, daß man die beiden Gruppen, die mit dem Sauerstoff verbunden sind, dem Wort *„ether"* in alphabetischer Reihenfolge vorangestellt. Für symmetrische Ether benutzt man die Vorsibe **Di-**.

$CH_3\text{-}O\text{-}CH_2CH_3$	$(CH_3)_3C\text{-}O\text{-}CH_3$	$CH_3CH_2\text{-}O\text{-}CH_2CH_3$
Ethylmethylether	tert. Butylmethylether	Diethylether

Nach den IUPAC-Regeln werden Ether als *Alkoxyalkane* benannt, wobei die größere Alkylgruppe als Grundgerüst gewählt wird.

$CH_3CH_2\text{-}O\text{-}CH_2CH_2\text{-}O\text{-}CH_2CH_3$	$CH_3CH_2\text{-}O\text{-}CH_2CH_2CH_2OH$
1,2-Diethoxyethan	3-Ethoxypropanol

Phenylether (Phenolether) werden nach dem IUPAC-System als *Alkoxyarene* bezeichnet. Methoxybenzen, der einfachste Phenylether, trägt den Trivialnamen **Anisol** (Methylphenylether). Darüber hinaus führen viele in ätherischen Ölen auftretende Phenylether Spezialnamen.

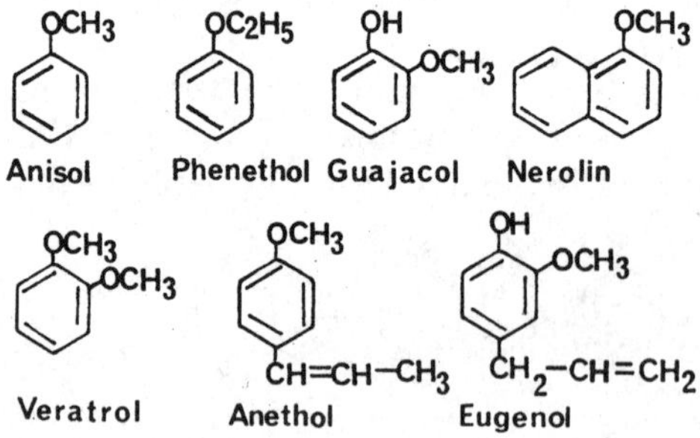

Zu den *cyclischen Ethern* zählen u. a. die mit Wasser mischbaren Substanzen **Tetrahydrofuran** und **1,4-Dioxan** sowie die Stoffklasse der *Epoxide (Oxirane)*. Solche cyclischen Ether können auch als *Heteroaliphaten* betrachtet werden (vgl. Kap. 3.15.1).

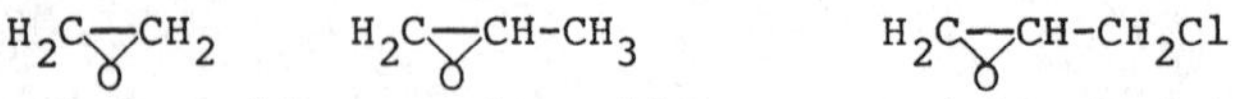

Ethylenoxid (Oxiran) Propylenoxid (Methyloxiran) Epichlorhydrin (Chlormethyloxiran)

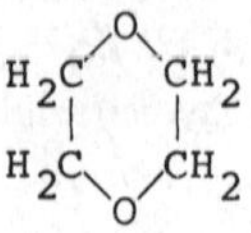

Dioxan

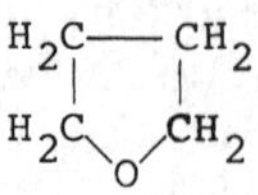

Tetrahydrofuran (THF)

3.9.1.5 Derivate des Wasserstoffperoxids

Auch vom H_2O_2 leiten sich eine Reihe organischer Stoffklassen ab [vgl. **MC-Fragen Nr. 828, 829**].

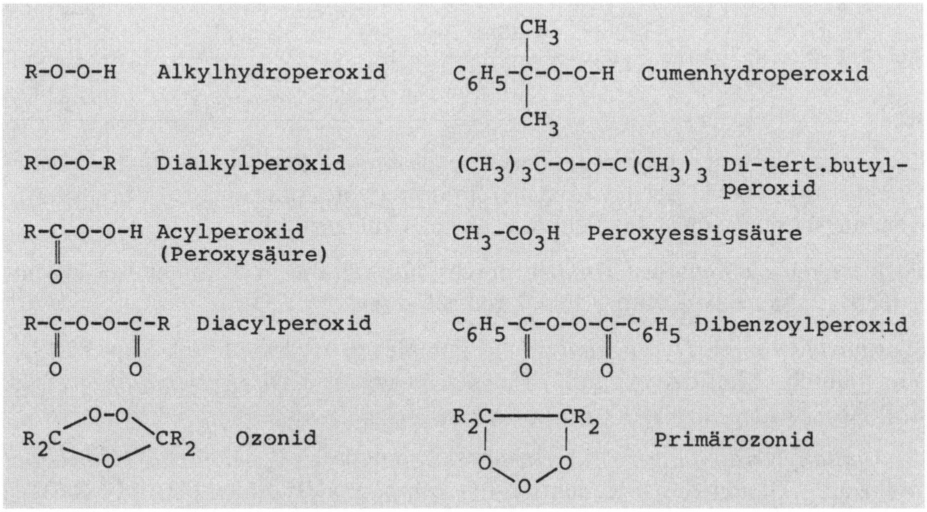

3.9.2 Darstellung, Eigenschaften und Reaktionen von Alkoholen

3.9.2.1 Herstellung von Alkoholen

Alkohole lassen sich darstellen aus:

(1) *Halogenalkanen* durch *nucleophile Substitution* des Halogenatoms in einer siedenden wäßrigen Alkalihydroxid- oder Silberhydroxid-Lösung [vgl. **MC-Frage Nr. 554**]. Oft verwendet man ein Gemisch aus Wasser und Dioxan als Solvens oder schüttelt das reaktive Alkylhalogenid einfach mit einer Na_2CO_3-Lösung [vgl. **MC-Frage Nr. 554**].

$$CH_3CH_2CH_2CH_2CH_2Br \; + \; HO^- \xrightarrow[\Delta]{-Br^-} CH_3CH_2CH_2CH_2CH_2OH$$

Ausbeutelimitierende *Nebenreaktionen* sind die Etherbildung und Eliminierungen.

(2) *Alkenen* durch protonenkatalysierte Anlagerung von Wasser oder durch *Hydroborierung* und anschließendes Behandeln mit einer alkalischen H_2O_2-Lösung [vgl. Kap. 3.5.4 und **MC-Fragen Nr. 553, 554**].

$$\underset{\text{1-Penten}}{CH_3CH_2CH_2CH{=}CH_2} \; + \; H_2O \xrightarrow{(H_2SO_4)} \underset{\text{2-Pentanol}}{CH_3CH_2CH_2CH(OH)CH_3}$$

Darüber hinaus reagieren Alkene mit Quecksilber(II)-acetat in Anwesenheit von Wasser zu Hydroxyquecksilber-Verbindungen, die in situ mit $NaBH_4$ zu Alkoholen reduziert werden können *(Hydroxymercurierung)*.

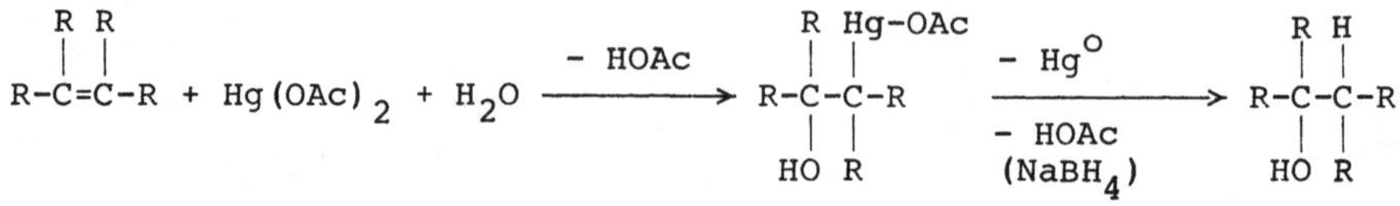

Die Hydratisierung erfolgt normalerweise als *anti-Addition* unter *Markownikow-Orientierung.* Vorteil der Hydroxymercurierung von Alkenen ist ihr breiter Anwendungsbereich sowie das Fehlen jeglicher Umlagerungen.

(3) *primären aliphatischen Aminen* durch *Diazotierung* in wäßriger Lösung mit Salpetriger Säure [vgl. Kap. 3.10.3.4 und **MC-Frage Nr. 553**].

(4) *Epoxiden* durch *Hydrogenolyse* mit komplexen Hydriden (vgl. Kap. 3.2.19.4) oder durch Umsetzung mit *Magnesium-organischen Verbindungen* (vgl. Kap. 3.8.3.1).

(5) *Carbonylverbindungen* [Aldehyde, Ketone] durch *katalytische Hydrierung* (vgl. Kap. 3.2) oder durch Reduktion mit *komplexen Hydriden* [$LiAlH_4$, $NaBH_4$] (vgl. Kap. 3.2) bzw. mit Aluminium-isopropanolat nach *Meerwein-Ponndorf-Verley* [vgl. Kap. 3.2.19 und **MC-Fragen Nr. 554, 555**].

$$\underset{\text{2-Pentanon}}{CH_3COCH_2CH_2CH_3} \xrightarrow{(NaBH_4)} \underset{\text{2-Pentanol}}{CH_3CH(OH)CH_2CH_2CH_3}$$

$$\underset{\text{Crotonaldehyd}}{CH_3CH{=}CHCH{=}O} + 2\,H_2 \xrightarrow[\text{Druck}]{\text{Kat.}} \underset{\text{n-Butanol}}{CH_3CH_2CH_2CH_2OH}$$

Durch Umsetzung von *Carbonylverbindungen* mit *Grignard-Reagenzien* bilden sich aus Formaldehyd primäre, aus Aldehyden sekundäre und aus Ketonen tertiäre Alkohole [vgl. Kap. 3.8.3.1 und **MC-Frage Nr. 554**].

$$\underset{\text{Acetyldehyd}}{CH_3CH = O} + \underset{\text{1-Iodpropan}}{CH_3CH_2CH_2I} \xrightarrow{(Mg)} \underset{\text{2-Pentanol}}{CH_3CH(OH)CH_2CH_2CH_3}$$

(6) *nicht enolisierbaren Aldehyden* durch eine *gekreuzte Cannizzaro-Reaktion* (vgl. Kap. 3.12.7.1).

(7) *Carbonsäure-Derivaten* [Ester, Chloride] durch Reduktion mit $LiAlH_4$ oder mit metallischem Natrium *(Bouveault-Blanc-Reaktion)* unter Bildung primärer Alkohole [vgl. Kap. 3.2.19 und **MC-Fragen Nr. 553, 554**]. Die Anlagerung von *Grignard-Verbindungen* an Carbonsäure-Derivate führt zu tertiären Alkoholen (vgl. Kap. 3.8.3.1).

3.9.2.2 Herstellung von Glycolen

1,2-Diole (Glycole) lassen sich darstellen aus [vgl. **MC-Frage Nr. 559**]:

(1) *Epoxiden* durch hydrolytische Ringspaltung, wobei trans-Diole gebildet werden (vgl. Kap. 3.2.18.3).

(2) *Alkenen* durch Oxidation mit OsO_4 oder $KMnO_4$, die zu cis-Diolen führt, bzw. durch Umsetzung mit alkalischer H_2O_2-Lösung, bei der trans-Diole entstehen (vgl. Kap. 3.2.18.3).

(3) *Halogenhydrinen* durch Erhitzen in einer siedenden, wäßrigen Alkalihydroxid-Lösung unter Bildung von trans-Glycolen.

3.9.2.3 Physikalische Eigenschaften von Alkoholen

Löslichkeit: Die *niederen Alkohole* sind farblose, *hydrophile* Flüssigkeiten, die sich bis C-3 in jedem Verhältnis mit Wasser mischen und sowohl in polaren wie unpolaren Lösungsmitteln löslich sind. Alkohole mittlerer Kettenlänge (C-4 bis C-11) sind ölige, mit Wasser nur noch begrenzt mischbare Flüssigkeiten. Die *höheren Alkohole* sind fest, geschmack- und geruchlos. Sie sind in Wasser unlöslich. Da mit steigender Molmasse der Einfluß der *hydrophoben* Kohlenstoffkette immer mehr den der Hydroxylgruppe übertrifft, ähneln langkettige Alkohole in ihren physikalischen Eigenschaften den Alkanen gleicher C-Zahl und sind nur noch in lipophilen Solventien löslich [vgl. **MC-Frage Nr. 557**].

Bei *mehrwertigen Alkoholen* steigt die Wasserlöslichkeit der Verbindungen stark an, während ihre Löslichkeit in Ether und Ethanol abnimmt. So mischt sich **Glycerol** noch in jedem Verhältnis mit Wasser und Ethanol, jedoch nicht mehr mit Ether.

Siedepunkte: Die nachfolgende Tabelle 43 informiert über die Siedepunkte einiger ausgewählter Alkohole. Die drei ersten Glieder der *homologen Reihe der Alkohole* sieden tiefer als Wasser. Von zwei strukturisomeren Alkoholen besitzt der n-Alkohol stets den höheren Siedepunkt [vgl. **MC-Fragen Nr. 551, 557**].

Wasserstoffbrückenbindung: Die relativ hohen Siedepunkte der *niederen Alkohole* sind – wie der des Wassers – auf eine *Molekülassoziation* durch *intermoleku-*

Tab. 43: Siedepunkte einfacher Alkohole

Alkohol	Sdp.[°C]	Alkohol	Sdp.[°C]
Methanol	65,0	Isopropanol	82,4
Ethanol	78,5	2-Butanol	99,5
n-Propanol	97,4	Isobutanol	107,9
n-Butanol	117,3	tert.Butanol	82,2
n-Pentanol	138	Ethylenglycol	198
n-Hexanol	158	Glycerol	290

lare Wasserstoffbrückenbindungen zurückzuführen. Hierbei bilden sich durch H-Brücken zwischen dem Wasserstoffatom der HO-Gruppe eines und dem Sauerstoffatom eines zweiten Alkohol-Moleküls Ketten folgenden Typs (H-Brücken sind durch punktierte Linien angedeutet).

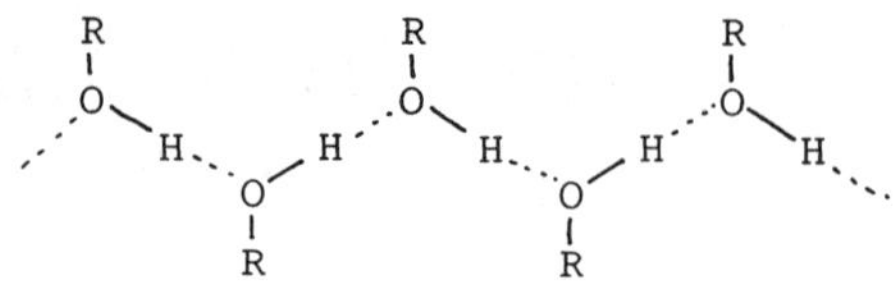

Die H-O-Bindungslänge beträgt 96 pm, der Wasserstoffbrücken-Bindungsabstand ist 207 pm; die Bindungsenergie der H-Brückenbindung beträgt etwa 21 kJ mol^{-1}.

Derartige Assoziate sind in festem Zustand stabil; in flüssiger Phase reißen bereits einige H-Brücken ab und im Dampfzustand sowie in sehr verdünnten Lösungen mit unpolaren Lösungsmitteln liegen die Alkohol-Moleküle weitgehend monomer vor. Mit steigender Molekülmasse nehmen die durch die Länge der C-Kette bedingten van der Waals-Kräfte zu und übertreffen schließlich die Wirkung der Wasserstoffbrücken.

Die niederen Alkohole sind wasserlöslich, während die auf n-Butanol folgenden Alkohole nur noch begrenzt mit Wasser mischbar sind.

Alkohole sind assoziierte Flüssigkeiten. In verdünnten Lösungen in unpolaren Solventien sowie im Dampfzustand liegen sie jedoch weitgehend monomer vor.

Bei den Alkoholen steigt der Siedepunkt mit zunehmender Molmasse und erniedrigt sich mit zunehmendem Verzweigungsgrad. Von zwei strukturisomeren Alkoholen besitzt der geradkettige stets den höheren Siedepunkt.

Das Löslichkeitsverhalten der Alkohole und ihre relativ hohen Siedepunkte werden durch Wasserstoffbrückenbindungen hervorgerufen.

3.9.2.4 Reaktionen von Alkoholen

Die verschiedenen *Substitutions-* und *Eliminierungsreaktionen am Carbinol-System* wurden in früheren Kapiteln bereits ausführlich behandelt. Sie lassen sich wie folgt zusammenfassen:

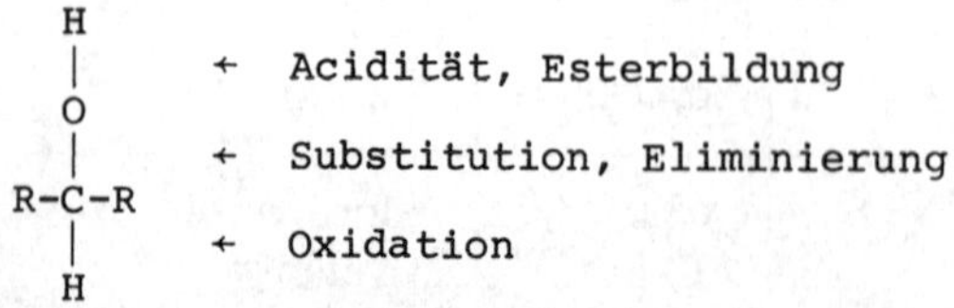

Über die wichtigsten Reaktionen zur *Spaltung der C-O-* bzw. zur *Spaltung der O-H-Bindung* von Alkoholen informiert Tabelle 44.

Als wichtige Reaktionen von *1,2-Diolen* sind die *Glycolspaltung* (vgl. Kap. 3.2.18.5) und die *Pinakol-Umlagerung* (vgl. Kap. 3.2.16.2) zu nennen.

Tab. 44: Reaktionen von Alkoholen

Einteilung	Reaktion	Kapitel
Spaltung der C-O-Bindung	Bildung von *Halogenalkanen* durch Umsetzung mit HX, H_2SO_4/NaX, LiCl/DMF, NaBr/DMF, NaBr/DMSO, PCl_5, PCl_3, PBr_3, $SOCl_2$	3.7.2.1
	Dehydratisierung zu *Alkenen* an Al_2O_3-Kontakten oder in Ggw. von Säuren	3.5.3
	Protonenkatalysierte Dehydratisierung zu *Ethern*	3.9.6.1
	Esterbildung mit anorganischen Sauerstoffsäuren [H_2SO_4, H_3PO_4, $POCl_3$]	3.9.3
Spaltung der O-H-Bindung	Bildung von *Alkanolaten* mit unedlen Metallen, NaH, $NaNH_2$	3.19.3.2
	Oxidation primärer Alkohole zu Aldehyden bzw. Carbonsäuren und Dehydrierung sekundärer Alkohole zu Ketonen	3.2.18.5
	Esterbildung durch Umsetzung mit Säurechloriden bzw. unter Protonenkatalyse durch Reaktion mit Carbonsäuren	3.13.6
	Bildung von *Sulfonsäureestern* durch Umsetzung mit Sulfochloriden	3.11.4.2

Acidität der Alkohole: Alkohole sind *schwache Ampholyte* mit pK_s-Werten von 16 – 18. Ihre *Acidität nimmt in der Reihe Methanol, primärer, sekundärer* und *tertiärer Alkohol* ab (vgl. Kap. 3.19.3.2). Die konjugierten Säuren bzw. Basen, die *Alkoxonium-* bzw. *Alkoxid-Ionen* (Alkanolat/Alkoholat-Ionen), sind demzufolge sehr starke Säuren oder Basen.

$$\underset{\text{Ethanolat}}{C_2H_5\text{-}O^-} \underset{-\,H^+}{\overset{+\,H^+}{\rightleftharpoons}} C_2H_5\text{-}O\text{-}H \underset{-\,H^+}{\overset{+\,H^+}{\rightleftharpoons}} \underset{\text{Ethyloxonium-Ion}}{C_2H_5\text{-}\overset{+}{O}H_2}$$

Metallalkoxide entstehen u. a. bei der Umsetzung von Alkoholen mit unedlen Metallen [vgl. **MC-Frage Nr. 558**].

$$C_3H_7\text{-}OH \; + \; Na \longrightarrow \underset{\text{Natriumisopropanolat}}{C_3H_7\text{-}O^-Na^+} \; + \; 1/2\ H_2\uparrow$$

Zur Alkoholat-Bildung können auch starke Basen wie Natriumamid oder Natriumhydrid eingesetzt werden.

Alkoholate werden in der präparativen Chemie als basische Kondensationsmittel [z. B. Kalium-tert.butanolat] in nichtwäßrigem Milieu oder als nucleophile *Alkylierungsmittel* [Methanolat, Ethanolat] eingesetzt.

Nachweis: Zur Identifizierung von Alkoholen können ihre *Ester* mit Benzoesäure, p-Nitro- oder 3,5-Dinitrobenzoesäure dienen. Hierzu werden die Alkohole mit den entsprechenden Säurechloriden oder Anhydriden in Gegenwart einer Base umgesetzt.

$$\text{R-O-H} \;+\; \text{Ar-C(=O)-Cl} \xrightarrow[-\ \text{HCl}]{\text{(Pyridin)}} \text{Ar-C(=O)-O-R} \qquad \text{Ester}$$

Darüber hinaus lassen sich zum Nachweis von Alkoholen auch *Arylisocyanate* verwenden, die den Alkohol unter Bildung von *Urethanen* (Carbaminsäureester) anlagern (vgl. auch Ehlers, **Analytik I**, Kap. 3.2).

$$\text{R-O-H} \;+\; \text{Ar-N=C=O} \longrightarrow \text{Ar-N(H)-C(=O)-O-R} \qquad \text{Urethan}$$

3.9.2.5 Ausgewählte Alkohole

Methanol [Methylalkohol, Carbinol, Holzgeist] (CH_3OH) wird in der Technik durch Hydrierung von Kohlenmonoxid in Gegenwart von Übergangsmetall-Katalysatoren gewonnen.

$$CO + 2\,H_2 \xrightarrow[{[ZnO/Cr_2O_3]}]{400\ °C,\ 200\ bar} CH_3OH$$

Methanol ist eine wasserklare, mit nichtleuchtender, blaßblauer Flamme brennende Flüssigkeit, die sich mit org. Lösungsmitteln unbegrenzt mischt. Methanol ist stark giftig. Es wird als Lösungs- und Methylierungsmittel sowie zur Darstellung von **Formaldehyd** und **Ameisensäure** verwendet (über den C-Atomen sind die jeweiligen Oxidationszahlen des Kohlenstoffs angegeben).

$$\overset{-2}{C}H_3OH \xrightarrow{[O]} H_2\overset{0}{C}{=}O \xrightarrow{[O]} H\overset{+2}{C}OOH \xrightarrow{[O]} \overset{+4}{C}O_2$$

Ethanol [Ethylalkohol, Weingeist] (CH_3CH_2OH) wird hergestellt durch:

(a) *alkoholische Gärung von Hexosen,*

$$C_6H_{12}O_6 \xrightarrow{\text{(Zymase)}} 2\,C_2H_5OH + 2\,CO_2 \qquad \Delta H = -108{,}8\ kJmol^{-1}$$

(b) *Hydratisierung von Ethylen* in Anwesenheit von Schwefelsäure, wobei in exothermer Reaktion zunächst Ethylhydrogensulfat und Diethylsulfat gebildet werden, die anschließend bei 70–100 °C mit Wasser zu Ethanol hydrolysieren.

$$CH_2{=}CH_2 \xrightarrow{H_2SO_4} C_2H_5O{-}SO_3H \xrightarrow[-\,H_2O]{H_2SO_4} (C_2H_5O)_2SO_2 \xrightarrow[-\,H_2SO_4]{+\,H_2O} C_2H_5OH$$

Ethen — Ethylhydrogensulfat — Diethylsulfat — Ethanol

(c) *Reduktion von Acetaldehyd.*
Ethanol bildet mit 4,4% Wasser ein bei 78,2 °C konstant siedendes *(azeotropes)* Gemisch. Es ist eine wasserähnliche, mit blaßblauer Flamme brennende Flüssigkeit. Der überwiegende Teil des industriell produzierten Ethanols dient zur Herstellung von **Acetaldehyd** und **Essigsäure** [vgl. **MC-Frage Nr. 555**].

$$\overset{-1}{CH_3CH_2OH} \xrightarrow{[O]} \overset{+1}{CH_3CH{=}O} \xrightarrow{[O]} \overset{+3}{CH_3COOH}$$

Isopropanol ($CH_3CHOHCH_3$) ist eine farblose Flüssigkeit, die durch Hydratisierung von **Propen** in Gegenwart von H_2SO_4 gewonnen wird. In der Technik dient Isopropylalkohol zur Darstellung von **Aceton** [vgl. **MC-Frage Nr. 555**].

1,2-Ethandiol [Ethylenglycol, Glycol] ($CH_2OH{-}CH_2OH$) – der einfachste zweiwertige Alkohol – kann durch

- Hydrolyse von 1,2-Dibromethan,
- Hydrolyse von Ethylenoxid oder
- Oxidation von Ethen mit OsO_4, $KMnO_4$ bzw. H_2O_2 und nachfolgende Hydrolyse der intermediären Reaktionsprodukte

hergestellt werden [vgl. **MC-Frage Nr. 559**]. Ethandiol – ein farbloses viskoses Öl – ist mit Wasser und Ethanol mischbar; es wird als Frostschutzmittel verwendet und dient zur Darstellung von **1,4-Dioxan**. Seine Mono- und Dialkylether sind wichtige Lösungsmittel.

Glycerol [Glycerin, 1,2,3-Propantriol] ($CH_2OH{-}CHOH{-}CH_2OH$) – der einfachste dreiwertige Alkohol – ist eine farblose, sirupöse und wasserlösliche Flüssigkeit. Glycerol kommt in der Natur als Ester höherer Carbonsäuren *[Fette, fette Öle]* vor (vgl. auch Kap. 3.13.1.4).

Man gewinnt es durch *Fettspaltung* mit H_2SO_4, NaOH, KOH bzw. dem Enzym Lipase oder [vgl. **MC-Frage Nr. 560**]

- aus **Propen** über Allylchlorid und Epichlorhydrin als Zwischenprodukte,

Propen — Allylchlorid — Epichlorhydrin — Glycerol

- bzw. durch Hydrolyse von **2,3-Dichlor-1-propanol** oder durch Epoxidierung von **Allylalkohol** und nachfolgende protonenkatalysierte Hydrolyse des intermediären Oxirans.

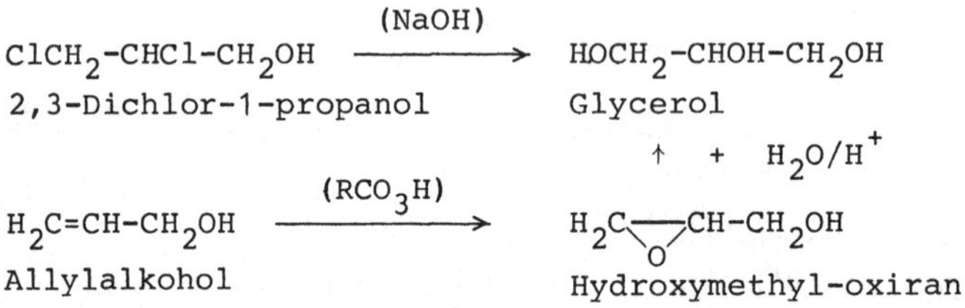

Beim Erhitzen von Glycerol mit $KHSO_4$ entsteht **Acrolein**.

$$\underset{}{HOCH_2\text{-}CHOH\text{-}CH_2OH} \xrightarrow{\Delta} \underset{\text{Acrolein}}{H_2C{=}CH\text{-}CH{=}O} + 2\ H_2O$$

Der größte Bedarf an Glycerol wird für die Herstellung von **Nitroglycerin** (Glyceroltrinitrat) benötigt.

3.9.3 Ester anorganischer Säuren

Ester sind die Reaktionsprodukte der Umsetzung eines Alkohols mit einer organischen oder anorganischen Säure unter Abspaltung von Wasser. Die Ester der Halogenwasserstoffsäuren wurden als *Alkylhalogenide* bereits im Kap. 3.7.1 beschrieben [vgl. **MC-Frage Nr. 840**].

3.9.3.1 Ester der Schwefelsäure

H_2SO_4 vermag sowohl stark *saure Monoester* als auch *neutrale Diester* zu bilden. Sie werden unter Voranstellen des Namens der Alkylreste als *Hydrogensulfate* bzw. *Sulfate* bezeichnet [vgl. **MC-Frage Nr. 686**].

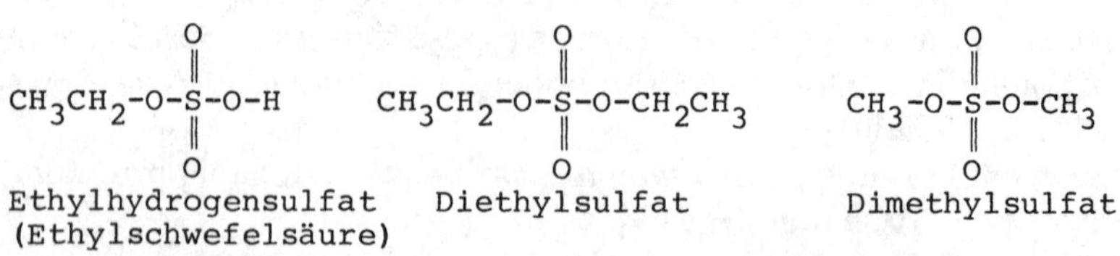

Ethylschwefelsäure, die ein wasserlösliches Bariumsalz bildet, kann aus Ethanol und H_2SO_4 bzw. durch Einleiten von SO_3 oder durch Anlagerung von H_2SO_4 an Ethen erhalten werden,

$$CH_3CH_2\text{-}OH \xrightarrow[(SO_3)]{(H_2SO_4)} CH_3CH_2\text{-}O\text{-}SO_3H \xleftarrow{(H_2SO_4)} H_2C{=}CH_2$$

während man **Dimethylsulfat** durch Umsetzung von überschüssigem Methanol mit rauchender Schwefelsäure gewinnt.

$$2\ CH_3OH + H_2SO_4 \longrightarrow CH_3\text{-}O\text{-}SO_2\text{-}O\text{-}CH_3 + 2\ H_2O$$

Dimethylsulfat, eine toxische, bei 188 °C siedende Flüssigkeit wird vor allem als *Methylierungsmittel* verwendet. Hierbei werden *acide Wasserstoffe* von Hydroxyl- [Alkohole, Phenole], Mercapto-, Amino- oder Imino-Gruppen in Anwesenheit von Alkalihydroxiden gegen die Methylgruppe ausgetauscht. Im allgemeinen gibt Dimethylsulfat in diesen Reaktionen *nur eine* Methylgruppe unter Bildung eines resonanzstabilisierten Monomethylsulfat-Anions ab [vgl. **MC-Frage Nr. 840**].

$$X\text{-}H + H_3CO\text{-}SO_2\text{-}OCH_3 + HO^- \longrightarrow X\text{-}CH_3 + H_2O + CH_3O\text{-}SO_3$$

In analoger Weise kann **Diethylsulfat** als *Ethylierungsmittel* eingesetzt werden.

3.9.3.2 Ester der Salpetersäure

Alkylnitrate [$R\text{-}O\text{-}NO_2$] sind aus Alkoholen und konz. HNO_3 zugänglich. Als Nebenreaktion wird eine Oxidation des Alkohols beobachtet. Deshalb bevorzugt man im Laboratorium die Umsetzung von Iod- oder Bromalkanen mit $AgNO_3$ [vgl. **MC-Frage Nr. 840**].

$$CH_3CH_2OH + HNO_3 \rightarrow CH_3CH_2\text{-}O\text{-}NO_2 + H_2O$$
Ethylnitrat

$$CH_2(OH)CH(OH)CH_2OH + 3\,HNO_3 \rightarrow CH_2(ONO_2)CH(ONO_2)CH_2ONO_2 + 3\,H_2O$$
Nitroglycerin

$$(CH_3)_3C\text{-}Br + AgNO_3 \rightarrow (CH_3)_3C\text{-}O\text{-}NO_2 + AgBr$$
tert.Butylnitrat

Salpetersäureester sind aufgrund ihres hohen Stickstoffgehaltes explosive Verbindungen. Neben **Nitroglycerin** (Glyceroltrinitrat) zählt auch **Nitrocellulose** zu den wichtigen Estern der Salpetersäure.

3.9.3.3 Ester der Salpetrigen Säure

Alkylnitrite [R-O-N=O] wie z. B. **Ethylnitrit** oder **Isoamylnitrit** bilden sich bei der Umsetzung von N_2O_3 mit Alkoholen bzw. in Gegenwart einer Säure beim Einwirken einer wäßrigen Alkalinitrit-Lösung auf Alkohole.

$$2\,R\text{-}O\text{-}H + N_2O_3 \xrightarrow{-\,H_2O} 2\,R\text{-}O\text{-}N{=}O \xleftarrow{-\,H_2O} 2\,R\text{-}O\text{-}H + 2\,H\text{-}O\text{-}N{=}O$$

Alkylnitrite werden in der präparativen Chemie häufig anstelle von Alkalinitriten verwendet, um in organischen Solventien Salpetrige Säure zu erzeugen (vgl. Kap. 3.10.3.4).

3.9.3.4 Ester der Phosphorsäure

Man unterscheidet drei Reihen von Phosphaten.

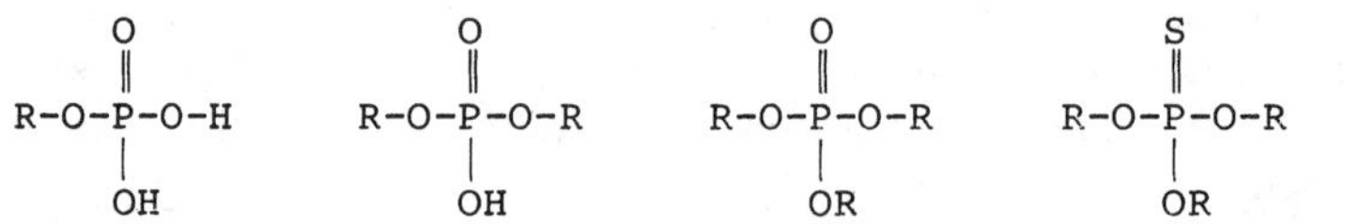

Monoalkylphosphat — Dialkylphosphat — Trialkylphosphat — Trialkylthiophosphat

Technisch bedeutsam sind hochsiedende neutrale Phosphorsäureester, die durch Umsetzung von $POCl_3$ mit Alkoholen oder Phenolen darstellbar sind.

$$O{=}PCl_3 + 3\ ROH \longrightarrow O{=}P(OR)_3 + 3\ HCl$$

Eine Reihe aromatischer Ester der Phosphor- und Thiophosphorsäure besitzen eine insektizide Wirksamkeit.

3.9.4 Darstellung, Eigenschaften und Reaktionen von Phenolen

3.9.4.1 Herstellung von Phenolen

Als allgemein anwendbare Methoden zur Darstellung von Phenolen sind gebräuchlich [vgl. **MC-Fragen Nr. 567 – 570**]:

(1) *Alkalischmelze von Arylsulfonsäuren*: Beispielsweise wird in der Technik **Phenol** durch Alkalischmelze aus Natriumbenzensulfonat und **Resorcin** aus dem Natriumsalz der m-Benzendisulfonsäure hergestellt.

$$Ar{-}SO_3^-Na^+ \quad + \quad 2\ NaOH \xrightarrow{\Delta} Ar{-}O^-Na^+ \quad + \quad Na_2SO_3 \quad + \quad H_2O$$

Hierbei verdrängt das stark basische HO^--Ion die Sulfonsäuregruppe in einer **S_NAr-Reaktion** (vgl. Kap. 3.6.4.3). Das Zusammenschmelzen von Alkalihydroxiden mit Arensulfonsäuren ist ein ausgezeichneter Syntheseweg für Phenole, sofern sich die aromatischen Substrate sulfonieren lassen und keine Alkali-empfindlichen Gruppen enthalten.

(2) *Hydrolyse von Halogenarenen,* die bei höheren Temperaturen und Drücken mit 10%iger NaOH- oder Na_2CO_3-Lösung durchgeführt wird *(Dow-Prozeß/Raschig-Verfahren* – siehe auch Kap. 3.6.4.3).

$$Ar{-}Cl \quad + \quad 2\ NaOH \longrightarrow Ar{-}O^-Na^+ \quad + \quad NaCl \quad + \quad H_2O$$

Die Reaktion gelingt dann besonders leicht, wenn das Halogenatom durch o/p-ständige elektronenanziehende Substituenten [z. B. NO_2] aktiviert ist.

(3) Aus *primären Arylaminen* durch *Diazotierung* mit Salpetriger Säure und anschließendes Verkochen der gebildeten *Arendiazoniumsalze* (vgl. Kap. 3.10.6).

Die als Ausgangssubstanzen eingesetzten Arylamine sind bequem durch Nitrierung von Aromaten und nachfolgende Reduktion der entstandenen Nitroarene darstellbar.

$$\text{Ar-NO}_2 \xrightarrow{[H]} \text{Ar-NH}_2 \xrightarrow{(HNO_2)} \text{Ar-N}_2^+ \xrightarrow{(H_2O)} \text{Ar-OH}$$

(4) Bei der *Spaltung* des durch Luftoxidation von Isopropylbenzen zugänglichen **Cumenhydroperoxids** mit Säuren bilden sich **Phenol** und **Aceton** (vgl. *Hock-Synthese* Kap. 3.2.16.4).

(5) *Etherspaltung nach Zeisel* mit Iodwasserstoff von in der Natur vorkommenden oder synthetisch hergestellten *Phenolethern* (vgl. Kap. 3.9.6.5).

$$\text{Ar-OCH}_3 + \text{HI} \longrightarrow \text{Ar-OH} + \text{CH}_3\text{I}$$

(6) *Oxidation von Arylthalliumsalzen* mit Bleitetraacetat in Anwesenheit von Triphenylphosphin. Primär entsteht ein Phenolester der Trifluoressigsäure, der anschließend hydrolysiert wird (vgl. Kap. 3.6.4.2).

$$\text{Ar-H} \rightarrow \text{Ar-Tl(OOCCF}_3)_2 \xrightarrow[Ph_3P]{Pb(OAc)_4} \text{Ar-O-C(=O)-CF}_3 \xrightarrow[- CF_3COOH]{+ H_2O} \text{Ar-OH}$$

3.9.4.2 Eigenschaften von Phenolen

Ähnlich wie bei Alkanolen bewirkt die Hydroxylgruppe auch bei Phenolen durch Ausbildung *intermolekularer Wasserstoffbrücken* eine Erhöhung der Schmelz- und Siedepunkte.

Phenole verhalten sich in mancher Hinsicht aber anders als Alkohole, weil die Reaktivität der HO-Gruppe durch die Wechselwirkung mit dem aromatischen π-Elektronensystem beeinflußt wird.

Beispielsweise sind Phenole beträchtlich acider als Alkanole, was auf die Mesomeriestabilisierung des Phenolat-Ions zurückzuführen ist; Phenole lösen sich deshalb in wäßrigen Alkalihydroxid-Lösungen unter Bildung von Phenolat-Anionen [vgl. **MC-Frage Nr. 570**].

$$\text{Ar-O-H} + \text{NaOH} \longrightarrow \text{Ar-O}^-\text{Na}^+ + \text{H}_2\text{O}$$

Phenol selbst besitzt einen pK_s-Wert von 10, die Säureexponenten substituierter Phenole liegen meistens zwischen 8-10 (vgl. auch Kap. 3.19.3.1). Aus diesem Grund reagieren *Phenolate* in wäßriger Lösung alkalisch [vgl. **MC-Frage Nr. 570**].

Phenole sind jedoch schwächere Säuren als Carbonsäuren. Eine *Trennung von Phenolen und Carbonsäuren* ist durch Ausschütteln mit einer wäßrigen $NaHCO_3$-Lösung möglich, weil die geringe Basizität des Hydrogencarbonat-Ions nicht ausreicht, Phenole in die konjugierten Basen zu überführen. Die stärker aciden Carbonsäuren gehen hingegen als Carboxylate in Lösung.

$$\text{Ar-OH} + HCO_3^- \not\longrightarrow \text{keine Reaktion}$$
$$\text{R-COOH} + HCO_3^- \longrightarrow \text{R-COO}^- + H_2O + CO_2\uparrow$$

Einige substitutierte Phenole wie **o-Nitrophenol** und **Salicylsäure** unterscheiden sich in ihren physikalischen Eigenschaften stark von ihren meta- oder para-Isomeren. Zum Beispiel ist o-Nitrophenol im Gegensatz zu p-Nitrophenol wasserdampfflüchtig und schmilzt beträchtlich tiefer [vgl. **MC-Frage Nr. 574**]. Ursache hierfür ist das Vorliegen *intramolekularer Wasserstoffbrücken* bei den betreffenden ortho-Isomeren.

o-Nitrophenol 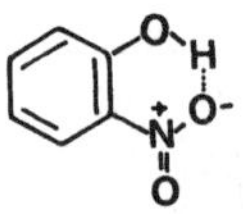 ; 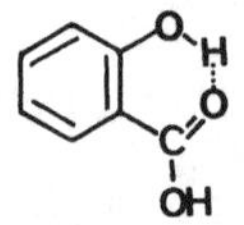 Salicylsäure

Phenol selbst ist eine farblose, kristalline Substanz [Schmp. 40,9 °C] von charakteristischem Geruch, die sich an der Luft infolge *Oxidation* rosa verfärbt. Auch andere Phenole wie z. B. **Hydrochinon** färben sich an der Luft dunkel.

Wäßrige Lösungen von **Phenol** sind nur in niedriger oder sehr hoher Konzentration homogen. Die Löslichkeit ist zudem stark temperaturabhängig. Oberhalb 66 °C mischt sich Phenol mit Wasser in jedem Verhältnis. Andere Phenole sind größtenteils in Wasser unlöslich.

3.9.4.3 Reaktionen von Phenolen

S_EAr-Reaktionen an Phenolen einschließlich Carboxylierungen wurden bereits im Kap. 3.6.4.2 vorgestellt. Über den Einfluß des phenolischen Hydroxyls auf die Reaktivität des aromatischen Systems sowie die dirigierende Wirkung bei elektrophilen Zweitsubstitutionen informierte Kap. 3.2.6.2 [vgl. auch **MC-Fragen Nr. 571–573, 796, 1215, 1216**].

Die *Kupplung von Phenolen* mit Arendiazoniumsalzen zu *Azoverbindungen* ist Gegenstand des Kap. 3.10.6.3 und Oxidationsreaktionen von Phenolen werden im nachfolgenden Abschnitt beschrieben.

Phenolester sind Edukte der *Fries-Reaktion* (vgl. Kap. 3.2.17.1) und *Phenolether* werden im Kap. 3.9.6.1 behandelt.

Viele Phenole ergeben mit *Eisen(III)-chlorid* charakteristische Farbreaktionen, die zu ihrem **Nachweis** herangezogen werden. Darüber hinaus lassen sich Phenole auch durch ihre Bromierungsprodukte, ihre Ester und Ether identifizieren (vgl. Ehlers, **Analytik I**, Kap. 3.2).

3.9.5 Darstellung, Eigenschaften und Reaktionen von Chinonen

Die rot, orange bis gelb gefärbten Chinone – Diketo-Derivate des Cyclohexadiens – können auch als Oxidationsprodukte zweiwertiger Phenole angesehen werden. Je nach der Stellung der beiden Carbonylgruppen zueinander unterscheidet man zwischen *ortho-chinoiden* [1,2-] und *para-chinoiden* [1,4-] *Bindungssystemen;* die Existenz eines meta-chinoiden Systems ist aufgrund der Bindungsverhältnisse in einem sechsgliedrigen Ringsystem nicht möglich, so daß Resorcin bei der Oxidation kein m-Benzochinon bildet [vgl. **MC-Fragen Nr. 575, 576, 1157**].

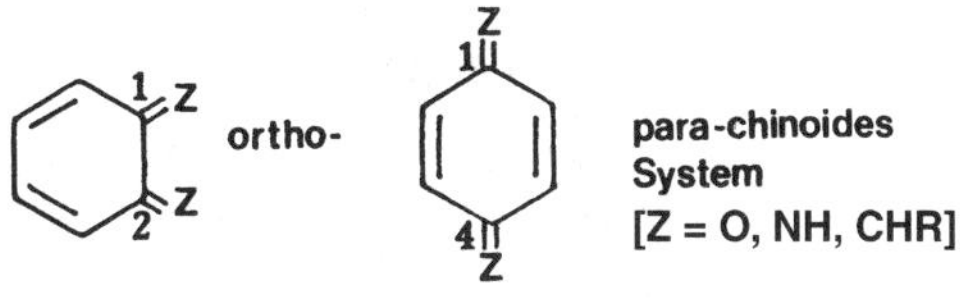

In Chinonen kann der doppelt gebundene Sauerstoff auch durch =NH, =NR bzw. $=CH_2$, =CHR, $=CR_2$ ersetzt sein.

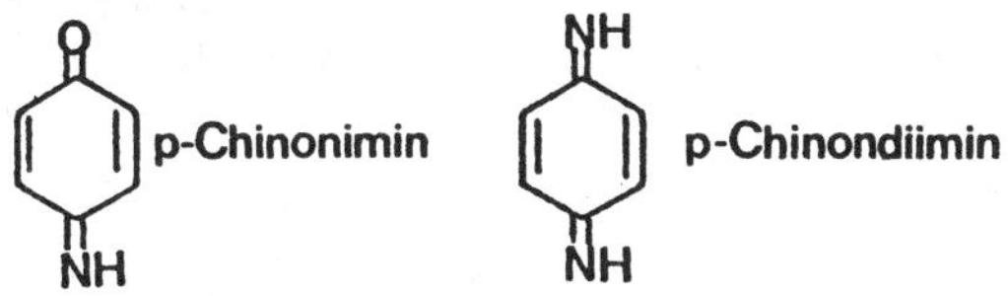

3.9.5.1 Herstellung von Chinonen

Chinone können dargestellt werden [vgl. **MC-Fragen Nr. 183, 577, 578**]:

(1) durch *Oxidation aromatischer Kohlenwasserstoffe* mit Chromsäure, H_2O_2 oder O_2 in Gegenwart von V_2O_5 (vgl. Kap. 3.2.18.2). Die Oxidation ist dann erleichtert, wenn die zur Carbonylgruppe konjugierte Doppelbindung durch Alkyl- oder Arylreste stabilisiert ist.

So läßt sich z. B. **Benzen** nur schwer zu p-Benzochinon oxidieren, **Anthracen** und **Phenanthren** sind hingegen leicht zu den entsprechenden chinoiden Strukturen oxidierbar, während **Naphthalen** eine Mittelstellung einnimmt.

(2) durch *Oxidation substituierter Aromaten* wie z. B. ortho- und para-Dihydroxybenzen-Derivaten, Aminophenolen oder aromatischen Diaminen, wobei zur Darstellung von para-Chinonen meistens die Oxidation mit Chromsäure bevorzugt wird. Für die Synthese der wesentlich weniger beständigen ortho-Chinone hat sich Silberoxid in etherischer Lösung als Oxidans bewährt.

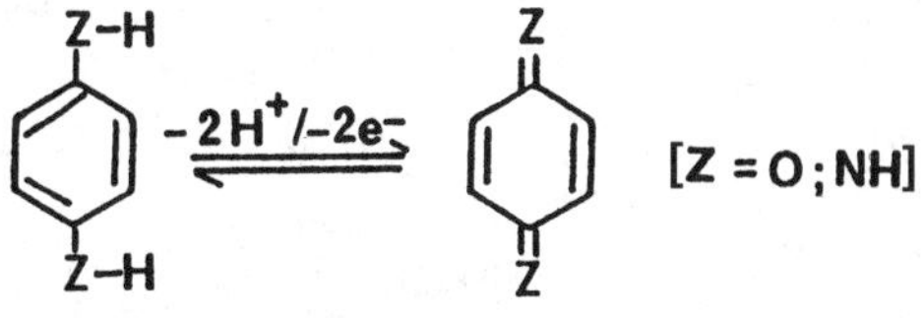

Zum Beispiel wird **p-Benzochinon** in der Technik durch *Dehydrierung* von **Anilin** mit $K_2Cr_2O_7$ oder MnO_2 in schwefelsaurer Lösung hergestellt.

(3) aus *4-Nitrosophenolen,* die zu den stabileren Chinonmonoximen tautomerisieren und anschließend in saurer Lösung zu 1,4-Benzochinonen und Hydroxylamin gespalten werden [vgl. **MC-Frage Nr. 578**].

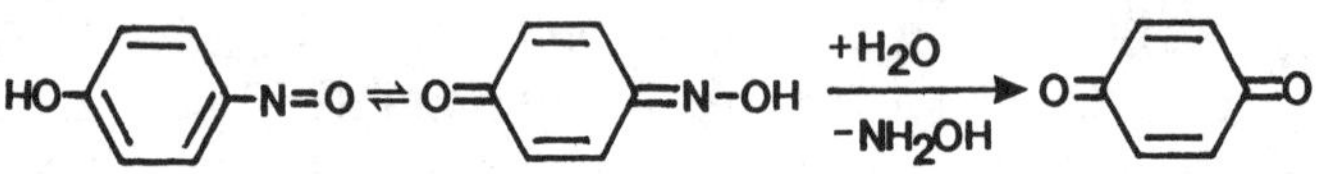

(4) 9,10-Anthrachinon ist ferner ein Reaktionsprodukt der technischen H_2O_2-Darstellung (vgl. Ehlers, **Chemie I-Kurzlehrbuch**, Kap. 2.4).

$$\text{Anthrahydrochinon} + O_2 \rightleftharpoons \text{9,10-Anthrachinon} + H_2O_2$$

3.9.5.2 Reaktionen der Chinone

Redoxgleichgewichte: Die *reversible Oxidation* von **Hydrochinon** zu **p-Benzochinon** verläuft in zwei Ein-Elektronen-Schritten [vgl. **MC-Fragen Nr. 576, 579**].

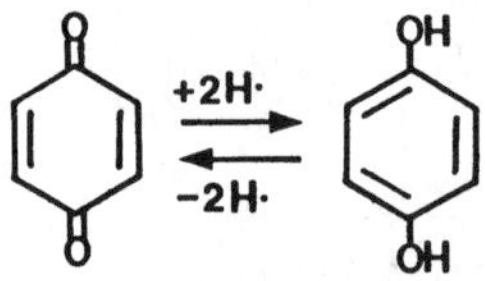

Als Zwischenprodukt entsteht das in Wasser schwerlösliche, grüne **Chinhydron** mit einem definierten Schmp. von 171 °C. Das gleiche Addukt wird erhalten, wenn man äquimolare Lösungen von p-Benzochinon und Hydrochinon zusammengießt. Die Struktur des Chinhydrons ist in Abb. 81 dargestellt.

Man führt die Bildung und die Farbe dieses Adduktes auf eine Wechselwirkung zweier π-Elektronensysteme zurück, von denen aufgrund mesomerer und induktiver Effekte das eine einen π-Elektronenmangel, das andere einen π-Elektronenüberschuß aufweist [*Elektronendonator-Akzeptor-Komplexe, charge transfer-Komplexe*]. Zusätzlich wird der *Ladungsübertragungskomplex* durch Wasserstoffbrücken stabilisiert.

Im *alkalischen Milieu* sind Chinhydrone unbeständig und zerfallen in mesomeriestabilisierte, radikalische *Semichinon-Anionen.* Semichinone entstehen auch bei der *Reduktion von Chinonen* in alkalischer Lösung. Als Reduktionsmittel dient z. B. $Na_2S_2O_4$. Das Chinon ist dabei umso leichter reduzierbar, je positiver sein Redoxpotential ist.

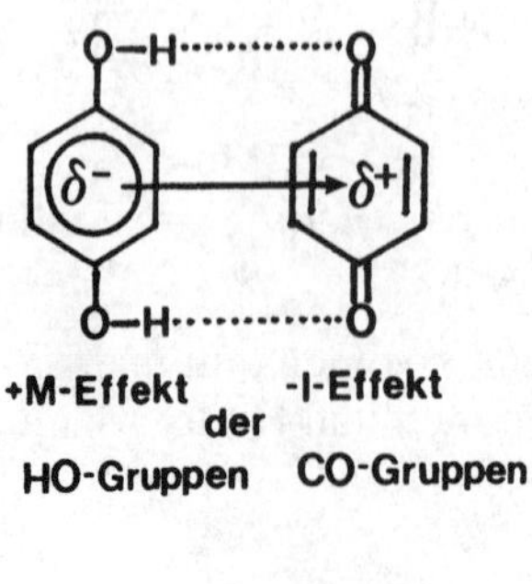

Abb. 81: Struktur des Chinhydrons

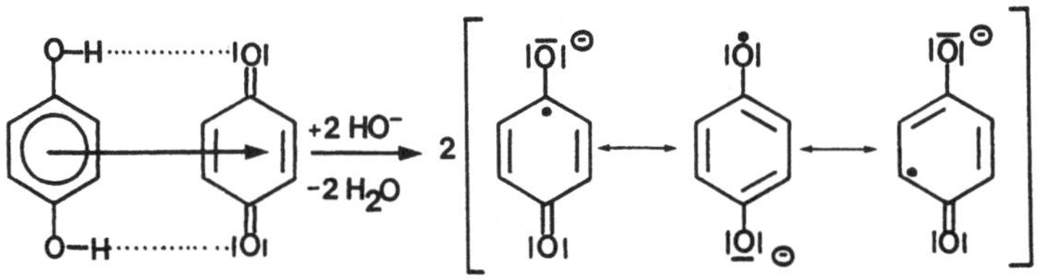

Das *Redoxpotential* eines Chinons wird durch elektronenliefernde Gruppen [$-NH_2$, $-NR_2$, -OH, -OR, $-CH_3$] verringert, während elektronenanziehende Gruppen [$-NO_2$, $-SO_3Na$, -CN, -Hal] es erhöhen. Darüber hinaus nehmen die Redoxpotentiale mit zunehmender *Anellierung* in der Reihe Benzochinon – Naphthochinon – Anthrachinon ab, d. h., die chinoide Struktur wird zunehmend stabiler. Danach ist z. B. **p-Durochinon** (2,3,5,6-Tetramethyl-p-benzochinon) aufgrund der elektronenliefernden Methylgruppen ein schwächeres Oxidationsmittel als Benzochinon [vgl. **MC-Frage Nr. 580**]. Zum Beleg dieser Aussagen sind die Normalpotentiale einiger ausgewählter Chinone in Tabelle 45 aufgelistet.

Tab. 45: Normalpotentiale einiger Chinone in alkoholischer Lösung bei 25 °C (in Volt)

Chinon	E°	Chinon	E°
o-Benzochinon	+0,792	2-Methyl-1,4-naphthochinon	+0,408
p-Benzochinon	+0,711	2-Hydroxy-1,4-naphthochinon	+0,356
1,4-Naphthochinon	+0,493	2-Methoxy-1,4-naphthochinon	+0,353
9,10-Anthrachinon	+0,155	2-Brom-p-benzochinon	+0,720

Additionsreaktionen: Chinone sind α,β-ungesättigte Carbonylverbindungen und zeigen die typischen Reaktionen solcher Strukturen. So reagieren Verbindungen mit beweglichem Wasserstoff [HCl, Anilin, Methanol] mit Chinonen im Sinne einer *Michael-Addition* zu einem 1.4-Addukt, das sich spontan in ein aromatisches System umlagert. Dieses läßt sich erneut zu einem Benzochinon oxidieren. Addition und nachfolgende Oxidation können mehrmals hintereinander durchgeführt werden, so daß schließlich tetrasubstituierte Chinone entstehen.

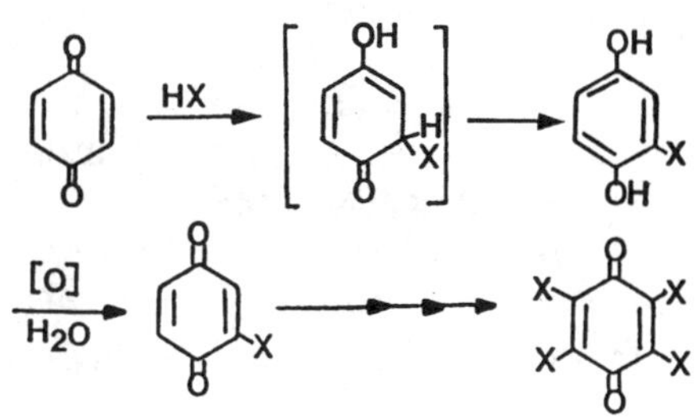

Bei der Umsetzung von p-Benzochinon mit Brom erfolgt hingegen eine normale, stufenweise Addition an die C=C-Doppelbindungen.

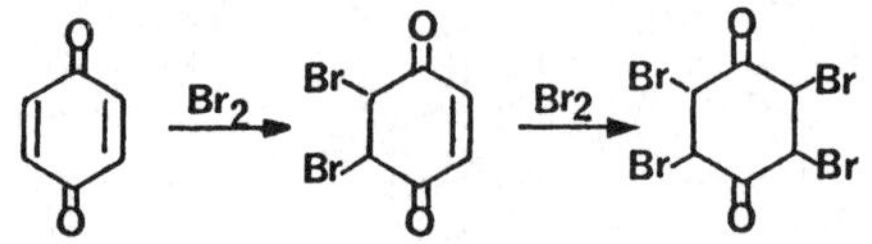

Darüber hinaus sei an den Einsatz von Benzochinonen als Dienophile in *Diels-Alder-Reaktionen* erinnert (vgl. Kap. 3.2.14.5). Über die Anlagerung von *Grignard-Reagenzien* an Chinone informierte Kap. 3.8.3.1 [vgl. **MC-Frage Nr. 581**].

3.9.6 Darstellung, Eigenschaften und Reaktionen von Ethern und Oxiranen

3.9.6.1 Herstellung von Ethern

Zur Darstellung von Ethern dienen – ausgehend von *Alkoholen* und *Alkenen* – folgende präparative Methoden:

(1) *Ethersynthese nach Williamson* durch Umsetzung von *Alkalialkoholaten* bzw. *Phenolaten* als Nucleophilen mit *Halogenalkanen* (besonders Bromiden und Iodiden), *Dialkylsulfaten* oder *Toluensulfonaten* (Tosylaten). Die Reaktion verläuft nach einem **S_N2-Mechanismus**. Je nach Wahl der Reaktanden können *symmetrische* oder *unsymmetrische (gemischte) Ether* synthetisiert werden.

$$R\text{-}O^-Na^+ \;+\; R'\text{-}X \longrightarrow R\text{-}O\text{-}R' \;+\; NaX$$

Die eingesetzten Alkanolate können sich von primären, sekundären oder tertiären Alkoholen ableiten. Das Alkylhalogenid *muß* aber primär und ohne β-Verzweigung sein. Andernfalls tritt *Eliminierung* zu einem Alken ein, wie der Versuch der Darstellung des **Isopropylmethylethers** aus unterschiedlichen Edukten zeigt [vgl. **MC-Fragen Nr. 556, 584**].

$$(CH_3)_2CH\text{-}I \;+\; CH_3O^-Na^+ \longrightarrow CH_3CH{=}CH_2 \;+\; CH_3OH \;+\; NaI$$

Propen

$$(CH_3)_2CH\text{-}I \;\not\updownarrow\; (CH_3)_2CH\text{-}O\text{-}CH_3$$

$$(CH_3)_2CH\text{-}O\text{-}CH_3 \xleftarrow{-\,NaI} CH_3\text{-}I \;+\; (CH_3)_2CH\text{-}O^-Na^+$$

Isopropylmethylether

Diarylether sind aufgrund der mangelnden Reaktivität von Halogenarenen auf diese Weise nicht darstellbar, es sei denn, das Halogenatom ist durch o/p-ständige Nitrogruppen aktiviert [vgl. **MC-Frage Nr. 582**].

Bei der Synthese von *Dialkylethern* müssen *wasserfreie* Lösungsmittel (DMF, DMSO, Aceton) verwendet werden, weil das Gleichgewicht der Alkoholat-Bildung infolge der hohen Basizität des Alkanolat-Ions in Wasser weitgehend auf der Seite des Alkohols liegt.

$$RO^- + H_2O \rightleftharpoons ROH + HO^-$$

Hingegen lassen sich *Phenolate* in wäßrig-alkoholischer Lösung zu *Alkylphenylethern* alkylieren, da das Phenolat-Ion im Vergleich zum HO^--Ion schwächer basisch ist [vgl. **MC-Fragen Nr. 583, 584**].

$$ArO^- + H_2O \rightleftharpoons Ar\text{-}OH + HO^-$$

Zur Darstellung von *Phenolethern* verwendet man vor allem Dialkylsulfate oder Tosylate. Für *Methylierungen* eignen sich in alkalischer Lösung **Dimethylsulfat** und **Toluensulfonsäuremethylester** oder auch **Methyliodid** [vgl. **MC-Fragen Nr. 586, 587**].

$$Ar\text{-}O^- + CH_3O\text{-}SO_2\text{-}OCH_3 \longrightarrow Ar\text{-}OCH_3 + CH_3O\text{-}SO_3^-$$

$$Ar\text{-}O^- + CH_3O\text{-}SO_2\text{-}C_6H_4\text{-}CH_3 \longrightarrow Ar\text{-}OCH_3 + CH_3\text{-}C_6H_4\text{-}SO_3^-$$

Für die Herstellung von Ethylethern wird **Diethylsulfat** eingesetzt. Alkylbromide und -iodide bilden die bevorzugten Reagenzien zur Synthese *höherer Ether.*

In Einzelfällen können *Aralkylether* auch durch eine **S_NAr-Reaktion** erhalten werden. Zum Beispiel läßt sich **2,4-Dinitrochlorbenzen** mit Methanolat in methanolischer Lösung glatt in **2,4-Dinitroanisol** umwandeln.

(2) *Alkylierung mit Diazoalkanen:* Aliphatische Diazoverbindungen besitzen nucleophile Eigenschaften. Nach der Addition eines Protons spaltet sich aus dem gebildeten Diazoniumion elementarer Stickstoff ab und die entstehenden Carbeniumionen stabilisieren sich durch Anlagerung eines nucleophilen Partners (Phenolat, Carboxylat).

$$R\text{-}COOH \rightleftharpoons R\text{-}COO^- + H^+$$

$$Ar\text{-}OH \rightleftharpoons Ar\text{-}O^- + H^+$$

$$\underset{\text{Diazoalkan}}{R\text{-}\overset{\ominus}{C}H\text{-}\overset{+}{N}{\equiv}N} + H^+ \longrightarrow \underset{\text{Alkyldiazonium-Ion}}{R\text{-}CH_2\text{-}\overset{+}{N}{\equiv}N} \xrightarrow{-N_2} \underset{\text{Carbeniumion}}{R\text{-}CH_2^+}$$

$$\underset{\text{Alkylphenylether}}{Ar\text{-}O\text{-}CH_2\text{-}R} \xleftarrow{+\,Ar\text{-}O^-} R\text{-}CH_2^+ \xrightarrow{+\,R\text{-}COO^-} \underset{\text{Carbonsäureester}}{R\text{-}COO\text{-}CH_2\text{-}R}$$

Die Darstellung von *Carbonsäuremethylestern* oder *Methylphenylethern* mit *Diazomethan* [CH_2N_2] hat präparative und analytische Bedeutung. Sie verläuft unter schonenden Bedingungen meistens quantitativ. Da das Methyl-Kation keine großen sterischen Anforderungen stellt, lassen sich auch sterisch gehinderte Carbonsäuren mit Diazomethan verestern [vgl. **MC-Fragen Nr. 646 – 648**].

Die Acidität von *Alkoholen* reicht *nicht* aus, um mit Diazomethan zu Methylethern zu reagieren. Der Zusatz katalytischer Mengen an **BF_3** ermöglicht jedoch auch ihre Veretherung.

$$ROH + BF_3 \longrightarrow [R\text{-}O\text{-}BF_3]^- H^+ \xrightarrow[-\,N_2/-\,BF_3]{+\,CH_2N_2} R\text{-}O\text{-}CH_3$$

(3) *Dehydratisierung von Alkoholen:* Dieses Verfahren kann praktisch nur zur Gewinnung *symmetrischer Dialkylether* herangezogen werden. Bei der protonenkatalysierten Veretherung bildet sich primär ein *Oxoniumion,* das von einem weiteren Alkoholmolekül S_N2-artig angegriffen wird. Daneben ist ein S_N1-Mechanismus über ein Carbeniumion zu diskutieren [vgl. **MC-Frage Nr. 585**]. Bei Verwendung von H_2SO_4 als Katalysator kann die Reaktion auch über ein Alkylhydrogensulfat als Zwischenprodukt ablaufen.

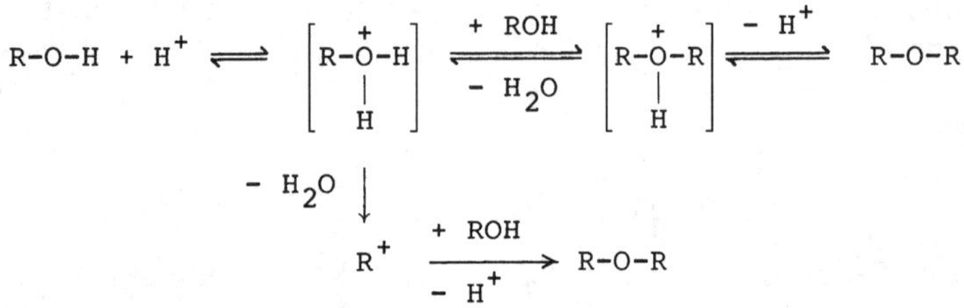

Primäre Alkohole reagieren mit guten Ausbeuten, während sekundäre und tertiäre Alkohole vorzugsweise zu Alkenen dehydratisieren. Für die Herstellung unsymmetrischer Ether ist das Verfahen wenig geeignet, da Substanzgemische [ROR, ROR', R'OR'] gebildet werden. In der Technik dehydratisiert man Alkohole meistens an Al_2O_3-Kontakten.

Die *Veretherung* verläuft *reversibel,* so daß sich die im allgemeinen reaktionsträgen Ether in Anwesenheit starker Säuren wieder spalten lassen.

(4) *Addition von Alkoholen an Alkene:* Sie ist in Gegenwart eines sauren Katalysators vor allem für die Darstellung von *Dialkylethern* geeignet.

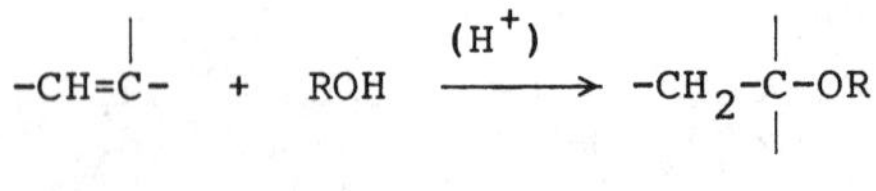

(5) *Alkoxymercurierung von Alkenen:* Hierzu wird ein Alken zu einem Gemisch des Alkohols und der stöchiometrischen Menge an Hg(II)-acetat in THF oder dem jeweiligen Alkohol hinzugefügt. Die intermediär gebildeten Alkoxyquecksilber-Verbindungen werden nicht isoliert, sondern direkt mit $NaBH_4$ zu Ethern reduziert.

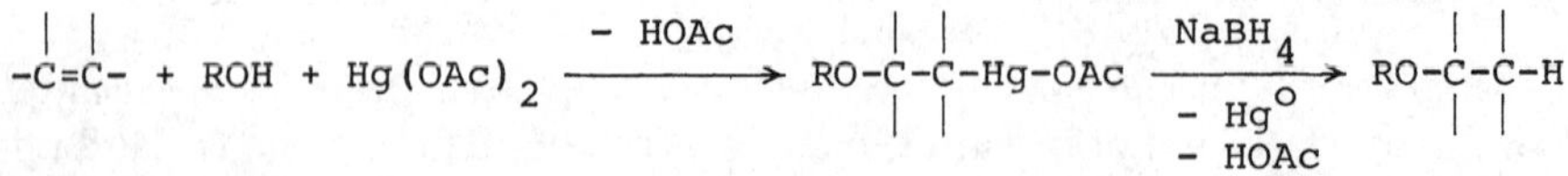

Die Reaktionsfolge entspricht der Markownikow-Addition eines Alkohols an ein Alken. Vorteil der Reaktion ist das Fehlen von konkurrierenden Eliminierungen.

3.9.6.2 Herstellung von Epoxiden (Oxiranen)

Die etherähnlichen *Epoxide (Oxirane)* enthalten einen reaktionsfähigen, leicht zu öffnenden Dreiring und können wie folgt hergestellt werden [vgl. **MC-Frage Nr. 596**].

(1) *Oxidation von Alkenen* mit Peroxysäuren (vgl. *Prileschajew-Reaktion*, Kap. 3.2) oder mit O_2 in Gegenwart von Silber.

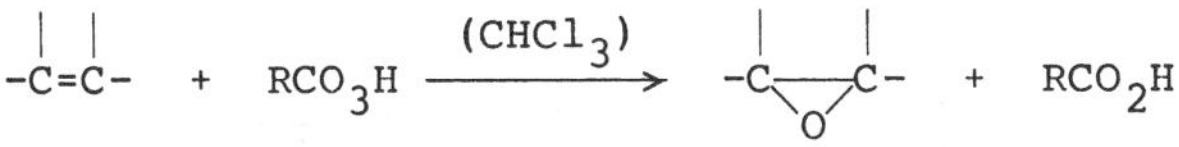

(2) *Dehydrohalogenierung von Halogenhydrinen* in Anwesenheit von tertiären Aminen. Diese **„innere S_N2-Reaktion"** erfordert die anti-Beziehung der beiden miteinander reagierenden Gruppen.

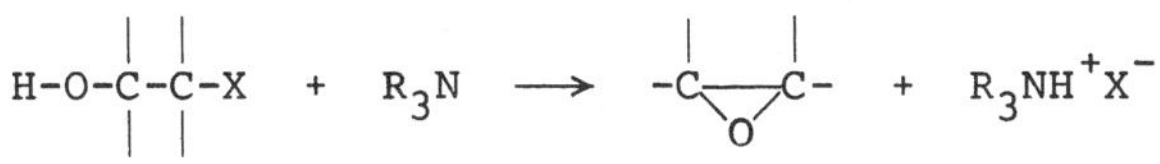

3.9.6.3 Physikalisch-chemische Eigenschaften von Ethern

Dialkylether haben, wie Tabelle 46 ausweist, niedrigere Siedepunkte als die entsprechenden Alkohole gleicher Molmasse. Sie besitzen zwar ein Dipolmoment [Diethylether: 1,8 D], ihre Moleküle können jedoch untereinander *keine Wasserstoffbrücken* bilden, so daß Molekülassoziationen ausbleiben. **Dimethylether** und **Ethylmethylether** sind bei Raumtemperatur gasförmig.

Tab. 46: Siedepunkte einiger Alkohole und Ether (in °C)

Ethanol	+ 78,5	Dimethylether	– 24,9
n-Propanol	+ 97,4	Ethylmethylether	+ 10,8
n-Butanol	+ 117,3	Diethylether	+ 34,5

Demgegenüber ist die *Mischbarkeit* der Ether mit *Wasser* durchaus mit der Wasserlöslichkeit von Alkanolen *gleicher C-Zahl* vergleichbar, weil sich in Wasser *intermolekulare H-Brücken* zwischen Ether- und H_2O-Molekülen ausbilden können. Die allgemeine Regel, daß Substanzen mit weniger als 4 C-Atomen pro O-Atom in Wasser löslich sind, gilt auch für Ether. Die Löslichkeit von **Diethylether** in Wasser beträgt etwa 10g/100 g H_2O. **Tetrahydrofuran** [Sdp. 67 °C] ist mit Wasser in jedem Verhältnis mischbar, weil infolge seiner kompakteren cyclischen Struktur das freie Elektronenpaar im THF viel leichter für H-Brücken zur Verfügung steht als das des Diethylethers. Auch **1,4-Dioxan** besitzt eine hohe Wasserlöslichkeit [vgl. **MC-Fragen Nr. 552, 831, 969**].

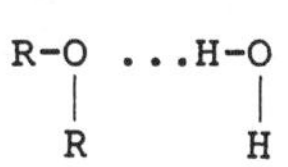

Niedere Ether haben eine große Bedeutung als inerte Lösungsmittel, besonders zur extraktiven Isolierung organischer Substanzen *(„Ausäthern")*. Sie sind unempfindlich gegenüber Alkali, Alkalimetallen, Oxidations- und Reduktionsmitteln. Beim Stehenlassen an der Luft erfolgt hingegen *Autoxidation* unter Bildung explosiver *Etherperoxide* (vgl. Kap. 3.2.4.3). **Diethylether** besitzt narkotische Eigenschaften; seine Dämpfe sind schwerer als Luft.

3.9.6.4 Makrocyclische Polyether (Kronenether)

Im Prinzip handelt es sich um Oligomere des **Ethylenglycols** [$(\text{-OCH}_2\text{CH}_2\text{-})_n$].

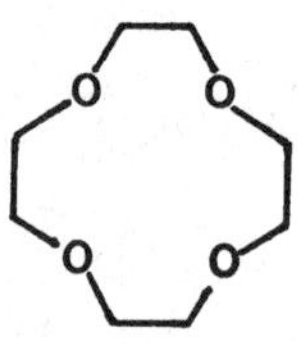

[12]Krone-4

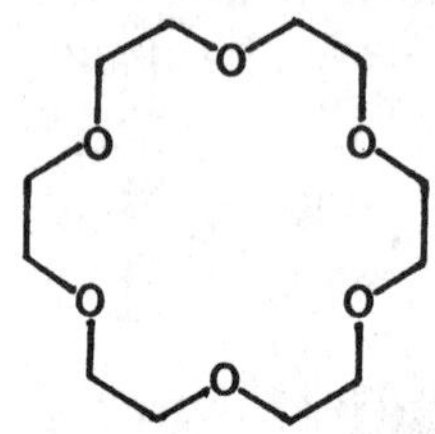

[18]Krone-6

Die Kurzbezeichnung „[a]Krone-b" bedeutet, daß ein a-gliedriges Ringsystem vorliegt, das b-Sauerstoffatome enthält.

Kronenether bilden als Liganden *(Kryptanden)* aufgrund von Ion-Dipol-Wechselwirkungen mit vielen Metallionen einschließlich der Alkali- und Erdalkali-Elemente stabile Komplexe *(Kryptate)*; vor allem dann, wenn diese Zentralionen genau in den „inneren Hohlraum" des Ringes passen. Die negativ polarisierten Sauerstoffatome koordinieren mit dem Metallion, während das äußere C-Gerüst den Komplexen einen lipophilen Charakter verleiht. Daher sind viele Kryptate in organischen Lösungsmitteln löslich [vgl. **MC-Fragen Nr. 597, 598**].

Kronenether beschleunigen in homogener Phase **S_N2-Reaktionen**, wenn das verwendete Lösungsmittel Anionen nicht gut solvatisiert. Nach Bindung des Kations als Kryptat steigt die Reaktivität des „nackten", wenig solvatisierten Anions stark an (*„Anionaktivierung"*, siehe Kap. 3.2.5.5).

3.9.6.5 Reaktionen von Ethern

Oxidation: Ether sind weitgehend oxidationsresistent. Sie reagieren jedoch – wie oben beschrieben – unter Lichteinfluß mit Luftsauerstoff nach einem Radikalmechanismus zu hochexplosiven Peroxiden. Zum *Nachweis von Peroxiden* schüttelt man den Ether mit einer wäßrigen KI-Lösung oder mit Eisenammoniumsulfat und KSCN. Die Bildung von Iod bzw. des roten Fe(III)-rhodanids zeigt das Verhandensein von Peroxiden an.

$$2\,I^- \xrightarrow{\text{(Peroxid)}} I_2$$

$$Fe^{2+} \xrightarrow{\text{(Peroxid)}} Fe^{3+} \xrightarrow{+\,n\,SCN^-} [Fe(SCN)_n]^{+3-n} \quad (n = 1\text{-}6)$$

Peroxid-haltige Ether werden durch Schütteln mit einer $FeSO_4$-Lösung bzw. durch Säulenchromatographie an Al_2O_3 gereinigt.

Basizität: Während Ether gegenüber den meisten Basen unempfindlich sind, verhalten sie sich gegenüber starken Proton- [$HClO_4$] oder Lewis-Säuren [BF_3] als *Basen* und bilden *Oxoniumsalze* [vgl. **MC-Fragen Nr. 589, 1234**].

$$R_2O + HX \longrightarrow R_2\overset{+}{O}H \cdot X^-$$

Aus Alkylfluoriden und Bortrifluorid-Etheraten erhält man tertiäre Oxoniumsalze [vgl. **MC-Frage Nr. 588**].

$$R_2O \cdot BF_3 + R'F \rightarrow R-\underset{\displaystyle R'}{\overset{+}{O}}-R + BF_4^-$$

Diese eignen sich als *Alkylierungsmittel,* d. h. sie spalten leicht Alkyl-Kationen ab, die mit Nucleophilen reagieren können. Ein Beispiel hierfür ist die Bildung von *Sulfoniumsalzen* aus Thioethern (vgl. Kap. 3.11.3).

$$R_2\overset{+}{O}-R' \cdot BF_4^- + R_2S \longrightarrow R_2O + R_2\overset{+}{S}-R' \cdot BF_4^-$$

Etherspaltung: Sie gelingt bei höheren Temperaturen vor allem mit 48%iger HBr in Eisessig oder mit *Iodwasserstoffsäure.* Aus *Dialkylethern* entsteht zunächst ein Alkylhalogenid und ein Alkohol. Letzterer kann jedoch mit der überschüssigen Säure zum *Halogenalkan* weiterreagieren.

$$R-O-R + HX \longrightarrow R-X + [ROH] \xrightarrow[-\ H_2O]{(HX)} 2\ R-X$$

Alkylarylether werden von Säuren in analoger Weise gespalten. Da die Phenylgruppe jedoch gegenüber Nucleophilen inert ist, wird stets die Alkyl-Sauerstoff-Bindung unter Bildung von Phenolen und Alkylhalogeniden gelöst [vgl. **MC-Fragen Nr. 588, 590**].

$$\underset{\text{Anisol}}{C_6H_5-O-CH_3} + HI \longrightarrow \underset{\text{Phenol}}{C_6H_5-OH} + \underset{\text{Methyliodid}}{CH_3-I}$$

In diesen Reaktionen wird der protonierte Ether vom Halogenid-Ion nach einem S_N1- oder S_N2-Mechanismus angegriffen und dabei der schwach basische Alkohol aus dem Molekül verdrängt. Der mechanistische Ablauf der Etherspaltung hängt von den gewählten Reaktionsbedingungen und der Struktur des Ethers ab. Erwartungsgemäß neigt eine primäre Alkylgruppe zur S_N2-Reaktion, eine tertiäre zum S_N1-Prozeß.

$$R-O-R + H^+ \longrightarrow R-\underset{\displaystyle H}{\overset{+}{O}}-R \begin{cases} \xrightarrow{+\ X^-} R-X + H-O-R & [S_N2] \\ \xrightarrow[-\ ROH]{} R^+ \xrightarrow[+\ X^-]{} R-X & [S_N1] \end{cases}$$

Iodwasserstoff als Reagenz der Wahl spaltet sowohl Dialkylether als auch Arylalkylether, während *Diarylether* gegenüber HI weitgehend stabil sind. Gleichzeitig im Molekül vorhandene Ester- und Amidfunktionen werden ebenfalls gespalten. Zum Beispiel entsteht aus **4-Ethoxyacetanilid** beim Behandeln mit siedender (57%iger) HI das Hydroiodid des **4-Aminophenols** [vgl. **MC-Frage Nr. 591**].

$$C_2H_5\text{-}O\text{-}C_6H_4\text{-}NH\text{-}COCH_3 \xrightarrow{(HI)} HO\text{-}C_6H_4\text{-}NH_3^+ I^-$$

Auf dem Prinzip der Etherspaltung mit HI beruht auch die quantitative Methode zur *Methoxylgruppen-Bestimmung nach Zeisel.* Während aliphatische Ether gegenüber Alkali stabil sind, können *Alkylarylether* durch stark basische Reagenzien gespalten werden, weil das Phenoxid-Ion bei S_N2-Reaktionen eine viel bessere Abgangsgruppe darstellt als das Alkoxid-Ion.

Claisen-Umlagerung: Zur intramolekularen Umlagerung von *Allylarylethern* siehe Kap. 3.2.14.3.

3.9.6.6 Reaktionen von Epoxiden

Oxirane sind infolge ihrer hohen Ringspannung sehr reaktive Substanzen, die unter dem katalytischen Einfluß von Säuren mit Nucleophilen leicht unter *Ringöffnung* reagieren [vgl. **MC-Fragen Nr. 592 – 595, 1202**].

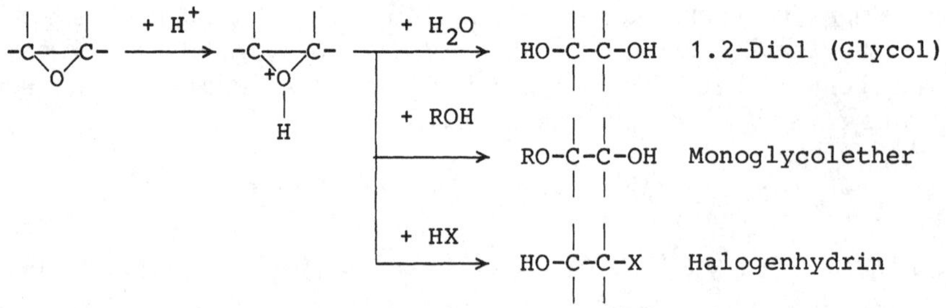

Die gleichen Reaktionen sind auch mit *Basen* möglich. Dies steht im Gegensatz zum Verhalten von Dialkylethern, die gegenüber Basen inert sind.

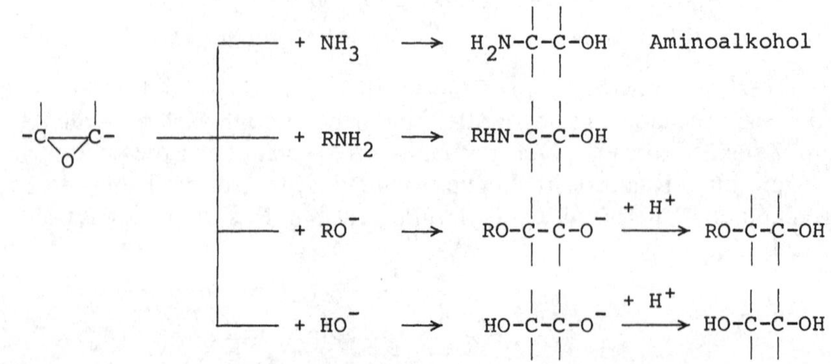

Wie die Reaktionen an unsymmetrischen Epoxiden zeigen, führen jedoch die Säure- und Basen-katalysierte Ringöffnung zu unterschiedlichen Produkten. Bei der Säurekatalyse tritt ein Nucleophil an das C-Atom des Oxiran-Ringes, welches das stabilere Carbeniumion bildet. Die Basen-katalysierte Ringöffnung erfolgt an dem Kohlenstoff, der sterisch am wenigsten behindert ist.

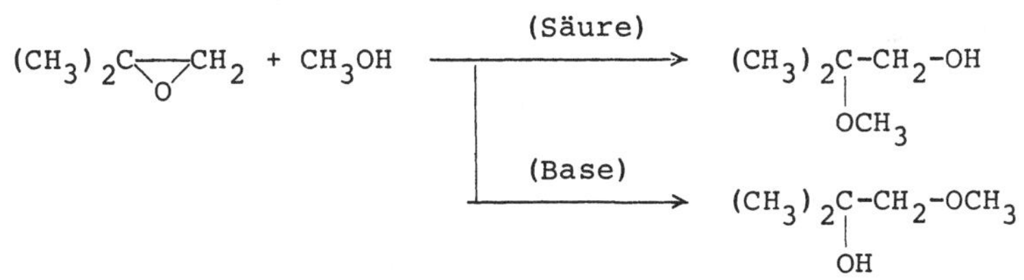

In Abwesenheit eines reaktiven Nucleophils lagern sich Oxirane unter dem Einfluß von Lewis-Säuren in *Carbonylverbindungen* um.

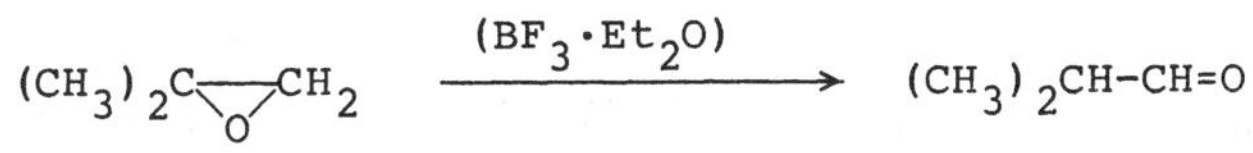

Komplexe Hydride reagieren mit Epoxiden unter Bildung von *Alkoholen.* Das Hydrid-Ion tritt in der Regel an das am wenigsten substituierte C-Atom.

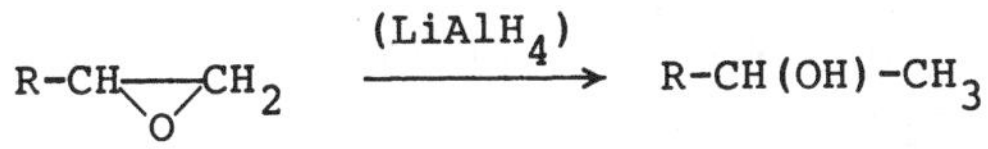

Der Oxiran-Ring kann auch mit Organolithium-Verbindungen oder *Grignard-Reagenzien* geöffnet werden (vgl. Kap. 3.8.3.1). Es entstehen *primäre Alkohole* mit einem um zwei Atome verlängerten Kohlenstoffgerüst. Auch eine Ringöffnung mit Cyanwasserstoff oder Mercaptanen ist möglich [vgl. **MC-Frage Nr. 1202**].

3.10 Stickstoffverbindungen

3.10.1 Struktur und Nomenklatur von Aminen

3.10.1.1 Struktur von Aminen

Amine sind *Substitutionsprodukte des Ammoniaks* [NH_3]. Je nach der Anzahl der Alkyl- oder Arylreste, die direkt mit dem N-Atom verknüpft sind, unterscheidet man:

- **primäre Amine** [RNH_2],
- **sekundäre Amine** [R_2NH],
- **tertiäre Amine** [R_3N] und
- **quartäre Ammoniumsalze** [$R_4N^+X^-$].

Im Gegensatz zur bisherigen Klassifizierung von Substanzen bezieht man bei Aminen die Bezeichnungen *„primär", „sekundär"* und *„tertiär" nicht* auf das C-Atom, das die funktionelle Gruppe trägt, sondern auf die Anzahl der org. Reste, die direkt mit dem N-Atom verbunden sind. Zum Beispiel ist **tert. Butylamin** [$(CH_3)_3C\text{-}NH_2$] ein primäres Amin [vgl. **MC-Fragen Nr. 599–602**].

In sekundären und tertiären Aminen sowie in quartären Ammoniumsalzen können die mit dem Stickstoff verknüpften Reste gleich oder verschieden sein.

Der Aminstickstoff ist *sp^3-hybridisiert.* Vom N-Atom gehen drei σ-Bindungen aus, das vierte sp^3-Hybridorbital wird vom *nichtbindenden Elektronenpaar* besetzt. Das freie Elektronenpaar ist verantwortlich für die *Basizität* und *Nucleophilie* der Amine. Aufgrund der *pyramidalen Geometrie* sind Amine mit drei unterschiedlichen Resten *chiral* [vgl. Kap. 3.3.9 und **MC-Frage Nr. 316**].

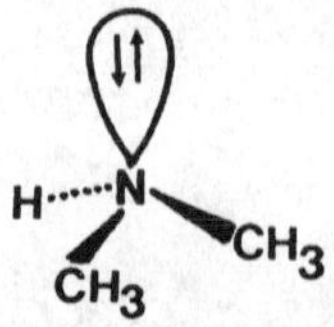

Abb. 82: Raumstruktur von Dimethylamin

3.10.1.2 Nomenklatur von Aminen

Primäre aliphatische Amine können als Derivate des betreffenden Kohlenwasserstoffs unter Voranstellen des Präfix *„Amino"* benannt werden, z. B. Aminomethan [CH_3NH_2]. Bei *sekundären* und *tertiären Aminen* bildet man ein Präfix, das alle

Substituentennamen enthält, ausgenommen den der größten Alkylgruppe, der die Grundstruktur bestimmt, z. B. N-Methylethylamin.

Nach den IUPAC-Regeln benutzte man dagegen früher das Suffix *„amin"*, das man an den Namen der Alkylgruppe anhängte, z. B. Methylamin. Neuerdings wird die Aminogruppe an das Ende des Namens des zugrundeliegenden Alkans gestellt, z. B. Methanamin. Unsymmetrisch *substituierte Amine* werden als N-substituierte Derivate eines primären Amins aufgefaßt. Als Grundstruktur wählt man dabei das primäre Amin mit dem komplizierteren Alkylrest. Sind mehrere Reste gleich, so wird das Zahlwort **Di-** oder **Tri-** vorangestellt. In analoger Weise erfolgt die Benennung von *Diaminen, Polyaminen* usw.

Die folgenden Beispiele sollen die genannten Nomenklatursysteme nochmals verdeutlichen.

CH_3NH_2	$(CH_3)_2NH$	$(CH_3)_3N$	$CH_3CH_2CH_2NH_2$
Methylamin	**Dimethylamin**	**Trimethylamin**	**n-Propylamin**
Aminomethan			**1-Aminopropan**
Methanamin			**1-Propanamin**

$CH_3NHCH_2CH_3$	$CH_3N(C_2H_5)_2$	$(CH_3)_2CHCH_2CH_2N(C_2H_5)_2$
N-Methylethylamin	**N-Methyldiethylamin**	**1-(Diethylamino)-3-methylbutan**

$C_6H_5CH_2NH_2$	$H_2NCH_2CH_2NH_2$	$H_2NCH_2CH_2CH_2CH_2NH_2$
Benzylamin	**1,2-Diaminoethan**	**1,4-Diaminobutan**
	(Ethylendiamin)	**1,4-Butandiamin**

Viele *aromatische Amine* kann man als Substitutionsprodukte des Anilins bezeichnen, z. B. N.N-Dimethylanilin, p-Nitroanilin, m-Bromanilin. Andere Verbindungen werden dagegen durch die Vorsilbe *„Amino"* charakterisiert, z. B. p-Aminobenzoesäure, p-Dimethylaminobenzaldehyd.

Eine Anzahl von aromatischen Aminen besitzen Trivialnamen: **p-Toluidin** (p-Aminotoluen), **m-Anisidin** (m-Methoxyanilin), **p-Phenetidin** (p-Ethoxyanilin), **Sulfanilsäure** (p-Aminobenzensulfonsäure), **Anthranilsäure** (o-Aminobenzoesäure) oder **Benzidin** (4,4'-Diaminobiphenyl) [vgl. **MC-Fragen Nr. 603, 604, 643**]. Benzen-Derivate mit zwei Aminogruppen werden als *Phenylendiamine* bezeichnet.

Cyclische Amine wie z. B. **Aziridin**, **Piperidin** können auch den Heteroaliphaten zugeordnet werden (vgl. Kap. 3.15.1.1).

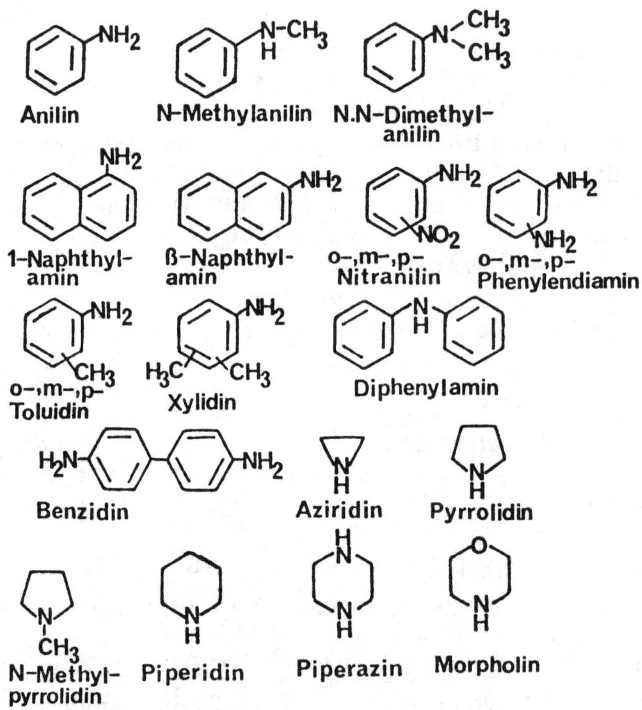

Salze von Aminen werden entweder als Derivate des entsprechenden Ammonium-Ions oder als Verbindungen des jeweiligen Amins mit der betreffenden Säure benannt.

$\left[CH_3\text{-}\overset{+}{N}H_2\text{-}CH_3\right]Cl^-$ **Dimethylammoniumchlorid**
Dimethylaminhydrochlorid

Quartäre Verbindungen werden als *Ammoniumsalze* formuliert.

$(CH_3)_4N^+]I^-$ **Tetramethylammoniumiodid**

Sind im Molekül weitere Heteroatome vorhanden, richtet sich die Benennung nach der *Rangordnung der Substituenten.* Danach rangiert zum Beispiel die Aminogruppe vor einem Halogenatom, aber nach der Hydroxylgruppe.

$Cl\text{-}CH_2\text{-}CH_2\text{-}NH_2$		$HO\text{-}CH_2\text{-}CH_2\text{-}NH_2$
2-Chlorethylamin	aber	**2-Aminoethanol (Ethanolamin)**

In entsprechender Weise wird die nachfolgende Verbindung als **2-n-Butylamino-1-(p-hydroxyphenyl)-ethanol** bezeichnet [vgl. **MC-Frage Nr. 605**].

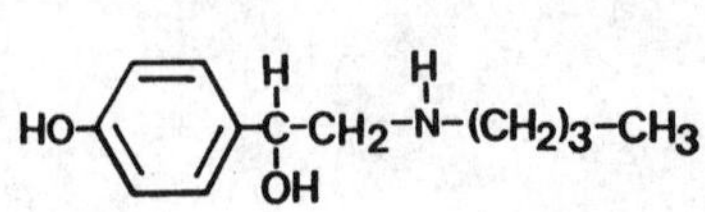

3.10.2 Darstellung und Eigenschaften von Aminen

3.10.2.1 Herstellung von Aminen

Als wichtige Methoden zur Synthese von Aminen sind zu nennen:

(1) Alkylierung von Ammoniak: Halogenalkane, Alkylsulfate und Alkyltosylate reagieren in wäßriger oder alkoholischer Lösung im Sinne einer *nucleophilen Substitution* mit Ammoniak.

$$R{-}X + NH_3 \rightarrow RNH_3^{+}]X^{-} \overset{(NH_3)}{\rightleftharpoons} RNH_2 + NH_4^{+}]X^{-}$$

$$RNH_2 + R{-}X \rightarrow R_2NH_2^{+}]X^{-} \overset{(NH_3)}{\rightleftharpoons} R_2NH + NH_4^{+}]X^{-}$$

$$R_2NH + R{-}X \rightarrow R_3NH^{+}]X^{-} \overset{(NH_3)}{\rightleftharpoons} R_3N + NH_4^{+}]X^{-}$$

$$R_3N + R{-}X \rightarrow R_4N^{+}]X^{-}$$

Das zunächst gebildete primäre Amin [RNH_2] konkurriert als Nucleophil mit NH_3 um ein weiteres Molekül des Alkylhalogenids [RX]. Daher entstehen in Folgereaktionen neben primären auch sekundäre [R_2NH] und tertiäre Amine [R_3N] sowie quartäre Ammoniumsalze [$R_4N^+X^-$]. Die Trennung eines solchen Gemischs gelingt manchmal durch fraktionierte Destillation. Selbst bei Verwendung eines großen NH_3-Überschußes läßt sich die Mehrfachalkylierung nicht verhindern [vgl. **MC-Fragen Nr. 606–608, 618**].

In der Technik setzt man *Alkohole als Alkylierungsmittel* ein. So ergibt die Umsetzung von Ammoniak mit **Methanol** an Al_2O_3-Kontakten bei 450 °C und 15 bar ein Gemisch von **Methylamin** [CH_3NH_2], **Dimethylamin** [$(CH_3)_2NH$] und **Trimethylamin** [$(CH_3)_3N$], das anschließend durch fraktionierte Destillation getrennt wird [vgl. **MC-Frage Nr. 619**].

Zur *Darstellung reiner primärer* oder *sekundärer Amine* muß man den Weg der *indirekten Alkylierung* wählen. Hierbei wird ein *reversibel blockiertes* Derivat des Ammoniaks, das nur noch ein oder zwei substituierbare H-Atome enthält, mit einem Alkylhalogenid umgesetzt. Anschließend wird die *Schutzgruppe* wieder abgespalten.

(2) Gabriel-Synthese: Zur gezielten Synthese *primärer aliphatischer Amine* setzt man **Phthalimid-Kalium** mit *Halogenalkanen* in DMF als Solvens um. [**Phthalimid** selbst besitzt als NH-acide Verbindung (pK_s= 8,3) keine nucleophilen Eigenschaften.]

Die intermediär auftretenden *N-Alkylphthalimid-Derivate* werden bei 150–170 °C mit Salzsäure zum primären Amin und Phthalsäure hydrolysiert. Schonender ist die *Hydrazinolyse*, bei der neben dem primären Amin das cyclische **Phthalsäurehydrazid** (Phthalazin) gebildet wird [vgl. **MC-Fragen Nr. 606, 607, 610, 612, 613, 615, 619**].

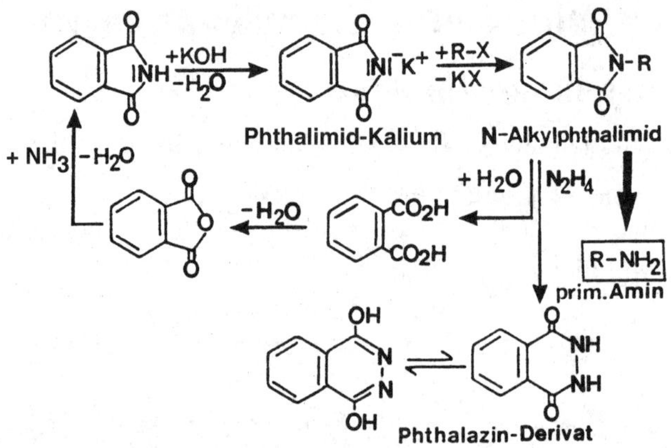

In analoger Weise lassen sich auch α-*Halogencarbonsäuren* ammonolysieren. Als Reaktionsprodukte werden α-*Aminosäuren* erhalten (vgl. Kap. 3.17.3.1). Die als Edukte verwendeten α-Halogencarbonsäuren sind leicht aus Carbonsäuren durch eine Hell-Volhard-Zelinsky-Reaktion herstellbar (vgl. Kap. 3.7.2.2).

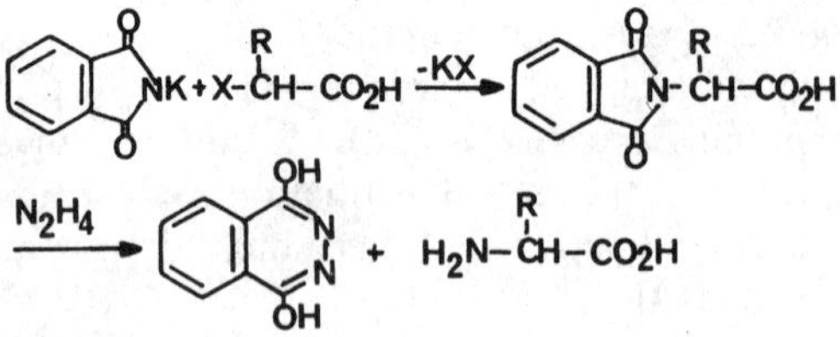

(3) Alkylierung von Sulfonamiden und Azomethinen: Zur Synthese *sekundärer aliphatischer Amine* läßt man Alkylhalogenide mit den Alkalisalzen von N-Alkylarylsulfonamiden reagieren; anschließend hydrolysiert man die gebildeten tertiären Sulfonamide zur Arylsulfonsäure [$ArSO_3H$] und sekundären Aminen. Bevorzugt werden die *Anionen sekundärer Toluensulfonamide* als nucleophile Reagenzien eingesetzt.

$$\underset{\text{sek. Arylsulfonamid}}{Ar{-}SO_2{-}NHR} + HO^- \xrightarrow{-\,H_2O} [Ar{-}SO_2{-}NR]^- \xrightarrow[-\,X^-]{+\,R'X} \underset{\text{tert. Sulfonamid}}{Ar{-}SO_2{-}NRR'}$$

$$\xrightarrow{+\,H_2O/H^+} Ar{-}SO_3H + \underset{}{HNRR'} \quad \text{sek. Amin}$$

Auf einem ähnlichen Syntheseweg sind sekundäre Amine auch durch Alkylierung von *Azomethinen (Iminen)* zugänglich.

$$\underset{\text{Aldehyd}}{Ar{-}CH{=}O} + \underset{\text{prim. Amin}}{R{-}NH_2} \xrightarrow{-\,H_2O} \underset{\text{Azomethin}}{Ar{-}CH{=}N{-}R} \xrightarrow{+\,R'X} [Ar{-}CH{=}\overset{+}{N}RR']X^-$$

$$\xrightarrow{+\,H_2O/H^+} Ar{-}CH{=}O + HNRR' \quad \text{sek. Amin}$$

(4) Aminierung von Aromaten: *Primäre Arylamine* können durch Umsetzung von *Halogenbenzenen* mit *Alkaliamiden* in flüssigem Ammoniak gewonnen werden. Die Reaktion verläuft über *Arine* als Zwischenstufe [vgl. **MC-Fragen Nr. 608, 621**].

$$\text{Ar-X} + \text{NaNH}_2 \xrightarrow{(\text{NH}_3\ \text{fl.})} \text{Ar-NH}_2 + \text{NaX}$$

Ist das Arylhalogenid durch o/p-ständige Nitrogruppen hinreichend aktiviert, so läßt sich das Halogenatom auch nach einem Additions-Eliminations-Mechanismus durch NH_3, RNH_2 oder R_2NH nucleophil substituieren (vgl. Kap. 3.2.7 und Kap. 3.6.4.3).

$$\text{p-O}_2\text{N-C}_6\text{H}_4\text{-Cl} + \text{HNR}_2 \longrightarrow \text{p-O}_2\text{N-C}_6\text{H}_4\text{-NR}_2 + \text{HCl} \quad \text{oder}$$

$$\text{1-Chlor-2,4,6-trinitrobenzen} + \text{NH}_3 \longrightarrow \text{Pikrylamin} + \text{HCl}$$

(5) Reduktion von Nitroverbindungen: *Primäre Amine* sind die Reaktionsprodukte der Reduktion von *Nitroalkanen* oder *Nitroarenen* im sauren Milieu. Die Methode eignet sich besonders zur Synthese primärer aromatischer Amine [vgl. Kap. 3.2.19.7 und **MC-Fragen Nr. 607, 609, 614, 618, 622**].

$$\text{R-NO}_2 \xrightarrow[\text{oder H}_2/\text{Kat.}]{\text{Metall/H}^+} \text{R-NH}_2$$

(6) Reduktion von Alkylaziden: Alkylazide [RN_3], die durch Umsetzung von Halogenalkanen mit NaN_3 zugänglich sind, werden durch $LiAlH_4$ oder durch kat. Hydrierung zu *primären Aminen* reduziert.

$$\text{R-Br} + \text{NaN}_3 \xrightarrow[S_N]{-\ \text{NaBr}} \text{R-N}_3 \xrightarrow{\text{LiAlH}_4} \text{R-NH}_2$$

(7) Reduktive Aminierung von Carbonylverbindungen: Aldehyde und Ketone kondensieren mit NH_3 zu *Iminen,* mit primären Aminen zu *Azomethinen* (Iminen) und mit sekundären Aminen zu *Enaminen,* die sich *in situ* katalytisch [RaNi] zu Aminen hydrieren lassen [vgl. Kap. 3.2.19.1 und **MC-Frage Nr. 613**].

$$\text{R}_2\text{C=O} \begin{cases} + \text{NH}_3 + \text{H}_2 \longrightarrow \text{R}_2\text{CH-NH}_2 & \text{primäres Amin} \\ + \text{RNH}_2 + \text{H}_2 \longrightarrow \text{R}_2\text{CH-NHR} & \text{sekundäres Amin} \\ + \text{R}_2\text{NH} + \text{H}_2 \longrightarrow \text{R}_2\text{CH-NR}_2 & \text{tertiäres Amin} \end{cases}$$

Eine Variante der reduktiven Aminierung ist die *Eschweiler-Clarke-Reaktion*, die – ausgehend von sekundären Aminen – zur Synthese *tertiärer Methylamine* herangezogen wird. Als weiteres Edukt dient Formaldehyd, als Reduktionsmittel (**Hydriddonator**) wird *Ameisensäure* verwendet. Für die Hydridübertragung auf das gebildete *Immoniumion* wird ein cyclischer Übergangszustand diskutiert.

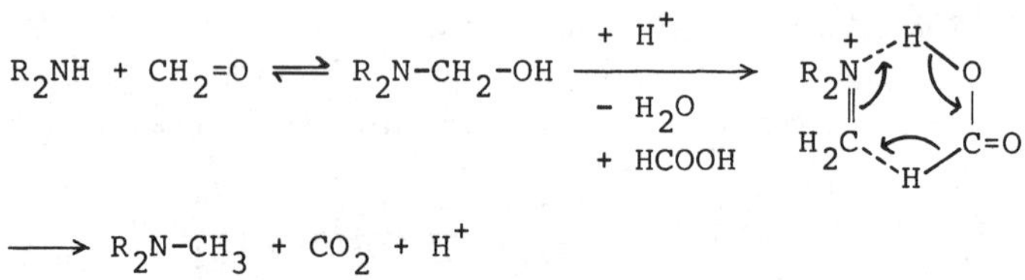

Eine ältere Variante dieses Verfahrens ist die *Leuckart-Wallach-Reaktion*. Sie liefert zwar geringere Ausbeuten, ist jedoch allgemeiner anwendbar [vgl. **MC-Fragen Nr. 767, 771**]. Bei dieser Methode wird ein *Keton* mit Ammoniumformiat oder substituierten Formamiden auf Temperaturen um 200 °C erhitzt. Beispielsweise erhält man aus **Acetophenon** und Ammoniumformiat in etwa 60%iger Ausbeute **1-Phenylethylamin**.

$$R_2C{=}O + H{-}\overset{\overset{\displaystyle O}{\|}}{C}{-}N(CH_3)_2 \longrightarrow R_2CH{-}N(CH_3)_2$$

$$C_6H_5{-}\underset{\underset{\displaystyle CH_3}{|}}{C}{=}O + HCOO^-\overset{+}{N}H_4 \longrightarrow C_6H_5{-}\underset{\underset{\displaystyle CH_3}{|}}{C}H{-}NH_2$$

(8) Reduktion von Oximen: Aldoxime und Ketoxime können durch Umsetzung von Carbonylverbindungen mit Hydroxylamin hergestellt und anschließend zu *primären Aminen* reduziert werden. Als Reduktionsmittel haben sich $LiAlH_4$, Na/EtOH sowie die katalytische Hydrierung bewährt [vgl. **MC-Frage Nr. 614**].

$$R_2C{=}O \xrightarrow[- H_2O]{+ H_2NOH} \underset{\text{Oxim}}{R_2C{=}N{-}OH} \xrightarrow[- H_2O]{Na/EtOH} \underset{\text{prim. Amin}}{R_2CH{-}NH_2}$$

(9) Reduktion von Nitrilen und Isonitrilen: *Primäre Amine* werden auch durch Reduktion von Nitrilen mit katalytisch angeregtem Wasserstoff oder $LiAlH_4$ erhalten. Aus präparativer Sicht ist somit die C≡N-Gruppierung einer CH_2NH_2-Gruppe äquivalent. Die Reaktion verläuft über ein *Imin* als Zwischenstufe [vgl. **MC-Fragen Nr. 606, 613, 614**].

$$R{-}C{\equiv}N \xrightarrow{+ H_2} [R{-}CH{=}NH] \xrightarrow{+ H_2} R{-}CH_2{-}NH_2$$

Die katalytische Hydrierung von *Isonitrilen* führt zu *sekundären Methylaminen*. Die Reduktion gelingt auch mit komplexen Hydriden [vgl. **MC-Frage Nr. 861**].

$$R{-}\overline{N}{=}\overline{C} + 2\ H_2 \longrightarrow R{-}NH{-}CH_3$$

(10) Reduktion von Carbonsäureamiden: Amide können mit $LiAlH_4$ in guten Ausbeuten zu Aminen reduziert werden. Auch Diboran [B_2H_6] eignet sich als Reduktionsmittel [vgl. **MC-Fragen Nr. 609, 613, 614**].

prim. Amid	$R{-}CO{-}NH_2$	$\xrightarrow{LiAlH_4}$	$R{-}CH_2{-}NH_2$	prim. Amin
sek. Amid	$R{-}CO{-}NHR$	$\longrightarrow$	$R{-}CH_2{-}NHR$	sek. Amin
tert. Amid	$R{-}CO{-}NR_2$	$\longrightarrow$	$R{-}CH_2{-}NR_2$	tert. Amin

(11) Abbau von Carbonsäure-Derivaten: Die Umlagerungen von Carbonsäure-Derivaten nach *Schmidt, Hofmann, Curtius* und *Lossen* führen unter *Verlust des Carboxy-Kohlenstoffs* zu *primären Aminen.* Als gemeinsame Zwischenstufe wird ein *Isocyanat* angenommen [vgl. Kap. 3.2.16.3 und **MC-Fragen Nr. 606, 607, 609–611, 619, 700**].

$$\left.\begin{array}{ll} \text{R-CO-NH}_2 \text{ (prim. Säureamid)} & \xrightarrow{\text{NaOCl oder NaOH/Br}_2} \\ \text{R-CO-N}_3 \text{ (Säureazid)} & \xrightarrow[\text{oder } h\nu]{\text{Thermolyse}} \\ \text{R-CO-NHOH (Hydroxamsäure)} & \xrightarrow{\Delta} \end{array}\right\} \longrightarrow \underset{\text{Isocyanat}}{\text{R-N=C=O}} \xrightarrow[-\ CO_2]{+\ H_2O} \underset{\text{prim. Amin}}{\text{R-NH}_2}$$

(12) Spaltung von p-Nitroso-dialkylanilinen: Die elektrophile Nitrosierung von N.N-disubstituierten Anilin-Derivaten mit anschließender alkalischer Spaltung der intermediär auftretenden Nitrosoverbindungen liefert neben p-Nitrosophenol auch *Dialkylamine* [vgl. **MC-Frage Nr. 613**].

$$\text{p-O=N-}C_6H_4\text{-NR}_2 \ + \ HO^- \longrightarrow \text{p-O=N-}C_6H_4\text{-O}^- \ + \ R_2NH$$

(13) Hofmann-Eliminierung: *Tertiäre Amine* sind gezielt durch Thermolyse von quartären Ammoniumhydroxiden synthetisierbar [vgl. Kap. 3.2.10.5 und **MC-Frage Nr. 618**].

$$CH_3\text{-}CH_2\text{-}\overset{+}{N}R_3 \ HO^- \xrightarrow{\Delta} CH_2\text{=}CH_2 \ + \ H_2O \ + \ R_3N$$

(14) Bromcyanabbau: Bromcyan [BrCN] reagiert mit tertiären Aminen zu quartären Ammoniumsalzen, die unter Abspaltung eines Alkylbromids in ein *Dialkylcyanamid* übergehen. Dessen Hydrolyse führt zu einer Carbaminsäure, die spontan zum *sekundären Amin* decarboxyliert.

$$\underset{\text{tert. Amin}}{R_3N} \xrightarrow{+\ \text{BrCN}} \overset{+}{R_3N}\text{-C≡N]Br}^- \xrightarrow{-\ \text{RBr}} \underset{\text{Cyanamid}}{R_2N\text{-C≡N}} \xrightarrow[-\ NH_3]{+\ H_2O} \underset{\text{Carbaminsäure}}{[R_2N\text{-COOH}]}$$

$$\longrightarrow CO_2 \ + \ R_2NH \ \text{(sek. Amin)}$$

Abb. 83 faßt nochmals – ausgehend von einem *Alkylhalogenid* – die wichtigsten Synthesewege zur Darstellung *primärer Amine* zusammen. Beachten Sie, daß durch geschickte Wahl des Syntheseweges die *Länge der Kohlenstoffkette* beibehalten, um 1 C-Atom verlängert bzw. um 1 C-Atom verkürzt werden kann.

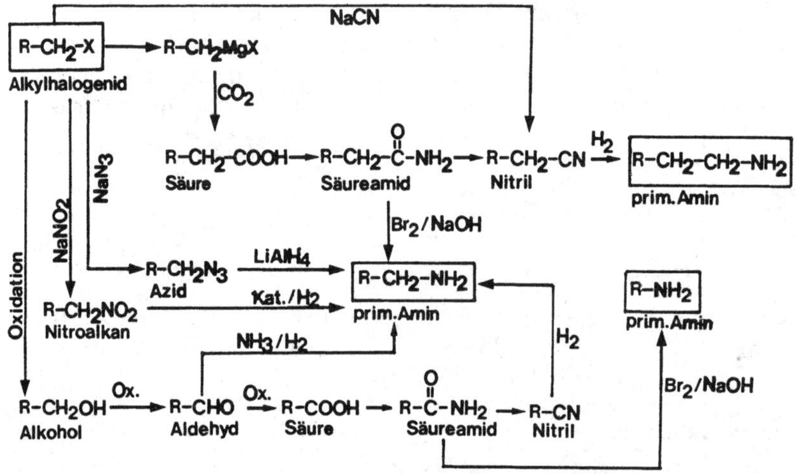

Abb. 83: Synthesewege zur Darstellung primärer Amine

3.10.2.2 Eigenschaften von Aminen

In den grundlegenden Eigenschaften wie *Basizität* und *Nucleophilie* unterscheiden sich primäre, sekundäre und tertiäre Amine nur graduell. Dagegen hängen einige physikalisch-chemische Eigenschaften sowie die Produkte vieler Aminreaktionen von der Anzahl der mit dem Stickstoff verbundenen Wasserstoffatome ab.

Bei einfachen Aminen nehmen im allgemeinen die Siedepunkte, Schmelzpunkte und Dichten mit steigender Molmasse zu. Außer den *gasförmigen,* in Wasser leicht löslichen Stoffen **Methylamin** [CH_3NH_2], **Dimethylamin** [$(CH_3)_2NH$], **Trimethylamin** [$(CH_3)_3N$] und **Ethylamin** [$CH_3CH_2NH_2$] sind die meisten Amine Flüssigkeiten von Ammoniak-ähnlichem Geruch [vgl. **MC-Frage Nr. 620**]. Amine mittlerer C-Zahl riechen fischartig. Nur höhere Amine sind fest. Vom NH_3 unterscheiden sich die Amine u. a. durch ihre *Brennbarkeit.*

Die *Siedepunkte* von primären und sekundären Aminen sind im Vergleich zu denen der entsprechenden Kohlenwasserstoffe erhöht. Diese Siedepunktserhöhung ist wie bei den Alkoholen auf die Ausbildung von *Wasserstoffbrücken* zurückzuführen [vgl. **MC-Frage Nr. 619**]. Allerdings sind die NH..N-Brückenbindungen schwächer als die OH..O-Brücken, so daß die Siedepunkte von Aminen zwischen denen der Alkane und Alkohole vergleichbarer Molekülmasse liegen. *Tertiäre Amine,* bei denen keine Molekülassoziation durch Wasserstoffbrücken möglich ist, sieden bei niedrigeren Temperaturen.

Die Bildung von intermolekularen H-Brücken ermöglicht auch, daß Amine (bis C-6) in Wasser und Alkoholen löslich sind. Die *Wasserlöslichkeit* nimmt erwartungsgemäß mit zunehmender Größe des Alkylrestes ab.

Aromatische Amine, insbesondere **Anilin**, sind giftig. Sie werden leicht durch die Haut resorbiert. Manche aromatischen Amine, die in reinem Zustand farblos sind, färben sich an der Luft durch *Autoxidation* dunkel. Aromatische Amine sind in Wasser unlöslich, aber mit Wasserdampf flüchtig.

3.10.3 Reaktionen von Aminen

3.10.3.1 Säure-Base-Verhalten von Aminen

Amine besitzen wie die Alkohole einen *amphoteren Charakter*. Während jedoch bei Alkoholen die sauren Eigenschaften stärker ausgeprägt sind als die basischen, zeigen Amine – verglichen mit ihrer Neigung ein Proton abzugeben – eine höhere Tendenz zur Anlagerung eines Protons. *Primäre* und *sekundäre Amine* reagieren daher nur mit sehr starken Basen [metallorganische Reagenzien] als schwache Säuren (vgl. *„Zerewitinow-Reaktion“* Kap. 3.8.3.1). Auch mit Alkalimetallen bilden Amine, wie z. B. **Anilin**, unter Protonenabgabe salzartige Verbindungen [vgl. **MC-Frage Nr. 622**].

$$[R_2NH_2]^+ \xleftarrow{+\ H^+} R_2\overline{N}H \xrightarrow{+\ C_6H_5\text{-}Li} [R_2\underline{\overline{N}}]^-Li^+ \ + \ C_6H_6$$

Die *Basizität von Aminen* und ihre Abhängigkeit von strukturellen Einflüssen wird im Kap. 3.19.5 „Säuren und Basen der organischen Chemie“, noch ausführlich behandelt. Danach bilden Amine mit Carbonsäuren und Mineralsäuren *in Wasser lösliche Ammoniumsalze,* sogar in den Fällen, in denen das entsprechende Amin Wasser-unlöslich ist. Die Salzbildung *chiraler Amine* wird zur Racematspaltung enantiomerer Säuren genutzt [vgl. Kap. 3.3.10 und **MC-Fragen Nr. 622, 623**].

$$\underset{\text{Anilin}}{C_6H_5\text{-}NH_2} \ + \ \underset{\text{Essigsäure}}{CH_3COOH} \longrightarrow \underset{\text{Anilinium-acetat}}{C_6H_5\text{-}\overset{+}{N}H_3 \ CH_3COO^-}$$

Aus diesen Salzen lassen sich die Amine mit starken Basen wie Alkalihydroxiden wieder freisetzen [vgl. **MC-Frage Nr. 614**].

Die Basizität von Aminen korreliert im allgemeinen mit ihren nucleophilen Eigenschaften. Deshalb sind z. B. primäre aliphatische Amine nicht nur stärkere Basen als primäre aromatische Amine, sondern auch reaktionsfähigere Nucleophile [vgl. **MC-Fragen Nr. 615, 622**].

3.10.3.2 Oxidation von Aminen

Primäre Amine sind leicht oxidierbar, so daß häufig schon beim Stehenlassen an der Luft *Autoxidation* zu komplex zusammengesetzten Gemischen eintritt. Dies gilt besonders für aromatische Amine wie **Anilin** oder **Toluidin**.

Darüber hinaus lassen sich *primäre aliphatische Amine* mit H_2O_2 selektiv zu *Aldoximen, sekundäre Amine* zu disubstituierten *Hydroxylamin-Derivaten* und *tertiäre Amine* zu *Aminoxiden* oxidieren.

prim. Amin	RCH_2NH_2	$\xrightarrow{H_2O_2}$	$RCH{=}N\text{-}OH$	Aldoxim
sek. Amin	R_2NH	$\longrightarrow$	$R_2N\text{-}OH$	Hydroxylamin
tert. Amin	R_3N	$\longrightarrow$	$R_3N{\rightarrow}O$	Aminoxid

In *Aminoxiden* liegt eine semipolare Bindung vor, d. h. der kovalenten N-O-Bindung ist eine Ionenbeziehung überlagert. Zur *Cope-Eliminierung* von Aminoxiden siehe Kap. 3.2.10.7.

Primäre aromatische Amine können durch Peroxomonoschwefelsäure zu Nitrosoverbindungen oxidiert werden, während die Umsetzung mit Trifluorperoxyessigsäure Nitroderivate liefert.

$$\mathrm{Ar{-}NO_2} \xleftarrow{(\mathrm{CF_3CO_3H})} \mathrm{Ar{-}NH_2} \xrightarrow{(\mathrm{H_2SO_5})} \mathrm{Ar{-}N{=}O}$$

Die Oxidation zu Nitroarenen verläuft dann glatt, wenn der Arylrest zusätzlich noch elektronenanziehende Gruppen [CN, NO_2, Hal] trägt. Präparativ nutzt man auch die Oxidation von primären aliphatischen Aminen mit tertiärem Alkylrest zur Darstellung von *tertiären Nitroalkanen.*

$$\mathrm{R_3C{-}NH_2} \xrightarrow{(\mathrm{KMnO_4})} \mathrm{R_3C{-}NO_2}$$

3.10.3.3 Isonitrilreaktion

Primäre aliphatische und *aromatische Amine* ergeben mit Chloroform in Gegenwart von Alkalihydroxiden unangenehm riechende *Isonitrile (Isocyanide).* Zunächst bildet sich aus $CHCl_3$ unter α-Eliminierung *Dichlorcarben*, das sich aufgrund seines Elektronensextetts elektrophil an das freie Elektronenpaar des Aminstickstoffs anlagert. Das entstandene Betain geht unter dem Einfluß der Base und unter Abspaltung von 2 Mol HCl in das entsprechende Isonitril über [vgl. **MC-Fragen Nr. 33, 616, 617, 635, 638, 1211**].

$$\mathrm{CHCl_3 + HO^- \longrightarrow CCl_2 + H_2O + Cl^-}$$

$$\mathrm{R{-}NH_2} \xrightarrow{+\,\mathrm{CCl_2}} \underset{\text{Betain}}{\left[\mathrm{R{-}\overset{+}{N}H_2{-}\overset{\ominus}{\bar{C}}Cl_2}\right]} \xrightarrow[-\,2\,\mathrm{HCl}]{(\mathrm{HO^-})} \underset{\text{Isonitril}}{\left[\mathrm{R{-}\bar{N}{=}C| \leftrightarrow R{-}\overset{+}{N}{\equiv}\overset{\ominus}{C}|}\right]}$$

Die *katalytische Hydrierung* von *Isonitrilen* liefert sekundäre Methylamine. Beim Behandeln mit verd. Mineralsäuren werden Isonitrile dagegen zu primären Aminen und Ameisensäure gespalten [vgl. **MC-Frage Nr. 861**].

$$\mathrm{R{-}NH{-}CH_3} \xleftarrow{(\mathrm{H_2})} \mathrm{R{-}NC} \xrightarrow{(\mathrm{H^+/H_2O})} \mathrm{R{-}NH_2 + HCOOH}$$

3.10.3.4 Verhalten gegenüber Salpetriger Säure

Die Reaktionen von primären, sekundären oder tertiären Aminen in wäßriger Lösung mit Salpetriger Säure ergeben unterschiedliche Produkte, die zur analytischen Unterscheidung von Amingemischen herangezogen werden können. In der Regel erzeugt man das elektrophile Reagenz – letztlich das Nitrosyl-Kation [NO^+] bzw. ein Nitrosylhalogenid [ONX] – in situ aus *Alkalinitriten* durch Zusatz von Mineralsäuren oder Essigsäure.

– Primäre aliphatische Amine: Sie reagieren mit HNO_2 zu einem *N-Nitroso-Derivat*, das sich in die tautomere *Isonitroso-Verbindung (Diazohydroxid)* umlagert. Das protonierte Diazohydroxid dehydratisiert zum *Diazoniumion,* in dem die Struktur des molekularen Stickstoffs vorgebildet ist. Alkandiazoniumionen sind instabil und eliminieren spontan N_2 unter Bildung von Carbeniumionen, die nach einem S_N1- oder E1-Mechanismus zu *Alkoholen* bzw. *Alkenen* weiterreagieren [vgl. **MC-Fragen Nr. 615, 625, 627, 628, 630**].

```
                 + NO+          H                                 + H+
R-CH2-CH2-NH2  ---->  R-CH2-CH2-N-N=O  <=>  R-CH2-CH2-N=N-OH  ---->
                 - H+   N-Nitrosamin          Diazohydroxid       - H2O

           +      - N2↑                 +     + H2O
R-CH2-CH2-N≡N  ----->  R-CH2-CH2+  --------->  R-CH2-CH2OH   Alkohol
Diazoniumion           Carbeniumion   |  (SN1)
                                      |
                   ~ H-  |            |  - H+
                         ↓            |  ------>  R-CH=CH2      Alken
                         +            |  (E1)
                    R-CH-CH3  ---     |
                   Carbeniumion       |+ H2O
                                         ------>  R-CHOH-CH3    Alkohol
                                         (SN1)
```

Das primär gebildete Carbeniumion kann zuvor zu einem energieärmeren Ion isomerisieren. Zum Beispiel liefert die *Desaminierung von n-Propylamin* 7% **n-Propanol**, 32–40% **Isopropanol** und 25% **Propen** [vgl. **MC-Frage Nr. 626**].

Auf der Desaminierung und der volumetrischen Messung des freigesetzten N_2 beruht die *van Slyke-Methode* zur quant. Bestimmung von primären Aminen, Aminosäuren und primären Carbonsäureamiden.

– Primäre aromatische Amine: Die gebildeten *Aryldiazoniumionen* [$Ar\text{-}N_2^+$] sind in Lösung infolge der Konjugation der Diazogruppe mit dem aromatischen System bei Temperaturen unterhalb von 5 °C hinreichend stabil und stellen wertvolle Edukte für *Folgereaktionen* dar [siehe hierzu Kap. 3.10.6.3 und **MC-Frage Nr. 630**].

– Sekundäre Amine: Sie reagieren mit HNO_2 zu *N-Nitrosaminen,* wobei aromatische N-Nitrosamine zur Umlagerung in p-Nitrosoarylamine neigen. Zum Beispiel liefert die Umsetzung von **N-Methylanilin** mit $NaNO_2$/HCl zunächst **N-Nitroso-N-methylanilin**, das in der Hitze zum **p-Nitroso-N-methylanilin** isomerisiert [vgl. Kap. 3.2.17 und **MC-Fragen Nr. 629, 630**].

```
          + NO+
R2NH  ------------>  R2N-N=O      N-Nitrosamin
          - H+

Ar-NHR  →  Ar-NR-N=O  →  O=N-Ar-NHR
```

Nitrosamine sind im allgemeinen gelb bis orange gefärbte, in Wasser wenig lösliche Öle, die sich mit konz. HCl wieder in das betreffende Amin überführen lassen. Einige *Dialkylnitrosamine* wirken stark *cancerogen.*

– Tertiäre aliphatische Amine: Sie reagieren bei Raumtemperatur im stark sauren Milieu normalerweise *nicht* mit HNO_2. Im schwach sauren Medium und bei erhöhten Temperaturen wird jedoch eine Entalkylierung beobachtet. Es entsteht ein Nitrosamin bzw. ein sekundäres Amin, während der abgespaltene Alkylrest zum Aldehyd dehydriert wird.

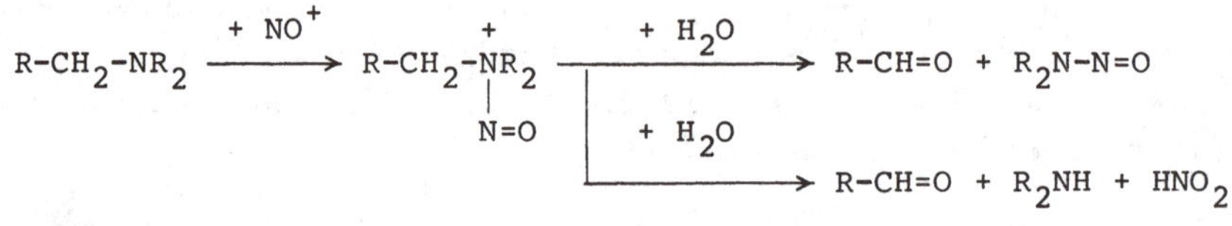

- **Tertiäre Amine mit aromatischem Rest**: Hier erfolgt durch S_E-Reaktion eine *C-Nitrosierung* des Arylrestes. Beispielsweise erhält man bei der Umsetzung von **N.N-Dimethylanilin** mit $NaNO_2$/HCl das Hydrochlorid des **p-Nitroso-N.N-dimethylanilins**.

$$C_6H_5\text{-}N(CH_3)_2 \xrightarrow[-\ H^+]{+\ NO^+} p\text{-}O{=}N\text{-}C_6H_4\text{-}N(CH_3)_2$$

3.10.3.5 Hinsberg-Trennung von Amingemischen

Die Umsetzung von Aminen mit *aromatischen Sulfonsäurechloriden* ist aus analytischer Sicht bedeutsam. Ein *primäres Amin* liefert ein in Alkalihydroxid-Lösungen lösliches Arylsulfonamid, während das aus einem *sekundären Amin* gebildete Produkt Alkali-unlöslich ist. *Tertiäre Amine* reagieren *nicht* mit Sulfochloriden.

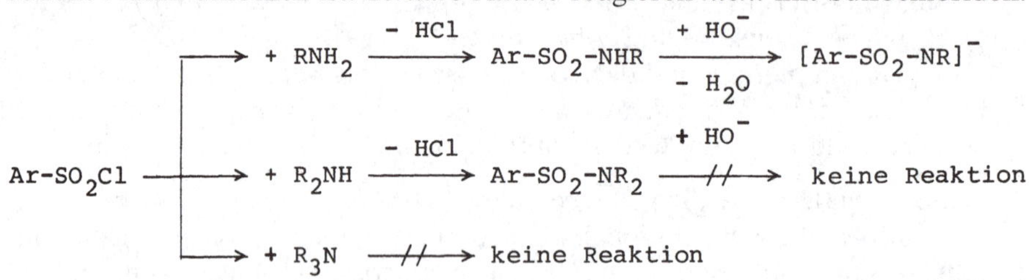

3.10.3.6 Verhalten gegenüber Kohlensäure-Derivaten

Auf der Additionstendenz des Stickstoffs an polare Doppelbindungen beruht auch die Umsetzung von prim. und sek. Aminen mit **Phosgen** [$COCl_2$] oder **Schwefelkohlenstoff** [CS_2]. Aus primären Aminen und Phosgen entstehen *Isocyanate (Isocyansäureester)*, aus sekundären Aminen tetrasubstituierte *Harnstoff-Derivate.*

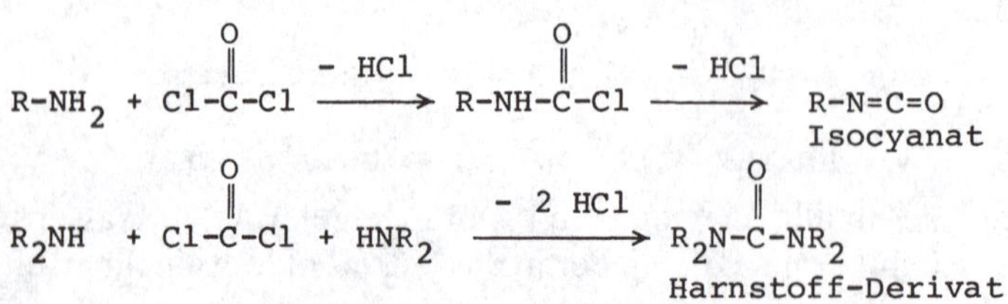

Die gebildeten *Isocyanate* decarboxylieren in wäßriger Lösung spontan zu primären Aminen und reagieren mit Alkoholen zu *Urethanen.* Aus ihrer Umsetzung mit Aminen resultieren substituierte *Harnstoffe* (vgl. Kap. 3.2.16.3).

Bei der Reaktion von *Schwefelkohlenstoff* mit primären und sekundären Aminen bilden sich N-Alkyl-substituierte *Dithiocarbaminsäuren,* die in Form ihrer Ammoniumsalze anfallen. Die aus primären Aminen entstehenden Salze können in Gegenwart von Hg(II)-Ionen in *Senföle (Isothiocyanate)* umgewandelt werden.

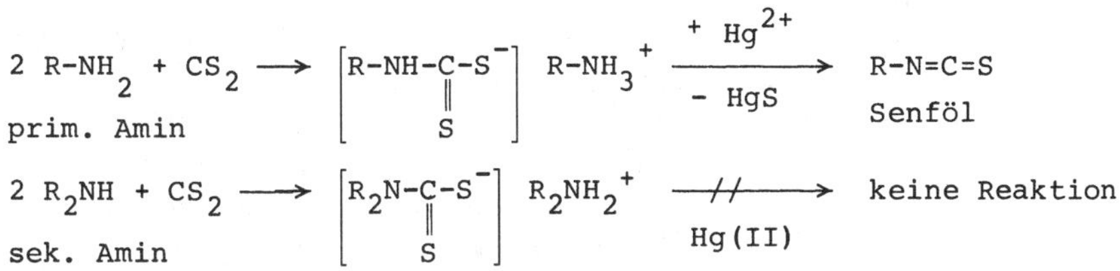

3.10.3.7 Weitere Reaktionen von Aminen

Die *Aminolyse* von *Carbonsäure-Derivaten* (Halogenide, Ester, Anhydride) verläuft nach dem üblichen Additions-Eliminations-Mechanismus und führt zu *Carbonsäureamiden.* Diese *Acylierungen,* die auch zum **Nachweis** und zur Identifizierung von Aminen dienen, werden im Detail im Kap. 3.13.7.1 vorgestellt. Durch zweifache Acylierung primärer Amine werden *Imide* erhalten [vgl. **MC-Frage Nr. 615**].

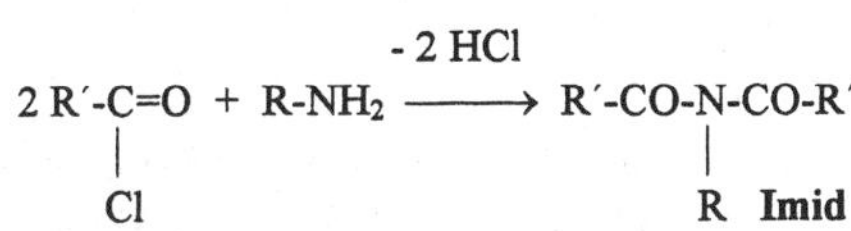

Die Kondensationsreaktionen von NH_3 und Aminen mit *Carbonylverbindungen* (Aldehyden, Ketonen), die zu *Iminen* führt, sind Gegenstand des Kap. 3.12.5.3 [vgl. **MC-Frage Nr. 615**]. Auf die *Alkylierung* von Aminen, insbesondere die *erschöpfende Methylierung* und den nachfolgenden *Hofmann-Abbau* der gebildeten quartären Ammoniumsalze zu *Alkenen* und *tertiären Aminen* wurde bereits im Kap. 3.2.10.5 hingewiesen.

3.10.3.8 Ausgewählte Amine

Anilin [C_6H_5-NH_2] ist ein fast wasserunlösliches, farbloses Öl [Sdp. 184 °C], das sich an der Luft infolge Autoxidation rasch dunkel färbt; es ist darstellbar durch:

- Reduktion von Nitrobenzen in saurer Lösung,
- Ammonolyse von Phenol *(Halcon-Verfahren),*
- Ammonolyse von Chlorbenzen.

Anilin ist schwächer basisch als Methylamin, und seine wäßrigen Lösungen färben rotes Lackmuspapier nicht. Es löst sich in Essigsäure unter Bildung von **Anilinium-acetat**. Mit Acetylchlorid reagiert es zu **Acetanilid**, das häufig anstelle von Anilin als Ausgangsmaterial bei elektrophilen Substitutionsreaktionen eingesetzt wird. Die katalytische Hydrierung von Anilin führt zu **Cyclohexylamin** [vgl. **MC-Fragen Nr. 621–623, 1209**].

Die drei stellungsisomeren *Nitraniline* dienen zur Herstellung von Azofarbstoffen. Da die Nitrierung von Anilin von Oxidationen begleitet ist, geht man bei der Synthese der o/p-Isomeren von **Acetanilid** aus und spaltet anschließend die gebildeten Nitroacetanilide in alkalischem Milieu. Das m-Isomer ist durch partielle Reduktion von **1,3-Dinitrobenzen** zugänglich.

Ortho- und meta-Nitranilin sind wasserdampfflüchtig. Alle drei Nitraniline sind schwächer basisch als Anilin und lösen sich nur in überschüssiger Säure. Ihre Hydrochloride sind im Unterschied zu den gelben Basen durch Protonierung der auxochromen Aminogruppe farblos. Im Gegensatz zu Anilin kann die Aminogruppe des o/p-Nitranilins nucleophil durch die HO-Gruppe unter Bildung von **o/p-Nitrophenol** substituiert werden [vgl. **MC-Frage Nr. 624**].

3.10.4 Von Aminen abgeleitete Stoffklassen und weitere Stickstoffverbindungen

In den folgenden Übersichten werden ausgewählte Substanzklassen summarisch vorgestellt, die eine *C-N-Bindung* enthalten. Die Reste (R) können dabei gleich oder verschieden sein und – falls nichts anderes angegeben wird – Alkyl, Aryl oder Wasserstoff bedeuten.

Die Verfahren zur Synthese dieser Stoffe sowie ihre Reaktionen werden in den nachfolgenden Abschnitten noch eingehend diskutiert.

[A] Derivate des Ammoniaks und verwandter Verbindungen
[vgl. **MC-Fragen Nr. 632, 634, 635, 637, 638, 946, 1160, 1161, 1184, 1185, 1239**]

prim. Amin	RNH_2	quart. Ammoniumsalz	$R_4N^+]X^-$
sek. Amin	R_2NH	quart. Ammoniumhydroxid	$R_4N^+]HO^-$
tert. Amin	R_3N		
Aminoxid	$R_3N\rightarrow O$	Ammoniumsalz	$R_3NH^+]X^-$
Imin (Aldimin, Ketimin)	$R_2C=NH$	Halbaminal	$R_2\underset{OH}{\underset{\vert}{C}}-NR_2$
Azomethin (Schiffsche Base)	$R_2C=NR$	Aminal	$R_2C(NR_2)_2$
		Enamin	$R_2C=CR-NR_2$
prim. Amid	$RCO-NH_2$	prim. Sulfonamid	RSO_2-NH_2
sek. Amid	$RCO-NHR$	sek. Sulfonamid	RSO_2-NHR
tert. Amid	$RCO-NR_2$	tert. Sulfonamid	RSO_2-NR_2
Imid	$(RCO)_2NH(R')$		
Urethan (Carbaminsäureester)	$RO-\underset{O}{\underset{\Vert}{C}}-NR_2$	Harnstoff-Derivat	$R_2N-\underset{O}{\underset{\Vert}{C}}-NR_2$
Amidin	$R-\underset{NR}{\underset{\Vert}{C}}-NR_2$	Guanidin-Derivat	$R_2N-\underset{NR}{\underset{\Vert}{C}}-NR_2$
Nitril (Cyanid)	$R-C\equiv N$	Isonitril (Isocyanid)	$R-\overline{N}=\overline{C}$
Nitriloxid	$R-C\equiv N\rightarrow O$	Cyanamid	$R_2N-C\equiv N$
Isocyanat (Isocyansäureester)	$R-N=C=O$	Isothiocyanat (Senföl)	$R-N=C=S$

[B] Derivate des Hydroxylamins
[vgl. **MC-Frage Nr. 633**]

N-subst. Hydroxylamin	R-NH-OH
N.N-disubst. Hydroxylamin	R_2N-OH
Oxim (Aldoxim, Ketoxim)	R_2C=N-OH
Oximether	R_2C=N-OR
Hydroxamsäure	R-C(=O)-NH-OH ⇌ R-C(OH)=N-OH

[C] Derivate des Stickstoffs und Hydrazins (Diazan)
[vgl. **MC-Fragen Nr. 640 – 642, 644, 645**]

Monoalkyl(aryl)hydrazin	R-NH-NH_2
sym. Dialkyl(aryl)hydrazin	R-NH-NH-R
asym. Dialkyl(aryl)hydrazin	R_2N-NH_2
Hydrazobenzen-Derivat	Ar-NH-NH-Ar
Hydrazon	R_2C=N-NH-R
Azin	R_2C=N-N=CR_2
Hydrazid	R-CO-NH-NH_2
Diacylhydrazin	RCO-NH-NH-OCR
Azoalkan (**Dialkyldiazen**)	R-N=N-R
Azobenzen-Derivat (**Diaryldiazen**)	Ar-N=N-Ar
Azoxyverbindung	R-N=N^+(O^-)-R
Triazen-Derivat	R-N=N-NH-R
Alkyl(aryl)diazoniumsalz	R-N^+≡N]X^-
Diazohydroxid	R-N=N-OH
Diazoalkan	$R_2\overline{C}^{\ominus}$-$N^+$≡N

[D] Derivate der Stickstoffwasserstoffsäure

Azid	R-N_3	Carbonsäureazid	R-CO-N_3

[E] Derivate der Salpetersäure und Salpetrigen Säure
[vgl. **MC-Fragen Nr. 631, 636, 639**]

C-Nitrosoverbindung	R_3C-N=O
Isonitrosoverbindung (Oxim)	R_2CH-N=O ⇌ R_2C=N-OH
N-Nitrosamin	R_2N-N=O
Alkyl(aryl)nitrit (Salpetrigsäureester)	R-O-N=O

Alkyl(aryl)nitrat (Salpetersäureester)	R-O-NO_2
prim. Nitroalkan	RCH_2-NO_2
sek. Nitroalkan	R_2CH-NO_2
tert. Nitroalkan	R_3C-NO_2
Nitroaren	Ar-NO_2

3.10.5 Darstellung und Reaktionen von Diazoverbindungen

3.10.5.1 Synthese von Diazoverbindungen

Diazoalkane haben die allgemeine Formel [$\mathbf{R_2CN_2}$]. Sie sind *nicht* durch Diazotierung primärer aliphatischer Amine darstellbar, weil in deren Molekül kein acider, α-ständiger Wasserstoff vorhanden ist. Deshalb verläuft die N_2-Eliminierung aus dem intermediär gebildeten Alkyldiazoniumion schneller als die Deprotonierung zum Diazoalkan.

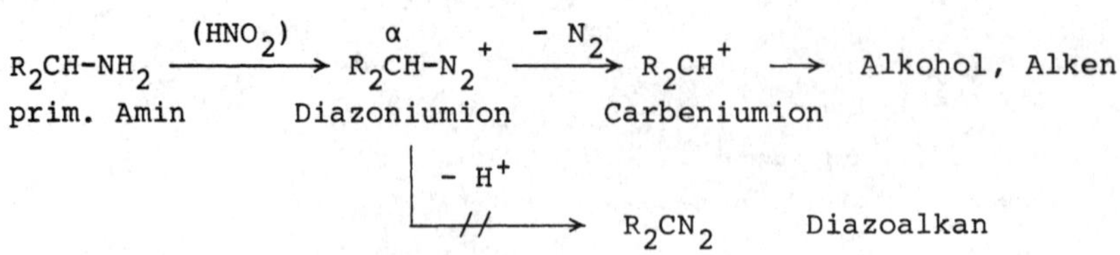

Zur Herstellung von Diazoalkanen geht man von acylierten oder sulfonierten primären Aminen aus. Diese werden zunächst nitrosiert und anschließend in einem Zweiphasensystem [Et_2O/H_2O] mit Alkalihydroxid-Lösungen gespalten, wobei ein Diazotat-Ion als Zwischenstufe durchlaufen wird.

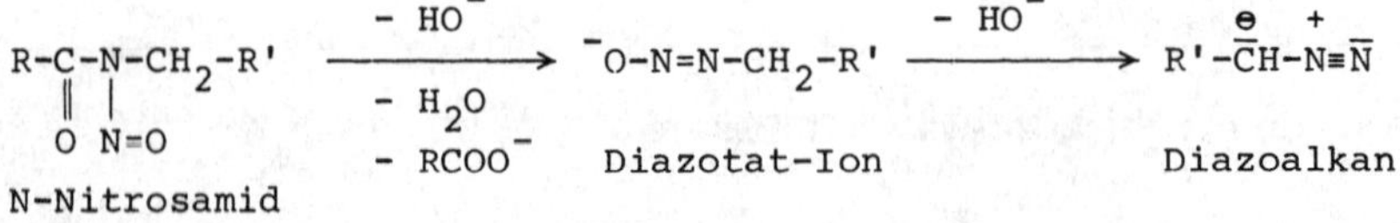

Als Substrate zur Herstellung von Diazoalkanen haben sich folgende Nitrosamide bewährt:

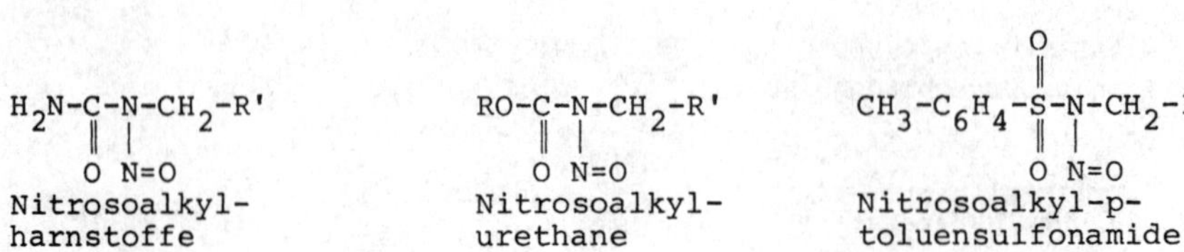

Das weitaus wichtigste Diazoalkan ist **Diazomethan**, das wie folgt hergestellt werden kann [vgl. **MC-Fragen Nr. 610, 646**]:

– aus **N-Nitrosomethylharnstoff** und KOH,

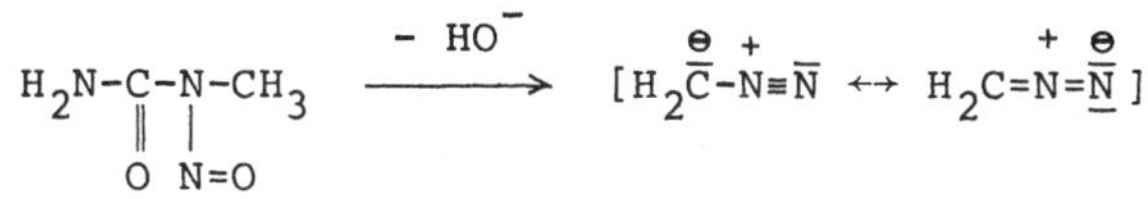

– aus dem beständigeren **N-Nitroso-N-methyl-p-toluensulfonamid**.

$$CH_3-C_6H_4-SO_2-N(N=O)-CH_3 \xrightarrow{(HO^-)} CH_2N_2 + CH_3-C_6H_4-SO_3^- + H_2O$$

Diazocarbonsäureester: Im Gegensatz zu den freien Aminosäuren oder primären Aminen erhält man bei der Umsetzung von α-Aminocarbonsäureestern mit HNO_2 die in der Kälte relativ beständigen, mesomeriestabilisierten Diazocarbonsäureester.

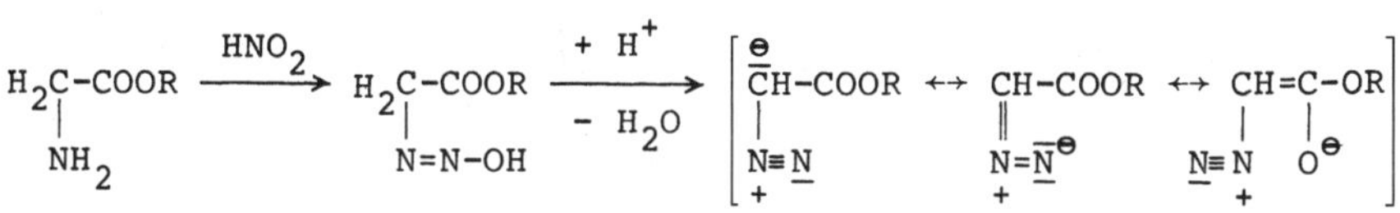

Glycinester Diazoessigester

α-Diazoketone: Sie bilden sich in analoger Weise beim Behandeln von α-*Aminoketonen* mit $NaNO_2$/HCl oder entstehen bei der Umsetzung von *Diazomethan* mit *Carbonsäurechloriden* als Zwischenprodukte der *Arndt-Eistert-Reaktion* (vgl. Kap. 3.2.16.2).

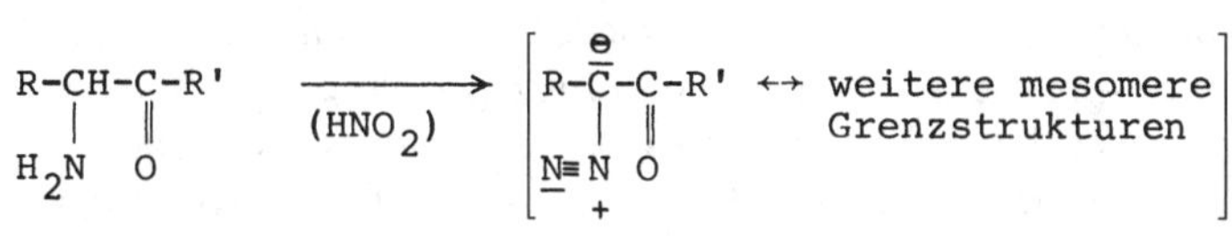

3.10.5.2 Reaktionen von Diazoverbindungen

Diazoalkane besitzen *nucleophile Eigenschaften.* Bei der Addition eines Protons wird die Konjugationsmöglichkeit der Diazogruppe mit dem restlichen Molekül aufgehoben. Es entstehen unter N_2-Eliminierung Carbeniumionen, die sich durch Anlagerung eines Nucleophils oder durch Abspaltung eines Protons stabilisieren können. [*Bei Verwendung von Diazomethan:* **R = H**]. Für diese Reaktionen benutzt man im allgemeinen die etherischen Lösungen der Diazoalkane, so daß das Proton aus dem Substrat stammt.

$$R\text{-}\overset{\ominus}{C}H\text{-}\overset{+}{N}{\equiv}\overline{N} + H^+ \longrightarrow R\text{-}CH_2\text{-}\overset{+}{N}{\equiv}N \xrightarrow{-N_2} R\text{-}\overset{+}{C}H_2$$

Diazoalkan — Diazoniumion — Carbeniumion

$$R\text{-}CH_2^+ + H_2O \longrightarrow R\text{-}CH_2OH \quad \text{Alkohol}$$
$$R\text{-}CH_2^+ + X^- \longrightarrow R\text{-}CH_2X \quad \text{Alkylhalogenid}$$
$$R\text{-}CH_2^+ + R'COO^- \longrightarrow R\text{-}CH_2\text{-}O\text{-}COR' \quad \text{Carbonsäureester}$$
$$R\text{-}CH_2^+ + ArO^- \longrightarrow R\text{-}CH_2\text{-}O\text{-}Ar \quad \text{Phenolether}$$

Die Bereitschaft zur Addition eines Protons hängt von der Basizität der Diazoverbindung ab und nimmt in folgender Reihe zu:

Diazoketon < Diazoessigester < Diazoalkan < Diazomethan

Die Darstellung von Carbonsäuremethylestern bzw. Phenylmethylethern aus Diazomethan und Carbonsäuren bzw. Phenolen hat präparative und analytische Bedeutung [vgl. **MC-Fragen Nr. 646–648**].

Die Umsetzung von Diazomethan mit dem CH-aciden **Acetessigester** führt zum *Enolether* [vgl. **MC-Frage Nr. 889**]

$$CH_3\text{-}\underset{\substack{\| \\ O}}{C}\text{-}CH_2\text{-}\underset{\substack{\| \\ O}}{C}\text{-}OR + CH_2N_2 \longrightarrow CH_3\text{-}\underset{\substack{| \\ OCH_3}}{C}{=}CH\text{-}\underset{\substack{\| \\ O}}{C}\text{-}OR + N_2$$

3.10.6 Darstellung und Reaktionen von Diazoniumsalzen

3.10.6.1 Darstellung von Arendiazoniumsalzen

Primäre aromatische Amine reagieren mit *Salpetriger Säure* bei Temperaturen um 0 °C zu den entsprechenden *Aryldiazoniumsalzen.* Die für die *Nitrosierung (Diazotierung)* notwendige HNO_2 wird in situ aus Alkalinitriten [$NaNO_2$, KNO_2] unter Zusatz einer Säure [HCl, H_2SO_4, HOAc] erzeugt [vgl. **MC-Frage Nr. 623**].

$$C_6H_5\text{-}\overset{+}{N}H_3]Cl^- + HNO_2 \longrightarrow C_6H_5\text{-}\overset{+}{N}{\equiv}N]Cl^- + 2\ H_2O$$

Anilin-Hydrochlorid, Aniliniumchlorid — Benzendiazoniumchlorid, Phenyldiazoniumchlorid

Je nach der eingesetzten Säure sind unterschiedliche Nitrosierungsagenzien wirksam.

$$NO_2^- + H^+ \longrightarrow HNO_2 \xrightarrow{+H^+} H_2NO_2^+ \xrightarrow[-H_2O]{+X^-} O{=}N\text{-}X \xrightarrow{-X^-} O{=}N^+$$

$[X^- = NO_2^-, Cl^-, HSO_4^-$ u.a.]

In Halogenwasserstoffsäuren ist es das betreffende *Nitrosylhalogenid* [O=N-X] (X=Br, Cl), in Schwefelsäure je nach Wassergehalt das *Nitrosoacidium-Ion* [$H_2NO_2^+$] oder das *Nitrosylsulfat* [$O{=}N{-}O{-}SO_3^-$], während das *Nitrosyl-Kation* [NO^+] nur in wenigen Fällen eine Rolle spielt.

Anstelle von Salpetriger Säure können in alkoholischer Lösung bei einem geringen Säurezusatz auch **Isoamylnitrit** oder **Ethylnitrit** zur Nitrosierung verwendet werden. Dies ist immer dann angezeigt, wenn die Ammoniumsalze in Wasser schwerlöslich sind oder nur langsam mit HNO_2 reagieren.

$$Ar{-}\overset{+}{N}H_3]X^- + R{-}O{-}N{=}O \longrightarrow Ar{-}N_2^+]X^- + ROH + H_2O$$

Die *Diazotierung von primären aromatischen Aminen* läuft nach folgendem *Mechanismus* ab:

$$\underset{\text{prim. Arylamin}}{Ar{-}NH_2} \overset{+\,H^+}{\rightleftharpoons} Ar{-}NH_3^+ \xrightarrow[-\,HX]{+\,ONX} Ar{-}\overset{+}{N}H_2{-}NO \xrightarrow{-\,H^+}$$

$$\underset{\text{N-Nitrosamin}}{Ar{-}NH{-}N{=}O} \rightleftharpoons \underset{\text{Diazohydroxid}}{Ar{-}N{=}N{-}OH} \xrightarrow[-\,H_2O]{+\,H^+} \underset{\text{Diazoniumion}}{[Ar{-}\overset{+}{N}{\equiv}\underline{N} \leftrightarrow Ar{-}\underline{N}{=}\overset{+}{\underline{N}}]}$$

3.10.6.2 Eigenschaften von Arendiazoniumsalzen

Aryldiazoniumsalze sind farblose und kristalline Substanzen, die sich an der Luft dunkel färben und im trockenen Zustand unter N_2-Abspaltung detonieren. Die Diazoniumsalze starker Säuren sind in Wasser vollständig dissoziiert. Solche Lösungen reagieren neutral [vgl. **MC-Frage Nr. 649**]. Die im Vergleich zu Alkyldiazoniumionen erhöhte Stabilität von Arendiazoniumionen in Lösungen unterhalb von 5 °C ist eine Folge der Konjugation der Diazogruppe mit dem π-Elektronensystem des aromatischen Ringgerüstes. Die *Reaktivität* der mesomeriestabilisierten Diazoniumionen nimmt zu, wenn in o/p-Position Substituenten mit -I/-M-Effekten vorhanden sind. +I/+M-Substituenten senken hingegen die Reaktionsfähigkeit.

In *wäßriger Lösung* verhalten sich Diazoniumionen wie eine *zweibasige Säure* und bilden beim Versetzen mit Alkalihydroxiden *Diazotat-Anionen*. Hierbei überrascht, daß die Gleichgewichtskonstante $K_2 >> K_1$ ist. Dies bedeutet, daß in der Lösung das Arendiazohydroxid nur in geringer Konzentration auftritt. Erst oberhalb von pH ~ 11,9 enthält die Lösung äquimolare Mengen an Diazohydroxid und Diazotat. Bei kleineren pH-Werten dominiert eindeutig das Diazoniumion.

$$\underset{\text{Diazoniumion}}{Ar{-}N_2^+} \xrightarrow[{[K_1]}]{+\,HO^-\ \text{(langsam)}} \underset{\text{Diazohydroxid}}{Ar{-}N{=}N{-}OH} \xrightarrow[{[K_2]}]{+\,HO^-\ \text{(rasch)}} \underset{\text{Diazotat}}{Ar{-}N{=}N{-}O^-}$$

Aufgrund ihrer N=N-Doppelbindung können *Diazotate* in einer *syn-* und *anti-Form* auftreten. Bei den Reaktionen von Diazoniumionen mit Hydroxidionen entsteht zunächst das syn-Isomer, das sich im stark alkalischen Milieu zum stabileren anti-Diazotat umlagert [vgl. **MC-Fragen Nr. 650, 656**].

3.10.6.3 Reaktionen aromatischer Diazoniumsalze

Die Reaktionen von aromatischen Diazoniumionen, die hierzu nicht isoliert, sondern in situ erzeugt werden, lassen sich einteilen in:

- *Reaktionen, die unter Abspaltung der Diazogruppe verlaufen*
  * Verkochung,
  * Sandmeyer-Reaktion,
  * Reduktion.
- *Reaktionen, bei denen der Diazostickstoff im Molekül verbleibt*
  * Reduktion,
  * Azokupplung.

Verkochen von Diazoniumsalzen: Während Aryldiazoniumionen bei tiefen Temperaturen relativ beständig sind, spalten sie beim Erhitzen oder beim Bestrahlen mit UV-Licht leicht Stickstoff ab unter Bildung eines *Aryl-Kations*. Dieses reagiert mit in der Lösung vorhandenen Nucleophilen [**S_NAr-Reaktion** nach einem Eliminierungs-Additions-Mechanismus, vgl. Kap. 3.2.7 und **MC-Fragen Nr. 461, 652, 658, 659, 662**].

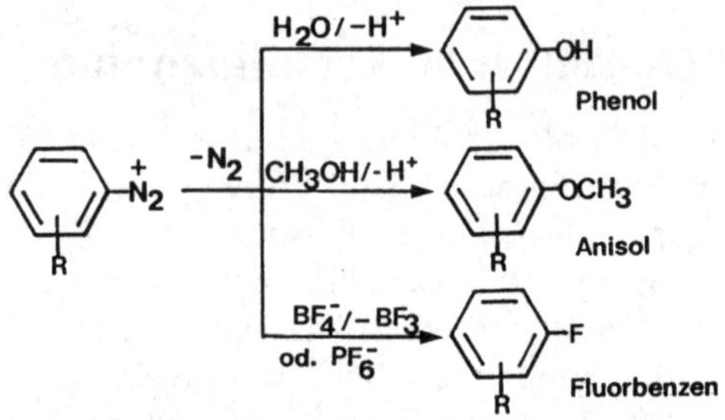

In wäßriger Lösung entstehen bevorzugt *Phenole*. Beispielsweise erhält man **o-Nitrophenol** bei der Diazotierung und anschließendem Verkochen von **o-Nitranilin**. Aus **m-Chloranilin** läßt sich **m-Chlorphenol** herstellen.

Das Aryl-Kation reagiert aber auch mit anderen in der Lösung anwesenden Nucleophilen, wie z. B. Halogenid-Ionen.

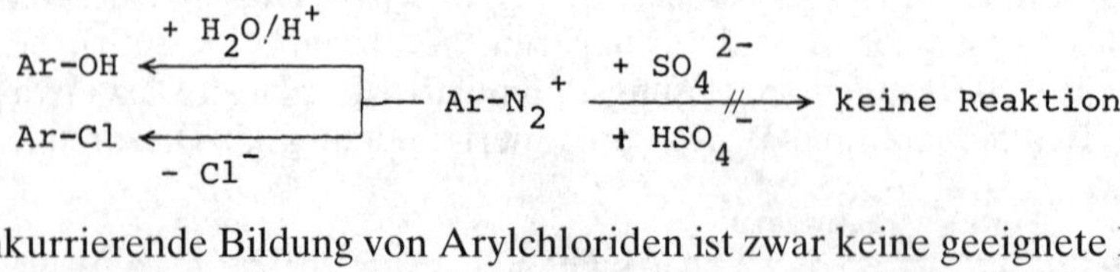

Die konkurrierende Bildung von Arylchloriden ist zwar keine geeignete Methode zu ihrer Darstellung, sie mindert jedoch die Ausbeute an Phenolen. Daher führt man die Verkochung im allgemeinen in schwefelsaurer Lösung durch, da Sulfat- und Hydrogensulfat-Ionen im Vergleich zu Wasser oder Halogenid-Ionen schwächere Nucleophile darstellen.

Glatt läßt sich hingegen das Fluorid-Ion unter Bildung von *Fluorarenen* einführen, indem man Diazoniumtetrafluoroborate in einem inerten Lösungsmittel erhitzt *(Schiemann-Reaktion)* [vgl. **MC-Fragen Nr. 494, 659**]. Im Gegensatz zu anderen Diazoniumsalzen sind die Fluoroborate im festen Zustand relativ beständig.

Erwärmt man Arendiazoniumsalze in *methanolischer Lösung,* so bilden sich *Anisol-Derivate.* Mit *höheren Alkoholen* entstehen infolge der reduzierenden Wirkung von Alkanolen anstelle des Ethers die betreffenden *aromatischen Kohlenwasserstoffe.*

$$Ar{-}N_2^+Cl^- + R{-}CH_2OH \longrightarrow Ar{-}H + R{-}CH{=}O + N_2 + HCl$$

Reduktion: Je nach den gewählten Reaktionsbedingungen können dabei *aromatische Kohlenwasserstoffe* oder unter Erhalt der Stickstoff-Funktion *Hydrazin-Derivate* gebildet werden [vgl. **MC-Fragen Nr. 645, 650, 661, 663**].

$$\underset{\text{Kohlenwasserstoff}}{Ar{-}H} \longleftarrow \underset{\text{Diazoniumion}}{Ar{-}\overset{+}{N}{\equiv}N} \longrightarrow \underset{\text{Arylhydrazin}}{Ar{-}NH{-}NH_2}$$

Die Reduktion von Diazoniumsalzen zu *Kohlenwasserstoffen* wird am besten mit Phosphinsäure [H_3PO_2], Phosphonsäure [H_3PO_3], Natriumstannit-Lösung [$NaSn(OH)_3$] oder Ameisensäure [HCOOH] durchgeführt.

Zur Bildung von *Arylhydrazinen* werden Natriumsulfit, Zn/HOAc oder $SnCl_2$/HCl als Reduktionsmittel eingesetzt. Bei der Einwirkung von Sulfit-Ionen bilden sich zunächst *Diazosulfonate,* die sich mit überschüssigem Reagenz in Phenylhydrazine umwandeln. Das Verfahren wird technisch zur Darstellung von **Phenylhydrazin** aus **Anilin** genutzt.

$$Ar{-}N_2^+ + NaHSO_3 \xrightarrow{+\,H^+} \underset{\text{Diazosulfonat}}{Ar{-}N{=}N{-}SO_3Na} \xrightarrow{NaHSO_3} \underset{\text{Arylhydrazin}}{Ar{-}NH{-}NH_2}$$

Phenylhydrazine sind wichtige Reagenzien zur Charakterisierung von Carbonylverbindungen in Form ihrer *Phenylhydrazone* (vgl. Kap. 3.12.5.3) und zur Bildung von *Osazonen* aus Kohlenhydraten (vgl. Kap. 3.16.3.5). Darüber hinaus dienen sie auch als Edukte zur *Fischerschen Indolsynthese* und zur Darstellung von *Pyrazolon-Derivaten* [vgl. Kap. 3.15.3.1 und **MC-Frage Nr. 645**].

Sandmeyer-Reaktion: In vielen Fällen, in denen die N_2-Gruppe nicht durch ein einfaches Verkochen ausgetauscht werden kann, ist es möglich, sie nach Zugabe von *Kupfer* oder *Cu(I)-Salzen* durch andere Gruppen zu ersetzen. Vorteil der Reaktion ist, daß keine Isomeren auftreten und der Ort der Substitution durch die Stellung der Diazogruppe eindeutig festgelegt ist. Die Reaktion verläuft somit *regioselektiv.* Die nachfolgende Graphik vermittelt einen Eindruck über das Synthesepotential der Sandmeyer-Reaktion [vgl. **MC-Fragen Nr. 457, 461, 471, 649, 659, 660, 663, 1205**].

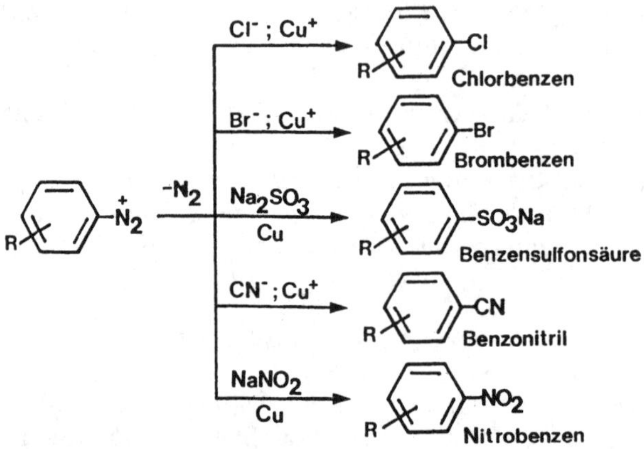

Die als Nebenprodukte auftretenden *Diarylverbindungen* weisen auf einen radikalischen Ablauf der Reaktion hin, wobei ein Cu(I)-Ion die Rolle des Elektronendonators bzw. -akzeptors übernimmt. Die aus Diazoniumionen und Cu(I) im geschwindigkeitsbestimmenden Teilschritt gebildeten *Arylradikale* reagieren anschließend mit dem Nucleophil unter Rückbildung des Cu-Katalysators.

$$Ar\text{-}N_2^+ + Cu^+ \longrightarrow Ar\cdot + N_2 + Cu^{2+}$$
$$Ar\cdot + X^- \longrightarrow Ar\text{-}X + e^-$$
$$Cu(II) + e^- \longrightarrow Cu(I)$$
$$Ar\cdot + Ar\cdot \longrightarrow Ar\text{-}Ar \quad \text{(Nebenreaktion)}$$

Der formulierte Mechanismus macht verständlich, warum leicht oxidierbare bzw. reversibel oxidierbare Reagenzien wie z. B. *Iodid-Ionen* keinen Cu-Katalysator benötigen. Allerdings diskutiert man bei der Bildung von *Aryliodiden* aus aromatischen Diazoniumsalzen auch einen direkten nucleophilen Angriff des Iodid-Ions auf ein intermediär auftretendes Aryl-Kation.

$$Ar\text{-}N_2^+ + I^- \longrightarrow Ar\cdot + N_2 + 1/2\ I_2$$
$$Ar\cdot + I^- \longrightarrow Ar\text{-}I + e^-$$
$$1/2\ I_2 + e^- \longrightarrow I^-$$

Der Einfluß des Cu-Katalysators zeigt sich auch daran, daß in seiner *Abwesenheit* Diazoniumsalze mit *Cyanid-Ionen* nicht zu Arylnitrilen, sondern zu *Diazocyaniden* reagieren.

$$ArN_2^+ + CN^- \longrightarrow Ar\text{-}N{=}N\text{-}C{\equiv}N \quad \text{Diazocyanid}$$

Die Verwendung von Diazoniumsalzen zur Synthese polysubstituierter Aromaten sei nochmals an der Darstellung von **2,4-Dichlornitrobenzen** aufgezeigt. Die Substanz kann ausgehend von **3-Chlor-4-nitranilin** durch Diazotierung und nachfolgende Sandmeyer-Reaktion oder ausgehend von **2,4-Dichlor-5-nitranilin** durch

Diazotierung und nachfolgende Reduktion synthetisiert werden [vgl. **MC-Frage Nr. 663**].

Azokupplung: *Diazoniumsalze* besitzen am endständigen Stickstoffatom der Diazogruppe *elektrophile Eigenschaften.* Sie reagieren mit einer Reihe von Aromaten und Heteroaromaten im Sinne einer elektrophilen Substitutionsreaktion zu *Azoverbindungen.*

$$Ar\text{-}N_2^+ \ + \ Ar\text{-}H \xrightarrow{(S_E)} Ar\text{-}N{=}N\text{-}Ar \ + \ H^+$$

Infolge der weitgehend delokalisierten Ladung sind Diazoniumionen relativ *schwache Elektrophile,* die *nur* mit stark *aktivierten Aromaten [Phenole, arom. Amine]* und einigen *π-elektronenreichen Heteroaromaten [Pyrrol, Indol]* kuppeln. -I/-M-Substituenten steigern, +I/+M-Substituenten senken hingegen die Reaktivität des Diazoniumions. Die Substitution findet fast ausschließlich in der *para-Position* statt. Die o-Position reagiert nur dann, wenn die p-Stellung blockiert ist [vgl. **MC-Fragen Nr. 650, 653, 654, 1181**].

Einfluß des pH-Wertes: Für jede Kupplungsreaktion existiert ein optimaler pH-Wert. In stark saurem Milieu wird im allgemeinen mit aromatischen Aminen und Phenolen keine Umsetzung beobachtet, weil die Konzentration an freiem Amin durch Salzbildung gemindert bzw. die Dissoziation des Phenols zum Phenolat stark zurückgedrängt wird.

$$Ar\text{-}NH_2 \ + \ H^+ \rightleftharpoons Ar\text{-}NH_3^+ \ ; \quad Ar\text{-}OH \rightleftharpoons Ar\text{-}O^- \ + \ H^+$$

Im stark alkalischen Milieu ist die Bereitschaft des Amins zur Kupplung zwar ungeschwächt vorhanden, bei Phenolen durch Salzbildung sogar beträchtlich erhöht, aber die Konzentration an Diazoniumionen ist gering, weil sich Diazotat-Ionen bilden. Diazotate sind nicht mehr kupplungsfähig.

$$\underset{\text{Diazoniumion}}{Ar\text{-}\overset{+}{N}{\equiv}N} \xrightarrow{+\ HO^-} \underset{\text{Diazohydroxid}}{Ar\text{-}N{=}N\text{-}OH} \xrightarrow[-\ H_2O]{+\ HO^-} \underset{\text{Diazotat}}{Ar\text{-}N{=}N\text{-}O^-}$$

Die günstigsten Bedingungen für die Azokupplung liegen deshalb bei *Aminen* als Kupplungskomponenten im *schwach sauren,* bei *Phenolen im schwach alkalischen pH-Bereich* [vgl. **MC-Fragen Nr. 651, 655–657**].

Aromatische Amine als Kupplungskomponenten: Durch Kupplung des Diazoniumsalzes mit *primären aromatischen Aminen* werden *Triazene (Diazoaminoverbindungen)* erhalten (**N-Kupplung**) [vgl. **MC-Fragen Nr. 623, 650**].

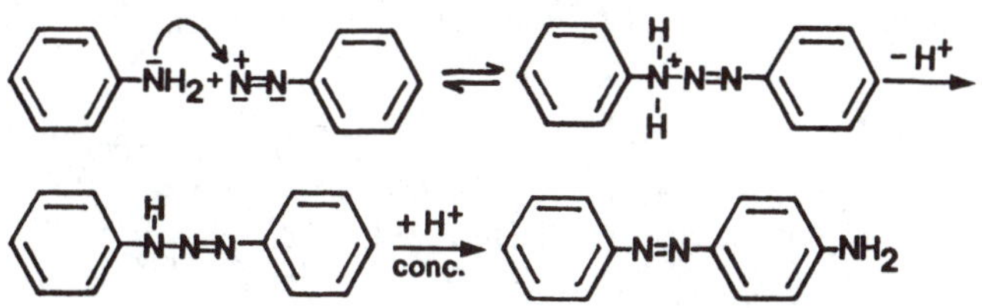

Diazoaminobenzen (1.3-Diphenyltriazen) p-Aminoazobenzen

Charakteristisch für Diazoaminoverbindungen ist ihre im sauren Milieu bei erhöhten Temperaturen leicht erfolgende Umlagerung zu *Aminoazoverbindungen* (vgl. Kap. 3.2.17). Allerdings ist anzumerken, daß die N-Kupplung auf Anilin, ortho- und para-substituierte Anilin-Derivate sowie p-Toluidin beschränkt ist. Bei anderen primären aromatischen Aminen erfolgt sofort eine C-Kupplung mit dem aromatischen Ringgerüst.

Setzt man ein *sekundäres Amin,* z. B. **N-Methylanilin**, als Substrat ein, so entsteht gleichfalls die Diazoaminoverbindung, die sich jedoch – teilweise schon in der Kälte – rasch in das Aminoazo-Derivat umlagert.

$$\text{Ar-N}_2^{\ +} + \text{Ar-NH-R} \xrightarrow{+\ \text{H}^+} \text{Ar-N=N-NR-Ar} \longrightarrow \text{Ar-N=N-Ar-NH-R}$$

Im Gegensatz dazu reagieren *tertiäre aromatische Amine* direkt unter **C-Kupplung** zu *p-Aminoazoverbindungen.*

$$\text{Ar-N}_2^{\ +} + \text{Ar-NR}_2 \xrightarrow{-\ \text{H}^+} \text{Ar-N=N-Ar-NR}_2$$

Die erhaltenen *Azoverbindungen* können zu Hydrazin-Derivaten oder zu primären aromatischen Aminen reduziert werden.

$$\text{R-Ar-N=N-Ar-R'} \xrightarrow{\text{H}_2} \text{R-Ar-NH-NH-Ar-R'} \xrightarrow{\text{H}_2} \text{R-Ar-NH}_2 + \text{H}_2\text{N-Ar-R'}$$

Phenole als Kupplungskomponenten: Die Kupplung von Diazoniumsalzen mit Phenolen oder Naphtholen in schwach alkalischer Lösung erfolgt rascher als die mit Aminen im schwach sauren Milieu [vgl. **MC-Fragen Nr. 651, 654**].

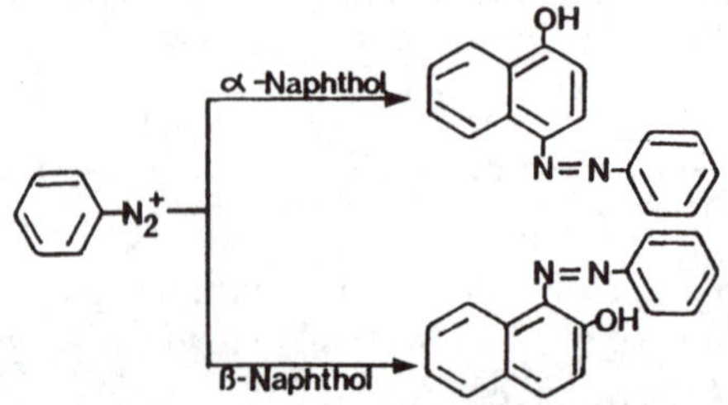

CH-acide Kupplungskomponenten: Diazoniumsalze kuppeln auch mit reaktiven Methylengruppen, wie sie z. B. in *1,3-Diketonen,* β*-Ketoestern* (**Acetessigester**) oder im **Malonester** vorliegen. Primär bilden sich Azoverbindungen, die aber spontan zu *Arylhydrazonen* tautomerisieren [vgl. **MC-Frage Nr. 654**].

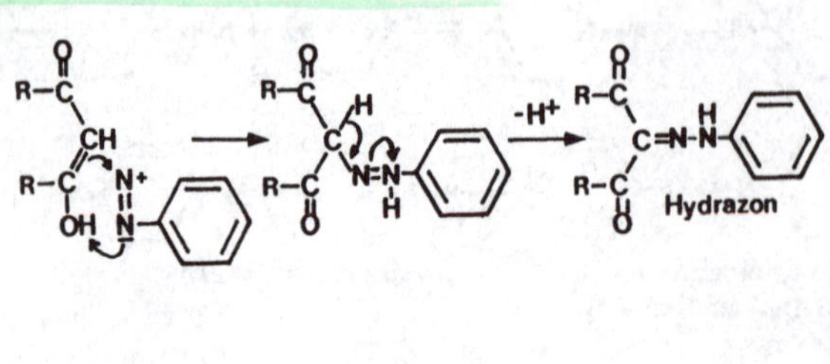

3.10.7 Darstellung, Eigenschaften und Reaktionen von Nitroverbindungen

3.10.7.1 Nitroalkane

Nomenklatur und Struktur: Nitroalkane leiten sich von Alkanen durch Ersatz eines H-Atoms gegen die *Nitrogruppe* [-NO_2] ab, wobei der Stickstoff direkt an ein C-Atom gebunden ist. Die homologe Reihe der Nitroalkane beginnt mit dem **Nitromethan** [CH_3NO_2].

Je nachdem, ob die NO_2-Gruppe an einem primären, sekundären oder tertiären Kohlenstoff haftet, spricht man von *primären, sekundären* bzw. *tertiären Nitroalkanen.*

RCH_2-NO_2	R_2CH-NO_2	R_3C-NO_2
primäres	sekundäres	tertiäres Nitroalkan

Daneben existieren auch Polynitroalkane wie z. B. **Trinitromethan** (Nitroform) [$CH(NO_2)_3$] oder **Tetranitromethan** [$C(NO_2)_4$].

In den Nitroalkanen ist das N-Atom unmittelbar mit einem sp^3-hybridisierten Kohlenstoff verknüpft. Da der Stickstoff maximal nur vierbindig auftritt, besitzen aliphatische Nitroverbindungen die in Abb. 84 gezeigte Struktur [vgl. **MC-Frage Nr. 664**].

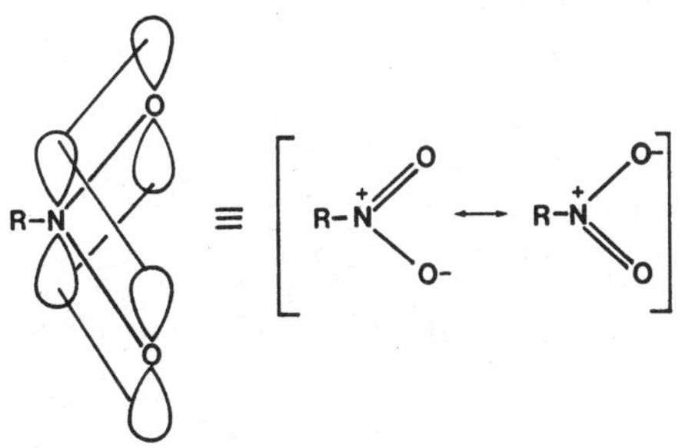

Abb. 84: Orbitalmodell der Nitrogruppe

Während ein O-Atom doppelt an das N-Atom gebunden ist, wird die Bindung des zweiten Sauerstoffs durch ein Elektronenpaar vermittelt, dem eine Ionenbeziehung überlagert ist. Solche Bindungen bezeichnet man als *semipolar.* Tatsächlich unterscheiden sich die beiden N-O-Bindungen aber nicht in ihren Bindungsverhältnissen. Sie sind vollkommen äquivalent. Nach der MO-Theorie überlappt ein p-Orbital des Stickstoffs mit jeweils einem p-Orbital der beiden Sauerstoffe, wobei π-MO entstehen, die 4 Elektronen enthalten und alle drei Atomkerne umhüllen. Die Nitrogruppe ist somit *mesomer,* d. h., zwei Elektronenpaare besetzen delokalisierte MO.

Darstellung: Zur Darstellung von Nitroalkanen eignen sich folgende Methoden [vgl. **MC-Fragen Nr. 664, 665**]:

(1) *Radikalische Nitrierung von Alkanen:* Sie erfolgt mit Salpetersäure und ist nur in der Gasphase (400–450 °C) möglich. Bei höheren Alkanen führt die Reaktion unter gleichzeitiger Crackung des C-Gerüstes zu Produktgemischen.

(2) *Nitrierung von Halogenalkanen:* Die Darstellung primärer und sekundärer Nitroalkane gelingt im Labor durch Umsetzung von Alkylhalogeniden mit Alkalinitriten in DMF als Lösungsmittel. Die Ausbeuten an Nitroalkanen liegen zwischen 55–60%, daneben entstehen zu 24–30% die isomeren Alkylnitrite (vgl. *S_N-Reaktion mit ambidenten Ionen,* Kap. 3.2.5.9).

$$R\text{-}I + NaNO_2 \xrightarrow{-\ NaI} R\text{-}NO_2 \quad \text{(Nitroalkan)} \quad [S_N2]$$
$$\phantom{R\text{-}I + NaNO_2 \xrightarrow{-\ NaI}} R\text{-}O\text{-}N{=}O \quad \text{(Alkylnitrit)} \quad [S_N1]$$

Die Ausbeuten an primären Nitroalkanen sind höher, wenn man Silbernitrit als Reagenz verwendet.

$$CH_3(CH_2)_6CH_2I \xrightarrow{+\ AgNO_2} \underset{(83\%)}{CH_3(CH_2)_6CH_2\text{-}NO_2} + \underset{(11\%)}{CH_3(CH_2)_6CH_2\text{-}ONO}$$

(3) *Tertiäre Nitroalkane* gewinnt man durch Oxidation von primären Aminen mit tertiärem Alkylrest. Als Oxidans fungiert $KMnO_4$.

$$R_3C\text{-}NH_2 \xrightarrow{[O]} R_3C\text{-}NO_2$$

(4) **Nitromethan** kann durch Erhitzen von **Chloressigsäure** in wäßriger $NaNO_2$-Lösung und anschließender spontaner Decarboxylierung der intermediär gebildeten **Nitroessigsäure** hergestellt werden.

$$\underset{\text{Chloressigsäure}}{Cl\text{-}CH_2\text{-}COOH} \xrightarrow[-\ NaCl]{+\ NaNO_2} \underset{\text{Nitroessigsäure}}{O_2N\text{-}CH_2\text{-}COOH} \xrightarrow{-\ CO_2} \underset{\text{Nitromethan}}{CH_3\text{-}NO_2}$$

(5) Durch Einwirken von rauchender HNO_3 in der Kälte auf *Acetanhydrid* entsteht **Tetranitromethan** [$C(NO_2)_4$].

$$(CH_3COO)_2O + 4\ HNO_3 \longrightarrow C(NO_2)_4 + CH_3COOH + CO_2 + 3\ H_2O$$

Eigenschaften: Nitroalkane sind farblose, in Wasser nur wenig lösliche Flüssigkeiten. Zum Unterschied von tertiären Nitroverbindungen lösen sich aber *primäre* und *sekundäre Nitroalkane* unter Salzbildung in wäßrigen Alkalihydroxid-Lösungen. Aus alkoholischer Lösung fallen diese Salze in fester Form an. Primäre und sekundäre Nitroalkane besitzen aufgrund der durch den -I-Effekt der Nitrogruppe induzierten leichten Abspaltbarkeit eines α-ständigen H-Atoms CH-acide Eigenschaften [vgl. **MC-Frage Nr. 1260**].

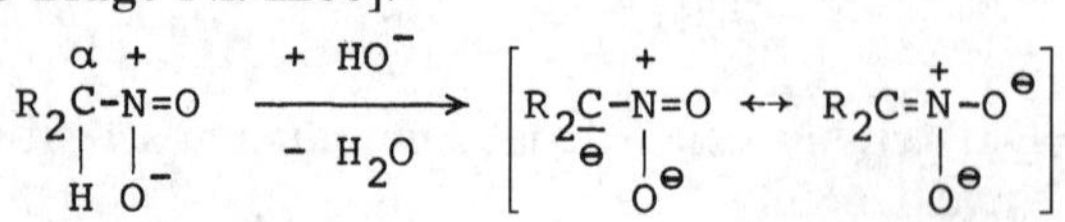

Der pK_s-Wert des **Nitromethans** beträgt 10,2, der von **Nitroethan** 8,5 und der von **2-Nitropropan** 7,8. Eine NO_2-Gruppe wirkt sich stärker acidifizierend aus als zwei Carbonylgruppen. Die relativ hohe Acidität primärer und sekundärer Nitroalkane ist auch darauf zurückzuführen, daß ihre konjugierten Basen resonanzstabilisiert sind.

In einigen Fällen konnte bei primären und sekundären Nitroalkanen ein Gleichgewicht zwischen der normalen und der aci-Nitro-Form nachgewiesen werden [vgl. Kap. 3.2.15.5 und **MC-Frage Nr. 664**].

(Nitro-Form) $\left[R_2CH\text{-}\overset{+}{N}(\text{=O})\text{-}O^- \rightleftharpoons R_2C\text{=}N(\text{-}OH)\text{-}O^- \right]$ (aci-Nitro-Form)

Reaktionen: Die *Reduktion* von Nitroverbindungen wurde im Kap. 3.2.19.7 behandelt. Darüber hinaus sind an Reaktionen von Nitroverbindungen zu nennen:

(1) Mit *Carbonylverbindungen* in Anwesenheit einer Base reagieren primäre und sekundäre Nitroalkane im Sinne einer *Aldolreaktion* (vgl. Kap. 3.12.6.1). Aufgrund der hohen CH-Acidität von Nitroalkanen werden nur schwach basische Katalysatoren benötigt. Mit Formaldehyd reagieren alle verfügbaren α-ständigen Wasserstoffe der Nitroverbindung [vgl. **MC-Frage Nr. 744**].

$$\underset{\text{Acetaldehyd}}{CH_3\text{-}CH\text{=}O} + \underset{\text{Nitromethan}}{CH_3\text{-}NO_2} \longrightarrow \underset{\beta\text{-Hydroxy-nitropropan}}{CH_3\text{-}\overset{\beta}{C}H(OH)\text{-}\overset{\alpha}{C}H_2\text{-}NO_2}$$

$$\underset{\text{Formaldehyd}}{3\ CH_2\text{=}O} + CH_3\text{-}NO_2 \longrightarrow \underset{\text{Tri(hydroxymethyl)nitromethan}}{(HOCH_2)_3C\text{-}NO_2}$$

Bei der Reaktion mit aromatischen Aldehyden dehydratisieren die intermediär gebildeten β-Hydroxy-nitroverbindungen zu α,β-ungesättigten Nitro-Derivaten.

$$\underset{\text{Benzaldehyd}}{C_6H_5\text{-}CH\text{=}O} + CH_3\text{-}NO_2 \longrightarrow C_6H_5\text{-}CH(OH)\text{-}CH_2\text{-}NO_2 \longrightarrow \underset{\beta\text{-Nitrostyren}}{C_6H_5\text{-}CH\text{=}CH\text{-}NO_2}$$

Die Reduktion der durch Aldoladdition erhaltenen β-Hydroxy-nitroverbindungen ist ein bequemer Syntheseweg zu *1,2-Aminoalkoholen.*

(2) Eine *analytische Unterscheidung* zwischen primären, sekundären und tertiären Nitroalkanen ist durch Behandeln mit Salpetriger Säure möglich.

Primäre Nitroalkane reagieren zu farblosen *Nitrolsäuren,* die sich in wäßrigen Alkalihydroxid-Lösungen unter Bildung tiefrot gefärbter Salze lösen. Sekundäre Nitroverbindungen ergeben blaugrün gefärbte *Pseudonitrole*, während tertiäre Nitroalkane nicht mit HNO_2 reagieren.

$$\underset{\text{prim. Nitroalkan}}{RCH_2\text{-}NO_2} + HNO_2 \xrightarrow[-\ H_2O]{} R\text{-}\underset{\underset{N\text{-}OH}{\|}}{C}\text{-}NO_2 \quad \text{Nitrolsäure}$$

$$\underset{\text{sek. Nitroalkan}}{R_2CH\text{-}NO_2} + HNO_2 \xrightarrow[-\ H_2O]{} R_2\underset{\underset{N\text{=}O}{|}}{C}\text{-}NO_2 \quad \text{Pseudonitrol}$$

(3) *Aci-Nitroalkan-Spaltung* (**Nef-Reaktion**): Beim Versetzen von primären oder sekundären Nitroalkanen mit starken Mineralsäuren erhält man *Aldehyde* oder

Ketone und Distickstoffmonoxid. Die Überführung der aliphatischen Nitroverbindung in die tautomere aci-Nitro-Form geschieht mit NaOH-Lösung.

$$2\ R\text{-}CH{=}\overset{+}{N}(\text{-}O^-)\text{-}O^-\,Na^+ \xrightarrow[-\ Na^+]{+\ H^+} 2\ R\text{-}CH{=}\overset{+}{N}(\text{-}OH)\text{-}O^- \xrightarrow[-\ N_2O\uparrow]{-\ H_2O} 2\ R\text{-}CH{=}O$$

(4) *Nitroalkan-Spaltung:* Die C-N-Bindung von Nitroalkanen kann auch direkt durch starke Mineralsäuren gespalten werden, wobei ein *intramolekularer Redoxprozeß* abläuft. *Primäre Nitroalkane* ergeben durch Hydrolyse der intermediär auftretenden Hydroxamsäuren *Carbonsäuren* und Hydroxylamin. *Sekundäre Nitroalkane* liefern *Ketone* (die Zahlenangaben über den Atomen stellen die betreffenden Oxidationszahlen dar).

$$\underset{\text{prim. Nitroalkan}}{R\text{-}\overset{-1}{C}H_2\text{-}\overset{+3}{N}O_2} \xrightarrow{+\ H^+} \underset{\text{Hydroxamsäure}}{R\text{-}\overset{-3}{C}O\text{-}\overset{+1}{N}HOH} \xrightarrow{+\ H_2O} \underset{\text{Carbonsäure}}{R\text{-}COOH} + NH_2OH$$

$$\underset{\text{sek. Nitroalkan}}{2\ R_2CH\text{-}NO_2} \xrightarrow{+\ H^+} \underset{\text{Keton}}{2\ R_2C{=}O} + N_2O + H_2O$$

3.10.7.2 Aromatische Nitroverbindungen

Die Darstellung von *Nitroarenen* durch *elektrophile Nitrierung* aromatischer Substrate war Gegenstand des Kap. 3.6.4.2. Die Einführung der Nitrogruppe über eine *Sandmeyer-Reaktion* hat kaum praktische Bedeutung.

Über den dirigierenden Einfluß der Nitrogruppe auf elektrophile Zweitsubstitutionen informierte Kap. 3.2.6.2. Die präparativ wichtige Reduktion aromatischer Nitrogruppen wurde im Kap. 3.2.19.7 vorgestellt [vgl. **MC-Frage Nr. 666**].

3.10.8 Darstellung, Eigenschaften und Reaktionen von Nitrosoverbindungen

Primäre und sekundäre aliphatische *C-Nitrosoverbindungen* sind instabil. Sie tautomerisieren quantitativ zu **Oximen** (Isonitrosoverbindungen) (vgl. Kap. 3.2.15.5). Die Nitrosierung CH-acider Substrate folgt einem S_E-Mechanismus (siehe Kap. 3.2.9).

$$-\overset{|}{C}H_2 \rightarrow -\overset{|}{C}H\text{-}N{=}O \rightarrow -\overset{|}{C}{=}N\text{-}OH$$

Nitrosoarene sind durch elektrophile Nitrosierung aktivierter Aromaten herstellbar (vgl. Kap. 3.6.4.2). Darüber hinaus gelingt ihre Darstellung durch Oxidation von Arylaminen (siehe Kap. 3.10.3.4).

Nitrosoverbindungen können zu primären Aminen reduziert bzw. zu Arylnitroverbindungen oxidiert werden. Nitrosoarene bilden bei der Umsetzung mit PCl_3 *Arylnitrene.*

$$\mathrm{Ar{-}N{=}O} \quad + \quad \mathrm{PCl_3} \longrightarrow \mathrm{Ar{-}\overline{\underline{N}}} \quad + \quad \mathrm{POCl_3}$$

p-Nitrosophenole lassen sich in Chinone umwandeln (vgl. Kap. 3.9.5.2).

Bei der Umsetzung von *sekundären Aminen* mit Salpetriger Säure bilden sich *N-Nitrosamine* (siehe Kap. 3.10.3.4). N-Nitrosamine können durch reduktive Verfahren wieder zu Aminen gespalten werden, so daß der Gesamtprozeß eine nützliche Reinigungsmethode für sekundäre Amine darstellt. Darüber hinaus ist eine selektive Reduktion des N-Nitrosamins zu einem *Hydrazin-Derivat* möglich.

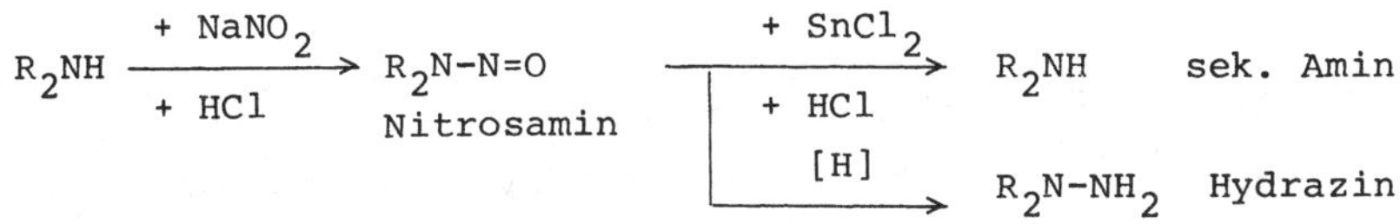

Nitrosamine, insbesondere **Dimethylnitrosamin** [$(CH_3)_2N\text{-}NO$], wirken bei vielen Tierspezies stark *cancerogen.*

3.11 Schwefelverbindungen

3.11.1 Nomenklatur, Struktur und Bindungsverhältnisse von Schwefelverbindungen

3.11.1.1 Struktur und Nomenklatur

Alkanthiole (Mercaptane, Thioalkohole) [**R-SH**] sind die Schwefelanaloga der Alkohole. Sie können auch als Monoalkyl-Derivate des Schwefelwasserstoffs aufgefaßt werden.

Ihre Benennung erfolgt durch Anhängen des Wortes *„thiol"* an den Namen des Kohlenwasserstoffs. Daneben ist das Suffix *„mercaptan"* an den Namen des Alkylrestes noch gebräuchlich. Bei Substanzen komplizierterer Struktur wird die SH-Gruppe als Substituent angesehen und mit *„Mercapto"* oder *„Sulfhydryl"* gekennzeichnet. Neuerdings wird die SH-Gruppe auch als **„Sulfanyl-Rest"** bezeichnet und dementsprechend sind Mercaptane als **Alkylsulfanyl-Verbindungen** zu betrachten.

CH_3-SH	**Methanthiol**	**(Methylmercaptan)**
$(CH_3)_2$CH-SH	**2-Propanthiol**	**(Isopropylmercaptan)**

Thiophenole [**Ar-SH**] sind die Schwefelanaloga der Phenole. Sie können auch als Monoaryl-Derivate des H_2S aufgefaßt werden. Die Bezeichnung **Thiophenol** [C_6H_5-SH] dient auch zur Benennung des Grundkörpers dieser Substanzklasse [vgl. **MC-Frage Nr. 667**].

Sulfide (Thioether) [**R-S-R**] sind Disubstitutionsprodukte des Schwefelwasserstoffs. Je nachdem, ob die beiden Alkylreste gleich oder verschieden sind, unterteilt man sie in *symmetrische* [**R-S-R**] und *gemischte Dialkylsulfide* [**R-S-R'**]. Darüber hinaus kennt man auch *Arylalkylsulfide* [**Ar-S-R**] und *Diarylsulfide* [**Ar-S-Ar**]. Die veraltete Bezeichnung *Thioether* sollte für diese Stoffklasse nicht mehr verwendet werden [vgl. **MC-Frage Nr. 946**].

Die Benennung der Sulfide erfolgt analog der der Ether. An den Namen der beiden Alkylreste wird das Wort *„sulfid"* angehängt. Nach dem IUPAC-System werden Sulfide als *Alkylthioalkane* bezeichnet, wobei die größere der beiden Alkylgruppen das Grundgerüst bildet. Für die Bezeichnung von *Disulfiden* [**R-S-S-R**] gelten die gleichen Regeln unter Anhängen des Suffix *„disulfid"*.

CH_3-S-CH_3	**Dimethylsulfid**	(**Methylthiomethan**)
CH_3-S-CH_2CH_3	**Ethylmethylsulfid**	(**Methylthioethan**)
C_6H_5-S-CH_3	**Methylphenylsulfid**	(*„Thioanisol"*)
CH_3CH_2-S-S-CH_2CH_3	**Diethyldisulfid**	

Sulfoniumsalze [$\mathbf{R_3S^+X^-}$] sind die Reaktionsprodukte der Umsetzung von Sulfiden mit Halogenalkanen. Bei der Oxidation von Sulfiden entstehen *Sulfoxide* [**R-SO-R**] und *Sulfone* [**R-$\mathbf{SO_2}$-R**] [vgl. **MC-Fragen Nr. 669, 671**].

Die letztgenannten Stoffklassen werden als *Alkylsulfinyl-* bzw. *Alkylsulfonyl-Derivate* bezeichnet. Geläufiger ist jedoch der analog den Sulfiden durch Anhängen der Suffixe *„sulfoxid"* oder *„sulfon"* gebildete Name.

CH_3-SO-CH_3	**Methylsulfinylmethan**	(**Dimethylsulfoxid**)
CH_3-SO-CH_2CH_3	**Methylsulfinylethan**	(**Ethylmethylsulfoxid**)
CH_3-SO_2-CH_2CH_3	**Methylsulfonylethan**	(**Ethylmethylsulfon**)
C_6H_5-SO_2-C_6H_5	**Diphenylsulfon**	

Auch *Mercaptane* und *Thiophenole* lassen sich leicht oxidieren. Mit schwachen Oxidantien entstehen *Disulfide;* verwendet man dagegen starke Oxidationsmittel, so bilden sich *Sulfensäuren, Sulfinsäuren* oder *Sulfonsäuren.* Tabelle 47 faßt nochmals die reversiblen Redoxbeziehungen zwischen den einzelnen Schwefel-haltigen Stoffklassen zusammen.

Tab. 47: Redoxbeziehungen von Schwefelverbindungen

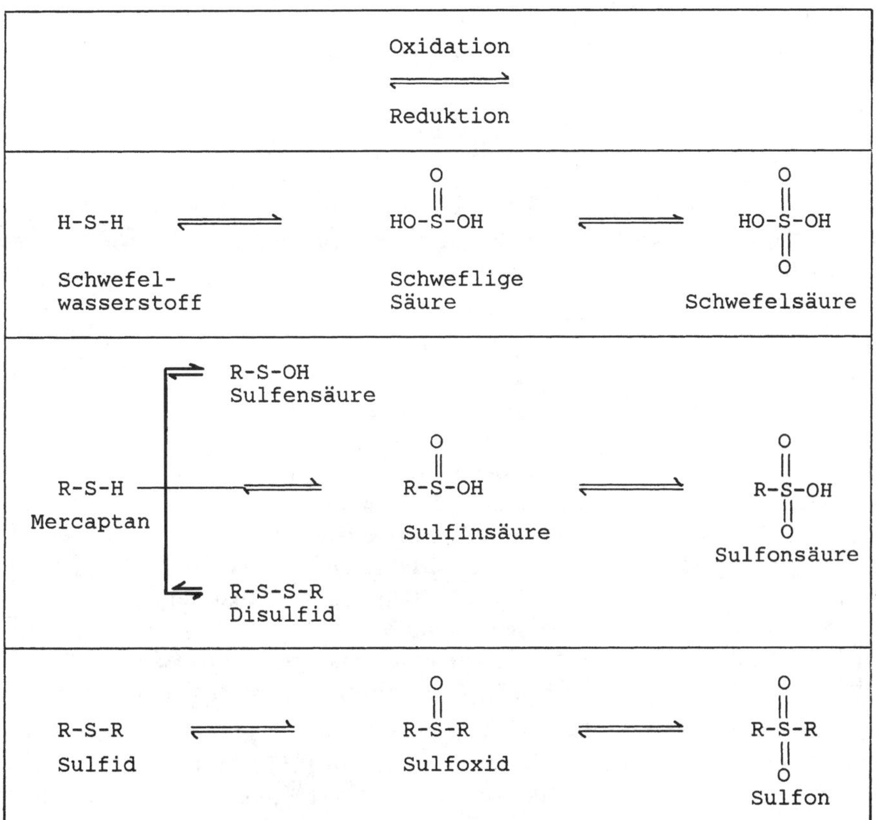

Zur Bezeichnung der organischen Schwefelsauerstoffsäuren wird an den Namen des Alkans oder Arens das Suffix *„sulfensäure“*, *„sulfinsäure“* oder *„sulfonsäure“* angehängt. Die Salze der Sulfonsäuren werden *Sulfonate* genannt. Analog zu Carbonsäuren lassen sich auch Sulfonsäuren leicht in ihre Säurechloride, Ester oder Amide umwandeln [vgl. **MC-Fragen Nr. 668, 672**].

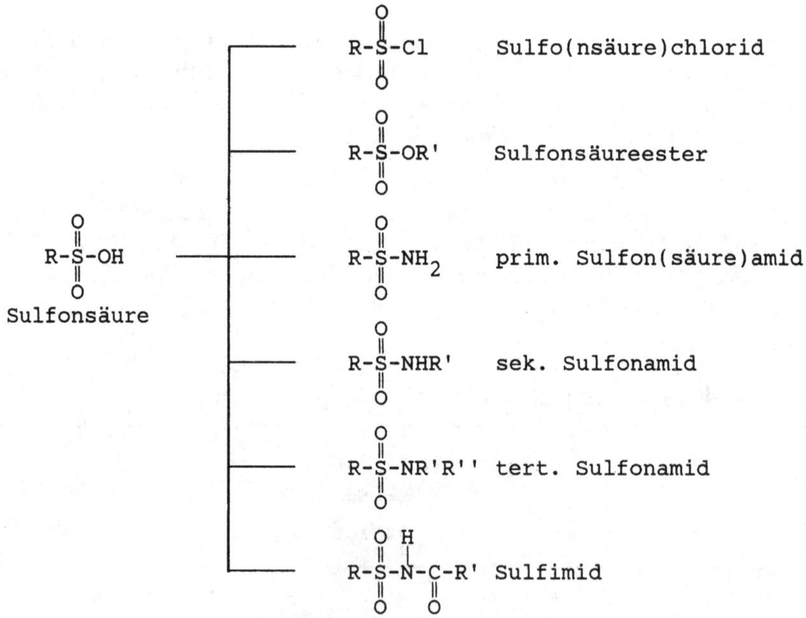

Die folgenden Beispiele sollen nochmals die Art der Benennung solcher Substanzen belegen:

CH_3SO_3H	**Methansulfonsäure**
C_6H_5-SO_3H	**Benzensulfonsäure**
p-CH_3-C_6H_4-SO_3H	**Toluensulfonsäure**
m-HO_3S-C_6H_4-SO_3H	**m-Benzendisulfonsäure**
C_6H_5-SO_3-	**Benzensulfonyl-Rest**
p-CH_3-C_6H_4-SO_3-	**Tosylat-Rest**
C_6H_5-SO_3Na	**Natriumbenzensulfonat**
CH_3-$SO_3CH_2CH_3$	**Methansulfonsäureethylester**
p-CH_3-C_6H_4-SO_3CH_3	**p-Toluensulfonsäuremethylester (Methyltosylat)**
p-CH_3-C_6H_4-SO_2Cl	**p-Toluensulfonsäurechlorid (Tosylchlorid)**
C_6H_5-SO_2-NH_2	**Benzensulfonamid**
p-H_2N-C_6H_4-SO_3H	**p-Aminobenzensulfonsäure (Sulfanilsäure)**
p-H_2N-C_6H_4-SO_2-NH_2	**p-Aminobenzensulfonamid (Sulfanilamid)**

In komplizierteren Verbindungen kann es notwendig werden, die funktionellen Gruppen nicht mit Nachsilben sondern durch ein Präfix zu charakterisieren, so daß für die Bezeichnung von Schwefelverbindungen folgende Alternativen existieren:

Gruppe	Präfix	Suffix
-SH	Mercapto-(Sulfanyl-)	-thiol
$-SO_3H$	Sulfo(nyl)-	-sulfonsäure
$-SO_2Cl$	Chlorsulfonyl-	-sulfochlorid
$-SO_2NH_2$	Sulfamoyl-	-sulfonamid

Eine Reihe von Schwefelverbindungen können als Thioanaloga von Carbonylverbindungen aufgefaßt werden [vgl. **MC-Fragen Nr. 670, 674, 689**].

```
Thioaldehyd  [R-CH=S] (instabil)    Thioketon  R2C=S (stabil)

Thiocarbonsäure  R-C-OH ⇄ R-C=O        Thioamid    R-C-NH2
                   ||       |                        ||
                   S        SH                       S

Thiolthioncarbonsäure   R-C-SH      Thioharnstoff  H2N-C-NH2
(Dithionsäure)            ||                           ||
                          S                            S

Xanthogenat  RO-C-S⁻Me⁺           Dithiocarbaminat  R2N-C-S⁻Me⁺
                ||                                      ||
                S                                       S
```

Die drei letztgenannten Substanzklassen rechnet man auch zu den Derivaten des Schwefelkohlenstoffs, die in Kap. 3.11.5 noch explicit vorgestellt werden.

3.11.1.2 Bindungsverhältnisse von Schwefelverbindungen und Phosphorverbindungen

Schwefel und Phosphor sind Elemente der *3. Periode* des PSE. Wie aus Abb. 85 hervorgeht, wird bei diesen Elementen die *M-Schale* (n = 3) mit Elektronen aufgefüllt. Deshalb können an den Bindungen dieser Elemente auch d-Elektronen beteiligt sein und Hybridorbitale entstehen durch Vermischen von s-, p- und d-Atomorbitalen. Beispielsweise bildet der Schwefel sechs äquivalente sp^3d^2-Hybrid-AO, die auf die Ecken eines Oktaeders gerichtet sind. Der Phosphor betätigt fünf äquivalente sp^3d-Hybrid-AO mit trigonal-bipyramidaler Geometrie.

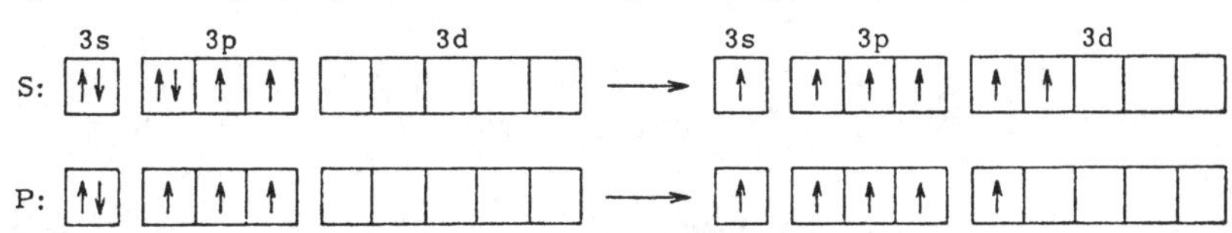

Abb. 85: Valenzelektronenkonfiguration des Schwefels und Phosphors im Grundzustand und im Hybridzustand

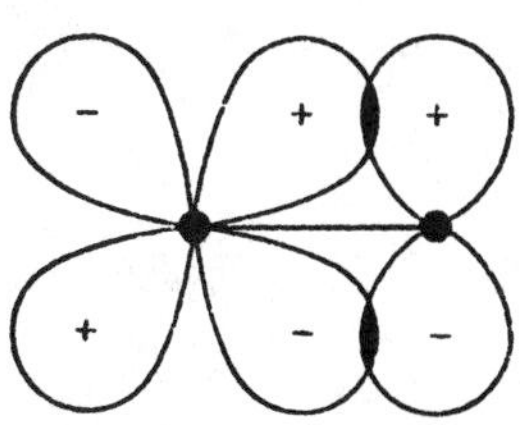

Abb. 86: Orbitalmodell der d_π-p_π-Bindung (schematisiert)

Während C=C-Doppelbindungen eine p_π-p_π-Bindung enthalten, können Doppelbindungen, die von Schwefel oder Phosphor ausgehen, auch dadurch entstehen, daß ein d-Orbital dieser Elemente mit dem p-Orbital eines Nachbaratoms überlappt (**d_π-p_π-Bindung**), wie dies schematisch in Abb. 86 dargestellt ist.

Zu beachten ist, daß d_π-p_π-Bindungen nicht wie p_π-p_π-Bindungen verlangen, daß sich die beiden miteinander verbundenen Atome mit ihren restlichen Substituenten in einer Ebene befinden müssen.

3.11.2 Darstellung, Eigenschaften und Reaktionen von Thiolen und Disulfiden

3.11.2.1 Herstellung von Alkanthiolen

Mercaptane (Alkanthiole) lassen sich synthetisieren durch [vgl. **MC-Frage Nr. 675**]:

(1) nucleophile Substitution von *Halogenalkanen* in ethanolischer Lösung mit Ammoniumhydrogensulfid oder *Alkalihydrogensulfiden* in Gegenwart von überschüssigem Schwefelwasserstoff.

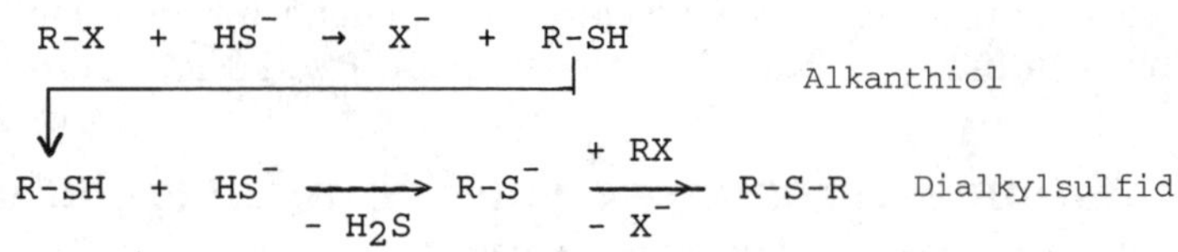

Als *Nebenprodukte* werden *Sulfide* gebildet, weil das durch Protolyse mit HS^- gebildete *Mercaptid* [RS^-] mit noch nicht-umgesetztem Alkylhalogenid reagieren kann. Ein Überschuß an Schwefelwasserstoff drängt die Protolyse zurück und erhöht die Ausbeute an Alkanthiolen.

(2) Destillation einer wäßrigen Lösung aus KSH und *Kaliumalkylsulfaten.*

$$R{-}O{-}SO_3^-K^+ \;+\; HS^-K^+ \xrightarrow{\Delta} R{-}SH \;+\; K_2SO_4$$

(3) alkalische Hydrolyse von S-Alkylisothiouroniumsalzen, die bei der Umsetzung von Halogenalkanen mit Thioharnstoff gebildet werden (vgl. Kap. 3.7.4).

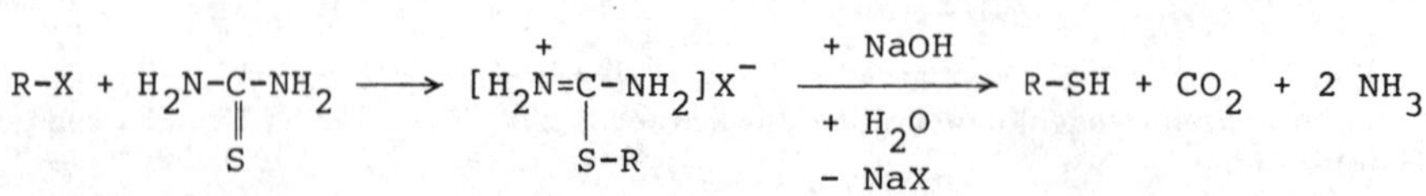

(4) Umsetzung von *Grignard-Reagenzien* mit Schwefel oder Thioketonen (vgl. Kap. 3.8.3).

$$R{-}MgX \;+\; S_8 \longrightarrow R{-}SMgX \xrightarrow[+\,HX]{} R{-}SH \;+\; MgX_2$$

$$R{-}MgX + R_2C{=}S \rightarrow\rightarrow R_3C{-}SH$$

(5) In der Technik wird **Methylmercaptan** aus Methanol und Schwefelwasserstoff bei 400 °C an Al_2O_3-Kontakten gewonnen.

$$CH_3\text{-}OH + H_2S \longrightarrow CH_3\text{-}SH + H_2O$$

3.11.2.2 Eigenschaften von Alkanthiolen

Mit Ausnahme des gasförmigen **Methylmercaptans** sind niedere *Alkanthiole* bei Raumtemperatur *nicht-assoziierte Flüssigkeiten* von widerlichem Geruch. Aufgrund des Fehlens starker intermolekularer Wasserstoffbrücken sieden sie tiefer als die Alkohole gleicher C-Zahl [vgl. **MC-Fragen Nr. 676–679**]. Zum Vergleich sind in Tabelle 48 die Siedepunkte ausgewählter Alkanthiole und Alkanole gleicher C-Zahl aufgelistet.

Allerdings bilden sich in gewissem Ausmaß H-Brücken zwischen der sauren SH-Gruppe und dem Sauerstoffatom des Wassers aus, so daß niedere Thiole etwas wasserlöslich sind.

Tab. 48: Siedepunkte einiger Mercaptane und Alkanole (in °C)

Methylmercaptan	5,8	Methanol	64,7
Ethylmercaptan	35	Ethanol	78,4
n-Propylmercaptan	67–68	1-Propanol	97,4
n-Butylmercaptan	97	1-Butanol	117

Alkanthiole sind wie Alkanole Ampholyte. Im Vergleich zu Alkoholen reagieren Mercaptane aber viel stärker *sauer*; der pK_s-Wert z.B von **Ethanthiol** beträgt 10,5. Alkanthiole bilden mit verdünnten Alkalihydroxid-Lösungen Salze, die man *Mercaptide* oder *Thiolate* nennt. Von diesen Salzen sind besonders die Hg(II)-Salze in Wasser schwerlöslich. Thiolate sind stärkere Nucleophile als Alkoholat-Ionen [vgl. **MC-Fragen Nr. 677–679**].

$$R\text{-}S\text{-}H + NaOH \rightleftharpoons R\text{-}S^-Na^+ + H_2O$$

$$Hg^{2+} + 2\,RS^- \longrightarrow Hg(SR)_2\downarrow$$

3.11.2.3 Reaktionen von Alkanthiolen

Mercaptane und Thiophenole sind empfindlich gegenüber Oxidationsmitteln. Beim Behandeln mit Iod-Lösung oder in Anwesenheit von Sauerstoff bilden sich *Disulfide*. Die Disulfid-Bindung ist schwach und kann durch Reduktionsmittel [Li/NH_3fl.] leicht wieder zum Thiol gespalten werden. Das *Thiol-Disulfid-Redoxsystem* spielt eine wichtige Rolle in biologischen Prozessen [**Cystein** $\rightleftharpoons$ **Cystin**].

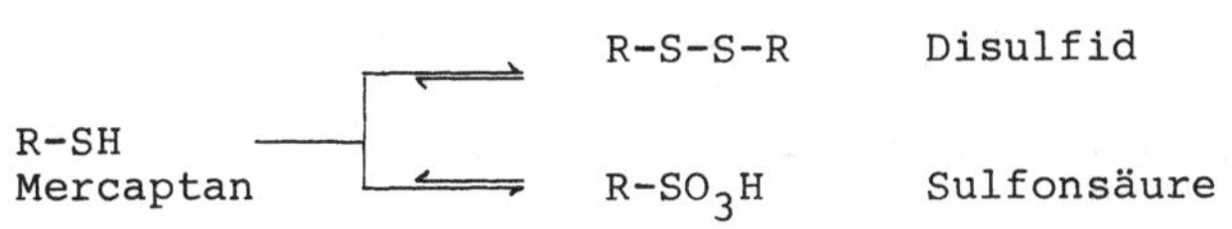

Bei Anwendung starker Oxidationsmittel (HNO_3, $KMnO_4$) entstehen *Sulfonsäuren.* Auch diese Reaktion ist reversibel. Zur Reduktion von Sulfonsäuren verwendet man üblicherweise Zinkstaub in saurer Lösung oder PBr_3. Darüber hinaus lassen sich *Sulfochloride* auch mit $LiAlH_4$ zu Thiolen reduzieren [vgl. **MC-Fragen Nr. 678–681**].

3.11.3 Darstellung und Reaktionen von Sulfiden, Sulfoxiden und Sulfonen

3.11.3.1 Darstellung von Sulfiden

Zur Herstellung von Sulfiden (Thioether) sind folgende Methoden geeignet [vgl. **MC-Frage Nr. 682**]:

(1) In Analogie zur *Williamsonschen Ethersynthese* lassen sich symmetrische und unsymmetrische (gemischte) Thioether durch Umsetzung von *Mercaptiden* mit *Halogenalkanen* synthetisieren.

$$R\text{-}S^- + R'\text{-}X \longrightarrow R\text{-}S\text{-}R' + X^-$$
$$R\text{-}S^- + R\text{-}X \longrightarrow R\text{-}S\text{-}R + X^-$$

Anstelle von Alkylhalogeniden können auch *Dialkylsulfate* als Alkylierungsmittel eingesetzt werden.

$$R\text{-}S^-Na^+ + (RO)_2SO_2 \longrightarrow R\text{-}S\text{-}R + RO\text{-}SO_3^-\,Na^+$$

(2) Darüber hinaus sind Sulfide durch Erhitzen von *Alkylhalogeniden* mit *Alkalisulfiden* darstellbar.

$$2\,R\text{-}X + K_2S \longrightarrow R\text{-}S\text{-}R + 2\,KX$$

(3) Die Reduktion von Sulfoxiden zu Sulfiden gelingt mit elementarem Zink in salzsaurem Milieu.

$$R\text{-}SO\text{-}R \xrightarrow{Zn/HCl} R\text{-}S\text{-}R$$

3.11.3.2 Reaktionen von Sulfiden

Sulfide sind in Wasser unlösliche Flüssigkeiten, die mit Alkylhalogeniden zu *Sulfoniumsalzen* reagieren. Sulfoniumsalze bilden sich auch bei der Umsetzung von Sulfiden mit Oxoniumtetrafluoroboraten [vgl. **MC-Fragen Nr. 684, 1234**].

$$R_2S + R\text{-}X \longrightarrow R_3S^+]X^-$$
$$R_2S + R_3O^+]BF_4^- \longrightarrow R_3S^+]BF_4^- + R_2O$$

Sulfoniumsalze, die am Schwefel drei unterschiedliche Substituenten tragen, sind *chiral* (vgl. Kap. 3.3.9). Sulfoniumiodide lassen sich mit feuchtem Ag_2O in die stark basischen *Sulfoniumhydroxide* überführen, die beim Erhitzen in Sulfide, Alkene und Wasser fragmentieren (vgl. *Hofmann-Eliminierung,* Kap. 3.2.10.5).

$$R_2\overset{+}{S}\text{-}C\text{-}C\text{-}H + HO^- \xrightarrow{\Delta} R\text{-}S\text{-}R + \text{-}C{=}C\text{-} + H_2O$$

Durch *Oxidation von Sulfiden* mit der berechneten Menge an H_2O_2 in essigsaurem Milieu oder mit verd. HNO_3 erhält man *Sulfoxide.* Bei einem Überschuß dieser Oxidationsmittel bzw. mit $KMnO_4$ entstehen *Sulfone.* In der Technik verwendet man Luftsauerstoff.

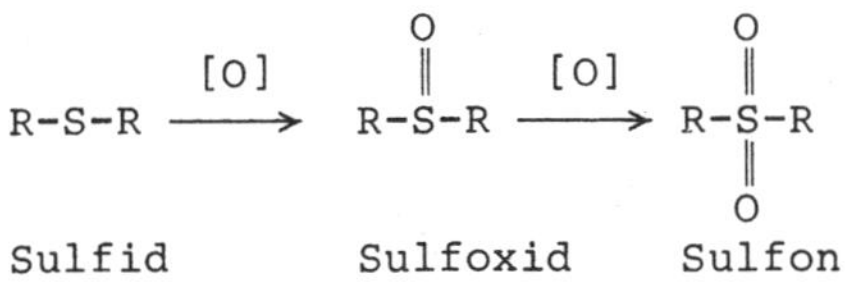

Im Gegensatz zur p_π-p_π-Bindung in Carbonylverbindungen ist die Bindung in Sulfoxiden eine **d_π-p_π-Doppelbindung**. Sie ist nur in geringem Maße polarisierbar. Deshalb besitzt die *S=O-Gruppierung* eine im Vergleich zur C=O-Funktion deutlich *geringere Reaktivität.* Auch die *optische Aktivität unsymmetrischer Sulfoxide* [R-SO-R'] ist dadurch erklärbar, daß sich d_π-p_π-Bindungen zwanglos in eine tetraedrische Struktur einpassen lassen (vgl. Kap. 3.3.9).

Der praktisch wichtigste Vertreter dieser Substanzklasse ist **Dimethylsulfoxid** (DMSO) [$(CH_3)_2S{=}O$]. DMSO ist eine farblose, hygroskopische Flüssigkeit [Sdp. 189 °C], die sich mit Wasser, Alkoholen und Benzen in jedem Verhältnis mischt. Sie besitzt eine hohe Dielektrizitätszahl und wird häufig als Lösungsmittel für makromolekulare Stoffe verwendet. Als dipolar-aprotisches Solvens solvatisiert es nur Kationen nicht aber Anionen relativ gut und begünstigt daher **S_N2-Reaktionen**. DMSO ist zum **Dimethylsulfon** [$(CH_3)_2SO_2$] oxidierbar [vgl. **MC-Frage Nr. 687**].

3.11.4 Darstellung, Eigenschaften und Reaktionen von Sulfonsäuren und ihren Derivaten

3.11.4.1 Aliphatische Sulfonsäuren

Darstellung: *Alkansulfonsäuren* [**$R\text{-}SO_3H$**] sind Substanzen, in denen die SO_3H-Gruppe direkt an ein sp^3-hybridisiertes C-Atom gebunden ist. Sie lassen sich nach einer der folgenden Methoden herstellen:

(1) *Oxidation von Mercaptanen* mit starken Oxidationsmitteln wie z. B. HNO_3.

(2) Umsetzung von *Alkyliodiden* mit *Alkalisulfiten.* Bei einem Überschuß an Halogenalkan entstehen *Alkylsulfonate* (Alkylsulfonsäureester).

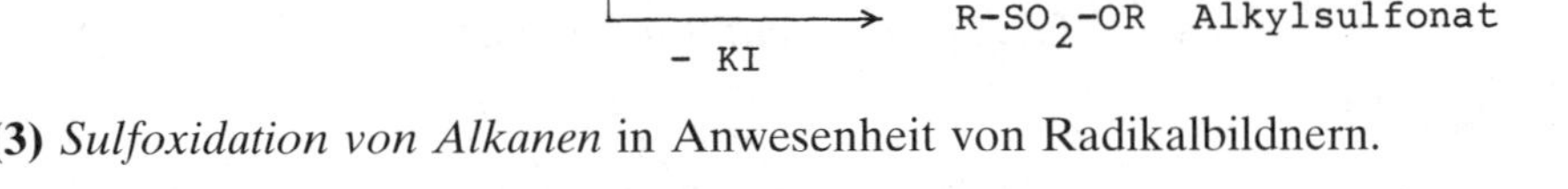

(3) *Sulfoxidation von Alkanen* in Anwesenheit von Radikalbildnern.

$$R\text{-}H + SO_2 + \tfrac{1}{2}\,O_2 \longrightarrow R\text{-}SO_3H$$

(4) alkalische *Verseifung von Sulfonsäurechloriden.*

$$R\text{-}SO_2\text{-}Cl + 2\ NaOH \longrightarrow R\text{-}SO_3Na + NaCl + H_2O$$

Eigenschaften: Aliphatische Sulfonsäuren sind hygroskopisch. Ihre Acidität entspricht der von Schwefelsäure. **Trifluormethansulfonsäure** [CF_3SO_3H] ist aufgrund des induktiven Effektes der drei F-Atome eine der stärksten bekannten Säuren. Die *Alkali-* und *Erdalkalisalze von Alkansulfonsäuren* sind *wasserlöslich* und werden als Rohstoffe zur Herstellung von Waschmitteln verwendet.

3.11.4.2 Aliphatische Sulfonsäurechloride

Darstellung: *Alkylsulfonsäurechloride* [**$R\text{-}SO_2Cl$**] lassen sich herstellen durch:

(1) Umsetzung von *Alkylsulfonsäuren* mit Phosphorpentachlorid

$$R\text{-}SO_2\text{-}OH + PCl_5 \longrightarrow R\text{-}SO_2\text{-}Cl + POCl_3 + HCl$$

(2) *Sulfochlorierung von Alkanen* mit SO_2 und Cl_2 in Gegenwart von Radikalbildnern (vgl. Kap. 3.2.4.3).

$$R\text{-}H + SO_2 + Cl_2 \longrightarrow R\text{-}SO_2\text{-}Cl + HCl$$

Reaktionen: Sulfonsäurechloride sind wichtige Substrate zur Synthese anderer Schwefel-haltiger Verbindungen.

Ihre *Reduktion,* die auf der Stufe der *Sulfinsäure* [$R\text{-}SO_2H$] angehalten werden kann, führt zu *Mercaptanen* [RSH]. Sulfinsäuren sind auch durch Umsetzung von Grignard-Verbindungen mit SO_2 darstellbar (vgl. Kap. 3.8.3.1).

Die *Alkoholyse* von Sulfonsäurechloriden ergibt *Sulfonsäureester,* die *Aminolyse* liefert *Sulfonamide.* Aufgrund ihrer geringeren „Carbonylaktivität" (S=O-Reaktivität) sind Sulfonsäurechloride jedoch weniger reaktionsfähig als Carbonsäurechloride. So zersetzen sich Sulfonsäurechloride nur langsam mit Wasser. (Einige aromatische Sulfonsäurechloride lassen sich sogar aus Wasser umkristallisieren.) Die Alkoholyse und Aminolyse von Sulfochloriden wird am besten in Gegenwart säurebindender Mittel [NaOH, Pyridin] durchgeführt.

$$R\text{-}SO_2Cl \begin{cases} + H_2O \longrightarrow R\text{-}SO_3H & \text{Sulfonsäure} \\ + R'OH \longrightarrow R\text{-}SO_3R' & \text{Sulfonsäureester} \\ + HNR_2 \longrightarrow R\text{-}SO_2NR_2 & \text{Sulfonamid} \end{cases}$$

3.11.4.3 Aromatische Sulfonsäuren

Darstellung: *Arensulfonsäuren* [**$Ar\text{-}SO_3H$**] sind leicht durch *elektrophile Substitution* von aromatischen Kohlenwasserstoffen mit rauchender H_2SO_4 oder Oleum herstellbar (vgl. Kap. 3.6.4.2). Im Gegensatz zu anderen S_E-Reaktionen verläuft die Sulfonierung *reversibel.* Die *Desulfonierung* gelingt bei höheren Temperaturen [vgl. **MC-Frage Nr. 685**].

$$Ar\text{-}H + SO_3 \longrightarrow Ar\text{-}SO_3H \xrightarrow[T\ >\ 150\ °C]{+\ H_2O\ (HCl)} Ar\text{-}H + H_2SO_4$$

Eigenschaften und Verwendung: Arylsulfonsäuren sind farblose, stark hygroskopische Substanzen, die sich leicht in Wasser lösen und vollständig dissoziieren. Ihre *Acidität* entspricht etwa der von Schwefelsäure.

$$\text{Ar-SO}_3\text{H} + \text{H}_2\text{O} \longrightarrow (\text{Ar-SO}_3^-)_{\text{solv}} + (\text{H}_3\text{O}^+)_{\text{solv}}$$

Da Sulfonsäuren nur schwer wasserfrei zu erhalten sind, isoliert man sie als Sulfonate durch *„Aussalzen"* mit einer gesättigten NaCl-Lösung. Die Natriumsalze sind zwar auch wasserlöslich, ihre Löslichkeit ist aber deutlich geringer als die von NaCl oder Na_2SO_4.

$$\text{Ar-SO}_3\text{H} + \text{NaCl} \longrightarrow \text{Ar-SO}_3^- \,\text{Na}^+ \downarrow + \text{HCl}$$

Calcium-, Barium- oder *Blei-Sulfonate* sind im Gegensatz zu den entsprechenden Sulfaten *wasserlöslich.* Bemerkenswert ist, daß sich **Sulfanilsäure** (p-Aminobenzensulfonsäure) *nicht* in organischen Lösungsmitteln, Wasser oder wäßrigen Säuren löst. Dagegen ist sie löslich in wäßriger Alkalihydroxid-Lösung. Diese Befunde deuten daraufhin, daß Sulfanilsäure als ein *dipolares Zwitterion* (**Betain**) vorliegt [vgl. **MC-Fragen Nr. 684, 685**].

Die freien Arylsulfonsäuren, insbesondere **Toluensulfonsäure**, werden aufgrund ihrer geringen Oxidationswirkung häufig anstelle von H_2SO_4 als acide Katalysatoren eingesetzt. Sie sind ferner Ausgangsstoffe für Pharmazeutika und Farbstoffe.

Von praktischer Bedeutung ist die elektrophile Substitution der SO_3H-Gruppe gegen die Nitrogruppe

$$\text{Ar-SO}_3\text{H} + \text{HNO}_3 \longrightarrow \text{Ar-NO}_2 + \text{H}_2\text{SO}_4$$

sowie der nucleophile Austausch der Sulfogruppe gegen die HO- und CN-Gruppierung, der zu Phenolen bzw. Arylcyaniden führt (vgl. Kap. 3.6.4.3).

$$\underset{\text{Arylcyanid}}{\text{Ar-CN}} \xleftarrow[-\ \text{Na}_2\text{SO}_3]{+\ \text{NaCN}} \underset{\text{Sulfonat}}{\text{Ar-SO}_3\text{Na}} \xrightarrow[-\ \text{Na}_2\text{SO}_3]{+\ \text{NaOH}} \underset{\text{Phenolat}}{\text{Ar-ONa}}$$

3.11.4.4 Arylsulfonsäurechloride

Darstellung: Die wichtigsten Vertreter sind **Benzen-** und **Toluensulfonsäurechlorid**. Zu ihrer Herstellung läßt man PCl_5, $POCl_3$ oder $SOCl_2$ auf die entsprechenden Arylsulfonsäuren bzw. deren Natriumsalze einwirken. Günstiger ist jedoch die *Chlorsulfonierung* von Aromaten mit Chlorsulfonsäure (vgl. Kap. 3.6.4.2).

Eigenschaften und Reaktionen: Arylsulfonsäurechloride sieden niedriger als die entsprechenden Sulfonsäuren, so daß sie sich durch Destillation reinigen lassen. Sie reagieren nur langsam und erst bei längerem Erhitzen mit Wasser.

Die *Alkoholyse* von Arylsulfochloriden führt in Gegenwart von Basen (NaOH, Pyridin) zu *Sulfonsäureestern.* **Toluensulfonsäurechlorid** (**Tosylchlorid**) wird zur Einführung der Tosyl-Gruppe [CH_3-C_6H_4-SO_2-] verwendet. *Alkyltosylate* [R'OTs] werden häufig anstelle von Halogenalkanen als *Alkylierungsmittel* eingesetzt.

$$CH_3\text{-}C_6H_4\text{-}SO_2Cl \;+\; R'\text{-}OH \longrightarrow HCl + CH_3\text{-}C_6H_4\text{-}SO_3R' \;[\equiv R'\text{-}OTs]$$

$$R'\text{-}OTs \begin{cases} + \;ROH \longrightarrow TsOH + R\text{-}O\text{-}R' & \text{(Ether)} \\ + \;ArOH \longrightarrow TsOH + Ar\text{-}OR' & \text{(Phenolether)} \\ + \;R\text{-}COOH \longrightarrow TsOH + R\text{-}COOR' & \text{(Ester)} \end{cases}$$

3.11.4.5 Arylsulfonamide

Die *Aminolyse* der Arylsulfonsäurechloride liefert aromatische Sulfonamide. Es sind gut kristallisierende Substanzen, die sich nur schwer hydrolysieren lassen. Am besten gelingt die *Amidspaltung* mit 30%iger HBr in Eisessig. Die im Vergleich zu Carbonsäureamiden langsamere Hydrolyse hat sterische und elektronische Ursachen.

$$\underset{\textbf{Sulfochlorid}}{Ar\text{-}SO_2\text{-}Cl} + R_2NH \rightleftharpoons \underset{\textbf{Sulfonamid}}{Ar\text{-}SO_2\text{-}NR_2} + HCl$$

NH-acide *monosubstituierte Sulfonamide* [Ar-SO_2-NHR] sind zwar schwächere Säuren als Carbonsäuren, sie besitzen jedoch eine den Phenolen vergleichbare Acidität, so daß sie in wäßrigen Alkalihydroxid-Lösungen löslich sind, sofern die Aminkomponente aus weniger als 8 C-Atomen aufgebaut ist. *Disubstituierte Sulfonamide* [Ar-SO_2-NR_2] sind in Laugen unlöslich. Hierauf beruht auch die *Hinsberg-Reaktion* zur Identifizierung und Trennung von Amingemischen (vgl. Kap. 3.10.3.5).

Bei der Umsetzung von **Tosylchlorid** mit wäßrigem Ammoniak bildet sich **p-Toluensulfonamid**. Dieses liefert bei Einwirkung von NaOCl-Lösung das Natriumsalz des **N-Chlor-p-toluensulfonamids** (Chloramin T), das sich auf Zusatz von NaCl kristallin als Trihydrat abscheidet.

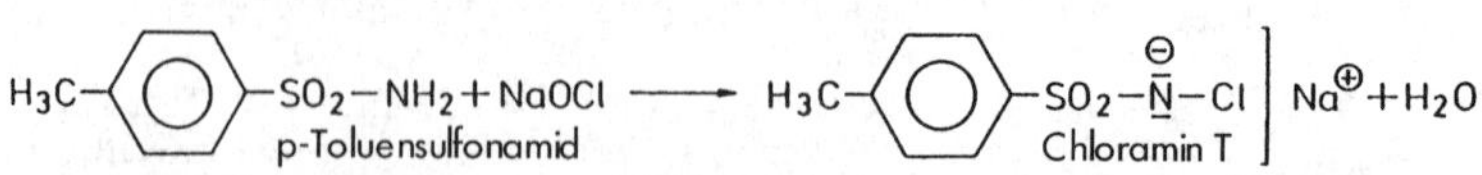

Chloramin T ist in trockenem Zustand ein farbloser, stabiler Feststoff, der in wäßriger Lösung wie Hypochlorige Säure wirkt und als Desinfektionsmittel im Handel ist [vgl. **MC-Fragen Nr. 690–692**].

3.11.5 Thioderivate der Kohlensäure

Der Ersatz der einzelnen Sauerstoffatome der Kohlensäure führt zu nachfolgenden Säuretypen, von denen nur die *Trithiokohlensäure* im freien Zustand stabil ist.

$$\underset{\text{Kohlensäure}}{HO\text{-}C(=O)\text{-}OH} \qquad \underset{\text{Thionkohlensäure}}{HO\text{-}C(=S)\text{-}OH} \rightleftharpoons \underset{\text{Thiolkohlensäure}}{HO\text{-}C(SH)=O}$$

$$\underset{\text{Thiolthionkohlensäure}}{HO\text{-}C(=S)\text{-}SH} \rightleftharpoons \underset{\text{Dithiolkohlensäure}}{O=C(SH)\text{-}SH} \qquad \underset{\text{Trithiokohlensäure}}{HS\text{-}C(=S)\text{-}SH}$$

Als wichtige Derivate der Thionkohlensäure sind zu nennen:

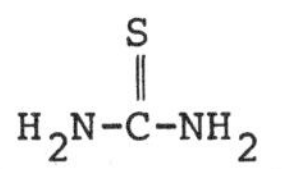
Thioharnstoff

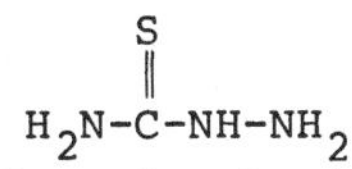
Thiosemicarbazid

3.11.5.1 Schwefelkohlenstoff (Kohlendisulfid)

Schwefelkohlenstoff [CS_2] kann als Anhydrid der Thiolthionkohlensäure aufgefaßt werden. CS_2 – eine farblose, leicht brennbare Flüssigkeit [Sdp. 46 °C] – besitzt ausgeprägte lipophile Eigenschaften und löst Fette, Öle sowie Harze.

Schwefelkohlenstoff wird durch Überleiten von Schwefeldampf über glühende Kohle oder aus Methan und Schwefeldampf hergestellt.

$$CH_4 + 4\,S \xrightarrow{(Al_2O_3)} CS_2 + 2\,H_2S$$

In der Technik dient es zur Darstellung von **Tetrachlormethan**.

$$CS_2 + 3\,Cl_2 \xrightarrow{(Fe)} CCl_4 + S_2Cl_2$$

Mit Alkalialkanolaten reagiert CS_2 zu den Alkalisalzen des jeweiligen *Xanthogensäureesters* (vgl. Kap. 3.2.10.7). Mit primären Aminen entstehen *Dithiocarbaminate*, die sich in Gegenwart von Hg(II)-Salzen in *Senföle* umwandeln (vgl. Kap. 3.10.3). Bei der Umsetzung mit überschüssigem Hydrazin bildet sich **Thiocarbonohydrazid** [vgl. **MC-Frage Nr. 688**].

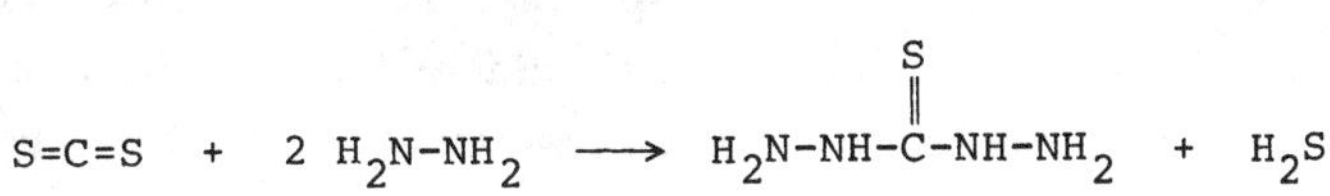

3.12 Aldehyde und Ketone

3.12.1 Nomenklatur von Carbonylverbindungen

3.12.1.1 Nomenklatur von Aldehyden

Aldehyde sind Verbindungen der allgemeinen Formel [**R-CH=O**]. Für ihre systematische Bezeichnung sehen die IUPAC-Richtlinien vor, an den Namen des entsprechenden Alkans die Silbe **„al"** anzuhängen. Daneben ist es üblich, den Namen eines Aldehyds aus dem lateinischen Namen der Carbonsäure abzuleiten, zu der er oxidiert werden kann. Hierbei wird die Endung „at" im Namen des entsprechenden Carbonsäuresalzes durch das Wort *„aldehyd"* ersetzt. Für die ersten Glieder der *homologen Reihe der Alkanale,* die der Summenformel [$\mathbf{C_nH_{2n}O}$] gehorchen, ergeben sich somit folgende Bezeichnungen:

H-CH=O	**Formaldehyd**	**(Methanal)**
CH_3-CH=O	**Acetaldehyd**	**(Ethanal)**
CH_3CH_2-CH=O	**Propionaldehyd**	**(Propanal)**
$CH_3CH_2CH_2$-CH=O	**n-Butyraldehyd**	**(Butanal)**
$CH_3CH_2CH_2CH_2$-CH=O	**n-Valeraldehyd**	**(Pentanal)**

Seitenketten oder Substituenten werden durch Vorsilben charakterisiert. Ihre Stellung wird im IUPAC-System durch eine Ziffer angegeben, wobei das Carbonyl-C-Atom die Ziffer 1 erhält. In der älteren Aldehyd-Nomenklatur wird die Position durch einen griechischen Buchstaben markiert.

```
β  α
CH3CH-CH=O            α-Brompropionaldehyd
    |                 2-Brompropanal
    Br

γ   β  α
CH3CHCH2-CH=O         β-Chlorbutyraldehyd
    |                 3-Chlorbutanal
    Cl
```

Bei cyclischen Verbindungen oder Aldehyden komplizierterer Struktur wird das Wort *„carbaldehyd"* an den Namen des C-Gerüstes angehängt, wie z. B. **Cyclobutancarbaldehyd**. Muß eine Substanz nach einer anderen funktionellen Gruppe benannt werden, dann kann man den CH=O-Rest auch als *Formyl-Gruppe* bezeichnen. Viele Aldehyde tragen zudem *Trivialnamen* [vgl. **MC-Fragen Nr. 547, 693**].

$Cl_3C\text{-}CH{=}O$	**Chloral**	**(Trichloracetaldehyd)**
$HOCH_2\text{-}CH{=}O$	**Glycolaldehyd**	
$HOCH_2\text{-}CHOH\text{-}CH{=}O$	**Glyceraldehyd**	
$CH_3\text{-}CHOH\text{-}CH_2\text{-}CH{=}O$	**Acetaldol**	**(β-Hydroxybutyraldehyd)**
$H_2C{=}CH\text{-}CH{=}O$	**Acrolein**	**(Propenal)**
$CH_3CH{=}CH\text{-}CH{=}O$	**Crotonaldehyd**	**(2-Butenal)**
$HC{\equiv}C\text{-}CH{=}O$	**Propargylaldehyd**	**(Propinal)**
$O{=}CH\text{-}CH{=}O$	**Glyoxal**	**(Oxaldialdehyd)**
$O{=}CH\text{-}CH_2\text{-}CH{=}O$	**Malondialdehyd**	
$O{=}CH\text{-}CH_2CH_2\text{-}CH{=}O$	**Succindialdehyd**	

Beispiele für *aromatische Aldehyde* [**Ar-CH=O**] sind:

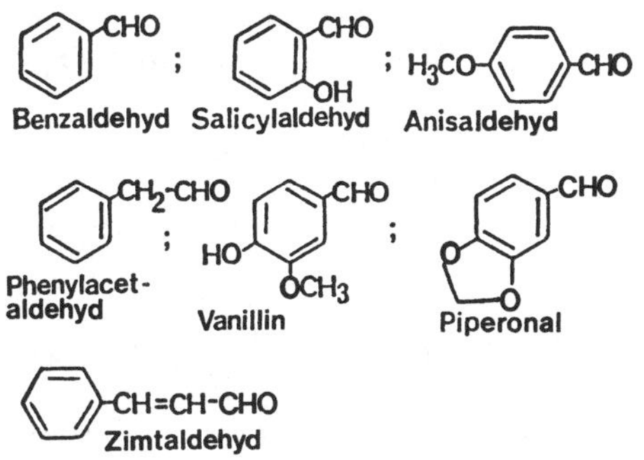

Einige der Aldehyde können auch als Substitutionsprodukte des jeweiligen Grundkörpers gekennzeichnet werden, wie z. B. **o-Hydroxybenzaldehyd** anstelle des Trivialnamens Salicylaldehyd.

3.12.1.2 Nomenklatur von Ketonen

Ketone sind Verbindungen der allgemeinen Formel [$R_2C{=}O$]. Auch für sie existieren unterschiedliche Nomenklatursysteme. Entweder wird an die Namen der beiden Reste - *geordnet in alphabetischer Reihenfolge* - das Wort *„keton“* angehängt, oder man legt nach der IUPAC-Nomenklatur den Namen des betreffenden Alkans zugrunde und ergänzt die Silbe **„on“**.

Bei *substitutierten Ketonen* wird die längste Kohlenstoffkette des *Alkanons,* die die C=O-Funktion enthält, so durchnumeriert, daß der Carbonylkohlenstoff die niedrigste Ziffer erhält. Bei komplizierteren Ketonen kann die Vorsilbe **„oxo“** benutzt und durch eine Ziffer gekennzeichnet werden.

$CH_3\text{-}C(=O)\text{-}CH_3$	Aceton (Propanon ist nicht gebräuchlich)
$CH_3\text{-}C(=O)\text{-}CH_2\text{-}CH_3$	Ethylmethylketon (Butanon)

$CH_3CH_2-C(=O)-CH_2CH_3$ Diethylketon (3-Pentanon-3-Oxopentan)

$CH_3-C(=O)-CH=CH_2$ Methylvinylketon (3-Oxobuten)

Für einige Ketone existieren wiederum *Trivialnamen.*

$(CH_3)_3C\text{-}CO\text{-}CH_3$	**Pinakolon**	**(tert. Butylmethylketon)**
$CH_3CH(OH)\text{-}CO\text{-}CH_3$	**Acetoin**	
$(CH_3)_2C{=}CH\text{-}CO\text{-}CH_3$	**Mesityloxid**	
$(CH_3)_2C{=}CH\text{-}CO\text{-}CH{=}C(CH_3)_2$	**Phoron**	
$CH_3\text{-}CO\text{-}CO\text{-}CH_3$	**Diacetyl**	(**2,3-Butandion**)
$CH_3\text{-}CO\text{-}CH_2\text{-}CO\text{-}CH_3$	**Acetylaceton**	(**2,4-Pentandion**)
$CH_3\text{-}CO\text{-}(CH_2)_2\text{-}CO\text{-}CH_3$	**Acetonylaceton**	(**2,5-Hexandion**)

Arylketone, in denen die Carbonylgruppe direkt an einen Benzenring gebunden ist, werden als *Phenon-Derivate* bezeichnet. Als Beispiele aromatischer und cycloaliphatischer Ketone, die z.T. Spezialnamen führen, sind zu nennen [vgl. **MC-Frage Nr. 694**]:

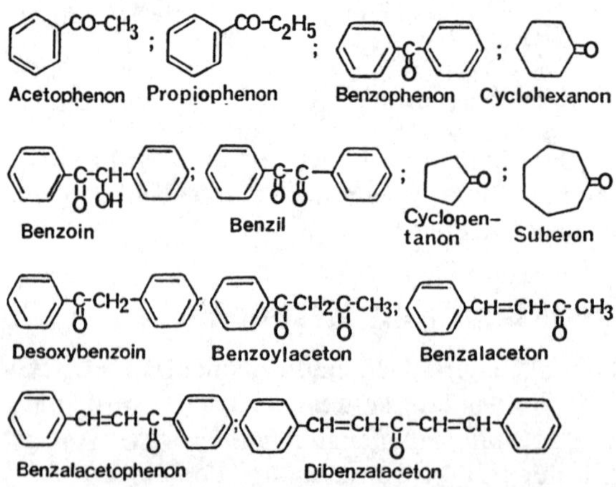

Diketone: Je nach der Stellung der beiden Carbonylgruppen zueinander unterscheidet man:

R-CO-CO-R'	**1,2-Diketone**	(**α-Diketone**)
$R\text{-}CO\text{-}CH_2\text{-}CO\text{-}R'$	**1,3-Diketone**	(**β-Diketone**) usw.

Beispiele hierfür sind die α-Diketone **Benzil**, **Diacetyl** sowie das β-Diketon **Acetylaceton** [vgl. **MC-Frage Nr. 737**].

Acyloine: Als Acyloine bezeichnet man *α-Hydroxyketone,* die beiderseits der Gruppierung [**-CHOH-CO-**] den gleichen Rest tragen, wie z. B. Acetoin [$CH_3\text{-}CHOH\text{-}CO\text{-}CH_3$].

3.12.2 Darstellung von Aldehyden und Ketonen

Reaktionen zur Herstellung von Carbonylverbindungen wurden in den voranstehenden Kapiteln bereits mehrfach erwähnt, so daß sie an dieser Stelle nur in zusammengefaßter Form beschrieben werden. Präparative Methoden, die bisher noch nicht diskutiert wurden, werden dagegen in detaillierter Form vorgestellt.

3.12.2.1 Darstellung von Alkanalen

Aliphatische Aldehyde [R-CH=O] können hergestellt werden aus:

(1) *Alkenen* durch *Ozonolyse* und anschließende reduktive Aufarbeitung des gebildeten Ozonids (vgl. Kap. 3.2.18.3)

$$\text{R-CH=CH-R} \xrightarrow{[O_3]} 2\ \text{R-CH=O}$$

bzw. aus Alkenen durch *Hydroformylierung (Oxosynthese)* (vgl. Kap. 3.5.4).

$$\text{R-CH=CH}_2 + \text{CO} + \text{H}_2 \longrightarrow \text{R-CH}_2\text{-CH}_2\text{-CH=O} + \text{R-CH(CH}_3\text{)-CH=O}$$

(2) *monosubstituierten Alkinen* durch *Hydroborierung* und nachfolgende Behandlung mit alkalischer H_2O_2-Lösung (vgl. Kap. 3.5.7.2).

$$\text{R-C}\equiv\text{CH} \xrightarrow[2.\ H_2O_2]{1.\ B_2H_6} \text{R-CH}_2\text{-CH=O}$$

(3) *primären Alkoholen* durch *Oxidation* mit Chromsäure bzw. durch *Dehydrierung* an Cu-Cr-Oxid-Kontakten (vgl. Kap. 3.2.18.5).

$$\text{R-CH}_2\text{OH} \xrightarrow{[O]} \text{R-CH=O} + [2\ \text{H}]$$

Infolge der leichten Weiteroxidation eines Aldehyds zur Carbonsäure ist das Verfahren in wäßriger Lösung auf Verbindungen mit niederer Molmasse beschränkt, die sofort nach ihrer Bildung aus dem Reaktionsgemisch abdestilliert werden. In Lösungsmitteln [$CHCl_3$, CH_2Cl_2], die keine Hydroxylgruppen enthalten, gelingt eine selektive Oxidation des Alkanols mit Bispyridiniumchrom(VI)-oxid [$CrO_3(C_5H_5N)_2$].

(4) *1,2-Diolen* durch *Glycolspaltung* mit Natriummetaperiodat oder Bleitetraacetat (vgl. Kap. 3.2.18.5).

$$\text{R-CH(OH)-CH(OH)-R} \rightarrow 2\ \text{R-CH=O} + [2\ \text{H}]$$

(5) *Carbonsäurechloriden* durch *Rosenmund-Reduktion* mit elementarem Wasserstoff in Gegenwart von Pd/$BaSO_4$. Die Weiterreduktion zum Alkohol wird durch selektives Vergiften des Katalysators mit Schwefel-haltigen Substanzen (Thioharnstoff, Phenylsenföl) verhindert. Unter speziellen Bedingungen können auch *komplexe Hydride* als Reduktionsmittel verwendet werden (vgl. Kap. 3.2.19.4).

$$R\text{-}CO\text{-}Cl + H_2 \xrightarrow{[Pd/BaSO_4]} R\text{-}CH{=}O + HCl$$

(6) *Nitrilen* durch Reduktion mit Zinn(II)-chlorid in salzsaurem Milieu (*Stephen-Reduktion).*

$$R\text{-}C{\equiv}N \xrightarrow{[SnCl_2/HCl]} R\text{-}CH{=}O$$

(7) *α-Halogencarbonsäureester* durch die *Darzens-Glycidester-Synthese* [vgl. **MC-Fragen Nr. 596, 695**]. Dabei wird meistens in einem indifferenten Lösungsmittel ein *α-Chloressigsäureester* mit einem *Aldehyd* oder *Keton* in Gegenwart basischer Kondensationsmittel (Alkanolate, $NaNH_2$) im Sinne einer Aldoladdition umgesetzt (siehe Kap. 3.12.6.1).

Zunächst reagiert der Halogenester mit der Base unter Bildung eines Carbanions, das sich an die C=O-Gruppe der Carbonylverbindung nucleophil addiert. Die vorsichtige Hydrolyse des nach einem intramolekularen S_N-Mechanismus gebildeten *Glycidesters* (Epoxycarbonsäureester) liefert die freie Glycidsäure, die beim Erhitzen unter Ringöffnung spontan zum Aldehyd decarboxyliert. Für die Decarboxylierung wird ein cyclischer Übergangszustand diskutiert.

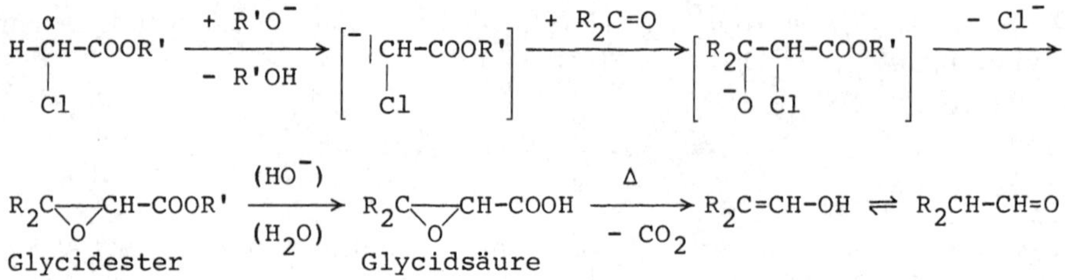

Der präparative Nutzen der Darzens-Kondensation besteht darin, daß man mit dieser Reaktion aus einem Aldehyd den *nächsthöheren homologen Aldehyd* synthetisieren kann.

$$R\text{-}CH{=}O + Cl\text{-}CH_2\text{-}COOR' \rightarrow \rightarrow \rightarrow R\text{-}CH_2\text{-}CH{=}O$$

(8) Acetaldehyd [$CH_3CH{=}O$], der technisch wichtigste Aldehyd, kann im Labor- und Produktionsmaßstab hergestellt werden durch [vgl. **MC-Fragen Nr. 696, 697**]:

- Oxidation bzw. Dehydrierung von *Ethanol* [CH_3CH_2OH],
- Addition von Wasser an *Acetylen* [$HC{\equiv}CH$] (siehe Kap. 3.5.7.2),
- Luftoxidation von *Ethen* [$CH_2{=}CH_2$] in Gegenwart von Pd(II)-Salzen *(Wacker-Hoechst-Verfahren),*
- Reduktion von *Acetylchlorid* [CH_3COCl] nach Rosenmund bzw. durch Reduktion mit komplexen Hydriden,
- Reduktion von *Acetonitril* [$CH_3C{\equiv}N$] mit speziellen komplexen Hydriden,
- Decarboxylierung von *Brenztraubensäure* [$CH_3COCOOH$],
- protonenkatalysierte Depolymerisation von *Paraldehyd.*

3.12.2.2 Darstellung aromatischer Aldehyde

Über die *Formylierung* von Aromaten nach *Gattermann, Vilsmeier* oder *Reimer-Tiemann* informierte bereits ausführlich Kap. 3.6.4.2 [vgl. **MC-Fragen Nr. 698, 1206**]. Als weitere Methoden zur Darstellung aromatischer Aldehyde sind zu nennen:

(1) *Seitenkettenhalogenierung von Methylarenen* und Hydrolyse der gebildeten geminalen Dihalogenide (vgl. Kap. 3.2.4.3 und Kap. 3.6.4.2).

$$\text{Ar-CH}_3 \xrightarrow{(\text{Cl}_2)} \text{Ar-CHCl}_2 \xrightarrow{(\text{H}_2\text{O})} \text{Ar-CH=O}$$

(2) *Oxidation von Methylarenen* mit Chromsäure in Acetanhydrid und Behandeln des gebildeten geminalen Diacetats mit einer wäßrigen Säurelösung. Die *Etard-Reaktion* verwendet Chromylchlorid (CrO_2Cl_2) als Oxidans.

$$\text{Ar-CH}_3 \xrightarrow[(\text{Ac}_2\text{O})]{(\text{CrO}_3)} \text{Ar-CH(OOC-CH}_3)_2 \xrightarrow[(\text{H}^+)]{(\text{H}_2\text{O})} \text{Ar-CH=O}$$

(3) *Stephen-Reduktion von aromatischen Nitrilen* mit $SnCl_2$/HCl [vgl. **MC-Frage Nr. 859**]. Die Reduktion gelingt auch mit speziellen komplexen Hydriden.

$$\text{Ar-C}\equiv\text{N} \xrightarrow{\text{HCl}} \underset{\text{Cl}}{\text{Ar-C=NH}} \xrightarrow[\text{HCl}]{\text{SnCl}_2} [\text{Ar-CH=NH}_2^{\,+}]_2[\text{SnCl}_4]^{2-} \xrightarrow{(\text{H}_2\text{O})} \text{Ar-CHO}$$

(4) *Reduktion von aromatischen Säurechloriden* nach Rosenmund oder durch Reduktion mit speziellen Hydriddonatoren (vgl. Kap. 3.2.19).

(5) *Sommelet-Reaktion von Benzylhalogeniden.* Dabei entsteht in einer S_N-Reaktion z. B. beim Erhitzen von **Benzylchlorid** mit *Hexamethylentetramin* (Urotropin) zunächst ein quartäres Salz, das anschließend mit verd. Säure zu **Benzaldehyd** hydrolysiert werden kann [vgl. **MC-Fragen Nr. 699, 700**].

$$\text{C}_6\text{H}_5\text{-CH}_2\text{Cl} + \text{C}_6\text{H}_{12}\text{N}_4 \longrightarrow [\text{C}_6\text{H}_5\text{-CH}_2\text{-}\overset{+}{\text{N}}(\text{C}_6\text{H}_{12}\text{N}_3)]\text{Cl}^- \xrightarrow[(\text{H}^+)]{(\text{H}_2\text{O})}$$

$$\text{C}_6\text{H}_5\text{-CH=O} + \text{CH}_3\text{-NH}_3^{\,+}]\text{Cl}^- + 3\ \text{NH}_3 + 5\ \text{CH}_2\text{=O}$$

Aus sterischen Gründen reagieren ortho-substituierte Benzylhalogenide nicht und elektronenanziehende Substituenten am Aromaten setzen die Ausbeute deutlich herab.

Als weiteres Reaktionsprodukt entsteht **Methylamin**, dessen Bildung man sich folgendermaßen erklären kann. Bei der Hydrolyse des quartären Salzes werden **Benzylamin**, **Ammoniak** und **Formaldehyd** erhalten. Vom Benzylamin wird anschließend ein *Hydridion* auf das aus NH_3 und CH_2O intermediär gebildete **Methylenimin** übertragen. Daraus resultiert ein **Benzylimin**, das im nachfolgenden Reaktionsschritt zum Benzaldehyd hydrolysiert.

$$[C_6H_5-CH_2-\overset{+}{N}(C_6H_{12}N_3)]Cl^- \xrightarrow[-\ NH_4Cl]{(H_2O)} C_6H_5-CH_2NH_2 + 6\ CH_2{=}O + 2\ NH_3$$

Benzylamin

$$NH_3 + CH_2{=}O \xrightarrow{-\ H_2O} H_2C{=}NH \xrightarrow{+\ H^+} H_2C{=}\overset{+}{N}H_2 \text{ (Methylenimmoniumion)}$$

$$C_6H_5-CH(H)-\bar{N}H_2 \longrightarrow C_6H_5-CH{=}\overset{+}{N}H_2 \xrightarrow[-\ \overset{+}{N}H_4]{+\ H_2O} C_6H_5-CH{=}O$$

Benzylimin — Benzaldehyd

$$H_2C{=}\overset{+}{N}H_2 \longrightarrow CH_3-NH_2 \xrightarrow{+\ H^+} CH_3-NH_3^+$$

Methylamin

(6) *Oxidation von Benzylhalogeniden* mit p-Nitrosodimethylanilin in Gegenwart von Pyridin *(Kröhnke-Reaktion)*. Da die Reaktion unter milden Bedingungen abläuft, wird sie häufig zur Synthese *oxidationsempfindlicher Aldehyde* eingesetzt.

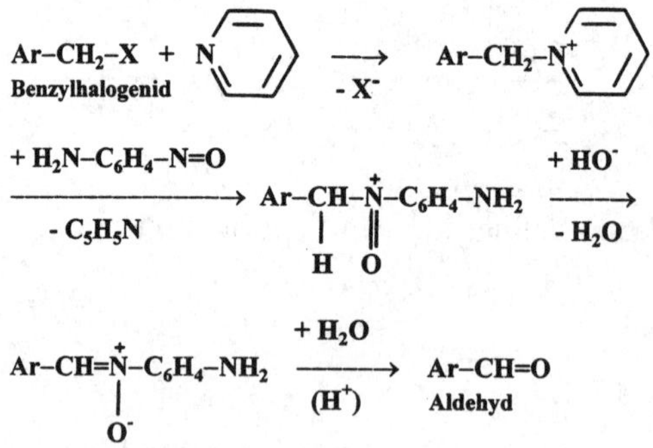

(7) Umsetzung aromatischer *Grignard-Verbindungen* mit **Ethylorthoformiat** und saure Hydrolyse der gebildeten *Acetale.* Die Methode ist auch zur Darstellung aliphatischer Aldehyde geeignet.

$$Ar-Br \rightarrow Ar-Mg-Br + HC(OEt)_3 \rightarrow Ar-CH(OEt)_2 \xrightarrow[(H_2O)]{(H^+)} Ar-CH{=}O$$

Acetal

3.12.2.3 Darstellung von Alkanonen

Aliphatische Ketone lassen sich herstellen aus [vgl. **MC-Fragen Nr. 720, 721**]:

(1) *Alkenen* durch *Ozonolyse* und nachfolgende reduktive Aufarbeitung des gebildeten Ozonids (vgl. Kap. 3.2.18.3).

$$R_2C{=}CR_2 \xrightarrow{[O_3]} 2\ R_2C{=}O$$

(2) *Alkinen* durch saure *Hydratisierung* in Gegenwart von Hg(II)-Salzen (vgl. Kap. 3.5.7.2).

$$R-C{\equiv}CH + H_2O \longrightarrow R-CO-CH_3 \quad \textbf{Alkylmethylketon}$$

(3) *sekundären Alkoholen* durch *Oxidation* mit $KMnO_4$, $K_2Cr_2O_7$ oder CrO_3 bzw. durch *Dehydrierung* an Cu-Kontakten [vgl. Kap. 3.2.18.5 und **MC-Frage Nr. 722**]

$$C_6H_5\text{-}CH_2\text{-}CHOH\text{-}CH_3 \xrightarrow{(CrO_3)} C_6H_5\text{-}CH_2\text{-}CO\text{-}CH_3$$

Benzylmethylketon

sowie durch Umsetzung mit Ketonen in Gegenwart von Al-tert. butanolat (siehe *Oppenauer-Oxidation*, Kap. 3.2.18.5).

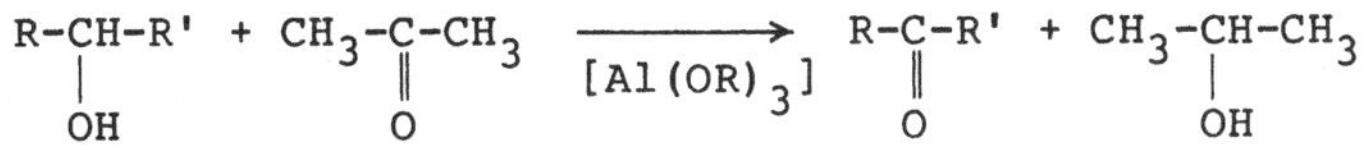

(4) *1,2-Diolen* durch *Glycolspaltung* mit $Pb(OAc)_4$ oder $NaIO_4$ (vgl. Kap. 3.2.18.5)

$$R_2COH\text{-}CR_2OH \rightarrow 2\ R_2C{=}O + [2\ H]$$

bzw. durch *Pinakol-Umlagerung* beim Behandeln mit Säuren (vgl. Kap. 3.2.16.2).

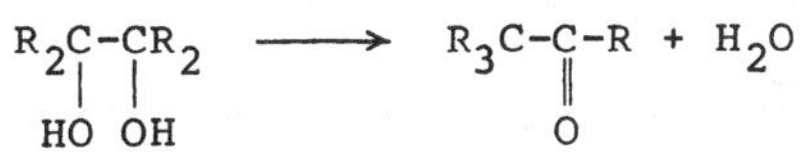

(5) *Carbonsäuren* durch Pyrolyse *(Destillation)* ihrer Calcium- bzw. Barium-Salze an CdO_2- oder ThO_2-Kontakten.

$$R\text{-}COOH + R\text{-}COOH \rightarrow R\text{-}CO\text{-}R + CO_2 + H_2O$$

(6) *β-Ketocarbonsäureestern* durch *Ketonspaltung* und Decarboxylierung der intermediär auftretenden *β-Ketocarbonsäuren* (vgl. Kap. 3.14.6.1).

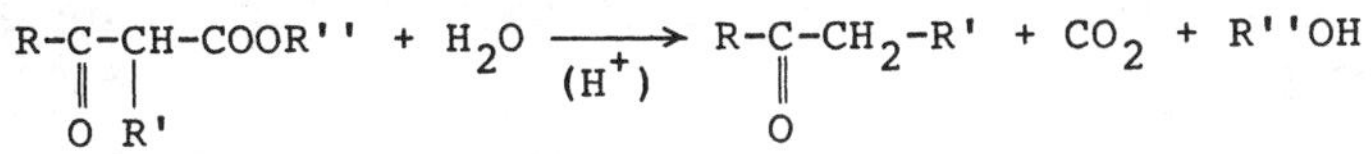

Beispielsweise erhält man **Aceton** bei der Ketonspaltung von **Acetessigester** und anschließender spontaner Decarboxylierung der zunächst gebildeten instabilen *Acetessigsäure* [vgl. **MC-Frage Nr. 697**].

(7) *Carbonsäurechloriden* durch Reaktion mit *Organocadmiumverbindungen* (vgl. Kap. 3.8.3.1).

$$R'_2Cd + 2\ R\text{-}CO\text{-}Cl \rightarrow 2\ R\text{-}CO\text{-}R' + CdCl_2$$

(8) *Nitrilen* durch Umsetzung mit *Grignard-Reagenzien* und nachfolgende Hydrolyse [vgl. Kap. 3.8.3.1 und **MC-Frage Nr. 724**].

$$CH_3\text{-}C{\equiv}N + C_6H_5\text{-}CH_2\text{-}MgCl \rightarrow\rightarrow CH_3\text{-}CO\text{-}CH_2\text{-}C_6H_5$$

Acetonitril, Phenylmagnesiumchlorid, Benzylmethylketon

3.12.2.4 Darstellung aromatischer Ketone

Arylalkyl- oder Diarylketone können hergestellt werden durch:

- *Friedel-Crafts-Acylierung* (vgl. Kap. 3.6.4.2),
- *Houben-Hoesch-Reaktion* (vgl. Kap. 3.6.4.2),
- *Fries-Reaktion* (vgl. Kap. 3.2.17.1).

Eine weitere Methode zur Synthese von Arylalkylketonen ist die Grignard-Reaktion eines *Benzonitril-Derivates* mit einem Alkyl- oder Arylmagnesiumhalogenid [vgl. **MC-Frage Nr. 698**].

$$Ar{-}C{\equiv}N + R{-}MgX \rightarrow Ar{-}\underset{\displaystyle N{-}MgX}{\underset{\|}{C}}{-}R \xrightarrow[-\ MgOHX]{+\ H_2O} Ar{-}\underset{\displaystyle NH}{\underset{\|}{C}}{-}R \xrightarrow[-\ NH_3]{+\ H_2O} Ar{-}\underset{\displaystyle O}{\underset{\|}{C}}{-}R$$

3.12.3 Eigenschaften von Carbonylverbindungen

3.12.3.1 Physikalisch-chemische Eigenschaften

Aldehyde und Ketone bilden untereinander keine Wasserstoffbrücken, so daß sie tiefer sieden als Alkanole oder Carbonsäuren vergleichbarer relativer Molekülmasse. Aufgrund ihrer polaren Carbonylgruppe und den daraus resultierenden intermolekularen Dipol-Dipol-Wechselwirkungen sieden sie jedoch höher als unpolare Verbindungen wie z. B. Alkane gleicher C-Zahl. Wie bei anderen homologen Reihen steigen die *Siedepunkte* mit zunehmender Molmasse stetig an.

Als Folge intermolekularer H-Brücken mit Wassermolekülen sowie der Bildung von Hydraten sind *niedere Aldehyde* und *Ketone* (bis C-5) *wasserlöslich* [vgl. **MC-Frage Nr. 831**].

3.12.3.2 Bildung von Polymeren

Aliphatische Aldehyde tendieren dazu, sich in exothermer Reaktion – besonders in Anwesenheit von Säuren – *acetalartig* zu höhermolekularen Verbindungen mit Ring- oder Kettenstrukturen zu vereinigen [siehe Kap. 3.12.5.1 und **MC-Fragen Nr. 696, 697, 701, 702, 704, 705, 709, 710**]. Aufgrund der Acetalstruktur sind diese Substanzen in Alkalihydroxid-Lösungen stabil, hingegen gelingt die *protonenkatalysierte Depolymerisation.*

Die *Polymerisation des Formaldehyds* zu niedermolekularem **Paraformaldehyd** tritt bereits beim Eindampfen wäßriger Formalin-Lösungen ein. Dabei entstehen *lineare* Kettenmoleküle.

$$n\ CH_2{=}O \rightarrow HO{-}(CH_2O)_{n-1}{-}CH_2OH$$

Daneben existiert auch eine hochmolekulare Form *(Polyformaldehyd, Polyoxymethylen).* Außer den kettenförmigen Polymeren des Formaldehyds kennt man auch ein *cyclisches Trimer* [**Trioxymethylen** oder **1,3,5-Trioxan**], das sich beim Abkühlen von Formaldehyd-Dämpfen in fester Form abscheidet. Es ist in Wasser und org. Solventien leicht löslich und besitzt infolge seiner Acetalstruktur keine reduzierenden Eigenschaften.

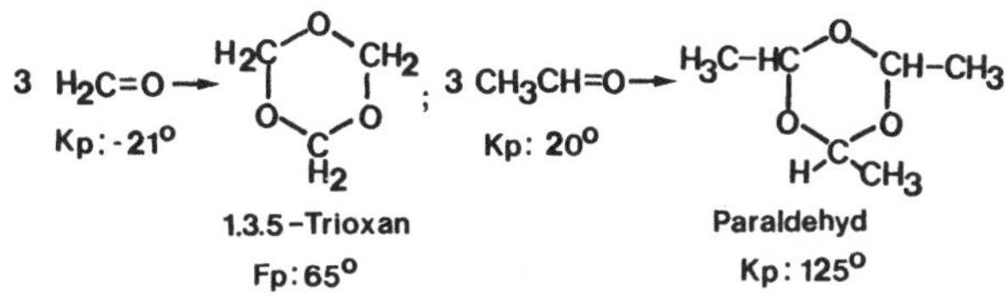

Acetaldehyd trimerisiert in Gegenwart von Säuren zu **Paraldehyd** [**2,4,6-Trimethyl-1,3,5-trioxan**], einer charakteristisch riechenden, Alkali-stabilen Flüssigkeit. Sie ist gleichfalls in Wasser und org. Lösungsmitteln löslich und zeigt keine Aldehydreaktionen. Vom Acetaldehyd ist auch ein cyclisches, festes Tetramer *(Metaldehyd)* bekannt, das als Trockenspiritus im Handel ist.

3.12.3.3 Reaktivität der Carbonylfunktion

Die grundlegenden Eigenschaften der Carbonylgruppe wurden bereits ausführlich im Kap. 3.2.15 behandelt. Sie können wie folgt zusammengefaßt werden [vgl. **MC-Fragen Nr. 701, 704**]:

Eine eben gebaute Carbonylgruppe besitzt aufgrund der größeren Elektronegativität des Sauerstoffs dipolaren Charakter. Die π-Bindung ist leicht polarisierbar. Das Ausmaß dieser C=O-Polarisierung wird als Carbonylaktivität (Carbonylreaktivität) bezeichnet.

Die Carbonylreaktivität kann durch Zusatz von Säuren erhöht werden. Die Carbonylaktivität von Formaldehyd ist größer als die von Acetaldehyd und im allgemeinen besitzen Ketone eine geringere Carbonylreaktivität als Aldehyde.

Elektrophile Reagenzien (Säuren) greifen am basischen Carbonylsauerstoff an, während die Addition von nucleophilen Reagenzien (Basen) am Carbonyl-C-Atom erfolgt. Der Primärschritt vieler Carbonylreaktionen ist die nucleophile Addition von Reagenzien an die C=O-Gruppe. Ein weiterer wichtiger Reaktionstyp sind Substitutionen acider Wasserstoffatome am α-C-Atom zur Carbonylgruppe.

3.12.4 Reaktionen von Carbonylverbindungen

Die mechanistischen Grundlagen der *nucleophilen Addition an Carbonylverbindungen* wurden bereits ausführlich im Kap. 3.2.15.6 beschrieben. Daher sollen in den folgenden Abschnitten mehr die präparativen Aspekte der Reaktionen von Aldehyden und Ketonen diskutiert werden. Die nucleophile Addition von Reagenzien an *vinyloge Carbonylverbindungen* war Gegenstand des Kap. 3.2.12.1.

Aufgrund ihrer zentralen Bedeutung für die Chemie von Carbonylverbindungen werden die Reaktionen der C=O-Gruppe mit:

* *Basen* (siehe Kap. 3.12.5),
* *CH-aciden Verbindungen* (siehe Kap. 3.12.6),
* *Hydridionen* (siehe Kap. 3.12.7)

in eigenständigen Kapiteln behandelt.

Als weitere wichtige Reaktionen von Aldehyden und Ketonen sind zu nennen die:

- *Carbonylolefinierung (Wittig-Reaktion)* (vgl. Kap. 3.5.3)
- *Umsetzung mit Grignard-Reagenzien* zur Synthese von Alkoholen; z. B. erhält man **2-Butanol** als Reaktionsprodukt der Umsetzung von Acetaldehyd mit Ethylmagnesiumbromid [vgl. Kap. 3.8.3.1 und **MC-Frage Nr. 708**].
  $$CH_3\text{-}CH{=}O + CH_3CH_2\text{-}MgBr \rightarrow\rightarrow CH_3\text{-}CHOH\text{-}CH_2CH_3$$
- *Ethinylierung mit Acetylen-Derivaten* zur Herstellung von Alkinolen (vgl. Kap. 3.5.7.3).

Die *α-Halogenierung von Carbonylverbindungen* wurde im Kap. 3.7.2.1 besprochen. Darüber hinaus können durch Reaktion von Ketonen mit PCl_5 *geminale Dichloride, Chloralkene* und *Alkine* dargestellt werden.

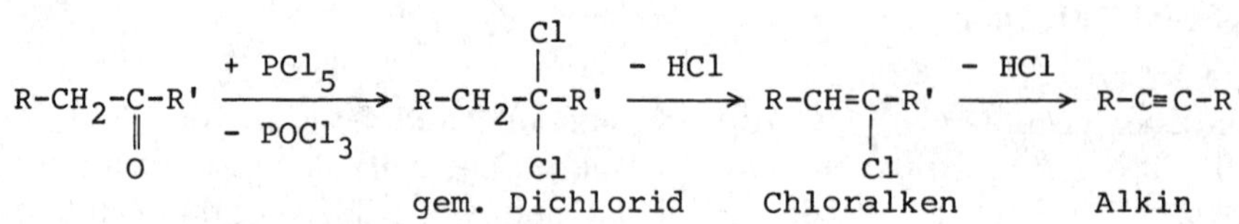

Abschließend sei noch auf den *redoxamphoteren Charakter von Aldehyden* und ihre Neigung zur *Autoxidation* hingewiesen [vgl. Kap. 3.2.4.3 und **MC-Fragen Nr. 701, 706**]. Im Gegensatz zu Aldehyden besitzen einfache Ketone keine reduzierenden Eigenschaften und reagieren deshalb nicht mit *Fehlingscher Lösung* oder *Tollens-Reagenz.*

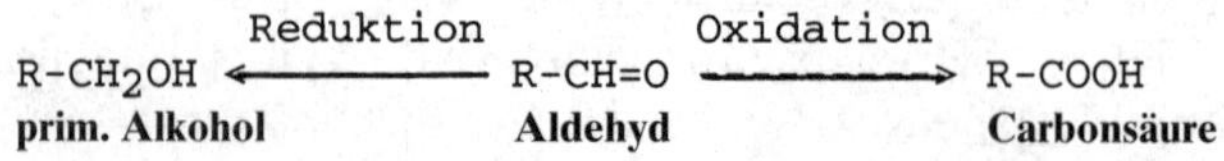

Die generellen Möglichkeiten zur *Oxidation* der Carbonylfunktion wurden im Kap. 3.2.18.6 diskutiert. Die *Baeyer-Villiger-Oxidation* von Ketonen zu Carbonsäureestern wurde im Kap. 3.2.16.4 vorgestellt. *Reduktionsreaktionen* an Carbonylverbindungen waren Gegenstand des Kap. 3.2.19.5.

3.12.5 Reaktionen von Carbonylverbindungen mit Basen

3.12.5.1 Reaktionen mit Sauerstoff-Nucleophilen

Hydrat-Bildung: Die reversible Anlagerung von *Wasser* an die Carbonylgruppe führt zur Bildung instabiler *Hydrate (geminales* oder *1,1-Diol)*. Im Gleichgewichtszustand überwiegen im allgemeinen die Edukte, und zwar umso stärker, je geringer die Carbonylreaktivität der C=O-Bindung ist.

$$\text{R-CH=O} + H_2O \overset{[K]}{\rightleftharpoons} \text{R-CH(OH)}_2$$

Für Aldehyde beträgt die **Gleichgewichtskonstante K** etwa **1**, für Ketone hat sie einen Wert von etwa $\mathbf{10^{-3}}$. Daher enthalten wäßrige Lösungen von Aldehyden etwa äquimolare Mengen an hydratisierten und nicht-hydratisierten Molekülen, während Ketone fast ausschließlich in der Ketoform [R_2C=O] vorliegen. Demgegenüber hat die Konstante beim **Formaldehyd** einen Wert von ca. $\mathbf{10^3}$, so daß wäßrige Formaldehyd-Lösungen *(Formalin)* nahezu vollständig (>99%) aus $CH_2(OH)_2$-Molekülen bestehen [vgl. **MC-Fragen Nr. 702, 704**]. Im Falle des Formaldehyds und Acetaldehyds können aus dem jeweiligen Hydrat noch acetalartige Oligomere entstehen (siehe Kap. 3.12.3). Die Hydratbildung ist allgemein säure- und basenkatalysiert (siehe Kap. 3.2.15.8).

Normalerweise sind Hydrate nicht isolierbar *(Erlenmeyer-Regel)*. Dagegen erhöhen -I/-M-Substituenten am α-C-Atom die elektrophilen Eigenschaften des Carbonylkohlenstoffs und begünstigen die Hydratbildung. So beträgt die Gleichgewichtskonstante für **Trichloracetaldehyd** (**Chloral**) etwa $\mathbf{3 \cdot 10^4}$. Daher existiert diese Substanz in wäßriger Lösung fast vollständig in der Hydrat-Form. Als weitere *Ausnahmen der Erlenmeyer-Regel* sind zu nennen [vgl. **MC-Fragen Nr. 547, 712**]:

Trichloracetaldehyd: (Chloral) $$Cl_3C\text{-CH=O} \rightleftharpoons Cl_3C\text{-CH(OH)}_2$$

Glyoxylsäure: $$\text{HOOC-CH=O} \rightleftharpoons \text{HOOC-CH(OH)}_2$$

Mesoxalsäure: $$\text{(HOOC)}_2\text{C=O} \rightleftharpoons \text{(HOOC)}_2\text{C(OH)}_2$$

Hexafluoraceton: $$(CF_3)_2\text{C=O} \rightleftharpoons (CF_3)_2\text{C(OH)}_2$$

Triketoindan: (Ninhydrin)

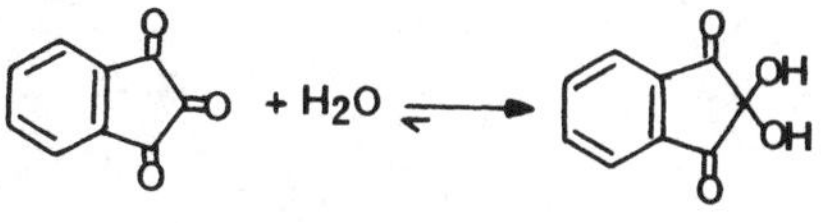

Darüber hinaus bilden solche Verbindungen auch mit *Alkoholen, Ammoniak* und *Aminen* relativ stabile *Halbacetale* und *Halbaminale*, die im Falle des Trichloracetaldehyds als kristalline Feststoffe isolierbar sind [vgl. **MC-Frage Nr. 711**].

Cl_3C-CH(OH)-OR Halbacetal Cl_3C-CH(OH)-NH_2 Halbaminal

Acetal- und Ketal-Bildung: Carbonylverbindungen ergeben durch *nucleophile Addition von Alkoholen* zunächst instabile *Halbacetale* (Hemiacetale) oder *Halbketale* (Hemiketale), die sich in Gegenwart starker Säuren rasch in *Acetale* [R-CH(OR)$_2$] bzw. *Ketale* [R$_2$C(OR)$_2$] umwandeln [vgl. **MC-Fragen Nr. 714–716**].

$$\text{R-CH=O} \xrightleftharpoons{+\ \text{R'OH}} \underset{\text{Halbacetal}}{\text{R-CH(OH)-OR'}} \xrightarrow[-\ H_2O]{+\ H^+} [\text{R-}\overset{+}{\text{C}}\text{H-OR'} \leftrightarrow \text{R-CH=}\overset{+}{\text{O}}\text{R'}]$$

$$\xrightarrow{+\ \text{R'OH}} \left[\text{R-CH(OR')-}\overset{+}{\text{O}}\text{H-R'}\right] \xrightarrow{-\ H^+} \text{R-CH(OR')-OR'} \quad \text{Acetal}$$

Beispielsweise bildet sich **n-Butyraldehyddimethylacetal** beim Einwirken von wasserfreier methanolischer HCl-Lösung auf **Butanal** [vgl. **MC-Frage Nr. 727**].

$$CH_3CH_2CH_2\text{-}CH{=}O + 2\ CH_3OH \longrightarrow CH_3CH_2CH_2\text{-}CH(OCH_3)_2 + H_2O$$

Bei der Acetalisierung der C=O-Funktion ist die nucleophile Anlagerung des Alkoholmoleküls unter Bildung des Halbacetals – wie die Addition von Wasser – durch Säuren und Basen katalysierbar. Dagegen läuft die nachfolgende Umsetzung des Halbacetals zum Acetal *nur* noch spezifisch säurekatalysiert ab [vgl. **MC-Frage Nr. 713**].

Die Acetalisierung mit einwertigen Alkoholen in Anwesenheit von Mineralsäuren gelingt mit guten Ausbeuten nur bei niederen Aldehyden. Acetale höherer Aldehyde und Ketale sind auf diese Weise nur schwer zugänglich. Ihre Darstellung erfolgt zweckmäßigerweise durch Umsetzung mit *Orthoameisensäureestern.*

$$R_2C{=}O \ + \ HC(OR')_3 \longrightarrow R_2C(OR')_2 \ + \ HCOOR'$$

Demgegenüber ist bei der *Bildung cyclischer Acetale* und *Ketale* mit 1,2- und 1,3-Diolen das Acetalisierungsgleichgewicht aufgrund eines günstigeren Entropie-Effektes zur Produktseite hin verschoben. Die Darstellung der präparativ wichtigen *1,3-Dioxolane (Ethylenacetale, -ketale)* mit **Ethylenglycol** erfolgt meistens unter azeotroper Entfernung des Reaktionswassers. Unter diesen Bedingungen lassen sich auch Ketosäuren und ihre Ester, Hydroxyketone oder α-Halogenketone ketalisieren.

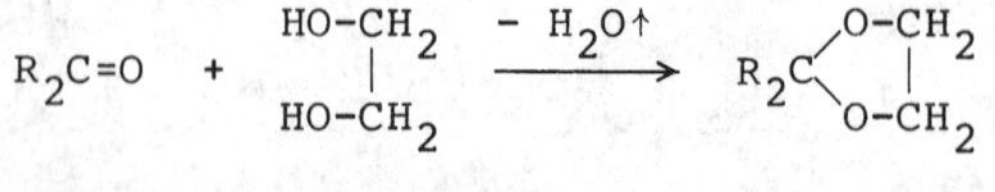

1,3-Dioxolan

Durch verd. Säuren sind Acetale und Ketale wieder in die Ausgangskomponenten spaltbar. Im alkalischen pH-Bereich sowie gegenüber Oxidationsmitteln sind Acetale und Ketale beständig, so daß sie als *Schutzgruppen von Carbonylverbindungen* im alkalischen Medium fungieren können [vgl. **MC-Frage Nr. 728**]. Acetale reagieren nicht mit Grignard-Reagenzien. Acetale und Ketale spielen auch in der Chemie der Kohlenhydrate eine wichtige Rolle (vgl. Kap. 3.16.3.9); hier wird die Acetal- bzw. Ketalbildung zum *Schutz von Hydroxylgruppen* genutzt.

3.12.5.2 Reaktionen mit Schwefel-Nucleophilen

Mercaptal-Bildung: Carbonylverbindungen reagieren mit *Mercaptanen* zu *Mercaptalen* (Thioacetale, Thioketale). Aufgrund der größeren Nucleophilie des Schwefels erfolgt die Reaktion leichter als die Acetal-Bildung mit Alkoholen.

Mit *Thioglycol* [$HSCH_2CH_2SH$] entstehen *1,3-Dithiolane* (Thioethylenacetale, -ketale), die hydrolytisch nur schwer spaltbar sind. Sie lassen sich jedoch unter milden Bedingungen in Gegenwart von Raney-Nickel zu Kohlenwasserstoffen hydrogenolysieren.

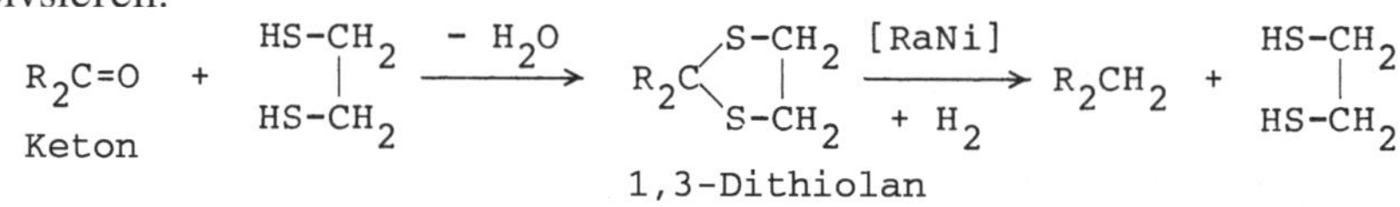

Bei der Einwirkung von **1,3-Propandithiol** auf Aldehyde entstehen sechsgliedrige *1,3-Dithiane;* Dithiane und Dithiolane sind wertvolle Edukte für Synthesen. Zum Beispiel läßt sich in Dithianen mit n-Butyllithium (BuLi) unter *„Umpolung der Carbonylreaktivität"* ein Proton ablösen unter Bildung von *nucleophilen 1,3-Dithianyl-Anionen.* Diese Carbanionen sind mit Halogenalkanen alkylierbar, wodurch Thioketale entstehen, die sich mit $HgCl_2$ in wäßrigem Acetonitril zu Ketonen spalten lassen. Somit kann man mit dieser Reaktionsfolge einen Aldehyd in ein Keton umwandeln *(Corey-Seebach-Reaktion).*

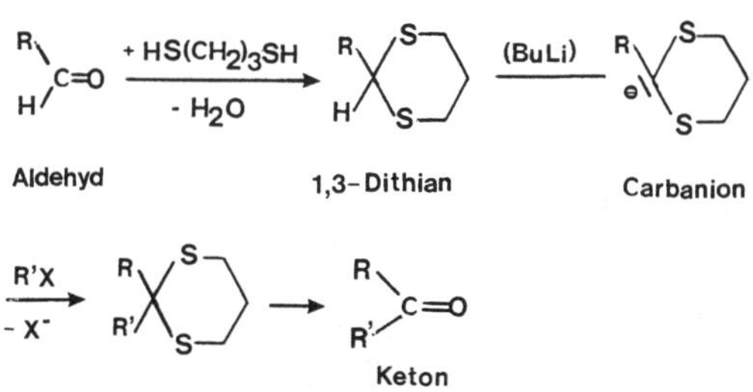

Bisulfit-Addition: Carbonylverbindungen ergeben mit konz. wäßriger $NaHSO_3$-Lösung sog. *„Bisulfit-Additionsverbindungen".* Sterisch gehinderte Aldehyde oder Ketone sowie aromatische Ketone reagieren dagegen nicht.

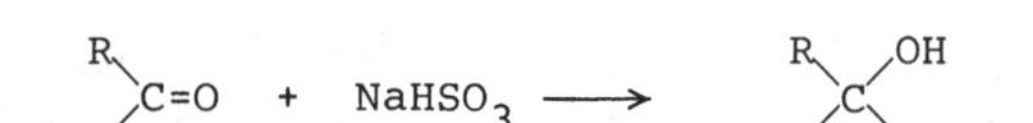

Diese Salze sind leicht löslich in Wasser, jedoch schwerlöslich in konz. Bisulfit-Lösungen und Alkoholen. In Ethern sind sie praktisch unlöslich. Die Bildung solcher Addukte wird oft zur *Abtrennung und Reinigung von Carbonylverbindungen* genutzt. Ihre Spaltung gelingt in warmer Soda-Lösung oder mit verd. Säuren.

3.12.5.3 Reaktionen mit Stickstoff-Nucleophilen

Imin-Bildung: Bei der Reaktion von *Ammoniak* mit Carbonylverbindungen entstehen *Imine* (Aldimin, Ketimin). Einige dieser Imine reagieren weiter zu oligomeren, aldolartigen Kondensationsprodukten.

So bildet z. B. das Imin des **Acetaldehyds** ein cyclisches, trimeres *Aminal,*

$$CH_3\text{-}CH{=}O + NH_3 \xrightarrow{-\,H_2O} [CH_3\text{-}CH{=}NH] \rightarrow$$

Acetaldimin

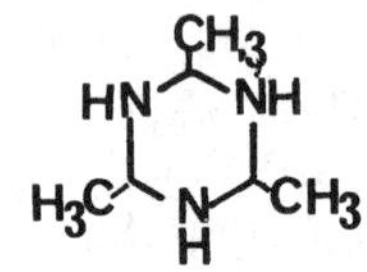

und **Formaldehyd** reagiert mit Ammoniak im Molverhältnis 3 : 2 zum säurelabilen **Hexamethylentetramin** (**Urotropin, Methenamin**), das gleichfalls eine cyclische Aminalstruktur besitzt. Auch hier werden Imine als Zwischenstufen durchlaufen [vgl. **MC-Fragen Nr. 701, 703, 704, 1239**].

$$6\ CH_2{=}O \; + \; 4\ NH_3 \xrightarrow{-\,H_2O}$$

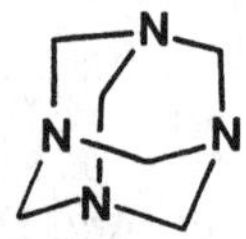

Methenamin

Benzaldehyd zeigt gegenüber NH_3 ein im Vergleich zu aliphatischen Aldehyden abweichendes Verhalten. Das primär gebildete Benzaldimin kondensiert mit überschüssigem Benzaldehyd zu **Hydrobenzamid**.

$$C_6H_5\text{-}CHO + NH_3 \rightarrow H_2O + C_6H_5\text{-}CH{=}NH \qquad \text{Benzaldimin}$$

Benzaldehyd

$$\begin{matrix} C_6H_5\text{-}CH{=}NH \\ C_6H_5\text{-}CH{=}NH \end{matrix} + O{=}CH\text{-}C_6H_5 \xrightarrow{-\,H_2O} \begin{matrix} C_6H_5\text{-}CH{=}N \\ C_6H_5\text{-}CH{=}N \end{matrix}\!\!>\!C(H)\text{-}C_6H_5 \qquad \text{Hydrobenzamid}$$

Imine sind ohne präparative Bedeutung, weil sie schon mit Wasser unter Rückbildung der jeweiligen Carbonylverbindung hydrolysieren.

Azomethin-Bildung: Carbonylverbindungen reagieren mit *primären Aminen* zu stabilen *Azomethinen (Imine)*. Die Reaktionen verlaufen dann glatt, wenn das entstehende Wasser laufend aus dem Reaktionsgemisch entfernt wird.

$$R_2C{=}O + H_2N\text{-}R' \xrightarrow{A_N} \underset{\text{Halbaminal}}{R_2C(OH)\text{-}NH\text{-}R'} \xrightarrow[-\,H_2O]{E} \underset{\text{Azomethin}}{R_2C{=}N\text{-}R'}$$

Setzt man *aromatische Aldehyde* [Ar-CH=O] ein, so bezeichnet man die erhaltenen beständigen Kondensationsprodukte auch als *Schiffsche Basen* [Ar-CH=N-R]. Aus der Umsetzung von Aldehyden mit *Anilin-Derivaten* [Ar-NH_2] resultieren *Anile* [R-CH=N-Ar] [vgl. **MC-Fragen Nr. 717, 729**].

$$\underset{\textbf{Acetaldehyd}}{CH_3\text{-}CH{=}O} + \underset{\textbf{Anilin}}{H_2N\text{-}C_6H_5} \longrightarrow CH_3\text{-}CH{=}N\text{-}C_6H_5 + H_2O$$

Häufig ist die säurekatalysierte, nucleophile Addition des Amins unter Bildung des *Halbaminals* geschwindigkeitsbestimmend. Die resultierenden Halbaminale sind instabil und lassen sich nur in Ausnahmefällen isolieren. Bei der nachfolgenden Dehydratisierung wird ein Proton leichter vom Stickstoff abgespalten als vom zur Carbonylgruppe α-ständigen C-Atom, so daß primäre Amine in der Regel keine Enamine ergeben.

Ist aber eine Deprotonierung am α-Kohlenstoff dadurch begünstigt, daß sich ein konjugiertes System ausbilden kann, so lassen sich auch mit primären Aminen Enamine herstellen. Zum Beispiel führt die Umsetzung von **Acetessigester** mit primären Aminen oder NH_3 zu β-*Aminocrotonsäureestern.*

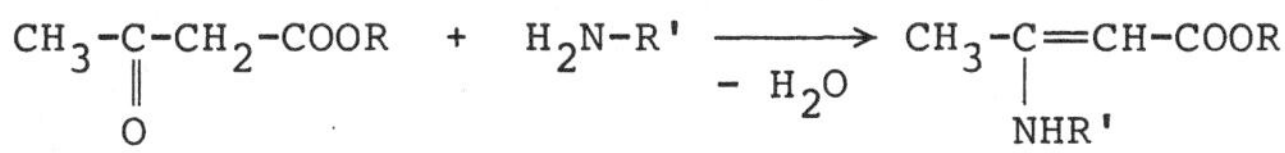

Formaldehyd kann mit *primären Aminen* cyclische Aminale bilden [vgl. **MC-Frage Nr. 703**].

Enamin-Bildung: Carbonylverbindungen, die über ein zur C=O-Gruppe α-ständiges Wasserstoffatom verfügen, kondensieren mit *sekundären Aminen* zu *Enaminen* [vgl. **MC-Fragen Nr. 717, 718, 725, 730, 731**].

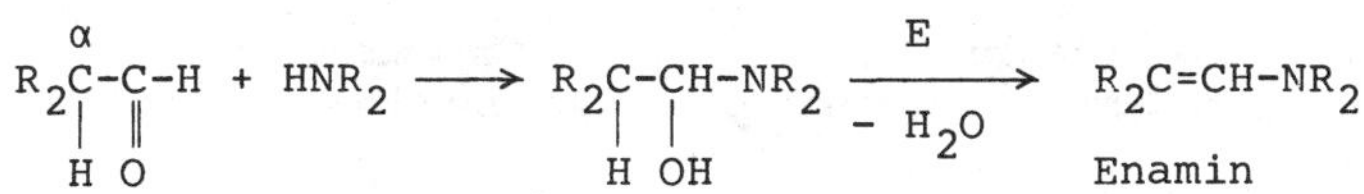

Aminal-Bildung: *Aromatische Aldehyde* [z. B. **Benzaldehyd, Furan-2-aldehyd**] oder Aldehyde ohne ein α-ständiges H-Atom sowie Formaldehyd reagieren mit *sekundären Aminen* zu *Aminalen* [vgl. **MC-Fragen Nr. 703, 717 – 719, 732**].

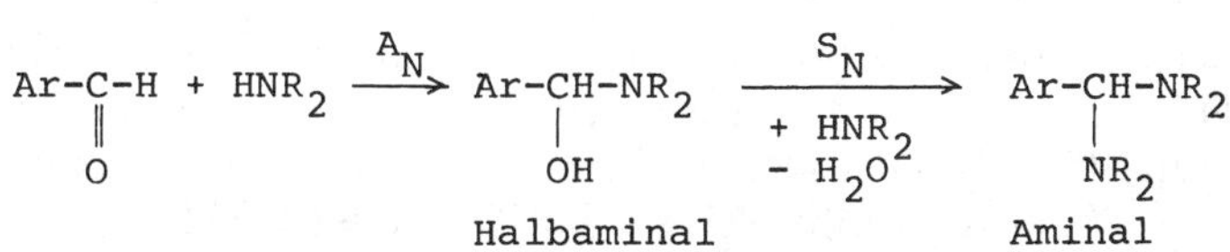

Hydrazon-Bildung: Die protonenkatalysierte Umsetzung von Carbonylverbindungen mit monosubstituierten *Hydrazin-Derivaten* [Phenylhydrazin, 4-Nitrophenylhydrazin, 2,4-Dinitrophenylhydrazin] liefert *Hydrazone* [vgl. **MC-Fragen Nr. 706, 707, 719**].

$$R_2C{=}O + H_2N\text{-}NH\text{-}Ar \longrightarrow R_2C{=}N\text{-}NH\text{-}Ar + H_2O$$

Hydrazon

z. B.: $CH_3\text{-}CH{=}O + H_2N\text{-}NH\text{-}C_6H_5 \longrightarrow CH_3\text{-}CH{=}N\text{-}NH\text{-}C_6H_5 + H_2O$

Acetaldehyd Phenylhydrazin

Demgegenüber reagieren α-*Hydroxycarbonylverbindungen* mit Phenylhydrazin in der Hitze zu *Osazonen.* In der Kälte bildet sich dagegen das normale Phenylhydrazon.

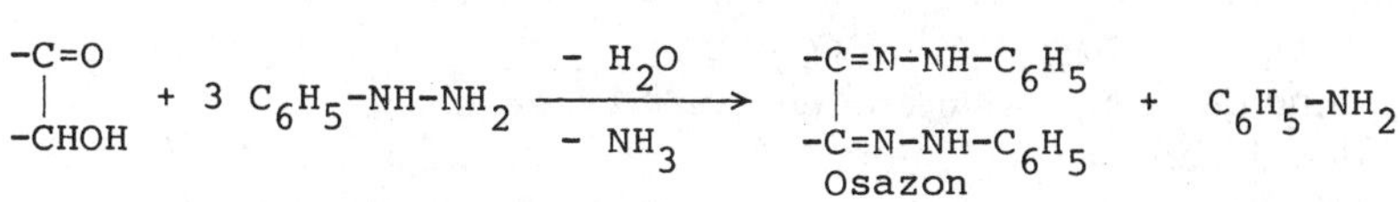

Die *Osazon-Bildung* wird hauptsächlich zur Abtrennung und Charakterisierung von Kohlenhydraten genutzt (vgl. Kap. 3.16.3.5).

Bei der Umsetzung von Carbonylverbindungen mit *Hydrazin* entstehen zunächst Hydrazone, die sich mit einem Überschuß an Aldehyd oder Keton in ein *Azin* umwandeln.

$$R_2C{=}O + H_2N{-}NH_2 \xrightarrow{-\,H_2O} \underset{\text{Hydrazon}}{R_2C{=}NH{-}NH_2} \xrightarrow[-\,H_2O]{+\,R_2C=O} \underset{\text{Azin}}{R_2C{=}N{-}N{=}CR_2}$$

Unsubstituierte Hydrazone sind die Edukte der *Wolff-Kishner-Reduktion* (vgl. Kap. 3.2.19.5).

Semicarbazon-Bildung: Aus den Reaktionen von Aldehyden oder Ketonen mit **Semicarbazid** oder **Thiosemicarbazid** resultieren *Semicarbazone* bzw. *Thiosemicarbazone* [vgl. **MC-Fragen Nr. 734, 1238**].

$$R_2C{=}O + H_2N{-}NH{-}\underset{\underset{X}{\|}}{C}{-}NH_2 \xrightarrow[-\,H_2O]{} R_2C{=}N{-}NH{-}\underset{\underset{X}{\|}}{C}{-}NH_2$$

Semicarbazid — **Semicarbazon** (X = O)
Thiosemicarbazid — **Thiosemicarbazon** (X = S)

Oxim-Bildung: Carbonylverbindungen kondensieren mit *Hydroxylamin* zu *Oximen* [vgl. **MC-Fragen Nr. 706, 714, 719, 733**].

$$R_2C{=}O + H_2N{-}OH \rightarrow R_2C{=}N{-}OH + H_2O$$

Oxime bilden die Ausgangsstoffe der *Beckmann-Umlagerung* (vgl. Kap. 3.2.16.3) und *Aldoxime* lassen sich zu *Nitrilen* dehydratisieren (vgl. Kap. 3.13.8.1). *Oxime, Azomethine* und *Hydrazone* können aufgrund der C=N-Doppelbindung als **E-Z-Isomere** existieren [siehe Kap. 3.3.11.3 und **MC-Frage Nr. 723**].

Säurekatalyse: Die Acidität des Reaktionsmediums bei den Umsetzungen von Carbonylverbindungen mit Stickstoff-Nucleophilen entspricht einem Kompromiß. Die Lösung muß so sauer sein, daß ein Teil der Carbonylverbindung in protonierter Form vorliegt und der protonenkatalysierte Kondensationsschritt stattfinden kann. Sie darf aber nicht zu sauer sein, da dann die Konzentration an freien Stickstoffbasen, die in umgekehrter Beziehung zur Säurekonzentration steht, zu niedrig wird. Protonierte Stickstoffbasen besitzten keine nucleophilen Eigenschaften mehr. In der Regel arbeitet man in Pufferlösungen, die einen pH-Wert besitzen, der dem pK_s-Wert der korr. Säure des Nucleophils entspricht.

Identifizierung, Reinigung und Isolierung von Carbonylverbindungen: Die bei der Kondensation von Carbonylverbindungen mit Stickstoff-Nucleophilen erhaltenen Reaktionsprodukte können zur Isolierung, Reinigung und Charakterisierung von Aldehyden und Ketonen herangezogen werden.

Im allgemeinen lassen sich die isolierten *Azomethine, Enamine, Oxime, Hydrazone* und *Semicarbazone* durch verd. Säuren wieder in die Ausgangskomponenten zerlegen und die Carbonylverbindungen zurückgewinnen.

Zur Identifizierung und Unterscheidung von *1,2-*, *1,3-* und *1,4-Dicarbonylverbindungen* können u. a. die Reaktionen mit o-Phenylendiamin, Phenylhydrazin und Ammoniak dienen.

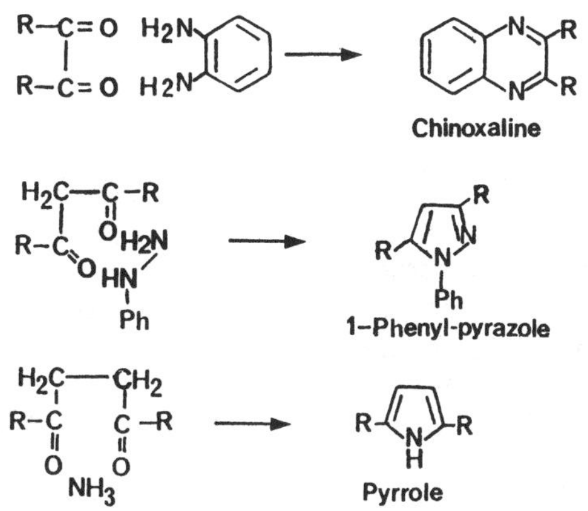

3.12.6 Reaktionen von Carbonylverbindungen mit CH-aciden Verbindungen

Die grundlegenden mechanistischen Aspekte dieses Reaktionstyps wurden bereits im Kap. 3.2.15.10 explicit beschrieben. Daher beschäftigt sich der nachfolgende Abschnitt überwiegend mit präparativen Gesichtspunkten solcher Reaktionen.

Für die Diskussion dieser Reaktionen ist es sinnvoll, zwischen *enolisierbaren* (aldolisierbaren) und *nicht-enolisierbaren Carbonylverbindungen* zu unterscheiden. Man bezeichnet eine Carbonylverbindung als enolisierbar, wenn sie am α-Kohlenstoff zur C=O-Gruppe mindestens ein Wasserstoffatom besitzt. Solche Carbonylverbindungen sind CH-acid und bilden in wäßrig-alkalischer Lösung mesomeriestabilisierte *Carbanionen* [vgl. **MC-Fragen Nr. 714, 723**].

3.12.6.1 Aldolreaktion

Im allgemeinen kennzeichnet der Begriff *„Aldolreaktion"* Umsetzungen von Aldehyden und Ketonen (**Carbonylkomponente**) mit sich selbst oder anderen CH-aciden Verbindungen (**Methylenkomponente**). Im engeren Sinne versteht man darunter die durch Säuren oder Basen katalysierte *Dimerisierung zweier Aldehyde,* die eine zur Carbonylgruppe α-ständige Methylgruppe (CH_3-) oder Methylengruppe (-CH_2-) enthalten. Die Aldehyd-Dimerisierung liefert β-*Hydroxyaldehyde* als Reaktionsprodukte. Der Name *„Aldol"* ist eine Abkürzung für **Ald**ehydalkoh**ol**. In einem nachgeschalteten Kondensationsschritt können die gebildeten Aldole zu α,β-*ungesättigten (vinylogen) Carbonylverbindungen* dehydratisieren [vgl. **MC-Fragen Nr. 740, 741**]. Viele Aldolreaktionen sind durch folgendes Reaktionsschema zu beschreiben:

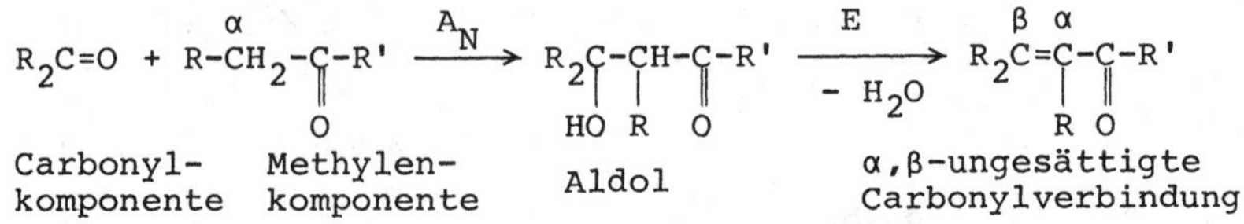

Die Aldolreaktion ist eine typische *Gleichgewichtsreaktion;* sie kann *basisch* oder *sauer katalysiert* werden. Ihre präparative Bedeutung liegt in der **Knüpfung von C-C-Bindungen**, d. h. im **Aufbau von Kohlenstoffgerüsten**.

Bei *basenkatalysierten* und bei niederen Temperaturen durchgeführten *intermolekularen Aldolreaktionen aliphatischer Aldehyde* lassen sich in der Regel die entstehenden Aldole isolieren [vgl. **MC-Fragen Nr. 701, 713, 740, 741, 745, 746**].

2 CH_3-CHO → CH_3-CH(OH)-CH_2-CH=O

Acetaldehyd → **3-Hydroxybutanal** (**Acetaldol**)

2 CH_3CH_2-CH=O → CH_3CH_2-CH(OH)-CH(CH_3)-CH=O

Propanal → **3-Hydroxy-2-methylpentanal**

2 $CH_3CH_2CH_2$-CH=O → $CH_3CH_2CH_2$-CH(OH)-CH(CH_2CH_3)-CH=O

n-Butyraldehyd (Butomal) → **2-Ethyl-3-hydroxy-hexanal**

Setzt man dagegen *aromatische Aldehyde* als Carbonylkomponente ein, so dehydratisieren die gebildeten Aldole spontan unter Ausbildung eines konjugierten Systems.

C_6H_5-CH=O + CH_3-CH=O → [C_6H_5-CHOH-CH_2-CH=O] → C_6H_5-CH=CH-CH=O

Benzaldehyd **Acetaldehyd** **Zimtaldehyd**

Bei *sauer katalysierten Aldolreaktionen* entsteht *immer* das Kondensationsprodukt. Die meistens basenkatalysierte Aldoladdition ist umkehrbar. Aldole können durch Säuren oder Basen wieder in die Ausgangskomponenten gespalten werden. Auch die Aldolkondensation verläuft *reversibel.* Die *Gesamtreaktion* ist *thermodynamisch gesteuert.*

Intramolekulare Aldolreaktion: *Dicarbonylverbindungen* können eine intramolekulare Kondensation unter Bildung cyclischer Verbindungen eingehen. Die Reaktion wird besonders zur Synthese fünf- und sechsgliedriger Ringe genutzt. Beispielsweise führt die Aldolkondensation von 5-Oxohexanal zu **2-Cyclohexen-1-on** und 4-Oxopentanal liefert **2-Cyclopenten-1-on** [vgl. **MC-Fragen Nr. 747, 748**].

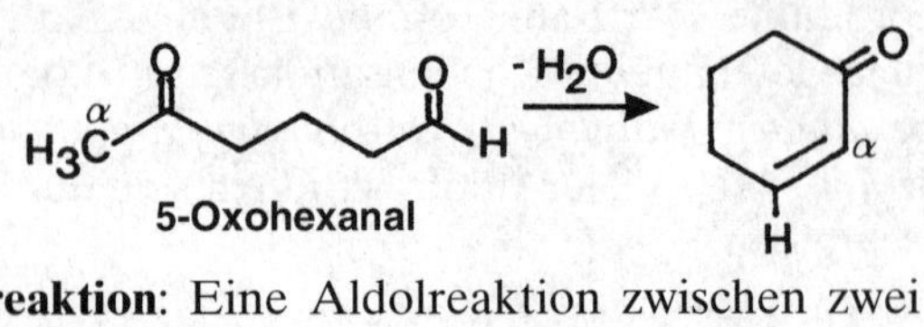

Gekreuzte Aldolreaktion: Eine Aldolreaktion zwischen zwei unterschiedlichen Aldehyden ist präparativ ohne Bedeutung. Man erhält ein Gemisch aller vier möglichen Additionsprodukte. Gekreuzte Aldolreaktionen sind nur unter folgenden Bedingungen sinnvoll:

* Wenn eine der Ausgangskomponenten keinen α-ständigen Wasserstoff enthält (Formaldehyd, arom. Aldehyde) und somit *nicht* mit sich selbst reagieren kann.
* Wenn sich die beiden Substrate in ihrer Carbonylreaktivität deutlich voneinander unterscheiden. Zum Beispiel reagieren Ketone sehr viel langsamer unter Selbstkondensation miteinander als Aldehyde, so daß die gekreuzte Aldolreaktion zwischen einem Keton und einem nicht-enolisierbaren Aldehyd problemlos gelingt.

Carbonylkomponente: *Aldehyde* sind äußerst reaktive Carbonylkomponenten und das Gleichgewicht der Aldolreaktion liegt weitgehend auf der Seite des β-Hydroxyaldehyds. **Formaldehyd** besitzt die weitaus größte Reaktivität und kann sich – im Gegensatz zu anderen Aldehyden – auch zu Addukten umsetzen, in denen *alle* α-ständigen H-Atome der Methylenkomponente substituiert sind [vgl. **MC-Fragen Nr. 717, 743, 744**].

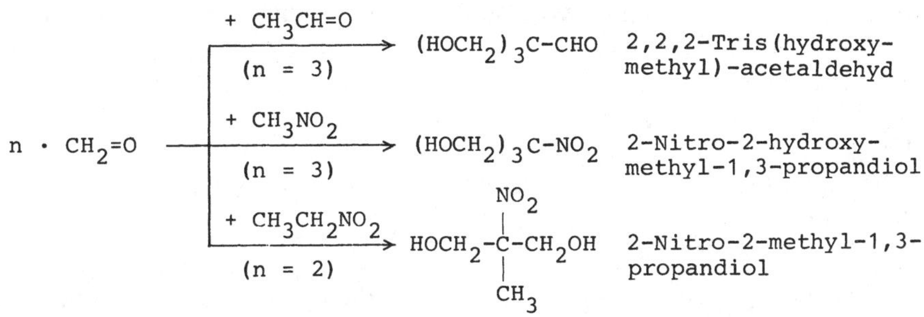

Im allgemeinen findet man folgende Abstufung in der *Reaktionsfähigkeit von Carbonylkomponenten:*

Formaldehyd > n-Alkanale > α-verzweigte Alkanale > Ketone

Ketone fungieren infolge ihrer geringeren Carbonylreaktivität in gemischten Aldolreaktionen mit Aldehyden *immer* als Methylenkomponente.

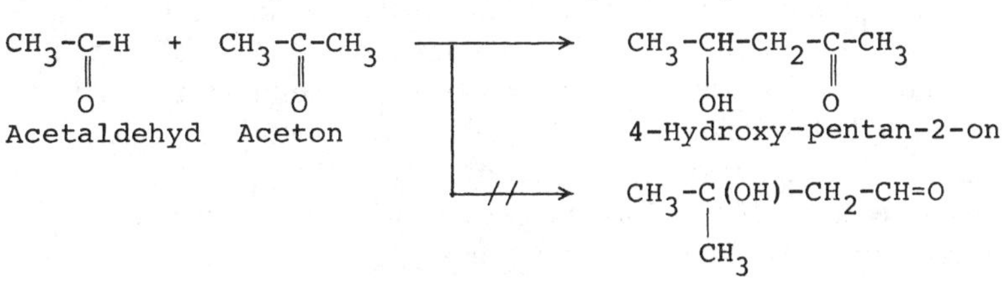

Besitzt ein Keton zwei CH-acide Positionen, so werden neben den Mono- auch Bisaddukte erhalten [vgl. **MC-Frage Nr. 741**].

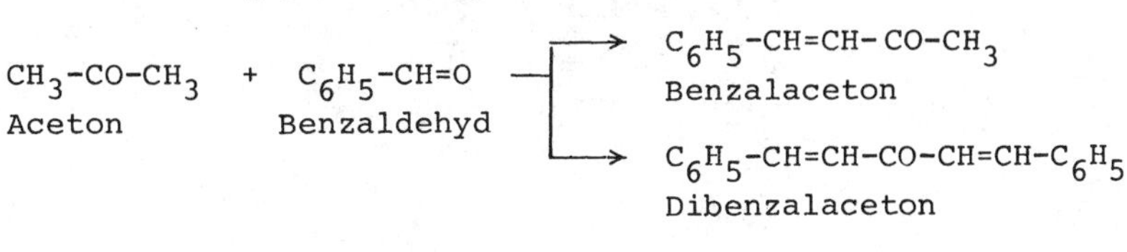

Wird ein *unsymmetrisches Keton* wie z. B. **Butanon** [R = CH_3] in die Reaktion eingesetzt, können zwei verschiedene Aldolisierungsprodukte entstehen.

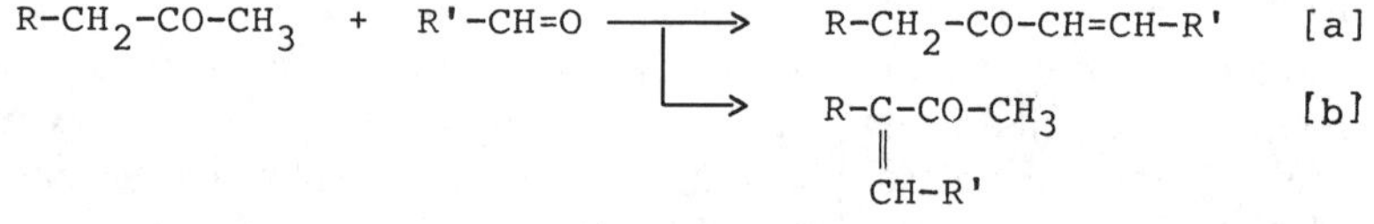

Hierbei führt die sauer katalysierte Reaktion mit aromatischen Aldehyden in der Regel zu einer Kondensation mit der Methylengruppe [b], während im alkalischen Medium die Methylgruppe [a] bevorzugt angegriffen wird. Unverzweigte aliphatische Aldehyde reagieren meistens unabhängig vom Medium mit der Methylengruppe [b].

Methylenkomponente: Als Methylenkomponenten verwendet man *Carbonylverbindungen* mit α-ständigen CH- bzw. CH_2-Gruppen oder *vinyloge Carbonylverbindungen.* So reagiert zum Beispiel die γ-ständige Methylgruppe des **Crotonaldehyds** (Buten-2-al) in Aldolreaktionen in analoger Weise wie die α-Methylgruppe des Acetaldehyds [vgl. **MC-Fragen Nr. 749, 750**].

Weiterhin sind *1.3-Dicarbonylverbindungen* (Malonester, Acetessigester, Acetylaceton), *primäre* und *sekundäre Nitroalkane* (Nitromethan, Nitroethan) sowie *2-* und *4-Alkyl-substituierte Stickstoffheterocyclen* (2- und 4-Methylpyridin, 2- und 4-Methylchinolin) als CH-acide Verbindungen einsetzbar [vgl. **MC-Frage Nr. 742**]. Darüber hinaus können die Ester des Glycins und Chloressigsäureester sowie bestimmte *Kohlenwasserstoffe* (Cyclopentadien, Inden, Fluoren) als Methylenkomponenten verwendet werden.

Basen: Als basische Katalysatoren kommen in Frage (geordnet nach zunehmender Basizität):

$$R_3N < HO^- < C_2H_5O^- < (CH_3)_3CO^- < NH_2^- < Ph_3C^-$$

Reaktionsmechanismus: Bei der *basenkatalysierten Aldolreaktion* bewirkt der Katalysator die Ablösung eines Protons aus der Methylenkomponente. Die intermediär auftretenden mesomeriestabilisierten Carbanionen liegen im Reaktionsgemisch nur in sehr geringer Konzentration vor. Durch die nachfolgende nucleophile Addition an das positivierte C-Atom der Carbonylkomponente werden die Carbanionen jedoch laufend dem Protolysegleichgewicht entzogen, so daß Aldolreaktionen mit recht guten Ausbeuten ablaufen. Die als Primäraddukte gebildeten Alkoholate reagieren als starke Basen mit einem im Reaktionsmilieu vorhandenen Protonendonator (z. B. Wasser) und gehen in das entsprechende Aldol über.

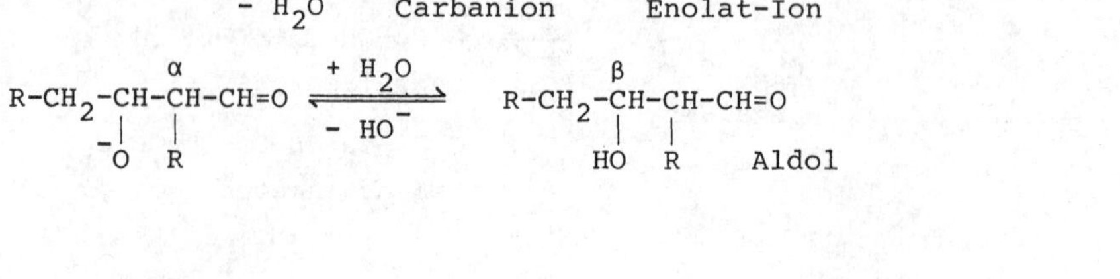

Im Falle der Dimerisierung des **Acetaldehyds** zu **Acetaldol** folgt die Reaktion einem *Zeitgesetz 2. Ordnung.*

$$d[\text{Aldol}]/dt = k \cdot [\text{Acetaldehyd}] \cdot [HO^-]$$

Dies zeigt, daß hier die *Bildung des Carbanions geschwindigkeitsbestimmend* sein muß, und die nachfolgende Addition rasch abläuft. Hingegen gehorcht die Dimerisierung des **Acetons** zu **Diacetonalkohol** einem *Zeitgesetz 3. Ordnung.*

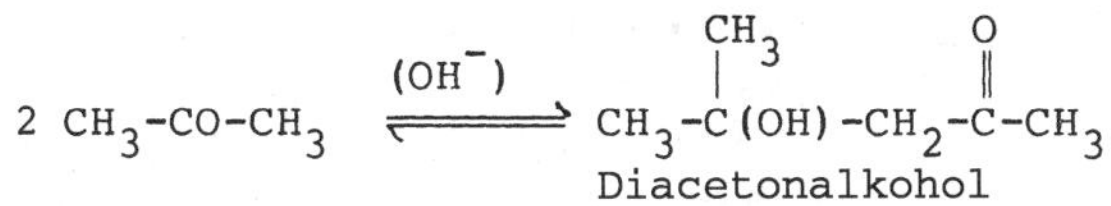

$$d[\text{Ketol}]/dt = k' \cdot [\text{Aceton}]^2 \cdot [HO^-]$$

In diesem Beispiel ist aus sterischen und elektronischen Gründen die *Addition des Carbanions an die Carbonylkomponente geschwindigkeitsbestimmend.*

Verwendet man *stärkere Basen* als wäßrige Alkalihydroxid-Lösungen oder führt man die Reaktion unter Erhitzen durch, so entsteht durch Elimination von Wasser aus dem primären Additionsprodukt eine α,β-ungesättigte Carbonylverbindung.

Die *Dehydratisierung* vollzieht sich wahrscheinlich nach einem **E1$_{CB}$-Mechanismus** (vgl. Kap. 3.2.10.3). Die Base deprotoniert zunächst das Aldol unter Bildung eines Carbanions. Anschließend wird HO^- eliminiert. Naturgemäß können beide Teilschritte mehr oder weniger synchron ablaufen, so daß für die Aldolkondensation auch ein **E2-Mechanismus** zu diskutieren wäre.

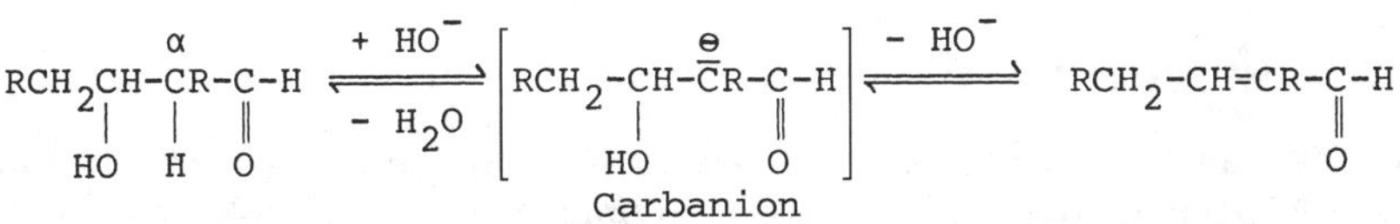

Die Aldolreaktion kann auch *säurekatalysiert* sein. Dabei wird zunächst die Carbonylkomponente protoniert und in ihre konjugierte Säure übergeführt. Die Säure katalysiert gleichzeitig die Enolisierung der Methylenkomponente, so daß nachfolgend die Addition eines Enols (nicht eines Carbanions!) eintritt. Der abschließende Kondensationsschritt verläuft nach einem **E1-Mechanismus**.

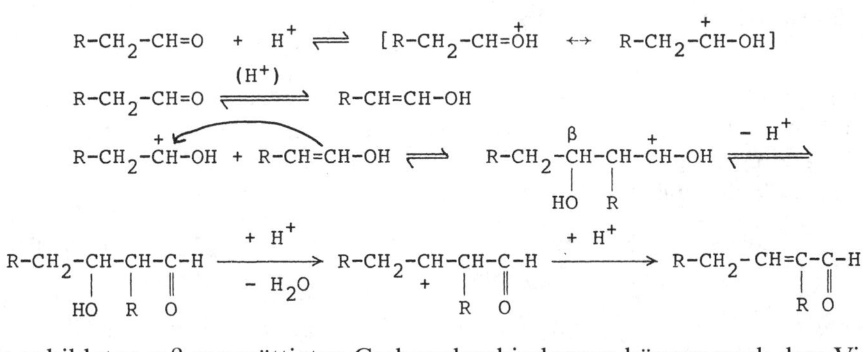

Die gebildeten α,β-ungesättigten Carbonylverbindungen können nach dem Vinylogieprinzip (vgl. Kap. 3.1.9.4) wiederum als Edukte für weitere Kondensationen dienen, was letztlich zu einer *Polymerisation* führt. Polymerisationen sind deshalb unerwünschte Nebenreaktionen der Aldolreaktion.

Führt man die Aldolreaktion unter *basischen* Bedingungen durch, bestimmt im allgemeinen die *Dehydratisierung* die Gesamtreaktionsgeschwindigkeit, während bei *protonenkatalysierten* Reaktionen meistens die *Addition des Enols geschwindigkeitsbestimmend* ist.

Synthetische Bedeutung der Aldolreaktion: Die mittels dieser Methode unter Erweiterung des C-Gerüstes hergestellten *vinylogen Carbonylverbindungen* können zu gesättigten Alkoholen reduziert werden. Darüber hinaus gelingt es, sowohl die C=C- als auch die C=O-Doppelbindung selektiv zu reduzieren.

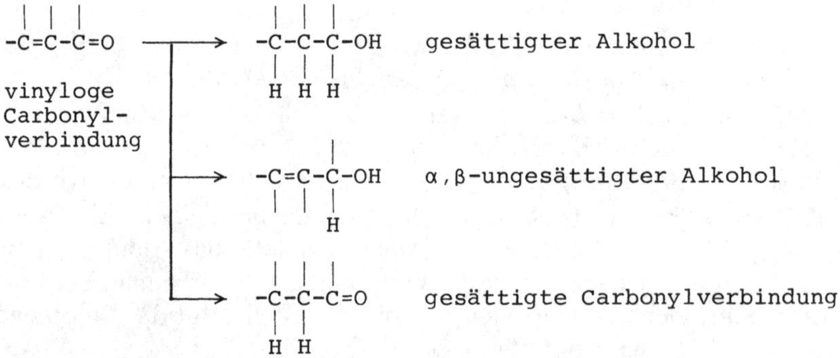

3.12.6.2 Knoevenagel-Reaktion

Die Knoevenagel-Reaktion dient zur Darstellung von α,β-*ungesättigten Carbonsäuren.* Aus mechanistischer Sicht ist sie ein *Spezialfall der Aldolkondensation,* bei der Methylenkomponenten besonders hoher CH-Acidität eingesetzt werden [Malonsäure, Malonhalbester, Malonester, Malondinitril, Cyanessigsäure, Cyanessigester, β-Diketone, β-Ketocarbonsäureester]. Infolge der Konjugationsmöglichkeit der Doppelbindung mit dem β-Dicarbonylsystem führt die Reaktion unter Wassereliminierung *immer* zu den entsprechenden ungesättigten Verbindungen.

$$R_2C{=}O \; + \; H_2C\langle^{X}_{Y} \xrightarrow{-\,H_2O} R_2C{=}C\langle^{X}_{Y} \qquad [X,\,Y = COOH,\ COOR,\ CN,\ COR,\ NO_2]$$

Zum Beispiel erhält man bei der Umsetzung von **Benzaldehyd** mit Malonester zunächst Benzalmalonester, dessen saure Hydrolyse unter gleichzeitiger Decarboxylierung zur energieärmeren E-Form der **Zimtsäure** führt [vgl. **MC-Fragen Nr. 717, 719, 758–760, 1166**].

$$C_6H_5{-}CH{=}O \; + \; H_2C(COOR)_2 \rightarrow \underset{\text{Benzalmalonester}}{C_6H_5{-}CH{=}C(COOR)_2} \rightarrow \underset{\text{Zimtsäure}}{C_6H_5{-}CH{=}CH{-}COOH}$$

Als basische Kondensationsmittel dienen NH_3, prim. und sek. Amine (Piperidin, Pyridin, Chinolin) sowie Ammoniumacetat. Zur Ausbeutesteigerung kann das entstehende Reaktionswasser azeotrop abdestilliert werden.

Bei der *Variante nach Knoevenagel-Doebner* setzt man **Malonsäure** als Methylenkomponente ein. Dabei wird das Kondensationsprodukt spontan decarboxyliert und man erhält direkt die vinylogen Carbonsäuren, wie dies die Umsetzung von **Butanon** mit Malonsäure zu **3-Ethylcrotonsäure** zeigt [vgl. **MC-Frage Nr. 897**].

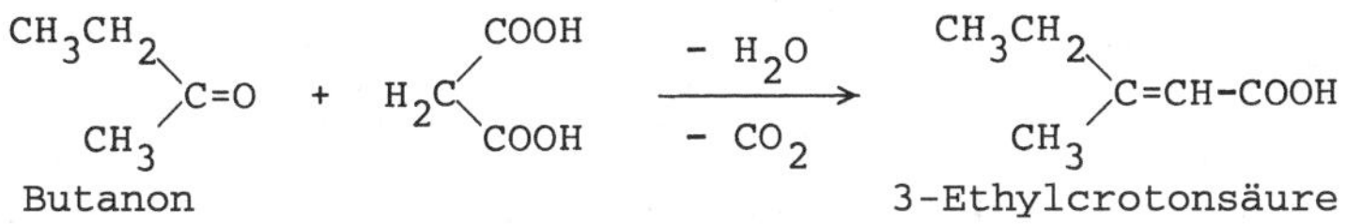

Weitere Reaktionen unter Nutzung von Malonsäure-Derivaten als Synthesebausteinen werden im Kap. 3.14.6.3 *„Malonester-Synthesen"*, vorgestellt.

3.12.6.3 Perkin-Reaktion

Auch die Perkin-Synthese gleicht vom Prinzip her der Aldolreaktion. Hierbei kondensiert man das aus einem *Carbonsäureanhydrid* erzeugte Carbanion mit einem *aromatischen Aldehyd* zu einer *α,β-ungesättigten Carbonsäure.* Als basische Kondensationsmittel können tert. Amine (Pyridin), die Salze einer schwachen anorg. Säure oder (normalerweise) das Salz der dem Anhydrid zugrundeliegenden Säure eingesetzt werden. Zum Beispiel stellt man auf diesem Wege **Zimtsäure** aus **Benzaldehyd** [Ar = C_6H_5] und **Acetanhydrid** [R = H] in Gegenwart von *Natriumacetat* her [vgl. **MC-Fragen Nr. 756, 757, 770**].

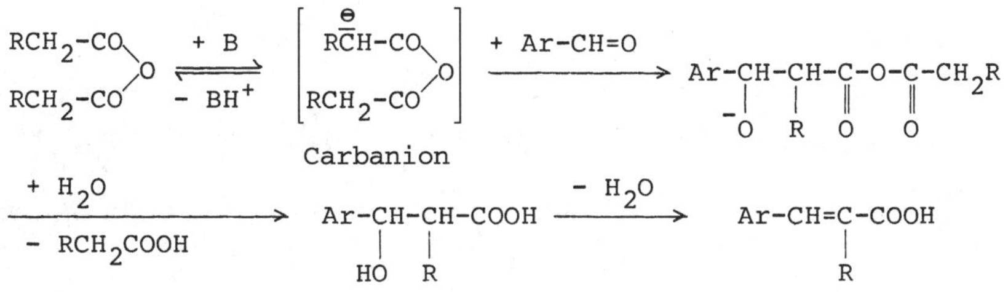

Besitzt das verwendete Anhydrid an einem der beiden α-C-Atome zwei Wasserstoffe, erfolgt unter den Reaktionsbedingungen eine spontane Dehydratisierung zur vinylogen Säure. Nur bei Anhydriden der Form [$(R_2CHCO)_2O$] erhält man β-Hydroxycarbonsäuren als Reaktionsprodukte, da in diesen Fällen eine Kondensation nicht möglich ist. Die Perkin-Synthese erfordert recht drastische Bedingungen mit Temperaturen um 140 °C.

3.12.6.4 Cyanhydrin-Synthese

Durch basenkatalysierte Addition von Blausäure [HCN] an Carbonylverbindungen entstehen *Cyanhydrine* (α-Hydroxynitrile). Die Reaktion ist reversibel. Als basische Katalysatoren fungieren Alkalicyanide, Alkalicarbonate, NH_3 oder Amine. Angreifendes nucleophiles Agens ist ein Cyanid-Ion, dessen Addition an die C=O-Gruppe geschwindigkeitsbestimmend ist [vgl. **MC-Fragen Nr. 405, 714, 735**].

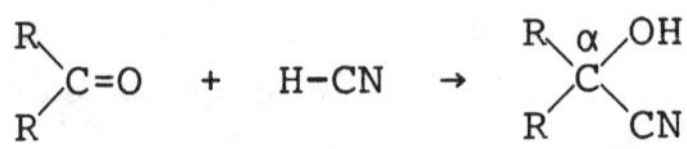

Cyanhydrin

Beispielsweise läßt sich in einfacher Weise – ausgehend von **Benzaldehyd** – mittels der Cyanhydrin-Reaktion **Mandelsäurenitril** herstellen.

$$C_6H_5\text{-}CH{=}O \quad + \quad HCN \quad \rightarrow \quad C_6H_5\text{-}CH(OH)\text{-}CN$$

Cyanhydrine von Aldehyden sind stabiler als die von Ketonen. Während Aldehyde im allgemeinen rasch reagieren, ist die Gleichgewichtskonstante vieler Arylketone und einiger Alkanone so gering, daß die Reaktion präparativ nicht brauchbar ist. -I-Substituenten in Nachbarstellung zur Carbonylgruppe erleichtern die Cyanhydrin-Bildung.

In alkalischer Lösung werden Cyanhydrine wieder in die Ausgangskomponenten gespalten, während man durch saure Hydrolyse *α-Hydroxycarbonsäuren* erhält [vgl. **MC-Frage Nr. 721**].

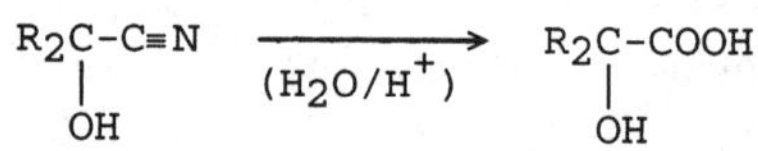

α-Hydroxycarbonsäure

Führt man die Addition von Cyanwasserstoff in Anwesenheit äquimolarer Mengen Ammoniak oder eines primären bzw. sekundären Amins durch, entstehen *α-Aminonitrile,* die sich in saurer Lösung zu racemischen *α-Aminocarbonsäuren* verseifen lassen [vgl. **MC-Frage Nr. 706**].

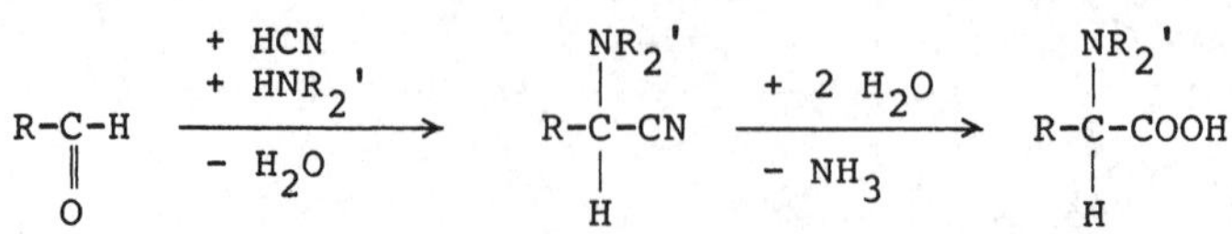

(α-Aminosäure)

Die Cyanhydrin-Synthese läßt sich auch zur Kettenverlängerung von *Aldosen* nutzen [vgl. Kap. 3.16.4.1 **MC-Fragen Nr. 735, 875**].

3.12.6.5 Benzoinkondensation (Acyloin-Bildung)

Werden einige (nicht alle) *aromatische* und *heteroaromatische Aldehyde* in Gegenwart *katalytischer Mengen Cyanid-Ionen* in wäßrig-alkoholischer Lösung erhitzt, dimerisieren sie unter Knüpfung einer C-C-Bindung zu racemischen *α-Hydroxyketonen (Acyloine)* [vgl. **MC-Fragen Nr. 717, 755, 773**]. Die Reaktion verläuft reversibel.

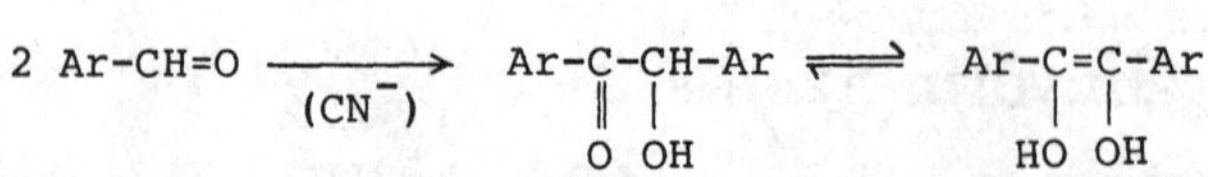

Acyloin

Das Cyanid-Ion ist für diese Reaktion ein hochspezifischer Katalysator; es fungiert nacheinander als Nucleophil, Umpolungsreagenz und Austrittgruppe. Der Mechanismus der Benzoinkondensation läßt sich folgendermaßen formulieren.

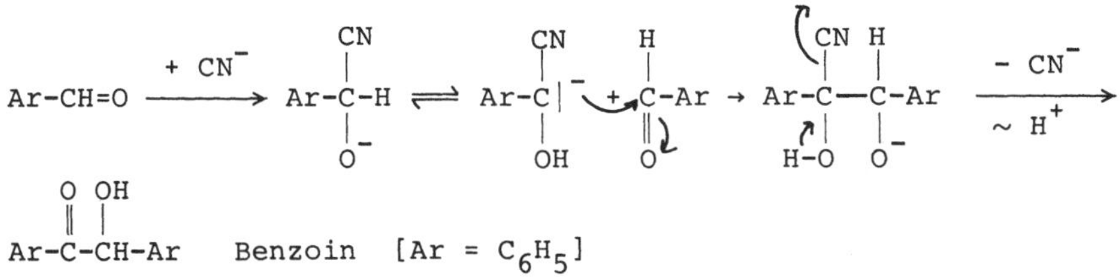

Im ersten Reaktionsschritt addiert sich das CN^--Ion reversibel an das positivierte Carbonyl-C-Atom eines aromatischen Aldehyds. Im entstehenden Anion ist der ursprüngliche Aldehydwasserstoff durch die α-ständige Cyangruppe hinreichend acidifiziert und wandert als Proton an den negativ geladenen Sauerstoff unter Bildung eines Carbanions. Dieses lagert sich an ein zweites Aldehydmolekül an. Das resultierende Anion eines *Cyandiols* stabilisiert sich unter Abspaltung von CN^- (Regenerierung des Katalysators) und gleichzeitiger Prototropie zum *Acyloin.*

Als weitere Synthese-Methode von α-Hydroxycarbonylverbindungen wird auf die *Acyloin-Kondensation* verwiesen (vgl. Kap. 3.2.19.6). Das aus Benzaldehyd herstellbare **Benzoin** kann mit Salpetersäure zu **Benzil** oxidiert werden [vgl. **MC-Fragen Nr. 738, 775**].

$$C_6H_5\text{-CH(OH)-CO-}C_6H_5 \xrightarrow{(HNO_3)} C_6H_5\text{-CO-CO-}C_6H_5 \quad \text{Benzil}$$

3.12.6.6 Mannich-Reaktion

Als Mannich-Reaktion bezeichnet man die aldolähnliche Kondensation einer *CH-aciden Verbindung* mit einem *Aldehyd* (meistens *Formaldehyd*) und einem *primären* bzw. *sekundären Amin* zu einer *β-Aminocarbonylverbindung (Mannich-Base),* die in Form ihrer Salze anfällt [vgl. **MC-Frage Nr. 765**]. Die Mannich-Reaktion wird in saurer Lösung ausgeführt und erfordert die Einstellung eines optimalen pH-Wertes.

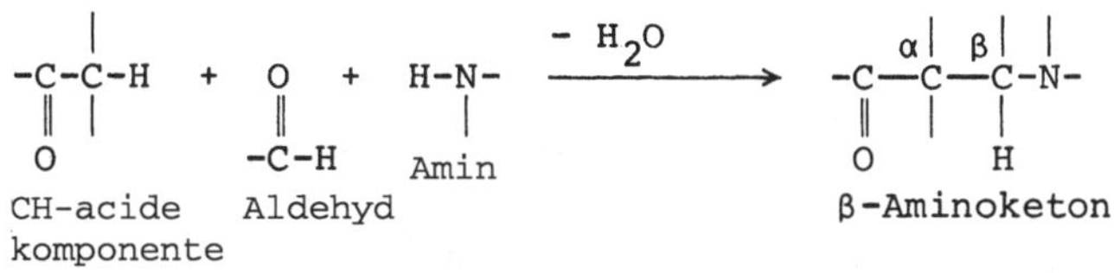

Im Ergebnis ist die CH-acide Verbindung *aminoalkyliert,* bei Verwendung von Formaldehyd *aminomethyliert* worden. Als Beispiel sei die Umsetzung von **Propiophenon** mit **Formaldehyd** und **Dimethylamin** genannt [vgl. **MC-Frage Nr. 764**].

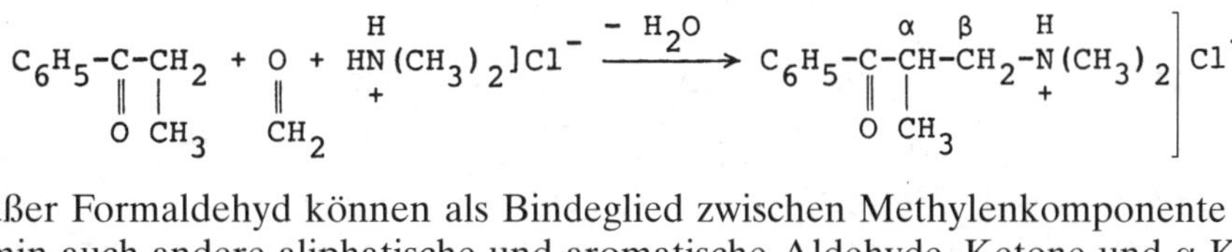

Außer Formaldehyd können als Bindeglied zwischen Methylenkomponente und Amin auch andere aliphatische und aromatische Aldehyde, Ketone und α-Ketocarbonsäuren eingesetzt werden.

Als *Aminkomponenten* werden aliphatische und cycloaliphatische Amine bevorzugt [vgl. **MC-Fragen Nr. 762, 763**]. Auch Ammoniak, Hydroxylamin und Hydrazin-Derivate lassen sich einbauen. Einheitliche Produkte entstehen nur bei Verwendung von sekundären Aminen. NH_3 und primäre Amine können unter Ersatz aller am N-Atom verfügbaren Wasserstoffe reagieren.

$$\underset{\text{Acetophenon}}{3\ C_6H_5\text{-CO-}CH_3} + 3\ CH_2\text{=O} + NH_3 \rightarrow \underset{\text{Tris-Mannich-Base}}{N(CH_2\text{-}CH_2\text{-CO-}C_6H_5)_3}$$

Als *CH-acide Verbindungen* (**Methylenkomponente**) werden Aldehyde, Ketone, Nitroalkane, Methylpyridine, Chinaldin, monosubstituierte Alkine und HCN verwendet. Darüber hinaus lassen sich auch aktivierte Aromaten und Heteroaromaten [Phenol, Thiophen, Pyrrol, Indol] aminoalkylieren [vgl. **MC-Fragen Nr. 404, 761, 765, 1156, 1248**]. Zum Beispiel erhält man aus **Indol**, Formaldehyd und Dimethylamin das Alkaloid **Gramin** (**3-Dimethylaminomethyl-indol**) [vgl. **MC-Frage Nr. 766**].

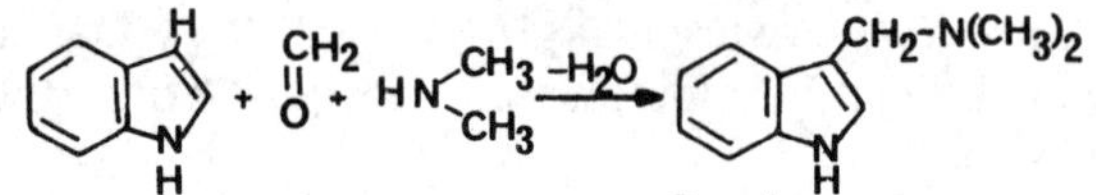

Gramin

Monosubstituierte Acetylen-Derivate reagieren wie folgt nach Mannich mit Formaldehyd und einem sekundären Amin.

$$R'\text{-C}\equiv\text{C-H} + H_2C\text{=O} + HNR_2 \longrightarrow R'\text{-C}\equiv\text{C-}CH_2\text{-}NR_2 + H_2O$$

Bei *unsymmetrischen Ketonen* [z. B. **Butanon**] als Methylenkomponente werden im allgemeinen – wie bei einer säurekatalysierten Reaktion vom Aldoltyp zu erwarten ist – *verzweigte Mannich-Basen* als Reaktionsprodukte erhalten.

$$\underset{\text{Butanon}}{\overset{\alpha\qquad\quad\alpha}{CH_3\text{-CO-}CH_2\text{-}CH_3}} \xrightarrow[]{+\ CH_2\text{=O},\ +\ HNR_2} CH_3\text{-}\underset{\underset{O}{\|}}{C}\text{-}\underset{\underset{CH_3}{|}}{CH}\text{-}CH_2\text{-}NR_2$$

$$\not\longrightarrow CH_3CH_2\text{-CO-}CH_2\text{-}CH_2\text{-}NR_2$$

Mechanismus: Zunächst reagiert das in einem vorgelagerten Protolysegleichgewicht gebildete freie Amin in der üblichen Weise mit Formaldehyd unter Bildung eines *Methyleniminium-Ions* [vgl. **MC-Frage Nr. 767, 768, 1212**].

$$R_2NH_2^+ \rightleftharpoons R_2NH + H^+$$

$$R_2NH + CH_2O \rightleftharpoons CH_2(OH)\text{-}NR_2 \xrightarrow[-\ H_2O]{+\ H^+} \underset{\text{Iminium-Ion}}{\left[H_2\overset{+}{C}\text{-}\overline{N}R_2 \leftrightarrow H_2C\text{=}\overset{+}{N}R_2 \right]}$$

Das mesomeriestabilisierte Kation stellt einen stickstoffanalogen Formaldehyd dar und setzt sich im Sinne einer protonenkatalysierten Aldoladdition mit dem *Enol* der CH-aciden Komponente um.

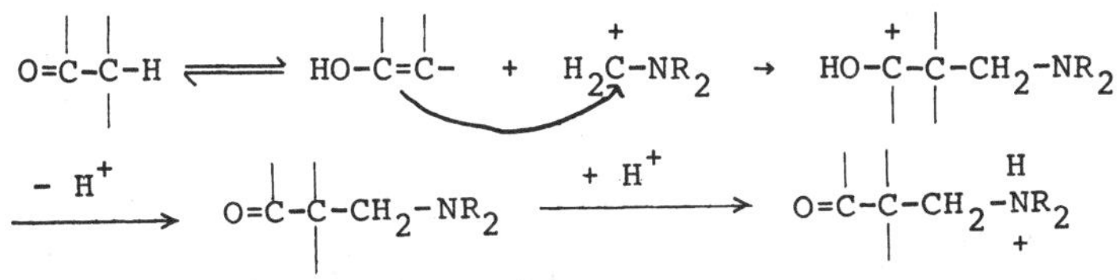

Das Gelingen der Mannich-Reaktion setzt voraus, daß das *Amin gegenüber dem Aldehyd nucleophiler ist als die CH-acide Verbindung.* Andernfalls reagiert Formaldehyd bevorzugt mit der CH-aciden Komponente in einer Aldolreaktion. So läßt sich z. B. aus Malonester, Formaldehyd und Dialkylaminen *keine* Mannich-Base herstellen.

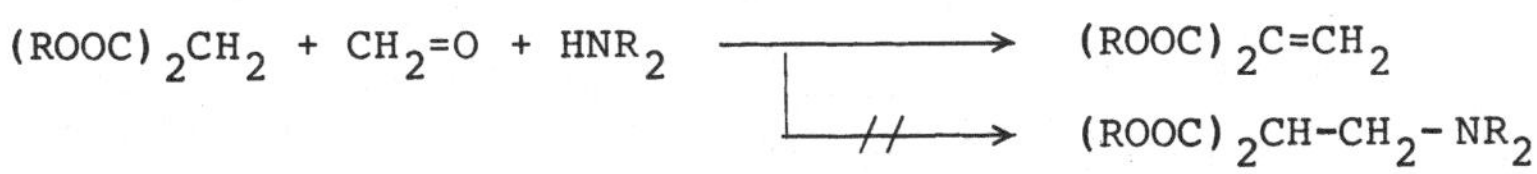

Erhitzt man das Salz oder die in freier Form instabile Mannich-Base auf höhere Temperaturen, so entstehen *Vinylketone.* Die Reduktion von Mannich-Basen bietet die Möglichkeit zur Synthese von β-*Aminoalkoholen.*

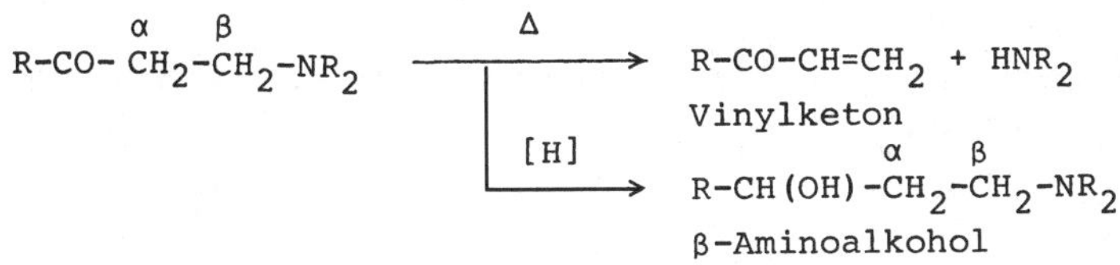

3.12.7 Reaktionen von Carbonylverbindungen mit Hydridionen

Die Reduktion von Carbonylverbindungen mit *komplexen Hydriden* war Gegenstand des Kap. 3.2.19 und die *Meerwein-Ponndorf-Verley-Reduktion* wurde im selben Abschnitt vorgestellt. Als weitere Reaktionen, die unter *H-Anionotropie* verlaufen, sind zu nennen [vgl. **MC-Fragen Nr. 767, 1158**].

3.12.7.1 Cannizzaro-Reaktion (Aldehyd-Disproportionierung)

Aldehyde, die kein zur Carbonylgruppe α-ständiges H-Atom besitzen [Formaldehyd, arom. und heteroarom. Aldehyde sowie nicht-enolisierbare aliph. Aldehyde] disproportionieren unter dem Einfluß basischer Katalysatoren (Alkali- und Erdalkalihydroxide) zu *Carbonsäuren* und *Alkoholen* [vgl. **MC-Fragen Nr. 405, 719, 752**]. Schwache Basen wie $Ca(OH)_2$ katalysieren die Reaktion besser als starke Basen.

$$2\ R\text{-}CH{=}O + NaOH \rightarrow R\text{-}CH_2OH + R\text{-}COO^-Na^-$$

Bei *aldolisierbaren Aldehyden* erfolgt hingegen unter diesen Bedingungen ausschließlich eine Aldolreaktion, da deren Geschwindigkeit etwa **10fach** höher ist als die der Cannizzaro-Reaktion [vgl. **MC-Fragen Nr. 701, 751**].

Der *Mechanismus* der Aldehyd-Disproportionierung ist noch nicht eindeutig gesichert. Man diskutiert einen *cyclischen Übergangszustand,* an dem zwei Aldehyd-Moleküle, das HO^--Ion und das Alkalikation beteiligt sind, und in dem die *Hydridübertragung* stattfindet. Es entsteht ein Alkoholat und die Carbonsäure, die sich durch Prototropie zum Alkohol und zum Carboxylat-Ion umwandeln.

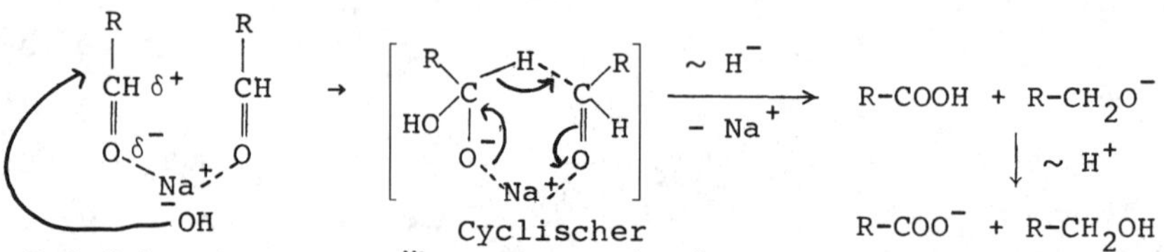

Primärkomplex — Cyclischer Übergangszustand

α-Ketoaldehyde gehen eine innere Aldehyd-Disproportionierung ein unter Bildung von *α-Hydroxycarbonsäuren* (**intramolekulare Cannizzaro-Reaktion**). Als Beispiele hierfür seien angeführt [vgl. **MC-Frage Nr. 739**]:

Phenylglyoxal	C_6H_5-CO-CHO	→	Phenylglycolsäure	C_6H_5-CH(OH)-COOH
Methylglyoxal	CH_3-CO-CHO	→	Milchsäure	CH_3-CH(OH)-COOH
Glyoxal	OCH-CHO	→	Glycolsäure	$HOCH_2$-COOH

Gekreuzte Cannizzaro-Reaktion: Ein Gemisch zweier Aldehyde kann zur Darstellung von *Alkoholen* verwendet werden, wenn man als zweite Komponente **Formaldehyd** einsetzt. In diesen Reaktionen fungiert der Formaldehyd stets als *Hydriddonator* und wird zur **Ameisensäure** (Formiat) oxidiert [vgl. **MC-Fragen Nr. 192, 704, 772**].

$$\text{R-CH=O} + \text{H}_2\text{C=O} \xrightarrow{(\text{NaOH})} \text{R-CH}_2\text{OH} + \text{HCOOH}$$

Enthält der Aldehyd noch α-ständige Wasserstoffatome, so findet eine Aldoladdition statt. Erst nach Ersatz aller α-ständigen H-Atome tritt mit weiterem Formaldehyd eine gekreuzte Cannizzaro-Reaktion ein. Ein Beispiel hierfür ist die Darstellung von **Pentaerythritol** aus **Acetaldehyd** und **Formaldehyd** [vgl. **MC-Fragen Nr. 753, 793, 1174**].

$$\text{CH}_3\text{-CHO} \xrightarrow[\text{Aldol-Reaktion}]{+\,3\ \text{CH}_2\text{O}} (\text{HOCH}_2)_3\text{C-CH=O} \xrightarrow[\text{Cannizzaro-Reaktion}]{+\,\text{CH}_2\text{=O}} \underset{\text{Pentaerythrol}}{(\text{HOCH}_2)_4\text{C}}$$

Mit der Cannizzaro-Reaktion verwandt ist die *Benzilsäure-Umlagerung* von *1,2-Diketonen* [vgl. Kap. 3.2.16.2 und **MC-Fragen Nr. 754, 1217**].

Cannizzaro-Tischtschenko-Reaktion: Auch *enolisierbare Aldehyde* können im Sinne einer Cannizzaro-Reaktion reagieren, wenn man als Katalysator *Alumi-*

niumalkoholate verwendet. Al-alkanolate sind zu schwach basisch, um eine Aldolreaktion zu initiieren. Zum Beispiel entsteht aus **Acetaldehyd** mit Al-ethanolat **Essigsäureethylester** [R, R' = CH_3].

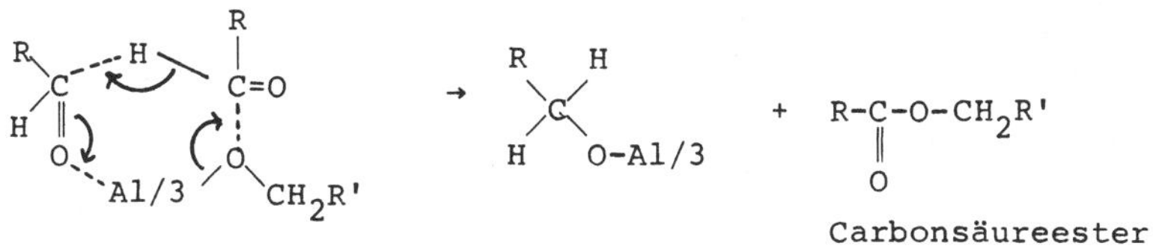

3.12.7.2 Zusammenfassung

Aldehyde, die am α-C-Atom Wasserstoffatome besitzen, dimerisieren in wäßriger Alkalihydroxid-Lösung zu β-Hydroxycarbonylverbindungen (Aldol-Bildung), die zu α,β-ungesättigten (vinylogen) Carbonylverbindungen dehydratisieren können. Im weitesten Sinne bezeichnet man alle Umsetzungen von Carbonylverbindungen mit CH-aciden Substanzen als aldolähnliche Reaktionen. Solche Reaktionen sind wichtige präparative Methoden zur Knüpfung von C-C-Bindungen.

Aldehyde, die keinen α-Wasserstoff enthalten, disproportionieren in Gegenwart von Alkalihydroxiden zu einem Alkohol und dem Salz einer Carbonsäure (Cannizzaro-Reaktion). Einige 1,2-Diketone liefern dagegen im Alkalischen α-Hydroxycarbonsäuren (Benzilsäure-Umlagerung).

Das unterschiedliche Verhalten von enolisierbaren und nicht-enolisierbaren Carbonylverbindungen zeigt sich auch an ihren Reaktionen mit sekundären Aminen. Erstere liefern Enamine, letztere ergeben Aminale. Die Addition von Cyanwasserstoff an Carbonylverbindungen führt zu Cyanhydrinen. Aromatische Aldehyde wandeln sich dagegen in Anwesenheit katalytischer Mengen an Cyanid-Ionen in Acyloine um (Benzoinkondensation).

3.13 Carbonsäuren und Carbonsäure-Derivate

3.13.1 Struktur und Nomenklatur

3.13.1.1 Carbonsäuren

Monocarbonsäuren sind Verbindungen der allgemeinen Formel [**RCOOH**]. Ihre systematische Bezeichnung geht vom Kohlenwasserstoff aus, dessen Oxidation die Carbonsäure ergeben würde. An diesen Namen wird das Wort *„säure“* angehängt. Eine weitere Möglichkeit der Benennung besteht darin, den Kohlenwasserstoffrest (*ohne* das Carboxyl-C-Atom) zugrunde zu legen und durch das Suffix *„carbonsäure“* zu ergänzen. Darüber hinaus existieren für natürlich vorkommende sowie für viele aromatische Carbonsäuren *Trivialnamen.*

```
CH3CH-COOH     2-Methylpropansäure
    |          2-Propancarbonsäure
   CH3         Isobuttersäure
```

In Tabelle 49 sind ausgewählte Beispiele aliphatischer Carbonsäuren zusammen mit den beiden möglichen Bezeichnungsweisen aufgelistet [vgl. **MC-Fragen Nr. 776–779, 795**]. Diese *homologe Reihe der Alkansäuren* gehorcht der allgemeinen Zusammensetzung [$\mathbf{C_nH_{2n}O_2}$].

Die Bezeichnung *substituierter Carbonsäuren* erfolgt nach dem IUPAC-System in der Weise, daß man die längste C-Kette, welche die *Carboxylgruppe* [**-COOH**] enthält, am Carboxylkohlenstoff beginnend durchnumeriert und die Namen der Substituenten unter Kennzeichnung ihrer Position als Präfixe vorangestellt. Werden Trivialnamen benutzt, dann kennzeichnet man die Stellung des Substituenten mit α, β, usw., beginnend mit dem C-Atom, das dem Carboxylkohlenstoff unmittelbar benachbart ist.

```
5  4    3 2   1

δ  γ    β α
CH3CH2CHCH-COOH       3-Hydroxy-2-methylpentansäure
        | |           β-Hydroxy-α-methylvaleriansäure
       HO CH3
```

Tabelle 50 enthält einige wichtige substituierte Essigsäuren, in Tabelle 51 sind ausgewählte, pharmazeutisch relevante *Acrylreste* aufgelistet und Tabelle 52 gibt Auskunft über eine Reihe ungesättigter Carbonsäuren.

Tab. 49: Homologe Reihe der Alkansäuren

Formel	Trivialname	IUPAC-Name
$HCOOH$	Ameisensäure	Methansäure
CH_3COOH	Essigsäure	Ethansäure
CH_3CH_2COOH	Propionsäure	Propansäure
$CH_3(CH_2)_2COOH$	Buttersäure	Butansäure
$CH_3(CH_2)_3COOH$	Valeriansäure	Pentansäure
$CH_3(CH_2)_4COOH$	Capronsäure	Hexansäure
$CH_3(CH_2)_5COOH$	Oenanthsäure	Heptansäure
$CH_3(CH_2)_6COOH$	Caprylsäure	Octansäure
$CH_3(CH_2)_7COOH$	Pelargonsäure	Nonansäure
$CH_3(CH_2)_8COOH$	Caprinsäure	Decansäure
$CH_3(CH_2)_{10}COOH$	Laurinsäure	Dodecansäure
$CH_3(CH_2)_{12}COOH$	Myristinsäure	Tetradecansäure
$CH_3(CH_2)_{14}COOH$	Palmitinsäure	Hexadecansäure
$CH_3(CH_2)_{16}COOH$	Stearinsäure	Octadecansäure

Tab. 50: Substituierte Essigsäuren

Formel	Trivialname	Formel	Trivialname
$ClCH_2COOH$	Chloressigsäure	$NCCH_2COOH$	Cyanessigsäure
Cl_3CCOOH	Trichloressigsäure	O_2NCH_2COOH	Nitroessigsäure
$(CH_3)_3CCOOH$	Trimethylessigsäure	$C_6H_5CH_2COOH$	Phenylessigsäure
	(Pivalinsäure)	$C_6H_5OCH_2COOH$	Phenoxyessigsäure

Tab. 51: Wichtige Acylreste

Formel	Name	Formel	Name
HCO-	Formyl	$CH_3(CH_2)_2CO$-	Butyryl
CH_3CO-	Acetyl	$CH_3(CH_2)_3CO$-	Valeroyl
CH_3CH_2CO-	Propionyl	C_6H_5CO-	Benzoyl

In einigen Fällen ist es notwendig, eine Substanz, die eine Carboxylgruppe enthält, als Derivat einer anderen Stoffklasse zu benennen. In diesem Fall wird die COOH-Funktion durch das Präfix *„Carboxy“* charakterisiert.

Viele *aromatische Carbonsäuren* tragen Spezialnamen. Zum Beispiel bezeichnet man Methylbenzoesäuren als *Toluylsäuren* und die Säuren des Naphthalens als *Naphthoesäuren.* Die o-Aminobenzoesäure trägt auch den Namen **Anthranilsäure** und o-Hydroxybenzoesäure den Namen **Salicylsäure** [vgl. **MC-Fragen Nr. 673, 780, 896**].

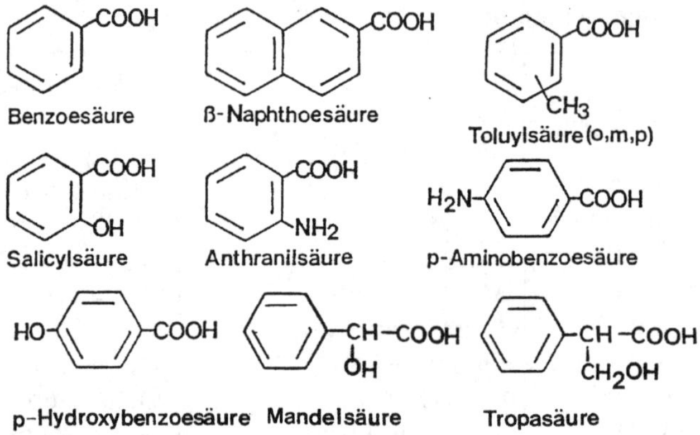

Tab. 52: Ausgewählte Alkensäuren

Formel	Trivialname	IUPAC-Name
$H_2C{=}CH\text{-}COOH$	Acrylsäure (Vinylcarbonsäure)	Propensäure
$H_3C\text{-}CH{=}CH\text{-}COOH$	Crotonsäure (trans)	E-2-Butensäure
$H_3C\text{-}CH{=}CH\text{-}COOH$	Isocrotonsäure (cis)	Z-2-Butensäure
$H_2C{=}CH\text{-}CH_2\text{-}COOH$	Vinylessigsäure	3-Butensäure
$H_2C{=}C(CH_3)\text{-}COOH$	Methacrylsäure	2-Methylpropensäure
$C_6H_5\text{-}CH{=}CH\text{-}COOH$	Zimtsäure (β-Phenylacrylsäure)	3-Phenylpropensäure

Tab. 53: Aliphatische und aromatische Dicarbonsäuren

IUPAC-Name	Trivialname	Formel
Ethandisäure	Oxalsäure	HOOC-COOH
Propandisäure	Malonsäure	$HOOC\text{-}CH_2\text{-}COOH$
Butandisäure	Bernsteinsäure	$HOOC\text{-}(CH_2)_2\text{-}COOH$
Pentandisäure	Glutarsäure	$HOOC\text{-}(CH_2)_3\text{-}COOH$
Hexandisäure	Adipinsäure	$HOOC\text{-}(CH_2)_4\text{-}COOH$
Heptandisäure	Pimelinsäure	$HOOC\text{-}(CH_2)_5\text{-}COOH$
Octandisäure	Korksäure	$HOOC\text{-}(CH_2)_6\text{-}COOH$
Nonandisäure	Azelainsäure	$HOOC\text{-}(CH_2)_7\text{-}COOH$
Decandisäure	Sebacinsäure	$HOOC\text{-}(CH_2)_8\text{-}COOH$
Z-Butendisäure	Maleinsäure	HOOC-CH=CH-COOH (cis)
E-Butendisäure	Fumarsäure	HOOC-CH=CH-COOH (trans)
Benzen-1,2-dicarbonsäure	Phthalsäure	ortho-$HOOC\text{-}C_6H_4\text{-}COOH$
Benzen-1,3-dicarbonsäure	Isophthalsäure	meta-$HOOC\text{-}C_6H_4\text{-}COOH$
Benzen-1,4-dicarbonsäure	Terephthalsäure	para-$HOOC\text{-}C_6H_4\text{-}COOH$

Dicarbonsäuren: Auch Dicarbonsäuren führen häufig *Trivialnamen.* Nach IUPAC legt man für ihre Benennung den Namen des entsprechenden Kohlenwasserstoffs zugrunde und hängt das Wort *„dicarbonsäure“* bzw. *„disäure“* an, wie dies Tabelle 53 ausweist [vgl. **MC-Fragen Nr. 797–800**].

Carbonsäuresalze: Der Name eines Carbonsäuresalzes wird nach den IUPAC-Regeln aus dem Namen des Kations und dem Namen der Säure gebildet, wobei man die Endung „säure“ durch *„oat“ (-at, -iat)* ersetzt, z. B. **Natriumethanoat** [$CH_3COO^-Na^+$]. Der entsprechende Trivialname wäre **Natriumacetat.**

3.13.1.2 Carbonsäure-Derivate

Als Carbonsäure-Derivate bezeichnet man alle Stoffklassen, die man durch einfache Hydrolyse in eine Carbonsäure umwandeln kann. Als wichtige Beispiele sind zu nennen:

	R-CO-OR'	Carbonsäureester
	R-CO-OAr	Phenolester (Phenylester)
	R-C(OR')$_3$	Orthoester
	R-CO-NH$_2$	primäres Amid
	R-CO-NHR'	sekundäres Amid
	R-CO-NR'R''	tertiäres Amid
	R-CO-NR'Ar	Anilid
R-CO-OH	R-CO-Hal	Carbonsäurehalogenid
	R-CO-O-CO-R'	Carbonsäureanhydrid
	R-CO-NH-CO-R'	Imid
	R-CO-N$_3$	Carbonsäureazid
	R-CO-NHOH	Hydroxamsäure
	R-CO-NHNH$_2$	Carbonsäurehydrazid
	R-CO-OOH	Peroxycarbonsäure
	R-CO-O-O-CO-R	Diacylperoxid
	R-CN	Nitril
	R$_2$C=C=O	Keten

Ersetzt man die C=O-Doppelbindung eines Carbonsäure-Derivates durch eine C=NH- oder C=NR-Gruppierung, dann gelangt man zu folgenden Substanzklassen:

R-C(=NH(R))-X	R-C(=NH)-Cl	Imidchlorid
	R-C(=NH)-OR'	Imidoester
	R-C(=NH)-NH$_2$	Amidin

Zur Struktur *vinyloger* und *phenyloger Carbonsäuren* siehe Kap. 3.1.9.4.

Carbonsäureester [R-CO-OR'] sind Substanzen, in denen die HO-Gruppe der Säure durch eine Alkoxy- oder Aryloxy-Gruppierung ersetzt wurde. Ihre systemati-

Tab. 54: Carbonsäureester und ihre Nomenklatur

Name	Formel	Alternativbezeichnung
Methylformiat	$HCOOCH_3$	Ameisensäuremethylester
Ethylacetat	$CH_3COOC_2H_5$	Essigsäureethylester
n-Butylacetat	$CH_3COOC_4H_9$	Essigsäure-n-butylester
Methylbutyrat	$C_3H_7COOCH_3$	Buttersäuremethylester
Methylbenzoat	$C_6H_5COOCH_3$	Benzoesäuremethylester

sche Bezeichnung erfolgt in der Weise, daß man dem Namen des jeweiligen Carbonsäuresalzes den Namen des Alkylrestes am Sauerstoffatom voranstellt. Man kann Ester aber auch so benennen, daß man an den Namen der Säure die Bezeichnung des Alkylrestes und daran das Wort *„ester"* anfügt. In Tabelle 54 sind einige ausgewählte Ester zusammen mit ihren alternativen Bezeichnungsweisen aufgelistet.

$HCOOC_2H_5$	**Ethylformiat**	CH_3COOCH_3	**Methylacetat**
	Ethylmethanoat		**Methylethanoat**
	Ameisensäureethylester		**Essigsäuremethylester**

Carbonsäureamide [**R-CO-NR'R"**] sind Verbindungen, in denen die HO-Gruppe einer Säure durch eine Amino-Funktion ersetzt wurde. Das N-Atom kann hierbei keine, eine oder zwei Alkyl- bzw. Arylreste tragen. Tabelle 55 enthält einige Beispiele von Carbonsäureamiden. Nach einem älteren System werden Amide in der Weise benannt, daß man an die Stelle der Endung [-at, -iat, -oat] eines Carbonsäuresalzes das Wort *„amid"* setzt. Das IUPAC-System bezeichnet sie als *Alkanamide.* Ist der Stickstoff substituiert, so werden der Bezeichnung des einfachen Amids ein **„N"** und die Namen der Substituenten vorangestellt. Amide, deren Aminkomponente ein Anilin-Derivat ist, werden auch als *Anilide* bezeichnet.

$CH_3CH_2CH_2CONH_2$	**Butyramid**	$CH_3CH_2CONHCH_3$	**N-Methylpropionamid**
	Butanamid		**N-Methylpropanamid**

Die Acylderivate des Hydroxylamins werden als *Hydroxamsäuren* [**R-CO-NHOH**] bezeichnet [vgl. **MC-Frage Nr. 821**]; die Acylierung des Hydrazins führt zu *Carbonsäurehydraziden* [**R-CO-NH-NH$_2$**].

Carbonsäurehalogenide *(Acylhalogenide)* [**R-CO-Hal**] sind Substanzen, in denen die HO-Gruppe einer Säure durch ein Halogenatom substituiert wurde. Zu ihrer Benennung wird im Namen des Carbonsäuresalzes die Endung (-at, -iat, -oat) durch *„yl"* ersetzt und der Name des Halogenatoms hinzugefügt. Im IUPAC-System hängt man an die Bezeichnung des Alkans das Wort *„oylhalogenid"* an.

CH_3COCl	**Acetylchlorid**	$CH_3CHBrCOBr$	**α-Brompropionylbromid**
	Ethanoylchlorid		**2-Brompropanoylbromid**

Carbonsäureanhydride [**R-CO-O-CO-R'**] sind Verbindungen, die durch intermolekulare Dehydratisierung aus zwei Molekülen Säure bzw. durch intramolekulare

Tab. 55: Ausgewählte Carbonsäureamide

Name	Formel
Formamid	$H\text{-}CO\text{-}NH_2$
N-Methylformamid	$H\text{-}CO\text{-}NH\text{-}CH_3$
N.N-Dimethylformamid	$H\text{-}CO\text{-}N(CH_3)_2$
N-Methylformanilid	$H\text{-}CO\text{-}N(CH_3)\text{-}C_6H_5$
Acetamid	$CH_3\text{-}CO\text{-}NH_2$
Acetanilid	$CH_3\text{-}CO\text{-}NH\text{-}C_6H_5$
Propionamid	$CH_3CH_2\text{-}CO\text{-}NH_2$
Benz(oesäure)amid	$C_6H_5\text{-}CO\text{-}NH_2$
N-Methylbenzamid	$C_6H_5\text{-}CO\text{-}NH\text{-}CH_3$

Wasserabspaltung aus einer Dicarbonsäure entstehen. Zu ihrer Benennung wird dem Namen der Carbonsäure das Wort *„anhydrid"* hinzugefügt. Bei *gemischten Anhydriden* aus zwei unterschiedlichen Säuren werden die beiden Säurenamen in alphabetischer Reihenfolge genannt, gefolgt von dem Wort „anhydrid". In Tabelle 56 sind die Formeln einiger pharmazeutisch wichtiger Acylhalogenide und Anhydride zusammengestellt. An *cyclischen Carbonsäureanhydriden* und *Imiden* sind zu nennen:

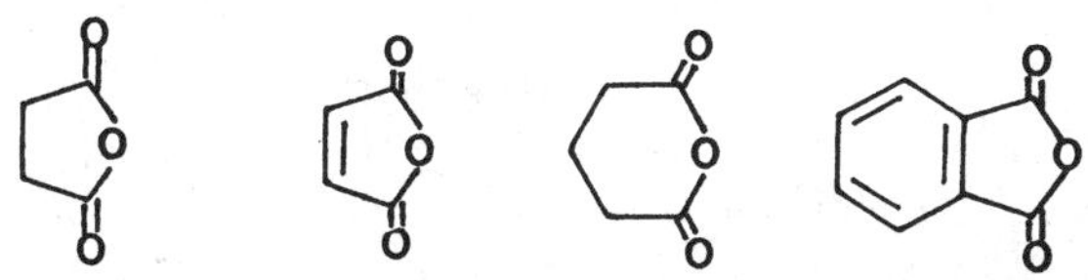

Bernsteinsäure-anhydrid, Maleinsäure-anhydrid, Glutarsäure-anhydrid, Phthalsäure-anhydrid

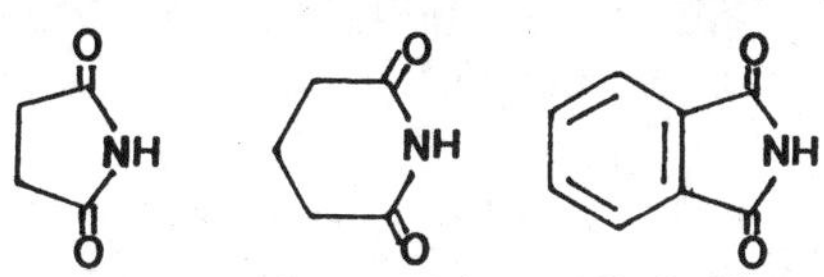

Succinimid, Glutarimid (Piperidin-2,6-dion), Phthalimid

Tab. 56: Carbonsäurehalogenide und Carbonsäureanhydride

Name	Formel
Acetylchlorid	$CH_3\text{-}COCl$
Chloracetylchlorid	$ClCH_2\text{-}COCl$
Benzoylchlorid	$C_6H_5\text{-}COCl$
Acetanhydrid	$CH_3\text{-}CO\text{-}O\text{-}CO\text{-}CH_3$
Propionsäureanhydrid	$C_2H_5\text{-}CO\text{-}O\text{-}CO\text{-}C_2H_5$
Benzoesäureanhydrid	$C_6H_5\text{-}CO\text{-}O\text{-}CO\text{-}C_6H_5$

Tab. 57: Bezeichnungen einiger Carboxy-Gruppierungen

Gruppe	Vorsilbe	Gruppe	Vorsilbe
-COOH	Carboxy	$-CONH_2$	Carbamoyl
$-CO_2CH_3$	Methoxycarbonyl	-COCl	Chlorcarbonyl
$-CO_2C_2H_5$	Ethoxycarbonyl	-CN	Cyano

Tab. 58: Carbonitrile und deren Nomenklatur

Name	Formel	Alternativname
Acetonitril	CH_3-CN	Methylcyanid
Propionitril	CH_3-CH_2-CN	Ethylcyanid
n-Butyronitril	CH_3-$(CH_2)_2$-CN	Propylcyanid
Benzonitril	C_6H_5-CN	Phenylcyanid
Phenylacetonitril	C_6H_5-CH_2-CN	Benzylcyanid

Ketene sind „innere Anhydride" von Carbonsäuren. Man unterscheidet zwischen *Aldoketenen* [RHC=C=O] und *Ketoketenen* [R_2C=C=O] [vgl. **MC-Frage Nr. 31**], Wichtige Beispiele für Ketene sind:

H_2C=C=O **Keten** $(C_6H_5)_2C$=C=O **Diphenylketen**

Gelegentlich ist es notwendig, eine Säure als Derivat einer anderen Substanzklasse zu bezeichnen. Einige der in diesem Fall zu verwendenden Vorsilben sind in Tabelle 57 aufgelistet.

Nitrile [R-C≡N] sind Substanzen, die eine C≡N-Dreifachbindung als funktionelle Gruppe enthalten. Sie können als Alkyl- bzw. Aryl-Derivate des Cyanwasserstoffs [H-CN] aufgefaßt und als *Cyanide* bezeichnet werden. Darüber hinaus kann man – wie Tabelle 58 ausweist – den Namen eines Nitrils auch vom Carbonsäuresalz ableiten, zu dem es verseifbar ist, und dessen Endung (-at, -iat-, -oat) durch das Suffix *„onitril"* ersetzen.

Manchmal ist es notwendig, die CN-Gruppe als Substituent durch Voranstellen des Wortes *„Cyan(o)"* zu bezeichnen, wie z. B. Cyanessigsäure [NC-CH_2-COOH].

3.13.1.3 Derivate der Kohlensäure

Kohlensäure [$(HO)_2C$=O] ist wie die meisten geminalen Dihydroxyverbindungen bei Raumtemperatur instabil und zerfällt in Kohlendioxid und Wasser. Von ihren Derivaten sind die Substanzen *instabil,* die noch über *eine freie* Hydroxylgruppe verfügen. Demgegenüber sind Diester, Diamide und Orthoester *stabile Verbindungen* [vgl. **MC-Fragen Nr. 810, 812, 819, 820, 822**].

```
[HO-C-OH]       Cl-C-Cl    Cl-C-OR         [HO-C-OC2H5]     C2H5-O-C-O-C2H5
    ||              ||         ||               ||                  ||
    O               O          O                O                   O
Kohlensäure     Phosgen    Chlorkohlen-    Kohlensäure-     Kohlensäuredi-
                           säureester      ethylester       ethylester
                                                            (Diethylcarbonat)

RO-C-OR            [HO-C-NH2]          RO-C-NH2             H2N-C-NH2
   /\                  ||                  ||                   ||
 RO OR                 O                   O                    O
Orthokohlen-       Carbaminsäure       Carbaminsäure-       Harnstoff
säureester         (Carbamidsäure)     ester (Urethan)

R-C-NH-C-NH2       H2N-C-NH-NH2        H2N-C-NH-NH2         H2N-C-NH2
  ||   ||              ||                  ||                   ||
  O    O               O                   S                    NH
Ureid              Semicarbazid        Thiosemicarbazid     Guanidin

[HO-C≡N]     H-N=C=O      R-N=C=O        S=C=S           R-N=C=S
Cyansäure    Isocyan-     Isocyanat      Schwefelkoh-    Senföl
             säure        (Isocyan-      lenstoff        (Thiocyanat)
                          säureester)
```

Ureide [**R-CO-NH-CO-NH$_2$**] sind amidartige Derivate organischer Säuren mit Harnstoff, sog. *Acylharnstoffe;* dabei tritt an die Stelle der NH_2-Gruppe eines Amids die Gruppierung [-NH-CO-NH$_2$].

```
CH3-C-NH-C-NH2     Essigsäureureid
    ||   ||        Acetylharnstoff
    O    O
```

3.13.1.4 Fette – Seifen – Wachse

Seifen: Die *Alkalisalze* [$R\text{-}COO^-Me^+$] *höherer Carbonsäuren* (C_{12}-C_{20}) werden als Seifen bezeichnet. Es sind oberflächenaktive Stoffe (Tenside) mit einem großen *hydrophoben* Kohlenwasserstoffrest und einer kleineren *hydrophilen* Carboxyl-Gruppe (sog. *anionenaktive Substanzen*). *Alkaliseifen* (Natronseifen, Kaliseifen) werden beim Kochen von Fetten und Wachsen mit Alkalihydroxid-Lösungen erhalten. Als Alkalisalze schwacher Säuren reagieren sie in wäßriger Lösung alkalisch und bilden mit $Ca(HCO_3)_2$ einen in Wasser schwerlöslichen Niederschlag [vgl. **MC-Fragen Nr. 795, 1266**].

Darüber hinaus verwendet man zur Desinfektion auch *kationenaktive Substanzen,* sog. *Invertseifen.* Es handelt sich hierbei um *quartäre Ammoniumsalze* [$R_4N^+X^-$] mit mindestens einem langkettigen Kohlenwasserstoffrest. Wie der Name „Invertseife" ausdrückt, ist hier der waschaktive Teil nicht wie sonst ein Anion, sondern ein Kation.

Wachse [$R\text{-}(CH_2)_m\text{-}CO\text{-}O\text{-}(CH_2)_n\text{-}R'$] sind die *Monoester* unverzweigter, langkettiger Carbonsäuren mit höheren, unverzweigten primären Alkoholen (C_{16}-C_{36}) [vgl. **MC-Fragen Nr. 807–809, 1218**].

Fette sind natürlich vorkommende *Triester* langkettiger, in der Regel geradzahliger Carbonsäuren *(Fettsäuren)* mit *Glycerol* (1,2,3-Propantriol) als Alkoholkomponente. In Tabelle 59 sind einige häufig vorkommende gesättigte und ungesättigte Fettsäuren aufgelistet.

Tab. 59: In der Natur vorkommende Fettsäuren

Trivialname	IUPAC-Bezeichnung	
Laurinsäure	Dodecansäure	[C_{12}]
Myristinsäure	Tetradecansäure	[C_{14}]
Palmitinsäure	Hexadecansäure	[C_{16}]
Stearinsäure	Octadecansäure	[C_{18}]
Ölsäure	Z-9-Octadecensäure	[C_{18}]
[Elaidinsäure]	E-9-Octadecensäure	[C_{18}]
Linolsäure	Z.Z-9,12-Octadecadiensäure	[C_{18}]
Linolensäure	Z.Z.Z-9,12,15-Octadecatriensäure	[C_{18}]

Fette werden auch als *Glyceride* bezeichnet; je nachdem ob eine, zwei oder alle drei alkoholischen Hydroxylgruppen des Glycerols verestert sind, unterscheidet man Monoglyceride, Diglyceride und Triglyceride, wobei unter *Fetten* im engeren Sinne nur **Triglyceride** zu verstehen sind. Bei der alkalischen Hydrolyse von Fetten *(Fettspaltung, Verseifung)* entstehen Seifen und Glycerol [vgl. **MC-Fragen Nr. 806, 807, 809, 1075**].

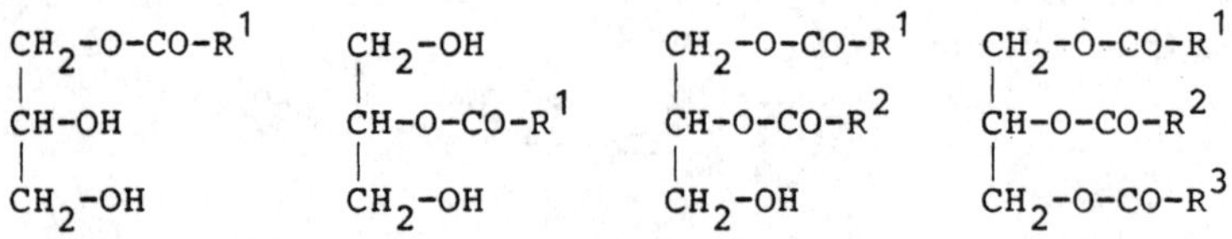

Monoglycerid Monoglycerid Diglycerid Triglycerid

Fette, die ungesättigte Säuren als Acylkomponenten enthalten, neigen zur *Autoxidation* unter Bildung von *Hydroperoxiden.*

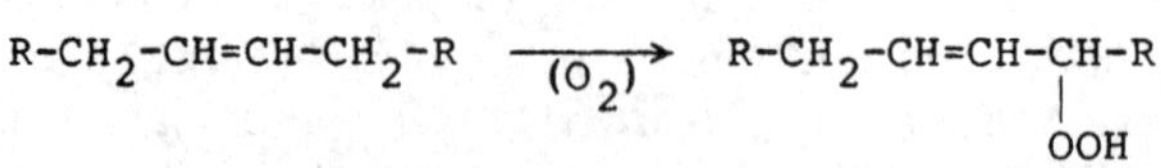

(Hydroperoxid)

3.13.2 Darstellung und Eigenschaften von Carbonsäuren

3.13.2.1 Darstellung aliphatischer Carbonsäuren

Alkansäuren können hergestellt werden [vgl. **MC-Fragen Nr. 784, 785**]:

(1) durch *Oxidation primärer Alkohole* mit $KMnO_4$, CrO_3, Ag_2O oder konz. HNO_3, wobei *Aldehyde* als Zwischenstufen auftreten. Die Oxidation mit Salpetersäure ist bei Vorliegen säureempfindlicher Gruppen nicht anwendbar. Die Oxidation von Aldehyden zu Carbonsäuren gelingt schon mit milden Oxidantien wie H_2O_2 (vgl. Kap. 3.2.18.5).

$$R\text{-}CH_2OH \xrightarrow{[O]} [R\text{-}CH{=}O] \xrightarrow{[O]} R\text{-}COOH$$

(2) durch Addition von *Grignard-Reagenzien* oder Lithiumorganylen an *Kohlendioxid* (vgl. Kap. 3.8.3.1). Dabei leitet man CO_2 in die Lösung eines Metallorganyls ein oder gießt die metallorganische Verbindung direkt auf Trockeneis.

$$\text{R-X} \xrightarrow{(\text{Mg})} \text{R-Mg-X} \xrightarrow{+\ CO_2} \text{R-COOMgX} \xrightarrow{(H_2O)} \text{R-COOH}$$

(3) aus *Halogenalkanen* durch Umsetzung mit Alkalicyaniden und nachfolgende säure- oder basenkatalysierte *Verseifung* der gebildeten *Nitrile.* Bei schwer hydrolysierbaren Nitrilen ist es vorteilhafter, diese zunächst in die entsprechenden Imidoester umzuwandeln, die sich leichter spalten lassen.

$$\text{R-X} + CN^- \xrightarrow[S_N2]{-\ X^-} \underset{\text{Nitril}}{\text{R-C}\equiv\text{N}} \xrightarrow[-\ NH_3]{+\ 2\ H_2O} \underset{\text{Carbonsäure}}{\text{R-COOH}}$$

$$\underset{\text{Nitril}}{\text{R-C}\equiv\text{N}} \xrightarrow{+\ \text{R'OH},\ +\ \text{HCl}} \underset{\text{Imidoester}\cdot\text{HCl}}{\text{R-C(=}\overset{+}{N}H_2\text{)-OR']Cl}^-} \longrightarrow \underset{\text{Carbonsäureester}}{\text{R-COOR'}} \xrightarrow{(H_2O)} \text{R-COOH}$$

Der skizzierte Syntheseweg eignet sich auch zur Herstellung ungesättiger Carbonsäuren.

$$\text{R-CH=CH-CH}_2\text{Cl} \rightarrow \text{R-CH=CH-CH}_2\text{-CN} \rightarrow \text{R-CH=CH-CH}_2\text{-COOH}$$

(4) aus *Halogenalkanen* durch Kondensation mit *Malonester* und anschließende Verseifung und Decarboxylierung der gebildeten Alkyl- und Dialkylmalonester (siehe auch Kap. 3.14.6.3).

$$\text{R-X} + \underset{\text{Malonester}}{H_2C(\text{COOR'})_2} \rightarrow \underset{\text{Alkylmalonester}}{\text{R-CH(COOR')}_2} \xrightarrow[-\ \text{R'OH},\ -\ CO_2]{(H_2O)} \underset{\text{Monosubst. Essigsäure}}{\text{R-CH}_2\text{-COOH}}$$

$$\underset{\text{Alkylmalonester}}{\text{R-CH(COOR')}_2} \xrightarrow{+\ \text{R-X}} \underset{\text{Dialkylmalonester}}{R_2C(\text{COOR'})_2} \xrightarrow[-\ \text{R'OH},\ -\ CO_2]{(H_2O)} \underset{\text{Disubst. Essigsäure}}{R_2\text{CH-COOH}}$$

(5) durch *Cannizzaro-Reaktion* von nicht-aldolisierbaren *Aldehyden* (vgl. Kap. 3.12.7.1). Die Methode dient auch zur Herstellung aromatischer Carbonsäuren.

$$2\ R_3\text{C-CH=O} \xrightarrow{(HO^-)} R_3\text{C-COOH} + [R_3\text{C-CH}_2\text{OH}]$$

(6) aus *Aldehyden* oder *Ketonen* mittels einer *Knoevenagel/Doebner-Reaktion* durch Umsetzung mit Malonester oder Cyanessigester und anschließende Verseifung der Intermediärprodukte zu α,β-*ungesättigten Carbonsäuren,* die sich zu gesättigten Säuren hydrieren lassen. Auch die *Perkin-Reaktion* ist zur Synthese vinyloger Carbonsäuren geeignet (vgl. Kap. 3.12.6).

$$R_2\text{C=O} + H_2\text{C(COOR')} \xrightarrow{-\ H_2O} R_2\text{C=C(COOR')}_2 \xrightarrow[-\ \text{R'OH},\ -\ CO_2]{(H_2O)} R_2\text{C=CH-COOH}$$

(7) aus *Ketonen* durch *Baeyer-Villiger-Oxidation* mit Peroxysäuren und nachfolgende Hydrolyse der primär gebildeten Ester (vgl. Kap. 3.2.16.4).

$$R_2C{=}O \xrightarrow[-\ R'CO_2H]{+\ R'CO_3H} R\text{-}COOR \xrightarrow[-\ ROH]{(H_2O)} R\text{-}COOH$$

(8) aus *Methylketonen* durch Haloform-Reaktion (vgl. Kap. 3.2.18.7).

$$R\text{-}CO\text{-}CH_3 \xrightarrow{(Cl_2)} R\text{-}CO\text{-}CCl_3 \xrightarrow[-\ HCCl_3]{(HO^-)} R\text{-}COOH$$

(9) aus *Carbonsäurechloriden* durch *Arndt-Eistert-Reaktion* mit *Diazomethan* (vgl. Kap. 3.2.16.2). Im Ergebnis führt diese Reaktionsfolge zur Kettenverlängerung einer Carbonsäure (bzw. eines Carbonsäure-Derivates) um eine CH_2-Gruppe.

$$R\text{-}CO\text{-}Cl \xrightarrow[-\ HCl]{+\ CH_2N_2} \underset{\text{Diazoketon}}{R\text{-}CO\text{-}CHN_2} \xrightarrow[\sim\ R^-]{-\ N_2} \underset{\text{Keten}}{R\text{-}CH{=}C{=}O} \xrightarrow{(H_2O)} R\text{-}CH_2\text{-}COOH$$

(10) durch *Hydrolyse* von *Carbonsäureestern*, *Anhydriden*, *Amiden* oder *Nitrilen* (siehe Kap. 3.13.5 bis 3.13.8).

(11) durch *Säurespaltung* von β-*Ketoestern,* insbesondere *substituierten Acetessigestern* (vgl. Kap. 3.14.6.2).

$$CH_3\text{-}\underset{\underset{O}{\|}}{C}\text{-}\underset{\underset{R}{|}}{CH}\text{-}COOR' \xrightarrow[(HO^-)]{} [CH_3COOH] + [R'OH] + R\text{-}CH_2\text{-}COOH$$

(12) durch *Carbonylierung von Alkenen.* Bei dieser industriell genutzten Synthesemethode läßt man Alkene in Gegenwart von Nickeltetracarbonyl $[Ni(CO)_4]$ mit Wasser und Kohlenmonoxid reagieren. Infolge der Isomerisierung des intermediär gebildeten Carbeniumions ist die Methode vor allem zur Synthese von Carbonsäuren mit sekundärem bzw. tertiärem Alkylrest geeignet.

$$R\text{-}CH{=}CH_2 + CO + H_2O \xrightarrow[200\ \text{bar}]{250\ ^\circ C} R\text{-}\underset{\underset{CH_3}{|}}{CH}\text{-}COOH$$

Beispielsweise erhält man auf diese Weise **Propionsäure** aus Ethen [R = H] und Propen [R = CH_3] führt zu **Isobuttersäure**.

Die nachfolgende Abb. 87 faßt nochmals – ausgehend von einem primären Alkohol – die wichtigsten Methoden zur Darstellung von Carbonsäuren zusammen.

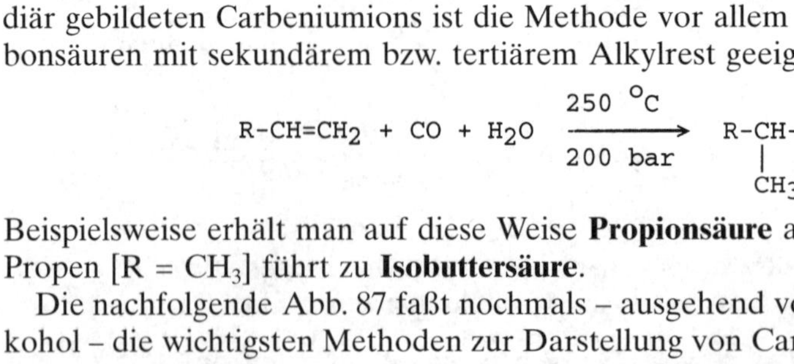

Abb. 87: Methoden zur Synthese aliphatischer Carbonsäuren

3.13.2.2 Darstellung aromatischer Carbonsäuren

Aromatische Carbonsäuren können hergestellt werden aus [vgl. **MC-Fragen Nr. 784, 786, 1223**]:

(1) *Methylarenen* oder längerkettigen *Alkylbenzenen* durch Oxidation mit $KMnO_4$ oder konz. HNO_3 (vgl. Kap. 3.2.18.1).

$$Ar\text{-}CH_3 \xrightarrow{[O]} Ar\text{-}COOH$$

(2) *Arylhalogeniden* durch Carboxylierung ihrer Grignard-Verbindungen (vgl. Kap. 3.8.3.1).

$$Ar\text{-}Br \rightarrow Ar\text{-}MgBr \xrightarrow{+\ CO_2} Ar\text{-}COOMgBr \xrightarrow{(H_2O)} Ar\text{-}COOH$$

(3) *Benzotrichlorid-Derivaten* durch Hydrolyse.

$$Ar\text{-}CCl_3 \xrightarrow{(H_2O)} Ar\text{-}COOH$$

(4) *Metallarenen* durch Carboxylierung von Aryllithium-Verbindungen

$$Ar\text{-}Li \xrightarrow{+\ CO_2} Ar\text{-}COOLi \xrightarrow{+\ H_2O} Ar\text{-}COOH \ + \ LiOH$$

(5) *aromatischen Aldehyden* durch Disproportionierung im alkalischen Milieu *(Cannizzaro-Reaktion)* (vgl. Kap. 3.12.7.1).

(6) *Methylarylketonen* durch *Haloform-Reaktion* (vgl. Kap. 3.2.18.7).

$$Ar\text{-}CO\text{-}CH_3 \xrightarrow{(Cl_2)} Ar\text{-}CO\text{-}CCl_3 \xrightarrow[-\ HCCl_3]{(HO^-)} Ar\text{-}COOH$$

(7) *Phenolen* durch Carboxylierung *(Kolbe-Schmitt-Reaktion)* (vgl. Kap. 3.6.4.2).

(8) *Arylnitrilen* durch alkalische oder saure *Hydrolyse.* Arylnitrile sind zugänglich aus *Arylaminen* durch eine *Sandmeyer-Reaktion* (vgl. Kap. 3.10.6.3) oder durch *Cyanid-Schmelze* von *Arylsulfonsäuren*(vgl. Kap. 3.6.4.3) bzw. durch *Dehydratisierung* von *Arylaldoximen.*

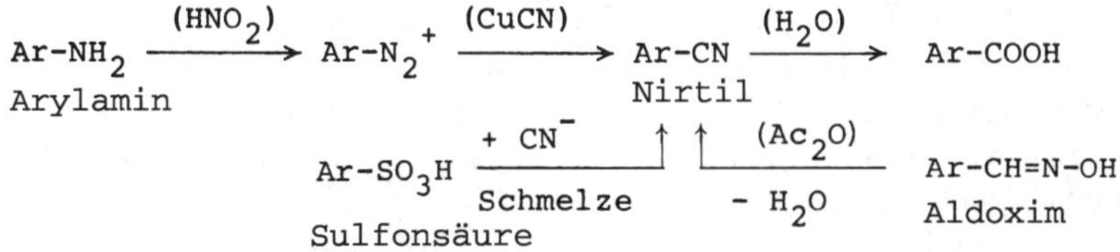

3.13.2.3 Darstellung von Dicarbonsäuren

Viele der o.a. Methoden zur Herstellung von Monocarbonsäuren sind bei Vorliegen *bifunktioneller Substanzen* (z. B. Dinitrile, Dialdehyde, Dimethylarene u. a.) auch zur Synthese von Dicarbonsäuren geeignet [vgl. **MC-Frage Nr. 801**].

Beispielsweise erhält man bei der Umsetzung von **Chloressigsäure** mit Cyanid-Ionen Cyanessigsäure, die sich zu **Malonsäure** hydrolysieren läßt, und **1,3-Dibrompropan** kann über 1,3-Dicyanopropan in **Glutarsäure** umgewandelt werden.

$ClCH_2\text{-}COOH \rightarrow NC\text{-}CH_2\text{-}COOH \rightarrow HOOC\text{-}CH_2\text{-}COOH$

Chloressigsäure **Malonsäure**

$Br\text{-}CH_2CH_2CH_2\text{-}Br \rightarrow NC\text{-}(CH_2)_3\text{-}CN \rightarrow HOOC\text{-}(CH_2)_3\text{-}COOH$

1,3-Dibrompropan **Glutarsäure**

Eine weitere Synthesemöglichkeit besteht in der Oxidation von *cyclischen Alkenen* oder *Cycloalkanonen* (vgl. Kap. 3.2.18). Zum Beispiel sind *Adipinsäure-Derivate* leicht durch Oxidation der entsprechenden Cyclohexan-Verbindungen zugänglich.

Aromatische Dicarbonsäuren können wie das Beispiel der Herstellung von **Phthalsäure** zeigt, durch Oxidation von *kondensierten Aromaten* oder *Dimethylarenen* gewonnen werden (vgl. Kap. 3.2.18.1). Ein weiteres Beispiel ist die technische Herstellung von **Terephthalsäure** aus **p-Xylen** [vgl. **MC-Frage Nr. 803**].

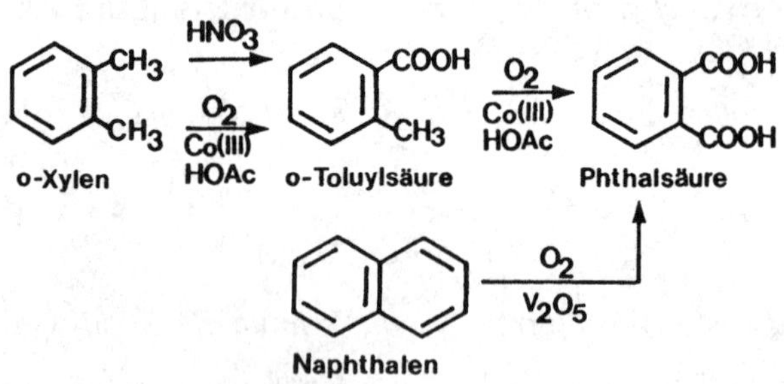

3.13.2.4 Eigenschaften von Monocarbonsäuren

Die Anfangsglieder (bis C-9) der *homologen Reihe der Alkansäuren* sind farblose, stechend riechende Flüssigkeiten. Die ersten vier Säuren dieser Reihe mischen sich in jedem Verhältnis mit Wasser. Diese Lösungen reagieren sauer. Carbonsäuren mit mehr als 9 C-Atomen sind nahezu geruchlos und paraffinartig, da hier die Carboxylgruppe nur noch geringfügig das physikalische Verhalten beeinflußt. Mit zunehmender Kettenlänge nimmt die Wasserlöslichkeit merklich ab.

In Analogie zu den n-Alkanen zeigen die *Schmelzpunkte* der unverzweigten Alkansäuren ein *alternierendes Verhalten.* D.h., Carbonsäuren mit gerader C-Zahl schmelzen stets höher als die benachbarten Säuren mit einer ungeraden Anzahl von Kohlenstoffen. In *kristalliner Form* bilden die Kohlenwasserstoffreste von linearen Monocarbonsäuren eine *Zick-Zack-Anordnung* [vgl. **MC-Frage Nr. 787**].

Bemerkenswert ist, daß die Säuren im festen und flüssigen Zustand sowie in unpolaren Lösungsmitteln eine doppelt so hohe relative Molmasse aufweisen wie dies ihrer Summenformel entsprechen würde. Sie liegen infolge von *Wasserstoffbrücken* als *dimere Assoziate* vor [vgl. **MC-Fragen Nr. 787–789, 1194**].

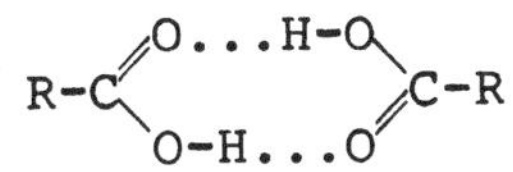

Diese ringförmigen Doppelmoleküle sind so stabil, daß z. B. **Essigsäure** in nicht allzu verdünnter, wäßriger Lösung sowie im Dampfzustand bei Siedetemperatur eine dimere Struktur besitzt. Erst bei sehr starker Verdünnung und hohen Temperaturen werden diese Assoziate in monomere Moleküle gespalten [vgl. **MC-Fragen Nr. 794, 1210**].

Auch die *Wasserlöslichkeit* niederer Alkansäuren ist auf eine Assoziatbildung zurückzuführen. Mit zunehmender Verdünnung erfolgt zunächst ein Einbau von Wassermolekülen in das Dimer, bis schließlich bei starker Verdünnung die Säuren als Monomer in das Assoziatgerüst des Wassers eingelagert werden.

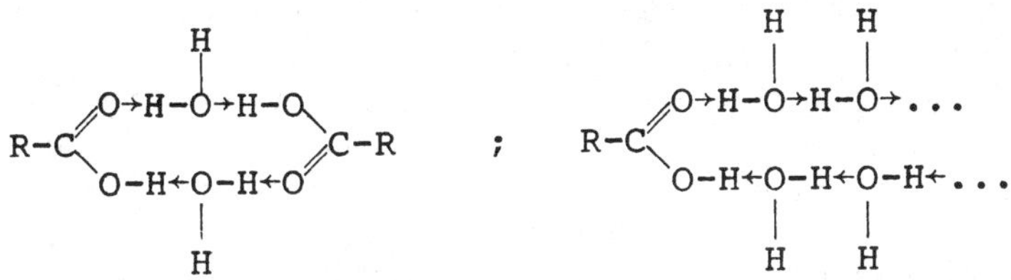

Monocarbonsäuren verhalten sich mit Ausnahme der **Ameisensäure** gegenüber *Oxidationsmitteln* resistent [vgl. **MC-Frage Nr. 787**].

Acidität: Carbonsäuren sind schwache Säuren und die Acidität nimmt mit zunehmender Molmasse ab [vgl. Kap. 3.19.2 und **MC-Fragen Nr. 787, 789**].

Der im Vergleich zu Alkoholen stärker saure Charakter der Hydroxylgruppe einer COOH-Funktion ist auf die benachbarte C=O-Doppelbindung zurückzuführen [vgl. **MC-Frage Nr. 794**]. Sie erleichtert durch ihren -I-Effekt die Ablösung des Protons. Darüber hinaus ist das entstehende *Carboxylat-Ion* (die konjugierte Base) mesomeriestabilisiert und daher energetisch begünstigt. Das Carboxylat-Anion weist praktisch keine *Carbonylaktivität* mehr auf (vgl. auch Kap. 3.2.15.3). Abb. 88 zeigt das MO-Modell des Carboxylat-Ions; beide Sauerstoffatome sind äquivalent und die vier π-Elektronen verteilen sich auf zwei MO.

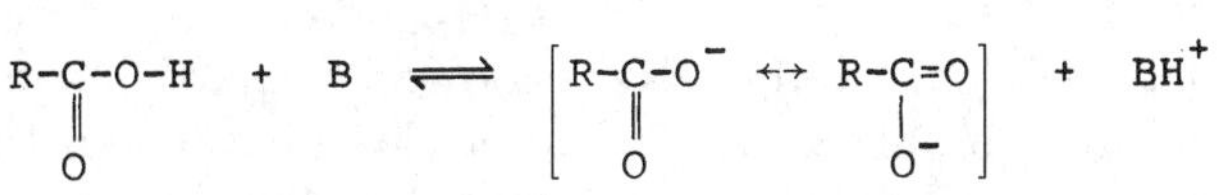

Von den *Salzen der Alkansäuren* sind die Alkalisalze gut wasserlöslich, während sich die Erdalkali- und Schwermetallcarboxylate häufig nur schwer in Wasser lösen. Alkalisalze höherer Carbonsäuren bilden in Wasser kolloidale Lösungen.

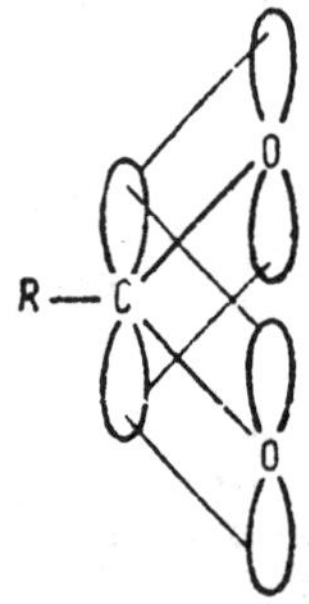

Abb. 88: Orbitalmodell des Carboxylat-Ions

3.13.2.5 Eigenschaften von Dicarbonsäuren

Sämtliche Dicarbonsäuren sind kristalline Substanzen, deren Wasserlöslichkeit mit steigender relativer Molekülmasse abnimmt. Mit Ausnahme der **Oxalsäure** sind sie gegenüber Oxidationsmitteln beständig. Ihre *Schmelzpunkte* zeigen gleichfalls ein *alternierendes Verhalten.* Dies bedeutet, daß die Dicarbonsäure mit einer geraden Zahl von C-Atomen stets höher schmilzt als die nachfolgende Dicarbonsäure mit einer ungeraden Anzahl von Kohlenstoffen.

Im Vergleich zu den Monocarbonsäuren reagieren die Anfangsglieder der homologen Reihe der Dicarbonsäuren infolge des wechselseitigen Einflusses der beiden Carboxylgruppen (-I-Effekt) stärker sauer. Sie dissoziieren stufenweise. Erwartungsgemäß nimmt ihre Acidität mit zunehmender Entfernung der beiden Carboxylgruppen rasch ab (vgl. auch Kap. 3.19.2.4).

Ihr chemisches Verhalten ähnelt dem der Monocarbonsäure, jedoch zeigen sie auch Reaktionen, die von der relativen Stellung der beiden COOH-Funktionen zueinander abhängen. Hierzu zählt vor allem das *thermische Verhalten von Dicarbonsäuren*, das im nachfolgenden Kapitel noch ausführlich diskutiert wird.

3.13.2.6 Ausgewählte Monocarbonsäuren

(a) Ameisensäure [HCOOH], die stärkste Alkansäure, wird in der Technik aus Kohlenmonoxid und NaOH bei hohen Temperaturen und Drücken gewonnen [vgl. **MC-Frage Nr. 793**].

$$\text{CO} + \text{NaOH} \xrightarrow[\text{7 bar}]{\text{200 °C}} \underset{\text{Natriumformiat}}{\text{HCOONa}} \xrightarrow{(\text{H}^+)} \text{HCOOH}$$

Auch bei der alkalischen Hydrolyse von *Chloroform* [$CHCl_3$] bzw. der Oxidation von *Methanol* [CH_3OH] oder *Formaldehyd* [H_2CO] entsteht Ameisensäure. Sie wird auch gebildet bei der Haloform-Reaktion von *Ethanol* bzw. der alkalischen Spaltung des intermediär auftretenden *Chlorals.* Darüber hinaus ist sie eines der Reaktionsprodukte der gekreuzten Cannizzaro-Reaktion (vgl. Kap. 3.12.7.1).

Ameisensäure wird von starken Oxidantien in CO_2 und Wasser gespalten. Unter der katalytischen Wirkung von H_2SO_4 zerfällt sie in CO und Wasser. Ihre Salze heißen **Formiate**.

$$CO + H_2O \xleftarrow{(H_2SO_4)} HCOOH \xrightarrow{[O]} CO_2 + H_2O$$

(b) Essigsäure [CH_3COOH] kann durch *Oxidation* von *Ethanol* (über *Acetaldehyd* als Zwischenprodukt) bzw. durch katalytische *Carbonylierung* von *Methanol* hergestellt werden [vgl. **MC-Fragen Nr. 794, 1210**].

$$CH_3OH + CO \xrightarrow[\text{[}Co_2(CO)_8\text{]}]{210\ °C/500\ bar} CH_3\text{-}COOH$$

Reine Essigsäure *(Eisessig)* erstarrt bei 16,6 °C; ihre Salze heißen **Acetate**. Essigsäure ist aufgrund ihrer Oxidationsresistenz ein häufig benutztes Lösungsmittel bei Oxidationsprozessen.

(c) Benzoesäure [C_6H_5-COOH], die wichtigste aromatische Carbonsäure, wird in der Technik durch *Oxidation* von *Toluen* gewonnen. Die Darstellung durch *Hydrolyse* von *Benzonitril* ist nur im Labormaßstab von Bedeutung [vgl. **MC-Frage Nr. 796**].

Benzoesäure ist eine feste [Schmp. 122 °C], in Wasser wenig lösliche Substanz. Sie ist aufgrund des -I-Effektes des Phenylrestes acider [pK_s = 4,21] als die analoge gesättigte **Cyclohexancarbonsäure** [pK_s = 4,89], aber weniger acid als Ameisensäure (vgl. auch Kap. 3.19.2.3). Ihre Salze nennt man **Benzoate**. Sie ist im Vergleich zu Benzen weniger reaktiv bei S_EAr-Reaktionen und dirigiert einen Zweitsubstituenten in die meta-Stellung.

(d) Zimtsäure (β-Phenylacrylsäure) [C_6H_5-CH=CH-COOH], die einfachste aromatische Carbonsäure mit ungesättigter Seitenkette, kann dargestellt werden durch:

- Knoevenagel-Reaktion aus Benzaldehyd und einem Malonsäure-Derivat (siehe Kap. 3.12.6.2),
- Perkin-Reaktion aus Benzaldehyd und Acetanhydrid in Anwesenheit von Natriumacetat (siehe Kap. 3.12.6.3).

Die so hergestellte Zimtsäure ist trans-konfiguriert [Schmp. 135 °C]. Beim Bestrahlen mit UV-Licht isomerisiert die E-Form partiell in die energiereichere, cis-konfigurierte **Allozimtsäure** [Schmp. 68 °C]. Die beiden Formen sind acider als Essigsäure. An die C=C-Doppelbindung kann 1 Mol Brom addiert werden. Beim Erhitzen decarboxyliert Zimtsäure zu **Styren** (Vinylbenzen) [vgl. **MC-Fragen Nr. 790**].

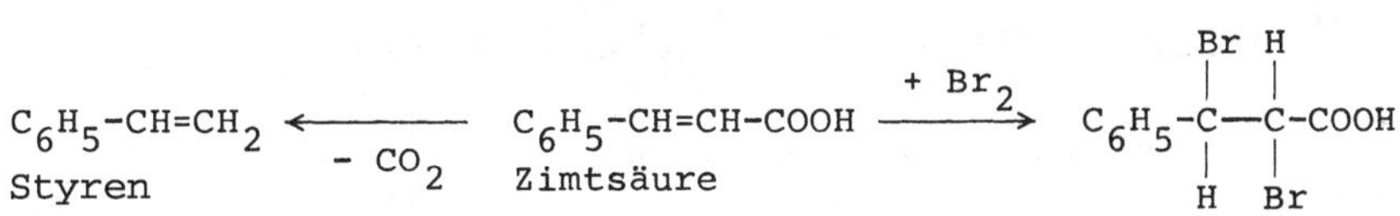

3.13.2.7 Ausgewählte Dicarbonsäuren

(a) Oxalsäure [HOOC-COOH] kann gewonnen werden durch Hydrolyse von *Dicyan* [N≡C-C≡N] oder durch rasches Erhitzen von *Natriumformiat* auf 360 °C in Anwesenheit von Ätznatron, wobei unter Dehydrierung **Natriumoxalat** gebildet wird [vgl. **MC-Frage Nr. 802**].

$$2\ \text{H-COONa} \xrightarrow[-\ H_2]{\Delta} \underset{\text{Natriumoxalat}}{\text{NaOOC-COONa}} \xrightarrow{(H_3O^+)} \text{HOOC-COOH}$$

Oxalsäure zerfällt beim Erhitzen mit konz. H_2SO_4 in CO, CO_2 und H_2O. Von Permanganat werden die Säure und ihre Salze zu CO_2 oxidiert.

(b) Malonsäure [HOOC-CH_2-COOH] stellt man am besten durch Umsetzung von *Chloressigsäure* mit KCN und anschließende saure Verseifung der gebildeten *Cyanessigsäure* her [vgl. **MC-Frage Nr. 805**].

Die kristalline Malonsäure [Schmp. 135,6 °C] decarboxyliert beim Erhitzen über ihren Schmelzpunkt hinaus zu **Essigsäure** [vgl. **MC-Fragen Nr. 790, 804, 805**]. Beim Erhitzen mit P_2O_5 dehydratisiert Malonsäure zu **Kohlensuboxid** [O=C=C=C=O]. Ihre Salze heißen **Malonate**. Der Diethylester *(Malonester)* ist ein wichtiger Synthesebaustein (siehe Kap. 3.14.6.3).

(c) Bernsteinsäure [HOOC-CH_2CH_2-COOH] kann durch Umsetzung von 1,2-Dibromethan mit KCN und nachfolgende saure Hydrolyse des entstehenden 1,4-Butandinitrils [NC-CH_2CH_2-CN] erhalten werden. Darüber hinaus ist sie durch katalytische Hydrierung von *Maleinsäure* oder *Fumarsäure* [HOOC-CH=CH-COOH] zugänglich. Ihre Salze heißen **Succinate** [vgl. **MC-Fragen Nr. 803, 872**].

(d) Phthalsäure (Benzen-1,2-dicarbonsäure) wird durch Oxidation von o-Xylen oder Naphthalen dargestellt (vgl. Kap. 3.2.18.1). Die Säure spaltet bereits unterhalb ihres Schmelzpunktes Wasser ab unter Bildung des cyclischen **Phthalsäureanhydrids**. Das Anhydrid reagiert mit NH_3 zu **Phthalimid**, und aus der Umsetzung von Phthalsäurediestern mit primären Aminen resultieren ebenfalls cyclische Imide [vgl. **MC-Frage Nr. 803**].

(e) Terephthalsäure (Benzen-1,4-dicarbonsäure) wird technisch durch Oxidation von p-Xylen hergestellt [vgl. **MC-Frage Nr. 803**]. Terephthalsäureester sind Ausgangsstoffe zur Synthese von Polyesterfasern (vgl. Kap. 3.18.2.3).

3.13.3 Reaktionen von Carbonsäuren

Die Chemie der Carbonsäuren kann wie folgt klassifiziert werden:

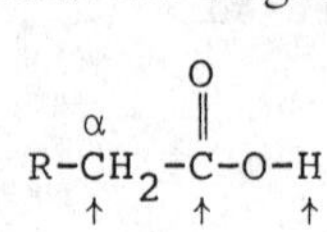

* Reaktionen, die an der aciden HO-Gruppe stattfinden [z. B. Salzbildung, Umsetzung mit Diazomethan],

* Reaktionen, die am α-C-Atom zur COOH-Gruppe ablaufen [z. B. α-Halogenierung nach Hell-Volhard-Zelinsky],
* nucleophile Additionsreaktionen an der C=O-Doppelbindung mit nachfolgender Eliminierung der HO-Gruppe [z. B. Veresterung, Amidbildung u. a.],
* Abbaureaktionen von Carbonsäuren [Decarboxylierung – Hunsdiecker-Reaktion – Kolbe-Elektrolyse].

Die mechanistischen Aspekte der sauer oder basisch katalysierten Addition nucleophiler Reagenzien an die C=O-Doppelbindung mit nachfolgender Eliminierung der Hydroxylgruppe (**S_N2t-Reaktion**) wurden im Kap. 3.2.8 bereits ausführlich diskutiert. Die Chemie der auf diesem Wege zugänglichen Halogenide, Anhydride, Ester und Amide sind Gegenstand der nachfolgenden Kapitel. *Reduktionsreaktionen* von Carbonsäuren und ihren Derivaten wurden im Kap. 3.2.19.6 besprochen. Die Umsetzungen von Carboxylverbindungen mit *metallorganischen Reagenzien* wurden im Kap. 3.8.3.1 behandelt.

Reaktionen an der Hydroxylgruppe: Die sauren Eigenschaften von Carbonsäuren *(Salzbildung)* einschließlich der Abhängigkeit ihrer Acidität von konstitutionellen Faktoren werden in Kap. 3.19.2.1 vorgestellt. Zur Bildung von *Carbonsäuremethylestern* mit *Diazomethan* siehe Kap. 3.10.5.3.

Decarboxylierung: Die Abspaltung von Kohlendioxid aus Carbonsäuren ist ein *Redoxprozeß*.

$$\text{R-COOH} \longrightarrow \text{R-H} + CO_2\uparrow$$

Die Tendenz zur Decarboxylierung ist bei gesättigten, unverzweigten Carbonsäuren gering; α-ständige, elektronenanziehende -I-Substituenten, wie sie z. B. in β-*Ketosäuren* oder *Malonsäure-Derivaten* anzutreffen sind, erleichtern diesen intramolekularen Redoxvorgang. Die Decarboxylierung solcher Substanzen erfolgt oft schon bei leichtem Erwärmen. Für die CO_2-Abspaltung aus β-Ketosäuren und substituierten Malonsäuren wird ein cyclischer Übergangszustand diskutiert [vgl. Kap. 3.2.10.7 und **MC-Fragen Nr. 790–792**].

$R_2C(COOH)_2$ **disubst. Malonsäure**	$\longrightarrow$	$R_2CH\text{-}COOH + CO_2\uparrow$ **disubst. Essigsäure**
$R\text{-}CO\text{-}CH_2\text{-}COOH$ **β-Ketosäure**	$\longrightarrow$	$R\text{-}CO\text{-}CH_3 + CO_2\uparrow$ **Methylketon**
$Cl_3C\text{-}COOH$ **Trichloressigsäure**	$\longrightarrow$	$CHCl_3 + CO_2\uparrow$ **Chloroform**
$O_2N\text{-}CH_2\text{-}COOH$ **Nitroessigsäure**	$\longrightarrow$	$CH_3\text{-}NO_2 + CO_2\uparrow$ **Nitromethan**

Als weitere *Abbaureaktionen* von Carbonsäuren sind die radikalisch verlaufende *Hunsdiecker-Reaktion* zu Alkylhalogeniden (vgl. Kap. 3.7.2.1) und die *Kolbe-Elektrolyse* zu Alkanen (vgl. Kap. 3.4.4.1) zu nennen.

Thermolyse von Dicarbonsäuren: Die gegenseitige Stellung der beiden Carboxylgruppen in Dicarbonsäuren zeigt sich vor allem in ihrem Verhalten beim Erhitzen.

– Wasserfreie **Oxalsäure** ist sublimierbar, zersetzt sich jedoch bei hohen Temperaturen zu CO_2 und Ameisensäure. Letztere zerfällt bei den gewählten Bedingungen in CO und Wasser.

$$HOOC{-}COOH \xrightarrow[-\ CO_2]{} H{-}COOH \rightarrow CO + H_2O$$

– Malonsäure decarboxyliert beim Erhitzen auf 150 °C unter Bildung von Essigsäure [vgl. **MC-Fragen Nr. 790, 804, 805**].

– Sind die beiden Carboxylgruppen wie in der **Bernsteinsäure** bzw. **Glutarsäure** durch zwei oder drei Methylengruppen voneinander getrennt, so entstehen unter Dehydratisierung *cyclische Anhydride* [vgl. **MC-Frage Nr. 826**].

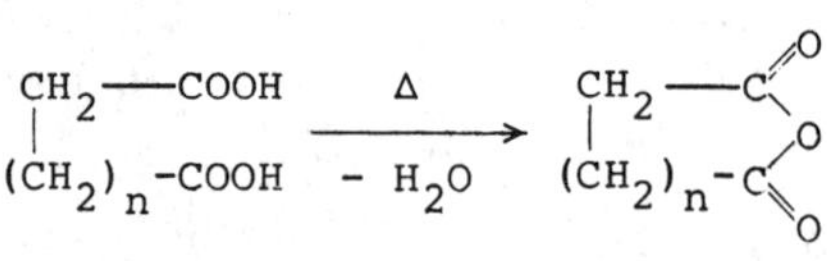

(n = 1–2)

Zur Bindung des bei der Reaktion gebildeten Wassers fügt man Acetanhydrid, Acetylchlorid, PCl_5, $POCl_3$ oder P_2O_5 hinzu.

Auch die cis-konfigurierte **Maleinsäure** bildet beim Erhitzen auf 160 °C ein cyclisches Anhydrid, während **Fumarsäure**, die E-Form der 2-Butensäure, kein Anhydrid ergibt.

– Befinden sich zwischen den beiden COOH-Gruppen wie in der **Adipinsäure**, **Pimelinsäure** oder **Korksäure** 4–6 Methylengruppen, so entstehen beim Erhitzen – insbesondere ihrer Ca- bzw. Ba-Salze – unter Decarboxylierung *Cycloalkanone*.

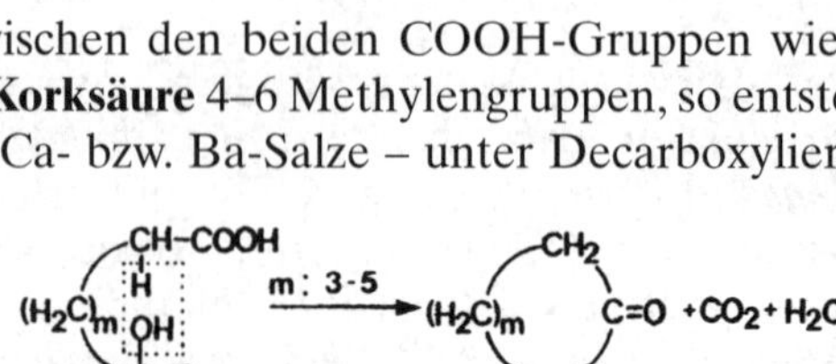

– Bei Dicarbonsäuren, deren COOH-Funktionen noch weiter voneinander entfernt sind, erfolgt eine intermolekular Wasserabspaltung unter Bildung linear-polymerer Anhydride.

α-Halogenierung: Die regioselektiv verlaufende Halogenierung von Carbonsäuren in Gegenwart von rotem Phosphor liefert *α-Halogencarbonsäuren* (vgl. *Hell-Volhard-Zelinsky-Reaktion*, Kap. 3.7.2.2).

$$\underset{\substack{| \\ H}}{\overset{\alpha}{R{-}CH{-}COOH}} + X_2 \xrightarrow[-\ HX]{[P_{rot}]} \underset{\substack{| \\ X}}{R{-}CH{-}COOH} \quad (X_2 = Cl_2,\ Br_2)$$

α-Halogencarbonsäuren und ihre Ester sind wichtige Synthesebausteine zur Herstellung einer Reihe von Stoffklassen. In diesem Zusammenhang sei auch an die *Darzens-Kondensation* erinnert (vgl. Kap. 3.12.2.1).

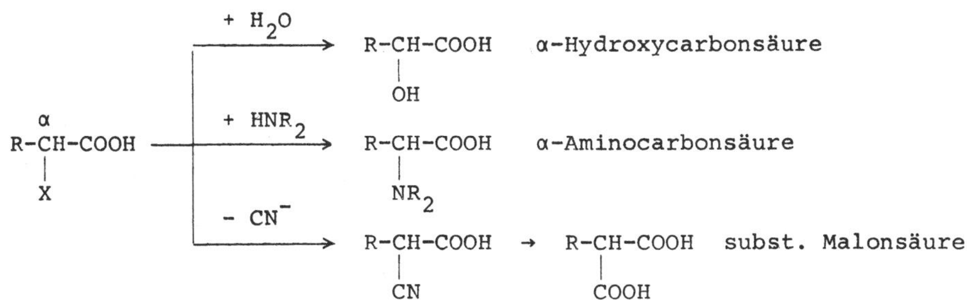

3.13.4 Darstellung und Reaktionen von Carbonsäurehalogeniden

3.13.4.1 Bildung von Carbonsäurehalogeniden

Die wichtigste und allgemeinste Methode zur Darstellung von *Acylhalogeniden* ist die Umsetzung einer Carbonsäure mit *anorganischen Säurehalogeniden* [PCl_5, PCl_3, PBr_3 und $SOCl_2$].

$$\text{R-COOH} + PCl_5 \longrightarrow \text{R-CO-Cl} + POCl_3 + HCl$$
$$\text{R-COOH} + SOCl_2 \longrightarrow \text{R-CO-Cl} + SO_2 + HCl$$
$$3\ \text{R-COOH} + PBr_3 \longrightarrow 3\ \text{R-CO-Br} + H_3PO_3$$

Phosphorpentachlorid [PCl_5] ist das am kräftigsten wirkende Reagenz; es wird nur ein Chloratom genutzt. Die Methode wird dann angewandt, wenn andere Varianten versagt haben. *Thionylchlorid* [$SOCl_2$] besitzt die geringste Reaktivität der genannten Agenzien und wird stets im Überschuß eingesetzt. $SOCl_2$ eignet sich nicht zur Darstellung von flüchtigen Säurechloriden (z. B. **Acetylchlorid**), da diese zu stark vom entweichenden Schwefeldioxid und Chlorwasserstoff mitgerissen werden und die destillative Abtrennung des Reagenzüberschusses demzufolge schwierig ist.

3.13.4.2 Reaktionen von Carbonsäurehalogeniden

Über die wichtigsten Reaktionen von Acylhalogeniden informiert Tabelle 60 [vgl. **MC-Frage Nr. 823**].

Im allgemeinen reagieren Acylhalogenide mit nucleophilen Reagenzien gleich schnell. Die zu beobachtende langsamere Reaktion höherer Acylhalogenide ist oft eine Folge ihrer geringeren Löslichkeit. In der Regel führt man die Umsetzungen von Acylhalogeniden mit Nucleophilen zur Bindung der freigesetzten Halogenwasserstoffsäure in Gegenwart einer Base [Amin, NaOH] durch, vor allem dann, wenn die gebildeten Reaktionsprodukte säurelabil sind.

Tab. 60: Reaktionen von Carbonsäurehalogeniden

Edukt: R-C(=O)-X

Reagenz / Reaktion	Produkt	Stoffklasse
+ H_2O (Hydrolyse)	R-COOH	Carbonsäure
+ R'OH (Alkoholyse)	R-CO-OR'	Carbonsäureester
+ R_2NH (Aminolyse)	R-CO-NR_2	Carbonsäureamid (prim./sek./tert.)
+ R'COONa	R-CO-O-CO-R'	Carbonsäureanhydrid
+ SbF_5	$[R-\overset{+}{C}=O][SbF_5X]^-$	Acylkation (Acylium-Ion)
+ H_2O_2	R-CO-O-O-CO-R	Diacylperoxid
+ KCN	R-CO-CN	α-Ketonitril (Acylcyanid)
+ H_2/Pd (Rosenmund)	R-CH=O	Aldehyd
+ R_2Cd	R-CO-R	Keton
+ RMgX (Grignard)	R_3C-OH	tert. Alkohol
+ CH_2N_2 (Arndt-Eistert)	R-CH_2-COOH	Carbonsäure

3.13.5 Darstellung und Reaktionen von Carbonsäureanhydriden und Ketenen

Die Wasserabspaltung aus Carbonsäuren führt formal zu zwei unterschiedlichen Stoffklassen, je nachdem, ob sie *intra-* oder *intermolekular* erfolgt. Im ersten Fall entstehen *Ketene,* im zweiten Fall bilden sich *Carbonsäureanhydride.*

$$R\text{-}\overset{\alpha}{C}H_2\text{-}COOH \xrightarrow{-\,H_2O} R\text{-}CH{=}C{=}O \qquad \text{Keten}$$

$$2\ R\text{-}CH_2\text{-}COOH \xrightarrow{-\,H_2O} R\text{-}CH_2\text{-}CO\text{-}O\text{-}CO\text{-}CH_2\text{-}R \qquad \text{Anhydrid}$$

Dicarbonsäuren (Phthalsäure, Bernsteinsäure, Maleinsäure, Glutarsäure) dehydratisieren zu fünf- oder sechsgliedrigen, *cyclischen Anhydriden* [vgl. **MC-Frage Nr. 826**].

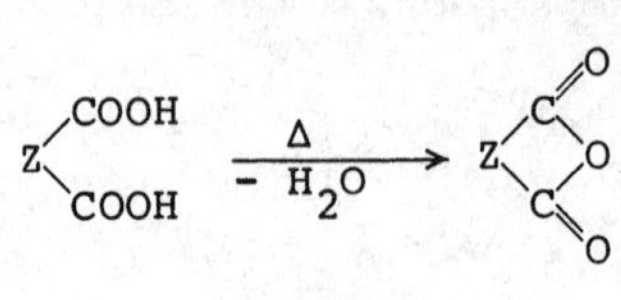

3.13.5.1 Bildung von Carbonsäureanhydriden und Ketenen

(1) Im Laboratorium stellt man Carbonsäureanhydride am besten durch Einwirken von Acylhalogeniden auf die Alkalisalze von Carbonsäuren in einem inerten Lösungsmittel (THF) her. Das Verfahren eignet sich auch zur Synthese *gemischter Anhydride.*

$$R\text{-}COO^-Na^+ \quad + \quad Cl\text{-}CO\text{-}R' \rightarrow R\text{-}CO\text{-}O\text{-}CO\text{-}R' \quad + \quad NaCl$$

(2) *Cyclische Anhydride* gewinnt man durch Behandeln von Dicarbonsäuren mit Acetanhydrid, wobei die gebildete Essigsäure als niedrigst siedende Komponente laufend aus dem Reaktionsgemisch abdestilliert wird [Z = $-(CH_2)_n$ –].

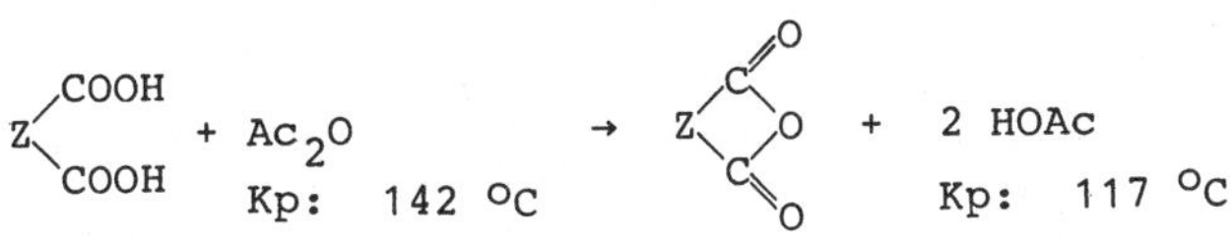

(3) Acetanhydrid (Essigsäureanhydrid) – wichtigster Vertreter dieser Substanzklasse – wird technisch durch Umsetzung von **Keten** mit Eisessig gewonnen [vgl. **MC-Fragen Nr. 824, 825**].

$$H_2C{=}C{=}O \quad + \quad CH_3\text{-}COOH \rightarrow CH_3\text{-}CO\text{-}O\text{-}CO\text{-}CH_3$$

(4) *Ketene* lassen sich aus Carbonsäurechloriden durch HCl-Abspaltung mittels Triethylamin oder elementarem Zink herstellen.

$$R_2CH\text{-}COCl \rightarrow R_2C{=}C{=}O \quad + \quad HCl$$

3.13.5.2 Eigenschaften und Reaktionen von Anhydriden und Ketenen

Die meisten *Carbonsäureanhydride* sind farblose Flüssigkeiten, deren Siedepunkte höher liegen als die der entsprechenden Säuren. Die niederen Anhydride reagieren aufgrund ihrer hohen Carbonylreaktivität lebhaft mit Nucleophilen, allerdings weit weniger heftig als die entsprechenden Carbonsäurechloride. Wie die nachfolgenden Reaktionsbeispiele des **Acetanhydrids** zeigen, finden Carbonsäureanhydride Verwendung als *Acylierungsmittel* zur Herstellung von *Estern* und *Amiden* [vgl. **MC-Frage Nr. 827**].

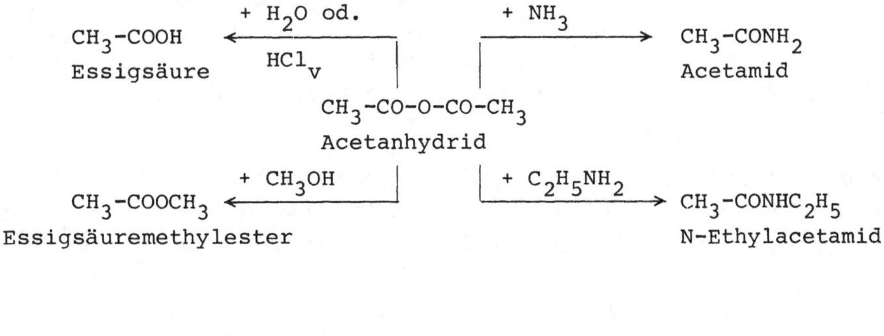

Bei der Reaktion von cyclischen Anhydriden wie z. B. **Phthalsäureanhydrid** mit *Alkoholen* entstehen *Halbester,* die zu ihrer Identifizierung sowie zur *Racematspaltung chiraler Alkohole* über die diastereomeren Salze dieser Halbester mit einer optischen aktiven Base herangezogen werden können (vgl. Kap. 3.3.10).

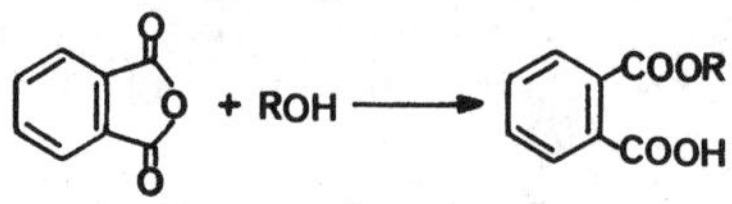

Ketene treten als Zwischenprodukte der *Arndt-Eistert-Synthese* auf; ihr Reaktionsverhalten wurde bereits im Kap. 3.2.16.2 besprochen. Die nachfolgenden Reaktionen fassen dies am Beispiel des **Ketens** nochmals zusammen [vgl. **MC-Fragen Nr. 824, 825, 835**].

$CH_2=C=O$ (Keten) $\xrightarrow{+ H_2O}$ CH_3-COOH (Essigsäure)

$CH_2=C=O$ (Keten) $\xrightarrow{+ NH_3}$ CH_3-CONH_2 (Acetamid)

$CH_2=C=O$ (Keten) $\xrightarrow{+ h\nu}$ CH_2 + CO (Carben)

$CH_2=C=O$ (Keten) $\xrightarrow{+ CH_3NH_2}$ $CH_3-CONHCH_3$ (N-Methylacetamid)

$CH_2=C=O$ (Keten) $\xrightarrow{+ C_2H_5OH}$ $CH_3-COOC_2H_5$ (Essigsäureethylester)

3.13.6 Darstellung und Reaktionen von Carbonsäureestern

3.13.6.1 Herstellung von Carbonsäureestern

(1) Veresterung von Carbonsäuren: Die protonenkatalysierte Bildung von Estern aus Alkoholen und Carbonsäuren ist eine typische *Gleichgewichtsreaktion* und erfordert im allgemeinen erhöhte Reaktionstemperaturen [vgl. **MC-Fragen Nr. 840, 843**].

$$\underset{\text{Säure}}{R-COOH} + \underset{\text{Alkohol}}{R'OH} \overset{(H^+)}{\rightleftharpoons} \underset{\text{Ester}}{R-COOR'} + \underset{\text{Wasser}}{H_2O}$$

Infolge ihrer geringen Carbonylreaktivität reagieren Carbonsäuren nur langsam mit Alkoholen. Erst der Zusatz starker Säuren [H_2SO_4, HCl, Sulfonsäuren, saure Ionenaustauscher] sorgt für eine hinreichende Reaktionsbeschleunigung. Dabei ist die Veresterungsgeschwindigkeit der H^+-Ionenkonzentration direkt proportional.

Wie alle chemischen Gleichgewichte kann auch die Veresterung von Carbonsäuren durch das *Massenwirkungsgesetz* beschrieben werden. Danach ergibt sich die Gleichgewichtskonstante (K) aus den Konzentrationen der Reaktanden zu:

$$K = \frac{[\text{Ester}] \cdot [\text{Wasser}]}{[\text{Säure}] \cdot [\text{Alkohol}]} \rightarrow [\text{Ester}] = K \cdot \frac{[\text{Säure}] \cdot [\text{Alkohol}]}{[\text{Wasser}]}$$

Eine weitgehend quantitative Esterbildung wird erreicht, wenn man bei gegebener Säuremenge die Konzentration des Alkohols vergrößert, d. h., mit überschüssigem Alkohol verestert, oder die Konzentration des Wassers durch kontinuierliches Entfernen aus dem Gleichgewicht verringert. Letzteres geschieht durch *wasserbindende Mittel* oder durch *azeotrope Destillation* (Zusatz von Benzen oder Toluen).

Die *Veresterungsgeschwindigkeit* steigt erwartungsgemäß an, je stärker positiviert der Carboxylkohlenstoff ist. Mit anderen Worten, die Geschwindigkeit der Esterbildung nimmt zu mit steigender Acidität der Säure. So reagieren **Ameisensäure**, **Oxalsäure** und **Brenztraubensäure** auch ohne zusätzlichen Katalysator [vgl. **MC-Fragen Nr. 837, 838**].

Sterische Faktoren haben ebenfalls einen starken Einfluß auf die Veresterungsgeschwindigkeit. Mit steigender Raumerfüllung des mit der Carboxylgruppe verbundenen Restes und mit steigender Raumerfüllung des Alkohols nimmt die Geschwindigkeit der Esterbildung ab. **Trimethylessigsäure** (Pivalinsäure) [$(CH_3)_3C\text{-}COOH$], ortho-substituierte Benzoesäuren und tertiäre Alkohole reagieren daher nur langsam. Dies führt zu folgenden Reaktivitätsabstufungen:

Reaktivitäten bei Veresterungen	
Alkohol:	CH_3OH > prim. > sek. > tert. ROH
Säure:	$H\text{-}COOH > CH_3\text{-}COOH > RCH_2\text{-}COOH > R_2CH\text{-}COOH > R_3C\text{-}COOH$

Der **S_N2t-Mechanismus** (siehe Kap. 3.2.8.1) der säurekatalysierten Esterbildung aus Carbonsäuren und *primären* oder *sekundären Alkoholen* läßt sich folgendermaßen deuten: Zunächst erfolgt die Addition eines Protons an das Sauerstoffatom der Carboxylgruppe unter Bildung eines mesomeriestabilisierten *Acyloxonium-Ions*, in dem das Carboxyl-C-Atom stark positiviert ist. Nach der Anlagerung des nucleophilen Alkohols zu einem tetraedrischen Zwischenprodukt wird Wasser eliminiert. Die anschließende Deprotonierung führt zum Carbonsäureester.

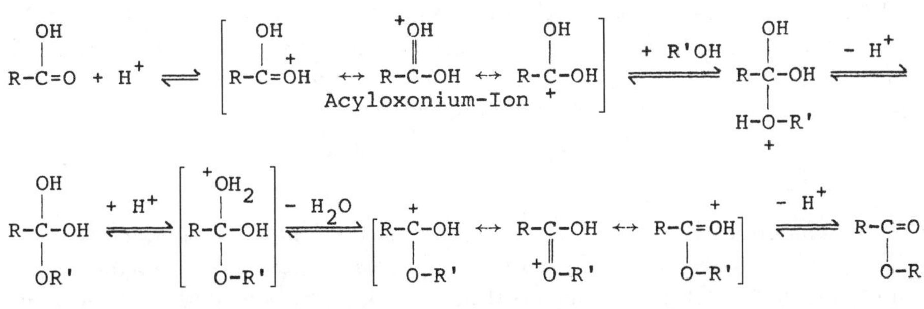

Die Teilschritte der Veresterung, in denen eine C-O-Bindung gespalten wird, besitzen höhere *Aktivierungsenergien* als die Protonen-Übertragungsschritte. Letztere erfolgen wie alle einfachen Säure-Base-Reaktionen mit relativ hoher Geschwindigkeit.

Durch *Isotopenmarkierung* konnte bewiesen werden, daß sich bei der *Veresterung primärer und sekundärer Alkohole* das abgespaltene Wassermolekül aus der HO-Gruppe der Carbonsäure und dem H-Atom des Alkohols zusammensetzt. Führt man die Esterbildung mit einem ^{18}O-markierten Alkohol durch, so findet sich das Isotop im Ester wieder.

$$R\text{-}\underset{\underset{O}{\|}}{C}\text{-}OH + H\text{-}{}^{18}O\text{-}R' \rightarrow R\text{-}\underset{\underset{O}{\|}}{C}\text{-}{}^{18}O\text{-}R' + H\text{-}O\text{-}H$$

Bei der *Veresterung von Carbonsäuren mit tertiären Alkoholen* wird hingegen das alkoholische Hydroxyl eliminiert,

$$R\text{-}\underset{\underset{O}{\|}}{C}\text{-}OH + H\text{-}{}^{18}O\text{-}R' \rightarrow R\text{-}\underset{\underset{O}{\|}}{C}\text{-}O\text{-}R' + H\text{-}{}^{18}O\text{-}H$$

da hier durch den +I-Effekt der drei Alkylreste die Bildung eines *tertiären Carbeniumions* aus dem Alkohol begünstigt ist. Im nachfolgenden Reaktionsschritt greift das Carbokation *elektrophil* den Sauerstoff der Carboxylgruppe an unter Bildung eines mesomeriestabilisierten Kations, dessen Deprotonierung den tertiären Ester ergibt [vgl. **MC-Fragen Nr. 841, 843**].

$$R_3C\text{-}OH \overset{+\,H^+}{\rightleftharpoons} \underset{\text{Oxoniumion}}{R_3C\text{-}\overset{+}{O}H_2} \overset{-\,H_2O}{\rightleftharpoons} \underset{\text{Carbeniumion}}{R_3C^+} \overset{+\,R\text{-}COOH}{\rightleftharpoons}$$

$$\left[R\text{-}\underset{\underset{OH}{|}}{C}=\overset{+}{O}\text{-}CR_3 \leftrightarrow R\text{-}\underset{\underset{{}^{+}OH}{\|}}{C}\text{-}O\text{-}CR_3\right] \overset{-\,H^+}{\rightleftharpoons} R\text{-}\underset{\underset{O}{\|}}{C}\text{-}O\text{-}CR_3$$

Die *Veresterung sterisch behinderter Säuren* [z. B. Pivalinsäure, ortho-substituierte Benzoesäuren] in Gegenwart von konz. H_2SO_4 verläuft nach einem **A_{AC}1-Mechanismus** über *Acylium-Ionen.*

$$Ar\text{-}COOH \xrightarrow[-\,H_2O]{+\,H^+} \underset{\text{Acyliumion}}{[Ar\text{-}\overset{+}{C}=O]} \xrightarrow[-\,H^+]{+\,ROH} Ar\text{-}COOR$$

(2) Alkoholyse von Carbonsäurechloriden und Carbonsäureanhydriden: Infolge der hohen Carbonylreaktivität von Acylhalogeniden und Anhydriden erfolgt die *Acylierung* von Alkoholen mit diesen Reagenzien meistens quantitativ und wesentlich leichter als die Veresterung von Carbonsäuren.

$$R\text{-}CO\text{-}Cl + R'OH \rightarrow R\text{-}COOR' + HCl$$
$$(R\text{-}CO)_2O + R'OH \rightarrow R\text{-}COOR' + R\text{-}COOH$$

Als säurebindendes Agens verwendet man Pyridin *(Einhorn-Variante)* oder wäßrige NaOH-Lösungen *(Schotten-Baumann-Variante)*, sofern das Säurechlorid wasserlöslich ist. Auch andere tertiäre Amine sind als Protonenakzeptoren geeignet. Die Reaktionen laufen nach dem üblichen Additions-Eliminations-Mechanismus [S_N2t] ab (X = Hal, RCOO).

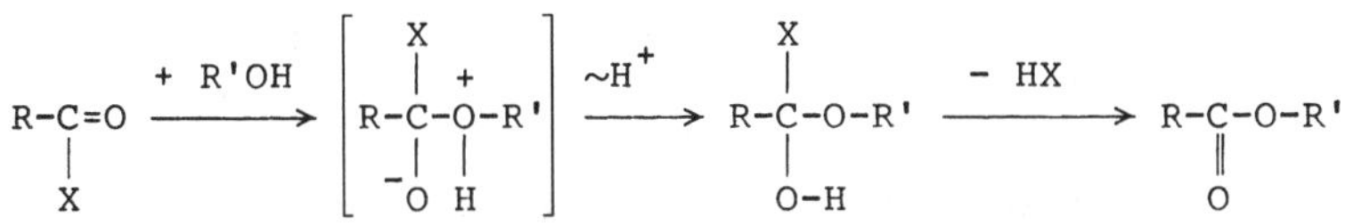

Als Beispiel sei die Synthese des **Buttersäure-4-nitrobenzylesters** durch Umsetzung von 4-Nitrobenzylalkohol mit Buttersäurechlorid oder Buttersäureanhydrid angeführt [vgl. **MC-Fragen Nr. 833, 839**].

(3) Alkylierung von Carbonsäuresalzen: Die Natrium- und Silber-Salze von Carbonsäuren reagieren mit primären Alkylhalogeniden, besonders Benzylhalogeniden, in einer S_N2-Reaktion zu Carbonsäureestern [vgl. **MC-Fragen Nr. 832, 834, 835, 840, 1264**]. **Dimethylsulfat** in alkalischer Lösung wird häufig als Alkylierungsmittel zur Darstellung von *Methylestern* verwendet.

$$Ar{-}CH_2Cl + RCOO^-Ag^+ \rightarrow Ar{-}CH_2{-}O{-}CO{-}R + AgCl$$

$$R{-}COOH + NaOH + (CH_3O)_2SO_2 \rightarrow R{-}COOCH_3 + H_2O + CH_3O{-}SO_3^-Na^+$$

Die Reaktion von Carboxylaten mit *Phenacylbromiden* kann zu ihrer Identifizierung herangezogen werden.

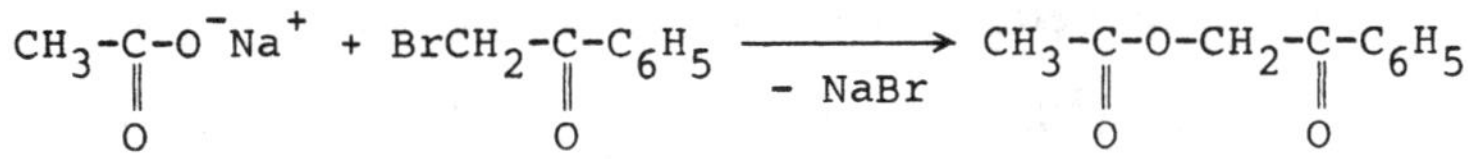

(4) Alkylierung von Carbonsäuren: Zur Herstellung von *Methylestern* eignet sich die Reaktion von Carbonsäuren mit **Diazomethan**.

$$R{-}COOH + CH_2N_2 \rightarrow [R{-}COO^- \cdot CH_3N_2^+] \rightarrow R{-}COOCH_3 + N_2$$

Der Primärschritt ist eine einfache Säure-Base-Reaktion, in der die Carbonsäure ein Proton auf das basische C-Atom des Diazomethans überträgt. Das intermediär auftretende Ionenpaar reagiert sofort nach einem S_N2-Mechanismus weiter, wobei das Carboxylat-Ion als Nucleophil und der Stickstoff als Abgangsgruppe fungieren [vgl. **MC-Fragen Nr. 834, 853**].

Eine Variante dieser Methode ist die *Veresterung von Carbonsäuren mit Alkenen* in Anwesenheit von 95%iger H_2SO_4, $ZnCl_2$, oder BF_3, die um so quantitativer verläuft, je acider die Säure und je verzweigter das Alken ist. Besonders gut lassen sich auf diese Weise *tert. Butylester* durch Umsetzung mit **Isobuten** herstellen.

$$R{-}COOH + (CH_3)_2C{=}CH_2 \rightarrow R{-}CO{-}OC(CH_3)_3$$

(5) Umesterung: Zur Darstellung von Estern können als Edukte auch Carbonsäureester eingesetzt werden. Die *Alkoholyse eines Carbonsäureesters* (Umesterung) kann durch Säuren *und* durch Basen katalysiert werden.

$$R{-}COOCH_3 + R'OH \rightleftharpoons R{-}COOR' + CH_3OH$$

Auch hier handelt es sich um eine typische *Gleichgewichtsreaktion* nach einem nucleophilen Additions-Eliminierungs-Mechanismus. Am besten setzt man einen

Methylester mit einem Überschuß an einem *höheren Alkohol* um und destilliert das abgespaltene Methanol laufend aus dem Reaktionsgemisch ab. Zum Beispiel kann nach dieser Methode **Buttersäure-4-nitrobenzylester** bequem aus Buttersäuremethylester und 4-Nitrobenzylalkohol hergestellt werden [vgl. **MC-Fragen Nr. 836, 839**].

$$CH_3CH_2CH_2CO\text{-}OCH_3 + O_2N\text{-}C_6H_4\text{-}CH_2OH \rightarrow CH_3CH_2CH_2CO\text{-}OCH_2\text{-}C_6H_4\text{-}NO_2$$

Umesterungen sind sowohl zum *Austausch der Alkoxygruppe* als auch zum *Austausch des Acylrestes* geeignet.

$$R\text{-}COOR' + R''COOH \rightarrow R''COOR' + R\text{-}COOH$$

(6) Alkoholyse von Nitrilen: Die Umwandlung eines Nitrils in einen Imidoester und dessen Hydrolyse ist ein besonders schonendes Verfahren zur Synthese von Carbonsäureestern (*Pinner-Reaktion;* siehe auch Kap. 3.13.8.2).

$$R\text{-}CN + R'OH + HCl \rightarrow \left[R\text{-}\underset{\overset{\|}{{}^{+}NH_2}}{C}\text{-}OR' \right] Cl^- \xrightarrow[-\ NH_4Cl]{(H_2O)} R\text{-}\underset{\overset{\|}{O}}{C}\text{-}OR'$$

Durch Alkoholyse der Imidoester-Hydrochloride werden *Orthoester* gebildet, die u. a. als Reagenzien zur Ketalisierung von Ketonen dienen.

$$\left[R\text{-}\underset{\overset{\|}{{}^{+}NH_2}}{C}\text{-}OR' \right] Cl^- + 2\,R'\text{-}OH \rightarrow \underset{\textbf{Orthoester}}{R\text{-}C(OR')_3} + NH_4Cl$$

Orthoameisensäureester [$HC(OR)_3$] erhält man auch durch Umsetzung von Chloroform mit Alkoholaten.

$$HCCl_3 + 3\,R'O^- \rightarrow HC(OR')_3 + 3\,Cl^-$$

(7) Weitere Methoden: Zur *Alkoholyse von Ketenen* siehe Kap. 3.13.5.2. Die Umsetzung von *Aldehyden* mit Aluminiumalkoholaten *(Cannizzaro-Tischtschenko-Reaktion)* wurde im Kap. 3.12.7.1 vorgestellt [vgl. **MC-Frage Nr. 835**]. Die *Baeyer-Villiger-Oxidation* von *Ketonen* zu Carbonsäureestern war Gegenstand des Kap. 3.2.16.4.

3.13.6.2 Physikalische Eigenschaften von Carbonsäureestern

Die niederen Glieder aliphatischer Carbonsäureester (C1-C5) sind Flüssigkeiten von fruchtartigem Geruch *(Fruchtester)*, die höheren Ester sind geruchlos. Ester reagieren neutral und sind mit Wasser nur wenig oder überhaupt nicht mischbar. Sie lösen sich aber in den gängigen org. Solventien. Infolge des Fehlens von H-Brücken sind Ester nicht-assoziierte Flüssigkeiten. Sie sieden daher tiefer als die entsprechenden Carbonsäuren.

3.13.6.3 Reaktionen von Carbonsäureestern

Über die wichtigsten Reaktionen von Carbonsäureestern informiert Tabelle 61 [vgl. **MC-Fragen Nr. 844, 850–852**].

Hydrolyse von Carbonsäureestern: Die Verseifung eines Esters kann sowohl im sauren als auch im alkalischen Medium durchgeführt werden. In reinem Wasser werden Ester nur langsam gespalten.

Bei der *alkalischen Verseifung* greift zunächst ein Hydroxid-Ion nucleophil das C-Atom der Alkoxycarbonylgruppe an. Das entstandene tetraedrische Additionsprodukt stabilisiert sich unter Abspaltung des Alkohols und Bildung des entsprechenden *Salzes der Carbonsäure* (Additions-Eliminations-Mechanismus) [vgl. **MC-Frage Nr. 843**].

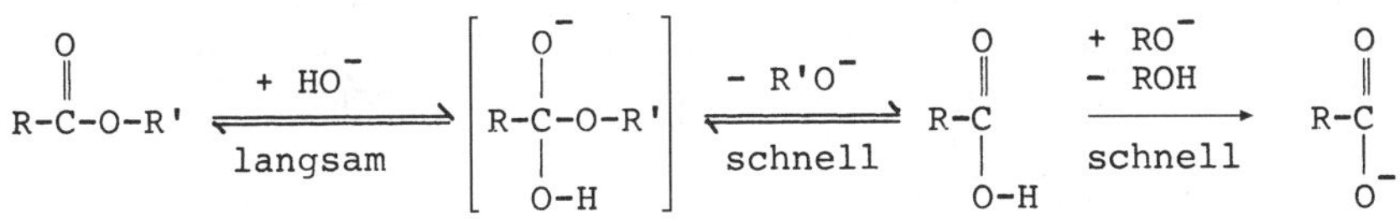

Tab. 61: Reaktionen von Carbonsäureestern

Edukt	Reagenz / Reaktion	Produkt	Produktklasse
R-COOR'	+ H_2O (H^+/HO^-), Hydrolyse	R-COOH	Carbonsäure
	+ R''OH (H^+/HO^-), Alkoholyse	R-COOR''	Carbonsäureester (Umesterung)
	+ NH_3, Ammonolyse	R-CONH$_2$	Carbonsäureamid (primär)
	+ R_2NH (RNH_2), Aminolyse	R-CONR$_2$	Carbonsäureamid (sek./tert.)
	+ H_2N-NH_2, Hydrazinolyse	R-CO-NH-NH$_2$	Hydrazid
	+ H_2NOH	R-CO-NHOH	Hydroxamsäure
	+ 2 RMgX, Grignard	R_3C-OH	Alkohol (tertiär)
	Na/R'OH oder $LiAlH_4$	R-CH$_2$OH	Alkohol (primär)
	- RCH_2COOR', Esterkondensation	R-CO-CH(R)-COOR'	β-Ketoester
	Δ, Esterpyrolyse	R-COOH + Alken	

Nach *Ingold* wird dieser Ablauf auch als **B_{AC}2-Mechanismus** bezeichnet *(basenkatalysierte Acyl-Sauerstoff-Trennung zweiter Ordnung).* Beweisend hierfür ist, daß die Hydrolyse von *Estern optisch aktiver Alkohole* unter *Konfigurationserhalt* verläuft. Bei einem normalen S_N2-Mechanismus müßte eine Konfigurationsumkehr eintreten.

Der Vorteil der alkalischen Esterverseifung besteht darin, daß der letzte Schritt praktisch *irreversibel* ist, weil die hohe thermodynamische Stabilität der Carboxylat-Ionen ihre Rückreaktion mit Alkoholen zu Estern verhindert; mit anderen Worten, das gebildete Carboxylat-Ion ist gegenüber Nucleophilen nahezu völlig inert. Da das Alkalihydroxid bei der Reaktion verbraucht wird, ist mindestens *ein Äquivalent Base* erforderlich [vgl. **MC-Fragen Nr. 835, 843, 847, 848, 1264**].

Ester werden im allgemeinen umso rascher verseift, je leichter sie gebildet werden; d. h., auch die Verseifung ist stark von den elektrophilen Eigenschaften der Carbonylgruppe und von sterischen Faktoren abhängig. So nimmt erwartungsgemäß die *Verseifungsgeschwindigkeit* in folgender Reihe von links nach rechts stark ab:

$$CH_3\text{-}COOR > CH_3CH_2\text{-}COOR > (CH_3)_2CH\text{-}COOR > (CH_3)_3C\text{-}COOR$$
$$R\text{-}COOCH_3 > R\text{-}COOCH_2CH_3 > R\text{-}COOCH(CH_3)_2 > R\text{-}COOC(CH_3)_3$$

Besonders hydrolyseempfindlich sind die Methylester starker Säuren.

Die *säurekatalysierte Verseifung* von *Estern primärer* und *sekundärer Alkohole* ist die *Umkehrung* der protonenkatalysierten Veresterung. Die dort skizzierte Reaktionsfolge, bei der ebenfalls eine Acyl-Sauerstoff-Bindung gespalten wird, bezeichnet man als **A_{AC}2-Mechanismus**. Bei der Verseifung von Estern chiraler Alkohole nach (A_{AC}2) wird wiederum eine Retention der Konfiguration beobachtet. (Das Symbol „A“ weist auf die Katalyse durch eine Säure hin.) Die *bimolekular* ablaufende Reaktion ist ein *Gleichgewichtsprozeß,* so daß bei der sauren Hydrolyse immer eine gewisse Menge an Ester im Gleichgewicht vorhanden ist [vgl. **MC-Fragen Nr. 842, 845, 846, 852**].

Während sich *Ester tertiärer Alkohole* nur schwer alkalisch verseifen lassen, gelingt die protonenkatalysierte Reaktion wider Erwarten leicht. Diese Reaktionen verlaufen unter *Spaltung einer Alkyl-Sauerstoff-Bindung* über Carbokationen als Intermediate [vgl. **MC-Fragen Nr. 843, 849**]. Dabei entstehen über den protonierten Ester als Zwischenstufe die jeweilige Carbonsäure und je nach den Reaktionsbedingungen aus dem tertiären Carbeniumion ein tertiärer Alkohol oder ein Alken. Erwartungsgemäß werden *Ester chiraler tertiärer Alkohole* bei der Verseifung nach einem S_N1-Mechanismus *racemisiert.*

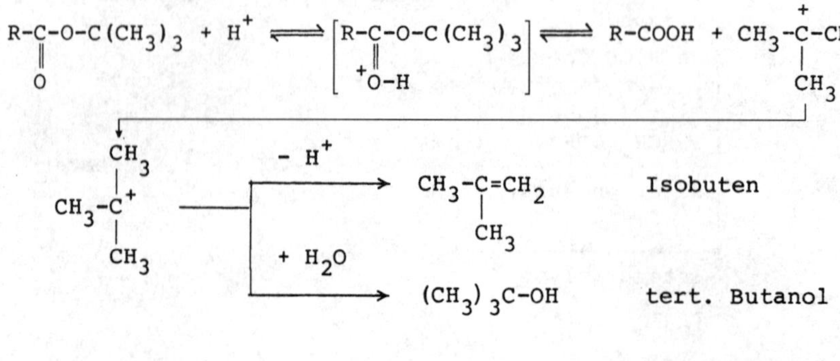

Auch bei der sauren Hydrolyse von *Benzylestern* wird die intermediäre Bildung eines Benzyl-Kations [C_6H_5-CH_2^+] diskutiert. Die Hydrolyse von *Estern mit starker sterischer Behinderung* läuft – in Umkehrung ihrer Bildung – nach einem **$A_{AC}1$-Mechanismus** ab *(säurekatalysierte Acyl-Sauerstoff-Spaltung über ein Acylium-Ion).*

Die wesentlichen Unterschiede bei der Hydrolyse von Estern primärer, sekundärer und tertiärer Alkohole lassen sich wie folgt zusammenfassen.

> Bei der basen- und säurekatalysierten Hydrolyse von Estern primärer und sekundärer Alkohole wird eine Acyl-Sauerstoff-Bindung gespalten [$B_{AC}2$ bzw. $A_{AC}2$]. Sterisch behinderte Ester lassen sich über Acylium-Ionen nach $A_{AC}1$ verseifen. Die Verseifung von Estern tertiärer Alkohole bzw. von Benzylestern erfolgt unter Spaltung der Alkyl-Sauerstoff-Bindung nach einem S_N1-Mechanismus.

Bei der Hydrolyse von *Malonsäureestern* und *Phthalsäureestern* ist zu beachten, daß die erste Estergruppe viel leichter verseifbar ist als die zweite, so daß u.U. auch *Halbester* isoliert werden können.

Reaktionen von Estern mit Stickstoff-Nucleophilen: Die *Ammonolyse, Aminolyse* und *Hydrazinolyse*, die im nachfolgenden Kapitel beschrieben werden, lassen sich aufgrund der hohen Carbonylreaktivität der Esterfunktion unter relativ milden Bedingungen durchführen. Die Reaktivität von N-Nucleophilen nimmt parallel mit ihrer Basizität zu und nimmt ab, je sperriger sie sind.

Die Reaktionsfähigkeit eines Esters gegenüber NH_3, primären oder sekundären Aminen ist vergleichbar mit seiner Reaktivität gegenüber Wasser. Ester, deren Carbonylaktivität durch elektronenziehende Substituenten gesteigert ist, reagieren besonders leicht. β-*Ketoester* ergeben häufig ein Gemisch aus β-Ketosäureamiden und β-Aminoacrylsäureester-Derivaten, wobei letztere überwiegen. Zum Beispiel liefert *Acetessigester* [R = CH_3] vorzugsweise β-Amino-substituierte *Crotonsäureester.*

```
R-C-CH2-C-OR'  +  R''-NH2  →  R-C-CH2-C-NHR''  <  R-C=CH-COOR'
  ‖     ‖                       ‖     ‖              |
  O     O                       O     O              NHR''
```

Die Umsetzung von Carbonsäureestern mit Hydroxylamin und die Rotfärbung der gebildeten *Hydroxamsäuren* auf Zusatz von $FeCl_3$ kann zum analytischen *Nachweis* der Esterfunktion dienen (vgl. Ehlers, Analytik I, Kap. 3.2.4).

Weitere Reaktionen: Die *Claisen-* und *Dieckmann-Kondensation* von Carbonsäureestern sind Gegenstand des nachfolgenden Kap. 3.14.4.3. Zur thermischen cis-Eliminierung von Carbonsäureestern *(Esterpyrolyse)* siehe Kap. 3.2.10.7. Die Umsetzung von *Grignard-Reagenzien* mit Carbonsäureestern unter Bildung tertiärer Alkohole wurde explizit im Kap. 3.8.3.1 beschrieben. *Reduktionsreaktionen* von Estern mit metallischem Natrium in alkoholischer Lösung *(Bouveault-Blanc-Reaktion)* oder mit komplexen Hydriden wurde im Kap. 3.2.19 vorgestellt [vgl. **MC-Fragen Nr. 844, 852**].

Eine recht interessante Reaktion von Carbonsäureestern oder Ketonen ist die *Methenylierung der C=O-Doppelbindung* mit Hilfe von Titan-Aluminiumorganylen *(Tebbe-Grubbs-Reagenz)*. Die Reaktion bietet gegenüber der Wittig-Reaktion einige Vorteile [vgl. **MC-Frage Nr. 853**].

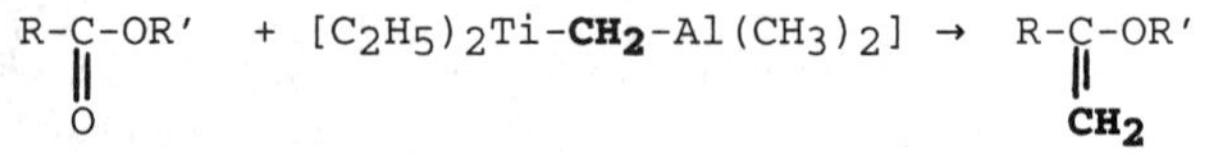

3.13.7 Darstellung und Reaktionen von Carbonsäureamiden

3.13.7.1 Herstellung von Carbonsäureamiden

(1) Aminolyse von Carbonsäure-Derivaten: Amide können durch Umsetzung von *Säurehalogeniden, Säureanhydriden* oder *Estern* mit Ammoniak, primären oder sekundären Aminen leicht hergestellt werden, wobei die Reaktionen mit den beiden erstgenannten Acylierungsmitteln bereits in der Kälte ablaufen. Die Reaktionen von Carbonsäureestern mit Stickstoff-Nucleophilen erfordern meistens höhere Temperaturen [vgl. **MC-Frage Nr. 830**].

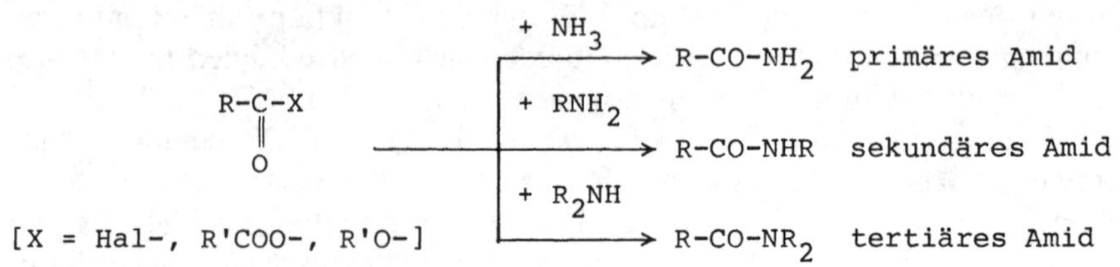

Die Reaktionen folgen einem normalen *Additions-Eliminations-Mechanismus* unter Bildung tetraedrisch konfigurierter Zwischenprodukte.

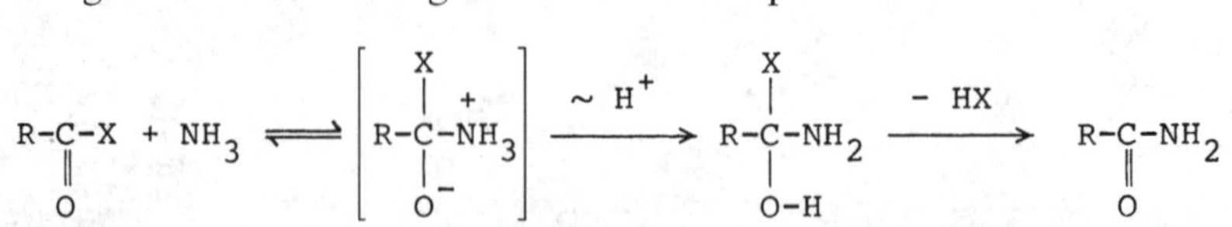

Bei der Aminolyse der Acylhalogenide und Anhydride bindet die freigesetzte Säure ein Mol Amin, sofern nicht Pyridin *(Einhorn-Variante)* bzw. andere tertiäre Amine oder Alkalihydroxide *(Schotten-Baumann-Variante)* als säurebindende Mittel zugesetzt werden.

(2) Ammonolyse von Carbonsäuren: Primär reagieren Carbonsäuren mit Ammoniak (bzw. einem Amin) unter Salzbildung. Bei Raumtemperatur sind die entstehenden *Ammoniumcarboxylate* stabil. Erst ihre Pyrolyse liefert unter Eliminierung von Wasser die entsprechenden Amide. Die Reaktion läuft nur ab, weil das Ammoniumcarboxylat als Salz einer schwachen Säure und einer schwachen Base mit einer beträchtlichen Menge der konjugierten Säure und Base im Gleichgewicht steht. Im eigentlichen Dehydratisierungsschritt addiert sich wahrscheinlich Ammoniak (bzw. das Amin) nucleophil an die C=O-Doppelbindung.

$$\text{R-COOH} + \text{NH}_3 \rightleftharpoons \text{R-COO}^-\text{NH}_4^+ \xrightarrow{\Delta} \text{R-CO-NH}_2 + \text{H}_2\text{O}$$

(3) Die *Partialhydrolyse von Nitrilen* führt zu primären Carbonsäureamiden [siehe **MC-Frage Nr. 830**].

$$\text{R-CN} + \text{H}_2\text{O} \xrightarrow{(\text{H}^+ \text{ od. HO}^-)} \text{R-CONH}_2$$

(4) Zur Darstellung von Carbonsäureamiden durch die *Beckmann-Umlagerung* von Oximen oder durch die *Schmidt-Reaktion* siehe Kap. 3.2.16.3.

3.13.7.2 Eigenschaften und Struktur von Carbonsäureamiden

(a) Carbonsäureamide sind in der Regel gut kristallisierende Substanzen. Lediglich die *Formamide* sind bei Raumtemperatur flüssig. Aufgrund starker intermolekularer Wasserstoffbrücken liegen die Siedepunkte primärer und sekundärer Amide relativ hoch. **N.N-Dimethylformamid**, ein häufig benutztes dipolar-aprotisches Lösungsmittel, ist gut wasserlöslich [vgl. **MC-Frage Nr. 831**].

Amide dienen in der analytischen Chemie zum **Nachweis** von primären und sekundären Aminen [als *Acetamide, Benzamide*] oder von Carbonsäuren [als *Anilide, Benzylamide*] (vgl. auch Ehlers, **Analytik I-Kurzlehrbuch**, Kap. 3.2).

(b) Carbonsäureamide sind durch *Mesomerie* stabilisiert. Infolge des partiellen Doppelbindungscharakters der C-N-Bindung ist die freie Drehbarkeit N-alkylierter [R-CO-NHR] und besonders N.N-dialkylierter Amide [R-CO-NR_2] um die C-N-Bindung eingeschränkt [vgl. **MC-Frage Nr. 941**].

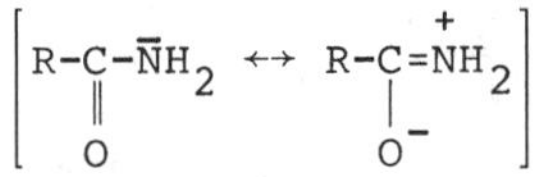

(c) Die wäßrigen Lösungen von Säureamiden reagieren *neutral.* Amide besitzen *Ampholytcharakter.* Gegenüber starken Säuren wie Mineralsäuren verhalten sie sich wie *äußerst schwache Basen,*

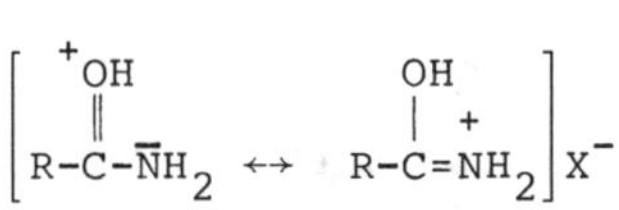

(Mesomerie im Kation)

und mit starken Basen wie z. B. $NaNH_2$ reagieren sie als *schwache, NH-acide Verbindungen.*

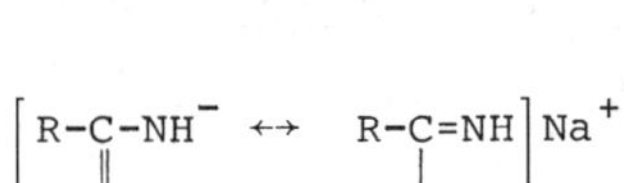

(Mesomerie im Anion)

3.13.7.3 Reaktionen von Carbonsäureamiden

(1) *Primäre Carbonsäureamide* können durch Behandeln mit wasserentziehenden Mitteln (P_2O_5, $POCl_3$, $SOCl_2$, Ac_2O) bei höheren Temperaturen zu Nitrilen dehydratisiert werden.

$$R\text{-}CO\text{-}NH_2 \rightarrow R\text{-}C{\equiv}N + H_2O$$

(2) Der *Hofmann-Abbau* primärer Amide führt zu primären Aminen (vgl. Kap. 3.2.16.3).

$$R\text{-}CO\text{-}NH_2 \rightarrow \rightarrow R\text{-}NH_2$$

(3) Da Amine bzw. das Amid-Ion schlechte Abgangsgruppen sind, erfordert die *Hydrolyse* von Amiden zu Carbonsäuren generell drastischere Bedingungen als die Verseifung von Carbonsäureestern. Die Bedingungen (mehrstündiges Kochen mit konz. wäßrigen Säuren oder konz. Alkalihydroxid-Lösungen) sind vergleichbar mit denen der Nitrilverseifung. Die Mechanismen der Hydrolyse entsprechen denen der Esterspaltung (**$A_{AC}2$** und **$B_{AC}2$**). Bei primären Amiden gelingt eine Desaminierung auch mit Salpetriger Säure.

$$R\text{-}CO\text{-}NH_2 + HNO_2 \rightarrow R\text{-}COOH + N_2\uparrow + H_2O$$

(4) Die *Reduktion* von Amiden mit *komplexen Hydriden* führt entweder zu Aminen oder zu Aldehyden (vgl. Kap. 3.2.19.4).

(5) Beim Erhitzen von Carbonsäureamiden mit Phosphorpentasulfid entstehen *Thioamide*.

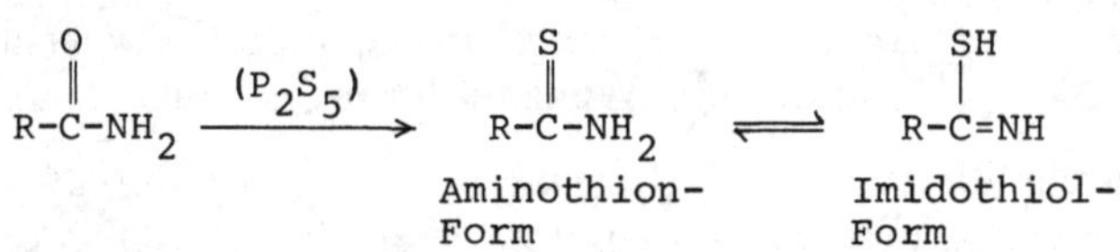

3.13.8 Darstellung und Reaktionen von Carbonitrilen

Die niederen aliphatischen Nitrile sind farblose Flüssigkeiten, die höheren kristalline Substanzen. Sie sind weniger giftig als Blausäure (Cyanwasserstoff) [HCN].

3.13.8.1 Herstellung von Carbonitrilen

Nitrile lassen sich darstellen durch [vgl. **MC-Fragen Nr. 854 – 857**]:

(1) Cyanid-Alkylierung *(Kolbe-Nitrilsynthese)*: Bei der Umsetzung von *Alkylhalogeniden* mit Metallcyaniden in wäßrig-alkoholischer Lösung entstehen Gemische von *Nitrilen* und *Isonitrilen.* Das Mengenverhältnis [Nitril/Isonitril] wird beeinflußt vom Reaktionstyp und dem verwendeten *ambidenten Reagenz* (vgl. Kap. 3.2.5.9).

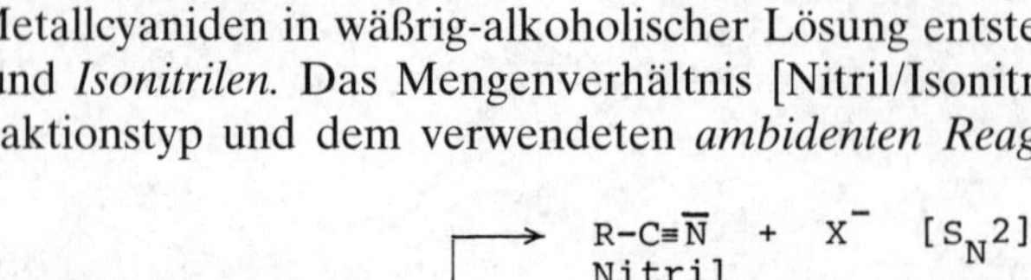

Bei *primären Halogenalkanen* und *Benzylhalogeniden* verläuft die Reaktion mit *Alkalicyaniden* auch in gut solvatisierenden Lösungsmitteln nach einem S_N2-Mechanismus unter Bildung von *Nitrilen.* Die an ihrem äußerst unangenehmen Geruch leicht zu erkennenden Isonitrile werden nur in untergeordnetem Maße gebildet und können durch Behandeln des Reaktionsansatzes mit verd. H_2SO_4 entfernt werden [vgl. **MC-Frage Nr. 856**]. Im allgemeinen nimmt die Reaktionsgeschwindigkeit in der Reihe Alkyliodid > Alkylbromid > Alkylchlorid ab.

Auch sekundäre Bromide und Chloride lassen sich – allerdings mit geringeren Ausbeuten – als Substrate einsetzen, während tertiäre Halogenalkane nicht mehr in der gewünschten Weise reagieren.

Schwermetallcyanide liefern höhere Anteile an Isontrilen, wobei mit *Silbercyanid* fast ausschließlich *Isonitrile* erhalten werden.

(2) *Sandmeyer-Reaktion:* Zur Umsetzung von Aryldiazoniumsalzen mit CN^--Ionen in Anwesenheit eines Cu(I)-Katalysators siehe Kap. 3.10.6.3.

$$Ar{-}N_2^+ + CuCN \rightarrow Ar{-}CN + N_2 + Cu^+$$

(3) Aromatische Nitrile entstehen auch beim Zusammenschmelzen von Natriumarylsulfonaten mit Natriumcyanid (vgl. Kap. 3.6.4.3 *„Cyanid-Schmelze“*).

$$Ar{-}SO_3Na + NaCN \rightarrow Ar{-}CN + Na_2SO_3$$

(4) *Primäre Carbonsäureamide* können durch Erhitzen mit wasserentziehenden Reagenzien (P_2O_5, Amidosulfonsäure) zu Nitrilen dehydratisiert werden.

$$R{-}CO{-}NH_2 \rightarrow R{-}C{\equiv}N + H_2O$$

(5) Nitrile erhält man unter Abspaltung von Wasser auch beim Erhitzen von *Aldoximen* mit Acetanhydrid, z. B. [vgl. **MC-Frage Nr. 857**]:

$$\underset{\text{Acetaldoxim}}{CH_3{-}\overset{H}{C}{=}N{-}OH} + Ac_2O \rightarrow \underset{\text{Acetonitril}}{CH_3{-}C{\equiv}N} + 2\ HOAc$$

(6) *Cyanhydrine* (α-Hydroxynitrile) lassen sich durch Addition von HCN an Carbonylverbindungen synthetisieren (vgl. Kap. 3.12.6.4 und Kap. 3.17.3).

$$R{-}CH{=}O + HCN \rightarrow R{-}CH(OH){-}CN$$

3.13.8.2 Reaktionen von Carbonitrilen

Nitrile sind *heteroanaloge Carbonylverbindungen,* d. h. die C≡N-Dreifachbindung gleicht in ihrem Reaktionsverhalten der C=O-Doppelbindung (siehe Kap. 3.2.15.11). Der Stickstoff der C≡N-Bindung ist negativ polarisiert und das C-Atom stellt das elektrophile Reaktionszentrum dar, an das man Nucleophile anlagern kann. Carbonitrile zeigen deshalb folgende Reaktionen [vgl. **MC-Fragen Nr. 855, 858–860, 862**].

Hydrolyse: Nitrile gehen beim Erhitzen mit starken Basen oder Mineralsäuren unter Abspaltung von NH_3 (bzw NH_4^+) in *Carbonsäuren* über. Unter geeigneten Bedingungen [konz. H_2SO_4 oder wäßrige $NaOH/H_2O_2$-Lösung] können die als Zwischenprodukte gebildeten Imide, die spontan zu den stabileren *primären Amiden* tautomerisieren, isoliert werden.

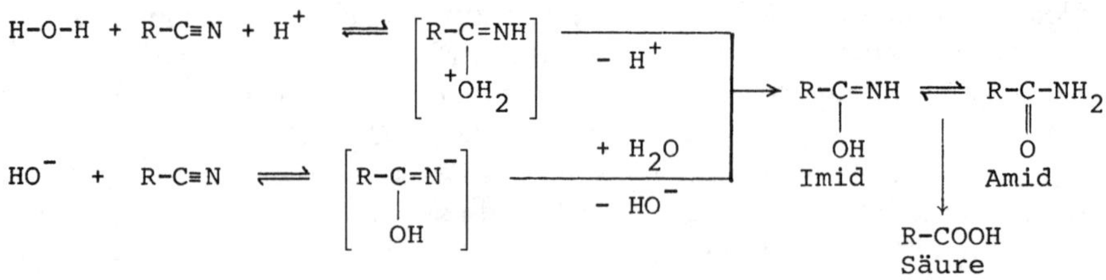

Die Leichtigkeit der Hydrolyse steigt von der an einen tertiären Kohlenstoff gebundenen Nitrilgruppe zu der mit einem primären C-Atom verknüpften Cyanogruppe hin an. Aromatische Nitrile mit großen ortho-ständigen Substituenten sind besonders schwer zu verseifen. Die Hydrolyse von Nitrilen wird am häufigsten in saurem Medium durchgeführt. Cyanhydrine lassen sich *nur* sauer verseifen.

Alkoholyse: In Gegenwart von wasserfreiem Chlorwasserstoff lagern sich Alkohole an die C≡N-Dreifachbindung an unter Bildung von *Imidoester-Hydrochloriden.*

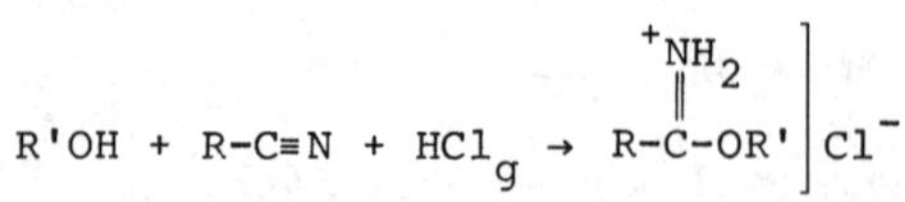

Imidoester (Iminoester) werden durch Wasser in *Carbonsäureester* umgewandelt. Ihre Alkoholyse führt zu *Orthoestern* und bei der Einwirkung von Ammoniak bilden sich *Amidine (Pinner-Reaktion).*

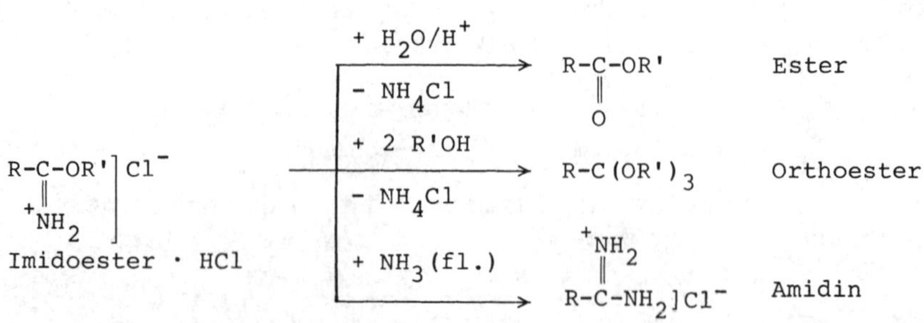

Imidoester sind Substanzen, in denen das O-Atom eines Carbonsäureesters durch die Imino-Funktion ersetzt wurde. *Amidine* leiten sich von Carbonsäureamiden durch Ersatz des doppelt gebundenen Sauerstoffs gegen die Iminogruppe ab. Die wichtigste Methode zur Darstellung von Amidinen ist die o.a. *Ammonolyse von Nitrilen.*

Reduktion: Bei der katalytischen Hydrierung von Nitrilen entstehen *primäre Amine.* Um die Bildung sekundärer Amine zu unterbinden, hydriert man in Anwesenheit von NH_3.

$$R\text{-}C{\equiv}N + 2\ H_2 \xrightarrow[200\ °C]{Druck} R\text{-}CH_2\text{-}NH_2$$

Als Reduktionsmittel können auch komplexe Hydride oder Natrium in Ethanol verwendet werden. Reduziert man hingegen etherische Lösungen von Nitrilen bei tiefen Temperaturen mit $LiAlH_4$, so bleibt die Reduktion auf der Stufe des Aldimins stehen, das anschließend zum *Aldehyd* hydrolysiert werden kann. Die Reduktion mit Diisobutylaluminiumhydrid (DIBAH) liefert gleichfalls den Aldehyd als Reaktionsprodukt.

$$\text{R-C≡N} \rightarrow \underset{\text{Aldimin}}{\text{R-CH=NH}} \rightarrow \text{R-CH=O}$$

Aldehyde entstehen in Gegenwart von wasserfreiem $SnCl_2$ auch beim Einleiten von Chlorwasserstoff in die etherische Lösung eines *aromatischen Nitrils,* wobei primär ein Aldimin-Hexachlorostannat gebildet wird *(Stephen-Reduktion).*

$$\text{Ar-CN} + 2\ \text{HCl} + H_2SnCl_4 \rightarrow [\text{Ar-CH=NH}_2]^+[\text{HSnCl}_6]^- \xrightarrow{+\ H_2O} \text{Ar-CH=O}$$

Grignard-Reaktion: Die Umsetzung von Nitrilen mit Grignard-Verbindungen führt zu Ketiminen, die leicht zu *Ketonen* hydrolysieren (vgl. Kap. 3.8.3.1).

```
                                + H2O                       + H2O
R-CN + R'MgX → R-C=N-MgX  ──────────────►  R-C=NH  ──────────────►  R-C=O
Nitril           |         - HOMgX            |         - NH3           |
                 R'                           R'                        R'
                                           Ketimin                    Keton
```

3.13.9 Derivate der Kohlensäure

Die *Kohlensäure* [HO-CO-OH] ist in freiem Zustand nicht existenzfähig. Dies trifft auch für ihre Derivate zu, die noch eine freie Hydroxylgruppe enthalten.

Eine formelmäßige Zusammenstellung von Kohlensäure-Derivaten findet sich in Kap. 3.13.1.3. Die Thioderivate der Kohlensäure wurden im Kap. 3.11.5 vorgestellt. An Verbindungen und Substanzklassen, die als stabile Derivate der Kohlensäure aufgefaßt werden können, sind zu nennen:

Phosgen [Cl-CO-Cl], das Dichlorid der Kohlensäure, ist ein farbloses, äußerst giftiges Gas, das sich verflüssigen läßt. Es wird durch Überleiten von Kohlenmonoxid und Chlor über Aktivkohle oder durch Luftoxidation von Chloroform hergestellt.

$$CO + Cl_2 \rightarrow COCl_2 \xleftarrow{-\ HCl} CHCl_3 + ½\ O_2$$

Phosgen zeigt die typischen Reaktionen eines Säurechlorids.

Kohlensäureester: Durch Umsetzung von Phosgen mit Alkoholen lassen sich *Chlorkohlensäureester* (Chlorameisensäureester/Alkylchlorcarbonate) gewinnen, die mit überschüssigem Alkohol zu *Kohlensäurediestern (Dialkylcarbonaten)* reagieren [vgl. **MC-Fragen Nr. 810, 811**].

```
   O                             O                          O
   ‖              - HCl          ‖         + ROH            ‖
Cl-C-Cl  +  ROH ────────►  Cl-C-OR  ────────────►  RO-C-OR
Phosgen                                - HCl        Dialkylcarbonat
                       Chlorameisensäureester
```

Durch Behandeln von Trichlornitromethan (Chlorpykrin, Nitrochloroform) mit Alkoholaten werden *Orthokohlensäureester* gebildet.

$$Cl_3C\text{-}NO_2 \;+\; 4\ RO^-Na^+ \;\rightarrow\; C(OR)_4 \;+\; NaNO_2 \;+\; 3\ NaCl$$

Carbaminsäureester (**Carbamidsäureester/Urethane/Carbamate**): Im Gegensatz zur Carbaminsäure [HO-CO-NH_2], dem Monoamid der Kohlensäure, sind ihre Ester [RO-CO-NH_2] stabile Verbindungen. Sie können synthetisiert werden durch [vgl. **MC-Fragen Nr. 811 – 813**]:

(1) Ammonolyse von Chlorkohlensäureestern,

$$RO\text{-}CO\text{-}Cl + NH_3 \rightarrow RO\text{-}CO\text{-}NH_2 + HCl$$

(2) Addition von Alkoholen an Isocyansäureester (Isocyanate).

$$R'OH + R\text{-}N{=}C{=}O \rightarrow R'O\text{-}CO\text{-}NHR$$

Die Reaktionen mit aromatischen Isocyanaten, insbesondere **Phenylisocyanat** [C_6H_5-N=C=O], dienen zur Identifizierung von Alkoholen. Carbaminsäureester sind in der Regel Hydrolyse-stabiler als Carbonsäureester [vgl. **MC-Frage Nr. 814**].

Die Thioanaloga der Carbamate erhält man durch Anlagerung von Schwefelwasserstoff an Cyanate [vgl. **MC-Frage Nr. 818**].

$$\underset{\textbf{Arylcyanat}}{Ar\text{-}O\text{-}C{\equiv}N} + H_2S \rightarrow \underset{\textbf{O-Arylthiocarbamat}}{ArO\text{-}C({=}S)\text{-}NH_2}$$

Harnstoff [H_2N-CO-NH_2], das mesomeriestabilisierte Diamid der Kohlensäure, kann dargestellt werden durch [vgl. **MC-Frage Nr. 815**]:

(1) Eindampfen einer wäßrigen Lösung von Ammoniumcyanat *(Wöhler-Synthese),*

$$N{\equiv}C\text{-}O^-NH_4^+ \rightarrow H_2N\text{-}CO\text{-}NH_2$$

(2) Ammonolyse von Phosgen,

$$Cl\text{-}CO\text{-}Cl + 2\ NH_3 \rightarrow H_2N\text{-}CO\text{-}NH_2 + 2\ HCl$$

(3) Ammonolyse von Chlorameisensäureestern, Urethanen oder Kohlensäurediestern.

$$\underset{\textbf{Dialkylcarbonat}}{RO\text{-}C({=}O)\text{-}OR} + 2\ NH_3 \rightarrow H_2N\text{-}C({=}O)\text{-}NH_2 + 2\ ROH$$

(4) In technischem Maßstab gewinnt man Harnstoff aus Ammoniak und Kohlendioxid, wobei intermediär Ammoniumcarbamat entsteht.

$$2\ NH_3 + CO_2 \rightarrow H_2N\text{-}COO^-NH_4^+ \rightarrow H_2N\text{-}CO\text{-}NH_2 + H_2O$$

N-alkylierte Harnstoffe werden durch Einwirken von primären oder sekundären Aminen auf Isocyanate hergestellt.

$$R'NH_2 + R\text{-}N{=}C{=}O \rightarrow R\text{-}\underset{H}{N}\text{-}CO\text{-}\underset{H}{N}\text{-}R'$$

Harnstoff [Schmp. 132,7 °C] ist löslich in Wasser und Alkoholen. Die Substanz ist eine schwache Base, die nur mit starken Säuren (Mineralsäuren) Salze bildet. Wäßrige Harnstoff-Lösungen denaturieren Proteine und Nucleinsäuren. Beim Behandeln von Harnstoff mit HCl bildet sich Ammoniumchlorid und CO_2, mit Salpetriger Säure reagiert Harnstoff zu N_2 und CO_2 [vgl. **MC-Frage Nr. 816**].

$$CO_2 + 2\ N_2 + 3\ H_2 \xleftarrow{+\ 2\ HNO_2} H_2N\text{-}CO\text{-}NH_2 \xrightarrow{+\ 2\ HCl} 2\ NH_4Cl + CO_2$$

Die Umsetzung von Säurechloriden oder Estern mit Harnstoff führt zu *Acylharnstoffen (Ureiden)* [R-CO-NH-CO-NH_2] [vgl. **MC-Fragen Nr. 1077, 1078**].

Guanidin (Iminoharnstoff) wird hergestellt durch Erhitzen von Cyanamid mit Ammoniumchlorid, wobei das Hydrochlorid des Guanidins anfällt [vgl. **MC-Fragen Nr. 819, 1071, 1222**].

$$N{\equiv}C\text{-}NH_2 + NH_4^+Cl^- \rightarrow \left[H_2N\text{-}\underset{\overset{\|}{^+NH_2}}{C}\text{-}NH_2\right]Cl^-$$

Guanidin · HCl

In freier Form ist Guanidin nur schwer isolierbar. Seine Basizität entspricht der von Alkalilaugen (vgl. Kap. 3.19.5.3). Biologisch wichtige Guanidin-Derivate sind **L-Arginin** (vgl. Kap. 3.17.1) sowie **Kreatin** und **Kreatinin**[vgl. **MC-Frage Nr. 1078**]. Kreatin gewinnt man durch Anlagerung von Cyanamid an **Sarkosin** (N-Methylglycin). Durch Behandeln mit konz. HCl läßt sich Kreatin zu Kreatinin dehydratisieren.

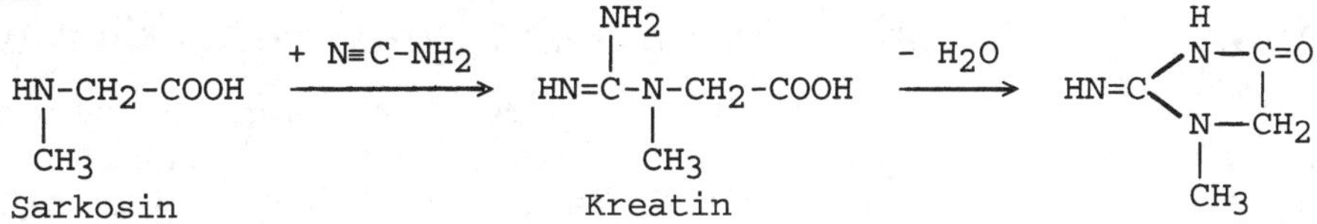

Sarkosin Kreatin Kreatinin

3.14 Hydroxycarbonsäuren und Ketocarbonsäuren

3.14.1 Nomenklatur der Säuren und Salze

3.14.1.1 Bifunktionelle Verbindungen

Bei der Benennung bifunktioneller Substanzen ist die Wahl zu treffen, welche Gruppe als *Hauptfunktion* fungiert und die Zugehörigkeit zu einer bestimmten *Stoffklasse* festlegt. Die allgemein akzeptierte Prioritätsreihenfolge funktioneller Gruppen lautet:

Sulfonsäure [-SO_3H] > Carbonsäure [-COOH] > Säurehalogenid [-COCl] > Amid [-$CONH_2$] > Aldehyd [-CHO] > Nitril [-CN] > Keton [COR] > Alkohol [-OH] > Thiol [-SH] > Amin [-NH_2] > Alkin [-C≡C-] > Alken [-C=C-]

Da *Alkene* und *Alkine* nie durch Vorsilben benannt werden, setzt man sie als weitere Endungen unmittelbar *vor* das Suffix, das die Funktion mit der höheren Priorität kennzeichnet.

3.14.1.2 Hydroxycarbonsäuren, Polyhydroxycarbonsäuren

Unter *Hydroxysäuren* versteht man Carbonsäure-Derivate, in denen eine oder mehrere H-Atome der Alkylkette durch Hydroxylgruppen ersetzt sind.

Sie werden als substituierte Carbonsäuren benannt. Die Stellung der HO-Gruppe kann durch einen griechischen Buchstaben oder durch Angabe einer Ziffer markiert werden. Die Zahl der Hydroxylgruppen wird durch Hinzufügen der Silben *di, tri, tetra* usw. kenntlich gemacht.

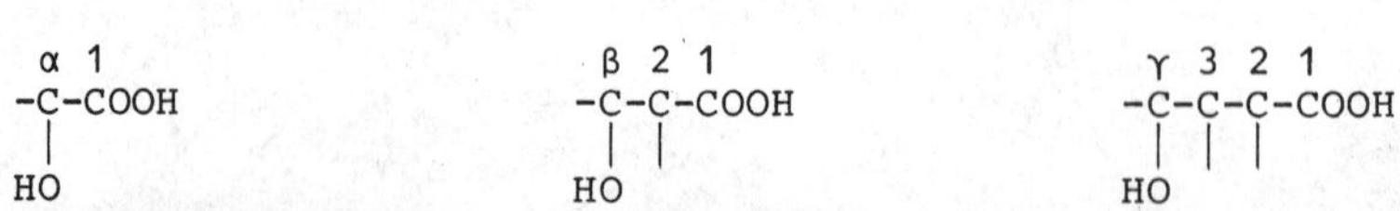

α-Hydroxycarbonsäure β-Hydroxycarbonsäure γ-Hydroxycarbonsäure
2-Hydroxycarbonsäure 3-Hydroxycarbonsäure 4-Hydroxycarbonsäure

In vielen Fällen tragen Hydroxycarbonsäuren jedoch *Trivialnamen,* wie dies Tabelle 62 ausweist [vgl. **MC-Fragen Nr. 863–866, 876, 880**].

Tab. 62: Ausgewählte Hydroxycarbonsäuren

Name	Konstitution
Glycolsäure (α-Hydroxyessigsäure)	$HOCH_2-COOH$
Milchsäure (α-Hydroxypropionsäure)	$CH_3-CHOH-COOH$
Glycerolsäure (Glycerinsäure)	$HOCH_2-CHOH-COOH$
Mandelsäure	$C_6H_5-CHOH-COOH$
Benzilsäure	$(C_6H_5)_2COH-COOH$
Tartronsäure (Hydroxymalonsäure)	$HOCH(COOH)_2$
Äpfelsäure (Monohydroxybernsteinsäure)	HO-CH-COOH | CH_2-COOH
Weinsäure (Dihydroxybernsteinsäure)	HO-CH-COOH | HO-CH-COOH
Citronensäure	CH_2-COOH | HO-C-COOH | CH_2-COOH

3.14.1.3 Aldehydcarbonsäuren, Ketocarbonsäuren

Sie können als Oxidationsprodukte von Hydroxycarbonsäuren aufgefaßt werden. Je nach der Stellung der Oxo-Gruppe zur Carboxyl-Funktion unterscheidet man zwischen α-, β-, γ-, δ-Ketocarbonsäuren *(Ketosäuren)*. Viele von ihnen führen *Spezialnamen.* Einige pharmazeutisch wichtige Oxocarbonsäuren sind in Tabelle 63 aufgelistet.

Tab. 63: Wichtige Oxocarbonsäuren

Name	Konstitution
Glyoxylsäure	O=CH-COOH
Formylessigsäure	$O=CH-CH_2COOH$
Brenztraubensäure	$CH_3-CO-COOH$
Acetessigsäure	$CH_3-CO-CH_2-COOH$
Lävulinsäure (γ-Ketovaleriansäure)	$CH_3-CO-CH_2-CH_2-COOH$
Mesoxalsäure	HOOC-CO-COOH
Oxalessigsäure	$HOOC-CO-CH_2-COOH$
Acetondicarbonsäure	$HOOC-CH_2-CO-CH_2-COOH$

Tab. 64: Salze von Hydroxycarbonsäuren und Ketocarbonsäuren

Name der Säure	Name des Salzes
Milchsäure	Lactat
Äpfelsäure	Malat
Weinsäure	Tartrat
Citronensäure	Citrat
Brenztraubensäure	Pyruvat
Mandelsäure	Amygdalat

Salze: Die Bezeichnung folgt den allgemeinen Regeln zur Benennung von Carbonsäuresalzen. Danach kann man beispielsweise das Salz der Acetessigsäure [$CH_3COCH_2COO^-$] als **Acetylacetat** oder als **3-Oxobutyrat** kennzeichnen. Wie Tabelle 64 belegt, tragen in Einzelfällen die Salze von Hydroxy- und Ketocarbonsäuren besondere Namen [vgl. **MC-Fragen Nr. 867–871**]. Darüber hinaus sind Trivialnamen gebräuchlich. So bezeichnet man das Mono-Kaliumsalz der Weinsäure (Kaliumhydrogentartrat) als *Weinstein* und ihr Kaliumnatriumsalz wird auch *Seignettesalz* genannt [vgl. **MC-Frage Nr. 876**].

3.14.2 Darstellung, Eigenschaften und Reaktionen von Hydroxycarbonsäuren

3.14.2.1 Herstellung von α-Hydroxycarbonsäuren

α-Hydroxycarbonsäuren lassen sich synthetisieren durch [vgl. **MC-Fragen Nr. 873, 874**]:

(1) Hydrolyse von *α-Halogencarbonsäuren,* die ihrerseits aus Alkansäuren durch eine *Hell-Volhard-Zelinsky-Reaktion* darstellbar sind (vgl. Kap. 3.7.2.2).

```
  α           + H2O
R-CH-COOH  ----------> R-CH-COOH
  |           - HX       |
  X                      OH
```

Die nucleophile Substitution eines Halogenatoms ist jedoch nicht zur Herstellung von β-*Hydroxysäuren* geeignet, da hier unter dem Einfluß einer Base leicht Eliminierung zu ungesättigten Carbonsäuren eintritt.

$$R\text{-}CHX\text{-}CH_2\text{-}COOH \rightarrow R\text{-}CH{=}CH\text{-}COOH + HX$$

(2) saure Hydrolyse von *Cyanhydrinen,* die durch Umsetzung von Carbonylverbindungen mit HCN zugänglich sind (vgl. Kap. 3.12.6.4).

```
R-CH=O + HCN → R-CH-CN → R-CH-COOH
                 |         |
                 OH        OH
```

(3) Reduktion von α-*Ketocarbonsäuren,* z. B. kann **Brenztraubensäure** [R = CH_3] zu **Milchsäure** (2-Hydroxypropionsäure) reduziert werden.

$$\mathrm{R{-}CO{-}COOH \rightarrow R{-}CHOH{-}COOH}$$

(4) *Benzilsäure-Umlagerung* von *1,2-Diketonen* (siehe Kap. 3.2.16.2).

$$\mathrm{R{-}CO{-}CO{-}R \xrightarrow{(HO^-)} R_2C(OH){-}COOH}$$

(5) Hydrolyse von *Lactiden* (siehe nachfolgenden Abschnitt).

(6) Desaminierung von α-*Aminosäuren* mit Salpetriger Säure (vgl. auch Kap. 3.17.3.4).

$$\mathrm{R{-}\underset{NH_2}{\overset{\alpha}{C}H}{-}COOH \xrightarrow[+\ HCl]{+\ NaNO_2} R{-}\underset{OH}{C}H{-}COOH}$$

3.14.2.2 Darstellung von β-Hydroxycarbonsäuren

Die Methode der Wahl zur Herstellung von β-*Hydroxycarbonsäuren* ist die *Reformatzky-Reaktion* von Carbonylverbindungen mit einem α-Halogencarbonsäureester in Gegenwart von metallischem Zink. Die Reaktion wurde bereits im Kap. 3.8.3.2 detailliert beschrieben [vgl. **MC-Frage Nr. 873**].

$$\mathrm{R_2C{=}O + X{-}CH_2{-}COOR' \rightarrow \rightarrow R_2\underset{OH}{\overset{\beta}{C}}{-}CH_2{-}COOR'}$$

3.14.2.3 Darstellung von γ- und δ-Hydroxycarbonsäuren

γ- und δ-*Hydroxycarbonsäuren,* die auch als Abbauprodukte von Kohlenhydraten auftreten, werden hergestellt durch:

(1) alkalische Hydrolyse der entsprechenden Halogenverbindungen. γ- und δ-Hydroxycarbonsäuren können nur in Form ihrer Alkalisalze isoliert werden, da sie beim Ansäuern spontan lactonisieren (siehe nachfolgenden Abschnitt).

$$\mathrm{R{-}\underset{X}{C}H{-}(CH_2)_n{-}COOH \xrightarrow[-\ HX]{+\ HO^-} R{-}\underset{OH}{C}H{-}(CH_2)_n{-}COO^-} \qquad [n = 1,2]$$

(2) Reduktion von γ- oder δ-*Ketocarbonsäuren.*

(3) Spaltung von γ- oder δ-*Lactonen,* die z. B. durch *Baeyer-Villiger-Oxidation* von *Cycloalkanonen* erhalten werden [vgl. Kap. 3.2.16.4 und **MC-Frage Nr. 873**].

3.14.2.4 Eigenschaften von Hydroxycarbonsäuren

Mit Ausnahme der **Glycolsäure** sind die niederen Hydroxycarbonsäuren bei Raumtemperatur flüssig. Sie sind in Wasser leichter löslich als die unsubstituierten Alkansäuren gleicher C-Zahl; sie lösen sich jedoch im Vergleich zu diesen weniger gut in Ethern [vgl. **MC-Fragen Nr. 879, 883**]. Darüber hinaus sind *Hydroxysäuren schwerer flüchtig,* wie dies die Werte in Tabelle 65 belegen. Zum Beispiel besitzt **Milchsäure** eine deutlich höhere Siedetemperatur als Propionsäure [vgl. **MC-Frage Nr. 882**].

Alle *α-Hydroxycarbonsäuren* sind *chiral* mit Ausnahme der Glycolsäure [$HOCH_2$-COOH] und der Hydroxymalonsäure [$HOCH(COOH)_2$] [vgl. **MC-Frage Nr. 804**]. Zur Festlegung ihrer relativen Konfiguration siehe Kap. 3.3.4.2. α-Hydroxycarbonsäuren sind acider als Alkansäuren gleicher Kohlenstoffzahl [vgl. Kap. 3.19.2.2 und **MC-Fragen Nr. 879, 882, 883**].

Viele Hydroxysäuren [Citronensäure, Weinsäure u. a.] sind zur Bildung von stabilen *Chelatkomplexen* mit zahlreichen Schwermetallionen befähigt. Sie werden deshalb häufig in der analytischen Chemie zur Maskierung dieser Ionen eingesetzt [vgl. **MC-Frage Nr. 880**].

Tab. 65: Schmelzpunkte und Siedepunkte von Hydroxycarbonsäuren und Ketocarbonsäuren im Vergleich zu Alkansäuren gleicher Kohlenstoffzahl

Säure	Schmp. (°C)	Sdp. (°C)
Essigsäure	16,6	118
Glycolsäure	80	–
Glyoxylsäure	98	–
Propionsäure	–22	141
D,L-Milchsäure	17	119 (12 Torr)
Brenztraubensäure	13,6	116 (Zers.)
Buttersäure	– 6	164
Acetessigsäure	–	[1]
Bernsteinsäure	185	235[2]
D,L-Äpfelsäure	130	(Zers.)
D,L-Weinsäure	205	(Zers.)

[1] Zerfällt schon bei T < 100 °C in CO_2 und Aceton.

[2] Es erfolgt Anhydrid-Bildung (siehe Kap. 3.13.3).

3.14.2.5 Reaktionen von Hydroxycarbonsäuren

Das chemische Verhalten dieser Substanzen ist gekennzeichnet durch das gleichzeitige Vorhandensein eines alkoholischen Hydroxyls und einer Carboxylgruppe. Sie zeigen die für beide Gruppen charakteristischen Reaktionen (vgl. Kap. 3.9.2.4 und Kap. 3.13.3). Darüber hinaus ist ihr Reaktionsverhalten geprägt von der wechselseitigen Beeinflussung beider funktioneller Gruppen.

Eine besondere Eigenschaft der **α-Hydroxycarbonsäuren** ist ihr Verhalten gegenüber Schwefelsäure. Verwendet man konz. H_2SO_4, so erfolgt eine *Decarbonylierung,* während mit verd. H_2SO_4 Ameisensäure abgespalten wird.

$$R\text{-}CH(OH)\text{-}COOH \rightarrow R\text{-}CH{=}O + [HCOOH] \rightarrow CO + H_2O$$

Dehydratisierung: Hydroxysäuren spalten beim Erhitzen – insbesondere in saurer Lösung – leicht Wasser ab. Je nach der Stellung der beiden funktionellen Gruppen zueinander entstehen unterschiedliche Produkte.

α-Hydroxycarbonsäuren bilden unter intermolekularer Dehydratisierung Derivate des 1,4-Dioxan-2,5-dions, sog. *Lactide* [vgl. **MC-Fragen Nr. 888, 893**].

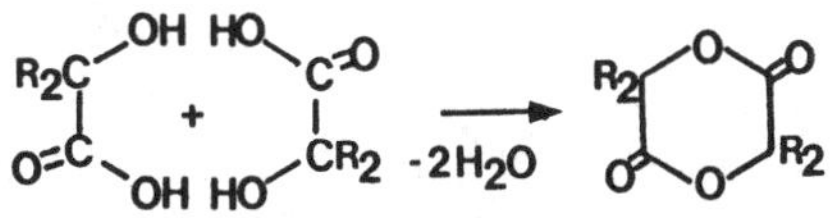

Lactid

β-Hydroxysäuren spalten intramolekular Wasser ab. Da die Konjugation einer Doppelbindung mit der C=O-Gruppe einer Säure weit weniger stabilisierend ist als mit der Carbonylgruppe eines Aldehyds oder Ketons, entstehen bei der Dehydratisierung von 3-Hydroxysäuren neben *α,β-ungesättigten* auch *β,γ-ungesättigte Carbonsäuren* [vgl. **MC-Frage Nr. 893**].

$$\overset{\gamma}{R\text{-}CH_2}\text{-}\overset{\beta}{CHOH}\text{-}\overset{\alpha}{CH_2}\text{-}COOH \xrightarrow{-\,H_2O} \overset{\gamma}{RCH}{=}\overset{\beta}{CH}\text{-}CH_2\text{-}COOH + RCH_2\text{-}\overset{\beta}{CH}{=}\overset{\alpha}{CH}\text{-}COOH$$

Beispielsweise dehydratisiert **Äpfelsäure** beim raschen Erhitzen auf 250 °C zu **Maleinsäure** [vgl. **MC-Fragen Nr. 804**].

Bei **γ**- und **δ**-*Hydroxycarbonsäuren* erfolgt eine intramolekulare Eliminierung von Wasser unter Bildung von γ- bzw. δ-*Lactonen.* Die Lacton-Bildung ist wie die normale Veresterung ein Gleichgewichtsprozeß [vgl. **MC-Frage Nr. 881**].

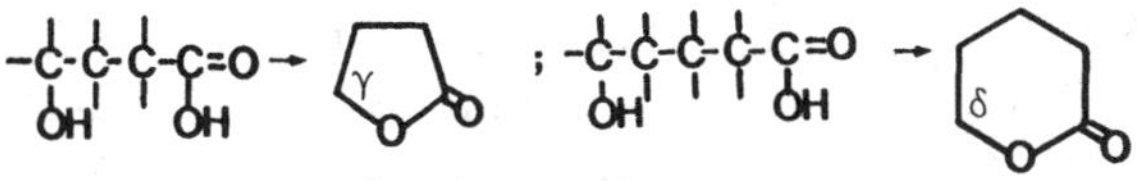

γ-Lacton δ-Lacton

Sind Hydroxylgruppe und Carbonylfunktion noch weiter voneinander entfernt, bilden sich beim Erwärmen der Hydroxysäuren keine Lactone sondern *Polyester,* weil die Bildungstendenz cyclischer Verbindungen mit mehr als sechs Ringgliedern gering ist.

Polyfunktionelle Hydroxysäuren zeigen mitunter ein etwas abweichendes Verhalten. Erhitzt man z. B. **D,L-Weinsäure** (Traubensäure) mit *Kaliumhydrogensulfat,* so entsteht **Brenztraubensäure**, wobei zunächst durch protonenkatalysierte Dehydratisierung (β-Eliminierung) **Hydroxymaleinsäure** gebildet wird, die zu **Oxalessigsäure** tautomerisiert. Letztere decarboxyliert als β-Ketosäure unter den Pyrolysebedingungen leicht zu Brenztraubensäure [vgl. **MC-Fragen Nr. 877, 878, 906**].

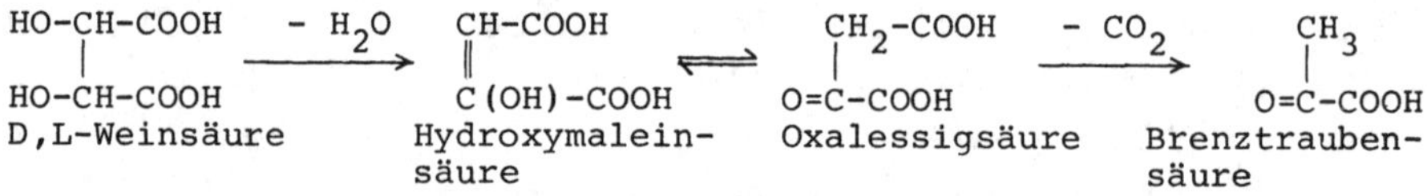

Beim Erhitzen von **Citronensäure** auf 175 °C erfolgt – wie erwartet – eine intramolekulare Dehydratisierung zu **Aconitsäure** [vgl. **MC-Frage Nr. 804**].

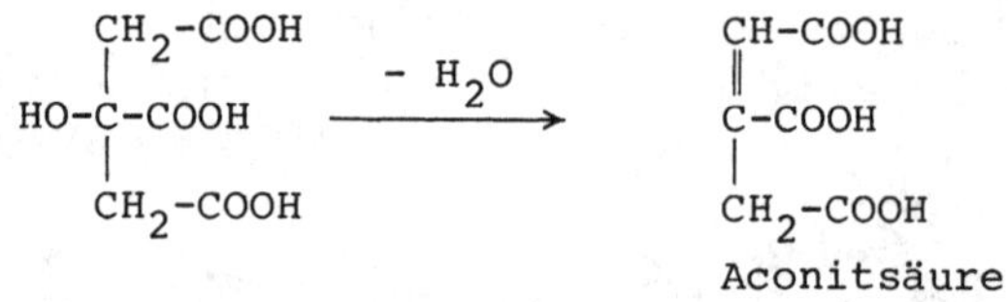

Demgegenüber wird beim Einwirken von konz. H_2SO_4 auf **Citronensäure** eine *Dehydratisierung* unter gleichzeitiger *Decarbonylierung* zu **Acetondicarbonsäure** beobachtet. Letztere spaltet bei längerem Erhitzen nochmals zwei Mol CO_2 ab und geht in **Aceton** über.

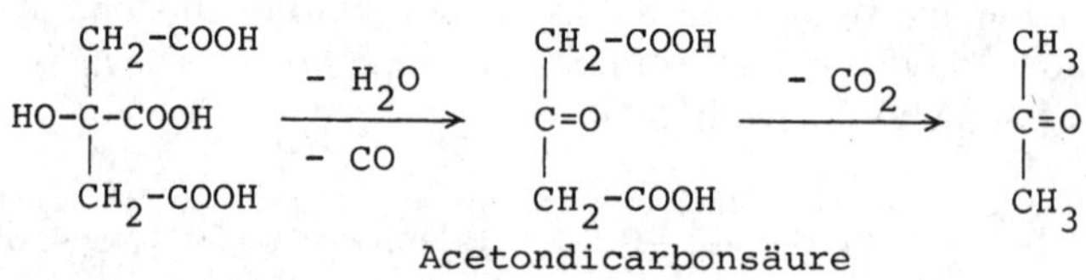

3.14.3 Darstellung und Reaktionsverhalten von Lactonen und Lactamen

Lactone sind als innere Ester von Hydroxycarbonsäuren aufzufassen. Man unterscheidet zwischen α-, β-, γ-, δ- und höhergliedrigen Lactonen. Eine entsprechende Untergliederung gilt auch für *Lactame,* die man als innere Amide ansehen kann [vgl. **MC-Fragen Nr. 884–887, 890–892**].

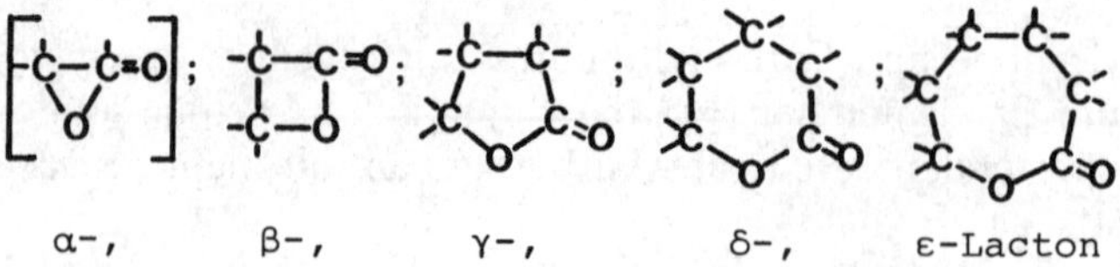

α-, β-, γ-, δ-, ε-Lacton

3.14.3.1 Darstellung von Lactonen und Lactamen

Während *α-Lactone* bisher nur in Lösung als Intermediate nachgewiesen werden konnten (siehe 3.2.5.13), entstehen γ- und δ-Lactone leicht durch Dehydratisierung der entsprechenden Hydroxycarbonsäuren.

β-Lactone lassen sich nur mit Hilfe spezieller Methoden synthetisieren, z. B. durch Umsetzung von *Ketenen* mit *Aldehyden.*

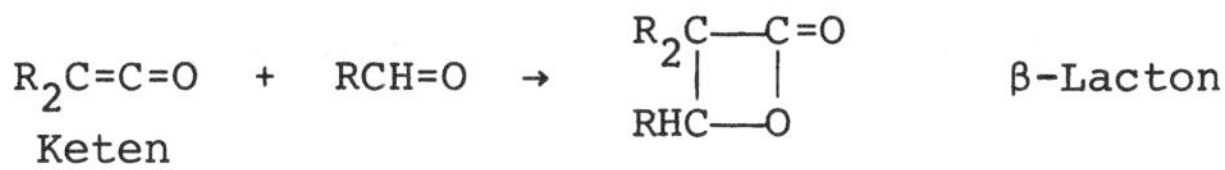

In analoger Weise sind aus der Reaktion von Aldiminen oder Ketiminen mit Ketenen *β-Lactame* zugänglich [vgl. **MC-Frage Nr. 893**].

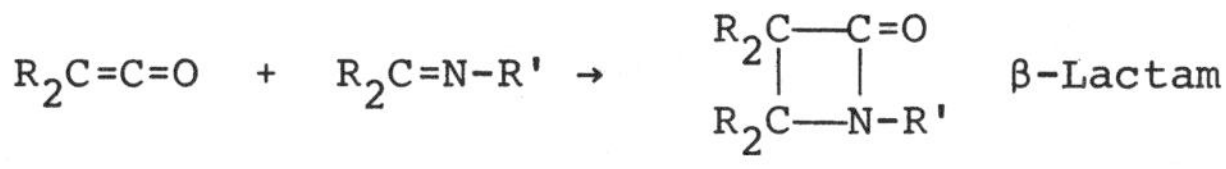

Höhergliedrige Lactone werden am besten durch Oxidation cyclischer Ketone mit Peroxomonoschwefelsäure oder Peroxycarbonsäuren hergestellt (vgl. *Baeyer-Villiger-Oxidation* Kap. 3.2.16.4).

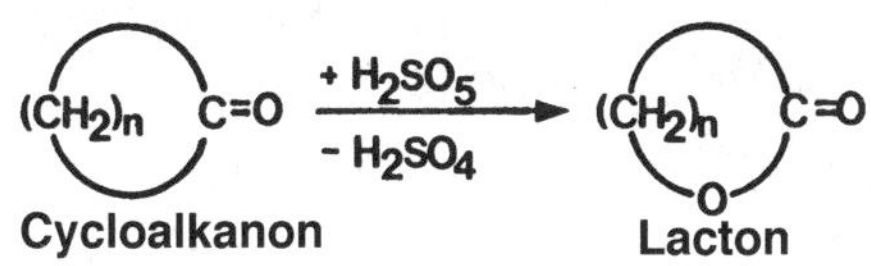

Höhergliedrige Lactame erhält man durch *Ammonolyse* der entsprechenden Lactone mit NH_3 oder primären Aminen und nachfolgende Dehydratisierung der intermediär gebildeten Hydroxycarbonsäureamide bzw. sie entstehen durch Abspaltung von Wasser aus γ- oder δ-Aminosäuren [vgl. Kap. 3.17.3.4 und **MC-Fragen Nr. 830, 893**].

3.14.3.2 Eigenschaften und Reaktionen von Lactonen

Aufgrund des Fehlens von H-Brückenbindungen sieden Lactone niedriger als die entsprechenden Hydroxysäuren. Lactone reagieren neutral.

Die Reaktivität der Lactone ist überwiegend auf die Lacton-Gruppe beschränkt. Bei ihrer *Reduktion* mit Natriumamalgam in saurer Lösung entstehen die betreffenden Carbonsäuren, während die Reduktion mit $LiAlH_4$ zu Diolen führt.

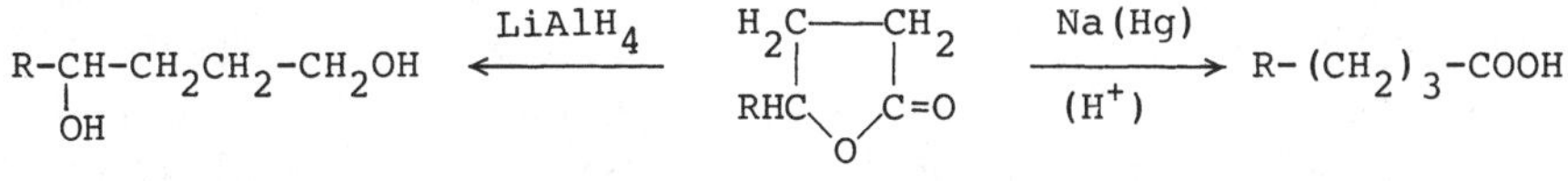

Eine *Aufspaltung der Lactonbindung* tritt mit Halogenwasserstoffsäuren, HCN und $NaHSO_3$ ein unter Bildung entsprechend substituierter Säuren. Mit NH_3 entstehen Hydroxycarbonsäureamide, die leicht zu *Lactamen* dehydratisieren.

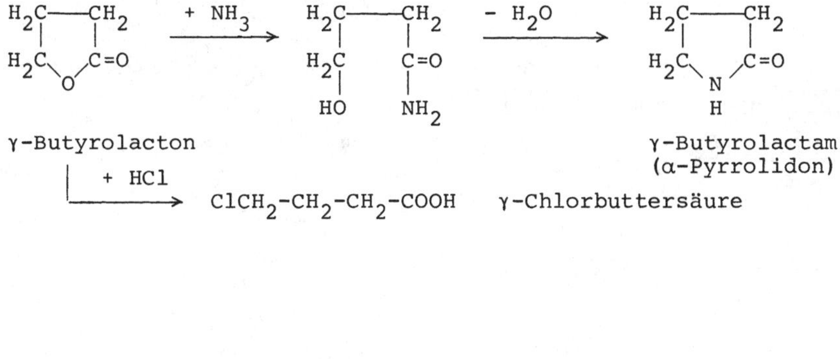

3.14.4 Darstellung von Ketocarbonsäuren

3.14.4.1 Herstellung von α-Ketocarbonsäuren

Als allgemein anwendbare Methoden zur Synthese von α-Ketosäuren können herangezogen werden die:

(1) Oxidation von α-Hydroxycarbonsäuren.

(2) Hydrolyse von *Acylcyaniden,* die durch Umsetzung von Säurechloriden mit Cyanid-Ionen zugänglich sind.

$$\text{R-COCl} + \text{CN}^- \rightarrow \text{R-CO-CN} \rightarrow \text{R-CO-COOH}$$

(3) Kondensation von Carbonsäureestern mit einem Oxalester und anschließend Hydrolyse und Decarboxylierung des Kondensationsproduktes [siehe auch nachfolgende Abschnitte und **MC-Frage Nr. 903**].

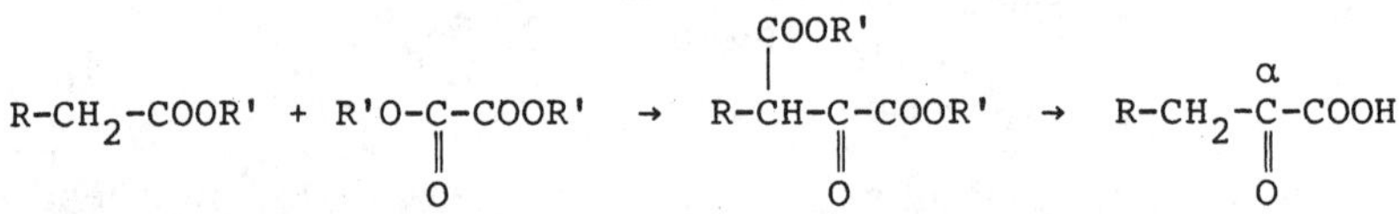

Die beiden einfachsten α-Oxocarbonsäuren können ausgehend von **Weinsäure** hergestellt werden. Deren Glycolspaltung mit Bleitetraacetat führt zu **Glyoxylsäure**, während beim Erhitzen mit $KHSO_4$ **Brenztraubensäure** entsteht.

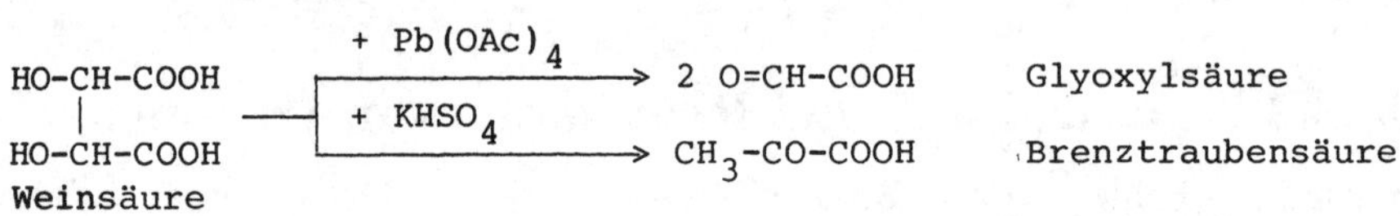

3.14.4.2 Herstellung von β-Ketocarbonsäuren und ihren Estern

Zur Gewinnung dieser Substanzen können verschiedene Varianten der Esterkondensation dienen, z. B. die:

(1) Kondensation von 2 Mol Carbonsäureester *(Claisen-Reaktion).* Beispielsweise führt die Selbstkondensation von Essigsäureethylester in Gegenwart von Natriumethanolat zu **Acetessigsäureethylester** [vgl. **MC-Fragen Nr. 895, 903, 909, 911, 1224**].

$$2\ CH_3\text{-}COOC_2H_5 \xrightarrow{(EtO^-)} CH_3\text{-}CO\text{-}CH_2\text{-}COOC_2H_5 + C_2H_5OH$$

Acetessigester

Eine Alternative zur Herstellung von Acetessigester ist die Umsetzung von **Diketen** (β-Methylenpropiolacton) mit Ethanol.

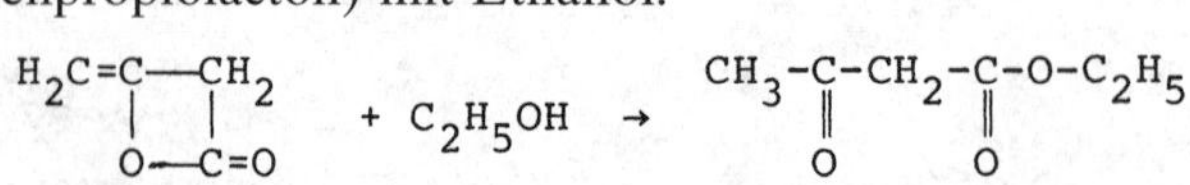

(2) Acylierung von Acetessigester mit Säurechloriden und nachfolgende Esterspaltung nach Hunsdiecker (siehe Kap. 3.14.6.1).

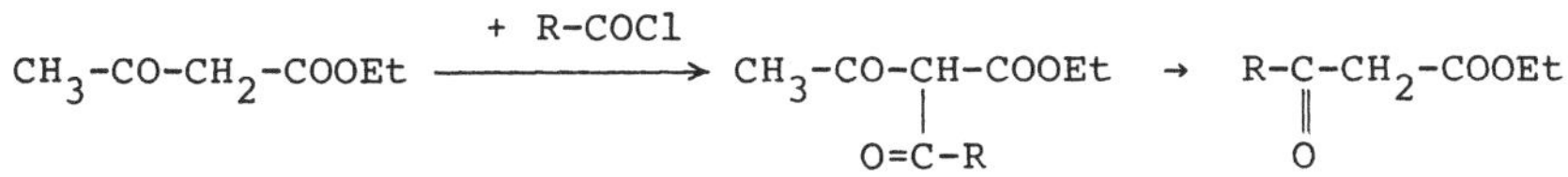

3.14.4.3 Esterkondensation und verwandte Reaktionen

Die Esterkondensation zählt zu den aldolähnlichen Reaktionen. Dabei wird ein *Carbonsäureester* als *Carbonylkomponente* mit folgenden CH-aciden Verbindungen als *Methylenkomponente* zu *β-Dicarbonylverbindungen* umgesetzt:

- mit *Carbonsäureestern* zu *β-Ketosäureestern.*

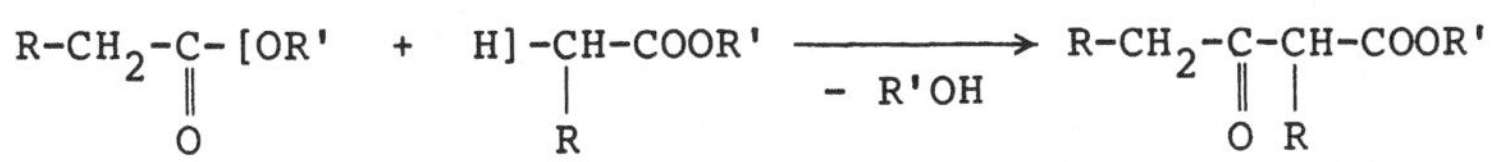

Beispielsweise läßt sich – ausgehend von **Phenylessigsäure** bzw. ihrem Ethylester – das Racemat des **3-Oxo-2,4-diphenyl-buttersäureethylesters** auf folgendem Syntheseweg herstellen [vgl. **MC-Fragen Nr. 900–902, 1172, 1267**].

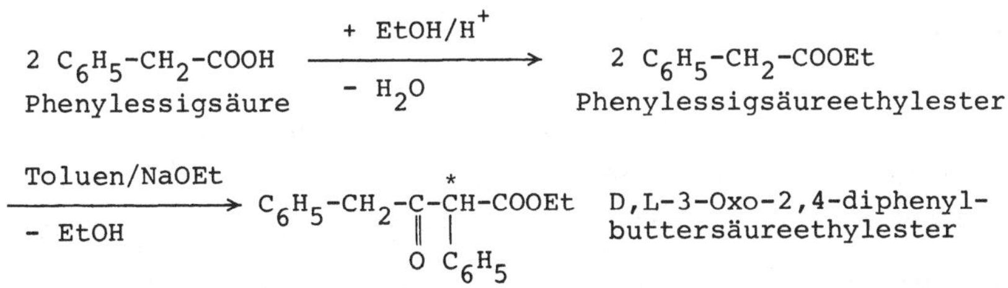

- mit *Ketonen* zu *β-Diketonen (1,3-Diketonen).*

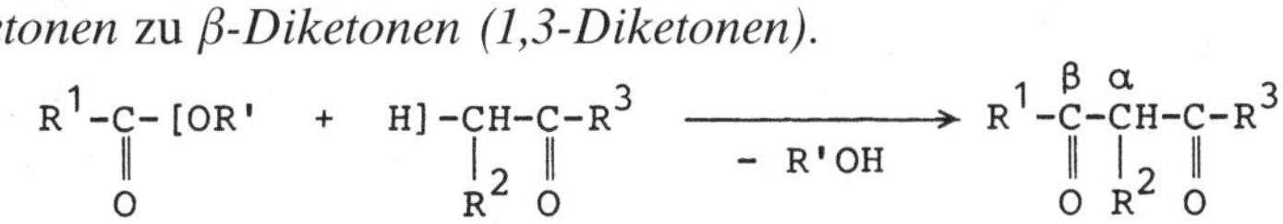

- mit *Nitrilen* zu *β-Ketonitrilen.*

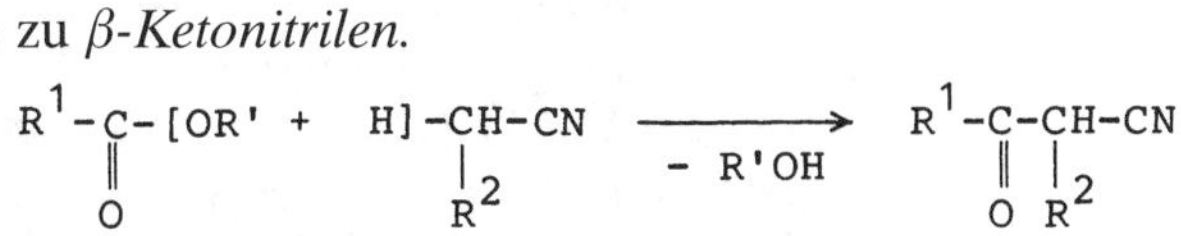

Die große präparative Bedeutung der Esterkondensation besteht darin, daß es auf diese Weise gelingt, unter *Knüpfung von C-C-Bindungen Verbindungen mit mehreren funktionellen Gruppen zu synthetisieren.*

Außer den genannten Substanzklassen können auch primäre und sekundäre *Nitroalkane* sowie einige Kohlenwasserstoffe vom Diphenylmethan- oder Fluoren-Typ als *Methylenkomponente* eingesetzt werden.

Als *Carbonylkomponente* dienen neben Alkancarbonsäureestern auch Kohlensäure-, Ameisensäure-, Oxalsäure- und Benzoesäureester.

Infolge der relativ geringen Carbonylaktivität der Esterfunktion erfordert die Reaktion die Anwesenheit eines stark basischen Kondensationsmittels (Alkalialkoholate, Alkaliamide, Alkalihydride u. a.). Eine Esterkondensation, die mit *Alkalialkoholaten* als Katalysator durchgeführt wird, bezeichnet man ganz allgemein als *Claisen-Kondensation.*

Reaktionsmechanismus: Der Reaktionsablauf der Esterkondensation kann dreistufig formuliert werden, wobei jeder Teilschritt reversibel ist. Zunächst wird unter dem Einfluß des basischen Kondensationsmittels [RO^-Na^+] aus der Methylenkomponente [MK] ein *Carbanion* gebildet.

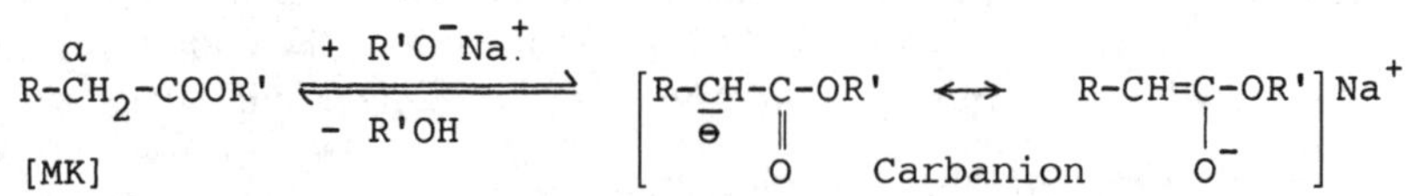

Anschließend erfolgt die *nucleophile Addition* des Carbanions an das Carbonyl-C-Atom der Carbonylkomponente [CK], wobei im intermediär auftretenden *cyclischen Komplex* das Metallkation als Koordinationszentrum fungiert. Dadurch wird die Polarisation der Carbonylgruppe verstärkt.

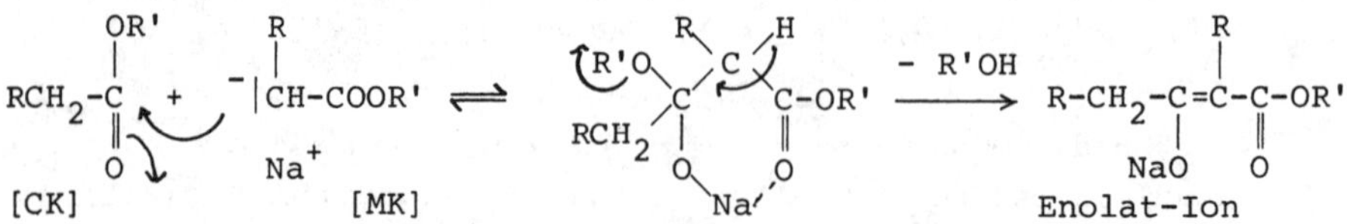

Im abschließenden Reaktionsschritt wird das Enolat-Anion durch Ansäuern des Reaktionsgemischs in den β-Ketoester übergeführt.

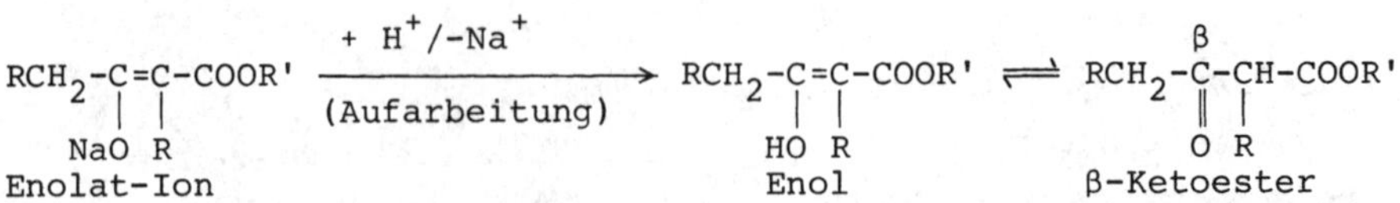

Das Gleichgewicht des ersten Teilschrittes liegt weitgehend auf der Seite der Edukte. Trotzdem laufen Esterkondensationen mit befriedigenden Ausbeuten ab, weil als Endprodukt in einem *irreversiblen* Schritt ein *Enolat-Ion* gebildet wird. Aus diesem Grund gelingt die Esterkondensation in Anwesenheit von *Alkoholat als Base* nur dann, wenn die *Methylenkomponente ein enolisierbares Reaktionsprodukt* liefert, d. h., sie muß über mindestens *zwei acide H-Atome* am α-C-Atom verfügen.

Deshalb läßt sich z. B. **Isobuttersäureethylester** [$(CH_3)_2CH$-COOEt] *nicht* unter *Claisen-Bedingungen* zu einem β-Ketoester kondensieren [vgl. **MC-Frage Nr. 894**]. Nur bei Verwendung von wesentlich stärkeren Basen [Natriumamid, Triphenylmethannatrium] ist eine Kondensation möglich, weil dann bei der Enolisierung ein H-Atom vom γ-Kohlenstoff abgespalten werden kann, das wesentlich weniger acid ist.

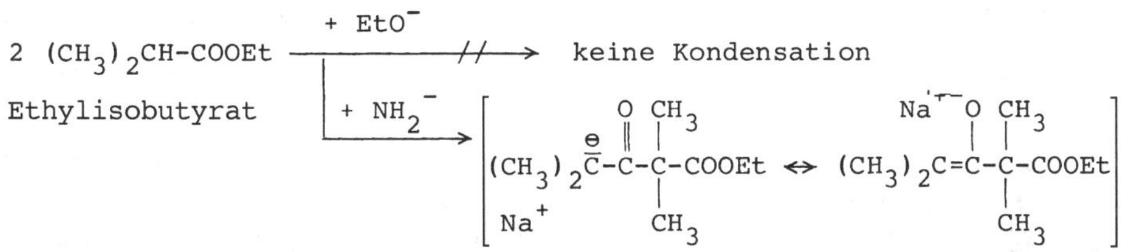

Eine weitere Voraussetzung für den Ablauf der Esterkondensation ist, daß das resonanzstabilisierte Enolat-Anion schwächer basisch ist als das verwendete Kondensationsmittel. Da das eingesetzte *Alkoholat* während der Reaktion verbraucht wird, sind mindestens *molare Mengen an Katalysator* erforderlich.

Das Gleichgewicht kann zugunsten des Reaktionsproduktes verschoben werden, wenn man mit alkoholfreiem Alkoholat kondensiert. Noch wirksamer ist, den während der Reaktion entstehenden Alkohol durch Abdestillieren laufend aus dem Gleichgewicht zu entfernen.

Zusammenfassung: Die Claisen-Kondensation von **Ethylacetat** in Gegenwart von Natriumethanolat führt zum Natriumsalz des **Acetessigesters**. Die Bildung eines solchen Salzes ist Voraussetzung für das Gelingen der Reaktion.

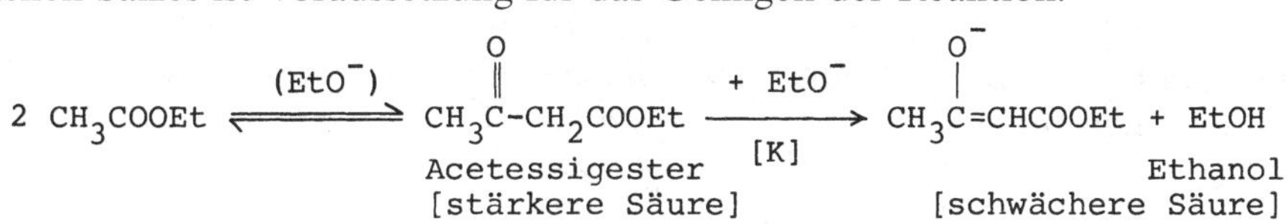

Der pK_a-Wert von Acetessigester beträgt 11, der von Ethanol 16. Somit wird die schwächere Säure (Ethanol) aus ihrem Salz durch die stärkere Säure (Acetessigester) freigesetzt. Die Gleichgewichtskonstante [K] für diesen Teilschritt ist etwa 10^5. Der abschließende, irreversible Reaktionsschritt unter Bildung des Enolats ist deshalb die treibende Kraft für die Gesamtreaktion.

Kondensationen mit Kohlensäure-, Ameisensäure- und Oxalsäureestern: Diese Ester besitzen eine hohe Carbonylreaktivität, sie verfügen jedoch über keine α-ständige Methylengruppe. Daher reagieren diese Ester in *gemischten (gekreuzten) Esterkondensationen* mit anderen Carbonsäureestern *stets* als Carbonylkomponente. Auch aromatische Ester wie z. B. **Benzoesäureethylester** [C_6H_5-$COOC_2H_5$] fungieren ausschließlich als Carbonylkomponente.

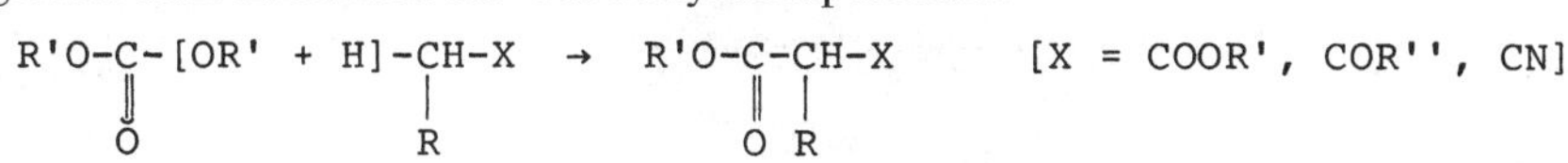

Kohlensäureester

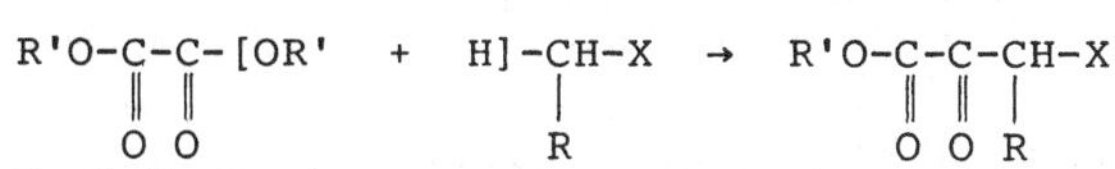

Oxalsäureester

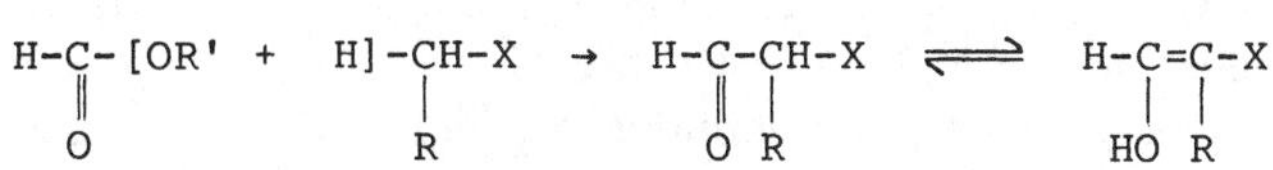

Ameisensäureester

Das Gesamtresultat einer gemischten Claisen-Kondensation zweier Carbonsäureester läßt sich durch folgende Gleichung wiedergeben:

$$R^1\text{-CO-[OR' + H]-CR}^2R^3\text{-COOR'} \rightarrow R^1\text{-CO-CR}^2R^3\text{-COOR'}$$

Die besten Ergebnisse erzielt man, wenn R^1 keinen α-ständigen Wasserstoff enthält und weder R^2 noch R^3 ein H-Atom darstellen.

Die aus einem *Oxalester* und einem *Carbonsäureester* erhaltenen Tricarbonylverbindungen decarbonylieren beim Erhitzen auf 120 °C unter Bildung *substituierter Malonester.* Die direkte Hydrolyse der Kondensationsprodukte und nachfolgende Decarboxylierung liefert *α-Ketosäuren.*

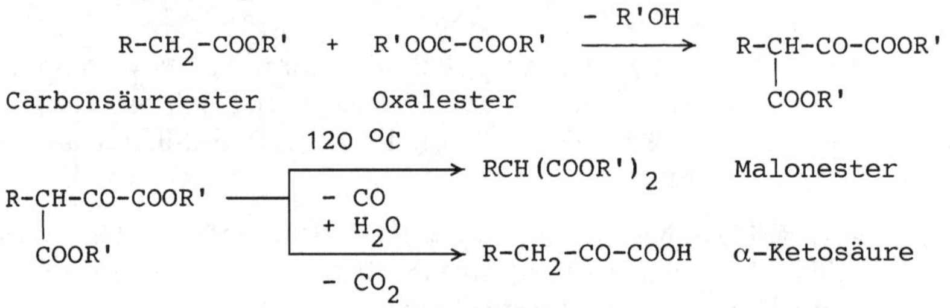

Als Beispiel einer gemischten Esterkondensation zwischen einem *Oxalester* und einem *Keton* sei die Umsetzung von **Cyclohexanon** zum **Cyclohexanon-2-carbonsäureester** genannt.

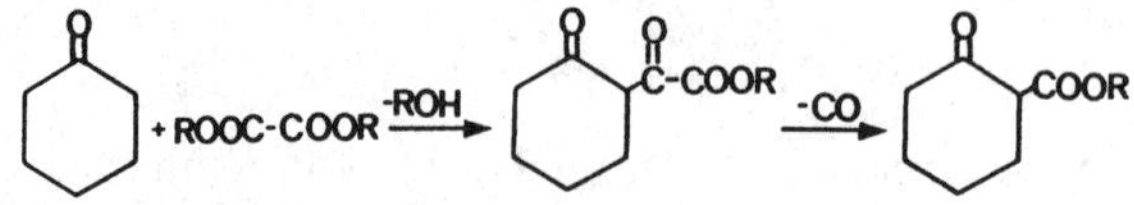

Cyclohexanon

Dieckmann-Kondensation: Bei dieser Variante einer *intramolekularen Esterkondensation* wird die Carbonylgruppe von einem im selben Molekül erzeugten negativ geladenen C-Atom unter Ringschluß angegriffen [vgl. **MC-Fragen Nr. 896, 898**].

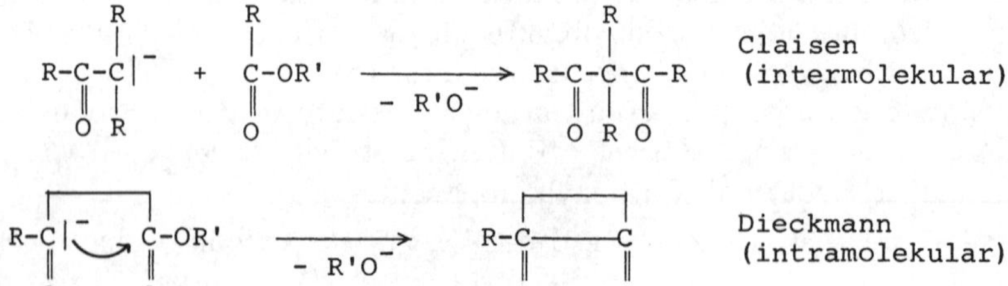

Aus sterischen Gründen ist die Bildung fünf- und sechsgliedriger, spannungsfreier Ringsysteme bevorzugt. Die Darstellung anderer Ringgrößen verläuft unbefriedigend.

Beispielsweise ergibt die Dieckmann-Reaktion eines *Adipinsäureesters* einen Cyclopentanon-2-carbonsäureester, und aus einem *Pimelinsäureester* entsteht das entsprechende Cyclohexanon-Derivat. Durch saure Hydrolyse dieser Ester und die anschließende Decarboxylierung der gebildeten freien β-Ketosäuren erhält man *Cycloalkanone.*

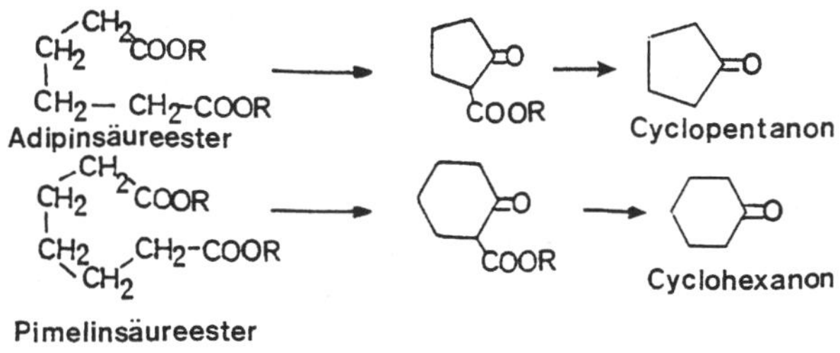

Demgegenüber verläuft die Esterkondensation eines *Bernsteinsäureesters* zunächst intermolekular; dem schließt sich jedoch im zweiten Schritt die intramolekulare Reaktion an unter Bildung eines Cyclohexan-1,4-dion-2,5-dicarbonsäureesters.

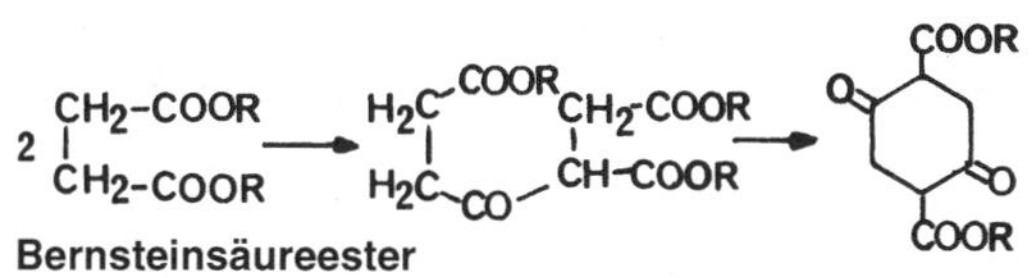

3.14.5 Reaktionsverhalten von Ketocarbonsäuren

Keto-Enol-Tautomerie: Über die Keto-Enol-Gleichgewichte von β-Dicarbonylverbindungen, insbesondere deren Abhängigkeit von strukturellen Faktoren oder von Lösungsmitteleinflüssen wurde bereits ausführlich im Kap. 3.2.15.5 berichtet.

α-Ketosäuren: α-Ketocarbonsäuren sind in freiem Zustand *beständig*. Sie zeigen die Eigenschaften ihrer funktionellen Gruppen [vgl. **MC-Fragen Nr. 903, 904**]. Eine für α-Ketosäuren typische Reaktion ist die Eliminierung von Kohlenmonoxid *(Decarbonylierung)* beim Erhitzen mit konz. H_2SO_4.

$$\text{R-CO-COOH} \rightarrow \text{R-COOH} + \text{CO}$$

Brenztraubensäure (α-Ketopropionsäure) ist eine farblose, mit Wasser mischbare Flüssigkeit [Sdp. 165 °C]. Ihre Acidität [pK_s = 2,49] ist höher als die von Milchsäure [pK_s = 3,86] und Propionsäure [pK_s = 4,87]. Ihre Salze heißen **Pyruvate**.

Brenztraubensäure läßt sich zu Milchsäure reduzieren. Beim Behandeln mit verd. H_2SO_4 bei 150 °C zerfällt sie in **Acetaldehyd** und CO_2, während sie beim Erhitzen mit konz. H_2SO_4 zu **Essigsäure** decarbonyliert [vgl. **MC-Fragen Nr. 906, 907**].

$$\underset{\text{Acetaldehyd}}{CH_3\text{-}CH{=}O} \xleftarrow[-\,CO_2]{\text{verd. } H_2SO_4} \underset{\text{Brenztraubensäure}}{CH_3\text{-}CO\text{-}COOH} \xrightarrow[-\,CO]{\text{konz. } H_2SO_4} \underset{\text{Essigsäure}}{CH_3\text{-}COOH}$$

β-Ketosäuren: Im Gegensatz zu α-Ketosäuren sind β-Ketocarbonsäuren im freien Zustand *instabil* und decarboxylieren leicht. Die *Decarboxylierung* läuft nach einem cyclischen Mechanismus ab [siehe Kap. 3.2.10.7 und **MC-Fragen Nr. 904, 905**].

$$\text{R-CO-CH}_2\text{-COOH} \rightarrow \text{R-CO-CH}_3 + \text{CO}_2\uparrow$$

Wichtiger als die freien β-Ketosäuren sind ihre Ester, die wertvolle Synthesebausteine darstellen (siehe nachfolgendes Kapitel).

Acetessigsäureethylester *(„Acetessigester")* [$CH_3CO\text{-}CH_2\text{-}COOC_2H_5$], der wichtigste β-Ketoester, ist eine farblose Flüssigkeit [Sdp. 181 °C], die unverdünnt und bei Raumtemperatur überwiegend (ca. 92%) in der Keto-Form vorliegt.

Das Enol des Acetessigesters, das durch eine intramolekulare Wasserstoffbrücke stabilisiert ist, läßt sich durch Umsetzung mit Brom in **α-Bromacetessigester** überführen und zeigt eine positive Eisen(III)-chlorid-Reaktion. Keto- und Enolform des Acetessigesters lassen sich bei tiefen Temperaturen trennen [vgl. **MC-Fragen Nr. 904, 905, 908, 909**].

Die Ketogruppe des Acetessigesters reagiert mit den üblichen Carbonylreagenzien. Mit *Phenylhydrazin* bildet sich zunächst das normale Phenylhydrazon, das aber in einem nachfolgenden Reaktionsschritt unter Abspaltung von Ethanol zu **1-Phenyl-3-methyl-pyrazolin-5-on** cyclisiert [vgl. Kap. 3.15.3.1 und **MC-Fragen Nr. 909, 950–952**]. Mit Ammoniak, primären oder sekundären Aminen reagiert Acetessigester zu *β-Aminocrotonsäureester-Derivaten* (siehe Kap. 3.13.6.3).

Die *aktivierte Methylengruppe* des Acetessigesters läßt sich nach gängigen Methoden elektrophil substituieren. Beispielsweise reagiert sie mit Salpetriger Säure zu **Isonitrosoaceton** (Monoxim des Methylglyoxals).

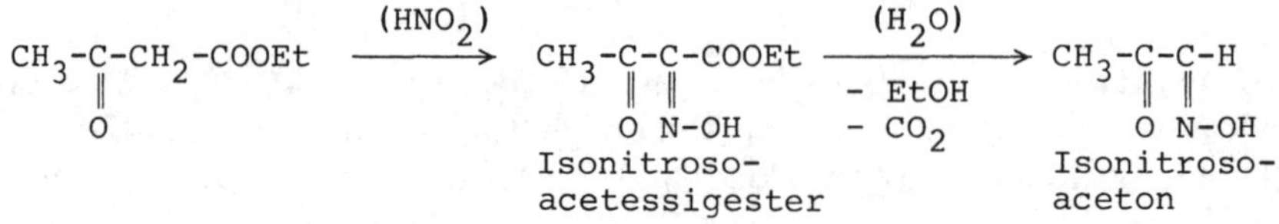

Wie jede Säure bildet Acetessigester mit metallischem Natrium unter Wasserstoffentwicklung ein Salz, den **Natriumacetessigester**, dessen *ambidentes Anion* resonanzstabilisiert ist. Natriumacetessigester entsteht auch beim Behandeln von Acetessigester mit Natriumethanolat [vgl. **MC-Fragen Nr. 904, 908–911, 1224**].

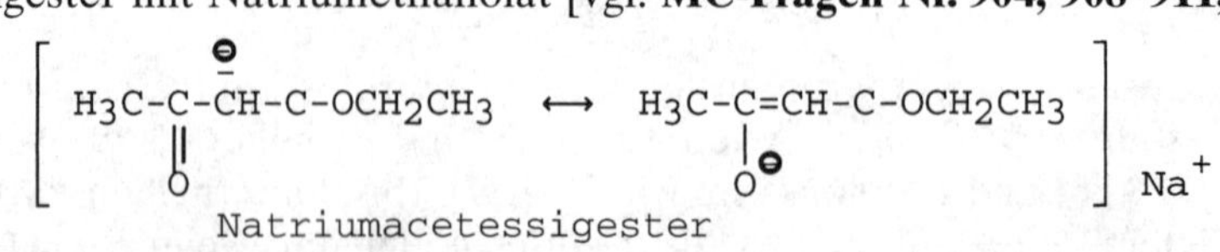

Mit Iod reagiert Acetessigester zu **Diacetylbernsteinsäureester** [vgl. **MC-Frage Nr. 912**].

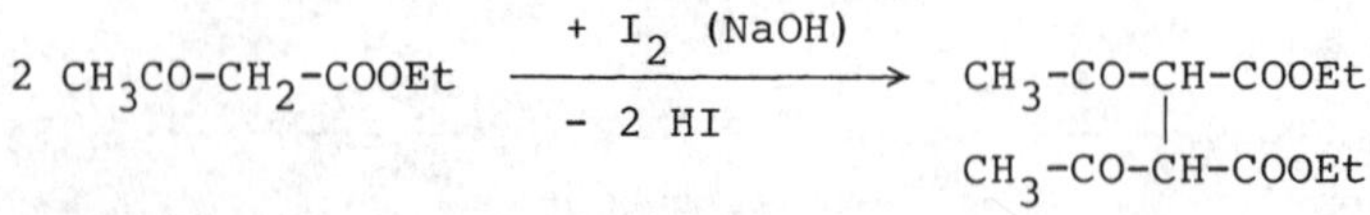

3.14.6 Reaktionen von CH-aciden Carbonsäure-Derivaten

3.14.6.1 Alkylierung und Acylierung von β-Dicarbonylverbindungen

β-Dicarbonylverbindungen (β-Diketone, β-Ketoester, Malonester) besitzen eine *reaktive, acide Methylengruppe,* die in Gegenwart basischer Katalysatoren *acyliert* oder *alkyliert* werden kann. Die erhaltenen Produkte lassen sich auf unterschiedliche Weise spalten, so daß mit dieser Reaktionsfolge eine Vielzahl von Stoffklassen zugänglich sind.

* **Acylierung**: Hierbei reagieren die Metallenolate von β-Dicarbonylverbindungen mit aliphatischen oder aromatischen *Säurechloriden* zu *α-Acyl-β-dicarbonyl-Derivaten.* Unter bestimmten Bedingungen wird neben der **C-Acylierung** eines Carbanions auch eine **O-Acylierung** am Enolat-Sauerstoff beobachtet. Vor allem die Acylierung der *freien* β-Dicarbonylverbindungen in *Pyridin* führt zu den O-acylierten Enolestern.

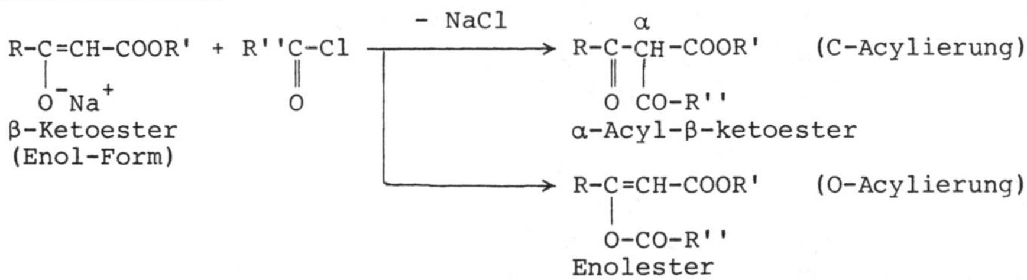

* **Esterspaltung nach Hunsdiecker**: In den durch **C-Acylierung** von β-Ketoestern hergestellten α-Acyl-β-ketoestern liegt gleichzeitig ein β-Diketon und ein β-Ketoester vor. Die Spaltung dieser Substanzen in alkoholischer Alkoholat-Lösung setzt stets an der β-Diketon-Struktur ein und führt zu einem neuen *β-Ketocarbonsäureester.* Formal wurde mit dieser Reaktionssequenz der Rest [R] eines β-Ketoesters durch den Rest [R''] substituiert.

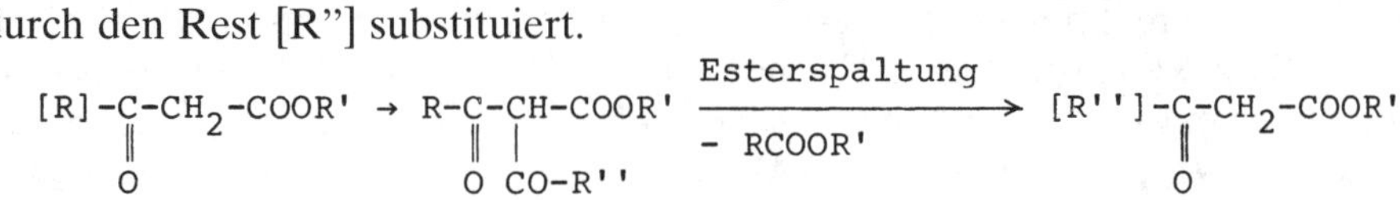

* **Alkylierung**: CH-acide Verbindungen lassen sich alkylieren, wenn man sie in Anwesenheit basischer Katalysatoren mit Halogenalkanen, Alkylsulfaten oder Alkyltosylaten umsetzt. Es handelt sich hierbei um eine **S_N-Reaktion**, in der das Anion des CH-aciden Reaktanden als *ambidentes Nucleophil* fungiert (vgl. Kap. 3.2.5.9).

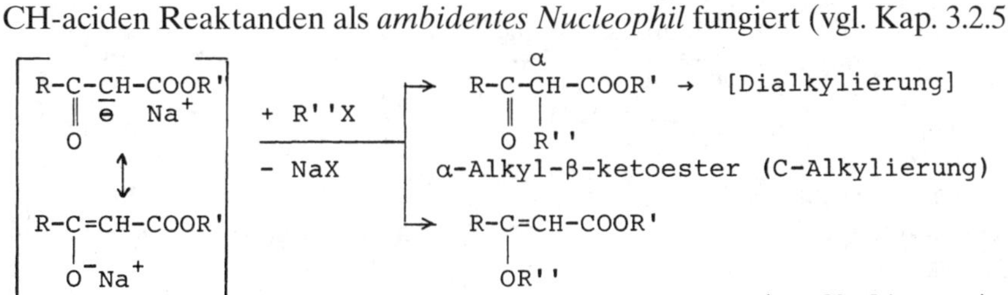

Als Beispiel sei die Ethylierung des **Benzoylessigsäureethylesters** in Gegenwart von Natriumethanolat angeführt [vgl. **MC-Frage Nr. 916**].

$$C_6H_5\text{-CO-}CH_2\text{-}COOC_2H_5 \xrightarrow[+\ C_2H_5Br]{(NaOEt)} C_6H_5\text{-CO-}\underset{\substack{|\\ C_2H_5}}{CH}\text{-}COOC_2H_5$$

α-Ethyl-benzoylethylacetat

Mit *primären Halogenalkanen* entstehen in einer **S_N2-Reaktion** nahezu ausschließlich **C-Alkylierungsprodukte**, während die Umsetzung mit sekundären Alkylhalogeniden neben der C-Alkylierung in gewissem Ausmaß unter Bildung von Enolethern auch zur *O-Alkylierung* führt [vgl. **MC-Frage Nr. 889**]. Darüber hinaus nimmt die Menge an O-Alkylierungsprodukten vom Alkylchlorid zum Alkyliodid hin deutlich ab. Erwartungsgemäß können *Arylhalogenide nicht* als Reagenzien verwendet werden [vgl. **MC-Fragen Nr. 910–915, 1224**]. Selbst bei Einsatz äquimolarer Mengen an Alkylierungsmittel ist stets mit *Dialkylierungsprodukten* zu rechnen.

* **Spaltung von β-Dicarbonylverbindungen**: Da alle Teilschritte der Claisen-Kondensation reversibel sind, lassen sich β-Ketoester oder β-Diketone mit *alkoholischer Alkoholat-Lösung* wieder spalten (**Esterspaltung**). Für die Umkehrung der Claisen-Kondensation genügen katalytische Mengen an Alkoholat, da bei der Rückreaktion die Base nicht verbraucht wird.

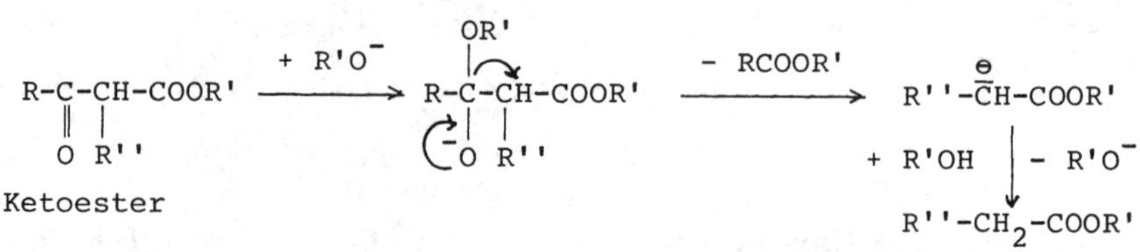

Subst. Essigester

Läßt man an Stelle von Alkoholaten eine *wässrige Alkalihydroxid-Lösung* auf β-Dicarbonylverbindungen einwirken, so läuft die Spaltung vollständig ab und man erhält nach dem Ansäuern Carbonsäuren (**Säurespaltung**) [vgl. **MC-Fragen Nr. 905, 918**]. Als Nebenreaktion der Säurespaltung von β-Ketoestern tritt in erheblichem Maße die sog. **Ketonspaltung** in Erscheinung. Hierbei wird primär nur die Esterfunktion verseift und die instabilen, freien β-Ketocarbonsäuren decarboxylieren anschließend zu einem Keton [vgl. **MC-Frage Nr. 1159**]. Die unterschiedlichen Spaltungsvarianten von substituierten β-Ketoestern führen somit zu folgenden Produkten:

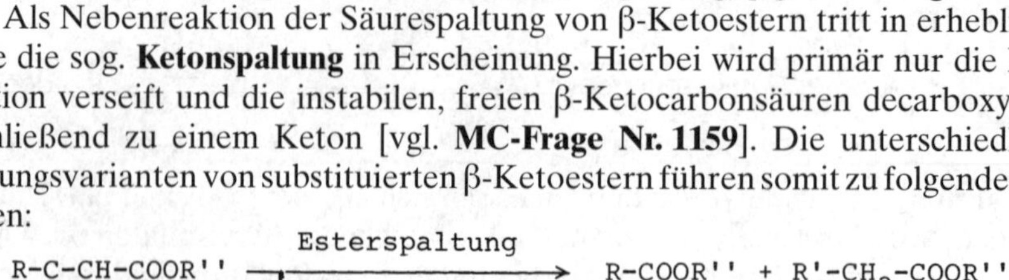

Die verschiedenen Möglichkeiten, β-Dicarbonylverbindungen für Synthesezwecke zu nutzen, sollen am Beispiel der Reaktionen des *Acetessigesters* und des *Malonesters* nochmals zusammenfassend vorgestellt werden.

3.14.6.2 Acetessigester-Synthesen

Die zur Estercarbonylgruppe α-ständigen H-Atome des Acetessigesters sind acid. Mit Natriumethanolat entsteht ein *resonanzstabilisiertes, ambidentes Anion (Natriumacetessigester),* das sowohl am carbanionischen Kohlenstoff (der Methylengruppe) als auch am enolischen Sauerstoff (der Carbonylgruppe) *elektrophil* angreifbar ist.

Alkylierung: Die Reaktionsbedingungen können so gewählt werden, daß die **C-Alkylierung** überwiegt. Die primär erhaltenen Monoalkylierungsprodukte lassen sich anschließend in analoger Weise zu Dialkylierungsprodukten substituieren.

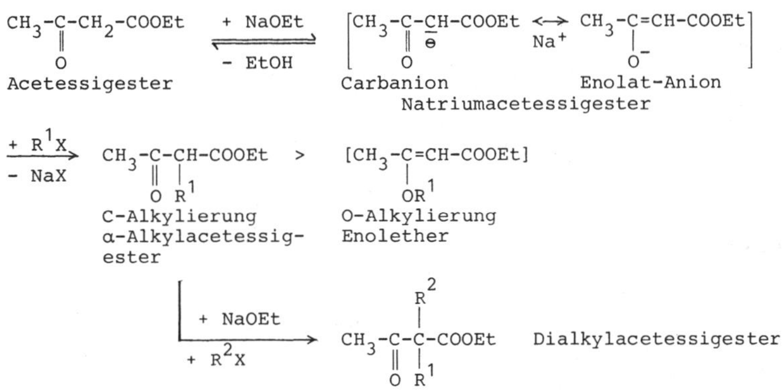

Beispielsweise reagiert Acetessigester mit **Bromessigsäureethylester** in Gegenwart von Natriumethanolat hauptsächlich zu folgendem Produkt [vgl. **MC-Frage Nr. 1147**]:

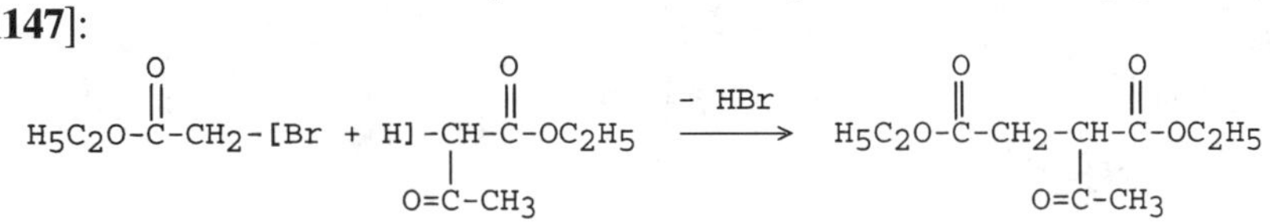

Durch die beiden benachbarten Carbonylfunktionen (-I-Effekt) sind in den α-Alkylacetessigester-Derivaten die vom Methylenkohlenstoff ausgehenden C-C-Bindungen gelockert und können leicht und auf unterschiedliche Weise gespalten werden.

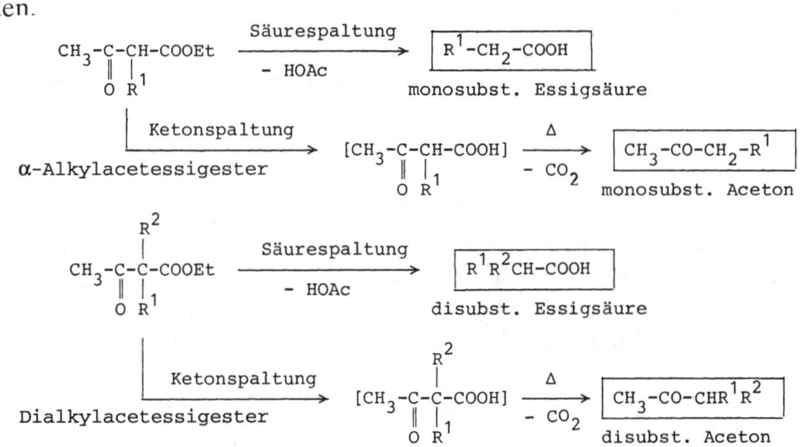

Die leichte Alkylierbarkeit des Methylen-C-Atoms zusammen mit den beiden Spaltungsmöglichkeiten substituierter Acetessigester eröffnet einen Syntheseweg sowohl in die Stoffklasse der *Ketone* als auch ein Verfahren zur Herstellung *substituierter Esssigsäuren.* Während der Reaktionsfolge zur Darstellung von Ketonen eine große präparative Bedeutung zukommt, wird zur Synthese alkylierter Essigsäuren im allgemeinen der Reaktionssequenz über die Verseifung und Decarboxylierung substituierter Malonester der Vorzug gegeben.

Die Acetessigester-Synthese von Ketonen führt zu einem Acetonmolekül, in dem ein oder zwei Wasserstoffatome gegen Alkylgruppen ausgetauscht sind.

Das Synthesepotential des Acetessigesters soll an folgenden Beispielen nochmals verdeutlich werden [vgl. **MC-Fragen Nr. 917, 919–922**]l

```
                            (NaOEt)                  *
(1) CH3-C-CH2-COOEt    ──────────────►  CH3-C-CH-COOEt   =   CH3-C=C-COOEt
        ‖                   + C2H5I          ‖  |                 |  |
        O                                    O CH2CH3            HO CH2CH3
    Acetessigester                            α-Ethylacetessigester

                      Säurespaltung
                 ┌──────────────────────►  CH3CH2-CH2-COOH
                 │    + konz. NaOH         Buttersäure
    ─────────────┤
                 │    Ketonspaltung
                 └──────────────────────►  CH3CH2-CH2-CO-CH3
                      + verd. NaOH         2-Pentanon

(2) CH3-C-CH-COOEt      ─────────────────►  CH3CH2CH2-CH2-COOH
        ‖  |                Säurespaltung
        O CH2CH2CH3                         Valeriansäure
    α-Propylacetessigester

(3) CH3-C-CH-COOEt      ─────────────────►  C6H5-CH2-CH2-COOH
        ‖  |                Säurespaltung
        O CH2-C6H5                          3-Phenylpropionsäure
    α-Benzylacetessigester

(4) CH3-C-CH-COOEt      ─────────────────►  (CH3)2CHCH2-CH2-CO-CH3
        ‖  |                Ketonspaltung
        O CH2CH(CH3)2                        5-Methyl-2-hexanon
   α-Isobutylacetessigester
```

Acylierung: Durch Einwirken von Säurechloriden (R' = Alkyl, Aryl) auf Natriumacetessigester bilden sich je nach den Versuchsbedingungen O- und C-Acylierungsprodukte. In Gegenwart von Pyridin beobachtet man vorzugsweise O-Acylierung, während in *polaren Lösungsmitteln* durch **C-Acylierung** praktisch ausschließlich *α-Acyl-acetessigester* gebildet werden. Diese können durch die *Esterspaltung nach Hunsdiecker* in neue *β-Ketocarbonsäureester* umgewandelt werden, in denen formal die Methylgruppe des Acetessigesters durch den Rest [R'] ersetzt wurde.

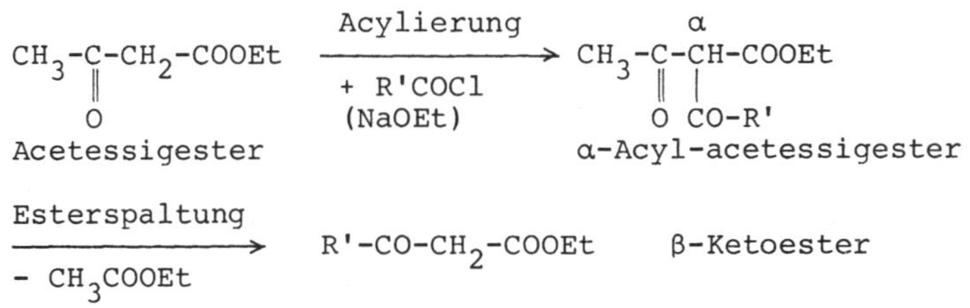

3.14.6.3 Malonester-Synthesen

Dieses Verfahren dient zur *Herstellung von Carbonsäuren.* Die Methylengruppe des **Malonsäurediethylesters** *(„Malonester")* ist durch den acidifizierenden Einfluß (-I-Effekt) der beiden Estercarbonyle stark aktiviert. Mit Alkalialkoholaten bildet sich ein mesomeriestabilisiertes Carbanion, das durch Alkylierungs- und Acylierungsmittel elektrophil substituierbar ist.

Alkylierung: Behandelt man das mesomere Anion mit Alkylhalogeniden, so kommt es zur stufenweisen C-Alkylierung, die zu mono- und disubstituierten *Alkylmalonestern* führt. Nach deren Hydrolyse (**Säurespaltung**) spalten die *thermolabilen* freien *Malonsäure-Derivate* leicht CO_2 ab unter Bildung *substituierter Essigsäuren.*

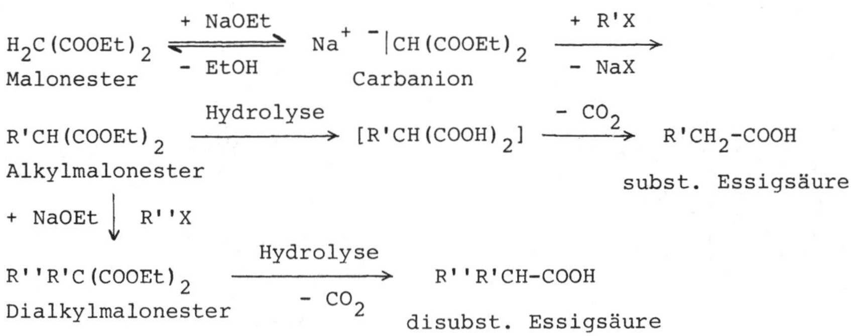

Zum Beispiel liefert die Säurespaltung von **Dimethylmalonsäurediethylester** **α-Methylpropionsäure** (Isobuttersäure).

$$(CH_3)_2C(COOEt)_2 \rightarrow (CH_3)_2CH\text{-}COOH$$

Die Malonester-Synthese führt zu einer Essigsäure, in der ein oder zwei Wasserstoffatome gegen Alkylgruppen ersetzt wurden.

Mit *Dihalogenalkanen* kann die Alkylierung von Malonester auch zum Aufbau von Ringgerüsten genutzt werden. Beispielsweise erhält man bei der Umsetzung von **1,3-Dibrompropan** mit Malonester in Gegenwart von Natriumethanolat **Cyclobutan-1,1-dicarbonsäurediethylester** [vgl. **MC-Frage Nr. 344**].

$$H_2C\text{-}Br\ (|\ H_2C\text{-}CH_2\text{-}Br) + H_2C(COOEt)_2 \xrightarrow[-\ 2\ HBr]{(Base)} H_2C\text{—}C(COOEt)_2\ (|\ |\ H_2C\text{—}CH_2)$$

1,3-Dibrompropan

Acylierung: Die Umsetzung von Malonsäurediethylester mit Säurechloriden führt in Anwesenheit basischer Katalysatoren zu *Acylmalonestern,* die sich zu *Methylketonen* spalten lassen.

$$\underset{\text{Malonester}}{H_2C(COOEt)_2} \xrightarrow{+\ RCOCl} \underset{\text{Acylmalonester}}{R\text{-}CO\text{-}CH(COOEt)_2} \xrightarrow{\text{Säurespaltung}}$$

$$\underset{\text{Acylmalonsäure}}{R\text{-}CO\text{-}CH(COOH)_2} \xrightarrow[-\ CO_2]{} \underset{\beta\text{-Ketosäure}}{R\text{-}CO\text{-}CH_2\text{-}COOH} \xrightarrow[-\ CO_2]{} \underset{\text{Methylketon}}{R\text{-}CO\text{-}CH_3}$$

Als Beispiel sei die Umwandlung des **Benzoylmalonsäurediethylesters** in **Acetophenon** angeführt [vgl. **MC-Frage Nr. 924**].

$$\underset{\text{Benzoylmalonester}}{C_6H_5\text{-}CO\text{-}CH(COOEt)_2} \rightarrow \underset{\text{Acetophenon}}{C_6H_5\text{-}CO\text{-}CH_3}$$

Knoevenagel-Reaktion: Malonester kann als *Methylenkomponente* auch mit Aldehyden und Ketonen umgesetzt werden. Die nachfolgende Hydrolyse und Decarboxylierung der Reaktionsprodukte (R = Alkyl, Aryl) ermöglicht den Zugang zu *α,β-ungesättigten Carbonsäuren,* die sich zu *Alkansäuren* hydrieren lassen.

$$EtOOC\text{-}CH_2\text{-}COOEt$$

$$\xrightarrow{+\ R\text{-}CH=O} EtOOC\text{-}C(=CH\text{-}R)\text{-}COOEt \xrightarrow{\text{Hydrolyse und Decarboxylierung}} R\text{-}CH=CH\text{-}COOH$$

$$\xrightarrow{+\ R_2C=O} EtOOC\text{-}C(=CR_2)\text{-}COOEt \xrightarrow{\text{Hydrolyse und Decarboxylierung}} R_2C=C\text{-}COOH$$

Ein Beispiel für dieses Verfahren ist die Darstellung von **3-Phenylpropionsäure** aus **Benzaldehyd** [vgl. **MC-Frage Nr. 923**].

$$\underset{\text{Benzaldehyd}}{C_6H_5\text{-}CH=O} + \underset{\text{Malonester}}{CH_2(COOEt)_2} \rightarrow \underset{\text{Benzalmalonester}}{C_6H_5\text{-}CH=C(COOEt)_2} \rightarrow$$

$$\xrightarrow[-\ CO_2]{\text{Hydrolyse}} \underset{\text{Zimtsäure}}{C_6H_5\text{-}CH=CH\text{-}COOH} \xrightarrow{+\ H_2} \underset{\text{3-Phenylpropionsäure}}{C_6H_5\text{-}CH_2\text{-}CH_2\text{-}COOH}$$

Stobbe-Kondensation: Auch Bernsteinsäureester reagieren mit Carbonylverbindungen (R = Alkyl, Aryl) in Gegenwart von Kalium-tert.-Butanolat im Sinne einer *Aldolreaktion.* Die Hydrolyse des Kondensationsproduktes mit Bromwasserstoffsäure liefert ein *γ-Lacton* bzw. eine β,γ-ungesättigte Carbonsäure, die sich beide zu gesättigten Monocarbonsäuren hydrieren lassen.

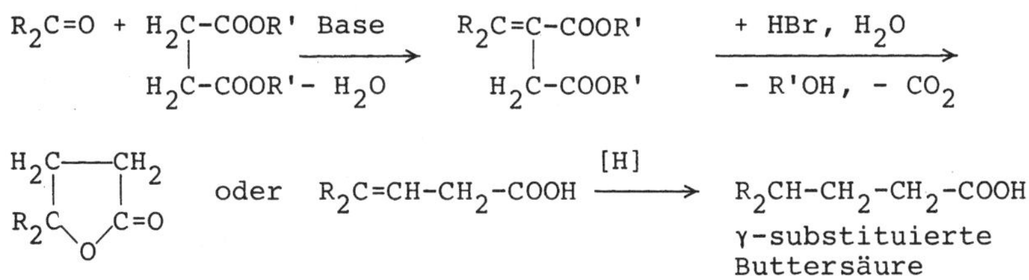

γ-substituierte Buttersäure

3.15 Heterocyclen

3.15.1 Struktur und Nomenklatur

3.15.1.1 Einführung

Allen *Heterocyclen* ist gemeinsam, daß in ihr Ringgerüst neben Kohlenstoffatomen noch andere Atome, insbesondere **Stickstoff-, Sauerstoff-** und/oder **Schwefelatome**, eingebaut sind. Darüber hinaus sind Heterocyclen bekannt, die als Heteroatome B, Si, P, As oder Se enthalten. Es ist im Rahmen dieses Buches nur möglich, einen knappen Überblick über die wichtigsten Stoffgruppen zu geben, wobei wir uns auf **fünf-** und **sechsgliedrige Ringsysteme**, die N-, O- und/oder S-haltig sind, beschränken wollen.

Heterocyclen lassen sich einteilen in:

* nicht-aromatische Verbindungen (Heteroaliphaten),
* aromatische Verbindungen (Heteroarene),

wobei die letztgenannte Gruppe weiter unterteilt werden kann in:

- π-elektronenreiche Heteroaromaten,
- π-elektronenarme Heteroaromaten.

Einige Beispiele von *nicht-aromatischen Heterocyclen* sind in Tabelle 66 zusammengestellt. Diese Substanzen unterscheiden sich in ihren physikalischen und chemischen Eigenschaften kaum von ihren offenkettigen Analoga. So sind die mit

Tab. 66: Ausgewählte nicht-aromatische Heterocyclen

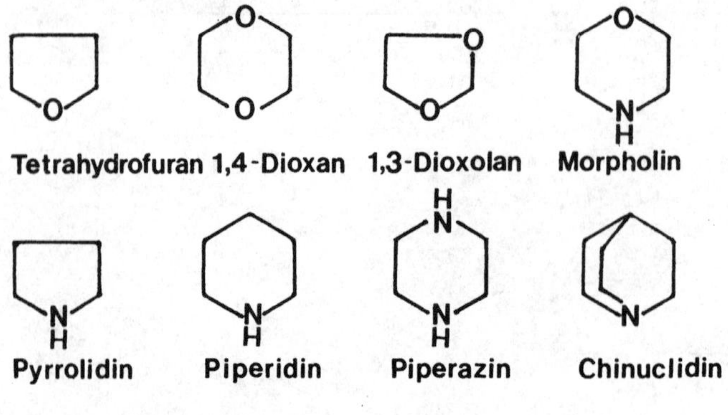

Wasser mischbaren Verbindungen **Tetrahydrofuran** und **1,4-Dioxan** typische Ether, und **Pyrrolidin** oder **Piperidin** sind typische sekundäre Amine. Die Eigenschaften dieser Substanzen wurden bereits im entsprechenden Kapitel der jeweiligen Stoffklasse besprochen.

Bei den *aromatischen Heterocyclen* erscheint es sinnvoll, sie in folgende Substanzgruppen zu untergliedern:

* Fünfring-Heteroaromaten mit einem Heteroatom einschließlich ihrer benzoanellierten Derivate,
* Fünfring-Heteroaromaten mit zwei und mehr Heteroatomen,
* Sechsringheteroaromaten mit einem Heteroatom einschließlich ihrer benzoanellierten Derivate,
* Sechsringheteroaromaten mit zwei und mehr Heteroatomen,
* bicyclische Heteroaromaten.

Die Tabellen 67 bis 71 zeigen ausgewählte Heteroaromaten zusammen mit einer Reihe pharmazeutisch wichtiger Derivate dieser Grundkörper [vgl. **MC-Fragen Nr. 925–938, 943–946, 982, 1072, 1186, 1187**].

Tab. 67: Fünfring-Heteroaromaten mit einem Heteroatom und ausgewählte Derivate

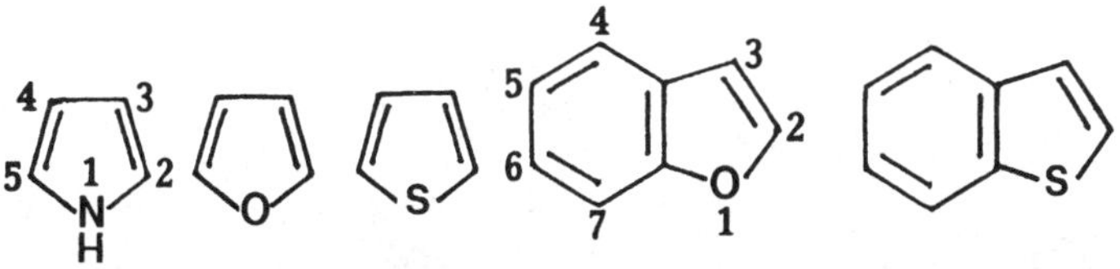

Pyrrol Furan Thiophen Cumaron Benzo[b]furan Thianaphthen Benzo[b]thiophen

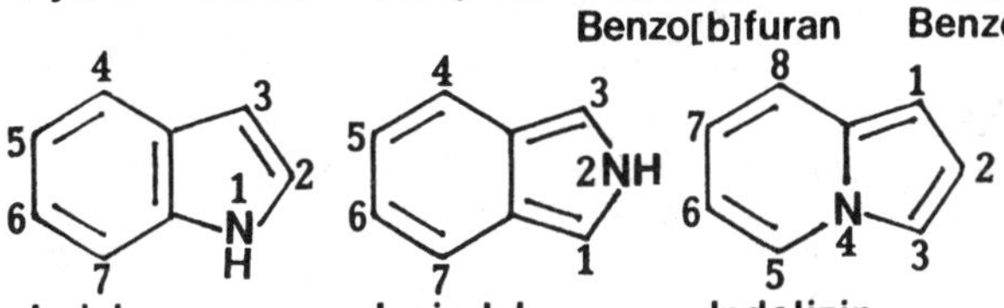

Indol Benzo[b]pyrrol Isoindol Benzo[c]pyrrol Indolizin

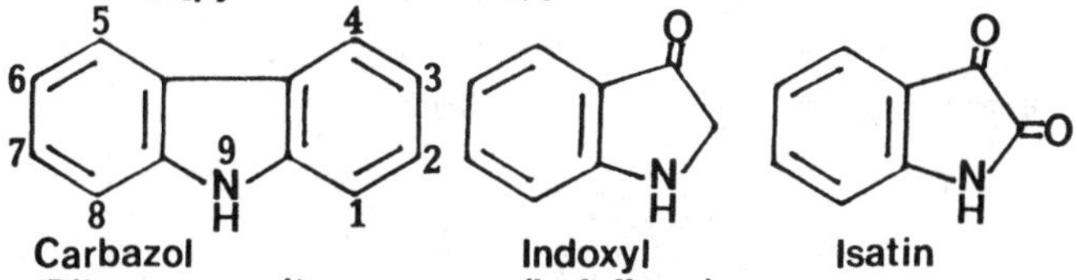

Carbazol (Dibenzopyrrol) Indoxyl (Indolinon) Isatin

Tab. 68: Fünfring-Heteroaromaten mit zwei und mehr Heteroatomen

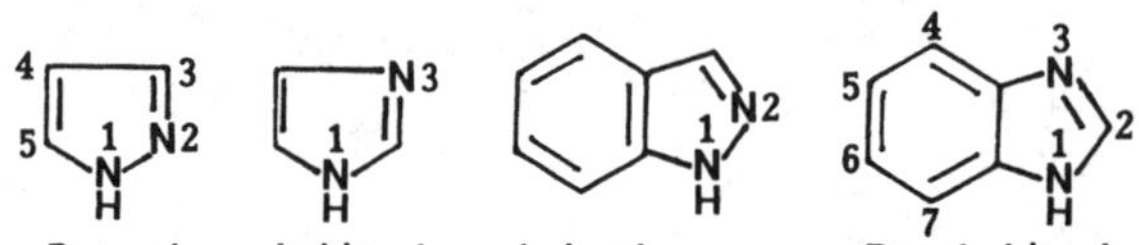

Pyrazol Imidazol Indazol Benzimidazol

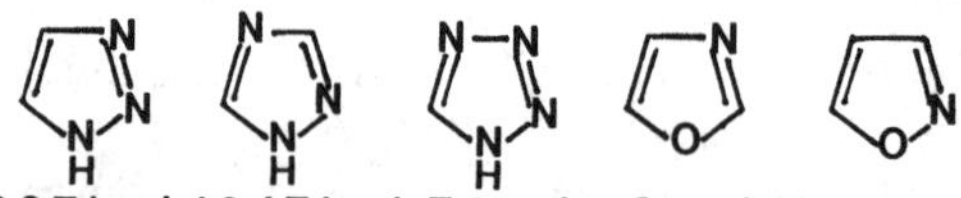

1,2,3-Triazol 1,2,4-Triazol Tetrazol Oxazol Isoxazol

Furazan Thiazol Isothiazol 1,3,4-Thiadiazol

Tab. 69: Sechsring-Heteroaromaten mit einem Heteroatom und ausgewählte Derivate

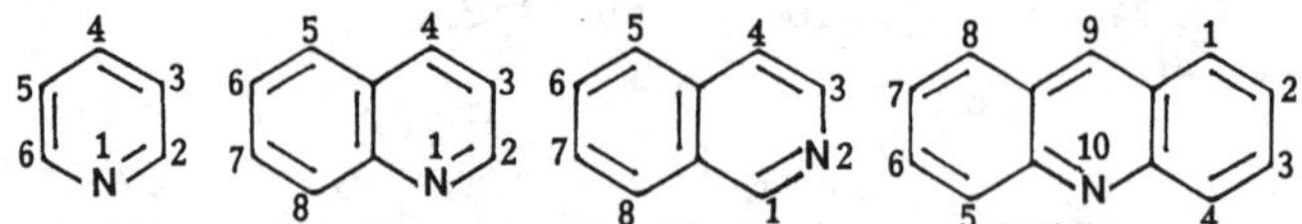

Pyridin Chinolin Isochinolin Acridin

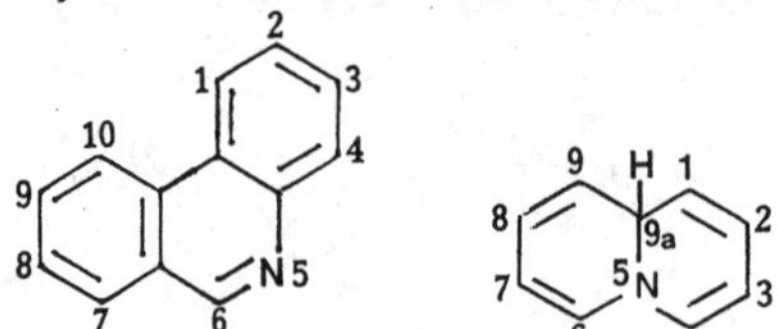

Phenanthridin 9aH-Chinolizin

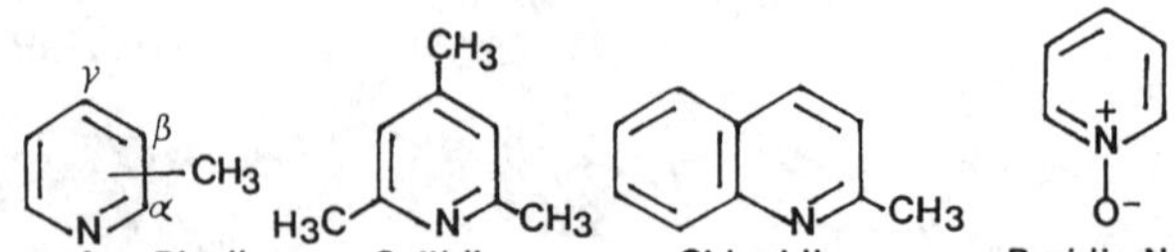

α-, β-, γ-Picolin Collidin Chinaldin Pyridin-N-oxid

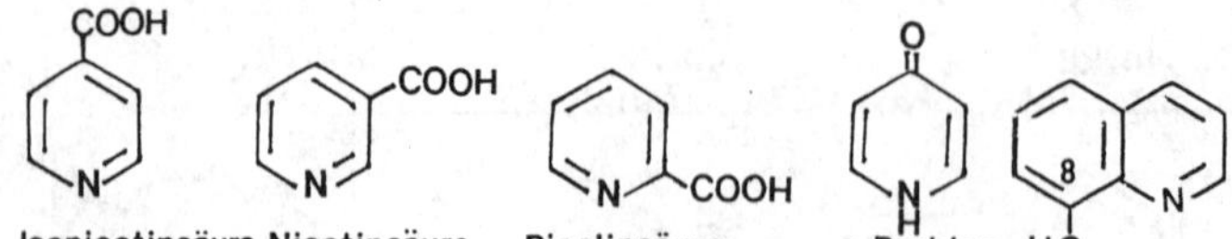

Isonicotinsäure Nicotinsäure Picolinsäure γ-Pyridon Oxin

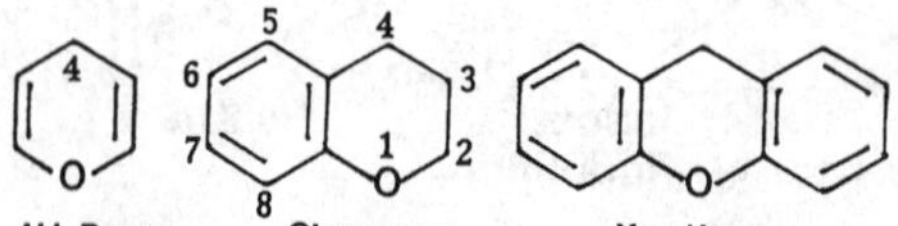

4H-Pyran (γ-Pyran) Chroman Xanthen

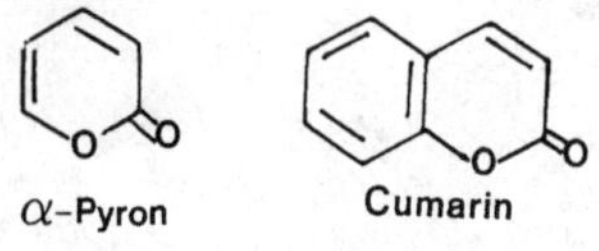

α-Pyron Cumarin

Tab. 70: Sechsring-Heteroaromaten mit zwei und mehr Heteroatomen und ausgewählte Pyrimidin-Derivate

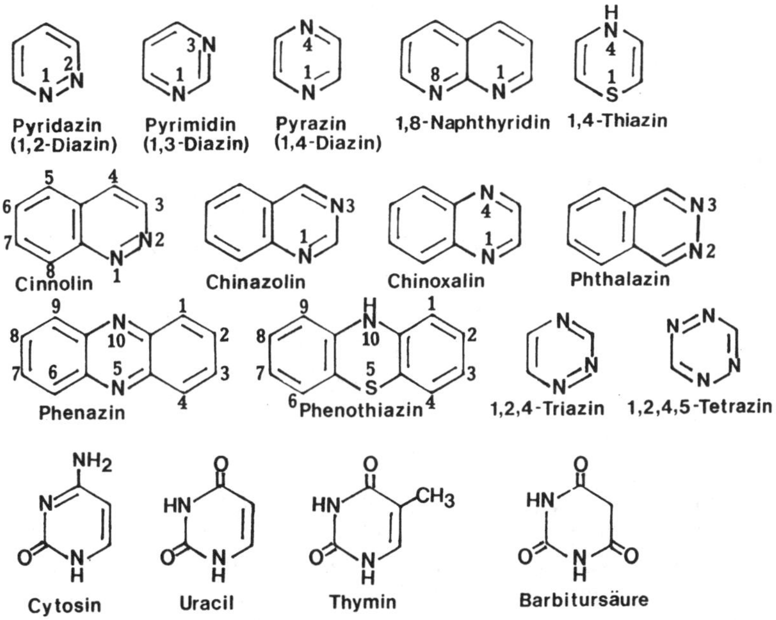

Tab. 71: Bicyclische Heterocyclen

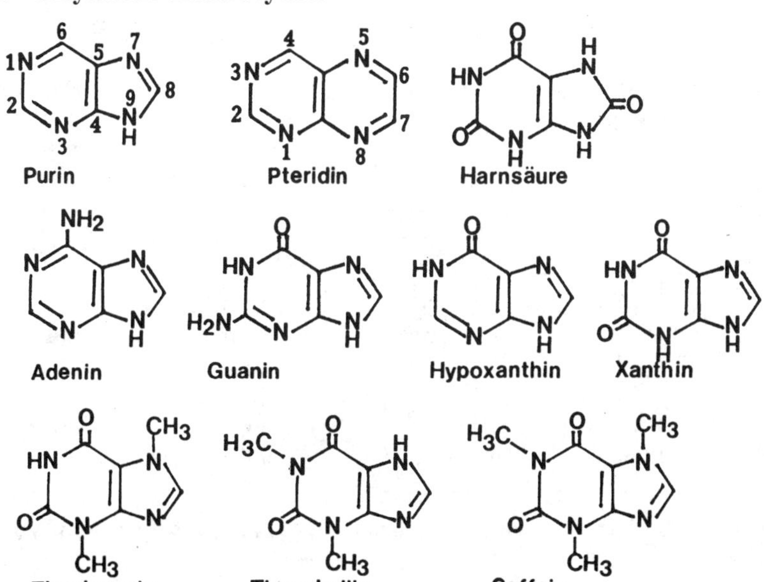

3.15.1.2 Nomenklatur

Wie obige Tabellen dokumentieren, umfaßt die Nomenklatur der Heterocyclen eine Vielzahl von Namen für die individuellen Ringsysteme sowie *Trivialnamen* für spezielle Verbindungen.

Zwar existiert eine systematische Nomenklatur zur Bezeichnung dieser Verbindungen, jedoch wird sie häufig nur in den Fällen angewandt, in denen die übliche Nomenklatur für spezielle Namen unhandlich wird.

Die **IUPAC-Nomenklatur** versucht, die *Größe des Ringsystems,* den *Sättigungsgrad* und die *Natur des Heteroatoms* durch die Bezeichnung der betreffenden Verbindung eindeutig zu beschreiben. In dieser sog. *„a-Nomenklatur"* wird die Art des Heteroatoms durch eine *Vorsilbe* gekennzeichnet [*Oxa* = Sauerstoff, *Aza* = Stickstoff, *Thia* = Schwefel], wobei in Verbindung mit dem Wortstamm der Buchstabe „a" weggelassen wird. Die Ringgröße und der Sättigungsgrad wird durch den *Wortstamm* ausgedrückt. Die wichtigsten Wortstämme sind in Tabelle 72 aufgelistet. Sind mehrere identische Heteroatome im Ring enthalten, wird dies durch die Silben *di-, tri-, tetra-* usw. in Verbindung mit den jeweiligen Vorsilben kenntlich gemacht.

Bei mehreren Heteroatomen werden diese in abnehmender Reihenfolge entsprechend ihrer Stellung im PSE genannt. Sind carbocyclische mit heterocyclischen Ringsystemen kondensiert, soll als Stammverbindung stets der Heterocyclus gewählt werden. Für einige in den obigen Tabellen enthaltene Heterocyclen ergeben sich dadurch folgende systematische Bezeichnungen:

Oxolan (Tetrahydrofuran) – Azolidin (Pyrrolidin) – Azol (Pyrrol) – 1,3-Diazol (Imidazol) – 1,4-Diazin (Pyrazin)

Tab. 72: Wortstämme zur Charakterisierung der Ringgröße und des Sättigungsgrades von Heterocyclen

Zahl der Ringatome	N enthaltende Ringe		Ringe ohne Stickstoff	
	ungesättigt	gesättigt	ungesättigt	gesättigt
3	-irin	-iridin	-iren	-iran
4	-etin	-etidin	-etin	-etan
5	-ol	-olidin	-ol	-olan
6	-in	[1]	-in	-an
7	-epin	[1]	-epin	-epan
8	-ocin	[1]	-ocin	-ocan

[1] Der gesättigte Charakter wird durch das Präfix *„Perhydro"* vor dem Wortstamm angegeben.

Als weitere Beispiele sind anzuführen [vgl. **MC-Fragen Nr. 944, 971**]:

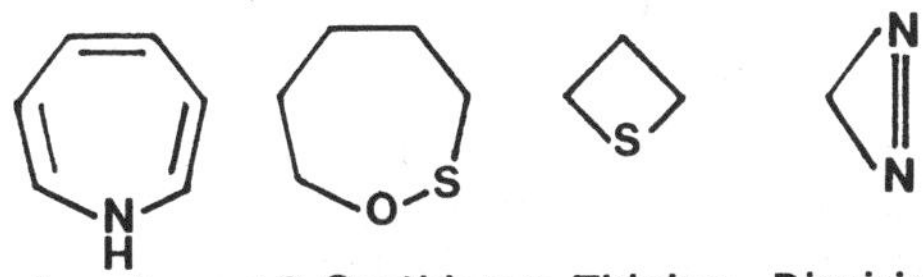

Azepin 1,2-Oxathiepan Thietan Diazirin

Über andere Bezeichnungsweisen von Heterocyclen wird auf die einschlägige Literatur zur „Nomenklatur organischer Verbindungen“ verwiesen.

3.15.2 Eigenschaften von Heterocyclen

Im Kap. 3.2.6.2 wurde der Einfluß diskutiert, den ein Substituent, der über ein N- oder O-Atom an einen Aromaten gebunden ist, auf die Elektronenverteilung des aromatischen Systems ausübt. Als wesentliches Ergebnis ist festzuhalten, daß je nach der Art des Substituenten die *π-Elektronendichte* an den einzelnen Ringpositionen erhöht oder vermindert wird, und daß dies durch *mesomere* und *induktive Effekte* zustandekommt.

Werden solche Heteroatome (N,O,S) selbst Glied eines Kohlenstoffringes, kommt es auch hier zu einer von Eins abweichenden π-Elektronendichte an den C-Atomen des Ringgerüstes, wobei gleichfalls induktive und mesomere Einflüsse die auslösenden Momente sind.

3.15.2.1 π-Elektronenüberschuß-Heteroaromaten

Der *aromatische Charakter* der drei Heterocyclen **Furan, Pyrrol** und **Thiophen** beruht darauf, daß die vier p-Elektronen der sp^2-hybridisierten C-Atome zusammen mit dem freien Elektronenpaar des gleichfalls sp^2-hybridisierten Heteroatoms ein delokalisiertes aromatisches *Elektronensextett* bilden [vgl. **MC-Fragen Nr. 940, 942, 970, 971, 973, 975–977, 1195**].

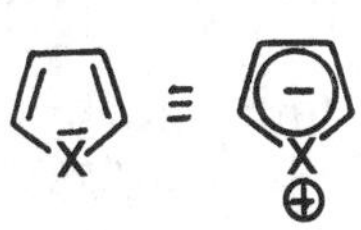

(X=S ; NH ; O)

Dennoch ist der aromatische Charakter der genannten Verbindungen weit weniger stark ausgeprägt als der des Benzens, weil bei diesen Substanzen die völlige Delokalisierung der π-Elektronen eine Ladungstrennung zur Folge hätte. Nach dem *VB-Modell* wird diese *unsymmetrische Ladungsverteilung* in den Fünfring-Heteroaromaten dadurch zum Ausdruck gebracht, daß man – im Gegensatz zum Benzen – nur eine einzige *Grenzstruktur* formulieren kann, in der keine getrennten Ladungen auftreten.

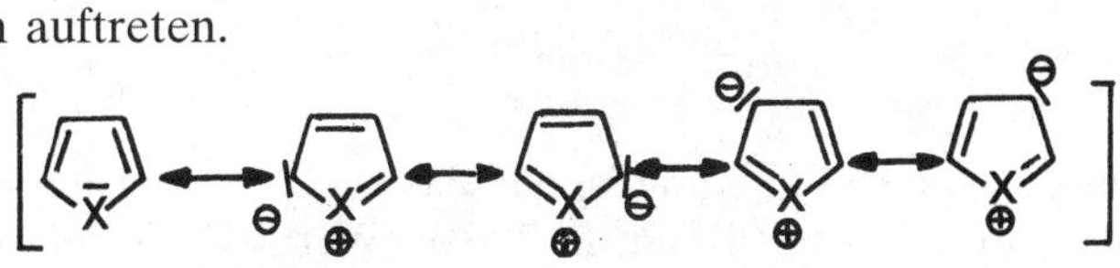

Die gezeigten Resonanzstrukturen besitzen unterschiedliche Energieinhalte und sind nicht gleichwertig. Je größer aber die Energiedifferenz zwischen den einzelnen Grenzstrukturen ist, desto geringer ist die Mesomerieenergie des betreffenden Ringsystems. Deshalb sind, wie Tabelle 73 ausweist, die *empirischen Resonanzenergien* der Fünfring-Heteroaromaten, die aus den *Verbrennungswärmen* abgeschätzt werden können, kleiner als die des Benzens.

Tab. 73: Mesomerieenergie einiger Fünfring-Heteroaromaten

Heteroaromat	Mesomerieenergie
Thiophen	125,5 kJ/mol
Pyrrol	90,4 kJ/mol
Furan	71,1 kJ/mol

Aus der Beteiligung zwitterionischer Grenzstrukturen folgt, daß an den C-Atomen Elektronen akkumuliert sind, während das Heteroatom partiell an Elektronen verarmt. Das Heteroatom bewirkt in all diesen Fällen einen *π-Elektronenüberschuß an den Ring-C-Atomen* [6 Elektronen verteilen sich auf 5 und nicht wie im Benzen auf 6 Ringatome], über dessen Größe MO-Berechnungen Auskunft geben.

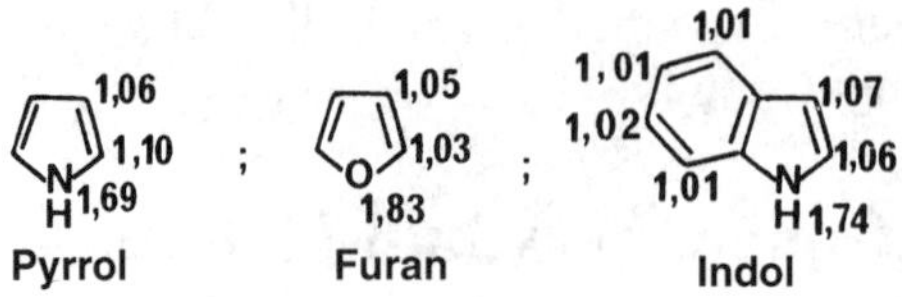

Man erkennt, daß z. B. die *Kohlenstoffatome des Pyrrols* mit Werten von 1,10 und 1,06 eine höhere π-Elektronendichte aufweisen als die C-Atome des Benzens (Wert: 1,00), so daß für Pyrrol eine gesteigerte Reaktivität gegenüber elektrophilen Reagenzien zu erwarten ist. Dies wird durch die Praxis bestätigt.

Die Berechnungen zeigen ebenso den unterschiedlichen Einfluß des Heteroatoms. Zum Beispiel ist das Sauerstoffatom weit weniger als das Stickstoffatom befähigt, eines seiner freien Elektronenpaare für die Konjugation mit den übrigen π-Elektronen zur Verfügung zu stellen. Somit ist die Elektronendichte am *O-Atom des Furans* größer als die am N-Atom des Pyrrols (bei weitgehender Lokalisierung am Heteroatom wäre der Wert 2,00 zu erwarten). Dieser Unterschied ist letztlich auf die größere *Elektronegativität des Sauerstoffs* zurückzuführen, dessen Neigung zur Elektronenabgabe geringer ist als die des Stickstoffs. Aus diesem Grund wird der Beitrag zwitterionischer Grenzstrukturen in der Reihe Thiophen-Pyrrol-Furan zunehmend geringer und der *aromatische Charakter* nimmt wie folgt zu:

Furan < Pyrrol < Thiophen << Benzen

Darüber hinaus belegen Berechnungen, daß das freie Elektronenpaar beim **Indol** stärker am Stickstoff lokalisiert ist als im Pyrrol (Wert: 1,74 im Vergleich zu 1,69).

Dies weist darauf hin, daß in den *benzoanellierten Heteroaromaten* der aromatische Charakter noch weiter herabgesetzt ist.

Beweisend für die *Aromatizität* der o.a. Substanzen sind:

- die völlige koplanare Anordnung des gesamten Ringsystems,
- der Ringstromeffekt (NMR-Spektroskopie),
- die Bereitschaft für S_E-Reaktionen,
- die Bindungslängen, Verbrennungswärmen und die Dipolmomente.

Während sich bei den gesättigten Verbindungen (**Pyrrolidin, Tetrahydrofuran, Tetrahydrothiophen**) das Heteroatom am negativen Ende des Dipols befindet, ist bei den Heteroaromaten das mit dem π-Elektronensystem verknüpfte *Dipolmoment* aufgrund der Delokalisierung des freien Elektronenpaares dem Dipolmoment des σ-Bindungssystems entgegengerichtet. Dies hat zur Folge, daß das Gesamtdipolmoment von **Furan** und **Thiophen** im Vergleich zu ihren nicht-aromatischen Analogen geringer ist. Im **Pyrrol** ist das π-Moment zudem größer als das σ-Moment, so daß die Richtung des Gesamtdipolmomentes dem des Pyrrolidins entgegengesetzt ist.

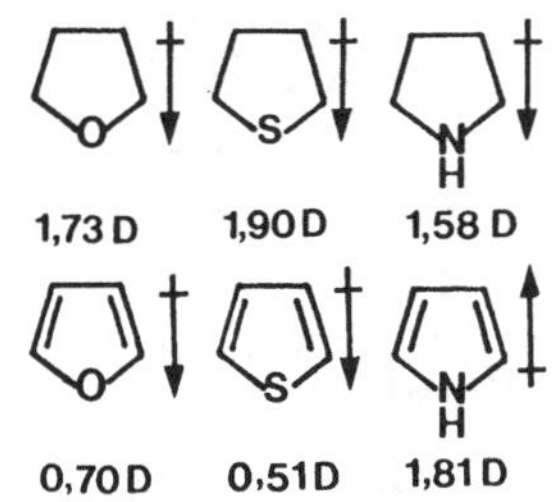

Chemische Eigenschaften: Der am schwächsten ausgeprägte aromatische Charakter des **Furans** zeigt sich u. a. daran, daß Furan in vielerlei Hinsicht einem Ether gleicht. Darüber hinaus besitzt Furan Dien-Charakter und geht mit Dienophilen eine *Diels-Alder-Reaktion* ein, während Pyrrol und Thiophen unter den üblichen Bedingungen kein Diels-Alder-Addukt ergeben [vgl. Kap. 3.2.14.5 und **MC-Fragen Nr. 971, 974, 975, 977**]. Die relativ hohe Aromatizität des **Thiophens** hat zur Folge daß S_E-Reaktionen an dieser Verbindung meistens unter milden Bedingungen und mit guten Ausbeuten ablaufen.

Die Beteiligung des freien Elektronenpaars am N-Atom des **Pyrrols** an der Delokalisierung des π-Systems bewirkt eine Abnahme des basischen Charakters (vgl. Kap. 3.19.6). Pyrrol hat zudem schwach saure Eigenschaften [pK_s= 15]. Es bildet mit Alkalimetallen und Alkalihydroxiden Salze und reagiert mit Grignard-Derivaten als NH-acide Verbindung. Demgegenüber bilden Thiophen und Furan nur mit sehr starken Basen Salze, wobei das H-Atom an C-2 als Proton abgelöst wird.

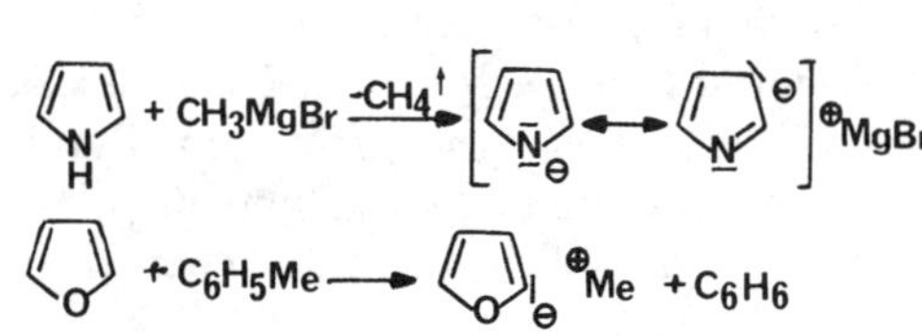

Furan, Pyrrol oder **Thiophen** werden bei *elektrophilen Substitutionsreaktionen* bevorzugt in *Stellung 2* angegriffen [vgl. **MC-Fragen Nr. 970, 973, 975–977, 1235**]. Ist diese Position besetzt, so ist eine Substitution auch an C-3 möglich. Erwartungsgemäß ist beim **Indol** aufgrund der erhöhten π-Elektronendichte die *Position 3* der bevorzugte Angriffsort für Elektrophile (vgl. auch Kap. 3.2.6.7). Dies ist auch beim **Benzo[b]thiophen** (**Thianaphthen**) der Fall, während im **Benzo[b]furan** (**Cumaron**) weiterhin die Stellung 2 am reaktivsten ist.

Azole: Azole sind Fünfring-Heteroaromaten, die neben Stickstoff ein weiteres Heteroatom enthalten. Sie zählen ebenfalls zu den π-elektronenreichen Heteroaromaten, sind aber aufgrund des zweiten Heteroatoms weniger reaktiv als Furan, Pyrrol oder Thiophen. Für die Azole ergeben sich im allgemeinen folgende Reihen abnehmender Reaktivität:

1,2-Azole : Pyrazol > Isothiazol > Isoxazol
1,3-Azole : Imidazol > Thiazol > Oxazol

Als Folge intermolekularer H-Brücken sind – im Gegensatz zu den anderen Azolen – **Pyrazol** und **Imidazol** bei Raumtemperatur fest. Über die basischen Eigenschaften dieser Verbindungen informiert Kap. 3.19.6.

3.15.2.2 π-Elektronenmangel-Heteroaromaten

Ersetzt man im Benzen das Strukturelement [-CH=] durch [-N=], so bewirkt das Stickstoffatom einen π-Elektronenmangel an den Kohlenstoffatomen des Ringes. Alle Ring-C-Atome werden für einen elektrophilen Angriff desaktiviert, besonders aber die Atome C-2, C-4 und C-6. **Pyridin** ist hinsichtlich seiner Reaktivität mit dem Nitrobenzen vergleichbar. Darüber hinaus ist für Elektrophile das freie Elektronenpaar am N-Atom die reaktivste Stelle [vgl. **MC-Fragen Nr. 940, 970, 971, 979–981**].

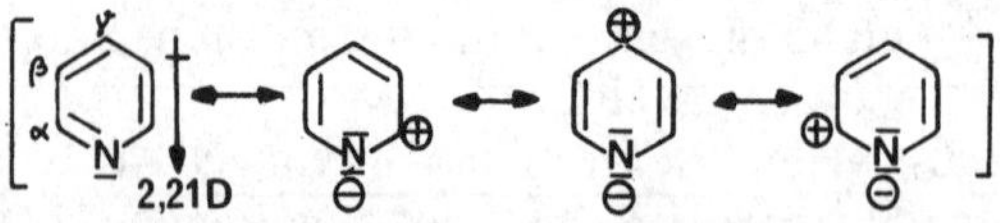

Die erhöhte negative Ladungsdichte am Stickstoffatom des Pyridins offenbart sich nicht nur in den zwitterionischen Resonanzstrukturen, sondern zeigt sich auch in seinem *Dipolmoment*. Der Wert von 2,21 D für **Pyridin** ist deutlich größer als der von 1,17 D für **Piperidin**. Das π-Moment weist zudem in die gleiche Richtung wie das Dipolmoment für das σ-Bindungssystem, so daß sich beide Teilmomente zum Gesamtdipolmoment addieren (vgl. auch Ehlers, **Chemie I**, Kap. 1.7).

Die Werte der berechneten *π-Elektronendichten* im **Pyridin, Pyrimidin, 1,3,5-Triazin** und **Chinolin** dokumentieren, daß das Elektronendefizit an den einzelnen Ringkohlenstoffatomen durch Einführung zusätzlicher Heteroatome noch verstärkt wird.

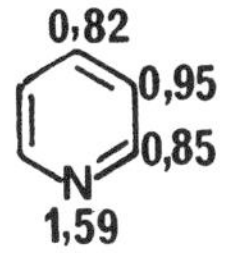

Pyridin

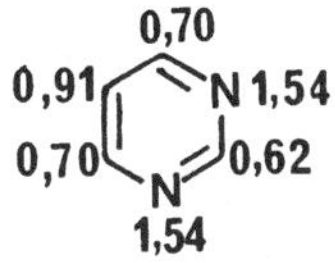

Pyrimidin

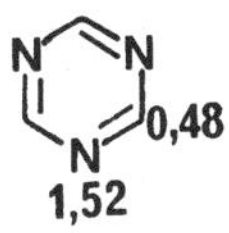

1,3,5 Triazin

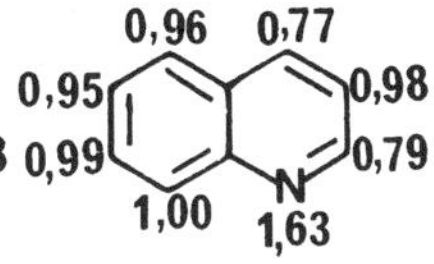

Chinolin

Wie Tabelle 74 zeigt, nimmt parallel dazu auch die Mesomerieenergie des jeweiligen Ringsystems ab. Dieser Minderung des aromatischen Charakters entspricht eine zunehmende Neigung der genannten Substanzen zum hydrolytischen Abbau.

Tab. 74: Mesomerieenergie einiger Sechsring-Heteroaromaten

Heteroaromat	Mesomerieenergie
Pyridin	129,7 kJ/mol
Pyrimidin	108,8 kJ/mol
1,3,5-Triazin	83,7 kJ/mol

Da die C-Atome des Pyridins elektronendefizienter sind als die im Benzen, lassen sich **S_E-Reaktionen** nur unter drastischen Bedingungen durchführen, wobei der neue Substituent erwartungsgemäß in die am wenigstens desaktivierte *Stellung 3* eintritt [siehe auch Kap. 3.2.6.2 und **MC-Fragen Nr. 979–981, 1235**]. Wesentlich glatter verlaufen dagegen **S_N-Reaktionen** am Pyridin-Gerüst, die vorzugsweise an den *Positionen 2* und *4* stattfinden (siehe auch Kap. 3.6.4.3).

S_E-Reaktionen am Pyridin sind noch weiter erschwert, wenn man sie in saurer Lösung durchführt, weil im dann vorliegenden positiv geladenen **Pyridinium-Ion** die Elektronegativität des Ringstickstoffs deutlich erhöht ist, wodurch die π-Elektronendichte an den Kohlenstoffatomen noch stärker vermindert wird. *Pyridiniumsalze* sind deshalb gegenüber Elektrophilen in hohem Maße reaktionsträge.

Ist der Heterocyclus wie im **Chinolin** mit einem Benzenring anelliert, lassen sich im heterocyclischen Teil **S_N-Reaktionen** an den *Positionen 2* und *4* durchführen, während *Elektrophile* am Benzenring, insbesondere an *C-5* und *C-8* angreifen.

Diazin-Derivate: Diazine sind sechsgliedrige, π-elektronenarme Heteroaromaten mit zwei N-Atomen (**Pyrazin, Pyrimidin** und **Pyridazin**). Aufgrund des zweiten Heteroatoms sind diese Substanzen gegenüber Elektrophilen noch weniger reaktiv als Pyridin.

Pyran-Derivate: Von den beiden Sauerstoffanalogen des Pyridins, dem **α-** und **γ-Pyran**, ist nur letzteres bekannt. Beim γ-Pyran handelt es sich *nicht* um eine aromatische Verbindung [vgl. **MC-Fragen Nr. 937, 939**]. Zwar sind formal 6π-Elektronen vorhanden, deren durchgehende Konjugation zu einem ringförmig geschlossenen, delokalisierten Elektronensextett aber durch die Methylengruppe verhindert wird. γ-Pyran, eine wasserklare, sich an der Luft braun färbende Verbindung, verhält sich wie ein reaktives Olefin. Aromatisches Verhalten ist erst bei *Pyrilium-Salzen* zu erwarten, da hier ein aromatisches π-Elektronensextett vorhanden ist. Allerdings ist das bisher vorliegende experimentelle Material zu gering, um allgemeine Aussagen über das Verhalten des Pyrilium-Ions bei Substitutionsreaktionen machen zu können.

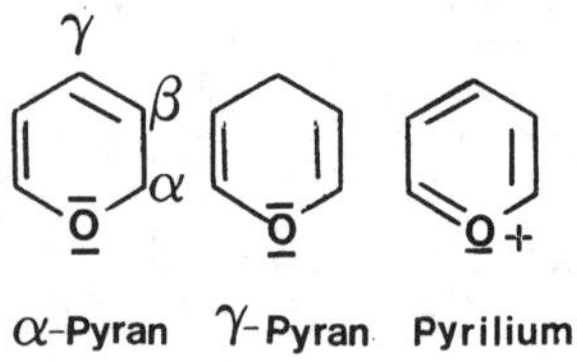

3.15.3 Darstellung von Heteroaromaten

3.15.3.1 Synthese von Fünfring-Heteroaromaten mit einem Heteroatom

Ausgangsmaterial für die technische Darstellung von **Furan** ist **Furfural** (**Furan-2-carbaldehyd**), das aus Hemicellulosen durch Behandeln mit Säuren zugänglich ist (vgl. Kap. 3.16.3.1). Bei der *Cannizzaro-Reaktion* von Furfural entsteht **Furan-2-carbonsäure**, die bei der Thermolyse zu Furan decarboxyliert.

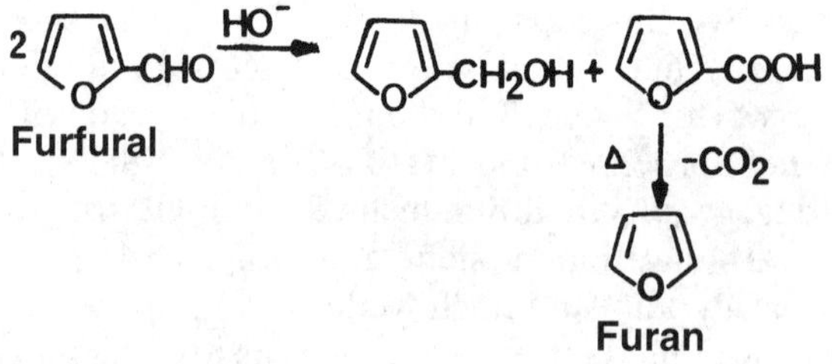

Pyrrol, das aus Furan und Ammoniak bei 400 °C erhalten wird, kommt in geringen Mengen auch im Steinkohlenteer vor und kann daraus gewonnen werden. Eine alternative Synthesemethode ist die Umsetzung von **1,4-Butindiol** mit Ammoniak unter hohen Drucken. 1,4-Butindiol ist durch Ethinylierung von Formaldehyd darstellbar (vgl. Kap. 3.5.7.3).

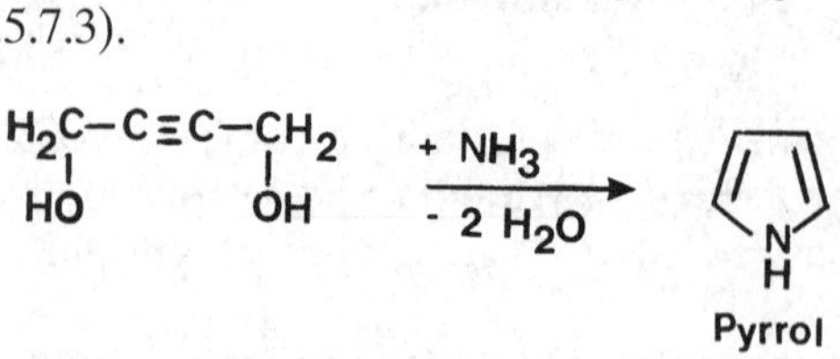

Thiophen findet sich als Begleiter des Benzens im Steinkohlenteer [vgl. **MC-Fragen Nr. 976, 977**]. Die ähnlichen Siedepunkte schließen eine Trennung durch fraktionierte Destillation aus. Die Schmelzpunkte [Fp (Thiophen) = -38 °C, Fp (Benzen) = +6 °C] liegen zwar relativ weit auseinander, aber beim Erstarren des Benzens wird Thiophen in dessen Kristallgitter eingebaut. Man muß deshalb Thiophen mit $AlCl_3$, H_2SO_4, $ClSO_3H$ oder RaNi zerstören, um Thiophen-freies Benzen zu erhalten. In der Technik gewinnt man Thiophen aus **n-Butan** oder **Butadien** und *elementarem Schwefel.*

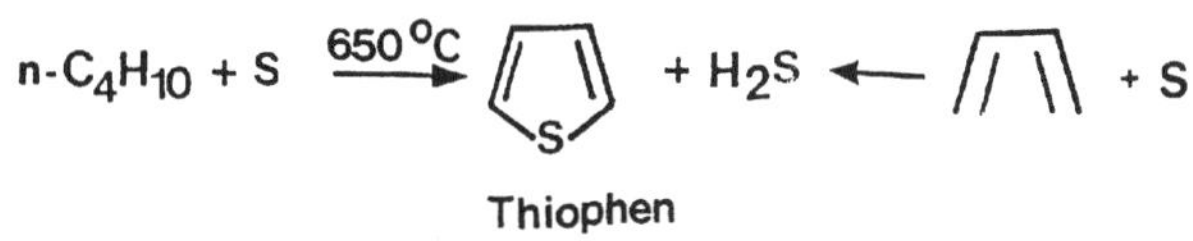

Zur präparativen Herstellung von substituierten Derivaten dieser Heterocyclen stehen folgende Verfahren zur Verfügung:

Paal-Knorr-Reaktion: Sie ist die allgemeinste Methode zur Darstellung fünfgliedriger Heteroaromaten. Ausgehend von *1,4-Dicarbonylverbindungen* können mit Dehydratisierungs-Agenzien (trockenes HCl-Gas, wasserfreies $ZnCl_2$, P_2O_5) *Furane,* durch Umsetzung mit einem anorganischen Sulfid (P_2S_5, P_4S_7) *Thiophene,* und durch Reaktion mit Ammoniak *Pyrrole* hergestellt werden. Verwendet man anstelle von NH_3 ein primäres Amin, so entstehen *N-substituierte Pyrrol-Derivate* [vgl. **MC-Fragen Nr. 947, 949, 953, 975**].

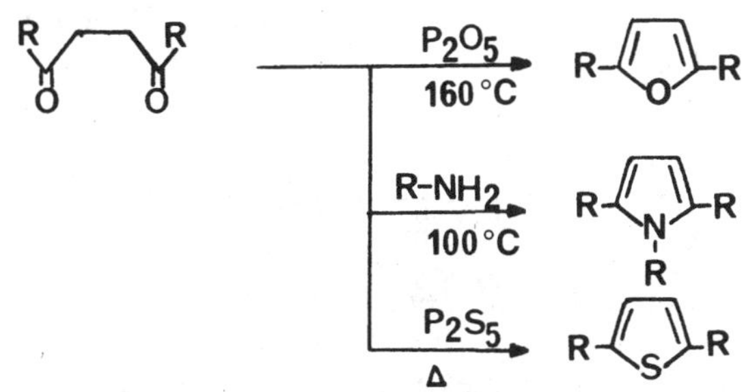

Die Bildung des Furans erfolgt wahrscheinlich über ein intermediäres Endiol, aus dem Wasser abgespalten wird. Bei der Reaktion mit Ammoniak addiert sich dieser zunächst an eine der beiden Carbonylgruppen unter Bildung eines Halbaminals. Danach erfolgt der Ringschluß und die dehydratisierende Aromatisierung. Beispielsweise bildet sich **Pyrrol** aus der Umsetzung von **Succindialdehyd** mit NH_3, während **Acetylaceton** (2,5-Hexandion) mit NH_3 zu **2,5-Dimethylpyrrol** reagiert.

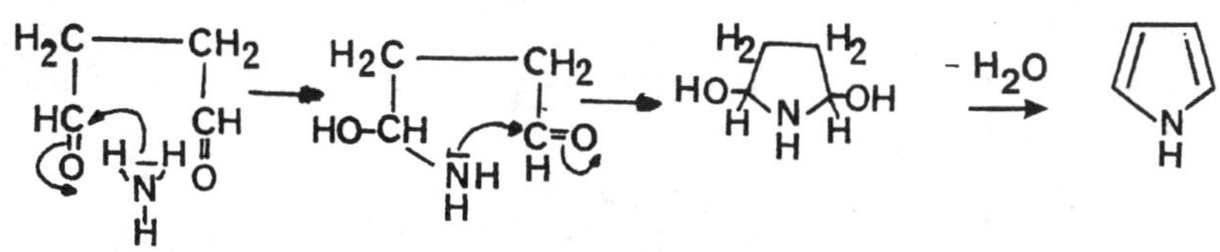

Die Anwendungsbreite der Reaktion ist allerdings etwas eingeschränkt, weil 1,4-Dicarbonylverbindungen nicht immer leicht zugänglich sind.

Knorr-Pyrrol-Synthese: Hier kondensiert man ein *α-Aminoketon* bzw. einen α-Amino-β-ketoester mit Verbindungen (Ketone, β-Ketoester), die neben der Carbonylgruppe noch eine aktive Methylengruppe enthalten. Es lassen sich vor allem C-substituierte Pyrrole darstellen. α-Aminoketone gewinnt man durch Nitrosierung von β-Ketoestern oder β-Diketonen und nachfolgende Reduktion der gebildeten Oxime mit Zink in Eisessig.

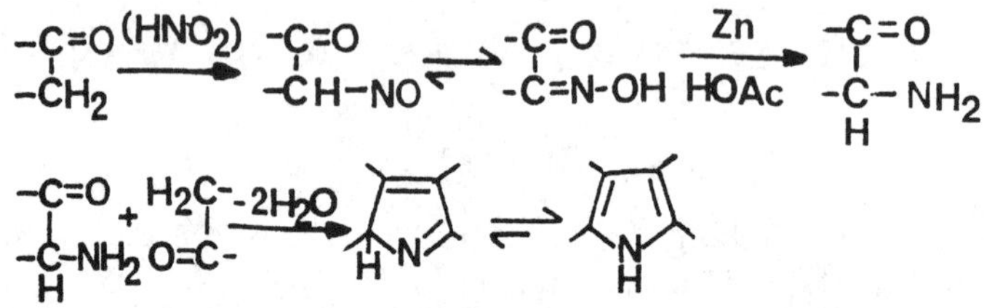

Weitere Herstellungsverfahren: Bei einer dritten Synthesemethode geht man von *α-Chlorketonen* und β-Ketoestern aus, die beim Behandeln mit einer Base cyclisieren. Dabei entstehen in Abhängigkeit von der verwendeten Base *Furane (Feist-Benary-Reaktion)* oder *Pyrrol-Derivate (Pyrrol-Synthese nach Hantzsch)* [vgl. **MC-Frage Nr. 947**].

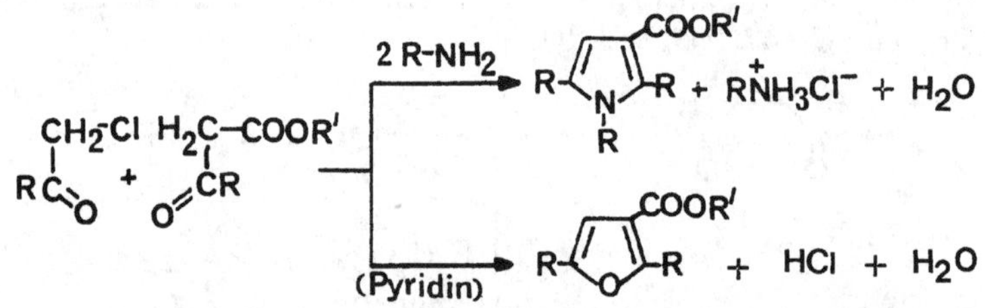

Fischer-Indol-Synthese: Das Indol-Gerüst läßt sich aus Phenylhydrazonen von Aldehyden oder Ketonen unter der Einwirkung von H_2SO_4 bzw. von Lewis-Säuren wie $ZnCl_2$ aufbauen. Die intramolekulare Reaktion verläuft über einen *[3,3]-sigmatropen Schritt* [vgl. Kap. 3.2.14.3 und **MC-Fragen Nr. 963–968**].

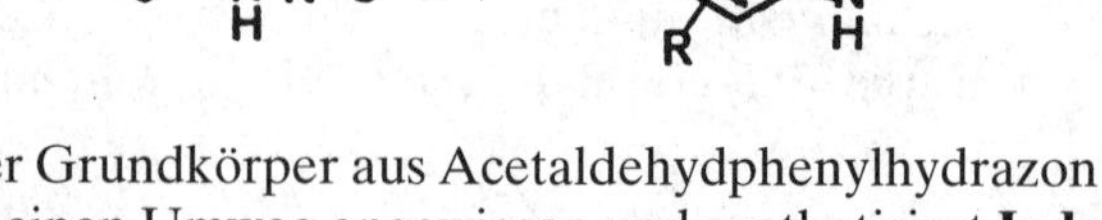

Allerdings ist der Grundkörper aus Acetaldehydphenylhydrazon *nicht* herstellbar. Man ist hier auf einen Umweg angewiesen und synthetisiert **Indol** aus dem **Brenztraubensäurephenylhydrazon**, wobei zunächst die leicht decarboxylierbare **Indol-2-carbonsäure** gebildet wird.

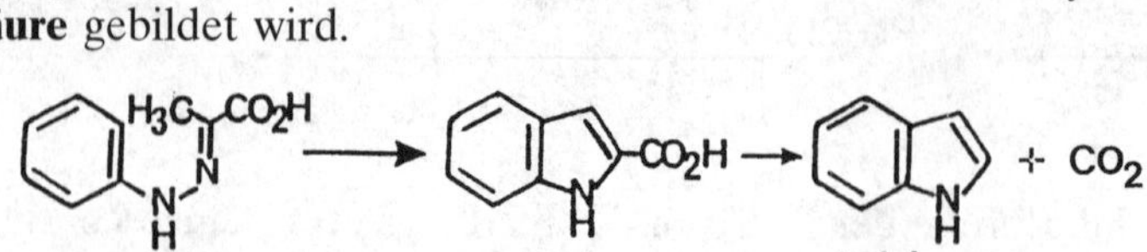

Indol

Durch Verwendung von ^{15}N-Isotopen-markierten Substraten konnte folgender Reaktionsablauf wahrscheinlich gemacht werden. Zunächst tautomerisiert unter dem Einfluß des sauren Katalysators das *Phenylhydrazon* (I) zu einem *En-Hydrazin* (II). Dieses unterliegt einer protonenkatalysierten *Umlagerung*, die zu (IV) führt. Daraus entsteht unter Abspaltung von NH_3 (bzw. NH_4^+) das substituierte Indol (V).

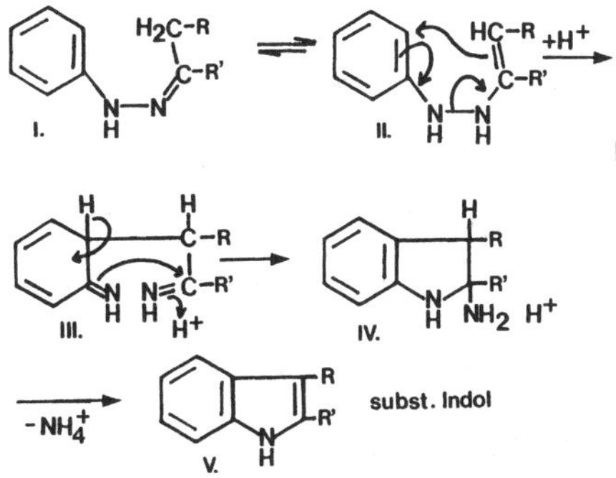

Beispielsweise bildet sich aus **4-Methyl-phenylhydrazin** und **Acetophenon** in Anwesenheit von $ZnCl_2$ als Katalysator **5-Methyl-2-phenylindol** [vgl. **MC-Frage Nr. 964**].

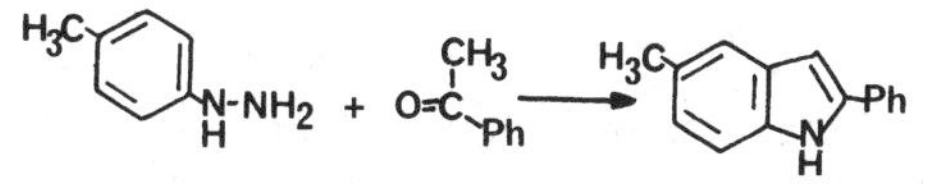

In einigen Fällen hängt die Richtung der Indol-Bildung vom eingesetzten Katalysator ab. So liefert Phenylaceton-phenylhydrazon in Gegenwart von Chlorwasserstoff als Katalysator **2-Methyl-3-phenylindol**, während mit Phosphorsäure **2-Benzylindol** gebildet wird.

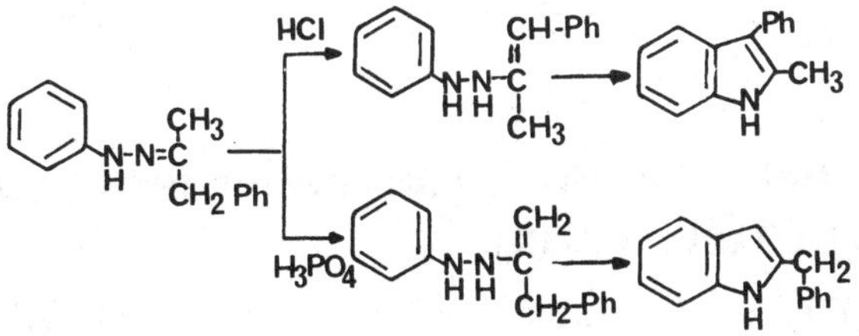

3.15.3.2 Synthese von Fünfring-Heteroaromaten mit zwei Heteroatomen

Pyrazol-Synthese: Pyrazole können durch intermolekulare Kondensation von *β-Dicarbonylverbindungen* (1,3-Diketon, β-Ketoester, Malonester) mit einem *Hydrazin-Derivat* in Gegenwart einer Säure erhalten werden.

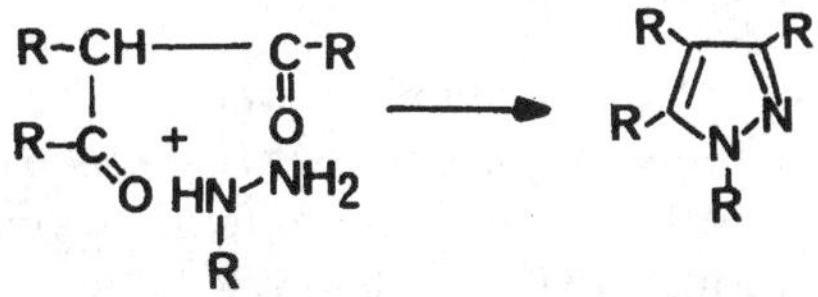

So bildet sich z. B. bei der Umsetzung von **Acetessigester** mit **Phenylhydrazin** zunächst das betreffende Phenylhydrazon, das anschließend unter intramolekularer Aminolyse der Estergruppe zu **1-Phenyl-3-methyl-pyrazolin-5-on** cyclisiert [vgl. **MC-Fragen Nr. 950–952**].

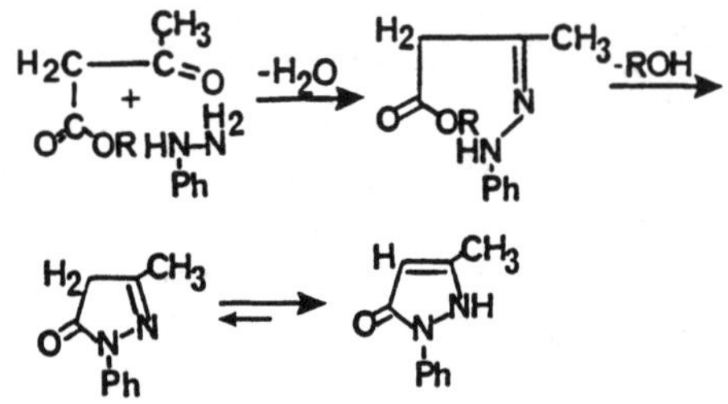

In analoger Weise entstehen *1,2-Diphenyl-pyrazolin-3,5-dione* bei der Reaktion von *Malonester-Derivaten* mit *Hydrazobenzen.*

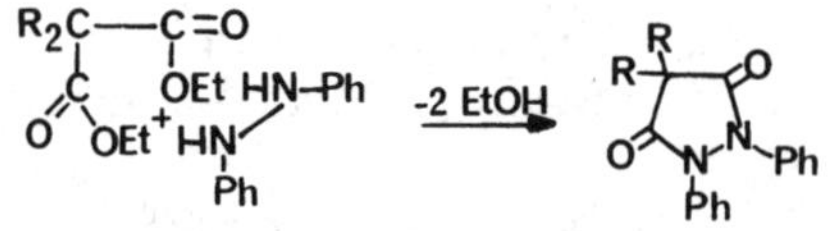

Hantzsch-Thiazol-Synthese: Thiazol-Derivate entstehen bei der Kondensation von α-Halogenketonen mit Thioamiden. **Thiazol** selbst wird hergestellt aus α-Chloracetaldehyd und Thioformamid [vgl. **MC-Frage Nr. 955**].

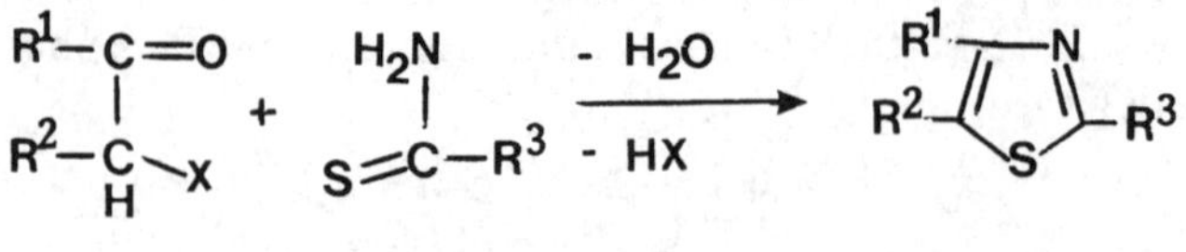

3.15.3.3 Synthese von Sechsring-Heteroaromaten mit einem Heteroatom

Pyridin (Sdp. 116 °C) ist eine farblose, mit Wasser in jedem Verhältnis mischbare Flüssigkeit von unangenehmen Geruch [vgl. **MC-Fragen Nr. 831, 969**]. Das schwach basische Pyridin [$pK_b = 8{,}77$] ist Bestandteil des *Steinkohlenteers.* Die aus dem Steinkohlenteer isolierten Basen enthalten neben Pyridin auch seine Monomethyl-Derivate *(Picoline),* die Dimethyl-Derivate *(Lutidine)* sowie Trimethylpyridine *(Collidine).* Auch **Chinolin** und **Isochinolin** sind im Steinkohlenteer enthalten.

Als allgemeine Synthesen für Pyridin-Verbindungen und andere Sechsring-Heteroaromaten stehen zur Verfügung:

Hantzsch-Pyridin-Synthese: Hierzu läßt man zwei Moleküle eines β-*Ketoesters* mit einem *Aldehyd* und *Ammoniak* reagieren [vgl. **MC-Fragen Nr. 948, 956, 1168**]. Das zunächst auftretende Derivat des *1,4-Dihydropyridins* neigt zur Aromatisierung und kann leicht – meistens mit HNO_3 – zu einer Pyridin-Verbindung oxidiert werden.

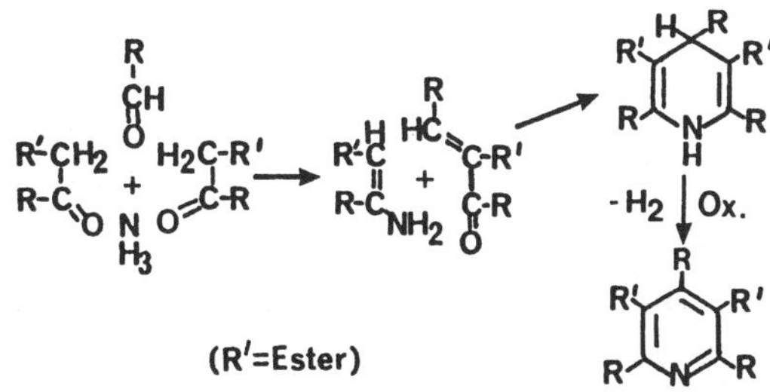

Bei diesem Verfahren verknüpft die Carbonylgruppe des Aldehyds die aktiven Methylengruppen der beiden β-Ketoester-Moleküle miteinander und der aus NH_3 eingebaute Stickstoff vervollständigt die Cyclisierung. Gleichzeitig fungiert NH_3 als Kondensationsmittel (Protonenakzeptor).

Im Primärschritt reagiert der Aldehyd mit einem Molekül des β-Ketoesters im Sinne einer *Knoevenagel-Reaktion* zu einer *vinylogen Carbonylverbindung,* während parallel dazu Ammoniak und ein zweites Molekül des β-Ketoesters zu einem *Enamin* abreagieren. Beide Intermediärprodukte cyclisieren anschließend in einer Art *Michael-Addition* zum 1,4-Dihydropyridin, das zum aromatischen System dehydriert werden muß [vgl. **MC-Frage Nr. 1255**].

Skraup-Chinolin-Synthese und Variante nach Doebner-Miller: Zur Synthese von Chinolin-Derivaten addiert man ein *primäres aromatisches Amin* im Sinne einer *Michael-Addition* an **Acrolein** *(Skraup-Variante)* oder an eine *α,β-ungesättigte Carbonylverbindung (Doebner-Miller-Variante)* und dehydriert anschließend das intermediär gebildete *1,2-Dihydro-Derivat* zum Heteroaromaten [vgl. **MC-Fragen Nr. 957–962**].

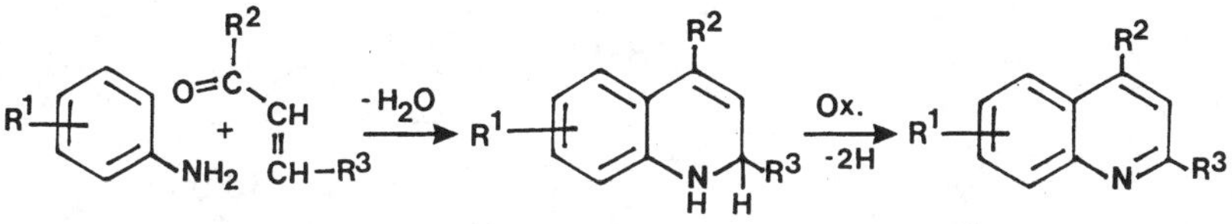

Aus **Anilin** und **Acrolein** [CH_2=CH-CH=O] – in situ durch Dehydratisierung von **Glycerol** mit H_2SO_4 hergestellt – entsteht **Chinolin**, mit **Methylvinylketon** [CH_3-CO-CH=CH_2] bildet sich **4-Methylchinolin** (**Lepidin**), während **Crotonaldehyd** [CH_3-CH=CH-CH=O] und Anilin miteinander zu **2-Methylchinolin** (**Chinaldin**) reagieren. Anstelle von Anilin kann auch **Acetanilid** verwendet werden, das während der Reaktion zu Anilin hydrolysiert.

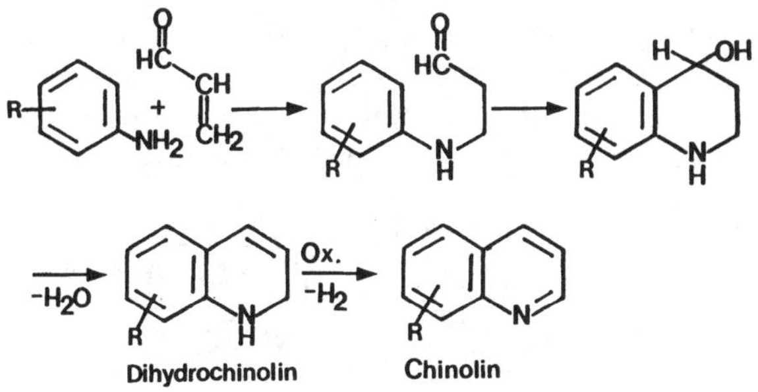

Zunächst erfolgt eine *nucleophile Addition* des Anilins unter *anti-Markownikow-Orientierung* an die vinyloge Carbonylverbindung. Daran schließt sich eine sauer katalysierte, intramolekulare Aldehydkondensation mit dem aromatischen Ringsystem an unter Bildung des *1,2-Dihydrochinolins.* Dieses wird zum Chinolin oxidiert, wobei als Dehydrierungsmittel meistens *Nitrobenzen* eingesetzt wird. Als Oxidantien sind auch Arsen(V)-oxid oder $FeCl_3$ geeignet.

Die Skraup-Synthese besitzt einen breiten Anwendungsbereich und die Reaktanden sind weitestgehend variabel; sie müssen lediglich über eine hinreichende Säurestabilität verfügen.

Bieschler-Napieralski-Synthese: Sie dient zur Herstellung von *Isochinolinen.* Hierbei wird ein N-acyliertes β-Phenylethylamin-Derivat mit wasserabspaltenden Mitteln behandelt. Als Primärprodukt tritt ein 3,4-Dihydroisochinolin auf, das anschließend zum Heteroaromaten dehydriert werden muß.

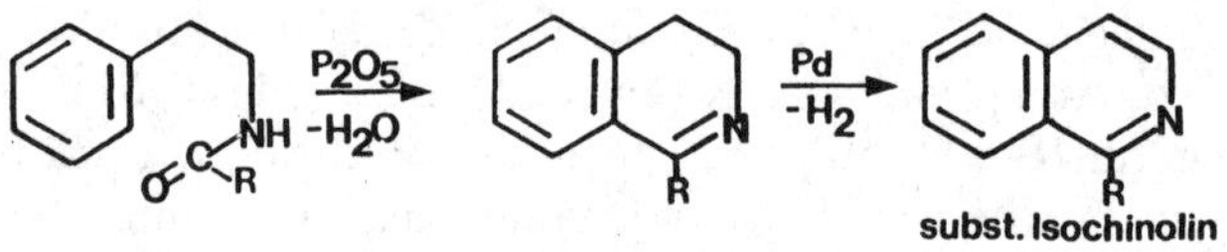

3.15.3.4 Synthese von Sechsring-Heteroaromaten mit zwei Heteroatomen

Barbiturat-Synthese: Die unsubstituierte **Barbitursäure**, die man auch als hydroxyliertes Pyrimidin-Derivat auffassen kann, ist pharmakologisch unwirksam.

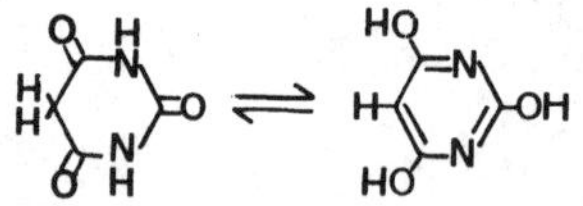

Barbitursäure

Zu den pharmakologisch wirksamen 5.5-disubstituierten Barbituraten gelangt man durch Umsetzung von entsprechend substituierten *Malonester-Derivaten* mit *Harnstoff* oder *N-Alkylharnstoffen* [vgl. **MC-Frage Nr. 954**].

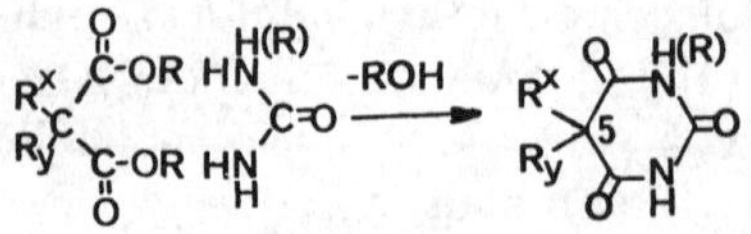

Synthese von Diazinen: Zum Aufbau des *Pyrimidin-Gerüstes* geht man von einem C-3-Körper aus (Cyanessigester, Malondialdehyd, Malondinitril, Malonester, β-Dialdehyd, β-Ketoester, β-Ketonitril) und cyclisiert die betreffende 1,3-Dicarbonylverbindung mit einem Amidin oder einem Harnstoff-Derivat.

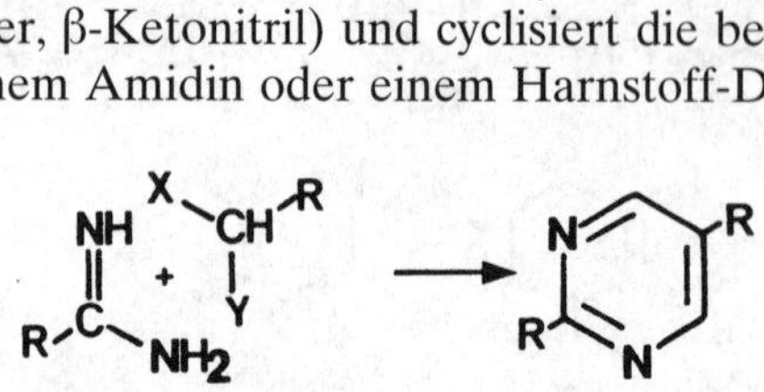

Pyridazine stellt man am besten durch Umsetzung von 1.4-Dicarbonylverbindungen mit Hydrazin her.

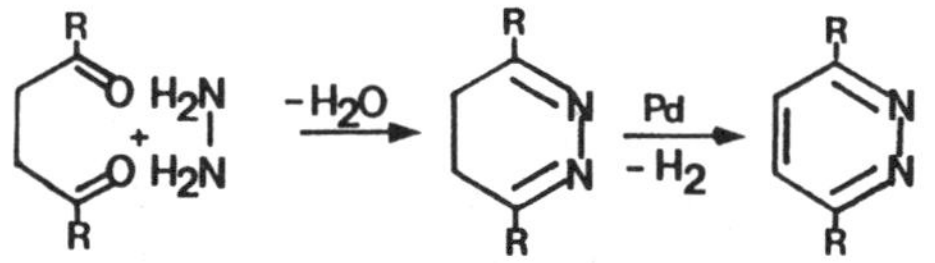

Pyrazine erhält man durch Dimerisierung von *α-Aminocarbonylverbindungen.* Das zunächst gebildete Dihydropyrazin kann anschließend zum aromatischen System oxidiert werden.

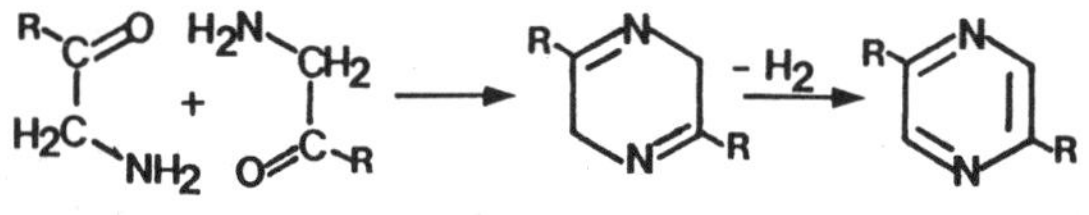

3.15.4 Reaktionen von Heteroaromaten

3.15.4.1 π-Elektronenüberschuß-Heteroaromaten

Furan polymerisiert unter dem Einfluß starker Säuren bzw. wird partiell unter Ringöffnung hydrolysiert. Die *Säureempfindlichkeit* bedingt, daß elektrophile Substitutionen am Furan nur unter milden Bedingungen glatt verlaufen. Die hydrolytische *Ringöffnung* ist im wesentlichen eine Umkehrung der Paal-Knorr-Synthese, so daß die vorsichtige Hydrolyse von Furan-Derivaten wieder zu 1,4-Dicarbonylverbindungen führt [vgl. **MC-Frage Nr. 974**].

Auch **Pyrrol** ist extrem säureempfindlich. Im protonierten Zustand verhält es sich wie ein reaktives Dien und polymerisiert rasch, wobei unter bestimmten Bedingungen ein kristallines Trimer isoliert werden kann.

Die Säureempfindlichkeit des **Thiophens** ist dagegen nicht so stark ausgeprägt. Bei Raumtemperatur tritt erst in konz. H_2SO_4 eine Polymerisation ein. Von kalter konz. Schwefelsäure wird Thiophen sulfoniert [vgl. **MC-Fragen Nr. 976, 977**]. Im Gegensatz zu Furan geht Thiophen unter den *üblichen* Bedingungen *keine* Diels-Alder-Reaktion ein [vgl. Kap. 3.2.14.5 und **MC-Fragen Nr. 974, 975, 977**].

Sowohl **Pyrrol** als auch **Furan** sind ziemlich oxidationsempfindlich und werden – ähnlich wie Phenole oder Aniline – schon beim Stehenlassen an der Luft zu dunkelgefärbten Produkten oxidiert. **Thiophen** kann zu einem Sulfon (**Thiophendioxid**) oxidiert werden [vgl. **MC-Frage Nr. 976**].

Thiophendioxid

Alle drei Heterocyclen sind gegenüber Elektrophilen, die vorzugsweise an der *Position 2* angreifen, reaktiver als Benzen, wobei die Reaktionsfähigkeit in folgender Reihe abnimmt [vgl. **MC-Fragen Nr. 970, 972–977, 1195**]:

Pyrrol > Furan > Thiophen >> Benzen

Aufgrund der hohen Reaktivität genügen häufig schon milde Bedingungen, um eine S_E-Reaktion herbeizuführen. Andererseits verlangt die hohe Säureempfindlichkeit des Furans und Pyrrols die Anwendung schonender Substitutionsbedingungen. In den Tabellen 75 bis 77 sind nochmals ausgewählte Reaktionen von Furan, Pyrrol und Thiophen aufgelistet.

Elektrophile Zweitsubstitution: Die Position eines Zweitsubstituenten wird in monosubstituierten Furanen, Pyrrolen oder Thiophen-Derivaten sowohl durch den dirigierenden Einfluß der bereits vorhandenen Gruppe als auch durch die dirigierende Wirkung des Heteroatoms bestimmt.

3-substituierte Verbindungen werden von Elektrophilen in Position 5 angegriffen, wenn die vorhandene Gruppe elektronenanziehend (A) wirkt. Die Substitution erfolgt hingegen in Position 2, wenn der Erstsubstituent Elektronendonator-Eigenschaften (D) besitzt.

Die weitere Substitution an *2-substituierten Furanen* findet meistens an C-5 statt. Bei 2-substituierten *Pyrrol-* oder *Thiophen-Derivaten* kann der Zweitangriff an C-4 oder C-5 erfolgen, wenn es sich beim Erstsubstituenten um einen Elektronenakzeptor (A) handelt, bzw. an C-3 oder C-5, falls die bereits vorhandene Gruppe elektronenspendend (D) ist.

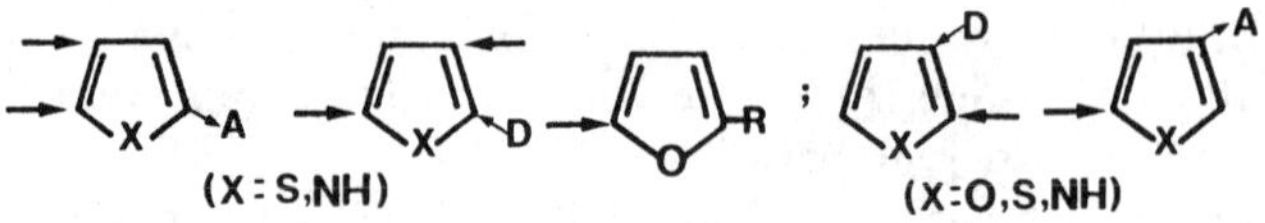

Tab. 75: Elektrophile Substitutionen am Furan

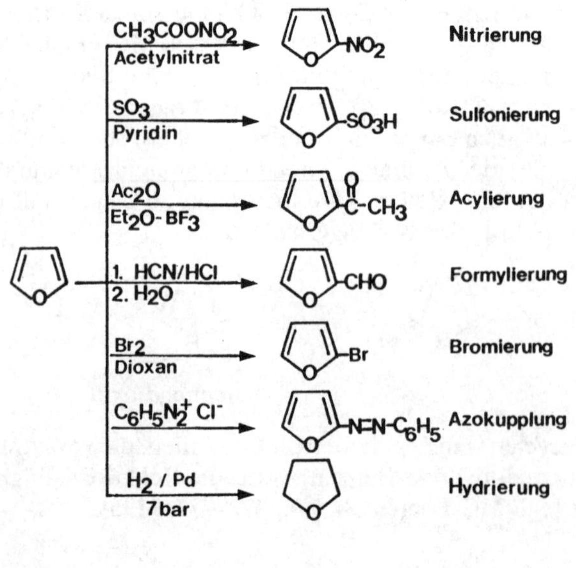

Tab. 76: Elektrophile Substitutionen am Pyrrol

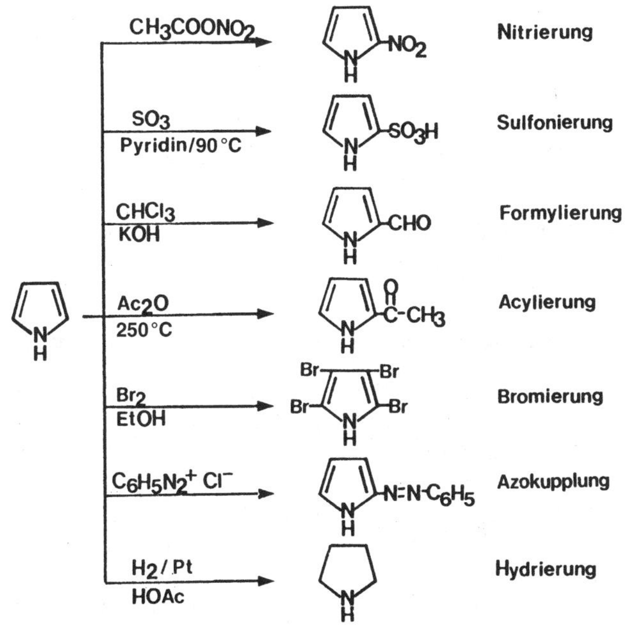

Tab. 77: Elektrophile Substitutionen am Thiophen

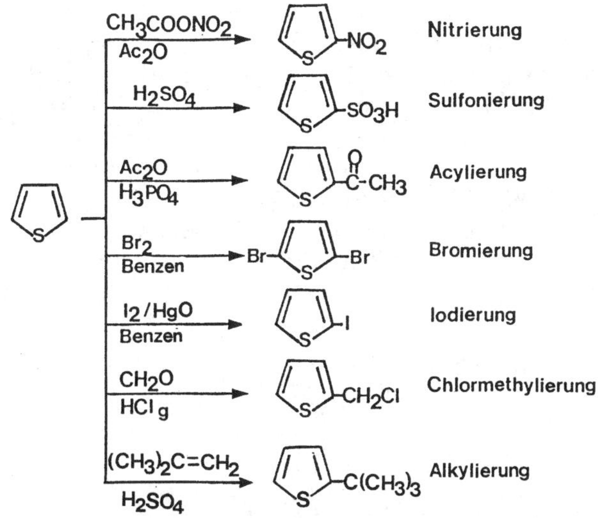

Benzoanellierte Ringsysteme: Die reaktivste Stelle für elektrophile Substitutionsreaktionen am **Benzofuran** ist C-2. Falls diese Position besetzt ist, reagiert C-3. Im **Benzothiophen** sind C-2 und C-3 weitgehend gleichwertig.

Bei elektrophilen Substitutionen reagiert **Indol** als Enamin fast ausschließlich in 3-Stellung [vgl. **MC-Fragen Nr. 978, 1225**]. Falls diese Position besetzt ist, greift das

Elektrophil an C-2 an, wenn der vorhandene Substituent den Aromaten aktiviert. Befindet sich am C-3 des Indols eine desaktivierende Gruppe, findet die Zweitsubstitution im Benzenring an C-4 oder C-6 statt.

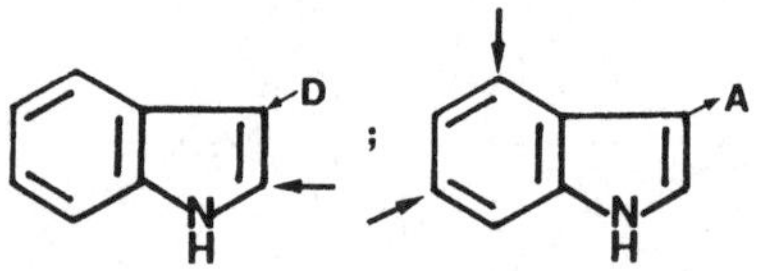

Azole: Bei diesen Heteroaromaten ist im allgemeinen das Atom C-4 die reaktivste Stelle für S_E-Reaktionen.

3.15.4.2 π-Elektronenmangel-Heteroaromaten

Das freie Elektronenpaar am N-Atom des **Pyridins** besitzt basische und nucleophile Eigenschaften. Seine Basizität ist geringer als die des Piperidins (vgl. Kap. 3.19.6). Pyridin ist am N-Atom alkylierbar und bildet mit vielen Säuren *Pyridiniumsalze.* Deshalb wird es oft als Katalysator und „Protonenfänger" in Reaktionen eingesetzt, bei denen starke Säuren gebildet werden. Pyridiniumchlorid $[C_5H_5NH^+Cl^-]$ protolysiert in wäßriger Lösung. Solche Lösungen reagieren sauer [vgl. **MC-Frage Nr. 979**].

Pyridin-Derivate sind gegenüber Oxidationsmitteln relativ inert. Daher wird Pyridin häufig bei Oxidationen mit CrO_3 als Lösungsmittel verwendet. Allerdings ist es – wie andere tertiäre Amine auch – unter geeigneten Bedingungen zum **Pyridin-N-oxid** oxidierbar.

Auf die aus der Elektronendichteverteilung des Pyridins herrührenden Schwierigkeiten bei elektrophilen Substitutionen und auf die Leichtigkeit, mit der sich nucleophile Substitutionen durchführen lassen, wurde bereits hingewiesen. Die *Tschitschibabin-Reaktion* wurde im Kap. 3.6.4.3 vorgestellt. Tabelle 78 zeigt einige ausgewählte nucleophile und elektrophile Substitutionsreaktionen des Pyridins [vgl. **MC-Fragen Nr. 970, 972, 979–981, 1235**].

Nachzutragen ist, daß Alkylsubstituenten oder Aminogruppen wie erwartet die Reaktivität gegenüber Elektrophilen erhöhen. Die reaktivste Stelle des Pyridins für S_E-Resaktionen ist C-3. S_N-Reaktionen, die gewöhnlich nach einem Additions-

Tab. 78: Substitutionsreaktionen am Pyridin

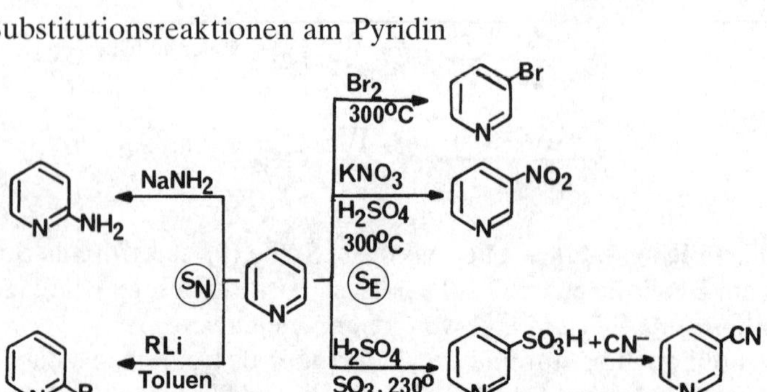

Eliminations-Mechanismus ablaufen, finden vorzugsweise an den Atomen C-2 oder C-6 statt. Nur wenn diese beiden Positionen besetzt sind, tritt das Nucleophil an C-4.

S_E-Reaktionen werden auch dadurch erschwert, daß sie häufig nur im sauren Milieu durchführbar sind. Unter diesen Bedingungen liegt Pyridin protoniert oder an Lewis-Säuren koordiniert vor, wodurch der Elektronenmangel an den Ring-C-Atomen noch verstärkt wird.

Der stark positivierte Charakter der C-Atome 2,4 und 6 hat auch zur Folge, daß sich ein Halogenatom in diesen Positionen leicht gegen Hydroxyl-, Amino- oder Mercapto-Gruppen austauschen läßt. **2-Chlor-** und **4-Chlorpyridin** ähneln in dieser Hinsicht dem o- bzw. p-Chlornitrobenzen. In Tabelle 79 sind einige Reaktionen des 2-Chlorpyridins zusammengestellt.

Erwähnenswert ist, daß man bei einigen Substitutionen an 3- oder 4-Halogenpyridin-Derivaten auch *umgelagerte Produkte* erhält. Zum Beispiel entstehen bei der Umsetzung von **3-Chlorpyridin** mit KNH_2 in NH_3 **4-Aminopyridin** [45%] und **3-Aminopyridin** [25%]. Die Substitution verläuft somit über ein *Arin* als Zwischenprodukt.

Aus den gleichen Gründen sind auch 2- und 4-ständige Methylgruppen in hohem Maße aktiviert. So kondensieren **2-** und **4-Methylpyridin** mit Aldehyden; sie lassen sich alkylieren und können zu Carbonsäuren oxidiert werden [vgl. **MC-Frage Nr. 742**]. Ihre CH-Acidität entspricht der von Methylketonen. Die erhöhte Acidität dieser Positionen ist auf die Delokalisierung der negativen Ladung des intermediär gebildeten Anions zurückzuführen.

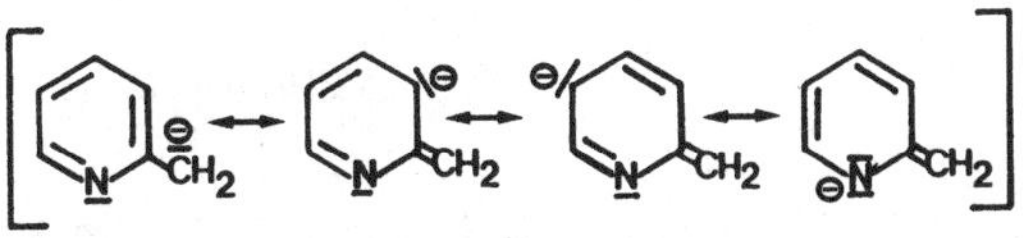

Tabelle 80 zeigt einige ausgewählte Reaktionen von **2-Methylpyridin** (**α-Picolin**).

Wie bereits erwähnt, kann man Pyridin mit primären Halogenalkanen in *N-Alkylpyridiniumsalze* umwandeln. Mit 30%igem H_2O_2 in Eisessig wird das N-Oxid gebildet.

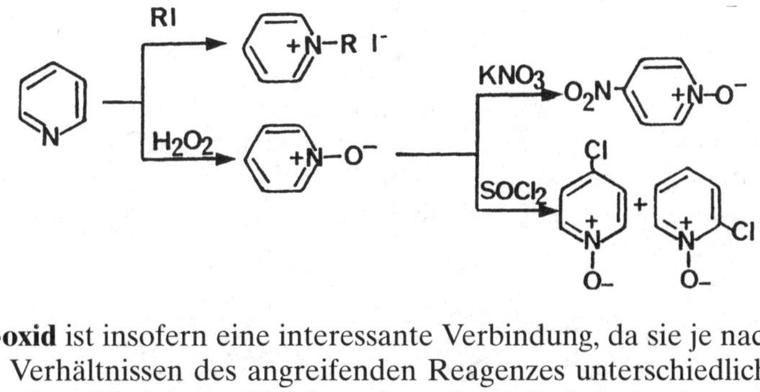

Pyridin-N-oxid ist insofern eine interessante Verbindung, da sie je nach den elektronischen Verhältnissen des angreifenden Reagenzes unterschiedlich zu reagieren vermag. Sowohl elektrophile als auch nucleophile Substitutionen in den Posi-

Tab. 79: Reaktionen des 2-Chlorpyridins

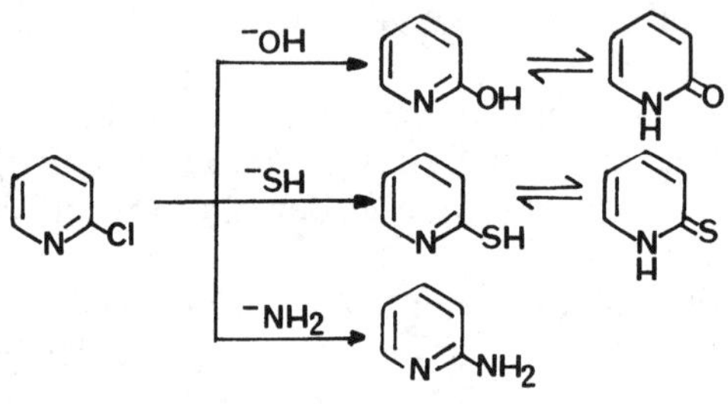

Tab. 80: Reaktionen des 2-Methylpyridins

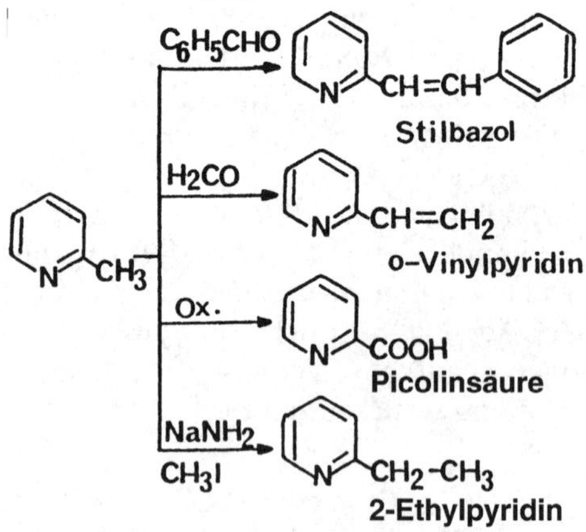

tionen 2 und 4 sind durchführbar, wobei S_E-Reaktionen im Vergleich zu Pyridin erleichtert sind.

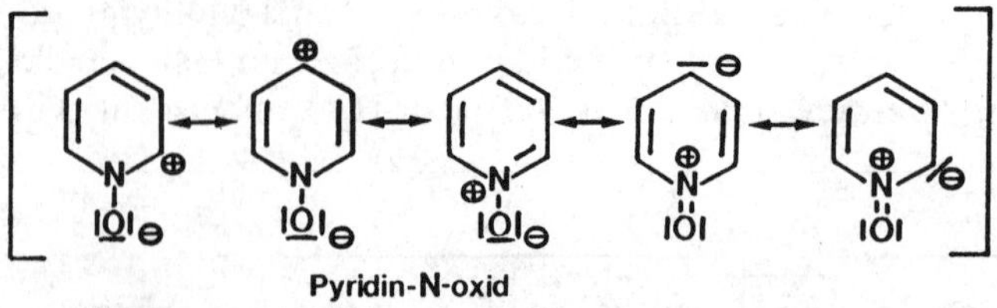

Im allgemeinen findet die elektrophile Substitution an C-4 des N-Oxids statt. Behandelt man substituierte Pyridin-N-oxide mit PCl_3, Fe/HOAc oder mit katalytisch angeregtem Wasserstoff, so wird der Sauerstoff wieder abgespalten. Auf diesem Synthesewege lassen sich deshalb Pyridin-Derivate herstellen, die sonst nur schwer zugänglich sind.

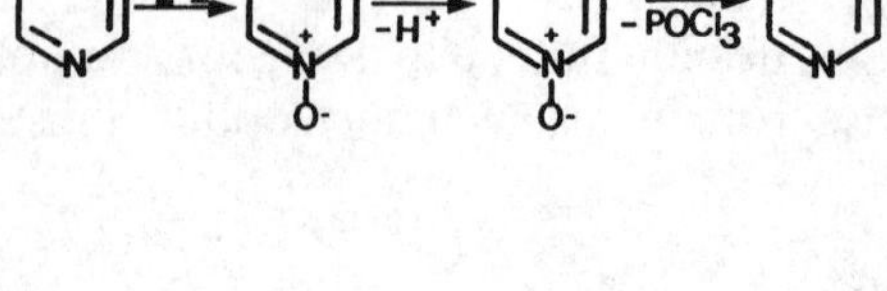

Substitutionen an Benzopyridinen: **Chinolin** und **Isochinolin** sind gegenüber elektrophilen Agenzien reaktionsfähiger als Pyridin. Arbeitet man in stark saurer Lösung, dann reagiert die protonierte Form dieser Heterocyclen und die Substitution erfolgt im Benzenring an C-5 und C-8. Chinolin-N-oxid ist leichter elektrophil zu substituieren als der Grundkörper, wobei vorzugsweise C-4 angegriffen wird.

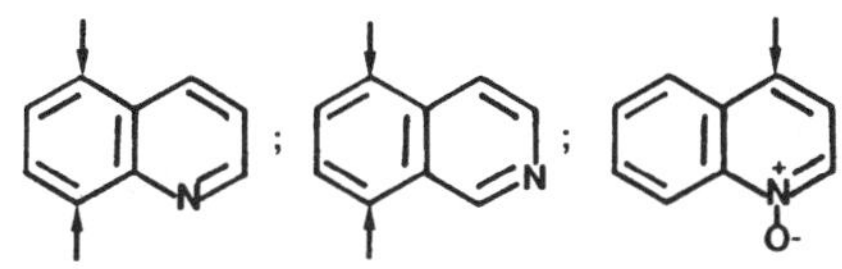

Chinolin und Isochinolin lassen sich auch als Substrate für eine Tschitschibabin-Reaktion einsetzen. 2- und 4-Alkylchinoline sowie 1-Alkylisochinoline zeigen ein den 2- und 4-Alkylpyridinen analoges Reaktionsverhalten [vgl. **MC-Frage Nr. 1249**].

Substitutionen am Pyrimidin: Das Vorhandensein eines zweiten Stickstoffs im aromatischen Ringgerüst erniedrigt dessen Elektronendichte erheblich, so daß Pyrimidin gegenüber Elektrophilen ausgesprochen reaktionsträge ist. Die für eine Substitution notwendigen drastischen Reaktionsbedingungen führen oft zur Zerstörung des heterocyclischen Ringsystems. Nur wenn aktivierende Substituenten [HO, NH_2] vorhanden sind, ist eine elektrophile Substitution möglich, die ausschließlich an der am wenigsten desaktivierten Position 5 des Pyrimidins stattfindet.

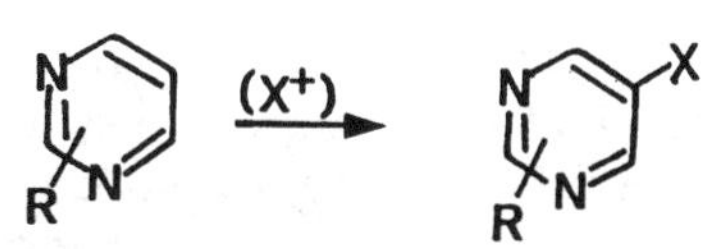

Praktische Bedeutung besitzen lediglich die Nitrierung (HNO_3/HOAc), die Nitrosierung ($NaNO_2$/HCl) sowie die Bromierung des Pyrimidins. S_N-Reaktionen lassen sich erwartungsgemäß leichter durchführen, insbesondere an C-2 und C-4. Diese Reaktionen scheinen nach einem Additions-Eliminations-Mechanismus abzulaufen.

3.16 Kohlenhydrate

3.16.1 Definition, Einteilung und Nomenklatur

Als **Kohlenhydrate** bezeichnet man eine Gruppe von Naturstoffen, die mit den einfachen *Zuckern (Saccharide)* eng verwandt sind. Ursprünglich faßte man unter diesem Begriff Substanzen zusammen, die neben Kohlenstoff noch Sauerstoff und Wasserstoff im Atomverhältnis 1:2 enthalten und der Summenformel [$\mathbf{C_nH_{2n}O_n}$] entsprechen. Zum Beispiel hat **Glucose** die elementare Zusammensetzung [$C_6H_{12}O_6$] und kann formal als „Hydrat des Kohlenstoffs" [$C(H_2O)_6$] angesehen werden.

Die genannte Definition ist heute aber nicht mehr streng gültig, da zu den Kohlenhydraten eine Vielzahl von Substanzen gehören, die von obiger Elementzusammensetzung abweichen. Darüber hinaus können solche Stoffe auch Schwefel oder Stickstoff als Molekülbausteine enthalten.

Als **Zucker** bezeichnet man im allgemeinen *Polyhydroxycarbonylverbindungen,* die häufig in einer cyclischen Halbacetal-Form vorliegen (siehe nachfolgenden Abschnitt). Aufgrund ihrer zahlreichen Hydroxylgruppen zeigen Zucker ein extrem hydrophiles (lipophobes) Verhalten. Viele Kohlenhydrate zersetzen sich bereits bei gelindem Erwärmen [$T > 150$ °C]; sie sind nicht destillierbar und meistens auch nicht unzersetzt schmelzbar. Dies ist ein Indiz dafür, daß die zwischenmolekularen Kräfte stärker sind als die Bindungskräfte zwischen den einzelnen Atomen.

Nach der Anzahl ihrer monomeren Bausteine unterteilt man Kohlenhydrate in:

- **Monosaccharide**, die nicht weiter zu kleineren „Einheiten" hydrolysiert werden können.
- **Oligosaccharide**, in denen 2 bis 8 Monosaccharide *acetalartig* miteinander verbunden sind; sie werden je nach der Anzahl ihrer monomeren Bausteine als *Disaccharide, Trisaccharide, Tetrasaccharide* usw. bezeichnet.
- **Polysaccharide** mit mehr als 8 Untereinheiten. Die natürlichen Polysaccharide bestehen in der Regel aus 100–3000 Monosacchariden.

Oligosaccharide und *Polysaccharide* lassen sich hydrolytisch oder auf enzymatischem Wege in Monosaccharide spalten. Fast alle in der Natur vorkommenden Kohlenhydrate liegen in *optisch aktiver Form* vor.

Monosaccharide können aufgrund der *Zahl ihrer C-Atome* weiter unterteilt werden in:

Triosen – Tetrosen – Pentosen – Hexosen – Heptosen

Die am weitesten verbreiteten Monosaccharide sind Pentosen und Hexosen. In diesen Verbindungen kann die Carbonylfunktion als Aldehyd-Gruppe [R-CH=O] oder als Keto-Gruppe [R_2C=O] vorliegen. Man spricht dann von *Aldosen* bzw. *Ketosen.*

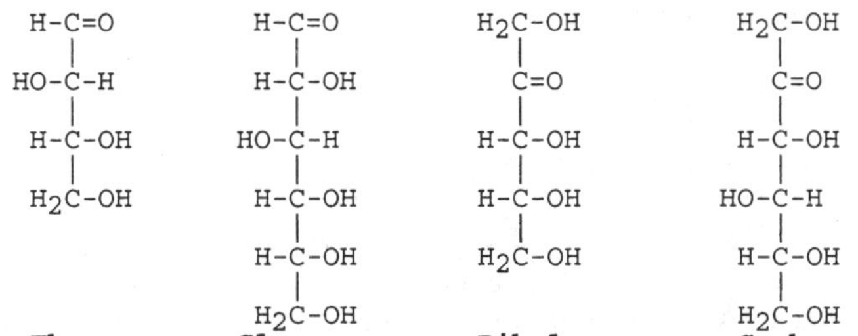

Threose **Glucose** **Ribulose** **Sorbose**

Danach kann **Glucose** durch den Ausdruck *Aldohexose* charakterisiert werden; **Threose** ist eine *Aldetetrose,* **Ribulose** eine *Ketopentose* und **Sorbose** eine *Ketohexose.*

Eine *systematische Nomenklatur* für Zucker existiert nicht. Im allgemeinen wird ein *Trivialname* in Verbindung mit der Endung *„ose"* verwendet. Über die wichtigsten Aldosen informiert der in Tabelle 81 gezeigte Stammbaum dieser Stoffklasse [vgl. **MC-Fragen Nr. 983, 990, 991, 1001, 1003, 1170, 1204**].

Als *Desoxyzucker* bezeichnet man Monosaccharide, in denen eine oder zwei Hydroxylgruppen durch ein Wasserstoffatom ersetzt wurden. Wichtige *Desoxyaldosen* sind **L-Rhamnose** (6-Desoxy-L-mannose), **D-Digitoxose** und vor allem **2-Desoxyribose**, die als Baustein der Desoxyribonucleinsäuren auftritt.

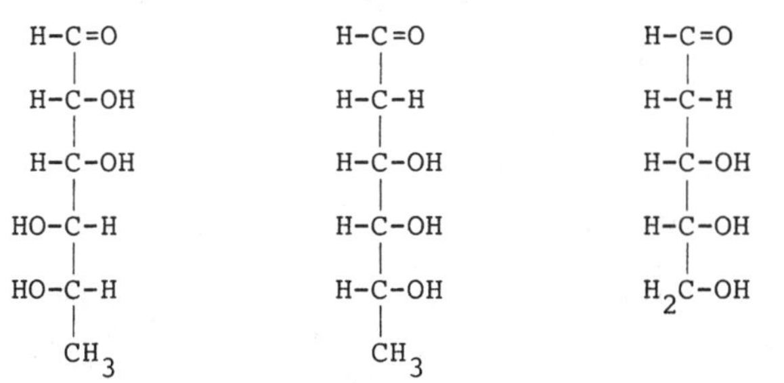

L-Rhamnose D-Digitoxose 2-Desoxyribose

Aminozucker (Aminoaldosen): In einigen Aldohexosen ist die Hydroxylgruppe an C-2 durch eine Aminogruppe ersetzt worden. Die wichtigsten Verbindungen dieses Typs sind **D-Glucosamin** und **D-Galactosamin**, die vor allem in Form ihrer N-Acetyl-Derivate als Bausteine N-haltiger Polysaccharide auftreten.

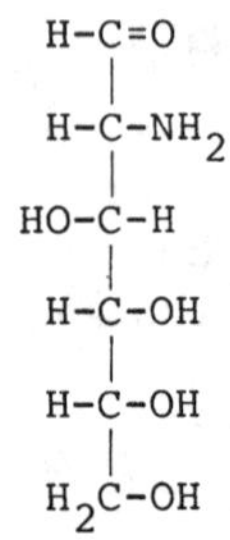

D-Glucosamin

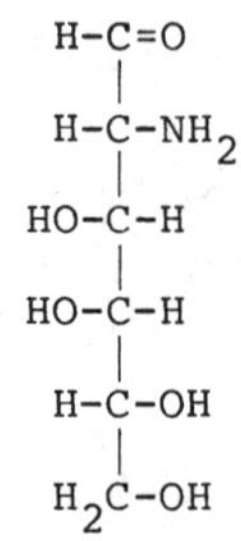

D-Galactosamin

Glykoside: Glykoside sind acetalartige Derivate von Kohlenhydraten, in denen der mit der Cyclohalbacetal-Form eines Zuckers verbundene Rest, das sog. *Aglykon,* meistens mit dem Sauerstoffatom am *anomeren C-Atom* des Kohlenhydrats verknüpft ist [vgl. **MC-Frage Nr. 1076**].

Je nach dem zugrundeliegenden Zuckerbaustein spricht man bei Glykosiden von einem **Glucosid**, **Mannosid** oder **Galactosid**. Die Ringgröße der Cyclohalbacetal-Form wird durch die Bezeichnung *„pyranosid"* oder *„furanosid"* charakterisiert (siehe Kap. 3.16.2.3).

Zu den natürlichen Glykosiden zählen auch *Oligosaccharide* und *Polysaccharide.* Hier ist die glykosidische HO-Gruppe an C-1 nicht mit einem beliebigen Alkohol oder Phenol sondern mit einer glykosidischen bzw. alkoholischen Hydroxylgruppe eines weiteren Zuckermoleküls acetalisiert.

Tab. 81: Stammbaum der D-Aldosen

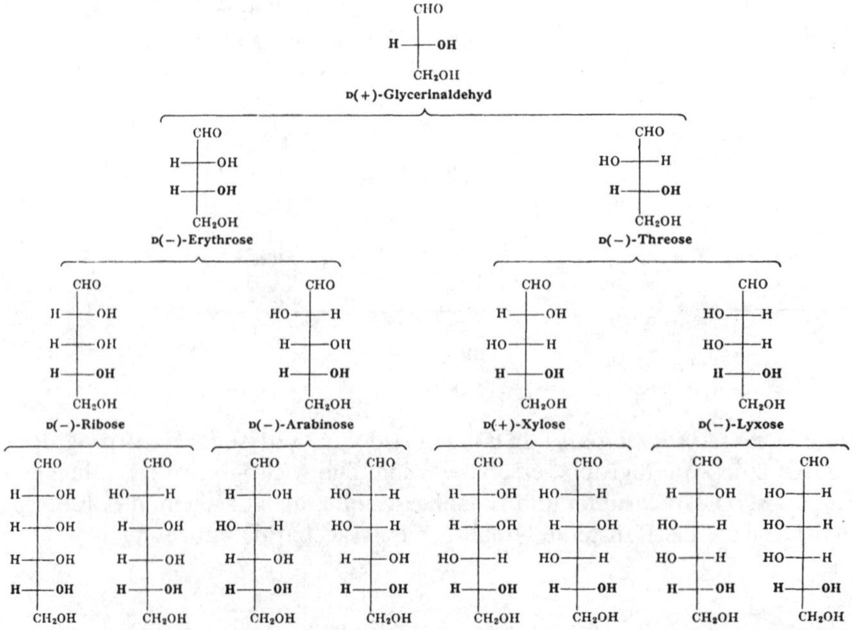

3.16.2 Stereochemie der Kohlenhydrate

3.16.2.1 Relative Konfiguration der Zucker

Als *Bezugssubstanz* für die Zugehörigkeit der Monosaccharide zur D- oder L-Reihe dient **Glycerinaldehyd** (2,3-Dihydroxypropanal) (vgl. Kap. 3.3.4). Glycerinaldehyd, eine *Triose,* besitzt ein Chiralitätszentrum und existiert in zwei enantiomeren Formen.

```
          H-C=O                    H-C=O
           *|                       *|
          H-C-OH  ←          →  HO-C-H
            |                        |
          H2C-OH                   H2C-OH
D-(+)-Glycerinaldehyd     L-(-)-Glycerinaldehyd
R-(+)-Glycerinaldehyd     S-(-)-Glycerinaldehyd
```

Nach Übereinkunft haben – unabhängig von ihrem Drehsinn – *alle D-Zucker an dem asymmetrischen Kohlenstoffatom, das von der Carbonylgruppe am weitesten entfernt ist, dieselbe Stereochemie wie D-(+)-Glycerinaldehyd.* Zucker mit der entgegengesetzten Konfiguration an diesem Zentrum gehören der *L-Reihe* an.

```
1       H-C=O              H-C=O             H2C-OH
         *|                 *|                  |
2       H-C-OH           HO-C-H                C=O
         *|                 *|                 *|
3      HO-C-H              H-C-OH            HO-C-H
         *|                 *|                 *|
4       H-C-OH           HO-C-H               H-C-OH
         *|                 *|                 *|
5       H-C-OH  ←     →  HO-C-H               H-C-OH   ←
          |                  |                  |
6       H2C-OH             H2C-OH             H2C-OH
    D-(+)-Glucose     L-(-)-Glucose     D-(-)-Fructose
```

Da es für eine Substanz mit n Chiralitätszentren insgesamt $\mathbf{2^n}$ mögliche optische Isomere gibt, existieren 2 Aldotriosen, 4 Aldotetrosen, 8 Aldopentosen, 16 Aldohexosen [8 Enantiomerenpaare] sowie 8 Ketohexosen. Die Hälfte dieser Verbindungen leitet sich vom D-(+)-Glycerinaldehyd ab und zählt zur D-Reihe, die andere Hälfte gehört zur L-Reihe. In der Regel sind die natürlich vorkommenden Kohlenhydrate am höchsten bezifferten asymmetrischen C-Atom *D-konfiguriert.* Nach der CIP-Nomenklatur wird D-Glucose als **2R,3S,4R,5R,6-Pentahydroxyhexanal** bezeichnet.

3.16.2.2 Epimerie

Verbindungen mit mehreren asymmetrischen C-Atomen, die sich *nur* in der Konfiguration an einem *einzigen* Chiralitätszentrum unterscheiden, nennt man *Epimere. Epimere sind Diastereomere.*

Zum Beispiel sind **D-Glucose** und **D-Mannose** bezüglich *C-2* und **D-Galactose** und **D-Glucose** bezüglich *C-4* epimer [siehe Tab. 81 und **MC-Fragen Nr. 1000, 1008**].

3.16.2.3 Cyclohalbacetal-Struktur der Zucker (Anomerie)

Die Aldehyd- und Keto-Formeln der Monosaccharide werden all ihren Eigenschaften nicht gerecht. Beispielsweise findet keine Addition von $NaHSO_3$ oder NH_3 an die C=O-Doppelbindung statt. Außerdem tritt bei Aldosen keine Farbreaktion mit Fuchsin-Schwefligsäure (Schiffs-Reagenz) ein (vgl. Ehlers, **Analytik I-Kurzlehrbuch**, Kap. 3.2). Ursache hierfür ist die *intramolekulare* Addition einer Hydroxylgruppe des gleichen Zuckermoleküls an seine Carbonylfunktion unter Bildung eines Ringgerüstes.

Wie bekannt, reagieren Aldehyde mit Alkoholen über Halbacetale zu Acetalen.

$$\text{R-CH=O} \xrightarrow[(H^+)]{+\ R'OH} \underset{\text{Halbacetal}}{\text{R-CH}\begin{smallmatrix}\diagup OH\\ \diagdown OR'\end{smallmatrix}} \xrightarrow[-\ H_2O]{+\ R'OH} \underset{\text{Acetal}}{\text{R-CH}\begin{smallmatrix}\diagup OR'\\ \diagdown OR'\end{smallmatrix}}$$

Bei Aldohexosen ist z. B. die Bildung eines *cyclischen Halbacetals* mit der HO-Gruppe an C-5 möglich unter Ausbildung eines gesättigten *Pyran-Ringes.* Daneben existieren auch einfache Zucker, in denen die HO-Gruppe an C-4 den Ringschluß herbeiführt, wodurch ein gesättigter *Furan-Ring* gebildet wird.

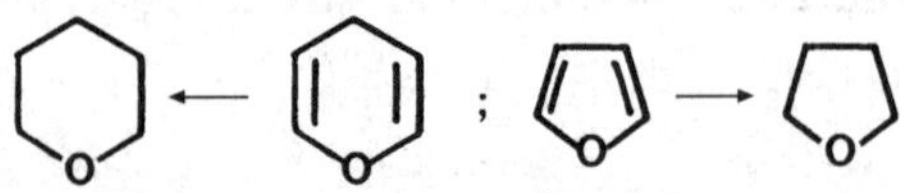

Pyran Furan

Deshalb hat man nach *Haworth* bei Monosacchariden zwischen *Pyranosen* und *Furanosen* zu unterscheiden. Bei Aldohexosen ist die pyranoide Form bevorzugt [vgl. **MC-Frage Nr. 1011**].

Substanzen mit einer 4- oder 5-Hydroxyaldehyd-Teilstruktur liegen in Lösung überwiegend als cyclische Halbacetale vor.

Durch den Ringschluß zum *Cyclohalbacetal* entsteht aus dem ursprünglichen Carbonylkohlenstoff [C-1] ein neues *Chiralitätszentrum,* so daß z. B. für Glucose *zwei diastereomere D-Glucopyranosen* möglich sind, die als **α-Form** und **β-Form** bezeichnet werden. **α-D-Glucopyranose** und **β-D-Glucopyranose** stehen über eine offenkettige Struktur *(al-Form)* miteinander im *Gleichgewicht.* Nach *Tollens* schreibt man in den Fischer-Projektionen der Monosaccharide die an C-1 haftende HO-Gruppe der *α-Form* nach *rechts* und in der *β-Form* nach *links.* Bei L-Zuckern ist es umgekehrt [siehe Kap. 3.16.2.1 und **MC-Fragen Nr. 234, 996, 1151**].

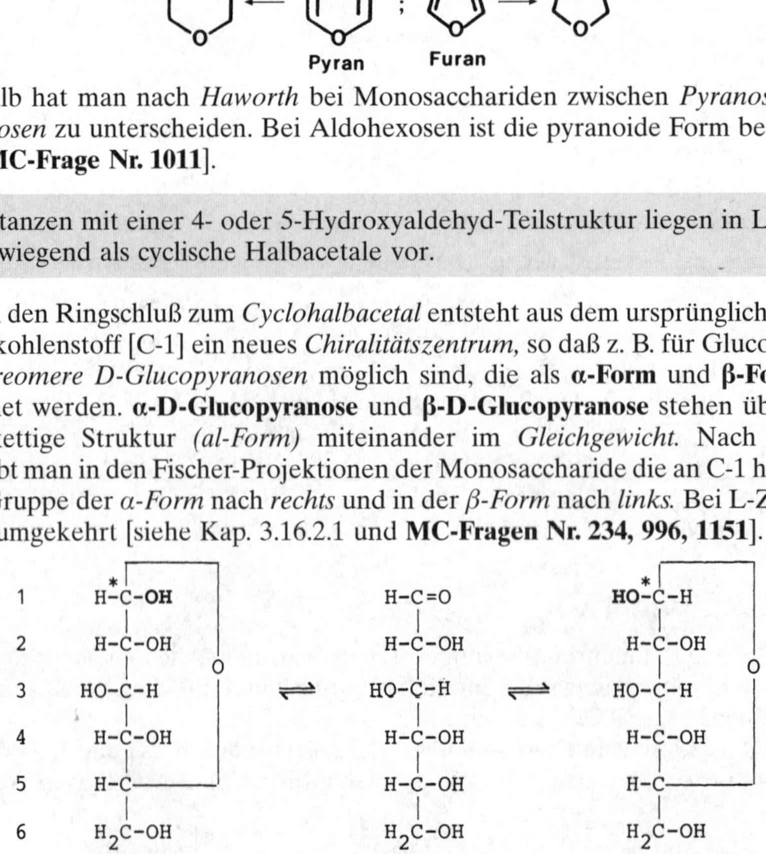

α-D-Glucose al-Form β-D-Glucose

Derartige cyclische Halbacetale werden *Lactole* genannt. Sie sind mit der offenkettigen Aldehyd-Form tautomer, so daß man auch von einer *Oxo-Cyclo-Tautomerie* spricht.

Da die Konzentration der al-Form in diesem Gleichgewicht äußerst gering ist, zeigt eine wäßrige Zucker-Lösung im *IR-Spektrum* keine charakteristische Carbonylabsorption. Darüber hinaus treten bestimmte typische Aldehydreaktionen nicht ein.

Zwei *diastereomere* Monosaccharide, die sich nur in der Konfiguration an C-1, dem *anomeren C-Atom* (Acetal-Kohlenstoff) unterscheiden, werden auch als *Anomere* bezeichnet. Anomere Zucker wie α-D-Glucose und β-D-Glucose bilden naturgemäß mit Phenylhydrazin das gleiche Osazon [vgl. **MC-Fragen Nr. 996, 1001, 1006, 1196**].

3.16.2.4 Konformationen der Pyranosen

Der Tetrahydropyran-Ring der Hexosen ist nicht eben gebaut, sondern liegt in Analogie zu Cyclohexan-Derivaten in einer energetisch begünstigten *Sesselkonformation* vor. Wie beim Cyclohexan sind auch bei Aldosen für jedes der beiden Anomeren zwei alternative Sesselkonformationen möglich, deren Energieunterschied auf ca. 25 $kJmol^{-1}$ geschätzt wurde. Dabei ist die Konformation am stabilsten, in der die voluminöse CH_2OH-Gruppe äquatorial angeordnet ist [vgl. **MC-Fragen Nr. 996–999**].

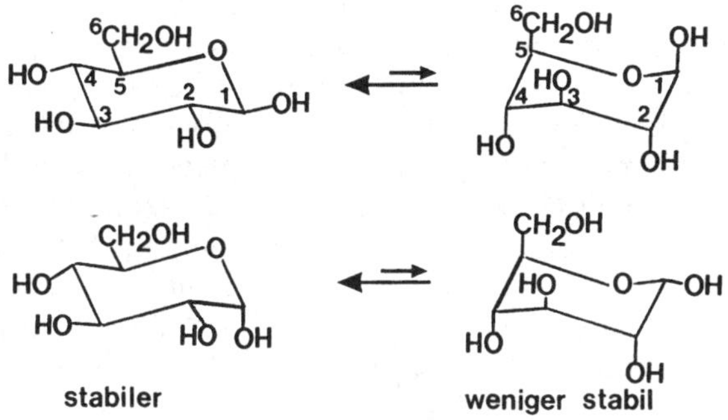

β-D-(+)-Glucose

α-D-(+)-Glucose

stabiler — weniger stabil

In der stabileren β-D-Glucose befinden sich auch alle Hydroxylgruppen in äquatorialer Lage, während in der anomeren α-D-Glucose die HO-Gruppe am anomeren C-1 die axiale Position einnimmt. Aus den Stellungen der beiden Hydroxylgruppen an C-1 und C-2 zueinander geht hervor, daß die **α-D-Glucose** der *cis-1,2-Form* und die **β-D-Glucose** einer *trans-1,2-Form* entspricht.

Von den acht D-Aldohexosen ist die β-D-Glucose die einzige, in der alle fünf Substituenten des Tetrahydropyran-Ringes eine äquatoriale Lage einnehmen können, und für die meisten Aldosen ist die Konformation mit äquatorialer CH_2OH-Gruppe die jeweils stabilere.

3.16.2.5 Projektionsformeln der Zucker

Für die formelmäßige Darstellung der Glucose und anderer Zucker existieren folgende Möglichkeiten:

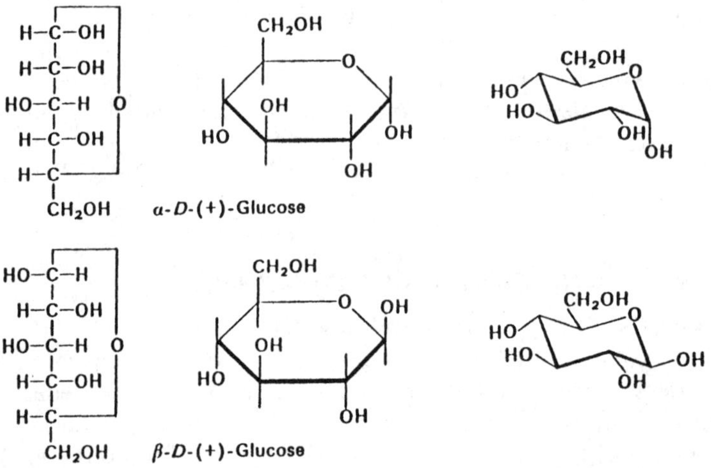

(a) (b) (c)

Die Formeln **(a)** bringen die strukturellen Beziehungen zur offenkettigen Form am besten zum Ausdruck und entsprechen der *Fischer-Projektion* (vgl. Kap. 3.3.3).

In der *Haworth-Projektion* **(b)** wird der Cyclohalbacetal-Ring der Hexosen als ein planares Sechseck geschrieben, bei dem sich das Sauerstoffatom in der rechten oberen Ecke befindet. Substituenten werden als gerade Linien durch die Ecken des Sechsecks angedeutet. Die *HO-Gruppe* am anomeren C-Atom ist beim *β-Anomer* nach *oben,* beim *α-Anomer* nach *unten* gerichtet. Die unmittelbar mit dem Ringgerüst verknüpften H-Atome werden oft weggelassen.

Bei der Umwandlung der Fischer-Projektion in die Haworth-Formel ist zu berücksichtigen, daß eine Hydroxylgruppe, die in der Fischer-Projektion nach *links* weist, in der Haworth-Formel nach *oben* zeigt.

Die *Konformationsformeln* **(c)** geben schließlich die räumliche Anordnung der Atome am besten wieder.

3.16.2.6 Mutarotation

Anomere Zucker können in reiner, kristalliner Form isoliert werden. Löst man eines der reinen Anomeren in Wasser oder einem anderen Lösungsmittel, dann verändert sich die *optische Drehung* der Lösung allmählich bis ein Gleichgewichtswert (konstanter Endwert) erreicht ist. Dieser entspricht der *spezifischen Drehung* des jeweiligen Zuckers und ist von dessen Konzentration unabhängig. Der Endwert ist jedoch abhängig vom verwendeten Lösungsmittel (vgl. Ehlers, **Analytik II-Kurzlehrbuch**, Kap. 11.3).

Dieses Phänomen, das auch *Mutarotation* genannt wird, ergibt sich aus der gegenseitigen Umwandlung der beiden anomeren Zucker. Die Umwandlung läuft wahrscheinlich über die al-Form als gemeinsame Zwischenverbindung ab.

Werden z. B. α-D-Glucose und β-D-Glucose in reiner Form in Wasser gelöst, so liegen die Anfangswerte der optischen Drehung bei ca. +112,2° bzw. bei +18,7°. Nach einiger Zeit zeigen beide Lösungen den gleichen Endwert von +52,7°. Die *Geschwindigkeit* der Endwerteinstellung hängt stark von der *Temperatur* und dem *pH-Wert* der Lösung ab und ist sowohl säure- als auch basenkatalysiert. Geringe Mengen an Alkali führen zu einem unmeßbar raschen Verlauf der Gleichgewichtseinstellung, die nach dem normalen Mechanismus der Bildung und Hydrolyse von Acetalen abläuft [vgl. **MC-Fragen Nr. 1006, 1015**].

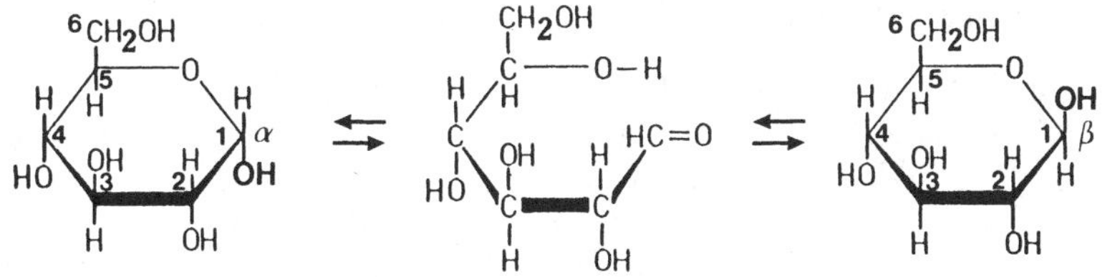

α-D-Glucose (36%) — D-Glucose (<0,1%) — β-D-Glucose (64%)

[Schmp. 146°C – $[\alpha]_D$ = + 112,2°] — *al*-Form — [Schmp. 150°C – $[\alpha]_D$ = + 18,7°]

Gleichgewicht in Wasser $[\alpha]_D$ = + 52,7°

Zu beachten ist, daß der Endwert nicht dem arithmetischen Mittel der beiden Drehwerte entspricht, d. h., die Mutarotation führt zu unterschiedlichen Mengen an Anomeren. Die β-D-Glucose (ca. 63,6%) überwiegt gegenüber der α-Form (ca. 36,4%), was sterische Ursache hat. Die β-Form stellt bezüglich der beiden HO-Gruppen an C-1 und C-2 die energetisch günstigere trans-Anordnung dar.

Neutrale wäßrige Lösungen von *Glykosiden* zeigen hingegen *keine* Mutarotation, weil sie in neutraler wäßriger Lösung stabile Acetale darstellen [vgl. **MC-Frage Nr. 1016**].

3.16.3 Reaktionen der Monosaccharide

Die einfachen Zucker sind *Polyhydroxyaldehyde* oder *Polyhydroxyketone.* Ihre funktionellen Gruppen lassen sich unter bestimmten Bedingungen mit den üblichen Reagenzien nachweisen. Darüber hinaus treten spezielle Umsetzungen an der Hydroxylgruppe ein, die der Carbonylfunktion unmittelbar benachbart ist.

3.16.3.1 Verhalten gegenüber Säuren

Gegenüber verd. Säuren sind Aldosen relativ beständig. Verdünnte Säuren katalysieren aber die gegenseitige Umwandlung von α- und β-Aldosen. Behandelt man jedoch Aldosen mit 12%iger HCl-Lösung (Destillation), so erfolgt eine Dehydratisierung zu Derivaten des **Furfurals** [vgl. **MC-Frage Nr. 1002**].

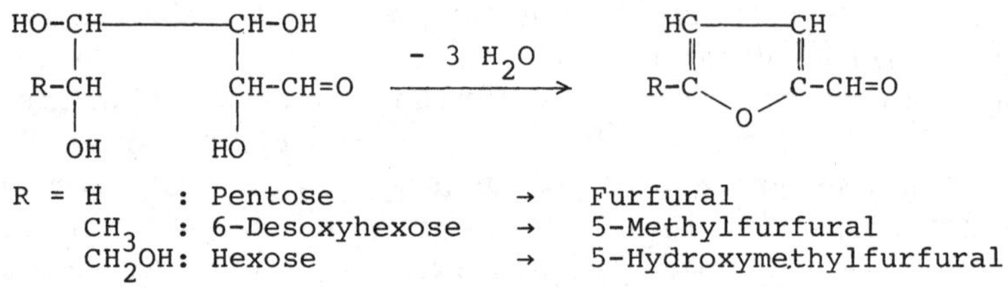

Das aus Hexosen gebildete **5-Hydroxymethylfurfural** geht schließlich unter Abspaltung von Ameisensäure in **Lävulinsäure** über.

3.16.3.2 Verhalten gegenüber Alkali

Aldosen und Ketosen sind als enolisierbare Carbonylverbindungen in alkalischer Lösung nicht beständig. *Verdünnte* Alkalihydroxid-Lösungen bewirken eine *Isomerisierung (Lobry de Bruyn-van Ekenstein-Umlagerung)*. Die Reaktion verläuft über ein gemeinsames *Endiol* [vgl. **MC-Fragen Nr. 1004, 1005**].

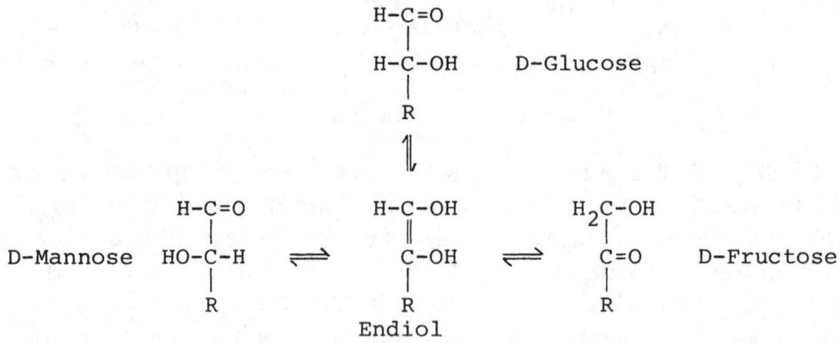

Wie das Schema zeigt, werden die Epimeren Glucose und Mannose ebenso wie Fructose in Anwesenheit von Hydroxid-Ionen unter α-Inversion tautomerisiert. Im Gleichgewicht, das sich nach einigen Tagen eingestellt hat, überwiegt die D-Glucose.

Konzentrierte Alkalihydroxid-Lösungen führen zu einer Spaltung von Aldosen und Ketosen in kleinere Fragmente *(Umkehrung der Aldoladdition,* vgl. Kap. 3.12.6.1). Aus **Fructose** entsteht **Dihydroxyaceton** und **Glycerinaldehyd** und durch weiteren Abbau schließlich auch **Glycolaldehyd** und **Formaldehyd**.

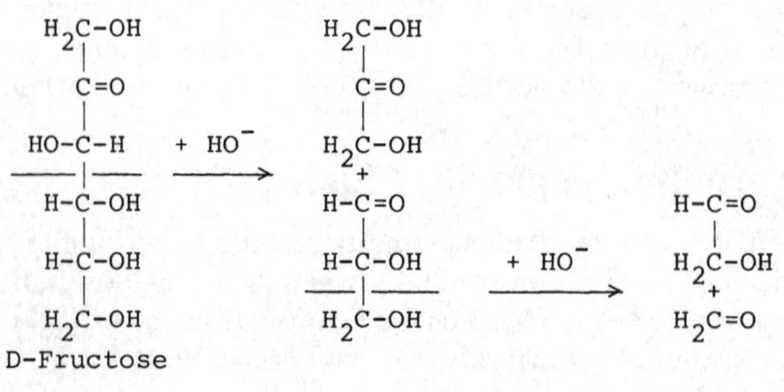

3.16.3.3 Reduktion von Monosacchariden

Durch geeignete Reduktionsmittel (Natriumamalgam, komplexe Hydride, kat. Hydrierung) können Monosaccharide zu *Polyalkokolen (Zuckeralkoholen)* reduziert werden.

$$R\text{-}CH{=}O \xrightarrow{[2\ H]} R\text{-}CH_2OH$$

Die Reduktion findet wahrscheinlich aus der offenkettigen Form statt, die in geringer Menge mit den Cyclohalbacetal-Formen im Gleichgewicht vorliegt. Da die al-Form ständig verbraucht wird, verschiebt sich das Gleichgewicht, bis schließlich der gesamte Zucker reduziert ist.

Aus D-Mannose bildet sich **D-Mannitol**, aus D-Glucose **D-Sorbitol** (**Glucitol**) und aus D-Galactose entsteht **D-Dulcitol**. Die Reduktion von *Ketosen* führt zu einem neuen Chiralitätszentrum und somit zu einem Diastereomerenpaar des entsprechenden Zuckeralkohols. Zum Beispiel wird **D-Fructose** zu einem Gemisch aus **D-Sorbitol** und **D-Mannitol** reduziert, wobei letzterer überwiegt [vgl. **MC-Fragen Nr. 995, 1012, 1219**].

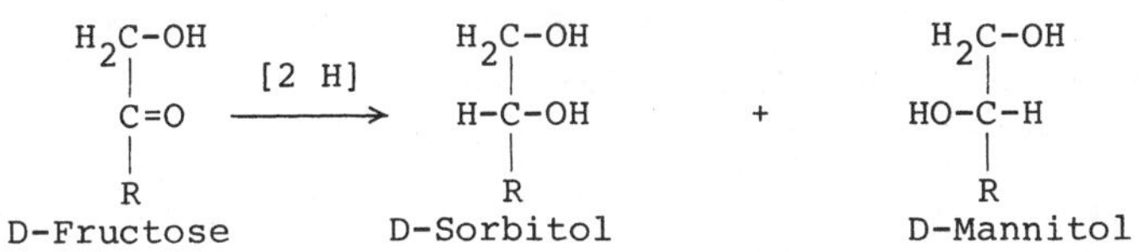

Die *Zuckeralkohole* ähneln in ihren Eigenschaften den Kohlenhydraten; es fehlen ihnen jedoch die durch die Carbonylgruppe bedingte Instabilität gegenüber Alkali und die Möglichkeit zur Cyclohalbacetal-Bildung. Durch Reduktion von *Hexosen* mit Iodwasserstoff und rotem Phosphor erhält man **n-Hexan**.

3.16.3.4 Oxidation von Monosacchariden

Monosaccharide können verhältnismäßig leicht oxidiert werden, wobei je nach den verwendeten Oxidantien unterschiedliche Produkte gebildet werden [vgl. **MC-Fragen Nr. 992, 993, 1014**].

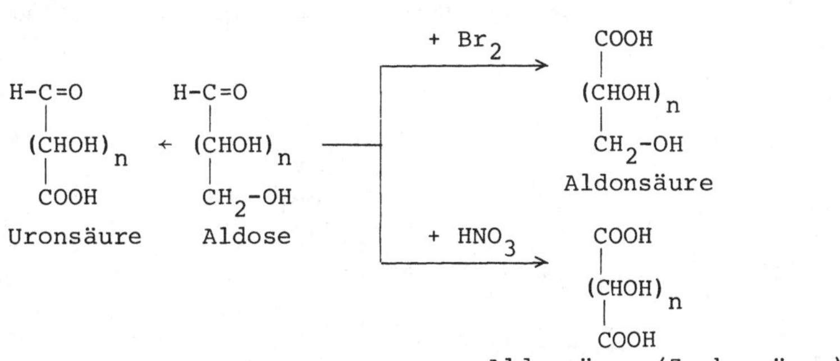

Bei Aldosen ist die Aldehyd-Funktion die oxidationsempfindlichste Gruppe. Milde Oxidationsmittel wie Bromwasser oder verd. HNO_3 oxidieren *Aldosen* zu *Aldonsäuren. Ketosen* werden unter diesen Bedingungen nicht angegriffen, so daß die Reaktion zur Unterscheidung von Aldosen und Ketosen genutzt werden kann.

Aldonsäuren, die nur im Alkalischen in Form ihrer Salze beständig sind, bilden als Hydroxyalkansäuren unter Wasserabspaltung *Lactone,* wobei die Bildung eines γ-*Lactons* bevorzugt ist (siehe Kap. 3.14.3).

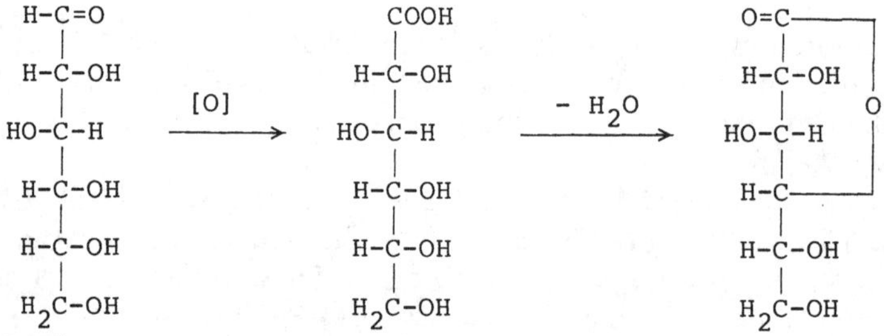

D-Glucose D-Gluconsäure D-Gluconsäure-γ-lacton

Liegt der Zucker als *Glykosid* vor, dann ist der anomere Kohlenstoff C-1 geschützt und das Molekül ist gegenüber milden Oxidationsmitteln beständig. Solche Substanzen werden daher – im Gegensatz zu den *reduzierenden Zuckern* - als *nicht-reduzierende Zucker* bezeichnet.

Zu den reduzierenden Zuckern zählt man Kohlenhydrate, die Fehling-Lösung oder Tollens-Reagenz reduzieren. Alle Monosaccharide, Aldosen wie Ketosen, sind reduzierende Zucker. Auch die meisten Disaccharide gehören dazu, mit Ausnahme der Saccharose, die ein nicht-reduzierender Zucker ist. Glykoside zählen ebenfalls zu den nicht-reduzierenden Zuckern. Reduzierende Zucker zeigen Mutarotation, nicht reduzierende Zucker zeigen keine Mutarotation.

Durch stärkere Oxidationsmittel (z. B. konz. HNO_3) wird neben der Aldehyd-Funktion auch die primäre Alkoholgruppe bis zur Stufe der Carbonsäure oxidiert und man erhält Polyhydroxydicarbonsäuren, sog. *Zuckersäuren (Aldarsäuren).*

D-Galactose geht hierbei in **Schleimsäure** (**D-Galactarsäure**) über [vgl. **MC-Frage Nr. 994**]. Diese Säure stellt ein *meso-Form* dar; ihre Salze heißen *Mucate.*

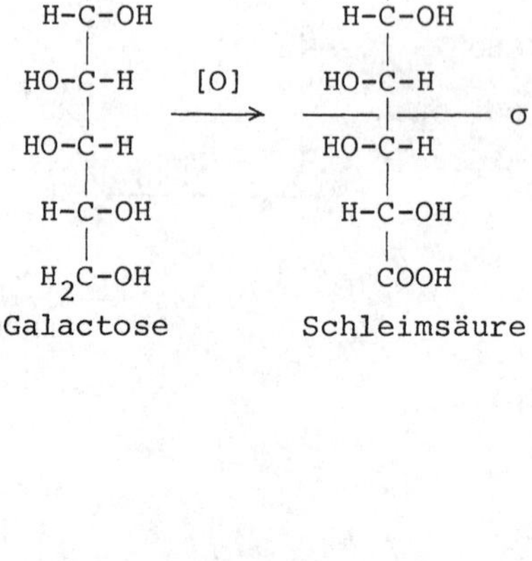

D-Galactose Schleimsäure

Sämtliche Zuckersäuren bilden leicht Monolactone *(Lactonsäuren),* in einigen Fällen auch Dilactone. Behandelt man *Ketosen* mit starken Oxidationsmitteln, so erhält man unter Aufspaltung des C-Gerüstes Carbonsäuren mit einer geringeren Anzahl von C-Atomen.

Die Oxidation eines *Glykosids* mit nachfolgender hydrolytischer Spaltung der glykosidischen Bindung führt zu den physiologisch bedeutsamen *Uronsäuren,* in denen die Aldehyd-Funktion an C-1 einer Hexose noch erhalten ist und nur die CH_2OH-Gruppierung an C-6 zur Carboxylgruppe oxidiert wurde. Die Uronsäuren existieren – im Gegensatz zu Aldonsäuren und Aldarsäuren – in einer α- und einer β-Form.

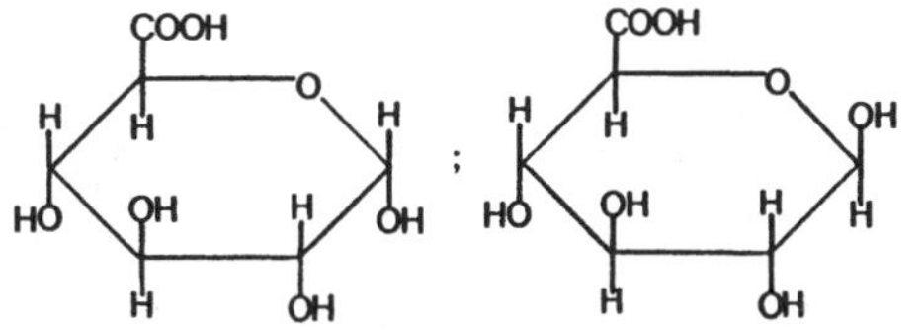

α-D-Glucuronsäure β-D-Glucuronsäure

Glycolspaltung: Zucker, die vicinale HO-Gruppen enthalten, werden durch Periodat gespalten (vgl. Kap. 3.2.18). Beispielsweise liefert **Glucose** bei der *Malaprade-Reaktion* fünf Äquivalente Ameisensäure und ein Äquivalent Formaldehyd, das aus der Oxidation der Alkohol-Funktion an C-6 resultiert.

3.16.3.5 Nachweisreaktionen von Monosacchariden

Sie beruhen in der Regel auf der leichten Oxidierbarkeit von Aldosen im alkalischen Medium zu *Aldonsäuren.* Diese Reaktionen bieten *keine* Möglichkeit zur Unterscheidung zwischen Aldosen und Ketosen, da unter den alkalischen Bedingungen stets mit einer gegenseitigen Isomerisierung zu rechnen ist.

Darüber hinaus dient die Bildung kristalliner Substanzen durch Umsetzung mit den üblichen Carbonylreagenzien zur Identifizierung von Monosacchariden. Als analytisch wichtige Nachweisreaktionen sind zu nennen:

(1) Tollens-Reaktion: Beim Erwärmen mit einer ammoniakalischen Silbersalz-Lösung scheidet sich elementares Silber ab.

(2) Fehling-Reaktion: Beim Erhitzen mit einer alkal. Cu(II)-tartrat-Lösung fällt gelbrotes Cu(I)-oxid aus.

(3) Nylander-Reaktion: Beim Erwärmen mit einer alkal. Bi(III)-Salzlösung erfolgt Abscheidung von metallischem Bismut.

(4) Oxim-Bildung durch Umsetzung mit Hydroxylamin.

(5) Phenylhydrazon-Bildung: Aldosen und Ketosen bilden mit äquimolaren Mengen von Phenylhydrazin ein definiertes Phenylhydrazon.

(6) Osazon-Bildung: Beim Erhitzen mit *überschüssigem Phenylhydrazin* in verd. Essigsäure fallen gelb-gefärbte, kristalline Osazone aus.

Bildung von Osazonen

Bei der Umsetzung von Monosacchariden mit Phenylhydrazin reagiert die Carbonylgruppe in gewohnter Weise unter Bildung des betreffenden *Phenylhydrazons.* In schwach essigsaurer Lösung entstehen daraus mit einem Überschuß an Phenylhydrazin die schwerlöslichen, kristallinen *Osazone.*

Man vermutet, daß die der Phenylhydrazon-Gruppierung benachbarte Alkoholgruppe unter der Einwirkung eines zweiten Moleküls Phenylhydrazin dehydriert wird und sich ein *Osonhydrazon* bildet. Die dabei freigesetzten beiden H-Atome hydrogenolysieren Phenylhydrazin zu *Ammoniak* und *Anilin.* Anschließend kondensiert ein *drittes* Molekül Phenylhydrazin mit der entstandenen Carbonylgruppe zum *Osazon.*

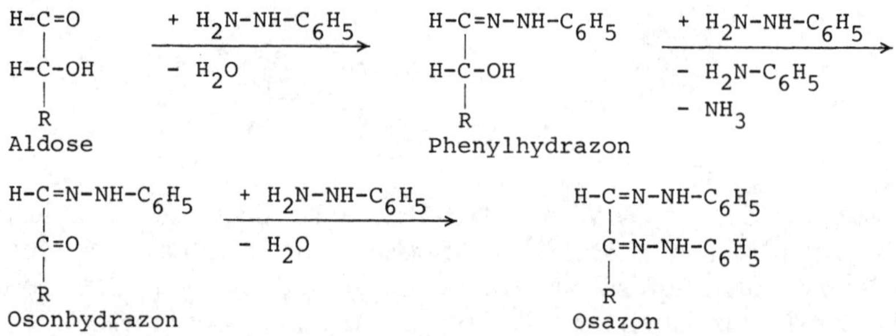

Die Osazone einfacher Zucker besitzen einen charakteristischen Schmelzpunkt und können deshalb zur Identifizierung von Monosacchariden herangezogen werden. Sie lassen ferner Rückschlüsse auf die Stereochemie der betreffenden Zucker zu. Zum Beispiel ergeben die beiden epimeren Hexosen **D-Glucose** und **D-Mannose** sowie **D-Fructose** das gleiche *Osazon.* Sie müssen daher in den Konfigurationen der Chiralitätszentren an C-4 und C-5 übereinstimmen. Darüber hinaus besitzen D-Glucose und D-Mannose auch die gleiche Stereochemie an C-3 [vgl. **MC-Fragen Nr. 1007–1010, 1013, 1163**].

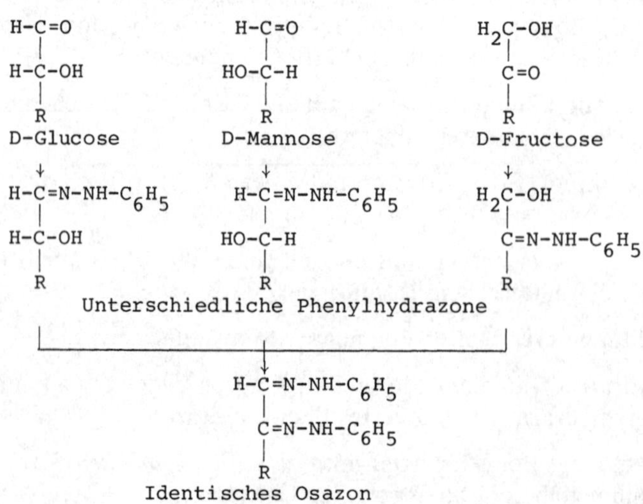

Zwei diastereomere Aldosen, die sich nur in der Konfiguration an C-2 unterscheiden, werden Epimere genannt. Eine Möglichkeit, zwei Aldosen als Epimere zu erkennen, bietet die Bildung des gleichen Osazons.

Die Osazone lassen sich durch Behandeln mit starken Säuren oder besser durch Kochen mit Benzaldehyd (stabileres Hydrazon) zu *Osonen* (α-Ketoaldehyde) spalten. Bei der Reduktion von Osonen mit Natriumamalgam in schwach saurer Lösung wird die Aldehyd-Gruppe an C-1 wesentlich rascher reduziert als die Keto-Funktion an C-2, so daß man z. B. **D-Glucose** durch diese Reaktionsfolge [Osazon → Oson] in **D-Fructose** überführen kann.

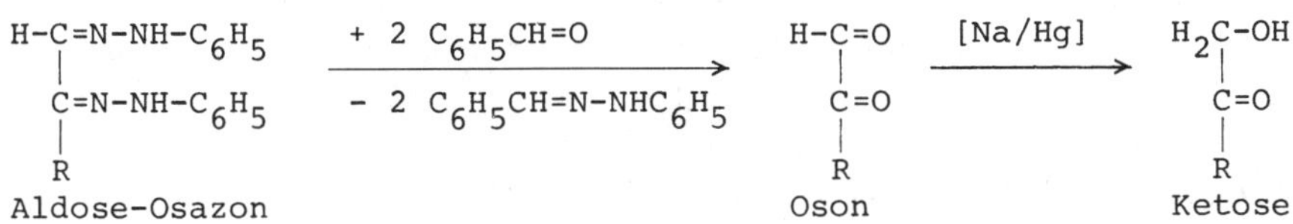

3.16.3.6 Bildung von Estern

Die alkoholischen Hydroxyl-Funktionen von Zuckermolekülen sowie die anomere Hydroxylgruppe können mit den gängigen Methoden verestert werden. Üblicherweise verwendet man zur *Acetylierung Acetanhydrid* in Gegenwart saurer (H_2SO_4, $ZnCl_2$) oder basischer Katalysatoren (Pyridin, NaOAc).

Hexosen gehen in *Pentaacetate* über und *Pentosen* bilden *Tetraacetate* [vgl. **MC-Frage Nr. 1002**]. Die Acetate reduzieren Fehlingsche Lösung *nicht,* da sie keine freie Aldehyd-Gruppe enthalten; sie treten aber in einer α- und β-Form auf.

3.16.3.7 Bildung von Glykosiden

Löst man eine Aldose in einem Alkohol und versetzt die Lösung mit einer Mineralsäure als Katalysator, so bildet sich ein *cyclisches Acetal,* das als α- und β-Anomer auftreten kann. Die cyclischen Acetale werden *Glykoside* genannt. Ein Glykosid, das sich von der Glucose ableitet, nennt man **Glucosid**, eines der Galactose wird als **Galactosid** bezeichnet. Die Ringgröße des cyclischen Acetals wird durch die Ausdrücke *„-pyranosid“* bzw. *„-furanosid“* kenntlich gemacht.

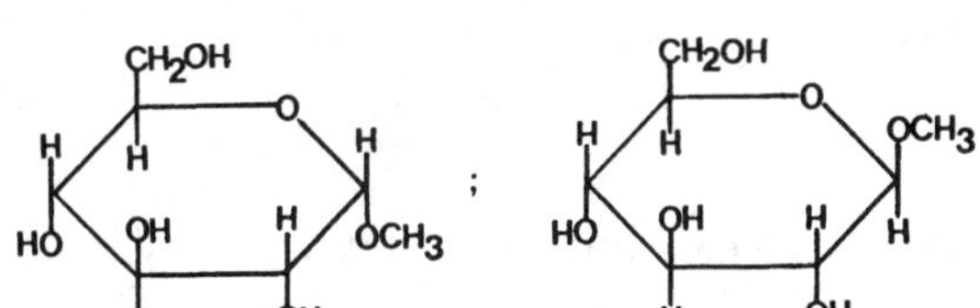

Methyl-α-D-glucosid ; Methyl-β-D-glucosid

Glykoside bilden sich *nur* unter sauren Bedingungen. Ihre protonenkatalysierte Bildung ist ein reversibler Prozeß. Glykoside lassen sich deshalb mit verd. Mineralsäuren wieder spalten, wobei im allgemeinen Pyranoside beständiger sind als Furanoside. Während man unter sauren Bedingungen ein Gemisch der beiden anomeren Zucker erhält, verläuft die enzymatische Glykosidspaltung häufig spezifisch; d. h., je nach der Substratspezifität des Enzyms *(Glucosidase)* wird bevorzugt die α- oder die β-Form hydrolysiert.

3.16.3.8 Bildung von Ethern

Unter den Bedingungen der Glykosid-Bildung werden die restlichen alkoholischen Gruppen nicht angegriffen. Sie können aber mit Hilfe der *Williamsonschen Synthese* verethert werden (vgl. Kap. 3.9.6). Man erhält z. B. permethylierte Verbindungen durch Umsetzung mit Methyliodid/Ag_2O oder Dimethylsulfat/NaOH.

Die Methylether der Kohlenhydrate besitzen die tiefstmöglichen Siedepunkte aller Zucker-Derivate, so daß sie sich im Hochvakuum unzersetzt destillieren lassen. Sie sind aber für synthetische Zwecke kaum brauchbar, weil die Etherspaltung stets mit einer Zerstörung des C-Gerüstes verbunden ist.

3.16.3.9 Bildung von Acetalen und Ketalen

1,2- und 1,3-Diole reagieren mit Carbonylverbindungen in Anwesenheit eines sauren Katalysators zu Acetalen oder Ketalen (vgl. Kap. 3.12.5). Sofern das Diol, wie in Zuckermolekülen, selbst cyclisch ist, bildet sich aus sterischen Gründen nur dann ein Acetal oder Ketal, wenn die beiden HO-Gruppen *cis-ständig* sind. Darüber hinaus ist zu beachten, daß sich Edukt und Produkt auch in ihrer Ringgröße unterscheiden können. Dies ist vor allem der Fall, wenn die stabilere Pyranose-Form keine vicinalen cis-Hydroxylgruppen enthält, diese aber in der Furanose-Form vorhanden sind.

Beispielsweise reagiert **D-Galactose** mit Aceton zu einem Diketal mit pyranoidem Ringgerüst, weil im α-Anomer zwei Paar vicinale cis-HO-Gruppen vorliegen.

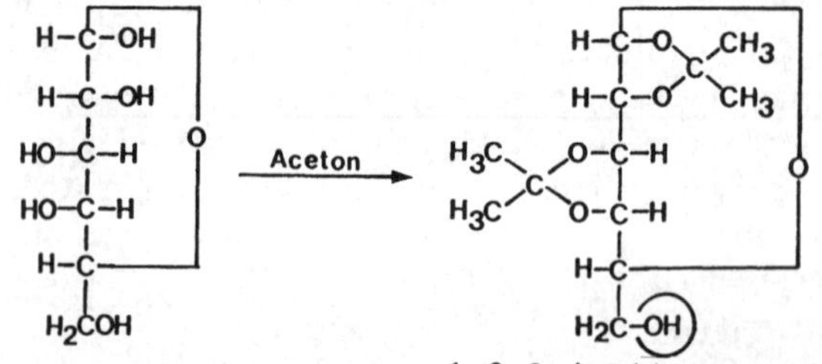

α-D-Galactose 1,2,3,4-Diisopropyliden-α-D-galactopyranosid

Demgegenüber ergibt **D-Glucose** ein Diketal mit furanoidem Ring.

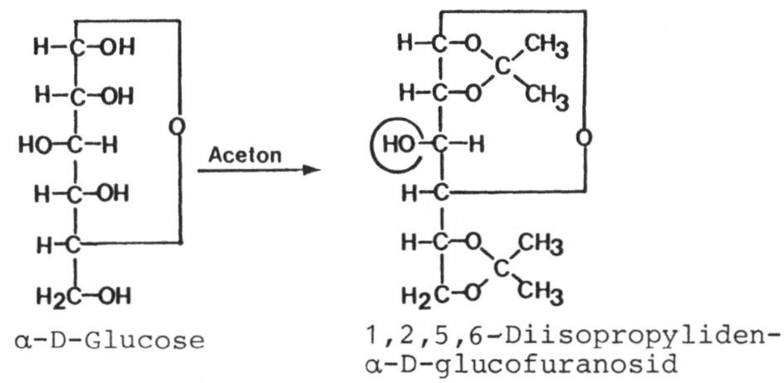

Die cyclischen Acetale sind wertvolle Synthesevorstufen, da die Acetalgruppierung im neutralen und alkalischen Medium beständig ist. An den restlichen, ungeschützten HO-Gruppen kann man Reaktionen ausführen. Danach werden die Schutzgruppen mit verd. Säuren wieder abgespalten.

3.16.4 Aufbau und Abbau von Kohlenhydraten

Präparative Bedeutung besitzen vor allem Reaktionen, bei denen das Kohlenstoffgerüst des betreffenden Zuckers jeweils um ein C-Atom verlängert bzw. verkürzt wird.

3.16.4.1 Kettenverlängerung

Kiliani-Fischer-Synthese: Behandelt man z. B. **D-Glycerinaldehyd** mit HCN, so erhält man ein Gemisch zweier diastereomerer *Cyanhydrine,* die sich zu Aldonsäuren hydrolysieren lassen (vgl. auch Kap. 3.12.6). Diese dehydratisieren im sauren Milieu zu Aldolacetonen. Die erhaltenen Lactone können mit Natriumamalgam oder $NaBH_4$ zu Aldosen reduziert werden.

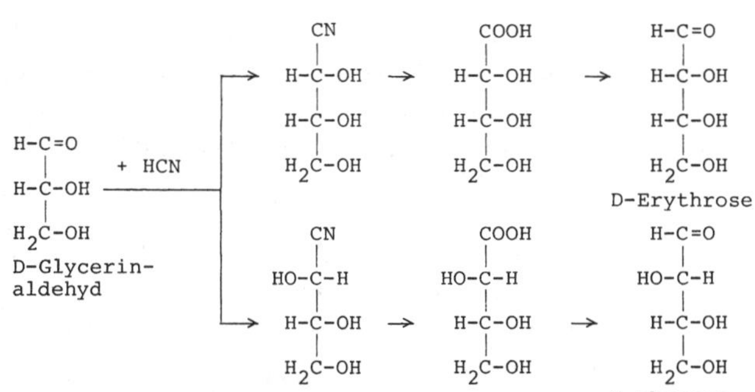

Die gebildeten Tetrosen lassen sich mit der gleichen Reaktionssequenz in Aldopentosen, und diese danach in Aldohexosen umwandeln. Da bei der Cyanhydrin-Bildung ein neues Chiralitätszentrum entsteht, werden bei der Kiliani-Fischer-Reaktion immer zwei Diastereomere – im allgemeinen in unterschiedlichen Mengen – gebildet.

3.16.4.2 Kettenverkürzung

Ruff-Abbau: Aldosen werden zunächst mit Bromwasser zu Aldonsäuren oxidiert. Deren Calciumsalze lassen sich mit H_2O_2/Fe(III) in α-Ketoaldonsäuren überführen, die leicht decarboxylieren.

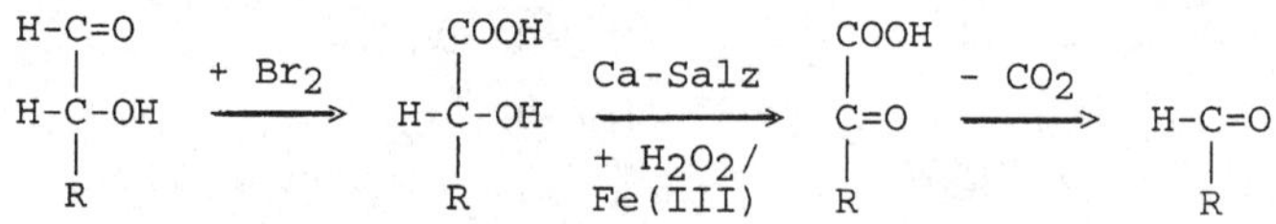

Da bei dieser Reaktionsfolge die Asymmetrie an C-2 verlorengeht, geben Aldohexosen, die sich nur in der Konfiguration an diesem C-Atom unterscheiden, die gleiche Aldopentose.

Wohl-Abbau (Umkehrung der Kiliani-Fischer-Synthese): Hierbei setzt man eine Aldose mit Hydroxylamin um, und dehydratisiert das gebildete Oxim mit Acetanhydrid zum Nitril. Dabei werden gleichzeitig die HO-Gruppen verestert. Bei der nachfolgenden *alkalischen* Esterverseifung wird aus dem intermediär auftretenden Cyanhydrin HCN abgespalten, wodurch eine um ein C-Atom verkürzte Aldose entsteht.

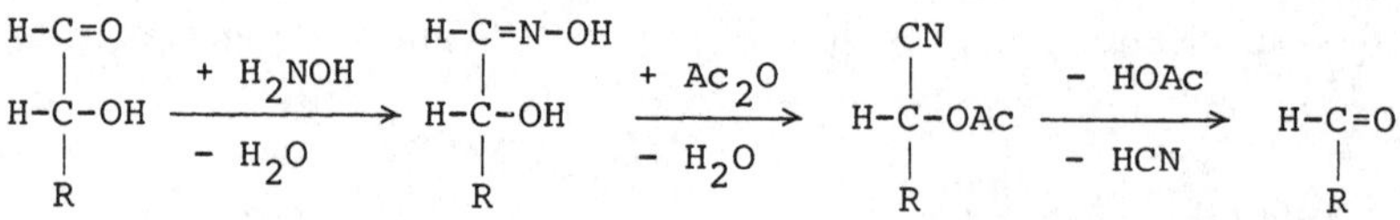

3.16.5 Ausgewählte Monosaccharide

3.16.5.1 Ausgewählte Pentosen

Pentosen sind im Tier- und Pflanzenreich weit verbreitet. Die wichtigsten Aldopentosen, die durch Hefe nicht vergoren werden, sind **D-(-)-Ribose** und **D-(-)-2-Desoxyribose**. Beide Pentosen, die gewöhnlich als Furanosen vorliegen, sind Bestandteil der Nucleoside und Nucleotide [vgl. **MC-Fragen Nr. 988, 989**].

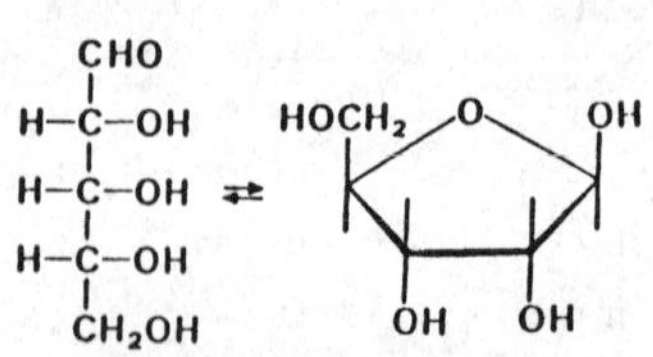

β-D-(−)-Ribose

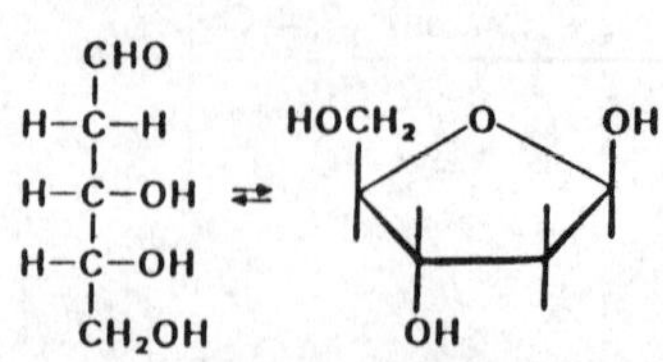

β-D-(−)-2-Desoxyribose

D-(+)-Arabinose kommt als Glykosid in der Aloe vor und gibt das gleiche Osazon wie die epimere D-(-)-Ribose. **D-Ribulose**, eine Ketopentose, ist ein Stoffwechselzwischenprodukt des Glucose-Abbaus. Pentosen ergeben bei der Destillation mit Salzsäure **Furfural** [vgl. **MC-Frage Nr. 1002**].

3.16.5.2 Ausgewählte Hexosen

Von den 16 möglichen Aldohexosen kommen nur 4 in der Natur vor.

D-(+)-Glucose (Traubenzucker, Dextrose) spielt im Tier- und Pflanzenreich die Rolle einer biogenetischen Schlüsselsubstanz. **D-(+)-Mannose** und **D-(+)-Galactose** sind Bestandteil von Oligo- und Polysacchariden. **L-Galactose** wurde aus bestimmten Algen isoliert. Die Zucker besitzen folgende Konstitution.

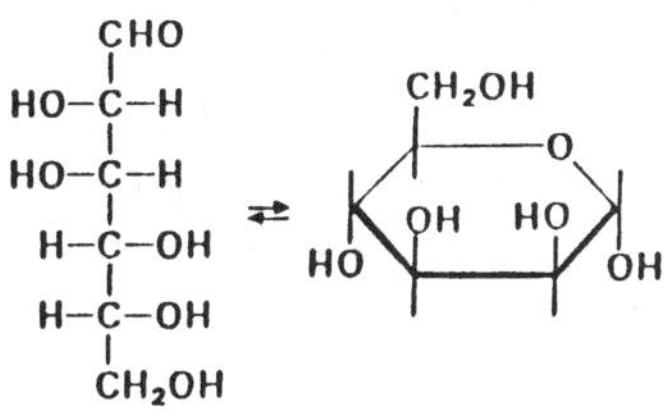

α-D-(+)-Mannose

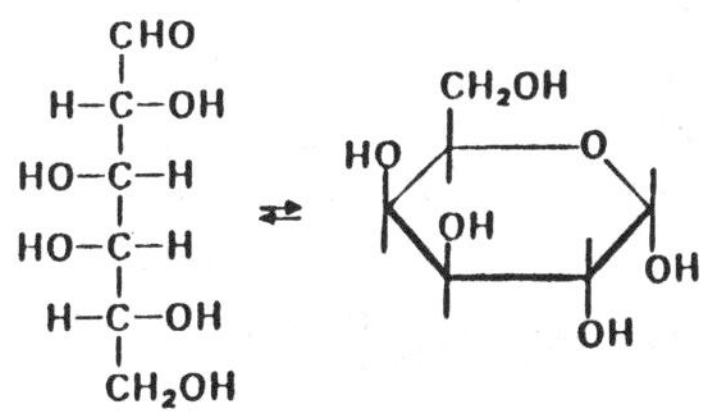

α-D-(+)-Galactose

In analoger Weise wie Aldosen sind auch Ketosen zur *Lactol-Bildung* befähigt, nur mit dem Unterschied, daß hier der Pyranring der Hexosen vom C-Atom 6 zum C-Atom 2 geschlossen wird. Die Anomeren der **D-(-)-Fructose** (Fruchtzucker, Lävulose) lassen sich durch folgende Haworth-Projektionen beschreiben.

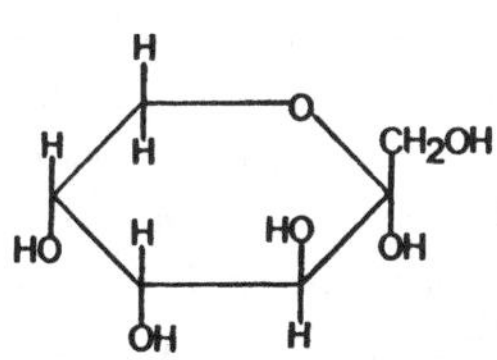

α-D-Fructopyranose

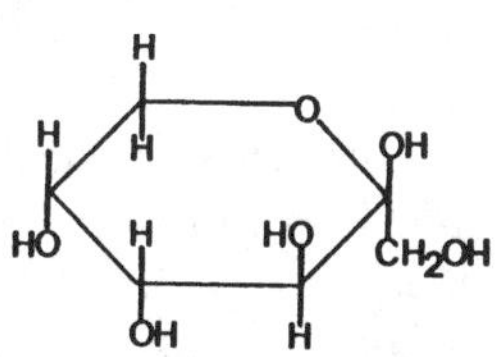

β-D-Fructopyranose

Die Fructofuranosen sind unbeständig und nur als Glykoside *(Furanoside)* haltbar. Zum Beispiel ist D- Fructofuranose ein Baustein des Rohrzuckers und des Polysaccharids Inulin. Fructose reduziert sowohl Fehlingsche Lösung als auch Tollens-Reagenz.

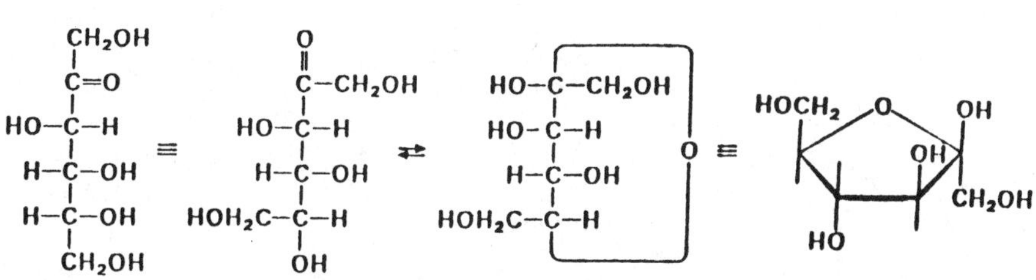

D-(–)-Fructose β-D-(–)-Fructofuranose

L-(-)-Sorbose ist ebenfalls eine Ketohexose, die durch enzymatische Oxidation von D-Sorbitol gewonnen wird [vgl. **MC-Frage Nr. 1003**]. Sie tritt bei der technischen Ascorbinsäure-Herstellung als Zwischenprodukt auf.

3.16.6 Ausgewählte Oligosaccharide und Polysaccharide

3.16.6.1 Wichtige Disaccharide

Disaccharide sind Verbindungen, in denen ein zweites Zuckermolekül unter Abspaltung von Wasser mit einem Monosaccharid-Baustein glykosidisch (acetalartig) verknüpft ist.

Grundsätzlich hat man bei den Cyclohalbacetal-Formen von Monosacchariden zwischen *glykosidischen (anomeren)* [in Aldosen an C-1, in Ketosen an C-2] und *alkoholischen Hydroxylgruppen* zu unterscheiden. Für die glykosidische Verknüpfung zweier Zuckermoleküle zu einem Disaccharid existieren somit zwei Alternativen:

Bauprinzip 1 (1,1-Verknüpfung): Hier erfolgt der Wasseraustritt zwischen den beiden glykosidischen (anomeren) Hydroxylgruppen. Mit diesen Disacchariden lassen sich die verschiedenen *Carbonylreaktionen nicht* mehr ausführen. Der Zucker bildet mit Phenylhydrazin kein Osazon, wirkt nicht-reduzierend und zeigt auch keine Mutarotation.

Bauprinzip 2 (1,4- oder 1,6-Verknüpfung): Hier vollzieht sich die Acetal-Bildung vom anomeren C-Atom des einen zu einem alkoholischen C-Atom (meistens C-4 oder C-6) des zweiten Monosaccharids. Hierbei bleibt die Halbacetal-Form des zweiten Zuckermoleküls erhalten, so daß das Disaccharid in einer α-Form und in einer β-Form auftritt, die im Gleichgewicht mit der offenkettigen al-Form stehen. Solche Disaccharide zeigen die üblichen Carbonylreaktionen, wirken also reduzierend. An wichtigen Disacchariden sind zu nennen:

In der **Maltose** (**Malzzucker**) sind zwei Moleküle **D-(+)-Glucose** *α-1,4-glykosidisch* (Bauprinzip 2) miteinander verknüpft. Maltose kann daher in anomeren Formen auftreten, reduziert Fehlingsche Lösung, bildet ein Osazon und zeigt Mutarotation [vgl. **MC-Fragen Nr. 1017, 1023–1025, 1027, 1029**].

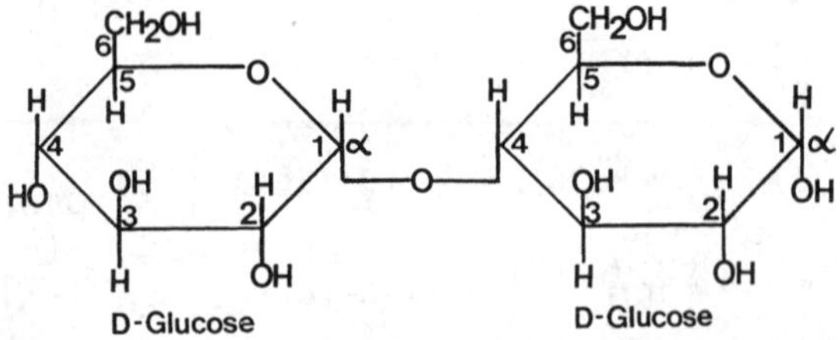

Maltose (α-Form)

(+)-Maltose kann aus *Stärke* durch partielle enzymatische Hydrolyse mit *Diastase* erhalten werden.

Lactose (**Milchzucker**) ist ebenfalls ein reduzierendes Disaccharid, bildet ein Osazon und zeigt das Phänomen der Mutarotation, weil sich wie bei der Maltose in Wasser Anomeren-Gleichgewichte ausbilden können. Im Milchzucker sind **D-**

Glucose und **D-Galactose** *α-1,4-glykosidisch* (Bauprinzip 2) miteinander verbunden [vgl. **MC-Fragen Nr. 985, 1018, 1020, 1022, 1023, 1025**].

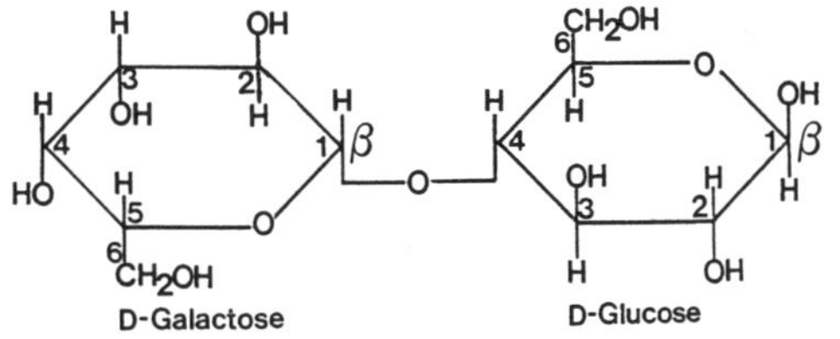

Lactose (β-Form)

Der **Saccharose** (**Rohrzucker**), das wichtigste Disaccharid, *fehlen* die typischen Eigenschaften der Monosaccharide wie Reduktionsvermögen, Osazon-Bildung und Mutarotation.

Im Rohrzucker sind **α-D-Glucose** und **β-D-Fructose** acetalartig über die beiden anomeren C-Atome (C-1 bzw. C-2) miteinander verknüpft (Bauprinzip 1). (+)-Saccharose ist somit ein α-D-Glucopyranosyl-β-D-fructofuranosid [vgl. **MC-Fragen Nr. 986, 1018, 1019, 1026**].

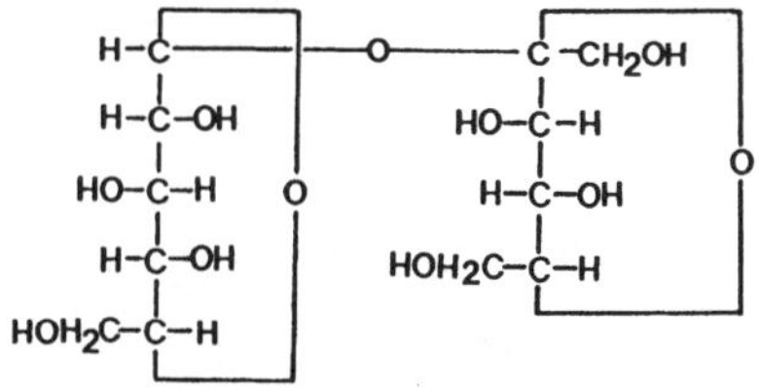

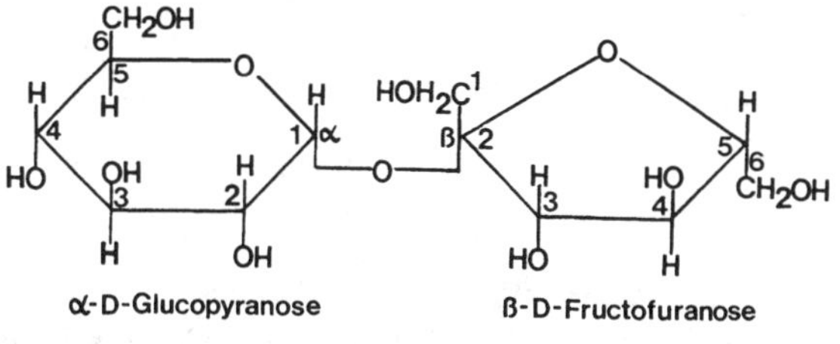

Rohrzucker (Saccharose)

Die wäßrige Lösung der Saccharose ist rechtsdrehend ($[\alpha]_D$ = + 66,5°). Seine saure Hydrolyse, deren Geschwindigkeit proportional der H_3O^+-Konzentration ist, und die einem Zeitgesetz 2. Ordnung gehorcht, führt zu einem äquimolaren Gemisch von D-Glucose ($[\alpha]_D$ = + 52,7°) und D-Fructose ($[\alpha]_D$ = – 92,4°). Da letztere stärker nach links als die D-Glucose nach rechts dreht, geht die Rechtsdrehung des Rohrzuckers in eine Linksdrehung über [vgl. **MC-Frage Nr. 1021**]. Daher bezeichnet man die Spaltung des Rohrzuckers auch als „Inversion" und das entstehende Zuckergemisch als *Invertzucker.* Einige Organismen besitzen Enzyme *(Invertasen),* die gleichfalls die Hydrolyse der Saccharose katalysieren.

$$\text{Saccharose} \xrightarrow[\text{Invertase}]{H_3O^+ \text{ oder}} [\alpha/\beta\text{-D-Glucose}] + [\alpha/\beta\text{-D-Fructose}]$$

$$[\alpha]_D = +66{,}5^\circ \qquad [\alpha]_D = +52{,}7^\circ \qquad [\alpha]_D = -92{,}4^\circ$$

$$[\alpha]_D \sim -20^\circ$$

Cellobiose wirkt wie Maltose reduzierend, bildet ein Osazon und zeigt in wäßriger Lösung Mutarotation. Sie besteht aus zwei Molekülen **D-Glucose**, die aber im Gegensatz zur Maltose *β-1.4-glykosidisch* miteinander verbunden sind (Bauprinzip 2). Cellobiose ist ein Abbauprodukt der *Cellulose* [vgl. **MC-Fragen Nr. 987, 1024, 1028**].

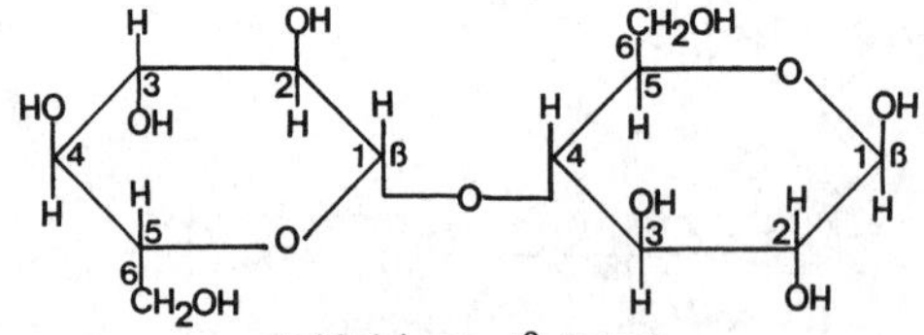

Cellobiose (β-Form)

Trehalose besteht aus zwei Molekülen **D-Glucose** mit *α-1.1-glykosidischer* Verknüpfung (Bauprinzip 1).

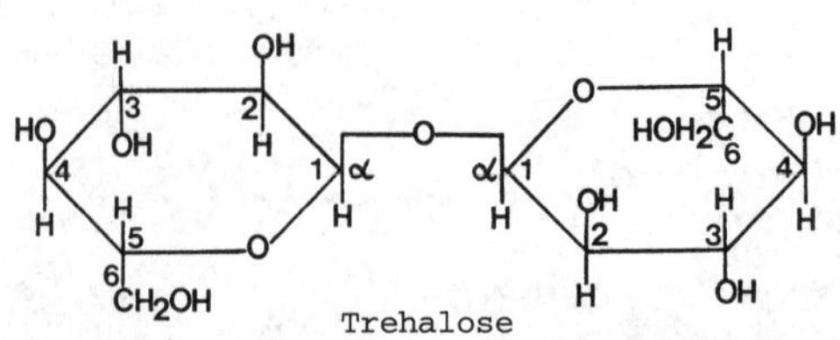

Trehalose

Gentiobiose kommt in der Natur nicht frei vor und wird durch Hydrolyse des Glykosids Amygdalin gewonnen. In ihr sind zwei Moleküle **Glucose** *β-1.6-glykosidisch* miteinander verbunden.

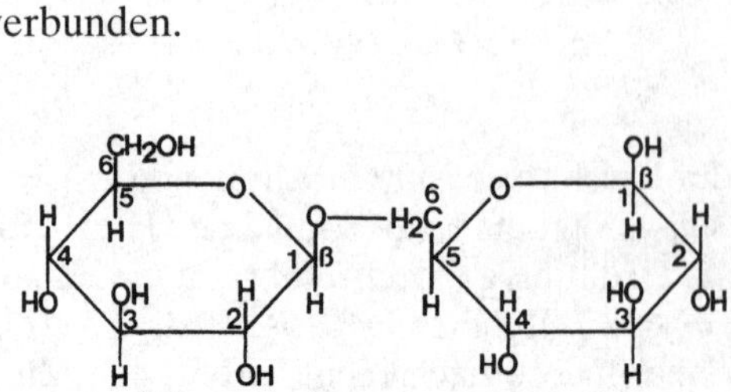

Gentiobiose (β-Form)

3.16.6.2 Ausgewählte Trisaccharide

Raffinose ist ein Trisaccharid, bestehend aus **D-Glucose**, **D-Fructose** und **D-Galactose**; es wird aus Zuckerrüben gewonnen. Die Raffinose zählt zu den *nicht-reduzierenden* Zuckern, so daß alle anomeren Hydroxylgruppen an den glykosidischen Bindungen beteiligt sind [vgl. **MC-Frage Nr. 984**].

3.16.6.3 Wichtige Polysaccharide

Polysaccharide sind *hochmolekulare Stoffe,* in denen die Monosaccharid-Bausteine untereinander meistens *1,4-glykosidisch* verknüpft sind. Wie Abb. 88 veranschaulicht, können Polysaccharide eine lineare Struktur besitzen, sie können aber auch verzweigt sein. Darüber hinaus sind auch cyclische Polysaccharide bekannt.

Derartige hochpolymere Zucker zeigen ganz andere physikalische und chemische Eigenschaften als Mono- oder Disaccharide. Die meisten Polysaccharide sind in Wasser nicht oder nur kolloidal löslich.

Polysaccharide können durch saure oder enzymatische Hydrolyse zu kleineren Untereinheiten oder zu Monosacchariden gespalten werden. An natürlich vorkommenden Polysacchariden sind zu nennen:

Stärke ist das wichtigste pflanzliche Reservekohlenhydrat und zugleich eines der wichtigsten Nahrungsmittel. Durch das Enzym *Diastase* wird Stärke in *Maltose* umgewandelt. Stärke besteht aus *α-D-(+)-Glucose-Untereinheiten.* Sie ist keine einheitliche Verbindung.

Stärkekörner enthalten als Hüllsubstanz das *wasserunlösliche* **Amylopektin** (etwa 80%) und in ihrem Innern die *wasserlösliche* **Amylose** (etwa 20%). Beide Polysaccharide unterscheiden sich in ihrem physikalischen und chemischen Verhalten.

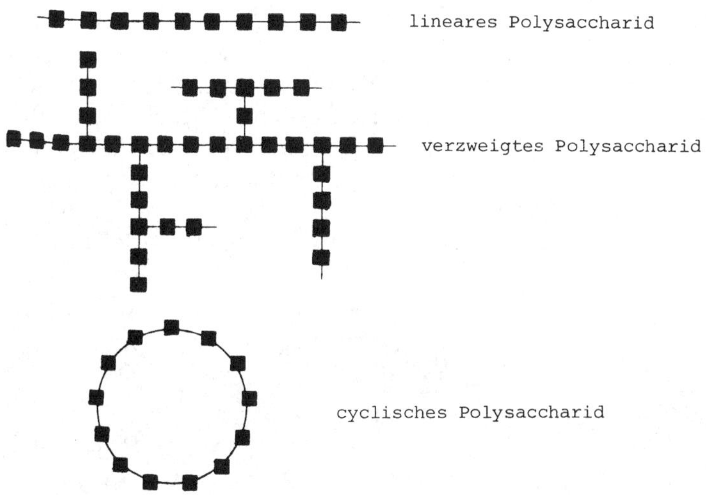

Abb. 88: Arten von Polysacchariden

Die *Amylose* [Molmasse: 50 000–160 000] bildet, wie Abb. 89 zeigt, unverzweigte Ketten aus Glucose-Molekülen mit *α-1,4-glykosidischen* Bindungen.

Die Röntgenstrukturanalyse der Amylose belegt, daß die Ketten *schraubenförmig* gewunden sind, wobei etwa 6 Glucose-Einheiten eine Windung ergeben. In den dadurch entstehenden Hohlraum wird bei der *Iod-Stärke-Reaktion* unter Violettfärbung Iod eingelagert (siehe Ehlers, **Analytik II-Kurzlehrbuch**, Kap. 7.2).

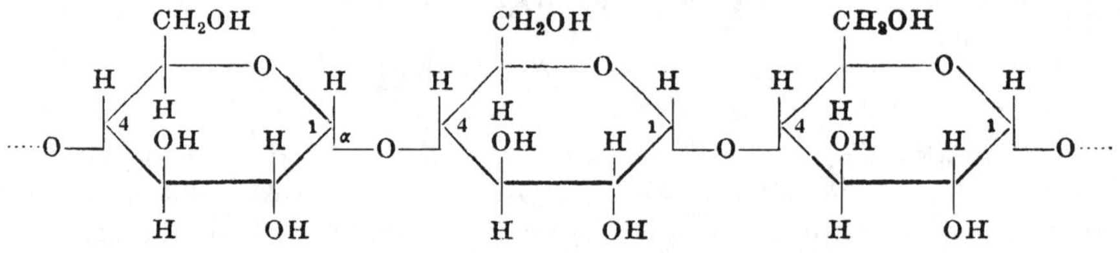

Abb. 89: Ausschnitt aus einer Amylose-Kette

Amylopektin [Molmasse ca. 400 000] besteht wie die Amylose aus Glucose-Einheiten, die jedoch in verzweigten Ketten angeordnet sind. Ihre Verknüpfung erfolgt innerhalb des linearen Kettenteils *α-1,4-glykosidisch* und an den Verzweigungspunkten *α-1,6-glykosidisch.* Amylopektin gibt mit elementarem Iod nur eine bräunliche Färbung.

Glykogen ist das Reservekohlenhydrat der Säugetiere und des menschlichen Organismus; es wird vorwiegend in der Leber und im Muskel gespeichert und besteht aus α-D-Glucose-Einheiten. Seine Molmasse ist höher als die des Amylopektins, und Glykogen ist noch beträchtlich stärker verzweigt als Amylopektin.

Cellulose, der Hauptbestandteil der pflanzlichen Zellwand, ist das am häufigsten vorkommende und technisch wichtigste Kohlenhydrat. Es dient zur Herstellung von verschiedenen Kunstseiden, Cellophan, Celluloid, Zellwolle, Nitrocellulose und nicht zuletzt *Papier.*

Wie Abb. 90 illustriert, besteht Cellulose aus langen, *unverzweigten,* aus **D-Glucose** aufgebauten Fadenmolekülen, die – im Gegensatz zur Amylose – *β-1,4-glykosidisch* miteinander verbunden sind. Molmasse-Bestimmungen ergeben je nach der Herkunft der Cellulose Werte von 200 000 bis 2 Millionen.

Im Gegensatz zur Stärke kann Cellulose durch *Amylasen,* die nur α-1,4-glykosidische Bindungen hydrolysieren, nicht abgebaut werden. Enzyme, die β-glykosidische Bindungen spalten können, sind im menschlichen Verdauungstrakt nicht vorhanden, so daß die Cellulose für unsere Ernährung einen *Ballaststoff* darstellt.

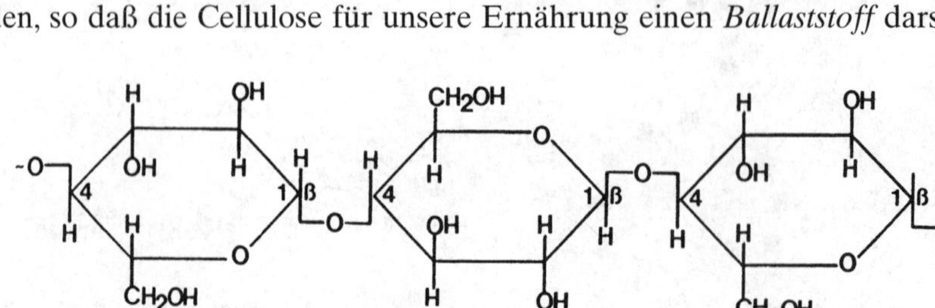

Abb. 90: Ausschnitt aus einer Cellulose-Kette

3.17 Aminosäuren und Peptide

3.17.1 Einteilung, Nomenklatur und Stereochemie von Aminosäuren

3.17.1.1 Einteilung von Aminosäuren

Je nach der Stellung der Aminogruppe unterscheidet man zwischen **α-, β-, γ-Aminocarbonsäuren** usw.

α-Aminocarbonsäure β-Aminocarbonsäure

α-Aminocarbonsäuren (auch kurz **Aminosäuren** genannt), die sich nur im Aufbau des Restes R unterscheiden, besitzen als Bausteine von *Proteinen* und *Peptiden* eine große physiologische Bedeutung [vgl. **MC-Frage Nr. 1056**]. In Tabelle 82 sind die wichtigsten in der Natur vorkommenden Aminosäuren aufgelistet.

Aufgrund der Konstitution des Restes R, der aliphatischer oder aromatischer Natur sein kann und z.T. durch weitere funktionelle Gruppen substituiert ist, unterteilt man Aminosäuren in [vgl. **MC-Fragen Nr. 970, 1031–1044, 1073, 1167, 1244, 1245**]:

- *neutrale, aliphatische Aminosäuren*
  (Glycin – Alanin – Valin – Leucin – Isoleucin)
- *neutrale, aromatische Aminosäuren*
  (Phenylalanin – Tyrosin – Tryptophan [heteroaromatisch])
- *neutrale, Schwefel-haltige Aminosäuren*
  (Cystein – Cystin – Methionin)
- *neutrale, Hydroxylgruppen-haltige Aminosäuren*
  (Serin – Threonin)
- *neutrale, cyclische Aminosäuren (Iminosäuren)*
  (Prolin – Hydroxyprolin [heteroaliphatisch])
- *saure Aminosäuren (Aminodicarbonsäuren)*
  (Asparaginsäure – Glutaminsäure)
- *Amide von Aminodicarbonsäuren*
  (Asparagin – Glutamin)
- *basische Aminosäuren (Diaminocarbonsäuren)*
  (Arginin – Ornithin – Lysin – Histidin [heteroaromatisch]).

Tab. 82: Häufig vorkommende Aminosäuren
[Der Ampholytcharakter der Aminosäuren ist in den Konstitutionsformeln dieser Tab. nicht berücksichtigt.]

Name	Symbol		Formel	IEP
Glycin	Gly	G	H_2NCH_2COOH	5,97
Alanin	Ala	A	$CH_3CH(NH_2)COOH$	6,00
Valin	Val	V	$(CH_3)_2CHCH(NH_2)COOH$	5,96
Leucin	Leu	L	$(CH_3)_2CHCH_2CH(NH_2)COOH$	6,02
Isoleucin	Ile	I	$CH_3CH_2CH(CH_3)CH(NH_2)COOH$	5,98
Phenylalanin	Phe	F	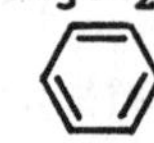 $-CH_2CH(NH_2)COOH$	5,48
Tyrosin	Tyr	Y	HO- 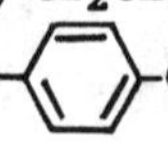 $-CH_2CH(NH_2)COOH$	5,66
Prolin	Pro	P	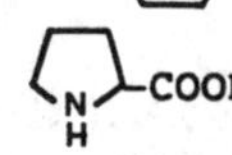	6,30
Hydroxyprolin	Hypro		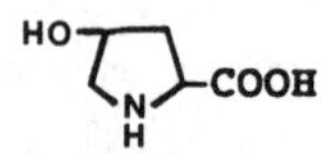	5,83
Serin	Ser	S	$HOCH_2CH(NH_2)COOH$	5,68
Threonin	Thr	T	$CH_3CH(OH)CH(NH_2)COOH$	5,63
Cystein	Cys	C	$HSCH_2CH(NH_2)COOH$	5,05
Cystin			$[-SCH_2CH(NH_2)COOH]_2$	4,80
Methionin	Met	M	$CH_3SCH_2CH(NH_2)COOH$	5,74
Tryptophan	Trp	W	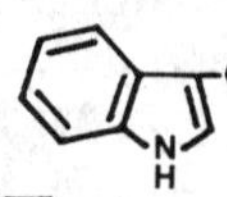 $-CH_2CH(NH_2)COOH$	5,89
Histidin	His	H	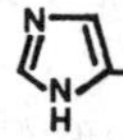 $-CH_2CH(NH_2)COOH$	7,59
Asparaginsäure	Asp	D	$HOOCCH_2CH(NH_2)COOH$	2,77
Glutaminsäure	Glu	E	$HOOCCH_2CH_2CH(NH_2)COOH$	3,22
Asparagin	Asn	N	$H_2NCOCH_2CH(NH_2)COOH$	
Glutamin	Gln	Q	$H_2NCOCH_2CH_2CH(NH_2)COOH$	
Arginin	Arg	R	$HN{=}C(H_2N)-NHCH_2CH_2CH_2CH(NH_2)COOH$	10,76
Lysin	Lys	K	$H_2NCH_2CH_2CH_2CH_2CH(NH_2)COOH$	9,74
Ornithin	Orn		$H_2NCH_2CH_2CH_2CH(NH_2)COOH$	9,70

IEP = Isoelektrischer Punkt

3.17.1.2 Essentielle Aminosäuren

Die Angabe „essentielle Aminosäure“ bedeutet, daß diese Aminosäure mit der Nahrung zugeführt werden muß. Nicht-essentielle Aminosäuren können vom Organismus aus Precursoren (Vorstufen) selbst synthetisiert werden.

Für den menschlichen Organismus *nicht-essentiell* sind: Glycin – Alanin – Serin – Cystein – Cystin – Tyrosin – Asparaginsäure – Glutaminsäure – Prolin und Hydroxyprolin [vgl. **MC-Fragen Nr. 1056, 1171**].

3.17.1.3 Proteinogene Aminosäuren

Grundsätzlich hat man zu unterscheiden zwischen Aminosäuren, die eine Funktion als Proteinbaustein *und* im Stoffwechsel einer Zelle besitzen *(proteinogene Aminosäure)* und Aminosäuren, die *nur* im Stoffwechsel der Zelle Verwendung finden *(nicht-proteinogene Aminosäure)*.

Zu den *nicht-proteinogenen* Aminosäuren zählen u. a. Ornithin – Homocystein – 5-Hydroxytryptophan – 2,4-Dihydroxyphenylalanin – β-Alanin und γ-Aminobuttersäure.

3.17.1.4 Nomenklatur

Die natürlichen Aminosäuren führen meistens *Trivialnamen.* Sie können aber auch als substituierte Carbonsäuren aufgefaßt werden. Die Lage des Substituenten wird durch einen griechischen Buchstaben markiert, wobei das α-C-Atom die Carboxylgruppe trägt. Nach dieser Nomenklatur wird z. B. **Serin** als **α-Amino-β-hydroxypropionsäure** bezeichnet. In der IUPAC-Nomenklatur wird die Stellung des Substituenten durch einen Zahlenwert angegeben. **Threonin** heißt nach diesem System **2-Amino-3-hydroxybutansäure**.

Für den normalen Gebrauch werden Aminosäuren mit einem *Dreibuchstabencode* abgekürzt. Die *Einbuchstabensymbole* finden nur in speziellen Fällen Anwendung [siehe Tab. 82 und **MC-Frage Nr. 1030**].

3.17.1.5 Stereochemie

Mit Ausnahme des *achiralen Glycins* besitzen alle α-Aminosäuren mindestens *ein asymmetrisches C-Atom* und können in zwei spiegelbildlichen (enantiomeren) Konfigurationen auftreten. **Isoleucin, Threonin, Hydroxyprolin** und **Cystin** enthalten *zwei Chiralitätszentren* [vgl. **MC-Fragen Nr. 1045, 1046, 1056–1059**].

Die Zugehörigkeit der Aminosäuren zur D- oder L-Reihe wird durch den Vergleich mit dem D-Glycerinaldehyd ermittelt (siehe Kap. 3.3.4.1). Nahezu *alle natürlichen,* durch Hydrolyse aus Eiweißstoffen gewonnenen *α-Aminosäuren* sind *L-konfiguriert* bzw. besitzen nach der Cahn-Ingold-Prelog-Nomenklatur *S-Konfiguration.* Aufgrund der höheren Priorität der CH_2SH-Gruppe im Vergleich zur Carboxylgruppe muß aber L-Cystein nach dem CIP-System als **R-Cystein** bezeichnet werden (siehe Kap. 3.3.4.2).

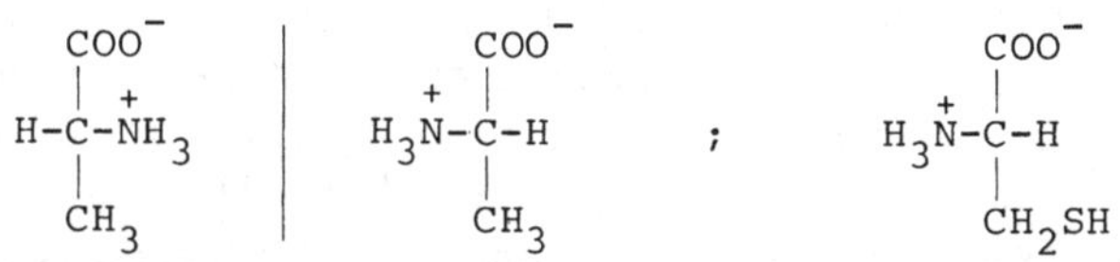

D-Alanin / R-Alanin — L-Alanin / S-Alanin — L-Cystein / R-Cystein

3.17.2 Eigenschaften von α-Aminosäuren

3.17.2.1 Ampholytcharakter

Aminosäuren können sowohl Protonen aufnehmen als auch abgeben, verhalten sich also wie Säuren und Basen und gehören zur Gruppe der *Ampholyte.* Durch Bildung eines *inneren Salzes,* bei der das Carboxylproton von der α-ständigen Aminogruppe gebunden wird, können Aminosäuren als *Zwitterionen* (Betain-Struktur) – auch im kristallinen Zustand – vorliegen [vgl. **MC-Fragen Nr. 1051, 1057, 1059, 1079**].

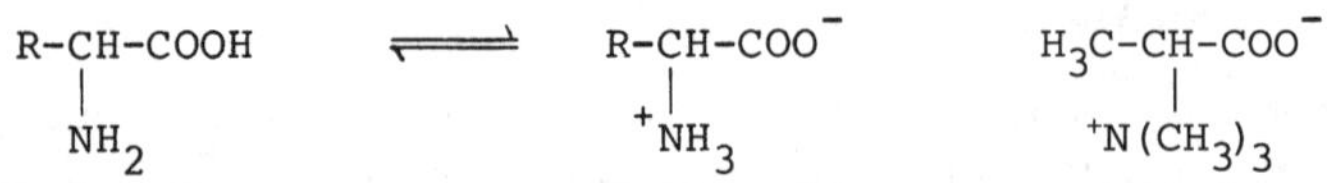

Aminosäure Zwitterion Betain

Für den zwitterionischen Charakter der α-Aminosäuren sprechen folgende Befunde:
* Zwitterionische Verbindungen sind stark polare Stoffe, bei denen die intermolekulare Anziehung zu relativ stabilen Kristallgitterstrukturen führt. Dementsprechend sind die *Schmelzpunkte* der Aminosäuren im allgemeinen höher als die der entsprechenden Carbonsäuren. Die meisten Aminosäuren zersetzen sich beim Schmelzen und lassen sich nicht unzersetzt destillieren [vgl. **MC-Fragen Nr. 1056, 1058, 1061**].
* Aminosäuren *lösen* sich z.T. in *Wasser.* Ihre Löslichkeit in Alkoholen ist gering. In Ethern sowie unpolaren Solventien sind sie nahezu unlöslich [vgl. **MC-Frage Nr. 1062**].
* Aminosäuren besitzen eine hohe *Dielektrizitätszahl* und ein hohes *Dipolmoment.*
* Ihre *Säure-* und *Basenkonstanten* sind auffallend klein. Die ambidenten α-Aminosäuren mit einer α-Alkylseitenkette besitzen aufgrund ihrer Carboxylgruppe einen pK-Wert zwischen 1,8 und 2,6 und aufgrund ihrer Aminogruppe einen zweiten pK-Wert von 8,8 bis 10,7. Tabelle 83 informiert über die wichtigsten physikalischen Daten von α-Aminosäuren [vgl. auch **MC-Frage Nr. 1053**].

3.17.2.2 Säure-Base-Verhalten (Protolysengleichgewichte)

Aufgrund der zwitterionischen Struktur ist die in wäßriger Lösung sauer reagierende Gruppe einer α-Aminosäure die protonierte Aminofunktion [NH_3^+], deren potentiometrisch bestimmte Acidität den pK_s1-Wert ergibt. Ihre Basizität (pK_b- bzw. pK_s2-Wert) bezieht sich auf das Carboxylat-Ion [COO^-]. Die wäßrige Lösung einer Aminosäure reagiert schwach sauer oder schwach alkalisch, je nachdem, ob der acide Charakter der NH_3^+-Gruppe oder die Basizität der COO^--Funktion überwiegt.

Aminosäuren können sowohl mit Säuren als auch mit Basen Salze bilden. Im sauren Milieu liegen sie als Kation, im Alkalischen als Anion vor. Beispielsweise zeigt **Alanin** folgendes Dissoziationsverhalten.

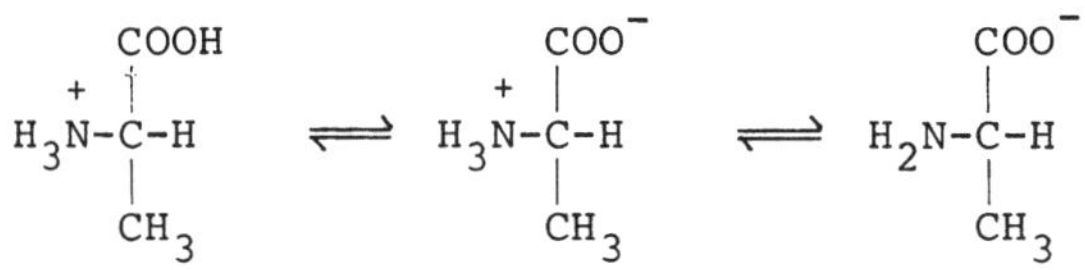

pH 1,0 Kation — pH 6,0 Zwitterion — pH 11,0 Anion

Liegt die Aminosäure als *Zwitterion* vor, so tritt im elektrischen Feld *keine* Ionenwanderung ein. Der diesem Zustand entsprechende pH-Wert (**pI-Wert**) wird *„isoelektrischer Punkt“* (IEP) genannt [vgl. **MC-Fragen Nr. 1051, 1052, 1057–1059**]. Nun sind Aminocarbonsäuren etwas stärker sauer als basisch, so daß der isoelektrische Punkt in wäßriger Lösung im allgemeinen unterhalb von pH = 7 liegt, wie dies die Werte in Tabelle 82 belegen. Diesen Sachverhalt veranschaulicht auch die in Abb. 91 gezeigte Titrationskurve des Glycins.

Beim isoelektrischen Punkt erreicht die Konzentration der Zwitterionen ein Maximum, die Löslichkeit der Aminosäure ein Minimum.

Tab. 83: Physikalische Eigenschaften von α-Aminosäuren

Aminosäure	Zers. [°C]	Wasserlöslichkeit [g/100ml] bei 25 °C	pK_1	pK_2	pK_3
Alanin	297	16,54	2,35	9,87	
Arginin	244	sehr hoch	1,82	8,99	13,20
Asparagin	234	3,11	2,02	8,80	
Asparaginsäure	270	0,54	1,99	3,90	10,00
Cystein		–	1,86	8,35	10,34
Glutamin	185	3,60	2,17	9,13	
Glutaminsäure	247	0,86	2,13	4,32	9,95
Glycin	233	24,99	2,35	9,78	
Histidin	287	4,29	1,81	6,05	9,15
Isoleucin	284	4,12	2,32	9,76	
Leucin	293	2,19	2,33	9,74	
Lysin	225	sehr hoch	2,16	9,20	10,80
Methionin	280	3,40	2,17	9,27	
Phenylalanin	283	2,97	2,58	9,24	
Prolin	220	162,30	1,95	10,64	
Serin	228	5,00	2,19	9,44	
Threonin	225	20,50	2,09	9,10	
Tryptophan	289	1,14	2,43	9,44	
Tyrosin	342	0,05	2,20	9,11	10,07
Valin	315	8,85	2,29	9,72	

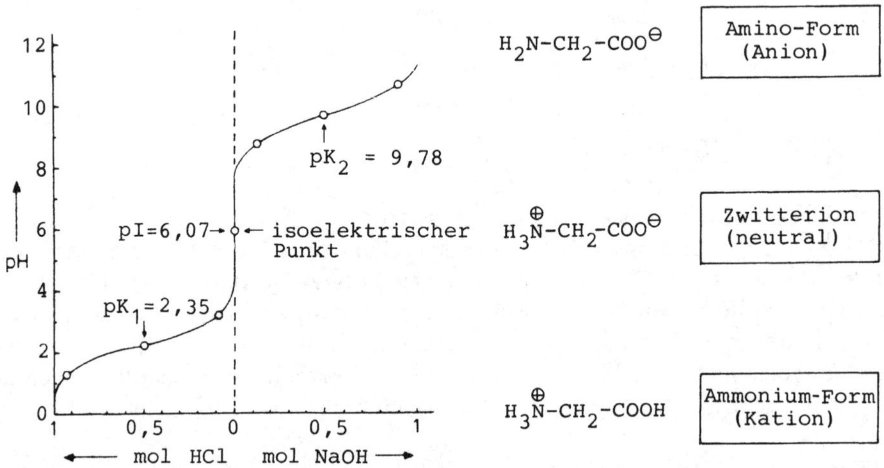

Abb. 91: Titrationskurve des Glycins (als weitere Kurvenpunkte wurden auch die pK ± 1-Werte bei 0,1 M-HCl und 0,9 M-NaOH eingezeichnet)

Bei einfachen Aminosäuren ist der *„isoelektrische Punkt"* gleich dem *arithmetischen Mittel* der beiden *pK-Werte.* Zum Beispiel besitzt **L-Serin** die pK-Werte 2,2 und 9,2, so daß sich der pI-Wert (isoelektrischer pH-Wert) von L-Serin zu **5,7** berechnet [vgl. **MC-Frage Nr. 1054**].

Aminosäuren, die mehrere dissoziierbare Gruppen enthalten, ergeben kompliziertere Titrationskurven. Zum Beispiel zeigt die Aminodicarbonsäure **Glutaminsäure** folgendes Dissoziationsverhalten [vgl. **MC-Frage Nr. 1055**].

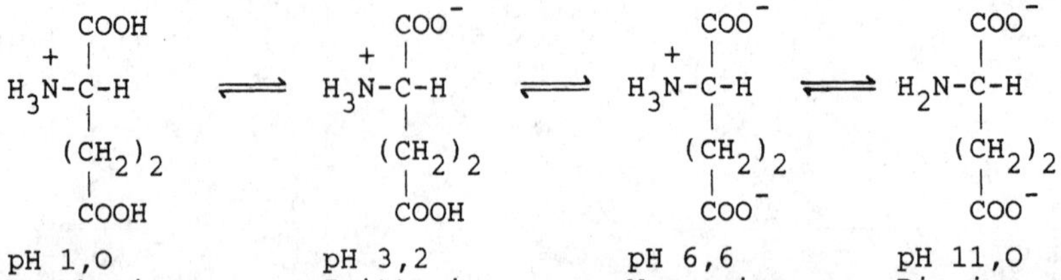

pH 1,0	pH 3,2	pH 6,6	pH 11,0
Monokation	Zwitterion	Monoanion	Dianion

Das Dissoziationsverhalten der Diaminocarbonsäure **Lysin** läßt sich durch folgende Formeln beschreiben.

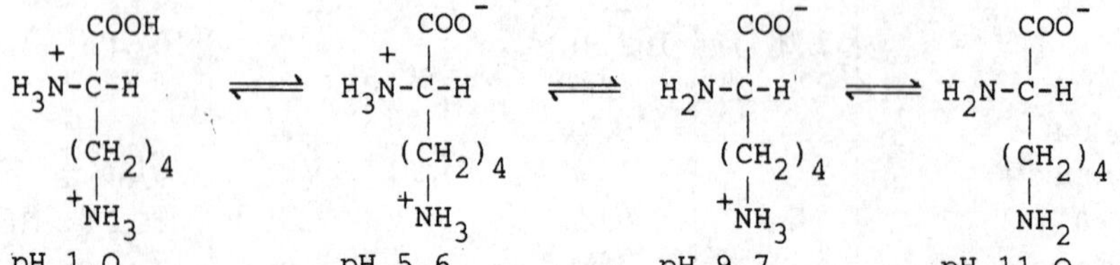

pH 1,0	pH 5,6	pH 9,7	pH 11,0
Dikation	Monokation	Zwitterion	Monoanion

3.17.3 Darstellung und Reaktionsverhalten von Aminosäuren

3.17.3.1 Herstellung von α-Aminocarbonsäuren

Zur präparativen Gewinnung von α-Aminosäuren können folgende Methoden herangezogen werden.

(1) Behandeln von *α-Halogencarbonsäuren* mit überschüssigem konz. Ammoniak: Die α-Halogencarbonsäuren sind durch eine *Hell-Volhard-Zelinsky-Reaktion* zugänglich (vgl. Kap. 3.7.2.2). Im Gegensatz zur Umsetzung von Halogenalkanen mit Ammoniak verläuft die Herstellung der Aminosäuren günstiger, weil die Aminogruppe in den Säuren weniger basisch ist als in einem Amin. Deshalb ist die Geschwindigkeit der Zweitalkylierung deutlich herabgesetzt.

$$\underset{\displaystyle \text{Br}}{\text{R-CH-COOH}} + 2\ NH_3 \rightarrow \underset{\displaystyle NH_2}{\text{R-CH-COOH}} + NH_4Br$$

(2) *Strecker-Synthese:* Eine allgemein anwendbare Methode ist die Umsetzung von *Cyanhydrinen* mit Ammoniak und nachfolgende saure Verseifung der gebildeten *α-Aminonitrile* [vgl. Kap. 3.12.6.4 und **MC-Frage Nr. 1178**].

$$\underset{\text{Cyanhydrin}}{\underset{\displaystyle OH}{\text{R-CH-CN}} + NH_3} \xrightarrow{-\ H_2O} \underset{\alpha\text{-Aminonitril}}{\underset{\displaystyle NH_2}{\text{R-CH-CN}}} \xrightarrow[(H^+)]{(H_2O)} \underset{\alpha\text{-Aminosäure}}{\underset{\displaystyle NH_2}{\text{R-CH-COOH}}}$$

α-Aminonitrile erhält man auch auf direktem Wege aus Aldehyden und HCN in Anwesenheit von NH_3. Wahrscheinlich erfolgt die Bildung der α-Aminonitrile durch Addition von HCN an das intermediär auftretende Imin.

$$\underset{\text{Aldehyd}}{\text{R-CH=O} + NH_3} \xrightarrow{-\ H_2O} \underset{\text{Imin}}{\text{R-CH=NH}} \xrightarrow{+\ HCN} \underset{\alpha\text{-Aminonitril}}{\text{R-CH}(NH_2)\text{-CN}}$$

Zum Beispiel kann auf diese Weise **Phenylalanin** aus **Phenylacetaldehyd**, KCN und NH_4Cl dargestellt werden [vgl. **MC-Frage Nr. 1049**].

$$\underset{\text{Phenylacetaldehyd}}{C_6H_5\text{-}CH_2\text{-CH=O}} \rightarrow\rightarrow \underset{\text{Phenylalanin}}{C_6H_5\text{-}CH_2\text{-CH}(NH_2)\text{-COOH}}$$

Prolin mit seiner cyclischen, sekundären Aminogruppe ist *nicht* mit der Strecker-Methode herstellbar [vgl. **MC-Frage Nr. 1050**].

(3) α-Aminosäuren sind auch durch *reduktive Aminierung* von *α-Ketosäuren* zugänglich (vgl. Kap. 3.2.19.1).

$$\underset{\displaystyle \| \atop O}{\text{R-C-COOH}} + NH_3 \xrightarrow[-\ H_2O]{} \underset{\displaystyle \| \atop NH}{\text{R-C-COOH}} \xrightarrow[\text{Kat.}]{+\ H_2} \underset{\displaystyle NH_2}{\text{R-CH-COOH}}$$

(4) *Modifizierte Gabriel-Synthese:* Ein gleichfalls allgemein anwendbares Verfahren zur Synthese von α-Aminosäuren ist die Bromierung von *Malonester* zum Brommalonester und dessen nachfolgende Umsetzung mit Kaliumphthalimid zum N-Phthalimidomalonester.

Dieser Ester kann als CH-acide Verbindung in Gegenwart einer Base alkyliert und anschließend hydrolysiert werden, wobei Phthalsäure abgespalten wird und die Estergruppen verseift werden. Das dabei gebildete Malonsäure-Derivat decarboxyliert unter den Reaktionsbedingungen spontan zur α-Aminosäure.

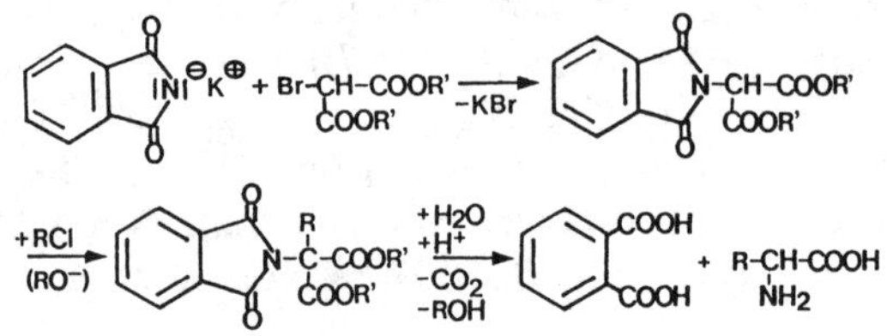

3.17.3.2 Herstellung von β-Aminosäuren

Die gängigste Methode zur Darstellung von β-Aminocarbonsäuren ist die nucleophile Addition von Ammoniak (bzw. von prim. oder sek. Aminen) an *α,β-ungesättigte Carbonylverbindungen* (vgl. Kap. 3.2.12.1). Die gebildeten β-Aminosäuren spalten beim Erhitzen wieder leicht NH_3 ab.

$$\underset{\beta}{\text{R-CH}}=\underset{\alpha}{\text{CH}}\text{-COOH} + NH_3 \rightleftharpoons \text{R-}\underset{{}^{+}NH_3}{\underset{|}{\text{CH}}}\text{-CH}_2\text{-COO}^-$$

3.17.3.3 Racematspaltung

Aminosäuren, die nach den oben skizzierten Reaktionen hergestellt wurden, liegen als *Racemat* vor. Gewöhnlich ist man aber nur an einem der beiden Enantiomeren interessiert. Eine Möglichkeit zur Racematspaltung des Enantiomerengemischs ist die Trennung über *diastereomere Salze* (vgl. Kap. 3.3.10).

Hierzu wird die Aminosäure zunächst N-acyliert (meistens benzoyliert oder acetyliert), damit sie ihren amphoteren Charakter verliert. Das saure D,L-N-Acylderivat wird anschließend mit Brucin, Strychnin oder einer anderen optisch aktiven Base versetzt. Die dabei anfallenden diastereomeren Salze unterscheiden sich z. B. in ihrer Löslichkeit und können durch fraktionierte Kristallisation getrennt werden. Nach alkalischer Hydrolyse der getrennten Salze erhält man die reinen enantiomeren Aminosäuren. Der Prozeß ist nochmals in Abb. 92 am Beispiel des D,L-Valins schematisch dargestellt.

Trotz ihrer Einfachheit leidet die Trennmethode über diastereomere Salze an einigen gravierenden Nachteilen. Das weniger lösliche Diastereomer ist gewöhnlich mit dem anderen Salz verunreinigt. Zur Reinigung sind oft mehrere, langwierige Umkristallisationen erforderlich.

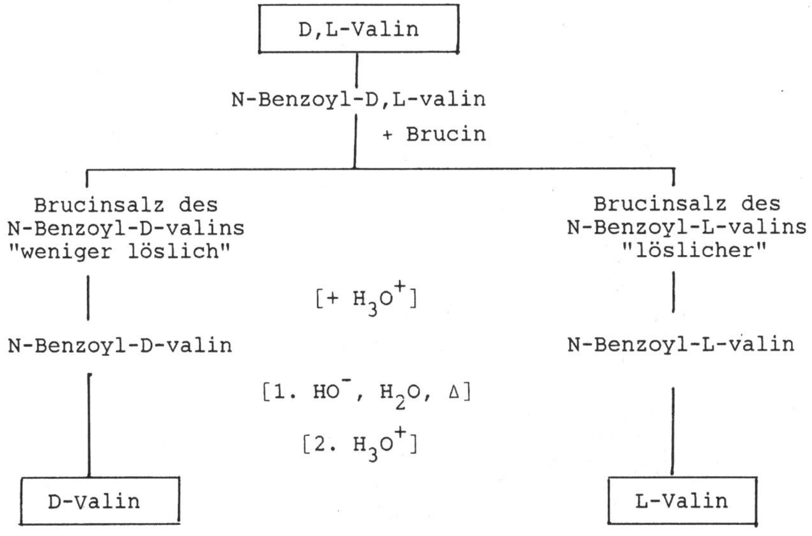

Abb. 92: Racematspaltung von Aminosäuren über diastereomere Salze

3.17.3.4 Reaktionsverhalten von Aminosäuren

Komplexbildung mit Cu(II): Zur Isolierung und Identifizierung überführt man α-Aminosäuren bisweilen in die blauen, kristallinen Kupfersalze, die sich beim Erwärmen der Aminosäuren in wäßriger Lösung mit Cu(II) bilden, und die als Chelatkomplexe vorliegen. Diese Komplexe können zur kolorimetrischen Bestimmung von α-Aminosäuren herangezogen werden [vgl. **MC-Frage Nr. 1197**]. Die Komplexe sind gegen Alkali beständig, beim Behandeln mit H_2S scheidet sich aber CuS ab.

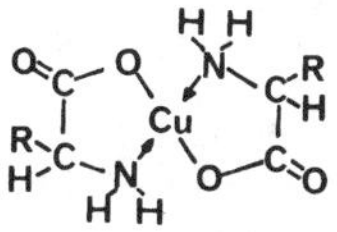

Ninhydrin-Reaktion: Aminosäuren ergeben mit 1,2,3-Triketoindan-Hydrat (Ninhydrin) eine charakteristische blauviolette Farbreaktion. Die Bildung des Farbstoffes, dessen Absorptionsmaximum bei 570 nm liegt, erfolgt gemäß nachfolgenden Gleichungen:

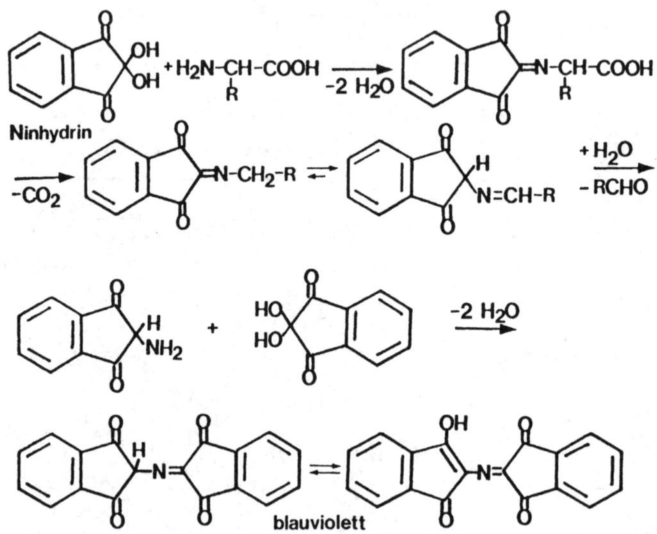

Die Ninhydrin-Reaktion ist sehr empfindlich, aber wenig spezifisch. Wie obige Formelgleichungen dokumentieren, liefern die meisten Aminosäuren – unabhängig von ihrer Konstitution – mit Ninhydrin das gleiche Reaktionsprodukt. Die Reaktion wird von **Prolin**, das eine sekundäre Aminogruppe besitzt, *nicht* gegeben. Mit Prolin läuft eine andere Reaktion ab. Sie führt zu einem Produkt dessen Absorptionsmaximum bei 440 nm liegt.

Racemisierung: Chirale Aminosäuren mit α-ständigem Wasserstoff racemisieren leicht unter dem Einfluß von Alkalihydroxiden [vgl. Kap. 3.3.1.5 und **MC-Frage Nr. 1060**].

Desaminierung: Aminosäuren reagieren mit Salpetriger Säure analog den primären aliphatischen Aminen (vgl. Kap. 3.10.3.4). Unter N_2-Eliminierung bilden sich *α-Hydroxycarbonsäuren.* Die *van Slyke-Methode* ist auch für quantitative Bestimmungen brauchbar. N-substituierte Aminosäuren bilden Nitrosamine, N.N-disubstituierte Säuren reagieren nicht [vgl. **MC-Frage Nr. 1057**].

$$\underset{\displaystyle NH_2}{R\text{-}\underset{|}{C}H\text{-}COOH} \xrightarrow[-\ H_2O]{+\ HNO_2} \underset{\displaystyle OH}{R\text{-}\underset{|}{C}H\text{-}COOH} + N_2\uparrow$$

Veresterung: Die Carboxylgruppe von Aminosäuren kann mit den üblichen Methoden verestert werden. Die freien Ester reagieren infolge der Blockierung der aciden Funktion relativ stark basisch. Die Ester werden häufig in Form ihrer kristallinen Hydrochloride oder Toluensulfonate isoliert.

$$\underset{\displaystyle NH_2}{R\text{-}\underset{|}{C}H\text{-}COOH} + R'OH + HX \xrightarrow[-\ H_2O]{} \underset{\displaystyle {}^{+}NH_3]X^-}{R\text{-}\underset{|}{C}H\text{-}COOR'}$$

Methyl- und Ethylester gewinnt man am besten durch Behandeln einer Suspension der Aminosäure in dem betreffenden Alkohol mit wasserfreiem Chlorwasserstoff oder $SOCl_2$. Die Benzylester werden in der Regel mit Benzensulfonsäure als Katalysator hergestellt. Das bei der Reaktion entstehende Wasser wird durch azeotrope Destillation entfernt.

Benzylester sind besonders nützliche Synthesevorprodukte, weil sie durch nicht-hydrolytische Methoden, z. B. durch Hydrogenolyse, wieder in die freien Säuren übergeführt werden können.

$$\underset{\displaystyle |\atop NH_2}{R\text{-}CH}\text{-}CO\text{-}O\text{-}CH_2\text{-}C_6H_5 + H_2 \rightarrow \underset{\displaystyle |\atop NH_2}{R\text{-}CH}\text{-}COOH + \underset{\text{Toluen}}{C_6H_5\text{-}CH_3}$$

N-Acylierung: Die Acylierung der Aminogruppe erfolgt am besten unter basischen Bedingungen, weil nur dann eine nennenswerte Konzentration an freiem Amin im Reaktionsgemisch vorhanden ist. Gebräuchlich sind vor allem die *N-Benzoylierung* mit Benzoylchlorid [C_6H_5-COCl] unter *Schotten-Baumann-Bedingungen* und die *N-Acetylierung* mit Acetanhydrid (vgl. Kap. 3.13.7.1).

$$\underset{\displaystyle |\atop NH_2}{R\text{-}CH}\text{-}COOH + R'\text{-}COCl \xrightarrow[\text{- NaCl, - }H_2O]{+\text{ NaOH}} \underset{\displaystyle |\atop NH\text{-}CO\text{-}R'}{R\text{-}CH}\text{-}COOH$$

Azomethin-Bildung: Die freie Aminogruppe reagiert mit Aldehyden unter Bildung von Iminen. Da Imine deutlich weniger basisch sind als die freie primäre Aminogruppe wird der pH-Wert einer wäßrigen Aminosäure-Lösung auf Zusatz von **Formaldehyd** gesenkt [vgl. *„Formoltitration"*, Ehlers, **Analytik II-Kurzlehrbuch**, Kap. 6.2 und **MC-Frage Nr. 1057**].

$$\underset{\displaystyle |\atop NH_2}{R\text{-}CH}\text{-}COOH + H_2C{=}O \xrightarrow[-\ H_2O]{} \underset{\displaystyle |\atop N{=}CH_2}{R\text{-}CH}\text{-}COOH$$

Thermolyse von Aminosäuren: Beim Erhitzen von Aminosäuren bilden sich in Abhängigkeit von der Stellung der Aminogruppe unterschiedliche Produkte.

- *α-Aminosäuren* gehen beim Erhitzen unter intermolekularer Dehydratisierung in *2,5-Diketopiperazine (2,5-Dioxopiperazine)* über. Die Ausbeuten liegen deutlich höher, wenn man α-Aminocarbonsäureester als Edukte einsetzt [vgl. **MC-Fragen Nr. 893, 1063, 1064, 1067, 1153**].

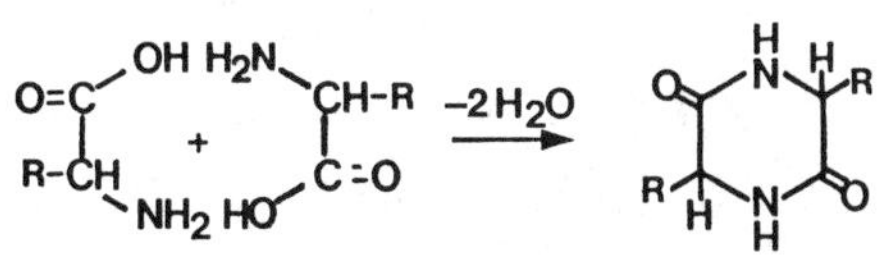

Diketopiperazin

Beim trockenen Erhitzen von α-Aminosäuren mit Natronkalk erfolgt dagegen Decarboxylierung unter Bildung von Aminen.

$$R\text{-}CH(NH_2)\text{-}COOH \xrightarrow[-\ CO_2]{(NaOH/CaO)} R\text{-}CH_2\text{-}NH_2$$

- *β-Aminosäuren* ergeben beim Erhitzen oder Schmelzen unter NH_3-Abspaltung *α,β-ungesättigte Carbonsäuren.*

$$R\text{-}CH(NH_2)\text{-}CH_2\text{-}COOH \rightarrow R\text{-}CH{=}CH\text{-}COOH + NH_3$$

- *γ- und δ-Aminocarbonsäuren* spalten intramolekular Wasser ab unter Bildung von *Lactamen* [vgl. **MC-Fragen Nr. 830, 1065**].

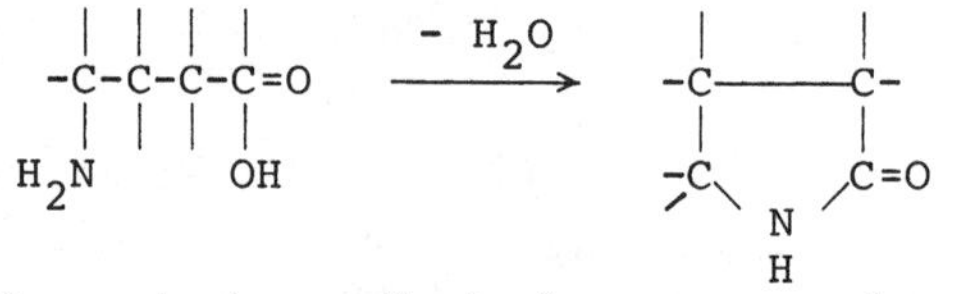

(γ-Lactam)
(Butyrolactam)
(α-Pyrrolidon)

- Aminosäuren, in denen die Aminogruppe noch weiter von der Carboxylgruppe entfernt ist, wie z. B. in der **ε-Aminocapronsäure** (6-Aminohexansäure) [$H_2N(CH_2)_5COOH$], kondensieren zu hochmolekularen Stoffen (siehe Kap. 3.18.2.3).

3.17.4 Grundzüge der Peptidchemie

3.17.4.1 Einleitung

Proteine spielen physiologisch eine bedeutsame Rolle als Gerüststoffe des tierischen und menschlichen Organismus. Als Bestandteil von Enzymen regeln sie Stoffwechselvorgänge und in Form der Nucleoproteine sind sie an der Vermehrung lebender Substanz und an der Vererbung beteiligt.

Proteine und Peptide sind *Aminosäurebiopolymere;* sie bestehen aus *unverzweigten Ketten* von *α-Aminosäuren,* die miteinander durch *Peptidbindungen* [-CO-NH-] zu Makromolekülen verknüpft sind. Die eben gebaute Peptidbindung entsteht formal durch intermolekulare Wasserabspaltung aus zwei Aminosäuren. Dadurch gehen die freien α-Amino- und α-Carboxylgruppen verloren und liegen in nicht cyclischen Biopolymeren *nur* an den Enden in freier Form vor, wie dies die formale Bildung eines Dipeptids belegt [vgl. **MC-Frage Nr. 1074**].

(N-terminal)

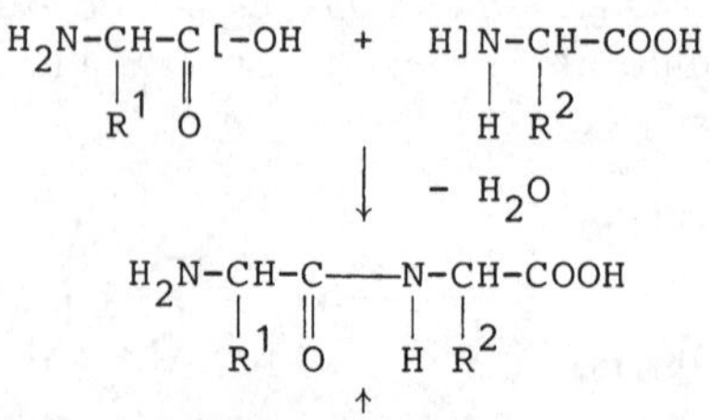

(C-terminal)

Jedes Protein (Peptid) besitzt eine spezifische Zusammensetzung und Reihenfolge (**Sequenz**) seiner Aminosäuren. Mit den *20 proteinogen Aminosäuren* kann eine Vielzahl von Polymeren unterschiedlicher Sequenz gebildet werden. Zum Beispiel lassen sich aus zwei Molekülen Glycin und einem Molekül Valin drei isomere Tripeptide herstellen,

Gly-Gly-Val | Gly-Val-Gly | Val-Gly-Gly

und aus je einem Molekül Cystein, Alanin und Glycin können bereits sechs unterschiedliche Tripeptide synthetisiert werden [vgl. **MC-Fragen Nr. 1067, 1068**].

Cys-Ala-Gly | Ala-Cys-Gly | Ala-Gly-Cys
Gly-Ala-Cys | Gly-Cys-Ala | Cys-Gly-Ala

Zur formelmäßigen Darstellung von Peptiden und Proteinen benutzt man im allgemeinen die *Dreibuchstabenabkürzungen* und schreibt die *N-terminale* (aminoterminale) Aminosäure (mit freier NH_2-Gruppe) auf die *linke* und die *C-terminale* (carboxyterminale) Aminosäure (mit freier COOH-Gruppe) auf die *rechte* Seite der Peptidkette.

3.17.4.2 Einteilung und Klassifizierung

Gewöhnlich unterteilt man Aminosäurebiopolymere nach der *Kettenlänge* in *kurzkettige Peptide* und *langkettige Proteine,* wobei man übereingekommen ist, die Grenze bei etwa 100 Aminosäuren zu ziehen. Peptide mit weniger als 10 Aminosäuren werden als *Oligopeptide,* mit mehr als 10 Aminosäuren als *Polypeptide* bezeichnet.

Polypeptide werden nach der *Anzahl ihrer Aminosäuren* unter Verwendung griechischer Zahlenwerte benannt. Ein Oktapeptid enthält also acht Aminosäuren.

Die Gruppe der Proteine kann nach verschiedenen Kriterien klassifiziert werden. Grundsätzlich hat man zu unterscheiden zwischen *einfachen Proteinen,* deren Hydrolyse *nur* Aminosäuren liefert, und *zusammengesetzten Proteinen,* die zusätzlich noch einen *Nichtproteinanteil (prosthetische Gruppe)* enthalten. Je nachdem, ob die prosthetische Gruppe eine Nucleinsäure, ein Saccharid, eine chromophore Gruppe, ein Lipid oder ein Metallion darstellt, spricht man von *Nucleo-, Glyco-, Chromo-, Lipo-* oder *Metalloproteinen.*

Auch die Gestalt eines Proteins kann als Klassifizierungsmerkmal herangezogen werden. Danach unterscheidet man zwischen fadenförmigen *(fibrilliäre)* und kugelförmigen *(globuläre)* Proteinen. Gerüstproteine besitzen einen faserförmigen Bau, während Enzyme und Transportproteine globulärer Natur sind. Globulärproteine zeichnen sich durch eine gute *Wasserlöslichkeit* aus, während sich Fibrilliärproteine in Wasser und verdünnten Säuren nicht lösen.

3.17.4.3 Struktur und Eigenschaften von Proteinen

Proteine sind lineare Polymere und besitzen einen hierarchischen Aufbau. Die *Sequenz der Aminosäuren* in den Polypeptidketten bildet die Basis und wird als **Primärstruktur** bezeichnet. *Disulfid-Brücken* zwischen zwei Cystein-Molekülen innerhalb einer Kette oder zwischen zwei Polypeptidketten führen zu einer Art Quervernetzung.

Die *chemischen Eigenschaften* von Proteinen werden vor allem durch die verschiedenen Seitenketten [R] bestimmt. Da sie sowohl saure als auch basische Gruppen enthalten, besitzen Proteine *Ampholytcharakter.* Am *isoelektrischen Punkt* ist die Gesamtzahl positiv geladener Gruppen identisch der Zahl negativ geladener Gruppierungen. Die Ampholytnatur der Proteine bedingt auch ihre *Puffereigenschaften.* Proteine können durch *elektrophoretische* und *Ionenaustauschvorgänge* getrennt werden [vgl. Ehlers, **Analytik II-Kurzlehrbuch**, Kap. 1.10 und 12.4].

Die nächsthöhere Organisationsebene der Proteine ist ihre **Sekundärstruktur**, bei der es sich um regelmäßige, räumliche Anordnungen (Faltblatt, α-Helix) handelt, die eine optimale Bildung von *Wasserstoffbrückenbindungen* erlauben.

Die danach folgende Organisationsstufe ist die **Tertiärstruktur**, für deren Entstehung vor allem *hydrophobe Wechselwirkungen* (van der Waals-Kräfte) verantwortlich sind. Darüber hinaus sind in vielen Fällen die Oberflächen von Proteinen so beschaffen, daß sie zu größeren Gebilden (**Quartärstruktur**) assoziieren können.

Unter geeigneten Bedingungen kann man die dreidimensionale Struktur der Proteine zerstören. Diesen Vorgang bezeichnet man als *Denaturierung.* Proteine denaturieren meistens bei extremen Temperaturen und pH-Werten.

3.17.4.4 Sequenzbestimmungen

Eine der grundlegenden Aufgaben der Peptidchemie ist die *Festlegung der Aminosäuresequenz (Primärstruktur).* Sie wird ausgeführt durch Kombination von Partialhydrolysen verbunden mit der Bestimmung der terminalen Aminosäuren.

Für die Ermittlung der *N-terminalen Aminosäure* hat sich **2,4-Dinitrofluorbenzen (DNF)** *(Sanger-Reagenz)* bewährt (vgl. Kap. 3.6.4.3). In Peptiden reagiert neben der N-terminalen Aminosäure auch die ε-Aminogruppe des Lysins. Die im Prinzip gleiche Bestimmungsmethode mit 1-Dimethylaminonaphthalen-5-sulfonylchlorid (**Dansylchlorid**) ist etwa um den Faktor 10^2 empfindlicher.

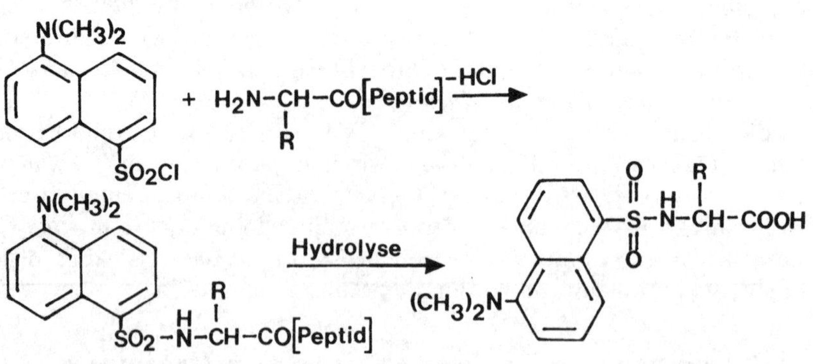

Beim *Edman-Abbau* reagiert die N-terminale Aminosäure mit *Phenylisothiocyanat* unter Bildung eines *Thioharnstoff-Derivates.* Durch milde saure Hydrolyse mit verd. HCl wird die N-terminale Aminosäure unter Cyclisierung als substituiertes *Phenylthiohydantoin* abgetrennt und identifiziert, während die restliche Peptidkette mit neuer N-terminaler Aminosäure intakt bleibt. Die schrittweise, vielfach wiederholte Abtrennung der jeweils N-terminalen Aminosäure erlaubt schließlich die komplette Sequenzierung des Peptids. Der Edman-Abbau wird heute vollautomatisch durchgeführt.

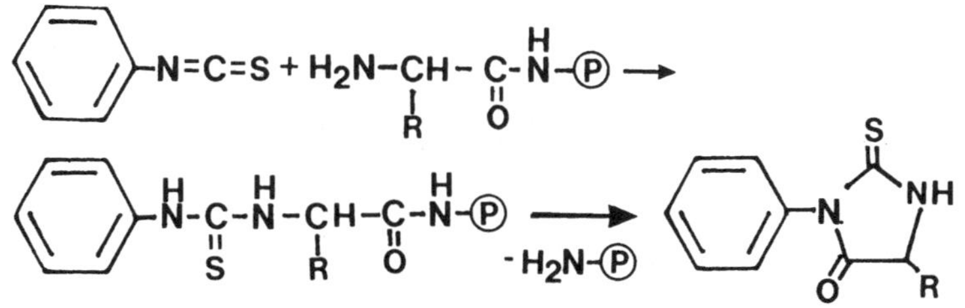

Zur Bestimmung der *C-terminalen Aminosäure* kann man das Peptid mit Hydrazin umsetzen. Dabei werden alle Aminosäuren mit Ausnahme der C-terminalen in Säurehydrazide umgewandelt. Günstiger ist jedoch, die C-terminale Säure dadurch zu ermitteln, daß man das Peptid mit einer *Carboxypeptidase* behandelt. Carboxypeptidasen sind Enzyme, die nur solche Peptidbindungen spalten, die einer freien α-Carboxylgruppe benachbart sind.

Bei der Strukturanalyse vieler Peptide und Proteine ist es zusätzlich notwendig, sie in kleinere Bruchstücke zu fragmentieren und diese zu analysieren. Am geeignetsten hierfür ist die enzymatische Hydrolyse mit verschiedenen *Proteasen* (Trypsin, Chymotrypsin, Pepsin u. a.).

Enthält ein Peptid *Disulfid-Brücken,* müssen diese vor der eigentlichen Sequenzierung oxidativ mit Peroxyameisensäure gespalten werden.

3.17.4.5 Peptidsynthesen

Bei der amidartigen Verknüpfung zweier Aminosäuren können im Prinzip vier unterschiedliche Reaktionsprodukte entstehen, zwei durch Kondensation mit sich selbst und zwei durch gekreuzte Kondensation mit der jeweils anderen Aminosäure.

Für einen einheitlichen Reaktionsablauf ist es deshalb erforderlich, die *Aminogruppe* des einen Reaktanden und die *Carboxylgruppe* des anderen zu *schützen.* Da eine Aminogruppe zu schwach nucleophil ist, um direkt mit einer Carboxylgruppe unter Amidbildung zu reagieren, ist es gleichzeitig notwendig, die zu *kondensierende Carboxylgruppe* zu *aktivieren* [vgl. **MC-Frage Nr. 1069**]. Darüber hinaus sind bei Peptidsynthesen stets Reaktionsbedingungen zu wählen, unter denen eine *Racemisierung nicht* eintreten kann.

Der prinzipielle Ablauf der Synthese eines Peptids ist in Abb. 93 am Beispiel der Darstellung eines Dipeptids skizziert.

Die Peptidsynthesen können in Lösung ausgeführt werden. Revolutioniert wurde das Verfahren jedoch durch die von *Merrifield* eingeführte *Festphasentechnik.* Hierbei wird das Peptid oder Protein an der Oberfläche eines unlöslichen Polymers synthetisiert [vgl. **MC-Frage Nr. 1069**]. Der Vorteil dieser Technik liegt in der Leichtigkeit der Durchführung und in den hohen Gesamtausbeuten.

Die für den Ablauf einer gezielten Peptidsynthese erforderlichen **Schutzgruppen** müssen folgende Bedingungen erfüllen:

* Sie müssen leicht in das Molekül einzuführen sein.
* Sie müssen unter den Reaktionsbedingungen der Amidbildung stabil sein.

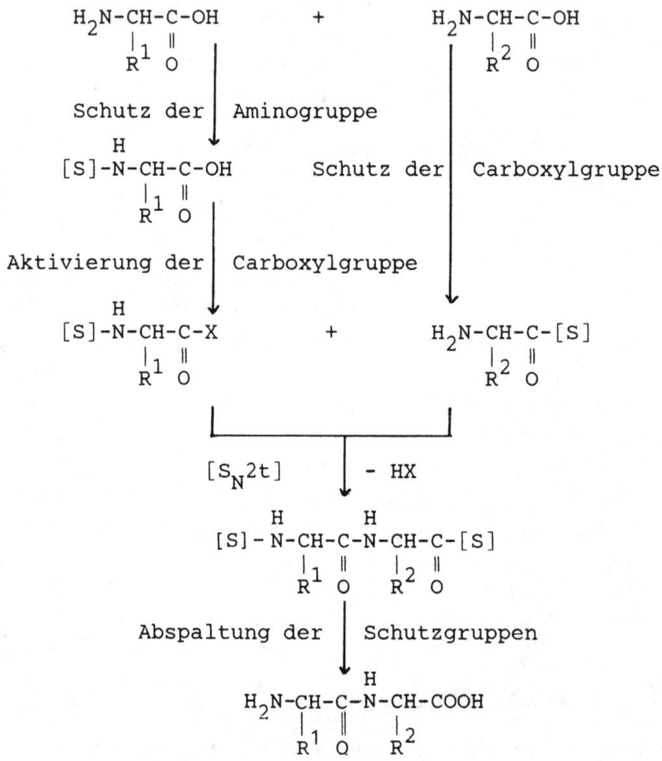

Abb. 93: Reaktionssequenz zur gezielten Darstellung eines Dipeptids

* Sie müssen unter Bedingungen entfernt werden können, bei denen die Amidbindung (Peptidbindung) intakt bleibt.

Carboxylgruppen schützt man normalerweise durch Umwandlung in *Methyl-, Ethyl-* oder *Benzylester*, da Ester leichter als Amide zu hydrolysieren sind. Benzylester können auch durch Hydrogenolyse gespalten werden (siehe voranstehende Abschnitte). Zu ihrem Schutz kann man die Carboxylgruppe einer Aminosäure auch mit Isobuten/H_2SO_4 in den betreffenden tert. Butylester überführen.

Von den vielen verwendeten *Amino-Schutzgruppen* sollen nur zwei näher betrachtet werden.

Die *Benzyloxycarbonyl-Gruppe* [„Carbobenzoxy", abgekürzt Z- oder Cbo-Gruppe] wird durch Behandeln der Aminosäure mit Benzylchlorformiat in alkalischer Lösung eingeführt. Der Benzylrest läßt sich anschließend hydrogenolytisch abspalten; die dabei gebildete Carbaminsäure decarboxyliert zum Amin.

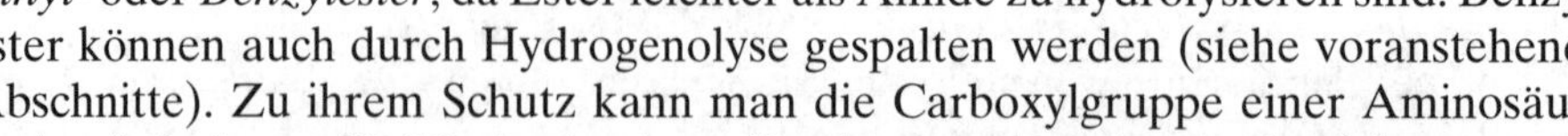

Die *tert. Butoxycarbonyl-Gruppe* (Boc-Gruppe) wird durch Umsetzung der Aminosäure mit tert. Butylazidoformiat eingeführt. Die Boc-Gruppe kann durch saure Hydrolyse entfernt werden.

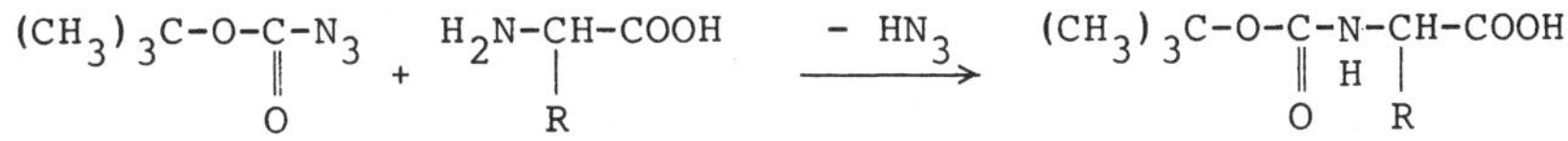

Zur *Aktivierung der Carboxylgruppe* kann diese in das entsprechende *Acylhalogenid* [R-COCl] oder *Acylazid* [$R-CON_3$] umgewandelt werden. Auch *aktivierte Ester* (z. B. der p-Nitrophenylester) lassen sich zur Umsetzung mit Aminogruppen verwenden. Darüber hinaus werden auch *gemischte Anhydride* der Säure [R-CO-O-CO-R'], z. B. mit Kohlensäurehalbestern, als reaktive Carboxylverbindungen eingesetzt.

Bei der folgenden Substanz handelt es sich demnach um ein *N-geschütztes* und *C-aktiviertes Alanin* [vgl. **MC-Fragen Nr. 1047, 1048**].

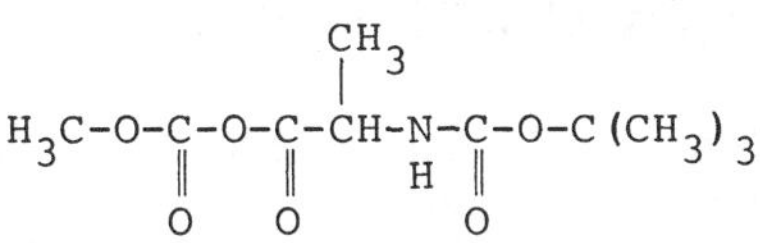

Eine weitere nützliche Methode zur Knüpfung einer Peptidbindung ist die *Carbodiimid-Methode.* Hierbei reagieren eine N-Acylaminosäure mit einem Aminosäureester in Anwesenheit von **Dicyclohexylcarbodiimid** zu einem Dipeptid-Derivat unter Abspaltung von Dicyclohexylharnstoff.

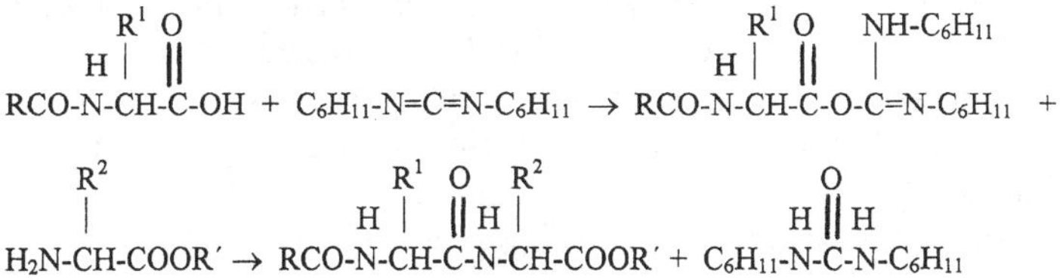

Anstelle von Dicyclohexylcarbodiimid kann man die Knüpfung der Peptidbindung auch in Gegenwart von **N.N'-Carbonyl-di-imidazol** durchführen *Azolid-Methode).* Dabei reagiert die N-acylierte Aminosäure zunächst zu einem Imidazolid, das anschließend mit einem Aminocarbonsäureester umgesetzt wird [vgl. **MC-Fragen Nr. 1240, 1241, 1269**].

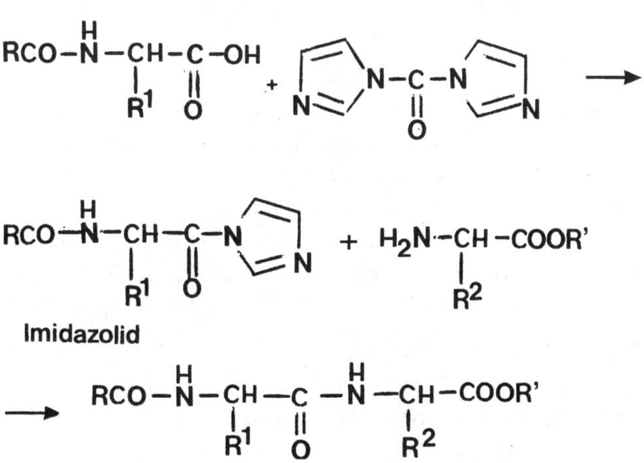

3.18 Synthetische Polymere

3.18.1 Grundbegriffe der Polymerchemie

Als **Makromolekül** oder **Polymer** bezeichnet man einen hochmolekularen natürlichen oder synthetischen Stoff, in dem mehrere hundert Atome kovalent miteinander verknüpft sind. Als untere Molmassengrenze werden etwa 10 000 atomare Masseneinheiten angesehen. Die meisten Makromoleküle zeigen ein relativ einfaches Bauprinzip, in dem sich ein und derselbe Grundkörper, das sog. **Monomer**, im Polymer n-mal wiederholt.

Zu den *natürlichen* Makromolekülen zählen *Polysaccharide* (Stärke, Cellulose – vgl. Kap. 3.16.6.3) und eine Reihe von *Polyelektrolyten* wie z. B. *Proteine* (vgl. Kap. 3.17.4), *Nucleinsäuren* oder *Polyphosphate.* Auch *Kautschuk* ist ein natürliches Polymer. Darüber hinaus existieren eine Vielzahl synthetisch hergestellter makromolekularer Stoffe (Kunststoffe, Kunstharze, Fasern, Elastomere u. a.), die vorrangig in diesem Kapitel besprochen werden.

3.18.1.1 Monomere, Polymere und Copolymere

Monomer ist die Bezeichnung für einfache Moleküle, aus denen Polymere aufgebaut sind. Wichtige Monomere, die man vorzugsweise für Polymerisationsreaktionen einsetzt, sind substituierte *Alkene,* insbesonders substituierte *Vinyl-Derivate,* und *Diene*. In Polykondensationen und Polyadditionen werden vor allem *polyfunktionelle Substrate* (Diole, Triole, Dicarbonsäuren, Diamine, Aminocarbonsäuren u. a.) als Grundbausteine verwendet.

Von **Homopolymerisation** spricht man, wenn das Polymer aus einem *einzigen Monomer* aufgebaut ist. **Copolymerisation** (Mischpolymerisation) liegt vor, wenn zwei oder mehrere unterschiedliche, polymerisationsfähige Substanzen so miteinander reagieren, daß das Makromolekül diese Monomeren als Grundbausteine enthält. Die *Zusammensetzung des Copolymers* hängt im wesentlichen von den Konzentrationen der Monomeren und ihren relativen Reaktivitäten ab. Je größer diese sind, desto wahrscheinlicher wird das betreffende Monomer in die Kette eingebaut. Im allgemeinen unterscheidet man zwischen einer [vgl. **MC-Frage Nr. 1092**]:

- *statistischen (regellosen) Copolymerisation,*
  [A – A – B – A – B – B – B – A]

- *alternierenden Copolymerisation,*
  [A – B – A – B – A – B – A – B]
- *Blockpolymerisation.*
  [A – A – A – A – B – B – B – B]

Die Copolymerisate besitzen in der Regel gegenüber den Homopolymerisaten verbesserte Eigenschaften.

3.18.1.2 Molmassen von Polymeren und deren Bestimmung

Im Gegensatz zu niedermolekularen Stoffen ist bei hochmolekularen Substanzen die Molmasse nicht exakt anzugeben. Hochmolekulare Verbindungen stellen stets *Gemische* mehrerer ähnlicher, nicht voneinander trennbarer Molekülarten dar, die das gleiche Bauprinzip aufweisen. Maßgeblich für die *Einheitlichkeit* eines Makromoleküls ist also das *gleichartige Bauprinzip* und nicht die Molekülmasse.

Die chemischen und physikalischen Eigenschaften solcher Substanzen werden vor allem durch die *Art der Verknüpfung* der monomeren Bausteine und durch die *Gestalt* der Makromoleküle bestimmt. Besonders häufig sind fadenförmige, lineare oder schwach vernetzte Polymere. Im allgemeinen liegt ein hochmolekularer Stoff nicht in völlig kristalliner Form vor. Nur in kleinen Bezirken (sog. *Kristalliten*) herrscht eine gewisse „Ordnung".

Die konventionellen Methoden zur Molmassenbestimmung sind für hochmolekulare Stoffe nicht geeignet. Zur *Ermittlung der mittleren relativen Molmasse* von Polymeren verwendet man die direkte Messung des *osmotischen Drucks,* weil der osmotische Druck eine kolligative Eigenschaft ist. Als weitere Methoden zur Molmassenbestimmung haben sich die Ermittlung der *Diffusionsgeschwindigkeit,* der *Sedimentationsgeschwindigkeit* in der Ultrazentrifuge und die Messung der *Viskosität* von Lösungen hochmolekularer Stoffe bewährt [vgl. **MC-Fragen Nr. 1101–1103**]. Die mittleren Molmassen von Polymeren liegen in der Größenordnung von 10^4 und darüber.

3.18.1.3 Polyreaktionen

Unter diesem Begriff faßt man alle Reaktionen zusammen, bei denen ein hochmolekularer Stoff gebildet wird. Man unterscheidet zwischen einer:

* Polymerisation,
* Polykondensation,
* Polyaddition.

Während Polymerisationen in einer Kettenreaktion ablaufen, ist für Polyadditionen und Polykondensationen eine stufenweise Bildung des Makromoleküls charakteristisch. Tabelle 84 gibt Auskunft über die wichtigsten Arten der Verknüfung von Monomeren zu Polymeren.

Tab. 84: Verknüpfungsarten hochmolekularer Stoffe

Bindungsart	Struktur-element	Polyreaktion	Beispiele
C-C-Bindung		| -C-C- |		Polymerisation	Polyolefine (PVC, PVP, Teflon) Polydiene (Kautschuk)
Ester-Bindung	| -C-O-C- ‖ | O	Polykondensation	Polyesterfasern Nucleinsäuren
Amid-Bindung	| -C-N-C- ‖	| O H	Polykondensation	Polyamidfasern (Perlon, Nylon) Proteine
Urethan-Bindung	-N-C-O- | ‖ H O	Polyaddition	Polyurethane Polyether
Acetal-Bindung		| -C-O-C- |		Polykondensation	Polysaccharide Polymerisate des Formaldehyds

3.18.2 Synthese von Polymeren (Polyreaktionen)

3.18.2.1 Polymerisationen

Unter Polymerisation versteht man eine Polyreaktion, bei der unter dem Einfluß von *Initiatoren,* Wärme, Licht oder ionisierender Strahlung monomere, ungesättigte Verbindungen *(Alkene, Diene)* mit sich selbst oder anderen ungesättigten Monomeren reagieren und Polymere bilden. Der nach einem Kettenmechanismus ablaufende Prozeß läßt sich in allgemeiner Form wie folgt beschreiben (vgl. auch Kap. 3.2.13):

$$n\ CH_2{=}\underset{\displaystyle R}{\underset{|}{C}}H \rightarrow -[CH_2-\underset{\displaystyle R}{\underset{|}{C}}H-]_n-$$

Monomer — Polymer (Polymerisat)

Als **Polymerisationsgrad** bezeichnet man dabei die Anzahl n der monomeren Einheiten, die das Polymer aufbauen. Zum Beispiel beträgt für das nachfolgend gezeigte Polymer der Polymerisationsgrad des Butadiens gleich *drei* [vgl. **MC-Frage Nr. 1098**].

$$H_3C-CH{=}CH-CH_2\,|\,-CH_2-CH{=}CH-CH_2\,|\,-CH_2-CH{=}CH-CH_3$$

Bei Alkenen läuft die Polymerisation letztlich auf die Umwandlung von π-Bindungen in σ-Bindungen hinaus, wobei der entscheidende Schritt, die Aktivierung der C=C-Doppelbindung, auf unterschiedliche Weise möglich ist.

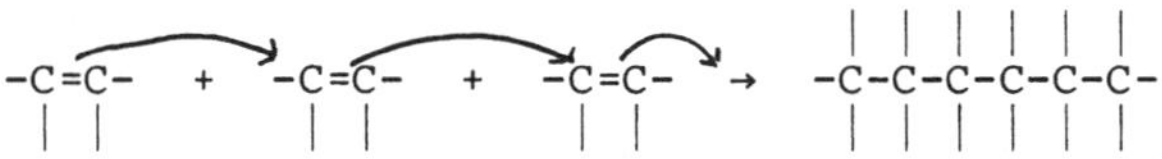

Solche Reaktionen können über Carbeniumionen *(kationische Polymerisation)*, Radikale *(radikalische Polymerisation)* oder über Carbanionen *(anionische Polymerisation)* als Zwischenprodukte verlaufen.

Polymerisationsreaktionen liefern im allgemeinen lineare Makromoleküle, mitunter können sich durch Unregelmäßigkeiten im Ablauf der Reaktion auch Kettenverzweigungen ergeben. Der Verzweigungsgrad hat einen starken Einfluß auf die physikalischen und chemischen Eigenschaften des Polymers.

Radikalische Polymerisation: C=C-Doppelbindungen sind zur Anlagerung von Radikalen befähigt. Ein aus einem *Initiator* erzeugtes *Startradikal* entkoppelt die π-Bindung und tritt irreversibel mit einem der beiden π-Elektronen in Reaktion. Dadurch entsteht ein neues Kohlenstoffradikal, das mit weiteren Alkenmolekülen reagieren kann *(Kettenwachstum)*, wodurch schließlich ein kettenförmiges, hochmolekulares *Polyolefin* gebildet wird.

$$X\cdot + CH_2{=}CH{-}R \xrightarrow{\text{Kettenstart}} X{-}CH_2{-}\dot{C}H{-}R \xrightarrow[\text{Kettenwachstum}]{+\ n\ CH_2=CH-R}$$

$$X{-}CH_2{-}\underset{R}{CH}{-}[{-}CH_2{-}\underset{R}{CH}{-}]_{n-1}{-}CH_2{-}\underset{R}{CH}\cdot$$

Die zum Starten der Reaktion notwendigen Radikale [X] werden entweder durch *Thermolyse von Initiatoren* (O_2, H_2O_2, Peroxiden, Azoverbindungen), durch photochemische Prozesse oder durch Erwärmen der Monomeren erzeugt. Bei der Kettenfortpflanzung wird von unsymmetrischen Alkenen das stabilere der beiden möglichen Radikale gebildet.

$$\underset{\text{Styren}}{X\cdot + C_6H_5{-}CH{=}CH_2} \longrightarrow \underset{\text{stabiler}}{C_6H_5{-}\dot{C}H{-}CH_2X} \rightarrow X{-}CH_2{-}[\underset{C_6H_5}{CH}{-}CH_2]_n{-}\underset{C_6H_5}{CH}{-}CH_2{-}Y$$

$$X\cdot + C_6H_5{-}CH{=}CH_2 \not\longrightarrow \underset{\text{weniger stabil}}{C_6H_5{-}CHX{-}\dot{C}H_2}$$

Die *Endgruppen* [X, Y] hängen vom verwendeten Starter und den *Kettenabbruchreaktionen* ab. Zu den wichtigsten Abbruchschritten, in denen Radikale verbraucht werden, zählen die *Disproportionierung* und die *Dimerisierung* von Radikalen.

$$2\ R(CH_2)_nCH_2{-}\dot{C}H_2 \longrightarrow \underset{\text{Disproportionierung}}{R(CH_2)_nCH{=}CH_2 + R(CH_2)_nCH_2{-}CH_3}$$

$$2\ R(CH_2)_nCH_2{-}\dot{C}H_2 \longrightarrow \underset{\text{Dimerisierung}}{R(CH_2)_nCH_2CH_2CH_2CH_2(CH_2)_nR}$$

Sämtliche Radikalkettenpolymerisationen lassen sich durch *Inhibitoren* (Phenole, Chinone, arom. Nitroverbindungen und Amine) verlangsamen oder komplett verhindern.

Die *Kettenlänge (Polymerisationsgrad)* nimmt im allgemeinen mit sinkender Temperatur, abnehmender Konzentration an Startradikalen und steigender Konzentration an Monomeren zu. Sie kann bis zu einer durchschnittlichen Molmasse von etwa 10^7 ansteigen.

Da Polymere durch die üblichen chemischen Methoden nicht zu reinigen sind, müssen stets reine Ausgangsstoffe verwendet werden. Dies vor allem auch deshalb, weil Verunreinigungen einen unkontrollierten Ablauf der Polymerisation auslösen können, der zu Kettenverzweigungen führt.

Kationische Polymerisation: Olefine können auch unter dem katalytischen Einfluß einer Säure bzw. in Gegenwart anderer elektrophiler Katalysatoren polymerisieren [vgl. **MC-Frage Nr. 1100**]. Als Initiatoren verwendet man z. B. *Lewis-Säuren* (BF_3, $AlCl_3$, $TiCl_4$, $SnCl_4$), denen als Cokatalysatoren Wasser oder andere prototrope Verbindungen zugesetzt werden müssen. Diese liefern die für die Anfangsphase der Polymerisation erforderlichen H^+-Ionen.

Das nach der Addition eines Protons an das Alkenmonomer gebildete Carbeniumion lagert sich in der Phase des Kettenwachstums an ein weiteres Olefinmolekül an, wodurch ein neues Carbeniumion erzeugt wird. Die Wiederholung dieses Vorgangs führt schließlich zum Polymer. Der Abbruch der Kette erfolgt meistens durch Abspaltung eines Protons, wobei 1- und 2-Alkene nebeneinander entstehen. Antioxidantien haben im allgemeinen keinen Einfluß auf den Polymerisationsprozeß.

$$HX + BF_3 \rightarrow [BF_3X^-]H^+ \; + \; CH_2{=}CH{-}R \xrightarrow{\text{Ionenbildung}} CH_3{-}\overset{+}{C}H{-}R$$

$$\xrightarrow[\text{Kettenwachstum}]{+\,n\ CH_2=CH-R} CH_3{-}\underset{\displaystyle R}{CH}{-}[{-}CH_2{-}\underset{\displaystyle R}{CH}{-}]_{n-1}{-}CH_2{-}\underset{\displaystyle R}{CH^+}$$

$$\xrightarrow[\text{Kettenabbruch}]{-\,H^+} CH_3{-}\underset{\displaystyle R}{CH}{-}[{-}CH_2{-}\underset{\displaystyle R}{CH}{-}]_{n-1}{-}CH{=}\underset{\displaystyle R}{CH}$$

Besonders leicht lassen sich Alkene wie **Isobuten** [$(CH_3)_2C{=}CH_2$] kationisch polymerisieren, weil hier einerseits als Intermediat ein tertiäres Carbeniumion auftritt, und andererseits Isobuten genügend basisch ist, um mit sich selbst zu reagieren. Bei den meisten einfachen Alkenen bleibt der Prozeß auf der Stufe des Dimers oder Trimers stehen.

Technisch werden auf diese Weise vor allem **Styren** [C_6H_5-$CH{=}CH_2$] und **Vinylether** [RO-$CH{=}CH_2$] in Polystyren bzw. Polyvinylether umgewandelt. Auch bei einigen Dien-Mischpolymerisaten wird eine kationische Polymerisation bevorzugt. Im allgemeinen wächst die Kettenlänge mit fallender Temperatur und steigender Reinheit der eingesetzten Monomeren. Die mittlere Molmasse kann bis auf 10^5 ansteigen.

Anionische Polymerisation: Alkene sind aufgrund ihres basischen Charakters normalerweise nicht in der Lage, nucleophile Reagenzien anzulagern. Die nucleophile Kraft einiger extrem reaktionsfähiger Basen, insbesondere metallorganische Verbindungen, ist jedoch so groß, daß eine nucleophile Addition erzwungen werden kann.

Beispiele für diesen durch Carbanionen eingeleiteten Reaktionstyp sind die anionischen Polymerisationen von *Acrylsäureestern* [CH_2=CH-COOR], *Acrylnitril* [CH_2=CH-CN] und einigen *konjugierten Dienen.* Der Kettenabbruch erfolgt durch Kationen.

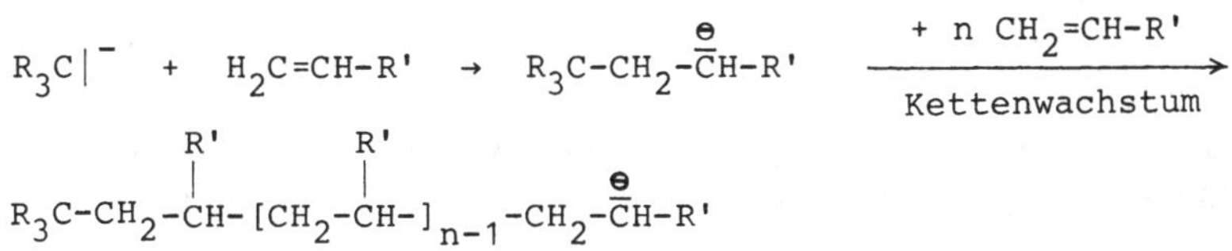

Konjugierte Diene sind aufgrund ihrer stärkeren Elektronendelokalisierung und der damit verbundenen größeren Polarisierbarkeit der C=C-Doppelbindungen reaktionsfähiger als Alkene. Zum Beispiel ergeben sie mit Natrium metallorganische Verbindungen, die sich nucleophil an weitere Dien-Moleküle anlagern können. Im Gegensatz zur radikalischen Polymerisation der Diene, bei der eine 1,4-Addition eintritt, findet hier vorzugsweise eine 1,2-Verknüpfung statt.

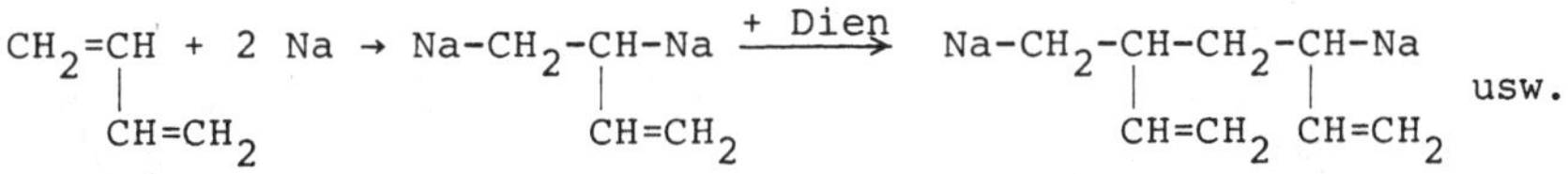

Unter sorgfältig kontrollierten Reaktionsbedingungen gibt es bei der anionischen Polymerisation normalerweise *keine* schnell ablaufenden Schritte, die einen Kettenabbruch bewirken. Daher wird die Polymerisation erst unterbrochen, wenn alles Monomer verbraucht ist. Das Reaktionsgemisch enthält dann aber immer noch reaktive Moleküle, sog. *„lebende Polymere“*. Gibt man erneut ein Monomer hinzu, so wachsen diese Moleküle weiter. Sie können erst „abgetötet“ werden, wenn man prototrope Substanzen wie z. B. Wasser hinzufügt, die mit Carbanionen reagieren.

Die Polymerisation von Alkenen und Dienen kann nach einem Radikalkettenmechanismus oder einem Ionenkettenmechanismus ablaufen. Die radikalische Polymerisation wird durch Initiatoren (Radikalbildner) ausgelöst und kann durch Inhibitoren (Antioxidantien) verlangsamt oder verhindert werden. Die ionische Polymerisation kann durch elektrophile (saure) oder nucleophile (basische) Katalysatoren initiiert und im allgemeinen nicht durch Antioxidantien inhibiert werden. Im ersten Fall spricht man von einem kationischen Reaktionstyp, der über ein Carbeniumion verläuft, im zweiten Fall vom anionoiden Reaktionstyp, bei dem Carbanionen als Zwischenprodukte auftreten. Die meisten Alkenpolymerisationen werden allerdings radikalisch eingeleitet.

Polymerisation von Alkenen: Nicht alle Olefine lassen sich gleich gut polymerisieren. Zum Teil sind drastische Reaktionsbedingungen (hohe Drucke und Temperaturen) erforderlich. Besonders glatt verlaufen Polymerisationen dann, wenn die intermediär auftretenden Radikale, Carbeniumionen und Carbanionen durch entsprechende Substituenten, z. B. ungesättigte Gruppierungen, stabilisiert werden.

Am häufigsten polymerisiert man in *wäßriger Emulsion,* wozu jedoch wasserlösliche Substanzen erforderlich sind. Auch *Suspensionen* des Monomers in einem geeigneten Lösungsmittel können eingesetzt werden. Da alle Polymerisationen *exotherm* verlaufen, stellt die *Ableitung der entstehenden Reaktionswärme* bei der praktischen Durchführung ein großes Problem dar, zumal ein starker Temperaturanstieg zu unkontrollierbar raschen Polymerisationen unter Bildung verzweigter Ketten führen kann.

In Tabelle 85 sind einige Beispiele technisch wichtiger Polymerisate *(Vinylpolymere)* aufgelistet [vgl. **MC-Fragen Nr. 1080, 1083, 1085, 1086, 1090, 1099, 1188, 1189, 1257**].

Tab. 85: Technisch wichtige Polyolefine

Monomer		Polymer	
Ethen	$CH_2{=}CH_2$	Polyethylen (Polyethen)	$-[CH_2-CH_2]_n-$
Propen	$CH_2{=}CHCH_3$	Polypropylen (Polypropen)	$-[CH_2-CH(CH_3)]_n-$
1-Buten	$CH_2{=}CHC_2H_5$	Polybutylen (Polybuten)	$-[CH_2-CH(C_2H_5)]_n-$
Styren	$CH_2{=}CHC_6H_5$	Polystyrol (Polystyren)	$-[CH_2-CH(C_6H_5)]_n-$
Vinylchlorid	$CH_2{=}CHCl$	Polyvinylchlorid (PVC)	$-[CH_2-CH(Cl)]_n-$
Tetrafluorethen	$CF_2{=}CF_2$	Polytetrafluorethylen (Teflon)	$-[CF_2-CF_2]_n-$
Vinylether	$CH_2{=}CHOR$	Polyvinylether	$-[CH_2-CH(OR)]_n-$
Vinylacetat	$CH_2{=}CHOAc$	Polyvinylacetat	$-[CH_2-CH(OAc)]_n-$
Acrylnitril	$CH_2{=}CHCN$	Polyacrylnitril	$-[CH_2-CH(CN)]_n-$
Acrylsäureester	$CH_2{=}CHCOOR$	Polyacrylsäureester	$-[CH_2-CH(COOR)]_n-$
Methacrylsäureester	$CH_2{=}C(CH_3)COOR$	Polymethacrylsäureester	$-[CH_2-C(CH_3)(COOR)]_n-$

Polymerisation von Dienen: Konjugierte Diene lassen sich ebenfalls radikalisch oder ionisch polymerisieren.

$$\text{Dien}\quad n\ CH_2{=}\underset{\substack{|\\ R}}{C}{-}CH{=}CH_2 \rightarrow -[CH_2{-}\underset{\substack{|\\ R}}{C}{=}CH{-}CH_2]_n- \quad \text{Polydien}$$

Diese Polymere unterscheiden sich von den oben genannten Polyolefinen dadurch, daß jede Einheit noch eine weitere C=C-Doppelbindung enthält. Darüber hinaus werden in Abhängigkeit von den gewählten Reaktionsbedingungen 1,2- bzw. 1,4-verknüpfte Produkte oder Gemische aus beiden erhalten.

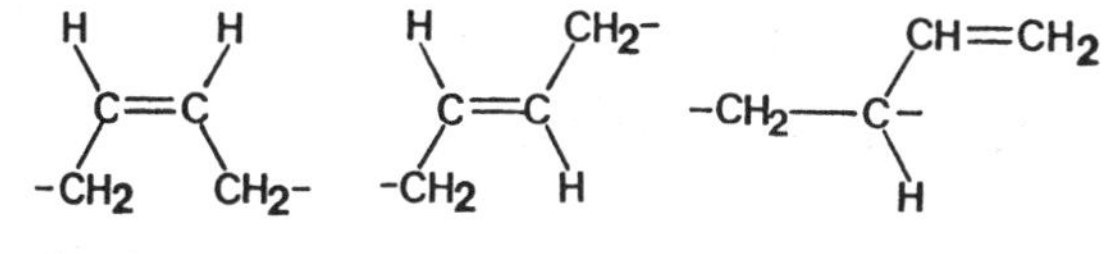

cis-1,4- trans-1,4- 1,2-Verknüpfung

Polydiene finden sich auch in der Natur. Beispiele hierfür sind **Kautschuk**, ein *cis-1,4-Polyisopren*, mit einem Polymerisationsgrad um 5000 und **Guttapercha**, ein *trans-1,4-Polyisopren* [vgl. **MC-Frage Nr. 1091**].

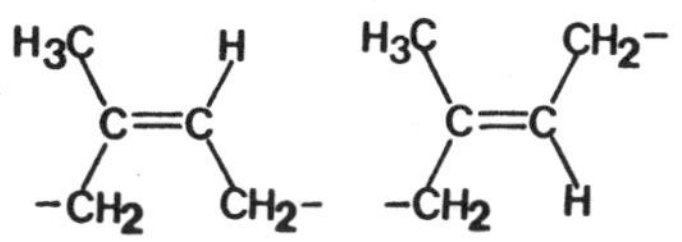

Kautschuk Guttapercha

Die technische Radikalpolymerisation von **Isopren** (2-Methylbutadien) [$CH_2{=}C(CH_3){-}CH{=}CH_2$] liefert zwar auch ein 1,4-verknüpftes Produkt, da aber fast ausschließlich trans-konfigurierte Polymere gebildet werden, war das Material aufgrund seiner geringeren Elastizität zur Verwendung als Elastomer ungeeignet. Deshalb waren die mengenmäßig wichtigsten Synthesekautschuke zunächst Polymerisate des **Chloroprens** (2-Chlorbutadien) [$CH_2{=}CCl{-}CH{=}CH_2$] oder Mischpolymerisate aus Butadien [$CH_2{=}CH{-}CH{=}CH_2$] und Styren [$CH_2{=}CH{-}C_6H_5$]. Durch den Einsatz von *Koordinationskatalysatoren* ist es mittlerweile gelungen, auch Isopren stereospezifisch cis-1,4 zu polymerisieren.

3.18.2.2 Koordinationspolymerisation (Stereospezifische Polymerisation)

Ziegler-Natta-Katalysatoren (Koordinationskatalysatoren) sind Komplexe aus einem Übergangsmetallhalogenid [z. B. $TiCl_4$] und einer metallorganischen Verbindung [z. B. *Aluminiumtrialkylen* (AlR_3), insbesondere *Aluminiumtriethyl* [vgl. **MC-Fragen Nr. 365, 366**]. Diese Katalysatoren polymerisieren einfache Alkene nach einem Mechanismus, bei dem der Carbanion-Charakter der C-Al-Bindung und die Fähigkeit des Übergangsmetalls Titan, sich mit der π-Bindung des Alkens zu koordinieren, eine wesentliche Rolle spielen. Wahrscheinlich kommt die Übertragung eines Monomers auf die wachsende Kette durch eine vorübergehende Bindung beider Reaktanden an das Titan zustande. Die Polymerisation, bei der das Aluminiumorganyl den Part des nucleophilen Initiators übernimmt, läuft auf eine Einschiebung des Monomers in die Bindung zwischen dem Metall und der wachsenden Alkylkette hinaus *(Insertionsmechanismus)*.

$$-CH_2-CH_2-Ti{\equiv} + CH_2{=}CH_2 \rightarrow -CH_2-\underset{\vdots \\ CH_2=CH_2}{CH_2-Ti{\equiv}} \rightarrow -CH_2-CH_2-CH_2-CH_2-Ti{\equiv} \rightarrow$$

Die Polymerisation mit Koordinationskatalysatoren besitzt gegenüber der radikalischen Polymerisation zwei entscheidende Vorteile:

* Man erhält *linear* polymerisierte Makromoleküle.
* Sie ermöglicht die *stereochemische Kontrolle* der Polyreaktion.

Stereochemie: Bei der Polymerisation von *Monomeren* der allgemeinen Form **R-CH=CH$_2$** ist jedes zweite Kohlenstoffatom im entstehenden Makromolekül *chiral,* so daß unterschiedlich konfigurierte Polymere auftreten können, die wie folgt klassifiziert werden:

– *Ataktisches Polymer:* Es liegt ein Polymer mit Asymmetriezentren vor, deren Konfiguration eine unregelmäßige Abfolge zeigt. Polymere aus Radikalkettenpolymerisationen sind ataktisch [vgl. **MC-Frage Nr. 1095**].

– *Isotaktisches Polymer:* Es liegt ein Polymer mit Asymmetriezentren vor, die alle die gleiche Konfiguration besitzen [vgl. **MC-Fragen Nr. 1093, 1097**].

– *Syndiotaktisches Polymer:* Es liegt ein Polymer mit Asymmetriezentren vor, die alternierend R- und S-Konfiguration besitzen [vgl. **MC-Fragen Nr. 1094, 1096**].

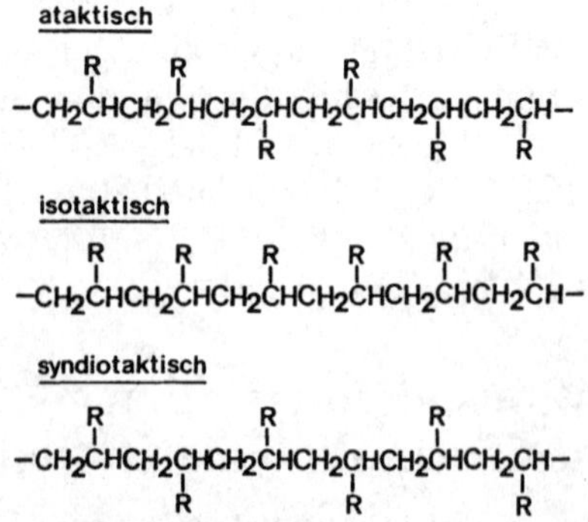

Polymerisationen mit Ziegler-Natta-Katalysatoren verlaufen *stereoselektiv;* d. h., je nach den Reaktionsbedingungen können isotaktische oder syndiotaktische Produkte hergestellt werden. Solche Polymere besitzen einen höheren *Kristallisationsgrad* und damit einen höheren Schmelzpunkt, eine größere Dichte und eine höhere mechanische Festigkeit, während ataktisches Material wegen seiner unregelmäßigen Struktur weitgehend amorph ist.

3.18.2.3 Kondensationspolymerisationen

Auch durch fortgesetzte, stufenweise *Kondensationen* lassen sich Monomere unter Austritt einfacher Moleküle [z. B. Wasser] zu hochmolekularen Substanzen vereinigen. Verwendet man dabei *bifunktionelle* Moleküle, so erhält man fadenförmige Polymere. Ist einer der Grundbausteine *trifunktionell,* dann entstehen räumlich vernetzte Makromoleküle. An wichtigen Polykondensationsprodukten sind zu nennen:

Polyamide: Das Bauprinzip der Proteine läßt sich auch mit synthetischen Monomeren realisieren. Die Herstellung der ersten Polyamidfasern basierte auf der Polykondensation von aliphatischen Dicarbonsäuren mit Diaminen. Zum Beispiel ist **Nylon-6.6** ein Copolymer aus **Adipinsäure** und **1,6-Diaminohexan** und wird durch Erhitzen der beiden Monomeren hergestellt [vgl. **MC-Fragen Nr. 1084, 1089, 1099**].

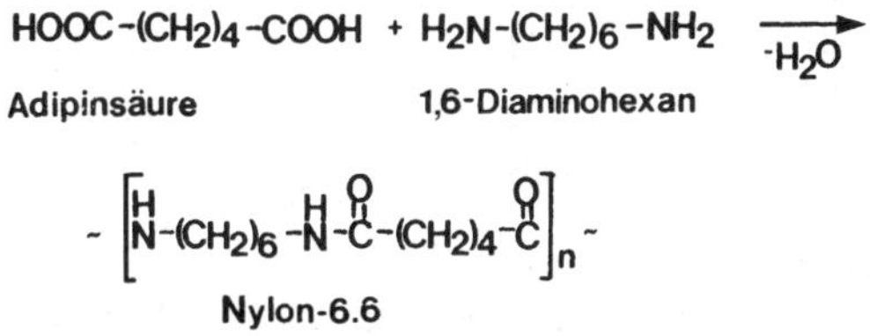

Das geschmolzene Polymer mit einer Molmasse von etwa 10 000 wird direkt zu Fäden versponnen, die sich durch eine hohe Reißfestigkeit und Elastizität auszeichnen.

Ein anderes Polykondensat ist **Nylon-6** *(Perlon)*, das aus **6-Aminohexansäure** hergestellt wird. Das eigentliche Monomer ist jedoch das cyclische Amid **ε-Caprolactam**. ε-Caprolactam wird aus Cyclohexanonoxim durch Beckmann-Umlagerung hergestellt [vgl. Kap. 3.2.16.3 und **MC-Fragen Nr. 171, 172, 175, 1081, 1104–1106**].

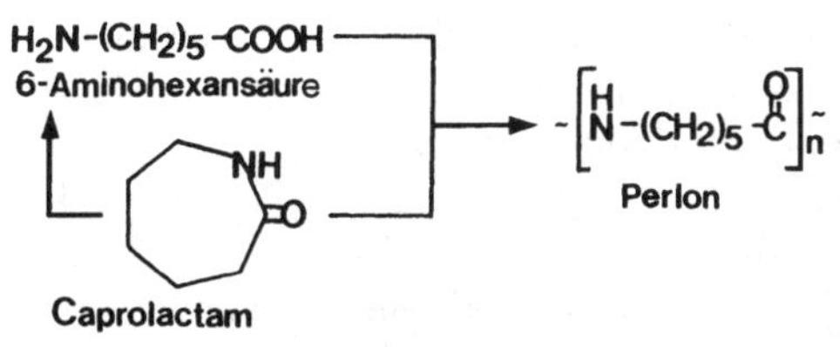

Polyester: Sie entstehen aus *bi-* und *trifunktionellen Alkoholen* (Ethylenglycol, Glycerol) und gesättigten, ungesättigten oder aromatischen *Dicarbonsäuren* (Bernsteinsäure, Adipinsäure, Maleinsäure, Phthalsäure, Terephthalsäure).

Das Prinzip dieser Polykondensationen soll am Beispiel der Umsetzung von **Dimethylterephthalat** mit **Ethylenglycol** zu Polyesterfasern (Trevira™, Diolen™) vorgestellt werden [vgl. **MC-Fragen Nr. 1082, 1257**].

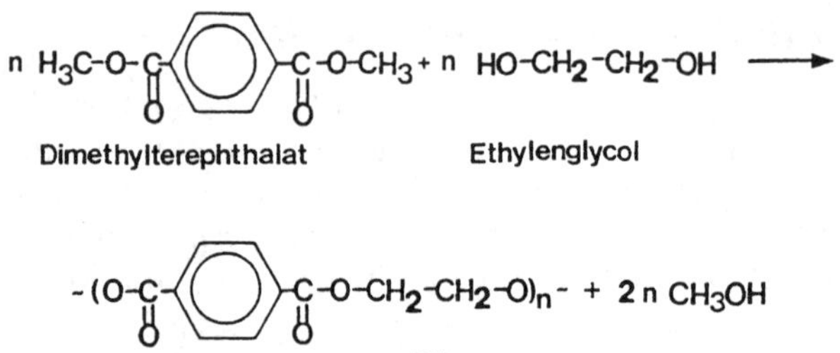

Dimethylterephthalat Ethylenglycol

Trevira™

Kondensiert man **Phthalsäureanhydrid** z. B. mit **Glycerol**, so erhält man ein stark vernetztes Alkydharz. Eine weitere Gruppe an Polyesterharzen bilden *Polycarbonate* (Makrolen), die man durch Umsetzung von Phosgen [Cl-CO-Cl] mit Diphenolen erhält [vgl. **MC-Frage Nr. 1088**].

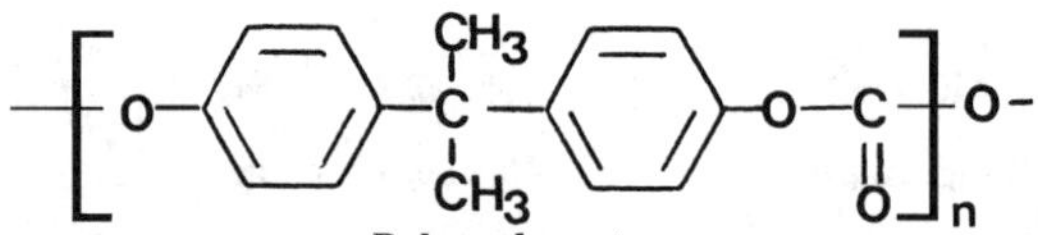

Polycarbonat

Phenol-Formaldehyd-Polymerisate: Stark vernetzte Polymere (Bakelite) entstehen auch bei der Umsetzung von **Formaldehyd** und **Phenol** in Gegenwart saurer oder basischer Katalysatoren. Ihr Kondensationsgrad und somit ihre Eigenschaften variieren stark mit den angewandten Reaktionsbedingungen. Zuerst reagiert Phenol mit Formaldehyd im Sinne einer Hydroxymethylierung zu **ortho-** und **para-Hydroxymethylphenol**, die dann polymerisieren (vgl. Kap. 3.6.4.2).

3.18.2.4 Polyadditionen

Polymere können aus Monomeren auch durch fortgesetzte, stufenweise Addition aufgebaut werden. Bifunktionelle Moleküle ergeben lineare Makromoleküle. Bei geeigneter Wahl der Ausgangsverbindungen ist es möglich, sie nachträglich miteinander zu vernetzen und dadurch zu härten.

Polyurethane: Sie entstehen durch Reaktion von *bi-* und *trifunktionellen Alkoholen* mit *Di-* und *Polyisocyanaten.* Als Beispiel sei die Umsetzung von **1,4-Butandiol** [$HO\text{-}(CH_2)_4\text{-}OH$] mit **Hexamethylendiisocyanat** [$O{=}C{=}N\text{-}(CH_2)_6\text{-}N{=}C{=}O$] angeführt, die ein kettenförmiges Polyurethan folgender Struktur ergibt [vgl. **MC-Frage Nr. 1087**].

$$-[-O-(CH_2)_4-O-\underset{\underset{O}{\parallel}}{C}-\underset{H}{N}-(CH_2)_6-\underset{H}{N}-\underset{\underset{O}{\parallel}}{C}-O-(CH_2)_4]_x-O-$$

Polyether (Epoxidharze): Sie entstehen durch Kondensation von *mehrwertigen Alkoholen* oder *Phenolen* mit *Epoxiden,* die in Nachbarstellung zum Oxiranring noch einen reaktionsfähigen Substituenten tragen. Als Epoxidkomponente verwendet man meistens **Epichlorhydrin**.

3.18.3 Klassifizierung von Polymeren

Polymere lassen sich aufgrund ihrer Eigenschaften untergliedern in:

Thermoplaste (z. B. Polyethylen, Polystyrol, Polyamide, PVC), die weitgehend aus unvernetzten Fadenmolekülen bestehen, sind bei gewöhnlicher Temperatur harte und sogar spröde Kunststoffe. Sie erweichen beim Erwärmen und werden dadurch mechanisch verformbar. Bei hohen Temperaturen gehen sie in den Zustand einer viskosen Flüssigkeit über.

Elastomere (z. B. schwach vernetzte cis-1,4-Polydiene) ist eine Sammelbezeichnung für natürliche und künstliche Polymere mit einem gummielastischen Verhalten. Elastomere sind überwiegend amorph und nicht schmelzbar.

Duromere (Duroplaste) (z. B. Phenol-Formaldehyd-Harze) sind räumlich stark vernetzte Polymere, die bei gewöhnlicher Temperatur unter Krafteinwirkung nur geringe und reversible Dehnungen zulassen. Sie müssen direkt in der fertigen Form hergestellt und mechanisch bearbeitet werden.

Darüber hinaus existieren zahlreiche Übergänge zwischen diesen Gruppen hochmolekularer Verbindungen.

3.19 Säuren und Basen der organischen Chemie

Säure-Base-Systeme wurden bereits im Band **Chemie I-Kurzlehrbuch**, Kap. 1.11 vorgestellt, wobei besonders auf die Abschnitte *„Säure-Base-Begriffe"* und *„Stärke von Säuren und Basen"* hingewiesen wird. Die dort gemachten Ausführungen sind weitgehend auf die organische Chemie übertragbar. Schwerpunkt des folgenden Kapitels ist deshalb der Zusammenhang zwischen der chemischen Struktur und der Acidität bzw. Basizität einer organischen Verbindung.

3.19.1 Klassifizierung saurer und basischer Stoffe

Je nachdem, mit welchem Atom das dissoziierbare Proton verbunden ist, lassen sich **organische Säuren** unterteilen in [vgl. **MC-Fragen Nr. 1135–1146, 1213, 1214**]:

- *OH-acide Verbindungen* (Carbonsäuren, Enole, Phenole, Alkohole, Sulfonsäuren),
- *SH-acide Verbindungen* (Mercaptane, Thiophenole),
- *NH-acide Verbindungen* (Imide, Sulfimide, Sulfonamide, gewisse heterocyclische Ringsysteme),
- *CH-acide Verbindungen* (bestimmte Kohlenwasserstoffe, Carbonylverbindungen, Dicarbonylverbindungen, heteroanaloge Carbonylverbindungen, Carbonsäure-Derivate).

An **organischen Basen** sind zu nennen:

- *Stickstoff-haltige Basen* (Amine, Amidine, N-Heterocyclen),
- *Sauerstoff-haltige Basen* (Pyrone, Flavone, Ether).

3.19.2 Acidität von Carbonsäuren, Hydroxycarbonsäuren, Ketocarbonsäuren und Sulfonsäuren

3.19.2.1 Acidität von Carbonsäuren

Das Hydroxylproton der *Carboxylgruppe* [COOH] kann ziemlich leicht an Basen abgegeben werden, weil die negative Ladung des resultierenden *Carboxylat-Ions* über drei Atome delokalisiert ist und dies zu einer gewissen Stabilisierung der konjugierten Base [COO^-] führt.

Den entscheidenden Beitrag der Delokalisierung zur Stabilität der konjugierten Base erkennt man daran, daß Alkohole im Vergleich zu Carbonsäuren sehr viel schwächere Säuren sind [ca. 12 Zehnerpotenzen]. Eine Mesomeriestabilisierung wie im Carboxylat-Ion ist im Alkoholat-Ion nicht möglich.

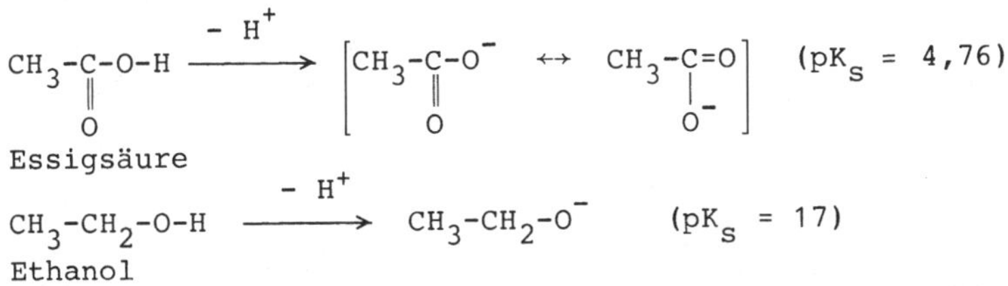

Trotz der Mesomerie des Carboxylat-Anions ist die *Dissoziation* einer Carbonsäure ein *endergonischer Vorgang* [$\Delta G°$ ist positiv], weil – infolge der ordnenden Wirkung der *Hydratation* – mit der Ionisierung eine *Entropieabnahme* verbunden ist.

3.19.2.2 Gesättigte aliphatische und araliphatische Carbonsäuren

Aliphatische Carbonsäuren sind relativ schwache Säuren. Beispielsweise ist eine 0,1 N-wäßrige Essigsäure-Lösung nur zu 1,3% dissoziiert. Die in Tabelle 86 aufgelisteten pK_s-Werte belegen, daß die *Acidität von Carbonsäuren erhöht* wird, wenn die COOH-Gruppe mit *Substituenten* verknüpft ist, die einen **-I-Effekt** (Halogen, Hydroxyl, Alkoxy) besitzen. So sind z. B. *2-Hydroxyalkansäuren* oder *2-Halogenalkansäuren* stärkere Säuren (kleinere pK_s-Werte) als Alkansäuren gleicher C-Zahl [vgl. **MC-Fragen Nr. 879, 882, 883, 1107, 1108, 1111, 1112, 1146, 1177**]. Auch die im Vergleich zur **Essigsäure** [pK_s = 4,76] erhöhte Acidität der **Phenylessigsäure** [pK_s = 4,28] ist auf den -I-Effekt des Phenylrestes zurückzuführen.

Die Aciditäts-erhöhende Wirkung des -I-Effektes beruht auf der Destabilisierung der COOH-Funktion, während die konjugierte Base infolge der stärkeren Delokalisierung der negativen Ladung stabilisiert wird. Der -I-Effekt eines Substituenten nimmt mit steigender Entfernung von der Carboxylgruppe rasch ab, wie dies die pK_s-Werte der *chlorierten Buttersäuren* dokumentieren.

Substituenten mit einem **+I-Effekt** *verringern* hingegen die *Stärke* einer *Carbonsäure,* wie dies die Säureexponenten der Ameisensäure, Essigsäure, Propionsäure und Pivalinsäure (Trimethylessigsäure) in Tabelle 86 ausweisen [vgl. **MC-Fragen Nr. 794, 1112, 1210, 1231**]. Je stärker hierbei der +I-Effekt des Substituenten ist, umso schwächer ist die betreffende Säure.

-I R-COOH	>	HCOOH	>	+I R-COOH
Acidität erhöht pK_S wird kleiner		Ameisensäure pK_S = 3,77		Acidität erniedrigt pK_S wird größer

Tab. 86: pK$_s$(pK$_a$)-Werte gesättigter aliphatischer und araliphatischer Monocarbonsäuren

Name	Formel	pK$_S$
Ameisensäure	H-COOH	3,77
Essigsäure	CH_3-COOH	4,76
Propionsäure	CH_3CH_2-COOH	4,88
Buttersäure	$CH_3CH_2CH_2$-COOH	4,82
Pivalinsäure	$(CH_3)_3C$-COOH	5,05
Cyclohexancarbonsäure	C_6H_{11}-COOH	4,87
Fluoressigsäure	FCH_2-COOH	2,66
Chloressigsäure	$ClCH_2$-COOH	2,81
Bromessigsäure	$BrCH_2$-COOH	2,87
Iodessigsäure	ICH_2-COOH	3,13
Dichloressigsäure	Cl_2CH-COOH	1,30
Trichloressigsäure	Cl_3C-COOH	0,89
Trifluoressigsäure	F_3C-COOH	0,23
2-Chlorbuttersäure	CH_3CH_2-CH_2Cl-COOH	2,84
3-Chlorbuttersäure	CH_3-CHCl-CH_2-COOH	4,06
4-Chlorbuttersäure	$ClCH_2$-CH_2CH_2-COOH	4,52
Glycolsäure	$HOCH_2$-COOH	3,83
Milchsäure	CH_3-CHOH-COOH	3,08
Methoxyessigsäure	CH_3O-CH_2-COOH	3,53
Cyanessigsäure	NC-CH_2-COOH	2,45
Nitroessigsäure	O_2N-CH_2-COOH	1,32
Trimethylammonium-essigsäure	$(CH_3)_3\overset{+}{N}$-CH_2-COOH	1,83
Phenylessigsäure	C_6H_5-CH_2-COOH	4,28
Mandelsäure	C_6H_5-CHOH-COOH	3,85

3.19.2.3 Ungesättigte und aromatische Carbonsäuren

In Tabelle 87 sind die Säureexponenten einiger ungesättigter und aromatischer Carbonsäuren aufgelistet. Solche Säuren besitzen aufgrund des induktiven Effektes des ungesättigten Strukturelementes eine höhere Acidität.

Tab. 87: pK$_s$-Werte ungesättigter, aromatischer und heteroaromatischer Monocarbonsäuren

Säure	Formel	pK$_S$
Acrylsäure	$H_2C=CH-COOH$	4,26
Vinylessigsäure	$H_2C=CH-CH_2-COOH$	4,35
Crotonsäure	$CH_3-CH=CH-COOH$ (trans)	4,69
Zimtsäure	$C_6H_5-CH=CH-COOH$ (trans)	3,89
Allozimtsäure	$C_6H_5-CH=CH-COOH$ (cis)	4,44
Propiolsäure	$HC\equiv C-COOH$	1,85
Benzoesäure	C_6H_5-COOH	4,19
1-Naphthoesäure	$C_{10}H_7-COOH$	3,70
2-Naphthoesäure	$C_{10}H_7-COOH$	4,17
2-Pyridincarbonsäure (Picolinsäure)	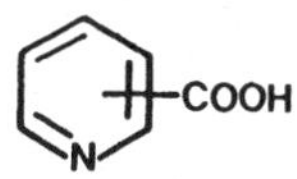	5,52
3-Pyridincarbonsäure (Nicotinsäure)		4,85
4-Pyridincarbonsäure (Isonicotinsäure)		4,96

C=C-Doppelbindungen und C≡C-Dreifachbindungen haben nämlich einen signifikanten elektronenanziehenden Effekt, weil im Vergleich zu einem sp^3-hybridisierten Kohlenstoff ein sp^2- bzw. sp-hybridisiertes C-Atom einen höheren s-Charakter hat und dadurch eine höhere *Elektronegativität* ausübt. Darüber hinaus beeinflussen auch *mesomere Effekte* die Säurestärke von ungesättigten und aromatischen Carbonsäuren.

Obwohl z. B. der Benzenkern in der **Benzoesäure** [pK$_s$ = 4,20] direkt an die Carboxylgruppe gebunden ist, der -I-Effekt also stärker ausgeprägt sein müßte, ist die Benzoesäure nur geringfügig acider als **Phenylessigsäure** [pK$_s$= 4,28]. Dies ist eine Folge der Stabilisierung der Säure-Funktion durch den +M-Effekt des Phenylrestes. Das Benzoat-Anion [C_6H_5-COO$^-$] wird dagegen durch den +M-Effekt des Benzenkerns destabilisiert, weil dadurch die negative Ladungsdichte der Carboxylat-Gruppe erhöht wird [vgl. **MC-Frage Nr. 796**].

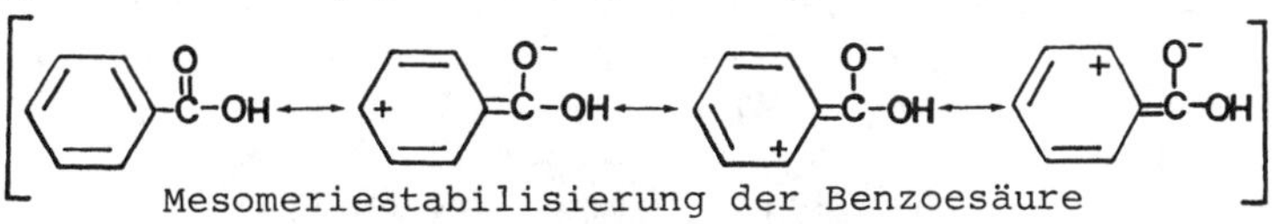

Mesomeriestabilisierung der Benzoesäure

Ähnliche Überlegungen gelten auch für **Acrylsäure** [pK$_s$ = 4,26] und **Vinylessigsäure** [pK$_s$ = 4,35], die beide aufgrund des -I-Effektes des ungesättigten Substituenten acider sind und in Wasser stärker dissoziieren als z. B. die gesättigte **Propionsäure** [pK$_s$ = 4,88]. Die höhere Acidität ist auch hier auf die sp^2-Hybridisierung des ungesättigten Kohlenstoffs zurückzuführen. Dieser Effekt ist bei sp-hybridisierten C-Atomen in C≡C-Dreifachbindungen noch stärker ausgeprägt. Daher hat beispielsweise **Propiolsäure** einen kleineren pK_s-Wert von 1,85. Zusätzlich wird bei diesen Verbindungen das nach der Deprotonierung entstehende Säureanion durch die C,C-Mehrfachbindung stabilisiert [vgl. **MC-Fragen Nr. 1109, 1110, 1152**].

Substituierte Benzoesäuren: Über die Säureexponenten substituierter Benzoesäuren informiert Tabelle 88 [vgl. **MC-Fragen Nr. 1113–1116**].

Substituenten in *p-Stellung* mit -I/M-Effekt erhöhen die Acidität, +I/+M-Substituenten verringern die Säurestärke, weil -M-Substituenten durch ihren Konjugationseffekt das Carboxylat-Ion stabilisieren, +M-Substituenten hingegen zu einer Stabilisierung der Säure-Funktion und einer Destabilisierung der korrespondierenden Base beitragen.

Aus Tabelle 88 ist zu entnehmen, daß bei *para-* und *ortho-ständigen Substituenten* der -I-Effekt durch den konjugativen +M-Effekt in der Reihe Cl-Br-OH-NH_2 zunehmend überkompensiert wird, was eine Aciditätsminderung zur Folge hat. D.h., in dem Maße wie die Bereitschaft eines Substituenten steigt, sein freies Elektronenpaar anteilig für die Mesomerie des Ringsystems zur Verfügung zu stellen, sinkt die Acidität der substituierten Benzoesäure. Substituenten in *meta-Position* wirken ausschließlich durch ihren induktiven Effekt.

Bemerkenswert ist die hohe Acidität der **Salicylsäure** (**2-Hydroxybenzoesäure**) [pK_s = 2,98], der **2,6-Dihydroxybenzoesäure** [pK_s = 1,29] sowie der **o-Toluylsäure** [pK_s = 3,91].

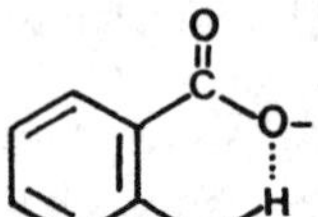

Salicylat-Ion

Bei der *ortho-Substitution* stehen Carboxylgruppe und Substituent so dicht beieinander, daß sie sich sterisch behindern und die COOH-Gruppe keine vollständig koplanare Lage mit dem Benzenring einnehmen kann. Die Carboxylgruppe ist daher nicht mehr optimal mit dem Phenylrest konjugiert und die erhöhte Stabilität der Carbonsäure relativ zum Carboxylat-Ion geht verloren. *Deshalb steigern alle ortho-Substituenten einschließlich der Alkylgruppen – trotz ihres +I-Effektes – die Säurestärke substituierter Benzoesäuren* (**ortho-Effekt**). Bei der **Salicylsäure** wird das Säureanion zusätzlich noch durch eine *intramolekulare H-Brückenbindung* stabilisiert [vgl. **MC-Fragen Nr. 1115, 1116**].

Tab. 88: pK_s-Werte substituierter Benzoesäuren [X-C_6H_4-COOH]

X	H	CH_3	NH_2	OH	OCH_3	Cl	Br	NO_2	COOH*
o-	4,19	3,91	6,97	2,98	4,09	2,92	2,85	2,17	2,89
m-	4,19	4,27	4,78	4,08	4,09	3,83	3,81	3,45	3,54
p-	4,19	4,36	4,92	4,58	4,47	3,98	4,00	3,43	3,51

* pK_s1

3.19.2.4 Acidität von Dicarbonsäuren

Man fand, daß bei Dicarbonsäuren die erste Dissoziationskonstante [K_1] größer und die zweite [K_2] kleiner ist als die Dissoziationskonstante entsprechender aliphatischer Monocarbonsäuren.

$$[K_1]: \quad HOOC\text{-}(CH_2)_n\text{-}COOH \rightarrow HOOC\text{-}(CH_2)_n\text{-}COO^- + H^+$$

$$[K_2]: \quad HOOC\text{-}(CH_2)_n\text{-}COO^- \rightarrow {}^-OOC\text{-}(CH_2)_n\text{-}COO^- + H^+$$

Daraus kann man ableiten, daß die zweite Carboxylgruppe die Acidität der ersten erhöht, im Monoanion jedoch die COO^--Gruppe die Dissoziation des zweiten Protons erschwert. In unmittelbarer Nachbarschaft (**Oxalsäure**) beeinflussen sich zwei Carboxylgruppen in hohem Maße. Diese Wechselwirkung nimmt erwartungsgemäß ab (**Malonsäure → Adipinsäure**), je weiter die beiden COOH-Funktionen voneinander entfernt sind. Dies belegen auch die in Tabelle 89 gezeigten pK_s-Werte einiger mehrwertiger Carbonsäuren [vgl. **MC-Fragen Nr. 804, 1113, 1152**].

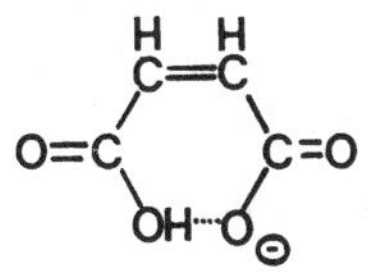

Hydrogenmaleat

Ungesättigte und aromatische Dicarbonsäuren: In der ersten Dissoziationsstufe ist die cis-konfigurierte **Maleinsäure** eine viel stärkere Säure als die trans-isomere **Fumarsäure**. Ursache hierfür ist, daß das Monoanion der Maleinsäure (**Hydrogenmaleat**) durch eine *intramolekulare Wasserstoffbrücke* stabilisiert wird, die infolge der ebenen cis-Anordnung und der Sechsgliedrigkeit des gebildeten Ringes besonders günstige Verhältnisse vorfindet.

Tab. 89: pK_s-Werte von Dicarbonsäuren und Tricarbonsäuren

Säure	Formel	pK_s1	pK_s2	pK_s3
Oxalsäure	HOOC-COOH	1,23	4,19	
Malonsäure	$HOOC\text{-}CH_2\text{-}COOH$	2,83	5,69	
Bernsteinsäure	$HOOC\text{-}(CH_2)_2\text{-}COOH$	4,16	5,61	
Glutarsäure	$HOOC\text{-}(CH_2)_3\text{-}COOH$	4,34	5,41	
Adipinsäure	$HOOC\text{-}(CH_2)_4\text{-}COOH$	4,43	5,41	
Fumarsäure	E-HOOC-CH=CH-COOH	3,03	4,44	
Maleinsäure	Z-HOOC-CH=CH-COOH	1,83	6,07	
Phthalsäure	$o\text{-}HOOC\text{-}C_6H_4\text{-}COOH$	2,89	5,51	
Isophthalsäure	$m\text{-}HOOC\text{-}C_6H_4\text{-}COOH$	3,54	4,60	
Terephthalsäure	$p\text{-}HOOC\text{-}C_6H_4\text{-}COOH$	3,51	4,82	
Äpfelsäure	$HOOC\text{-}CHOH\text{-}CH_2\text{-}COOH$	3,40	5,11	
L-Weinsäure	HOOC-CHOH-CHOH-COOH	2,95	3,97	
meso-Weinsäure	HOOC-CHOH-CHOH-COOH	3,22	4,82	
Citronensäure	$HOOC\text{-}COH(CH_2\text{-}COOH)_2$	3,14	4,77	6,39

Der pK_s2-Wert der Fumarsäure ist hingegen kleiner als der von Maleinsäure, weil ein Proton aus dem einwertigen Fumarat-Ion leichter abgetrennt werden kann, als aus dem cyclischen Hydrogenmaleat-Ion. Ähnliche Verhältnisse, die analog zu interpretieren sind, finden sich auch bei den drei stellungsisomeren *Phthalsäuren.*

3.19.2.5 Acidität von Sulfonsäuren

Sulfonsäuren [R-SO_3H] sind als Derivate der Schwefelsäure starke Säuren und in Wasser vollständig dissoziiert. Ihre Anionen sind kaum basisch und ihre Alkalisalze reagieren in Wasser neutral [vgl. **MC-Frage Nr. 1138**].

$$R\text{-}SO_3H + H_2O \rightleftharpoons R\text{-}SO_3^- + H_3O^+$$

Die Acidität der **Benzensulfonsäure** [$pK_s = 0{,}7$] entspricht der von Schwefelsäure. Bei Anwesenheit positivierender Substituenten in ortho- und para-Stellung steigt die Acidität. Zum Beispiel ist die **2,4-Dinitrobenzensulfonsäure** stärker sauer als H_2SO_4.

3.19.3 Säure-Base-Verhalten von Alkoholen, Phenolen, Enolen und Ethern

3.19.3.1 Säurestärke von Phenolen

Die im Vergleich zu Alkoholen sehr viel höhere Acidität der Phenole beruht darauf, daß die korrespondierende Base – das **Phenolat-Ion** – durch Mesomerie stabilisiert wird. Zwar ist Phenol selbst resonanzstabilisiert, die Delokalisierung im Phenolat-Ion ist jedoch deutlich stärker ausgeprägt. Tabelle 90 informiert über die Säurestärke einiger ausgewählter Phenole.

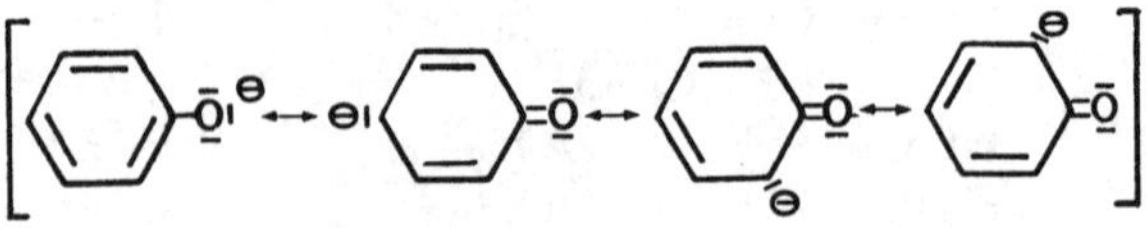

Mesomerie im Phenolat-Ion

Substituenten am Ring wirken sich auf die Acidität eines Phenols in ähnlicher Weise aus wie bei Benzoesäure-Derivaten. Es bestehen jedoch einige Unter-

Tab. 90: pK_s-Werte substituierter Phenole [X-C_6H_4-OH]

X	H	OH	NO_2	Cl	CH_3	COOH*
o-	9,91	9,40	7,21	8,48	10,28	13,40
m-	9,91	9,40	8,35	9,02	10,08	9,92
p-	9,91	10,00	7,14	9,39	10,19	9,32

*pK_s2

schiede, die darauf zurückzuführen sind, daß die phenolische Hydroxylgruppe im Gegensatz zur Carboxylgruppe einen +M-Effekt besitzt.

Die Acidität eines Phenols wird erhöht, wenn der Benzenkern zusätzlich elektronenanziehende Gruppen trägt. Hierbei nimmt der –I-Effekt in der Reihe ortho-meta-para mit zunehmender Entfernung des Substituenten von der Hydroxylgruppe ab. Ein konjugativer Effekt wird nur dann wirksam, wenn der Zweitsubstituent die ortho- und para-Position einnimmt [vgl. **MC-Fragen Nr. 1117–1119, 1137, 1146, 1177**].

Wie erwartet steigt die Säurestärke eines Phenols deutlich an, wenn sich mehrere elektronenanziehende Substituenten am Benzenring befinden. So sind **2,4-Dinitrophenol** [$pK_s = 4{,}01$] und **2,4,6-Trinitrophenol** (**Pikrinsäure**) [$pK_s = 1{,}02$] merklich acider als Mononitrophenole.

Weitere Unterschiede zwischen der Phenol- und Benzoesäure-Reihe bestehen hinsichtlich des „**ortho-Effektes**". Eine der Ursachen für die Aciditätserhöhung ortho-substituierter Benzoesäuren, die sterische Behinderung der Konjugation zwischen der COOH-Gruppe und dem aromatischen Ringgerüst, entfällt bei den Phenolen. Daher zeigt eine *ortho-ständige Methylgruppe* das erwartete Verhalten, indem sie die Acidität des Phenols aufgrund ihres +I-Effektes mindert.

Phenole sind acider als Alkohole, jedoch um einige Größenordnungen weniger sauer als Carbonsäuren. Die im Vergleich zu den Carbonsäuren deutlich geringere Acidität der Phenole zeigt sich u. a. darin, daß sich wasserunlösliche Phenole im Gegensatz zu Carbonsäuren nicht mehr in wäßriger Bicarbonat-Lösung auflösen.

3.19.3.2 Säure-Base-Verhalten von Alkoholen

Alkohole zählen wie Wasser zu den *amphiprotischen Lösungsmitteln.* Die Hydroxylgruppe kann als *sehr schwache* Säure und Base wirken. Die Acidität und Basizität der Alkohole sind geringer als die von Wasser.

$$\underset{\text{Alkoxonium-Ion}}{R\text{-}\overset{+}{O}H_2} \xleftarrow{+\,H^+} \underset{\text{Alkohol}}{R\text{-}OH} \xrightarrow{-\,H^+} \underset{\text{Alkanolat-Ion}}{R\text{-}O^-}$$

Die *Acidität* nimmt infolge des +I-Effektes der Alkylgruppen in der Reihe *primärer > sekundärer > tertiärer Alkohol* ab. So besitzt **Methanol** einen pK_s-Wert von 15,5, **Ethanol** von 15,9 und **Isopropanol** einen Wert von 18 [vgl. **MC-Fragen Nr. 1119, 1120, 1177**].

Die korrespondierenden Säuren und Basen der Alkohole, die *Alkoxonium-Ionen* bzw. *Alkanolat-Ionen* (Alkoholat-Ionen), sind demzufolge *sehr starke* Säuren und Basen. Alkoholate entstehen durch direkte Reaktion von unedlen Metallen mit einem Alkohol. Sie werden auch durch Umsetzung von Alkanolen mit sehr starken Basen erhalten.

Aluminiumalkoholate [$Al(OR)_3$] sind im Gegensatz zu *Natriumalkanolaten* in org. Lösungsmitteln löslich und unzersetzt destillierbar. Sie können als homöopolare Verbindungen angesehen werden. Alkoxygruppen stehen daher *nicht* als freie Anionen für Reaktionen zur Verfügung, so daß die Basizität von Al-alkanolaten gering ist. Sie können z. B. nicht mehr oder nur in untergeordnetem Maße Aldolreaktionen katalysieren und finden deshalb Verwendung bei der *Meerwein-Ponndorf-Verley-Reduktion*(vgl. Kap. 3.2.19.5) und der *Claisen-Tischtschenko-Reaktion* (vgl. Kap. 3.12.7.1).

3.19.3.3 Basizität von Sauerstoff-haltigen Verbindungen

Bei Sauerstoff-haltigen Substanzen wie z. B. *Ethern,* die von Natur aus viel schwächer basisch sind als Stickstoff-Verbindungen vergleichbarer Struktur, findet man eine nennenswerte Basizität *nur* dann, wenn bei der Protonierung ein mesomeriestabilisiertes Oxonium-Ion entstehen kann, wie dies bei *γ-Pyronen* der Fall ist.

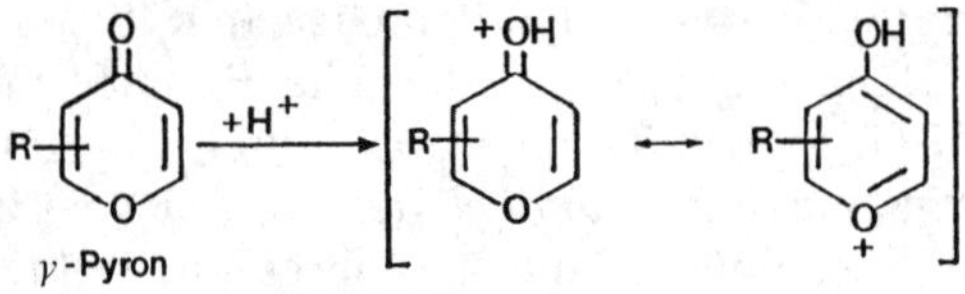

Analoges trifft auch auf *α.β-ungesättigte Carbonylverbindungen* zu.

$$-C=C-C=O + H^+ \rightarrow [-C=C-C=\overset{+}{O}-H \leftrightarrow -\overset{+}{C}-C=C-O-H]$$

Bei Sauerstoff-haltigen Verbindungen, die keine mesomeriestabilisierten Oxonium-Ionen bilden (z. B. Alkanole, Dialkylether), kann die Anlagerung eines Protons nur in sehr starken Säuren (z. B. konz. H_2SO_4) stattfinden. Beim Verdünnen mit Wasser werden die Alkohole und Ether wieder zurückgebildet.

$$CH_3CH_2-OH + H_2SO_4 \rightleftharpoons CH_3CH_2-\overset{+}{O}H_2 + HSO_4^-$$

$$CH_3CH_2-O-CH_2-CH_3 + H_2SO_4 \rightleftharpoons CH_3CH_2-\underset{H}{\overset{+}{O}}-CH_2CH_3 + HSO_4^-$$

3.19.4 SH-acide, NH-acide und CH-acide Verbindungen

3.19.4.1 SH-Acidität

Mercaptane [R-SH] sind im Gegensatz zu Alkoholen *Säuren* mit einer dem Schwefelwasserstoff [$pK_s1 = 6{,}92$] vergleichbaren Acidität. Dies geht parallel mit der Zunahme der Säurestärke vom H_2O zum H_2S hin. Die saure Natur der Mercaptane zeigt sich auch daran, daß sie mit verd. Alkalihydroxid-Lösungen Salze bilden.

$$R-S-H + NaOH \rightarrow R-S^-Na^+ + H_2O$$

In Analogie zu Phenolen sind *Thiophenole* [Ar-SH] noch acider als Mercaptane [vgl. **MC-Fragen Nr. 1120, 1139**].

3.19.4.2 NH-Acidität

N-H-Bindungen haben normalerweise infolge der geringeren Elektronegativität des Stickstoffs eine niedrigere Acidität als O-H-Bindungen. Die Acidität solcher Bindungen kann aber beträchtlich gesteigert werden, wenn entweder Gruppen mit einem starken -I-Effekt *[Acyl- oder Sulfonylgruppe]* auf die N-H-Bindung wirken oder wenn bei der Dissoziation eine resonanzstabilisierte, energetisch begünstigte korrespondierende Base entstehen kann.

Zum Beispiel ist die relativ hohe Acidität einiger *N-haltiger Fünfringheteroaromaten* (**Imidazol, Triazol, Tetrazol**) auf die Bildung stabiler, hochsymmetrischer Anionen zurückzuführen.

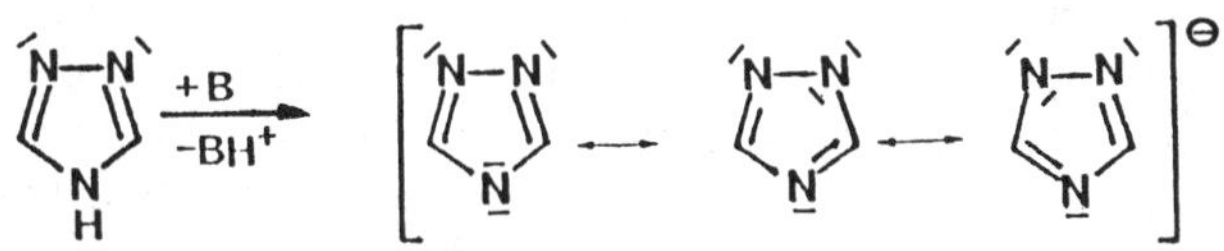

1.2.4-Triazol

Auch die sauren Eigenschaften von *Carbonsäureimiden* finden unter diesem Gesichtspunkt eine Erklärung.

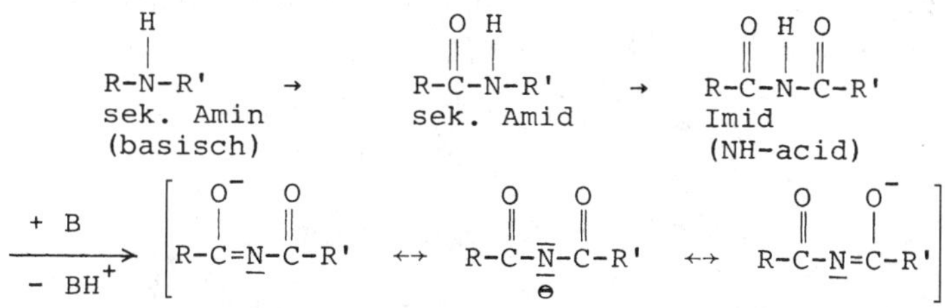

An pharmazeutisch wichtigen NH-aciden Verbindungen sind zu nennen [vgl. **MC-Fragen Nr. 1134, 1136, 1141, 1143, 1145, 1146, 1214, 1261, 1268**]:

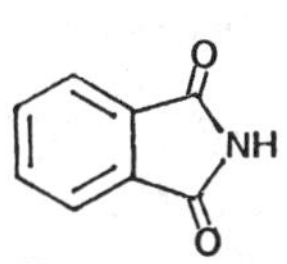

Phthalimid

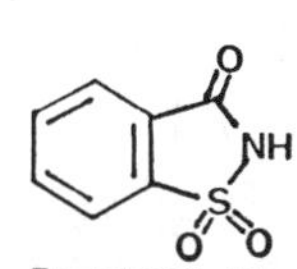

Benzolsulfimid
$pK_S = 11{,}68$

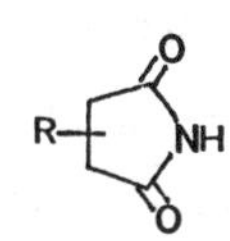

Succinimide

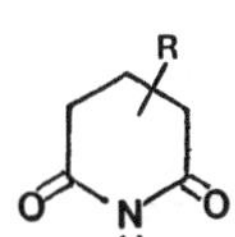

Glutarimide = 2.6-Piperidindione

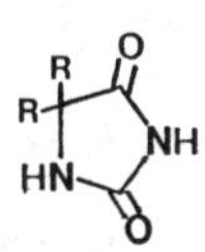

Hydantoine

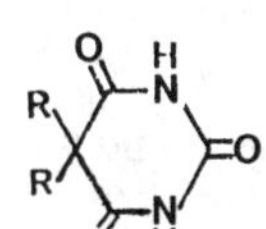

Barbiturate
Barbitursäure (R=H); $pK_S = 4{,}01$

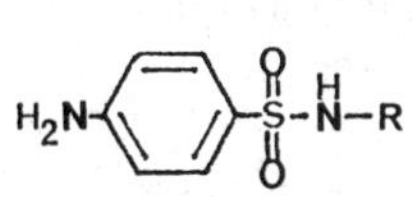

Sulfonamide

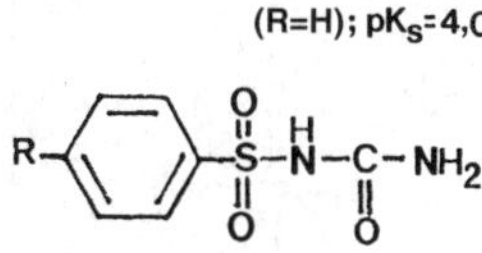

Sulfonylharnstoffe

3.19.4.3 CH-Acidität

Auch die *C-H-Bindung* erhält unter dem Einfluß mesomerer und induktiver Strukturfaktoren deutlich saure Eigenschaften. Allerdings ist die Acidität von C-H-Bindungen meistens gering, so daß im wäßrigen Medium keine meßbare Dissoziation des Protons erfolgt. Zudem benötigen solche prototropen Reaktionen, die eine heterolytische Spaltung einer C-H-Bindung zur Folge haben, eine größere Aktivierungsenergie. Deshalb werden sich die Gleichgewichte langsamer einstellen als bei Reaktionen, in denen N-H-, S-H- oder O-H-Bindungen dissoziieren. Tabelle 91 enthält die Säureexponenten einiger CH-acider Substanzen (siehe auch Tab. 25, Kap. 3.2.15.4).

Im allgemeinen nimmt die Acidität von Kohlenwasserstoffen mit zunehmendem s-Anteil in der Reihe $sp^3 < sp^2 < sp$ zu. Der -I-Effekt und die erhöhte Elektronegativität sp-hybridisierter C-Atome erklärt auch den sauren Charakter von *Acetylen-Derivaten* [siehe Kap. 3.5.7.1 und **MC-Fragen Nr. 150, 1144, 1162, 1220, 1260**].

Die Acidität des **Indens** und **Fluorens** hat die gleiche Ursache wie die des stärker sauren **Cyclopentadiens**. Beim Cyclopentadien haben wir die Ursache für die besonders große Mesomeriestabilisierung des Anions bereits kennengelernt; sie ist eine Folge des aus der Deprotonierung resultierenden aromatischen π-Elektronensextetts (vgl. Kap. 3.1.10.5).

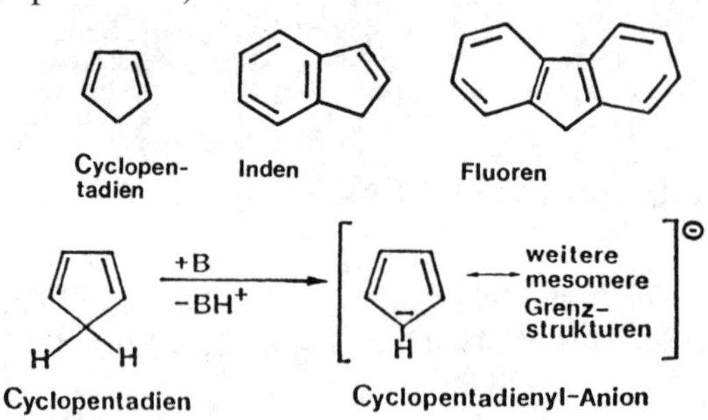

Auch die *arylierten Methan-Derivate* (Diphenylmethan, Triphenylmethan) gehören zu den sauren Kohlenwasserstoffen, weil der Übergang von der „CH-Säure" mit tetraedrischem Methan-C-Atom in ein weitgehend eingeebnetes Carbanion mit einem Gewinn an Mesomerieenergie verbunden ist.

Tab. 91: pK_s-Werte ausgewählter CH-Säuren

Substanz	pK_s	Substanz	pK_s
Methan	40	Phenylacetylen	21
Diphenylmethan	35	Inden	21
Triphenylmethan	33	Fluoren	25
Acetylen (Ethin)	16	Cyclopentadien	15

Die weitaus wichtigsten CH-aciden Verbindungen leiten sich jedoch von *Carbonylverbindungen* (Aldehyde, Ketone), *Dicarbonylverbindungen* (β-Diketone, Ketoester) und *heteroanalogen Carbonylverbindungen* (Nitrile, Nitroalkane) ab. Sie wurden bereits im Kap. 3.2.15.4 ausführlich besprochen.

3.19.5 Basizität von Aminen, Amiden und Amidinen

Generell ist auszuführen, daß die Stärke von Stickstoff-Basen davon abhängt, wie leicht das freie Elektronenpaar für eine Protonierung zur Verfügung steht und wie stabil das resultierende Ammoniumion ist.

3.19.5.1 Aliphatische und cycloaliphatische Amine

Alkylamine sind erwartungsgemäß aufgrund des +I-Effektes der Alkylgruppen stärker basisch als Ammoniak [vgl. **MC-Fragen Nr. 618, 619, 970, 1121–1123, 1128, 1134**]. Wie die Basenexponenten in Tabelle 92 belegen, steigt die Basizität in wäßriger Lösung in folgender Reihe an:

NH_3 < primäres Amin < tertiäres Amin < sekundäres Amin

Überraschenderweise sind *tertiäre Amine* schwächer basisch als sekundäre Amine. Die Ursache hierfür liegt in der *sterischen Behinderung der Solvatation* durch die drei Alkylreste. Die Basizität eines Amins wird nämlich nicht nur durch die Elektronendichte am N-Atom bestimmt, sondern sie hängt auch davon ab, in welchem Ausmaß das durch Anlagerung eines Protons gebildete *Ammoniumion* solvatisiert und damit stabilisiert werden kann.

Je mehr H-Atome mit dem Stickstoffatom des Ammoniumions verknüpft sind, desto besser sind die Möglichkeiten zur Solvatisierung des Ions durch Ausbildung von *Wasserstoffbrücken* mit dem Lösungsmittel Wasser.

In der Reihe NH_3, RNH_2, R_2NH und R_3N verstärkt zwar der +I-Effekt der Alkylgruppen die Basizität, jedoch wird gleichzeitig die Stabilisierung des Ammoniumions durch Hydratation immer schwächer, so daß die Basizität abnimmt. Diese gegenläufigen Effekte bewirken schließlich, daß beim *Übergang von einem sekundären zu einem tertiären Amin die Basizität abnimmt.*

Eine starke Stütze für diesen Befund ist, daß in Lösungsmitteln [z. B. $CHCl_3$], die keine H-Brücken ausbilden können und damit geringer solvatisieren, die Basizität in der erwarteten Reihenfolge *primäres < sekundäres < tertiäres Amin* zunimmt.

Tab. 92: pK_b-Werte organischer Basen in wäßriger Lösung

Base	Struktur	pK_b
Ammoniak	NH_3	4,76
Methylamin	CH_3NH_2	3,36
Dimethylamin	$(CH_3)_2NH$	3,29
Trimethylamin	$(CH_3)_3N$	4,26
Ethylamin	$CH_3CH_2NH_2$	3,25
Diethylamin	$(CH_3CH_2)_2NH$	3,02
Triethylamin	$(CH_3CH_2)_3N$	3,24
n-Propylamin	$CH_3CH_2CH_2NH_2$	3,29
n-Butylamin	$CH_3CH_2CH_2CH_2NH_2$	3,23
tert. Butylamin	$(CH_3)_3CNH_2$	3,17
Benzylamin	$C_6H_5CH_2NH_2$	4,64
2-Aminoethanol	$HOCH_2CH_2NH_2$	4,50
Cyclohexylamin	$C_6H_{11}NH_2$	3,32
Pyrrolidin	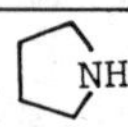	2,73
Piperidin	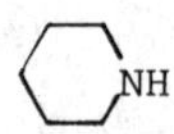	2,88
Morpholin	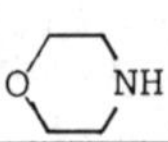	5,67
Anilin	$C_6H_5NH_2$	9,42
N-Methylanilin	$C_6H_5NH(CH_3)$	9,20
N.N-Dimethylanilin	$C_6H_5N(CH_3)_2$	8,94
Diphenylamin	$(C_6H_5)_2NH$	13,20
1-Naphthylamin	$C_{10}H_7NH_2$	10,08
2-Naphthylamin	$C_{10}H_7NH_2$	9,84
Harnstoff	$H_2N\text{-}CO\text{-}NH_2$	13,82
Guanidin	$H_2N\text{-}C(=NH)\text{-}NH_2$	0,30
Acetamid	$CH_3\text{-}CO\text{-}NH_2$	13,37
Acetamidin	$CH_3\text{-}C(=NH)\text{-}NH_2$	1,60

Tabelle 93 enthält die pK_b-Werte einiger Diamine. Die Zahlen lassen erkennen, daß Diamine erwartungsgemäß in der ersten Protolysestufe stärkere Basen (kleinerer pK_b-Wert) sind als in der zweiten Protolysestufe [vgl. **MC-Fragen Nr. 979, 1132, 1133**].

Tab. 93: pK_b-Werte ausgewählter Diamine

Amin	Struktur	pK_b1	pK_b2
Ethylendiamin	$H_2N-CH_2CH_2-NH_2$	3,29	6,44
Piperazin		4,17	8,44
Benzidin	$H_2N-C_6H_4-C_6H_4-NH_2$	9,34	10,43

3.19.5.2 Aromatische Amine

Die Basizität von *Arylaminen* unterliegt denselben Einflüssen wie die Acidität der Phenole. -I/-M-Substituenten stabilisieren in beiden Fällen die Base. Sie verringern also die Basizität von aromatischen Aminen. Demzufolge sind *Nitraniline* schwache Basen [vgl. **MC-Fragen Nr. 624, 1125**]. Dieser Effekt ist aus sterischen und polaren Gründen besonders stark bei ortho-ständigen Substituenten ausgeprägt. Dies dokumentieren auch die in Tabelle 94 aufgelisteten pK_b-Werte ausgewählter *Anilin-Derivate.*

Anilin selbst ist bedeutend weniger basisch als primäre Alkylamine, weil beim Anilinmolekül die Einbeziehung des freien Elektronenpaars am Stickstoff in die Mesomerie des Aromaten die Basizität herabsetzt und das Molekül stabilisiert; darüber hinaus ist im Anilin die NH_2-Gruppe an ein sp^2-hybridisiertes, elektronegativeres C-Atom gebunden. Die Konjugation des freien Elektronenpaars der NH_2-Gruppe zum Aromaten geht bei der Anlagerung eines Protons verloren [vgl. **MC-Fragen Nr. 1124, 1131, 1268**].

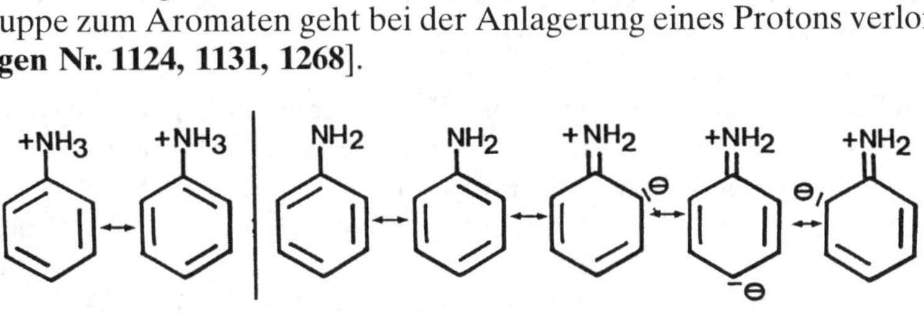

Mesomeriestabilisierung im Anilin/Anilinium-Ion

Diphenylamin [$(C_6H_5)_2NH$] ist noch schwächer basisch als Anilin, weil hier das nicht-bindende Elektronenpaar am Stickstoffatom über zwei Phenylreste deloka-

Tab. 94: pK_b-Werte substituierter Anilin-Derivate

X	H	CH_3	OH	OCH_3	Cl	Br	NO_2
o-	9,37	9,56	9,28	8,48	11,25	11,47	14,28
m-	9,37	9,27	9,83	9,75	10,54	10,42	11,40
p-	9,37	8,92	8,50	8,66	9,85	10,14	13,40

lisiert ist. **Triphenylamin** [$(C_6H_5)_3N$] ist unter normalen Bedingungen überhaupt nicht mehr basisch.

Die höhere Basizität des **4-Nitranilins** im Vergleich zum ortho-Isomer ist darauf zurückzuführen, daß der -M-Effekt der Nitrogruppe in der para-Position stärker wirksam ist als in Stellung 2 [vgl. **MC-Frage Nr. 1125**].

3.19.5.3 Säureamide – Amidine – Guanidin

Amid Imid Amidin Guanidin

Die unmittelbare Nachbarschaft von Carbonylgruppen oder anderen ungesättigten Strukturelementen zum freien Elektronenpaar eines Stickstoffatoms wirkt sich stark basizitätsmindernd aus. Als Ursache hierfür ist vor allem der konjugative Effekt zu nennen.

Zum Beispiel sind *Carbonsäureamide* wie **Acetamid** [pK_b = 14,5] infolge der Mesomeriestabilisierung der Amidgruppierung in Wasser nur sehr schwache Basen.

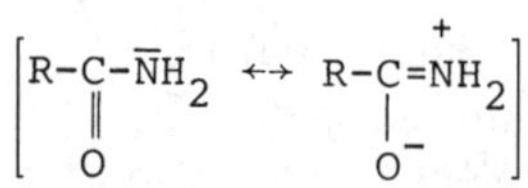

Verknüpft man eine NH-Funktion mit zwei C=O-Gruppierungen, so sind die resultierenden *Imide* schon so sauer, daß sie mit Alkalihydroxiden Salze bilden.

$$(RCO)_2NH + HO^- \longrightarrow (RCO)_2N^- + H_2O$$

In einigen Fällen wird dagegen die konjugierte Säure in hohem Maße durch Mesomerie stabilisiert, so daß die Basizität der betreffenden Verbindung signifikant zunimmt. Ein Beispiel hierfür ist **Guanidin** [pK_b = 0,3], eine der stärksten organischen Basen. Bei dieser Substanz führt die hohe Symmetrie und der ebene Bau des **Guanidinium-Kations** zu einem im Vergleich zu **Harnstoff** [pK_b = 13,82] besonders energiearmen mesomeren Zustand [vgl. **MC-Fragen Nr. 1126, 1131, 1134, 1268**].

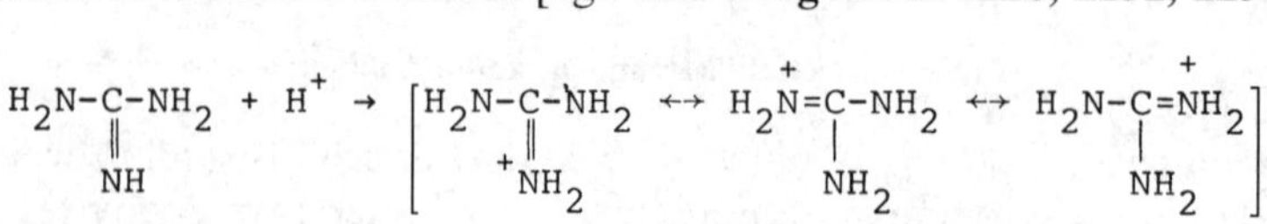

Eine ähnliche Situation ist auch bei *Amidinen* anzutreffen. Allerdings ist die Stabilisierung des korrespondierenden Kations durch Ladungsdelokalisierung nicht so stark ausgeprägt wie im Guanidinium-Ion. Trotzdem ist z. B. **Acetamidin** [pK_b= 1,6] eine starke Base.

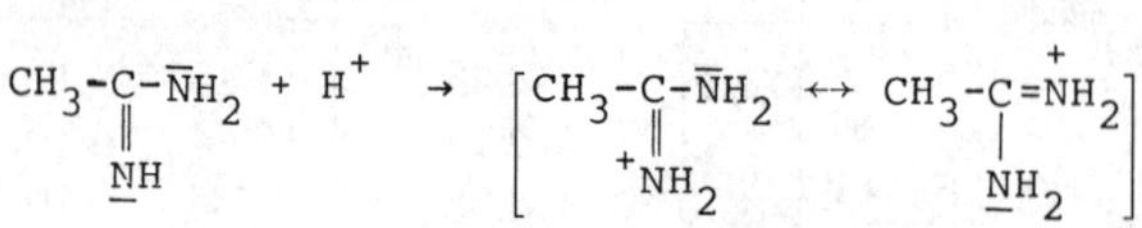

3.19.6 Basizität Stickstoff-haltiger Heterocyclen

Die relativ geringe Basizität des **Pyridins** oder **Chinolins** beruht auf der sp^2-Hybridisierung des Stickstoffs, wodurch dessen Elektronegativität erhöht und seine Protonenaffinität erniedrigt wird [vgl. **MC-Fragen Nr. 979, 980, 1123, 1127, 1132, 1134**]. Die pK_b-Werte von Pyridin und anderen Heteroaromaten sind in Tabelle 95 aufgelistet.

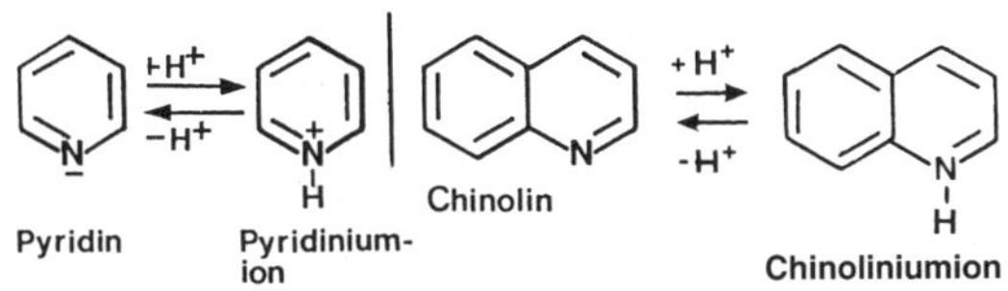

Der obige Befund ist typisch für alle Stickstoff-haltigen Basen, deren N-Atom an einer Mehrfachbindung beteiligt ist. Als Ursache kann angesehen werden, daß der *s-Charakter des Orbitals*, in dem sich das freie Elektronenpaar befindet, mit der Multiplizität der vom Stickstoff ausgehenden Bindungen zunimmt. Die beiden Elektronen werden hierdurch stärker zum Stickstoff hingezogen und fester an ihn gebunden. Sie gehen dadurch weniger leicht eine Bindung zu einem Proton ein. Dies ist gleichbedeutend mit einer Basizitätsabnahme in der Reihe sp^3- > sp^2- > sp-hybridisierter N-Atome, und erklärt auch, warum z. B. *Azomethine* im Vergleich zu primären Aminen, aus denen sie gebildet werden, erheblich schwächere Basen darstellen [vgl. **MC-Fragen Nr. 943, 1133, 1220**].

Basizität	—— abnehmend ⟶
Bindungstyp	$-\overline{N}-$ (mit weiterer Bindung nach unten) > $=\overline{N}-$ > $\equiv N$
Orbitalcharakter des freien Elektronenpaars	sp^3 sp^2 sp

Beim **Pyrrol** ist das nicht-bindende Elektronenpaar des N-Atoms an der Ausbildung eines delokalisierten π-Elektronensextetts beteiligt. Eine Protonenanlagerung hätte eine Aufhebung des aromatischen Charakters zur Folge. Pyrrol ist deshalb eine extrem schwache Base. Die Verbindung kann sogar gegenüber starken Basen als Säure wirken [vgl. **MC-Fragen Nr. 970, 1128, 1129, 1131, 1132, 1268**].

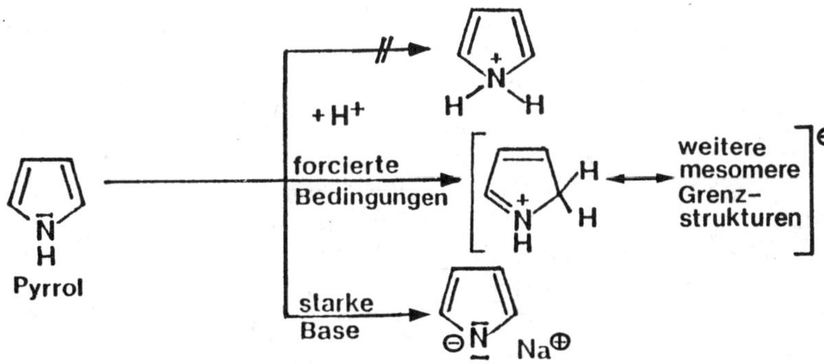

Imidazol ist dagegen eine stärkere Base als Pyrrol, weil die Addition eines Protons am stärker basischen **N-3** stattfindet und hierdurch ein hoch symmetrisches, mesomeriestabilisiertes Kation entsteht [vgl. **MC-Fragen Nr. 1128, 1130**].

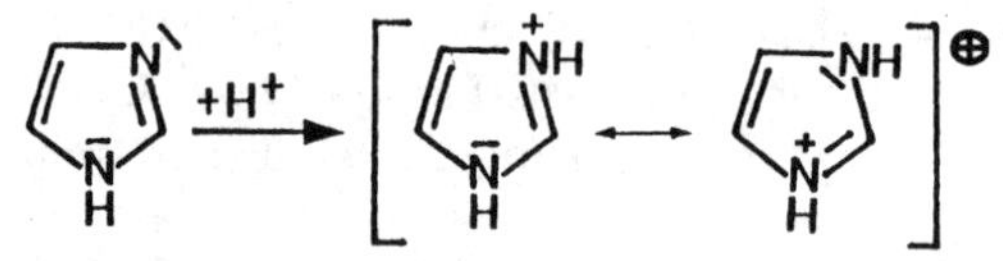

Imidazol **Imidazolium-Ion**

Sind die beiden N-Atome in *Azolen* unmittelbar benachbart wie im **Pyrazol** [pK_b = 11,5] oder werden wie im **1.2.4-Triazol** noch weitere N-Atome in das Ringgerüst eingebaut, so ist trotz ähnlich günstiger Mesomeriebedingungen die Basizität beträchtlich vermindert, weil nun offenbar der -I-Effekt des zusätzlichen Stickstoffatoms stärker zur Geltung kommt.

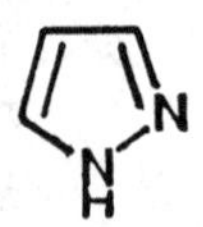

Pyrazol

;

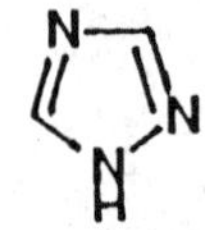

Triazol

Aminosubstituierte Heterocyclen: Die Mesomeriestabilisierung der korrespondierenden Säure ist auch für die hohe Basizität mancher Amino-substituierter Heteroaromaten verantwortlich. So ist z. B. die Basizität des **4-Aminopyridins** angenähert so groß wie die von aliphatischen Aminen, obgleich das **3-Aminopyridin** kaum basischer als Pyridin selbst ist.

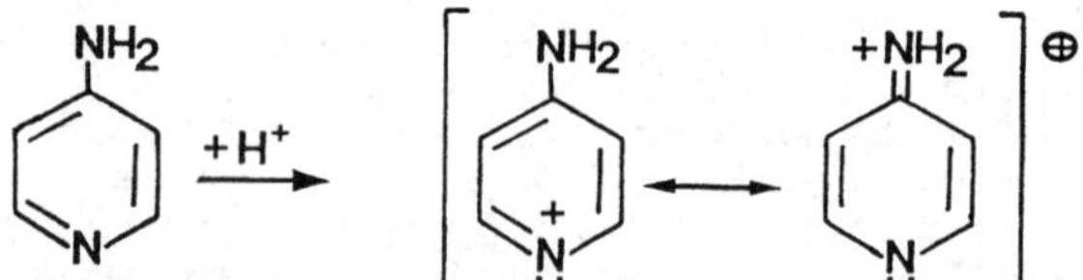

4-Aminopyridin

Während für das Kation des 3-Aminopyridins eine Resonanzstabilisierung nicht möglich ist, entsteht beim 4-Aminopyridin durch Addition eines Protons ein me-

Tab. 95: pK_b-Werte heteroaromatischer Basen

Heteroaromat	pK_b	Heteroaromat	pK_b
Pyrrol	13,60	Pyridazin	11,76
Imidazol	7,05	2-Methylpyridin	8,03
Thiazol	11,56	4-Methylpyridin	7,98
Pyridin	8,77	3-Aminopyridin	8,12
Chinolin	9,10	4-Aminopyridin	4,83

someriestabilisiertes Kation. Aus dem gleichen Grund zeigen alle Amino-substituierten Derivate Stickstoff-haltiger Heteroaromaten dann eine relativ hohe Basizität, wenn sich die Aminogruppe in einer mesomeriefähigen Position – also in ortho- oder para-Stellung – zum Ringstickstoff befindet. In diesen Fällen können die betreffenden Substanzen als *cyclische (vinyloge) Amidine* aufgefaßt werden (vgl. Kap. 3.1.9.4).

Sachwortverzeichnis

B

C

D

E

F

G

K

L

M

N

O

P

Q

R

S

T

U

V

W

X

Y

Z